the SEWING BOOK

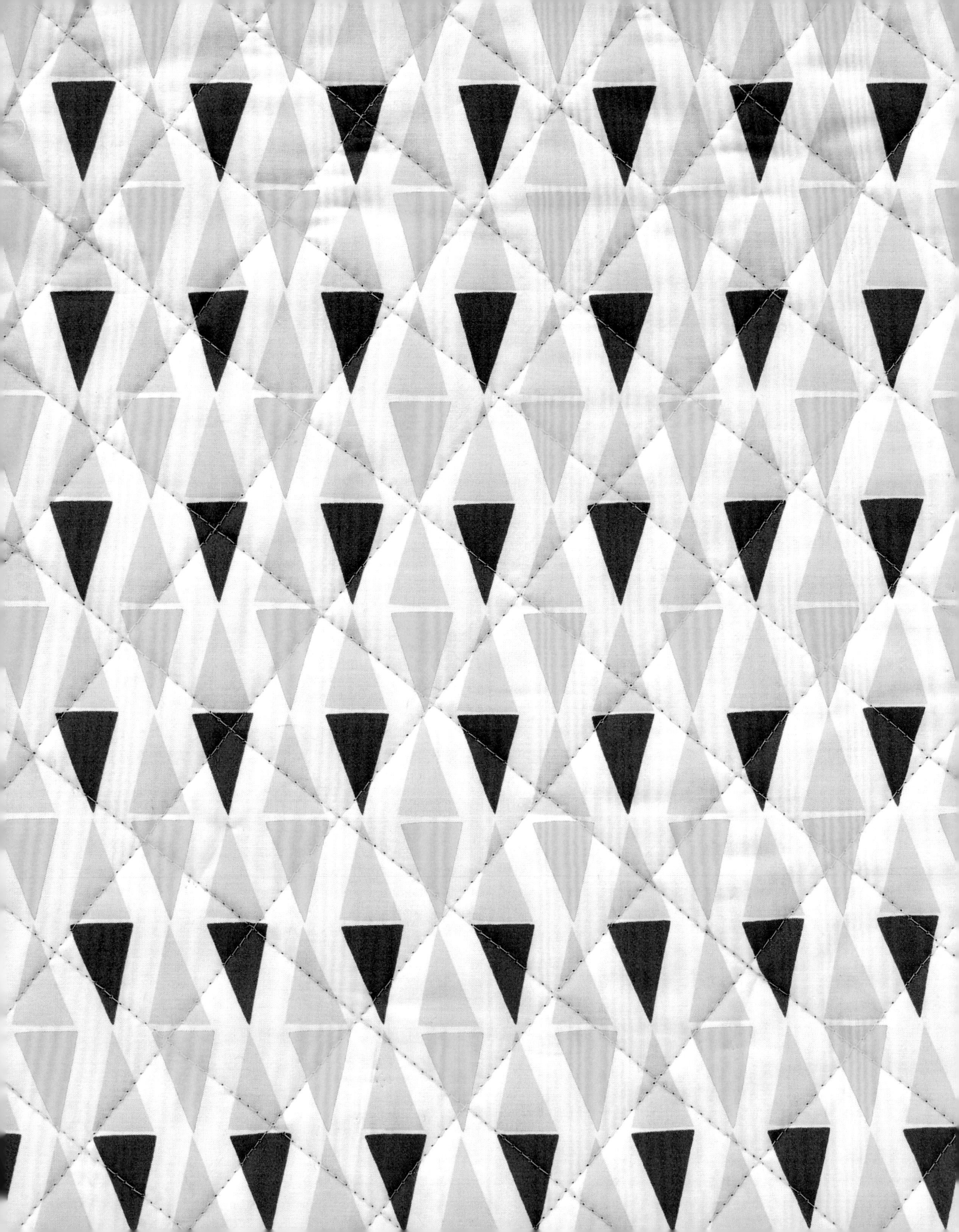

DK
缝纫技法大百科

〔英〕 艾莉森·史密斯 著
王晨曦 译

河南科学技术出版社
·郑州·

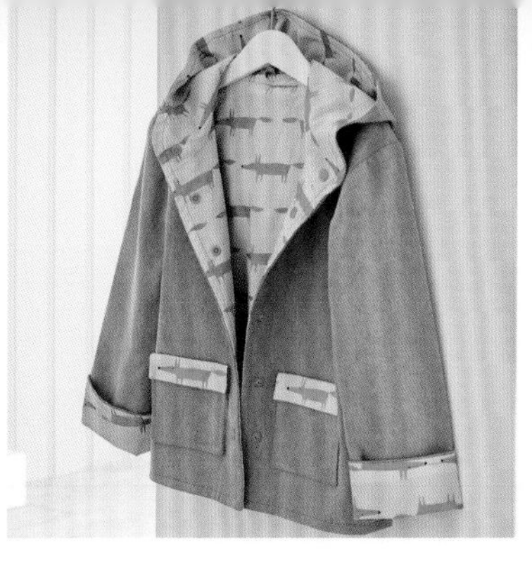

目录

前言

《DK缝纫技法大百科》全面讲解了各种缝纫技法，包括服装剪裁与制作、手工艺品和居家饰品的制作技巧等。如果你是缝纫新手，能从本书中得到非常实用的帮助和指导、学到很多非常有用的新技巧；如果你有一定的缝纫经历和经验，也能从本书中找到许多前所未有的新创意。同时，对于布料和服装专业的学生，本书也是十分有用的工具书。

我从十几岁就开始学习缝纫，成年后一直在教授服装剪裁和制作。我对缝纫倾注了全部的热情，缝纫能给我带来成就感，让我感到愉快。每当制作出一件真正独一无二的服装或居家饰品时，总能让我兴奋不已。

本书分为四大部分：第一部分关于缝纫工具、布料和纸样。详述了各种缝纫工具，还有缝纫机、包缝机及绣花机的功能及配件；介绍了最新布料的特性、保存及缝纫方法；之后还讲解了如何修改纸样，并缝制出完美合身的衣物。

第二部分关于缝纫技法。介绍了300多种不同的缝纫技法，从基础线迹、接缝到专业的缝纫技法，每一种技法都配有详细的步

骤图示。每一个部分开始都有各种图示，包括褶裥、口袋、领口、衣袖以及不同形状的扣眼。

第三部分关于作品制作。介绍了10个作品的制作方法，有简单易做的靠垫，也有A字裙和罗马帘。不管你的水平如何，总会有一款作品适合你。作品使用了本书第二部分中讲解的技法，能够帮你练习并学习新的技法。

第四部分提供了本书作品的纸样。

让我们一起尽情享受缝纫带来的快乐时光吧！

Alison Smith

艾莉森·史密斯

关于本书

为了达到更好的拍摄效果，本书中都采用了与布料形成对比色的缝纫线，以保证线迹的清晰。建议大家在实际缝纫中选用和布料颜色最为接近的缝纫线。

本书中所有的缝纫技法和作品制作均按照难易程度进行了分级，*为简单易学的，*****为难度最大、最具挑战性的。

在每个部分的开始都会有图表示该部分所涉及的各种技法及技法的构成，红色的虚线表示面缝线迹，灰色的虚线表示织物的结构。

作品制作中介绍的面料是所需要的最低量。如果是大尺码或者纸样需要倒顺毛摆放，需要准备足够的面料以保证成品尺寸合适。

除非另有说明，裁剪时要沿着布料的直纹进行。大部分情况下，裁剪时总是将布边对布边对折，不过平纹面料并非如此。如果没有特别说明，全书中的缝份均为1.5cm。

本书的图片中，大多没有展示如何修整接缝，因为那样有可能会偏离所要讲解的技法（在讲解接缝修整技法时，有详细的介绍）。你可以选择自己喜欢的方法进行休整。

本书中介绍的一些缝纫工艺可能与纸样上说的会有不同，你可以尝试不同的制作方法。事实上，每个作品都有多种制作方法。

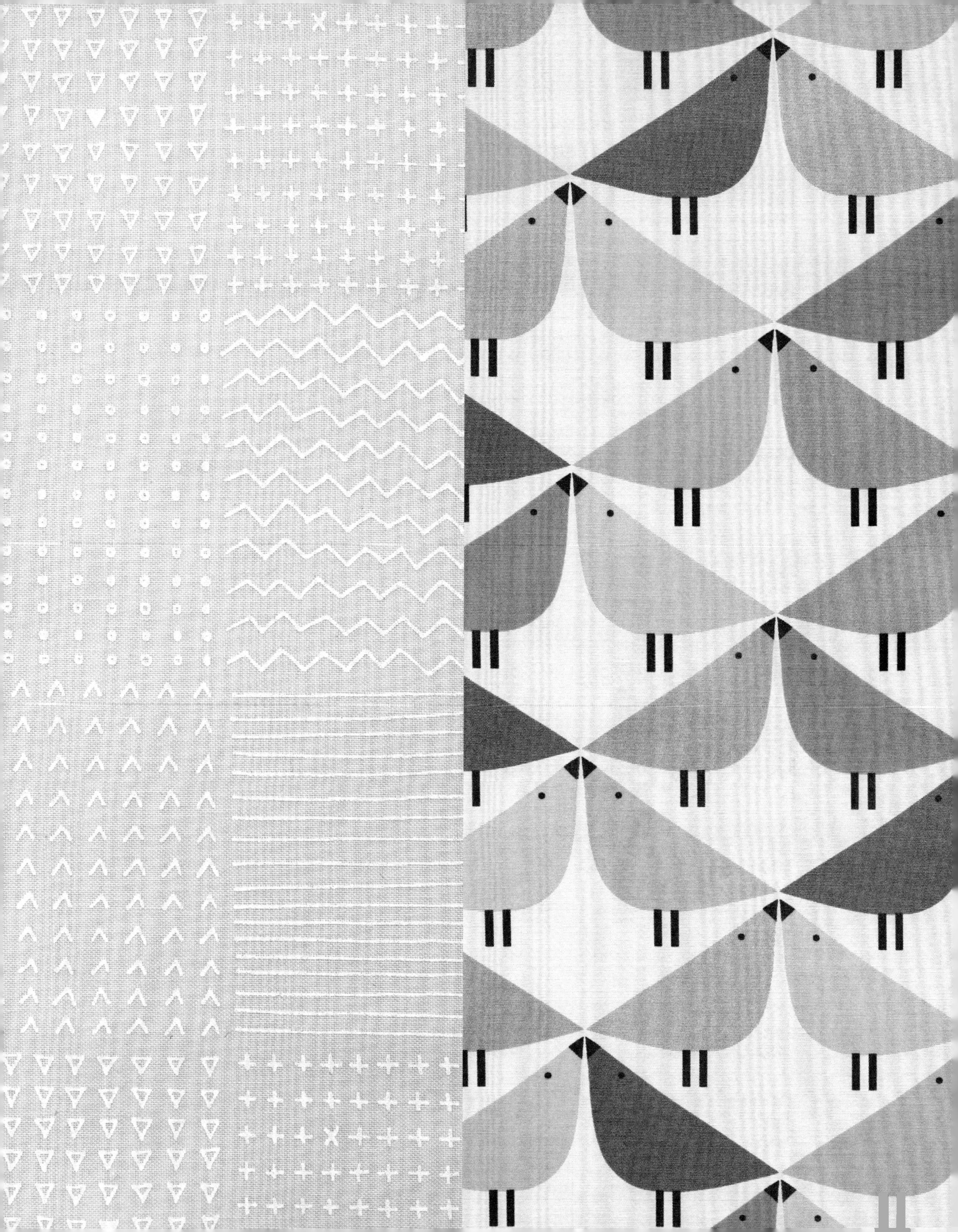

缝纫工具、布料和纸样

缝纫工具

必备的基本缝纫工具有：软尺、剪刀、珠针、针、线和拆线器等，还需要熨斗。对于缝纫爱好者来说，缝纫机和包边机（锁边机）是必不可少的。除了以上这些，还有很多其他有用的工具。

基本缝纫工具

基本的缝纫工具包括以下物品，还有其他一些常用的小工具。请用合适的容器盛放这些物品，保持整洁有序，方便随时取用。

◀ **拆线器**
也叫挑线刀，用于拆除缝错的缝线，有各种型号可供选用。不用时盖上胶盖，可保持刀头的锋利。
见第16页。

珠针 ▼
用于缝纫前将布料固定在一起。不同的珠针适用于不同的布料。
见第23页

▲ **软尺**
测量身体尺寸、布料大小和缝份宽窄的必需工具。选用刻有公制单位的尺子。塑料材质的尺子没有延展性，最为准确。
见第18页。

裁布剪刀▶
用于裁剪布料。购买时请选择一把手感舒适，又不太重的剪刀。
见第17页

▼ **拉链**
针线盒中应随时备有几条拉链。黑色、米色和深蓝色的最为常用。
见第258 ~ 265页。

▲**安全别针**
有各种大小的安全别针可供选用。在处理紧急情况和穿松紧带时相当有用。
见第23页

缝纫标尺 ▲
测量较小尺寸时非常有用；可以滑动卡尺测量折边宽度、扣眼直径等。
见第18页。

顶针 ▲
用于在手工缝纫时保护手指。有各种大小和形状的顶针可供选用。
见第21页

线 ▲
针线盒中应有各种颜色的手缝线、机缝线和包缝线。聚酯纤维、棉质和尼龙材质的线都要准备一些。
见第24、25页。

绣花剪 ▼
一种锋利小巧的剪刀，可用于紧贴布料剪去线头。
见第17页。

◀ **手缝针盒**
针盒里装有各种型号的手缝针，可满足所有的手工缝纫的需要。
见第22页。

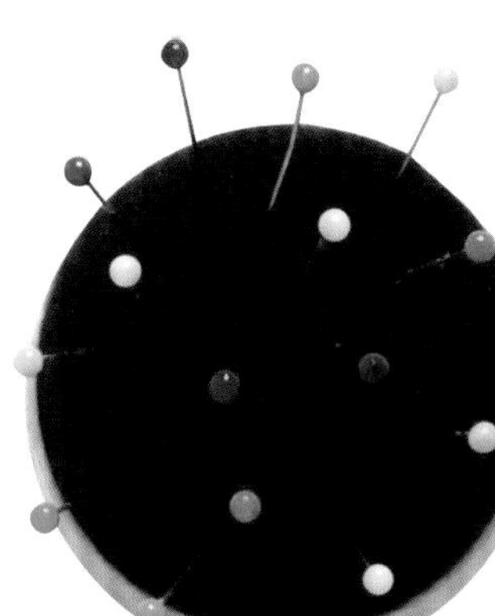

针插 ▶
用于安全整齐地存放缝针和珠针。应选用表层为结实布料的针插。
见第23页。

服饰配件 ▼
包括从纽扣、子母扣到饰边、松紧带等一切缝纫时所需的配件。纽扣、子母扣在缝补衣物时会经常用到。
见第26、27页。

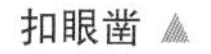

扣眼凿 ▲
非常锋利的小型凿子，能干净利落地切开扣眼。使用时请垫上裁切垫，避免损坏刀刃。
见第16页。

个性化的缝纫工具

裁剪工具

裁剪工具有很多种，购买时一定要选择质量上乘，能够反复打磨使用的产品。选择裁布剪刀时，要找一副适合自己手型的，并能轻松开合的剪刀，这样才能够准确无误而又干净利落地裁剪布料。裁剪时我们不仅需要各种型号的剪刀，有时还需要一把拆线器来拆除错缝的线迹，或是挑开缝份进行修补。将轮刀、特制的裁切垫和直尺一起配合使用，可以很方便地在布料上进行直线裁剪。

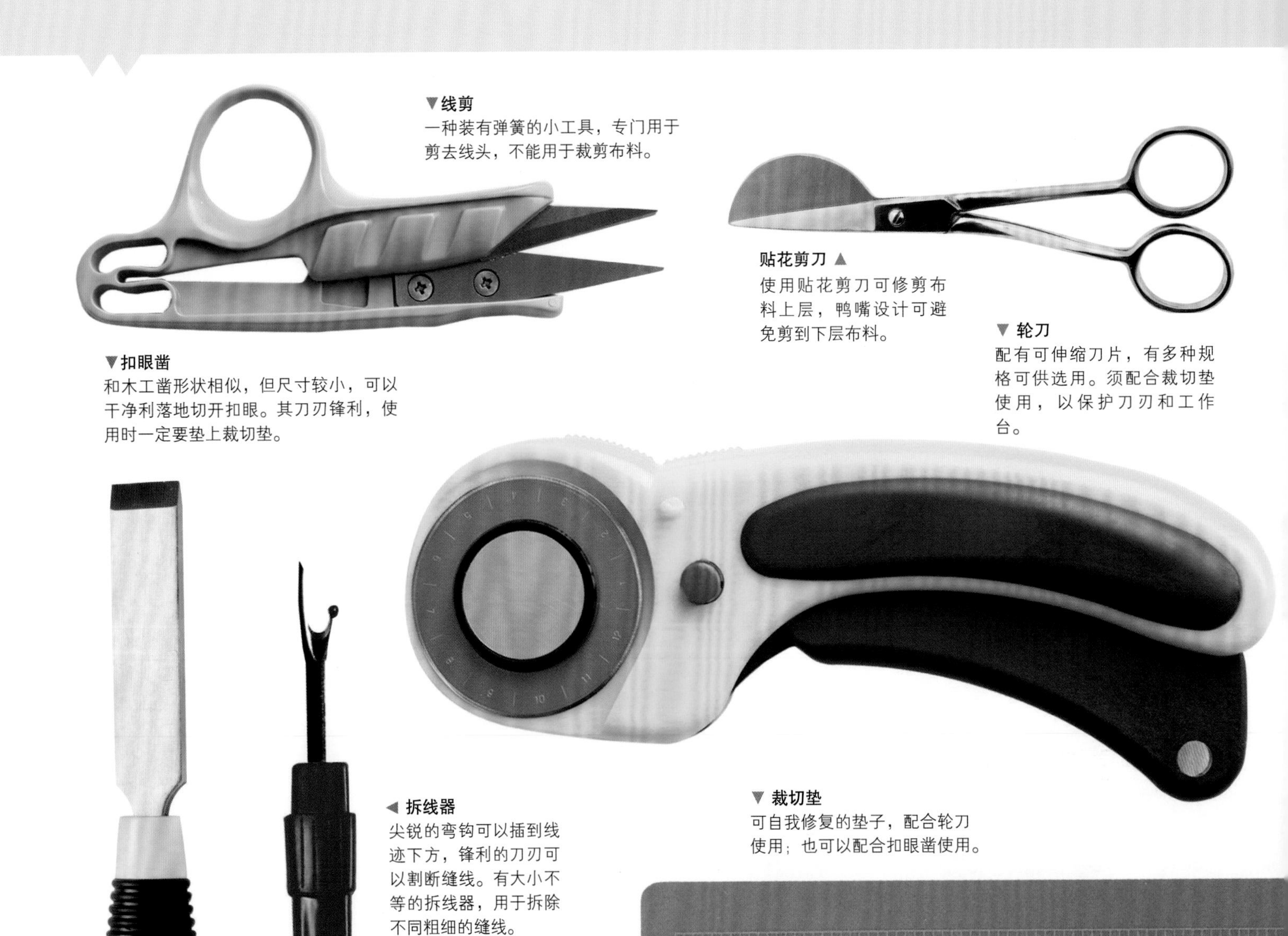

▼线剪
一种装有弹簧的小工具，专门用于剪去线头，不能用于裁剪布料。

贴花剪刀 ▲
使用贴花剪刀可修剪布料上层，鸭嘴设计可避免剪到下层布料。

▼扣眼凿
和木工凿形状相似，但尺寸较小，可以干净利落地切开扣眼。其刀刃锋利，使用时一定要垫上裁切垫。

▼ 轮刀
配有可伸缩刀片，有多种规格可供选用。须配合裁切垫使用，以保护刀刃和工作台。

◀ 拆线器
尖锐的弯钩可以插到线迹下方，锋利的刀刃可以割断缝线。有大小不等的拆线器，用于拆除不同粗细的缝线。

▼ 裁切垫
可自我修复的垫子，配合轮刀使用；也可以配合扣眼凿使用。

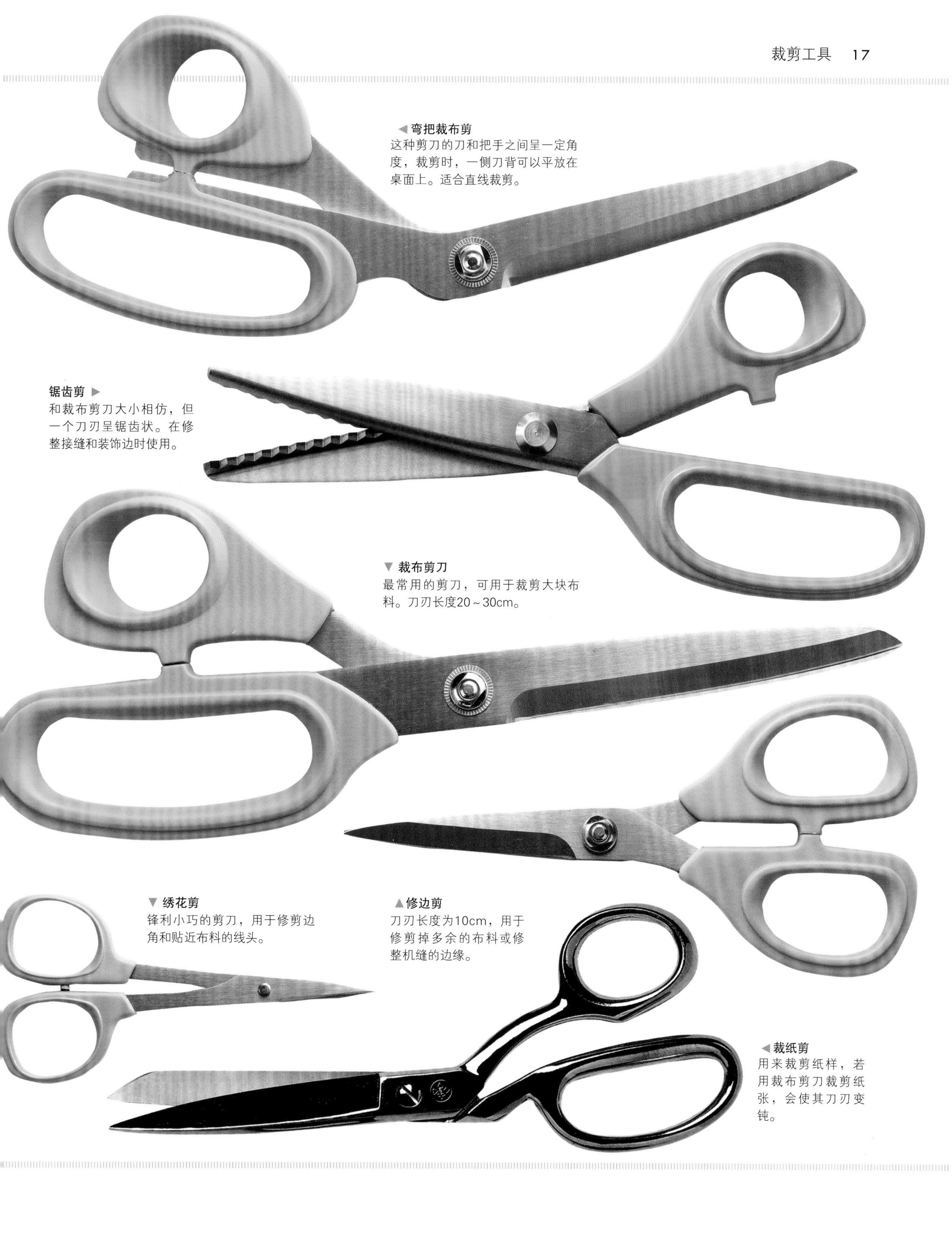

◀ **弯把裁布剪**
这种剪刀的刀和把手之间呈一定角度，裁剪时，一侧刀背可以平放在桌面上。适合直线裁剪。

锯齿剪 ▶
和裁布剪刀大小相仿，但一个刀刃呈锯齿状。在修整接缝和装饰边时使用。

▼ **裁布剪刀**
最常用的剪刀，可用于裁剪大块布料。刀刃长度20～30cm。

▼ **绣花剪**
锋利小巧的剪刀，用于修剪边角和贴近布料的线头。

▲**修边剪**
刀刃长度为10cm，用于修剪掉多余的布料或修整机缝的边缘。

◀ **裁纸剪**
用来裁剪纸样，若用裁布剪刀裁剪纸张，会使其刀刃变钝。

测量和标绘工具

用于缝纫测量的工具种类繁多，测量尺寸时，需根据作品的不同选择合适的工具，才能得出精准的结果。还需使用合适的技法和工具进行标绘。有些工具只能用于某种特定作品的制作，有些只适用于某种特定的缝纫方式。

测量工具

从测量缝份和折边的宽度，到量身体的尺寸和窗子的大小，都有不同的测量工具可供选用。最常用的测量工具就是软尺。应小心保存软尺，一旦过度拉伸或边缘被扯断，就会丧失其精准性，此时要更换新的。

▼超长卷尺
长度是普通软尺的两倍，一般为3m。制作室内装饰品时使用，也可用来测量新娘的婚纱。

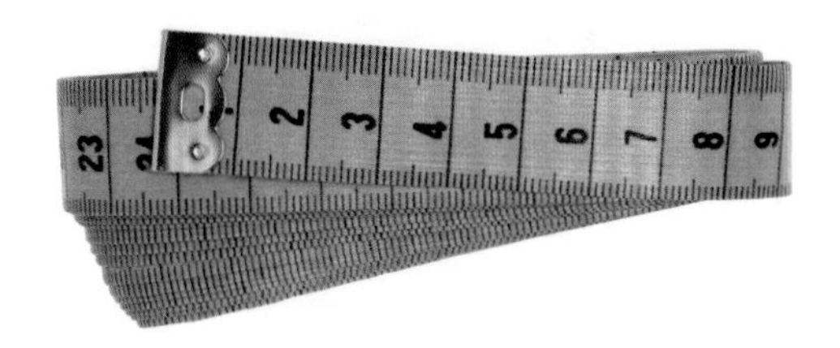

▲钢卷尺
展开时一端可以卡住物品的金属卷尺，可用来测量窗户和室内装饰品的尺寸。

缝纫标尺 ▲
非常有用的小工具，长约15cm，上有厘米和英寸刻度，还有滑动标尺。用于精确测量卷边等较小的尺寸。

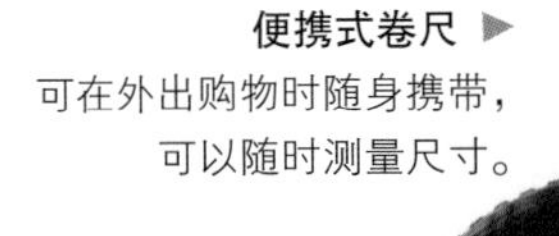

便携式卷尺 ▶
可在外出购物时随身携带，可以随时测量尺寸。

卷尺 ▲
有各种不同颜色和宽度的卷尺可选用。最好选用宽度为标准缝份宽（1.5cm）的卷尺，用起来非常方便。

▲软尺
结实可弯曲的塑料尺，用于测量袖窿和有弧度的物品。更改纸样时也常用到软尺。

网格标尺 ▼
比一般的尺子要宽，上有以厘米或英寸为单位的网格。常和轮刀一起使用，也常用于裁剪斜布条。

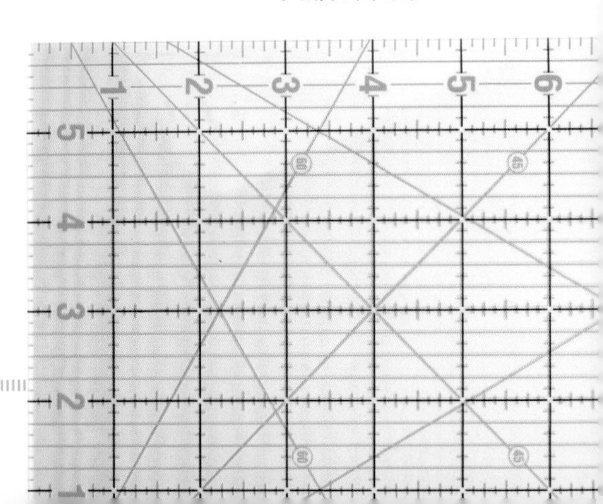

标绘工具

为保证口袋和省道的位置无误、缝份笔直，须在布料上进行画样。必需的标绘工具如水消笔、描线轮和复写纸等；最好先在一块布头上试用，以确定画痕是否能清除。

▼自动画粉笔
可装入各种不同颜色的画粉，是一种用途广泛的标绘工具。画粉末端也可削尖。

绘图尺 ▲
一种弯曲的塑料工具，也叫纸样标记尺，多在绘制或修改纸样时使用。

◀画粉饼
也叫法式画粉，呈正方形或三角形，有各种颜色。粉迹可从布料上刷掉。

◀水消笔/气消笔
外形和马克记号笔相同。喷水或风干后画痕会从布料上消失。注意，如果先熨烫，画痕将无法被清除。

◀画粉笔
有绿色、粉红色和白色三种颜色。笔头能像普通铅笔一样削尖，用于在布料上精确画线。

热敏墨水笔▶
这种笔可以在布料上画出清晰的细线迹，但熨烫过后就会消失。使用之前请先测试，有时布料变凉后墨迹会重现。

描线轮和复写纸 ▼
一起使用可以将纸样转绘到布料上。但并不适用于所有的布料，在有些布料上画痕可能无法清除。

其他工具

除以上工具外，市面上还有许多其他工具可以选择。以下再介绍其中一些工具及其用途。在进行手工制衣、工艺品制作、室内装饰品的制作或修补衣物时，这些工具会非常有用。可根据个人喜好决定是否将其作为缝纫的基本工具。

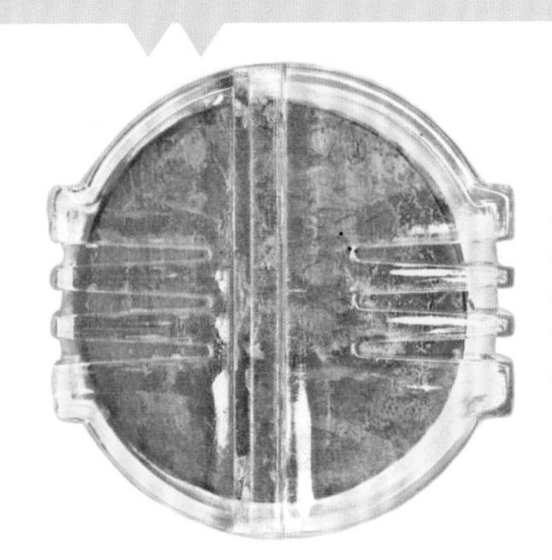

◀ **蜂蜡**
手工缝纫时，蜂蜡可以防止缝线绕团或打结，并增强其韧性。使用时拉动缝线，并按压，使其与蜂蜡接触。

▲**锥子**
一种锋利的工具，可在布料上打圆孔，以便装入圆形金属扣圈，或打一个圆形的扣眼。

◀ **制带器**
有12mm、18mm和25mm三种宽度。用来将布料的边缘均匀折起，熨烫后可制成包边条。

▼**镊子**
可用来将假缝时缠入机器中的线取出。这是缝纫和包缝时不可或缺的工具。

翻袋器 ▶
顶端有碰锁的细金属丝。用来翻转窄长的布管，或是将丝带穿入蕾丝沟槽中。

▼ **应急针线盒**
在没有缝纫机的情况下，可用来缝上松开的纽扣和散开的折边。方便旅行时携带。

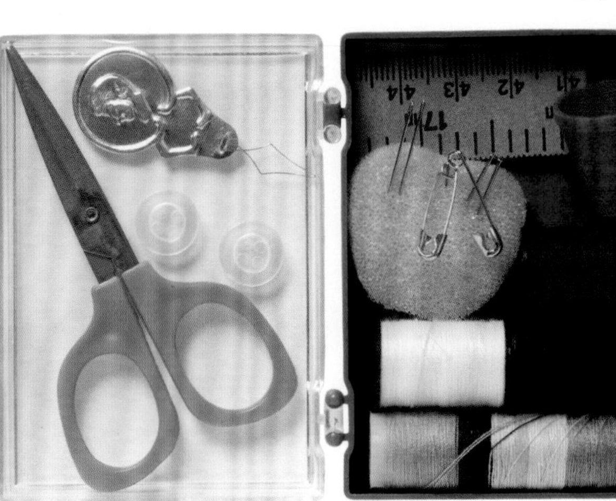

液体密封胶 ▶
用来密封丝带和饰带的裁边，防止起毛。也可用来密封包缝线头。

胶棒 ▶
和黏合纸张的胶相似，可在缝合前将布料固定在一起。不会损坏布料或缝针。

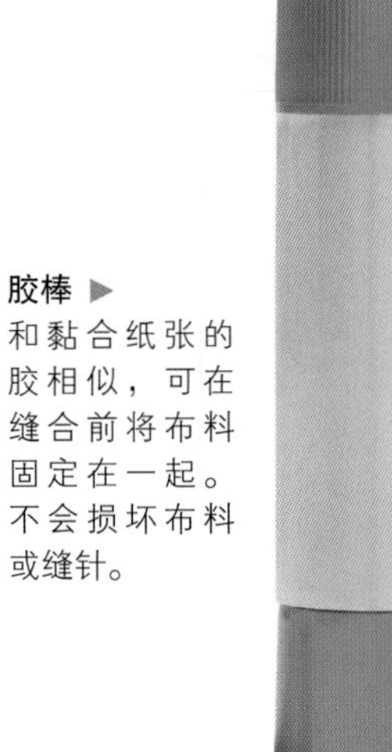

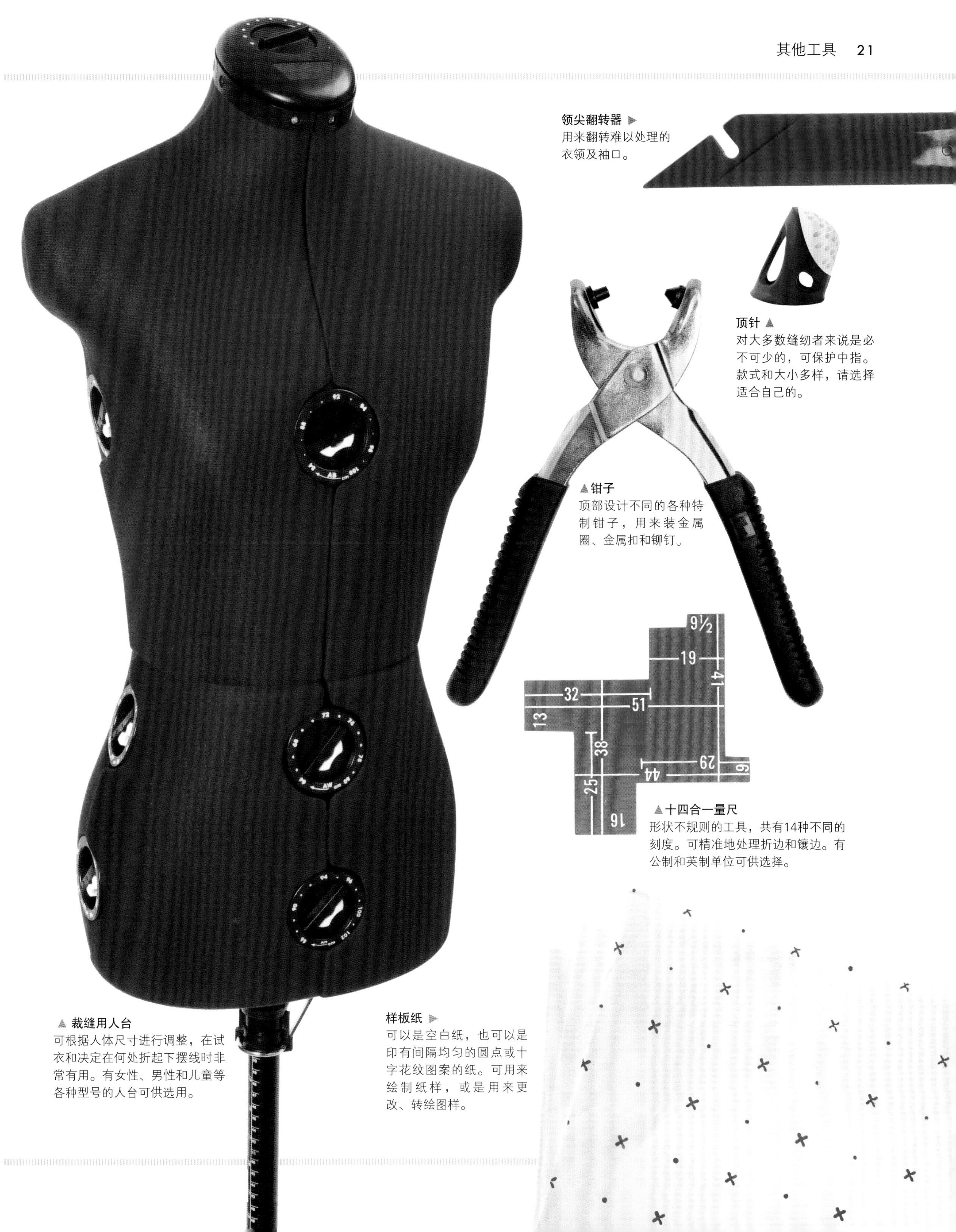

领尖翻转器 ▶
用来翻转难以处理的衣领及袖口。

顶针 ▲
对大多数缝纫者来说是必不可少的，可保护中指。款式和大小多样，请选择适合自己的。

▲**钳子**
顶部设计不同的各种特制钳子，用来装金属圈、金属扣和铆钉。

▲**十四合一量尺**
形状不规则的工具，共有14种不同的刻度。可精准地处理折边和镶边。有公制和英制单位可供选择。

▲ **裁缝用人台**
可根据人体尺寸进行调整，在试衣和决定在何处折起下摆线时非常有用。有女性、男性和儿童等各种型号的人台可供选用。

样板纸 ▶
可以是空白纸，也可以是印有间隔均匀的圆点或十字花纹图案的纸。可用来绘制纸样，或是用来更改、转绘图样。

各种缝针和珠针

选用合适的缝针和珠针至关重要，否则可能损坏布料或在布料上留下针孔。缝针是钢质的，珠针大多数也是钢质的，但也有少数是黄铜质地的。不使用时将珠针插在针插上，缝针存放在针盒里——若混合搁置在一个小盒子里，会让缝针和珠针相互划伤并变钝。

各种缝针和穿线器

缝针有各种各样，适合各种布料和作品。手头应随时备有各种型号的针，可及时修补破损衣物，钉缝纽扣，或给重要场合穿着的服装缝上饰边。有了特制的穿线器，将线穿过针眼会非常容易。

缝衣长针
用途广泛的手工缝纫用针，有细小的圆形针眼。型号从1~12号不等。手缝时多用6～9号针。

长眼绣花针
也叫绣花针，椭圆形的针眼和细长的针身，特别适用于多股的绣花线。

假缝针
细小圆形针眼的细长针。因其不易损坏布料，特别适合手缝和假缝。最常用的为8号和9号针。

密缝针或绗缝针
和假缝针相似，有细小的圆形针眼，但针身很短。特别适合精细缝纫，很受绗缝者的喜爱。

穿珠针
针身细长，用于将小珠和亮片缝到布料上。易弯曲，不用时请用棉纸包裹保存。

织补针
长而粗的针，多使用羊毛线或粗纱线，可缝合多层布料。

织锦针
长度中等，针身较粗的钝头长眼针。可使用毛纱制作织锦，也可用包缝线进行织补。

大眼针
和织锦针相似，但针头是尖的。可使用粗纱线或羊毛纱线进行织补或密集刺绣。

粗长针
外形奇怪的钝头针，针眼巨大。用来穿松紧带或细绳。有针眼更大的，适合更粗的纱线。

自穿线针
一种双眼针。将线放置在上方的针眼处，线通过两个针眼之间的空隙穿入下方的针眼进行缝纫。

金属穿线器
针眼很小时，这是特别有用的小工具。也能穿缝纫机针。

自动穿线器
由手柄操控的工具。用时用线缠绕针身，针眼朝下塞入穿线器中。

珠针类

有各种不同长度和粗细的珠针可供选择。珠针的顶部可以朴实无华，也可以装饰有色彩鲜艳的小珠和花朵。

家用珠针
常用的中等长度和粗细的珠针。可用于各种缝纫活计。

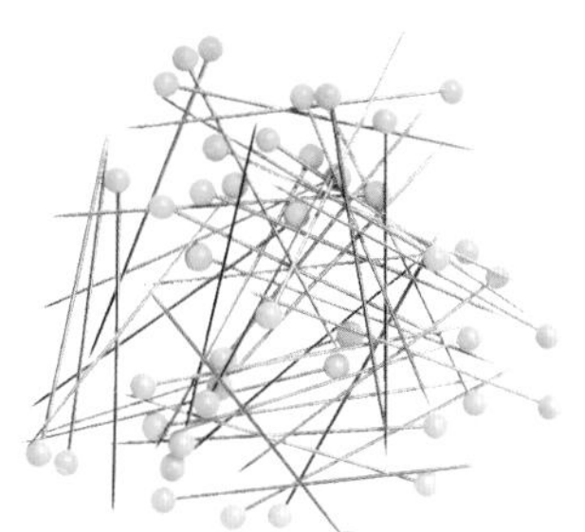

绗缝珠针
中等粗细的珠针，用于固定多层布料。

小珠珠针
比家用珠针要长，顶部有彩色的小珠便于拿放和使用。

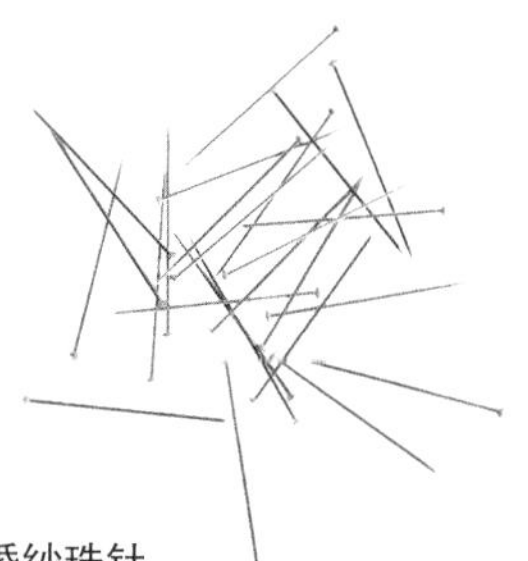

蕾丝或婚纱珠针
纤细短小的珠针，不会损坏布料，可用于婚纱等精致衣料。

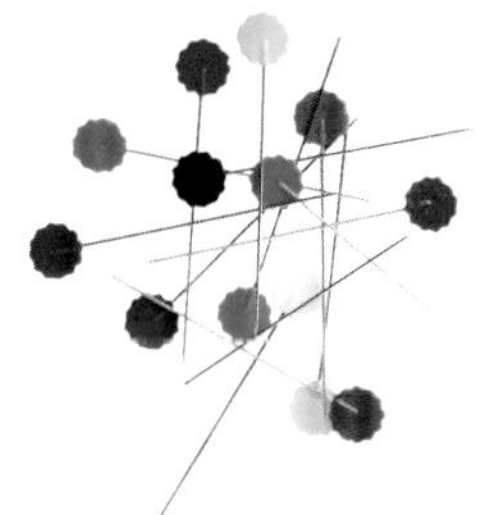

花朵珠针
中等粗细的长珠针，顶部有平面的花朵造型，可紧贴布料。能够熨烫。

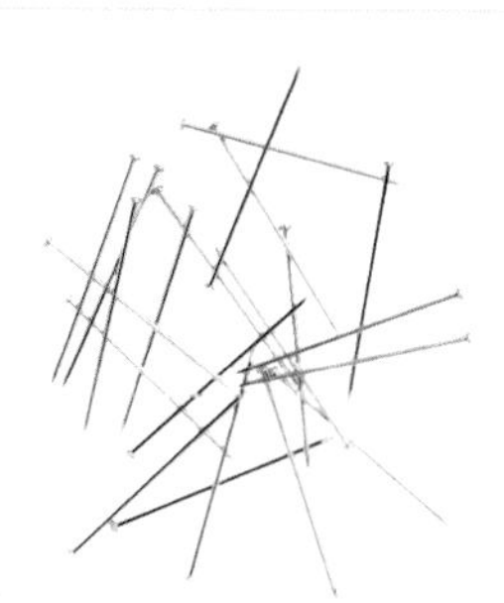

超细珠针
纤细的超长珠针，使用方便，且不会损坏布料，很受职业裁缝的青睐。

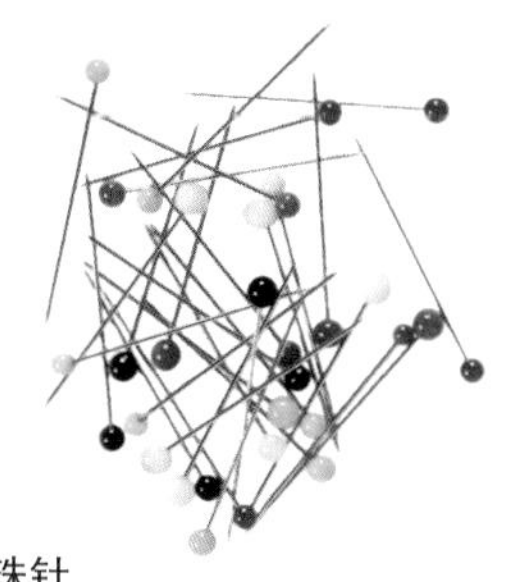

玻璃头珠针
和小珠珠针相似，只是略短，在熨烫时不会熔化。

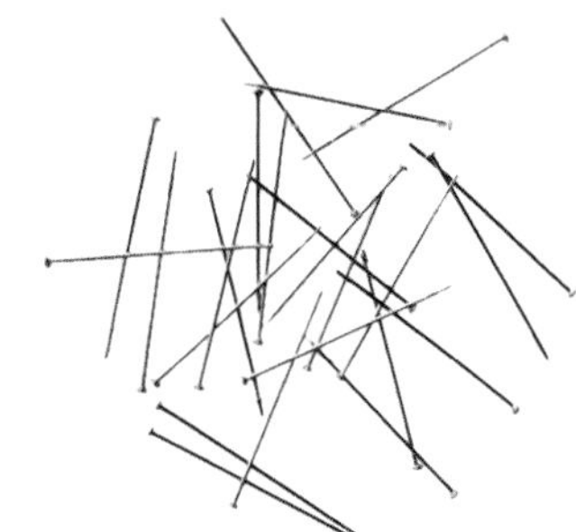

裁缝用珠针
和家用珠针的形状及粗细相仿，但比其略长。适合新手使用。

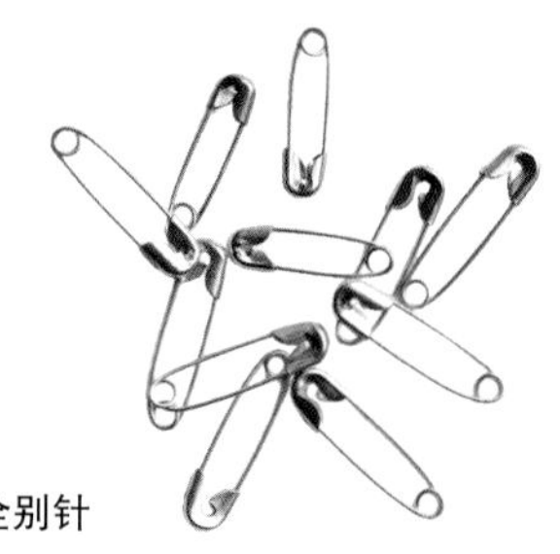

安全别针
由黄铜或不锈钢制成，有各种型号可选择。用来固定两层以上的布料。

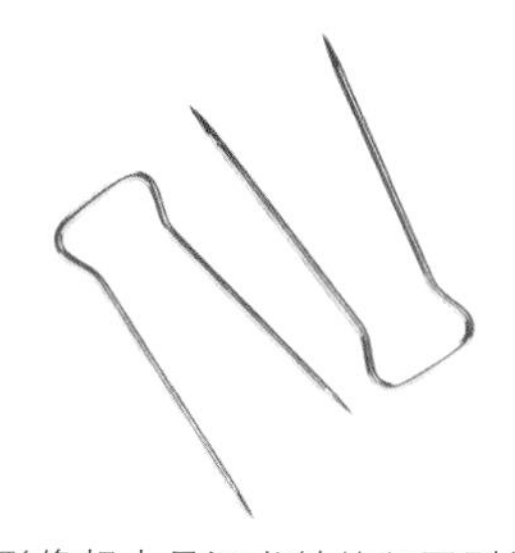

U形钉
一种外形像超大号订书针的坚固别针，用来将覆盖物固定到家具上。十分锋利，使用时要多加小心。

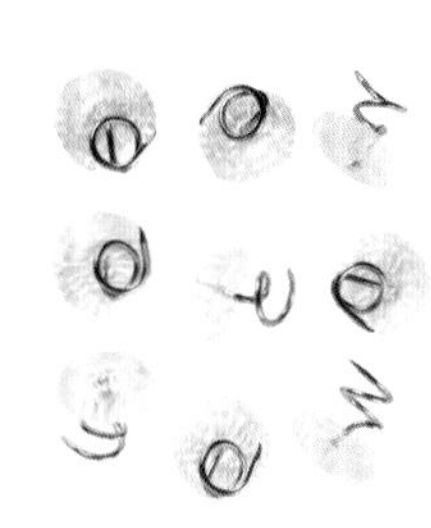

螺旋珠针
螺旋形的珠针，针头特别锋利，易弯曲。用来将覆盖物固定到家具上。

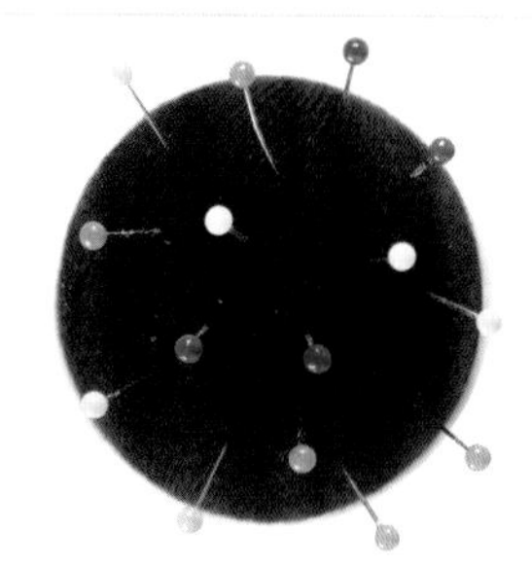

针插
最好选用表层为布料的针插，泡沫针插可能会使针头变钝。磁铁吸针器不能放在电脑缝纫机上。

缝纫线

缝纫线的种类繁多，令人眼花缭乱。有用于特别作品的特制线，比如用于机器刺绣或绗缝的线。缝纫线的纤维构成也不同，有纯棉、尼龙或聚酯纤维材质的。有些线纤细，有些线粗糙。选错缝纫线会导致整个作品的失败，也会影响缝纫机或包缝机缝线迹的效果。

棉线
纯棉线，光滑、结实，用于缝合棉质布料，深受拼布爱好者的喜爱。

聚酯纤维线
延展性很小的优质聚酯纤维线，适合缝制各种布料、衣物，以及居家饰品。是最常用的一种线。

丝线
由百分之百丝制成的线。用于机缝精致的丝绸服装。由于拆除后不会留下痕迹，也可用于假缝或是暂时缝合需要熨烫的区域，如上衣的领子。

弹性线
细圆线，一般用作缝纫机的梭线，可利用其弹性制作多层抽褶。

绣花线
一般由人造丝线制成，有光泽，是一种较细的机器绣花线。购买大轴的线比较划算。

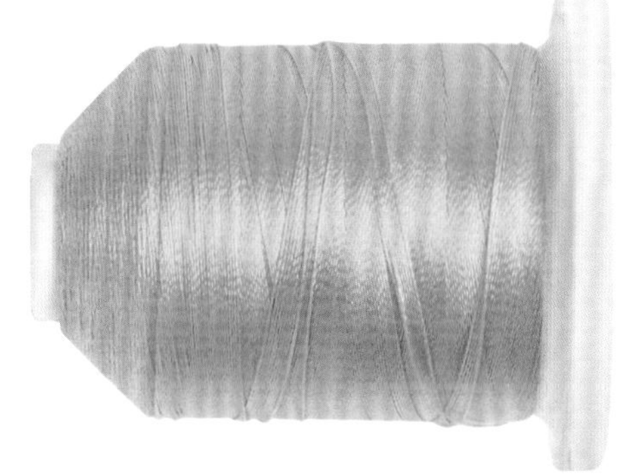

包缝线
缠绕在较大线轴上的亚光纱线，用于包缝机。这种线强度不够，不能用于缝纫机。

面缝线
略粗的聚酯纤维线，用于缝制衣物表面的装饰线迹和扣眼。也可用于在较厚的布料或是室内装饰品上手缝纽扣。

金属线
人造丝和金属材质的混纺线，用于机缝装饰线或绣花。需要搭配特制的机针使用。

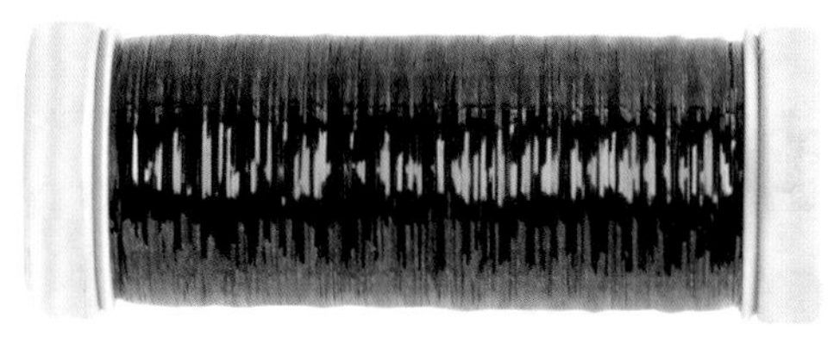
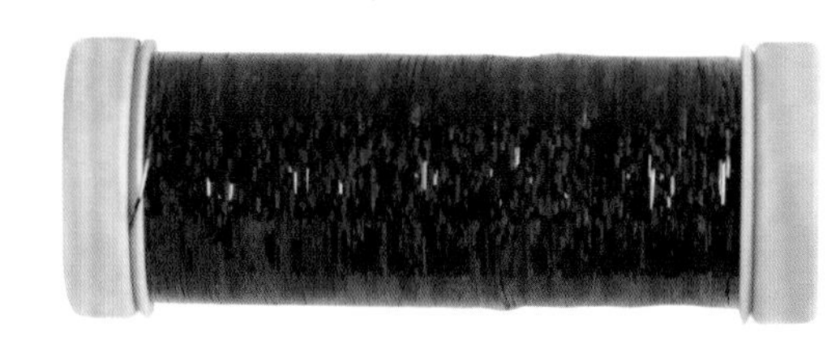
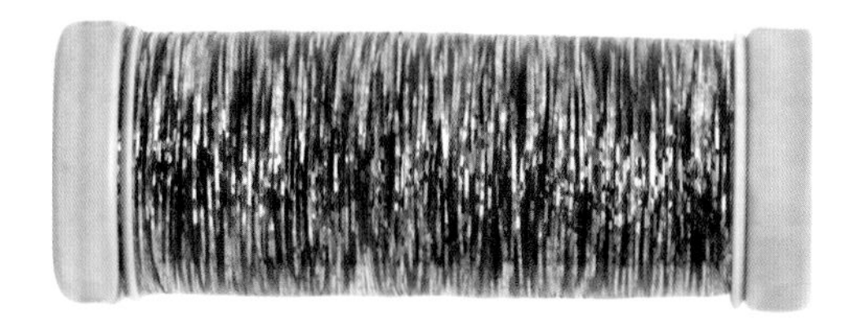

服饰配件

缝纫者所需要的各种小物件，包括纽扣、子母扣、钩眼扣和尼龙搭扣等扣合件，以及松紧带、丝带、各种饰边和羽骨。

纽扣

纽扣的材质多样，有贝壳、骨头、椰壳、尼龙、塑料、黄铜和银质的。其形状也各不相同，有几何图案的、抽象图案的和动物造型的。可以通过纽扣表面的孔或是小柄将其固定在布料上。

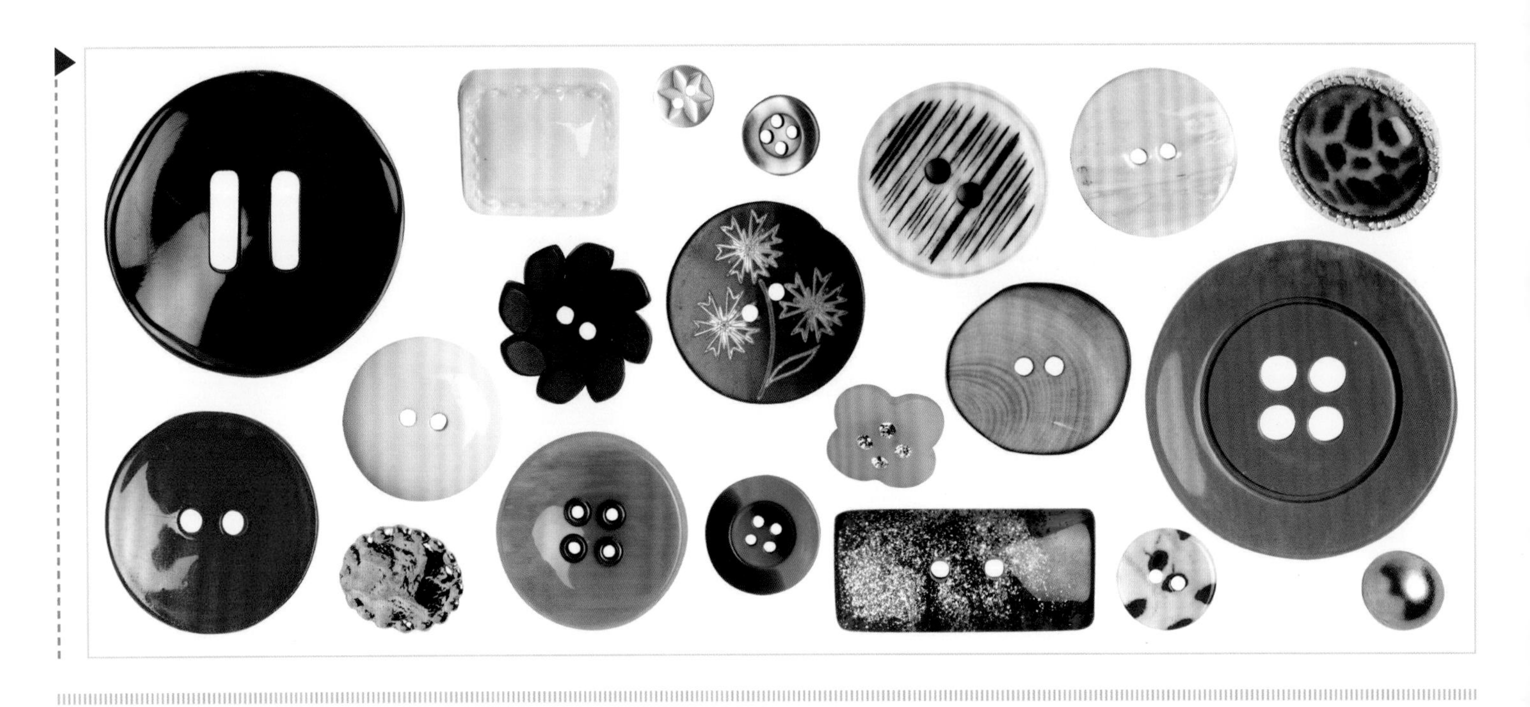

其他扣合件

钩眼扣（左下）和子母扣（中下）以及尼龙搭扣（右下）的大小、形状和颜色繁多。有些钩眼扣要外露出来，而子母扣和尼龙搭扣则是隐形的。

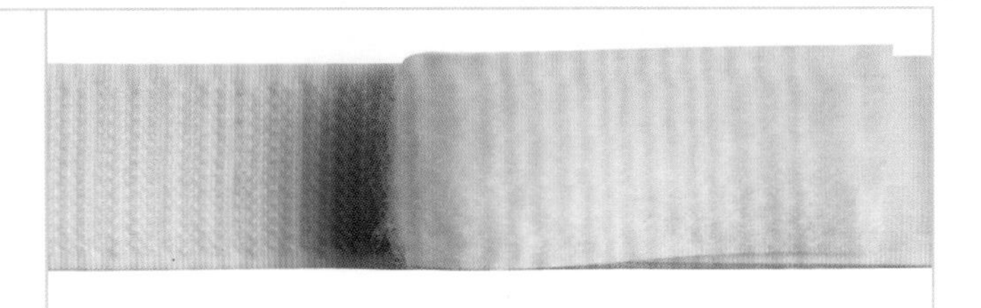

饰边、饰物、流苏和穗带

流苏、亮片、穗带、羽毛、珍珠、蝴蝶结、花朵和小珠都是装饰性的物品，有了它们的点缀，服装、手袋和室内装饰品会更加绚丽夺目，也更具个人风格。有些要缝到到缝份当中，有些则可直接装饰到作品的表面。

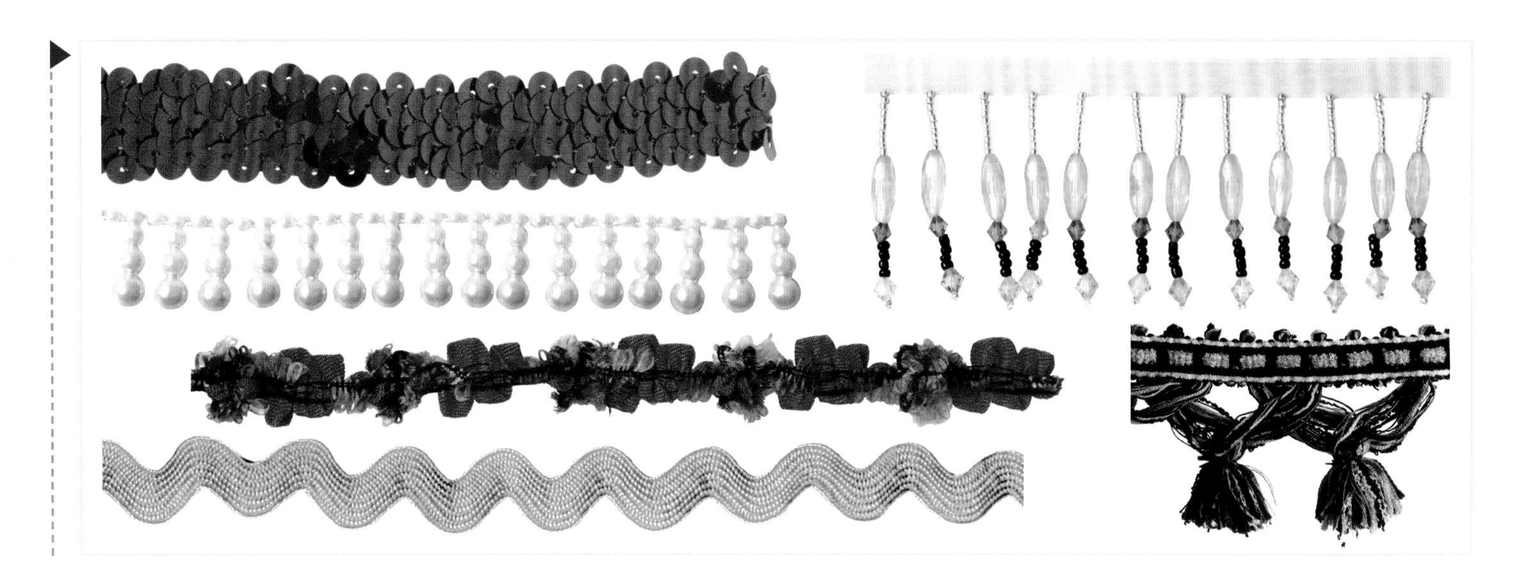

丝带

不同的丝带其宽窄差别很大，材质也各异，有尼龙、聚酯纤维和棉质等。丝带有单色的、印花的，也有缝有金属线或镶有金属边的。

松紧带

从细圆形到宽片的，各种大小和形状的松紧带应有尽有。有的上面有扣眼开口（右下），有的带有装饰边。

羽骨

有各种类型和大小的羽骨。聚酯纤维羽骨（左下），用于制作胸衣，可直接缝纫；尼龙羽骨（右下），也用于制作胸衣，但要穿入布管中。特制的金属羽骨（左上、右上），可以是直的或是弯曲的，用于制作紧身胸衣和婚纱。

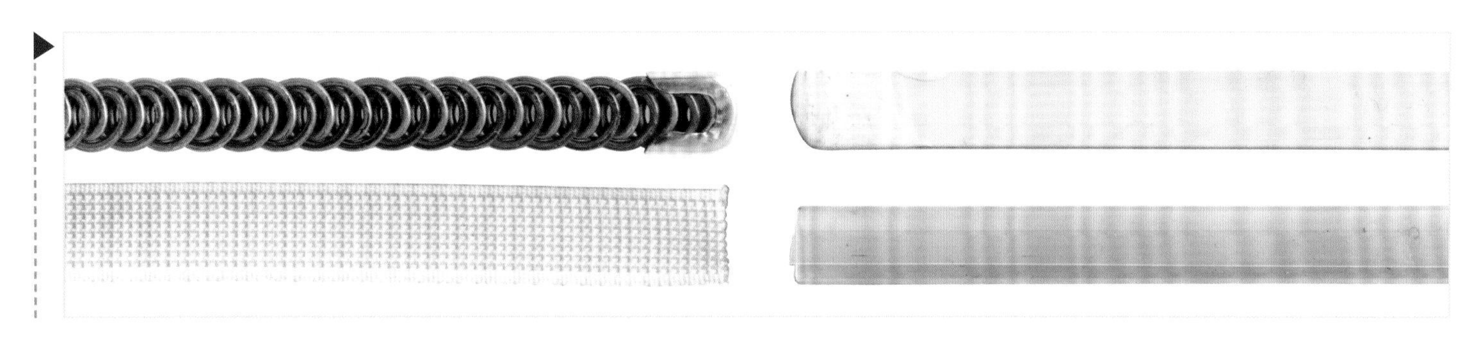

熨烫工具

熨烫的水平直接决定作品的最终效果。如果没有较专业的熨烫工具，作品看起来会过于随意或者像在家中自制的；使用正确的工具和方法熨烫后，作品看上去会更加有模有样。

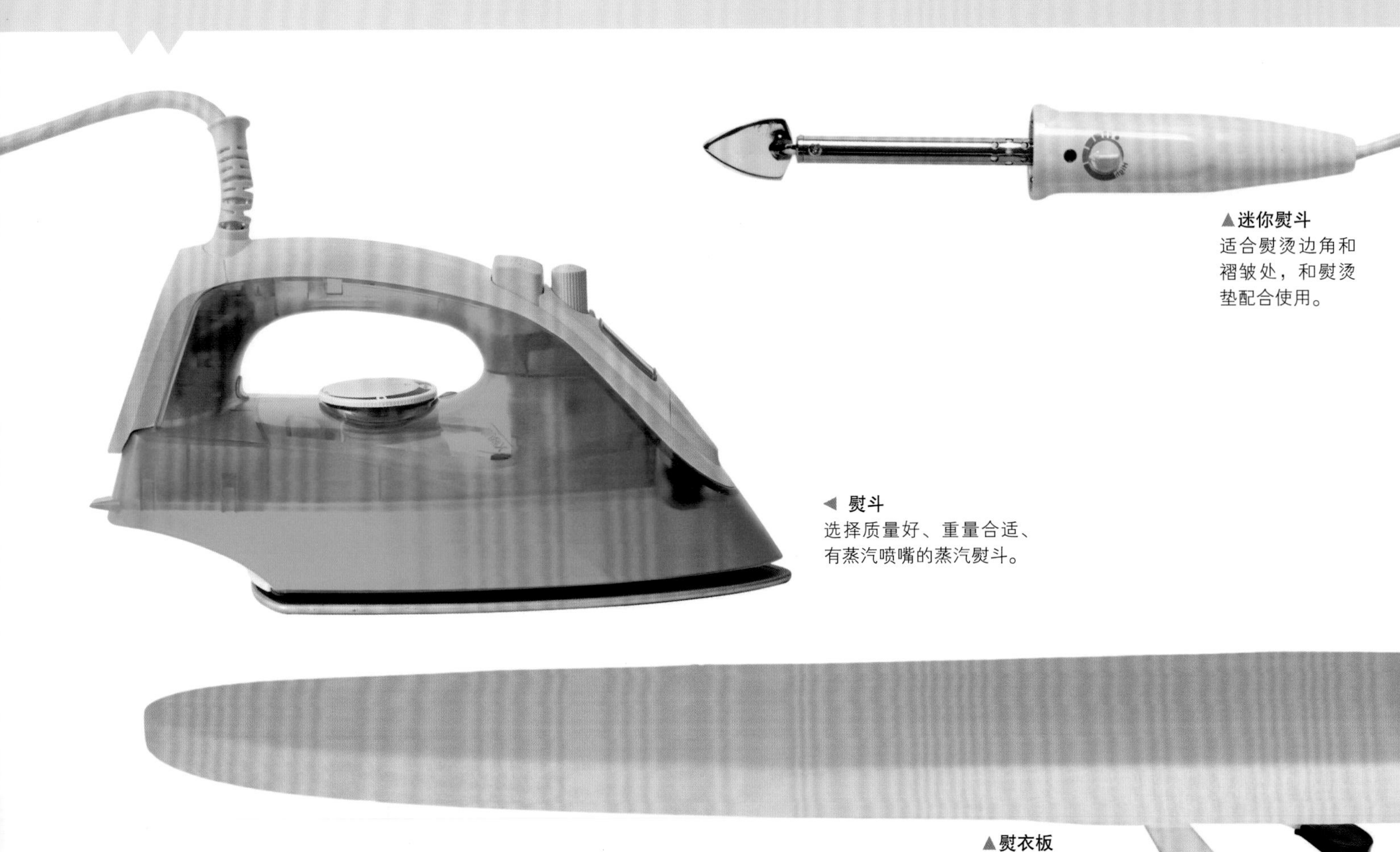

▲**迷你熨斗**
适合熨烫边角和褶皱处，和熨烫垫配合使用。

◀ **熨斗**
选择质量好、重量合适、有蒸汽喷嘴的蒸汽熨斗。

▲**熨衣板**
熨烫衣物必不可少的工具。应选用高度可调节的熨衣板。

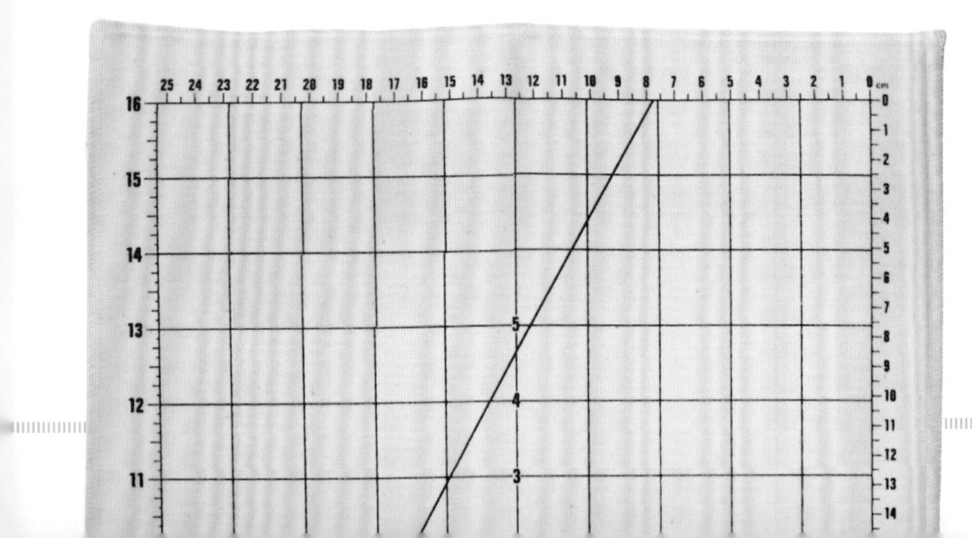

◀ **熨烫垫**
用于熨烫小型物件的隔热垫。

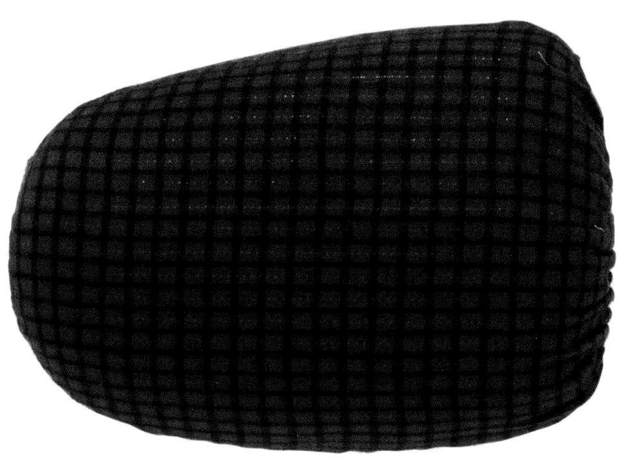

◀ **馒头烫垫**
形状似馒头的熨烫垫，用来熨烫省道、衣领和肩部的弧线，以及制作定制服装。

▲**袖烫垫**
圆柱状的熨烫工具，用来熨烫易产生条痕的布料，将缝份展开，可使熨斗只接触到接缝部分。也可用来熨烫袖子和裤子的接缝。

▲**压板**
木制工具，熨烫后，能在厚重布料上制作出永久性褶裥。上半部分用于烫压领缝和领尖。

熨烫衬布▶
一般为欧根纱或薄纱，可以透过衬布看到下面的布料。衬布能够避免熨斗在布料上留下痕迹或烫坏精致的布料。

手套式烫垫▶
可戴到手上，方便控制熨烫方向。

▼ **绒布烫垫**
一面是簇绒布料的熨烫垫，可以用来熨烫天鹅绒等起绒织物。

缝纫机

缝纫机能迅速进行缝纫，完成修补或者居家手工饰品的制作。目前大多数缝纫机都有先进的电脑控制系统，缝纫质量更高，使用更方便。购买缝纫机前一定要亲自试用，找到最适合自己的一款。

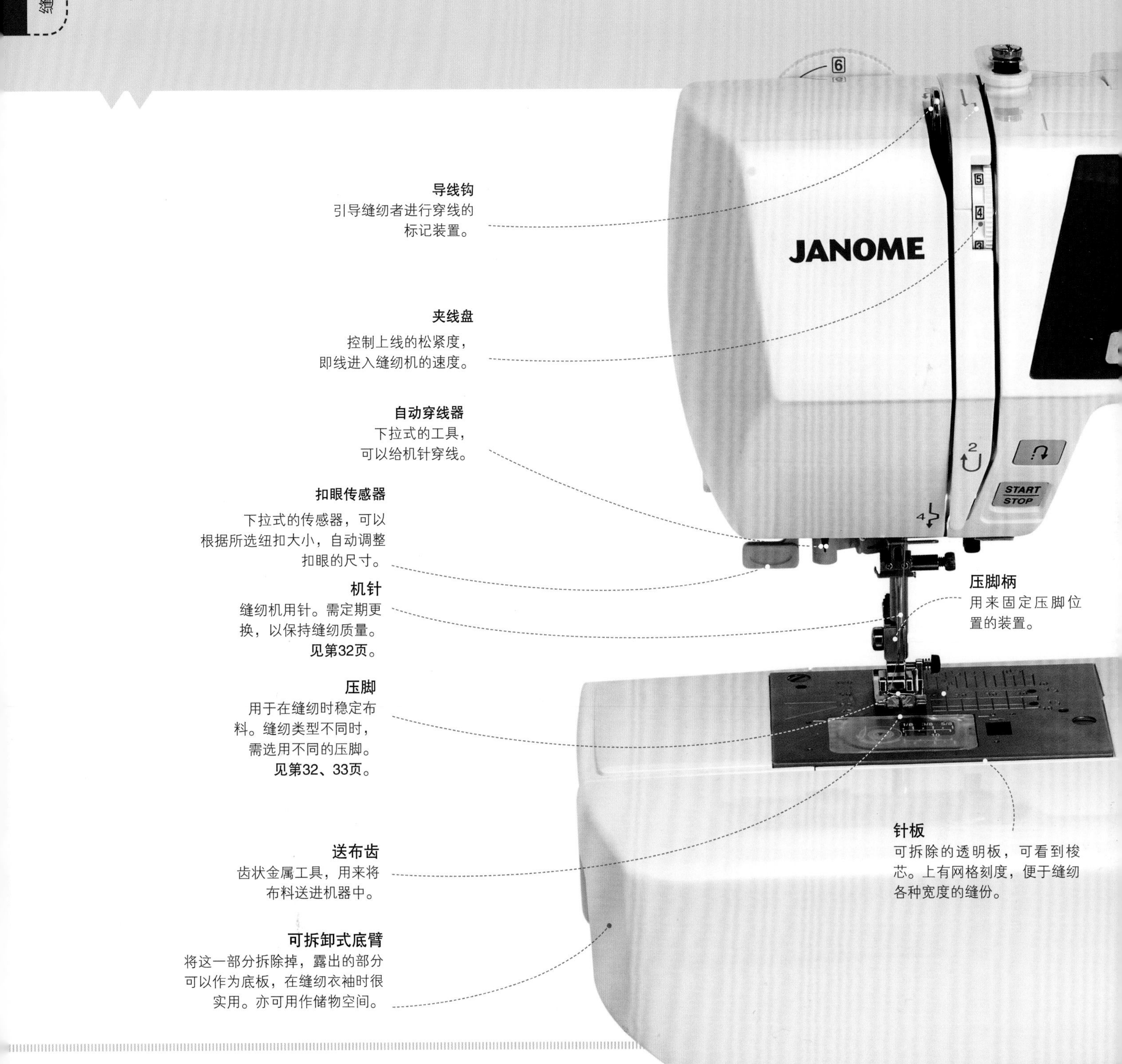

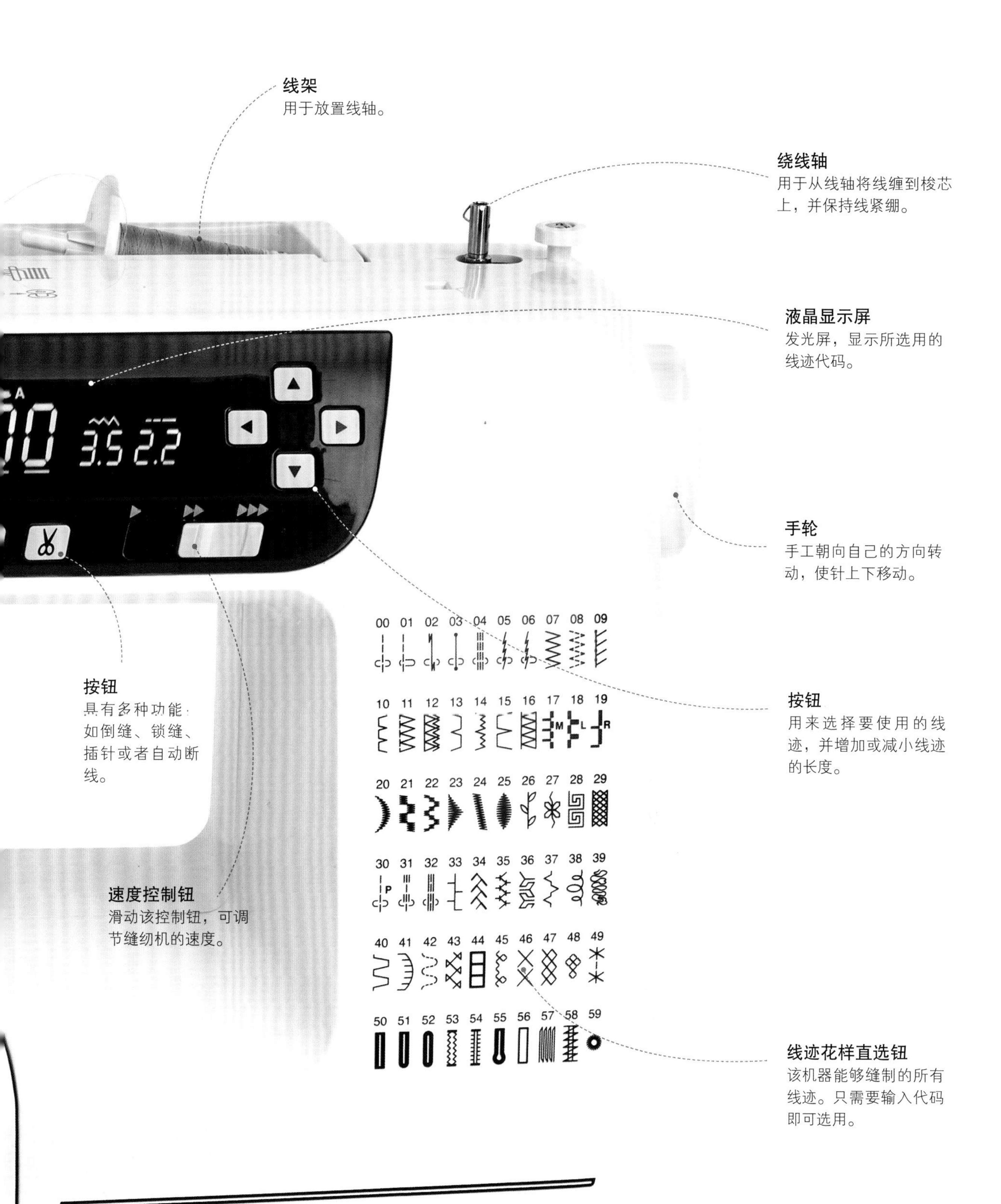
线架
用于放置线轴。
绕线轴
用于从线轴将线缠到梭芯上，并保持线紧绷。
液晶显示屏
发光屏，显示所选用的线迹代码。
手轮
手工朝向自己的方向转动，使针上下移动。
按钮
具有多种功能：如倒缝、锁缝、插针或者自动断线。
按钮
用来选择要使用的线迹，并增加或减小线迹的长度。
速度控制钮
滑动该控制钮，可调节缝纫机的速度。
线迹花样直选钮
该机器能够缝制的所有线迹。只需要输入代码即可选用。

缝纫机配件

购置必要的配件可使缝纫过程更加轻松。下面介绍最常用的几种机针和缝纫机压脚，它们可与不同布料、机缝线搭配使用。

塑料梭芯
用于底线的梭芯。有些缝纫机使用塑料梭芯，有些则使用金属材质的梭芯。购买前请确认适用的梭芯类型，不合适的梭芯会影响缝纫效果。

金属梭芯
也被称为通用梭芯，大多数缝纫机都适用。购买前请确定缝纫机是否适用金属梭芯。

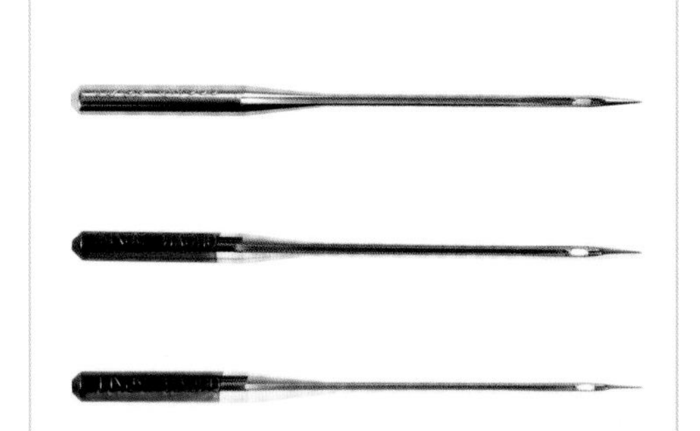

机针
使用不同的布料时，要选用不同的机针。机针的型号从60号到100号，60号是最细的。进行机器刺绣或使用金属线时要使用特制的机针。

包边压脚
在进行包边时，能压住布料边缘，便于缝纫。

刺绣压脚
透明的塑料压脚，底部有沟槽，下方可缝制直线形的机绣线迹。

自由刺绣或织补压脚
在缝纫机的送布齿放下时使用，可进行自由导向缝纫。

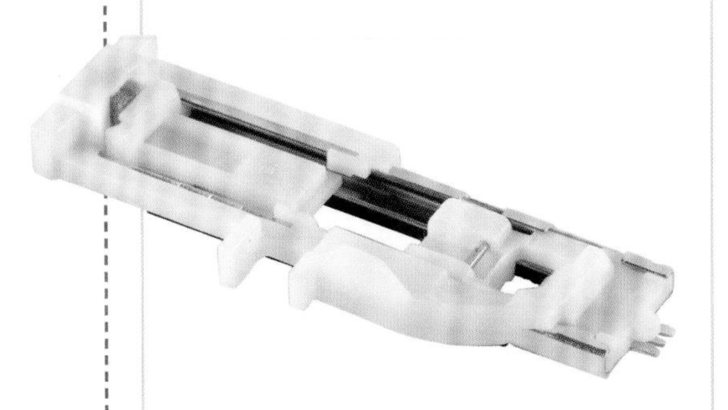

锁眼压脚
展开后，将扣眼放置在下方，根据扣眼传感器的信息，缝纫机可自动缝出大小合适的扣眼。

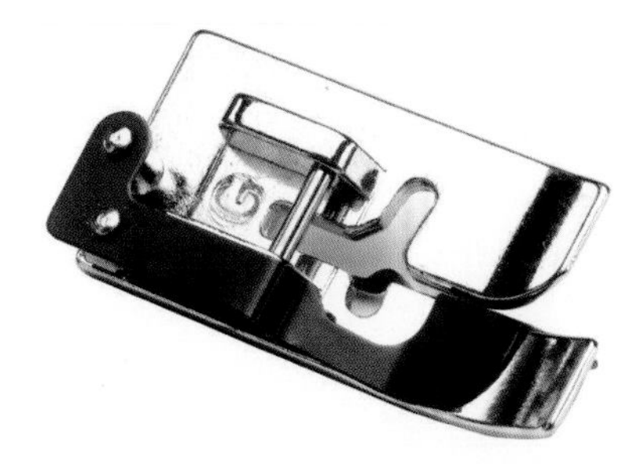

暗卷边压脚
选择暗卷边线迹时使用，能制作出齐整的卷边。

卷边压脚
该压脚能卷起布料，需配合直线线迹或Z字线迹使用。

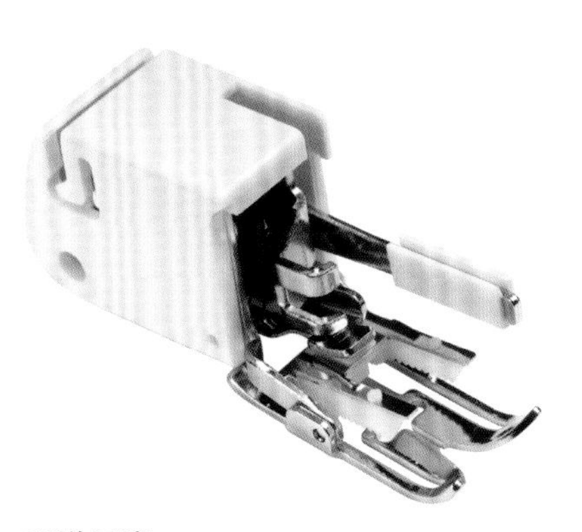

双送压脚
这个外形奇特的上层压脚能够在布料上滑动，而不是拉扯上层布料移动。在对齐格子和条纹，以及缝制棘手的布料时非常有用。

拉链压脚
可装在机针的左侧或右侧，使机器能够贴近拉链缝纫。

隐形拉链压脚
用来缝隐形拉链的压脚。压脚能撑开拉链环扣，方便机器在其后进行缝纫。

细褶压脚
底部有凹槽的压脚，可同时缝制多个细褶。

滚边压脚
底部有深凹槽，能够使滚边条通过，并紧贴其进行缝纫。

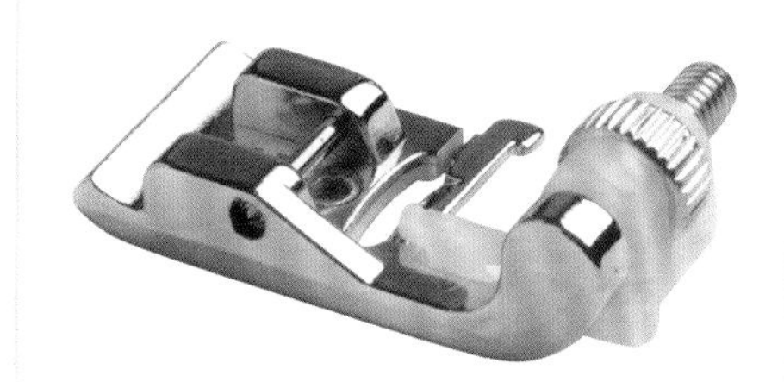

丝带压脚
可以让一条或两条丝带同时平整通过，同时进行精确缝纫。

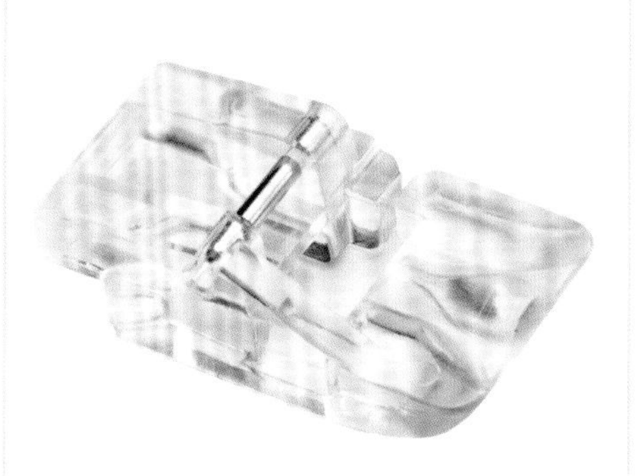

串珠压脚（窄）
底部有窄凹槽，可用来固定小珠子或装饰条。

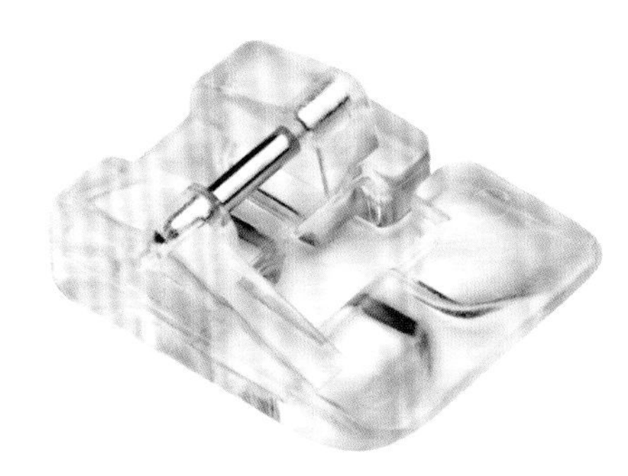

串珠压脚（宽）
压脚凹槽较宽，可固定成串的小珠子，并使用Z字线迹缝纫。

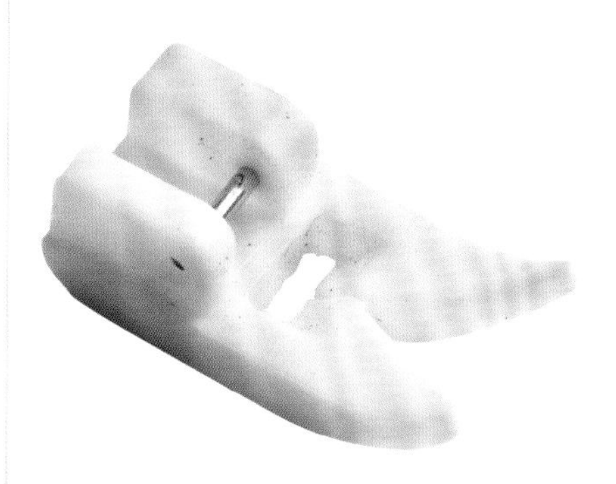

开趾压脚
特氟龙牌的压脚，能在布料上滑动。适用于合成皮革。

包缝机

包缝机（也称锁边机）和缝纫机配合使用，能制作出漂亮的作品。包缝机有两条上线，两条底线（弯针线），以及修剪布料毛边的切刀。包缝机主要用于包缝布料的边缘，也可以缝制有弹性的针织衣物。

包缝线迹

包缝机能将布料的毛边包绕加固。三线包缝线迹主要用于整边，四线包缝线迹多一道缝线，因此不仅可以用于整边，还可用于加固缝合多层布料。

▶ 三线包缝线迹

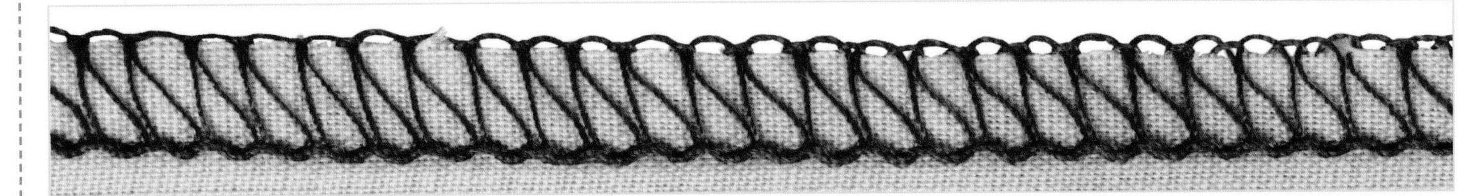

▶ 四线包缝线迹

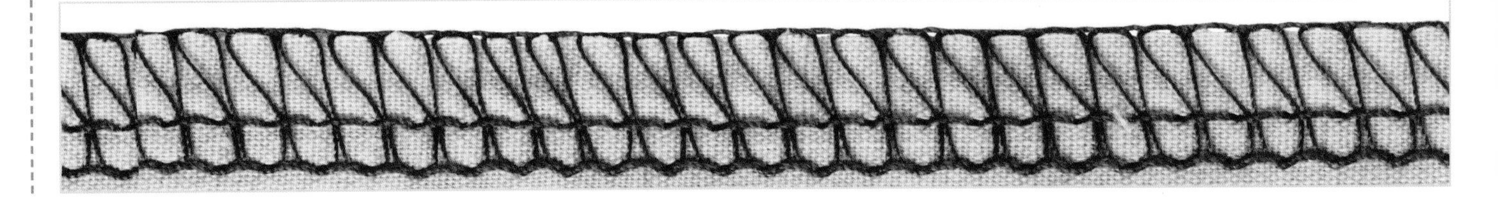

包缝机配件

有多种包缝机压脚可供选择。比如滚边压脚具有很好的装饰效果。

包缝机针
包缝机使用的圆头针能够形成大的线环，使弯针通过，从而完成包绕缝合。使用普通的缝纫机针会损坏包缝机。

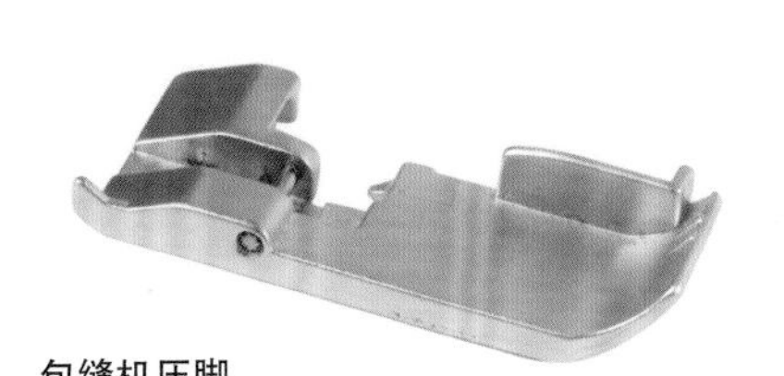

包缝机压脚
大多数情况下使用的是标准压脚。

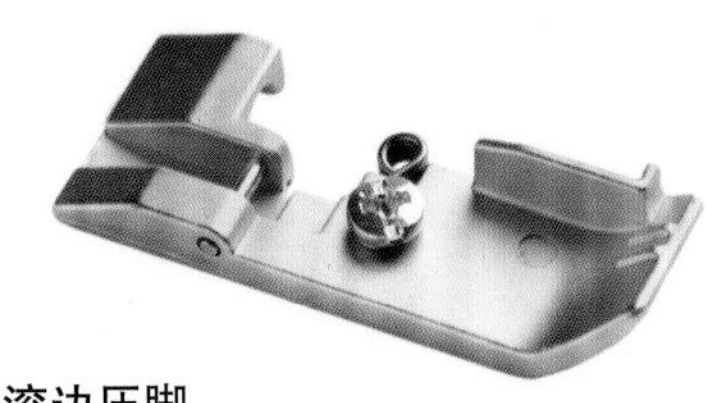

滚边压脚
一侧有环扣的压脚，细绳或渔线能从环扣中通过。和卷边线迹同时使用，能形成很好的装饰效果。

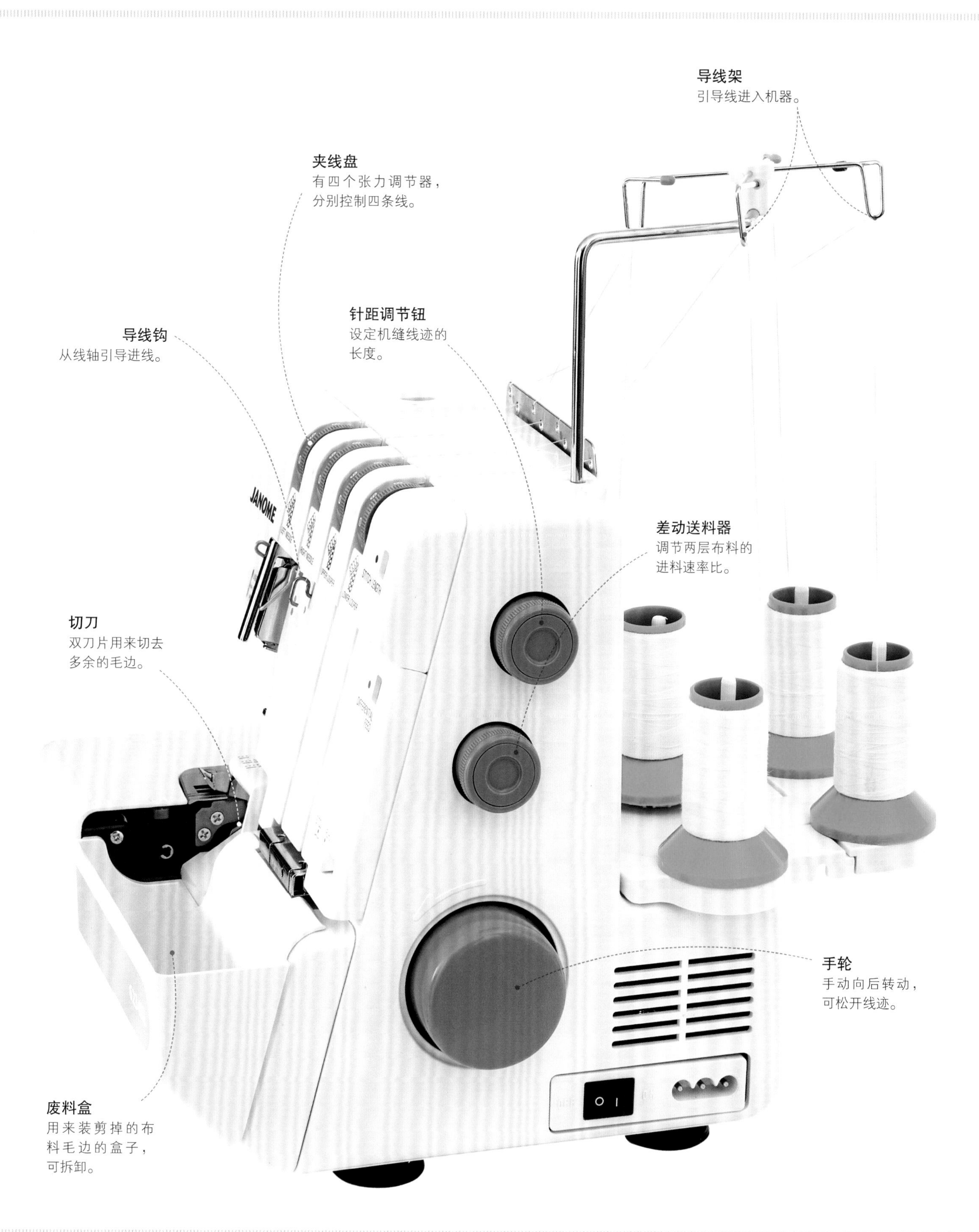

导线架
引导线进入机器。
夹线盘
有四个张力调节器，分别控制四条线。
针距调节钮
设定机缝线迹的长度。
导线钩
从线轴引导进线。
差动送料器
调节两层布料的进料速率比。
切刀
双刀片用来切去多余的毛边。
手轮
手动向后转动，可松开线迹。
废料盒
用来装剪掉的布料毛边的盒子，可拆卸。
JANOME

绣花机

专门用来绣花的机器，可用来制作美观的衣物和家居用品。有电脑控制系统，自带多种刺绣花样，也可购买许多其他的花样使用于这种绣花机上。最好使用特制的绣花线和底线。

刺绣花样

下面是众多刺绣花样中的几种，可用于衣物、饰物或餐垫、桌布、餐巾、婴儿被、枕套等物品的装饰。

绣花机配件

绣花绷有各种大小和形状，要将其装在绣花机上才能进行刺绣。

绣花绷的底部是网格模板，有助于准确地找出绣制花样的位置。

将布料平铺在绣花绷中，装上固定环，拧紧。务必保持布料紧绷。

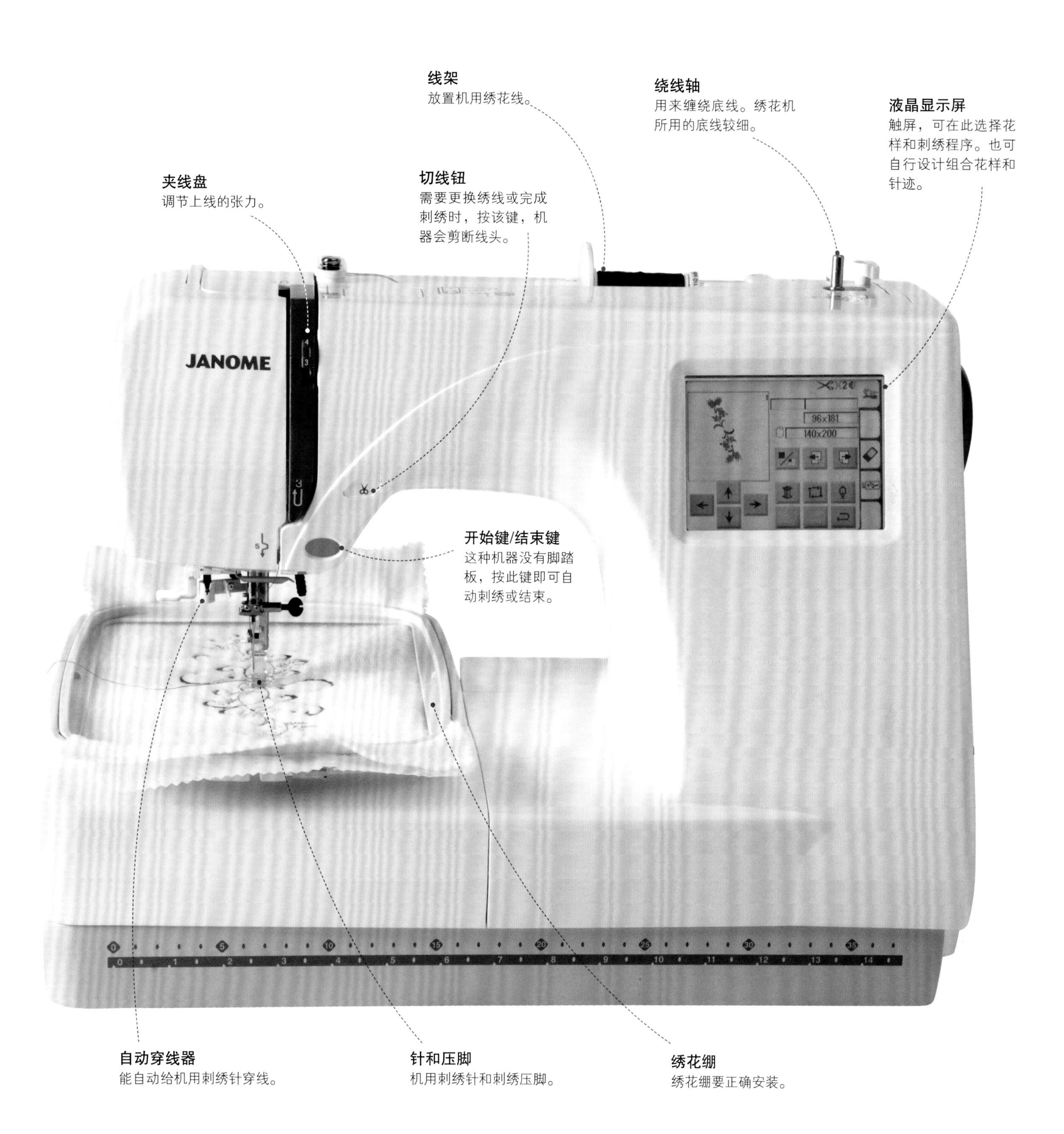
线架
放置机用绣花线。
绕线轴
用来缠绕底线。绣花机所用的底线较细。
液晶显示屏
触屏，可在此选择花样和刺绣程序。也可自行设计组合花样和针迹。
夹线盘
调节上线的张力。
切线钮
需要更换绣线或完成刺绣时，按该键，机器会剪断线头。
JANOME
96x181
140x200
开始键/结束键
这种机器没有脚踏板，按此键即可自动刺绣或结束。
自动穿线器
能自动给机用刺绣针穿线。
针和压脚
机用刺绣针和刺绣压脚。
绣花绷
绣花绷要正确安装。

布料

无论是做衣服、居家装饰，还是做布艺小饰品，选对布料是非常重要的。购买时需注意布料的种类和垂坠感，布幅的宽度、布料的价格，以及布料的清洗方式——有些布料只能干洗。

毛织物

毛织物由天然纤维纺织而成，其原材料主要是绵羊毛，澳大利亚美利奴羊毛是公认的最优质的羊毛。除此之外，毛料的材料还可以来源于山羊毛（马海毛和羊绒）、兔毛（安哥拉兔毛）、骆驼毛（驼绒）和美洲驼毛（羊驼绒）。纤维较短的松软毛料织物被称作毛纱，纤维较长的结实光滑的织物叫作精纺毛。初剪羊毛（新羊毛）是指第一次使用的毛料纤维。毛料可以重新处理后再次使用，此时多与其他纤维进行混纺。

毛织物的特性

- 穿着舒适，材质和厚度多样，在所有季节都可以穿着
- 透气性好，冬暖夏凉
- 比其他天然纤维的吸湿性好，能吸收自身重量30%的水分
- 耐火性好
- 不易起皱
- 易裁剪，易蒸汽熨烫定型
- 常与其他纤维混纺，以降低成本
- 暴露于高温、潮湿和重压下易毡化变硬
- 长时间暴露于强光下会褪色
- 会被虫蛀

羊绒（CASHMERE）

由克什米尔山羊毛制成，是最昂贵的毛料制品。柔软耐磨，有各种重量的可供选择。

裁剪：羊绒一般略有起绒，需倒顺毛排料。

接缝：平缝，并用包缝机包边或锯齿剪修边（若使用Z字线迹会使缝份的边缘卷曲）。

线：最好用丝线，也可使用聚酯纤维线。

针：按照布料的密度，选用12号或14号机针；手工缝纫时选用缝衣长针。

熨烫：使用蒸汽熨斗的蒸汽模式进行熨烫，并使用熨烫衬布和袖烫垫。

用途：上衣，外套，男式西装；针织羊绒可用于制作毛衣，如开衫和内衣。

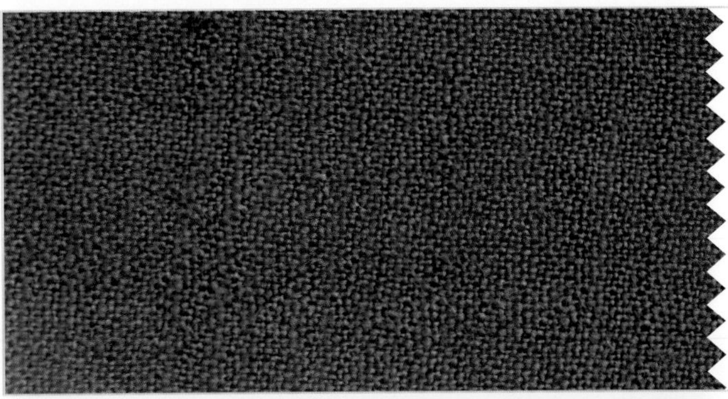

薄型毛料织物 (CHALLIS)

细毛料织物，由表面质地不光滑的精纺毛纱制成；有平纹单色的，也有印花的。

裁剪：布料有印花时，需倒顺毛排料。

接缝：平缝，并用包缝机或Z字线迹包边，也可采用包口接缝。

线：聚酯纤维线。

针：11号或12号机针；手工缝纫时选用缝衣长针。

熨烫：使用蒸汽熨斗的蒸汽模式进行熨烫，并使用熨烫衬布；受热后布料会延伸，需小心处理。

用途：礼服裙，上衣，有褶饰和垂褶的衣物。

绉纱 (CREPE)

由捻纱制成的柔软布料，表面不光滑。布料存放过程中，可能会被拉伸，使用前应蒸汽熨烫布料，使其自然回缩。

裁剪：无须使用倒顺毛排料。

接缝：平缝，并用包缝线迹包边（若使用Z字线迹会使缝份的边缘卷曲）。

线：聚酯纤维线。

针：12号机针；手工缝纫时选用缝衣长针或假缝针。

熨烫：选用蒸汽熨斗的毛料熨烫模式；可不用熨烫衬布。

用途：所有衣物。

各种缝针和珠针见第22～23页 ● 缝纫线见第24～25页 ● 熨烫工具见第28～29页

法兰绒 (FLANNEL)

拉绒毛料，主要采用平纹或斜纹机织。过去多用来制作内衣。

裁剪：需倒顺毛排料。

接缝：平缝，并用包缝或Z字线迹包边，也可采用港式接缝。

线：聚酯纤维线。

针：14号机针；手工缝纫时选用缝衣长针。

熨烫：使用蒸汽熨斗的毛料模式进行烫压，并使用熨烫衬布；布料易产生条痕，需使用袖烫垫。

用途：外套，上衣，裙子，男式西装。

华达呢 (GABARDINE)

耐磨的西服料，布料纹理分明，有光泽，有弹性。易散边，磨毛后较难处理。

裁剪：因布料有光泽，建议使用倒顺毛排料。

接缝：平缝，并用包缝或Z字线迹包边。

线：聚酯纤维线或全棉线。

针：14号机针；手工缝纫时选用缝衣长针。

熨烫：使用蒸汽熨斗的毛料模式进行烫压；布料易产生条痕，使用欧根纱作为熨烫衬布。

用途：男式西装，上衣，裤子。

马海毛 (MOHAIR)

由安哥拉山羊毛纺成。其纤维长而直，非常结实，制作出的布料或毛纱有长绒。

裁剪：需倒顺毛排料，各个图样中的毛应倒向同一个方向。

接缝：平缝，并用包缝线迹包边或锯齿剪修边。

线：聚酯纤维线。

针：14号机针；手工缝纫时选用缝衣长针。

熨烫：使用蒸汽熨斗的毛料模式进行烫压；按照起毛的方向顺次熨烫布料。

用途：上衣，外套，男式西装，居家布艺；马海毛线可用于编织毛衣。

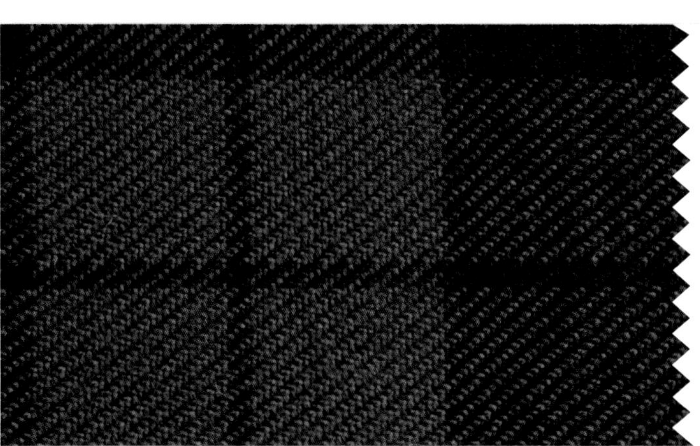

格子呢 (TARTAN)

正宗的格子呢源于苏格兰，每种格子呢的花样都不一样。由精纺毛纱机织斜纹而成。

裁剪：查看布料上的格子图案是否对称，有时需倒顺毛排料，甚至单层排料。

接缝：平缝，对齐图案，并用包缝或Z字线迹包边。

线：聚酯纤维线。

针：14号机针；手工缝纫时选用缝衣长针。

熨烫：使用蒸汽熨斗的毛料模式进行烫压；可能需要使用熨烫衬布，熨烫前要先试一下。

用途：传统上用来制作苏格兰裙，现在多用来制作短裙、裤子、上衣和居家布艺。

裁剪见第76～83页 • 机缝线迹和接缝见第92～103页

现代粗花呢(TWEED, MODERN)

由厚而蓬松的毛纱制成。现代粗花呢有素色的，也有各种当今常用颜色交织的；有些粗花呢的纬线甚至是金属或纸质的，是一种备受服装设计师青睐的布料。

裁剪：需倒顺毛排料。

接缝：平缝，并用包缝或Z字线迹包边。这种布料易散边。

线：聚酯纤维线。

针：14号机针；手工缝纫时选用手缝长针。

熨烫：使用蒸汽熨斗的毛料模式进行烫压；可以使用熨烫衬布。

用途：上衣，外套，短裙，礼服裙及居家布艺。

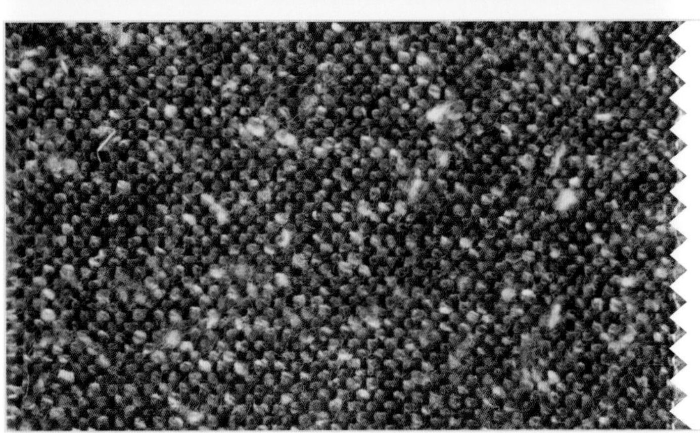

传统粗花呢(TWEED，TRADITIONAL)

经纬分明的粗糙布料，经纬线颜色不同，形成小型的格子图案。传统粗花呢总能让人联想到英国的乡村。

裁剪：布料上有格子图案时，需倒顺毛排料。

接缝：平缝，并用包缝或Z字线迹包边。也可使用锯齿剪修剪毛边。

线：聚酯纤维线，或纯棉线。

针：14号机针；手工缝纫时选用手缝长针。

熨烫：使用蒸汽熨斗的蒸汽模式进行烫压；可不用熨烫衬布。

用途：上衣，外套，短裙，男式西装，居家布艺。

威尼斯精纺细呢 (VENETIAN)

奢华缎纹毛料，价格昂贵。

裁剪：需倒顺毛排料。

接缝：平缝，并用包缝或Z字线迹包边。

线：聚酯纤维线，或纯棉线。

针：14号机针；手工缝纫时选用手缝长针。

熨烫：使用蒸汽熨斗的蒸汽模式进行烫压；布料易产生条痕，请使用欧根纱作为熨烫衬布。使用袖烫垫熨烫接缝。

用途：上衣，外套，男式西装。

精纺毛纱(WOOL WORSTED)

轻便结实的布料，由上等结实的细长丝纤维制成。布料存放过程中，可能会被拉伸，使用之前应蒸汽熨烫布料，使其自然回缩。

裁剪：需倒顺毛排料。

接缝：平缝，并用包缝或Z字线迹包边，也可采用港式接缝。

线：聚酯纤维线。

针：12号或14号机针；手工缝纫时选用手缝长针或假缝针。

熨烫：选用蒸汽熨斗的毛料熨烫模式，使用熨烫衬布；使用袖烫垫熨烫接缝。

用途：裙子，上衣，外套，裤子。

各种缝针和珠针见第22~23页 • 缝纫线见第24~25页 • 熨烫工具见第28~29页

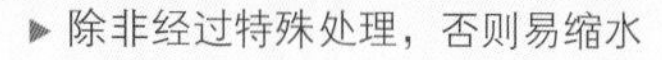

棉织物

棉织物用途广泛，最为常见。棉织物由棉花果实的棉纤维纺织而成。从古代开始，人们就使用棉织物。现在美国、印度和中东的一些国家都是世界上的棉花出产大国。棉纤维有细长和短粗之分，好的细长纤维一般用来制作床上用品。棉织物体感凉爽，在天气炎热的国家很受欢迎。

棉织物的特性

- 吸水性较好，散热性好
- 浸水后比干燥时韧性更好
- 不会产生静电
- 易染色
- 除非经过特殊处理，否则易缩水
- 布料易因发霉或长期暴露于强光下而变质
- 易产生褶皱
- 易脏，也易洗

马德拉刺绣布(BRODERIE ANGLAISE)

平纹机织的精纺布料，上有特殊的小孔刺绣。一般为白色或浅色。

裁剪：一般将刺绣处放在衣服的下摆或折边处。

接缝：平缝，并用包缝或Z字线迹包边；也可使用法式缝。

线：聚酯纤维线。

针：12号或14号机针；手工缝纫时选用缝衣长针。

熨烫：选用蒸汽熨斗的棉布熨烫模式，无须使用熨烫衬布。

用途：婴儿衣物，夏季裙装，女式衬衫。

平纹布 (CALICO)

平纹机织布料，一般没有经过漂白，较为硬挺。有各种不同重量的可以选用，有的非常精细，有的则很粗重。

裁剪：无须使用倒顺毛排料。

接缝：平缝，并用包缝或Z字线迹包边。

线：聚酯纤维线。

针：根据用线的粗细选择11号或14号机针；手工缝纫时选用缝衣长针。

熨烫：选用蒸汽熨斗的棉布熨烫模式，无须使用熨烫衬布。

用途：样服（试穿衣服），居家布艺。

牛津纺布 (CHAMBRAY)

一种轻质棉布，经线为彩色，纬线为白色。牛津纺布有时也呈现格子或是条纹的花样。

裁剪：无须使用倒顺毛排料。

接缝：平缝，并用包缝或Z字线迹包边。

线：聚酯纤维线。

针：11号机针；手工缝纫时选用缝衣长针。

熨烫：选用蒸汽熨斗的棉布熨烫模式，无须使用熨烫衬布。

用途：女式上衣，男式衬衣，童装。

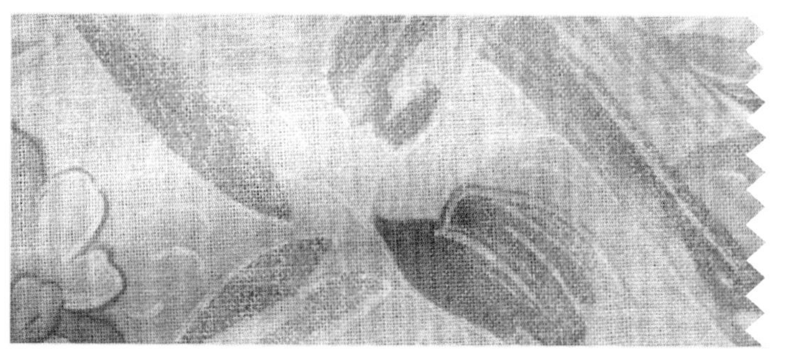

轧光印花棉布 (CHINTZ)

素色或印有花朵图案的棉布，有轧光效果，布料有光泽。机织纹理细腻，一般经过防尘处理。

裁剪：需倒顺毛排料。

接缝：平缝，并用包缝或Z字线迹包边；也可使用包口接缝。

线：聚酯纤维线，或纯棉线。

针：14号机针；手工缝纫时选用假缝针。

熨烫：选用蒸汽熨斗的棉布熨烫模式，因布料表面有光泽，需使用熨烫衬布。

用途：居家布艺。

裁剪见第76～83页 • 机缝线迹和接缝见第92～103页

灯芯绒 (CORDUROY)

柔软的起绒布料，并织有清晰的条纹（称为凸条纹或罗纹）。条纹的宽度不同，布料的名称也不同：条纹极窄的作叫细条灯芯绒；条纹略宽的叫作窄条灯芯绒；每2.5cm里有10～12条条纹的叫作普通灯芯绒；条纹极粗极宽的叫作粗灯芯绒。

裁剪：需倒顺毛排料，并将灯芯绒的绒毛从下向上刷起，使颜色看起来更加厚重。

接缝：平缝，使用双送压脚，并用包缝或Z字线迹包边。

线：聚酯纤维线。

针：12号或16号机针；手工缝纫时选用缝衣长针或假缝针。

熨烫：选用蒸汽熨斗的棉布熨烫模式；熨烫接缝时使用袖烫垫。

用途：裤子，裙子，男装。

绉布(CRINKLE COTTON)

褶皱由热定型制作而成，比泡泡纱（见第46页）效果更强烈。清洗绉布时要特别小心，趁布料中还有水分时及时整理出褶皱。

裁剪：布料有印花时，需倒顺毛排料。

接缝：平缝，并用包缝或Z字线迹包边。

线：聚酯纤维线。

针：12号机针；手工缝纫时选用假缝针。

熨烫：选用蒸汽熨斗的棉布熨烫模式，注意不要将褶皱烫平。

用途：女式上衣，礼服裙，童装。

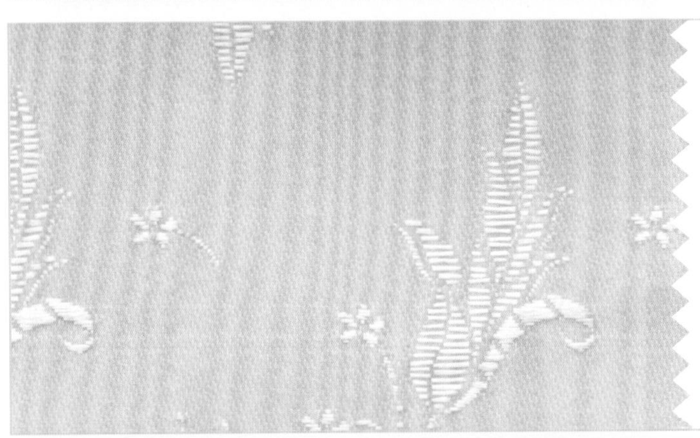

花缎 (DAMASK)

使用提花机机织的棉布，布料上有花朵图案。表面可能有光泽。

裁剪：需倒顺毛排料。

接缝：平缝，并用包缝或Z字线迹包边。

线：聚酯纤维线，或纯棉线。

针：14号机针；手工缝纫时选用缝衣长针。

熨烫：选用蒸汽熨斗的棉布熨烫模式，布料表面有光泽时需使用熨烫衬布。

用途：居家布艺，彩色花缎可制作上衣、裙子。

牛仔布 (DENIM)

DENIM源自法国的尼姆市（Nimes）。一种耐磨的斜纹机织棉布，经线为彩色，纬线为白色，一般用来制作牛仔裤。牛仔布的重量各异，布中常织入弹性线以增加延展性。牛仔布一般为蓝色，但也有其他颜色。

裁剪：无须使用倒顺毛排料。

接缝：包口接缝或平针面缝。

线：聚酯纤维线和用于细致面缝的面缝线。

针：14号或16号机针；手工缝纫时选用缝衣长针。

熨烫：选用蒸汽熨斗的棉布熨烫模式，无须使用熨烫衬布。

用途：牛仔裤，上衣，童装。

各种缝针和珠针见第22～23页 ● 缝纫线见第24～25页 ● 熨烫工具见第28～29页

斜纹布 (DRILL)

一种耐磨的斜纹或平纹机织布，经纬线颜色相同。斜纹布的布边极易起毛。

裁剪：无须使用倒顺毛排料。

接缝：包口接缝；或平缝，并用包缝或Z字线迹包边。

线：聚酯纤维线和用于细致面缝的面缝线。

针：14号机针；手工缝纫时选用缝衣长针。

熨烫：选用蒸汽熨斗的棉布熨烫模式，无须使用熨烫衬布。

用途：男装，休闲装，裤子。

条格平布 (GINGHAM)

颜色清新的两色棉布，上有各种大小的格子图案。使用成组的彩色纬线和白色经线，并采用平纹机织的手法织成。

裁剪：图案是大小相同的格子时，可不用倒顺毛排料，但建议使用倒顺毛排料。

接缝：平缝，并用包缝或Z字线迹包边。

线：聚酯纤维线。

针：11号或12号机针；手工缝纫时选用缝衣长针。

熨烫：选用蒸汽熨斗的棉布熨烫模式，无须使用熨烫衬布。

用途：童装，礼服裙，短裙，居家布艺。

针织布 (JERSEY)

细纱针织布，有弹性，穿起来非常舒适。悬垂性很好。

裁剪：建议倒顺毛排料。

接缝：四线包缝；或采用平缝包边，先用细小的Z字线迹缝制平接缝，然后再用Z字线迹将缝份缝合在一起。

线：聚酯纤维线。

针：12号或14号机针；包缝时需要圆头包缝机针，手工缝纫时选用假缝针。

熨烫：选用蒸汽熨斗的毛料熨烫模式，若选用棉布熨烫模式，针织布会收缩。

用途：内衣，睡裙，休闲服，寝具。

细棉布 (COTTON LAWN)

是由精细的高密度棉纱织出的平纹机织布，手感如丝绸般光滑。

裁剪：除非布料有单向印花，否则无须倒顺毛排料

接缝：平缝，并用包缝或Z字线迹包边；法式缝。

线：纯棉线；或聚酯纤维线。

针：11号机针，手工缝纫时使用9号假缝针。

熨烫：选用蒸汽熨斗的棉布熨烫模式，无须使用熨烫衬布。

用途：女士上衣，衬衫，礼服裙，童装，衬里。

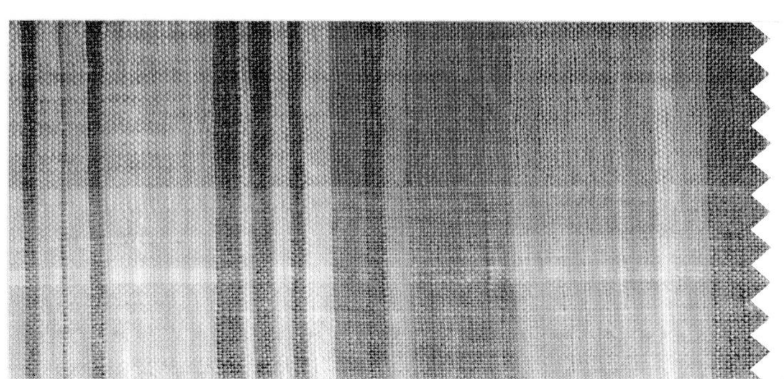

马德拉斯纵条布 (MADRAS)

由精纺棉纱织成的格子布料，一般产自印度。颜色鲜艳，格子的大小不同。一种价格低廉的棉织物。

裁剪：需倒顺毛排料来对齐格子图案。

接缝：平缝，并用包缝或Z字线迹包边。

线：聚酯纤维线。

针：12号或14号机针；手工缝纫时选用缝衣长针。

熨烫：选用蒸汽熨斗的棉布熨烫模式，无须使用熨烫衬布。

用途：衬衣，裙子，居家布艺。

裁剪见第76～83页 • 机缝线迹和接缝见第92～103页

平纹细布 (MUSLIN)

一种有网眼的精纺棉布。有染色的，但大多数为未漂染的原色或是白色。适合用作熨烫衬布和衬里布。用前请先洗涤。

剪裁：无须倒顺毛排料。

接缝：四线包缝；或平缝，并用包缝或Z字线迹包边；也可使用法式接缝。

线：聚酯纤维线。

针：11号机针；手工缝纫时选用假缝针。

熨烫：选用蒸汽熨斗的棉布熨烫模式，无须使用熨烫衬布。

用途：窗帘和其他居家用品。

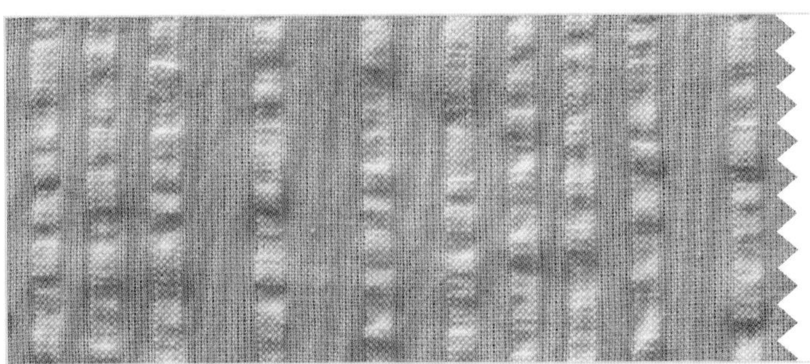

泡泡纱 (SEERSUCKER)

机织棉布，表面上有褶裥形成泡泡状凸起。避免过度熨烫，否则会影响布料的表面效果。

裁剪：由于布料表面有褶裥，需倒顺毛排料。

接缝：平缝，并用包缝或Z字线迹包边；也可使用法式接缝。

线：聚酯纤维线。

针：11号或12号机针；手工缝纫时选用假缝针。

熨烫：选用蒸汽熨斗的棉布熨烫模式（但注意不要将褶皱烫展开）。

用途：夏季衣物，裙子，衬衣，童装。

衬衫布 (SHIRTING)

密实的精纺棉布，经线为彩色，纬线为白色，形成条纹或格子图案。

裁剪：布料上的条纹宽窄不一时，需倒顺毛排料。

接缝：平缝，并用包缝或Z字线迹包边；也可使用包口接缝。

线：选用聚酯纤维线。

针：12号机针；手工缝纫时选用假缝针。

熨烫：选用蒸汽熨斗的棉布熨烫模式，无须使用熨烫衬布。

用途：男式和女式衬衫。

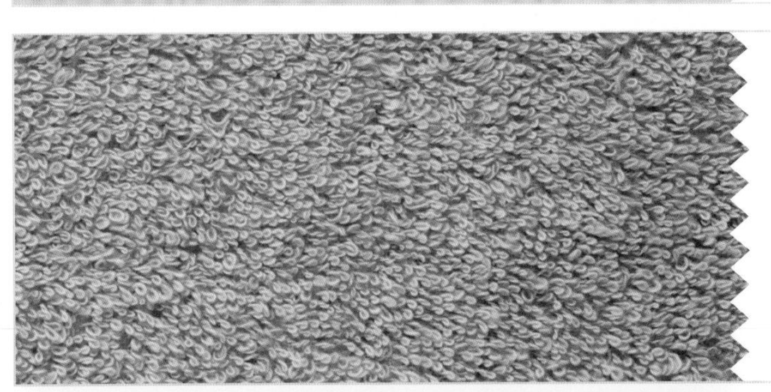

毛巾布 (TOWELLING)

表面有毛圈的棉布，质量好的毛巾布两面均有毛圈。吸水性极强。使用前先洗涤，这样用时感觉松软，且不会缩水。

裁剪：需倒顺毛排料。

接缝：四线包缝；或平缝，并用包缝或Z字线迹包边。

线：聚酯纤维线。

针：14号机针；手工缝纫时选用缝衣长针。

熨烫：选用蒸汽熨斗的棉布熨烫模式，无须使用熨烫衬布。

用途：浴袍，沙滩装。

天鹅绒布 (VELVET)

起绒机织布料。机织时多用一条纱线，然后剪切该纱线形成起绒。该布料很难处理，拆开接缝时易损坏布料。

裁剪：需倒顺毛排料，并将绒毛从下向上刷起，使颜色看起来更加厚重。

接缝：平缝，使用双送压脚（所有的接缝都要从下往上缝纫），并用包缝或Z字线迹包边。

线：聚酯纤维线。

针：选用14号机针；手工缝纫时选用假缝针。

熨烫：必要时熨烫；使用绒布烫垫，少量蒸汽，用熨斗的尖头，并使用欧根纱作为熨烫衬布。

用途：上衣，外套。

各种缝针和珠针见第22～23页 • 缝纫线见第24～25页 • 熨烫工具见第28～29页

亚麻织物

亚麻布由天然纤维制成，其纤维存在于亚麻茎的韧皮组织中。不同的亚麻布质量和重量相差很大，有的非常精细，也有厚重的西装布料。它比棉织物粗糙，常与棉纱或丝绸混纺在一起。

亚麻的特性

- 凉爽，穿着舒适
- 吸水性好
- 洗涤时会缩水
- 不易平整
- 易起褶皱
- 易磨损
- 不会遭虫蛀，但会起霉斑

棉麻混纺布 (COTTON AND LINEN MIX)

布料中的棉和麻可被混纺为纱线，也可分别作为布料的经线和纬线。机织时布料的质感很好。可采用同样的方式处理丝麻混纺布。

裁剪：无须倒顺毛排料。

接缝：平缝，并用包缝或Z字线迹包边。

线：聚酯纤维线。

针：14号机针；手工缝纫时选用缝衣长针。

熨烫：使用蒸汽熨烫；使用欧根纱作为熨烫衬布。

用途：夏季上衣，定制礼服裙。

亚麻平布(DRESS-WEIGHT LINEN)

中等重量的平纹机织布料。由于纱线粗细不均匀，机织过程中会产生粗节。

裁剪：无须倒顺毛排料。

接缝：平缝，并用包缝或Z字线迹包边或港式接缝。

线：聚酯纤维线，并使用单独的面线。

针：14号机针；手工缝纫时选用缝衣长针。

熨烫：使用棉布模式，进行蒸汽熨烫（用蒸汽可烫除褶皱）。

用途：礼服裙，裤子，衬衫。

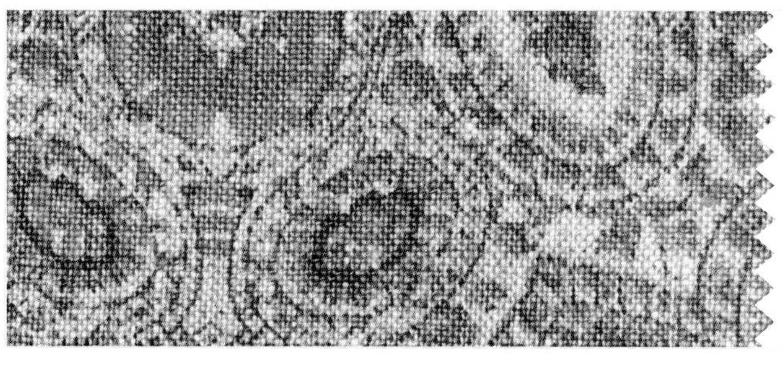

亚麻印花布 (PRINTED LINENS)

现在很多亚麻布上都有印花甚至是刺绣。布料重量较轻或中等，机织布料用的纱线较均匀，粗节较少。

裁剪：需倒顺毛排料。

接缝：平缝，并用包缝或Z字线迹包边。

线：聚酯纤维线。

针：14号机针；手工缝纫时选用缝衣长针。

熨烫：使用棉布模式，进行蒸汽熨烫（需要使用蒸汽烫除褶皱）。

用途：礼服裙，衬衫。

亚麻西装布 (SUITING LINEN)

使用粗重的纱线机织而成的布料，有的机织细紧，有的机织松散，适用于制作男式、女式西装。

裁剪：无须倒顺毛排料。

接缝：平缝；并使用手针、包缝或Z字线迹修整边缘。

线：聚酯纤维线和用于面缝的面缝线。

针：14号机针；手工缝纫时选用缝衣长针。

熨烫：使用棉布模式，进行蒸汽熨烫（用蒸汽可烫除褶皱）。

用途：男式、女式西装，裤子，外套。

裁剪见第76～83页 • 机缝线迹和接缝见第92～103页

丝织物

丝织物由蚕茧中抽取的纤维制成，是所有布料中最贵重的一种，有布料之王之称。中国在几千年前就已使用这种华丽、结实的布料了，直到公元300年，其神秘的制造工艺一直为中国人所独有。有的丝织物非常精致，有的则很厚重。丝织物易损坏，处理时要特别小心。

丝织物的特性

- 冬暖夏凉
- 吸水性好，且易晾干
- 易染色，色彩丰富
- 会产生静电，布料会吸附身体
- 长期暴露于强光下会褪色
- 易缩水
- 适合干洗
- 布料浸水打湿后没有干燥时结实
- 会产生水印

雪纺绸 (CHIFFON)

一种结实、精致的透明织物，平纹机织而成。抽褶打裥的效果很好，但处理时非常棘手。

裁剪：将棉纸放到布料下方，使用超细珠针将棉纸和布料别在一起，棉纸和布料一同裁剪。

接缝：法式接缝。

线：聚酯纤维线。

针：9号或11号机针；手工缝纫时选用假缝针。

熨烫：使用毛料模式，进行干熨烫。

用途：特殊场合的服装，女式长罩衫。

中国绉纱(CREPE DE CHINE)

中等重量的有着不光滑捻纱表面的丝绸。垂坠效果好，常用于制作斜裁衣物。

裁剪：进行斜裁时，单层排料；其他情况下需倒顺毛排料。

接缝：使用处理棘手织物的接缝手法，或法式接缝。

线：聚酯纤维线。

针：11号机针；手工缝纫时选用假缝针。

熨烫：使用毛料模式，进行干熨烫。

用途：女式上衣，礼服裙，特殊场合的服装。

全丝硬纱(DUCHESSE SATIN)

分量很重、价格昂贵的绸缎布料，一般只用于制作最正式场合的服装。

裁剪：需倒顺毛排料。

接缝：平缝，并用锯齿剪处理毛边。

线：聚酯纤维线。

针：12号或14号机针；手工缝纫时选用假缝针。

熨烫：使用毛料模式，进行蒸汽熨烫；熨烫接缝时使用袖烫垫以免损伤布料。

用途：特殊场合的服装。

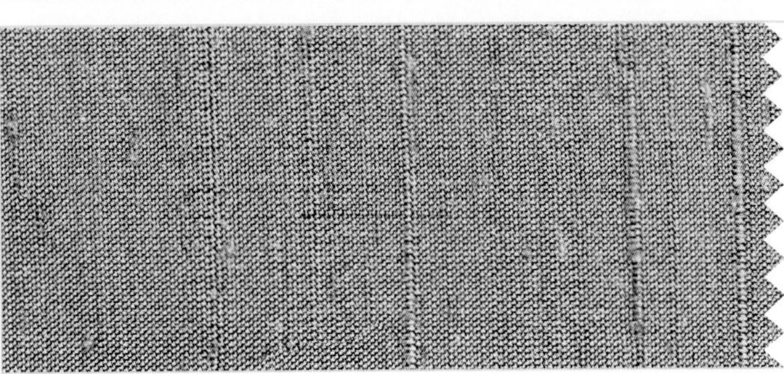

双宫绸 (DUPION)

和手织双宫绸（见第49页）相似，但是机织时使用的纱线更为光滑，纬线上的线结较少。

裁剪：需倒顺毛排料，避免产生阴影。

接缝：平缝，并用包缝或Z字线迹包边。

线：聚酯纤维线。

针：12号机针；手工缝纫时选用假缝针。

熨烫：使用毛料模式，进行蒸汽熨烫；并使用熨烫衬布，以免在布料上形成水印。

用途：礼服裙，裙子，上衣，特殊场合的服装，软装饰品。

各种缝针和珠针见第22～23页 • 缝纫线见第24～25页 • 熨烫工具见第28～29页

手织双宫绸(DUPION,HAND-WOVEN)

最常用的一种丝织物，纬线分明，上有许多突起的小线结。色彩多样，容易处理，但极易毛边。

裁剪：需倒顺毛排料，避免产生阴影。

接缝：平缝，并用包缝或Z字线迹包边。

线：聚酯纤维线。

针：12号机针；手工缝纫时选用假缝针。

熨烫：使用毛料模式，进行蒸汽熨烫；并使用熨烫衬布，以免在布料上形成水印。

用途：礼服裙，特殊场合的服装，上衣，软装饰品。

乔其纱 (GEORGETTE)

一种柔软轻薄的丝织物，略有些透明。不易产生褶皱。

裁剪：将棉纸放到布料下方，使用超细珠针和布料别在一起，如有需要，可一次裁剪多层布料。

接缝：法式接缝。

线：聚酯纤维线。

针：11号机针；手工缝纫时选用假缝针。

熨烫：使用毛料模式，进行干熨烫（使用蒸汽熨烫会损伤布料）。

用途：特殊场合的服装，宽松的女式长罩衫。

纺绸 (HABUTAI)

起源于日本，是一种柔软、精致的丝织物，平纹或斜纹机织而成。

裁剪：无须倒顺毛排料。

接缝：法式接缝。

线：选用聚酯纤维线。

针：9号或11号机针；手工缝纫时选用假缝针或密缝针。

熨烫：使用毛料模式，进行蒸汽熨烫。

用途：衬里，衬衣，女式长衫。

马卡绸 (MATKA)

表面不光滑的西装绸料，有时会被误认为是亚麻布。

裁剪：需倒顺毛排料，避免产生阴影。

接缝：平缝，并用包缝或Z字线迹包边或港式接缝。

线：聚酯纤维线。

针：12号或14号机针；手工缝纫时选用假缝针。

熨烫：使用毛料模式，进行蒸汽熨烫；建议使用袖烫垫，避免接缝在布料上印出明显的痕迹。

用途：礼服裙，上衣，裤子。

欧根纱 (ORGANZA)

一种挺括的轻透织物，易产生褶皱。

裁剪：无须使用倒顺毛排料。

接缝：法式接缝或使用处理棘手织物的接缝方法。

线：聚酯纤维线。

针：11号机针；手工缝纫时选用假缝针或密缝针。

熨烫：使用毛料模式，进行蒸汽熨烫；一般无须使用熨烫衬布。

用途：轻透的女式长衫，女式带袖短外搭，里布和衬布。

裁剪见第76～83页 • 机缝线迹和接缝见第92～103页

绸缎 (SATIN)

采用绸缎机织法制成的丝绸，重量各异。

裁剪：布料光滑，需单层倒顺毛排料。

接缝：法式接缝；厚重的绸缎要使用处理棘手织物的接缝方法。

线：聚酯纤维线（丝线不耐磨，不建议使用）。

针：11号或12号机针；手工缝纫时选用假缝针或密缝针。

熨烫：使用毛料模式，进行蒸汽熨烫；使用熨烫衬布，避免布料上产生水印。

用途：女式长衫，礼服裙，特殊场合服装。

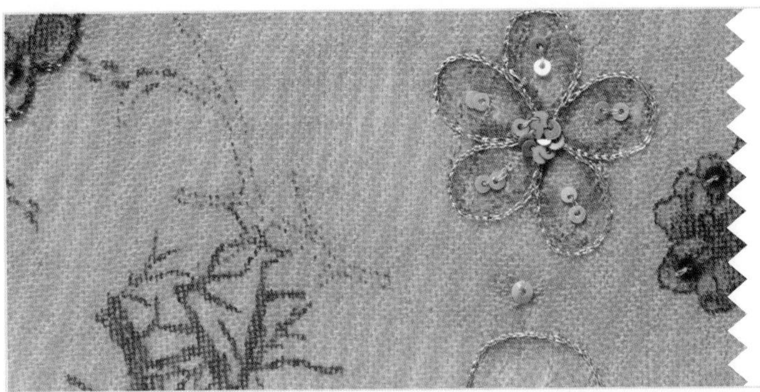

丝毛混纺布(SILK AND WOOL MIX)

将丝毛纤维或丝毛纱线混纺在一起制成的织物。有的非常精致，有的则比较厚重，可用来做外套。

裁剪：需倒顺毛排料。

接缝：平缝，并用包缝或Z字线迹包边。

线：聚酯纤维线。

针：根据布料的不同，选用11号或14号机针；手工缝纫时选用缝衣长针。

熨烫：使用毛料模式，进行蒸汽熨烫；熨烫接缝时需使用袖烫垫，确保接缝平整。

用途：套装，裙子，裤子，外套。

塔夫绸 (TAFFETA)

一种表面光滑的平纹机织布料，非常挺括。穿着时会有沙沙的布料摩擦声。处理时非常棘手，不易悬垂。

裁剪：需倒顺毛排料，使用非常细小的珠针，否则会在布料上留下痕迹。

接缝：平缝，布料会起皱，所以需从下往上缝合，并一直保持布料紧绷；用包缝线迹包边，或使用锯齿剪修边。

线：聚酯纤维线。

针：11号机针；手工缝纫时选用假缝针或密缝针。

熨烫：冷烫，接缝下垫上袖烫垫。

用途：特殊场合衣物。

皮革和绒面革

皮革和绒面革都由天然纤维构成，其主要来源是猪皮和牛皮。通过不同的熟化程序，动物的皮最终被制成皮革或是绒面革。处理这种织物时要特别小心。

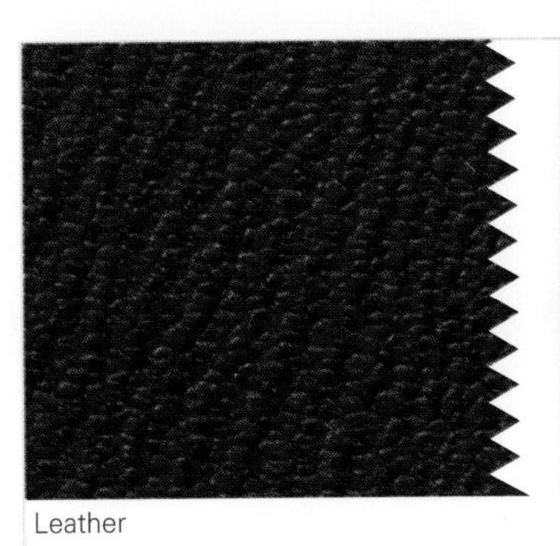

Leather

Suede

皮革和绒面革（LEATHER AND SUEDE）

纸样无法用珠针别到皮革或绒面革上，需要使用画粉画上。裁剪后，可将画粉擦掉，不会损坏皮制品。

裁剪：需要裁剪整个图样；裁剪绒面革时，需倒顺毛排料，这样绒毛的方向才会一致。

接缝：使用双送压脚或滑动压脚进行搭缝或平缝；无须包边。

线：聚酯纤维线。

针：14号机针（如果使用专门的皮革用针反而会损坏织物）；不建议手工缝纫。

熨烫：蒸汽熨烫，使用欧根纱作为熨烫衬布。

用途：裙子，裤子，上衣，居家装饰品。

各种缝针和珠针见第22～23页 ● 缝纫线见第24～25页 ● 熨烫工具见第28～29页

人造布料

所谓人造布料，是指不是完全由天然纤维构成的织物。大多数的人造布料都是在近一百年中研发出来，相对于天然纤维布料来说是一种新生事物。有些人造布料是通过将天然纤维和化学物质混合制成，而有些则完全是由非天然物质组合而成。人造布料的特性各异。

醋酸布料 (ACETATE)

在1924年出现，醋酸布料由纤维素和化学物质合成。布料略带光泽，主要用作里布。醋酸纤维还可与其他纤维混纺，织成醋酸塔夫绸、醋酸绸缎和醋酸针织布等。

醋酸布料的特性

- 易漂染
- 能够采用热定型制作褶皱
- 易洗涤

裁剪：布料表面有光泽，需倒顺毛排料。
接缝：平缝，并用包缝或Z字线迹或者四线包缝线迹包边。
线：聚酯纤维线。
针：11号机针；手工缝纫时选用缝衣长针。
熨烫：蒸汽熨烫，但需要设置为低温熨烫（温度过高布料会烫熔）。
用途：特殊场合服装，里布。

腈纶 (ACRYLIC)

1950年问世，腈纶纤维由乙烯和丙烯腈合成。看上去它和毛料相似，是一种能够机洗的仿毛料织物。主要以针织面料的形式出现，有时也与毛料纤维进行混纺。

腈纶织物的特性

- 吸水性差
- 易沾染气味
- 不是特别结实

裁剪：有时需倒顺毛排料。
接缝：为针织面料时，使用四线包缝线迹包边平缝；为机织面料时使用平缝线迹包边。
线：聚酯纤维线。
针：12号或14号机针，在针织面料上需用圆头针；手工缝纫时选用缝衣长针。
熨烫：使用毛料模式，进行蒸汽熨烫（温度过高，布料会烫熔）。
用途：纱线用于编织毛衣；针织面料用于制作裙子和女式长衫。

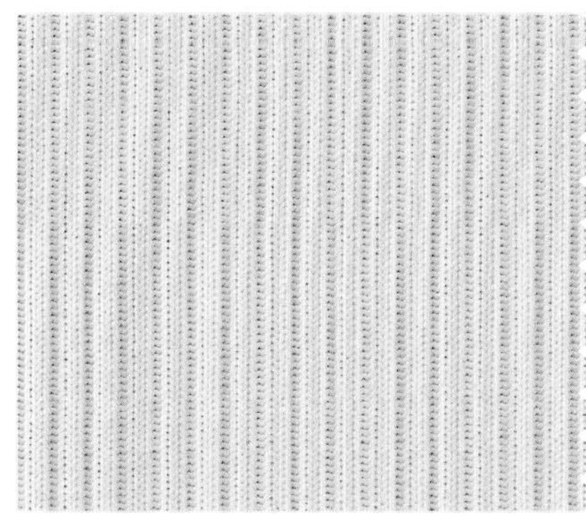

尼龙 (NYLON)

1938年由美国杜邦公司发明，由纽约和伦敦两个城市合力研发。尼龙是将熔化的高分子物拉伸制成纤维，然后再进行针织或机织。

尼龙的特性

- 非常耐磨
- 不吸收水分
- 易洗涤，但白色的尼龙极易变色
- 非常结实

裁剪：布料上有印花图案时，需倒顺毛排料。
接缝：平缝，并用包缝或Z字线迹包边。
线：聚酯纤维线。
针：14号机针，在针织面料上需用圆头针；手工缝纫时选用缝衣长针。
熨烫：使用丝织物模式，蒸汽熨烫（温度过高，布料会烫熔）。
用途：运动装，内衣。

空气层面料 (SCUBA)

空气层面料是较新的产品，由细纺聚酯纤维做出的高端双层针织面料，手感超级顺滑，光泽度不高，垂坠感很强。一般由电脑印花，达到更好的效果。

空气层面料的特性

- 易染色，尤其是电脑印花
- 成型后不易变形
- 不易吸收水分

裁剪：除非布料有单向印花，否则无须倒顺毛排料。
接缝：平缝，无须包边，但可以做出锯齿边或包边。
线：聚酯纤维线。
针：11号机针，有些空气层面料需要使用圆头针。
熨烫：蒸汽熨烫，使用熨烫衬布（高温下布料可能熔化）。
用途：半身裙和连衣裙。

裁剪见第76～83页 • 机缝线迹和接缝见第92～103页

涤纶 (POLYESTER)

常用的人造布料，1951年问世，最初用来制作可以水洗的男式西装。涤纶布料是石油的副产品，形式多样，有的布料精致透明，有的厚重结实。

涤纶的特性

- 不吸收水分
- 不易起皱
- 会产生静电
- 布料会起球

裁剪： 除非布料上有印花图案，否则无须倒顺毛排料。

接缝： 按照布料的薄厚，可选用法式接缝或是四线包缝线迹。

线： 聚酯纤维线。

针： 11号或14号机针；手工缝纫时选用缝衣长针。

熨烫： 使用毛料模式，蒸汽熨烫。

用途： 工装，校服。

人造丝 (RAYON)

发明于1889年，又被称作黏胶丝。由木浆或棉绒与化学原料混合制成。可以将人造丝用于编织或针织，可制作出多种布料。常与其他纤维混纺。

人造丝的特性

- 能吸收水分
- 不起静电
- 易漂染
- 极易磨边

裁剪： 除非布料上有印花图案，否则无须倒顺毛排料。

接缝： 平缝，并用包缝或Z字线迹包边。

线： 聚酯纤维线。

针： 12号或14号机针；手工缝纫时选用缝衣长针。

熨烫： 使用丝织物模式，蒸汽熨烫。

用途： 连衣裙，女式长衫，上衣。

氨纶丝 (SPANDEX)

1958年出现，氨纶丝重量很轻，质地柔软，拉伸500%也不会断裂。在其他纤维中混纺入少量的氨纶丝，可使布料具有弹性。

氨纶丝的特性

- 人体油脂、清洁剂、日照、海水和沙砾对氨纶丝几乎没有影响
- 不易缝纫
- 遇高温布料会变形
- 不适合手工缝纫

裁剪： 需倒顺毛排料。

接缝： 四线包缝或是细小的Z字线迹进行接缝。

线： 聚酯纤维线。

针： 14号机用圆头或机用弹性针。

熨烫： 使用毛料模式，蒸汽熨烫接缝（温度过高布料会烫熔）。

用途： 泳装，塑身内衣，运动装。

人造皮毛(SYNTHETIC FURS)

由线圈纱线机织或针织后修剪而成；可以使用尼龙纤维或是腈纶纤维制作。不同人造皮毛的质量差别很大，有些人造皮毛几乎可以假乱真。

人造毛的特性

- 易缝纫
- 缝纫时需非常小心
- 高温熨烫会损坏织物
- 没有天然毛皮保暖性好

裁剪： 需倒顺毛排料，从上到下梳理簇绒，小心剪裁背衬，不要剪到簇绒部分。

接缝： 平缝，用较长的线缝，并使用双送压脚；无须包边。

线： 聚酯纤维线。

针： 14号机针；手工缝纫时选用缝衣长针。

熨烫： 如果需要，请使用低温熨烫（人造皮毛遇高温会热熔）。

用途： 外套。

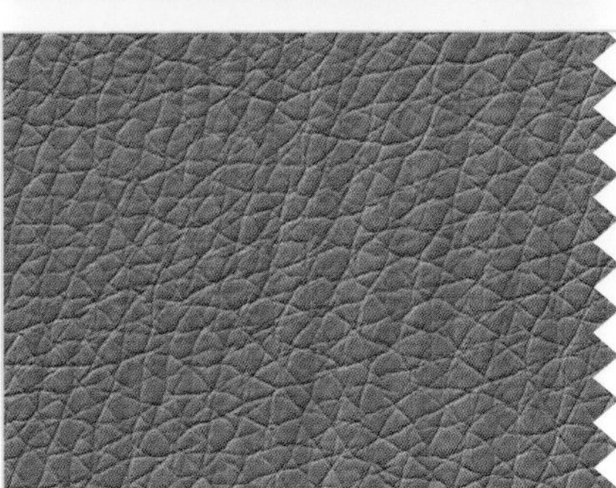

合成皮革和合成绒面革 (SYNTHETIC LEATHER AND SUEDE)

无纺面料，由高分子聚合而成。有些合成皮革和合成绒面革和真皮相差无几。

合成皮革和合成绒面革的特性

- 不易磨边
- 不易整平
- 不建议手工缝纫

裁剪： 需倒顺毛排料。

接缝： 平缝，用双送压脚，并用锯齿剪修边；也可使用面缝接缝和搭缝接缝。

线： 聚酯纤维线。

针： 11号或14号机针。

熨烫： 选用毛料模式，蒸汽熨烫，并使用熨烫衬布。

用途： 上衣，裙子，裤子，软装饰品。

各种缝针和珠针见第22～23页 ● 缝纫线见第24～25页 ● 熨烫工具见第28～29页

织物结构

布料的纺织方式分为机织和针织。针织布料是将线圈互相交错制成；机织布料则是将水平方向和垂直方向的线叠加制成；经线较结实，处于垂直方向，纬线处于水平方向，与其相交。还有无纺面料，这种织物是通过毡化过程，将细小的纤维混合压制在一起，然后再展开制作而成。

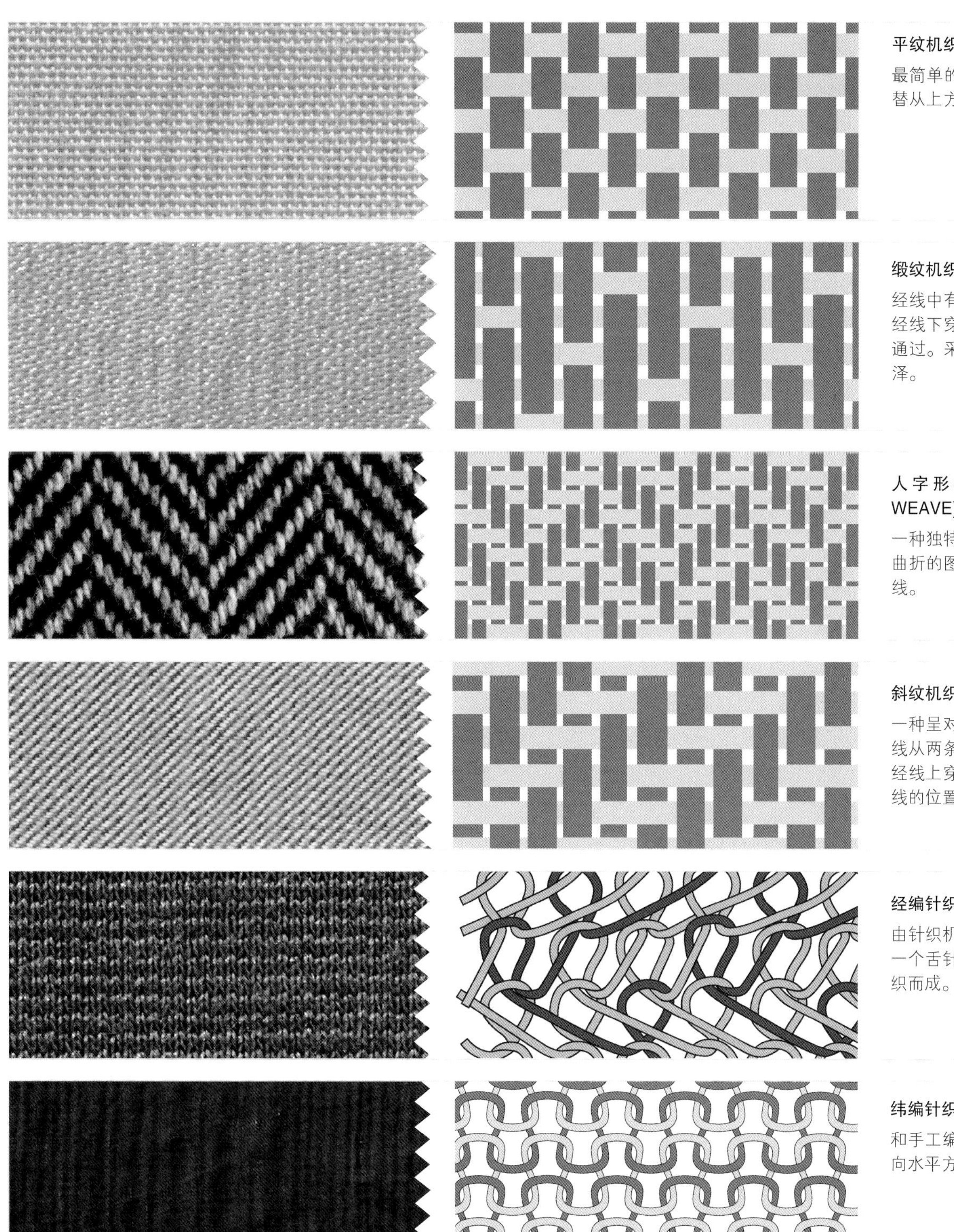

平纹机织 (PLAIN WEAVE)

最简单的一种布料机织方式，纬线交替从上方和下方穿过一条条经线。

缎纹机织 (SATIN WEAVE)

经线中有一股长的浮线。纬线从四条经线下穿过，然后再从一条经线之上通过。采用这种方法机织的布料有光泽。

人字形机织(HERRINGBONE WEAVE)

一种独特的人字形机织方式，纬线以曲折的图样交替从上方和下方通过经线。

斜纹机织 (TWILL WEAVE)

一种呈对角线形的斜纹机织方式，纬线从两条经线下通过，然后再从两条经线上穿过；图案则每次移动一根纱线的位置。

经编针织 (WARP KNIT)

由针织机制成，每根纱线都被固定在一个舌针上，向垂直和对角线方向针织而成。

纬编针织 (WEFT KNIT)

和手工编织方式一样，其中一根纱线向水平方向进行针织。

裁剪见第76～83页 • 机缝线迹和接缝见第92～103页

衬布

衬布一般衬于布料背面，用于支撑面料及其结构。衬布可以是机织布、针织布或是无纺布。衬布分带胶衬和无胶衬。热熔黏合衬（也叫带胶衬）借用热度将衬布黏合到布料上，而无胶衬需使用假缝将其固定到布料上。无论布料结构如何，在裁剪衬布时都需要和布料的纹理保持一致。

热熔黏合衬

注意一定要购买家庭用的热熔黏合衬，工业用热熔黏合衬背面的胶使用普通的蒸汽熨斗无法熔化。将衬布粘贴到布料背面之后再进行图样绘制。

机织衬布 (WOVEN)
机织热熔黏合衬一般和机织布料搭配使用，两者可以很好地贴合。裁剪时要和布料的纹理保持一致。适用于作为手工艺品以及板型要求高的衣物的衬布。

轻薄衬布 (LIGHTWEIGHT WOVEN)
这是一种非常轻薄、几近透明的机织热熔黏合衬，裁剪时会粘在剪刀上，较难处理。这种衬适用于所有轻薄或较轻薄布料。

针织衬布 (KNITTED)
针织热熔黏合衬非常适合做针织布料的衬里，两者都有一定的延展性。有些针织热熔黏合衬只可以向一个方面延伸，有的则可以向所有方向延伸。针织热熔黏合衬同样适用于有一定延展度的布料。

无纺衬布 (NON-WOVEN)
无纺热熔黏合衬种类繁多，一般选择比布料轻的作为衬布。如果一层衬布不够分量，可以再加一层。这种衬布一般用于支撑衣领和袖口，以及衣物的贴边。

▶ 如何粘贴热熔黏合衬

1 将布料背面朝上，放置在熨衣板上，并抚平褶皱。

2 将衬布有胶的一面贴放在布料上（有胶的一面摸起来比较粗糙）。

3 衬布之上再盖上一层熨烫衬布，并喷上一层细水雾。

4 将蒸汽熨斗设定到蒸汽熨烫模式，放置在熨烫衬布上。

5 将熨斗静置至少10秒，然后再移到另外一处。

6 翻转检查衬布是否贴合到了布料上，如果有些地方没有贴紧，可再次进行熨烫。

7 布料冷却之后，贴合过程就完成了。然后将纸样放在布料的背面，并转绘。

熨烫工具见第28～29页

非热熔衬布

非热熔衬布要假缝至布料的反面或是衣料的缝份处。这种衬布不会有胶的痕迹透过布料显现出来，所以适用于透明或非常精细布料。

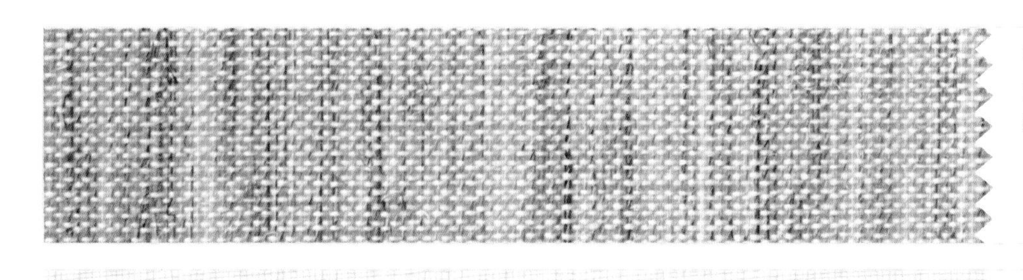

羊驼毛混纺衬布 (ALPACA)

这种衬布是由羊毛和羊驼毛混纺制成的，可蒸汽定型，适用于天鹅绒等难处理的布料。

巴厘纱/细亚麻布 (VOILE AND BATISTE)

巴厘纱(如图示)是一种质感轻薄，半透明的纯棉织物。适合用作丝绸和棉布的衬布。还可用于做装饰褶。细亚麻布和巴厘纱很像，但更结实，用途相同。

平纹细布衬 (MUSLIN)

这种棉质平纹细布，适合作为夏季衣物和特殊场合服饰的衬里，也可用作细棉裙装的衬布。

欧根纱 (ORGANZA)

一种纯丝质的欧根纱，适合给透明布料做衬布，用于支撑布料。也可用于支撑婚纱裙裾等大块衣料。

无纺缝制衬布

(NON-WOVEN SEW-IN INTERFACING)

无纺布料适合给工艺品和袖克夫及衣领等小片衣物做支撑。当没有热熔黏合衬时也可用作衣物的衬布。

如何固定非热熔衬布

1 将衬布和衣物布料反面相对，放在一起，对齐边角。

2 用珠针固定。

3 使用常用的假缝线迹，将衬布在距离缝份1cm处固定。

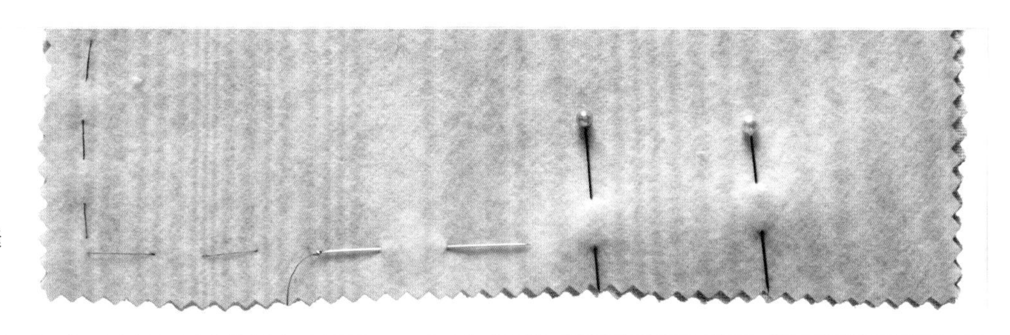

手工缝纫线迹见第88~91页 • 给贴边加热熔黏合衬见第149页 • 里布和衬布见第285~291页

纸样

制作衣物、各种手工艺品和居家软装饰品都需使用纸样。正式裁剪之前，最好先在白棉布上试一下，就是通常说的做一件样衣。

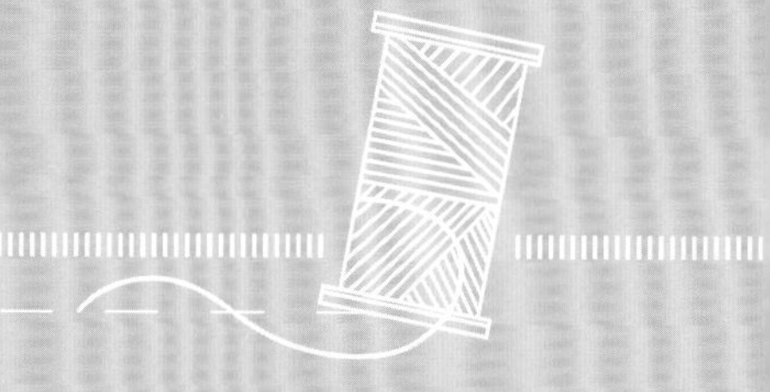

缝纫工具、布料和纸样

解读纸样

纸样用于制作衣物、工艺品和居家软装饰品。纸样主要由三部分组成：纸样袋、纸样和说明。纸样袋上介绍有该纸样能制作的物品，对布料的要求等。纸袋内的纸样上有各种信息，提供了制作的各种细节。

解读纸样袋

纸样袋的正面有成衣或制成物品的图案。图案可能是绘制的线条图也可能是实物图片，并有不同角度的视图。纸样袋的背面一般有背视图、标准尺寸图，还有表格说明所需购买布料的多少、布料的类型、各种小配件、缝纫用品和各种零碎物件等。一些小的纸样公司可能会有不同的信息介绍。

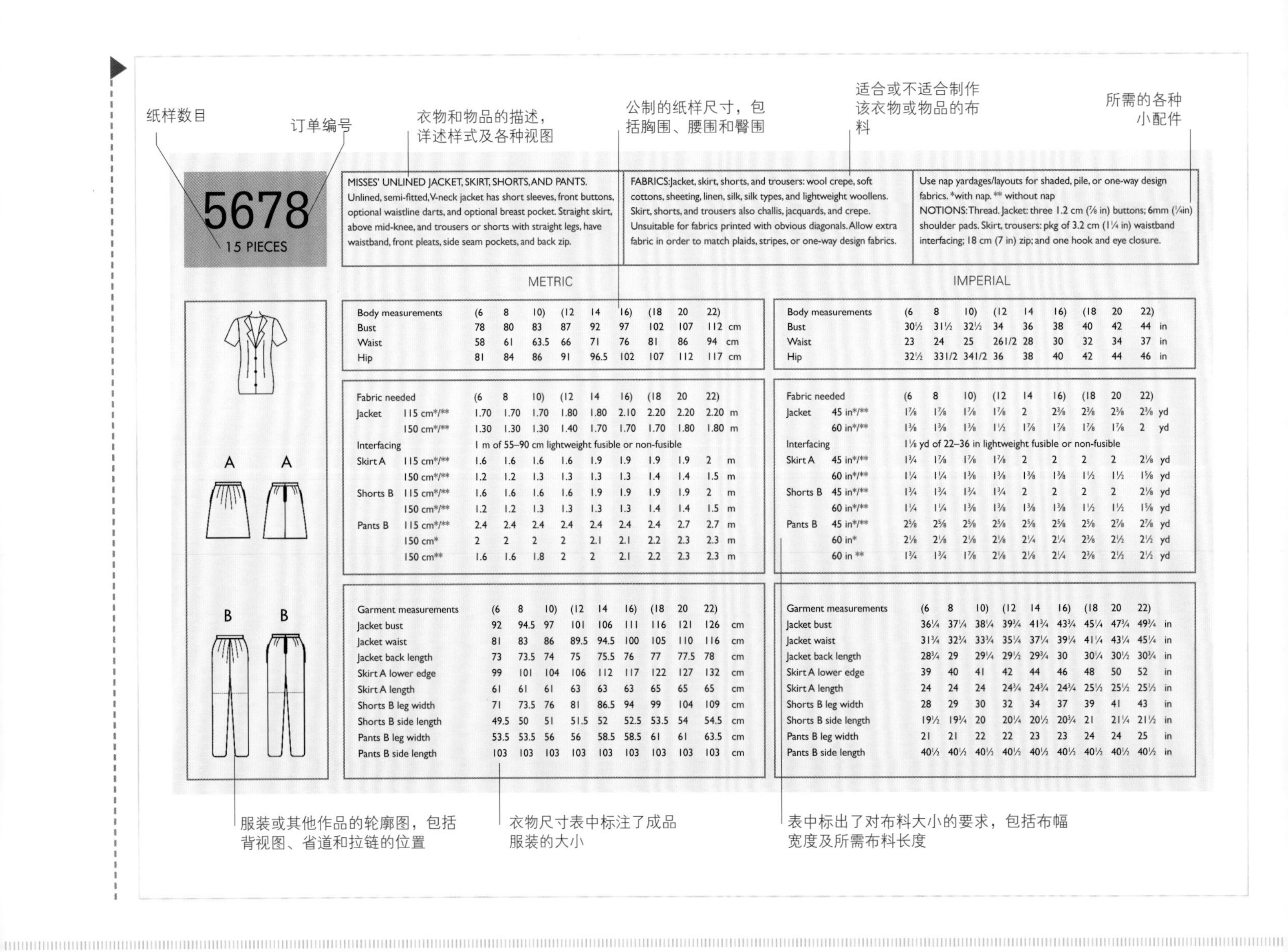

MISSES' UNLINED JACKET, SKIRT, SHORTS, AND PANTS.
Unlined, semi-fitted, V-neck jacket has short sleeves, front buttons, optional waistline darts, and optional breast pocket. Straight skirt, above mid-knee, and trousers or shorts with straight legs, have waistband, front pleats, side seam pockets, and back zip.

FABRICS: Jacket, skirt, shorts, and trousers: wool crepe, soft cottons, sheeting, linen, silk, silk types, and lightweight woollens. Skirt, shorts, and trousers also challis, jacquards, and crepe. Unsuitable for fabrics printed with obvious diagonals. Allow extra fabric in order to match plaids, stripes, or one-way design fabrics.

Use nap yardages/layouts for shaded, pile, or one-way design fabrics. *with nap. ** without nap
NOTIONS: Thread. Jacket: three 1.2 cm (⅞ in) buttons; 6mm (¼in) shoulder pads. Skirt, trousers: pkg of 3.2 cm (1¼ in) waistband interfacing; 18 cm (7 in) zip; and one hook and eye closure.

METRIC

Body measurements	(6	8	10)	(12	14	16)	(18	20	22)	
Bust	78	80	83	87	92	97	102	107	112	cm
Waist	58	61	63.5	66	71	76	81	86	94	cm
Hip	81	84	86	91	96.5	102	107	112	117	cm

Fabric needed		(6	8	10)	(12	14	16)	(18	20	22)	
Jacket	115 cm*/**	1.70	1.70	1.70	1.80	1.80	2.10	2.20	2.20	2.20	m
	150 cm*/**	1.30	1.30	1.30	1.40	1.70	1.70	1.70	1.80	1.80	m
Interfacing		1 m of 55–90 cm lightweight fusible or non-fusible									
Skirt A	115 cm*/**	1.6	1.6	1.6	1.6	1.9	1.9	1.9	1.9	2	m
	150 cm*/**	1.2	1.2	1.3	1.3	1.3	1.3	1.4	1.4	1.5	m
Shorts B	115 cm*/**	1.6	1.6	1.6	1.6	1.9	1.9	1.9	1.9	2	m
	150 cm*/**	1.2	1.2	1.3	1.3	1.3	1.3	1.4	1.4	1.5	m
Pants B	115 cm*/**	2.4	2.4	2.4	2.4	2.4	2.4	2.4	2.7	2.7	m
	150 cm*	2	2	2	2	2.1	2.1	2.2	2.3	2.3	m
	150 cm**	1.6	1.6	1.8	2	2	2.1	2.2	2.3	2.3	m

Garment measurements	(6	8	10)	(12	14	16)	(18	20	22)	
Jacket bust	92	94.5	97	101	106	111	116	121	126	cm
Jacket waist	81	83	86	89.5	94.5	100	105	110	116	cm
Jacket back length	73	73.5	74	75	75.5	76	77	77.5	78	cm
Skirt A lower edge	99	101	104	106	112	117	122	127	132	cm
Skirt A length	61	61	61	63	63	63	65	65	65	cm
Shorts B leg width	71	73.5	76	81	86.5	94	99	104	109	cm
Shorts B side length	49.5	50	51	51.5	52	52.5	53.5	54	54.5	cm
Pants B leg width	53.5	53.5	56	56	58.5	58.5	61	61	63.5	cm
Pants B side length	103	103	103	103	103	103	103	103	103	cm

IMPERIAL

Body measurements	(6	8	10)	(12	14	16)	(18	20	22)	
Bust	30½	31½	32½	34	36	38	40	42	44	in
Waist	23	24	25	261/2	28	30	32	34	37	in
Hip	32½	331/2	341/2	36	38	40	42	44	46	in

Fabric needed		(6	8	10)	(12	14	16)	(18	20	22)	
Jacket	45 in*/**	1⅞	1⅞	1⅞	1⅞	2	2⅜	2⅜	2⅜	2⅜	yd
	60 in*/**	1⅜	1⅜	1⅜	1½	1⅞	1⅞	1⅞	1⅞	2	yd
Interfacing		1⅛ yd of 22–36 in lightweight fusible or non-fusible									
Skirt A	45 in*/**	1¾	1⅞	1⅞	1⅞	2	2	2	2	2⅛	yd
	60 in*/**	1¼	1¼	1⅜	1⅜	1⅜	1⅜	1½	1½	1⅝	yd
Shorts B	45 in*/**	1¾	1¾	1¾	1¾	2	2	2	2	2⅛	yd
	60 in*/**	1¼	1¼	1⅜	1⅜	1⅜	1⅜	1½	1½	1⅝	yd
Pants B	45 in*/**	2⅝	2⅝	2⅝	2⅝	2⅝	2⅝	2⅝	2⅞	2⅞	yd
	60 in*	2⅛	2⅛	2⅛	2⅛	2¼	2¼	2⅜	2½	2½	yd
	60 in **	1¾	1¾	1⅞	2⅛	2⅛	2¼	2⅜	2½	2½	yd

Garment measurements	(6	8	10)	(12	14	16)	(18	20	22)	
Jacket bust	36¼	37¼	38¼	39¾	41¾	43¾	45¼	47¾	49¾	in
Jacket waist	31¾	32¾	33¾	35¼	37¼	39¼	41¼	43¼	45¼	in
Jacket back length	28¾	29	29¼	29½	29¾	30	30¼	30½	30¾	in
Skirt A lower edge	39	40	41	42	44	46	48	50	52	in
Skirt A length	24	24	24	24¾	24¾	24¾	25½	25½	25½	in
Shorts B leg width	28	29	30	32	34	37	39	41	43	in
Shorts B side length	19½	19¾	20	20¼	20½	20¾	21	21¼	21½	in
Pants B leg width	21	21	22	22	23	23	24	24	25	in
Pants B side length	40½	40½	40½	40½	40½	40½	40½	40½	40½	in

服饰配件见第26～27页

体型

人的体型大致可以分为四类。纸样和纸样袋上有各种体型的符号，可以帮助使用者选择适合自己体型的纸样。

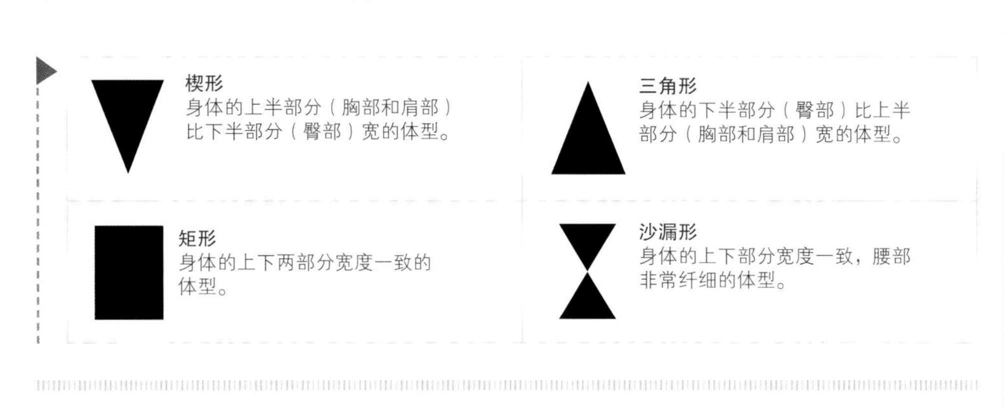

单尺码纸样

有些纸样只能用于制作一种尺寸的衣物或是工艺品。使用单一尺码纸样时，先沿黑色的粗条裁剪线进行裁剪，然后再进行更改。

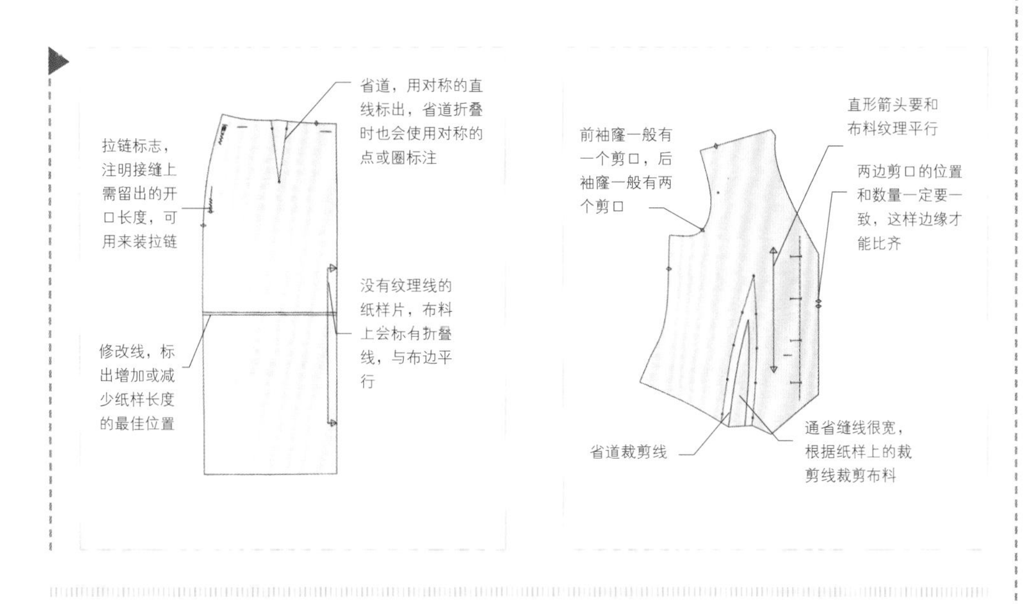

多尺码纸样

在棉纸上印有不止一种尺码的纸样。每种尺码都清晰地标示出来，每种尺码的裁剪线都不同。

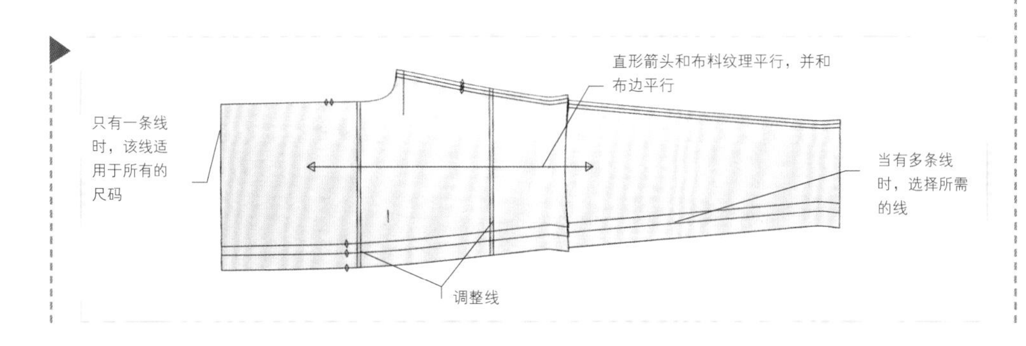

纸样标志说明

每个纸样上都印有很多线、点和其他标志。这些标志可以帮助你修改和拼接纸样。纸样上的标志基本上是通用的。

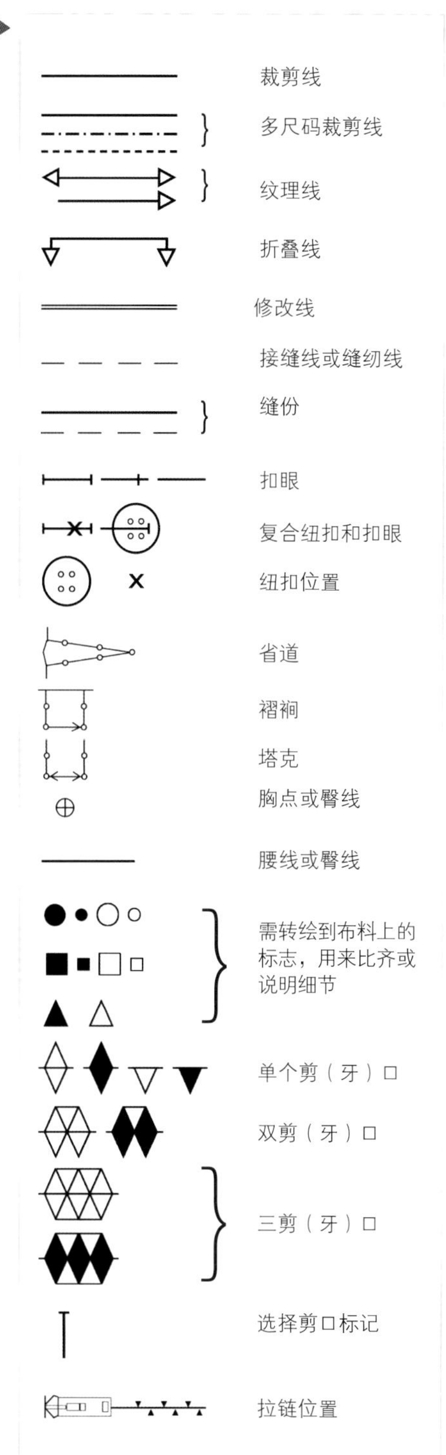

测量身体尺寸

只有在进行精确的身体尺寸测量后，才能选择正确的纸样，并确定是否需对纸样进行修改。一般根据胸围和臀围选择纸样尺寸，上装根据胸围尺寸选择，裙子和裤子根据臀围尺寸选择。如果做连衣裙，选择两者中较大的尺码。

测量身体尺寸

1 需要软尺和直尺，以及一把木椅子或凳子，有时还需要一个助手。

2 穿合身的衣服，尤其是合体的内衣。

3 在测量之前，用皮筋或丝带紧绕在腰部，这样可以找出自然腰的位置。

4 不要穿鞋。

如何测量身高

纸样一般适合身高165~168cm的女性。如果你的身高高于或低于此范围，在裁剪布料前需要先调整纸样。

1 脱掉鞋子。

2 站直，背靠着墙。

3 头顶上放一把直尺，与墙相交，在墙上做出记号。

4 离开墙，测量从地板到记号处的长度。

上胸围

在胸部之上、尽量紧靠着腋窝进行测量，保持软尺平直。

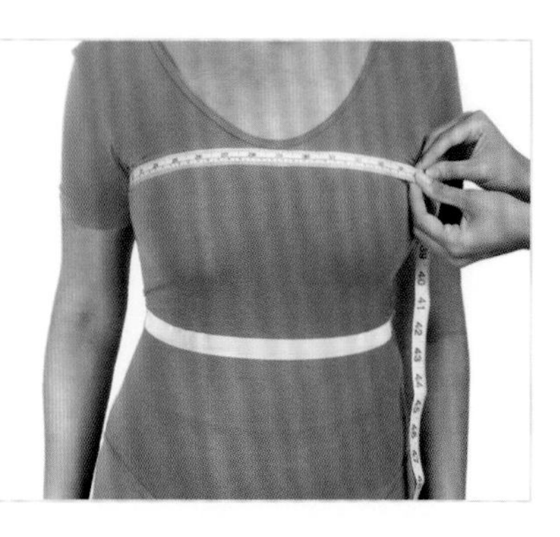

胸围

穿上合适的胸罩，并测量最宽处的尺寸。如果罩杯尺寸大于B杯的话，需要调整纸样。也有些纸样本身就适合较大罩杯的体型。

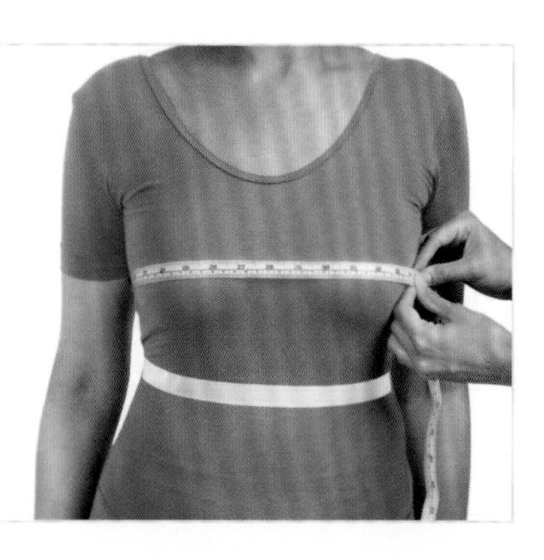

腰围

测量腰部最窄小处的尺寸。用软尺缠绕腰部，找出最细处，进行测量。

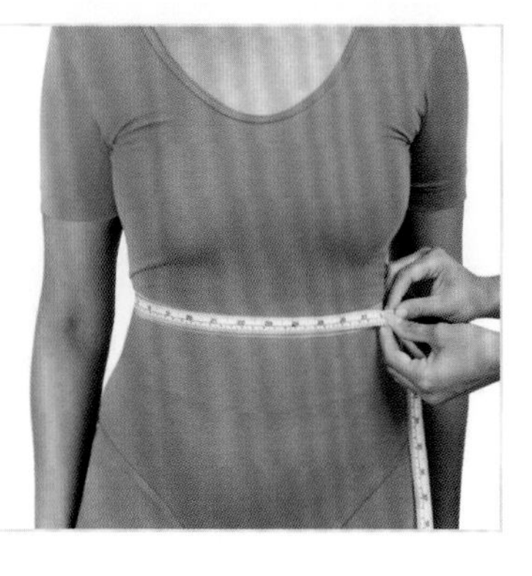

测量和标绘工具见第18~19页

臀围

测量臀部最宽处的尺寸。

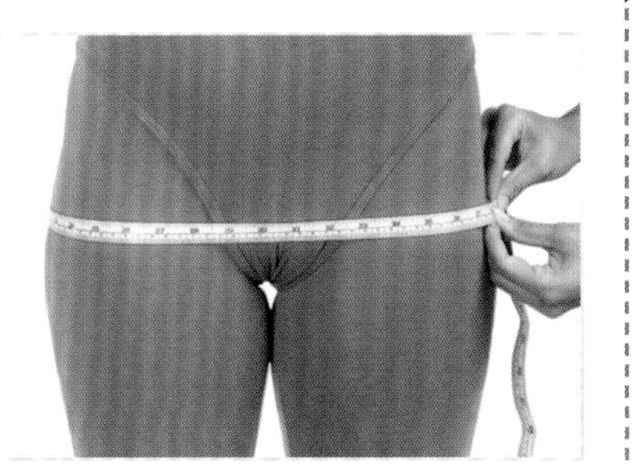

背长

背部正中的长度，从脊椎上端，沿着背部一直测量到腰部。

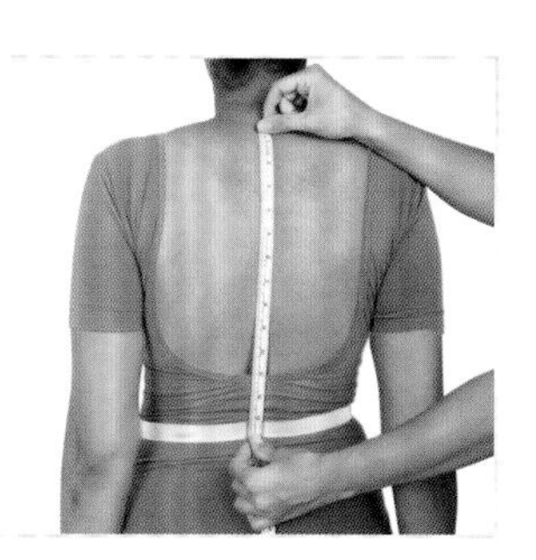

上臀围

测量腰部以下，胯骨以上，小腹部的尺寸。

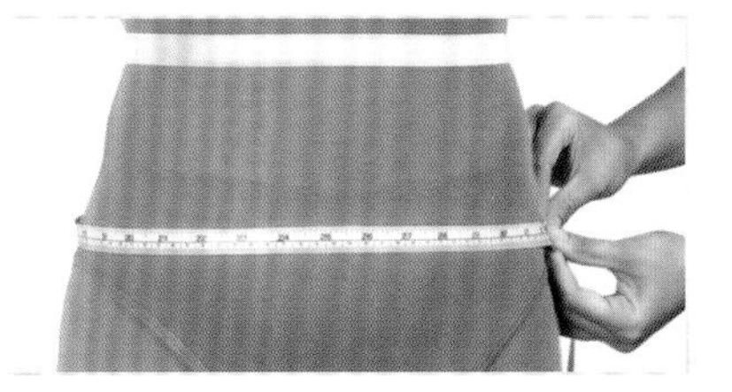

肩宽

从脖子根部（也就是戴项链处）到肩部凹陷处的长度。略微抬起胳膊就能找到肩部的凹陷点。

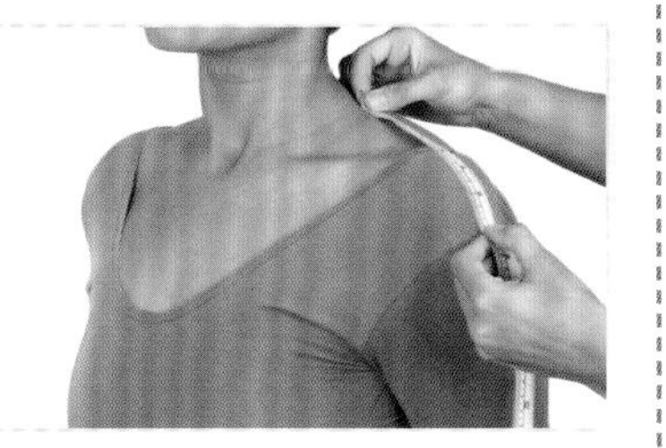

颈围

紧绕脖子（但不要过紧）测量，可知衣领的大小。

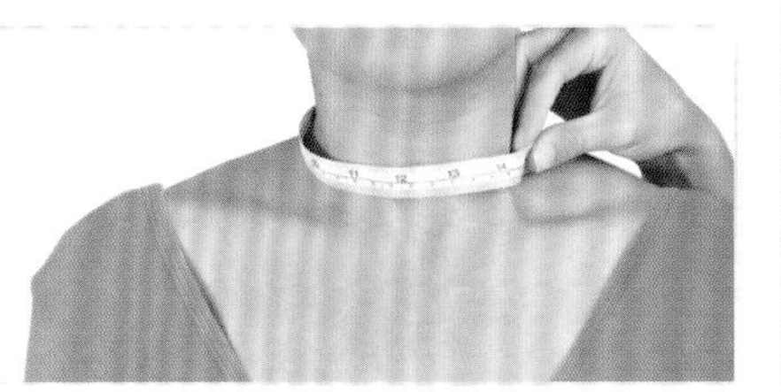

外侧缝

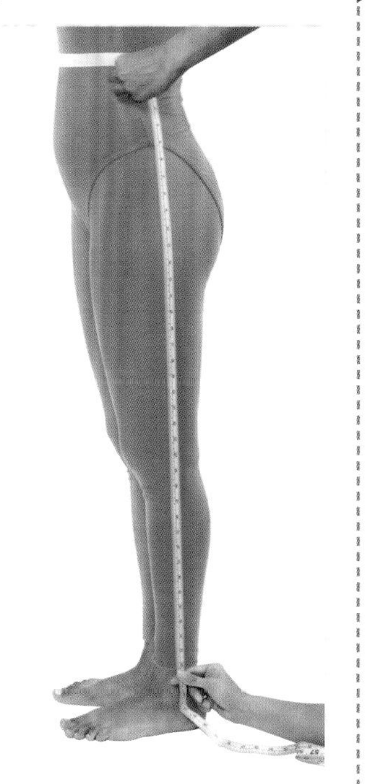

从腰部，经过臀部，一直测量到脚外踝的长度。

内侧缝

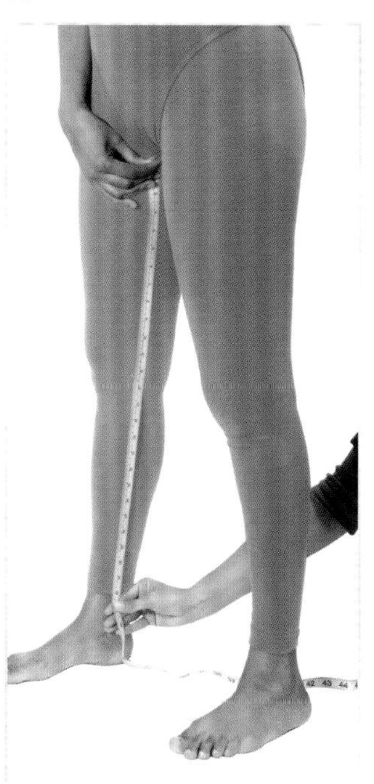

双腿分开站立，从内胯部一直测量到脚内踝的长度。

臂长

一只手弯曲肘部，将手掌按在胯部，从肩部沿着肘部一直测量到手腕处。

立裆

笔直地坐在一张椅子或凳子上，从腰部垂直向下测量到椅面部的长度。

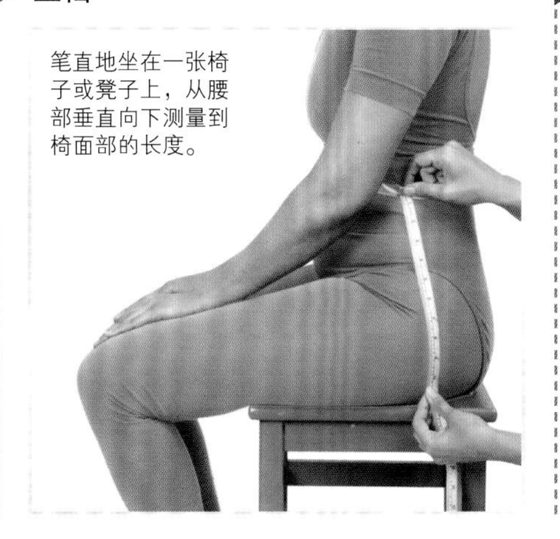

裆长

双腿略分开站立，从前腰中心开始，经过两腿间，测量至后腰中心位置。

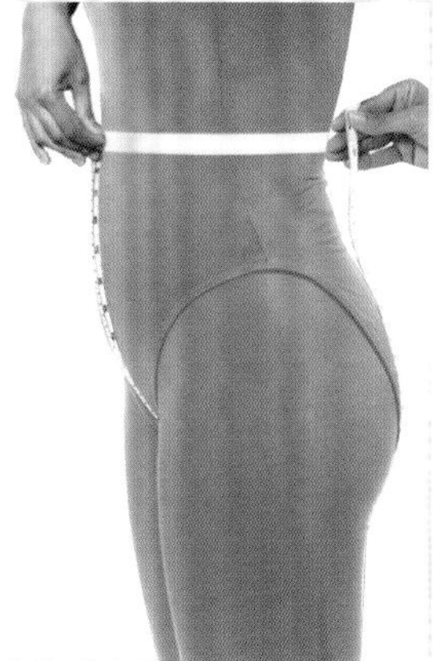

修改纸样见第62~73页 ● 制作样衣见第74~75页 ● 标绘折边线见第235页

修改纸样

身体尺寸不可能和纸样的尺寸完全相同，所以一般需要对纸样进行修改。这里介绍如何加长和缩短纸样，以及如何在胸部、腰部、臀部、肩部、背部和衣袖以及裤子部分做出调整。

工具

- 除剪刀、珠针和软尺外，还需要铅笔、橡皮、刻度清晰的直尺，最好还要一把直角尺。在做改动时还需要样板纸。将纸样别到或是粘到样板纸上之后，可以重画纸样线。
- 将多余的棉纸或样板纸修剪掉，然后再将纸样别到布料上进行裁剪。

多尺码纸样的简易修改

使用多尺码纸样有很多便利，可以按照自己的体型，根据不同部位的尺寸进行不同的剪裁。比如，可将阔臀和细腰两个尺寸的纸样组合在一起。

单个纸样的调整

臀围较大时，可在纸样上的两个尺码间画线，并按照身体的轮廓画出一定的弧度。

尺码间调整

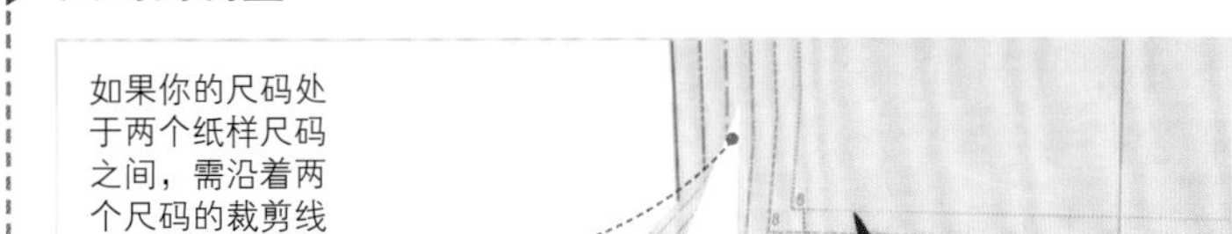

加长和缩短纸样

和纸样相比，如果你的身高较高或较矮，或是臂和腿较长或较短，则需在裁剪前对纸样进行调整。纸样上印有线条，说明应在何处进行更改。不过，还是需要将自己的体型和纸样进行比较。改动前片和后片时，在同一处进行改动的尺寸应一致，并注意检查改动后的长度。

合身袖

改动肘部有造型的衣袖时，要在肘部和腋下部的中间进行修改，此时改动修改尺寸的一半。

腋下

肘部造型

在肘部和腕部中间部分，改动修改尺寸的另一半。

直筒袖

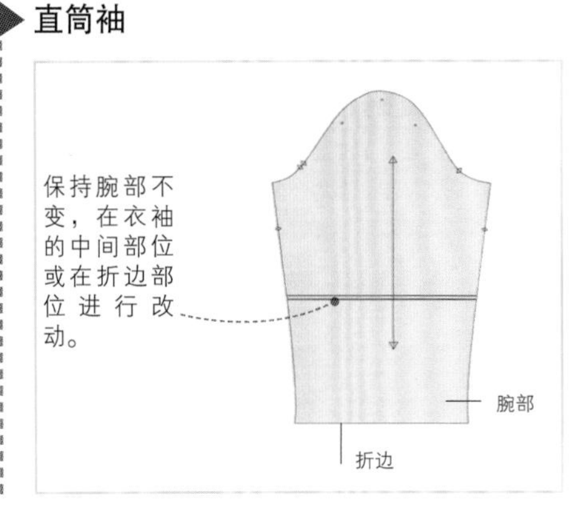

紧身上衣

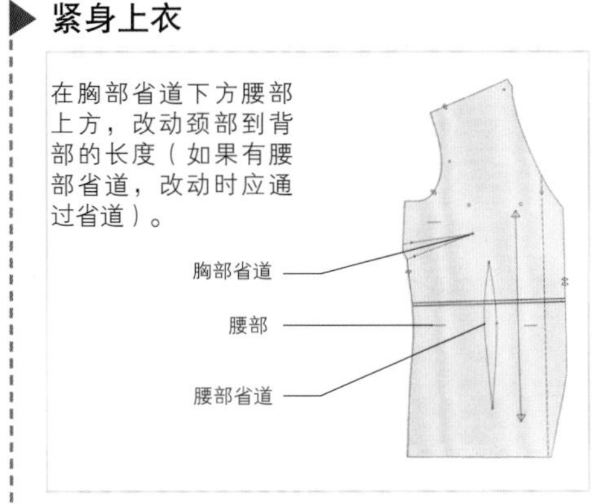

测量和标绘工具见第18~19页 ● 测量身体尺寸见第60~61页

紧身裙装

在胸部和腰部做出记号，更改后颈部到背部的长度。

胸部省道

腰围

臀围

如果不改动折边，则在臀线下方改动。

如果不修改臀线，则在折边下方进行改动。

公主连衣裙

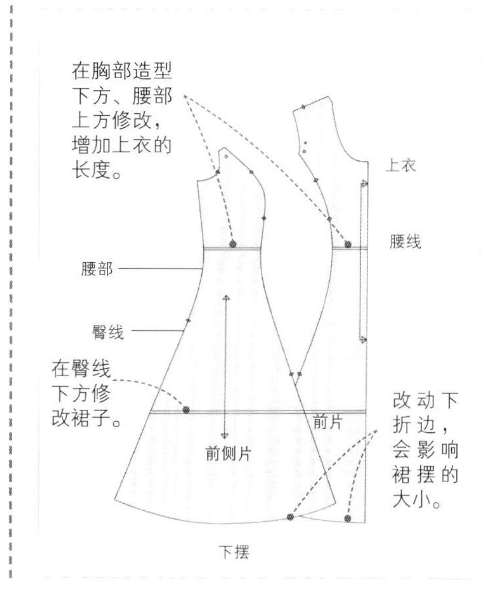

在胸部造型下方、腰部上方修改，增加上衣的长度。

在臀线下方修改裙子。

改动下折边，会影响裙摆的大小。

短裤

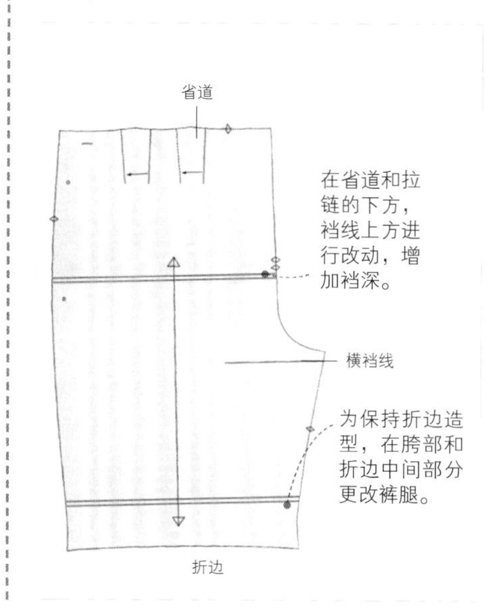

在省道和拉链的下方，裆线上方进行改动，增加裆深。

为保持折边造型，在胯部和折边中间部分更改裤腿。

西裙

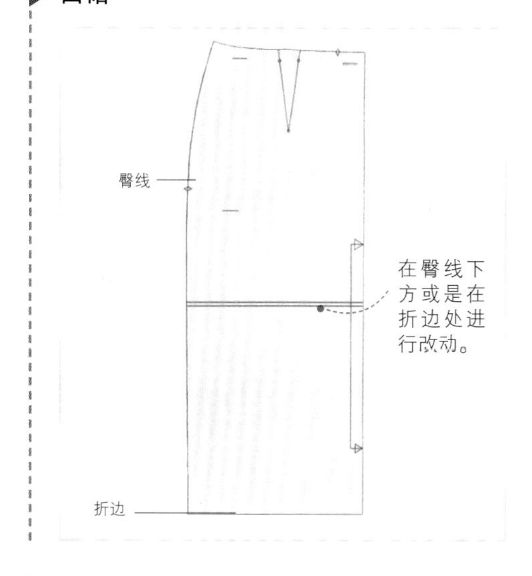

在臀线下方或是在折边处进行改动。

合腿裤

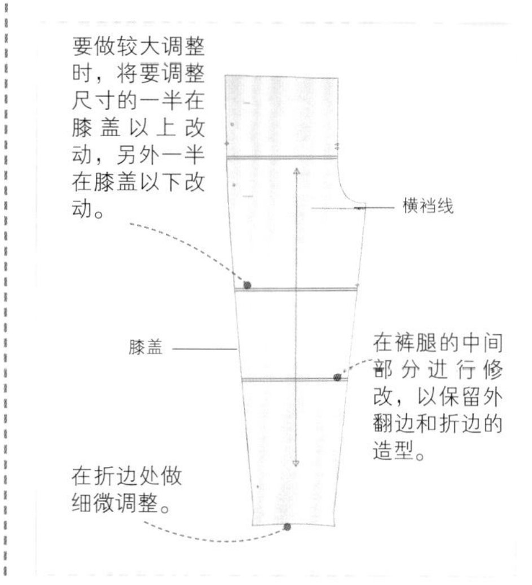

要做较大调整时，将要调整尺寸的一半在膝盖以上改动，另外一半在膝盖以下改动。

在裤腿的中间部分进行修改，以保留外翻边和折边的造型。

在折边处做细微调整。

直筒裤

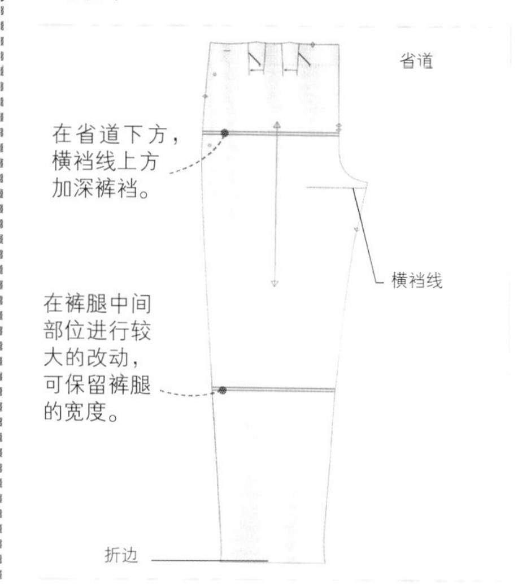

在省道下方，横裆线上方加深裤裆。

在裤腿中间部位进行较大的改动，可保留裤腿的宽度。

如何加长纸样

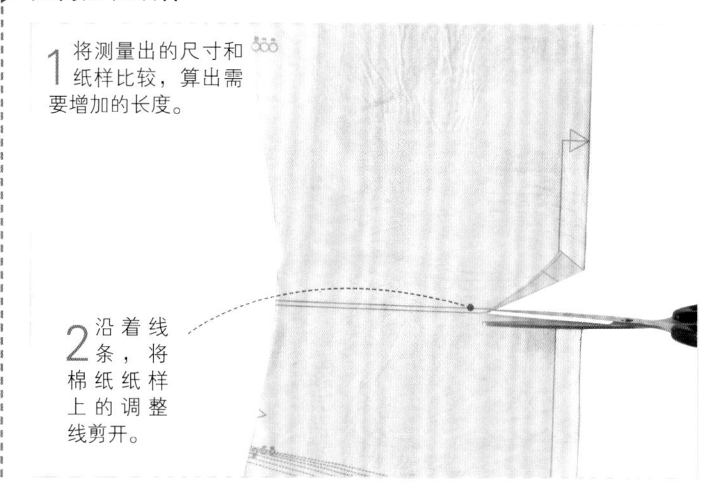

1 将测量出的尺寸和纸样比较，算出需要增加的长度。

2 沿着线条，将棉纸纸样上的调整线剪开。

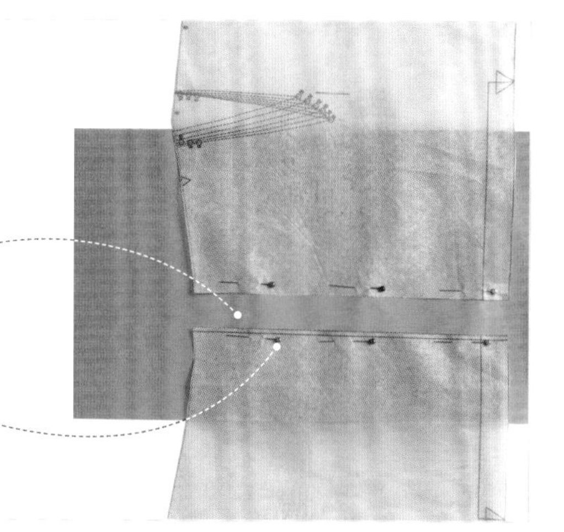

3 在棉纸纸样后面放上纸板，将纸样分开，留出需要的长度。确保空隙和裁剪线平行。

4 将纸样别到或粘到纸板上。

如何缩短纸样

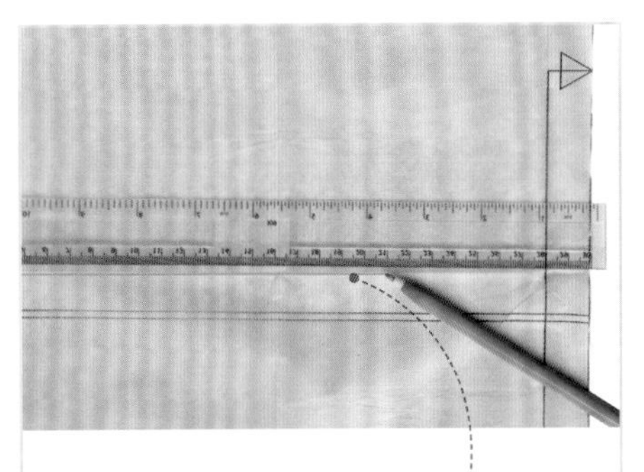

1 算出需要缩短的长度。在缩短线上方标出该长度，并用直尺沿该标志画出一条线。

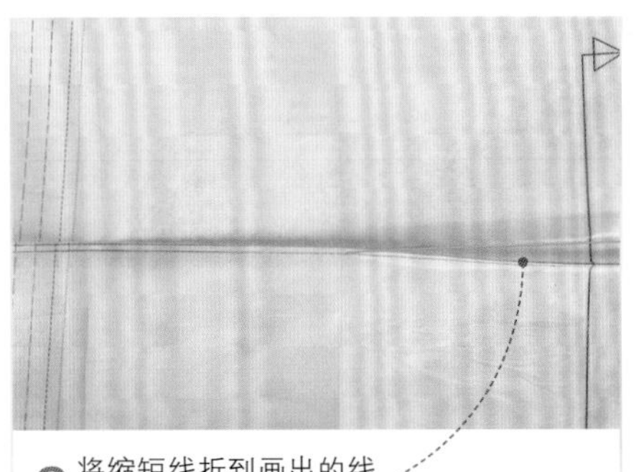

2 将缩短线折到画出的线上，使两线重合。

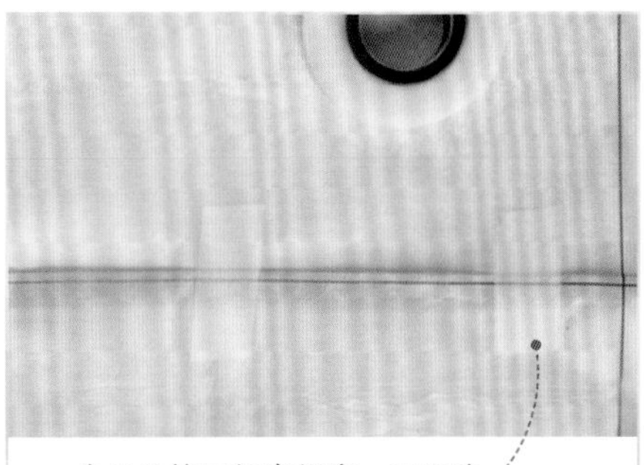

3 先用手按压折出折痕，再用胶带固定。

如何加长省道部分

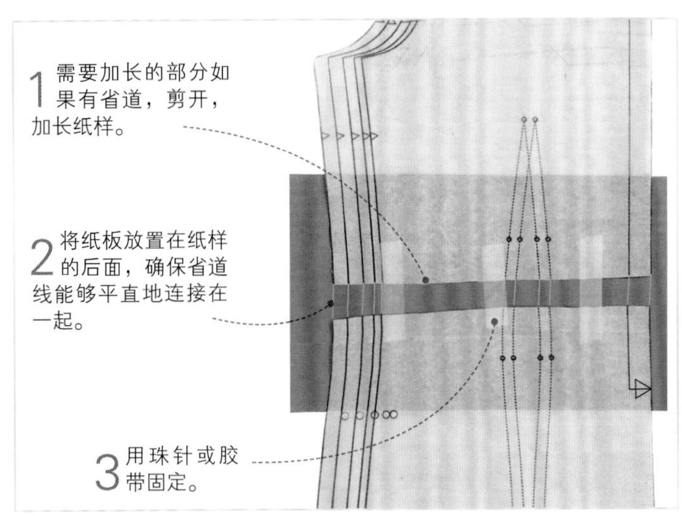

1 需要加长的部分如果有省道，剪开，加长纸样。

2 将纸板放置在纸样的后面，确保省道线能够平直地连接在一起。

3 用珠针或胶带固定。

如何缩短省道部分

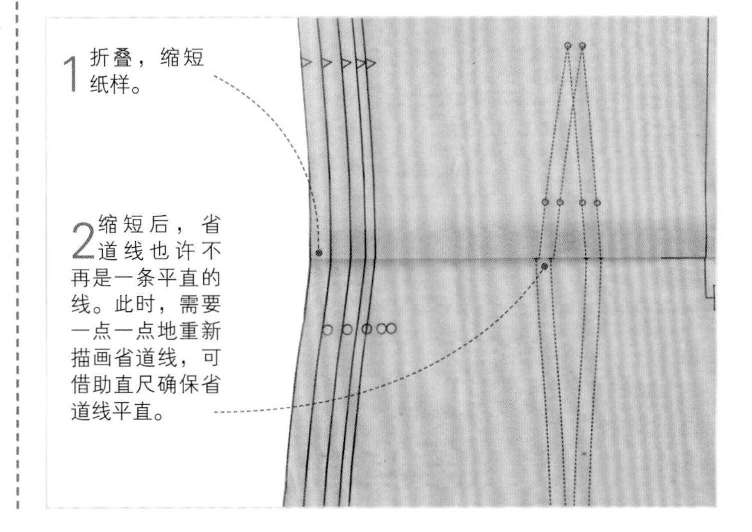

1 折叠，缩短纸样。

2 缩短后，省道线也许不再是一条平直的线。此时，需要一点一点地重新描画省道线，可借助直尺确保省道线平直。

如何加长折边

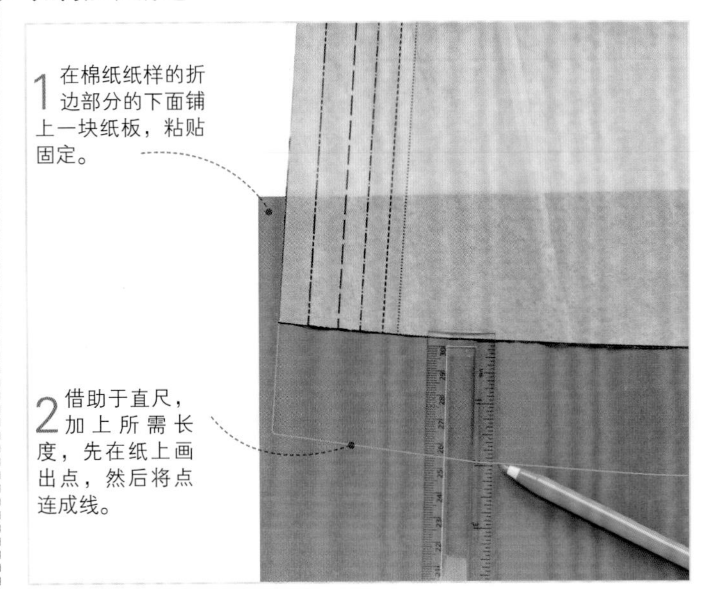

1 在棉纸纸样的折边部分的下面铺上一块纸板，粘贴固定。

2 借助于直尺，加上所需长度，先在纸上画出点，然后将点连成线。

如何缩短折边

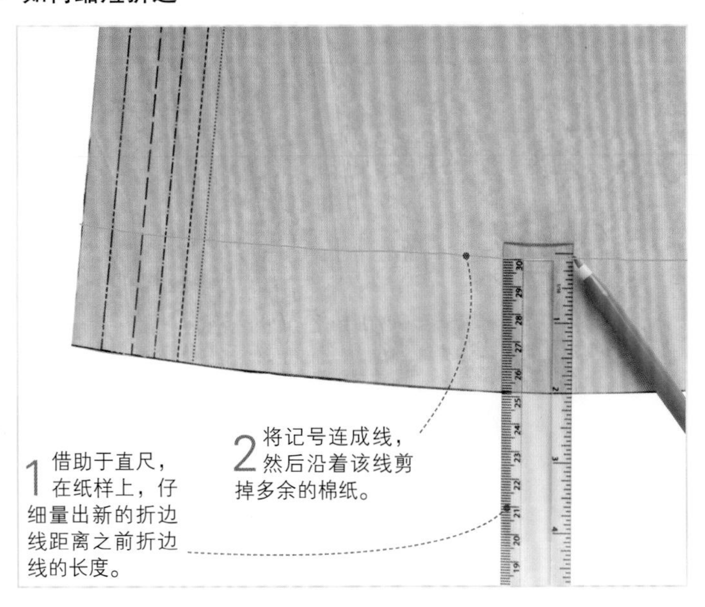

1 借助于直尺，在纸样上，仔细量出新的折边线距离之前折边线的长度。

2 将记号连成线，然后沿着该线剪掉多余的棉纸。

测量和标绘工具见第18~19页 • 测量身体尺寸见第60~61页

修改胸围

现在的纸样有各种不同的罩杯大小，但是大多数的纸样适用于B罩杯。如果罩杯较大，要先进行纸样的修改，然后再进行裁剪。一般来说，将纸样展开后，每增大一个罩杯就需要增加6mm。也可以修改纸样来调整罩杯的位置，将其略微提升或降低。如果改动了胸部的省道，腰部的省道一般也需做出相应的调整。

▶ 上移胸部省道

1 如果胸高点靠上，则需要上移胸部省道线。纸样上一般会标出胸点的位置。在样片棉纸上标出新的胸点的位置。

2 重新画出胸部省道，使其通过新的胸点。

3 将腰部省道加长同样的尺寸。

▶ 大幅度上移胸部省道

1 如果需要大幅度上移胸部省道，需在省道部位剪出一个长方形，然后将其上移。

2 在棉纸纸样上标出新的胸点。

3 用一张纸板垫在空隙处，并粘贴固定。

4 将腰部省道上移同样的尺寸。

▶ 增大胸部省道

1 按照下图通过胸点裁剪纸样。

2 将棉纸纸样放置在纸板上，如比B罩杯大一个尺码，就展开约6mm。

3 粘贴固定。

4 按原长度重新画出省道。

▶ 下移胸部省道

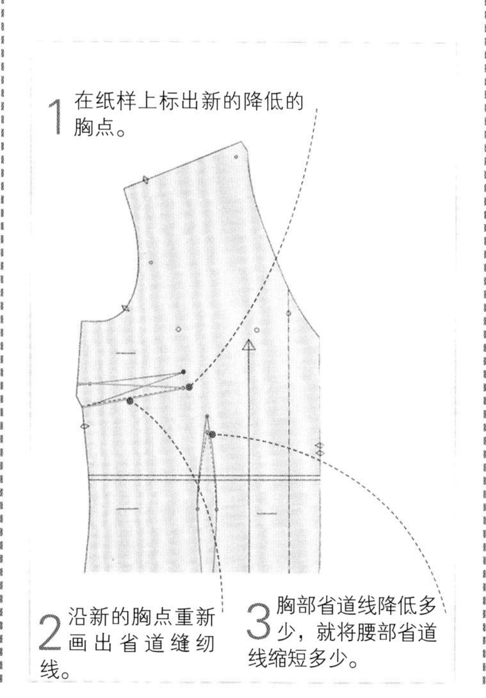

▶ 大幅度下移胸部省道

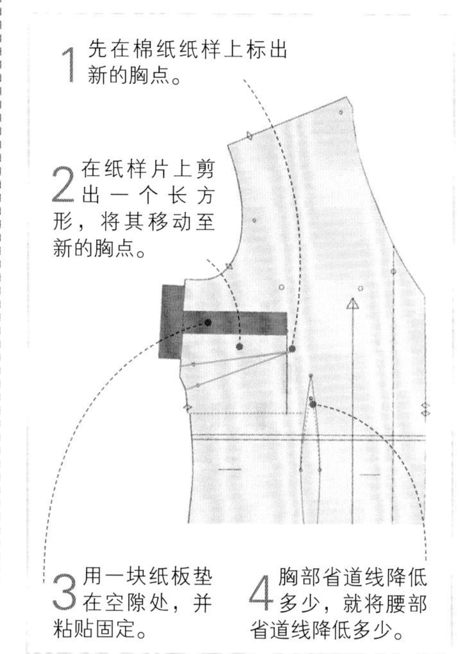

▶ 延长法式省道

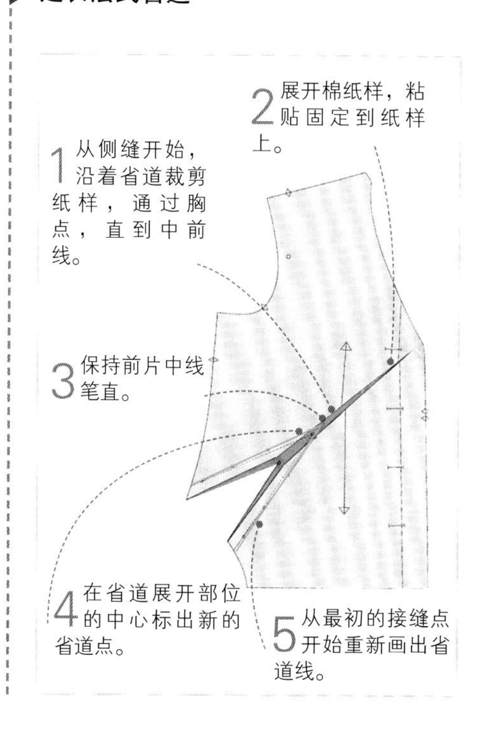

上移弧形胸部接缝

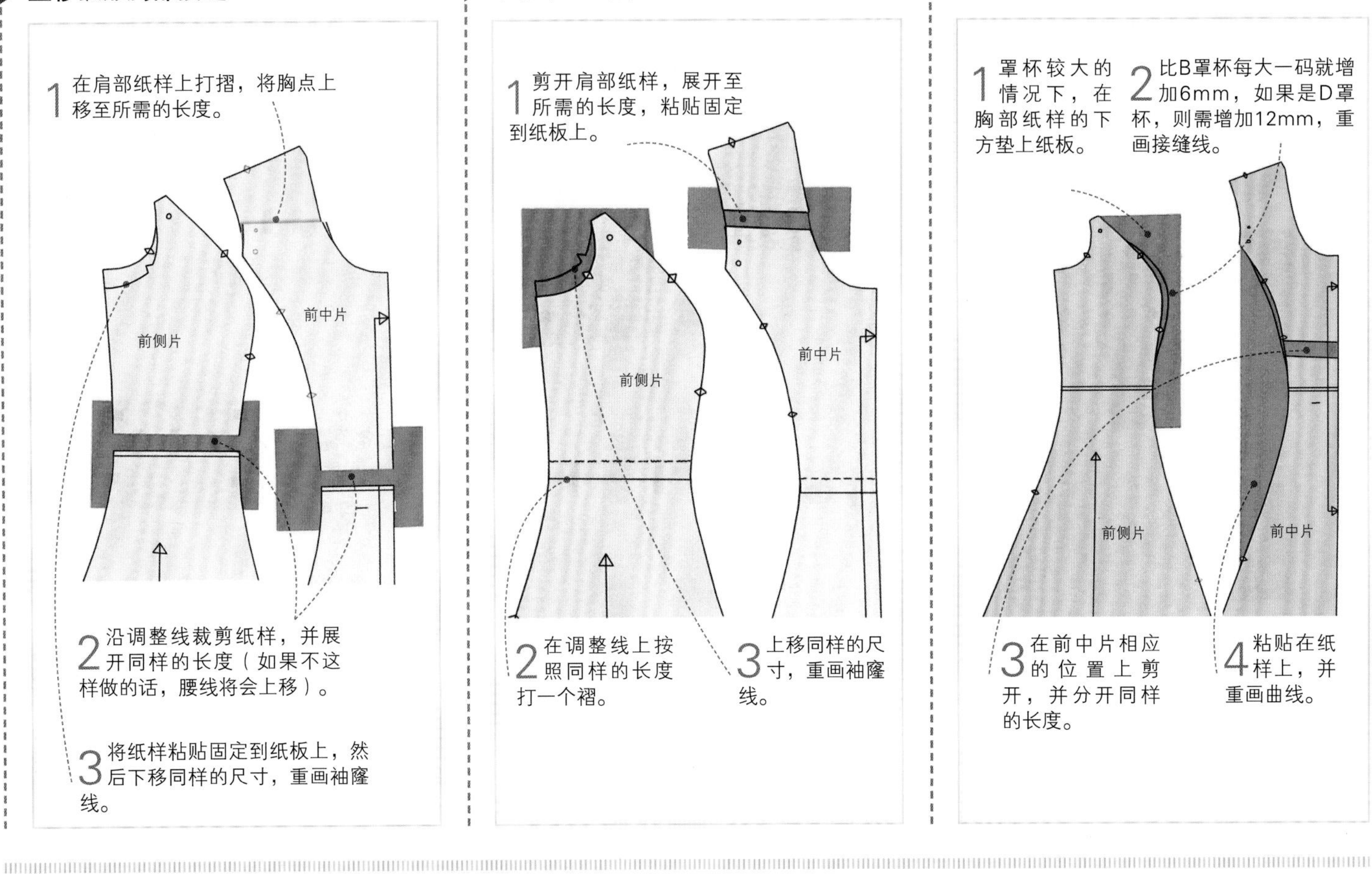

下移弧形胸部接缝

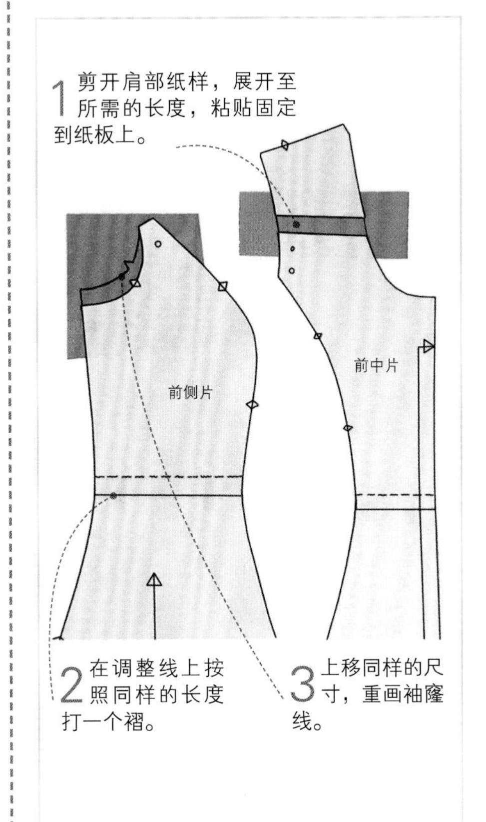

调整弧形接缝

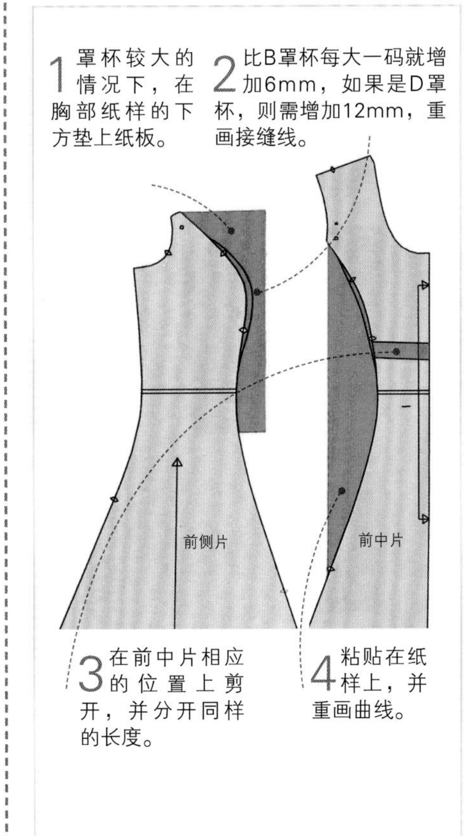

修改腰围和臀围

大部分人的腰围和臀围尺寸都和纸样上的标准尺寸不同。调整纸样时要先调整腰围的纸样，然后再调整臀围的纸样。

在接缝处增加腰围

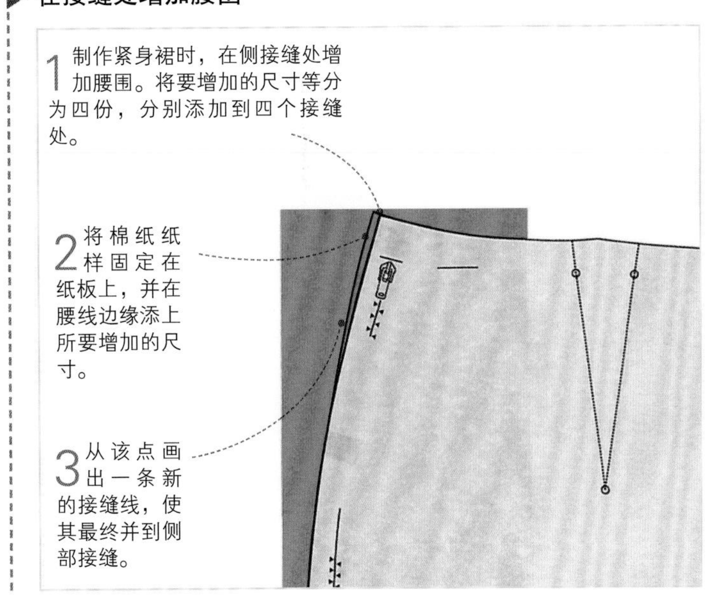

增加多片裙的腰围

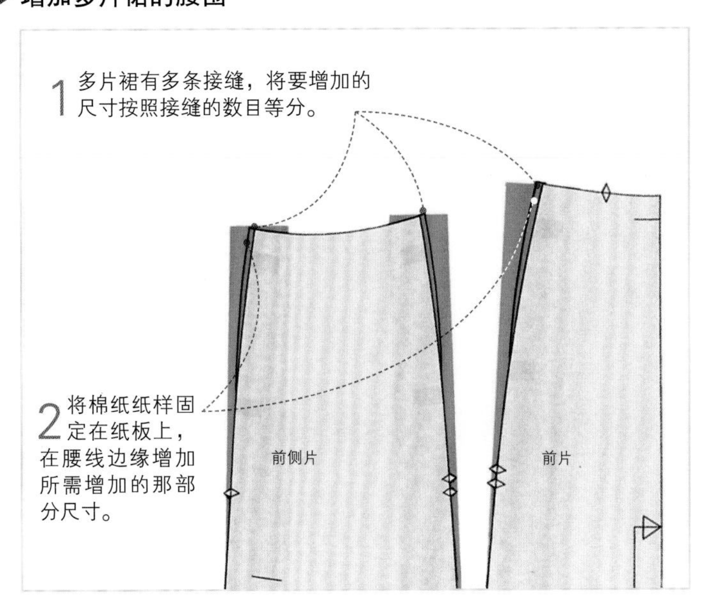

测量和标绘工具见第18~19页 • 测量身体尺寸见第60~61页

增加整圆裙的腰围

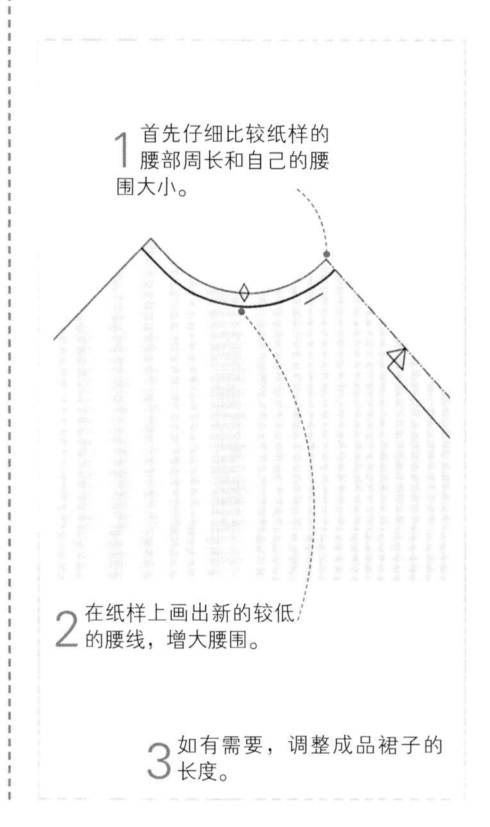

增加紧身裙的腰围

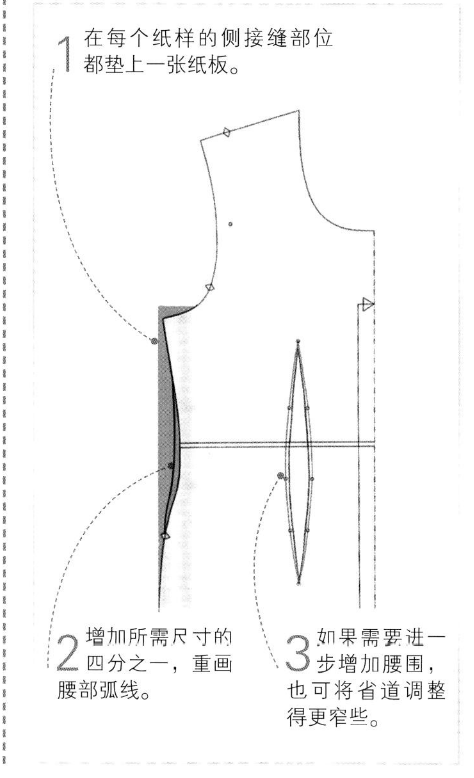

增加公主线裙的腰围

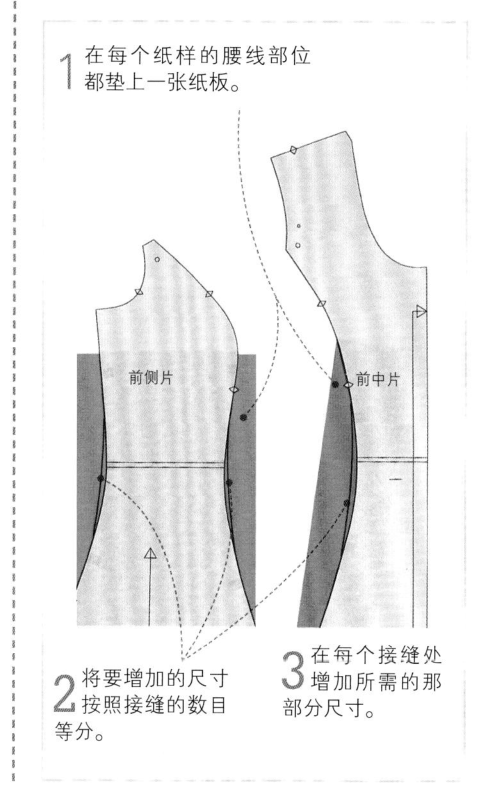

在接缝处减小腰围

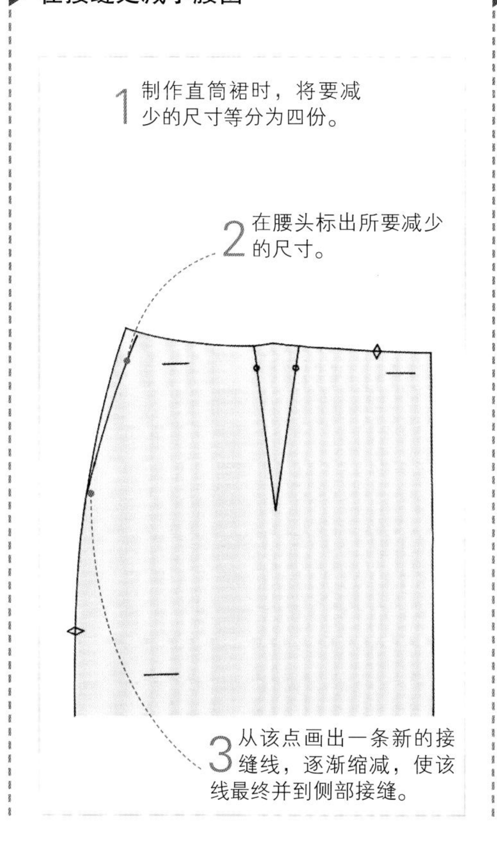

减小多片裙的腰围

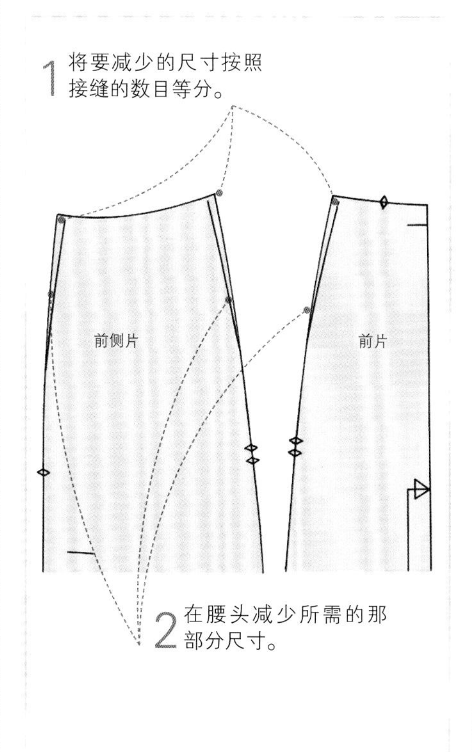

减小整圆裙的腰围

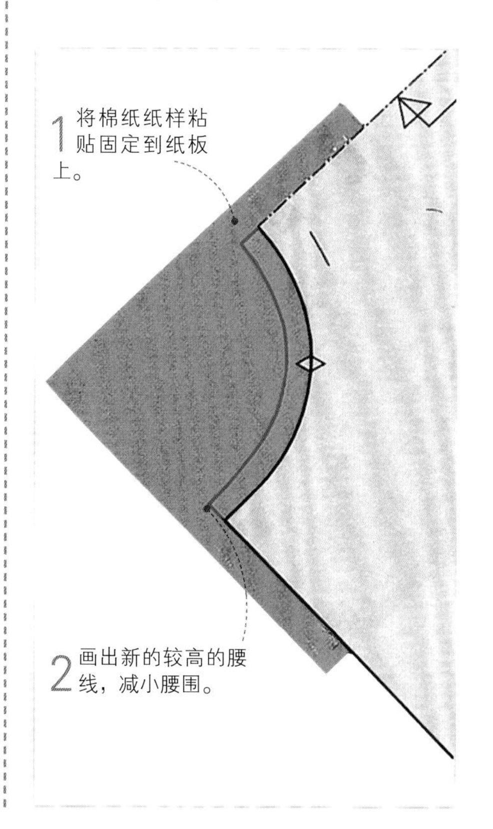

制作样衣见第74~75页 • 调整省道见第110页 • 腰线的种类与缝制见第174~183页

减小紧身裙的腰围

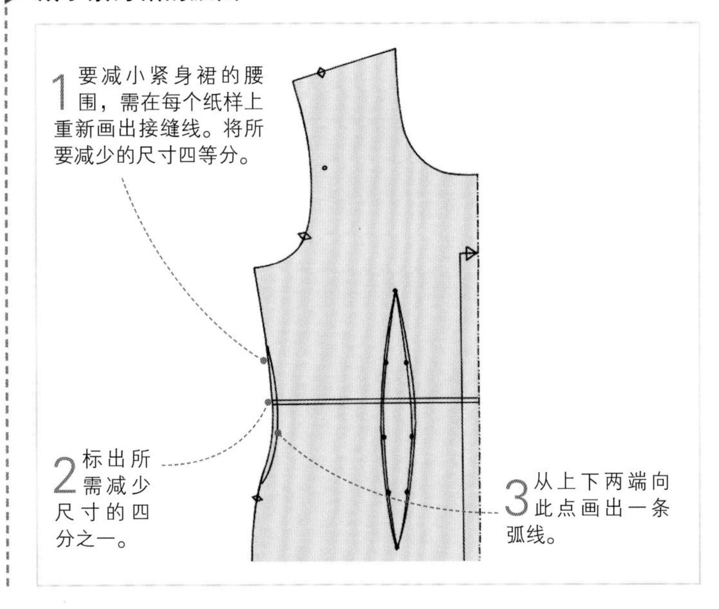

减小公主线裙的腰围

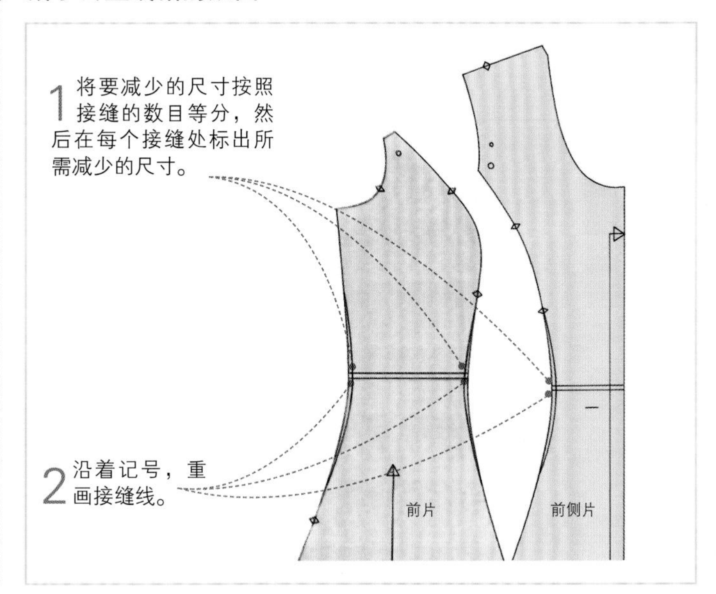

加宽紧身裙的臀围

1 要增加紧身裙的臀围，将要增加的尺寸四等分。将棉纸纸样固定在纸板上，并在臀围线边缘添上所要增加的尺寸。

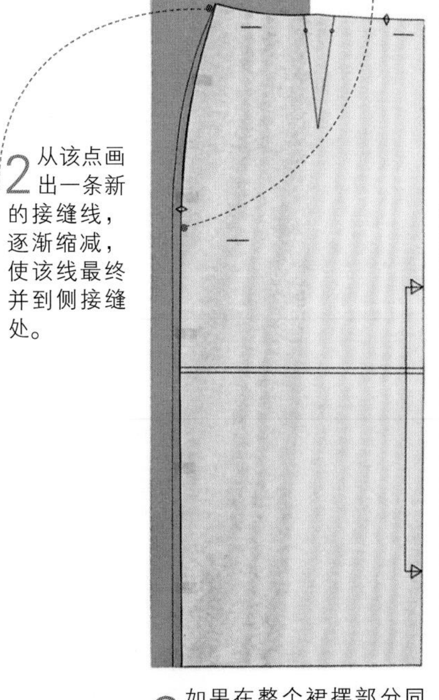

3 如果在整个裙摆部分同时做出调整，效果会更好。所以，可以从臀围部分到下折边重新画出接缝线。

大幅度增加紧身裙的臀围

1 如果要增加的尺寸大于5cm，要将纸样在省道和侧接缝之间垂直剪开。

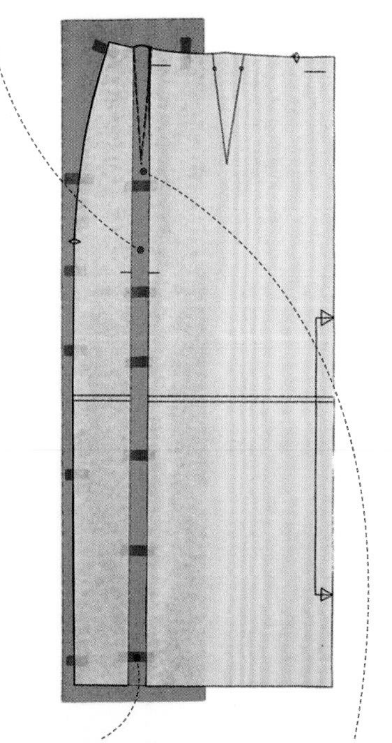

2 垫上纸板，将纸样展开，宽度为所需增加尺寸的四分之一。

3 要使腰围保持不变，则需画出第二条省道。

调整紧身裙适应翘臀

1 将棉纸纸样铺在纸板上，按照左边增加紧身裙臀围的方法，在腰部到臀高点增加所需的尺寸，然后逐渐缩减，使该线最终并到侧接缝处。

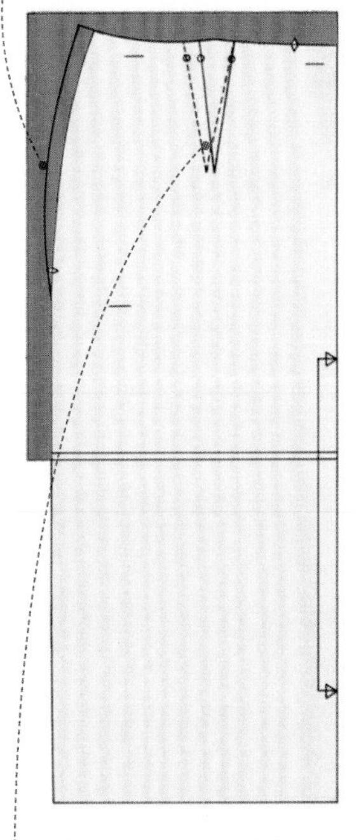

2 将省道的宽度增加同样的尺寸，重新画线，使该线最终到达新的中心点。

调整紧身裙适应丰满的臀部

1 通过省道线将后裙片的纸样垂直剪开，一直剪到下摆处。

2 沿臀围线横向剪开，但不要剪开侧接缝。

3 将棉纸在纸样上展开至所需宽度，再粘贴固定到纸板上。

4 重画省道线。

减小紧身裙的臀围

1 将要减少的尺寸四等分，并在纸样的臀围边缘标出所要减少的尺寸。

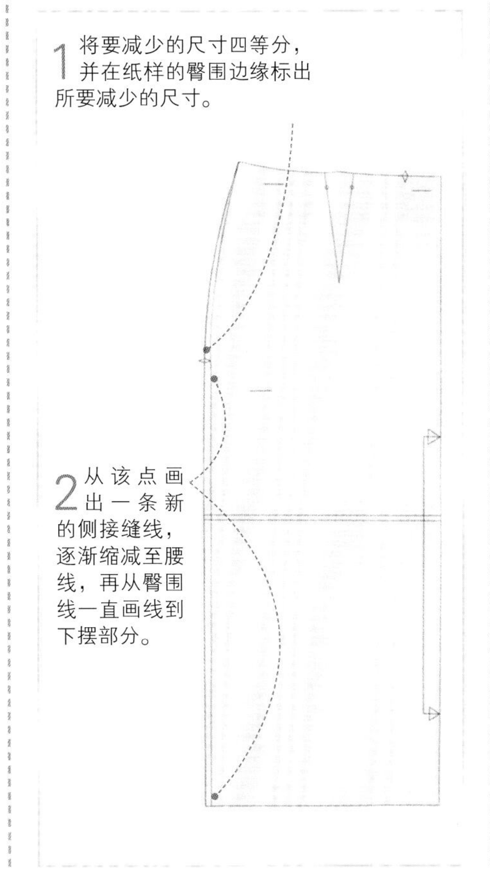

2 从该点画出一条新的侧接缝线，逐渐缩减至腰线，再从臀围线一直画线到下摆部分。

调整多片裙或公主裙的臀围

1 将要增加或减少的尺寸按照接缝的数目等分。

2 增加臀围时，将棉纸粘在纸样上。

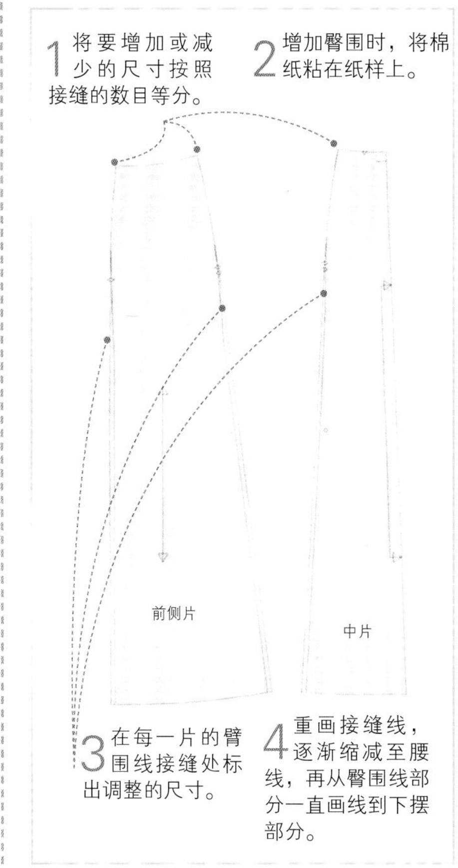

3 在每一片的臂围线接缝处标出调整的尺寸。

4 重画接缝线，逐渐缩减至腰线，再从臀围线部分一直画线到下摆部分。

大幅增加紧身裙的臀围

1 在纸样中腰围线下方处水平剪一个口，宽度为所需增加宽度的四分之一。

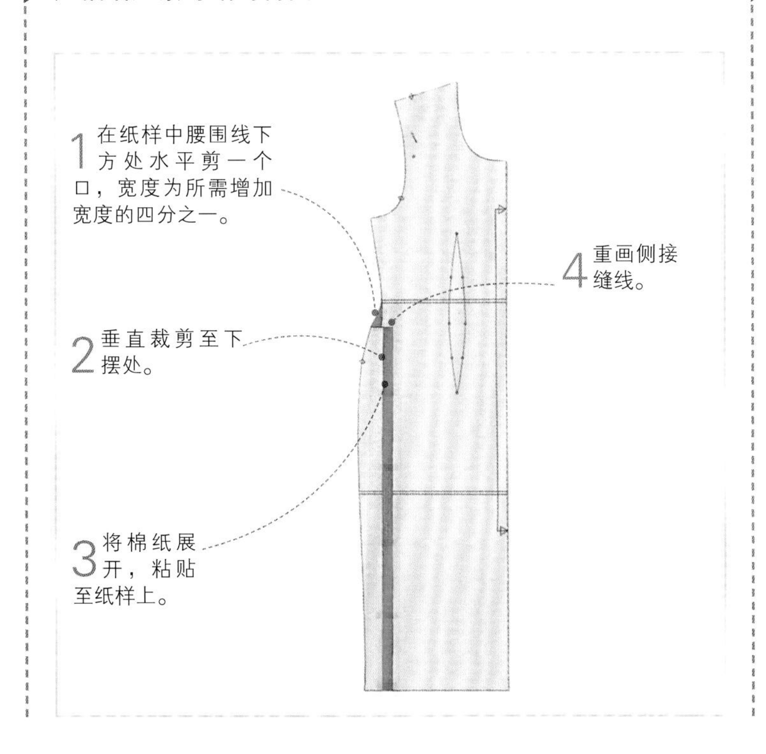

2 垂直裁剪至下摆处。

3 将棉纸展开，粘贴至纸样上。

4 重画侧接缝线。

调整臀围线适应弓背体型

1 弓背体型的背后中部接缝要短些。从后裙片纸样的中间部分画出一条和臀围线相交的直线。

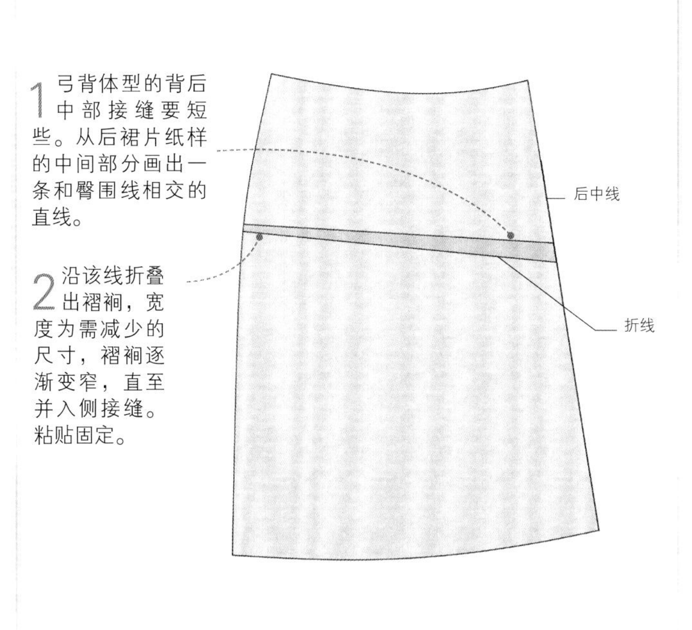

2 沿该线折叠出褶裥，宽度为需减少的尺寸，褶裥逐渐变窄，直至并入侧接缝。粘贴固定。

制作样衣见第74~75页 • 腰线的种类与缝制见第174~183页

修改肩部、背部和衣袖

可以通过调整纸样来为溜肩、平肩以及后背较宽或较窄者制衣。有一点需要注意，调整纸样时对袖窿的影响越小越好。为使穿衣者活动自如，衣袖不能太紧。如果有必要，可以放大纸样，也可以通过调整使衣袖变窄小。

针对平肩进行调整

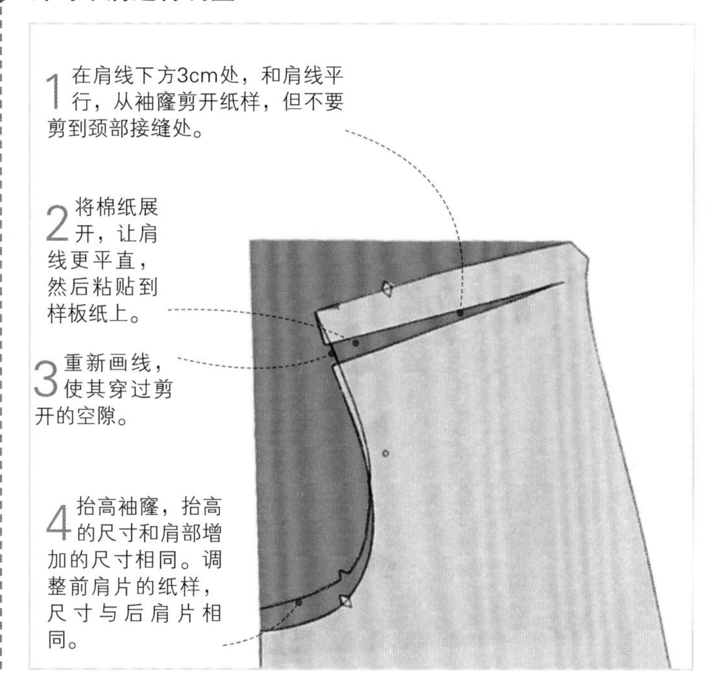

针对溜肩进行调整

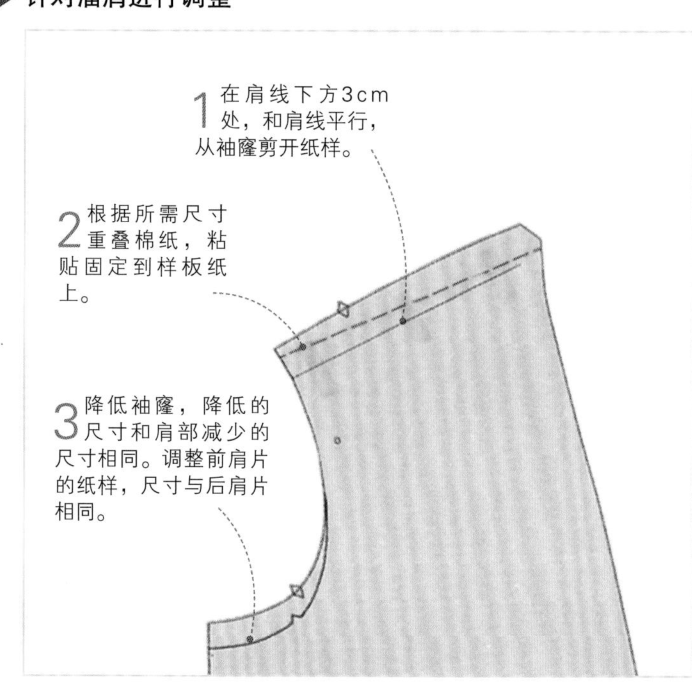

准备纸样，针对肩宽进行调整

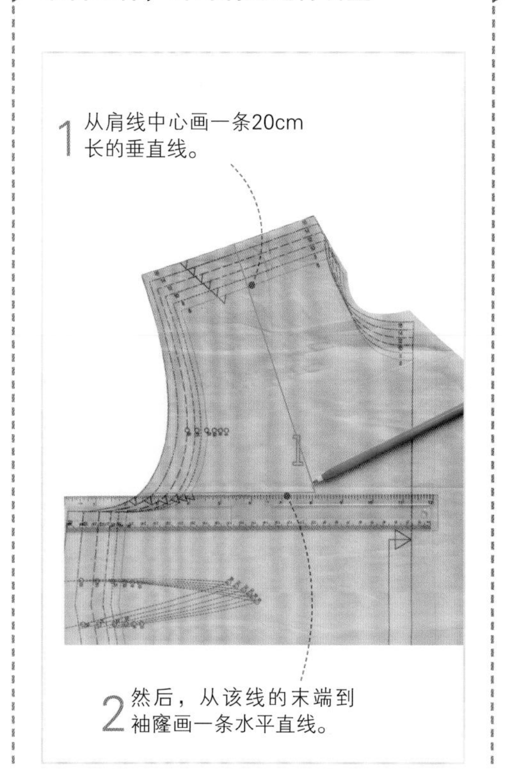

针对宽肩进行调整

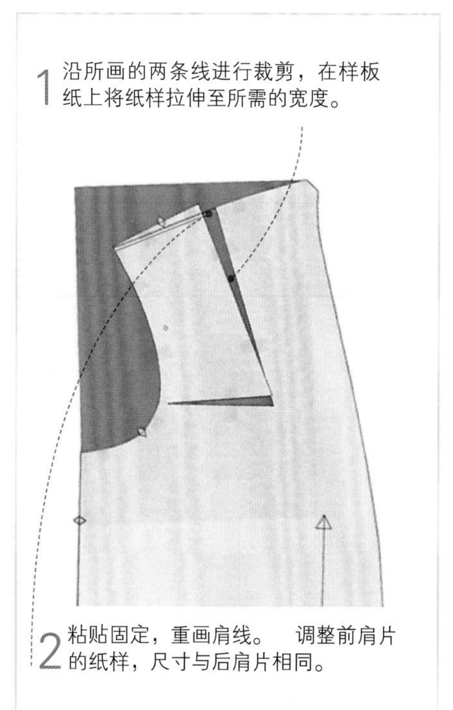

针对窄肩进行调整

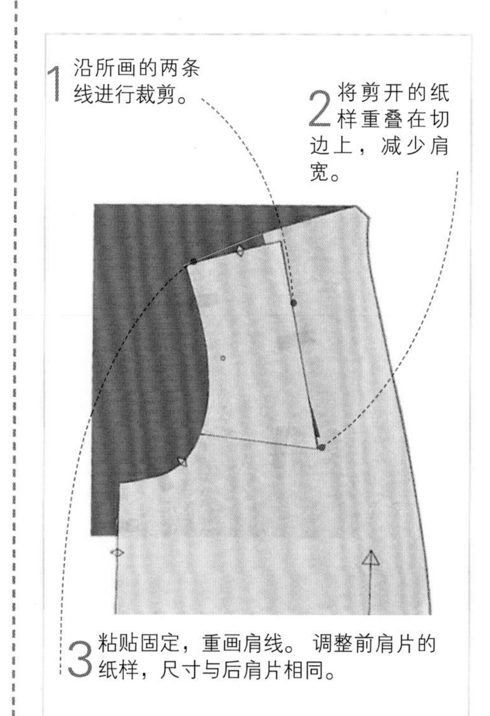

测量和标绘工具见第18~19页 • 测量身体尺寸见第60~61页

加宽合身袖

1 从中间将衣袖纸样垂直剪开。

2 将纸样展开至所需尺寸，使衣袖更宽大。粘贴到样板纸上。

3 还需将上衣侧接缝处增大一半的尺寸，以此将袖窿略微加大。

加宽合身袖的袖山

1 从中间垂直剪开纸样，但不要剪开腕部接缝。

2 将纸样的上部展开至所需尺寸，尺寸逐步减少，则手腕处减少为零。

3 将所需尺寸的一半加到上衣的每个侧接缝处，袖窿也因此而加大。

加宽合身袖的袖肘

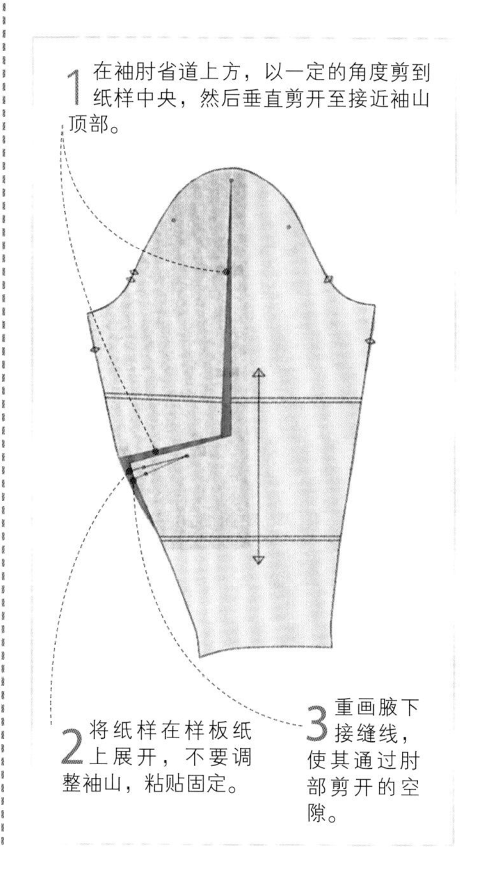

1 在袖肘省道上方，以一定的角度剪到纸样中央，然后垂直剪开至接近袖山顶部。

2 将纸样在样板纸上展开，不要调整袖山，粘贴固定。

3 重画腋下接缝线，使其通过肘部剪开的空隙。

加宽合身袖的腋下部分

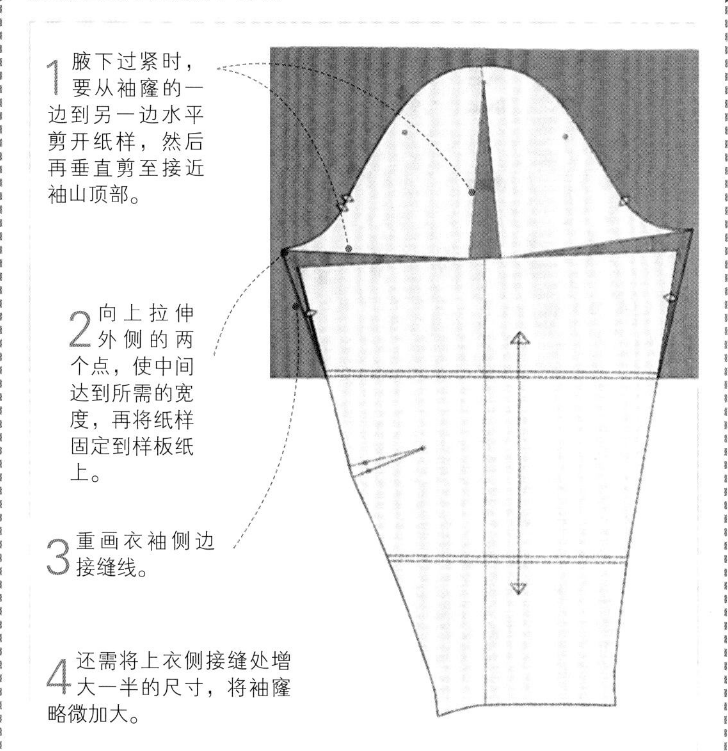

1 腋下过紧时，要从袖窿的一边到另一边水平剪开纸样，然后再垂直剪至接近袖山顶部。

2 向上拉伸外侧的两个点，使中间达到所需的宽度，再将纸样固定到样板纸上。

3 重画衣袖侧边接缝线。

4 还需将上衣侧接缝处增大一半的尺寸，将袖窿略微加大。

调整合身袖使其变窄

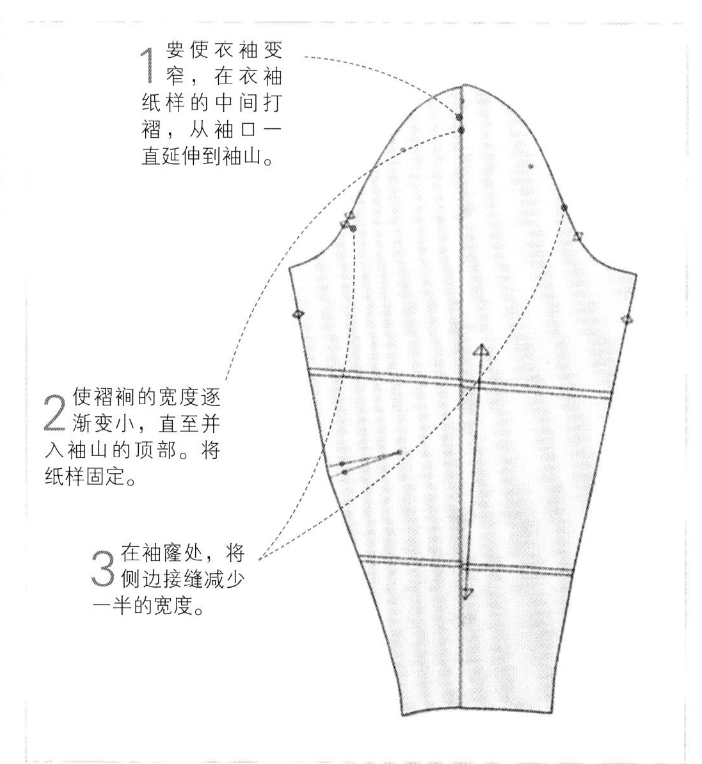

1 要使衣袖变窄，在衣袖纸样的中间打褶，从袖口一直延伸到袖山。

2 使褶裥的宽度逐渐变小，直至并入袖山的顶部。将纸样固定。

3 在袖窿处，将侧边接缝减少一半的宽度。

制作样衣见第74~75页 • 衣袖的种类与缝制见第194~199页

修改裤子

通过调整裤子纸样，可以为大腹便便者，臀部丰满、翘臀或扁平臀者制衣。裤子的纸样调整比较复杂，必须按照一定的顺序进行。首先进行裆深调整，然后进行宽度的调整，接下来调整裤裆长度，最后调整裤子的长度。只有后裤片才画有裆深线。

在臀围线处增加裆深

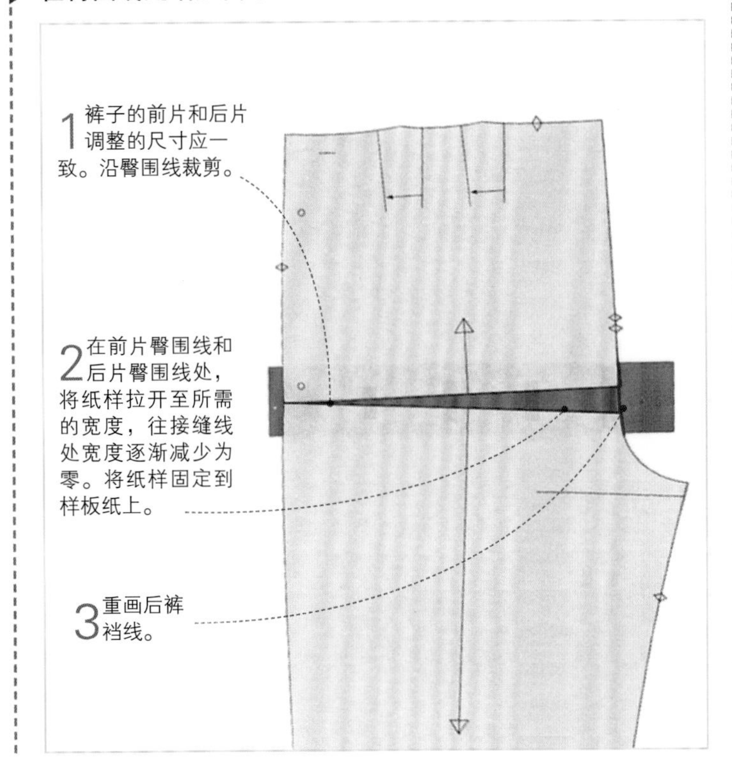

在臀围线处减小裆深

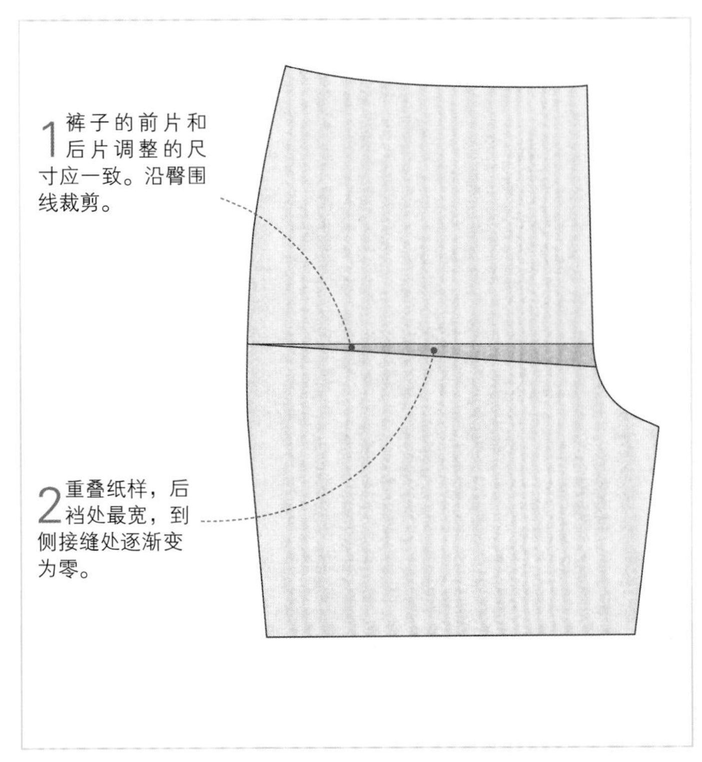

增加腰围

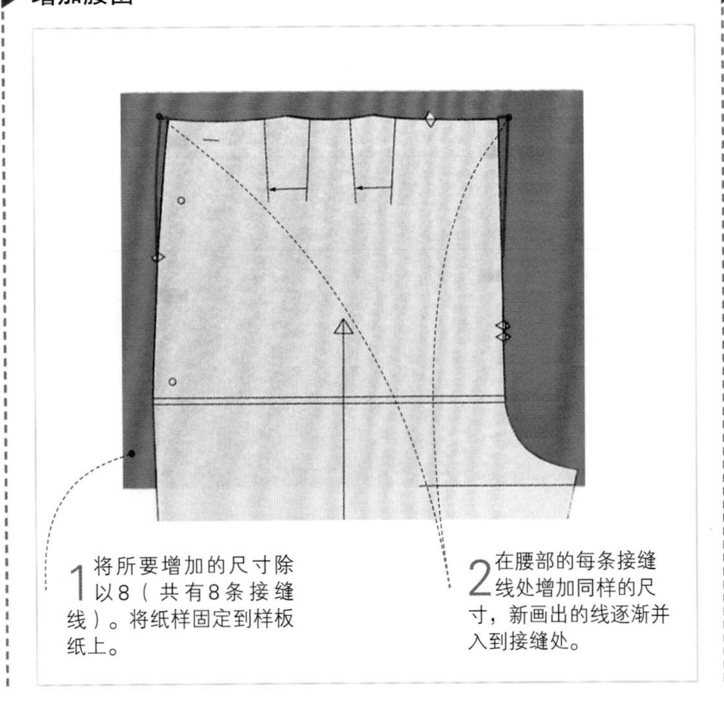

减小腰围

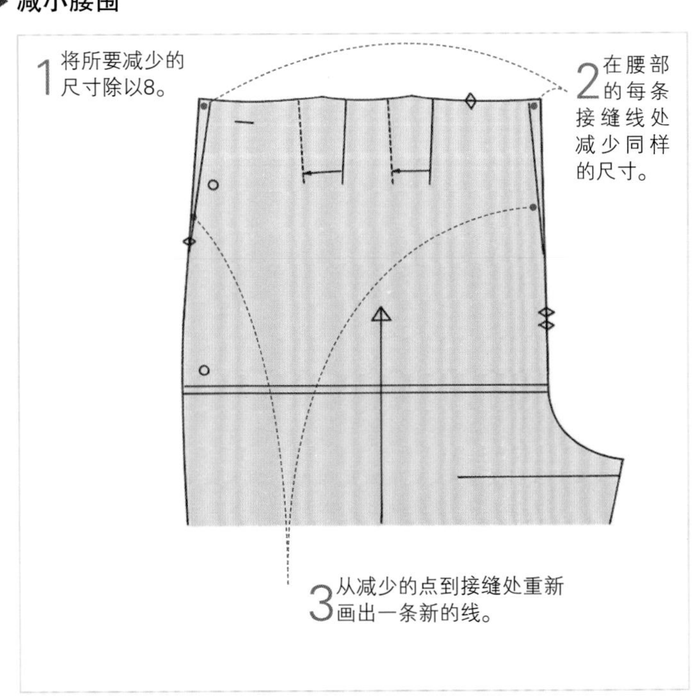

测量和标绘工具见第18~19页 ● 测量身体尺寸见第60~61页

在臀围线处加宽

1 将所要增加的尺寸除以4。

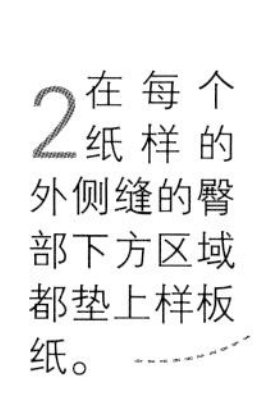

2 在每个纸样的外侧缝的臀部下方区域都垫上样板纸。

3 在臀部的每条外侧缝处增加同样的尺寸，画出新的侧缝线，并使其向腰部和腿部逐渐变窄。

4 如果是直筒裤，从臀部直接画出一条侧缝线直到裤脚折边。

加宽臀部或腹部

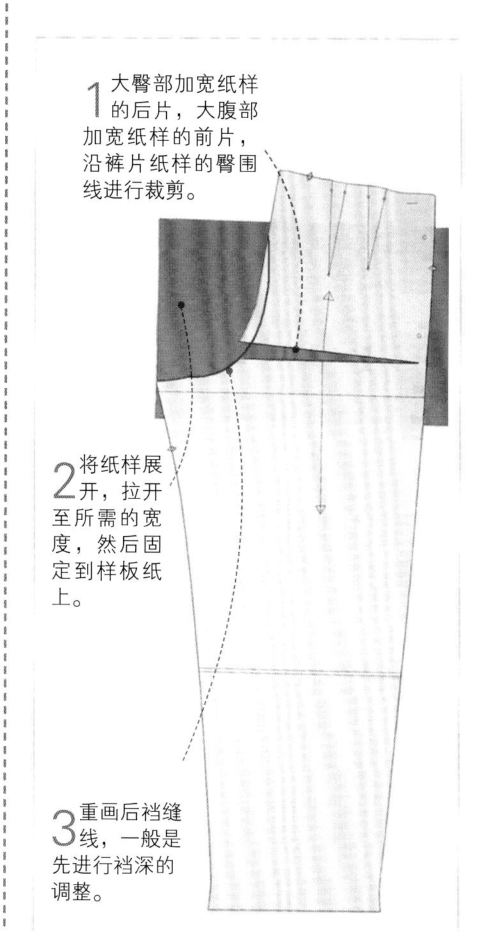

1 大臀部加宽纸样的后片，大腹部加宽纸样的前片，沿裤片纸样的臀围线进行裁剪。

2 将纸样展开，拉开至所需的宽度，然后固定到样板纸上。

3 重画后裆缝线，一般是先进行裆深的调整。

在臀围线处变窄

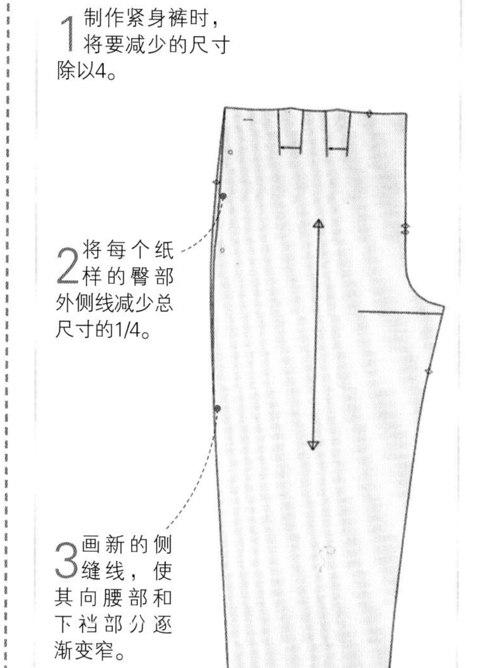

1 制作紧身裤时，将要减少的尺寸除以4。

2 将每个纸样的臀部外侧线减少总尺寸的1/4。

3 画新的侧缝线，使其向腰部和下裆部分逐渐变窄。

加长裆线

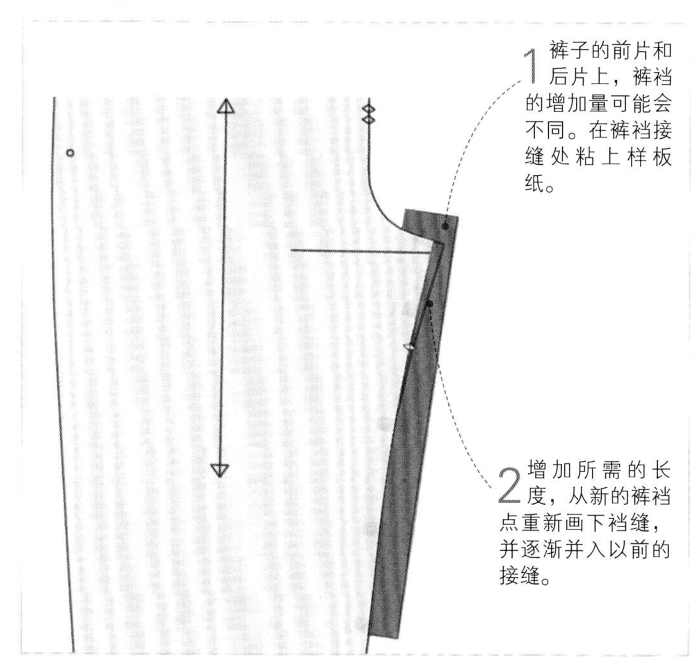

1 裤子的前片和后片上，裤裆的增加量可能会不同。在裤裆接缝处粘上样板纸。

2 增加所需的长度，从新的裤裆点重新画下裆缝，并逐渐并入以前的接缝。

缩短裆线

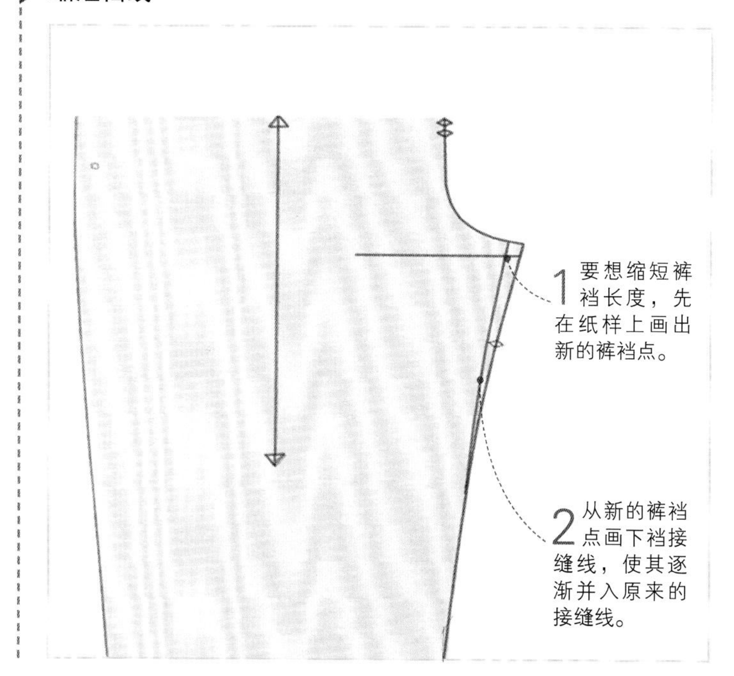

1 要想缩短裤裆长度，先在纸样上画出新的裤裆点。

2 从新的裤裆点画下裆接缝线，使其逐渐并入原来的接缝线。

制作样衣见第74~75页 • 腰线的种类与缝制见第174~183页

制作样衣

第一次使用一套纸样，或是要对纸样进行修改的时候，最好先用白棉布制作样衣。这样就能知道衣服是否合体，是否需要做进一步的调整，同时还能看出所选的样式是否适合自己的体型。一般需要一个帮手，若没有，则需要裁缝用人台。

样衣过大

试穿样衣时，如果太大了，会有些布料是多余的。将这些多余的布料折起来并用珠针别住，注意左右两边折入的宽度要一致。脱掉样衣，测量出多余的量，在纸样上做出相应的调整，将多余的纸样别起来。

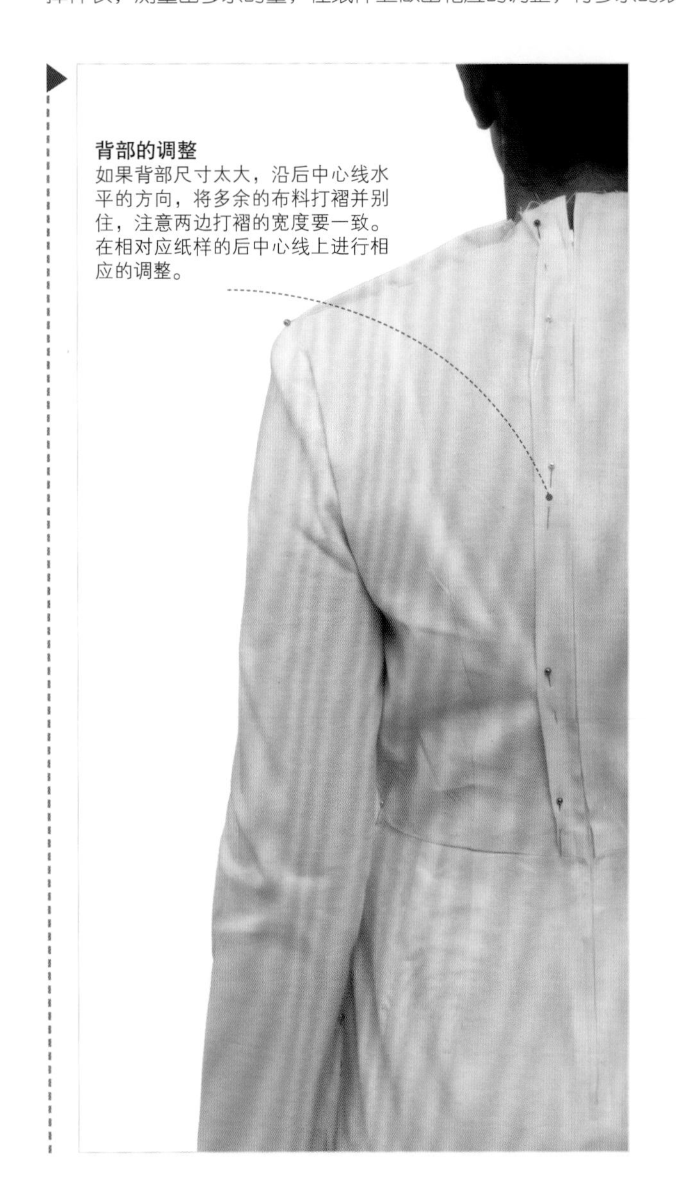

背部的调整
如果背部尺寸太大，沿后中心线水平的方向，将多余的布料打褶并别住，注意两边打褶的宽度要一致。在相对应纸样的后中心线上进行相应的调整。

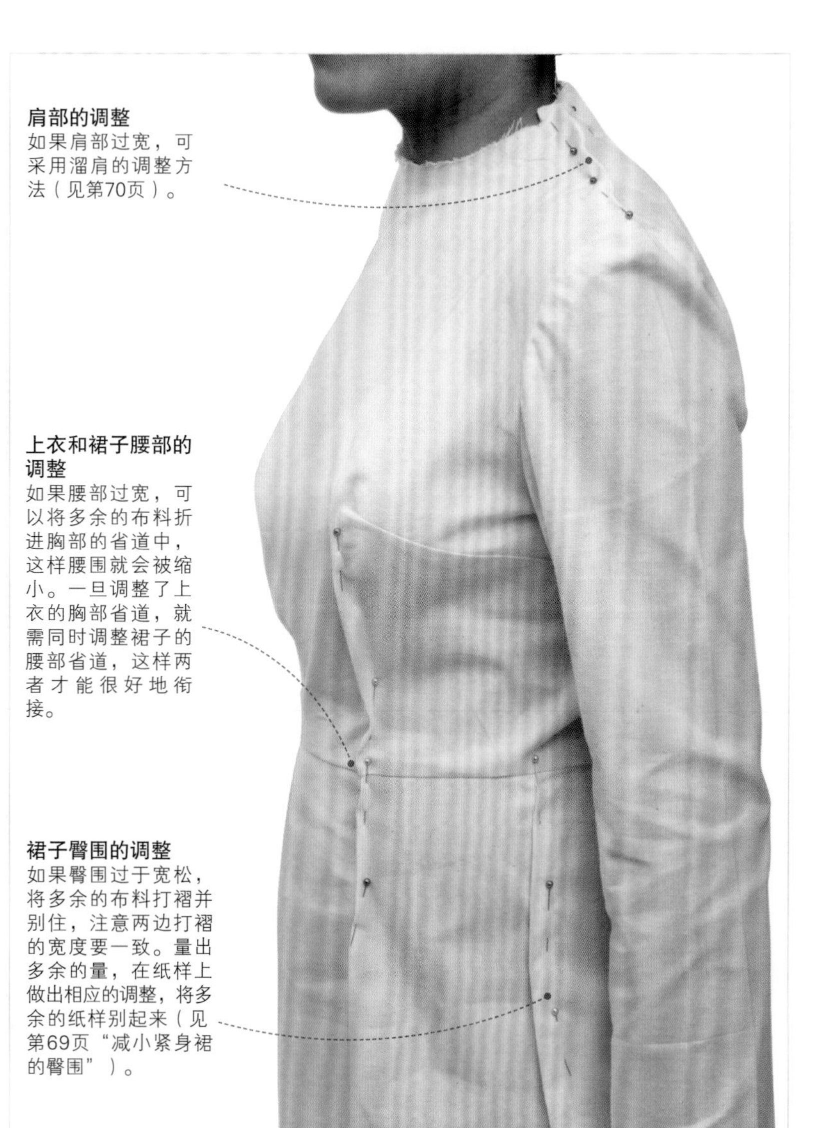

肩部的调整
如果肩部过宽，可采用溜肩的调整方法（见第70页）。

上衣和裙子腰部的调整
如果腰部过宽，可以将多余的布料折进胸部的省道中，这样腰围就会被缩小。一旦调整了上衣的胸部省道，就需同时调整裙子的腰部省道，这样两者才能很好地衔接。

裙子臀围的调整
如果臀围过于宽松，将多余的布料打褶并别住，注意两边打褶的宽度要一致。量出多余的量，在纸样上做出相应的调整，将多余的纸样别起来（见第69页“减小紧身裙的臀围”）。

样衣过小

如果样衣太小，太紧的地方布料会被拉伸。下图中的样衣在胸部和腹部太紧。对纸样进行调整时，要在过紧的区域加入更多布料。衣袖的上方略有些紧，也需做出一定的调整。

上衣胸围的调整
如果只需较小的调整，可挑开侧接缝，量出所需增加的尺寸，然后在纸样上做出相应的调整。如果需要较大的调整，则整片纸样都需要进行改动，并重新裁剪前身片（见第65页“增大胸部省道”）。然后制作新的样衣并重新检测以确认新的纸样是否合适。

肩部的调整
如果衣袖的上方或腋下过紧，最好改动纸样（见第71页），再制作新的样衣衣袖。

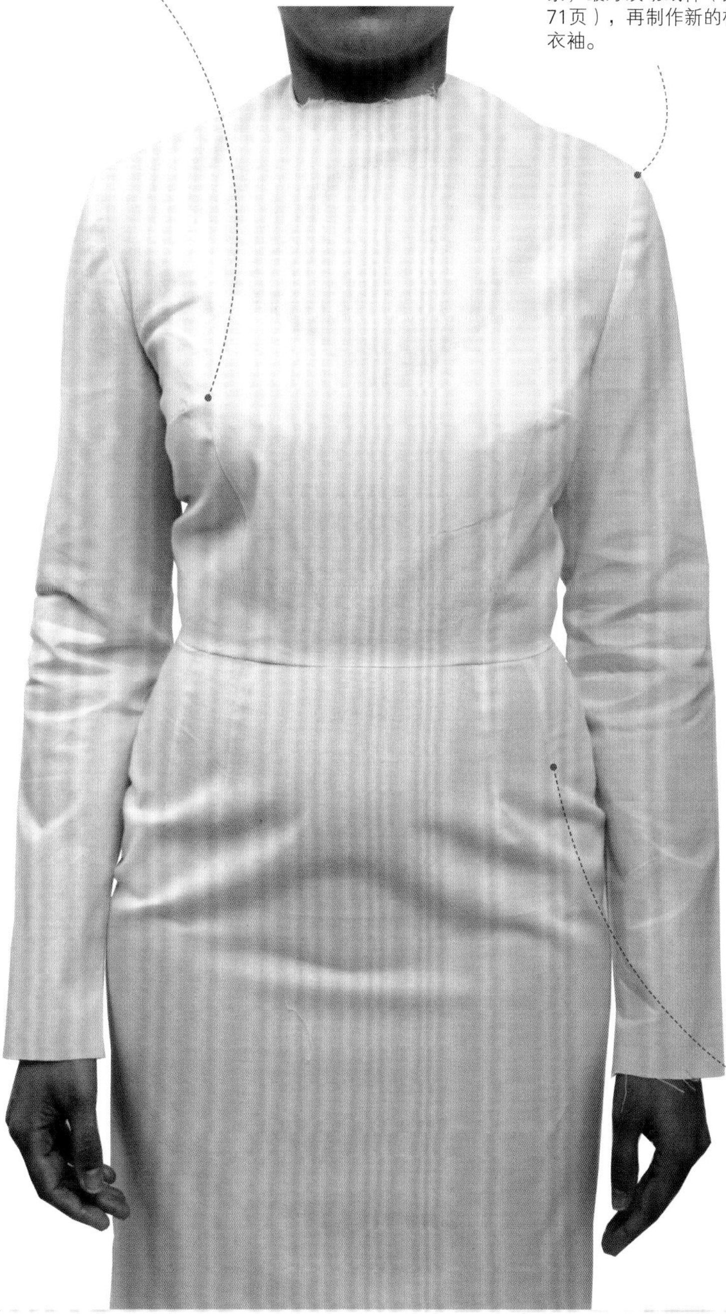

裙子臀围的调整
挑开侧接缝，量出需要增加的尺寸。使用额外的白棉布进行调整，确定合身后，再对纸样进行相应的调整。

如何调整过紧的样衣

如果样衣过紧，则需要更多的布料来覆盖身体的轮廓，并需要对纸样进行进一步的调整。如果要增加的尺寸较小（4cm以下），可按照以下步骤进行调整，然后再对纸样进行相应的改动，重画接缝线。如果改动的尺寸较大，在改动纸样后，需再次制作样衣并进行试衣。

1 样衣过紧，将两边的接缝挑开，直到衣物不再紧绷。

2 量出拆开两条缝纫线之间的宽度，身体两边的宽度应相同。

3 将这个尺寸除以2，比如说最宽点的宽度为4cm，那么每个接缝处应该增加2cm。

4 使用记号笔，直接在样衣上标出上方和下方的更改位置。同时标出最宽点的位置。

5 脱掉样衣后，在上述区域添加白棉布，从最宽点逐渐变窄，直到和最初的接缝线重合。

6 再次试穿样衣，确保改动后的衣物合身。然后测出尺寸，并在相应的纸样上进行改动。

省道见第108~113页

裁剪

裁剪是作品成功与否的关键。购买布料时应仔细检查，查看是否有瑕疵，是否有扭曲的图案，并查看从布料卷中裁剪下来时，裁剪手法是否正确，裁剪方向是否和布边成直角。如果布料有褶皱，要先熨烫平整；如果布料可水洗，应先过水，避免以后缩水。在这些准备工作完成后，将纸样放在布料上，用珠针固定，然后进行裁剪。

布料纹理和起绒

应根据布料纹理进行裁剪，这样布料悬垂性才好，制作的物品也会经久耐用。布料的纹理就是构成布料的纱或线的走向。大部分纸样上的纹理标志应和经线相平行。有些布料因有绒毛所以有起绒效果，也就是当向一个方向梳理布料时，其绒毛会产生阴影。单向花样或有不对称条纹的布料也可以视为有起绒效果。起绒布料裁剪时需倒顺毛排料，非起绒布料则可以从任何角度进行裁剪。

机织布料的纹理

布边是指和经线平行的，不会起毛的布料的机织边缘。

和布料长度一致的纱线叫作经线。比纬线结实，但延展性也较差。

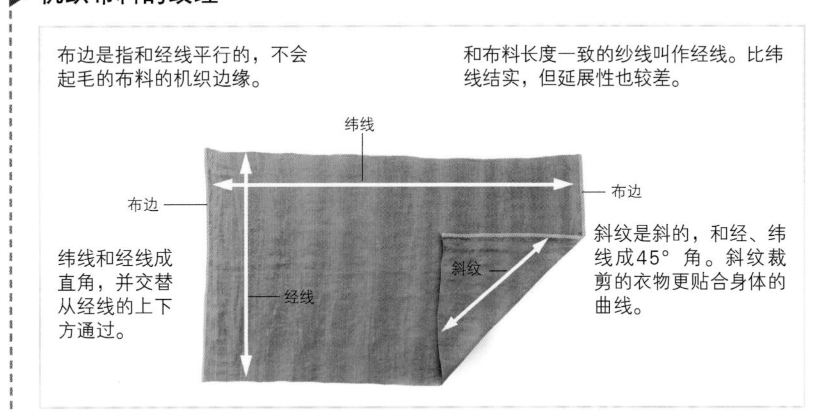

纬线和经线成直角，并交替从经线的上下方通过。

斜纹是斜的，和经、纬线成45° 角。斜纹裁剪的衣物更贴合身体的曲线。

针织布料的纹理

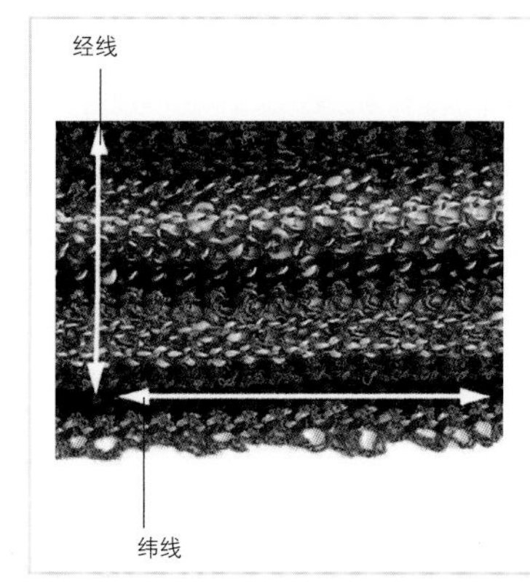

针织布料也有纹理。有些针织布料只能向一个方向延伸，有的则可以向两个方向延伸。进行针织布料的裁剪时，要沿着延展性较强的方向裁剪。

绒毛布料的起绒

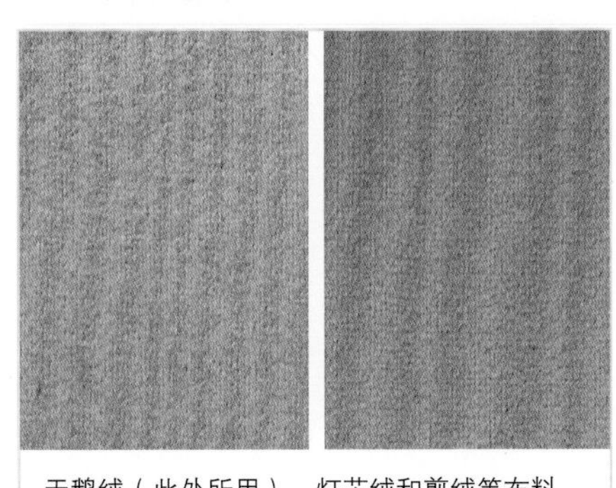

天鹅绒（此处所用）、灯芯绒和剪绒等布料，其毛绒的排列方向不同，颜色也会略有不同。

单向花样布料的倒顺毛

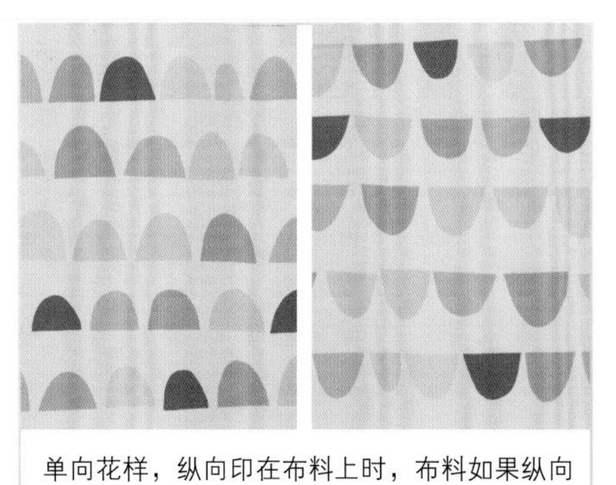

单向花样，纵向印在布料上时，布料如果纵向对折起来，有一面图案将会是颠倒的。

条纹布料的倒顺毛

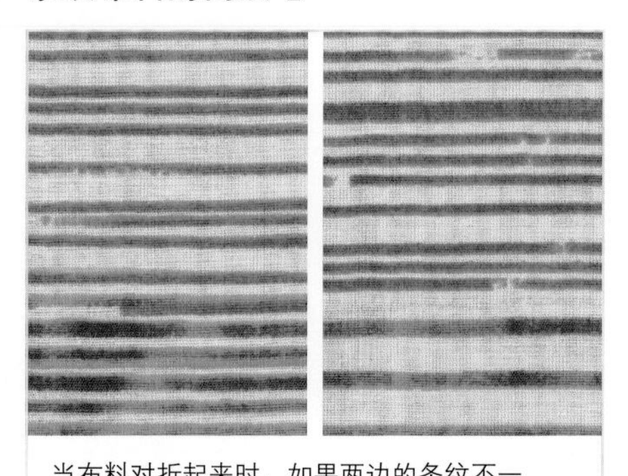

当布料对折起来时，如果两边的条纹不一样，条纹就不对称，裁剪时就需要倒顺毛排料。

裁剪工具见第16~17页 ● 标绘工具见第19页 ● 布料见第40~52页

准备布料

检查从布料卷上裁剪布料的手法是否正确，可将布料抚平，对齐布边。如果裁剪边不整齐，或是没有对齐，使用下面的方法可以将其整平，然后熨烫布料。

抽出一根线，平整一条边

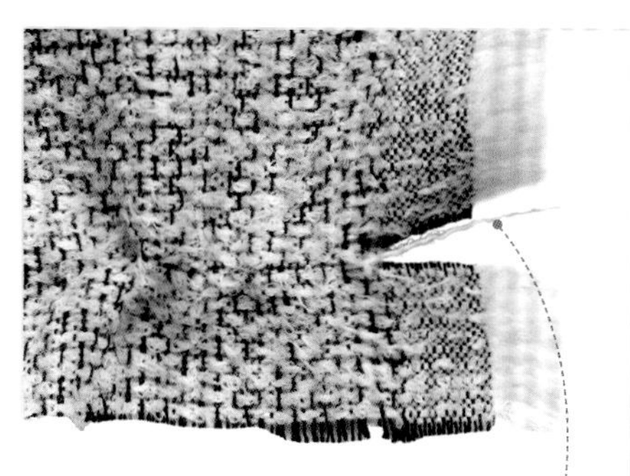

1 对于稀疏的机织布料，通过抽出一根纬线就可以得到一条平整的布边。剪开布边，找到一根单独的纬线，小心地将其抽出。

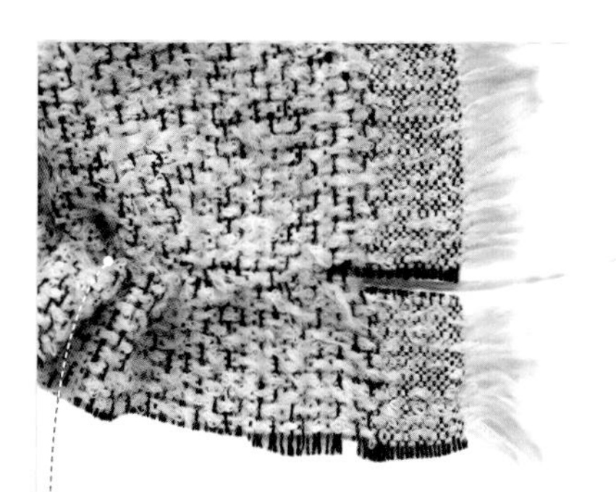

2 布料会向这根纬线紧缩，直到将纬线完全抽出。

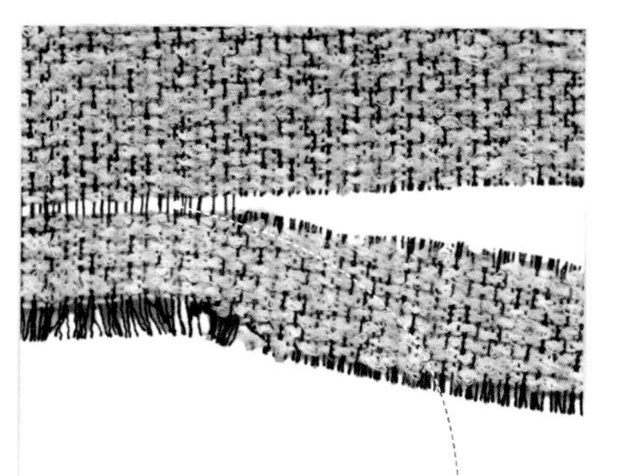

3 然后沿着抽出的纬线所留下的空隙，小心裁剪布料。

沿条纹进行裁剪

在有格子和条纹的布料上，沿着最显眼的条纹进行裁剪，就能得到平整的布边。

沿编织线裁剪针织布料

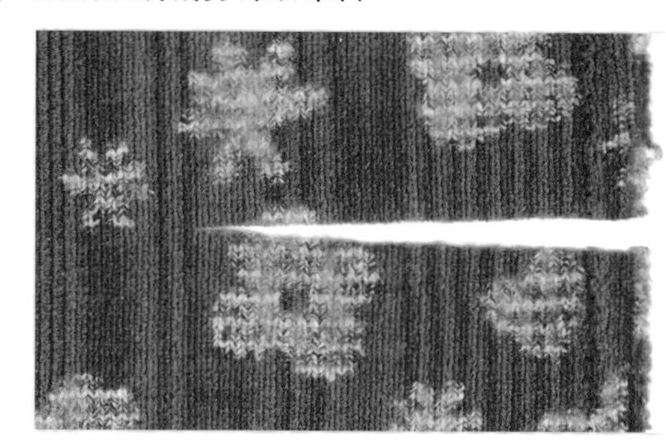

处理针织布等针织布料时，可小心地沿着编织线进行裁剪。

准备纸样

在裁剪前，整理所需的纸样。查看有无特殊裁剪说明。有必要的话，修改纸样。如果无须修改，可按照自己的尺寸，修整纸样。

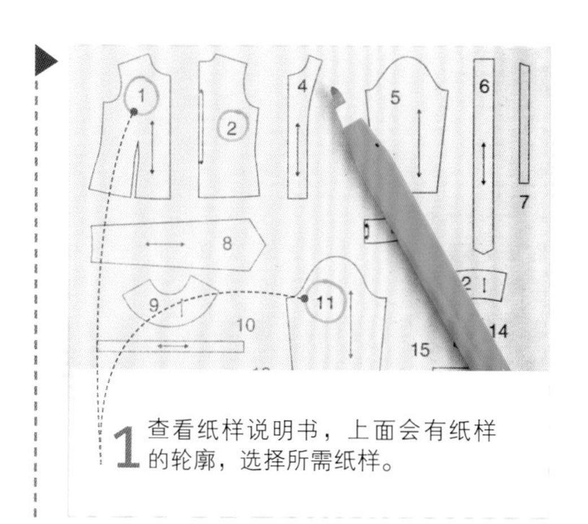

1 查看纸样说明书，上面会有纸样的轮廓，选择所需纸样。

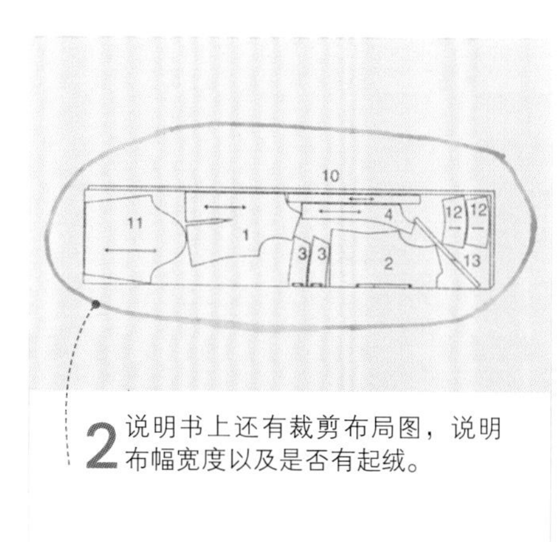

2 说明书上还有裁剪布局图，说明布幅宽度以及是否有起绒。

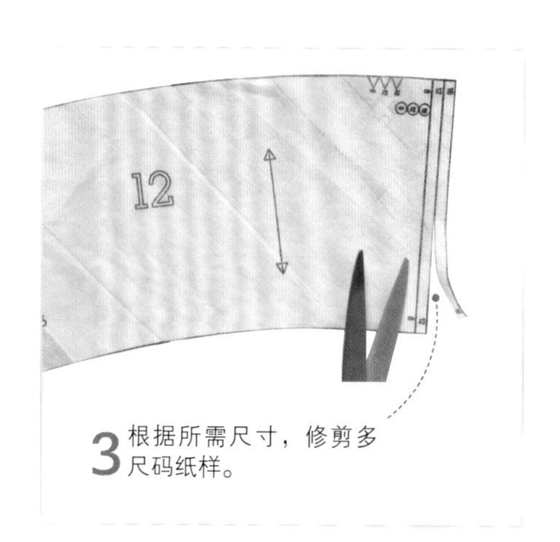

3 根据所需尺寸，修剪多尺码纸样。

排列布料见第78~79页 • 条纹布料和格子布料见第80~81页 • 精确裁剪见第82页

排列布料

布料一般采用布边对布边的方式折叠。将纸样别在折叠的布料上，同时裁剪正反两层布料。如果要在单层布料上进行裁剪，一定不要忘记再次裁剪与其相对的那块布料。有图案的布料，图案一般朝外，这样就可以调整纸样的位置，突出图案。使用分左侧、右侧的纸样时，布料正面朝上，纸样也正面朝上，进行单层裁剪。

将纸样固定在布料上

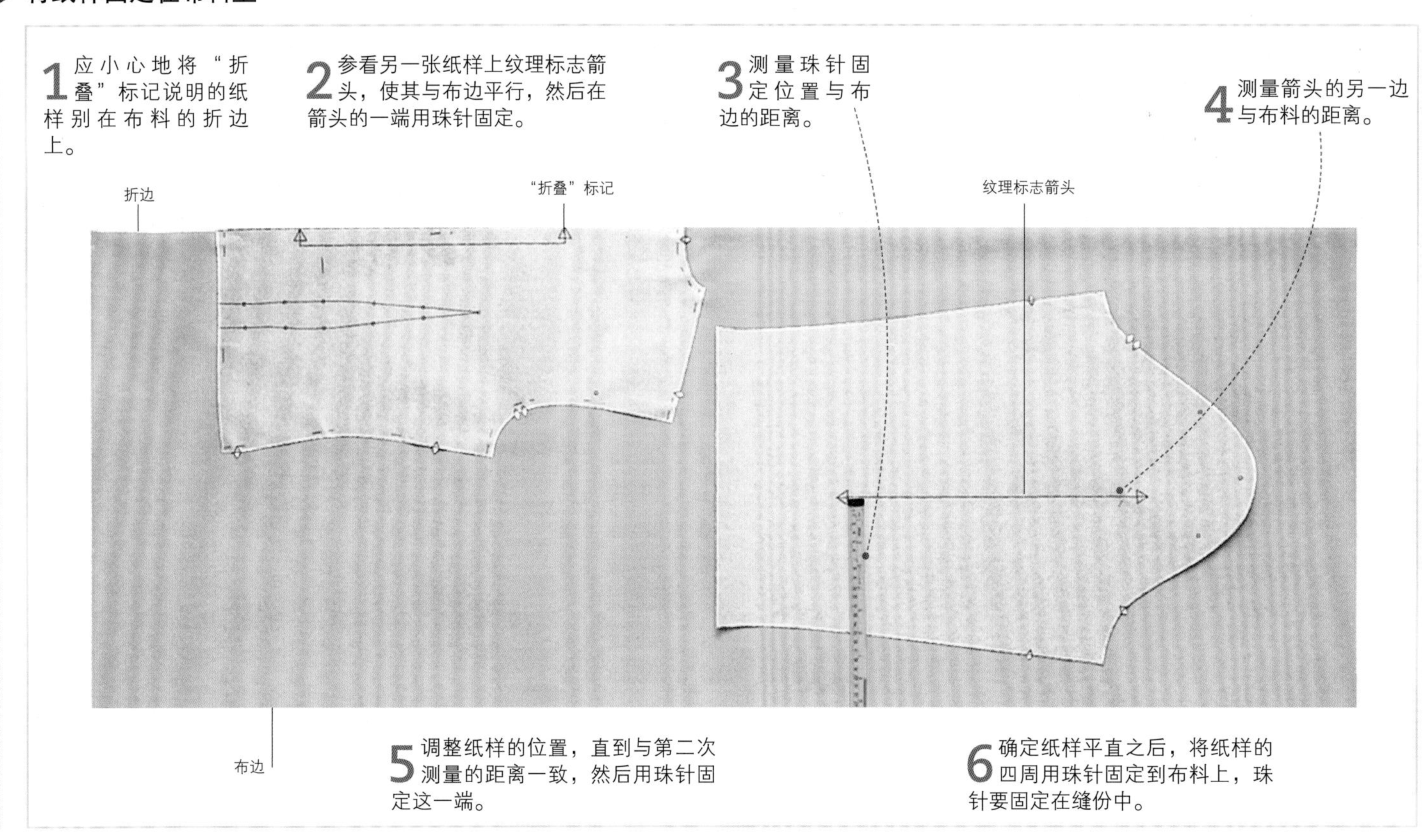

排列布料的一般要求

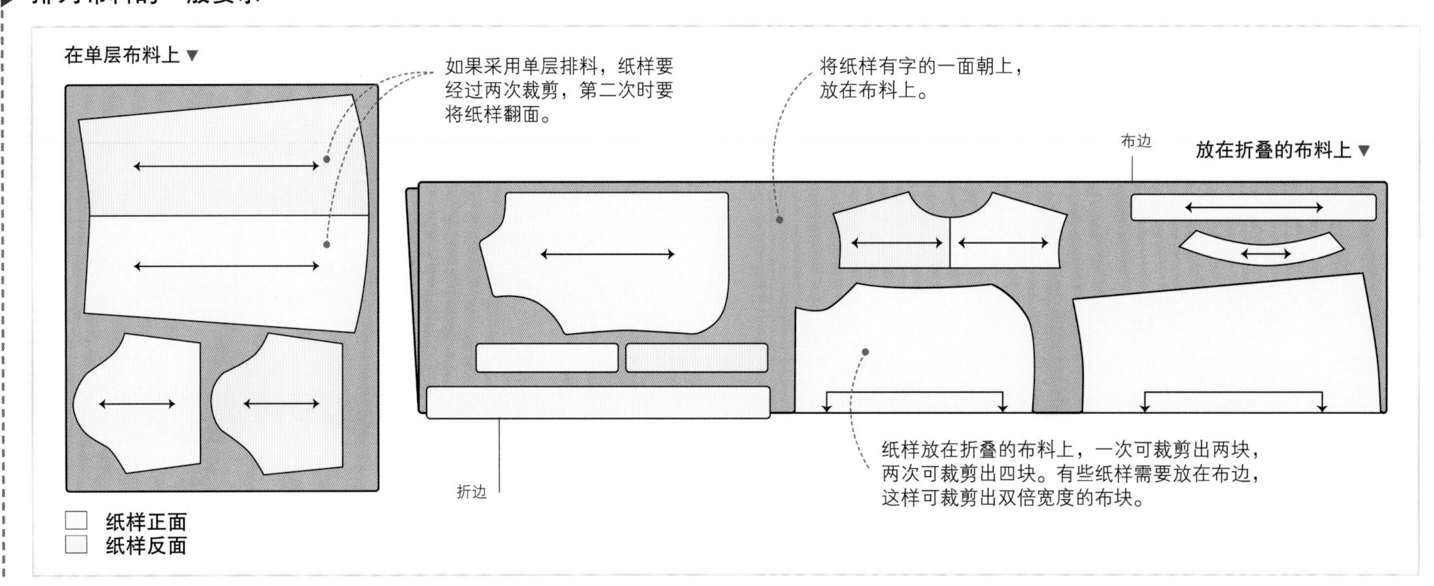

起绒或单向花样布料的排列

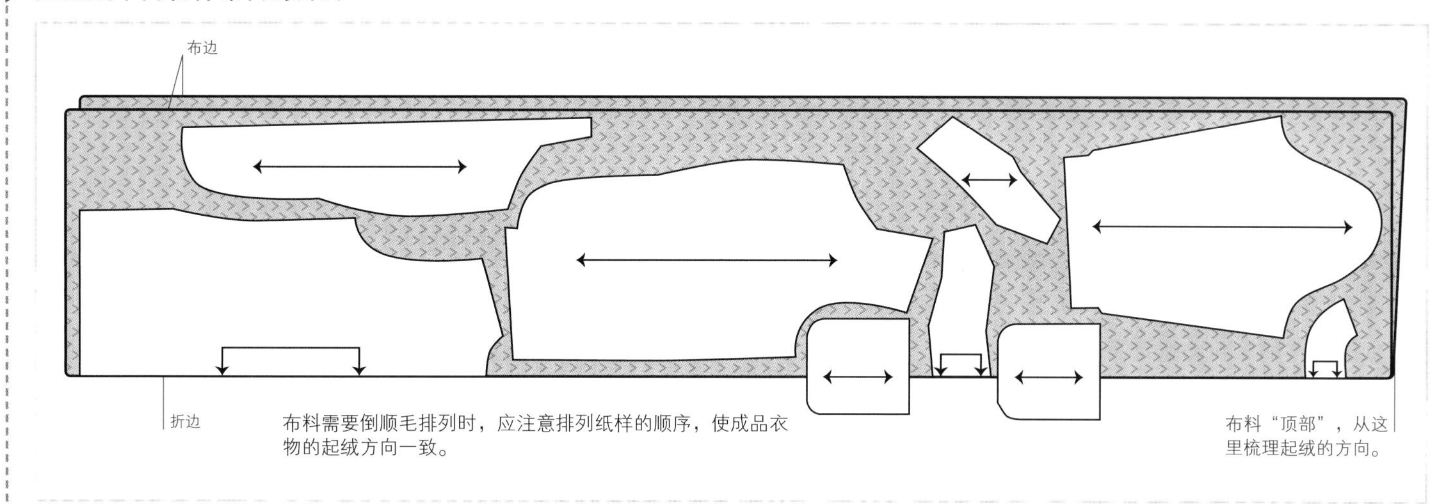

交叉折叠布料的排列

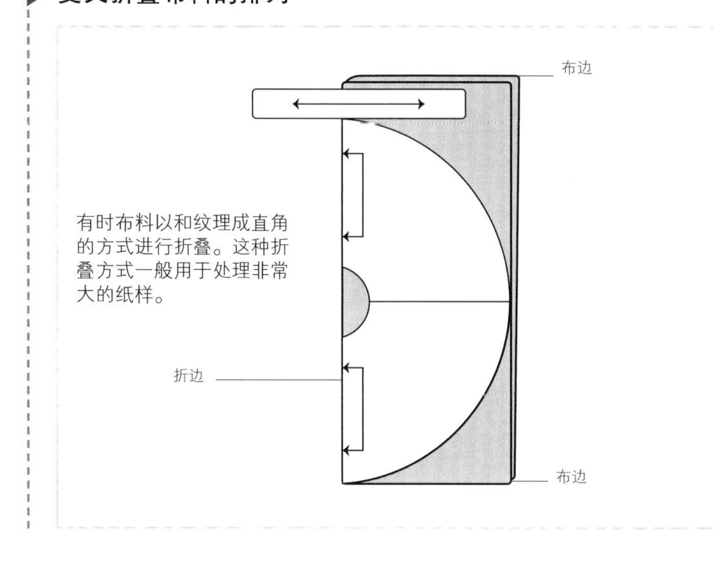

垂直折叠起绒布料的排列

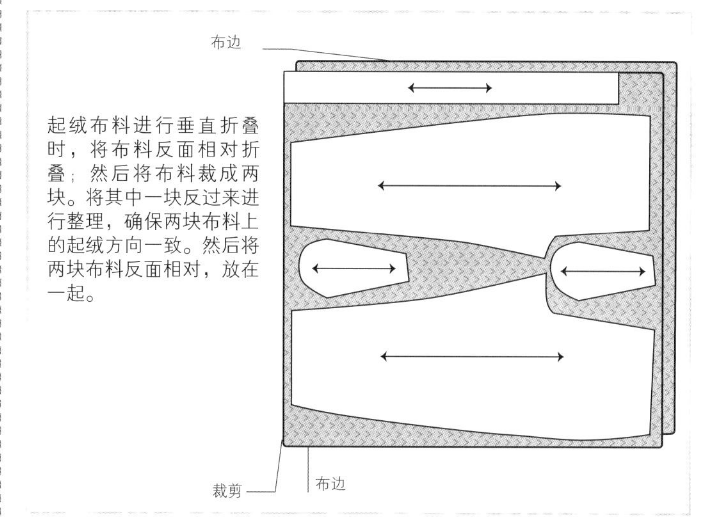

局部折叠布料的排列

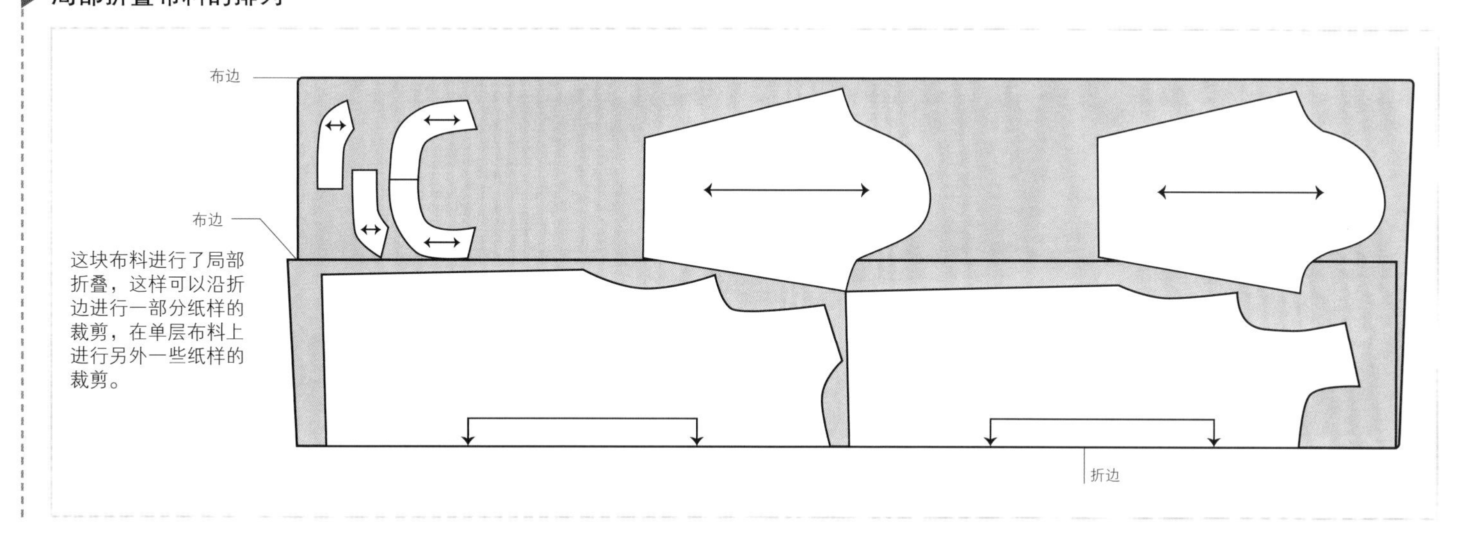

解读纸样见第58~59页 • 布料纹理和起绒见第76页

条纹布料和格子布料

处理有条纹或格子图案的布料时，排列布料应多加小心。裁剪时，格子和条纹若是顺着布料的方向或者与布料的方向相交，在成品中它们也会保持同样的方向。所以在排列纸样时应确保格子与格子、条纹与条纹相对称，接缝也相接。如果可能，可以排列纸样，使每个纸样中央都有条纹通过。处理格子布料时，应注意折边的位置。

对称条纹

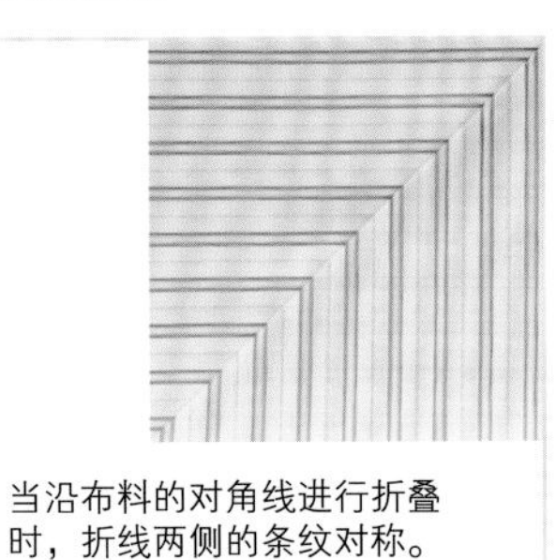

当沿布料的对角线进行折叠时，折线两侧的条纹对称。

不对称条纹

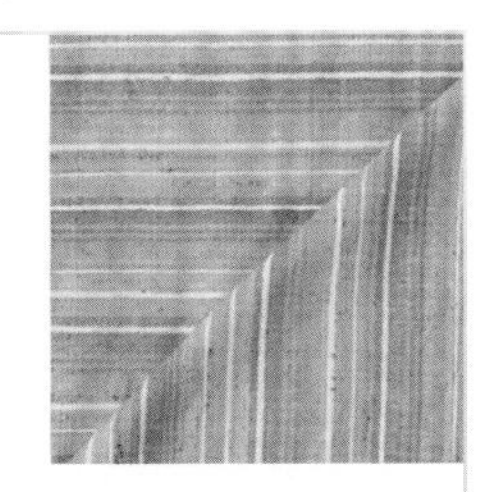

当沿布料的对角线进行折叠时，折线两侧的条纹不对称。

对称格子

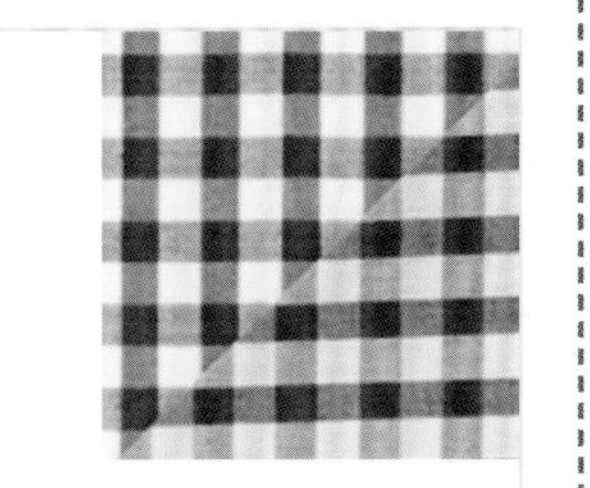

当沿布料的对角线进行折叠时，折线两侧的格子对称。

不对称格子

当沿布料的对角线进行折叠时，折线两侧的格子不管是纵向还是横向都不对称。

对齐裙子的格子或条纹

1 将裙子的一张纸样放在布料上，并用珠针固定。

2 在纸样上标出最突出的格子或条纹线条的位置。

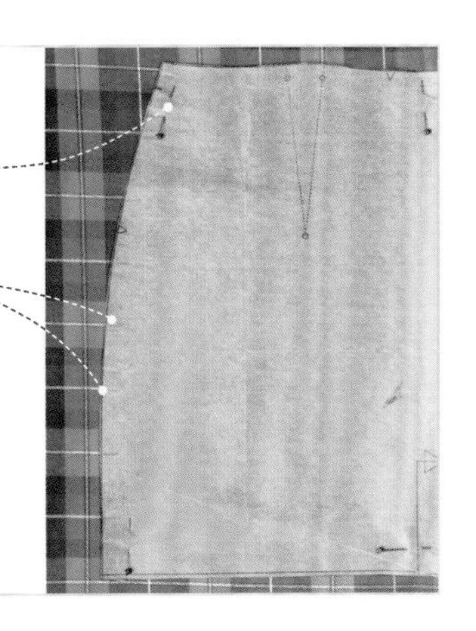

3 将与其相接的另一片纸样放置在旁边，让两张纸样的牙口对齐，侧缝线平齐，并将记号转绘到第二张纸样上。

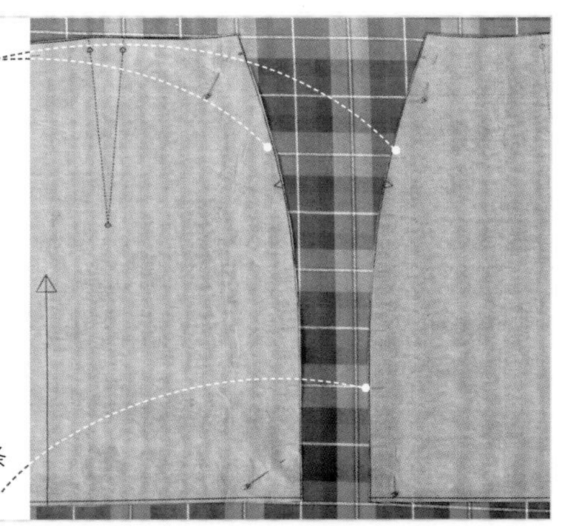

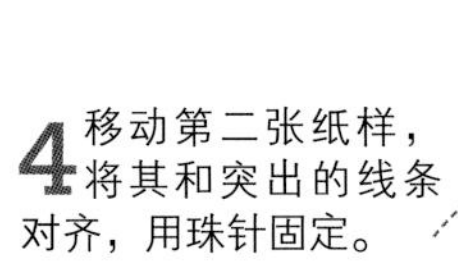

4 移动第二张纸样，将其和突出的线条对齐，用珠针固定。

对齐肩部的格子或条纹

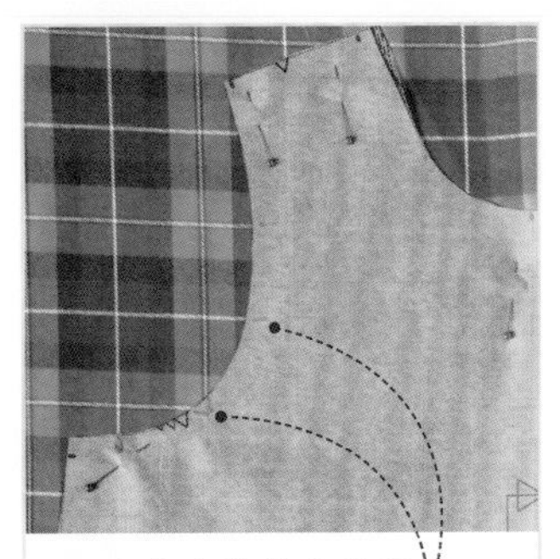

1 在上衣的前身片纸样上，沿着袖窿，标记出突出线条的位置。

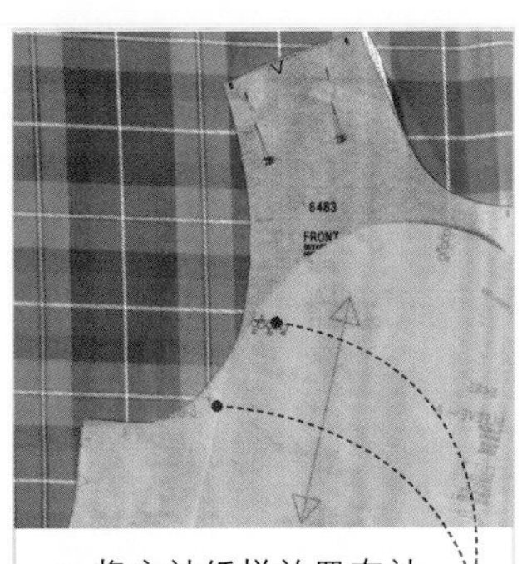

2 将衣袖纸样放置在袖窿处，使两张纸样的牙口对齐，并将记号转绘到衣袖纸样上。

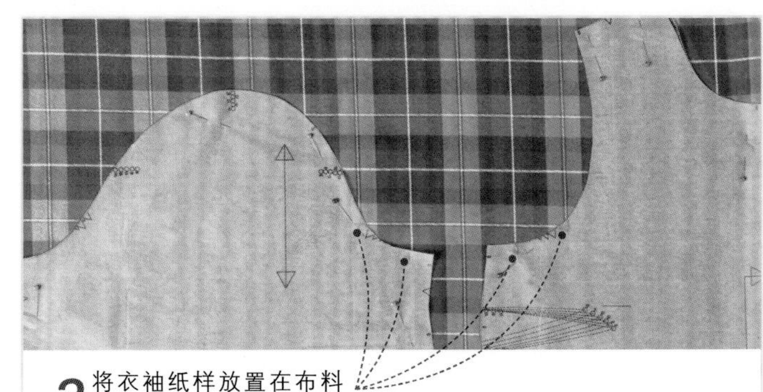

3 将衣袖纸样放置在布料上，比齐纸样上的记号和突出的线条，用珠针固定。

裁剪工具见第16~17页 • 布料见第40~52页 • 布料纹理和起绒见第76页

对称格子图案布料的折叠排列

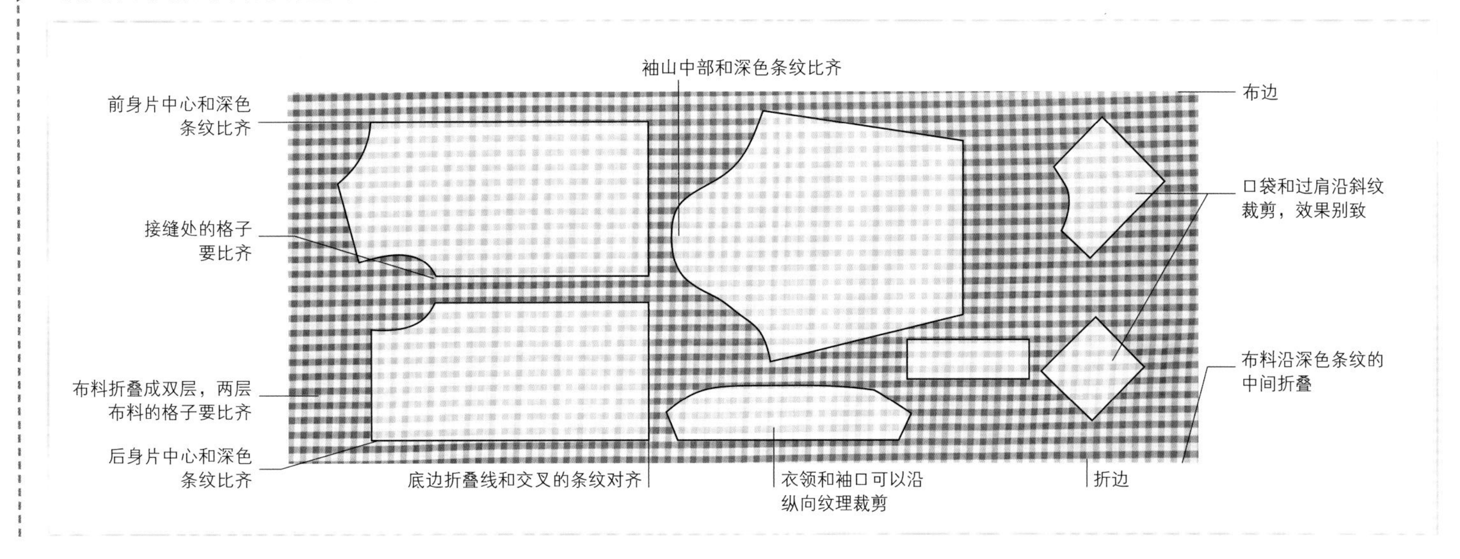

对称条纹布料的折叠排列

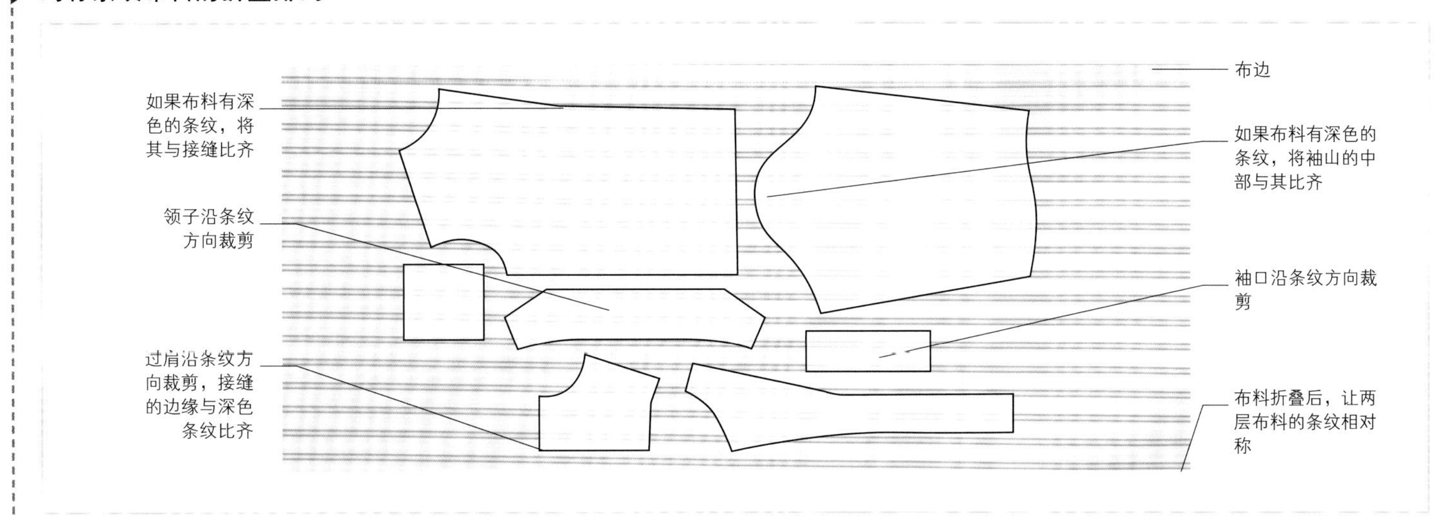

不对称格子或条纹图案在非折叠布料上的排列

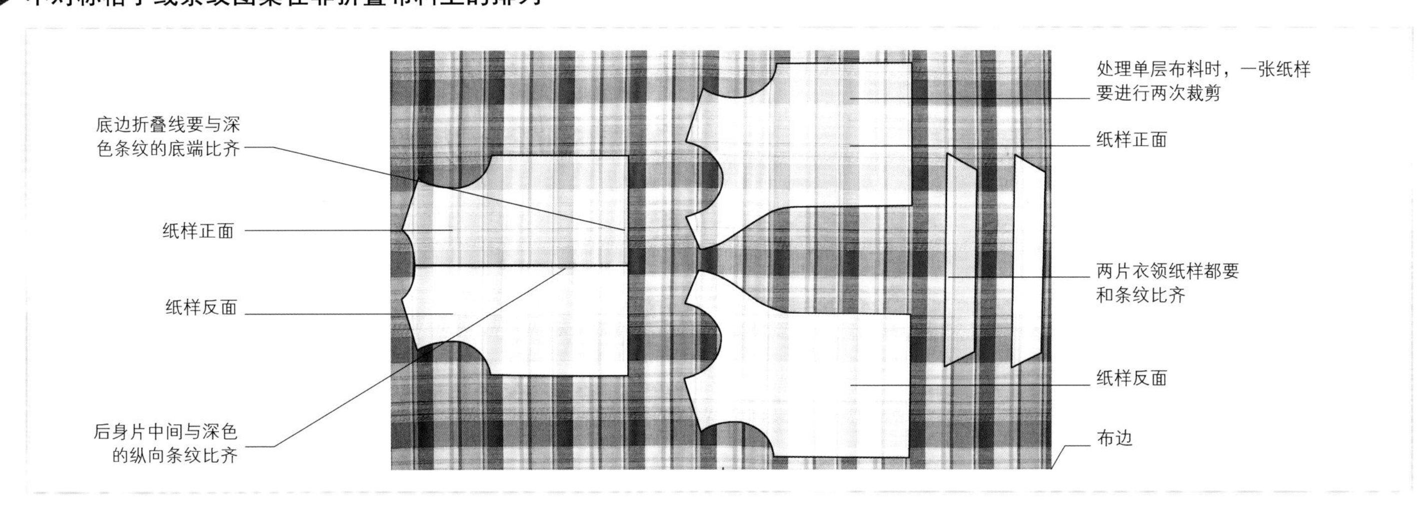

排列布料见第78~79页

精确裁剪

只有细致精确的裁剪，才能确保纸样完美地拼接在一起。最好在光滑平整的桌面上进行裁剪，但地板不是理想的选择。要确保剪刀锋利，在裁剪长而直的布料时，使用大剪刀的全部刀刃，使刀刃划过布料；使用较小的剪刀进行边角的裁剪。不要在布料上剪出小的豁口或瑕疵。

如何裁剪

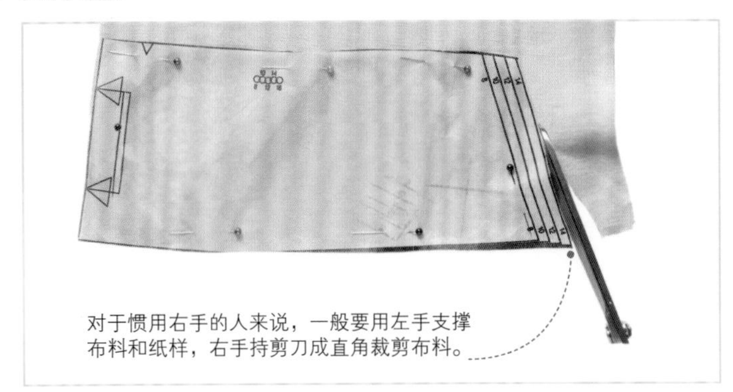

对于惯用右手的人来说，一般要用左手支撑布料和纸样，右手持剪刀成直角裁剪布料。

剪出牙口

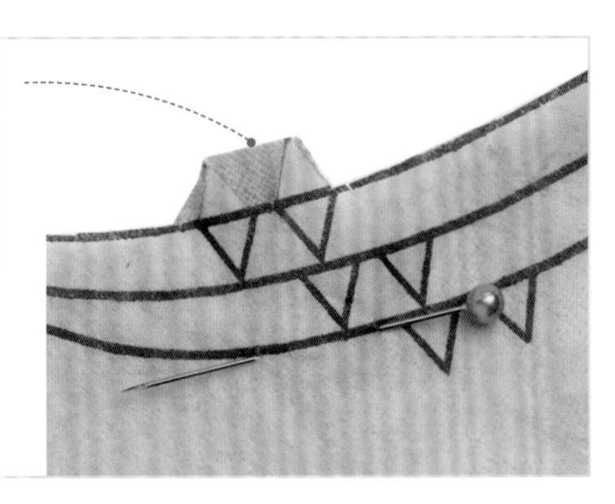

这些符号标明布料相接点，需转绘到布料。简单的做法是在布料上剪出这些牙口的镜像。这样就可以避免一个个地单独剪，而可以连贯地进行裁剪。

标记圆点

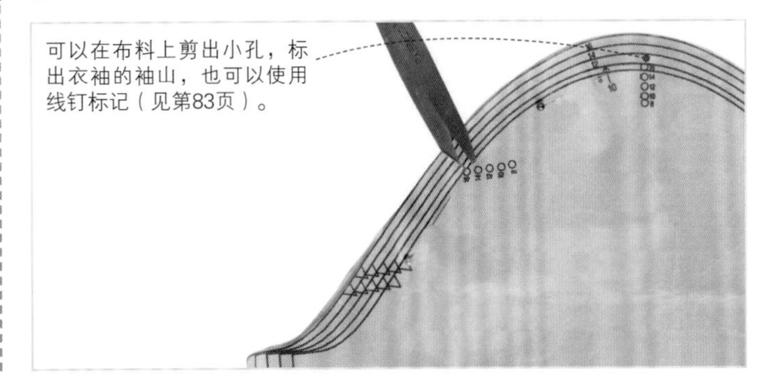

可以在布料上剪出小孔，标出衣袖的袖山，也可以使用线钉标记（见第83页）。

剪出线条

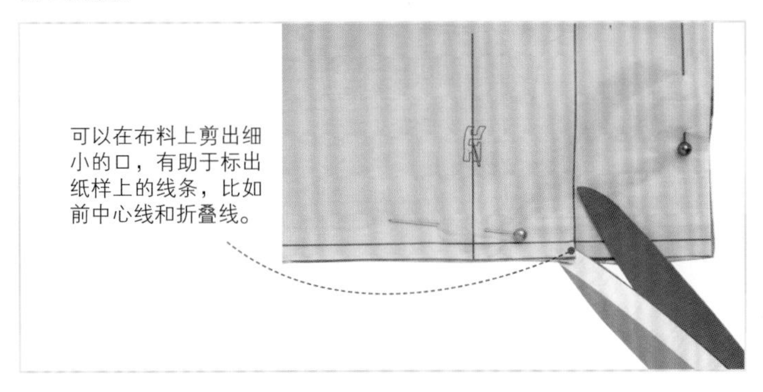

可以在布料上剪出细小的口，有助于标出纸样上的线条，比如前中心线和折叠线。

转绘纸样

完成纸样的裁剪后，需要将纸样上的标记转绘到布料上。转绘的方法有很多。可以使用线钉来标出圆圈和圆点，也可以使用水消笔或气消笔（若选用笔，最好先在一小块布上试一试）。绘制线条时，可选用假缝线迹的方法或描线轮和裁缝用复写纸。

假缝线迹

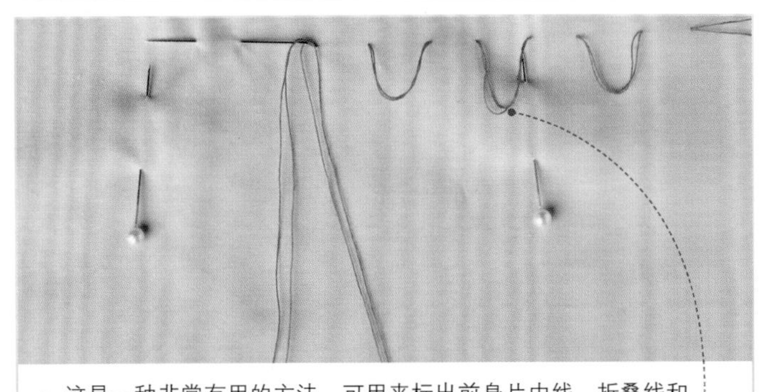

1 这是一种非常有用的方法，可用来标出前身片中线、折叠线和贴片线。针上穿双线，缝出带有线环的线迹，沿着纸样上的画线进行缝纫。

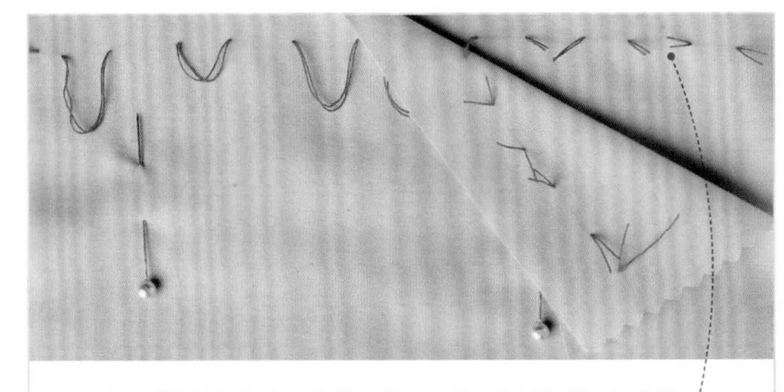

2 小心地将棉纸抽出。将线环剪开，分开各层布料，露出缝线。修剪缝线，使两层布料上都留有线头。

裁剪工具见第16~17页 • 标绘工具见第19页

线钉

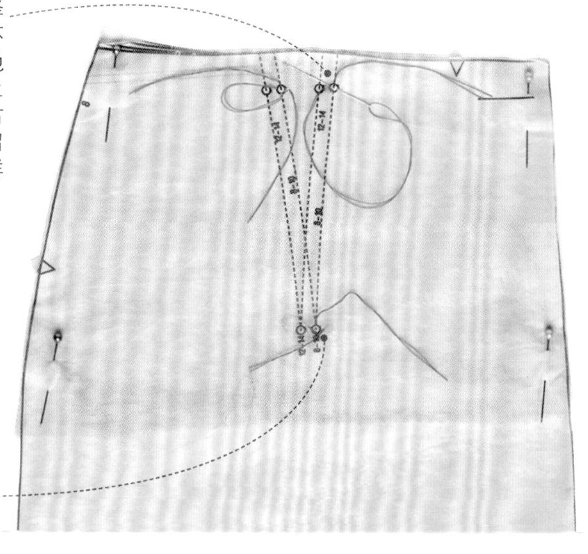

1 圆圈的大小不同，选择的线的颜色也应有所不同，这样的话就能很好地区分不同的圆点了。针上穿双线，不要打结。从右向左将线穿入圆圈中，留出线头。一定要穿透纸样和两层布料。

2 再次穿过圆圈进行假缝，这次从上入针打一个线环。将线环剪开，修剪掉多余的缝线，留出一定的线头。

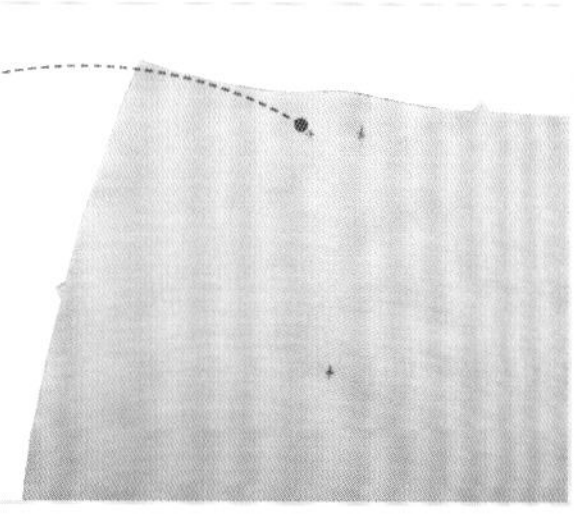

3 小心地将纸样抽出。布料的表面会有四个线头标出圆圈的位置。翻转布料，圆圈的位置由交叉的十字标明。

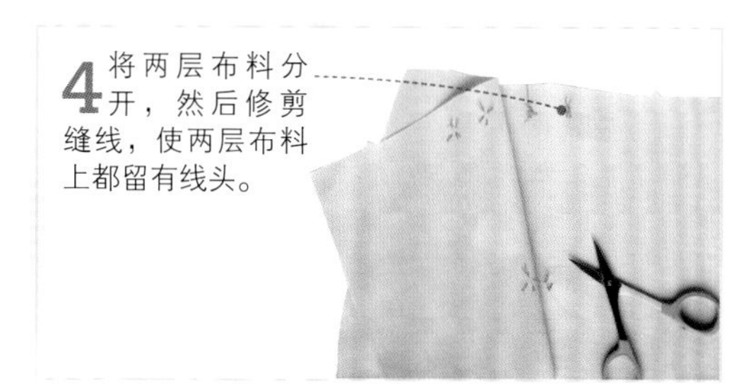

4 将两层布料分开，然后修剪缝线，使两层布料上都留有线头。

复写纸和描线轮

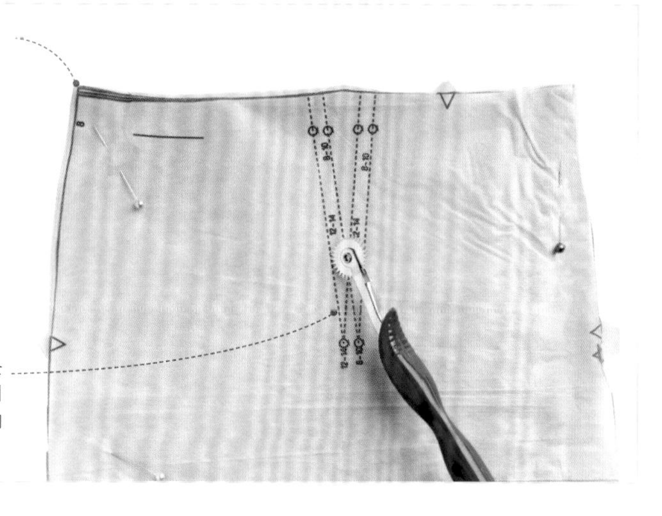

1 这种方法不是所有的布料都适用，因为有时很难清除描绘的痕迹。首先将复写纸覆盖在布料的反面。

2 沿着纸样上的线条滚动描线轮（使用直尺，可画出笔直的线条）。

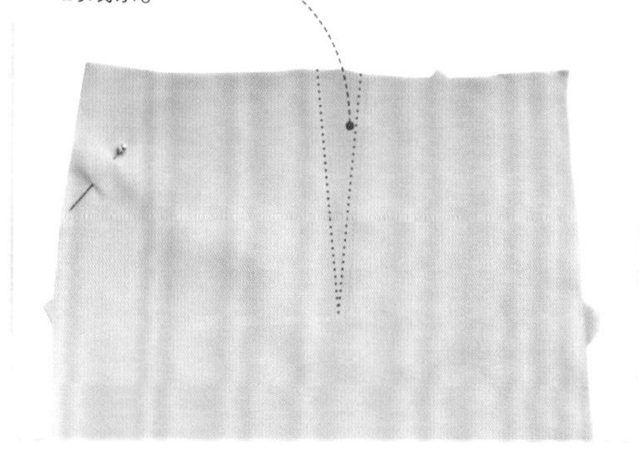

3 挪开复写纸，小心地抽出纸样。布料上会有小点组成的线条。

记号笔

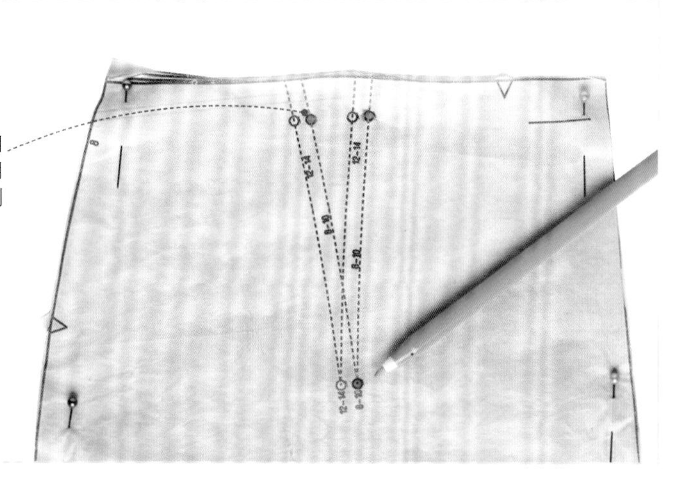

1 这种方法只适用于单层布料。用记号笔的笔尖点到纸样上圆圈中心。

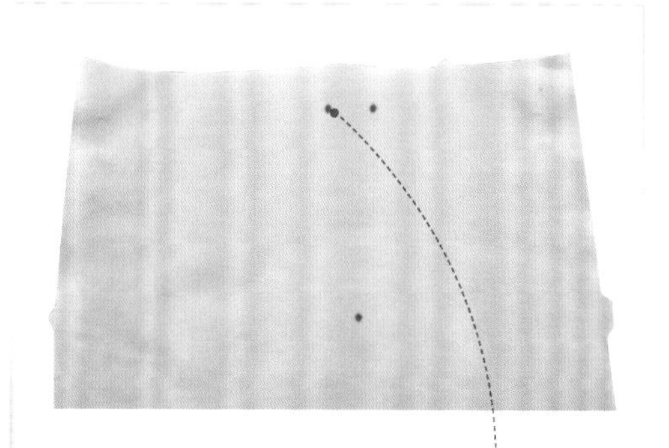

2 小心地抽出纸样。记号笔有可能会穿透纸样，在布料上留下痕迹。在清除记号笔留下的痕迹前，请不要熨烫布料，否则记号将会无法清除。

布料见第40~52页 • 排列布料见第78~79页

缝纫技法

基本线迹

缝合和线迹对于作品的完成至关重要。有些线迹需手工进行，有些则需要用缝纫机或包缝机来完成。

手工缝纫线迹

缝纫机的出现，使人们不需要进行大量的手工缝纫。然而，在布料能够进行永久缝合之前，还是需要手工假缝，当然，这些临时的缝针最后会被拆去。手工进行的永久性缝纫一般用来缝制衣物扣合件，或是进行快速修补。

穿针

手工缝纫时，缝线的长度不要超过指尖到肘部的距离，否则缝纫过程中缝线易打结。

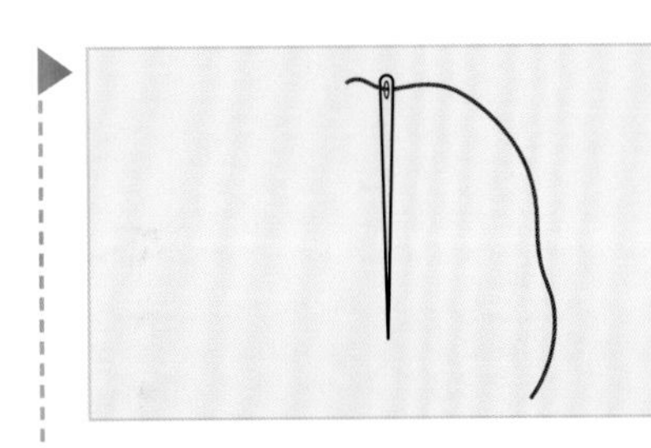

1 右手拿针，左手捏住线头部分。线不动，将线头穿过针眼。

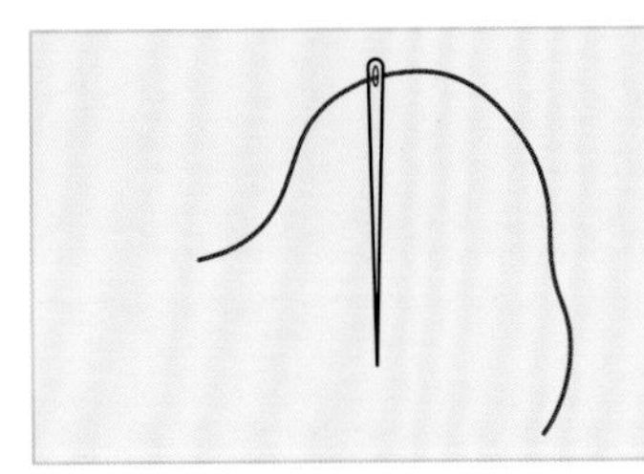

2 如果线不能从针眼穿入，沾湿手指，并用手指上的水分将针眼打湿，再将线穿入。

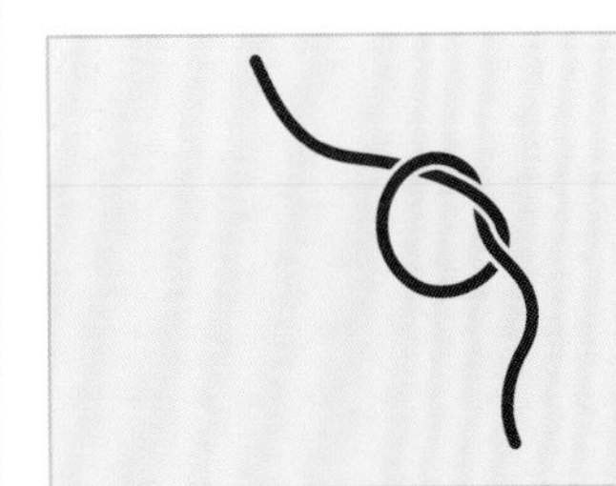

3 在线的另一端打结（左图），或是按照右上图的方法固定缝线头。

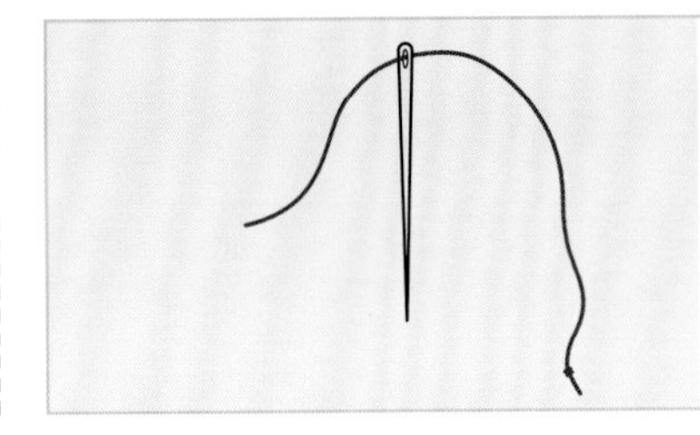

4 可以开始缝纫了。

固定缝线

线头一定要牢牢地固定，当手工缝线是永久性缝纫时尤为如此。打线结（左下步骤3）的方法常用于暂时性缝针。对于永久性缝纫，一般会选择双缝线。

双缝线

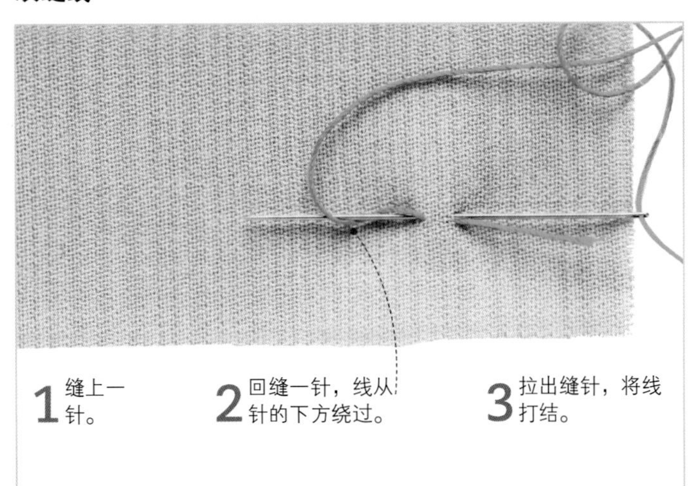

1 缝上一针。

2 回缝一针，线从针的下方绕过。

3 拉出缝针，将线打结。

回针缝

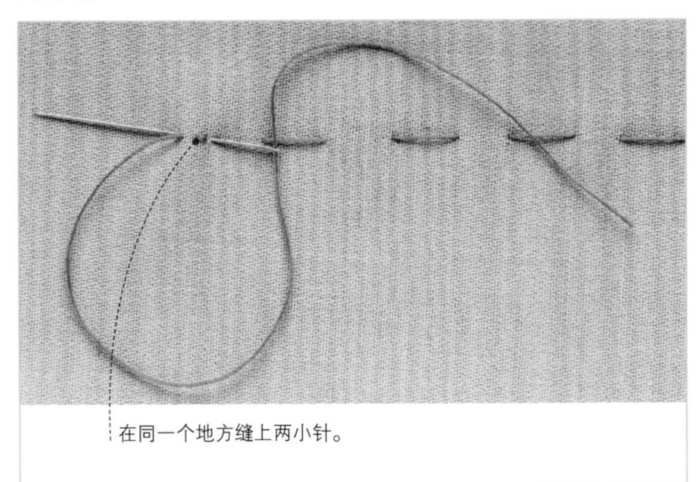

在同一个地方缝上两小针。

假缝线迹

每种假缝线迹都有其独特的用途。基本假缝和套结假缝能将两块或多块布料固定在一起。长短针假缝是基本假缝的一种变化，一般用于需要保持一段时间的缝纫。链针假缝和套结假缝的手法相似，但更加精细，因为链针假缝是在同一条线上打线环。斜线假缝能固定褶裥和层叠的布料，藏针式假缝能将布料上的褶裥和另一块布料固定在一起。

基本假缝

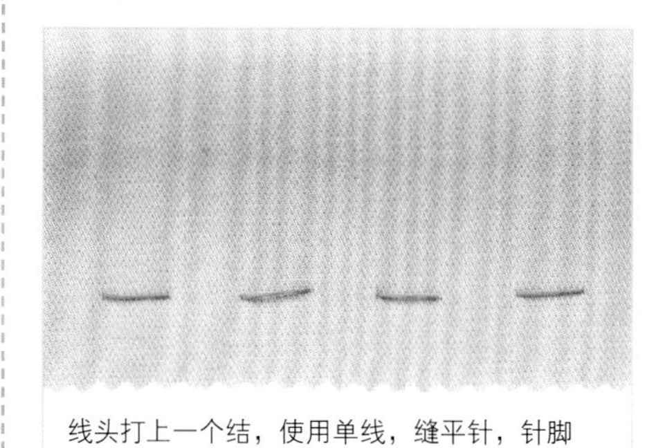

线头打上一个结，使用单线，缝平针，针脚之间距离应一致。

斜线假缝

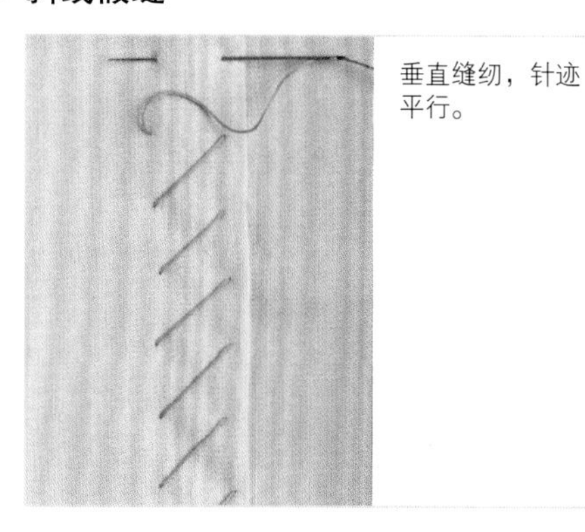

垂直缝纫，针迹平行。

藏针式假缝

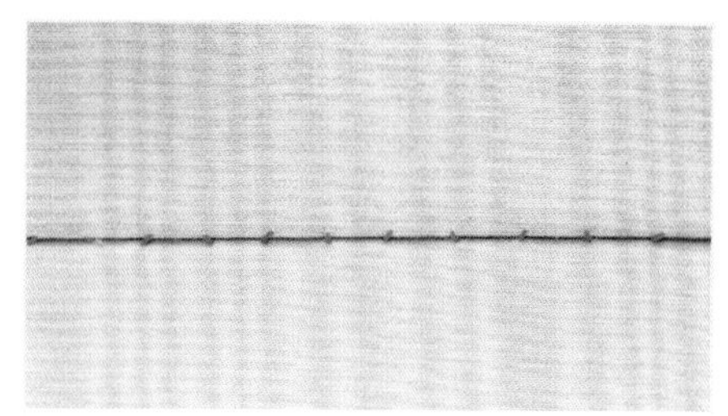

在上折布上缝上一针，然后在底布上缝上一针。

长短针假缝

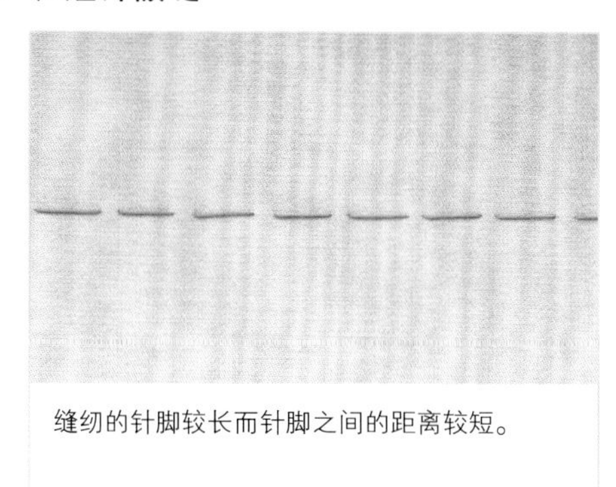

缝纫的针脚较长而针脚之间的距离较短。

套结假缝

1 使用双线，在两层布料之间打上两三个线环。

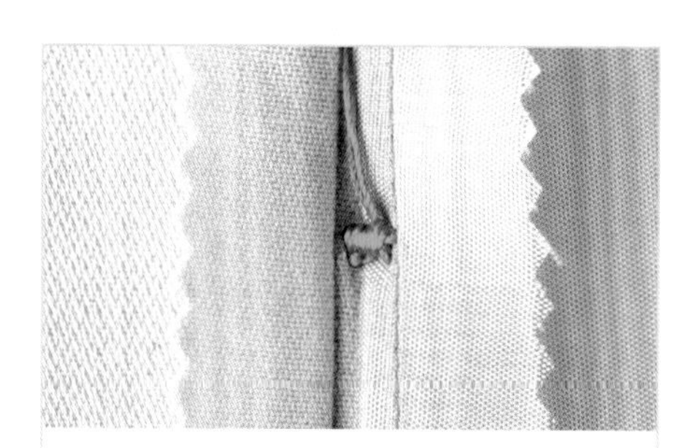

2 采用锁眼缝（见第91页），穿过线环。

链针假缝

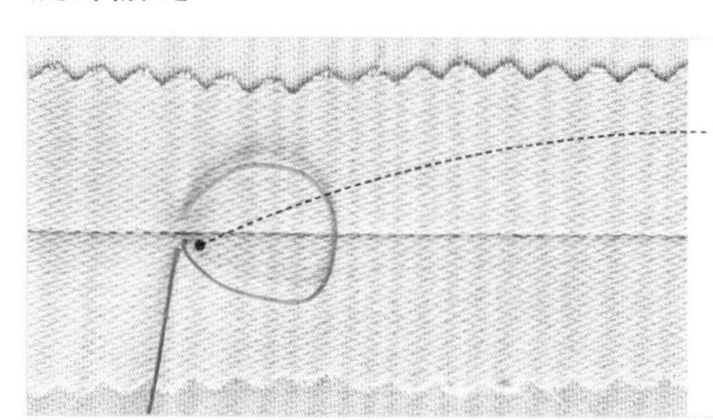

1 缝针穿过布料，并打上一个线环。

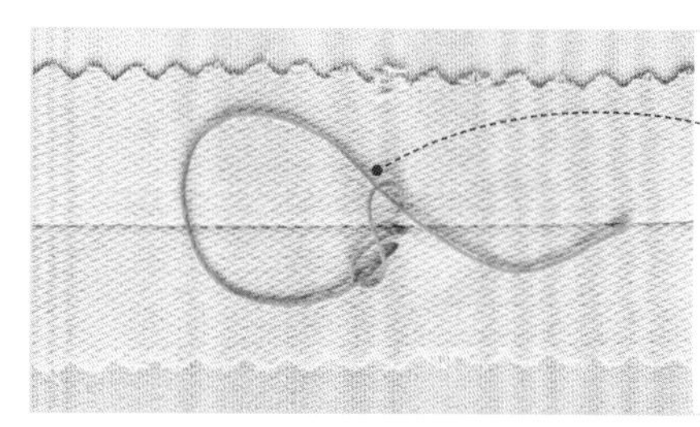

2 用线再打一个线环，使第二个线环穿过第一个线环，然后拉紧第一个线环。

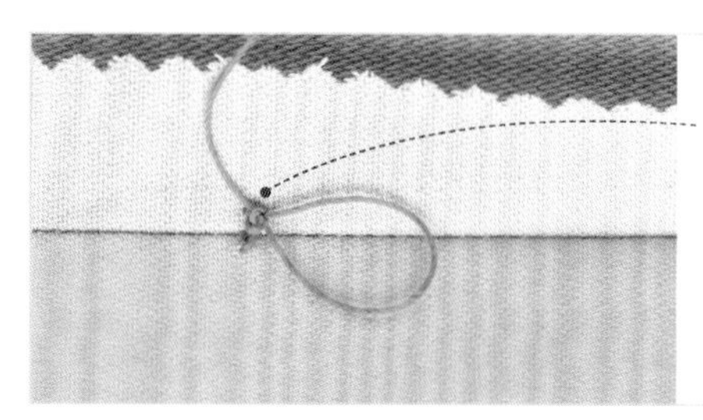

3 重复该过程，最终会形成链针。

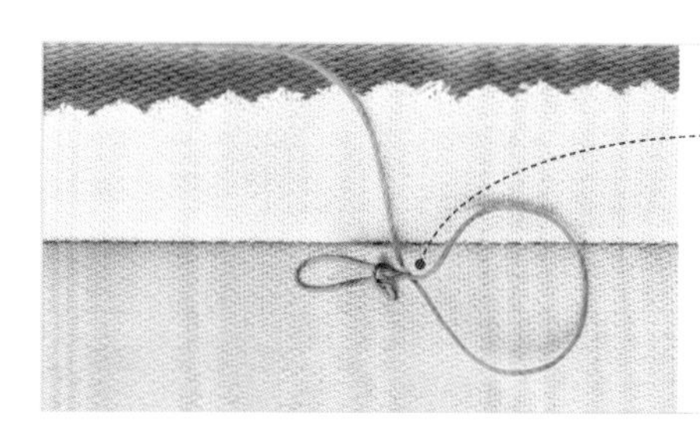

4 完成时，将线拉过最后一个线环，拉紧。按照要求使用线头缝出线环。

手缝线迹

制作衣物或其他物件时有很多手缝线迹可供选用。有些用于装饰，有些则用于缝合固定。

回针缝

一种用于制作衣物的线迹，非常结实牢固。从右向左缝。从布表出针，留出一定空隙，然后再将线回缝至上一针的位置。重复此操作。

平针缝

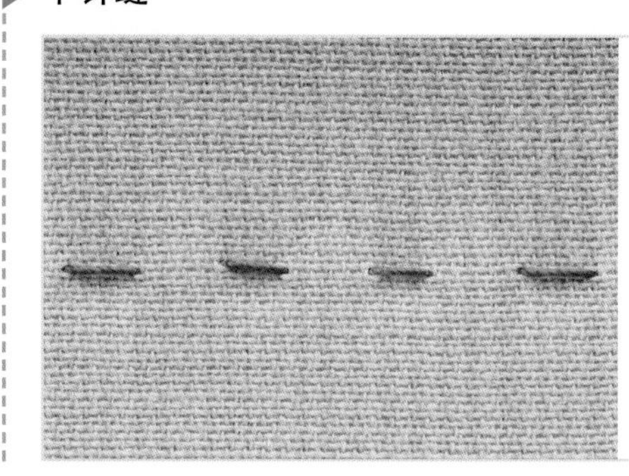

和基本假缝（见第89页）相似，但多用于装饰。从右向左缝。将针插入布中，再拉出，重复，保持针脚均匀。

拱针缝

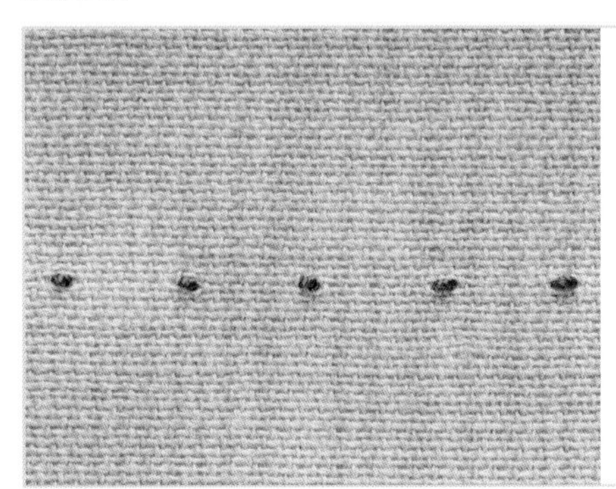

一般用来突出领子等成品衣物的镶边。从右向左缝。每个针脚约为2mm长，针脚之间的距离至少应为针脚长度的三倍。

搭缝

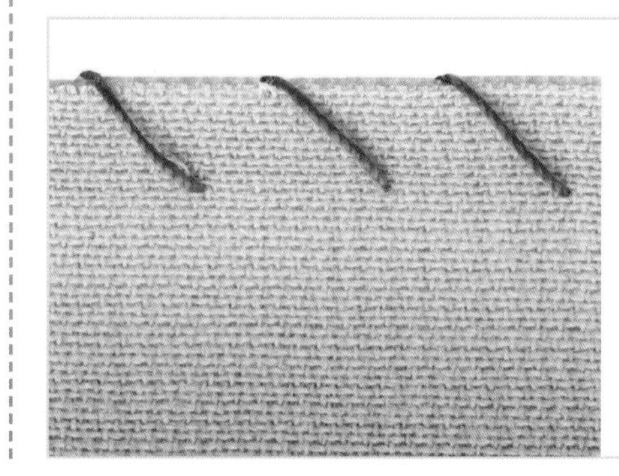

斜线形的线迹，使用单线沿着布料的毛边进行缝纫，避免散边。从右向左，绕布边缝制。线迹的深度取决于布料的厚度——薄布料的线迹较浅。

人字缝

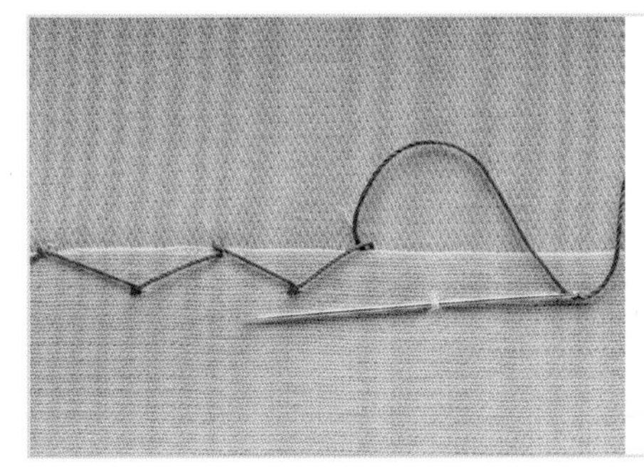

一种非常有用的线迹，可以固定布料，并留出一定的活动空间。一般用于固定折边和衬布。从左向右缝。先在一层布料上水平入针，然后在另一层重复，这样缝线就会相交。

立针缝

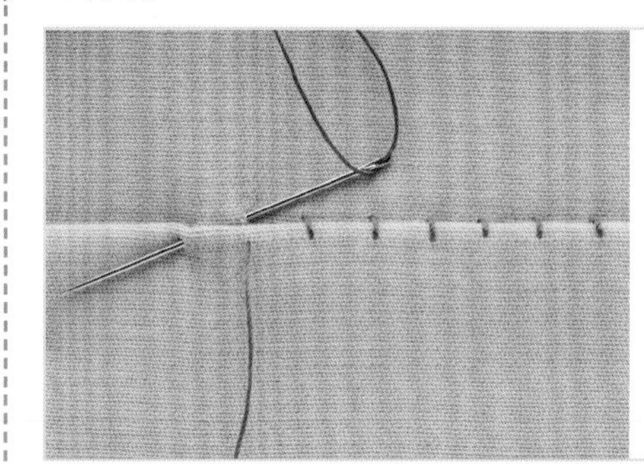

一种结实牢靠的线迹，可以将两层布料永久地固定在一起。一般用于固定斜裁边条和衬里。从右向左缝。在布料的边缘缝制短小平直的线迹。

缲边缝

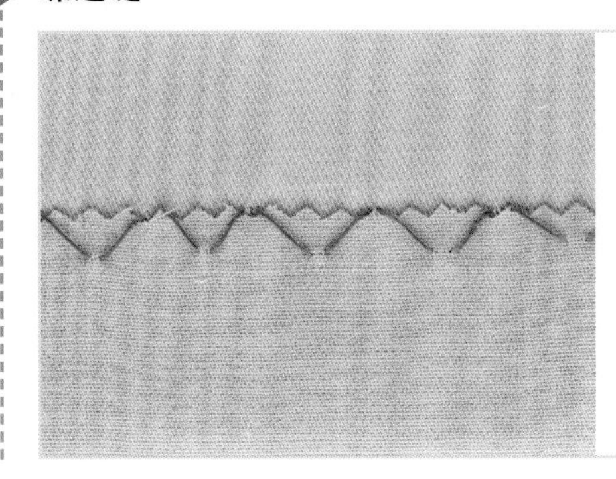

也叫作千鸟缝，主要用于固定折边。和人字缝看起来相似。从右向左缝。先在一层布料上水平缝针，然后在另一层重复。

暗针缝

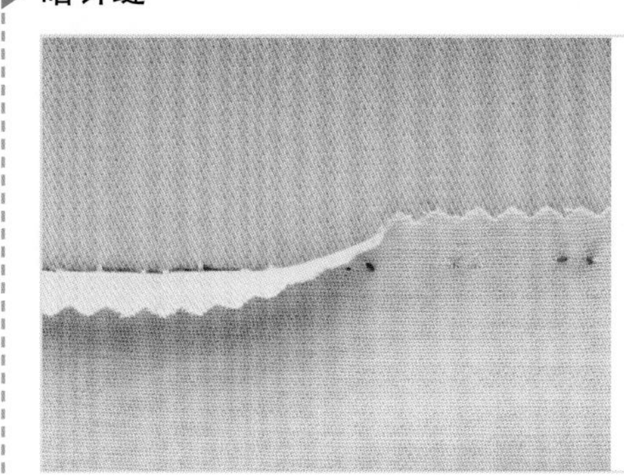

从名字就可以看出，这种线迹用于固定衣物的折边。因线迹在布料边缘下，很难被发现。从右向左缝，使用缲边缝（见左栏）。

各种缝针和穿线器见第22页 • 缝纫线见第24~25页 • 机缝箭头见第93页

锁眼缝

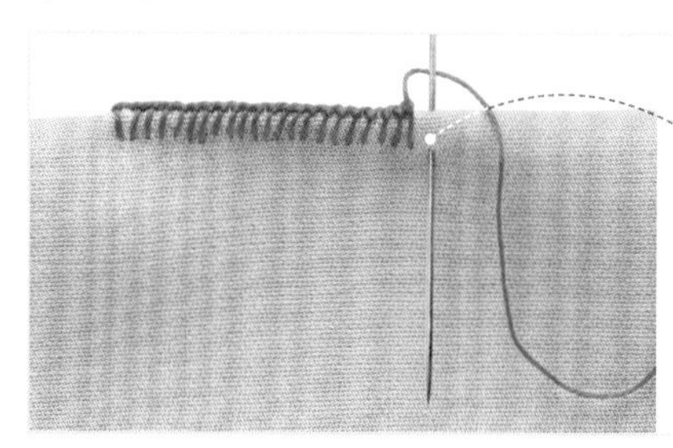

1 用于手工缝制扣眼，也可用于固定扣合件。一般在布料边缘缝制，线迹之间不留空隙。从右向左缝。将针从布料的上边缘插入布料。

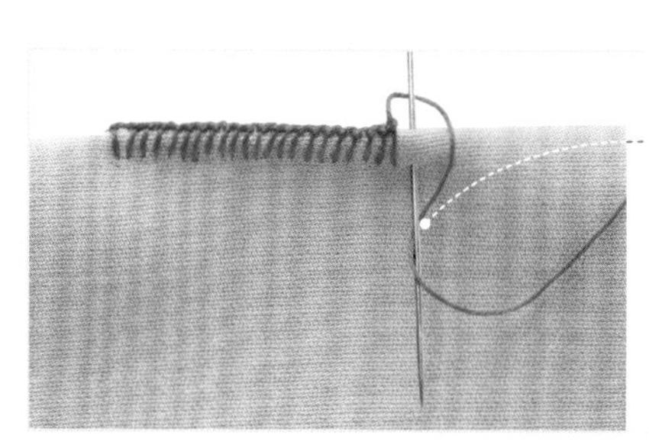

2 当把针插入或拉出布料时，都要将线从针下方绕过，这样会在布料的边缘形成线结。对缝纫者来说，这种线迹容易掌握，且非常重要。

毯边缝

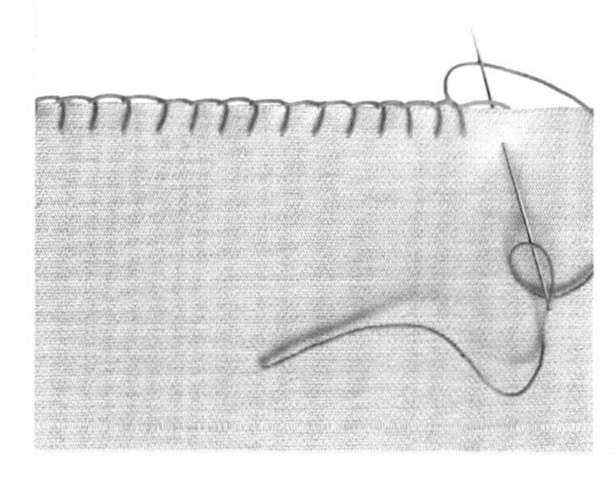

和锁眼缝相似，但是没有线结。饰边线迹用于修整布边，或用于装饰。线结间要留出一定的距离。将针插入布料，当针尖从布边穿出后，将线从针下方绕过。

十字缝

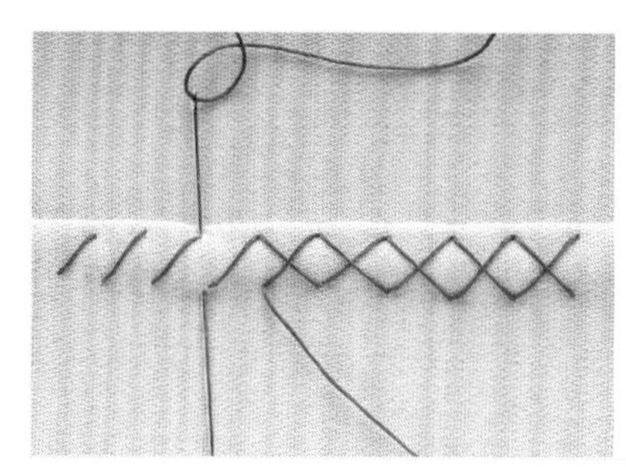

一种暂时性的固定线迹，一般用于固定褶裥。也可用于固定衬布。先向一个方向缝出一行斜线迹，再往相反的方向缝制另一行线迹，使两行线迹呈十字相交。

藏针缝/梯形缝

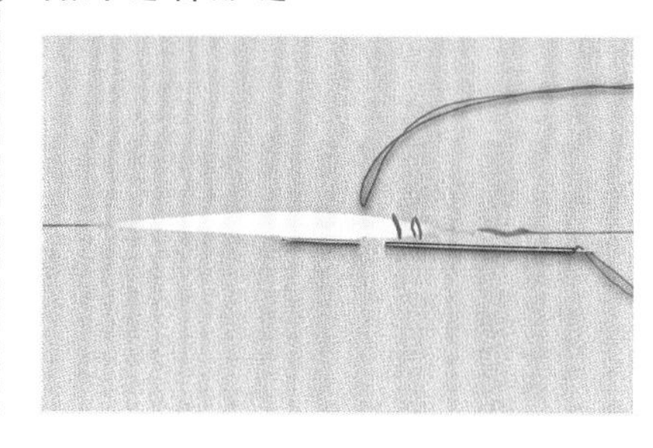

一种使用双线从右向左缝合接缝缝隙的线迹。在一边水平缝出1小针，然后在对面再水平缝出1小针，拉紧后，接缝缝隙消失。

手工缝制箭头

难度指数 ****

箭头是通过按照一定的顺序缝制直线线迹，从而得到的三角形形状。这是一种永久性缝针，一般在受压力较大的位置缝制，比如衣服开衩的上方。

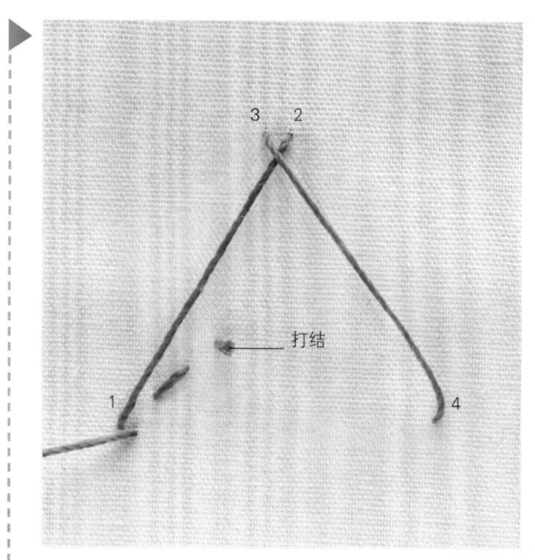

1 在布料上画出一个边长约为8mm的三角形。先打一个结，将针从位置1出针，然后再到位置2入针。

2 然后将针从位置3出针，再到位置4入针。

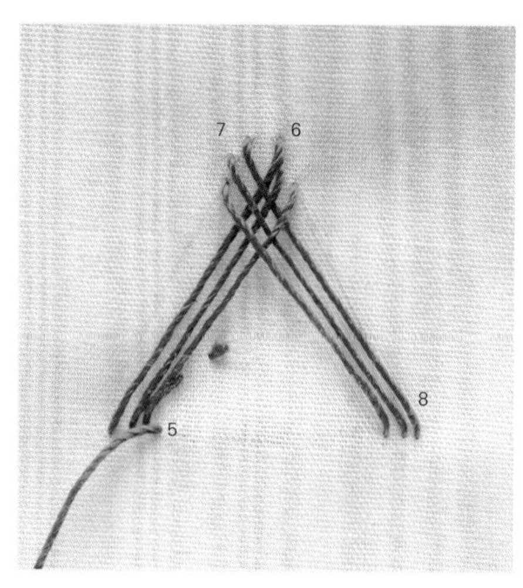

3 继续缝针，将针引到位置5，再到位置6，然后向上至位置7，再到位置8。

4 这样交错缝上10次，完成箭头的缝制。

机缝箭头见第93页 • 机缝扣眼见第272页

缝纫技法

机缝线迹和接缝

将布料缝合在一起要使用接缝——不管是制衣、手工艺品还是制作家居饰品时都是如此。最常见的是平接缝，可用于很多布料和物品的缝制。然而，在制作不同的布料和物品时，还有很多其他的接缝方式。有些接缝具有装饰作用，可以为制好的衣物增添细节之美。

固定缝线

机缝时需要将线在接缝末端固定住，否则会跑线。可以手工将线头打结固定，也可使用机器的倒针缝或锁针缝，在同一个位置上来回缝三四针来固定。

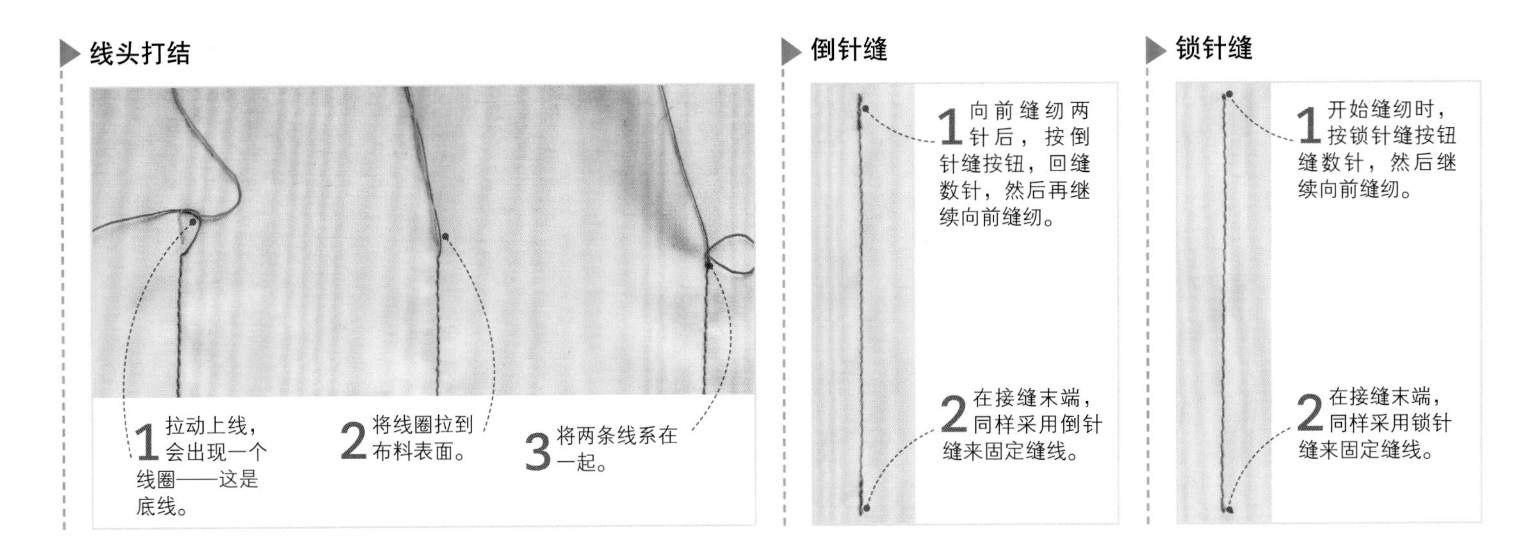

机缝线迹

缝纫机可以缝制出平缝线迹、装饰线迹和各种锁眼线迹。而且扣眼的长度和宽度可以调整，以适应不同衣物的需要。线迹的长度和宽度也可以调整。在大多数缝纫机上，1针等于1mm（本书采用此算法），但有些品牌的缝纫机上表示的是1英寸（2.54cm）里的针数。

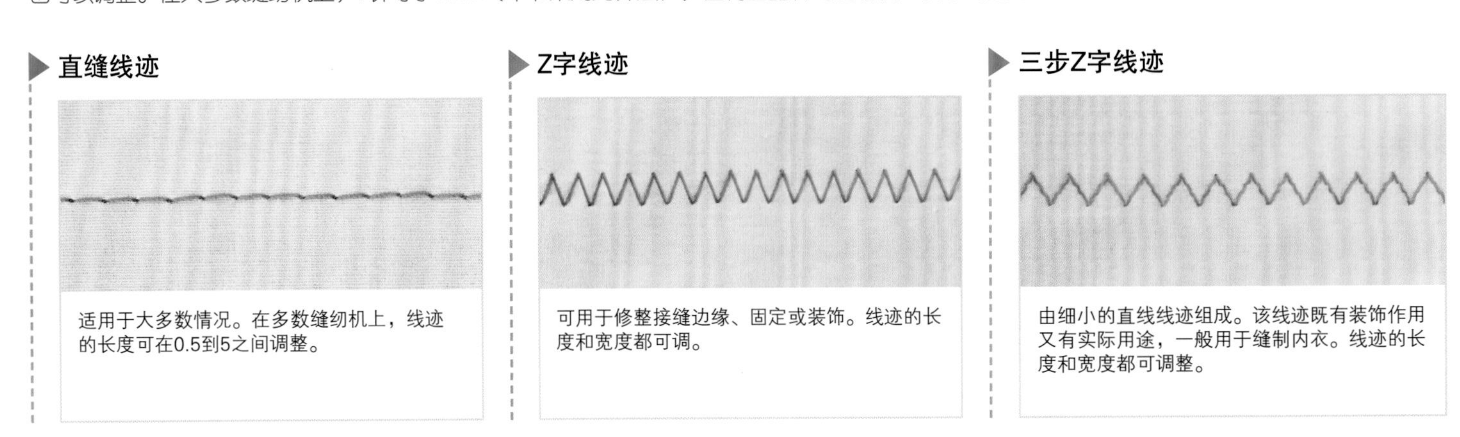

缝纫机见第30~33页 • 包缝机见第34~35页 • 修整接缝见第95页

暗折边线迹

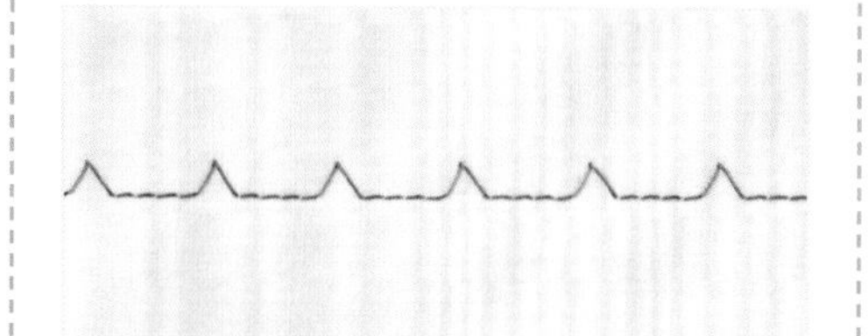

使用暗折边压脚缝纫。由直缝线迹和Z字线迹组成（见第92页）。用于固定折边。

包缝线迹

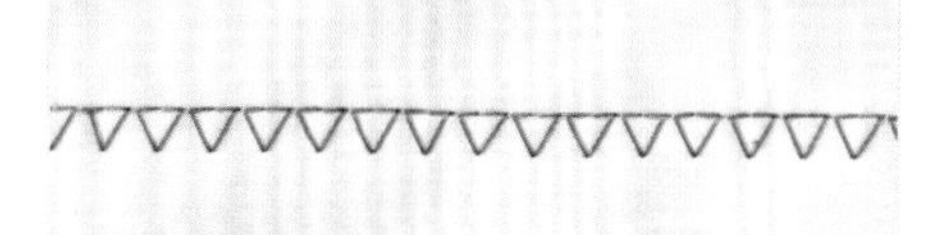

使用包缝压脚缝纫。用于修整布料的边缘。线迹的长度和宽度都可调整。

伸缩线迹

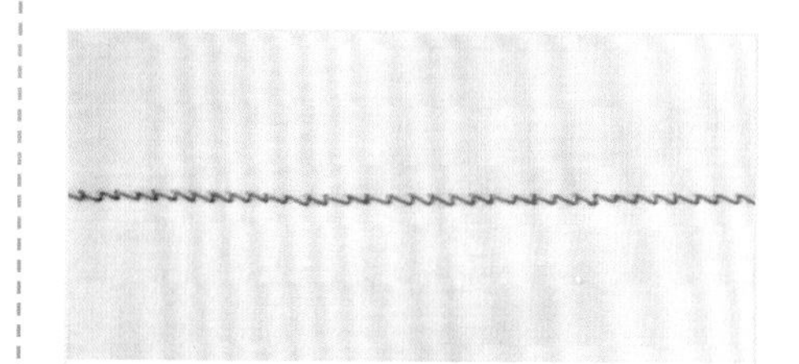

也叫作闪电形线迹。这种线迹用于有弹性的针织布料，也常用于难处理的布料。

基本锁眼线迹

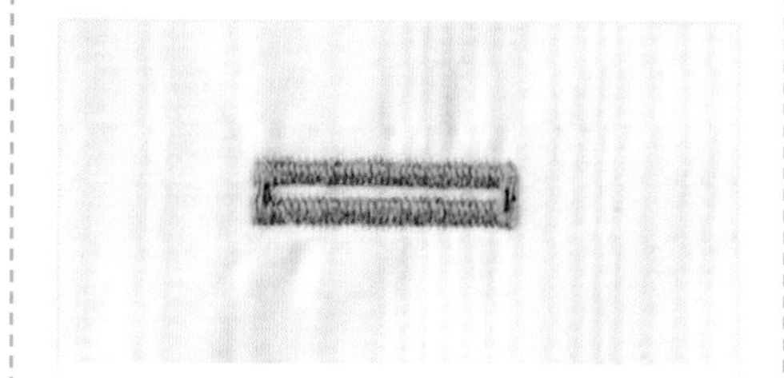

两头都是方的。所有风格的衣物都可使用。

圆头锁眼线迹

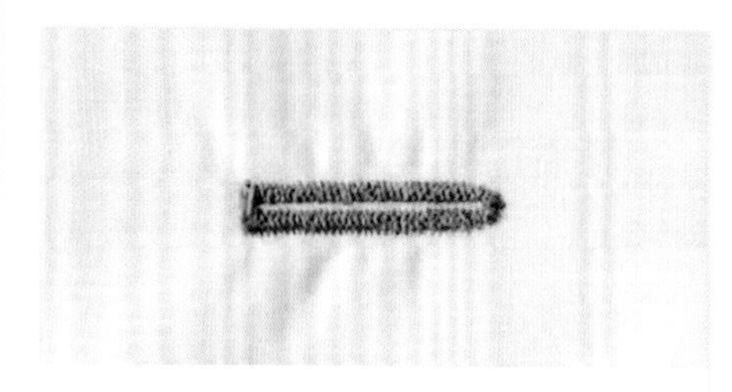

一头是方的，一头是圆的。一般用于上衣。

钥匙孔锁眼线迹

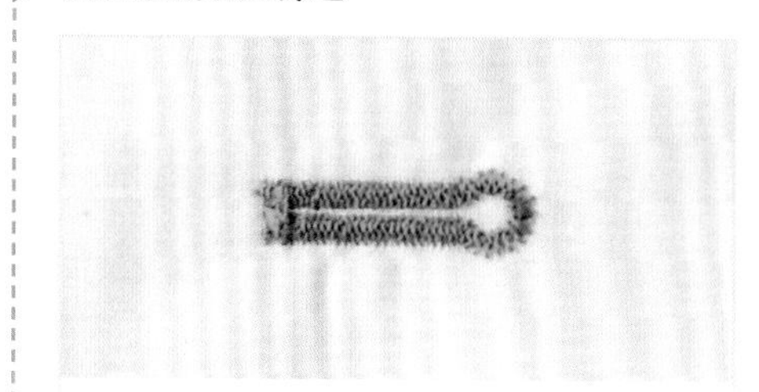

一头是方的，另外一头呈环状。一般用于上衣。

装饰线迹

缝纫机可缝制出的装饰线迹。这种线迹可以加固作品表面或接缝，也会让饰边更漂亮。也可通过缝制多行装饰线迹，形成刺绣图案的效果。

谷穗线迹

花朵线迹

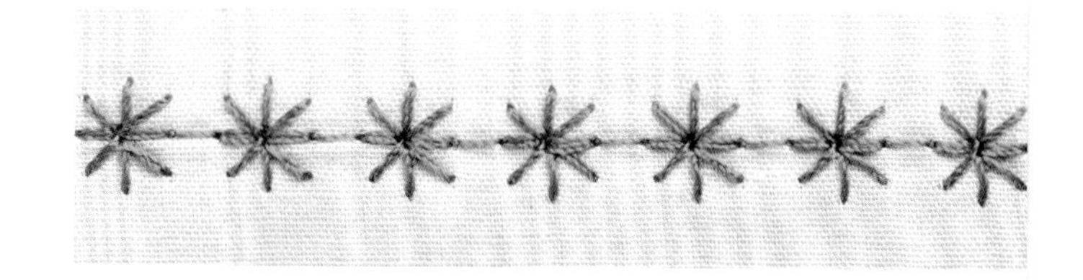

星形线迹

三线包缝线迹

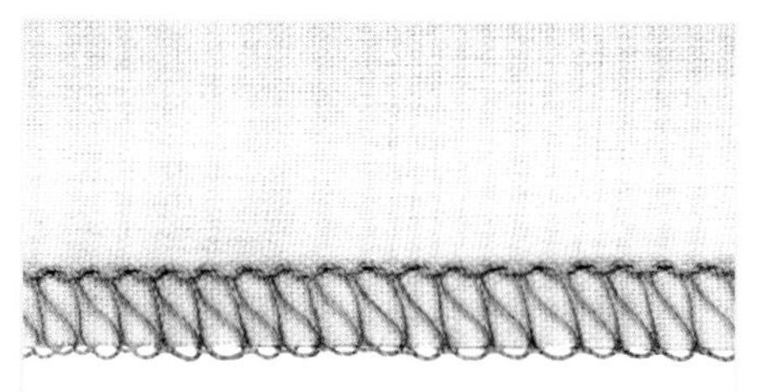

包缝机使用三条线缝出的线迹。用来修整布料边缘，防止散边。

四线包缝线迹

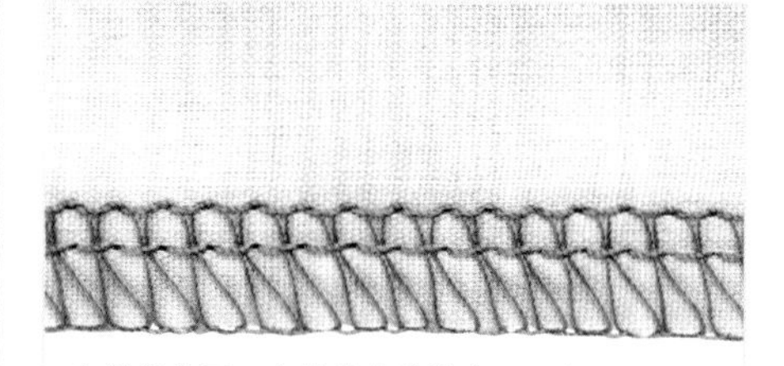

包缝机使用四条线缝出的线迹。用来修整布料边缘，多用于有弹性的针织布料。

机缝箭头

很多缝纫机上存储有该线迹。用来加固薄弱的位置。

修整接缝见第95页 • 机缝折边见第238页 • 扣眼的种类与制作见第270~277 页

如何缝制平接缝

难度指数 *****

通常平缝线迹与布边间的宽度为1.5cm，但也有宽度为1cm或者6mm的情况，一定要按照纸样上标注出的尺寸进行缝纫，确保做出来的物品的尺寸没有偏差。缝纫机板上有引导标志，能够帮助对齐布料。

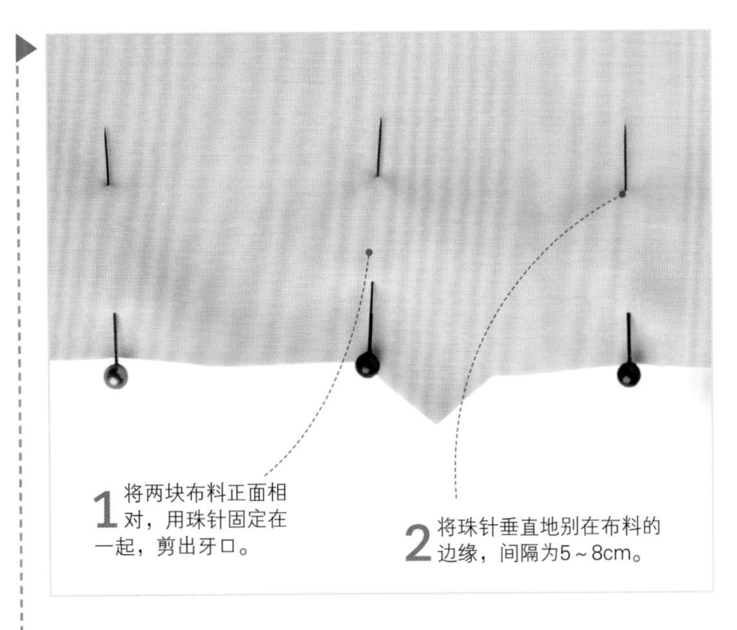

1 将两块布料正面相对，用珠针固定在一起，剪出牙口。

2 将珠针垂直地别在布料的边缘，间隔为5～8cm。

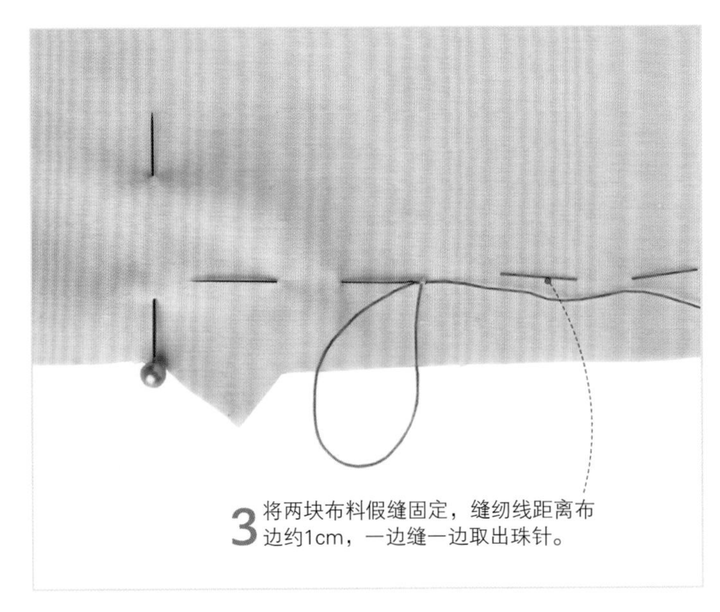

3 将两块布料假缝固定，缝纫线距离布边约1cm，一边缝一边取出珠针。

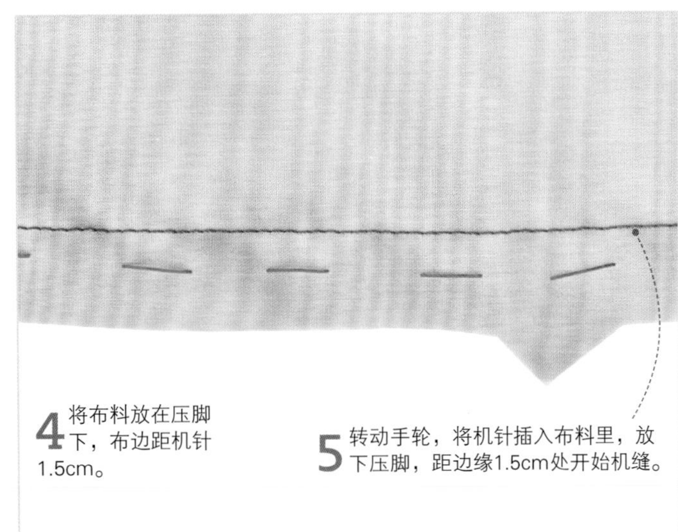

4 将布料放在压脚下，布边距机针1.5cm。

5 转动手轮，将机针插入布料里，放下压脚，距边缘1.5cm处开始机缝。

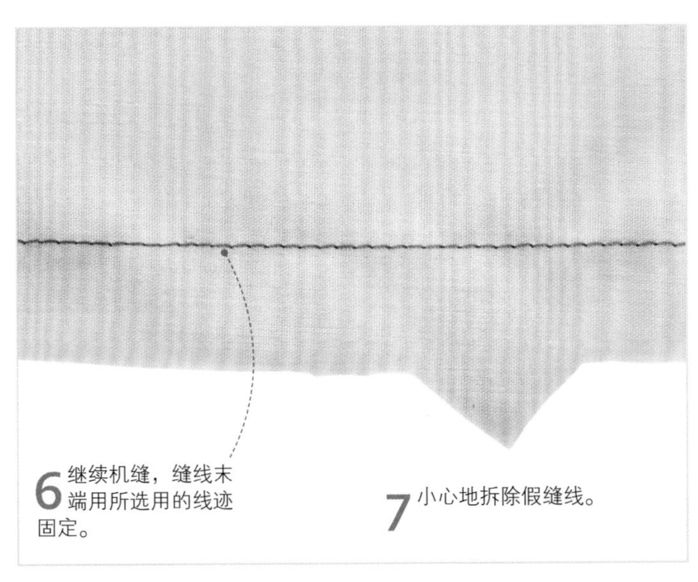

6 继续机缝，缝线末端用所选用的线迹固定。

7 小心地拆除假缝线。

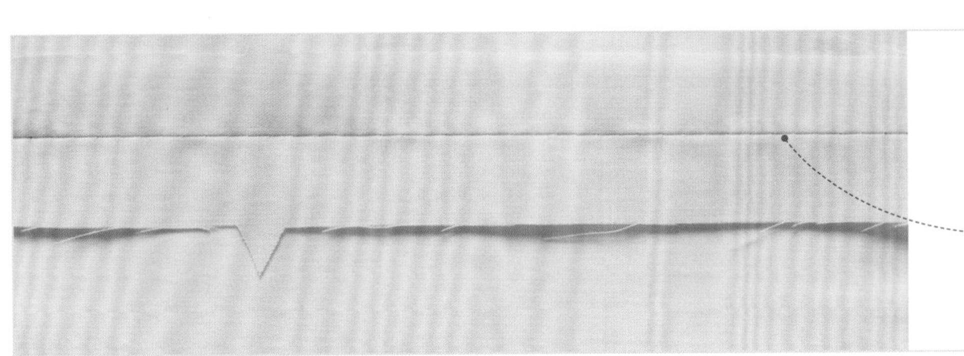

8 缝纫时将接缝压平，然后再将接缝熨烫展开。

裁剪工具见第16~17页 ● 包缝机见第34~35页

修整接缝

难度指数 *****

接缝毛边的整理和修剪很重要 —— 修整过的接缝更耐久，不易散开。修整接缝的方法取决于制作的物品以及布料的不同。

锯齿边

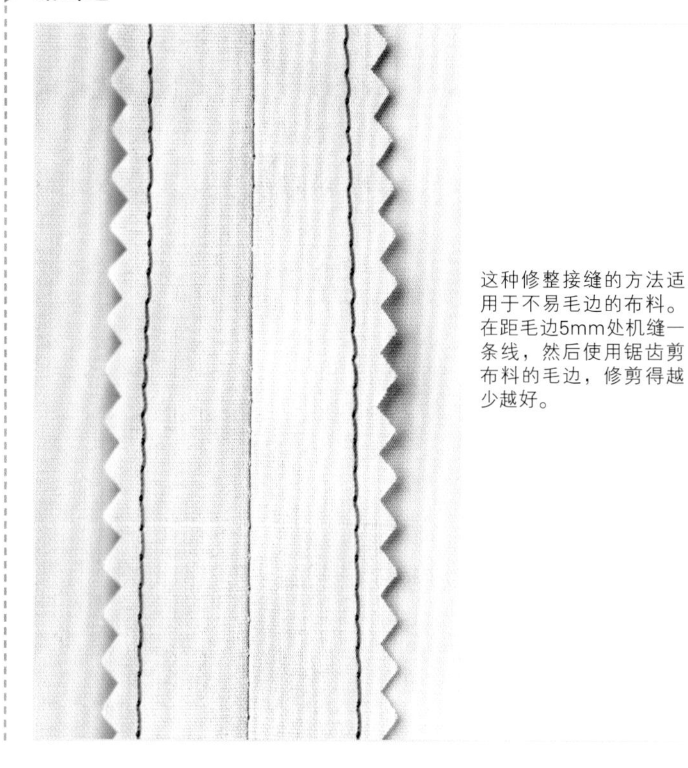

这种修整接缝的方法适用于不易毛边的布料。在距毛边5mm处机缝一条线，然后使用锯齿剪布料的毛边，修剪得越少越好。

Z字缝

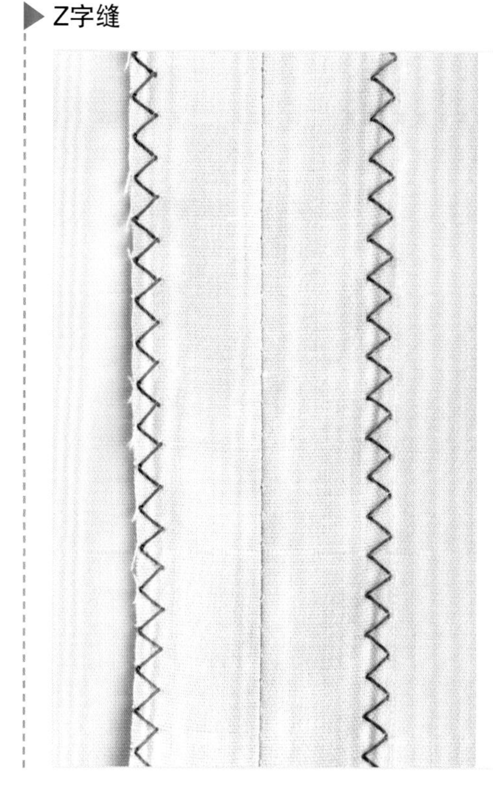

所有的缝纫机上都有Z字线迹。这种线迹能很好地防止布边起毛，并适用于所有布料。从毛边处开始缝针，然后沿着Z字线迹修剪布料。大多数布料上使用的线迹宽度为2.0，长度为1.5。

包缝

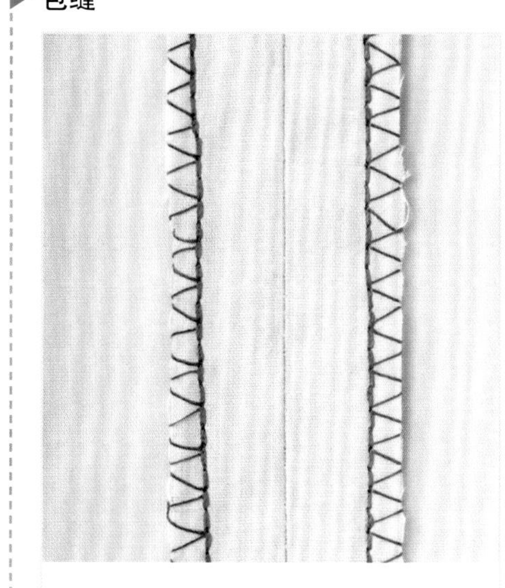

大多数缝纫机上都有包缝线迹。选择该线迹，使用包缝压脚，并选用预设的宽度和长度值，沿着接缝的毛边进行机缝。

光边缝

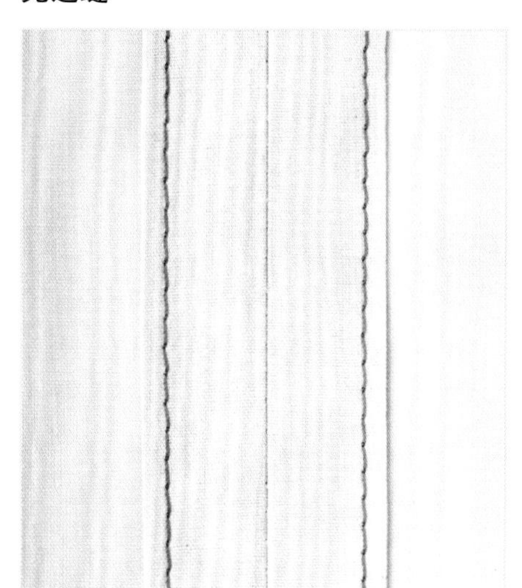

使用这种方法缝合的布边，非常耐磨，用于处理棉布和精细布料。使用直缝线迹，将布料折入约3mm，沿着折边进行缝合。

三线包缝

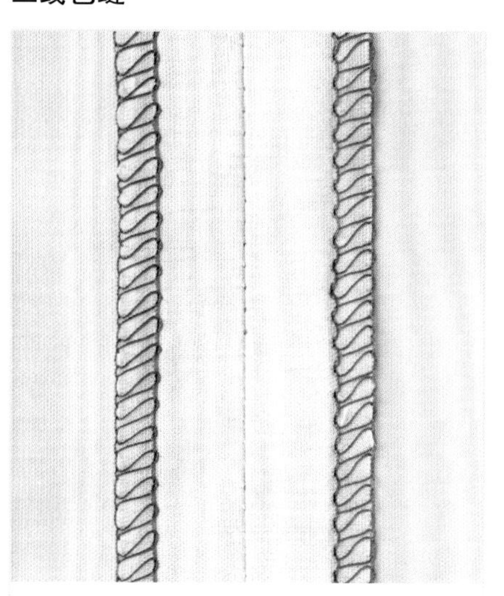

如果有包缝机的话，可以使用三线包缝线迹处理布边。这是一种非常专业的处理方式，适合所有布料、所有物品。

假缝线迹见第89页 • 机缝线迹见第92~93页

缝纫技法

港式缝

难度指数 ★★★★★

港式缝非常适合处理羊毛、亚麻布料以及无衬里上衣的边缘。制作时将毛边包上斜裁布条。

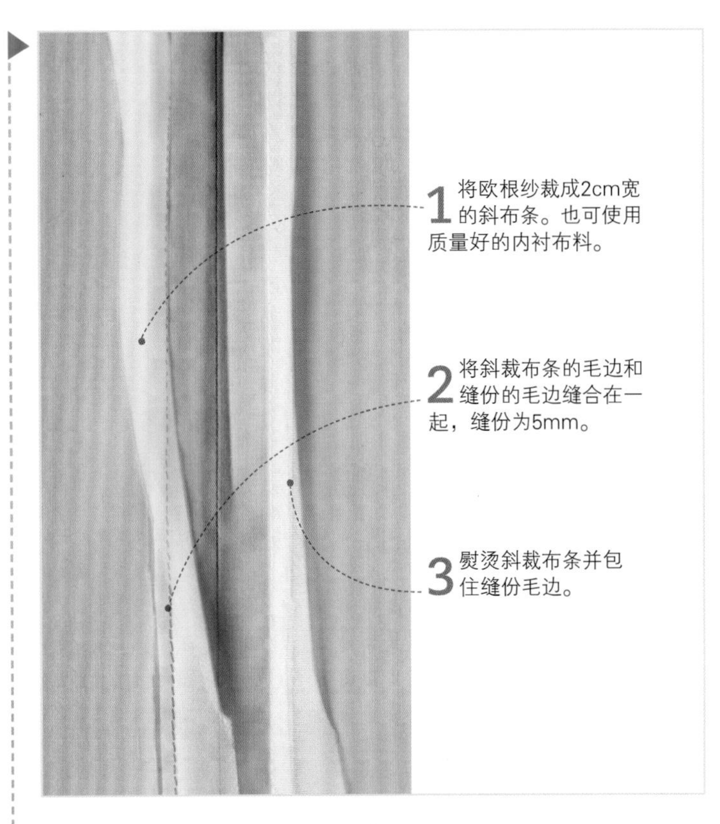

1 将欧根纱裁成2cm宽的斜布条。也可使用质量好的内衬布料。

2 将斜裁布条的毛边和缝份的毛边缝合在一起，缝份为5mm。

3 熨烫斜裁布条并包住缝份毛边。

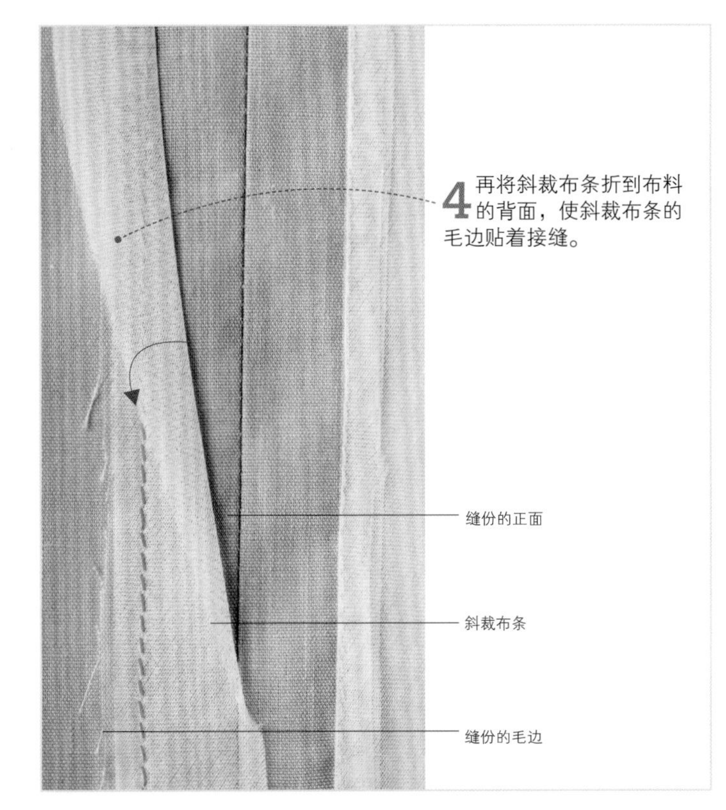

4 再将斜裁布条折到布料的背面，使斜裁布条的毛边贴着接缝。

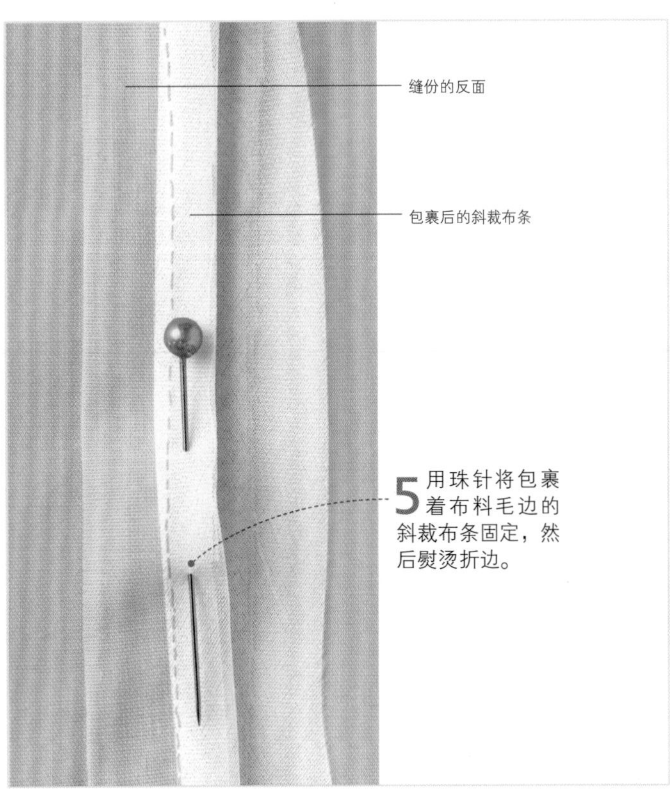

5 用珠针将包裹着布料毛边的斜裁布条固定，然后熨烫折边。

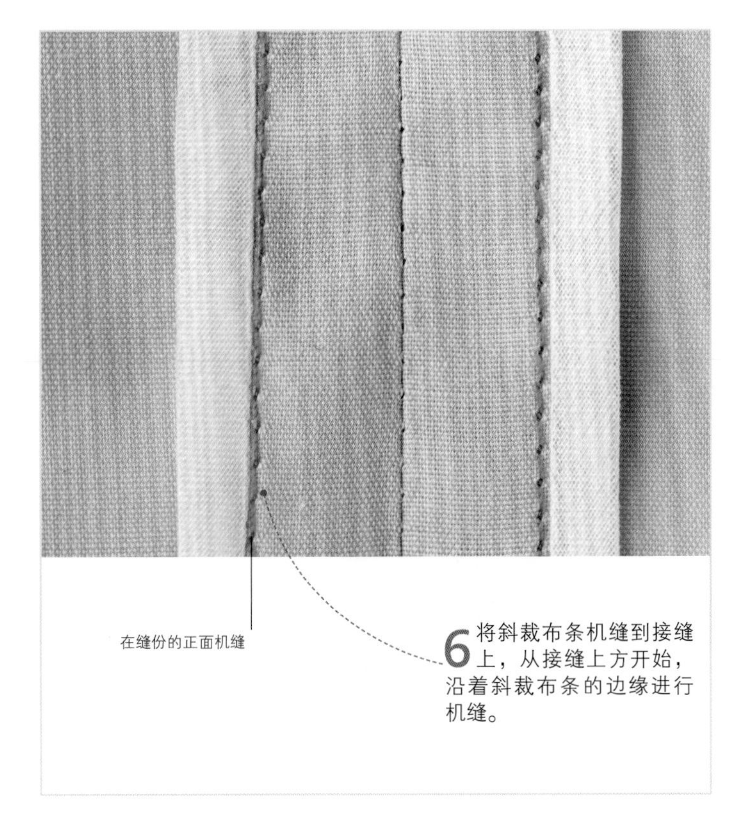

6 将斜裁布条机缝到接缝上，从接缝上方开始，沿着斜裁布条的边缘进行机缝。

裁剪工具见第16~17页 • 机缝线迹见第92~93页

法式缝

难度指数 ★★★★★

法式缝要经过两次缝合，第一次在布料的正面缝制，第二次在反面进行，并包住第一条接缝。法式缝一般用于透明的丝质布料，制作精致的内衣等衣物。

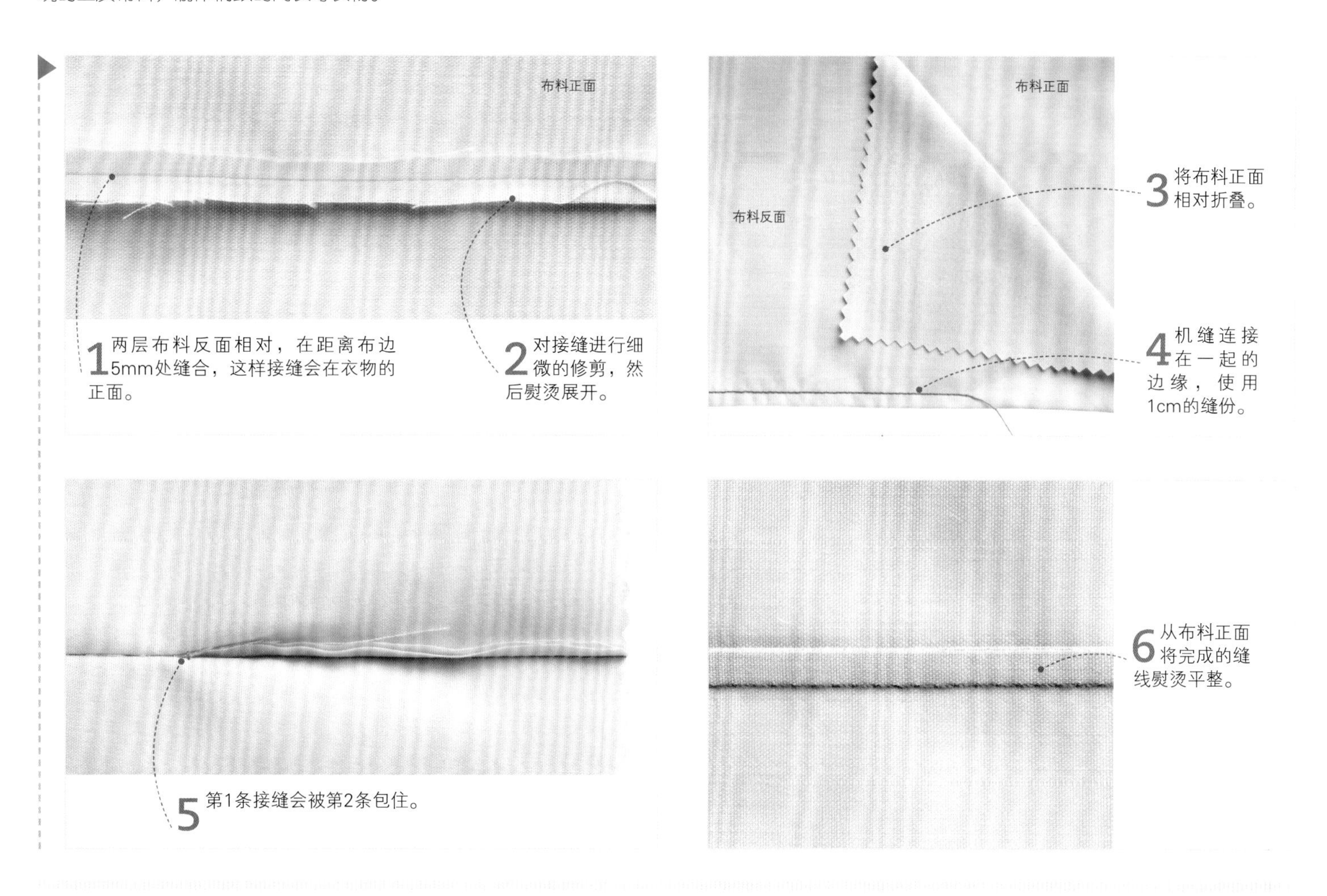

1 两层布料反面相对，在距离布边5mm处缝合，这样接缝会在衣物的正面。

2 对接缝进行细微的修剪，然后熨烫展开。

3 将布料正面相对折叠。

4 机缝连接在一起的边缘，使用1cm的缝份。

5 第1条接缝会被第2条包住。

6 从布料正面将完成的缝线熨烫平整。

仿法式缝

难度指数 ★★★★★

这种接缝的成品效果和法式缝很像。仿法式缝一般用于棉布或结实的细布料。仿法式缝用在衣物的反面。

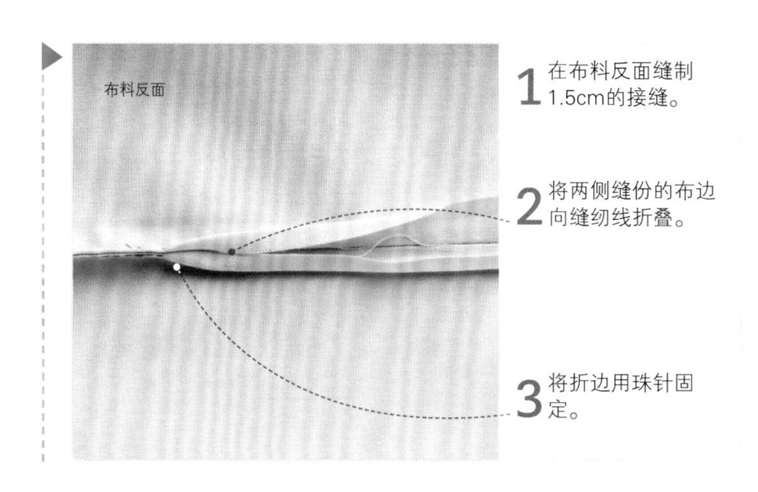

1 在布料反面缝制1.5cm的接缝。

2 将两侧缝份的布边向缝纫线折叠。

3 将折边用珠针固定。

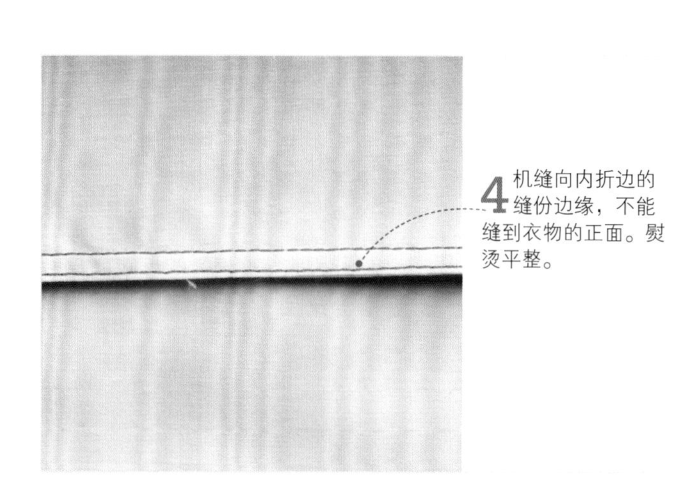

4 机缝向内折边的缝份边缘，不能缝到衣物的正面。熨烫平整。

如何裁剪斜滚边条见第150页

包口缝

难度指数 *****

有些衣物的接缝要非常耐用，要能够承受经常洗涤、穿着和拉拽。包口缝，又叫作外包缝，非常牢固。包口缝在衣物的正面，缝制牛仔裤的下裆线和制作男士定制衬衫时一般使用这种接缝方法。

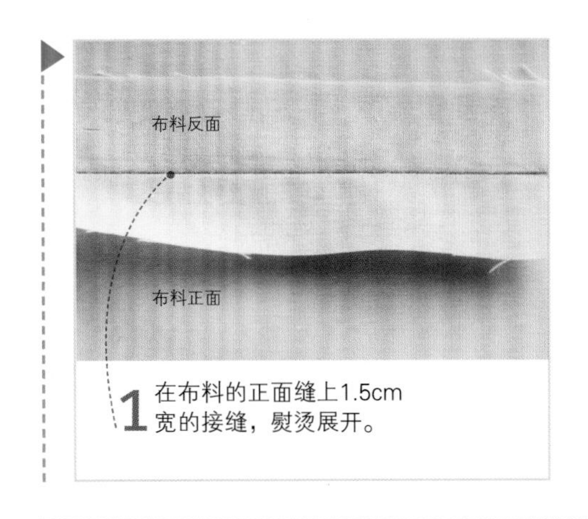

1 在布料的正面缝上1.5cm宽的接缝，熨烫展开。

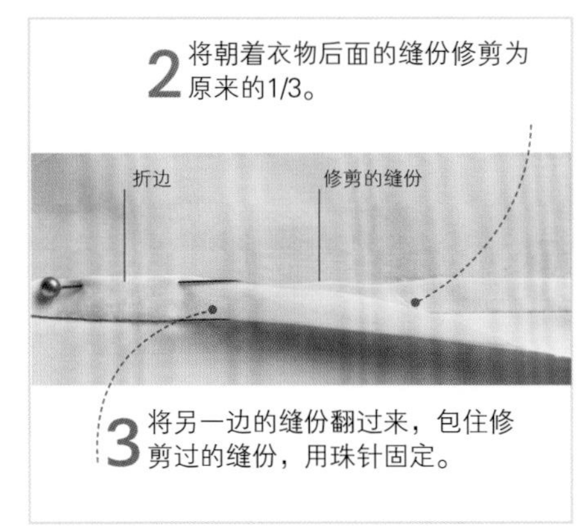

2 将朝着衣物后面的缝份修剪为原来的1/3。

3 将另一边的缝份翻过来，包住修剪过的缝份，用珠针固定。

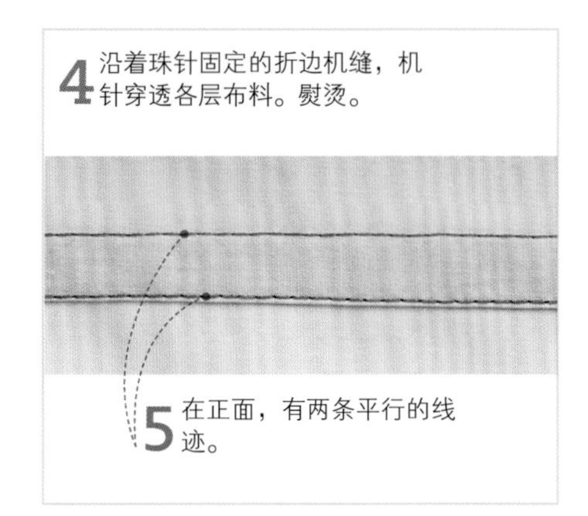

4 沿着珠针固定的折边机缝，机针穿透各层布料。熨烫。

5 在正面，有两条平行的线迹。

漏落缝

难度指数 *****

和包口缝（见上）相似，也是一种非常结实的缝纫手法。一般缝制在衣物的反面，常用于儿童服装的制作。

1 在布料反面缝制1.5cm宽的接缝。

2 将一边的缝份修剪为原宽度的1/3。

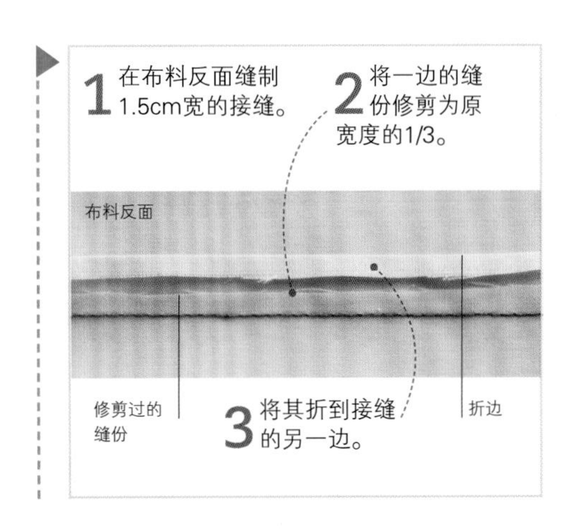

3 将其折到接缝的另一边。

4 将折边调整到原来的缝线处。

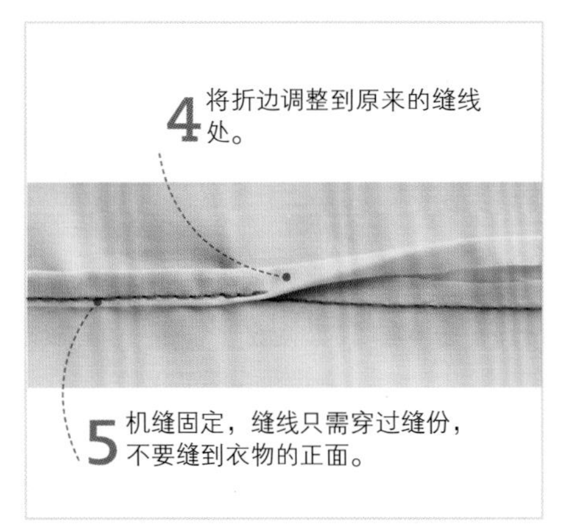

5 机缝固定，缝线只需穿过缝份，不要缝到衣物的正面。

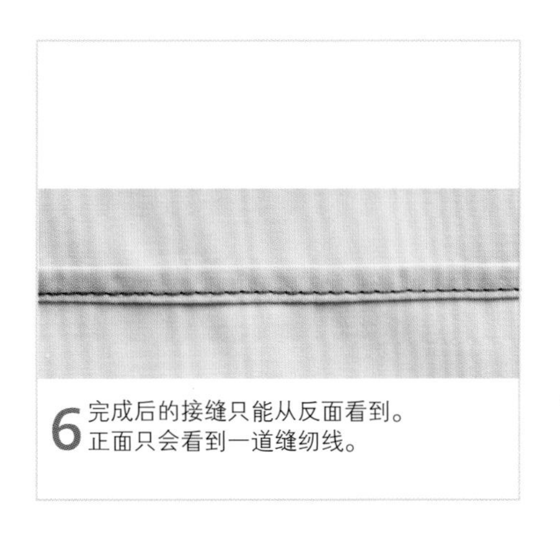

6 完成后的接缝只能从反面看到。正面只会看到一道缝纫线。

面缝

难度指数 *****

面缝接缝既有装饰效果，又有实际功用。这种接缝常用在工艺品和软装饰中，也可用于缝合衣物。

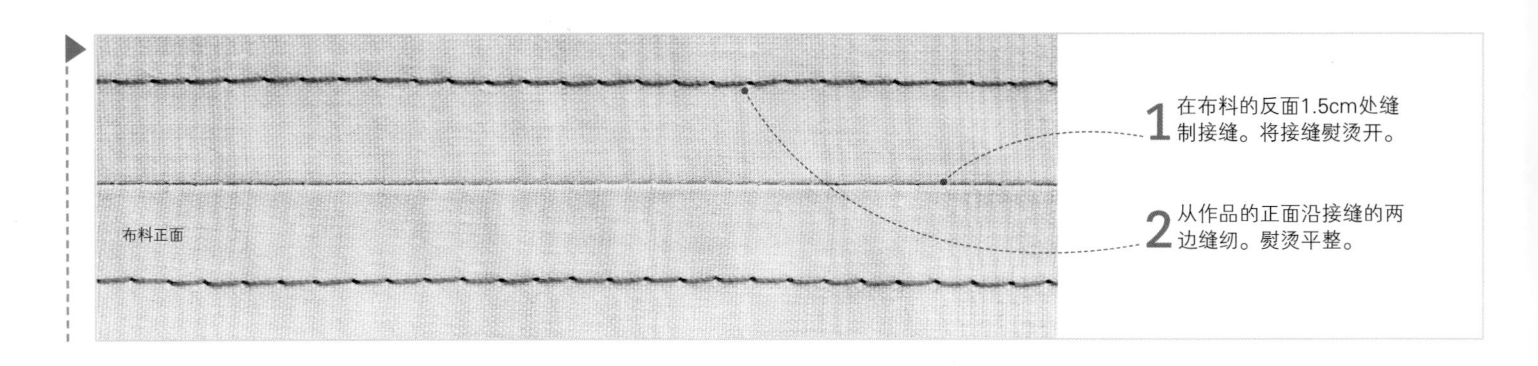

1 在布料的反面1.5cm处缝制接缝。将接缝熨烫开。

2 从作品的正面沿接缝的两边缝纫。熨烫平整。

裁剪工具见第16~17页 • 如何缝制平接缝见第94页

搭接缝

难度指数 ★★★★★

也被称为搭缝，是一种缝制在衣物正面的层叠接缝。完成后，搭接缝非常平整。

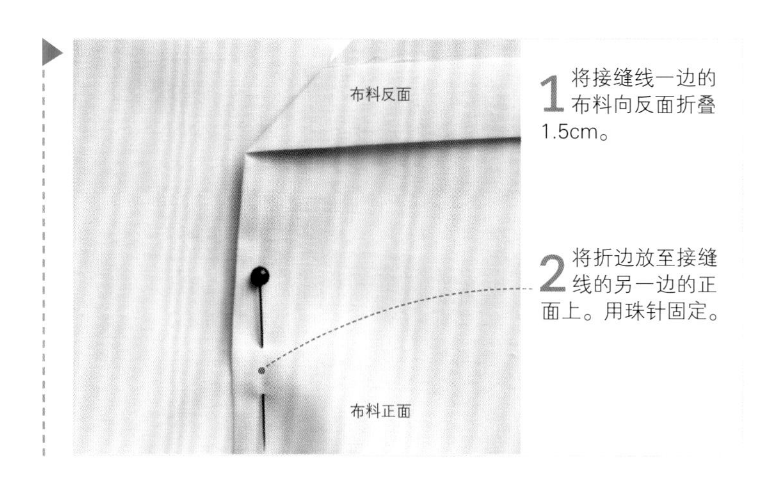

1 将接缝线一边的布料向反面折叠1.5cm。

2 将折边放至接缝线的另一边的正面上。用珠针固定。

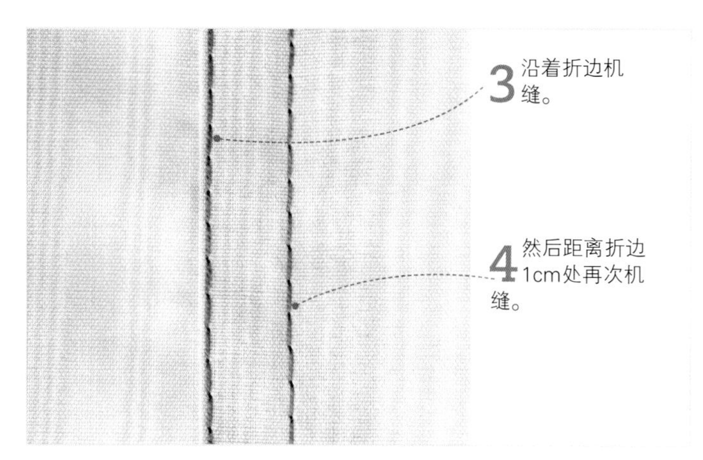

3 沿着折边机缝。

4 然后距离折边1cm处再次机缝。

开槽缝

难度指数 ★★★★★

开槽缝是一种装饰接缝，会在布料正面显现出来。接缝的边缘展开，会显示出颜色不同的内层。

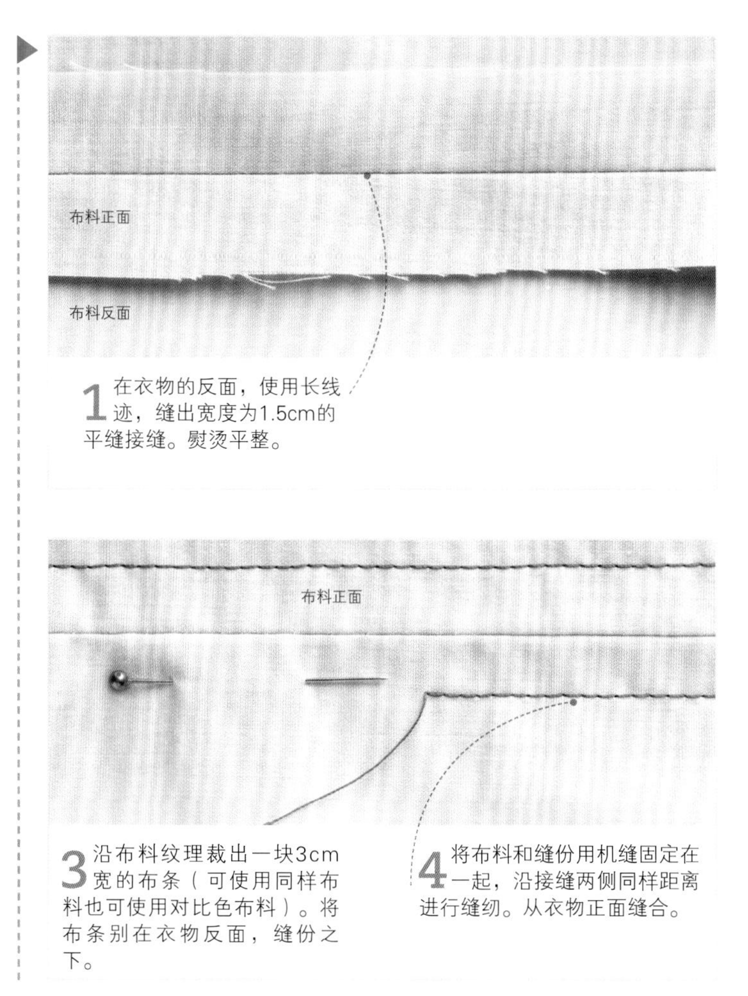

1 在衣物的反面，使用长线迹，缝出宽度为1.5cm的平缝接缝。熨烫平整。

3 沿布料纹理裁出一块3cm宽的布条（可使用同样布料也可使用对比色布料）。将布条别在衣物反面，缝份之下。

4 将布料和缝份用机缝固定在一起，沿接缝两侧同样距离进行缝纫。从衣物正面缝合。

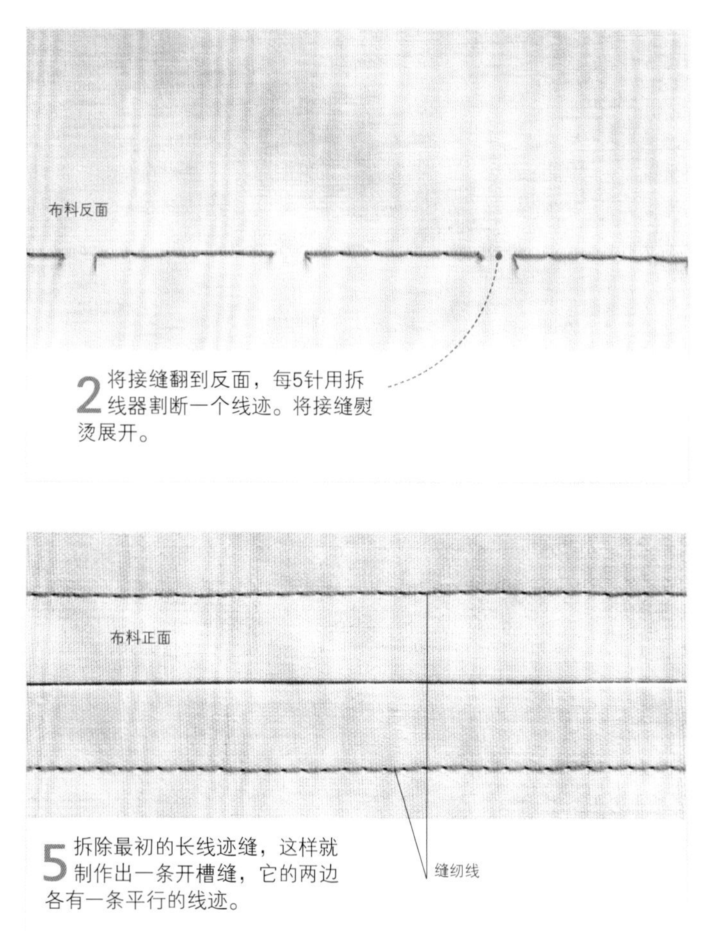

2 将接缝翻到反面，每5针用拆线器割断一个线迹。将接缝熨烫展开。

5 拆除最初的长线迹缝，这样就制作出一条开槽缝，它的两边各有一条平行的线迹。

机缝线迹见第92~93页

嵌缝

难度指数 ★★★★★

镶有嵌条的接缝能给平淡无奇的衣物增添一份情趣。在将两种不同的布料拼接在一起时，常使用这种接缝。首先制作嵌条，然后再将其塞入接缝中。

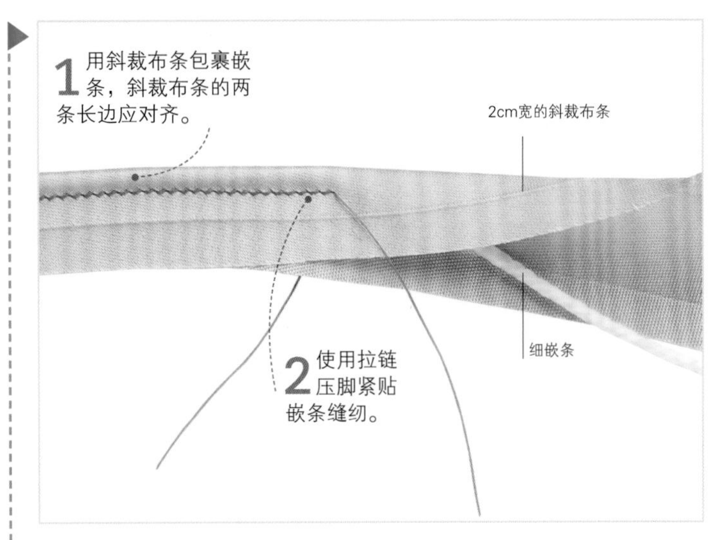

1 用斜裁布条包裹嵌条，斜裁布条的两条长边应对齐。

2 使用拉链压脚紧贴嵌条缝纫。

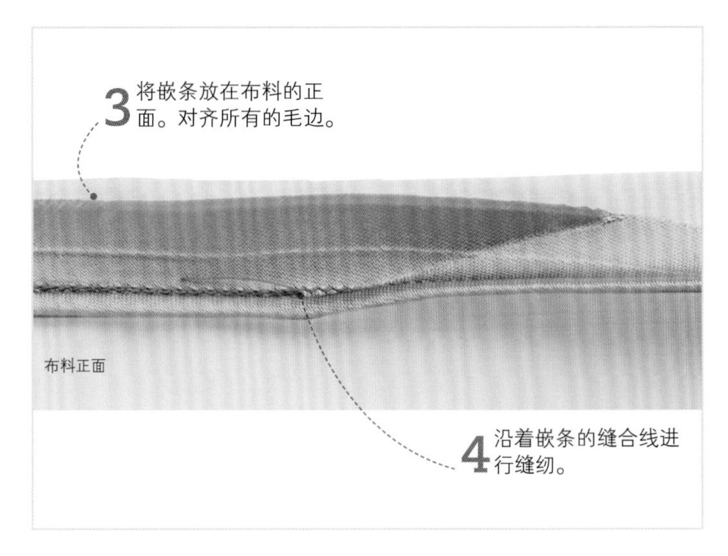

3 将嵌条放在布料的正面。对齐所有的毛边。

4 沿着嵌条的缝合线进行缝纫。

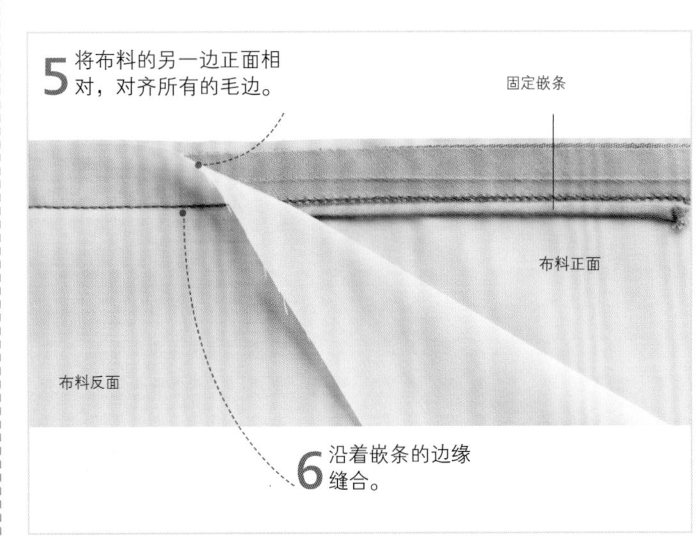

5 将布料的另一边正面相对，对齐所有的毛边。

6 沿着嵌条的边缘缝合。

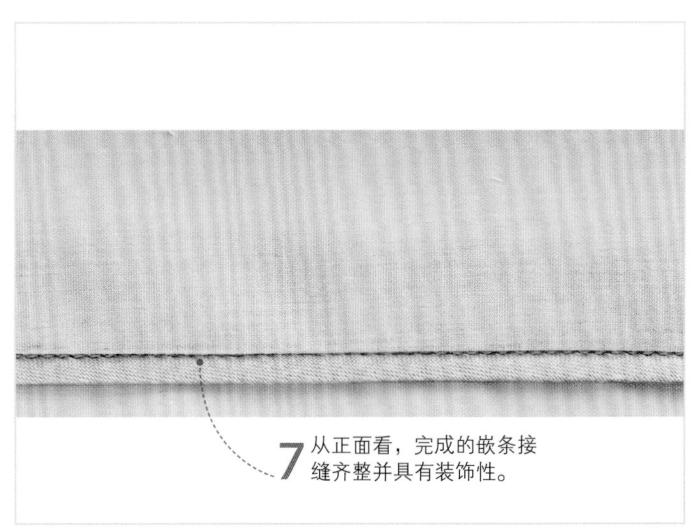

7 从正面看，完成的嵌条接缝齐整并具有装饰性。

使用包缝机缝制接缝

难度指数 ★★★★★

制作有弹性的针织物时使用该方法。

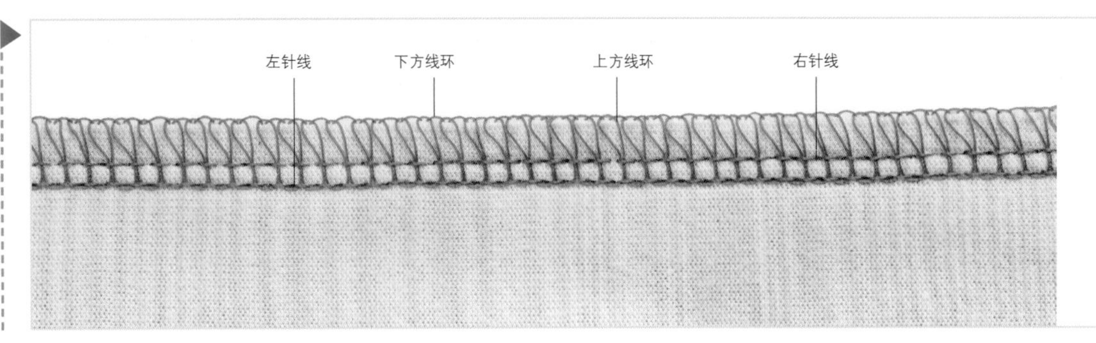

1 将布料正面相对放在一起。

2 取下所有的珠针，以免损坏包缝机。

3 使用四线包缝线迹缝制接缝。

缝纫机配件见第32~33页 • 包缝机见第34~35页 • 转绘纸样见第82~83页

棘手布料的接缝

难度指数 ****

缝制某些布料需特别小心，有些布料会非常厚重，比如皮毛；而有些则非常轻软纤薄，难以缝纫。在透明布料上，使用的接缝是法式接缝的变体；这种接缝非常纤细，熨烫后十分平整。在绒面革上缝纫时使用搭接缝法。有些革质的织物一面有人造毛，采用这种缝法时两面效果都不错。

透明布料的接缝

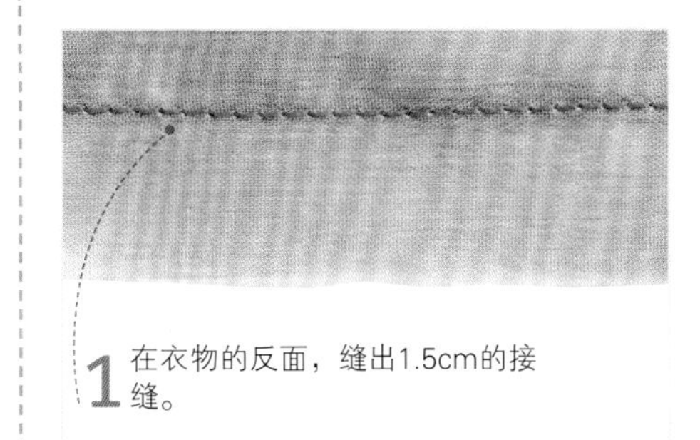

1 在衣物的反面，缝出1.5cm的接缝。

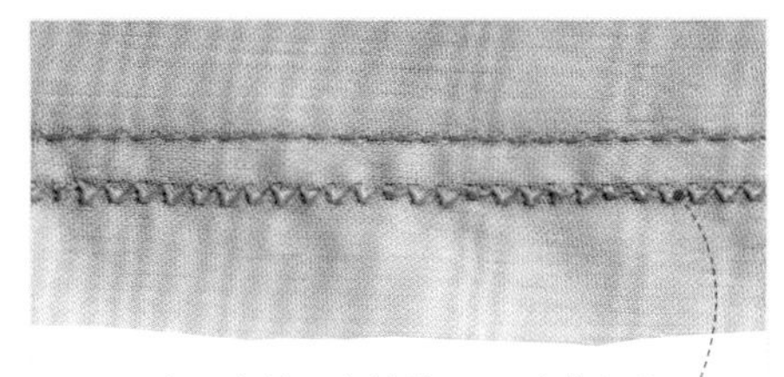

2 在距离前一条缝线5mm处缝制第2条缝线，使用Z字线迹或者伸缩线迹。熨烫。

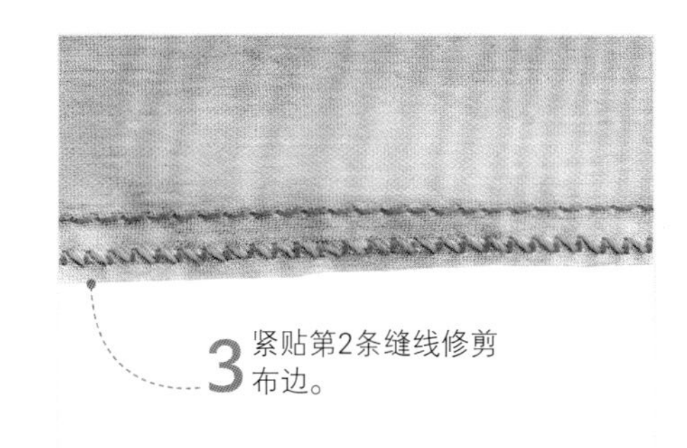

3 紧贴第2条缝线修剪布边。

绒面革或仿绒面革的接缝

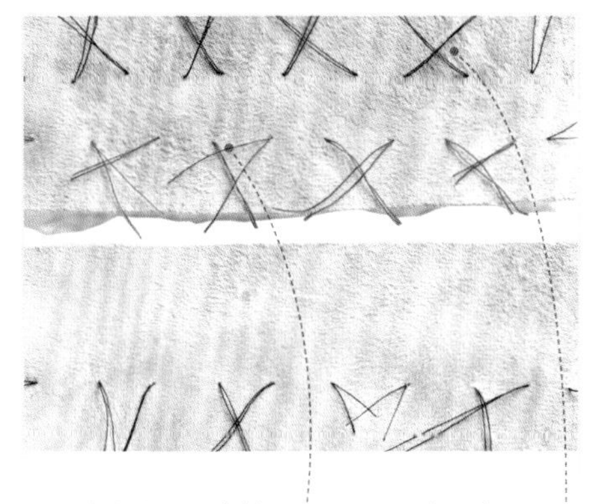

1 首先在两条接缝上在距离布边1.5cm处假缝。

2 然后在距离第一行假缝线1.5cm处进行第二行假缝。

3 将一条接缝压在另一条上，对齐1.5cm处的假缝线。毛边应该和另一条假缝线迹相交。

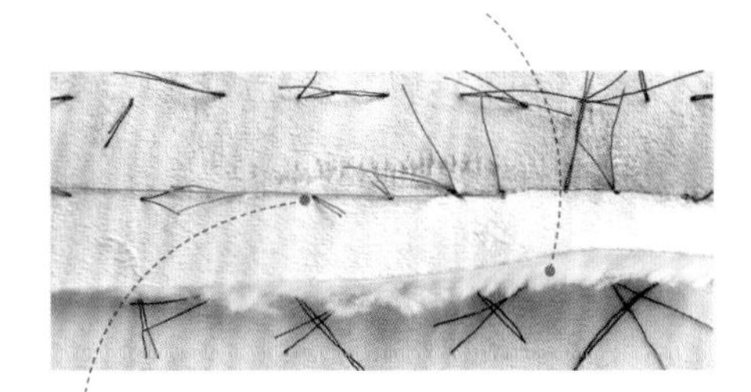

4 使用双送压脚和略长的3.5的线迹，沿着1.5cm处的假缝线，将这两层布料机缝到一起。

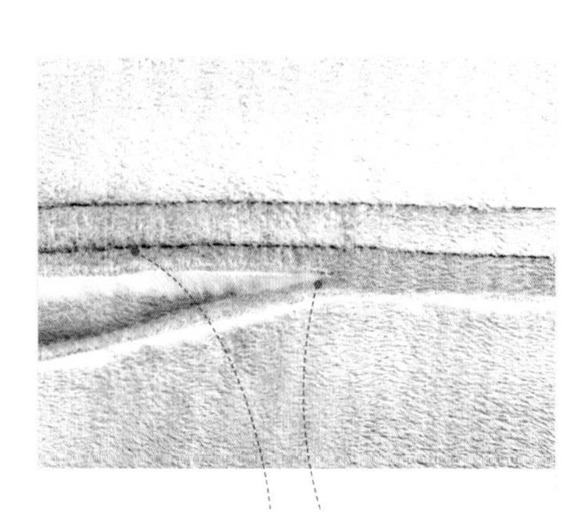

5 在距离第1条机缝线1cm处，再次缝纫。

6 将毛边修剪掉约3mm。

毛皮料的接缝

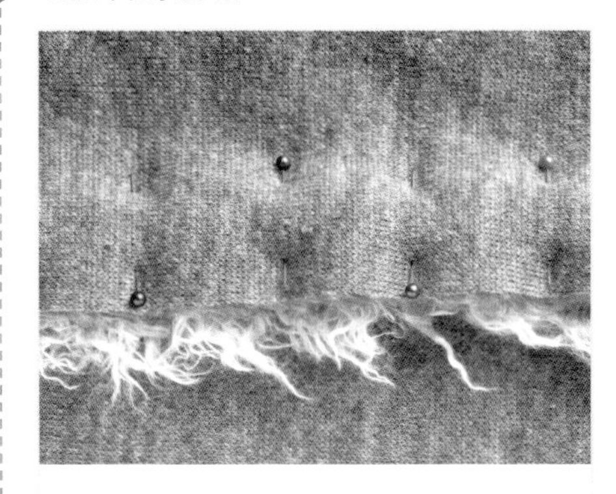

1 将毛皮正面相对，用珠针固定，交叉变换珠针插入的方向，避免布料移动。

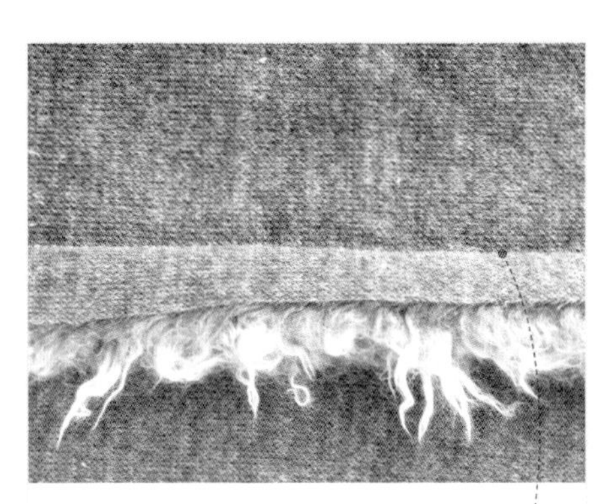

2 使用双送压脚和略长的线迹，机缝接缝。

3 指压将接缝展开。

4 将缝份上多余的毛皮修剪掉。

机缝线迹见第92~93页

沿转角和弧线缝纫

难度指数 *****

并不是所有的缝纫都是沿直线进行的。大部分衣物上都有转角和弧线，只有处理好转角和弧线才能在正面形成整齐漂亮的转角和弧线效果。下面介绍的缝纫方法，适用于所有角度的转角。若布料较厚，缝纫的手法会略有不同，需要在转角处加缝一针；若布料易毛边，要在转角处缝上第二行线进行加固。

沿转角缝纫

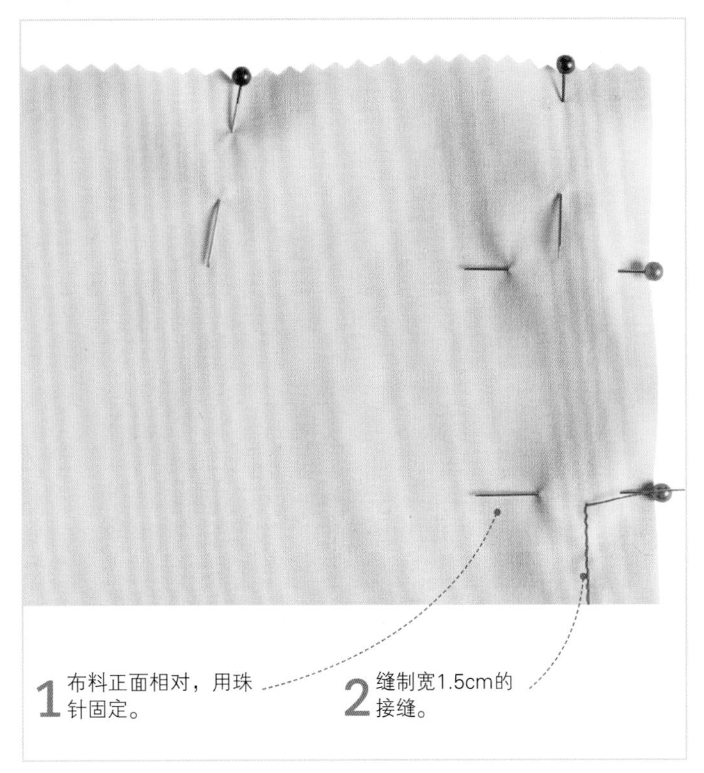

1 布料正面相对，用珠针固定。

2 缝制宽1.5cm的接缝。

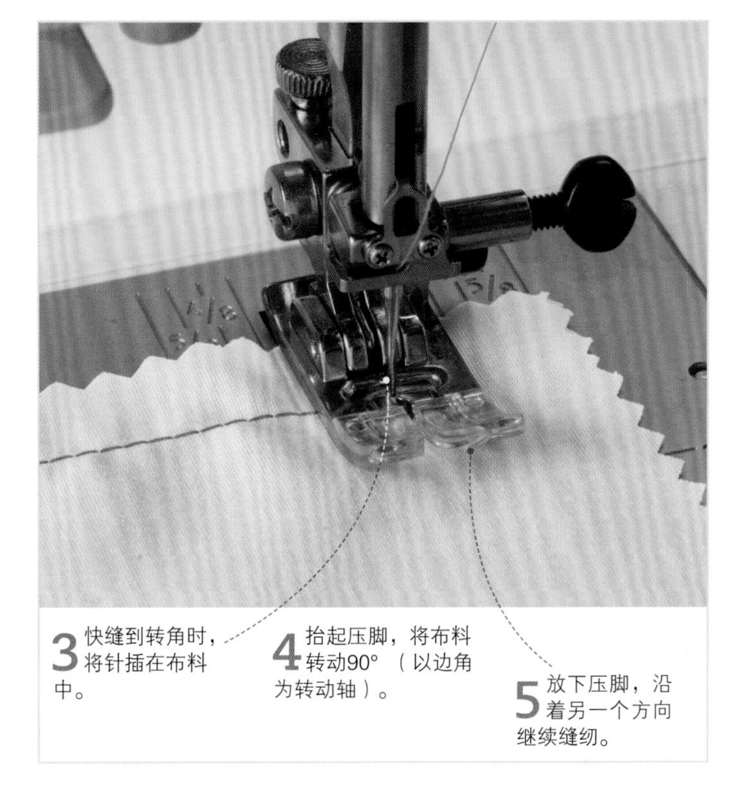

3 快缝到转角时，将针插在布料中。

4 抬起压脚，将布料转动90°（以边角为转动轴）。

5 放下压脚，沿着另一个方向继续缝纫。

6 两条线迹成直角，这就意味着将布料翻到正面时，会出现齐整的转角。

沿厚重布料的转角缝纫

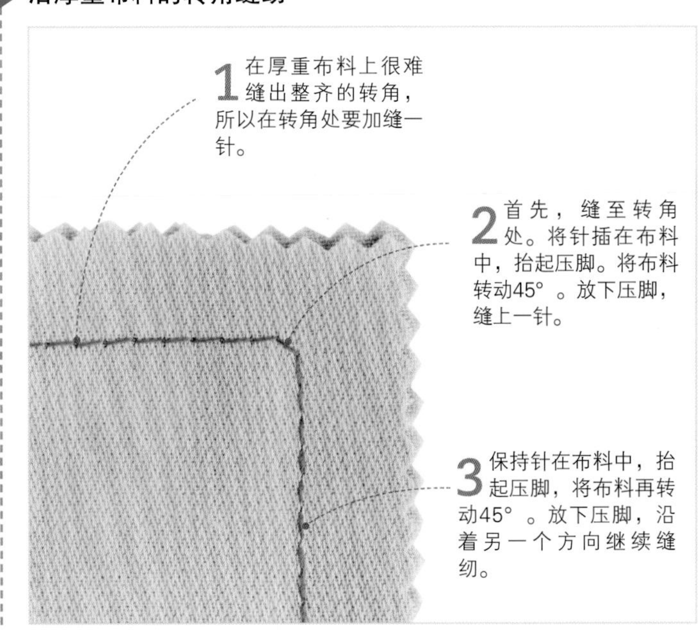

1 在厚重布料上很难缝出整齐的转角，所以在转角处要加缝一针。

2 首先，缝至转角处。将针插在布料中，抬起压脚。将布料转动45°。放下压脚，缝上一针。

3 保持针在布料中，抬起压脚，将布料再转动45°。放下压脚，沿着另一个方向继续缝纫。

缝纫机配件见第32~33页 • 机缝线迹见第92~93页 • 如何缝制平接缝见第94页

加固转角

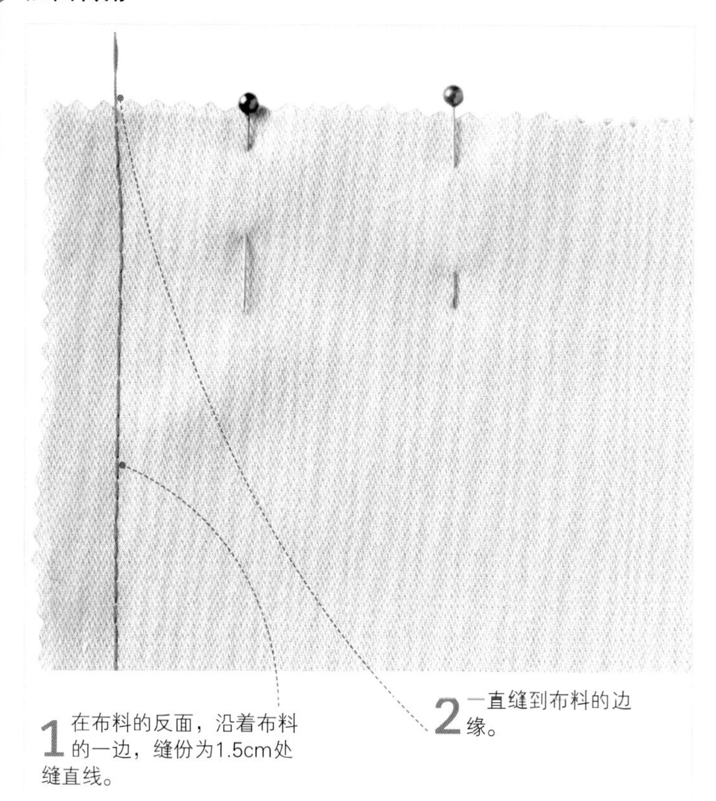

1 在布料的反面，沿着布料的一边，缝份为1.5cm处缝直线。

2 一直缝到布料的边缘。

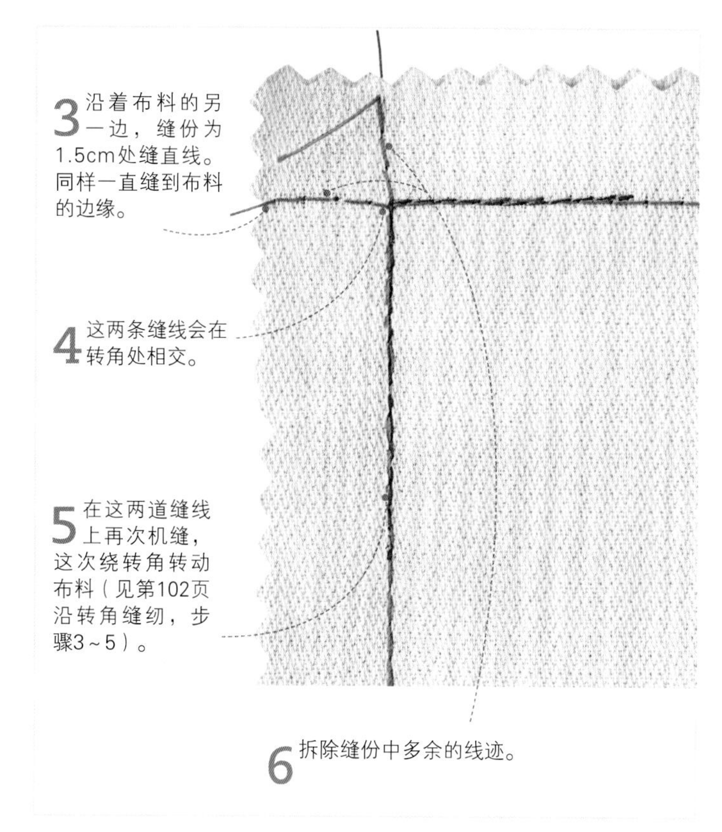

3 沿着布料的另一边，缝份为1.5cm处缝直线。同样一直缝到布料的边缘。

4 这两条缝线会在转角处相交。

5 在这两道缝线上再次机缝，这次绕转角转动布料（见第102页沿转角缝纫，步骤3~5）。

6 拆除缝份中多余的线迹。

沿内转角缝纫

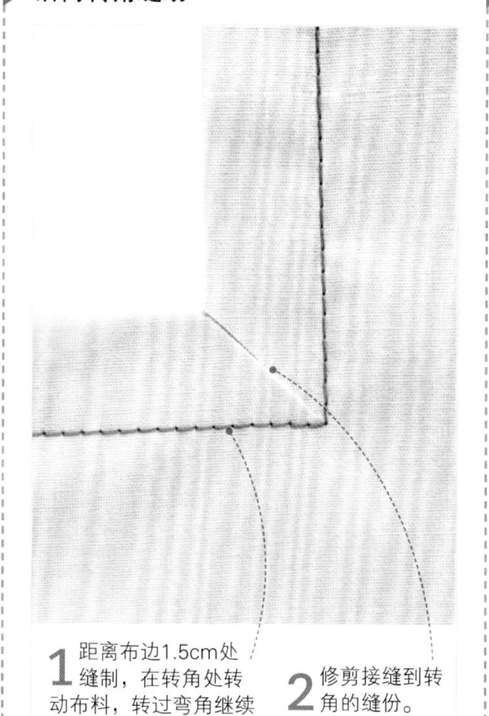

1 距离布边1.5cm处缝制，在转角处转动布料，转过弯角继续缝纫（见第102页沿转角缝纫，步骤3~5）。

2 修剪接缝到转角的缝份。

沿内弧线缝纫

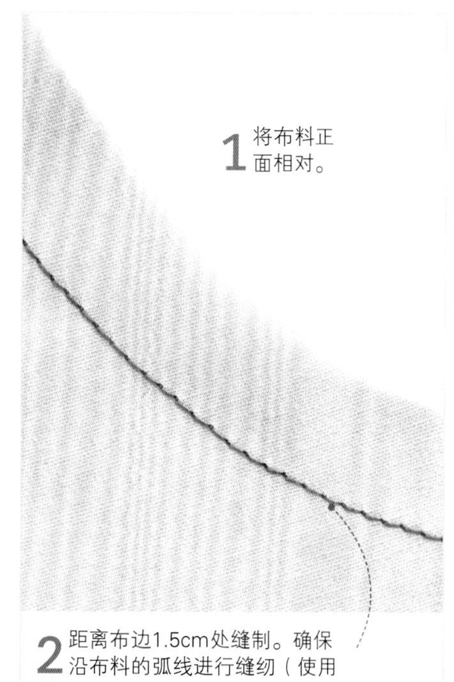

1 将布料正面相对。

2 距离布边1.5cm处缝制。确保沿布料的弧线进行缝纫（使用缝纫机上的引导装置）。

沿外弧线缝纫

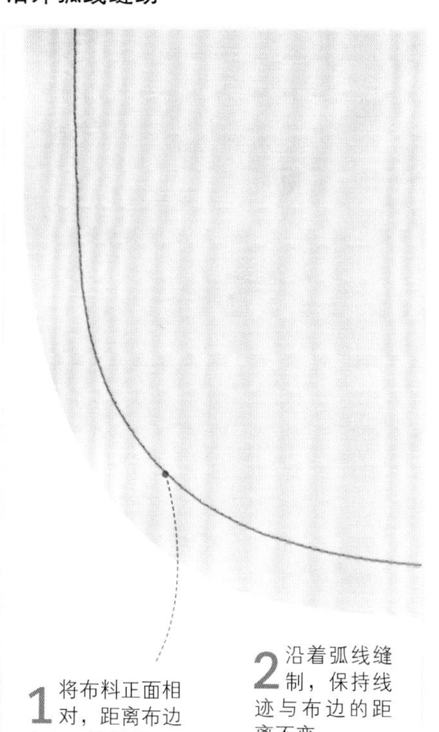

1 将布料正面相对，距离布边1.5cm处缝制。

2 沿着弧线缝制，保持线迹与布边的距离不变。

修剪缝份见第104~105页

修剪缝份

用作服装结构线的接缝不能在衣物的正面显出来，这一点极为重要。为了确保这一点，我们使用一种叫作分层处理的方法对缝份的宽度进行缩减。一般要剪出V形剪口，也被称作牙口，并对缝份进行修剪。

接缝的分层处理

难度指数 

对于大多数布料，如果接缝在作品的边缘，则需对缝份进行修剪。在作品最外端的缝份保持不动，但要逐层修剪靠近主体部分或内侧的缝份。

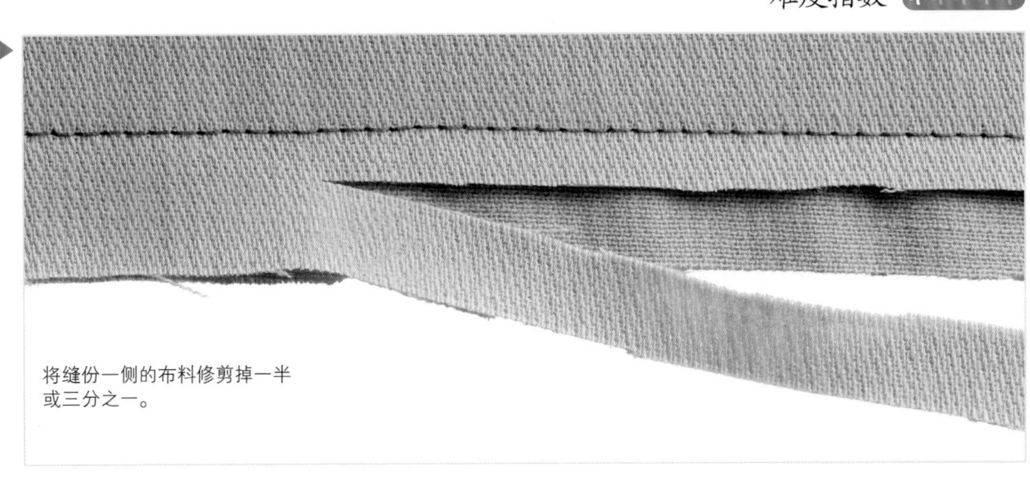

将缝份一侧的布料修剪掉一半或三分之一。

修剪内弧线缝份

难度指数 *****

要使内弧线平整，需要对缝份进行逐层修剪，还要剪出牙口，然后用暗线缝合固定（见第105页）。

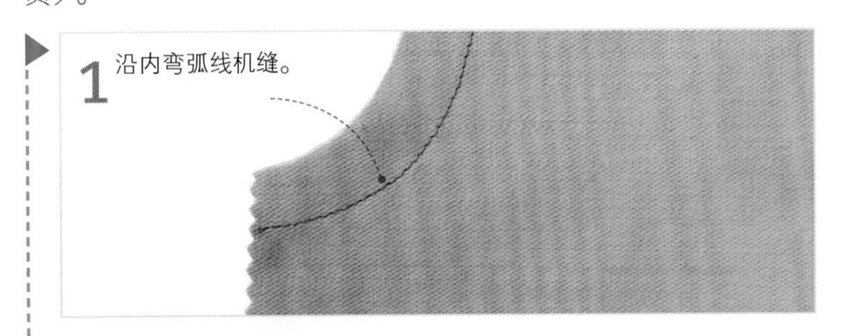

1 沿内弯弧线机缝。

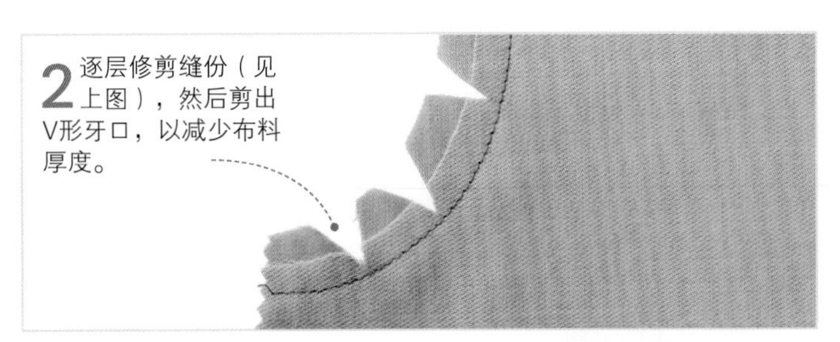

2 逐层修剪缝份（见上图），然后剪出V形牙口，以减少布料厚度。

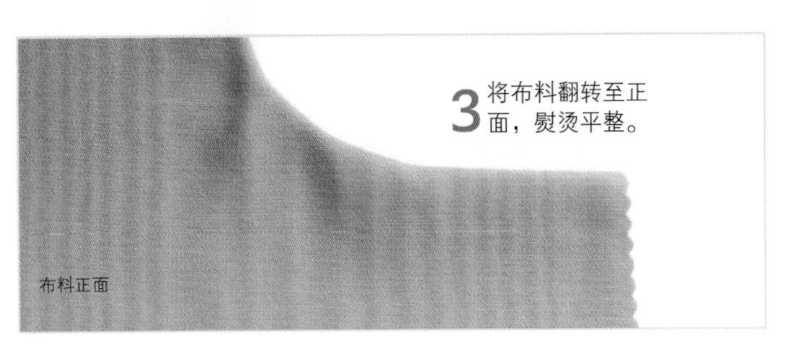

3 将布料翻转至正面，熨烫平整。

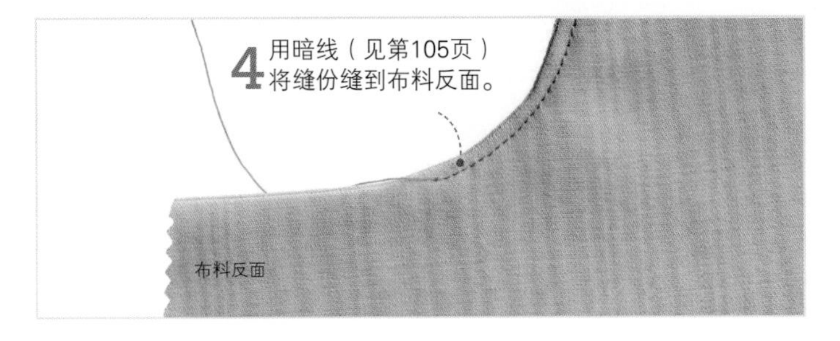

4 用暗线（见第105页）将缝份缝到布料反面。

如何缝制平接缝见第94页 • 沿转角和弧线缝纫见第102~103页

修剪外弧线缝份

难度指数 *****

修剪外弯弧线时也需对缝份进行逐层修剪，然后剪出牙口，翻转布料后，用暗线缝合固定。

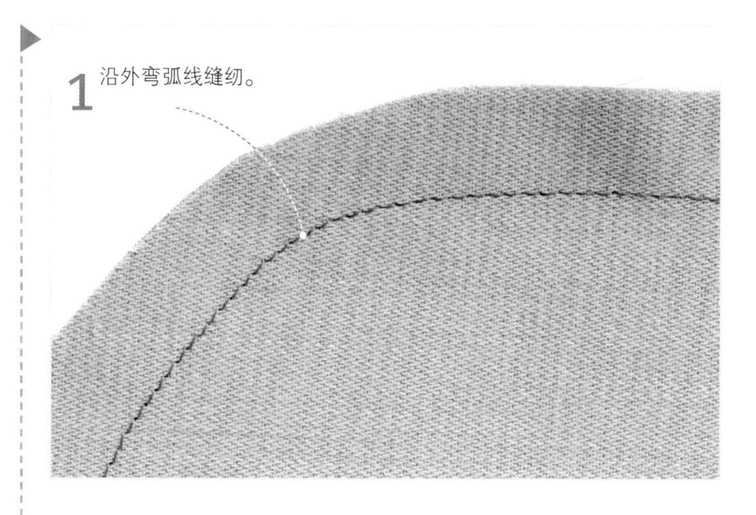

1 沿外弯弧线缝纫。

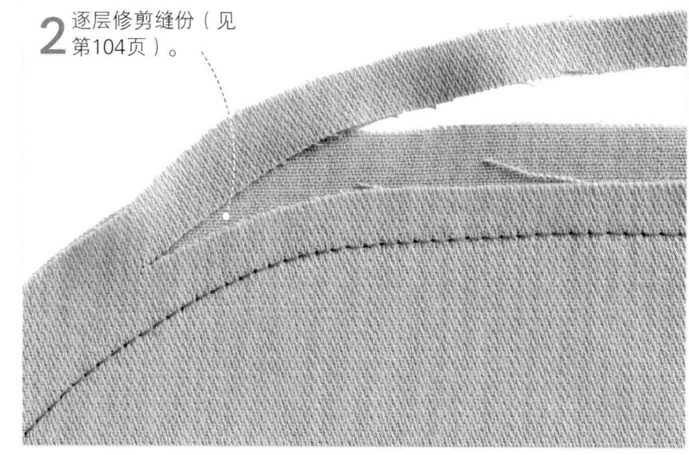

2 逐层修剪缝份（见第104页）。

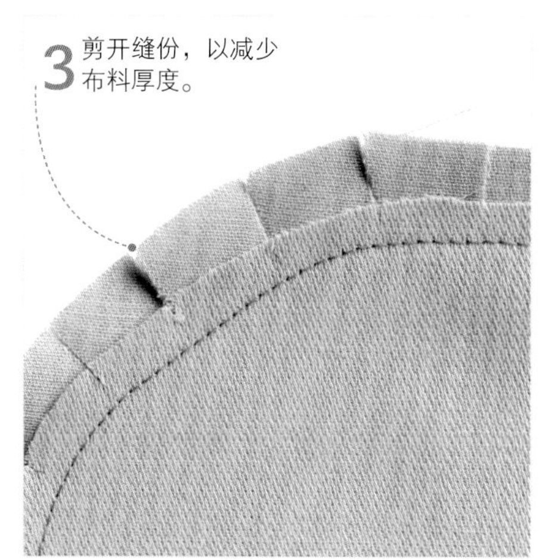

3 剪开缝份，以减少布料厚度。

4 布料翻至正面，熨烫。

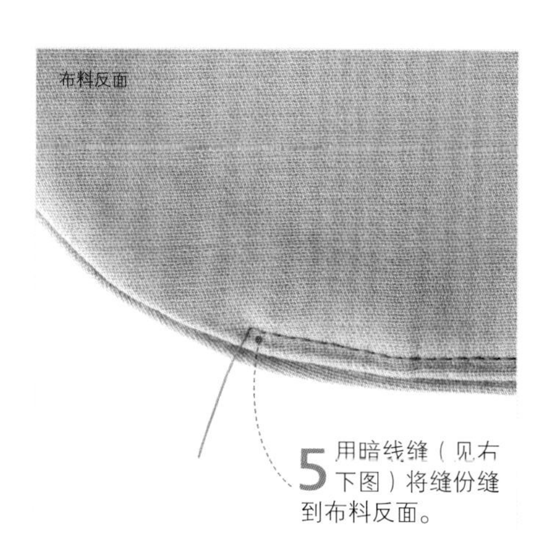

5 用暗线缝（见右下图）将缝份缝到布料反面。

完成缝制

难度指数 *****

面线和暗线都是用来缝制边缘的。面线是在作品的正面能看到的线迹，暗线是在作品正面而看不到的线迹。

面线

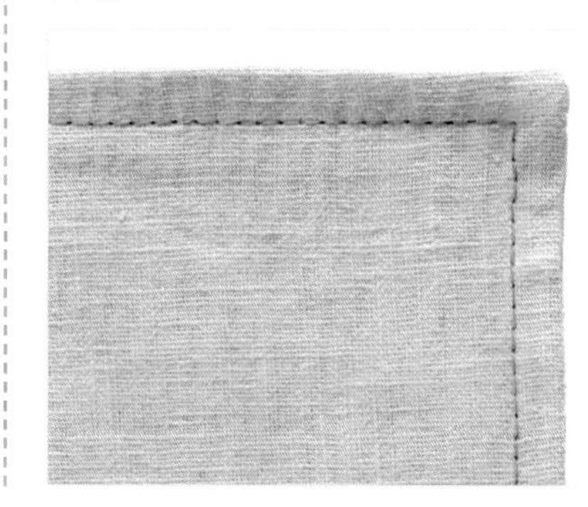

面线是一种装饰线迹，用以制作出齐整的边角效果。使用3.0或3.5的较长线迹，在作品的正面机缝，利用缝纫压脚的边缘引导缝出直线。

暗线

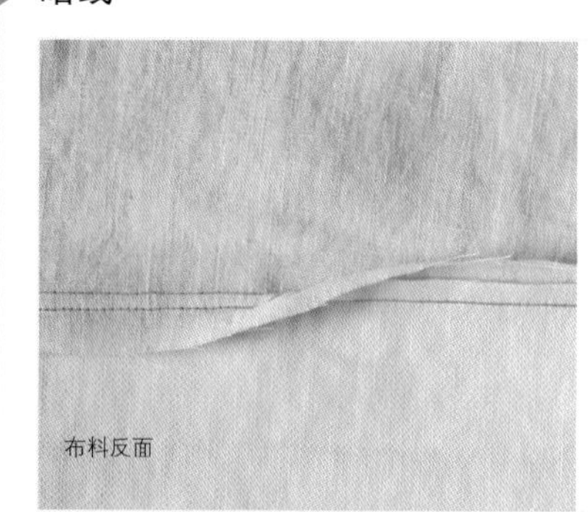

暗线缝是一种用来固定布料边缘的接缝。能够避免缝份折卷到布料正面。首先缝出接缝，然后分层修剪，翻转，正面熨烫。将接缝展开，将缝份压到分层后的缝份上。然后用机器缝合该缝份。

领口连袖窿贴边见第155页 • 安装圆袖见第195页

省道、塔克、褶裥、抽褶和褶边

平面的布料，做出省道、塔克、褶裥或抽褶效果，就被赋予了形态。可依照身体的曲线将布料进行立体裁剪，也可将这些装饰效果用于工艺品、家居饰品的制作。

省道

省道就是人们通常所说的“褶子”（编者注）。打上省道，能使衣物更贴合身体的轮廓。可通过缝制直线，或是略带弧度的线迹制作省道。缝制省道时要从省尖开始，向宽处缝纫，这样能够将缝纫机针准确地插入省尖。

各种不同的省道

普通省道

难度指数 ★★★★★

这是最常见的一种省道，一般用来为紧身衣的胸部塑型。有时还会打在裙子和裤子的腰部，让臀部更有型。

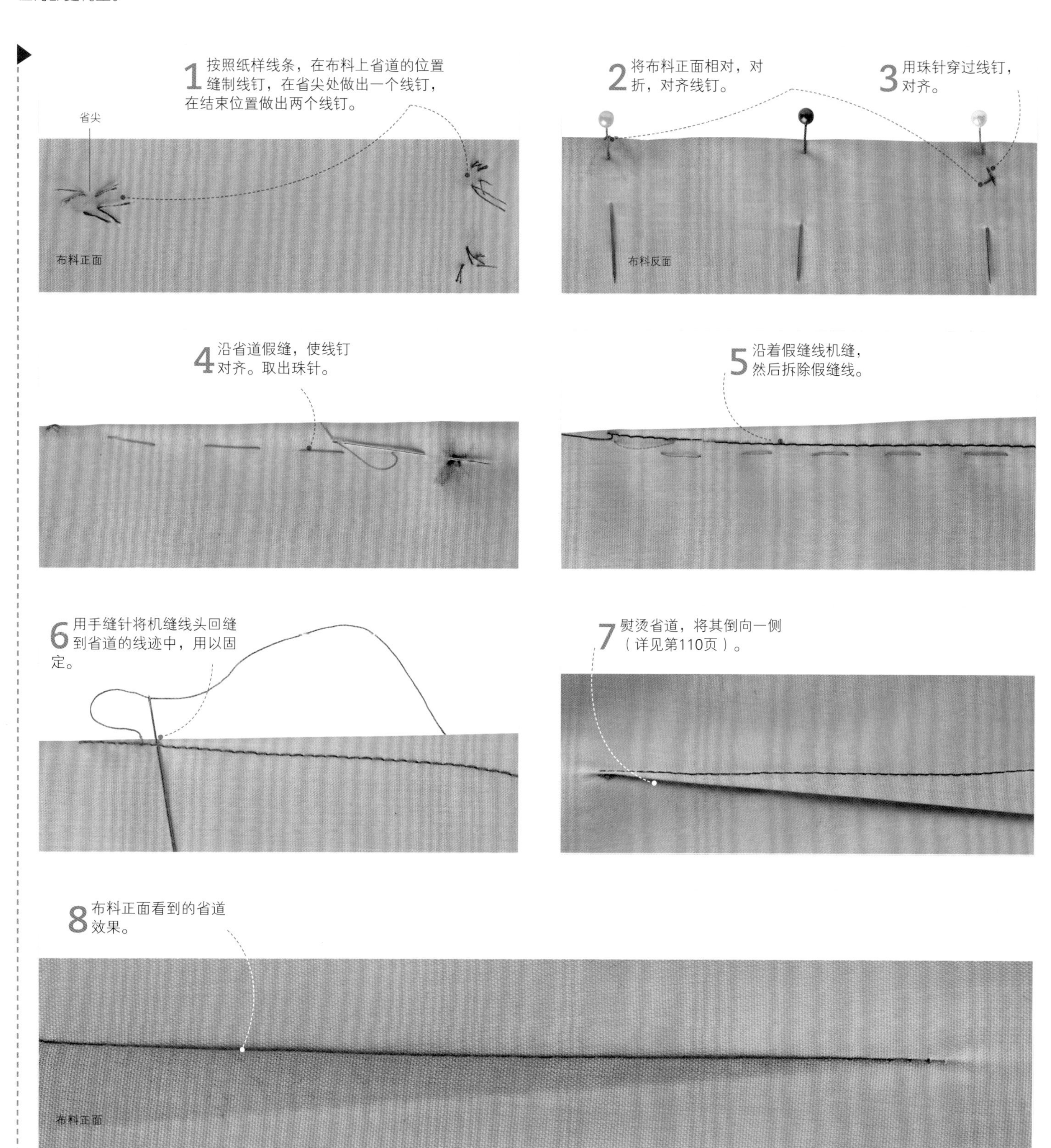

调整省道

难度指数 ★★★★★

我们的身体都有曲线，而直线形的省道不一定能贴合身体。可将省道缝制得略有凸凹，以更贴合身体轮廓，但调整尺寸不要超过3mm。

▶ 凸形省

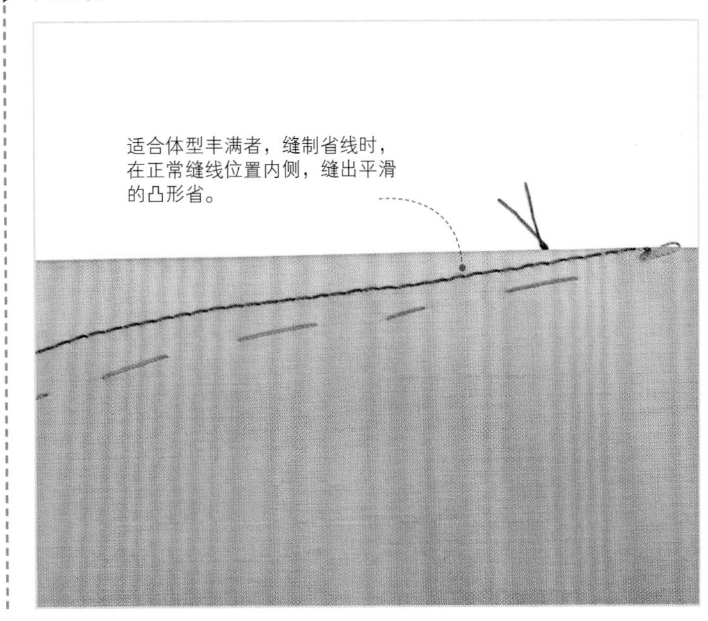

▶ 凹形省

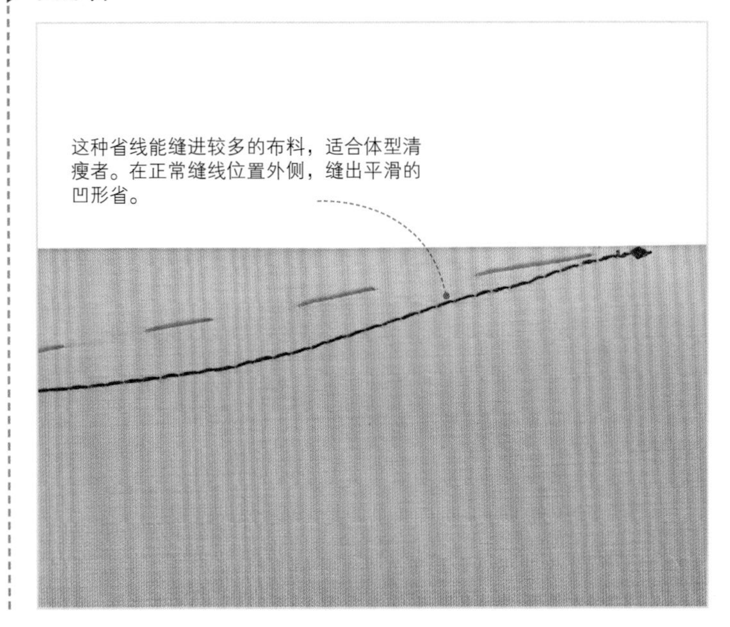

省道的熨烫

如果省道的熨烫方式不正确，衣物的整体效果会受到很大的影响。熨烫时需要使用馒头烫垫，并将蒸汽熨斗调至蒸汽模式。熨烫丝绸、缎子、雪纺绸和里布时还需使用熨烫衬布。

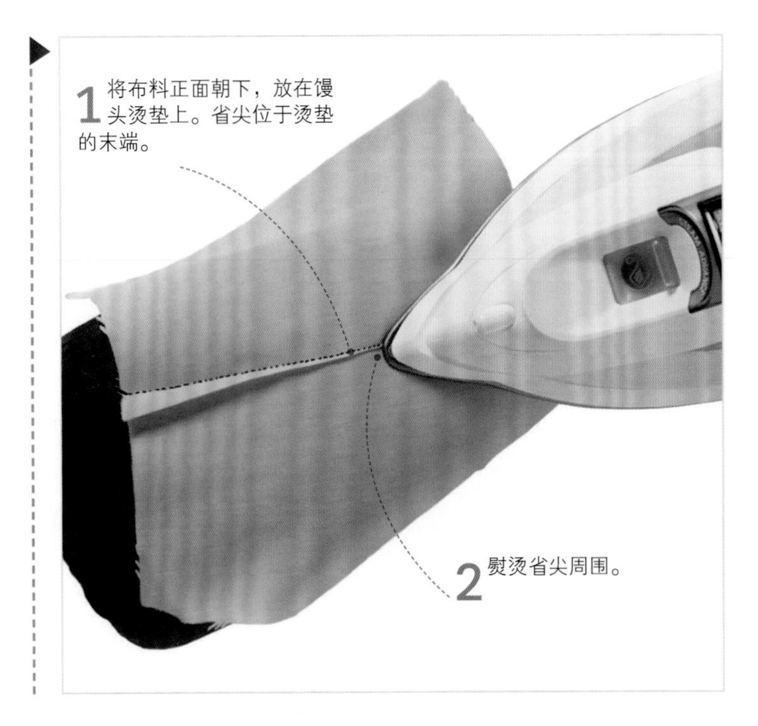

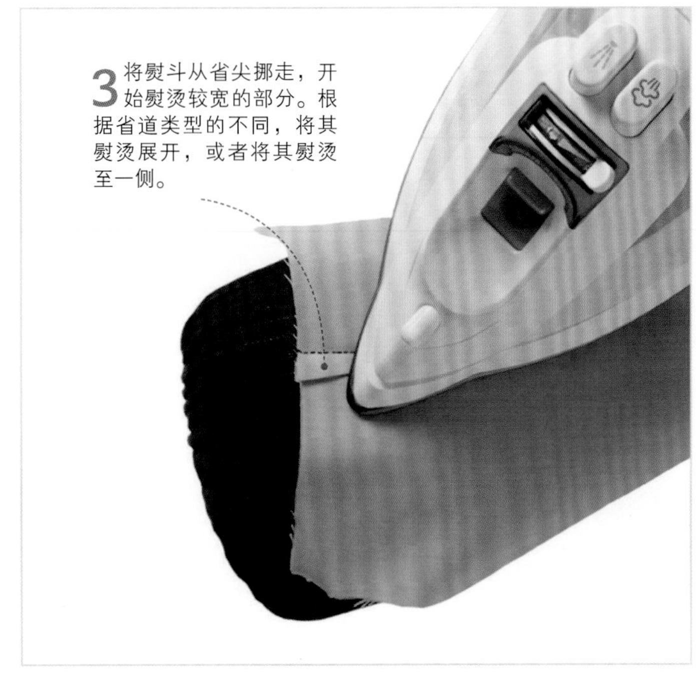

熨烫工具见第28~29页 • 修改纸样见第62~73页 • 转绘纸样见第82~83页

弧线省或两头尖省

难度指数 ★★★★★

这种省道看起来像两条省道在最宽处交会在一起。一般用来为衣物的腰部塑型，使布料从胸部到腰部再到臀部，贴合身体的曲线。

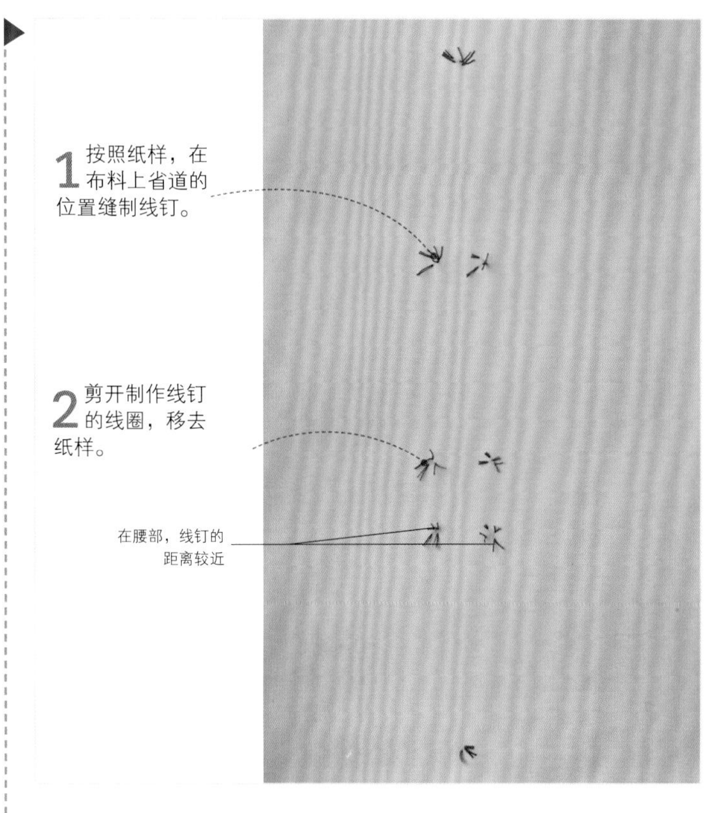

1 按照纸样，在布料上省道的位置缝制线钉。

2 剪开制作线钉的线圈，移去纸样。

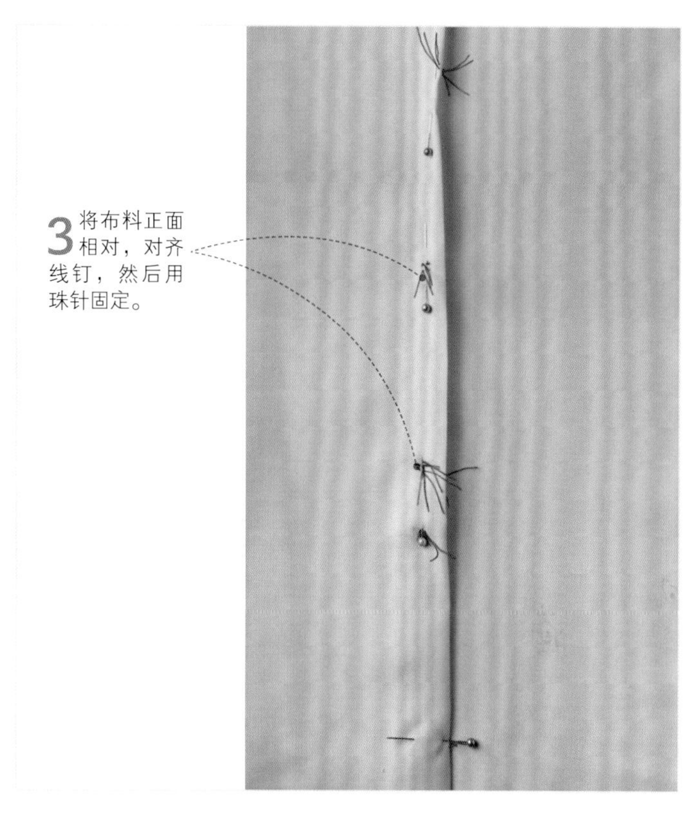

3 将布料正面相对，对齐线钉，然后用珠针固定。

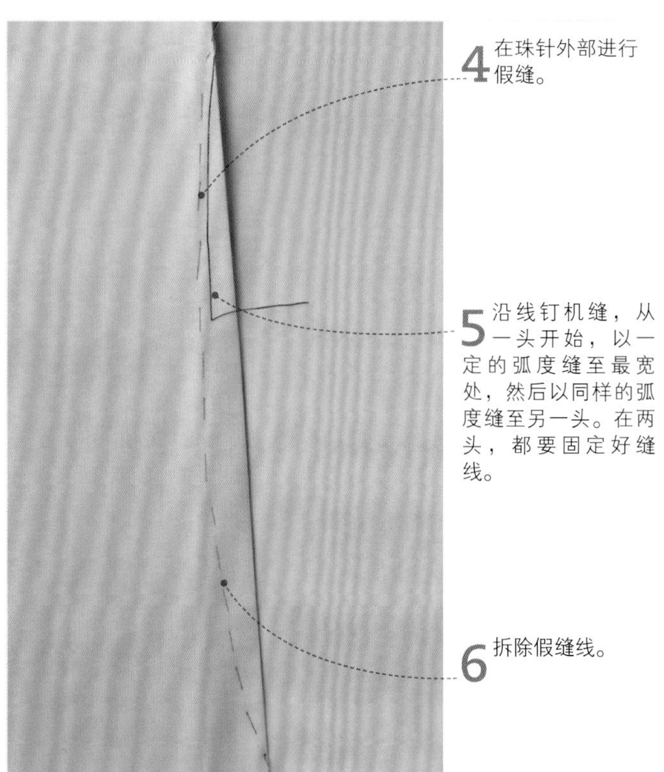

4 在珠针外部进行假缝。

5 沿线钉机缝，从一头开始，以一定的弧度缝至最宽处，然后以同样的弧度缝至另一头。在两头，都要固定好缝线。

6 拆除假缝线。

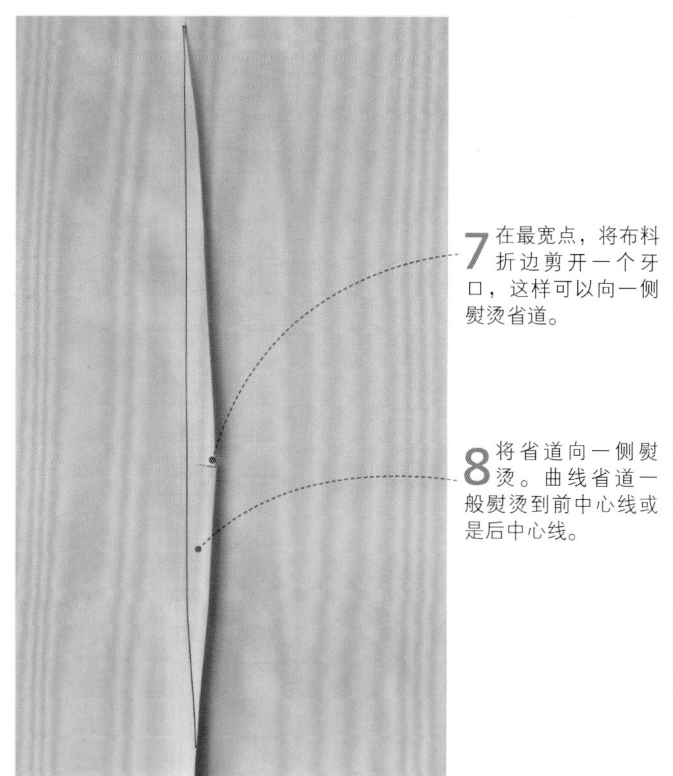

7 在最宽点，将布料折边剪开一个牙口，这样可以向一侧熨烫省道。

8 将省道向一侧熨烫。曲线省道一般熨烫到前中心线或是后中心线。

假缝线迹见第89页 • 机缝线迹见第92~93页

缝纫技法

对称省

难度指数 *****

这种省道多用于较厚的布料，如羊毛绉纱或粗花呢，也可用于熨烫后易留痕迹的布料。增加对称省可以将省道两边的布料隐藏到反面，在成品衣物上减少布料的厚度。

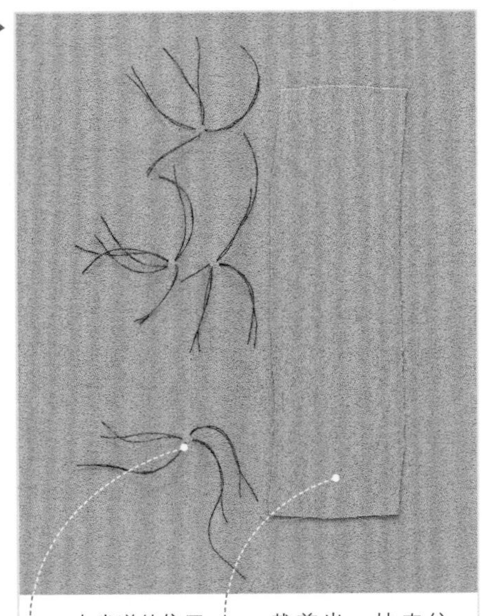

1 在省道的位置缝制线钉。

2 裁剪出一块直纹的布块，比省道长4cm，比省道最宽处宽一倍。

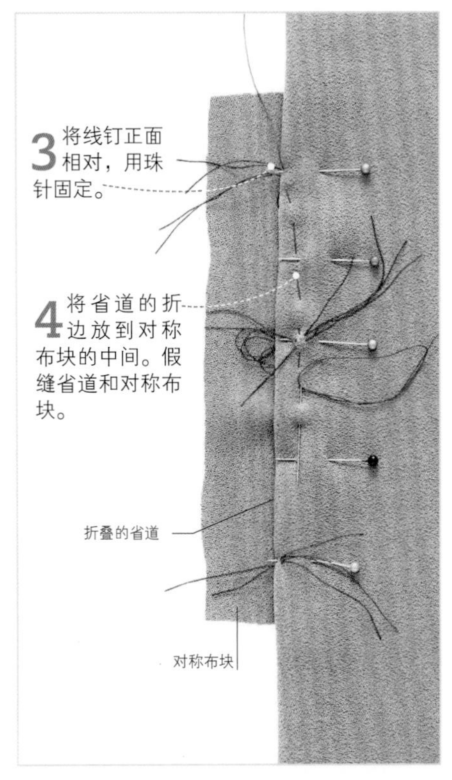

3 将线钉正面相对，用珠针固定。

4 将省道的折边放到对称布块的中间。假缝省道和对称布块。

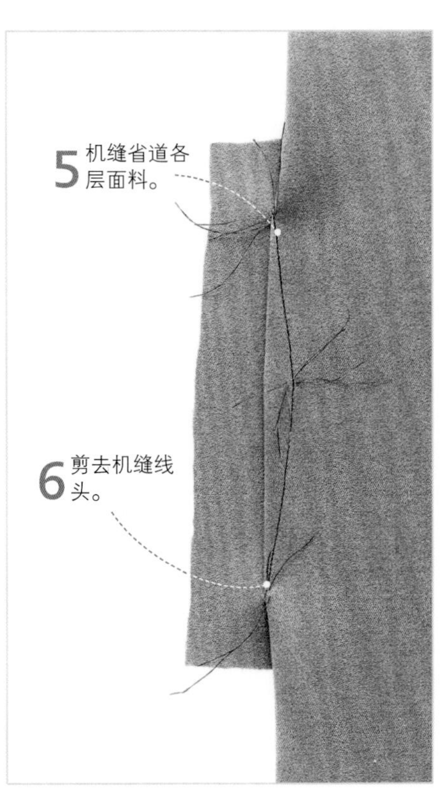

5 机缝省道各层面料。

6 剪去机缝线头。

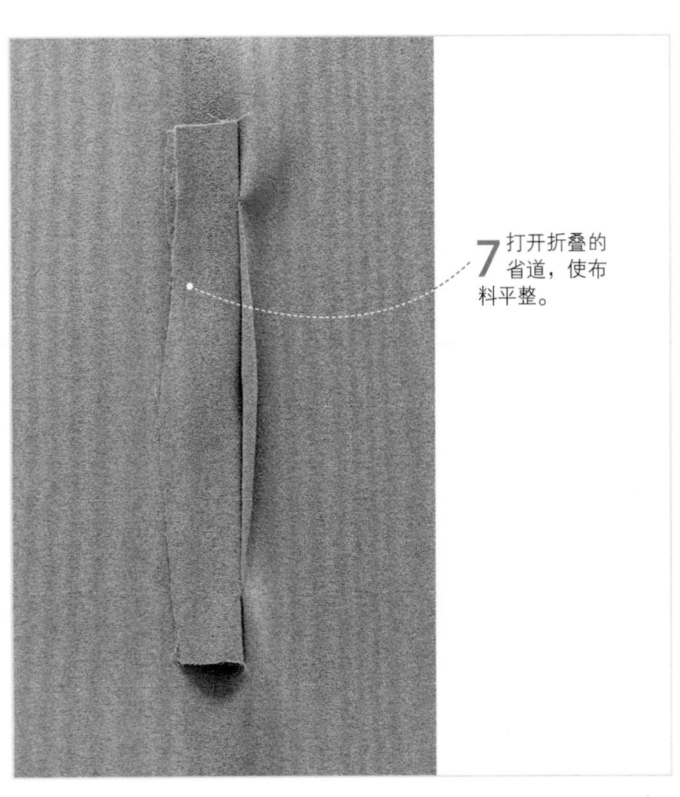

7 打开折叠的省道，使布料平整。

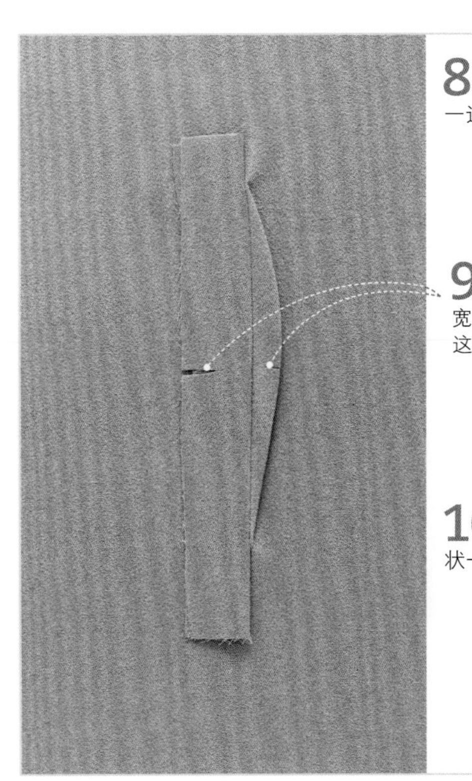

8 将省道熨烫到一边，将对称布块熨烫到另一边。

9 如果布料过紧，将省道和对称布块中间最宽部分剪出一个小口，这就可以避免布料过紧。

10 将对称布块修剪成长方形，和省道形状一致。

熨烫工具见第28~29页 • 修改纸样见第62~73页 • 转绘纸样见第82~83页

法式省

难度指数 ★★★★★

法式省只用于衣物的前片。它是一种弧线省，从腰部的侧接缝一直到胸高点。这是一种长的造型省道，制作前需要先将布料剪开长缝，这样布料才能贴合，熨烫后也会平整。

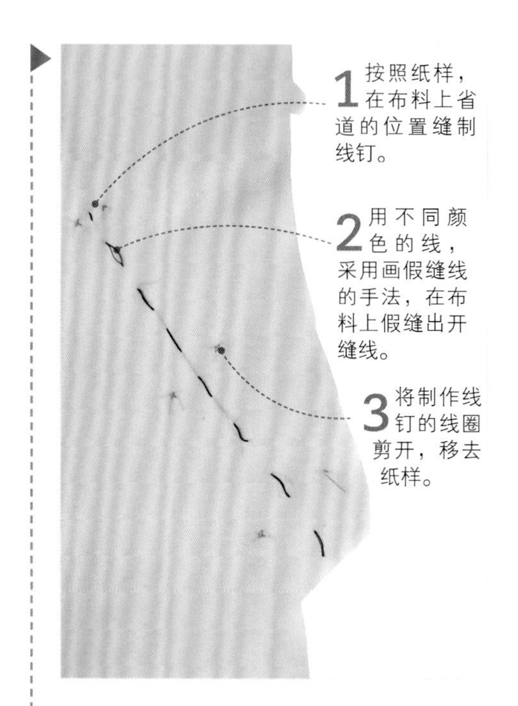

1 按照纸样，在布料上省道的位置缝制线钉。

2 用不同颜色的线，采用画假缝线的手法，在布料上假缝出开缝线。

3 将制作线钉的线圈剪开，移去纸样。

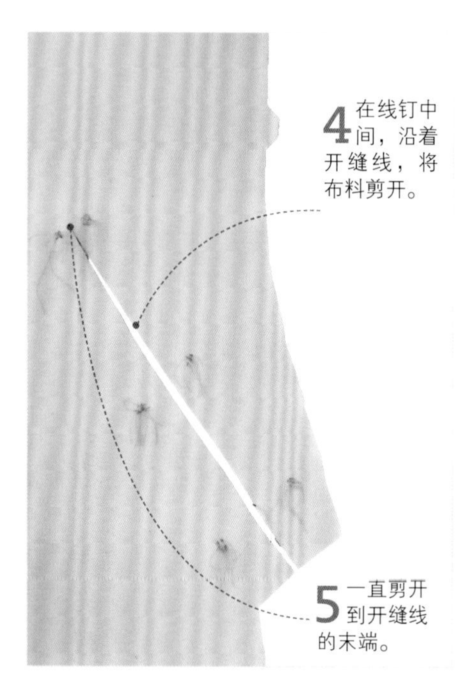

4 在线钉中间，沿着开缝线，将布料剪开。

5 一直剪开到开缝线的末端。

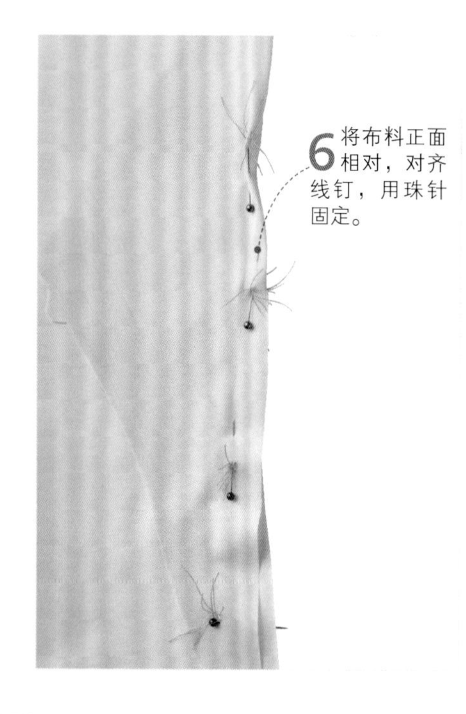

6 将布料正面相对，对齐线钉，用珠针固定。

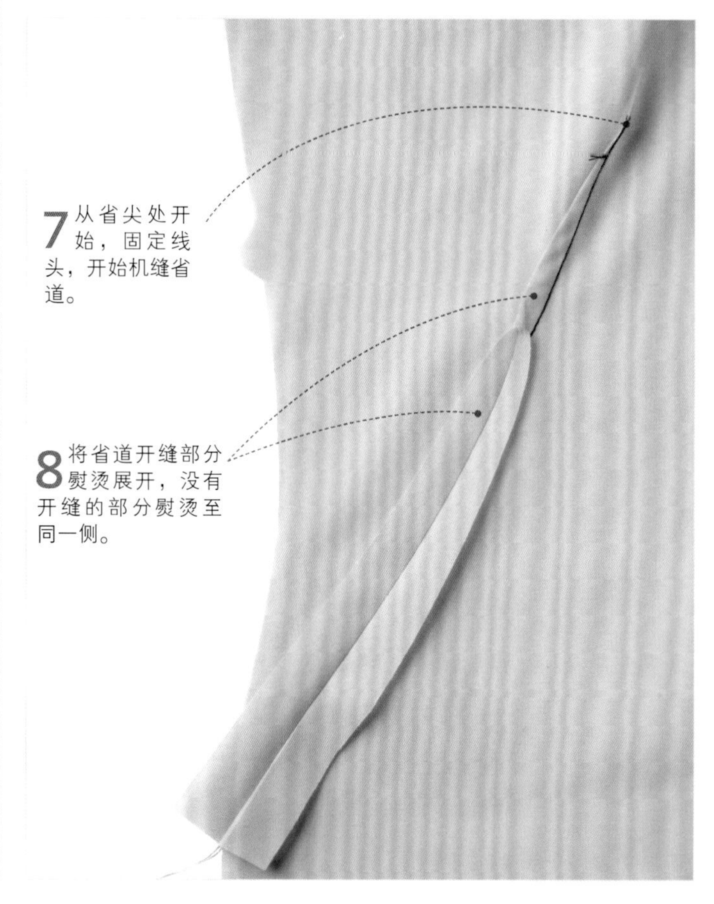

7 从省尖处开始，固定线头，开始机缝省道。

8 将省道开缝部分熨烫展开，没有开缝的部分熨烫至同一侧。

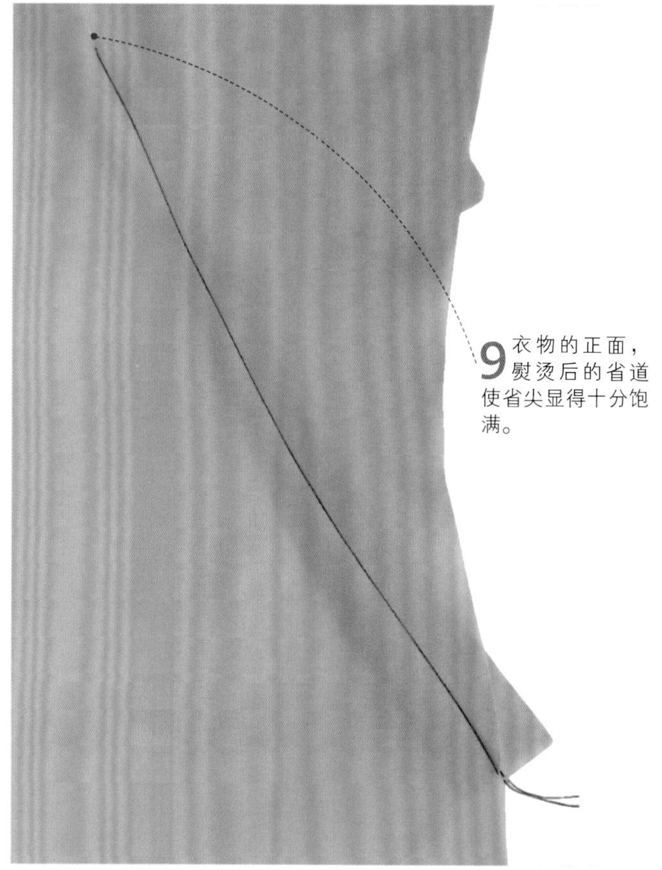

9 衣物的正面，熨烫后的省道使省尖显得十分饱满。

假缝线迹见第89页 • 机缝线迹见第92~93页

塔克

塔克（也称装饰褶）是对衣物的一种装饰，可以非常突出和夸张，也可以非常细腻和精致。在布料的正面，一般顺着布料纹理，将间隔一致的褶裥缝合起来，就能制成塔克。塔克的褶会多用一些布料，所以最好在裁剪前先行制作塔克。

各种不同的塔克

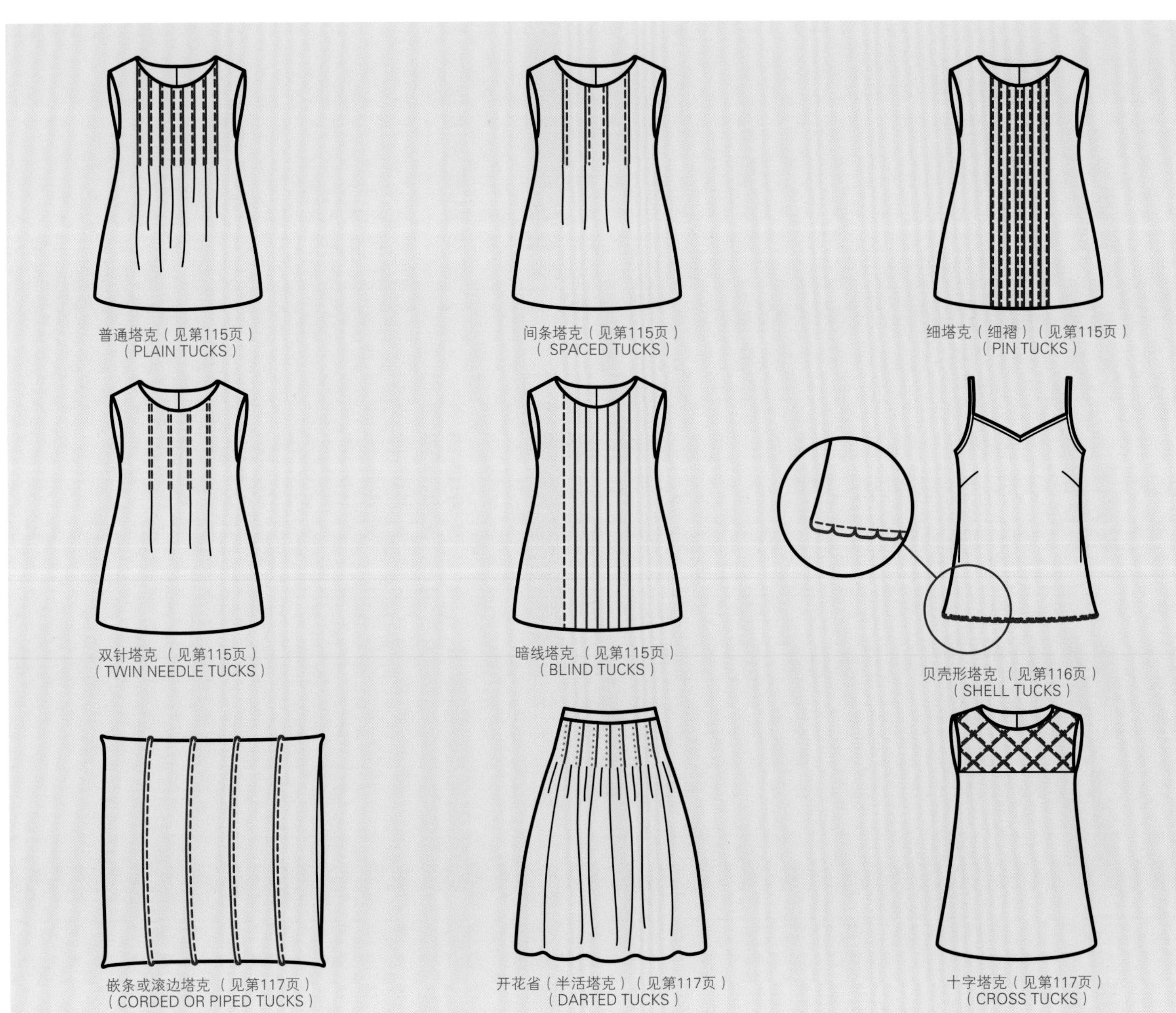

普通塔克

难度指数 ★★★★★

在布料上标绘并制作出间隔相等的褶裥，然后紧贴折边进行机缝，就能制作出普通塔克。

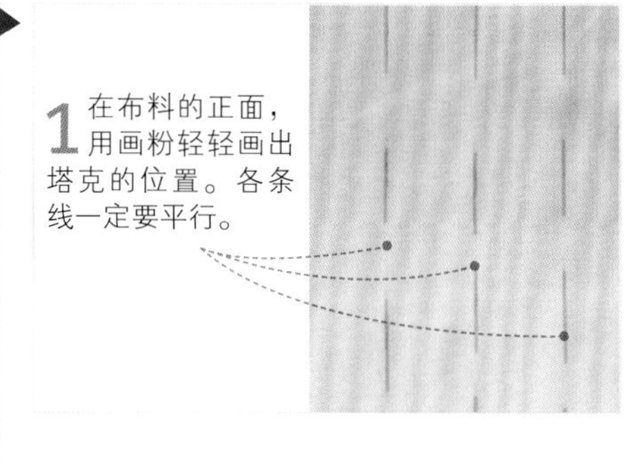

1 在布料的正面，用画粉轻轻画出塔克的位置。各条线一定要平行。

2 沿着画粉线折叠布料，保持折痕平直，熨烫定型。

3 紧贴折叠线机缝，使用压脚边缘作为引导，或者按照纸型标注机缝。

4 沿着另一条折叠线机缝直至完成所有折叠线。

5 向同一个方向熨烫塔克。

其他简单的塔克

难度指数 ★★★★★

制作以下塔克时，也需在布料上标绘，并打出褶子。机缝的位置不同，塔克的种类也不同。

间条塔克

和普通塔克相似，但间隔的距离较大。顺着折叠线，熨烫塔克，用珠针固定。距离折叠线1cm处进行机缝。将所有塔克熨烫向同一个方向。

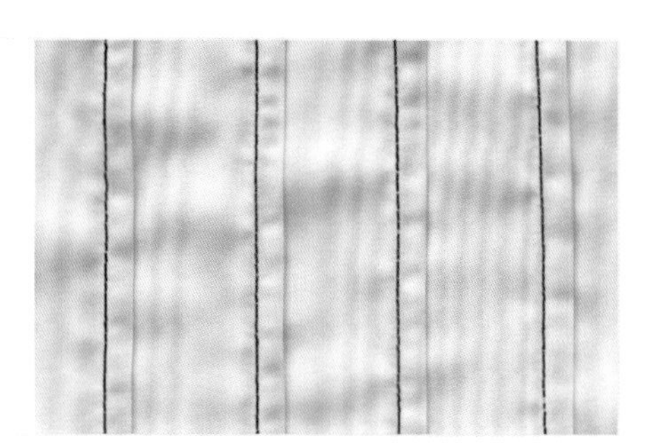

细塔克（细褶）

这种塔克的间隔均匀、窄小，机缝时需移动机针使其非常靠近折叠线。使用缝纫机的细褶压脚。

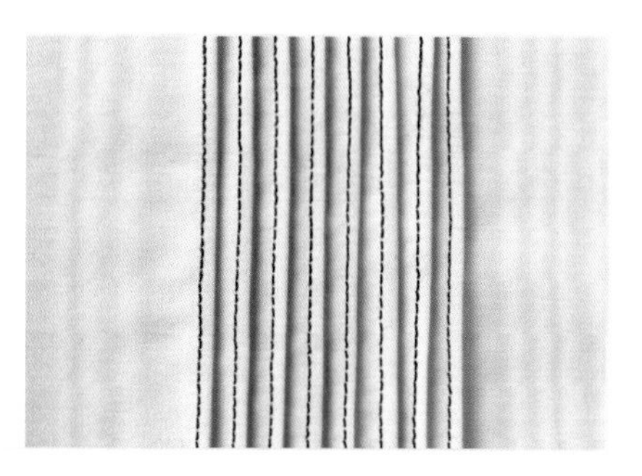

双针塔克

间隔相等的塔克，机缝时需使用缝纫机的双针。双针能制作出浅褶，当有多行塔克时，效果相当不错。

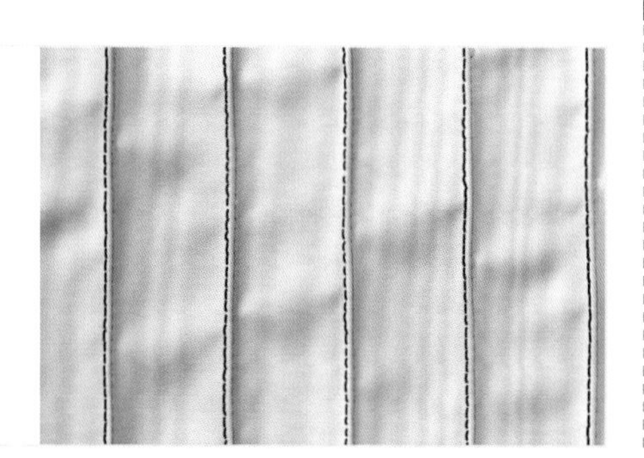

暗线塔克

这是一种较宽的塔克，完成后看不到机缝线——后一条塔克的折边，覆盖前一条塔克的机缝线。

机缝线迹见第92~93页

缝纫技法

贝壳形塔克

难度指数 ★★★★★

贝壳形塔克装饰性强，使用缝纫机制作非常简单。在厚重和精细布料上，一般使用手工缝制贝壳形塔克。

机缝贝壳形塔克

1 在布料上画出折叠线，折叠、熨烫。

2 假缝固定塔克。

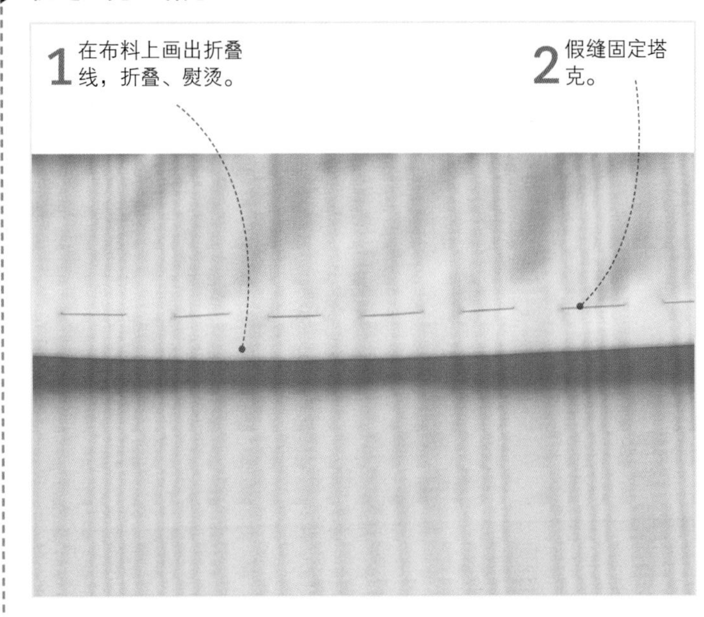

3 使用缝纫机的刺绣压脚，并选用贝壳卷边线迹。

4 保持机器压脚的内开口处靠近塔克，机缝。

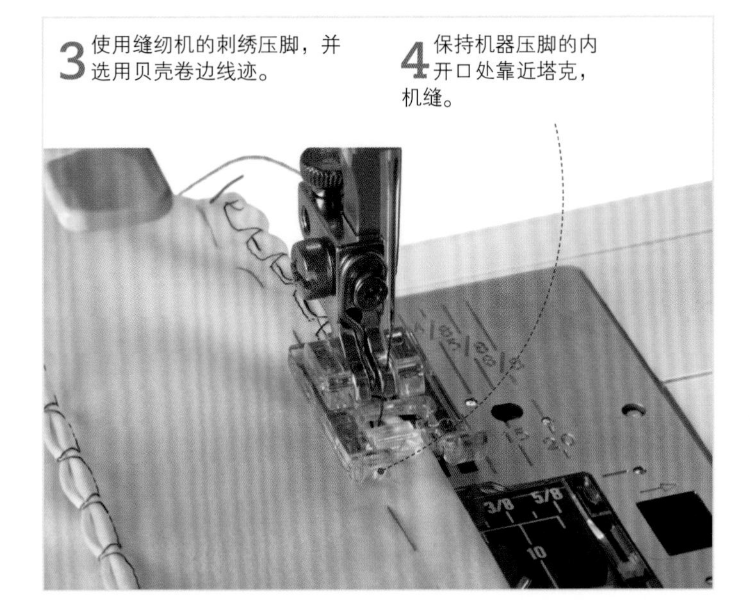

5 完成后，机缝线迹间隔均匀。

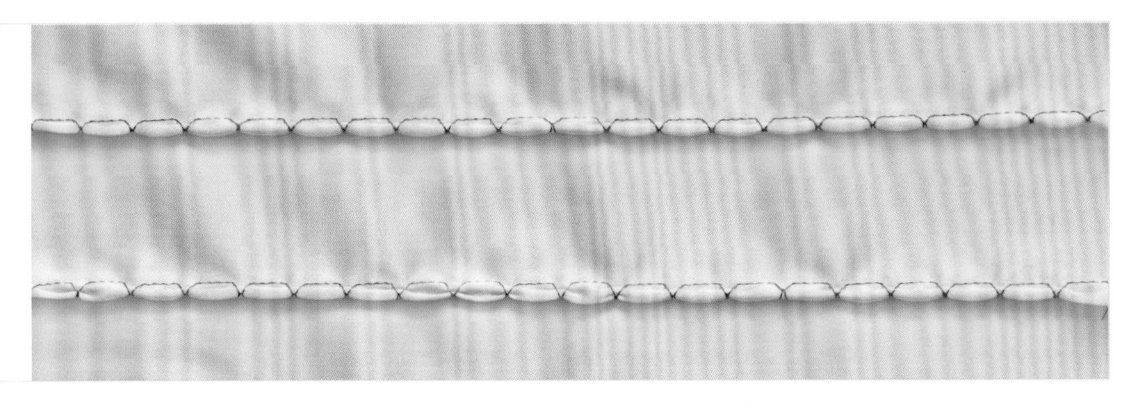

手工缝制贝壳形塔克

1 假缝固定塔克。

2 使用双线，缝制两三行平针线迹。

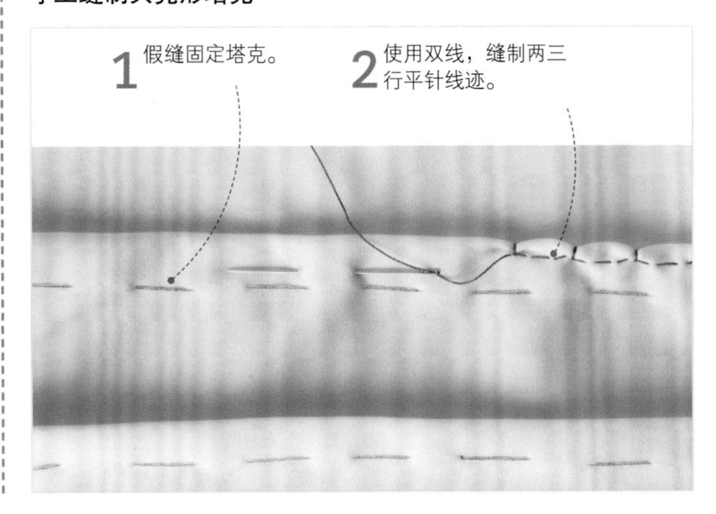

3 每间隔1.25cm，进行一次立针缝，制作出贝壳形的效果。

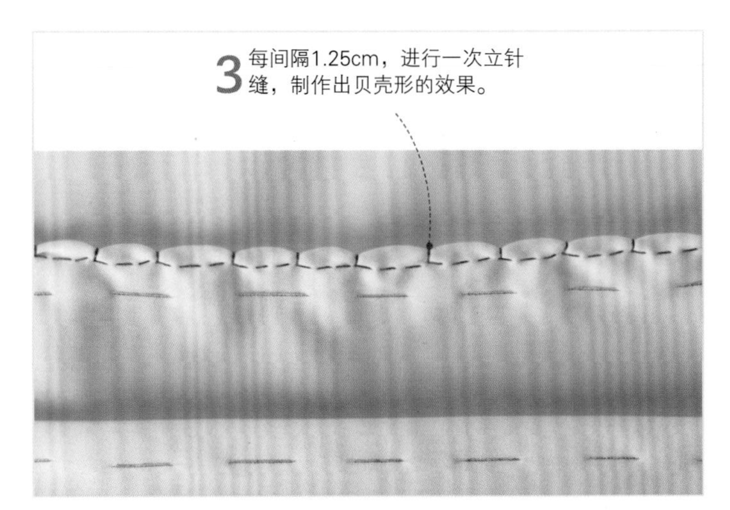

标绘工具见第19页 ● 缝纫机配件见第32~33页 ● 转绘纸样见第82~83页

嵌条或滚边塔克

难度指数 *****

这是一种特别的塔克，会在布料上形成凸起。多用于软装饰。

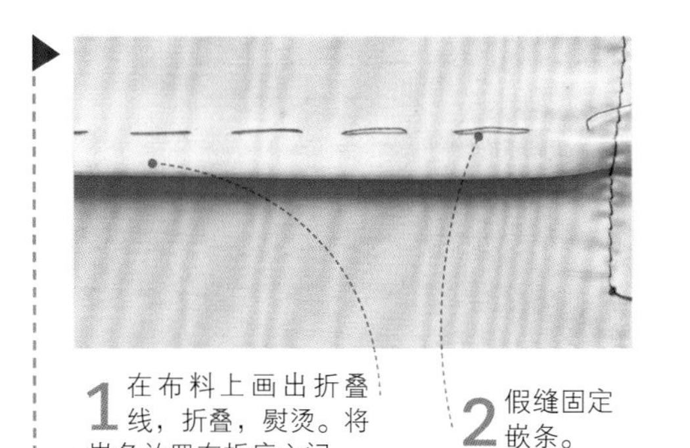

1 在布料上画出折叠线，折叠，熨烫。将嵌条放置在折痕之间。

2 假缝固定嵌条。

3 使用缝纫机的拉链压脚，紧贴嵌条机缝。

4 完成后，嵌条塔克间隔均匀。

开花省（半活塔克）

难度指数 *****

在中间停止的塔克，叫作开花省。一般用来显示胸部或臀部的丰满。固定开花省，按一定的角度缝制，释放的布料较少；而平头开花省则需沿着布纹进行直线缝制。

固定开花省

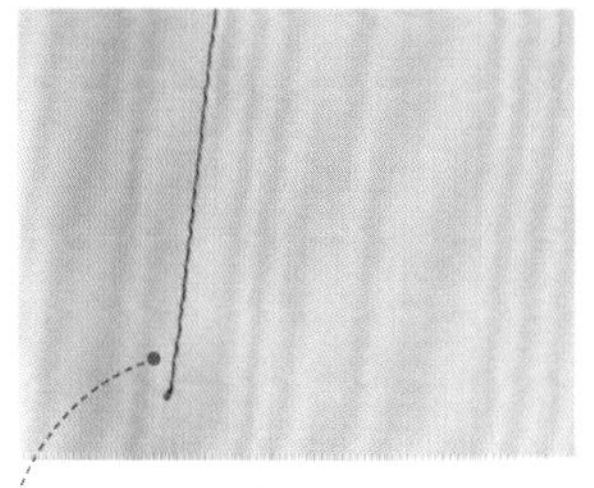

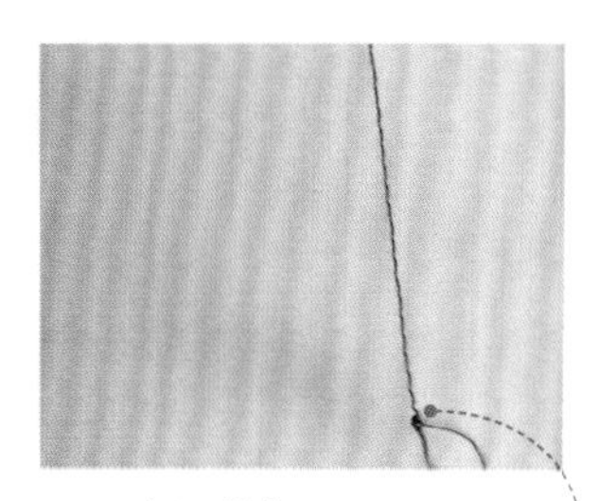

1 将纸样转绘到布料上。

2 将布料正面相对，折叠。在布料反面，和折边成一定的角度进行缝制。

3 在纸样标示的位置停下来。

4 固定机缝线。

平头开花省

1 和固定开花省（左侧）制作方法相同，只是缝制时，线迹和折边平行。

2 在纸样要求的位置停下来。

3 开花省的正面效果。

十字塔克

难度指数 *****

通过向不同的方向缝纫，使褶子垂直交叉，叫作十字塔克。

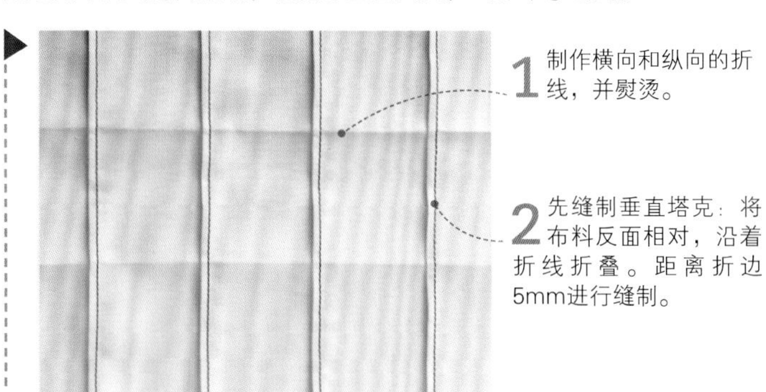

1 制作横向和纵向的折线，并熨烫。

2 先缝制垂直塔克：将布料反面相对，沿着折线折叠。距离折边5mm进行缝制。

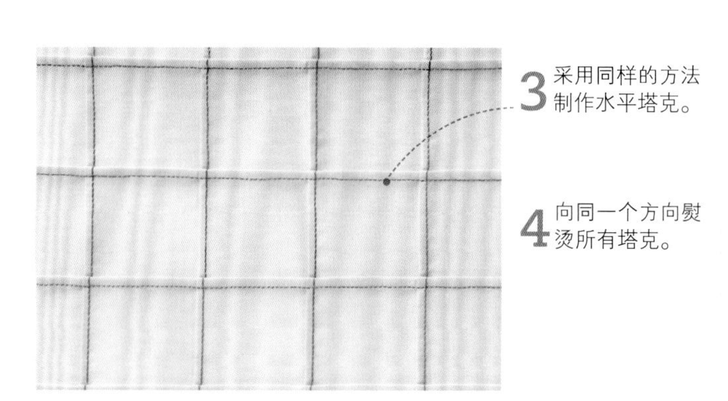

3 采用同样的方法制作水平塔克。

4 向同一个方向熨烫所有塔克。

褶裥

对布料进行一次或多次折叠可形成褶裥。褶裥在裙子上最常见：腰部和臀部的褶裥使得衣物合身；下摆处挺括的熨烫褶裥，使得裙摆飘逸。褶裥的制作需要非常精确，否则会不整齐，并导致衣物不合体。折叠线和贴片线，或者折叠线和折痕线都要从纸样转绘到布料上。利用这些线和它们之间的空隙，我们可以制作出褶裥。

各种不同的褶裥

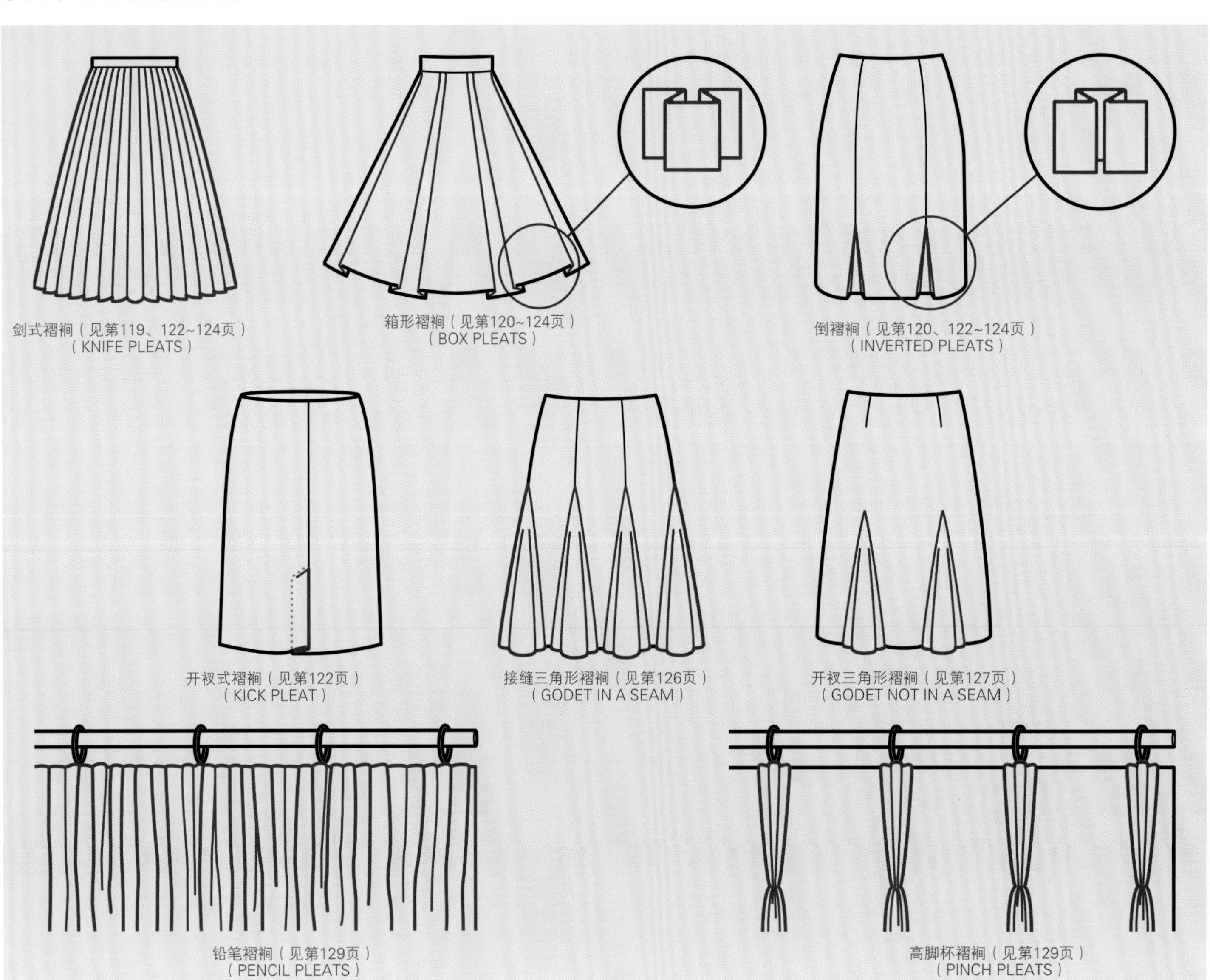

正面褶裥

难度指数 ★★★★★

剑式褶裥一般在布料的正面制作。有时全部褶裥都朝同一个方向，有时方向相对的衣片的褶裥方向也是相对的。剑式褶裥有折叠线和贴片线。

1 使用假缝线标出折叠线和贴片线。可使用浅蓝色的线缝制贴片线。

2 使用对比色黄色缝制折叠线。

3 将假缝线剪开，小心移去纸样。

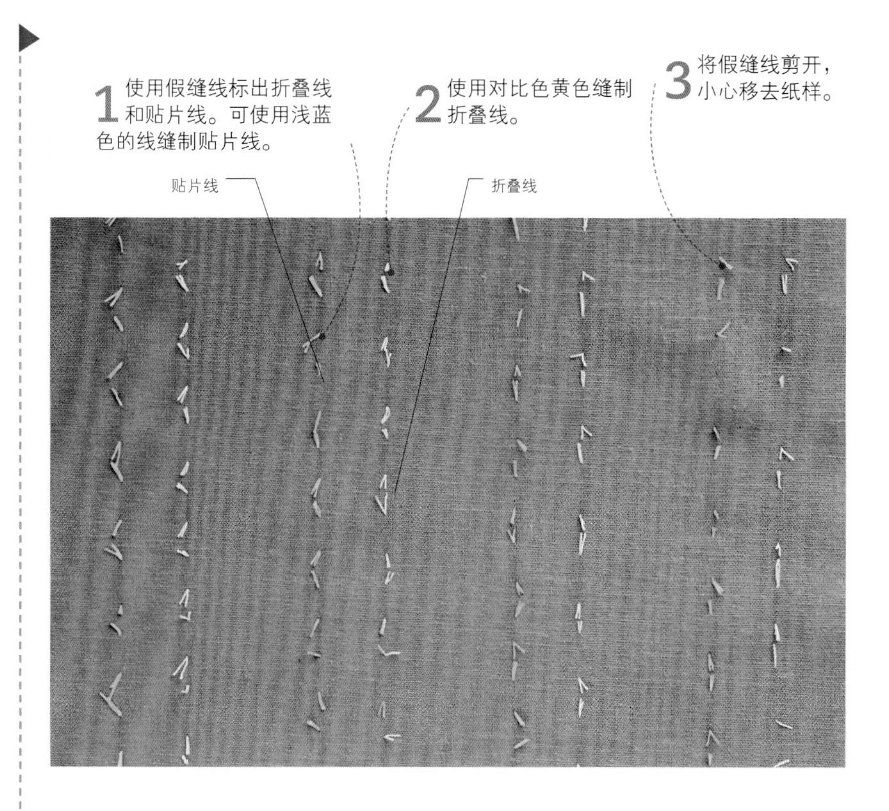

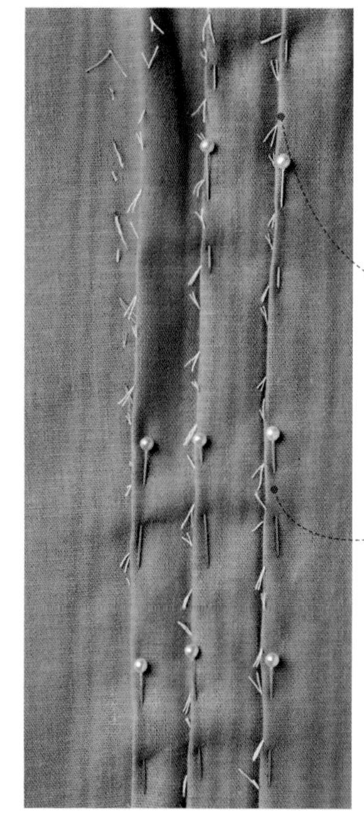

4 准确地沿折叠线折叠布料，折痕要紧贴着假缝线。

5 对齐折痕线和贴片线。用珠针固定。

6 距离折边2mm处，沿折叠线假缝各层布料。

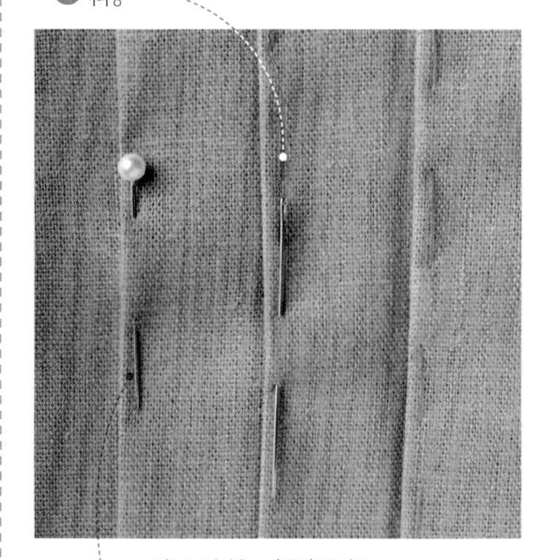

7 移去珠针，拆除这部分的假缝线。

8 将布料正面朝上放置，再覆盖上欧根纱作为熨烫衬布。

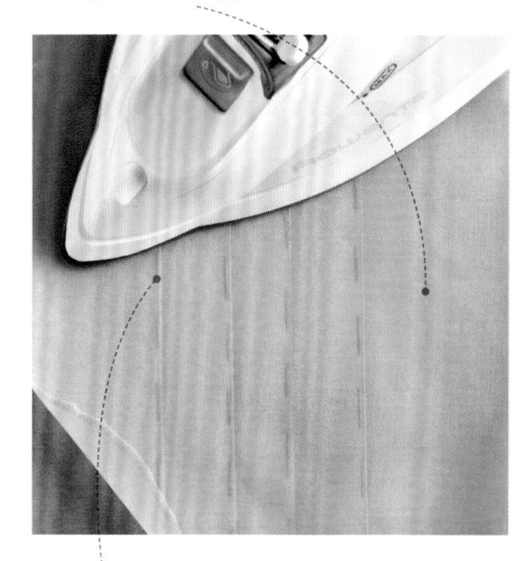

9 将蒸汽熨斗调至蒸汽模式，熨烫固定褶裥。保持熨斗静止，每次移动时喷水蒸气。重复这一操作，熨烫所有褶裥。

10 将布料翻至反面，在褶裥下塞入白纸板或是棕色纸片。

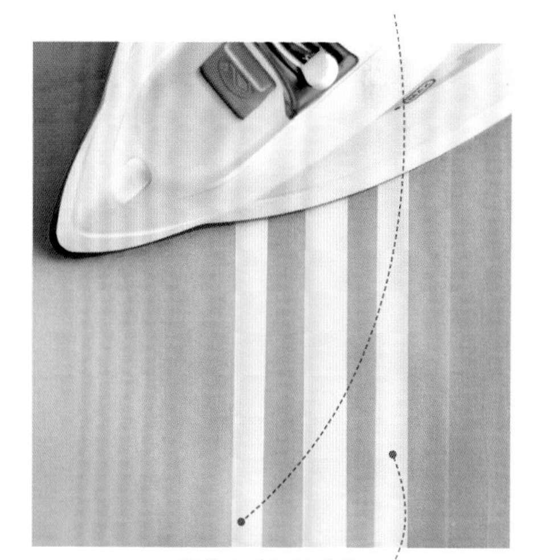

11 覆盖上欧根纱作为熨烫衬布，使用蒸汽熨斗熨烫。纸板或纸片能防止褶裥在布料的正面留下印记。

转绘纸样见第82~83页 • 假缝线迹见第89页

反面褶裥

难度指数 *****

有些褶裥，如箱形褶裥（见下图）和倒褶裥等都是做在布料的反面的。因为是在布料的反面打褶，可以使用描线轮和复写纸标绘折痕线和折叠线。使用直尺引导描线轮，从而保持褶裥平直。

1 在布料的反面画出折痕线和折叠线，不同的线使用不同的颜色加以区分。画线要和布料长度一致。

2 同时标出止缝线。移去纸样。

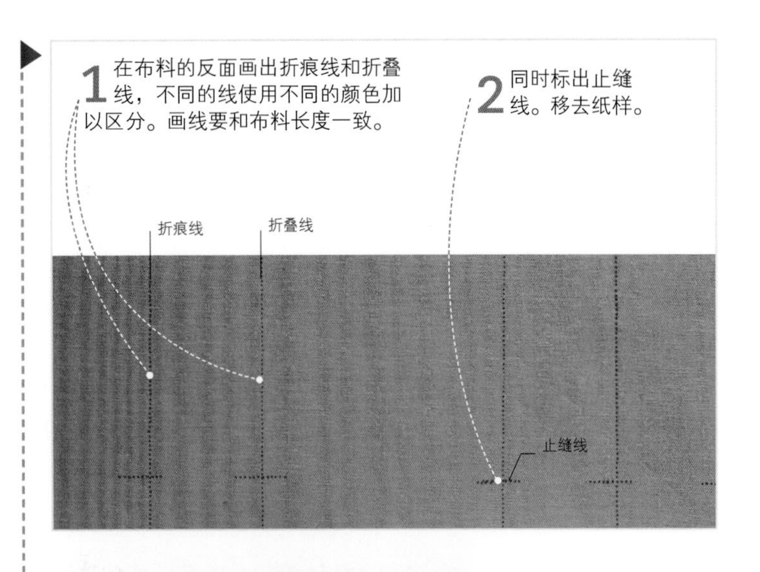

3 将折叠线两侧的折痕线对齐，用珠针固定。

4 确保折叠线和布料折边平行。

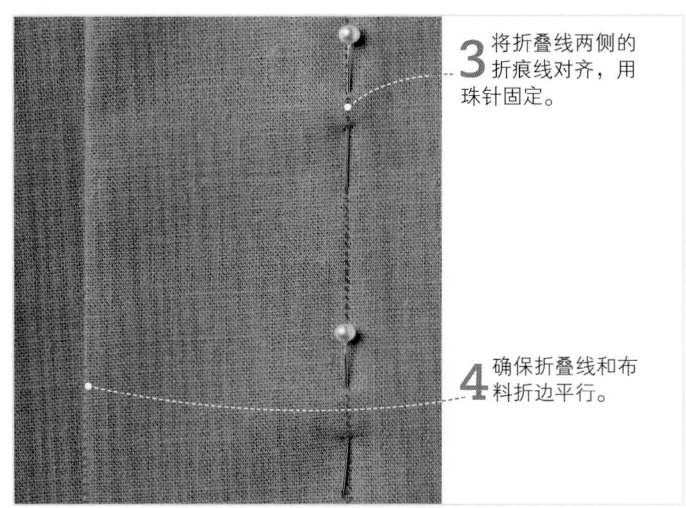

5 在珠针固定位置，沿着褶裥，将两层布料假缝在一起。

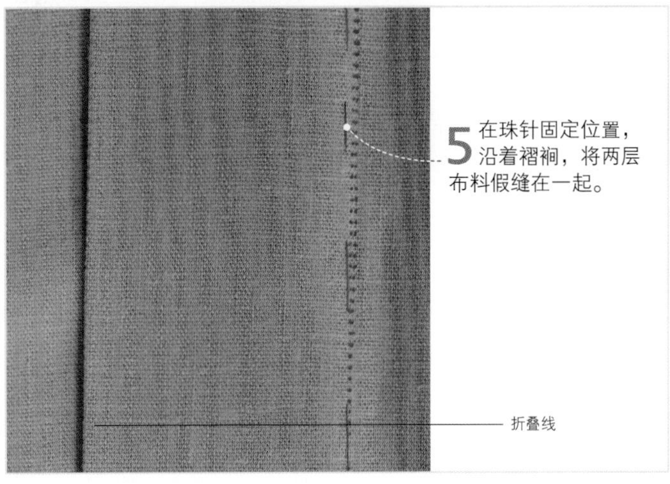

6 沿折痕线机缝。

7 在标记处停止机缝。固定机缝线。

8 将褶裥向反面压平，这样折叠线会位于机缝线迹的上方。确保折叠线到两边折痕线的距离相同。

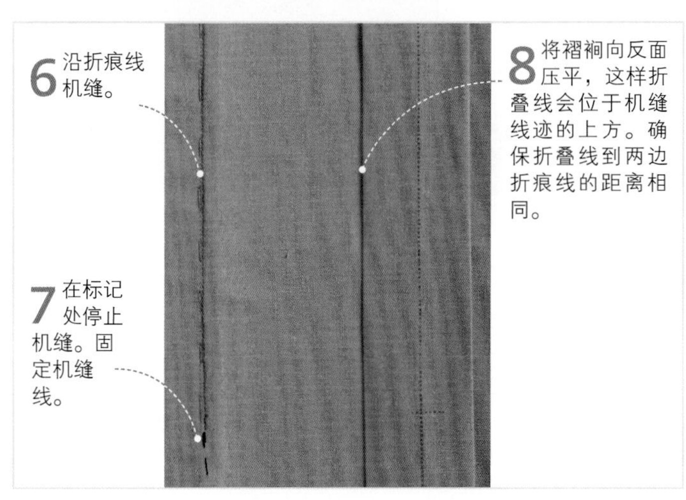

9 在布料反面覆盖上一层欧根纱，熨烫，使用蒸汽熨烫，喷出水蒸气。

10 逐个熨烫褶裥的每个部分，每次都将熨斗提起，而不要在布料上移动熨斗。

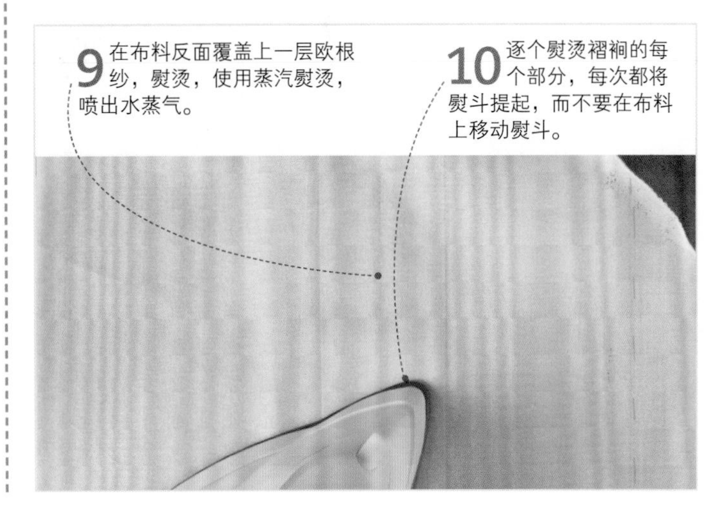

11 如果褶裥有可能在布料的正面显出印记，在反面褶裥线下塞入白纸板或者棕色纸片，然后再从反面熨烫。

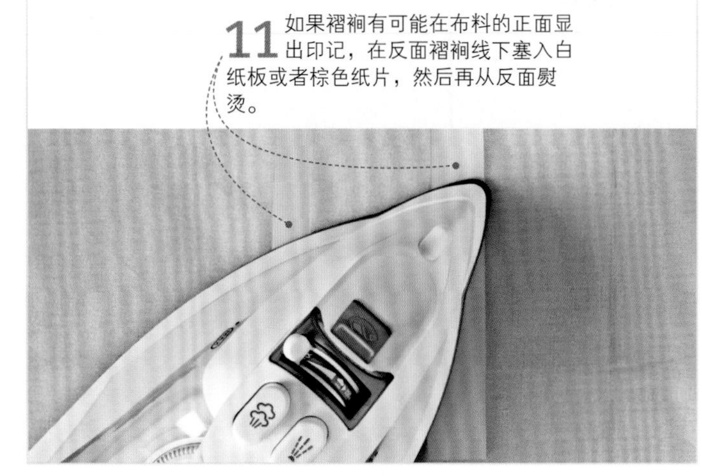

熨烫工具见第28~29页 • 转绘纸样见第82~83页；假缝线迹见第89页

独立的底衬褶裥

难度指数 ★★★★★

有些时候，可使用一块单独的布料或底衬制作箱形褶裥。一般在制作大型的、一片式箱形褶裥，或者使用厚重布料时使用这种方法，因为可以使用较少的布料。而且褶裥宽度较大，因此缝份也会比正常情况下要宽。

1 使用假缝线标绘出缝纫线。剪开假缝线，小心抽出纸样。

2 将两块布料正面相对，放在一起。对齐牙口和假缝线。

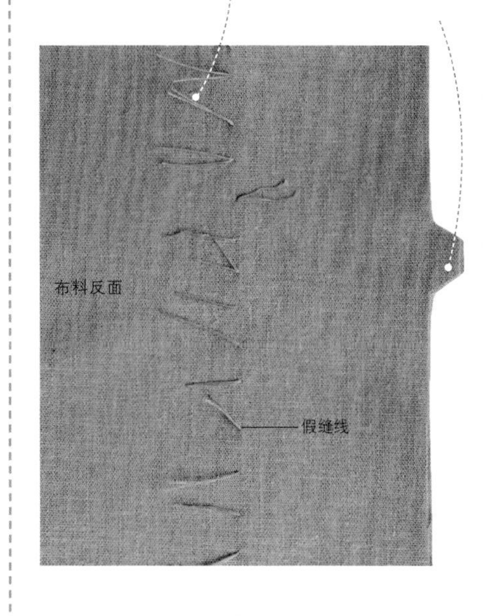

3 沿假缝线将两层布料假缝固定，一边缝合一边拆除剪断的假缝线。

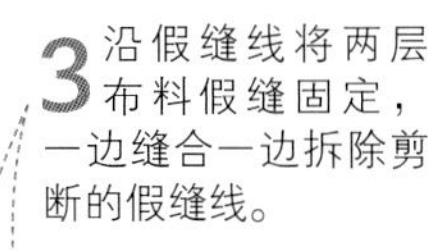

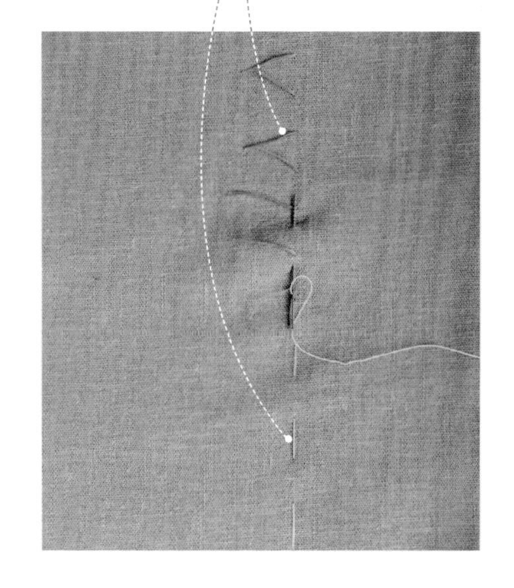

4 机缝接缝，直到停止标记处。

5 将整条缝份向两侧熨烫展开。

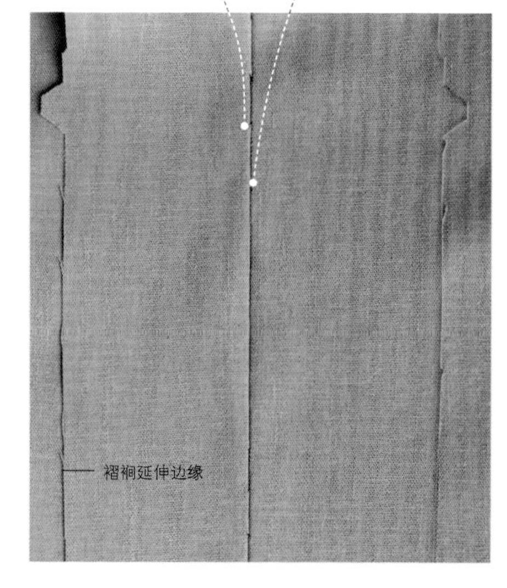

6 将底衬放在展开的接缝处，对齐牙口。底衬的反面朝上。

7 将底衬用珠针固定，珠针只能插在缝份边缘，不要插入主布料中。

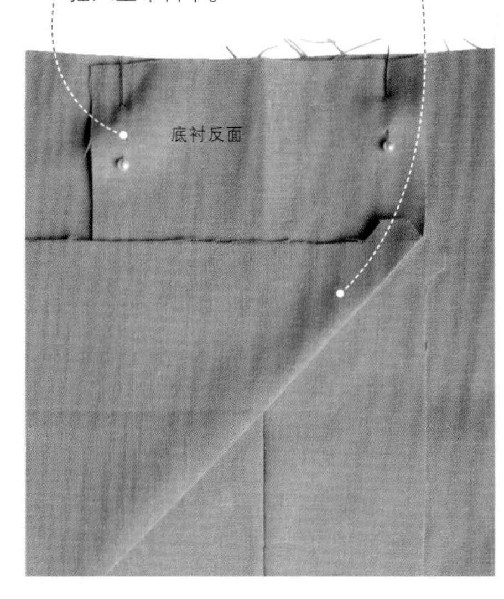

8 制作这种褶裥时，需要先折好下折边，然后打褶裥。将底衬的两边分别缝到褶裥的边缘，距离下摆毛边10cm处停止缝纫。

9 将固定褶裥的假缝线拆除。

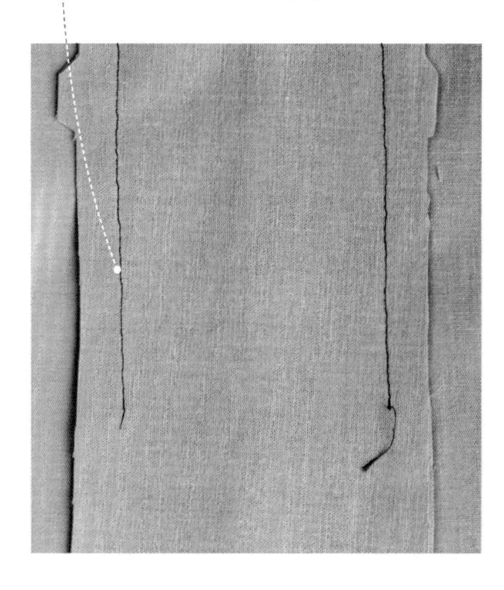

10 翻起下摆及褶裥。再单独翻起衬布，对齐。

11 从停止机缝的位置，一直到下摆处，将底衬和褶裥别在一起。确保从正面看下摆平整。

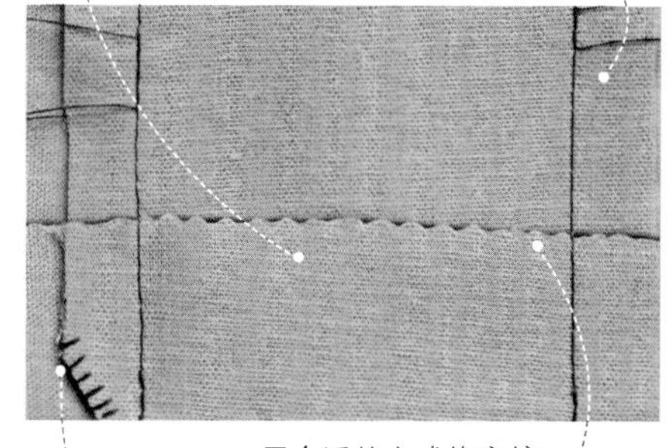

12 用合适的方式修齐接缝。

13 拆除底衬或褶裥下边缘部分，然后使用饰边缝线迹或者搭缝线迹缝合。最后进行熨烫。

手缝线迹见第90~91页 • 如何缝制平接缝见第94页 • 修整接缝见第95页

面缝和边缝褶裥

难度指数 *********

采用面缝或边缝方法缝制的褶裥，垂坠齐整、挺括。即使在坐下时，裙子的褶裥看起来也不会凌乱。

▶ 面缝剑式褶裥

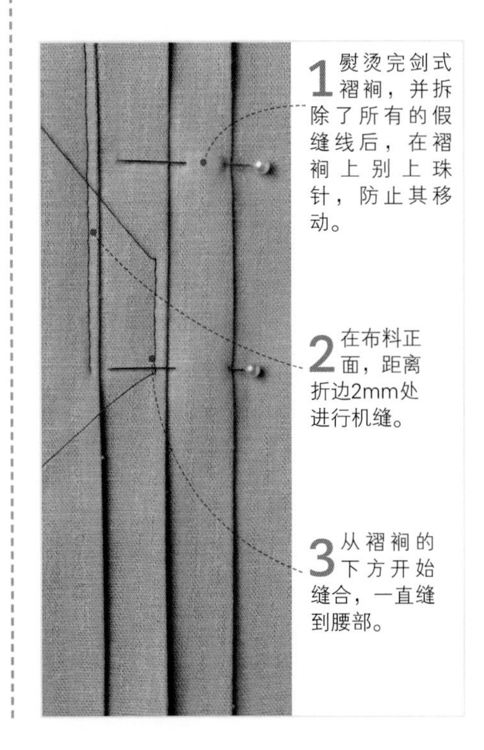

▶ 面缝平头箱形褶裥

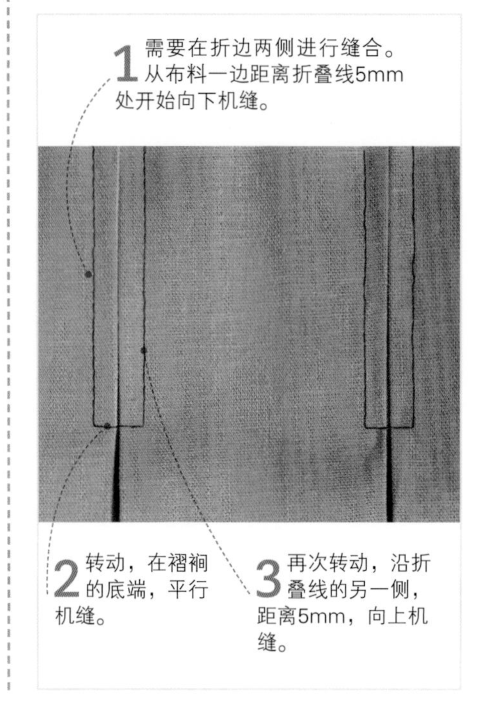

▶ 平缝尖头箱形褶裥

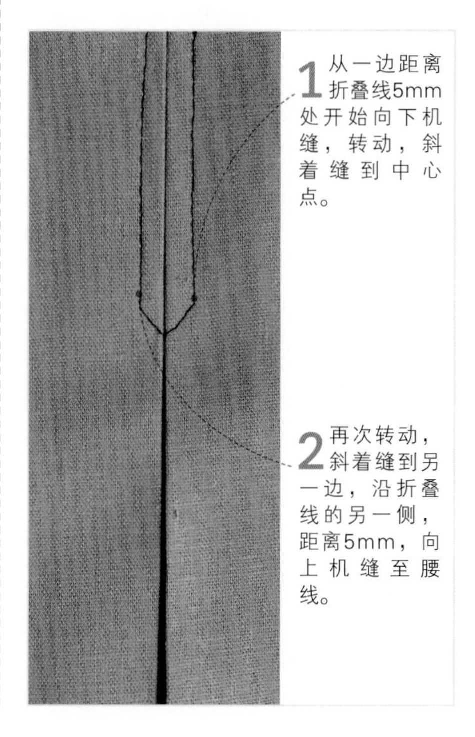

▶ 边缝剑式褶裥

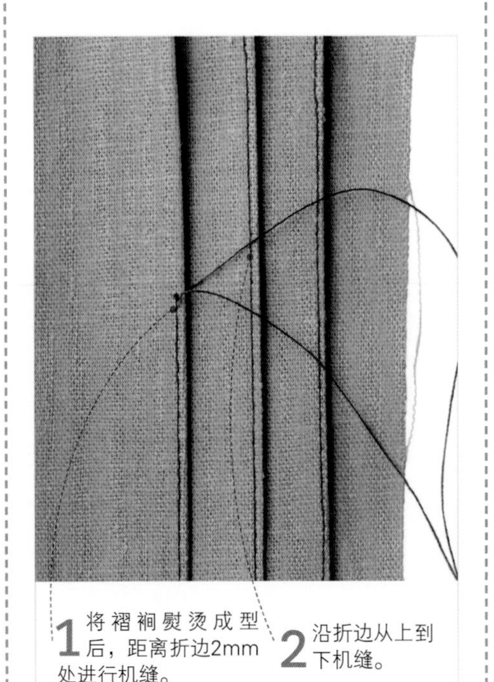

▶ 边缝和面缝褶裥

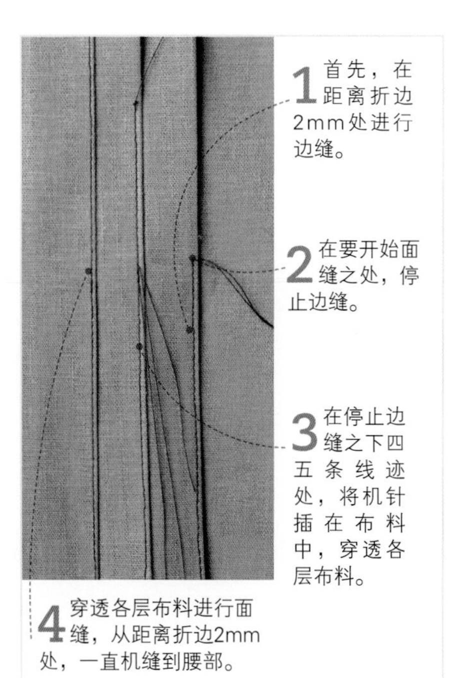

▶ 面缝开衩式褶裥或倒褶裥

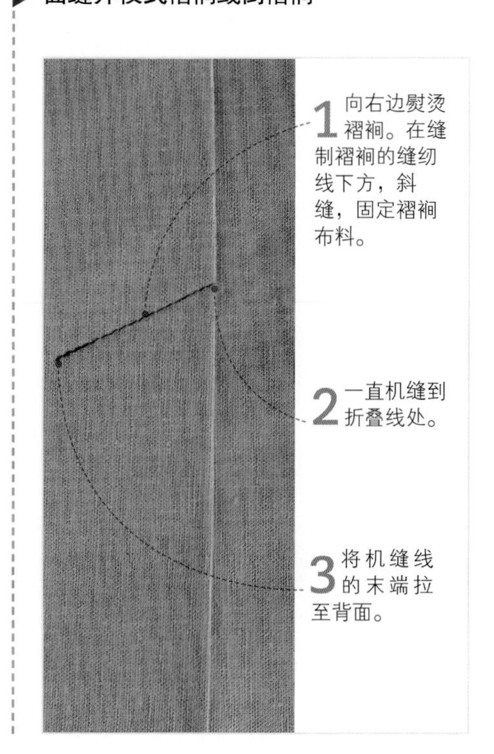

手缝线迹见第90~91页 ● 沿转角和弧线缝纫见第102~103页 ● 修剪缝份见第104~105页 ● 完成缝制见第105页

起梗式褶裥

难度指数 ***

将褶裥做出起梗能够减少布料的厚度，常在衣物的臀部使用。起梗的方法很多，可根据褶裥的种类、布料的类型和个人爱好来选择。

▶ 单梗式箱形褶裥或倒褶裥

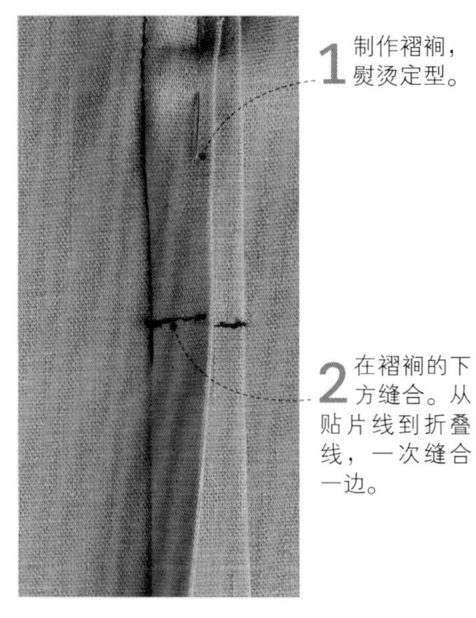

1 制作褶裥，熨烫定型。

2 在褶裥的下方缝合。从贴片线到折叠线，一次缝合一边。

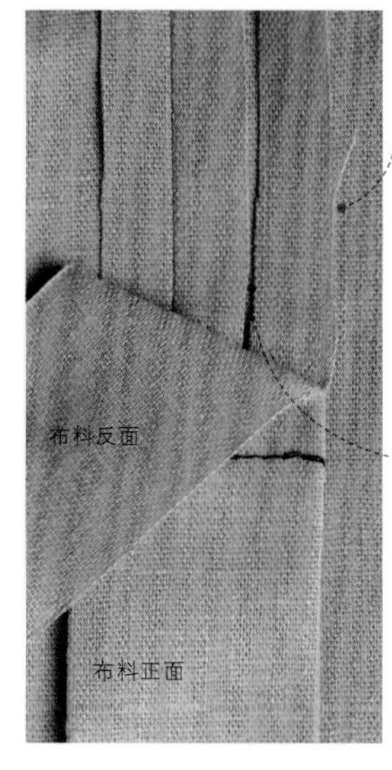

3 沿贴片线裁剪至距离水平线迹1.5cm处，但不要将布料完全剪断。

4 将露出来的布料，修剪至1.5cm。

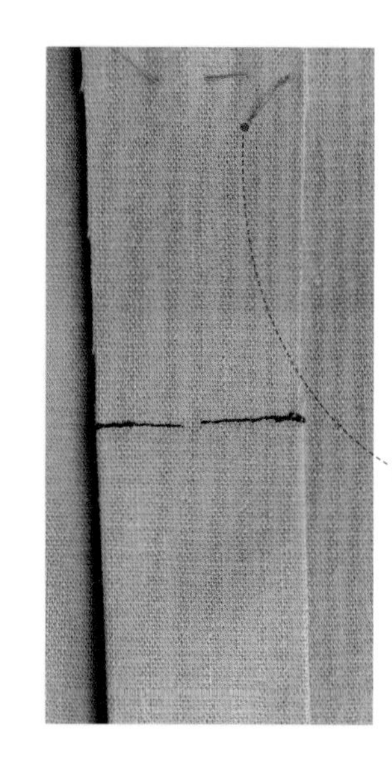

5 将暗褶裥翻折至原位置，并在腰部边缘进行固定。

▶ 在厚布料上制作起梗剑式褶裥

1 在布料的反面，沿暗褶裥横向缝合。

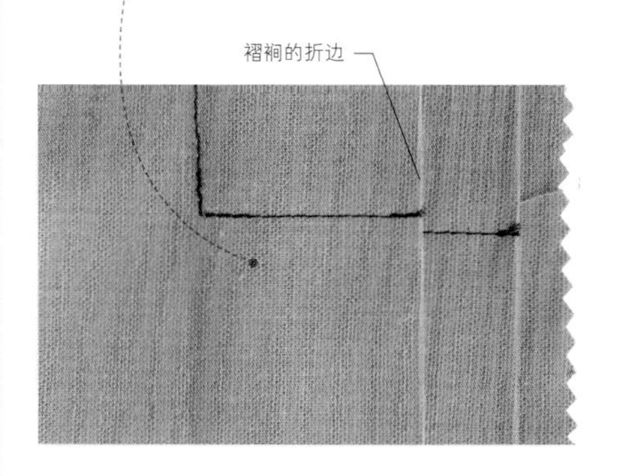

2 弧形修剪暗褶裥部分的布料。

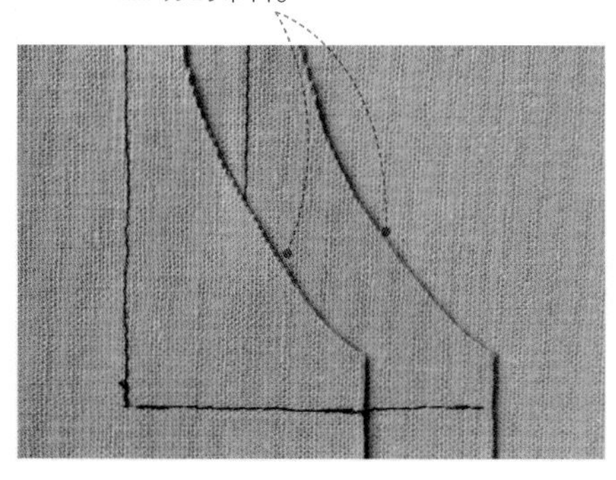

3 剪出一块能够覆盖褶裥区域的里布。

4 将下方的毛边用光边缝手法进行处理。

5 沿着腰线假缝，固定（将里布在腰部缝褶，使其更贴合）。

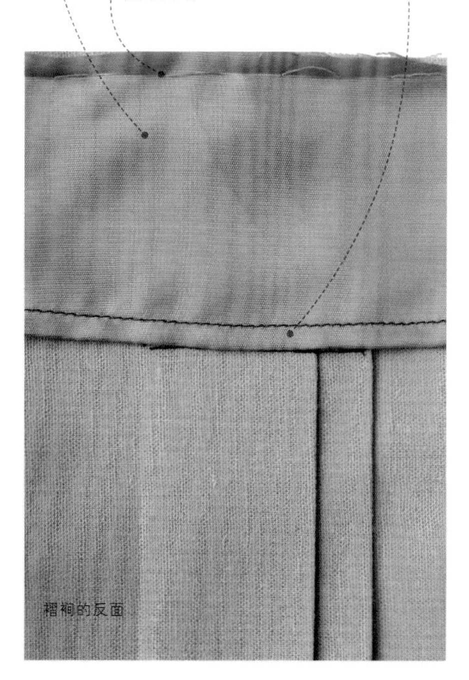

6 使用藏针缝线迹，手工将里布的边缘和暗褶裥的接缝部分缝合在一起。

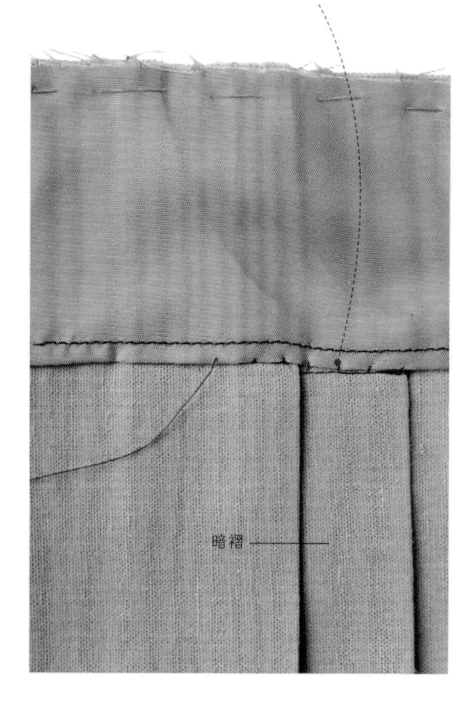

手缝折边见第236~237页

折边褶裥

难度指数 *****

大多数衣物或者软装饰都是先打褶，然后再制作折边。但是，有时有些褶裥是先制作折边。这种技巧适用于百褶裙或是按照一定的格子或条纹裁剪的衣物。

给剑式褶裥或倒褶裥做折边

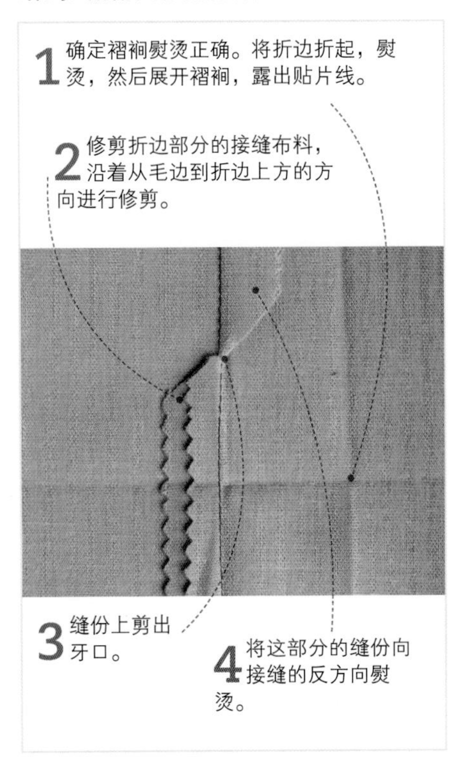

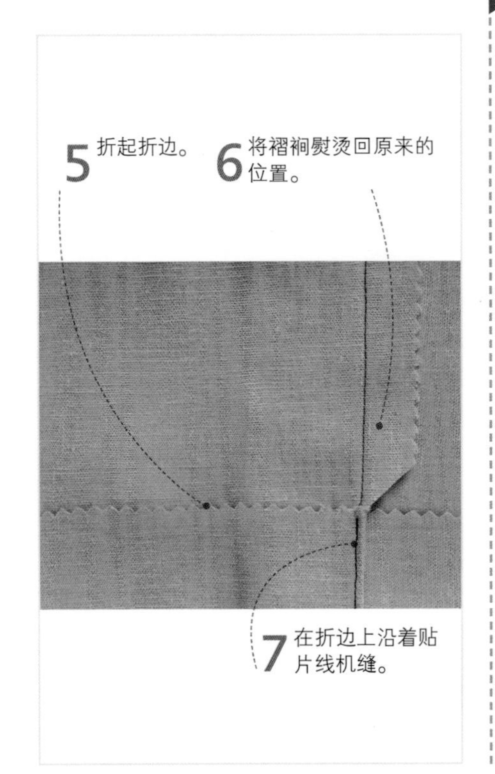

在衣物完成前，给箱形褶裥做折边

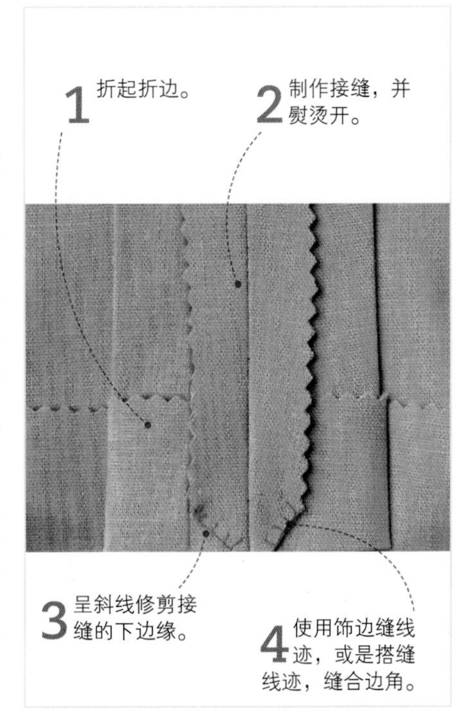

在衣物完成后，给箱形褶裥进行折边

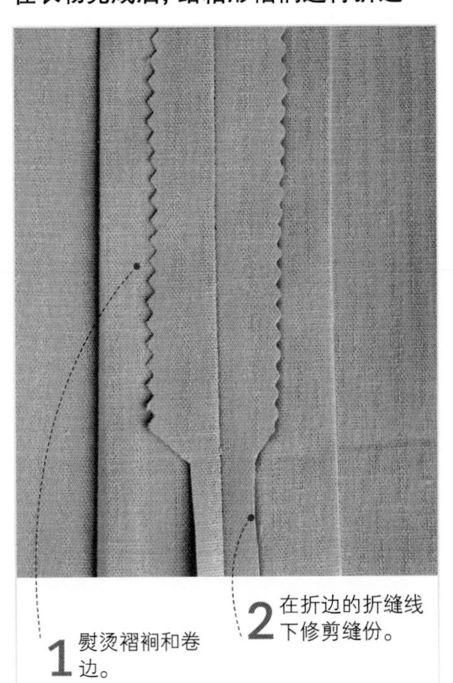

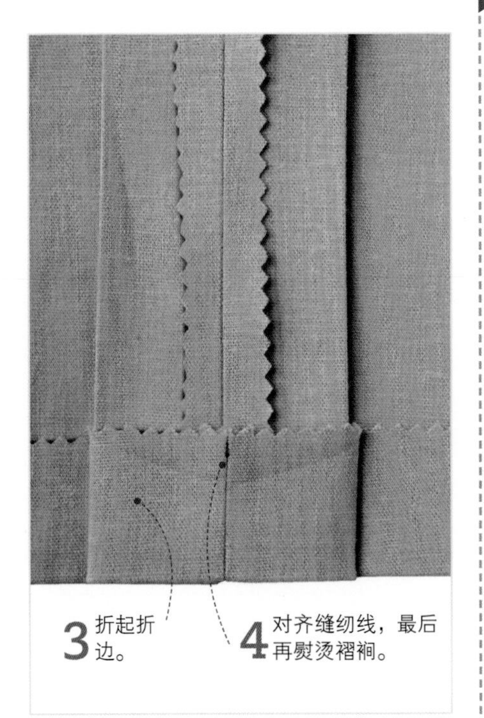

在折边处固定褶裥

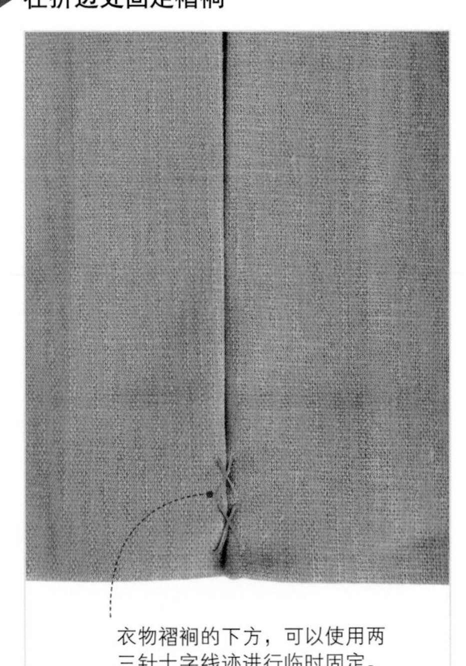

修改纸样见第62~63页 • 转绘纸样见第82~83页 • 手缝线迹见第90~91页 • 修剪缝份见第104~105页

调整褶裥

难度指数 ★★★★★

如果褶裥部分在腰部及臀部太紧或太松，进行细微的调整，就会起到不错的效果。将需要增加或减少的量除以褶裥的个数。每个褶裥的调整量应一致，否则，褶裥看起来会不匀称。

加大布料正面的褶裥

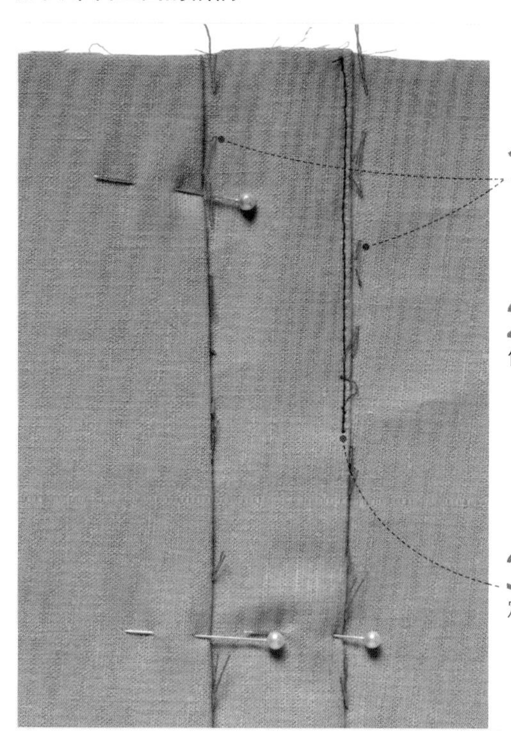

1 标绘出折痕线和折叠线。

2 使折叠线处于贴片线略左的位置。

3 逐渐向贴片线靠拢。机缝固定。

减小布料正面的褶裥

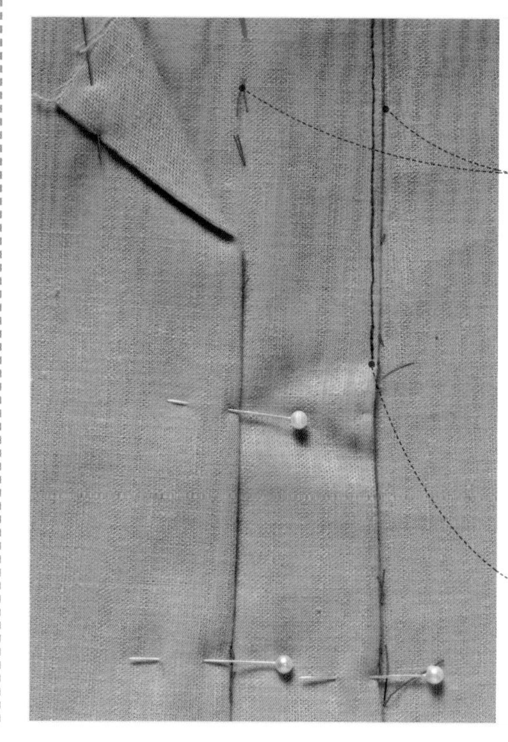

1 标绘出折痕线和折叠线。

2 使折叠线压住贴片线，超出的距离为所需调整的量。

3 折叠线逐渐向贴片线靠拢。机缝固定。

加大布料反面的褶裥

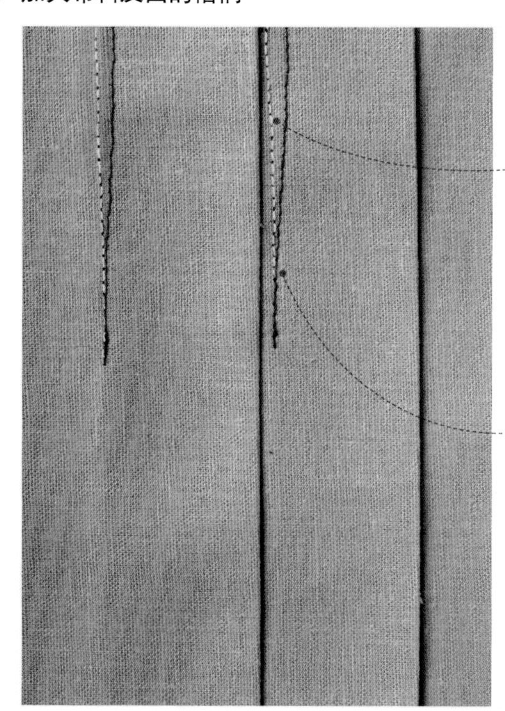

1 黄色的线迹为原先的褶裥缝线，放宽褶裥，然后更加靠近折叠线进行机缝。

2 紫色的线迹为调整后的褶裥缝线。

减小布料反面的褶裥

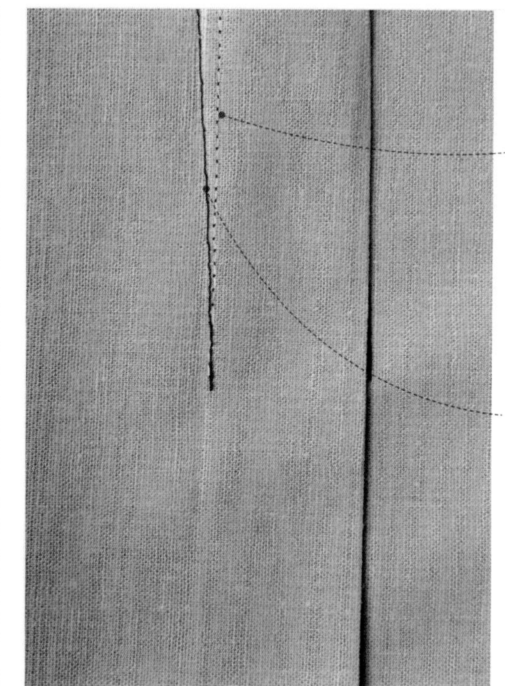

1 黄色的线迹为原先的褶裥缝线，缩小褶裥，然后更加远离折叠线进行机缝。

2 紫色的线迹为调整后的褶裥缝线。

折边见第234~239页

接缝三角形褶裥

难度指数 *****

三角形褶裥是一种插入到衣物中的褶裥，能够增加下摆的宽松度。三角形褶裥是圆形的一部分，有时为三角形，有时为半圆形——三角形褶裥的尺寸取决于所要达到的宽松程度。根据裙子类型的不同，三角形褶裥可以从下摆上延到膝盖部分，甚至延伸到大腿部位。在接缝中插入三角形褶裥是最简单的方式。

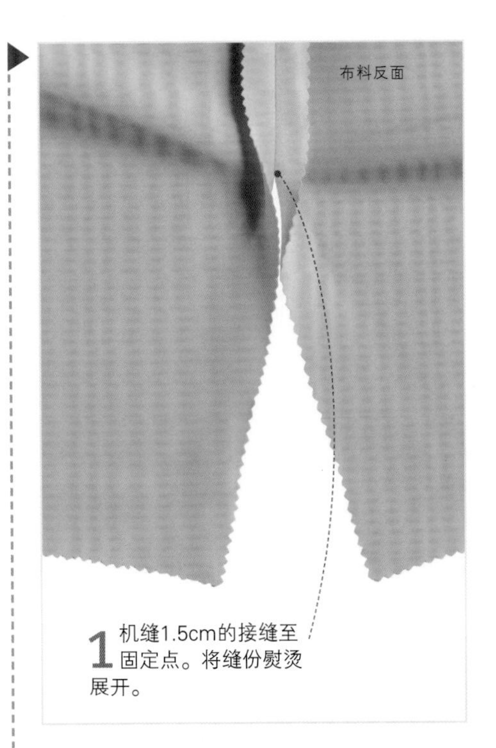

1 机缝1.5cm的接缝至固定点。将缝份熨烫展开。

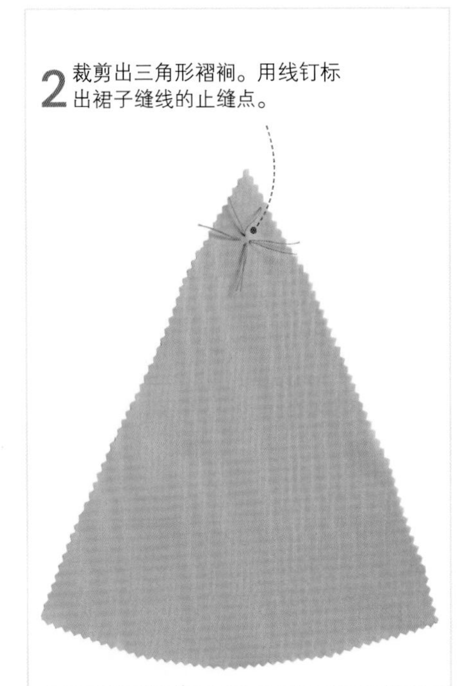

2 裁剪出三角形褶裥。用线钉标出裙子缝线的止缝点。

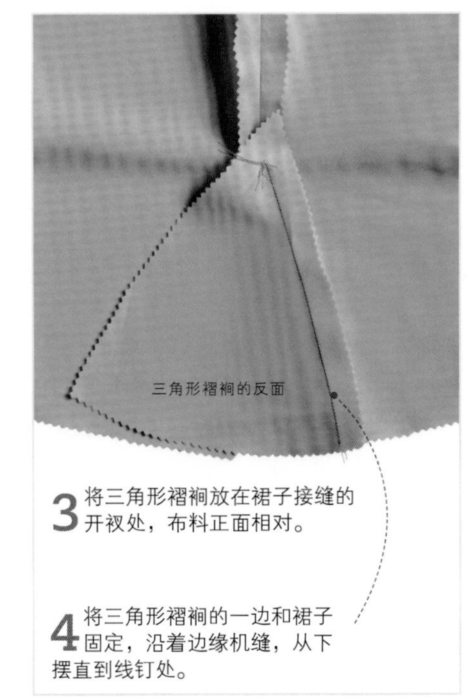

3 将三角形褶裥放在裙子接缝的开衩处，布料正面相对。

4 将三角形褶裥的一边和裙子固定，沿着边缘机缝，从下摆直到线钉处。

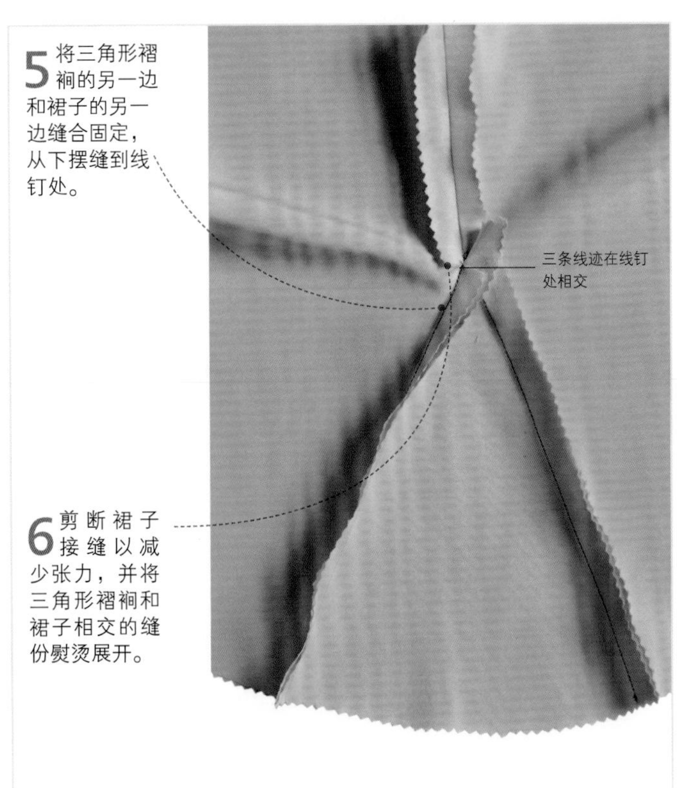

5 将三角形褶裥的另一边和裙子的另一边缝合固定，从下摆缝到线钉处。

6 剪断裙子接缝以减少张力，并将三角形褶裥和裙子相交的缝份熨烫展开。

7 从正面小心熨烫，完成三角形褶裥的制作。

熨烫工具见第28~29页 ● 转绘纸样见第82~83页

开衩三角形褶裥

难度指数 ****

有时候衣物上没有足够的缝份来插入所需的三角形褶裥。这时，需要从下摆线开衩，来装入三角形褶裥。开衩的顶端要缝上一块欧根纱来加固布料。

1 在裙子上标出开衩的位置。在开衩的顶端，布料的正面，放上一块欧根纱。

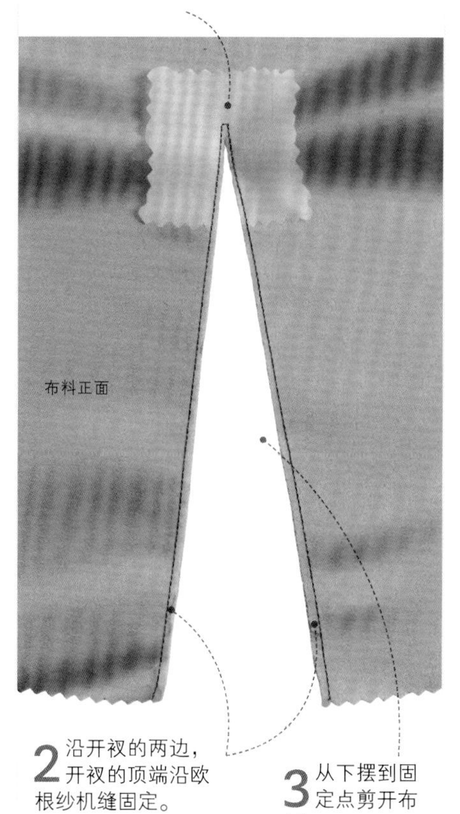

2 沿开衩的两边，开衩的顶端沿欧根纱机缝固定。

3 从下摆到固定点剪开布料。

4 将欧根纱拉到布料的反面。

5 裁出三角形褶裥，标出缝线止缝点。

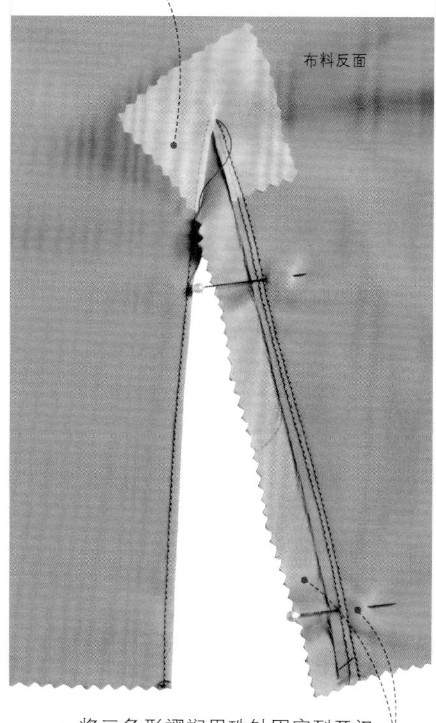

6 将三角形褶裥用珠针固定到开衩的一边，正面相对。在三角形褶裥上留出1.5cm的缝份，在开衩上留出最窄的缝份。

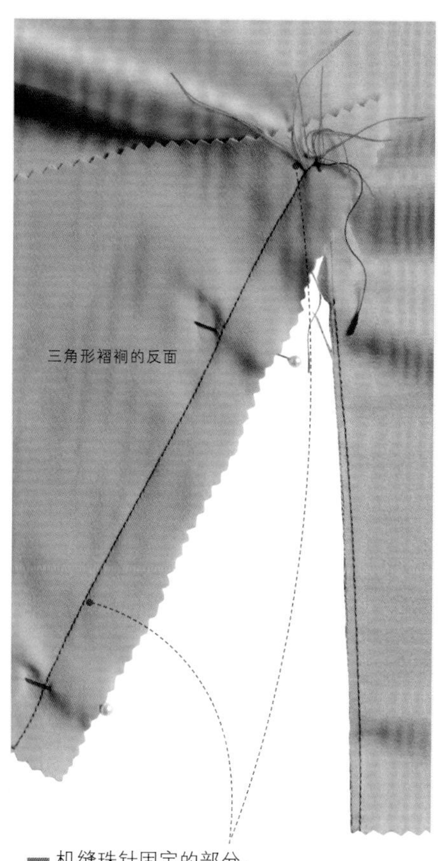

7 机缝珠针固定的部分。在线钉处停针。

8 机缝三角形褶裥的另一边。两边的缝线在开衩点相交。

9 布料的正面，在三角形褶裥的上方没有任何褶皱。使用熨斗顶端，小心熨烫，完成制作。

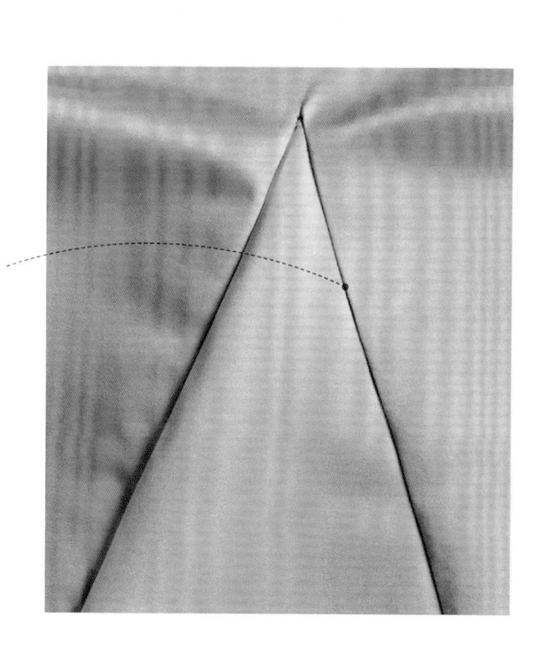

窗帘褶裥

难度指数 *****

制作软装饰时也会用到褶裥，特别是窗帘的帘头，需做出褶裥，以减少布料的厚度，并符合拉杆和窗户的长度。在窗帘上方制作褶裥时，最简单的方法是使用窗帘牵条。有各种宽度的牵条可供选用，能打出铅笔褶裥或是高脚杯褶裥。制作铅笔褶裥时一般使用宽度为8cm的牵条。窗帘的布幅一般是窗户宽度的2.5倍或3倍。窗帘牵条通过打褶可以有效减小布幅宽度。

▶ 做好装牵条前的准备

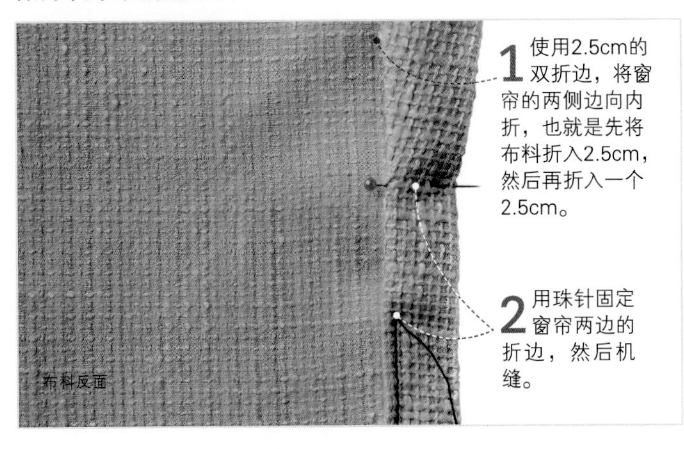

1 使用2.5cm的双折边，将窗帘的两侧边向内折，也就是先将布料折入2.5cm，然后再折入一个2.5cm。

2 用珠针固定窗帘两边的折边，然后机缝。

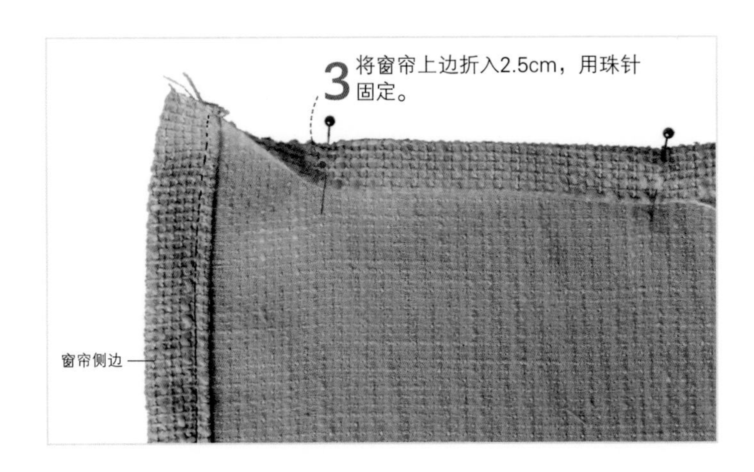

3 将窗帘上边折入2.5cm，用珠针固定。

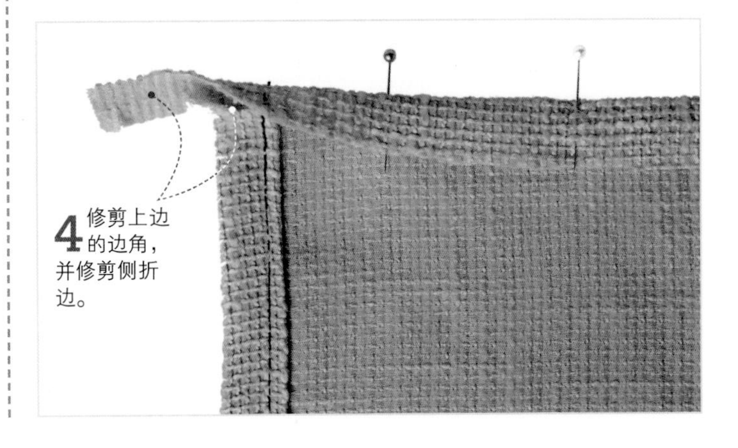

4 修剪上边的边角，并修剪侧折边。

5 将窗帘的上边向下折，固定。

▶ 制作兜袋用来穿线绳

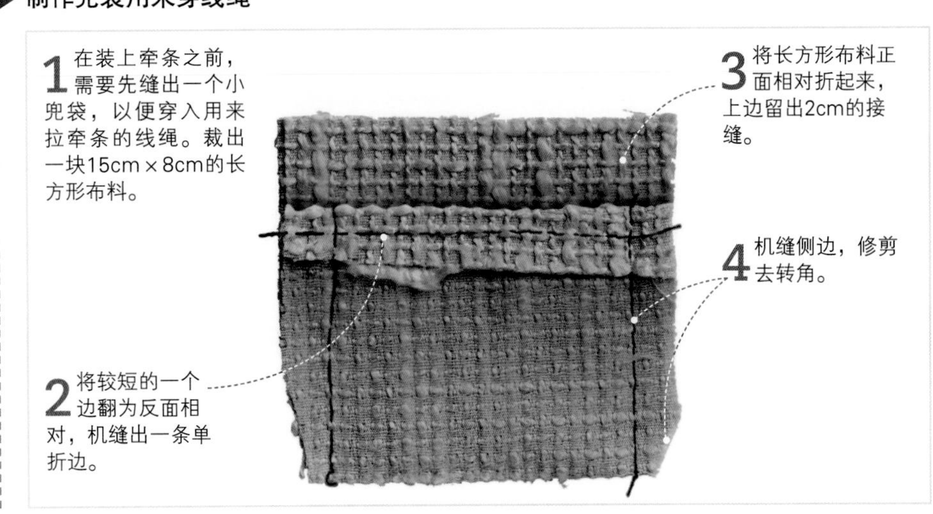

1 在装上牵条之前，需要先缝出一个小兜袋，以便穿入用来拉牵条的线绳。裁出一块15cm×8cm的长方形布料。

2 将较短的一个边翻为反面相对，机缝出一条单折边。

3 将长方形布料正面相对折起来，上边留出2cm的接缝。

4 机缝侧边，修剪去转角。

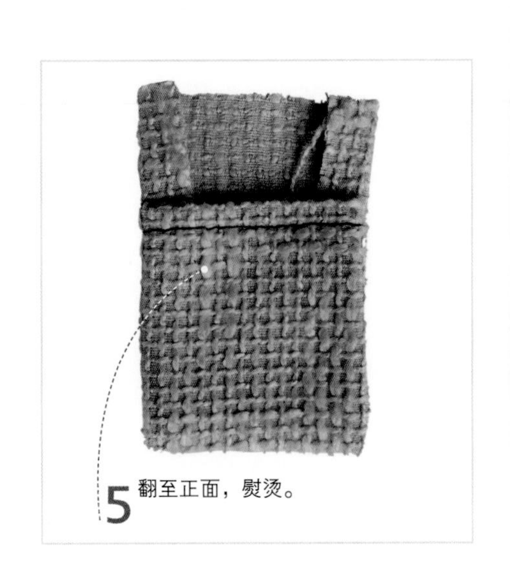

5 翻至正面，熨烫。

测量工具见第18页 • 假缝线迹见第89页 • 手缝线迹见第90~91页 • 修剪缝份见第104~105页 • 沿转角和弧线缝纫见第102~103页

铅笔褶裥

1 将线绳的一端放开，确保能在同一面看到牵条和线绳。

2 将牵条放置在窗帘上折边下5mm处。用珠针固定，同时拉拽牵条。短边内折，避开线绳和珠针。

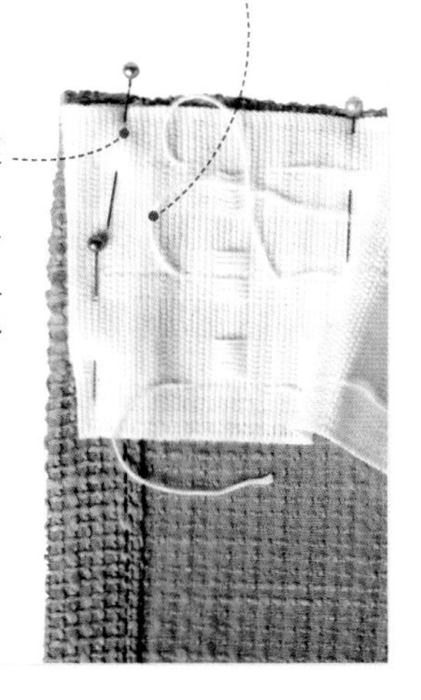

3 将牵条上边机缝到窗帘布料上。不要缝到线绳。

4 在缝制牵条的下边前，将所制作的兜袋放置在牵条末端的下方。

5 用珠针固定牵条和兜袋。机缝牵条和兜袋。

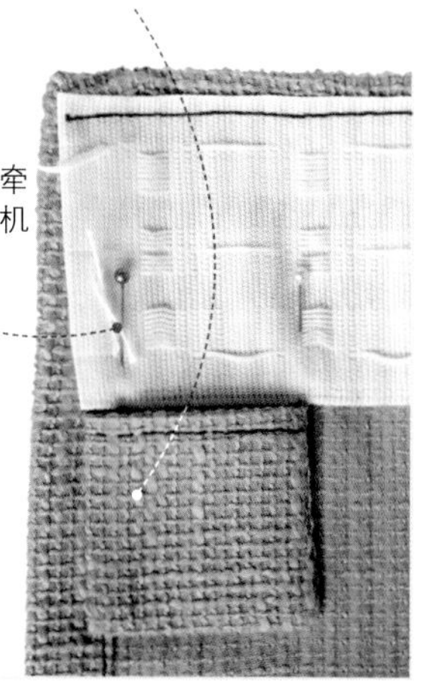

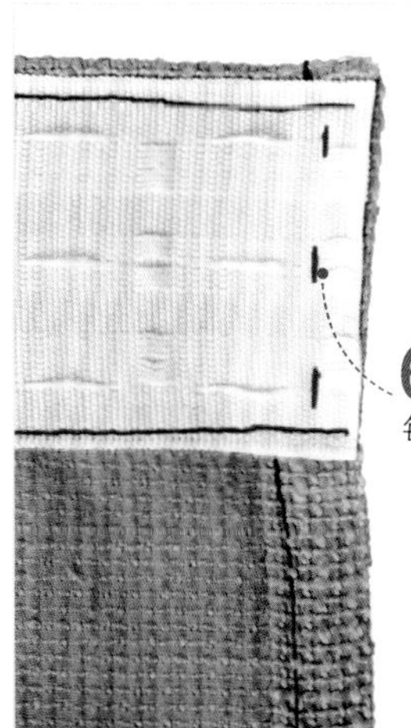

6 在牵条的另一端，单独缝合每条线绳。

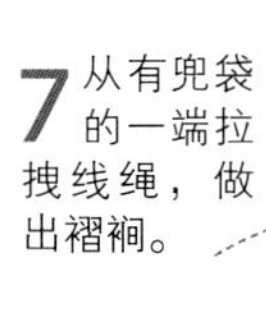

7 从有兜袋的一端拉拽线绳，做出褶裥。

8 将线绳系在一起，并装入兜袋中。

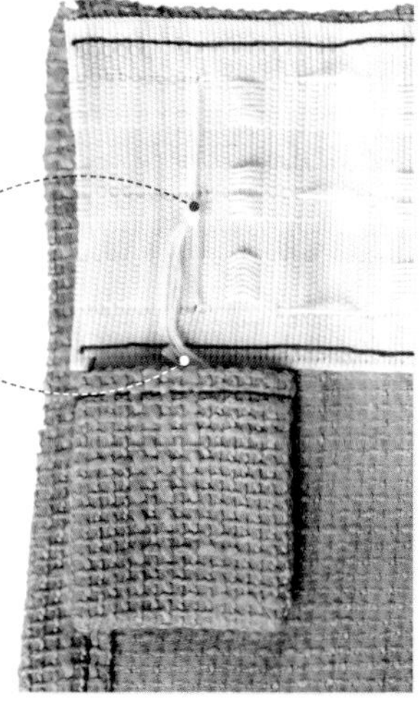

9 窗帘翻至正面，检查铅笔褶裥是否均匀，是否适合窗户大小。如有需要，做出调整。

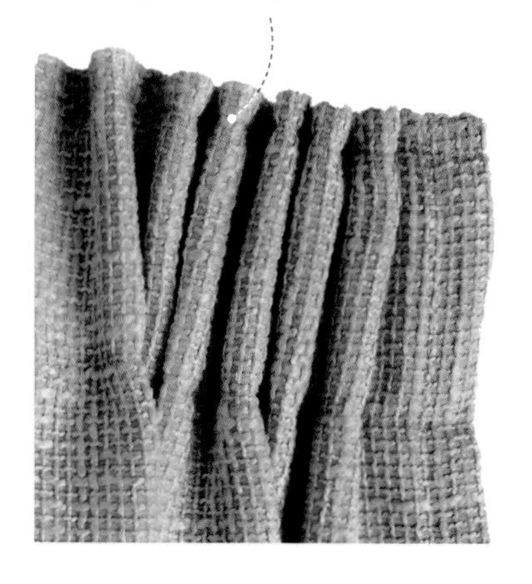

高脚杯褶裥

1 高脚杯褶由三个间距相等的褶裥组成。拉拽牵条后，底边处褶裥稠密，上方则较为稀疏。做好装牵条前的准备，并制作兜袋（见第128页）。

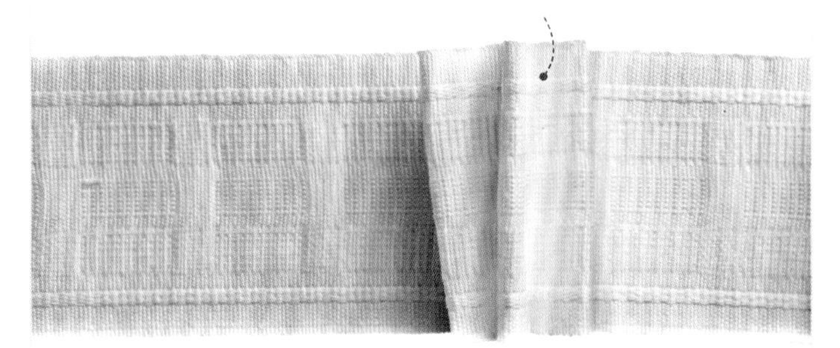

2 按照制作铅笔褶裥的方法装上牵条。

3 在拉拽牵条后，在底边处，布料的正面，手缝固定牵条。

4 从背面，手缝固定褶裥的上边。

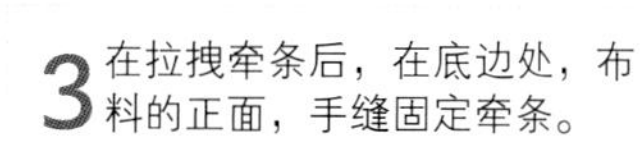

抽褶

通过抽拉缝线，很容易就能减小布料的厚度，并制作出褶子。褶子一般用于腰线或是肩线。缝制主接缝后，再插入褶子缝线，最好使用缝纫机的最长线迹。大部分布料上要有两行抽褶线，非常厚的布料上则最好缝制三行抽褶线。要尽量保持各行线迹平行。

各种不同的褶子

熨烫工具见第28~29页 • 固定缝线见第88页

如何缝制合身的自由褶

难度指数 ✱✱✱✱✱

完成主接缝的缝制后，在缝份内缝制两行抽褶线。这样在完成抽褶线后就不用再拆除缝线，可以避免损坏布料。

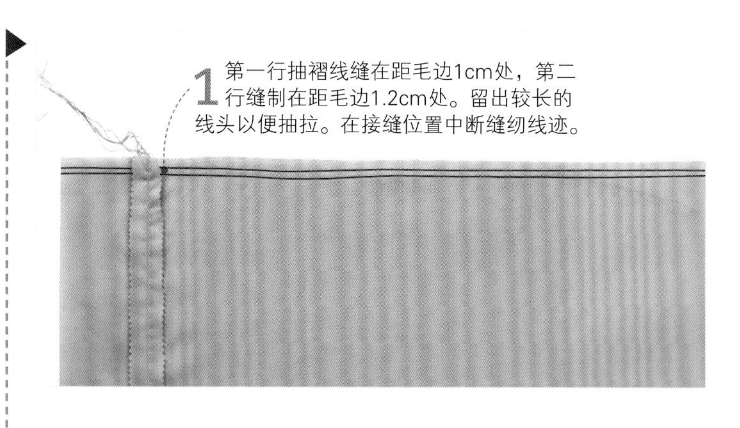

1 第一行抽褶线缝在距毛边1cm处，第二行缝制在距毛边1.2cm处。留出较长的线头以便抽拉。在接缝位置中断缝纫线迹。

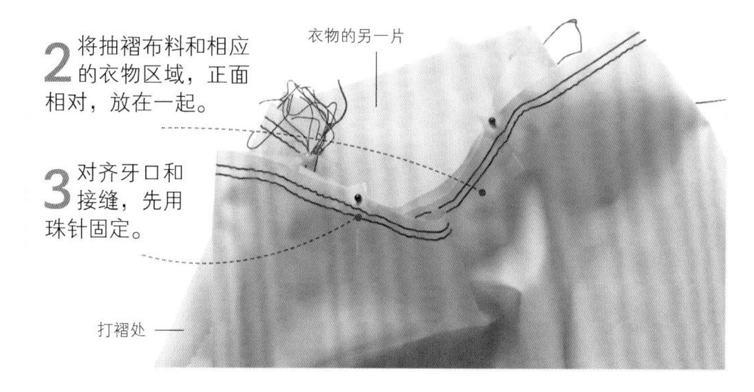

2 将抽褶布料和相应的衣物区域，正面相对，放在一起。

3 对齐牙口和接缝，先用珠针固定。

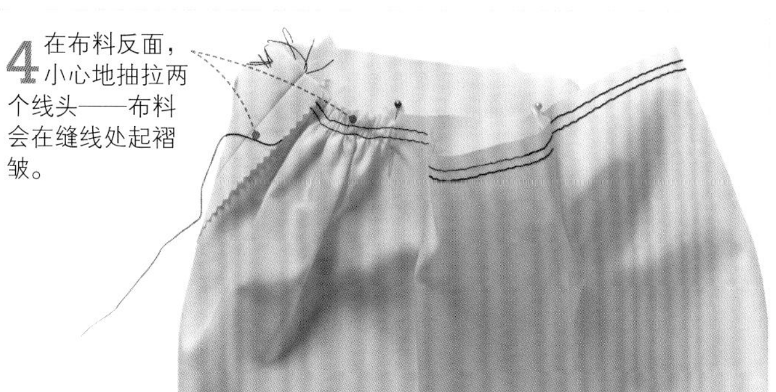

4 在布料反面，小心地抽拉两个线头——布料会在缝线处起褶皱。

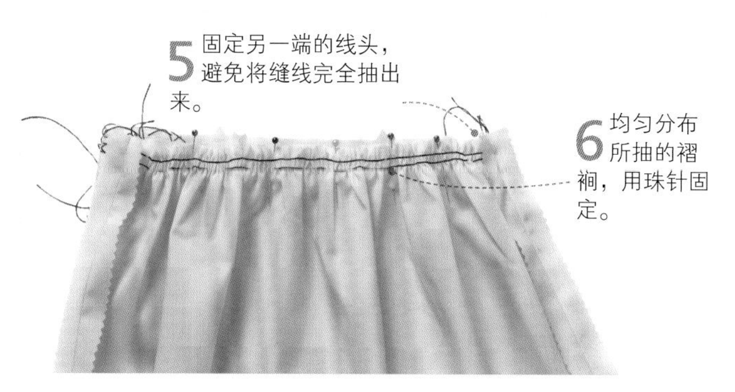

5 固定另一端的线头，避免将缝线完全抽出来。

6 均匀分布所抽的褶裥，用珠针固定。

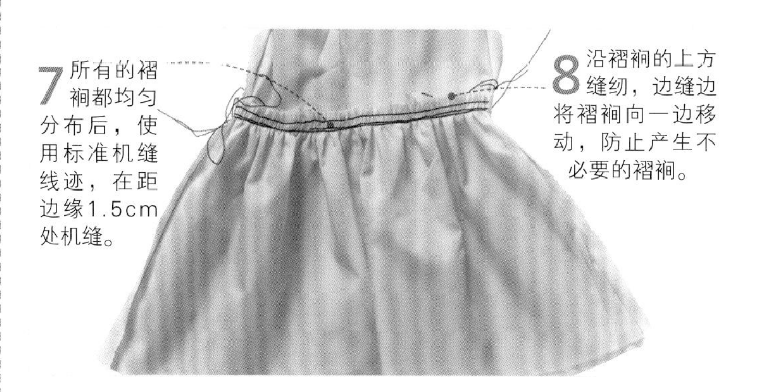

7 所有的褶裥都均匀分布后，使用标准机缝线迹，在距边缘1.5cm处机缝。

8 沿褶裥的上方缝纫，边缝边将褶裥向一边移动，防止产生不必要的褶裥。

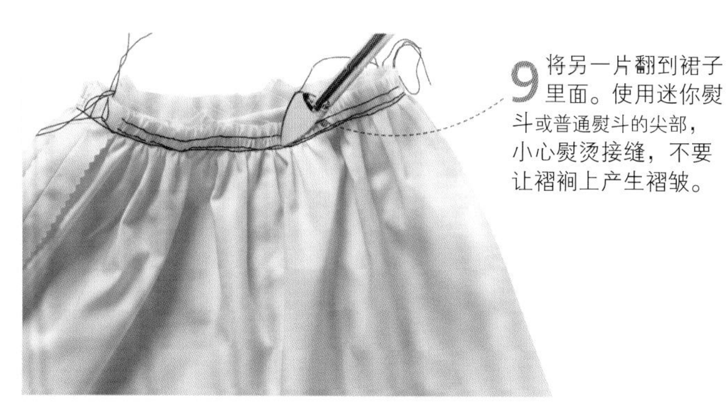

9 将另一片翻到裙子里面。使用迷你熨斗或普通熨斗的尖部，小心熨烫接缝，不要让褶裥上产生褶皱。

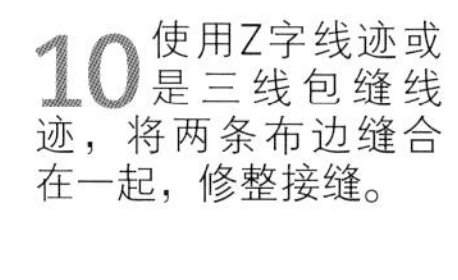

10 使用Z字线迹或是三线包缝线迹，将两条布边缝合在一起，修整接缝。

11 向上方熨烫接缝。

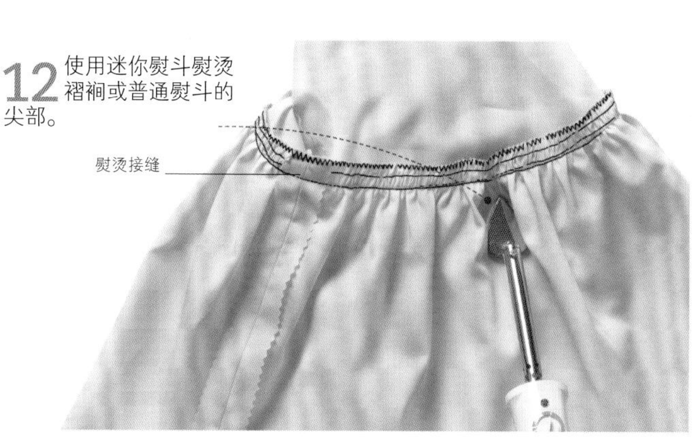

12 使用迷你熨斗熨烫褶裥或普通熨斗的尖部。

缝纫技法

嵌线褶

难度指数 ★★★★★

这是使用细线绳或粗线制作的褶子。这种技巧多用于厚布料，如软装饰，这时机缝打褶可能不够结实。

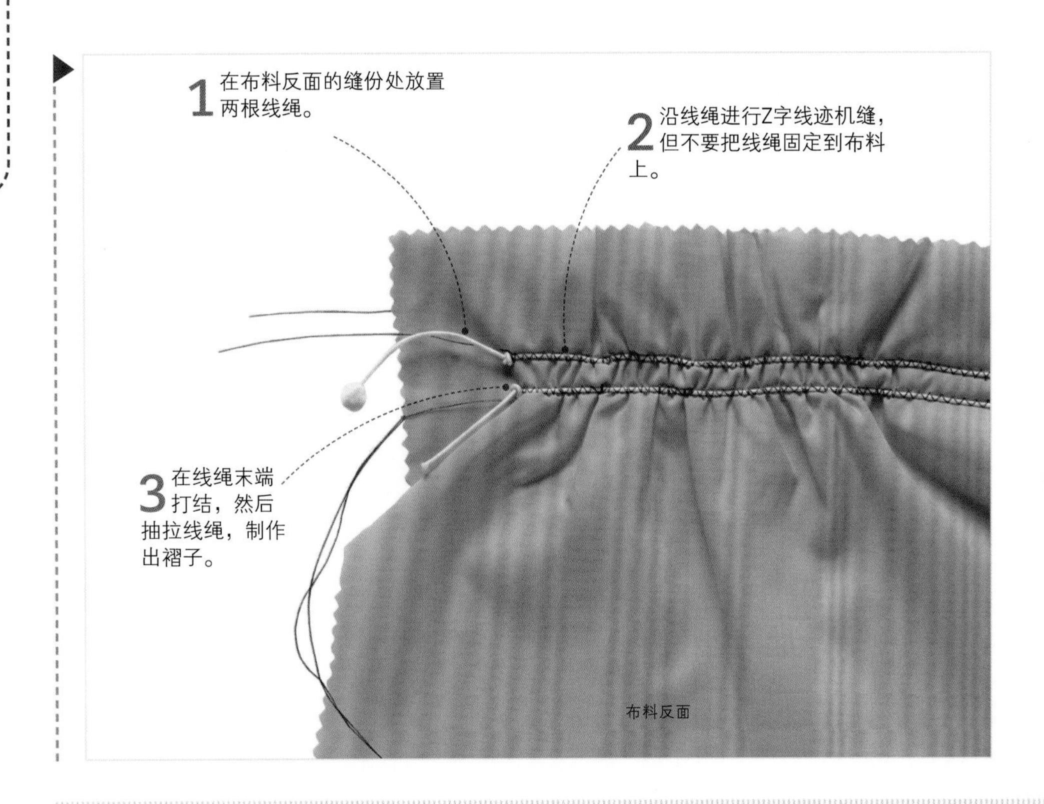

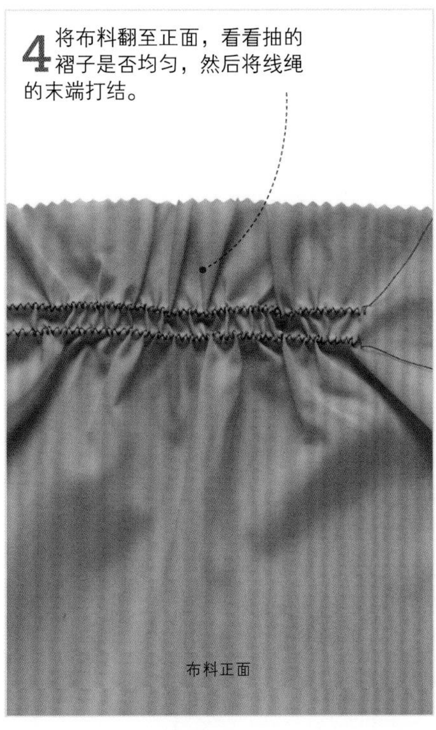

制作起梗式褶接缝

难度指数 ★★★★★

通常会将褶子接缝缝制在一条棉质衬条上，用于固定褶子的位置并加强接缝。

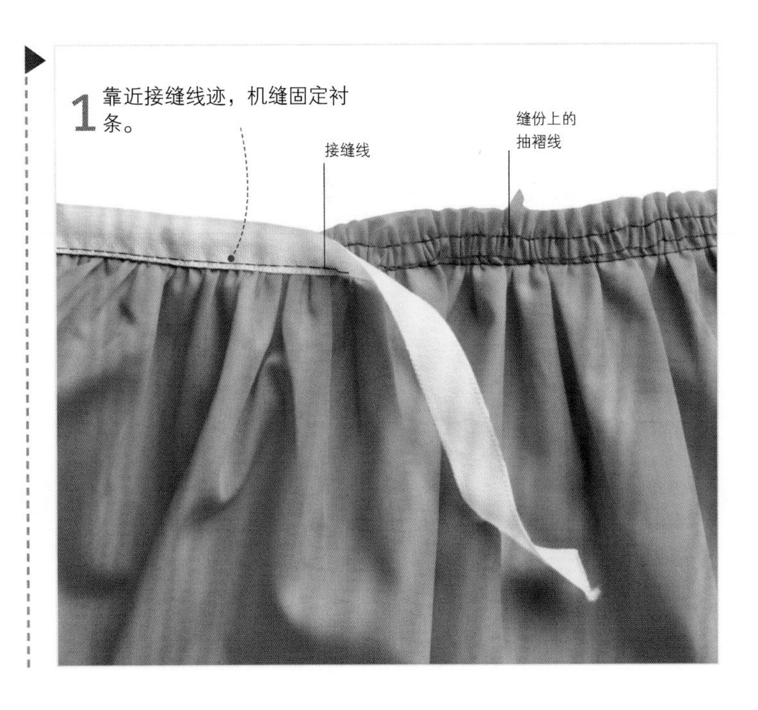

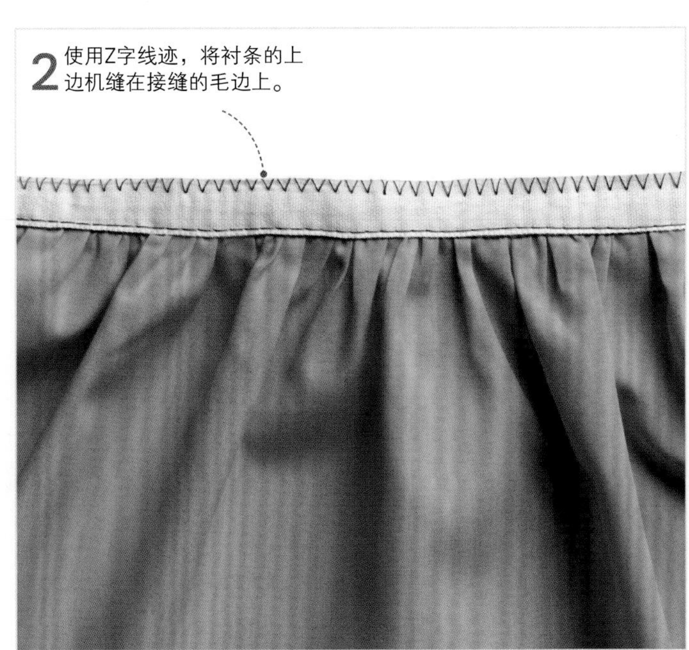

将两条褶边相接

难度指数 ★★★★★

制作有些衣物时，需将两条抽褶的边缘相接。将裙子和上衣相接时，一般是将裙子的边缘缝制在定位带上，然后再将上衣制作合身的抽褶，最后缝合两部分。

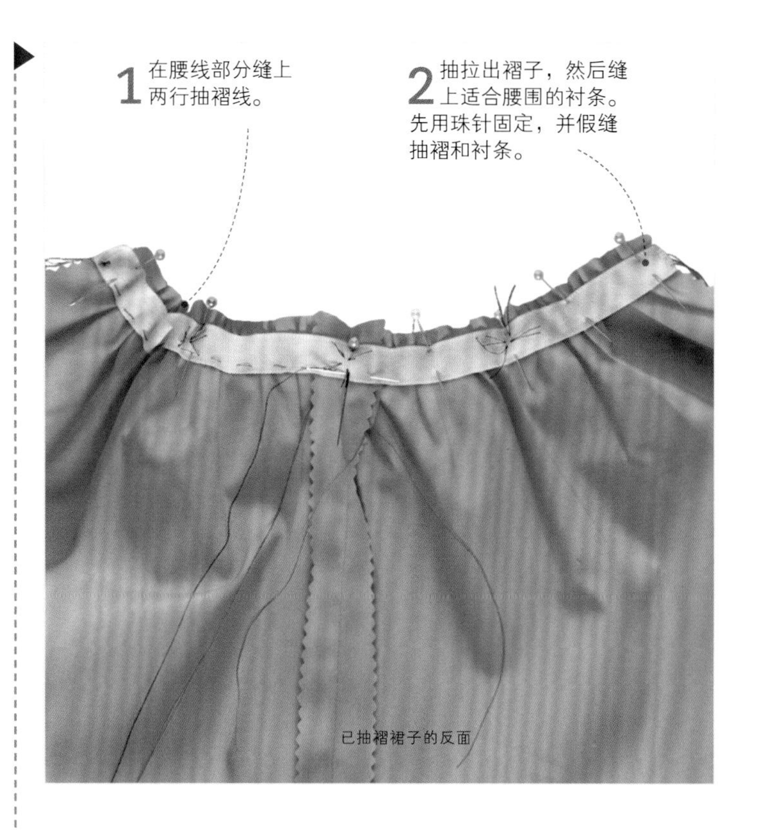

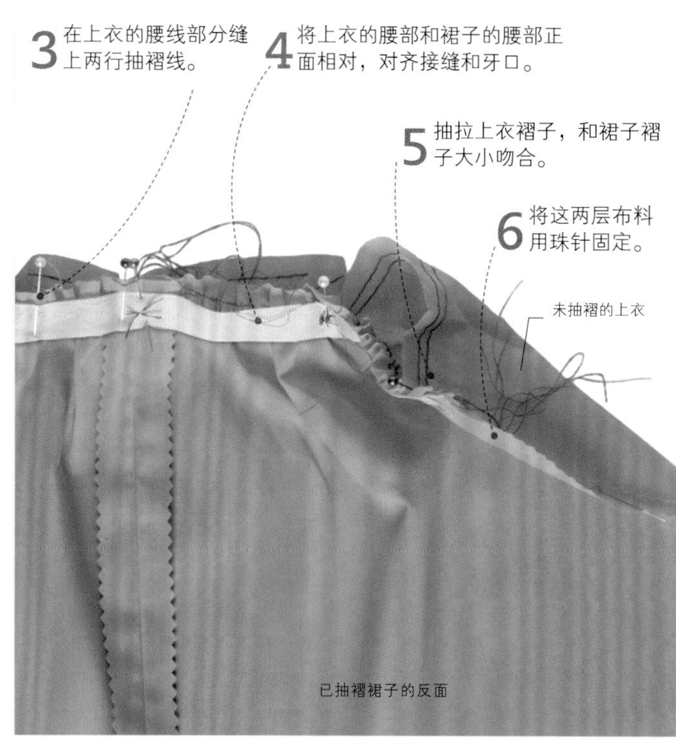

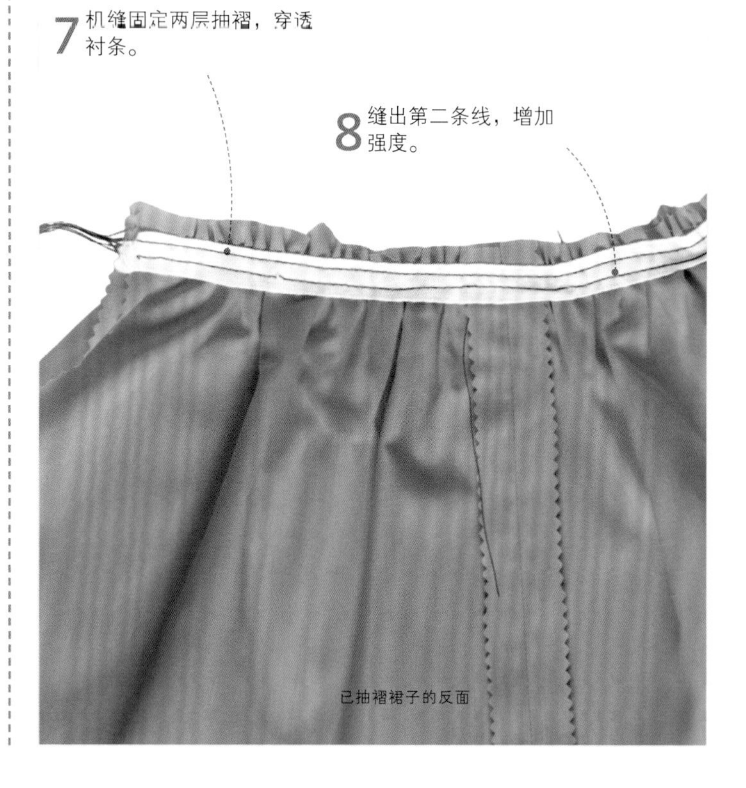

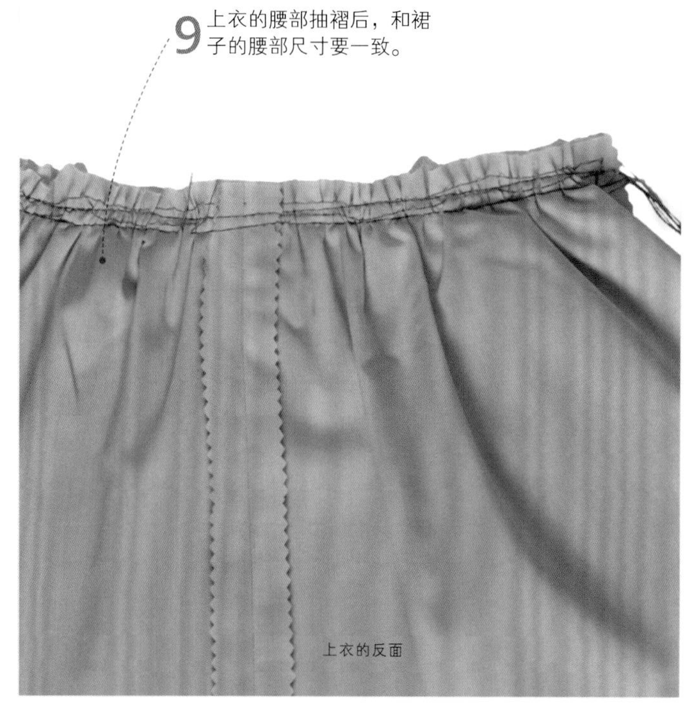

衬里和衬布见第286~287页

碎褶

难度指数 *****

碎褶是一种多层褶子，能有效地使衣物局部鼓起。制作碎褶时在梭芯缠上松紧带，成品碎褶会有弹性。处理像软装饰等比较厚的布料时，一般使用固定碎褶。

机缝碎褶

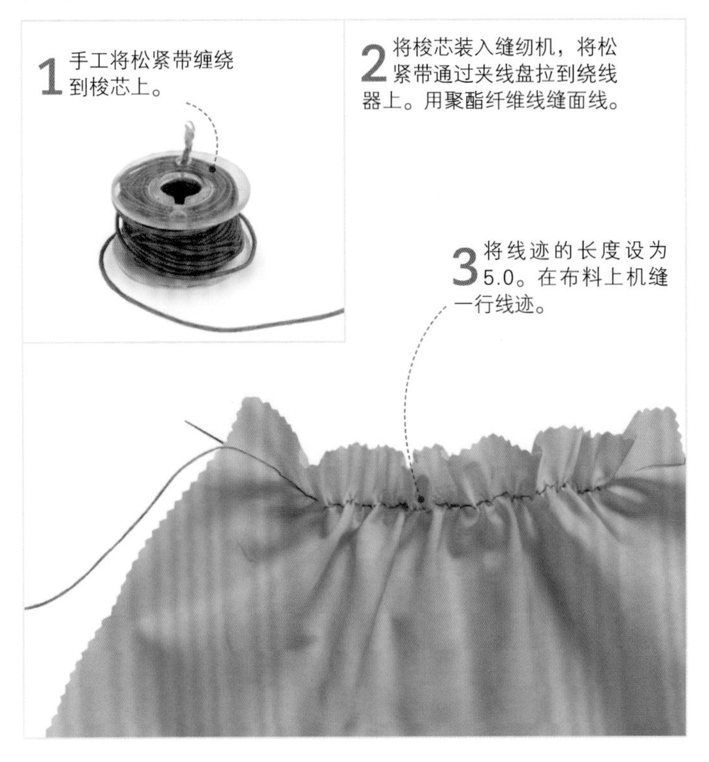

1 手工将松紧带缠绕到梭芯上。

2 将梭芯装入缝纫机，将松紧带通过夹线盘拉到绕线器上。用聚酯纤维线缝面线。

3 将线迹的长度设为5.0。在布料上机缝一行线迹。

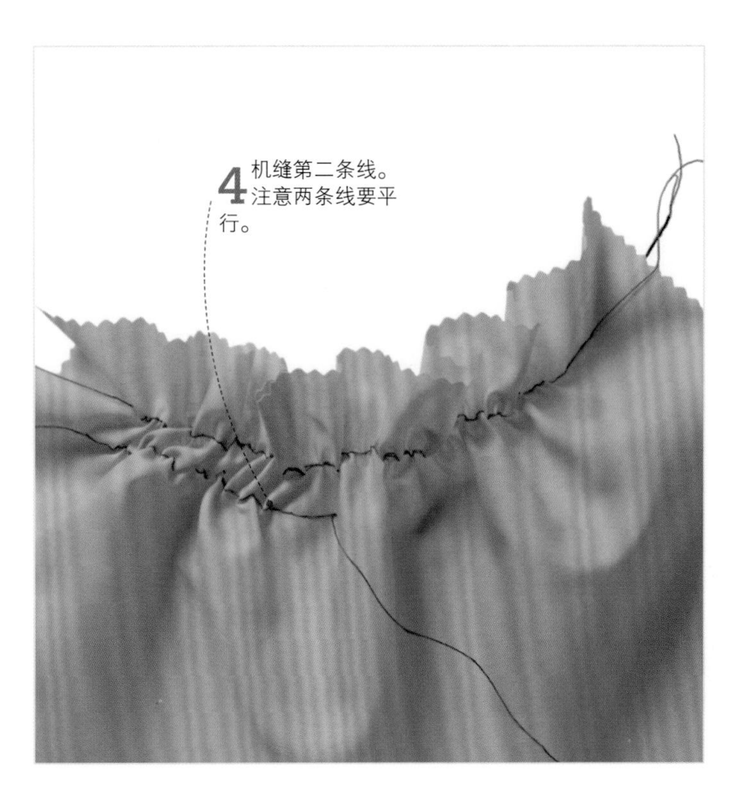

4 机缝第二条线。注意两条线要平行。

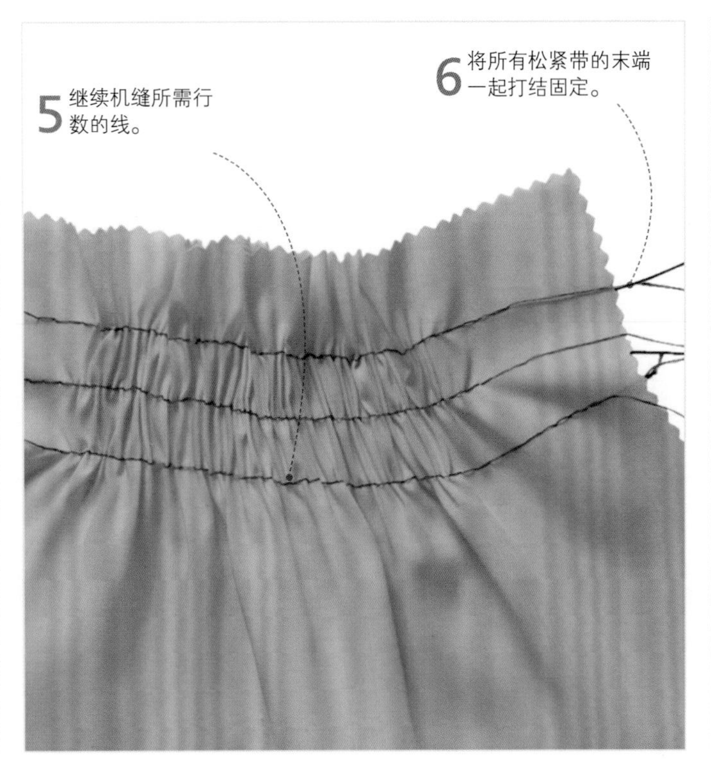

5 继续机缝所需行数的线。

6 将所有松紧带的末端一起打结固定。

方格碎褶

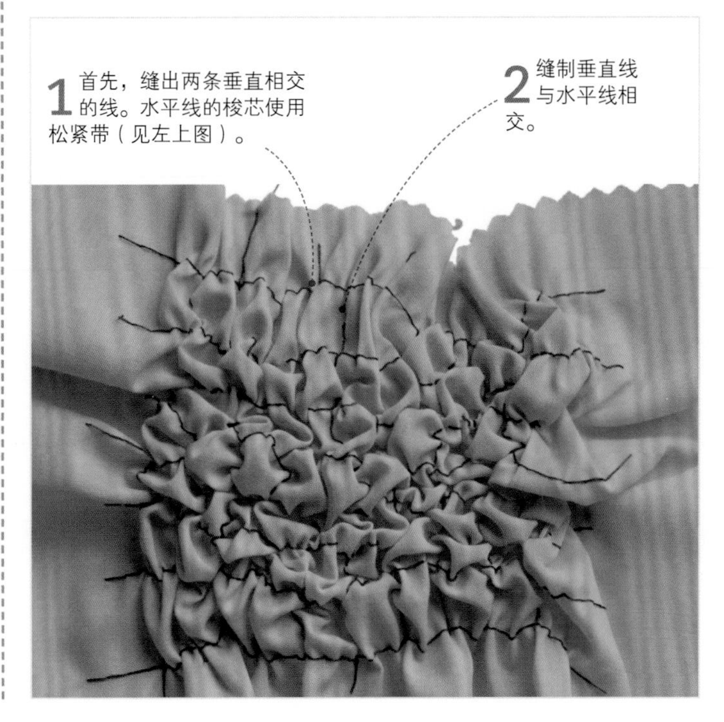

1 首先，缝出两条垂直相交的线。水平线的梭芯使用松紧带（见左上图）。

2 缝制垂直线与水平线相交。

熨烫工具见第28~29页 • 转绘纸样见第82~83页

▶ 嵌线碎褶

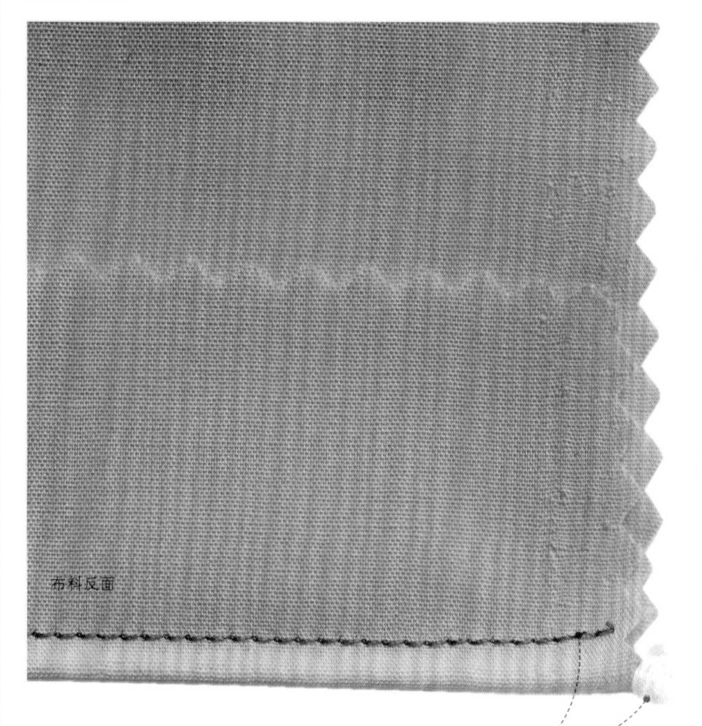

1 这是一种制作固定碎褶的方法。布料正面相对折叠，在折缝中缝入一根嵌线。使用拉链压脚，在距离嵌线2mm处缝纫。

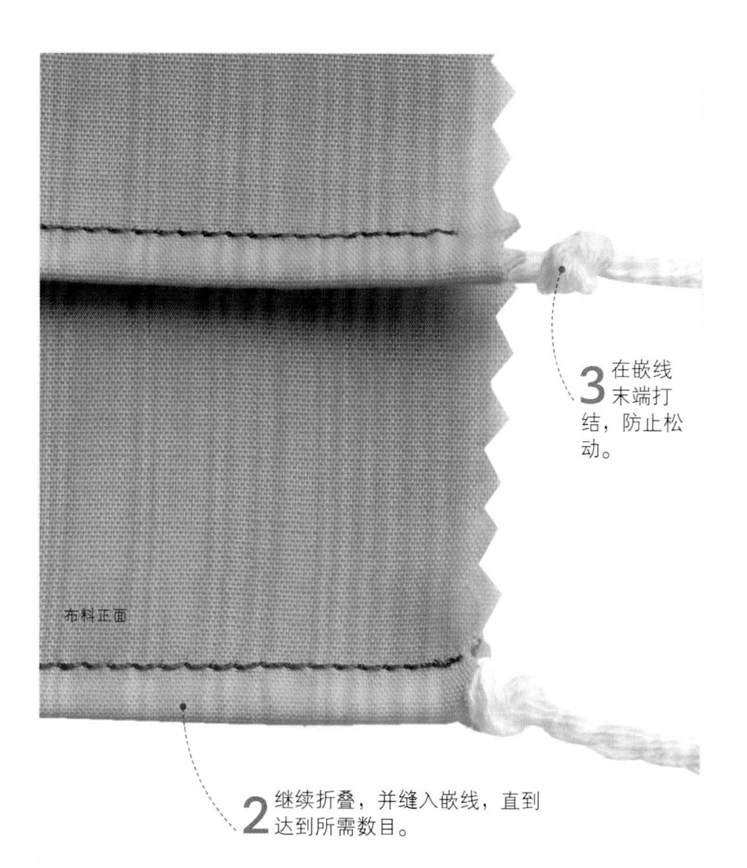

2 继续折叠，并缝入嵌线，直到达到所需数目。

3 在嵌线末端打结，防止松动。

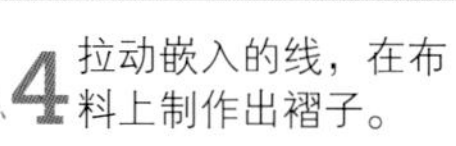

4 拉动嵌入的线，在布料上制作出褶子。

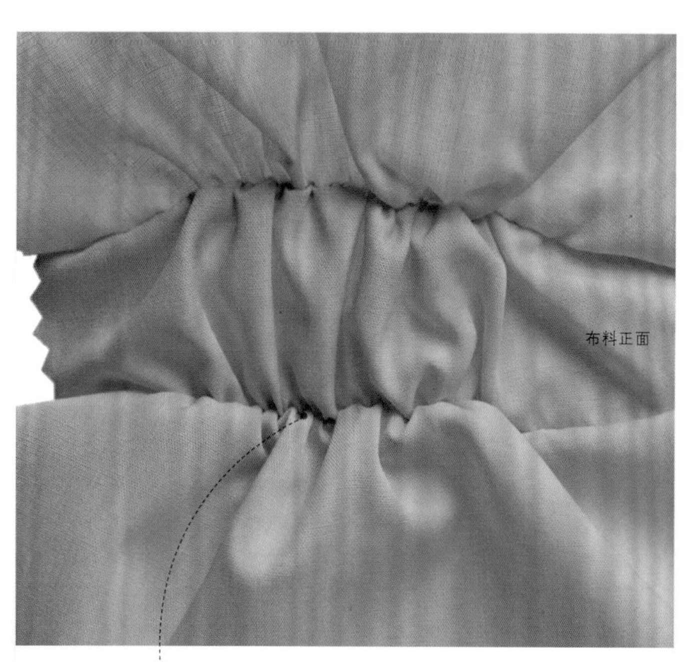

5 将布料翻到正面，将褶子整理均匀。

6 在嵌线的另一端打结，固定。

固定缝线见第88页 • 手缝线迹见第90~91页 • 机缝线迹见第92~93页

缩褶

难度指数 *****

这是一种最古老的打褶方式。装饰性强，能使衣物更生动有趣。制作缩褶时需要拉紧手工缝纫的多行抽褶线，各行褶子平行，之间形成细小的布管。然后在布管上缝针。可通过热转印将缩褶点印到布料上，来引导手工抽褶。可以购买间距不同的各种缩褶点。

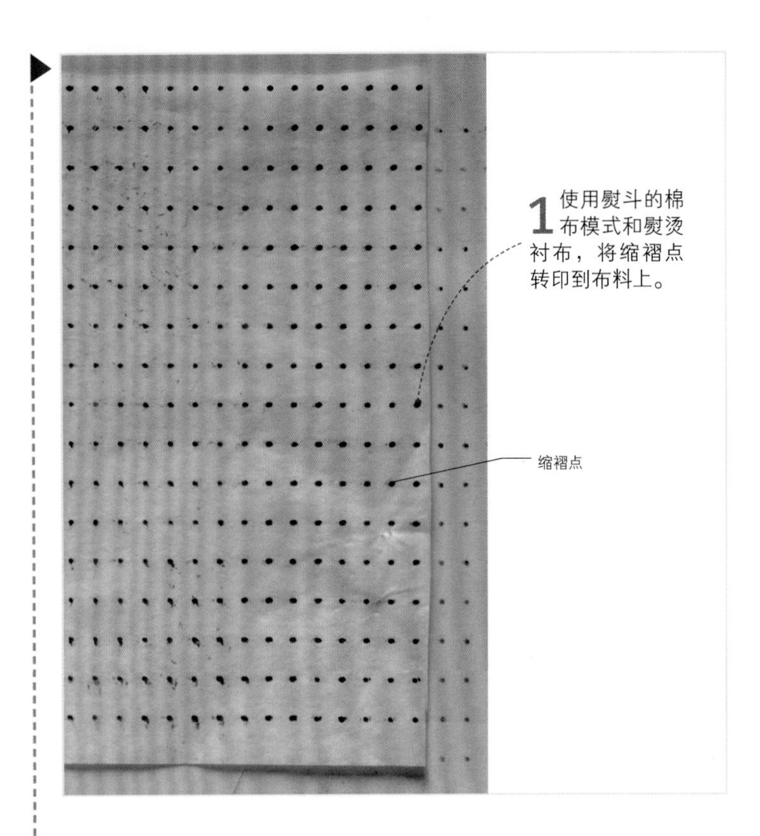

1 使用熨斗的棉布模式和熨烫衬布，将缩褶点转印到布料上。

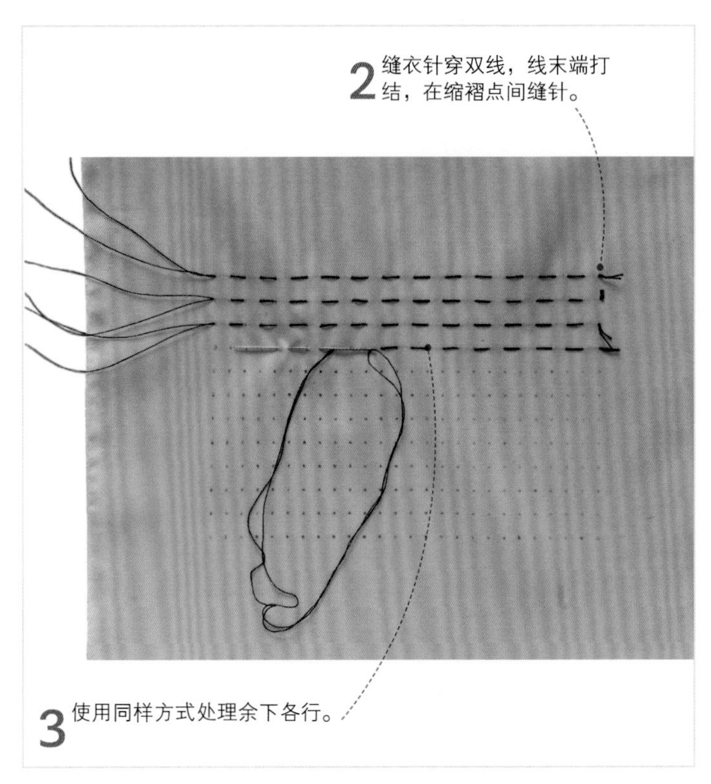

2 缝衣针穿双线，线末端打结，在缩褶点间缝针。

3 使用同样方式处理余下各行。

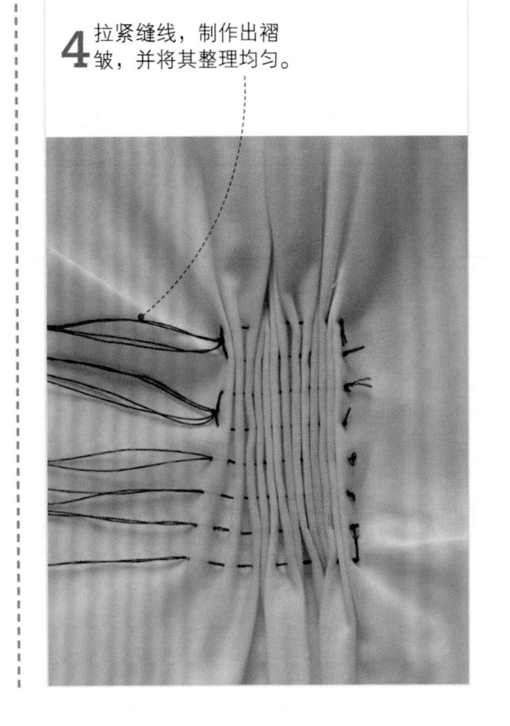

4 拉紧缝线，制作出褶皱，并将其整理均匀。

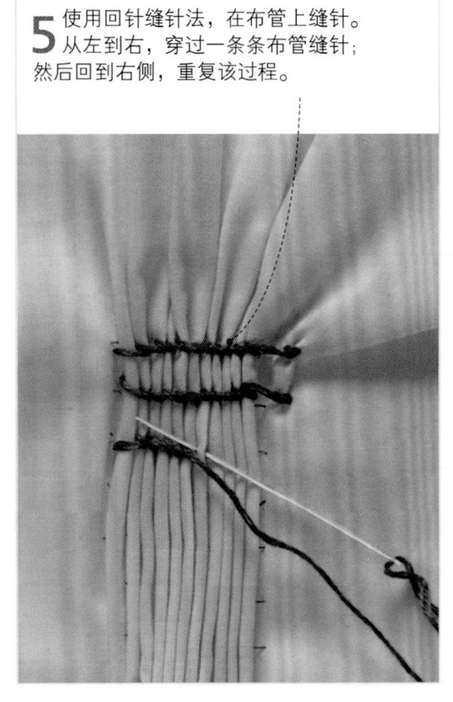

5 使用回针缝针法，在布管上缝针。从左到右，穿过一条条布管缝针；然后回到右侧，重复该过程。

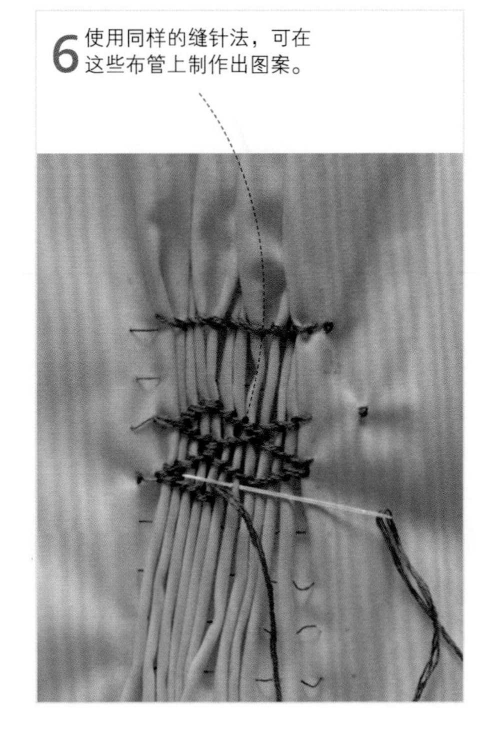

6 使用同样的缝针法，可在这些布管上制作出图案。

标绘工具见第19页 • 熨烫工具见第28~29页 • 转绘纸样见第82~83页 • 固定缝线见第88页

制作靠垫的缩褶

也可在靠垫上制作缩褶，增添其装饰性。可以购买合适的样板和花样。

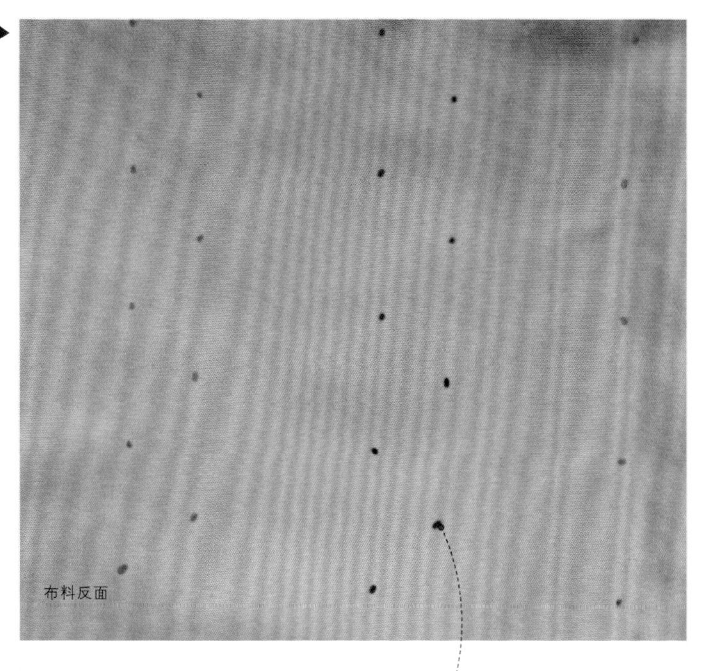

1 使用画粉，在布料的反面标出缩褶点。使用两种不同的颜色，区分不同的缩褶点。

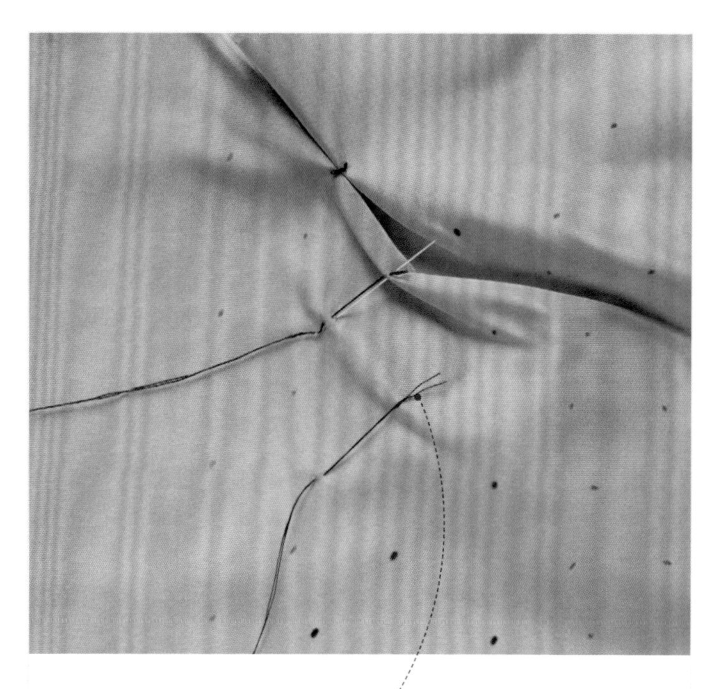

2 使用对针缝或较密的卷针缝线迹，将相邻的紫色点和绿色点分别连起来。

3 继续缝纫，将紫色点和绿色点分别连起来。

4 在布料的正面会形成波浪形的缩褶。

手缝线迹见第90~91页

褶边

褶边有单层和双层之分，能在衣物上制作出装饰性的褶皱效果。褶边的丰满效果取决于所选用的布料——如需制作出相同效果的褶边，轻薄布料需要量是厚重布料的两倍。

各种不同的褶边

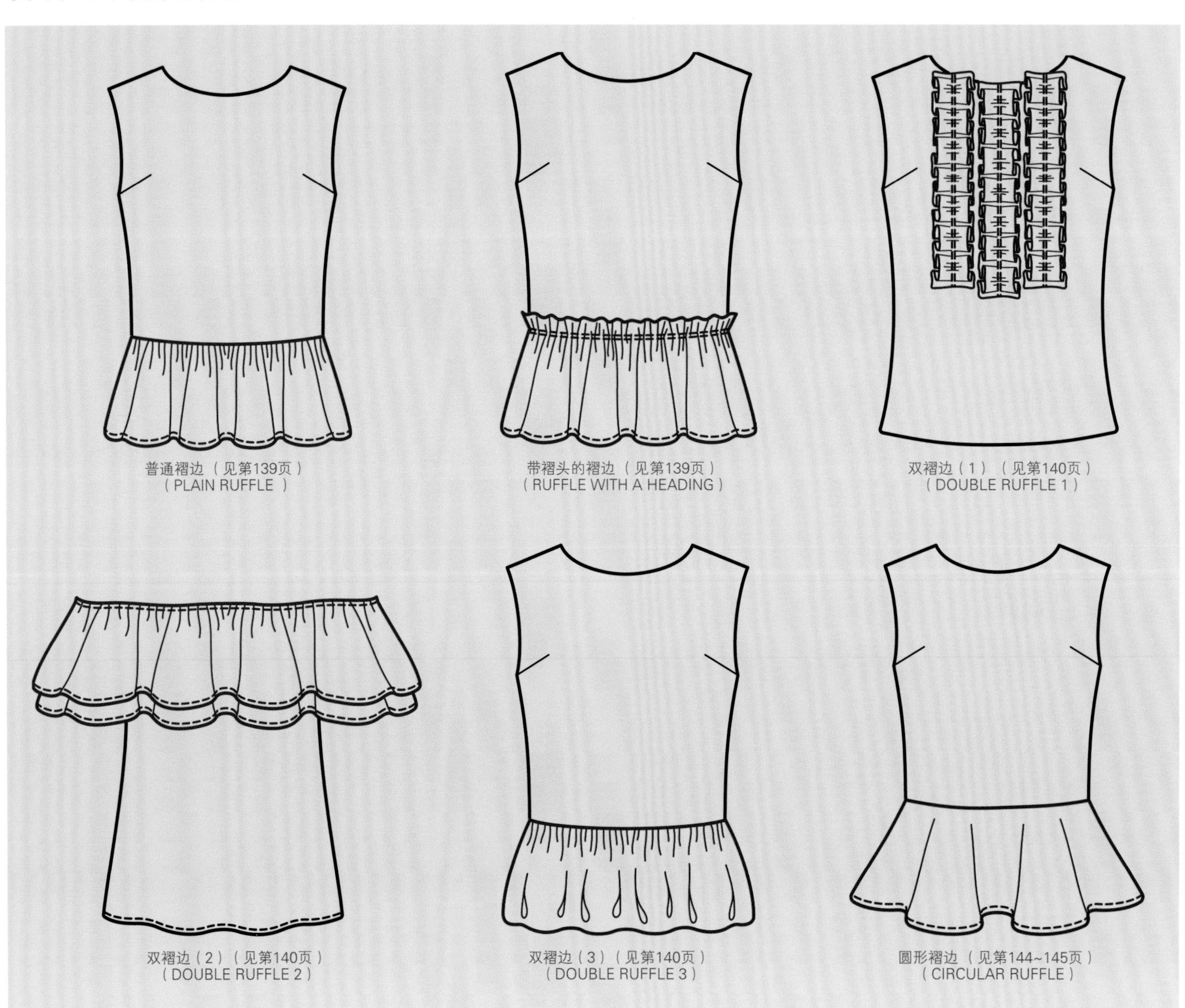

假缝线迹见第89页 • 机缝线迹见第92~93页

普通褶边

难度指数 ★★★★★

一般沿布料纹理裁剪单层布料制作普通褶边。制作褶边的布料长度，至少要是其最终长度的2.5倍。褶边的宽度取决于其用途。

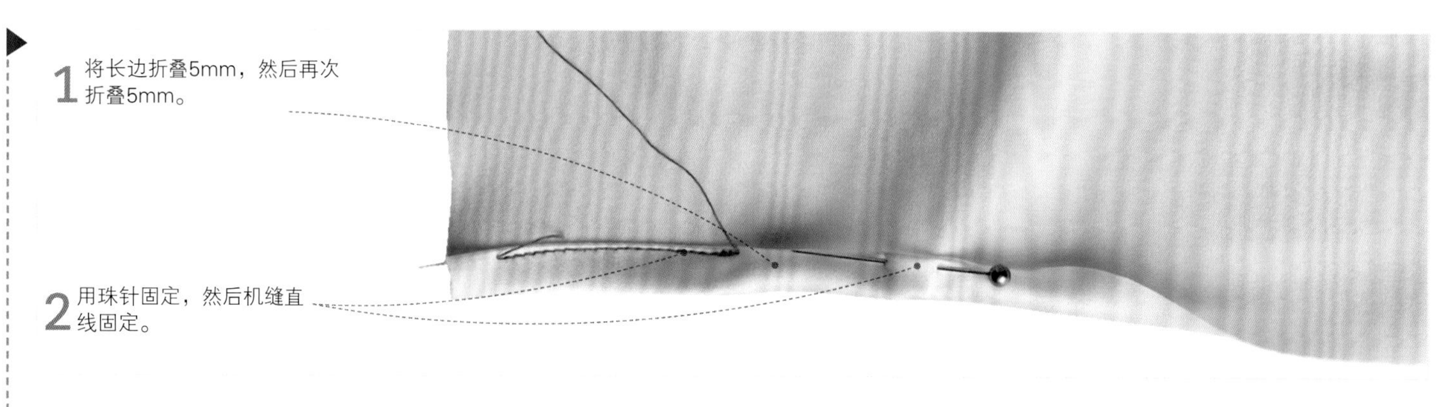

1 将长边折叠5mm，然后再次折叠5mm。

2 用珠针固定，然后机缝直线固定。

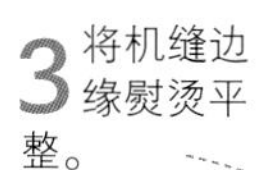

3 将机缝边缘熨烫平整。

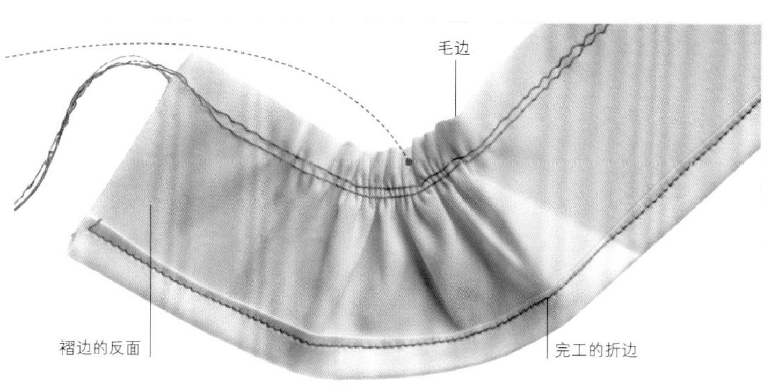

4 距离毛边1cm和1.2cm处，分别缝制两行抽褶线。抽拉缝线，制作出褶裥。褶边的制作就完成了。

带褶头的褶边

难度指数 ★★★★★

这种褶边能增添衣物和软装饰的装饰性。

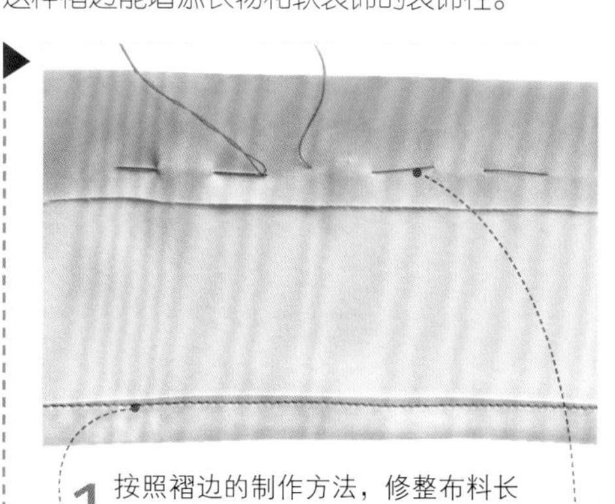

1 按照褶边的制作方法，修整布料长边（见普通褶边的步骤1～3）。

2 向内折入另一条长边——折入的尺寸为所需褶的宽度加上1.5cm的缝份。

3 假缝固定褶头。

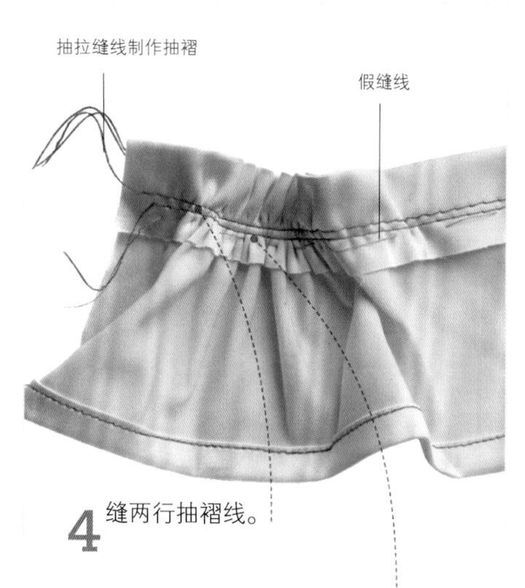

4 缝两行抽褶线。

5 拉紧抽褶线，制作褶裥。

6 抽褶后，缝线的一边是褶边，一边是短短的褶头。抽出假缝线。

如何缝制合身的自由褶见第131页

缝纫技法

双褶边（1）

难度指数 ★★★★★

这种用精细布料制作的褶边，装饰性极强。可在抽褶线中间缝针，将其固定到衣物上。

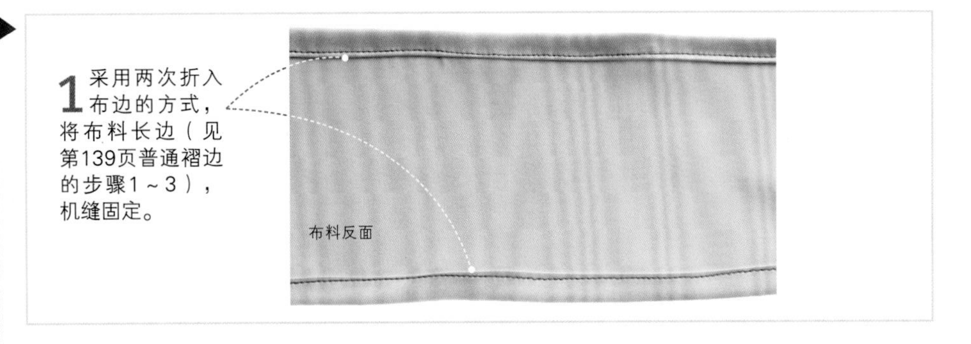

1 采用两次折入布边的方式，将布料长边（见第139页普通褶边的步骤1～3），机缝固定。

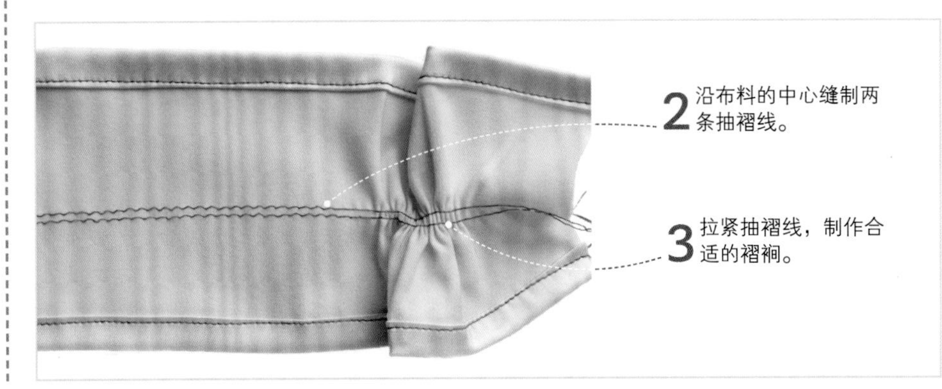

2 沿布料的中心缝制两条抽褶线。

3 拉紧抽褶线，制作合适的褶裥。

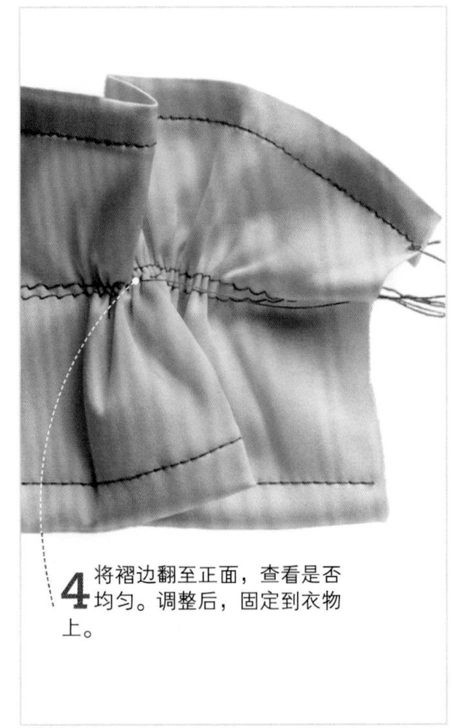

4 将褶边翻至正面，查看是否均匀。调整后，固定到衣物上。

双褶边（2）

难度指数 ★★★★★

由两条普通褶边构成，其中一条较长，一条略短。

1 裁剪两块布料，一块略宽，用于制作褶边。修整其中一条长边（见第139页普通褶边的步骤1～3）。

2 将两块布料正面朝上，沿着毛边用珠针固定在一起。较短的布料在上。

3 穿透两层布料，缝制两行抽褶线。

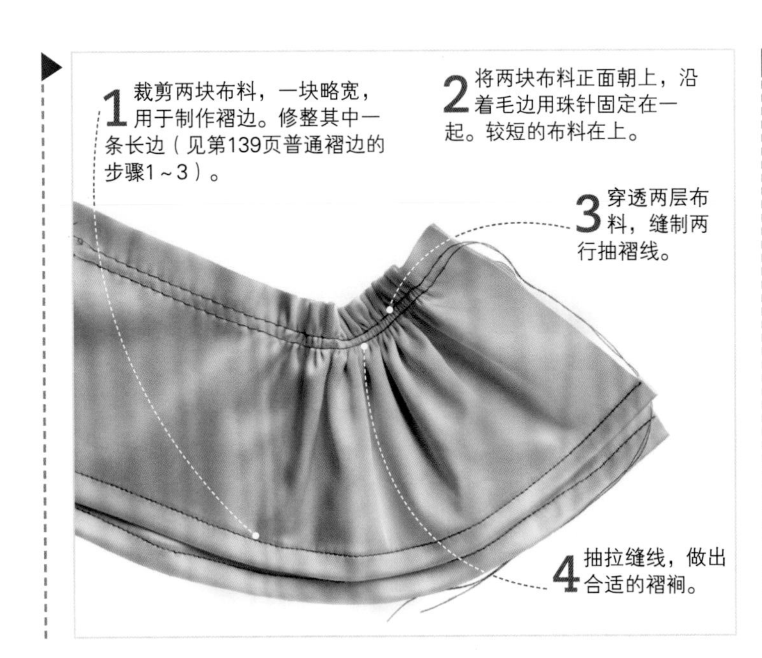

4 抽拉缝线，做出合适的褶裥。

双褶边（3）

难度指数 ★★★★★

适用于容易毛边的布料。

1 裁剪布料，所需量为褶边宽的两倍。

2 将布料反面相对，沿长边对折。

3 将毛边用珠针固定。

4 沿毛边缝入两条抽褶线。

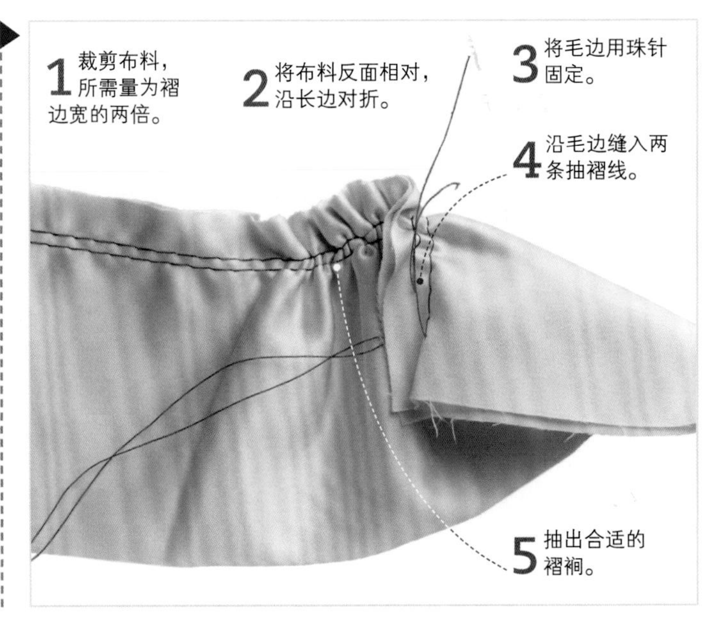

5 抽出合适的褶裥。

机缝线迹见第92~93页 ● 沿转角和弧线缝纫见第102~103页

将褶边固定到接缝

难度指数

褶边制作完成后，可将其缝到接缝上，或是布料的边缘（见第142页）。下面介绍两种适合单层和双层褶边的技巧。

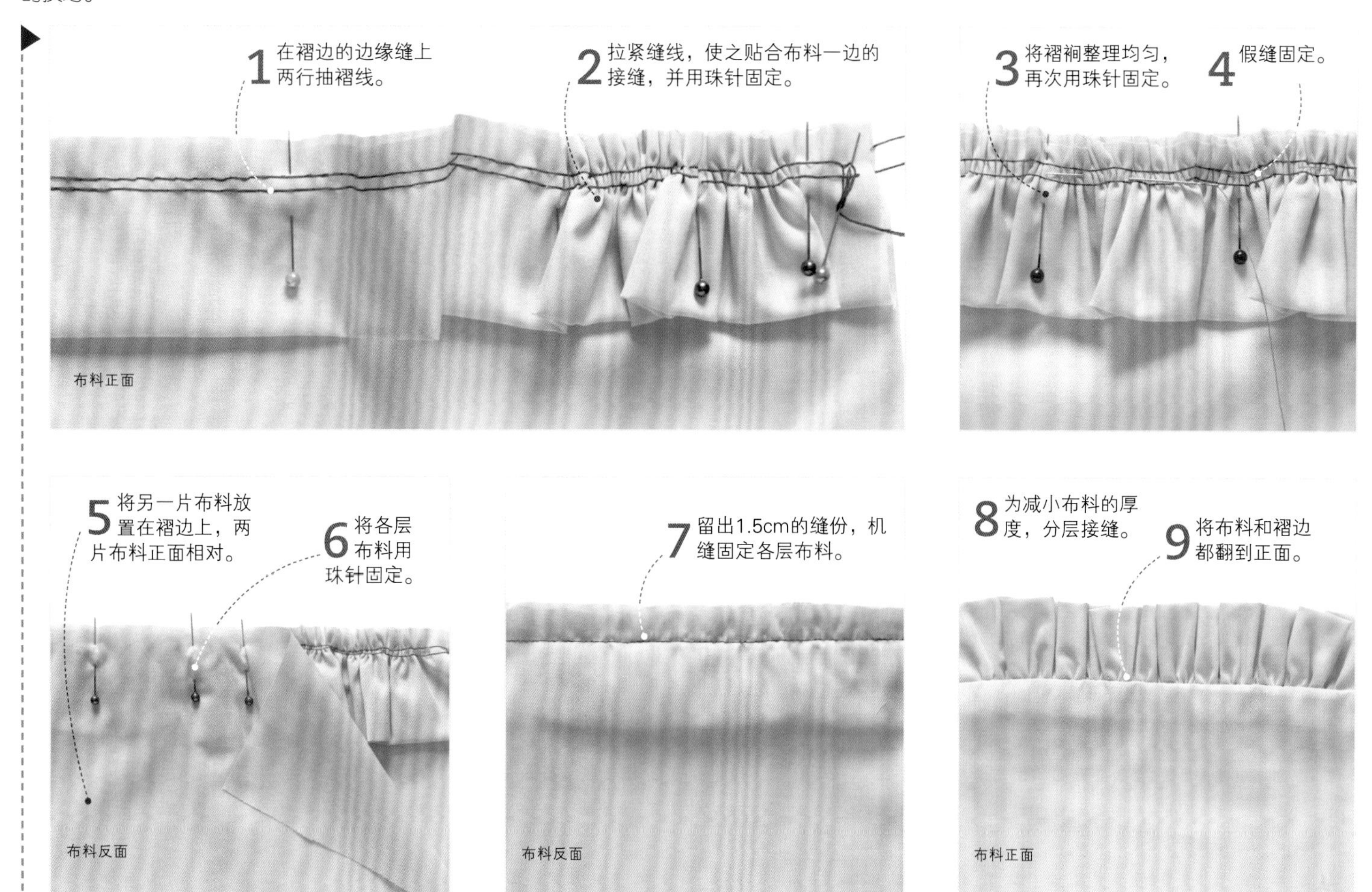

将褶边沿边角缝合

难度指数

将褶边固定到边角，并使其棱角分明，并不容易。简单的做法是在缝合褶边时，就确保褶裥贴合弯角。

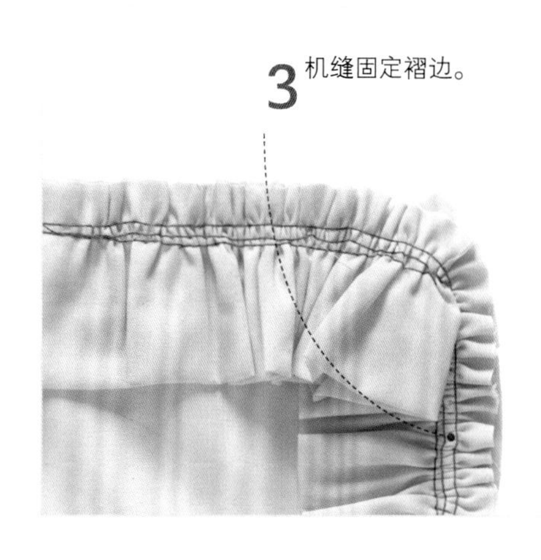

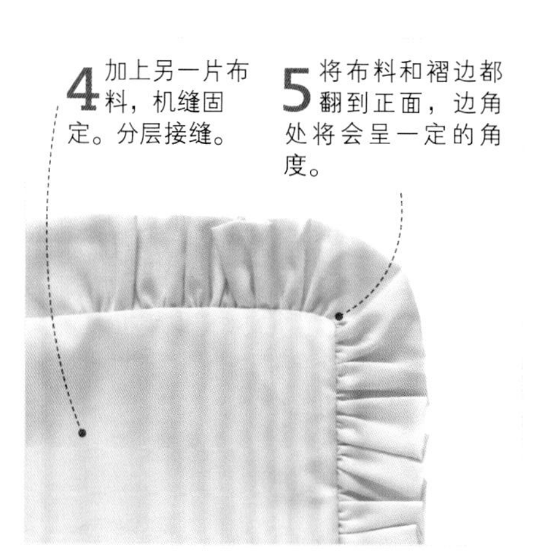

接缝的分层处理见第104页 • 如何缝制合身的自由褶见第131页

将褶边固定到布边

难度指数 ★★★★★

如果褶边不是在接缝处，那么就要将它固定到布料边缘。修整接缝的布边时，最好使用不太明显的滚边的方式。漏落缝，也就是用缝份包缝自身的方法，适合于精细布料。对于厚的布料，使用斜裁边条进行包边。

漏落缝

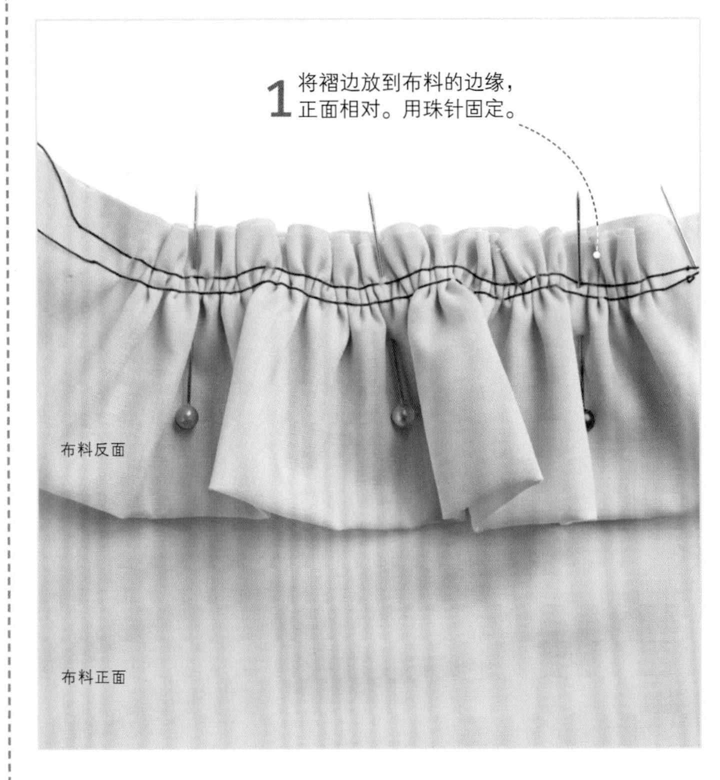

1 将褶边放到布料的边缘，正面相对。用珠针固定。

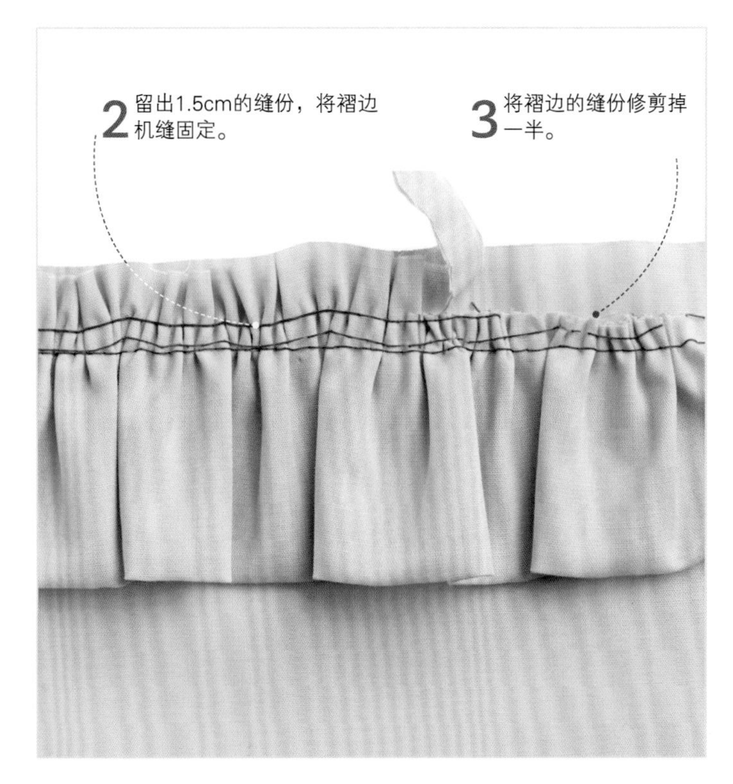

2 留出1.5cm的缝份，将褶边机缝固定。

3 将褶边的缝份修剪掉一半。

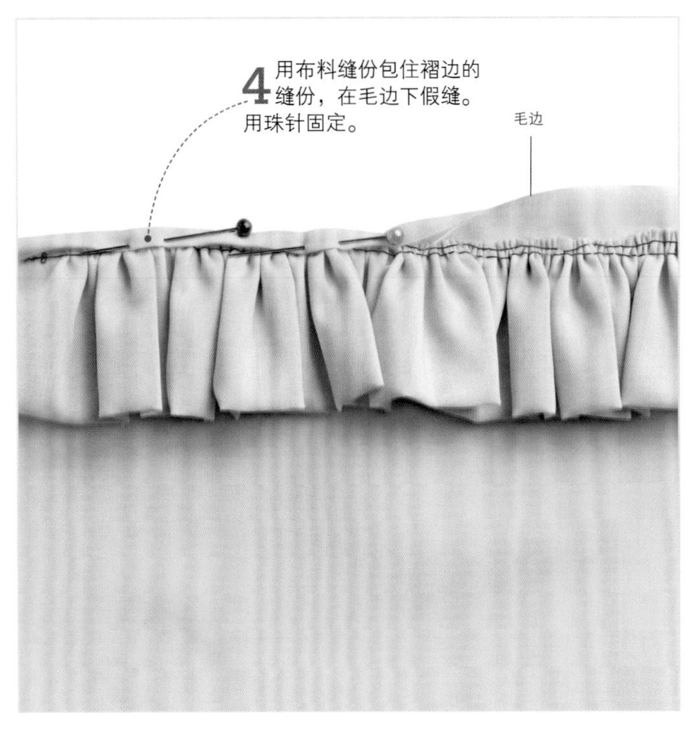

4 用布料缝份包住褶边的缝份，在毛边下假缝。用珠针固定。

5 机缝固定包边。确保只与接缝相连。

机缝线迹见第92~93页 ● 修整接缝见第95页 ● 漏落缝见第98页

斜裁滚边条包边

1 褶边与布料边缘正面相对，缝份为1.5cm（见第142页的步骤1、2），机缝固定。

2 使用2cm宽的斜裁滚边条。沿斜裁滚边条的折痕将其缝合到机缝线迹上。

3 修剪两边的缝份。

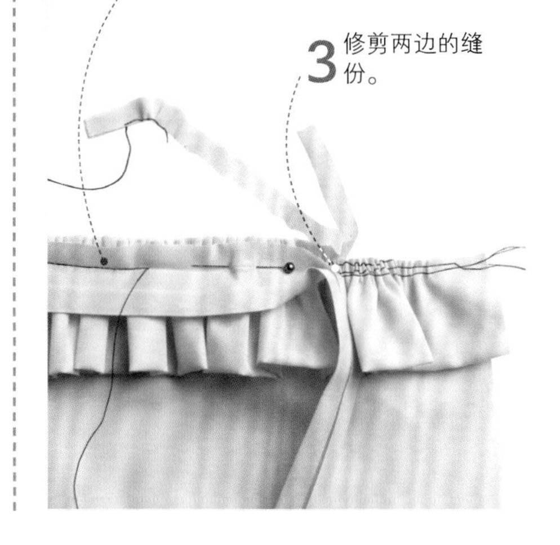

4 用斜裁滚边条包住接缝的反面，并用珠针固定。

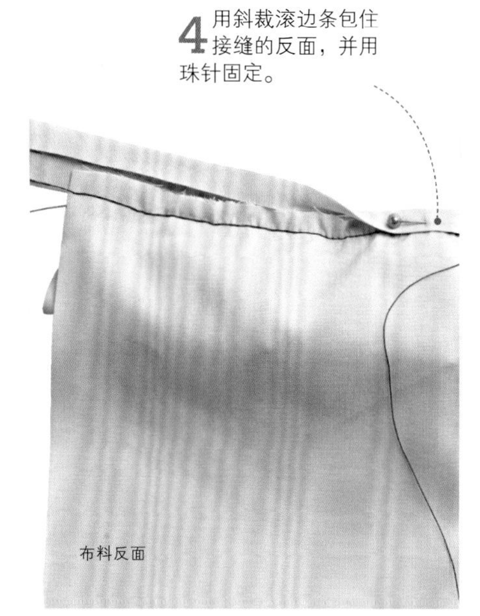

5 在斜裁滚边条另一边的靠近折边处，机缝固定。

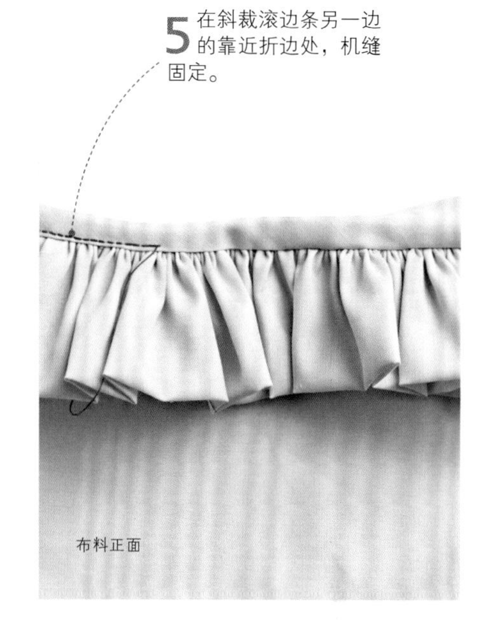

将双褶边固定到布边

难度指数 ★★★★★

这种方式能将接缝掩盖起来，效果非常好。先将褶边缝到作品的反面，然后折到正面。

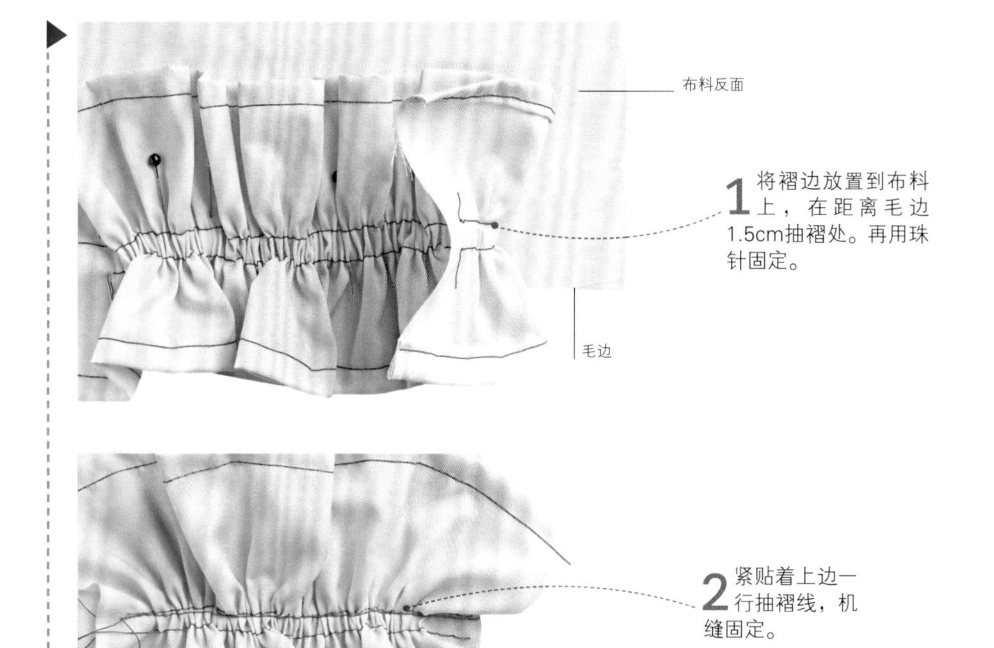

1 将褶边放置到布料上，在距离毛边1.5cm抽褶处。再用珠针固定。

2 紧贴着上边一行抽褶线，机缝固定。

3 将褶边翻到布料正面。将褶边后面的缝份修剪掉一半。

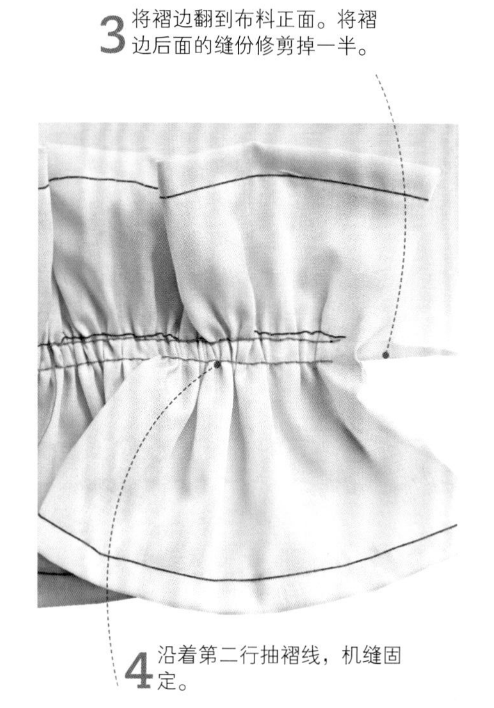

4 沿着第二行抽褶线，机缝固定。

斜裁滚边条包边见第244页

圆形褶边

难度指数 *****

制作圆形褶边时，无须缝制抽褶线，而是将圆形的中间部分剪掉，作为接缝。圆形的内边拉伸、固定后能够形成鼓起的效果。制作圆形褶边时需要纸样。

制作圆形褶边的纸样

1 需要纸板裁剪纸样，需要一个圆规或者在铅笔上系上一条线做成简易圆规。

2 画出内圆，其周长应为安装褶边的接缝长度，在每一块褶边的两端加上3cm作为缝份。可以将几块褶边缝在一起，得到更大的长度。

3 在内圆周围1.5cm处每一个小圆，作为缝合褶边的缝份。

4 从接缝线量出褶边的宽度，画出外圆。

5 按照纸样分别剪出外圆和内圆，从外边向内边裁剪。

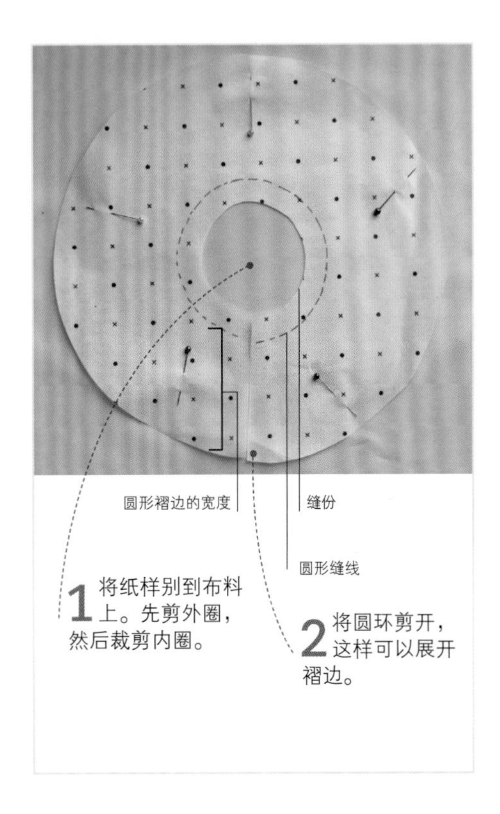

1 将纸样别到布料上。先剪外圈，然后裁剪内圈。

2 将圆环剪开，这样可以展开褶边。

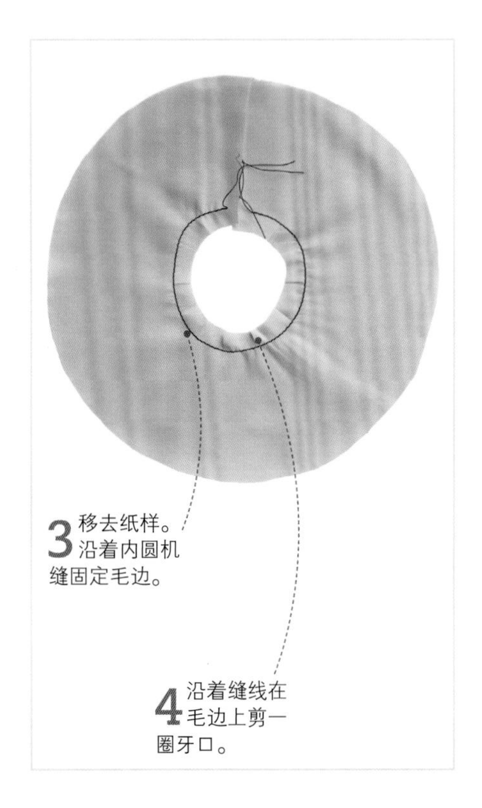

3 移去纸样。沿着内圆机缝固定毛边。

4 沿着缝线在毛边上剪一圈牙口。

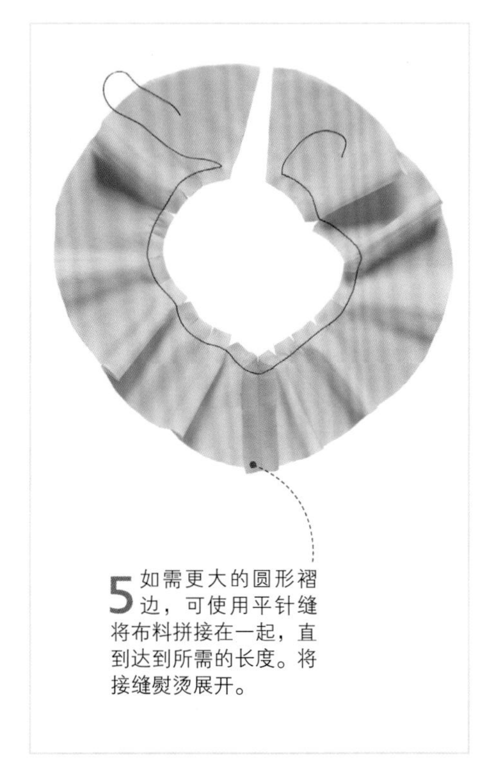

5 如需更大的圆形褶边，可使用平针缝将布料拼接在一起，直到达到所需的长度。将接缝熨烫展开。

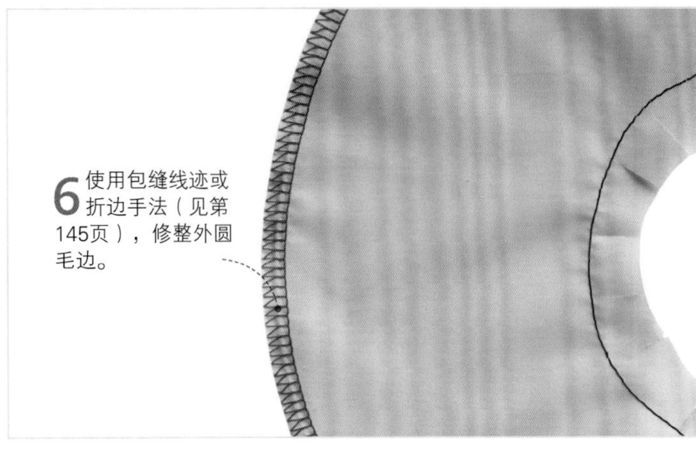

6 使用包缝线迹或折边手法（见第145页），修整外圆毛边。

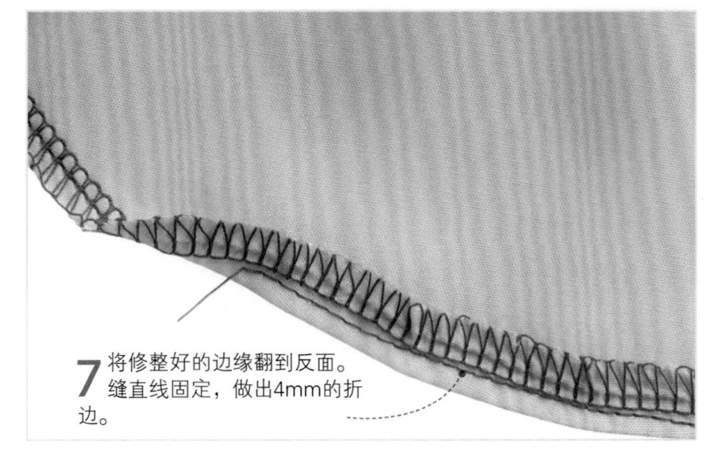

7 将修整好的边缘翻到反面。缝直线固定，做出4mm的折边。

缝纫机配件见第32~33页 ● 包缝机见第34~35页 ● 机缝线迹见第92~93页

8 将褶边放到需要固定的位置，布料正面相对。用珠针固定。

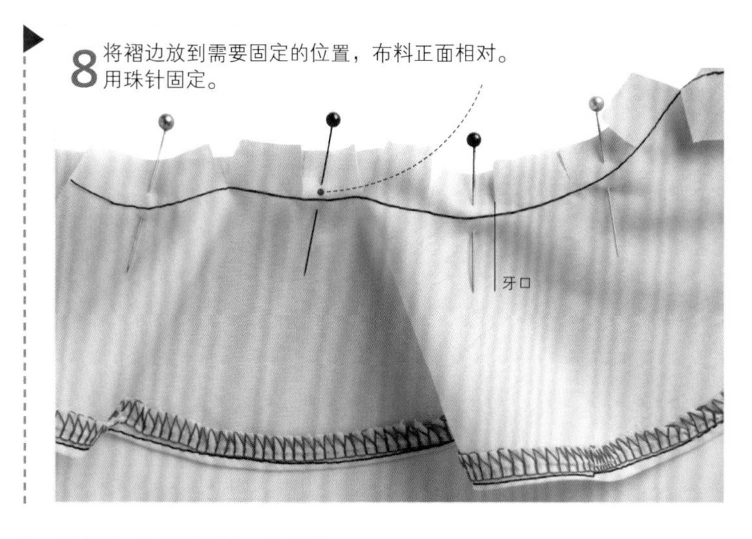

9 在折边固定线的下方，机缝固定。

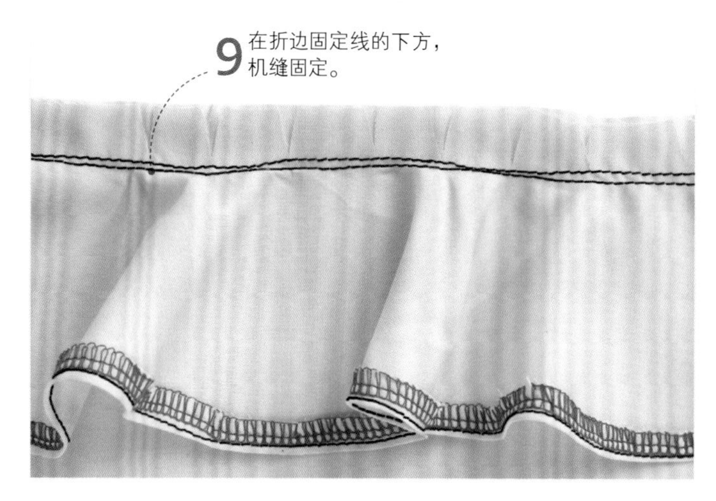

制作卷边来修整褶边边缘

另一种修整外边缘的方法是使用缝纫机的卷边压脚和直线缝。

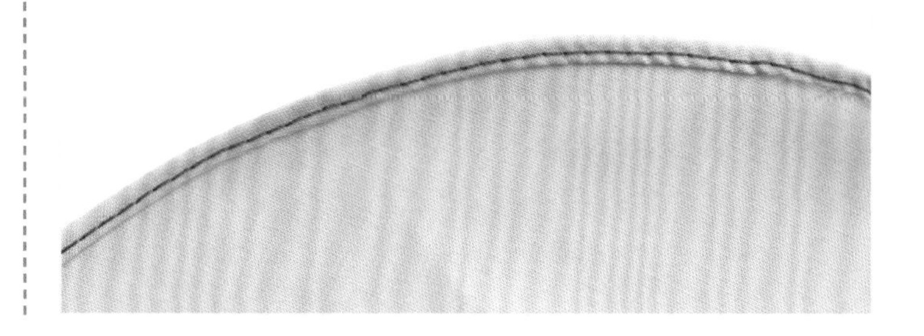

还有一种卷边的方法是使用缝纫机的卷边压脚和Z字线迹。

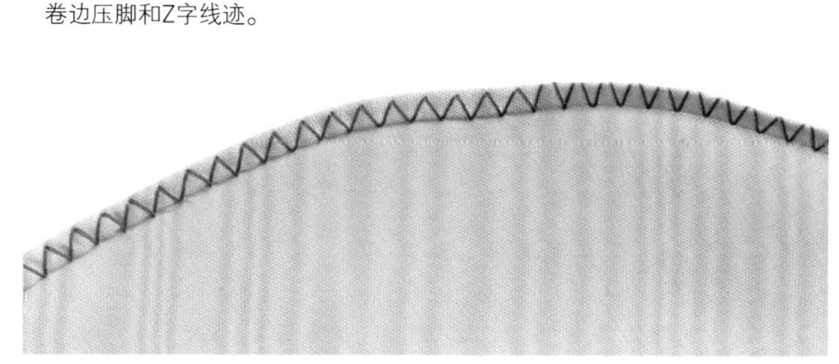

双层圆形褶边

难度指数 ★★★★★

在像雪纺绸或丝绸这种非常轻薄的布料上，为达到更好的效果，一般建议制作双层褶边。使用这种方法时不用修整布边。

1 裁剪两块圆形褶边（见第144页），将它们正面相对，缝合在一起。用珠针固定。

2 使用1.5cm的缝份，将外边机缝固定。并继续机缝短边。

在短边留出返口

3 将缝份剪去一半。

4 剪出V形牙口，减少布料的厚度。

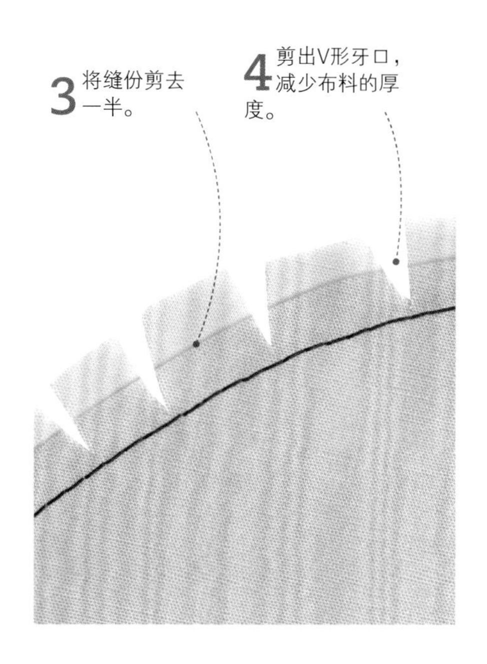

5 翻至正面，挑出边角。熨烫。

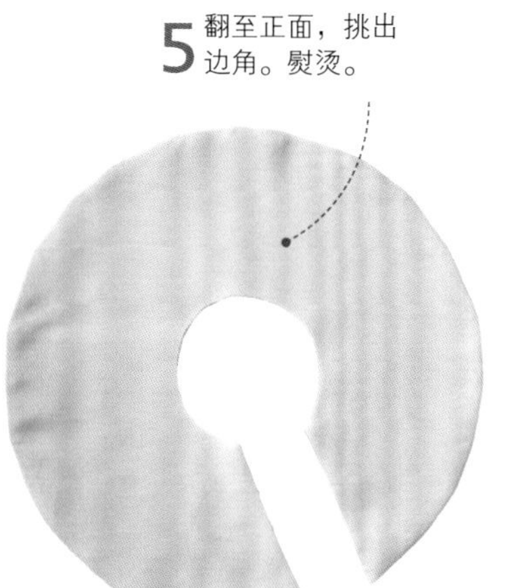

6 机缝固定两层内边。褶边制作完成（见本页上步骤8、9）。

贴边和领口

贴边是修整衣服边缘的好方法。贴边是缝于衣服领口、袖窿和腰线的窄布条，一般通过添加衬布而使之硬挺，可以使布边更结实。

缝纫技法

贴边和领口的种类与制作

修整衣领或者袖窿最简单的方式就是贴边。通过贴边，可以将领口做成各种各样的形状，可以是圆领、方领，也可以是V形领等。贴边和领口的形状可以为衣服的后身片或前身片添色不少。

各种不同的领口

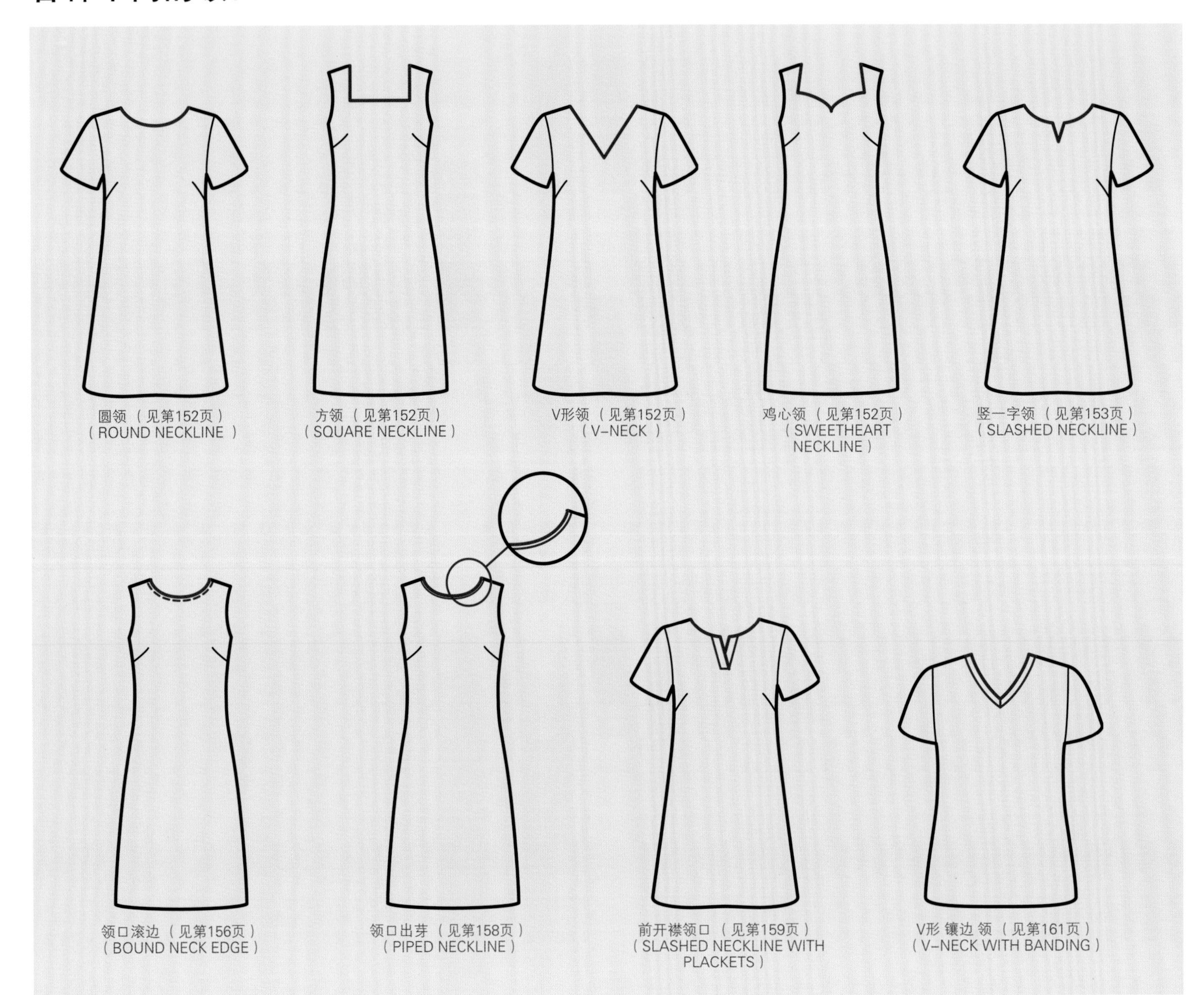

如何粘贴热熔黏合衬见第54页 • 假缝线迹见第89页

给贴边加热熔黏合衬

难度指数 ✱✱✱✱✱

所有的贴边都需要热熔黏合衬。黏合衬可以使贴边更有型。热熔黏合衬使用起来最为方便。热熔黏合衬的裁剪方向应与贴边的裁剪方向一致。热熔黏合衬要选择比主布料轻的布料。

▶ 厚布料的热熔黏合衬

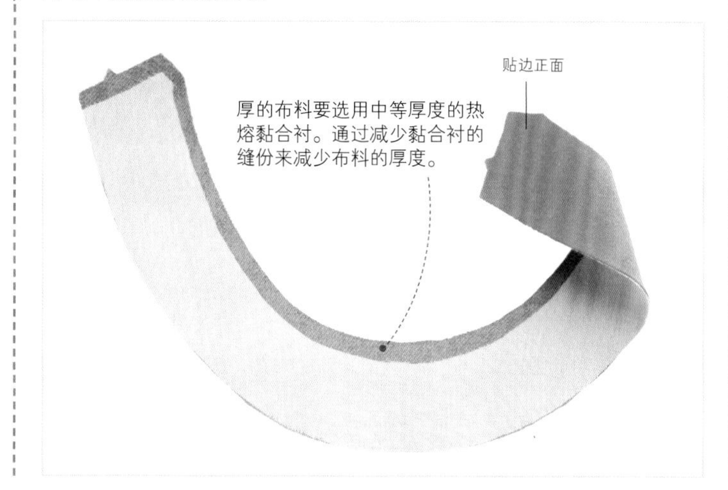

▶ 轻薄布料的热熔黏合衬

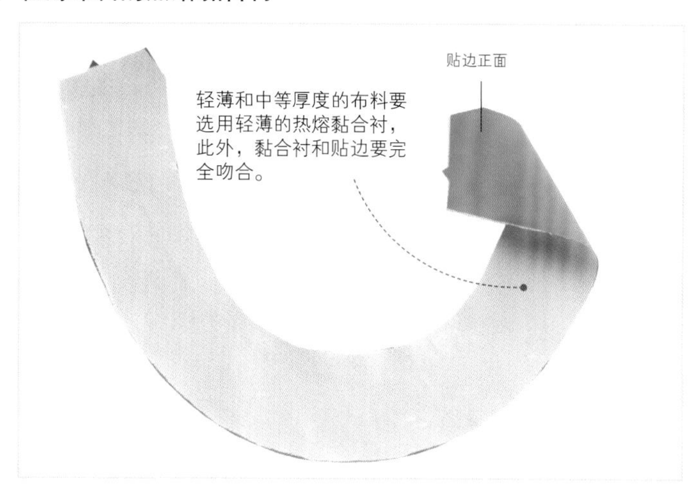

贴边的结构

难度指数 ✱✱✱✱✱

为了更好地与领口和袖窿贴合，贴边可以裁剪成两三片。在缝合之前要先将贴边的各个部分缝合在一起。这里图片显示的领口贴边裁剪成三片，并加有热熔黏合衬。

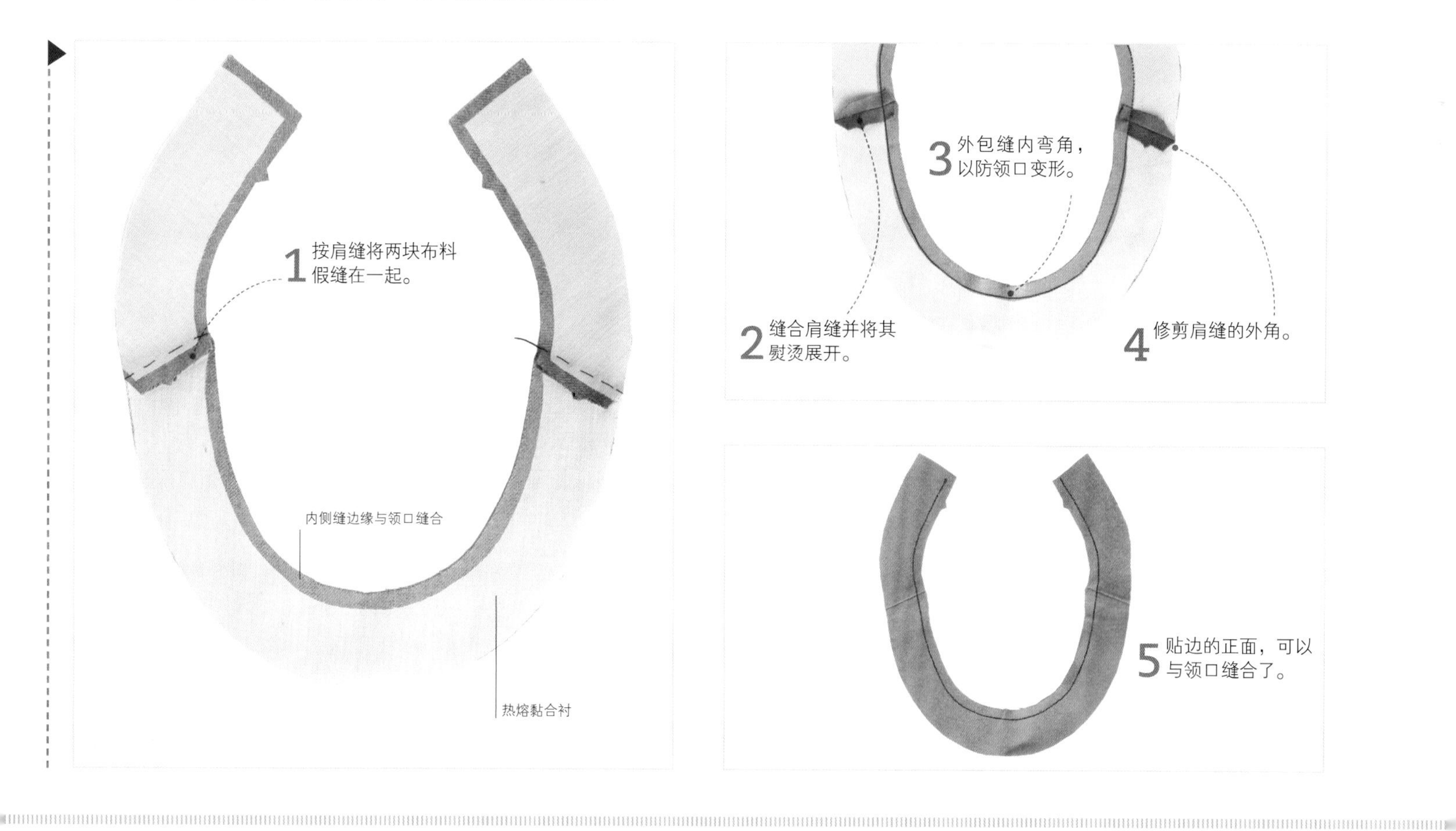

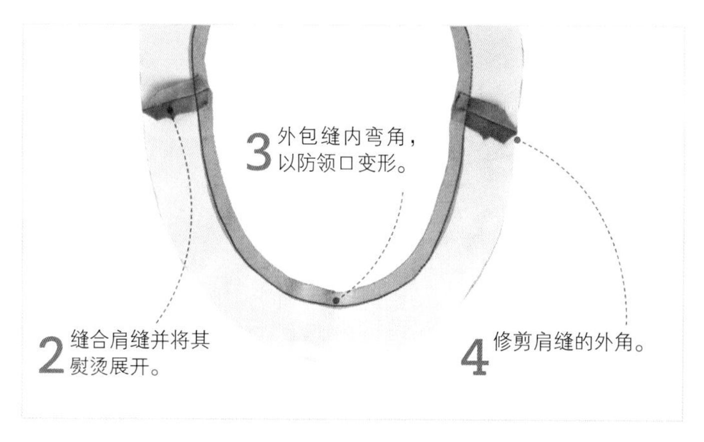

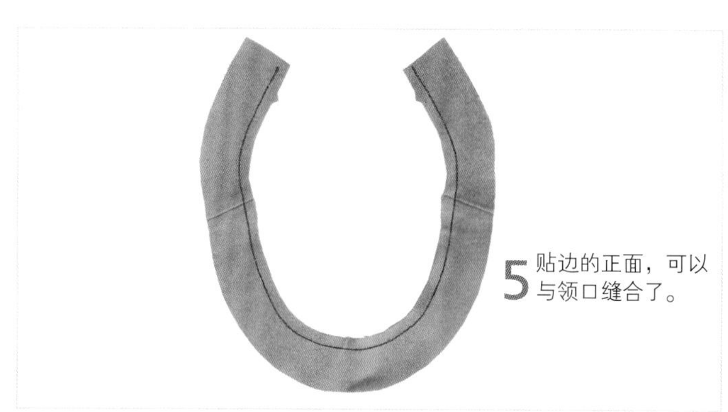

机缝线迹见第92~93页

贴边的修整

难度指数 ★★★★★

为了防止毛边，贴边的外边需要修整一下。有好几种方式都可以达到这样的效果。其中一种就是滚边，滚边可以让一件成衣显得更奢华，同时也为衣服增加一抹独特的设计风格。此外，也可以锁边或者剪成锯齿边（见第151页）。

▶ 如何裁剪斜滚边条

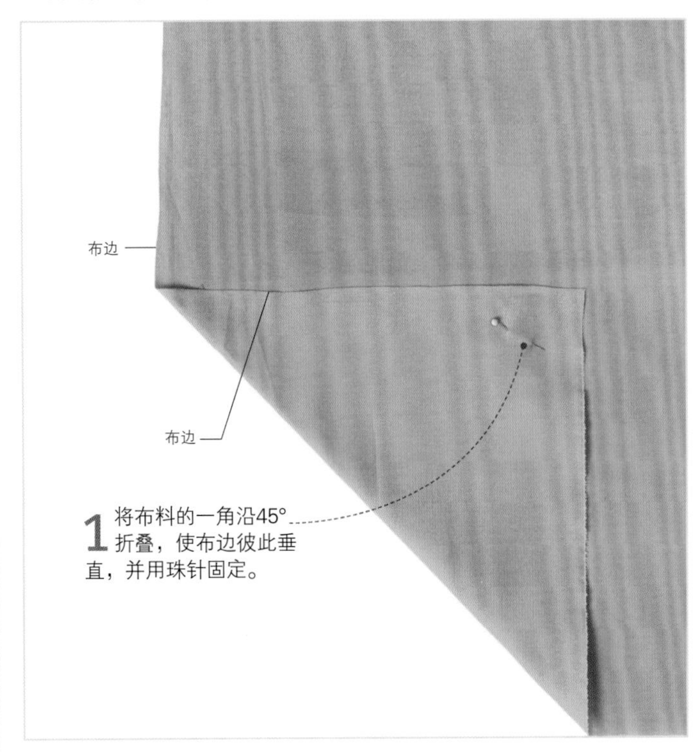

1 将布料的一角沿45°折叠，使布边彼此垂直，并用珠针固定。

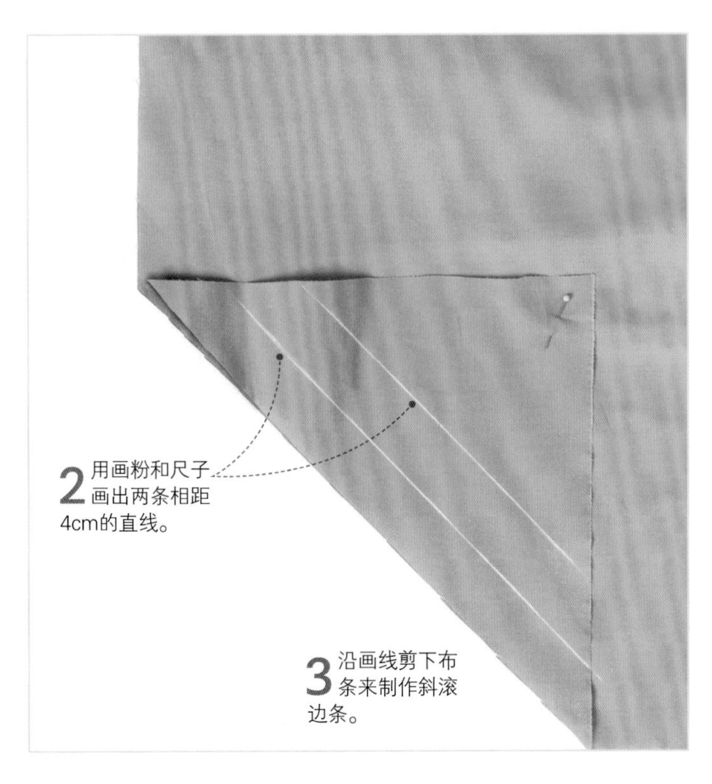

2 用画粉和尺子画出两条相距4cm的直线。

3 沿画线剪下布条来制作斜滚边条。

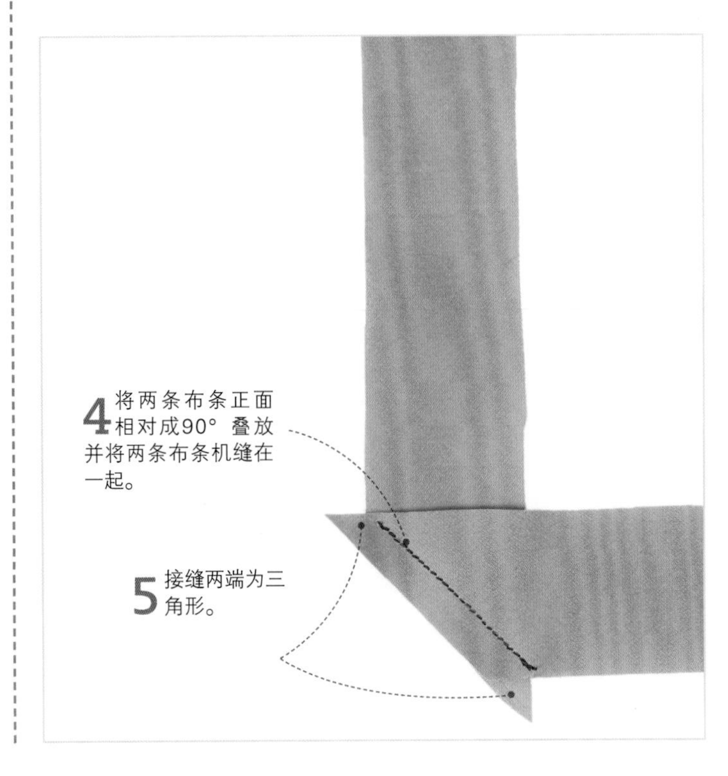

4 将两条布条正面相对成90° 叠放并将两条布条机缝在一起。

5 接缝两端为三角形。

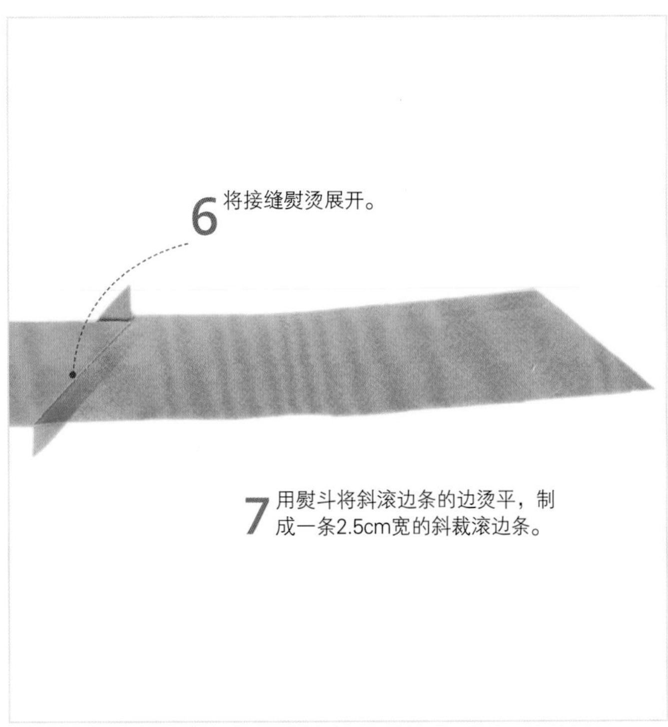

6 将接缝熨烫展开。

7 用熨斗将斜滚边条的边烫平，制成一条2.5cm宽的斜裁滚边条。

▶ 用斜裁滚边条包边

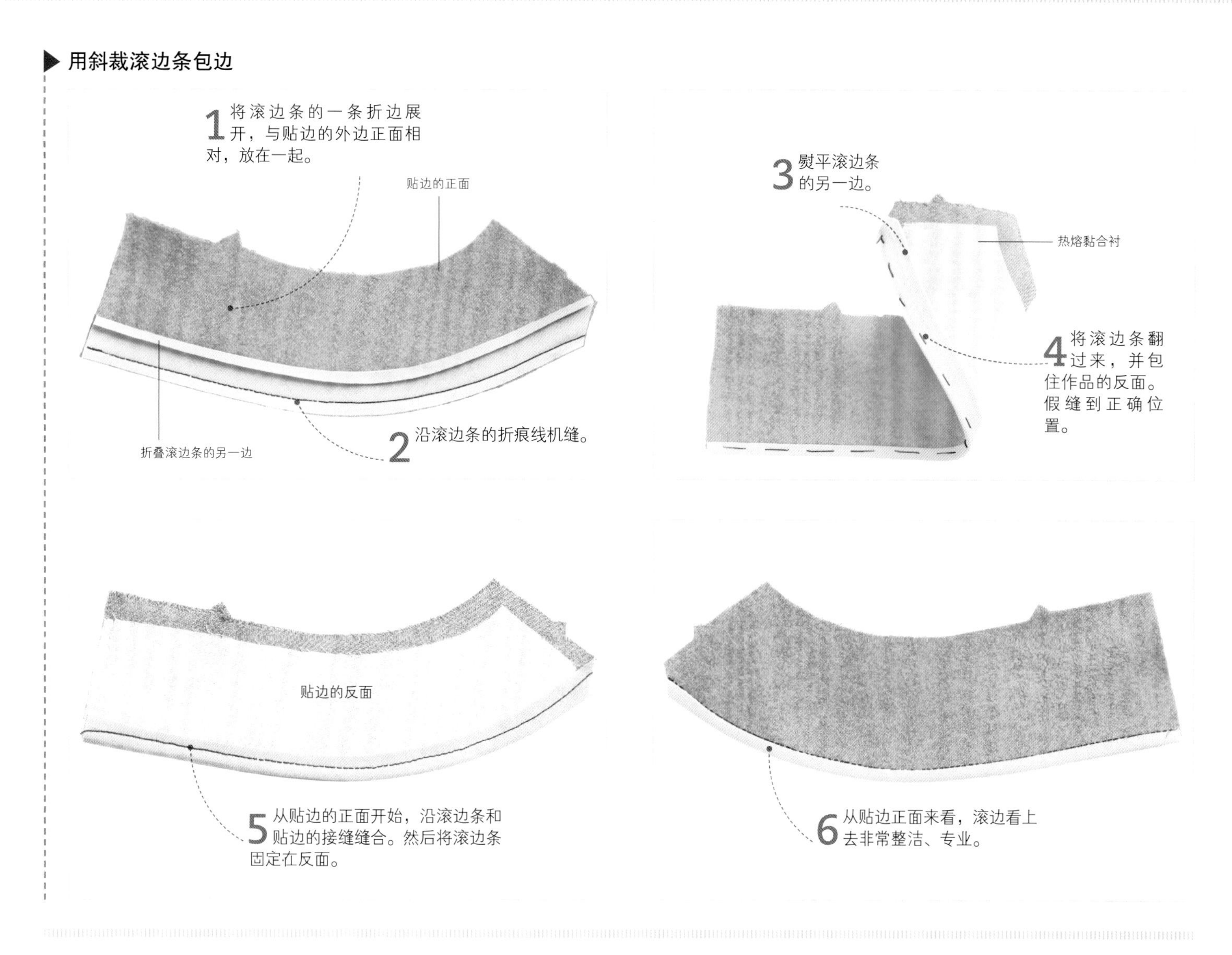

其他修整方法

难度指数 *****

以下这些也是比较流行的修整衣边的方法。具体选择哪一种还要取决于衣服的式样和使用的布料。

▶ 包缝

▶ 锯齿边

▶ Z字线迹

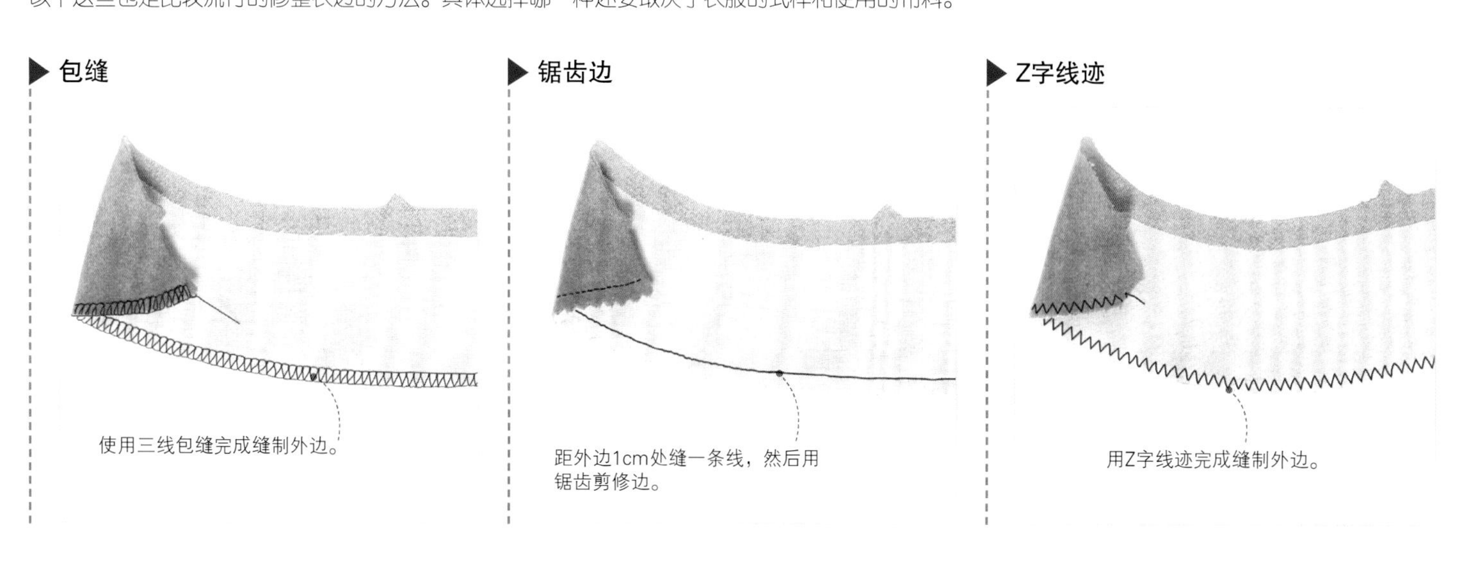

使用三线包缝完成缝制外边。

距外边1cm处缝一条线，然后用锯齿剪修边。

用Z字线迹完成缝制外边。

假缝线迹见第89页 • 机缝线迹见第92~93页

领口的贴边

难度指数 

这一技术适用于各种形状的领口，圆领、方领、V形领、鸡心领都可以使用。

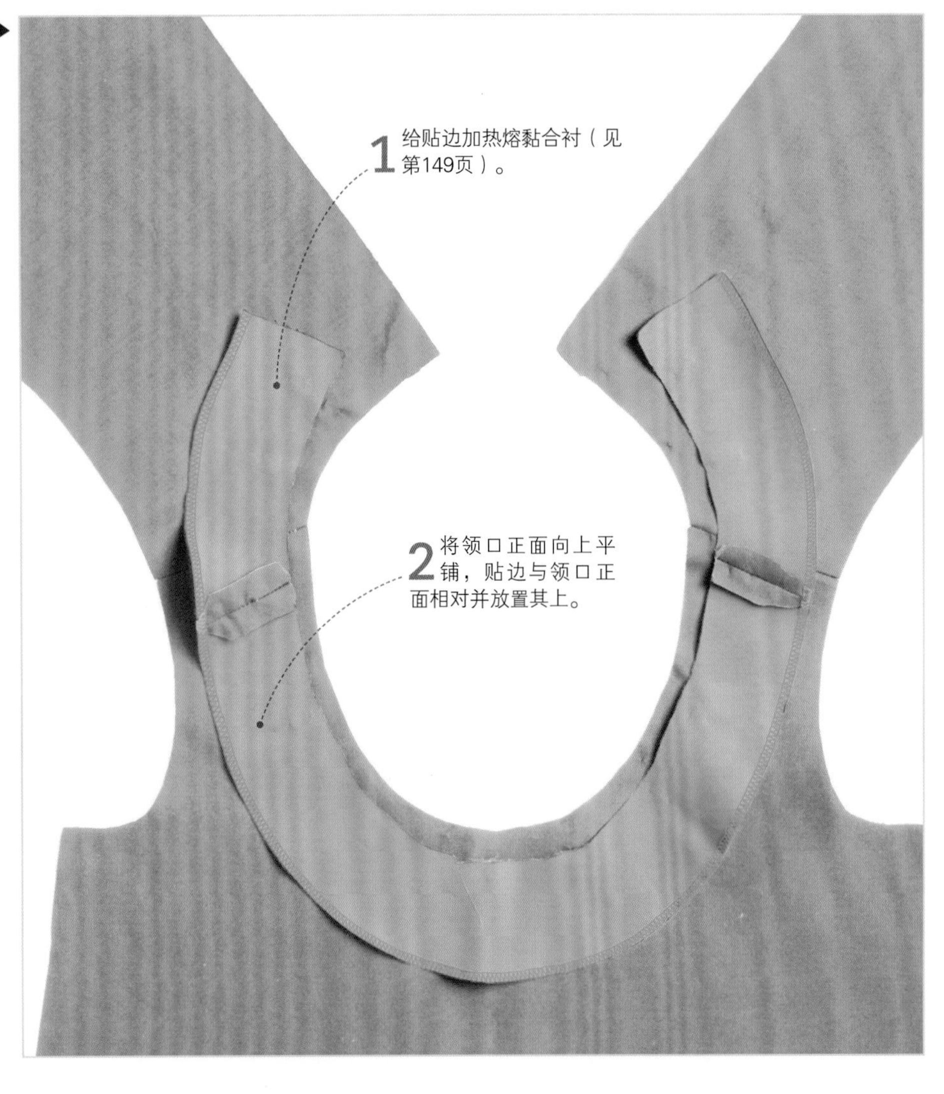

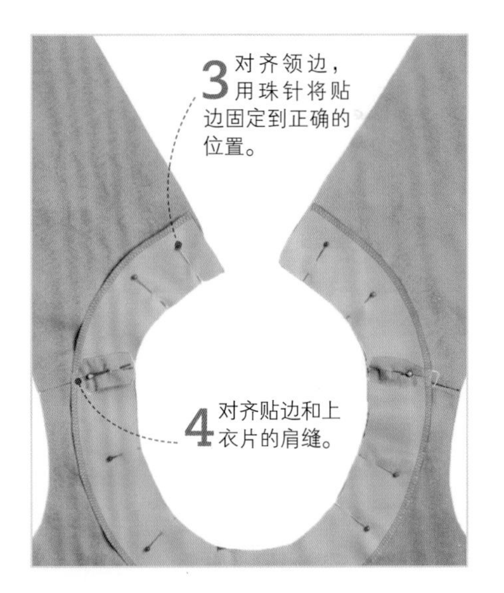

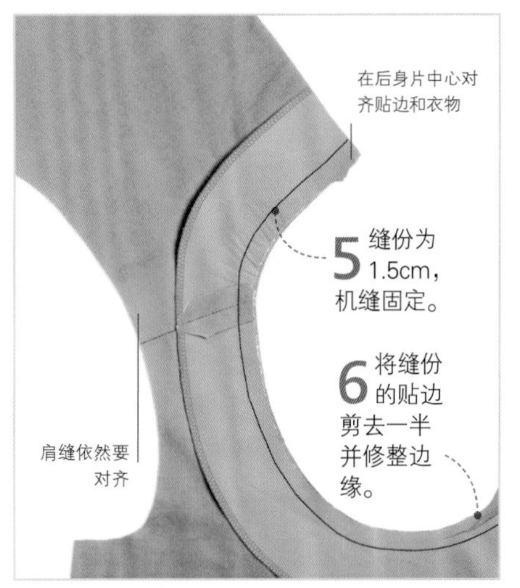

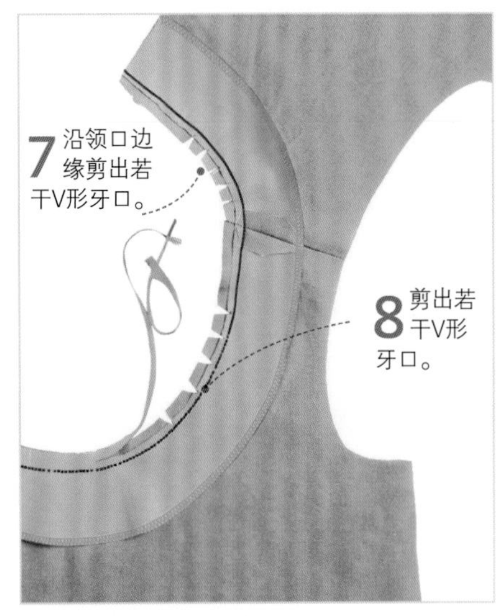

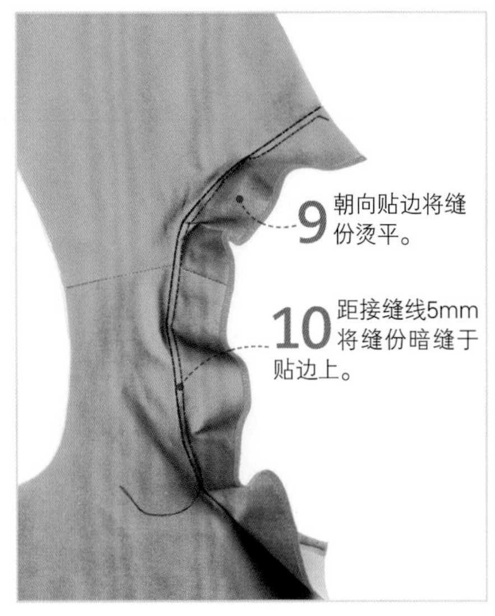

如何粘贴热熔黏合衬见第54页 • 转绘纸样见第82~83页 • 机缝线迹见第92~93页

竖一字领的贴边

难度指数 ★★★★★

竖一字领可置于前身片中间，也可置于后身片中心，可以方便紧身衣服的穿脱。

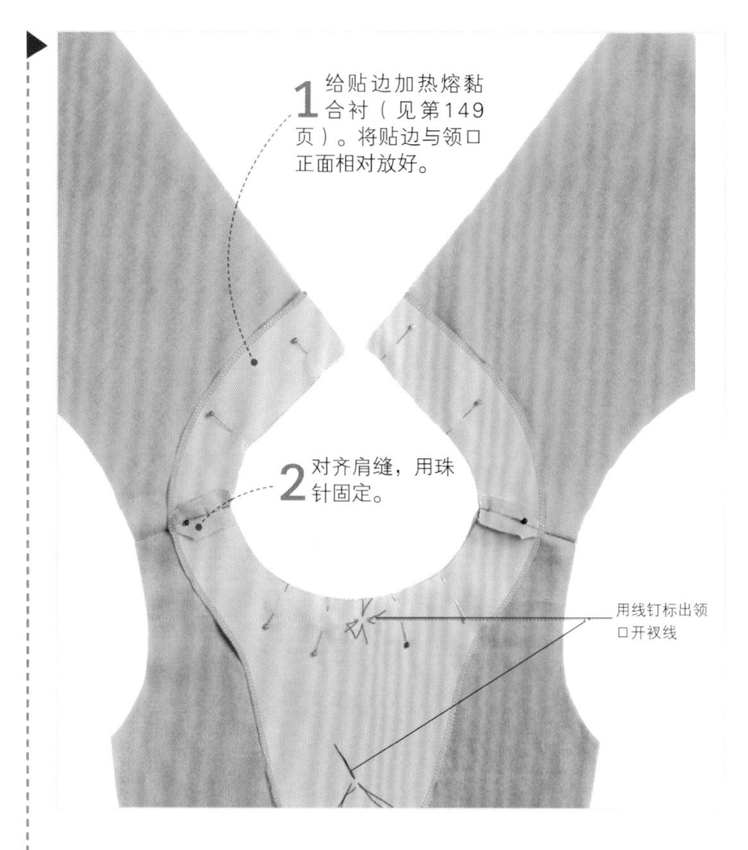

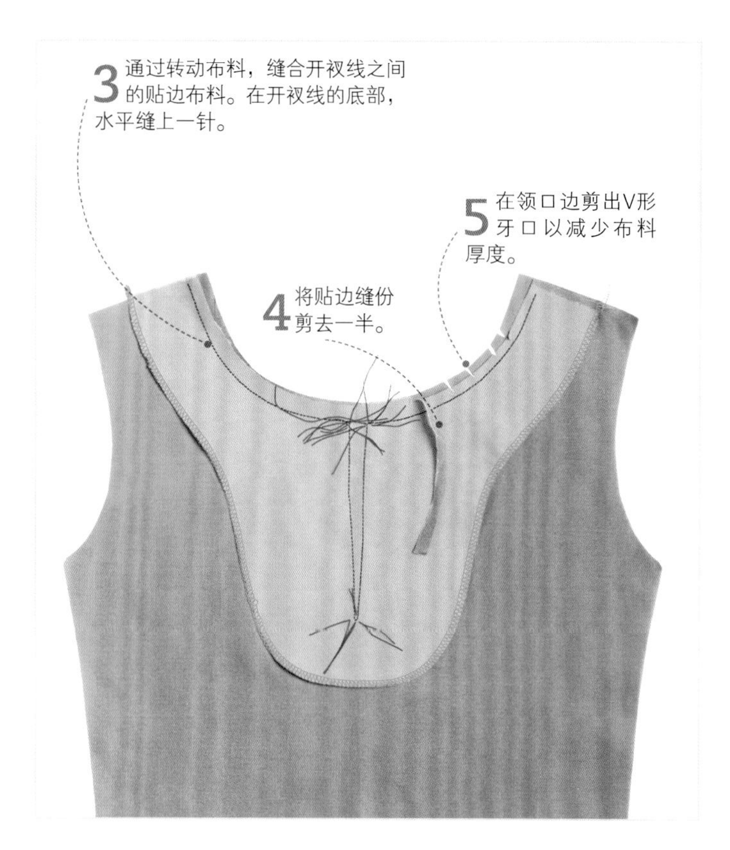

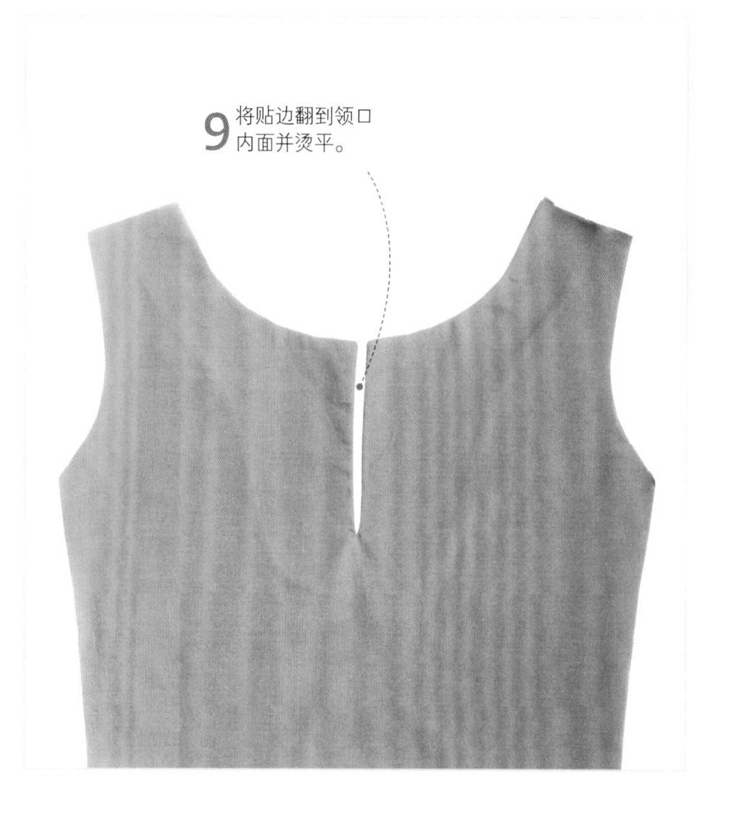

沿转角和弧线缝纫见第102~103页 ● 修剪缝份见第104~105页 ● 给贴边加热熔黏合衬见第149 页

缝纫技法

袖窿贴边

难度指数 ★★★★★

对于无袖衫来说，贴边可以修整袖口，减少布料厚度，避免毛边。此外，由于贴边使用的是与衣物相同的布料，所以也不影响美观。

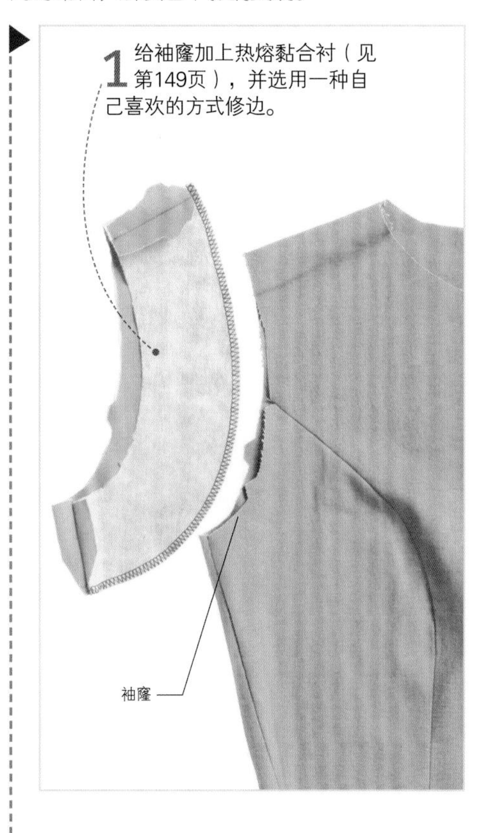

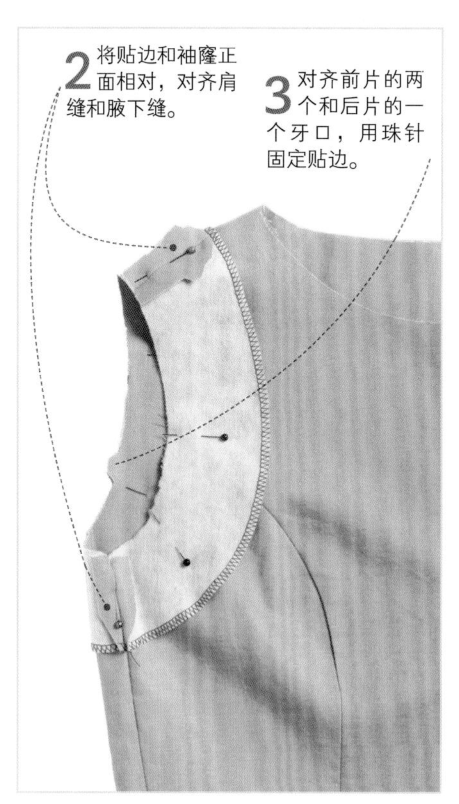

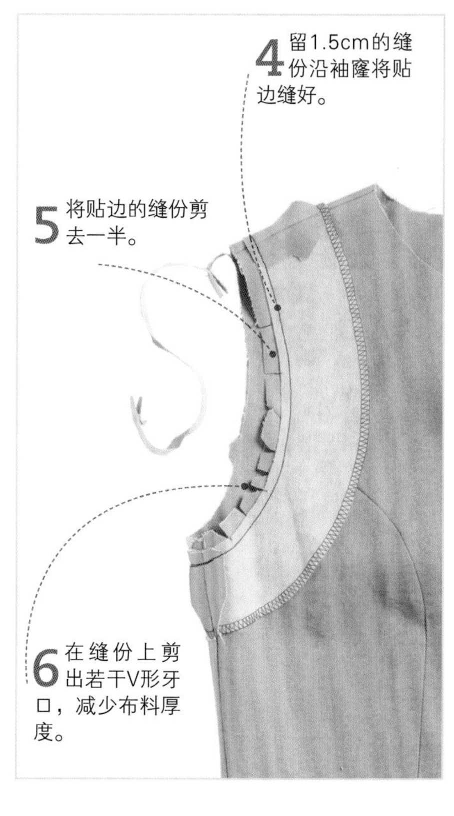

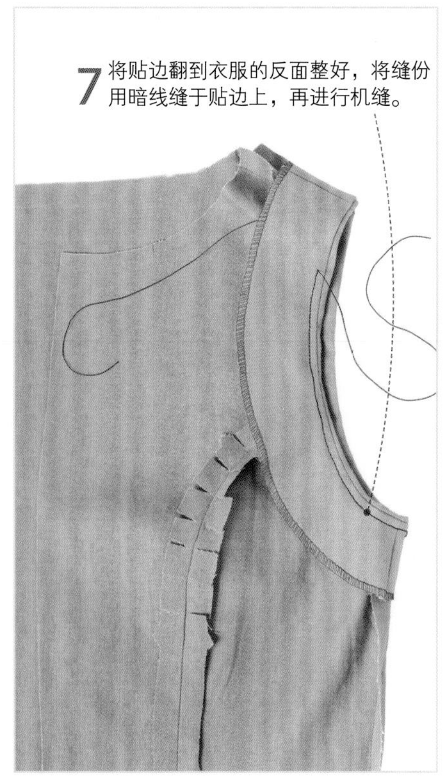

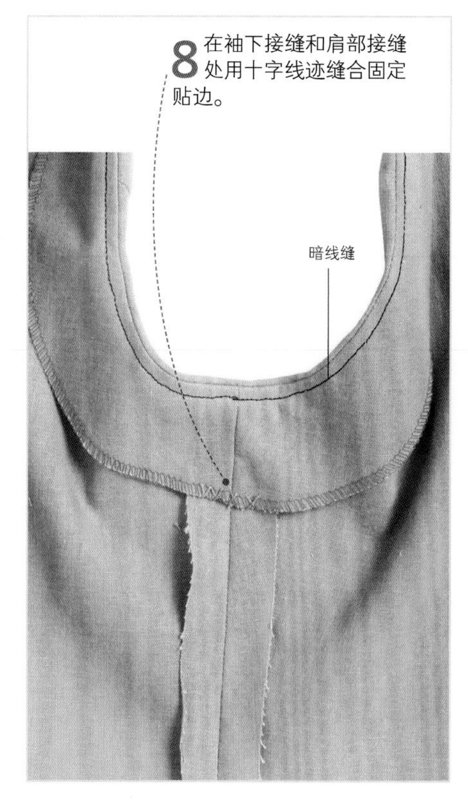

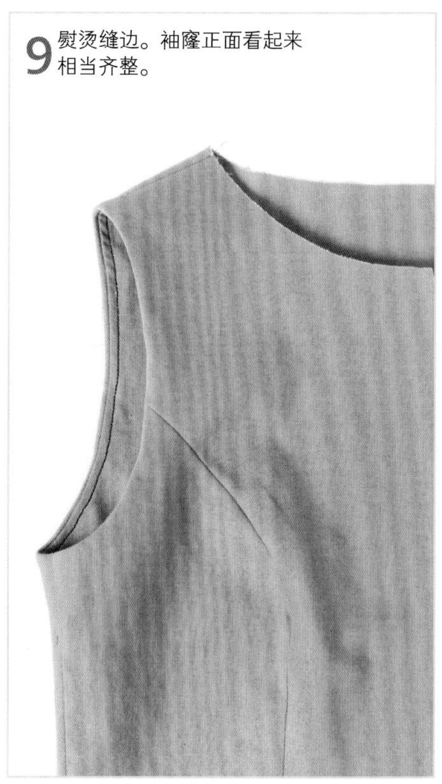

如何粘贴热熔黏合衬见第54页

领口连袖窿贴边

难度指数 ★★★★★

这一类贴边可以同时修整领口和袖窿，缝制好领口连袖窿贴边后，再缝制后身片中缝和侧片的接缝。

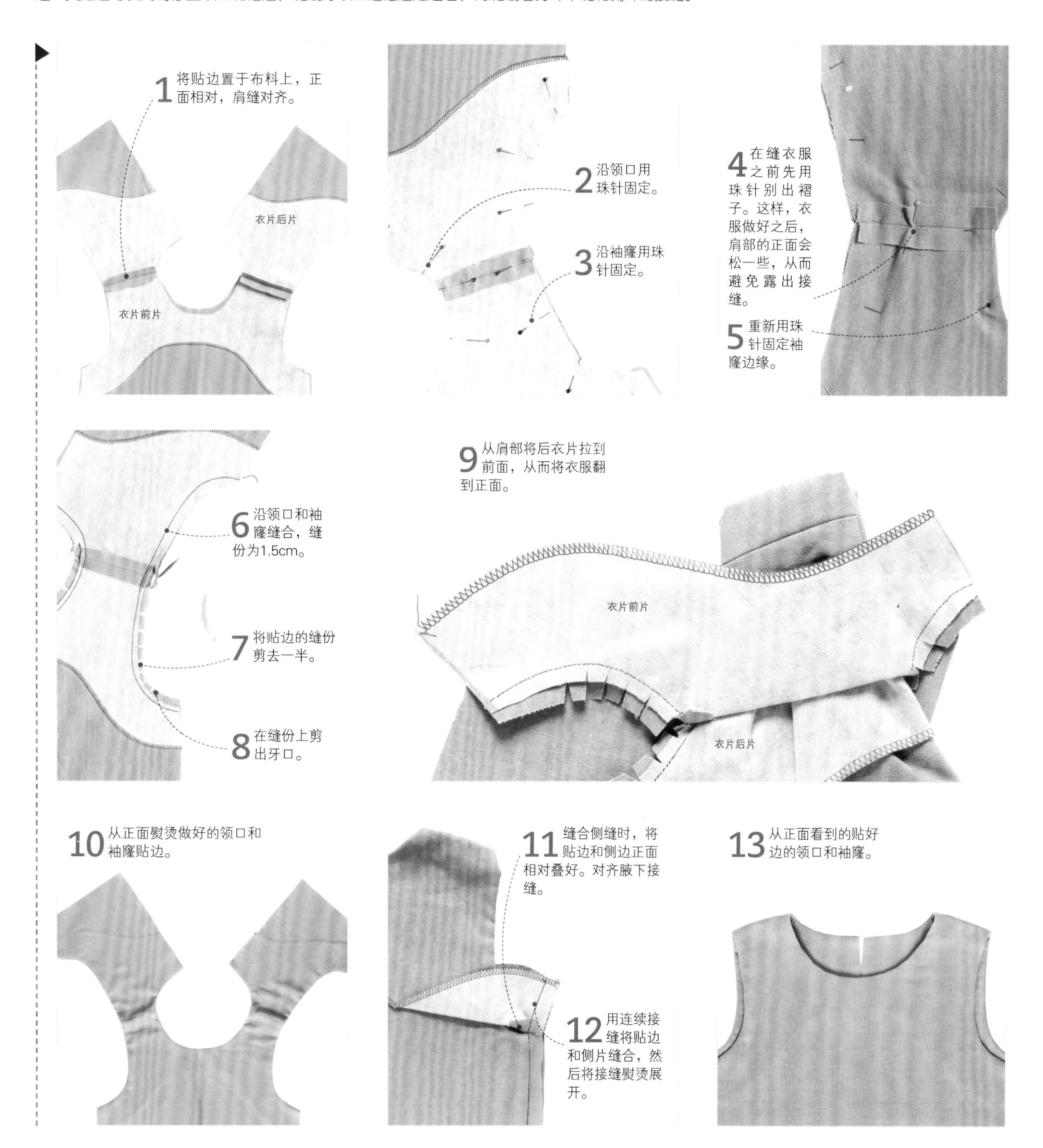

修剪缝份见第104~105页 • 给贴边加热熔黏合衬见第149页

连裁贴边

难度指数 **★★★★★

贴边不一定都是独立的。很多衣服，特别是连衣裙，经常使用连裁贴边。其实，此时贴边就是衣服前片的延伸，与前片同时裁出。

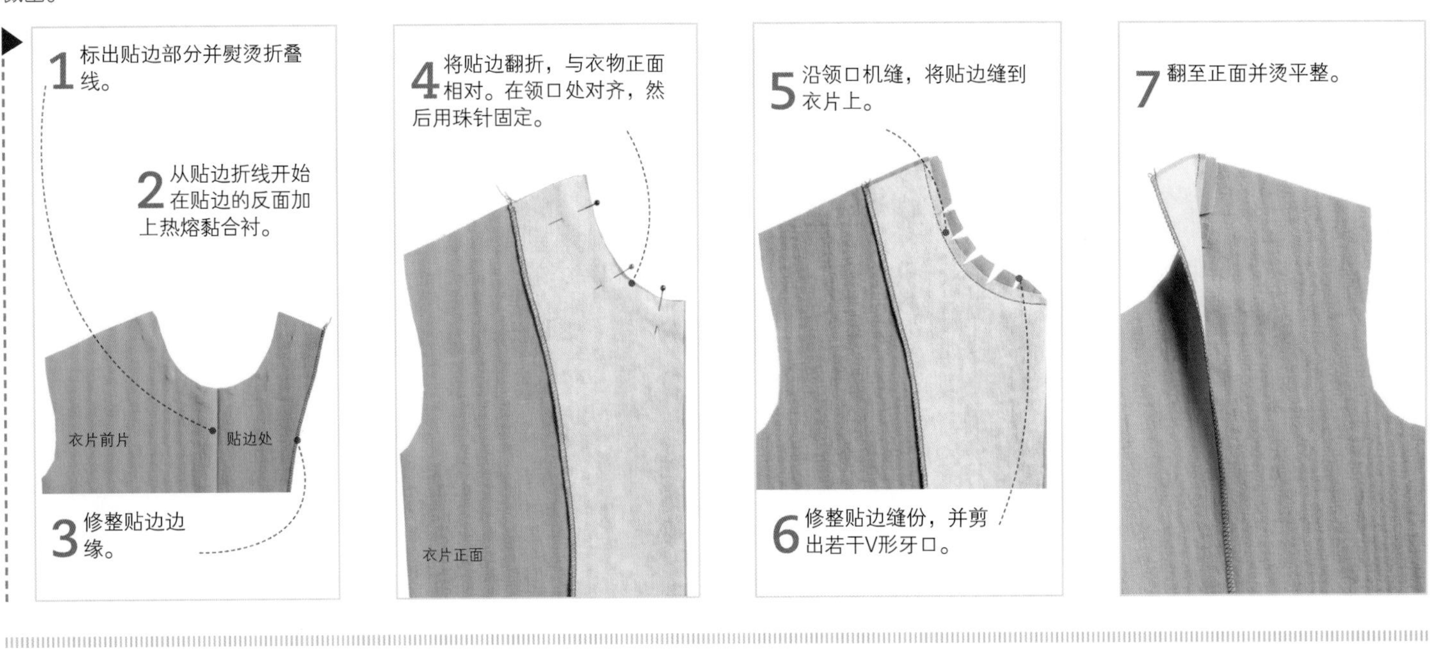

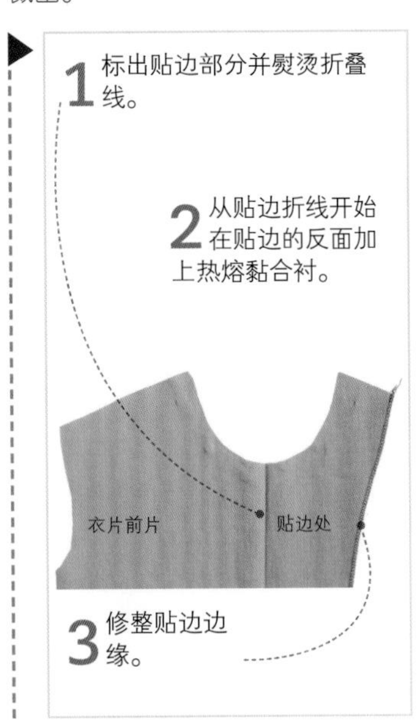

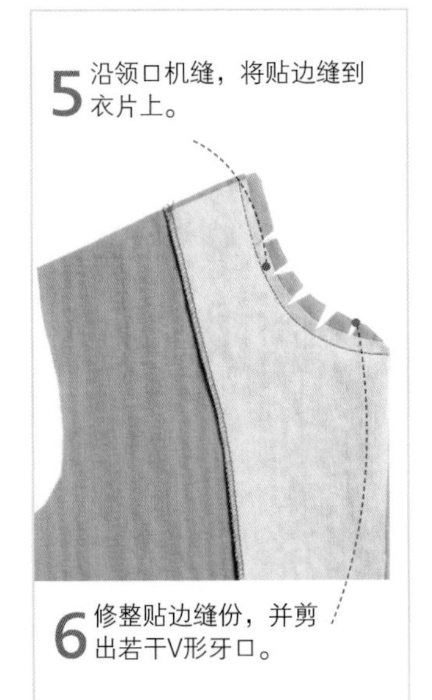

领口滚边

难度指数 **★★★★★

滚边是修整领边的一种非常好的办法。要是布料不够或者你想要一种对比或装饰的效果，滚边的方法绝对是更胜一筹。可以使用买来的现成斜滚边条，也可以从相同布料或对比色布料上裁出滚边条（见第150页）。对于精细布料，也可以使用双层滚边条。

斜滚边条制作的领口（1）

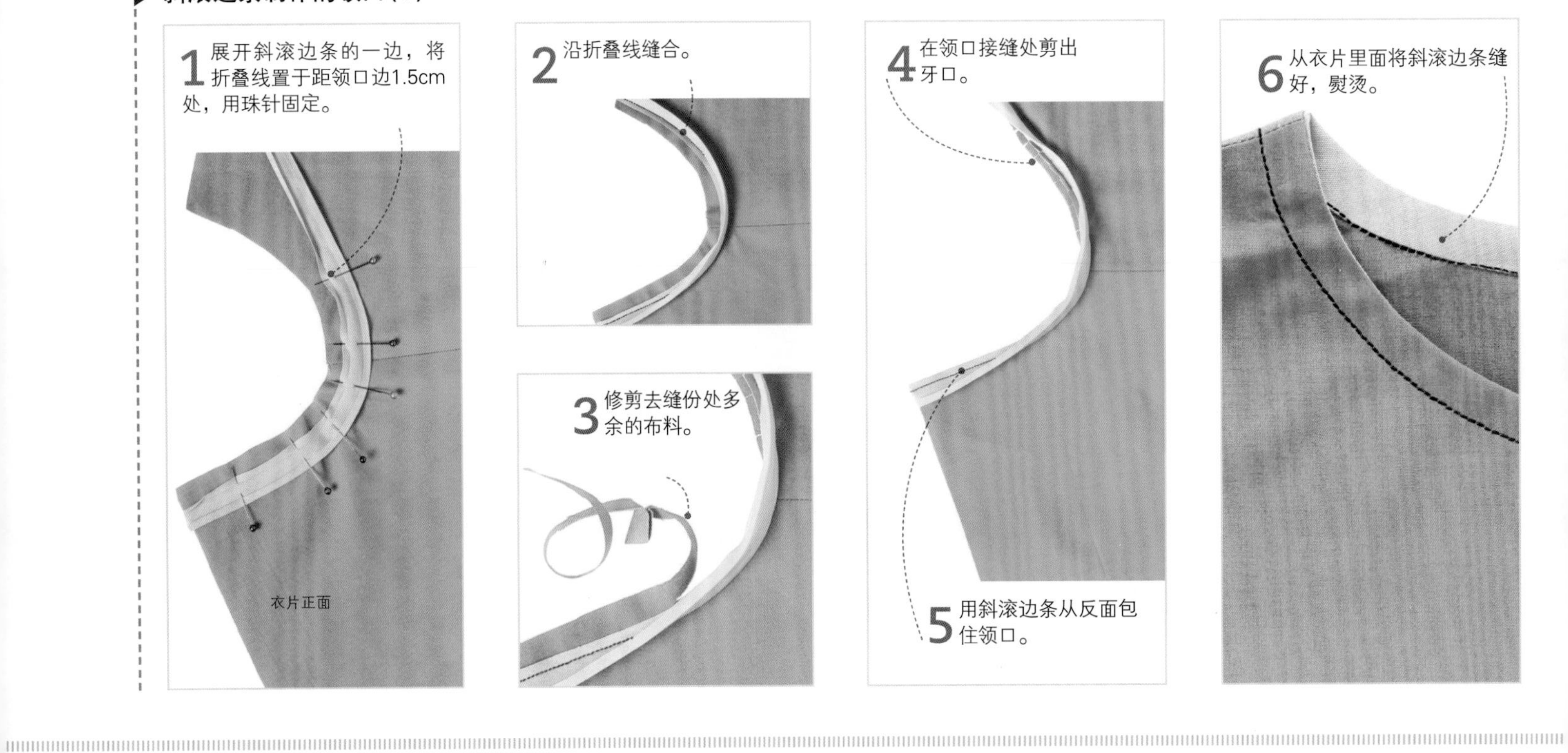

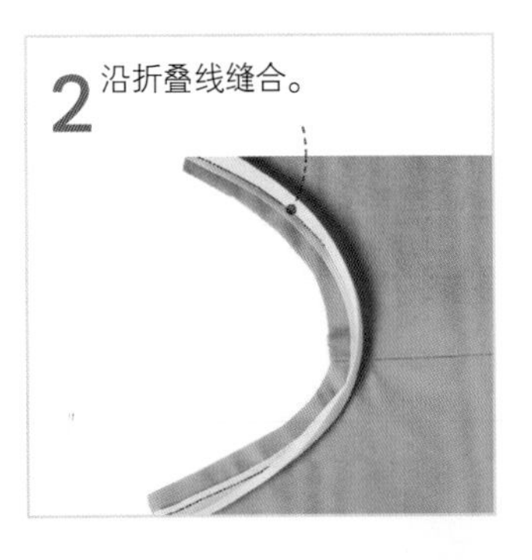

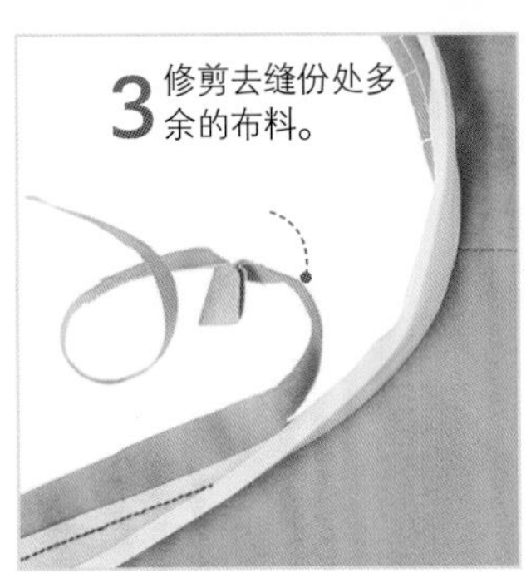

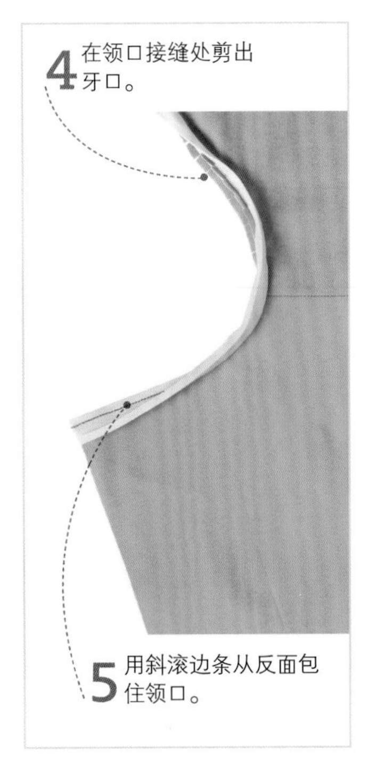

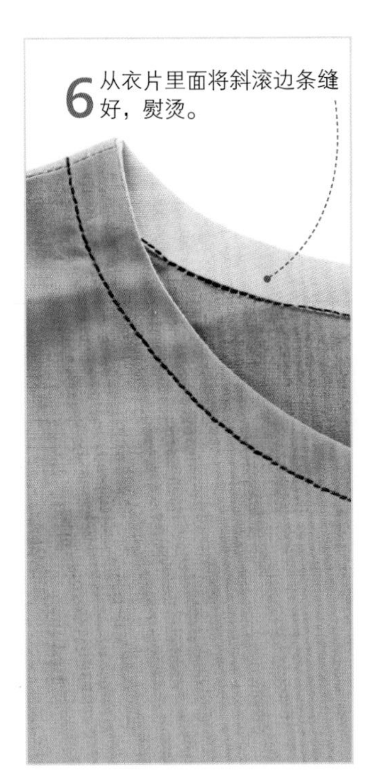

斜滚边条制作的领口(2)

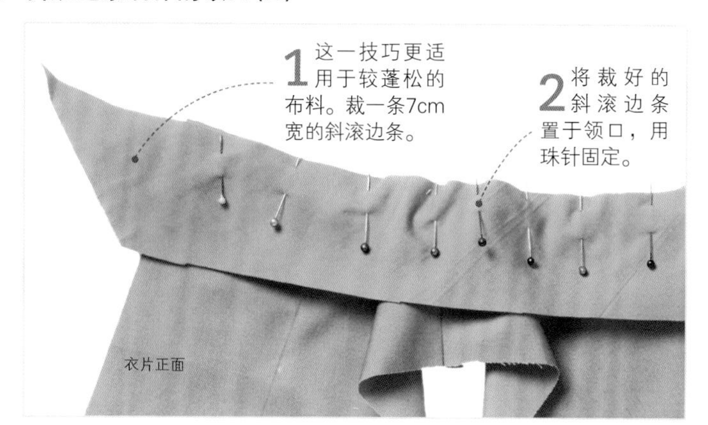

1 这一技巧更适用于较蓬松的布料。裁一条7cm宽的斜滚边条。

2 将裁好的斜滚边条置于领口，用珠针固定。

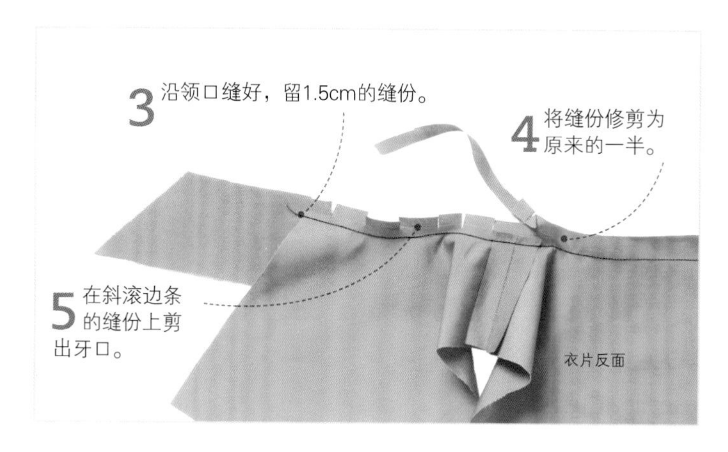

3 沿领口缝好，留1.5cm的缝份。

4 将缝份修剪为原来的一半。

5 在斜滚边条的缝份上剪出牙口。

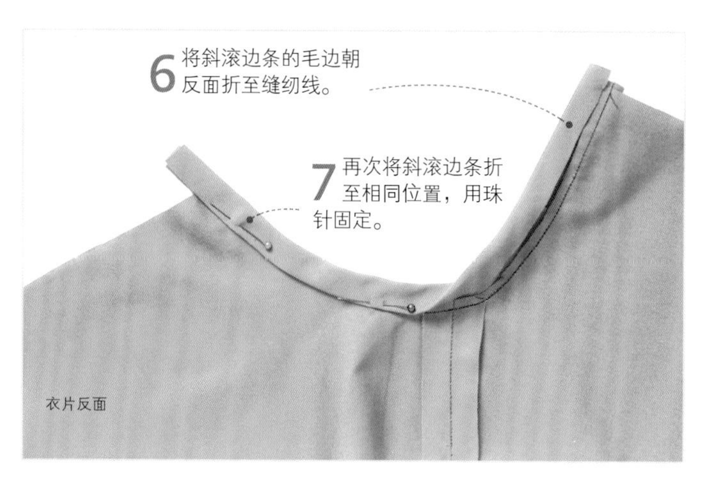

6 将斜滚边条的毛边朝反面折至缝纫线。

7 再次将斜滚边条折至相同位置，用珠针固定。

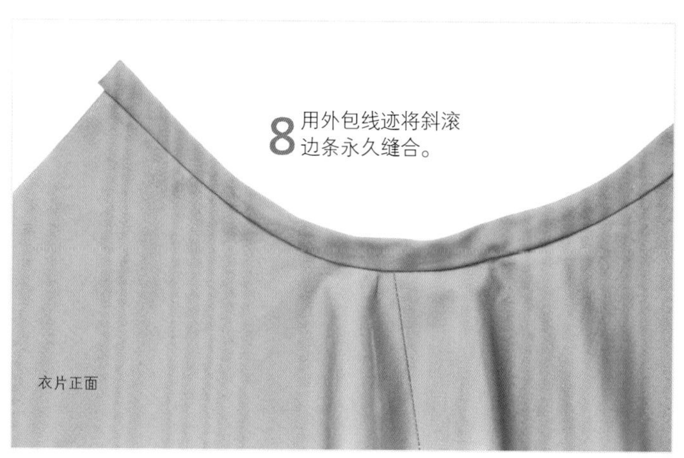

8 用外包线迹将斜滚边条永久缝合。

双层斜滚边条制作的领口

1 斜裁一条6cm宽的滚边条。对折熨烫。

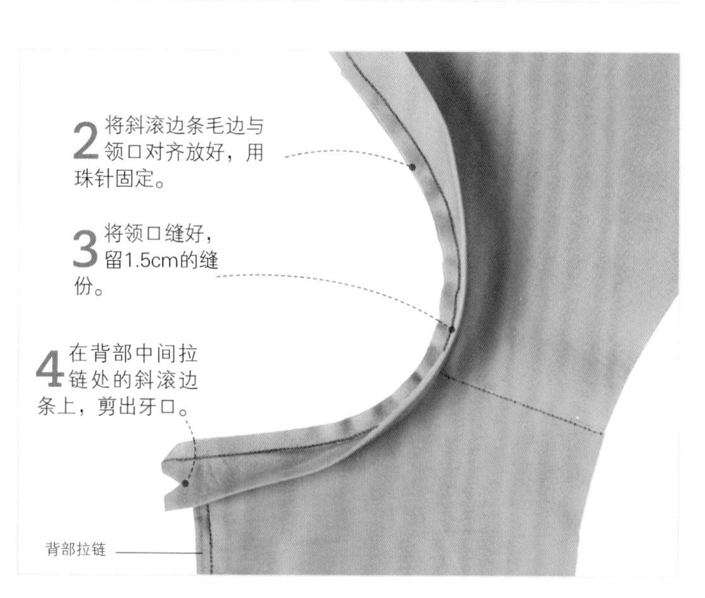

2 将斜滚边条毛边与领口对齐放好，用珠针固定。

3 将领口缝好，留1.5cm的缝份。

4 在背部中间拉链处的斜滚边条上，剪出牙口。

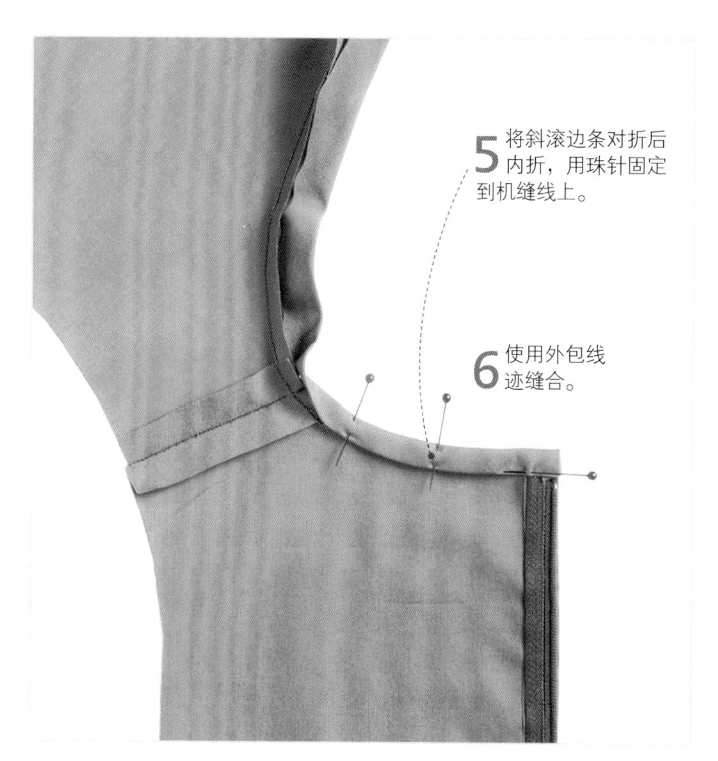

5 将斜滚边条对折后内折，用珠针固定到机缝线上。

6 使用外包线迹缝合。

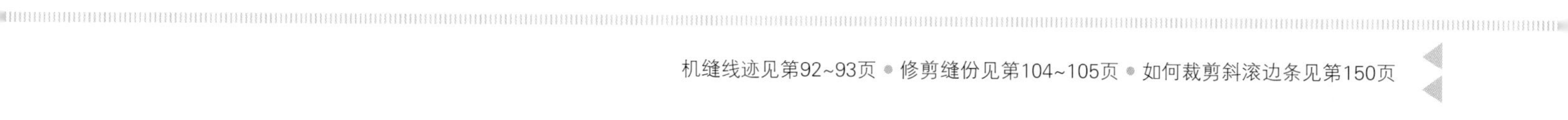
机缝线迹见第92~93页 • 修剪缝份见第104~105页 • 如何裁剪斜滚边条见第150页

领口出芽

难度指数 ★★★★★

领口出芽在领口和贴边上镶有滚边，非常适合特殊场合的服装。

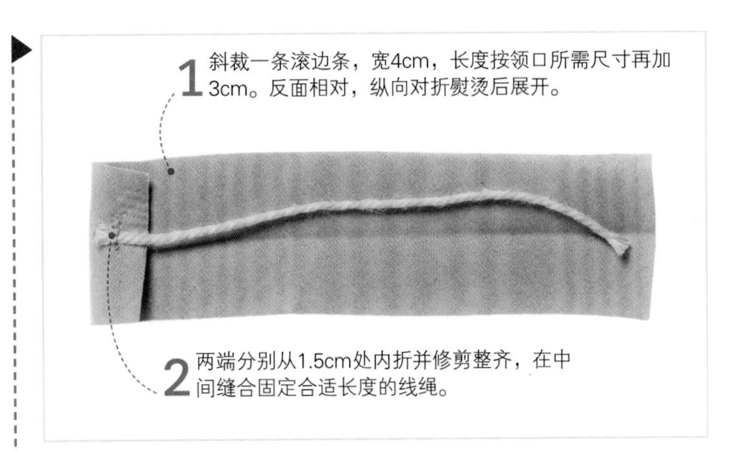

1 斜裁一条滚边条，宽4cm，长度按领口所需尺寸再加3cm。反面相对，纵向对折熨烫后展开。

2 两端分别从1.5cm处内折并修剪整齐，在中间缝合固定合适长度的线绳。

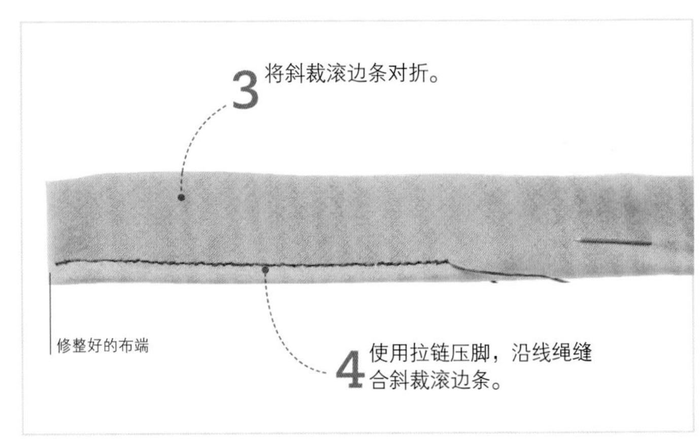

3 将斜裁滚边条对折。

4 使用拉链压脚，沿线绳缝合斜裁滚边条。

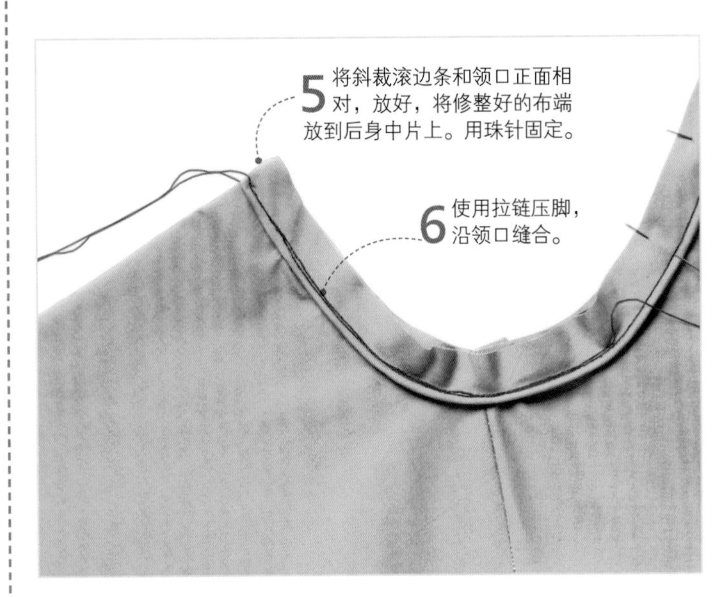

5 将斜裁滚边条和领口正面相对，放好，将修整好的布端放到后身中片上。用珠针固定。

6 使用拉链压脚，沿领口缝合。

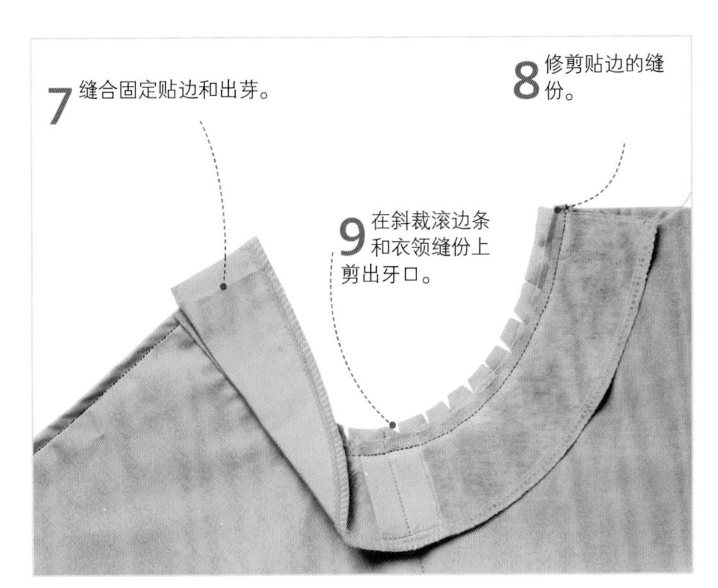

7 缝合固定贴边和出芽。

8 修剪贴边的缝份。

9 在斜裁滚边条和衣领缝份上剪出牙口。

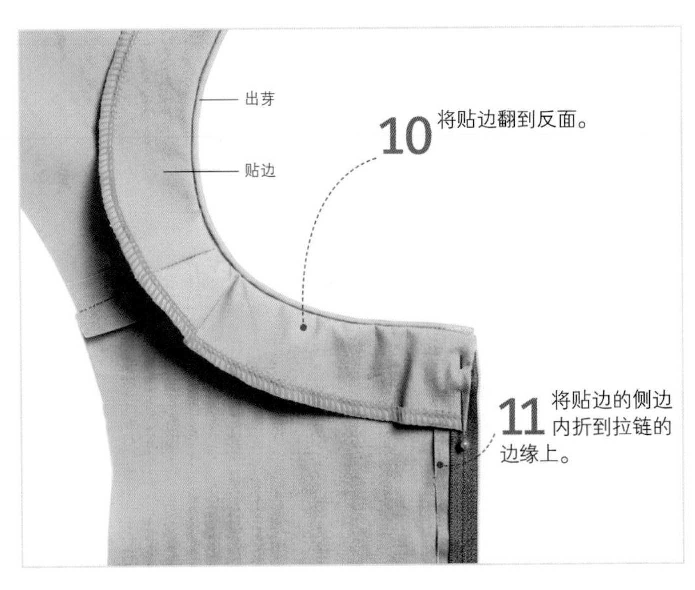

10 将贴边翻到反面。

11 将贴边的侧边内折到拉链的边缘上。

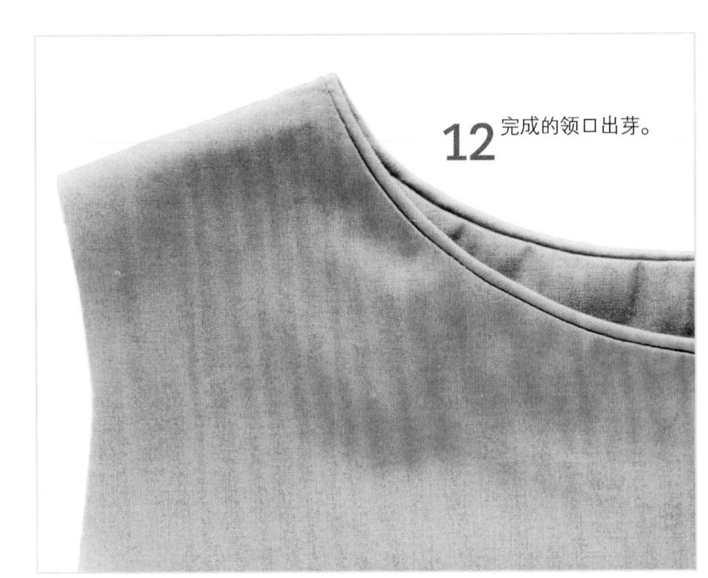

12 完成的领口出芽。

前开襟领口

难度指数 ✱✱✱✱✱

所谓前开襟，就是女装紧身上衣片的不完全前开领口。由两片独立的门襟片缝到上衣片上做成。制作时必须准确地转绘纸样标记。运动装中最常用到前开襟领口。

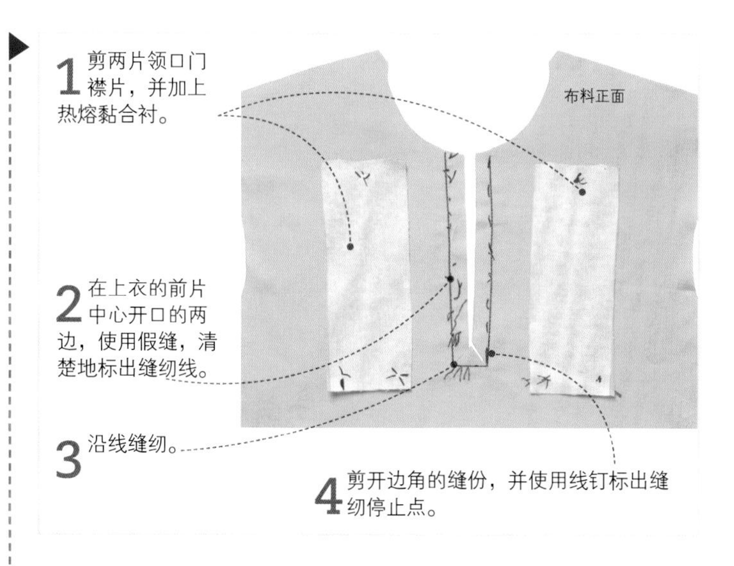

1 剪两片领口门襟片，并加上热熔黏合衬。

2 在上衣的前片中心开口的两边，使用假缝，清楚地标出缝纫线。

3 沿线缝纫。

4 剪开边角的缝份，并使用线钉标出缝纫停止点。

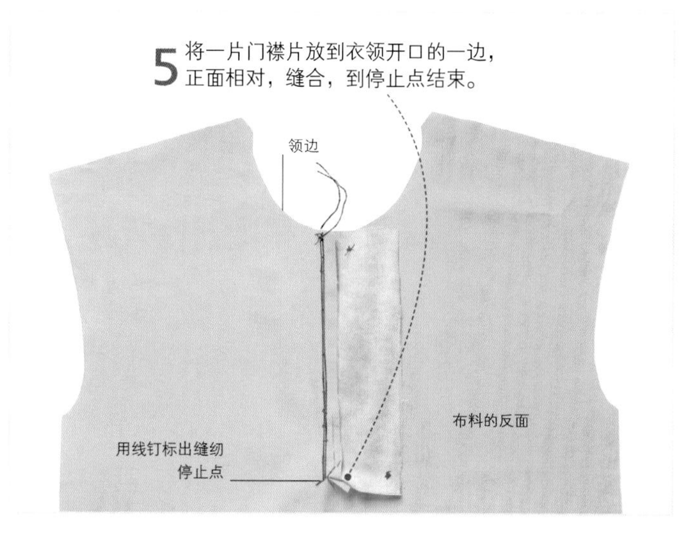

5 将一片门襟片放到衣领开口的一边，正面相对，缝合，到停止点结束。

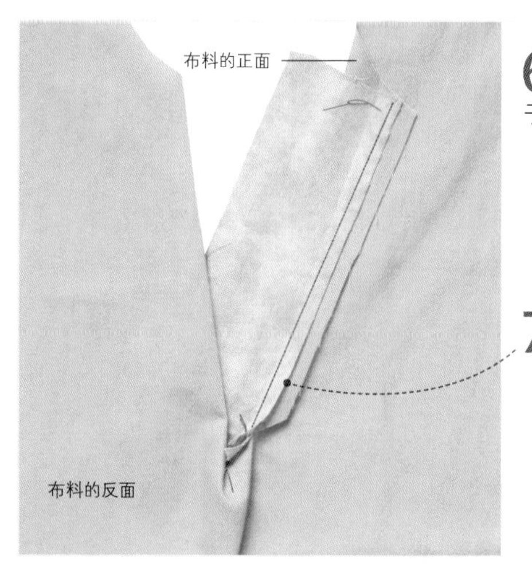

6 将另一片门襟片也按照同样的方法缝于衣领开口的另一边。

7 修剪领口两边的缝份。

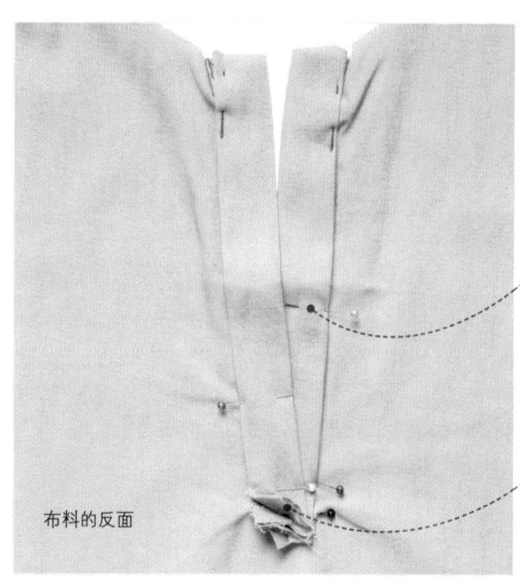

8 将门襟片各自对折，翻至反面，并用珠针固定到机缝线。

9 在开口的底部，右侧门襟片在左侧门襟片之下。

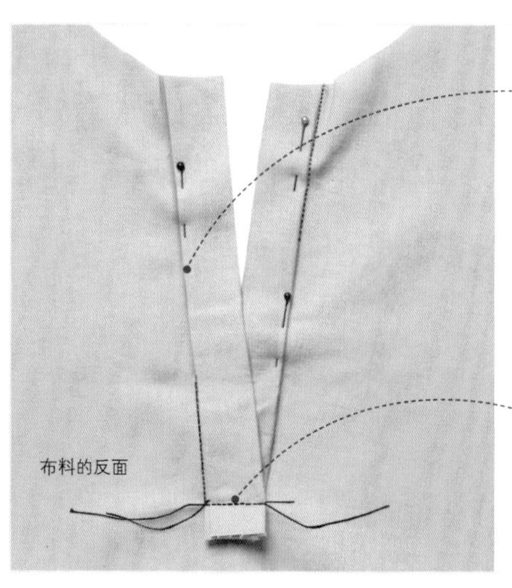

10 手工缝合折叠的门襟片。

11 在底部将两片门襟片缝合。可使用锯齿剪或是Z字线迹完成缝制毛边。

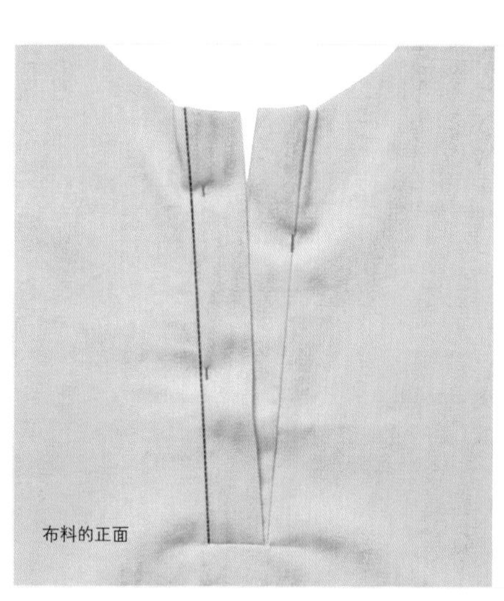

12 翻至正面熨烫。

机缝线迹见第92~93页 • 修剪缝份见第104~105页 • 如何裁剪斜滚边条见第150页

缝纫技法

弹性针织布的领口

难度指数 *****

弹性针织面料制作衣服的领口可以镶单边，也可以使用装饰性更强的双边。为了套头穿脱更方便，一般使用四线包缝线迹缝合。如果没有包缝机，也可以用缝纫机三步Z字线迹锁边。

包缝机单镶边

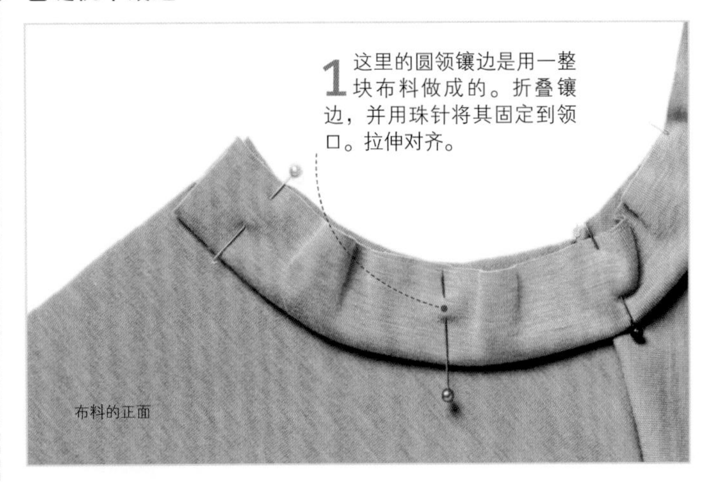

1 这里的圆领镶边是用一整块布料做成的。折叠镶边，并用珠针将其固定到领口。拉伸对齐。

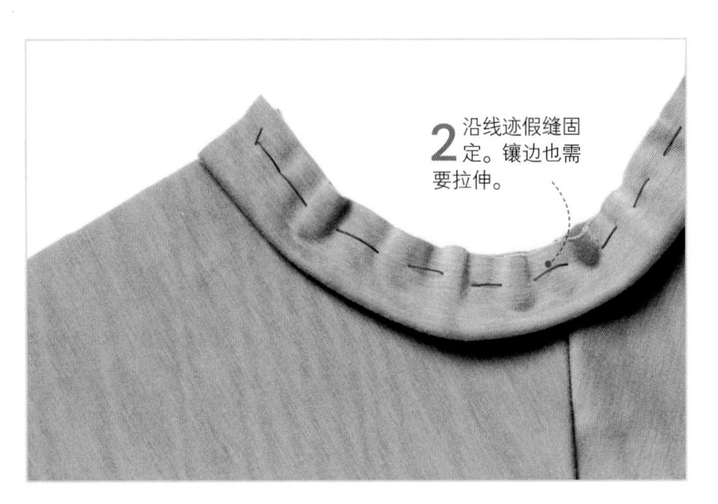

2 沿线迹假缝固定。镶边也需要拉伸。

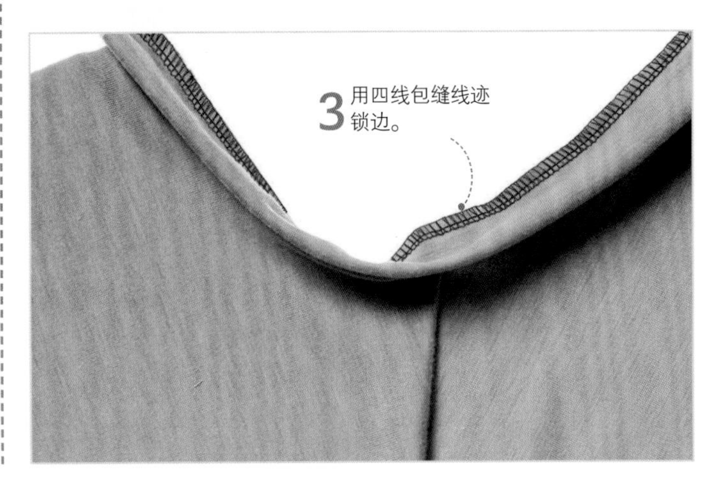

3 用四线包缝线迹锁边。

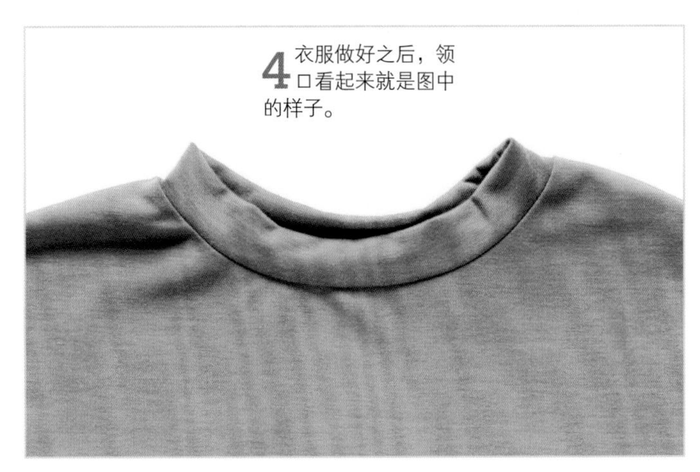

4 衣服做好之后，领口看起来就是图中的样子。

包缝机双镶边

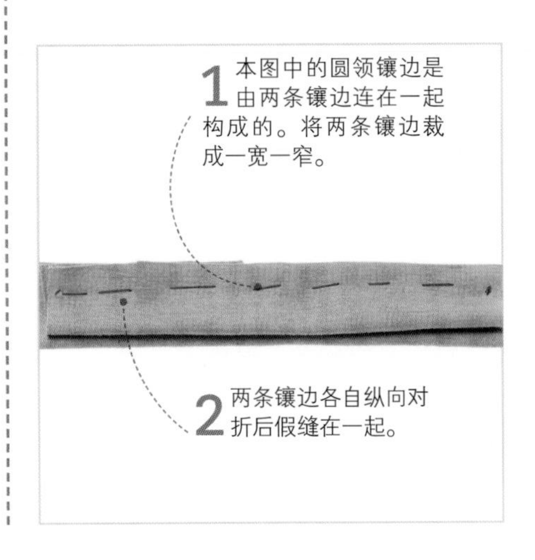

1 本图中的圆领镶边是由两条镶边连在一起构成的。将两条镶边裁成一宽一窄。

2 两条镶边各自纵向对折后假缝在一起。

3 和单镶边一样将镶边缝到领口上（如上），较宽的镶边在内。

缝纫机镶边

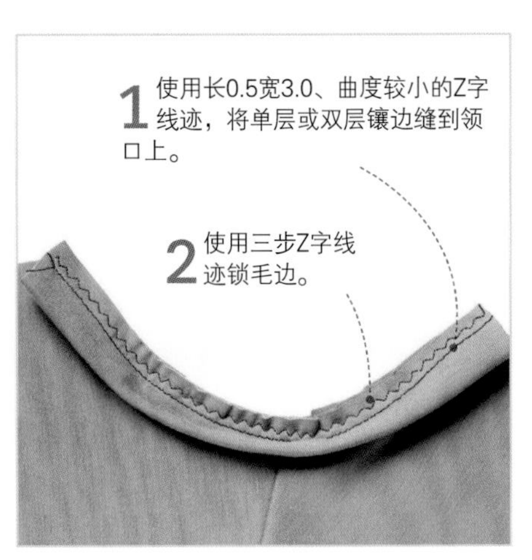

1 使用长0.5宽3.0、曲度较小的Z字线迹，将单层或双层镶边缝到领口上。

2 使用三步Z字线迹锁毛边。

包缝机见第34~35页 • 假缝线迹见第89页

V形领的镶边

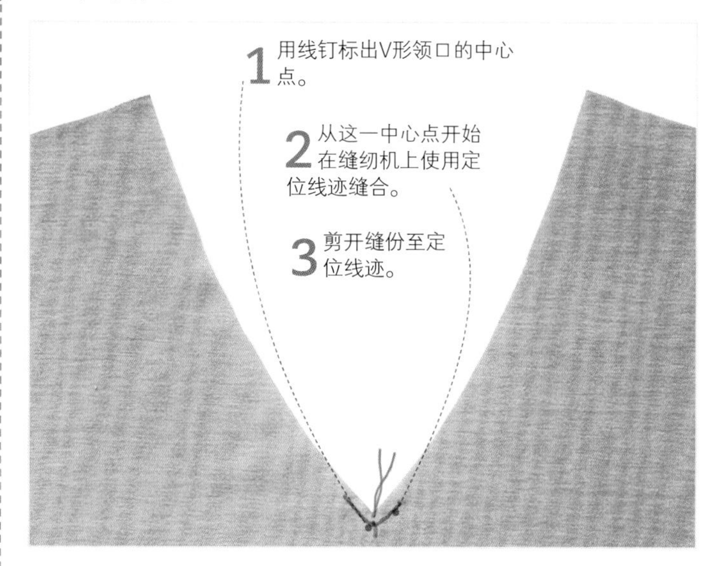
1 用线钉标出V形领口的中心点。
2 从这一中心点开始在缝纫机上使用定位线迹缝合。
3 剪开缝份至定位线迹。

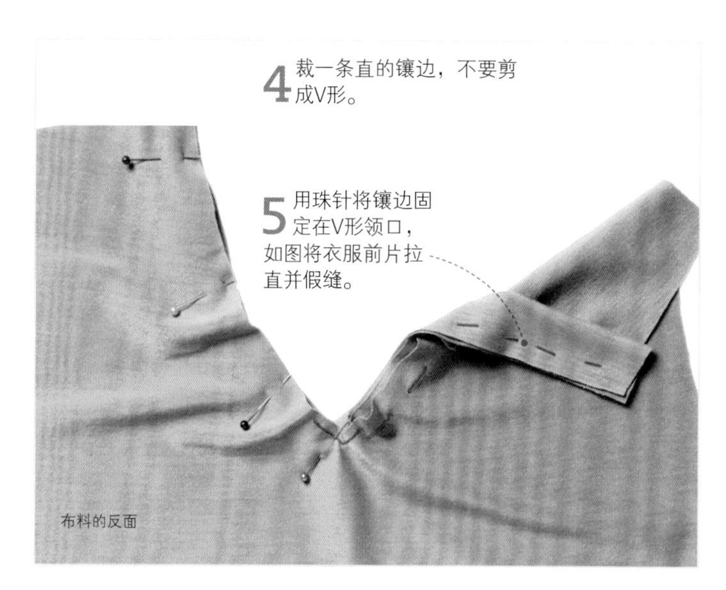
4 裁一条直的镶边，不要剪成V形。
5 用珠针将镶边固定在V形领口，如图将衣服前片拉直并假缝。
布料的反面

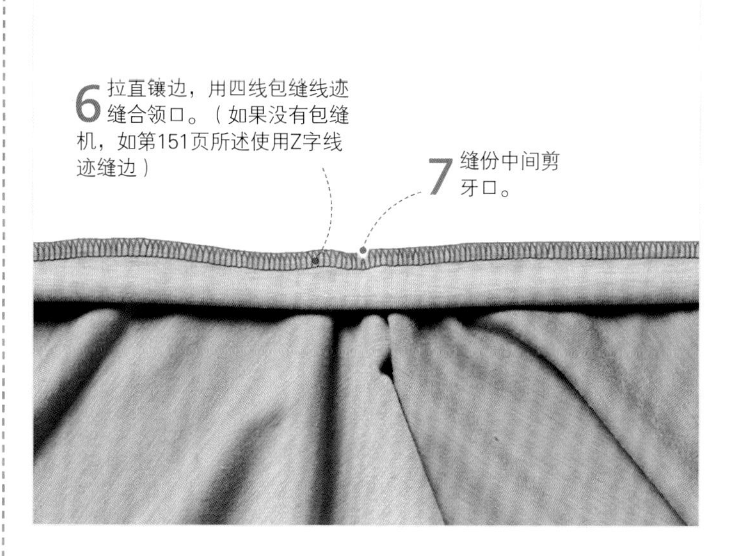
6 拉直镶边，用四线包缝线迹缝合领口。（如果没有包缝机，如第151页所述使用Z字线迹缝边）
7 缝份中间剪牙口。

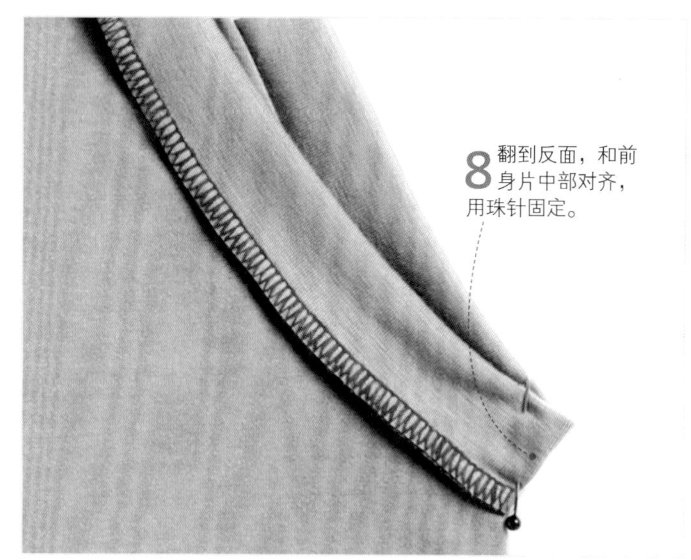
8 翻到反面，和前身片中部对齐，用珠针固定。

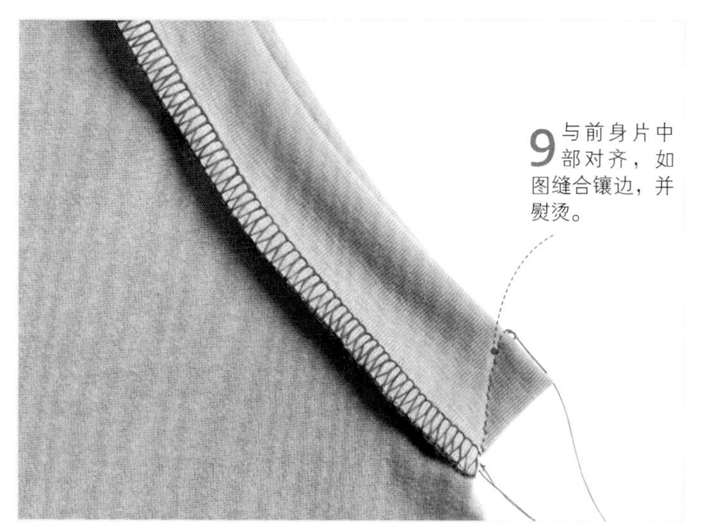
9 与前身片中部对齐，如图缝合镶边，并熨烫。

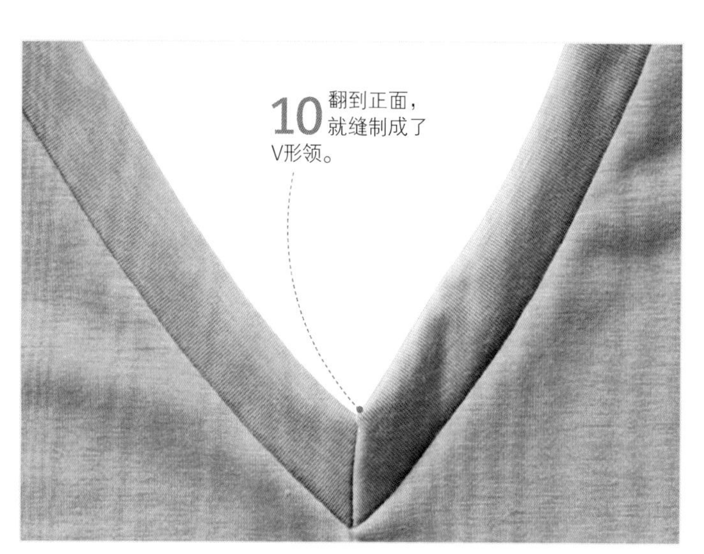
10 翻到正面，就缝制成了V形领。

衣领

衣领能够衬托一个人的脸形和颈部，所以对于所有的衣服来说，衣领都非常重要。衣领主要有三种：平翻领、立领和翻领。要做成左右两边对称的衣领，需要细心精确地标绘和缝制。

缝纫技法

衣领的种类与制作

所有的衣领都至少包括两片：领面（露于衣服的外面）和领里。热熔黏合衬能够塑造衣领的形状和结构，因此一般衬于领面，这样，布料看起来也更顺滑。

各种不同的衣领

如何粘贴热熔黏合衬见第54页 • 转绘纸样见第82~83页 • 机缝线迹见第92~93页

平翻领

难度指数 *********

平翻领是最好缝制的一种衣领，此处用到的缝纫技巧，也适用于其他各种平翻领及其领衬的制作。

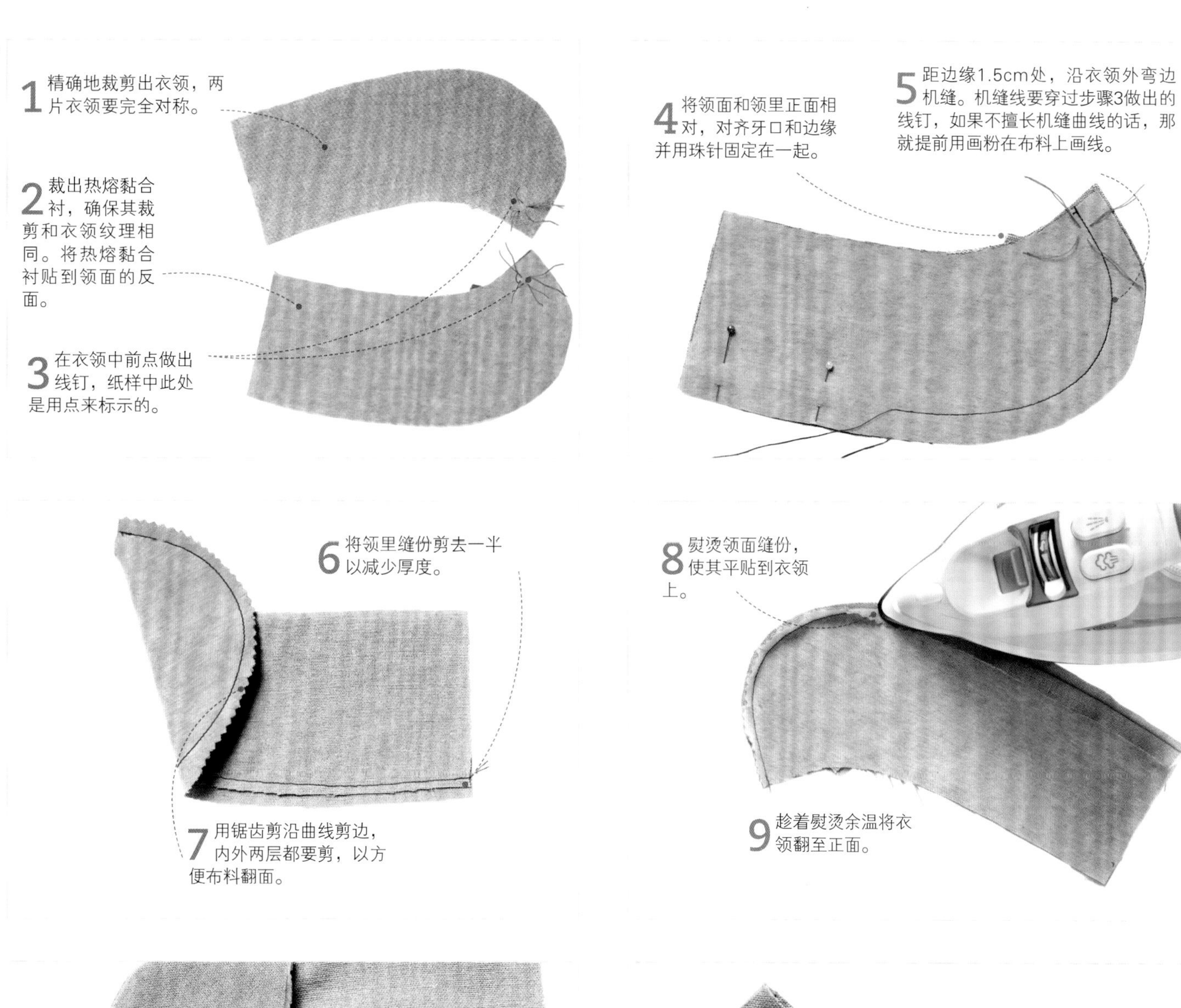

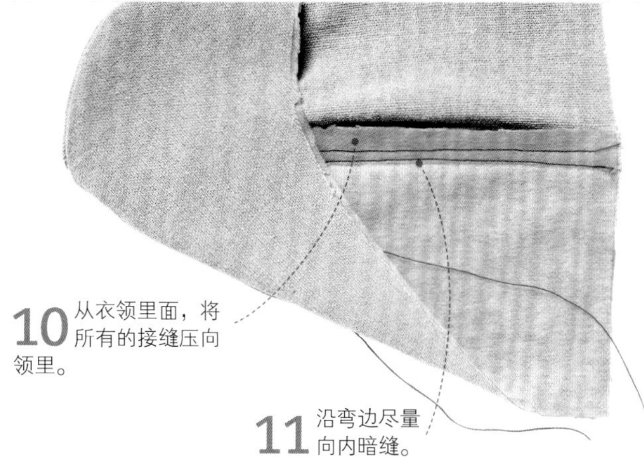

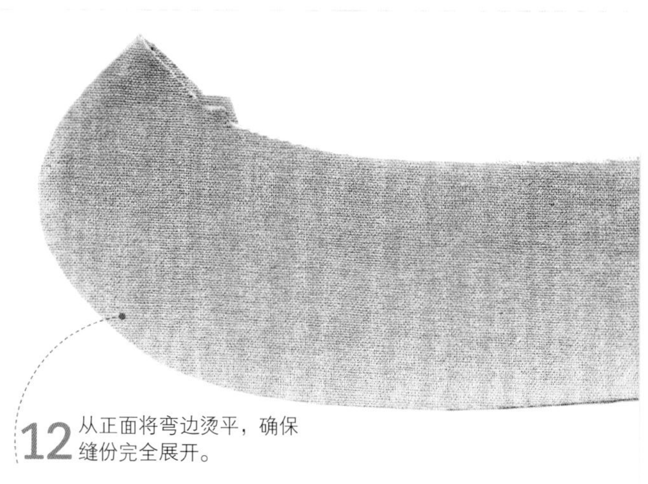

沿转角和弧线缝纫见第102~103页 • 修剪缝份见第104~105页

缝纫技法

缝制平翻领

难度指数 ★★★★★

平翻领可以采用热熔黏合衬的方式缝合到领口上。根据衣服的样式不同，领衬可以沿领口贴一圈，也可以只贴前部。一般来说，后身片中部开口的衣服要全加领衬，而后部不加领衬的衣领一般都要分步骤缝合到衣片上。

没有后部贴边的平翻圆领

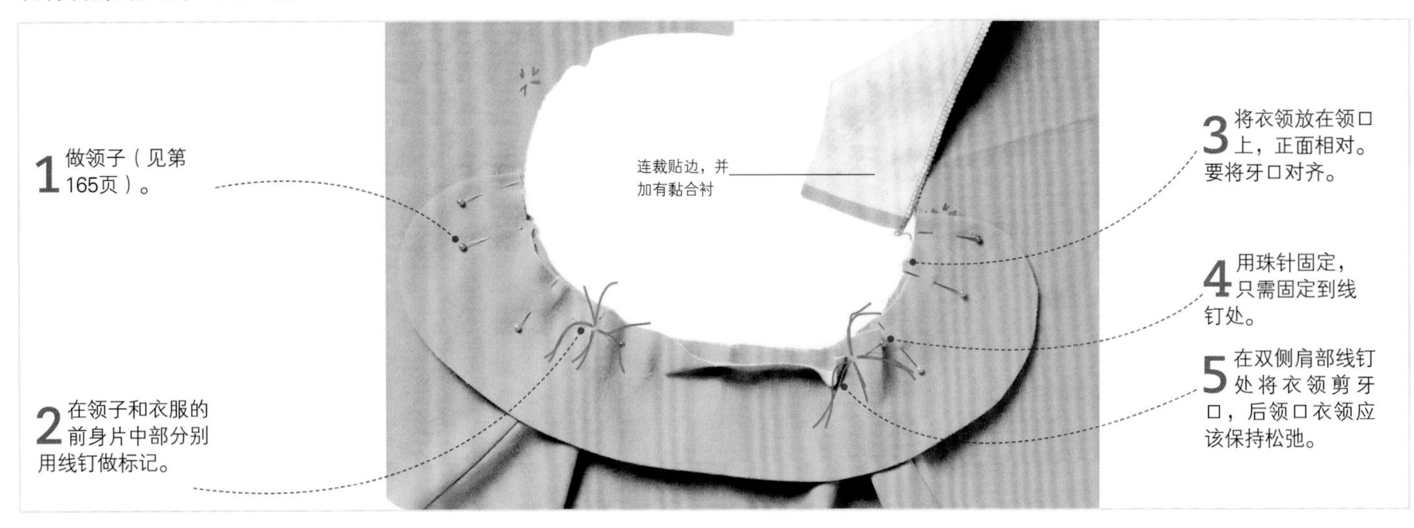

1 做领子（见第165页）。

2 在领子和衣服的前身片中部分别用线钉做标记。

3 将衣领放在领口上，正面相对。要将牙口对齐。

4 用珠针固定，只需固定到线钉处。

5 在双侧肩部线钉处将衣领剪牙口，后领口衣领应该保持松弛。

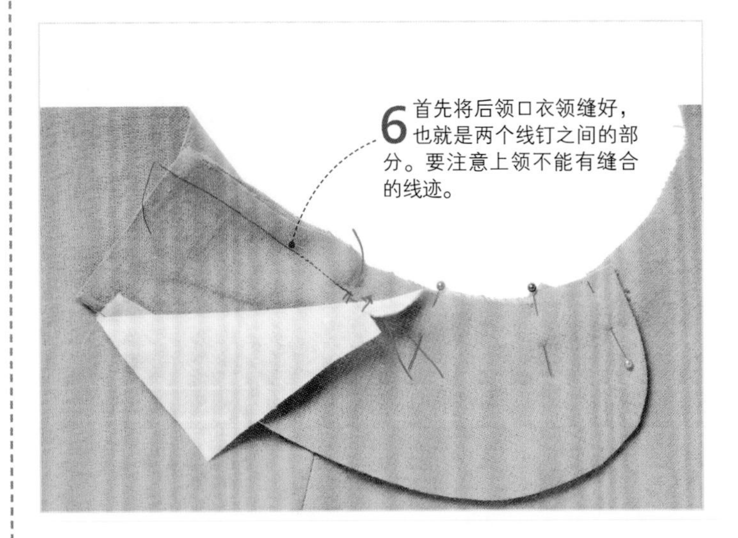

6 首先将后领口衣领缝好，也就是两个线钉之间的部分。要注意上领不能有缝合的线迹。

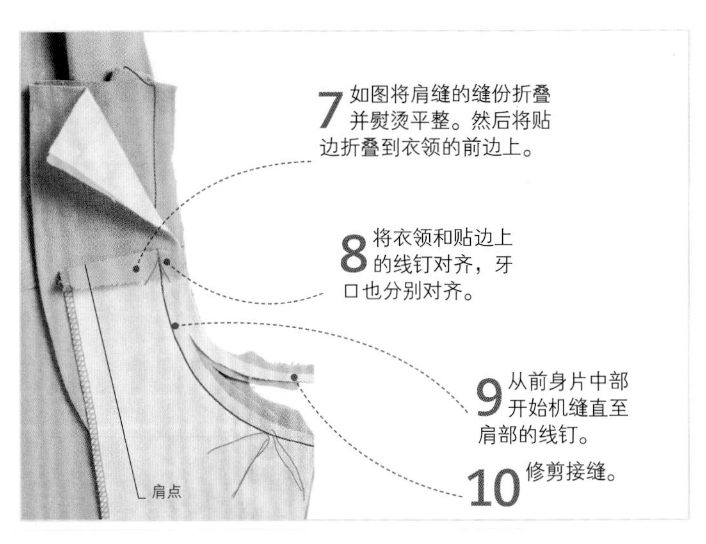

7 如图将肩缝的缝份折叠并熨烫平整。然后将贴边折叠到衣领的前边上。

8 将衣领和贴边上的线钉对齐，牙口也分别对齐。

9 从前身片中部开始机缝直至肩部的线钉。

10 修剪接缝。

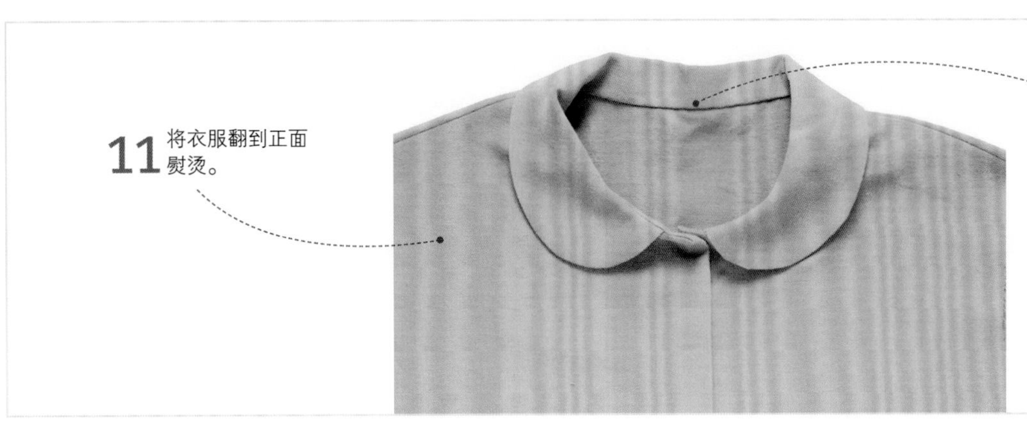

11 将衣服翻到正面熨烫。

12 在后领口将接缝向内折至领面下面，然后用手工藏针缝缝合。

全领衬的平翻圆领

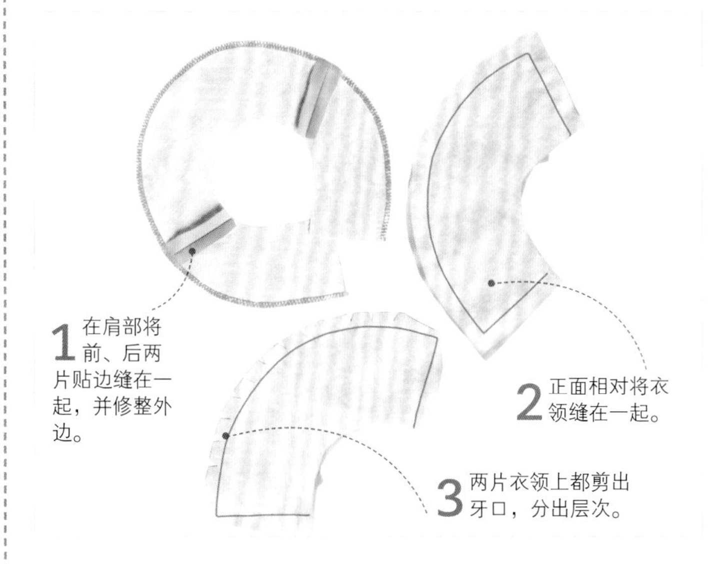

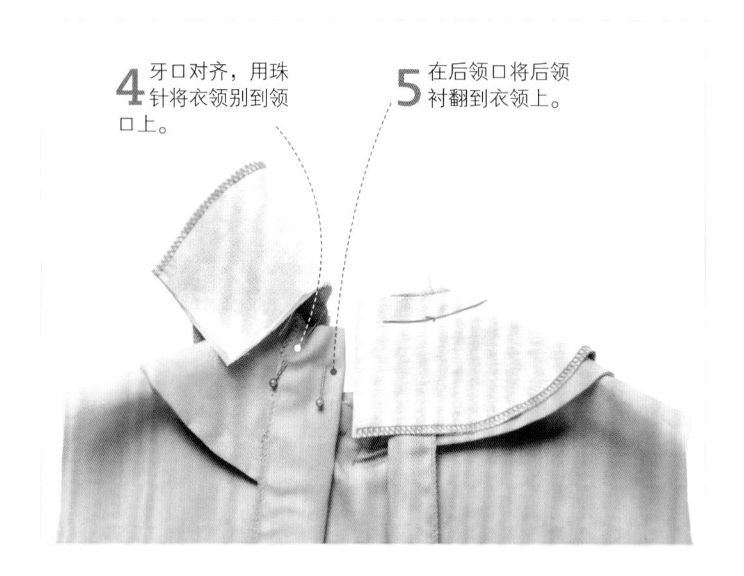

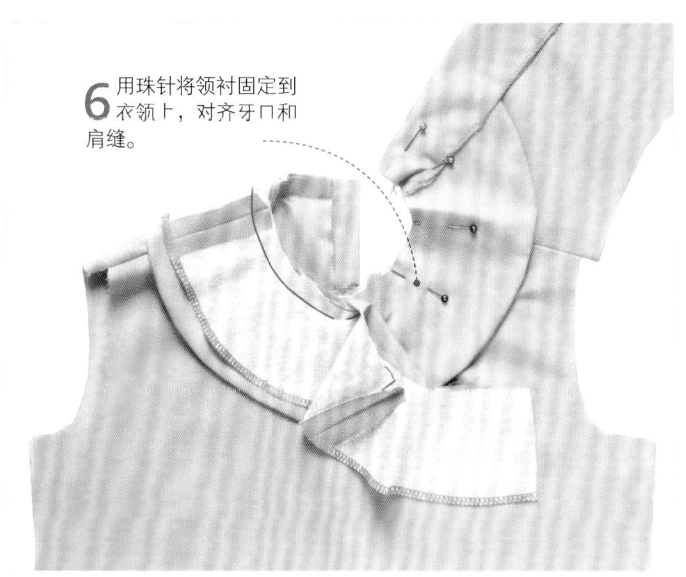

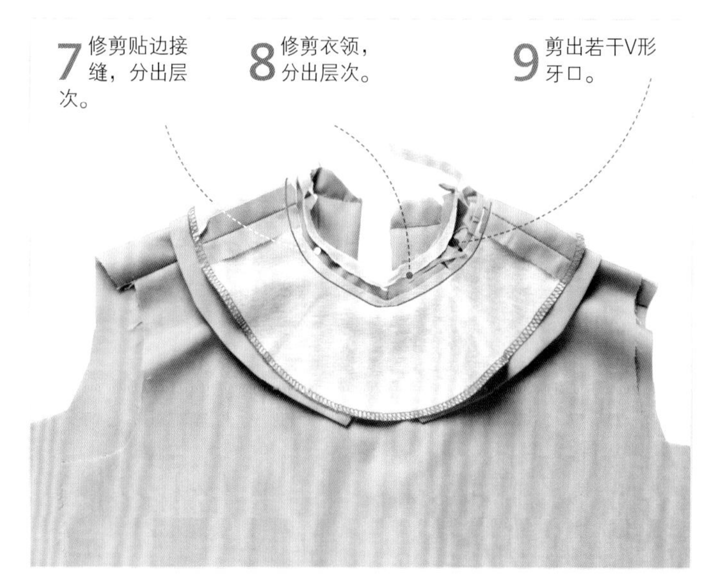

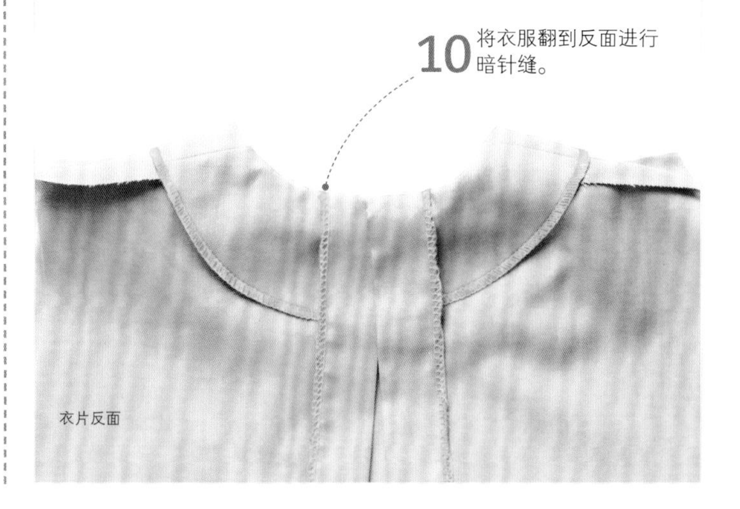

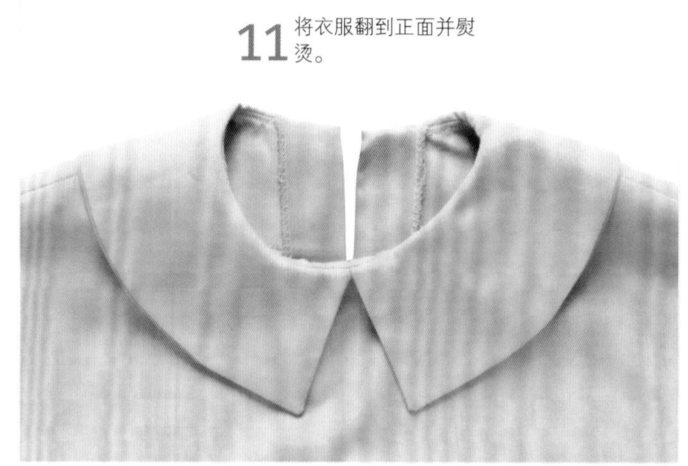

修整接缝见第95页 • 修剪缝份见第104~105页 • 完成缝制见第105页 • 连裁贴边见第156页

立领

难度指数 ★★★★★

立领又名中式领，是围绕领口挺立的一种衣领。立领一般都是从整片布料上裁剪下来的，领子的前部有造型。裁剪得体的立领一般都稍微有一点弧度。

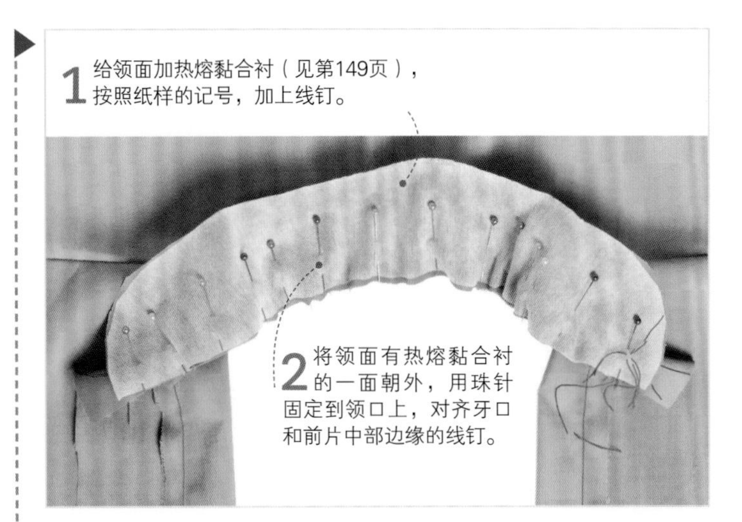

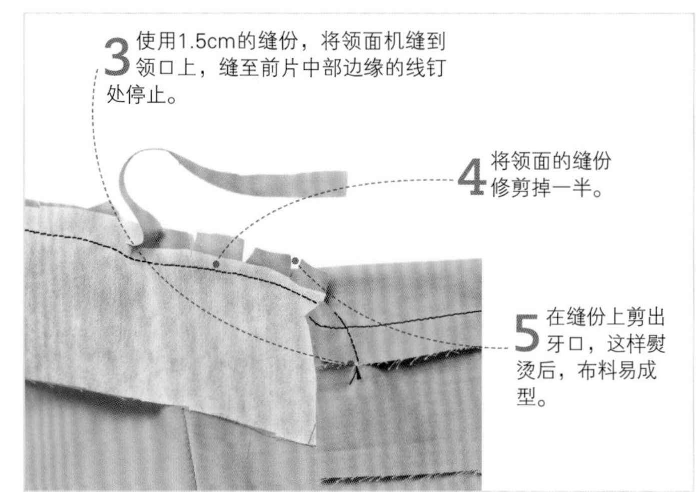

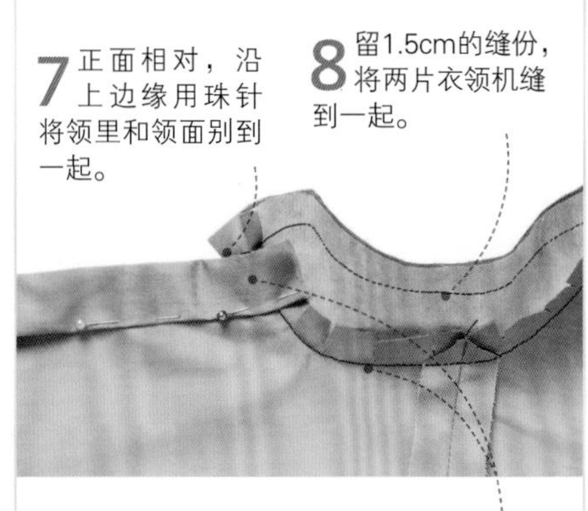

9 在前身片中心，剪过缝份的领口需要立起来和衣领接在一起，这样，将衣领的两块布片机缝到一起的时候要夹住该缝份。确保机缝线要和衣服的前中线保持平行。

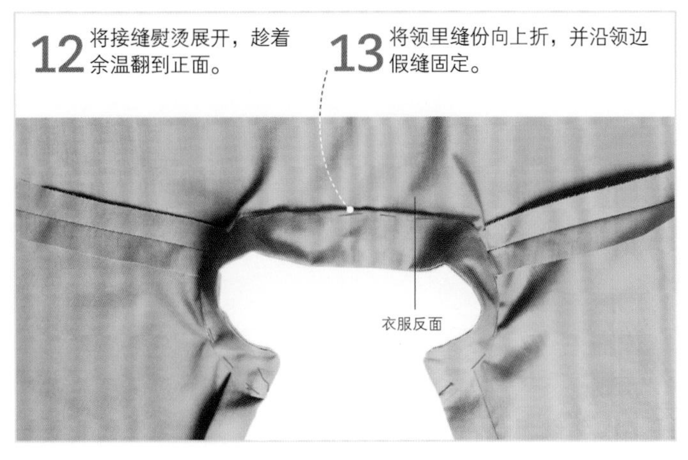

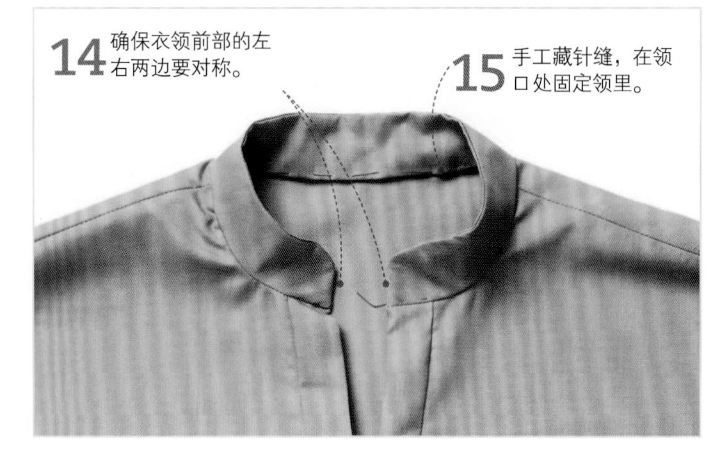

如何粘贴热熔黏合衬见第54页 • 转绘纸样见第82~83页

青果领

难度指数 ★★★★★

青果领其实就是一种较深的V形领，只不过它是将衣领和翻边合二为一了。青果领显现出一种很讨人喜欢的领口，经常用于女性的衬衫和外套上。这种领子看起来很复杂，其实做起来很简单。领里通常是衣服前襟的一部分。

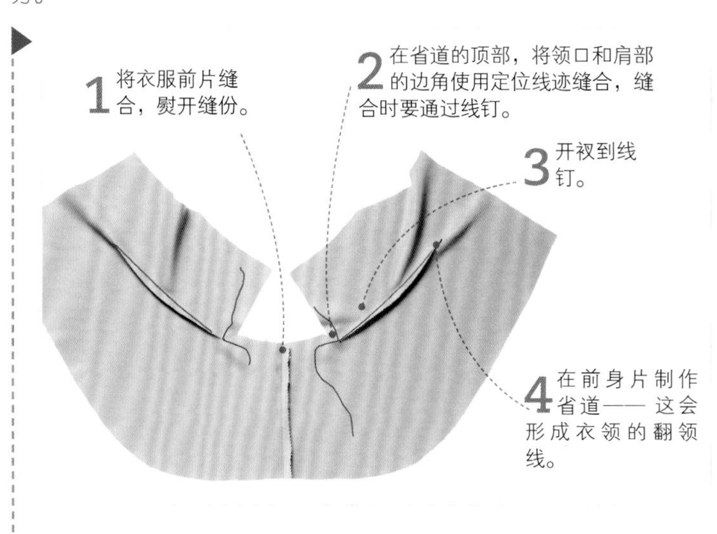

1 将衣服前片缝合，熨开缝份。

2 在省道的顶部，将领口和肩部的边角使用定位线迹缝合，缝合时要通过线钉。

3 开衩到线钉。

4 在前身片制作省道—— 这会形成衣领的翻领线。

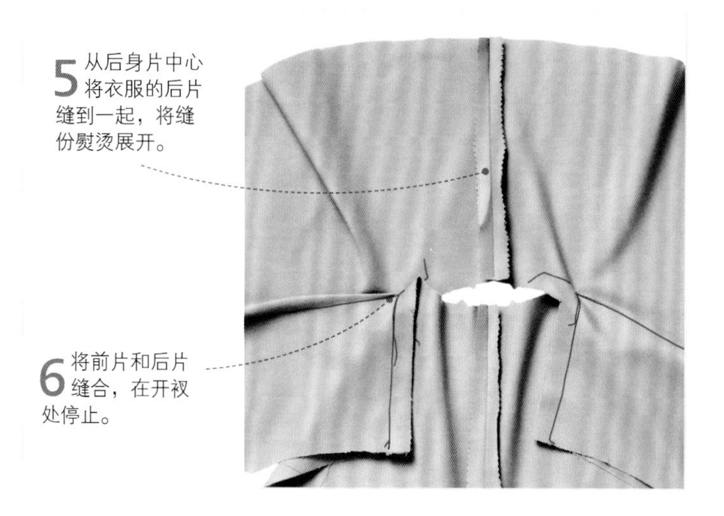

5 从后身片中心将衣服的后片缝到一起，将缝份熨烫展开。

6 将前片和后片缝合，在开衩处停止。

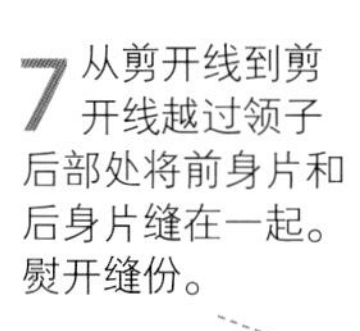

7 从剪开线到剪开线越过领子后部处将前身片和后身片缝在一起。熨开缝份。

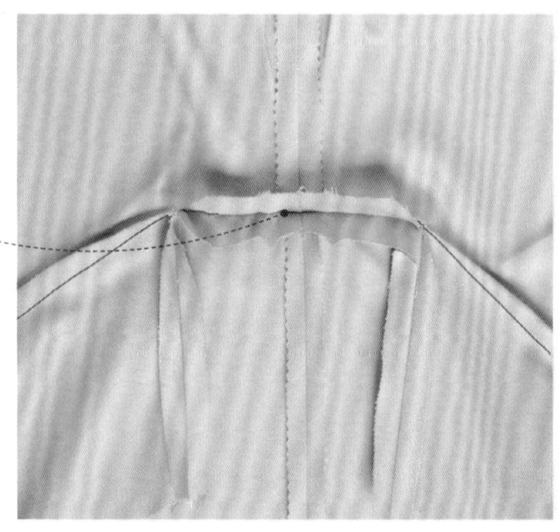

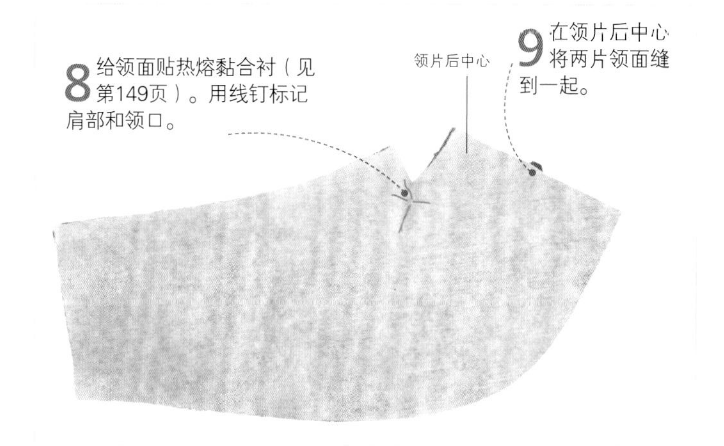

8 给领面贴热熔黏合衬（见第149页）。用线钉标记肩部和领口。

9 在领片后中心将两片领面缝到一起。

10 将领面用珠针固定到衣服上，对齐后身片的中间接缝和牙口。预留1.5cm的缝份，机缝固定。

11 将领里（即未加黏合衬的部分）的缝份修剪去一半。将缝份剪出若干V形牙口以减少布料厚度。

12 熨烫接缝，并趁着熨烫余温将衣服翻到正面。

13 从正面熨烫使接缝内倾，从而避免接缝从衣服正面露出。

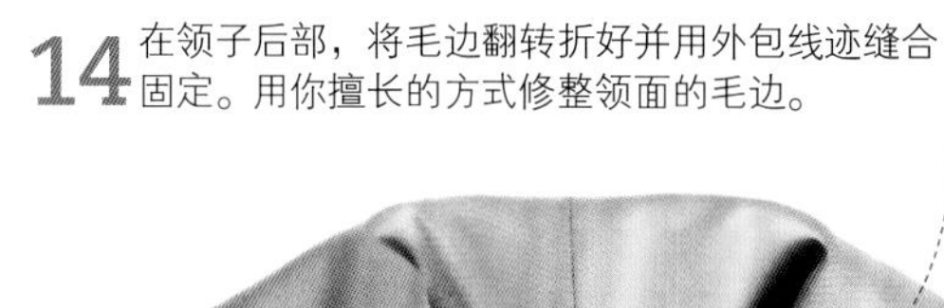

14 在领子后部，将毛边翻转折好并用外包线迹缝合固定。用你擅长的方式修整领面的毛边。

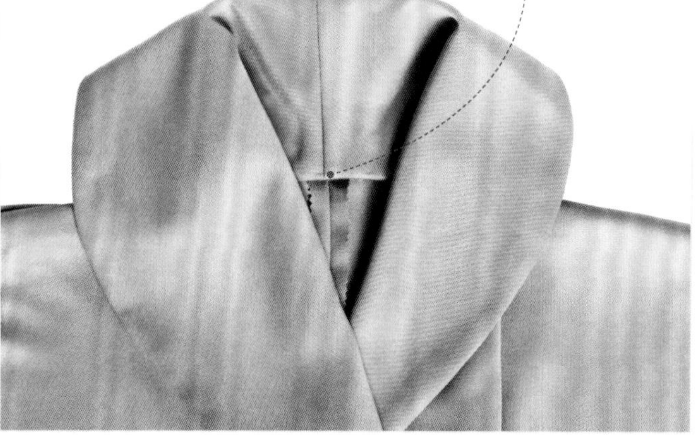

手缝线迹见第90~91页 • 修剪缝份见第104~105页

外翻女衬衫领

难度指数

根据衣服款式的不同，外翻衬衫领可为圆角或尖角。通过翻领，衬衫领形成V形领口。想做这种衣领的话，在给领面加热熔黏合衬之前，先要修剪领衬的边角避免太厚。

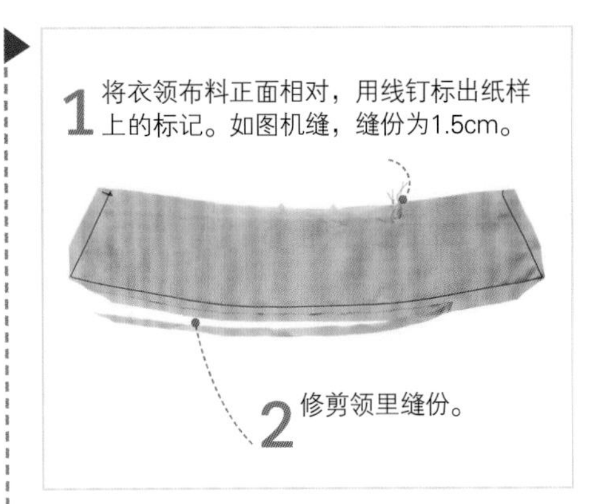

1 将衣领布料正面相对，用线钉标出纸样上的标记。如图机缝，缝份为1.5cm。

2 修剪领里缝份。

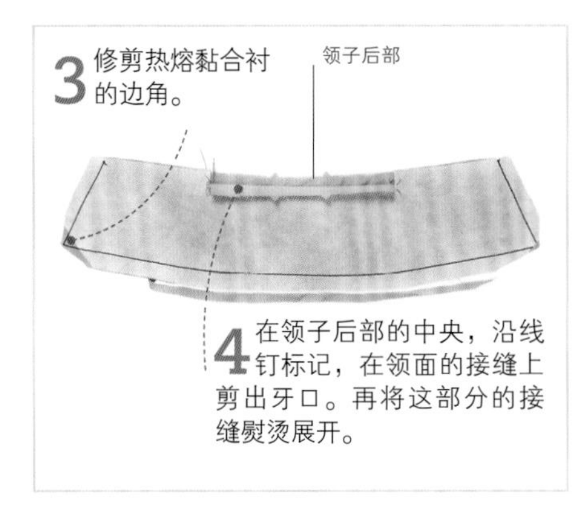

3 修剪热熔黏合衬的边角。

4 在领子后部的中央，沿线钉标记，在领面的接缝上剪出牙口。再将这部分的接缝熨烫展开。

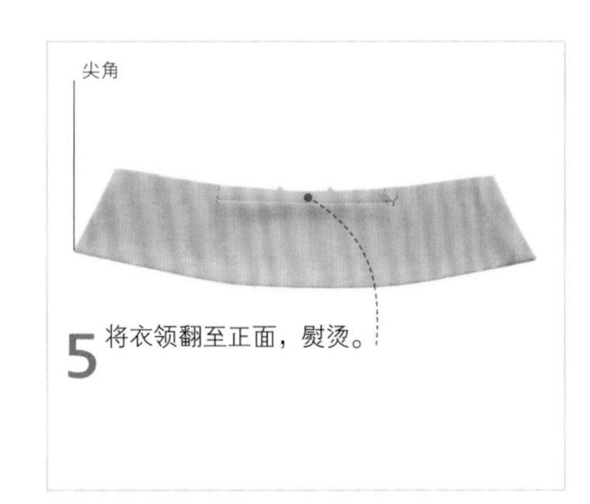

5 将衣领翻至正面，熨烫。

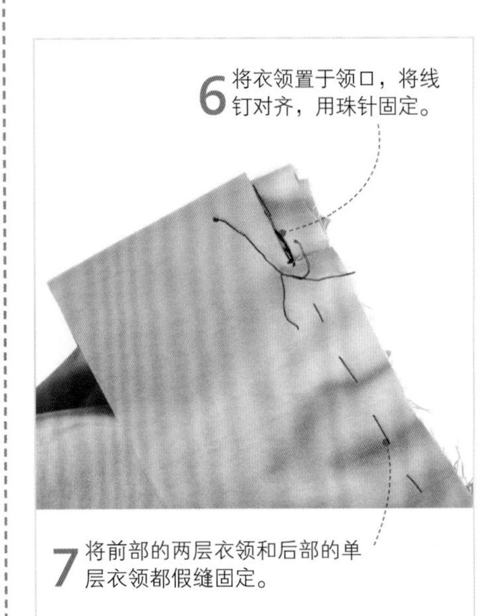

6 将衣领置于领口，将线钉对齐，用珠针固定。

7 将前部的两层衣领和后部的单层衣领都假缝固定。

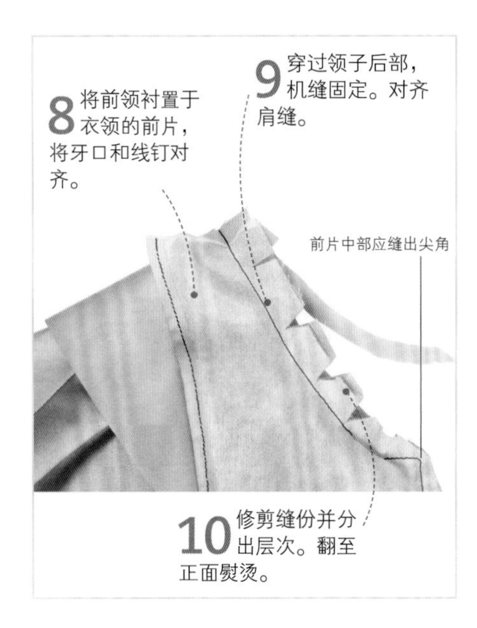

8 将前领衬置于衣领的前片，将牙口和线钉对齐。

9 穿过领子后部，机缝固定。对齐肩缝。

10 修剪缝份并分出层次。翻至正面熨烫。

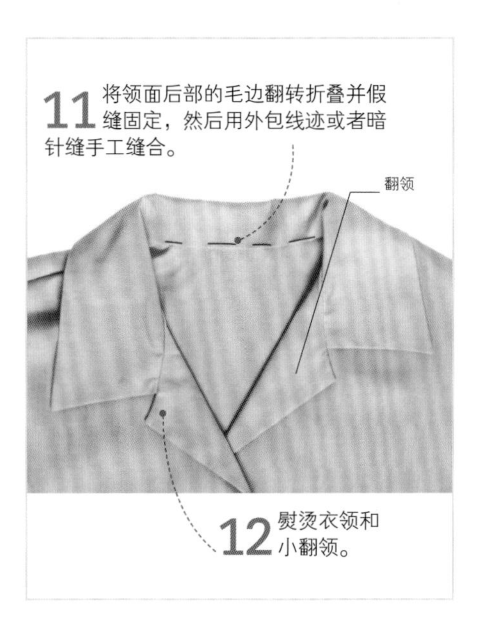

11 将领面后部的毛边翻转折叠并假缝固定，然后用外包线迹或者暗针缝手工缝合。

12 熨烫衣领和小翻领。

衬衫领

难度指数

传统款式的衬衫领往往分为两部分：翻领和领座，二者都需要热熔黏合衬。领座紧贴领口，而翻领则与领座相连。这种衣领常见于男式和女式衬衣。在男式衬衣上，领座刚好可以方便系领带。

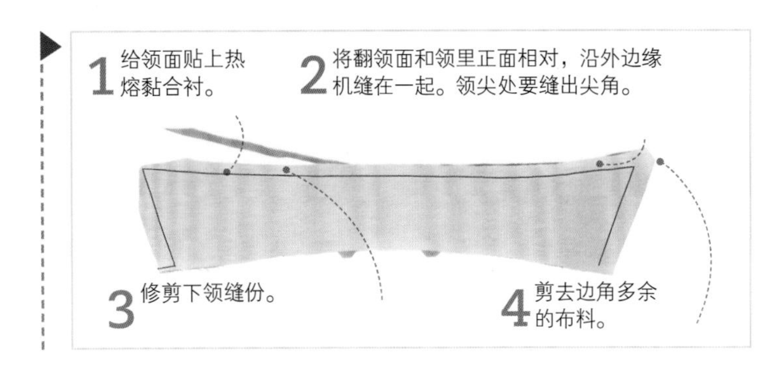

1 给领面贴上热熔黏合衬。

2 将翻领面和领里正面相对，沿外边缘机缝在一起。领尖处要缝出尖角。

3 修剪下领缝份。

4 剪去边角多余的布料。

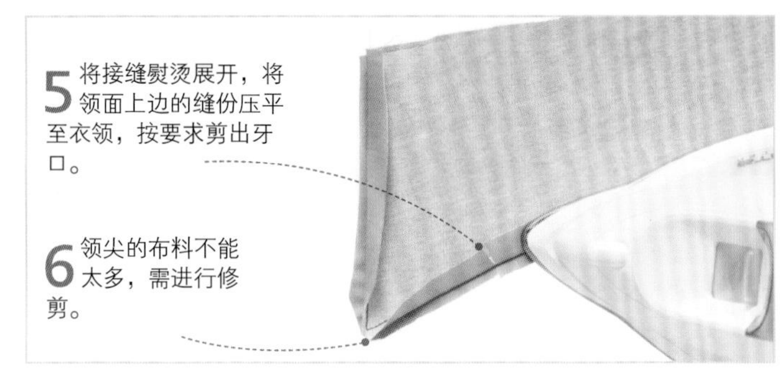

5 将接缝熨烫展开，将领面上边的缝份压平至衣领，按要求剪出牙口。

6 领尖的布料不能太多，需进行修剪。

如何粘贴热熔黏合衬见第54页 • 转绘纸样见第82~83页 • 手缝线迹见第90~91页

7 将翻领翻至正面并烫平。

8 用缝纫机沿领面边缘缝一条面线。

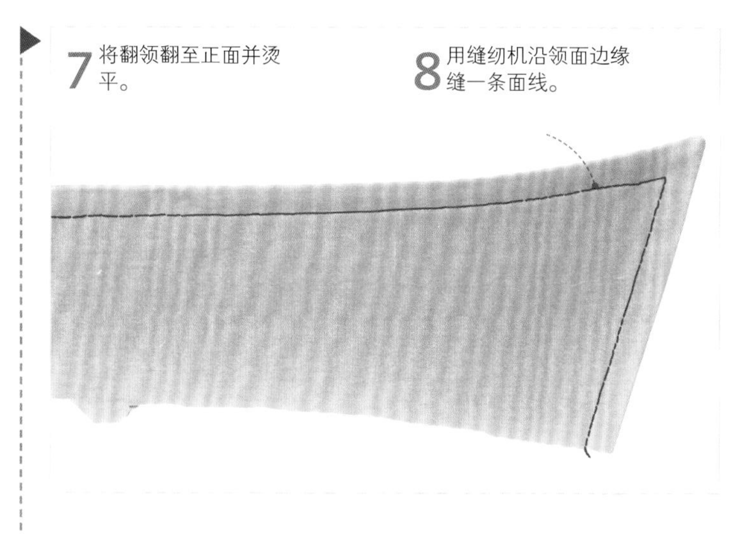

9 将领座的一面贴上热熔黏合衬。

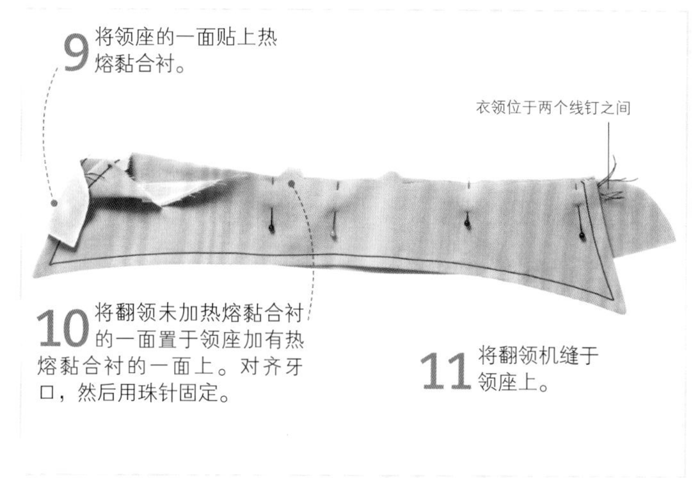

10 将翻领未加热熔黏合衬的一面置于领座加有热熔黏合衬的一面上。对齐牙口，然后用珠针固定。

11 将翻领机缝于领座上。

12 将领座置于衬衣领口，对齐牙口，用珠针固定。

13 将领座假缝于领口上。领座上的缝份向前身片展开。

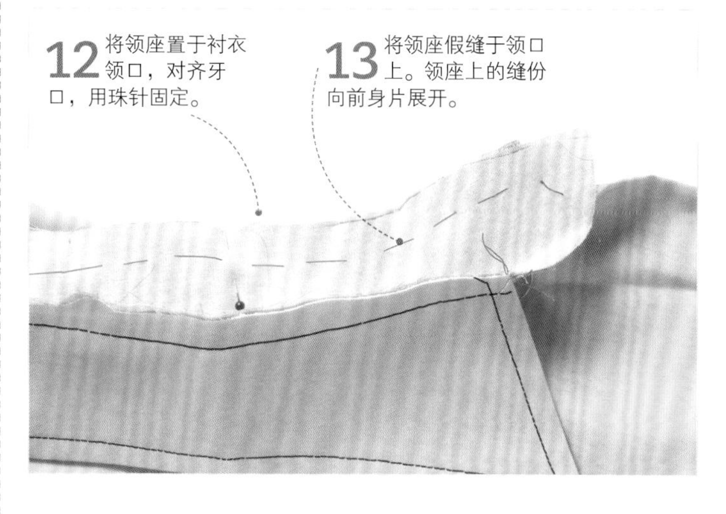

14 将领座未加热熔黏合衬的一面用珠针固定在领口上，这样衬衣领口的正反面都有领座。

15 将领座假缝到领口上。

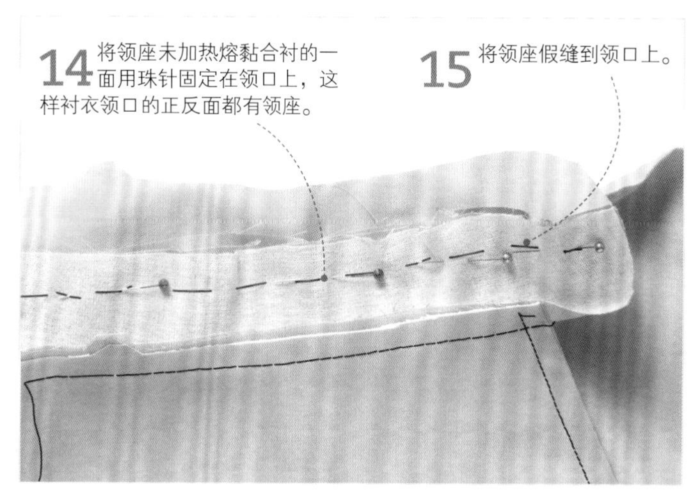

16 重新放置领座，使前部边缘能够正面相对。

17 机缝领口边缘、中前弯边直到翻领。

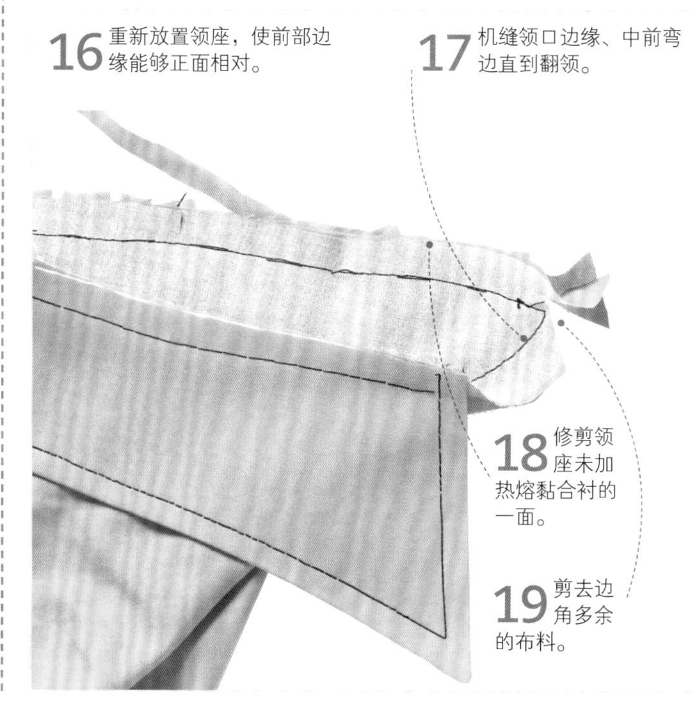

18 修剪领座未加热熔黏合衬的一面。

19 剪去边角多余的布料。

20 翻转并熨烫。

21 将领座的毛边翻到翻领一边并内折，用珠针固定，用平针缝缝合。

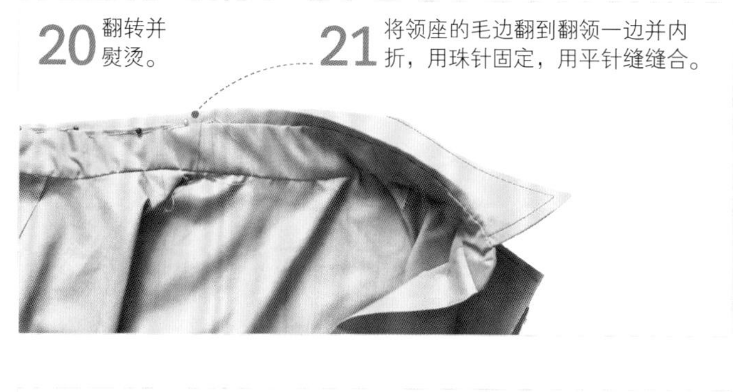

22 如有需要领座可缝一条面线。在前身片中部，领座贴合翻领。

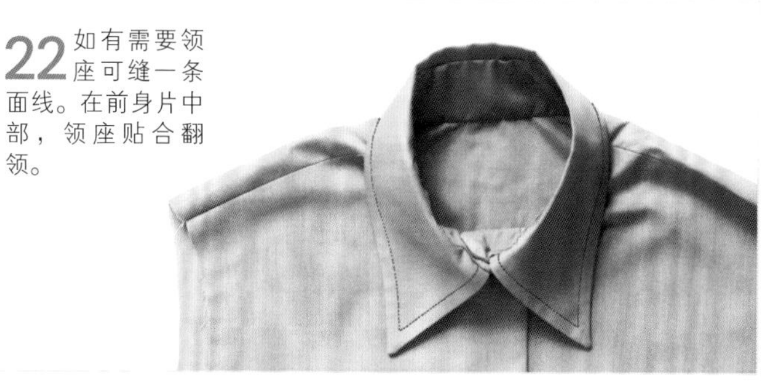

机缝线迹见第92~93页 • 沿转角和弧线缝纫见第102~103页 • 修剪缝份见第104~105页

腰线、腰带和束带

连衣裙的上衣片和裙子通常是在腰部缝到一起。然而，有一些衣服的“腰身”需要加松紧带。腰身也可以通过搭配腰带来凸显。本部分也将介绍窗帘束带的制作。

腰线的种类与缝制

腰线常见于连衣裙的上衣和裙子的缝合，或者裙子和裤子的腰边。有些腰线是单独加到衣服上的独到之笔，有些则更为保守。可以根据体形来设计不同的腰线。

各种不同的腰线

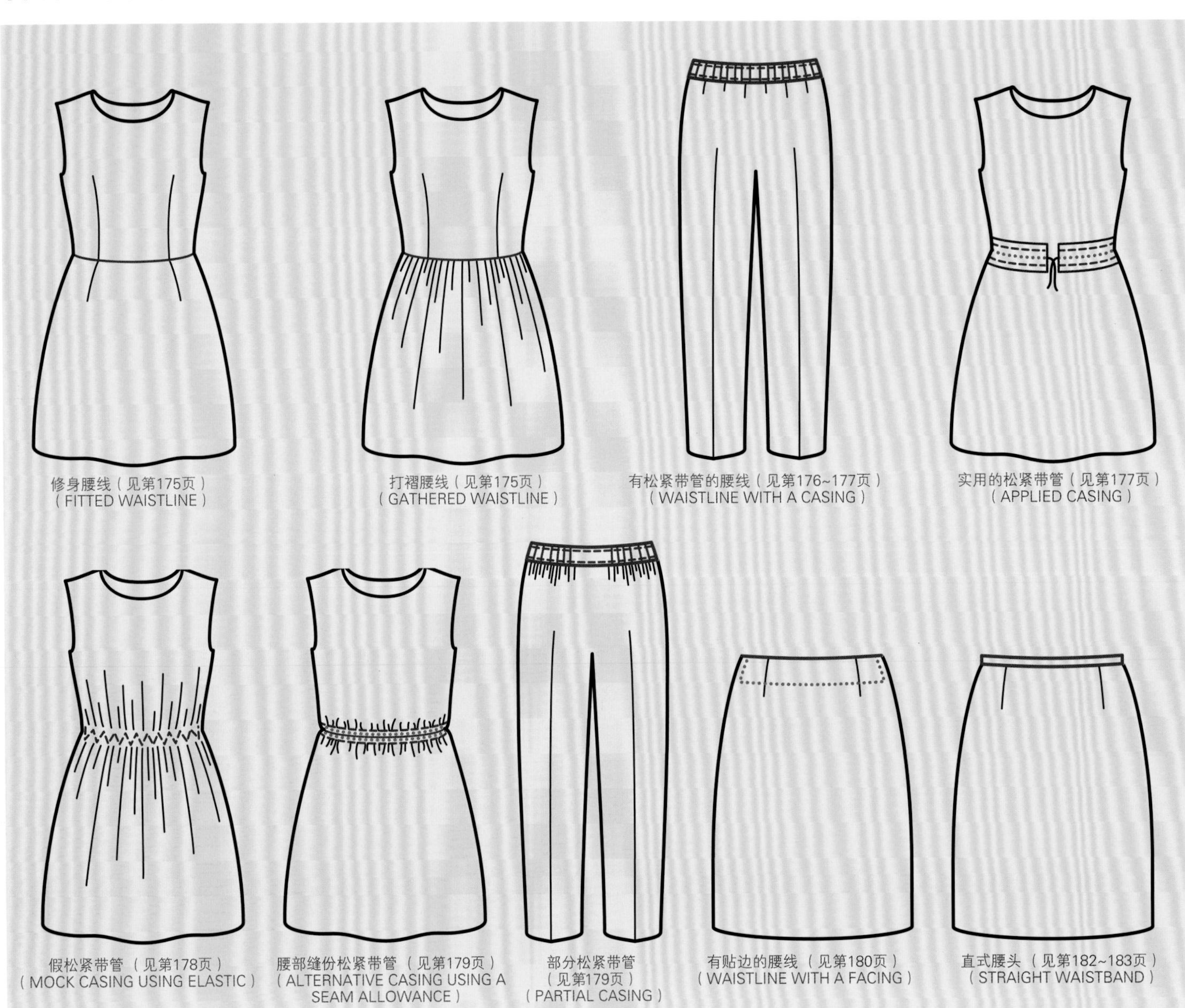

裁剪工具见第16~17页 • 修整接缝见第95页

缝合上衣和修身裙

难度指数 ★★★★★

很多连衣裙都是由直筒修身裙缝于紧身上衣片制成的。缝合的时候，一定要将上衣片的省道和接缝线及裙摆的省道和接缝线对齐，形成修身的腰线。

1 将裙子的省道朝着中间烫平。使用定位线迹缝出腰线。

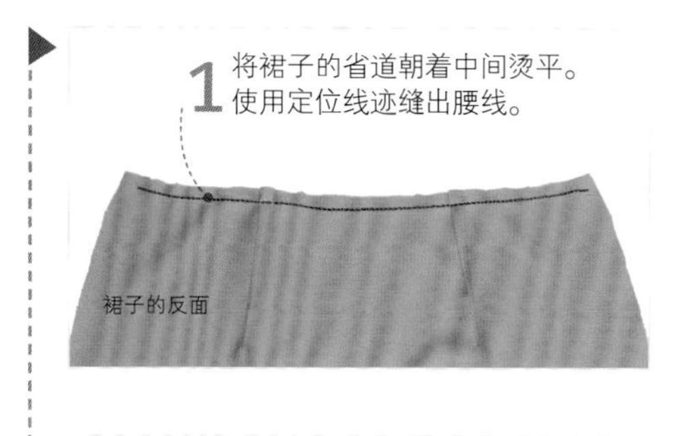

2 将缝份向上衣片烫平。

3 将裙子置于上衣片上，将裙子与上衣片的省道和接缝线对齐。将裙子和上衣片用珠针别在一起。

4 留1.5cm缝份，将上衣片和裙子机缝到一起。烫平。

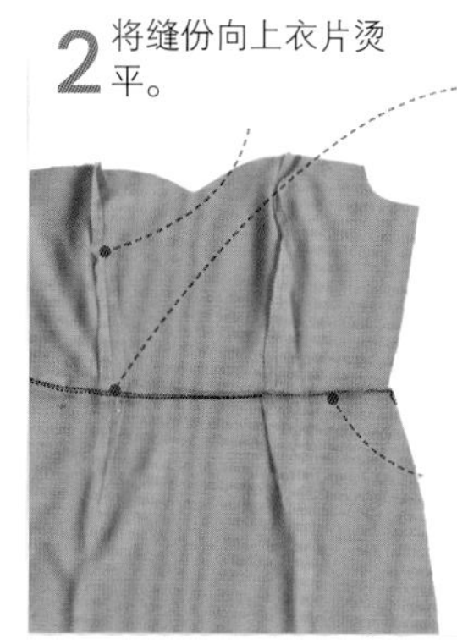

5 用三线包缝机或者Z字线迹给裙子及上衣片锁边。

6 将缝份朝着上衣片烫平。

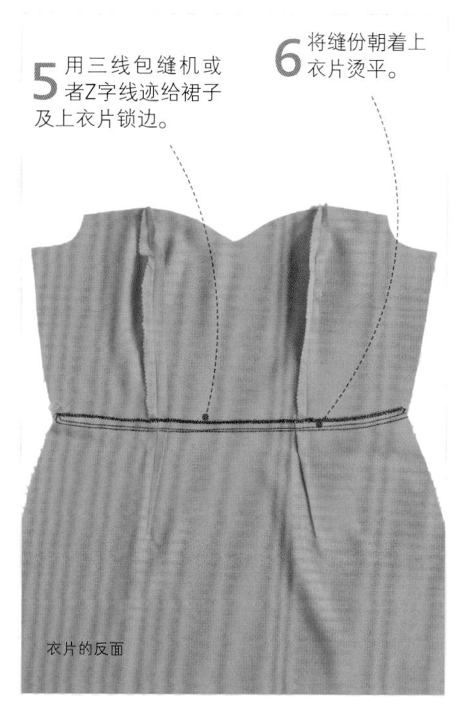

7 从正面看，缝份和省道在腰部刚好对齐。

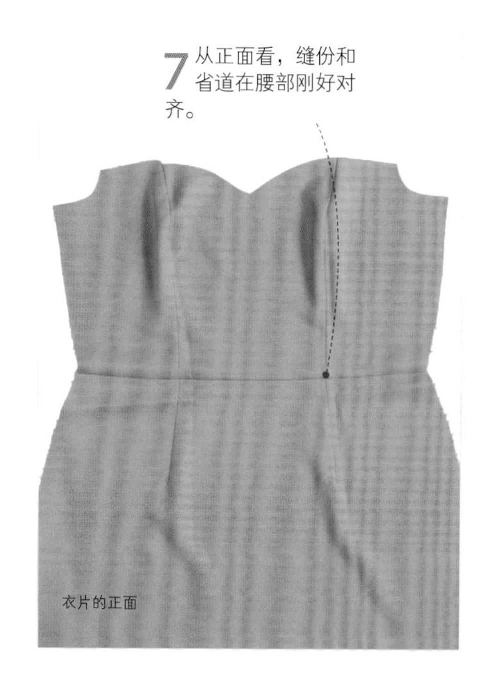

将打褶裙与上衣片缝合

难度指数 ★★★★★

将打褶裙缝到上衣片上时，裙子必须在腰部均匀分布。打褶裙的接缝要和上衣片的接缝和省道对齐。

1 沿半圆裙的腰线缝出两排抽褶线。

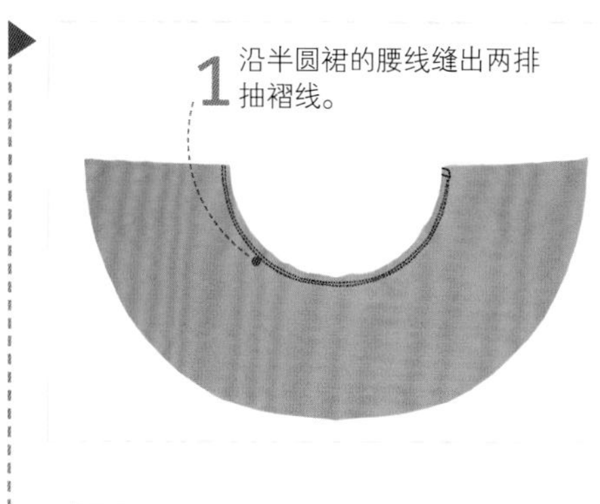

2 抽拉抽褶线，使其与上衣片腰身对齐。

3 用珠针将裙子别到上衣片上，确保上衣片的省道朝向中央。

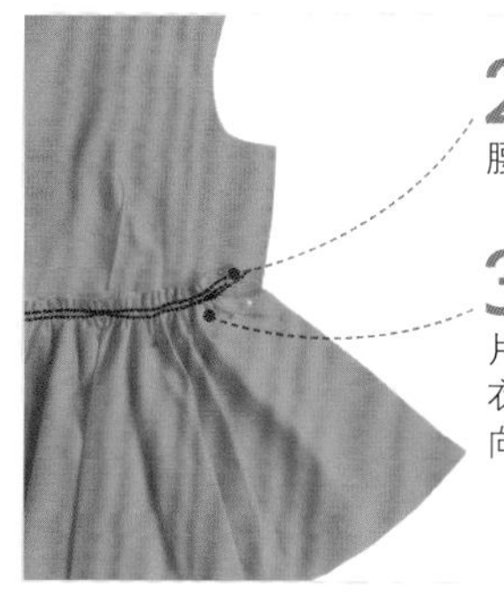

4 预留1.5cm缝份，缝合裙子和上衣片。使用三线包缝机或者Z字线迹锁边。

5 将接缝朝着上衣片方向烫平。从正面看，裙子的接缝完美地融入了上衣片接缝中。

普通省道见第109页 ● 如何缝制合身的自由褶见第131页

制作腰部的松紧带管

难度指数 *****

裙子、裤子及休闲上衣上常用到松紧腰头。松紧带管可以通过较深的腰部来制成，也可以通过贴边来实现。

使用较深的腰部制作松紧带管

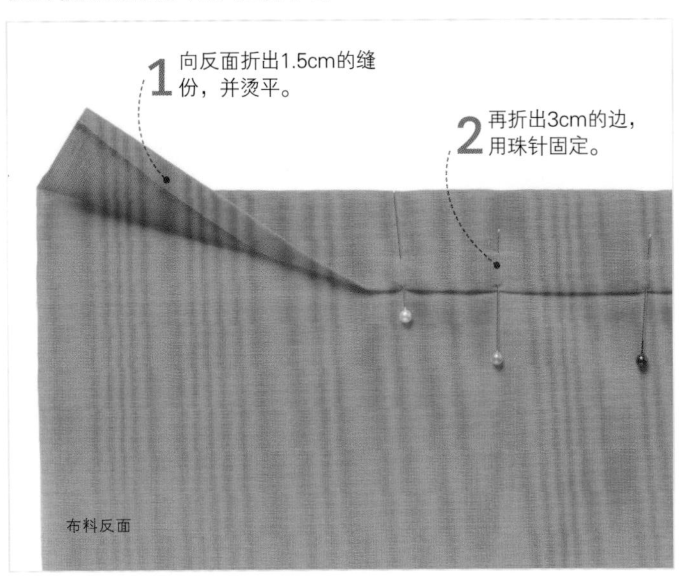

1 向反面折出1.5cm的缝份，并烫平。

2 再折出3cm的边，用珠针固定。

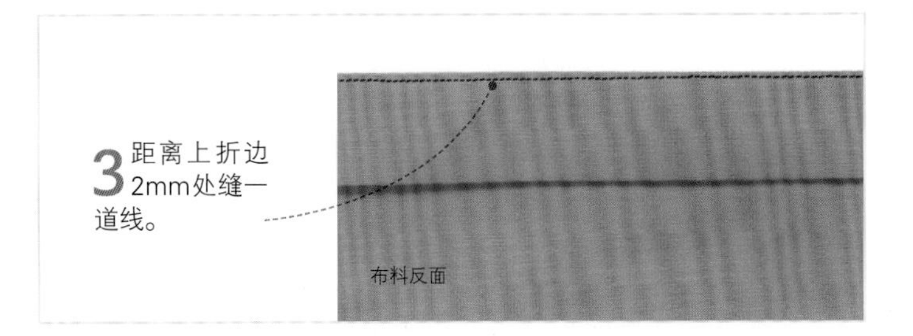

3 距离上折边2mm处缝一道线。

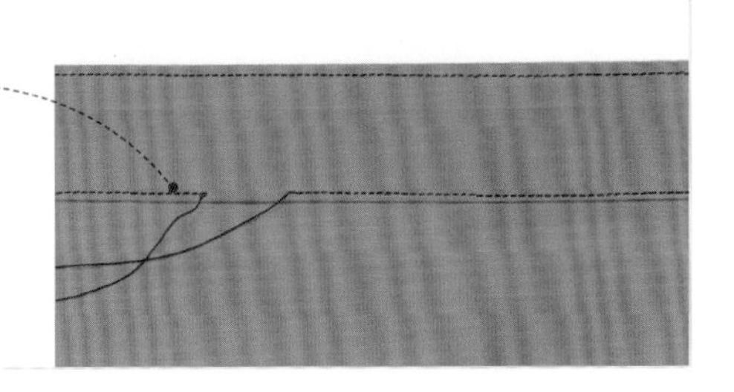

4 距离下折边2mm处缝一道线。接头处留出约3cm宽的空隙，可用来穿松紧带。

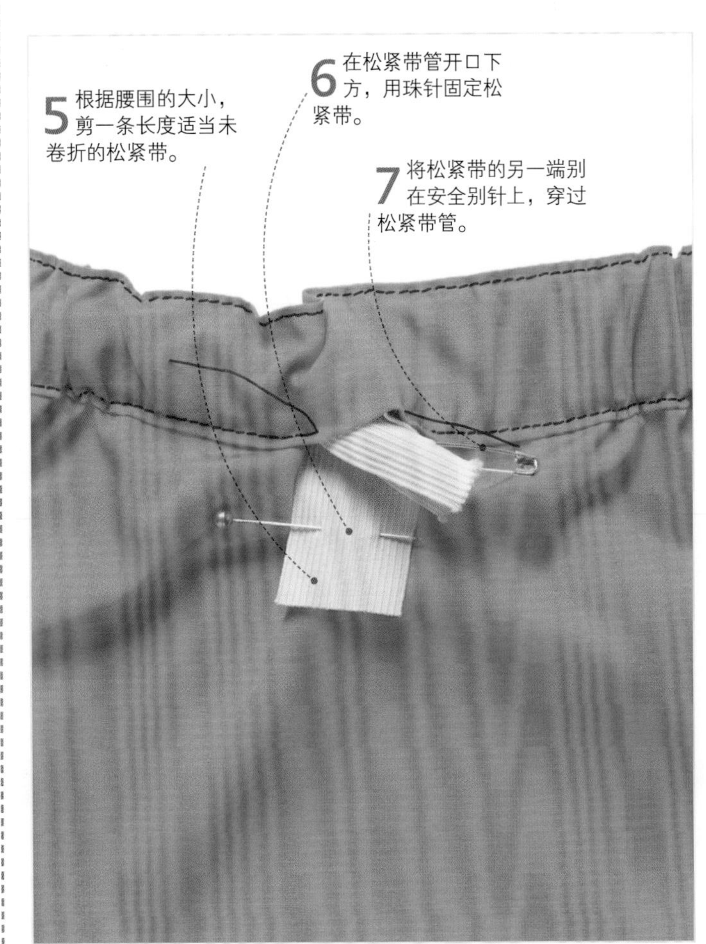

5 根据腰围的大小，剪一条长度适当未卷折的松紧带。

6 在松紧带管开口下方，用珠针固定松紧带。

7 将松紧带的另一端别在安全别针上，穿过松紧带管。

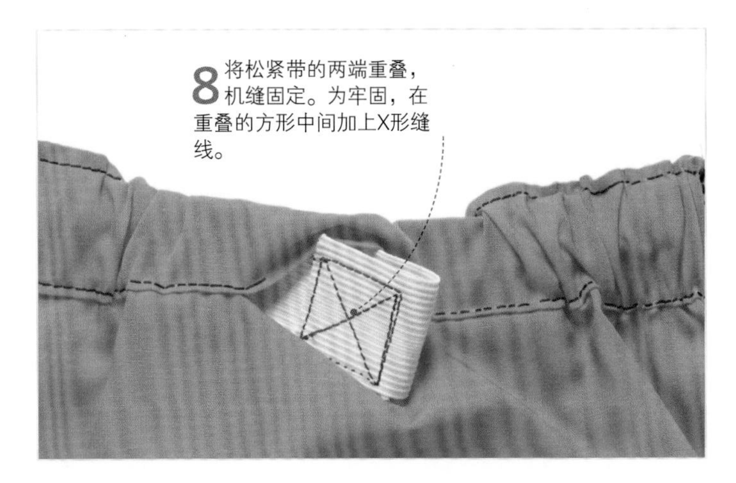

8 将松紧带的两端重叠，机缝固定。为牢固，在重叠的方形中间加上X形缝线。

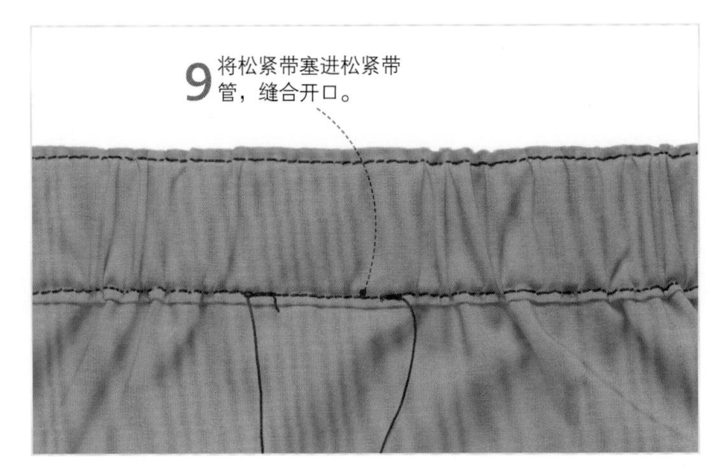

9 将松紧带塞进松紧带管，缝合开口。

假缝线迹见第89页 ● 如何缝制合身的自由裙见第131页 ● 接缝的分层处理见第104页

使用贴边制作松紧带管

1 剪出贴边，在接缝处将贴边缝在一起。熨烫展开。不要缝后中心缝，但要把缝份向后烫平。

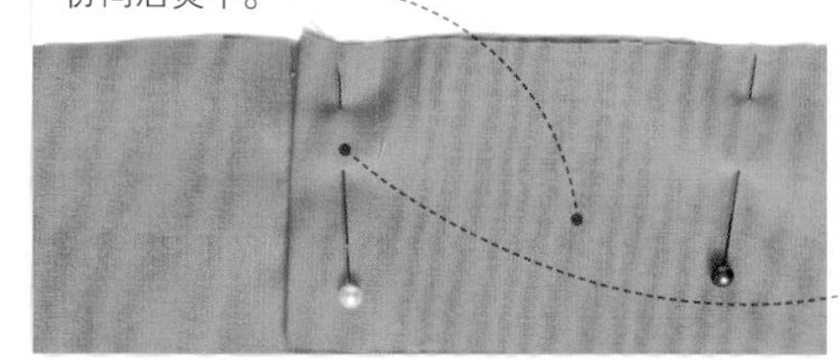

2 用珠针将贴边别到衣服的毛边上，正面相对。

3 将贴边缝到衣服边缘上。

4 将缝份向两侧展开，并烫平。

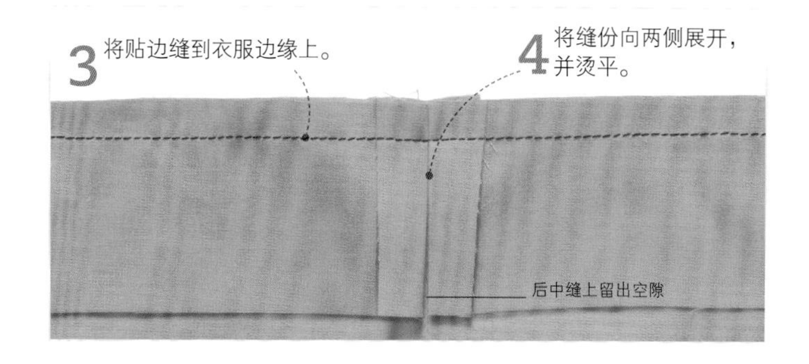

5 将贴边翻至衣服的反面并熨平。

6 将贴边的下边向内折1.5cm。

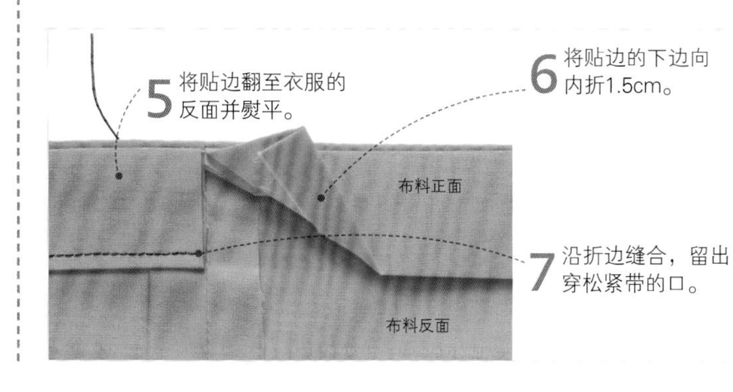

7 沿折边缝合，留出穿松紧带的口。

8 将松紧带穿入贴边并固定两端。

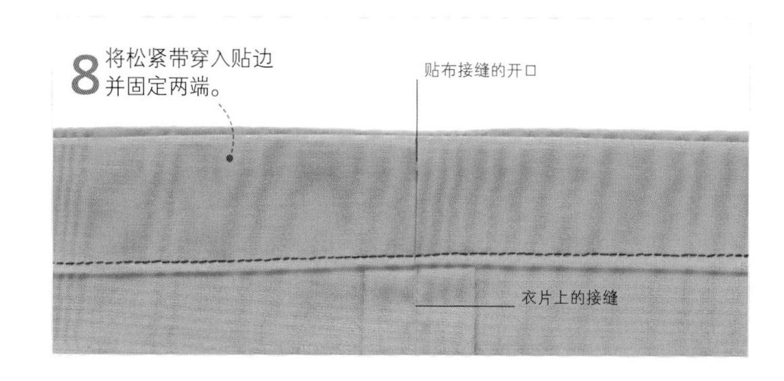

实用的松紧带管

难度指数 *****

制作腰头时，需先装上外加布料制成的松紧带管，以方便装入松紧带。松紧带管可以做到衣服的里面，也可以做到衣服的外面。做松紧带管比较快捷的方式就是使用斜裁滚边条。松紧带管也可以使用与衣服相同的布料或贴边来做。

内松紧带管

1 这种抽带管常用于衬衫式连衣裙或者束腰短上衣。顺着布纹剪一布条，宽度要足够装下松紧带。

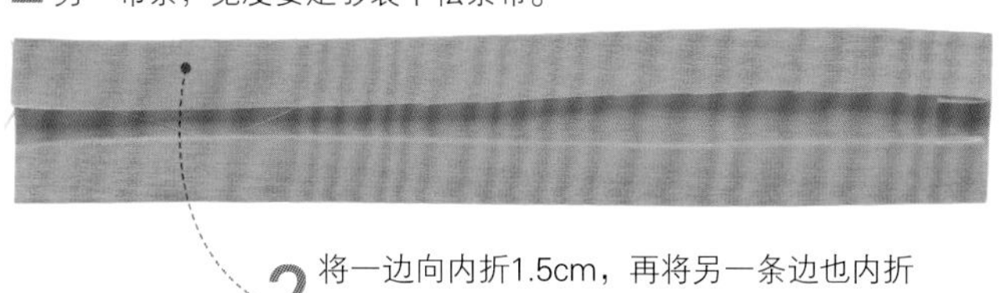

2 将一边向内折1.5cm，再将另一条边也内折1.5cm。

3 用一排假缝线来标记腰部位置。

4 将松紧带管置于假缝线上，将完成好的短头朝向前身片的中间，用珠针固定。

5 机缝将松紧带管固定于腰部。

6 将松紧带穿入松紧带管，固定松紧带两端。

使用斜裁滚边条做内松紧带管

1 确保斜裁滚边条在缝好之后还足够宽，可以将松紧带穿入。将斜裁滚边条置于腰线，两边分别于2mm处缝合固定。

2 穿入松紧带并将两端打结。

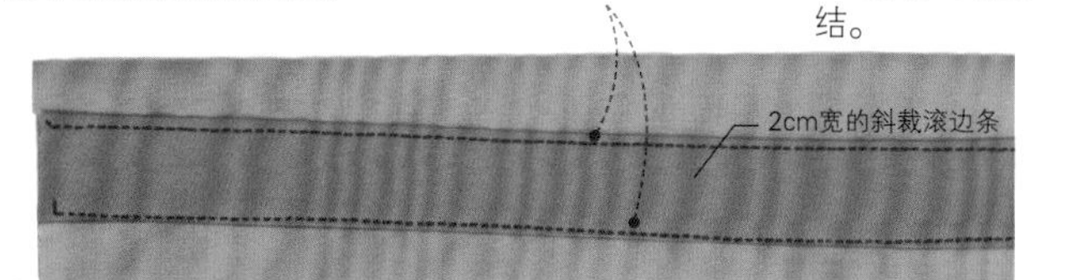

外松紧带管

1 裁一片比腰围长3.5cm的直纹布。将各边都内折5mm并烫平。

2 将松紧带管置于衣服腰线上，将短头朝向前身片的中间。

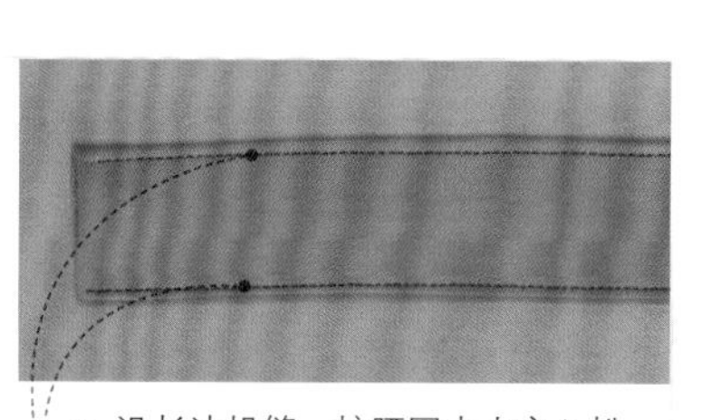

3 沿长边机缝。按腰围大小穿入松紧带。

贴边的结构见第149页 • 如何裁剪斜滚边条见第150页

假松紧带管

难度指数 *****

有几种方法来做假松紧带管。最简单的方式就是将松紧带缝于腰部。此外，如果上衣片和裙子有缝合接缝，也可以将松紧带穿在缝份里。很多衣服只在背部有松紧带，或者只有部分的松紧带管，或者前襟腰头加有内衬。

▶ 缝上松紧带来形成腰线

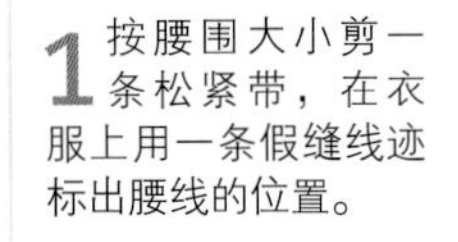

1 按腰围大小剪一条松紧带，在衣服上用一条假缝线迹标出腰线的位置。

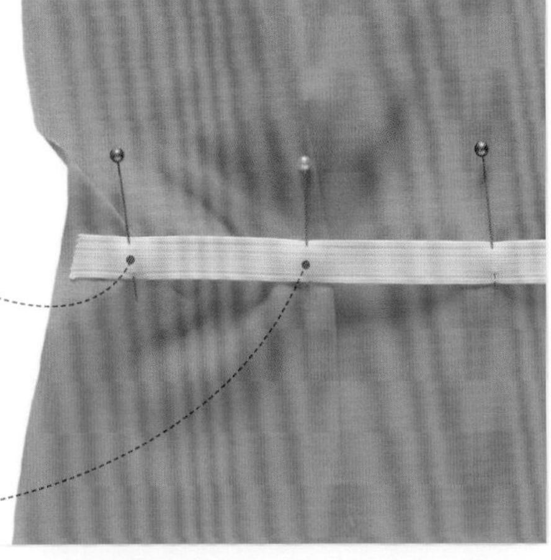

2 将松紧带的一端用珠针固定。

3 将松紧带环绕衣服腰部拉伸，然后间隔用珠针固定。松紧带下面的布料会是松弛的。

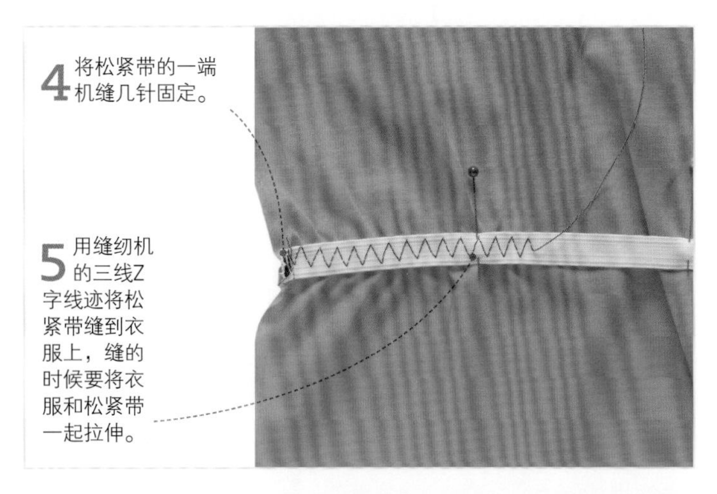

4 将松紧带的一端机缝几针固定。

5 用缝纫机的三线Z字线迹将松紧带缝到衣服上，缝的时候要将衣服和松紧带一起拉伸。

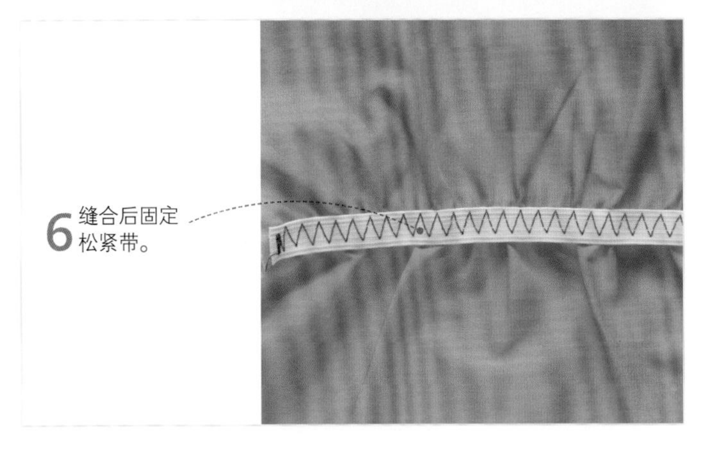

6 缝合后固定松紧带。

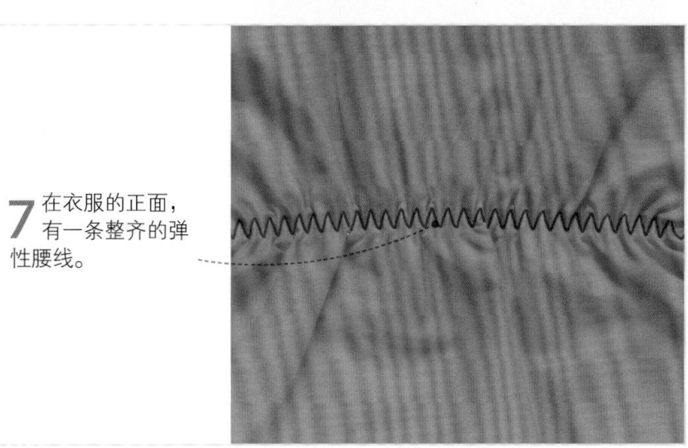

7 在衣服的正面，有一条整齐的弹性腰线。

▶ 腰部缝份的抽带管

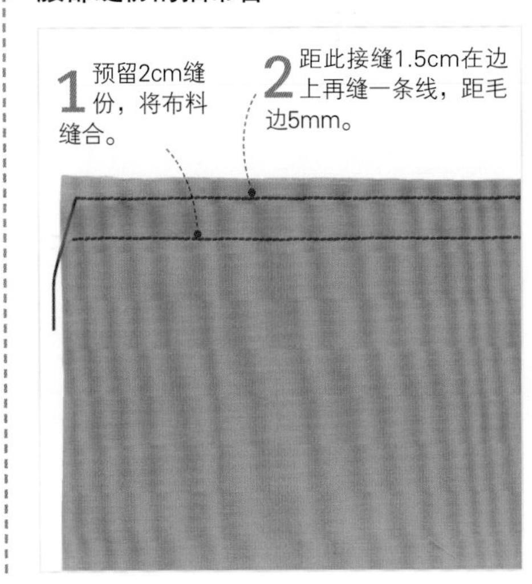

1 预留2cm缝份，将布料缝合。

2 距此接缝1.5cm在边上再缝一条线，距毛边5mm。

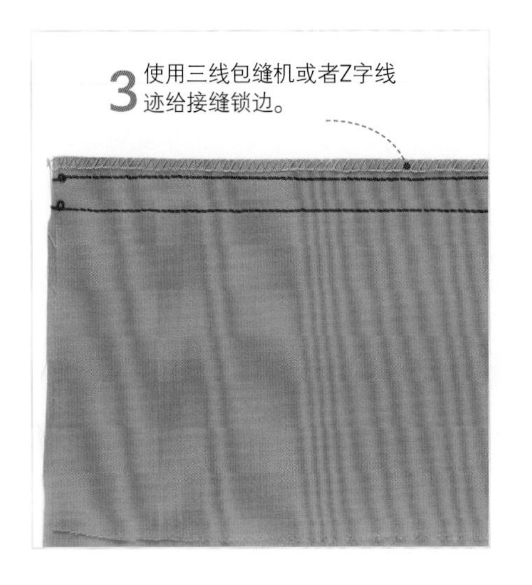

3 使用三线包缝机或者Z字线迹给接缝锁边。

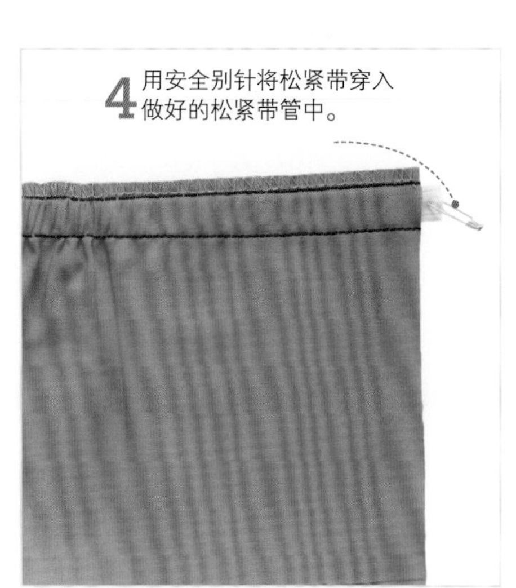

4 用安全别针将松紧带穿入做好的松紧带管中。

包缝机见第34~35页 • 如何粘贴热熔黏合衬见第54页 • 假缝线迹见第89页

在腰部缝份做松紧带管的其他方法

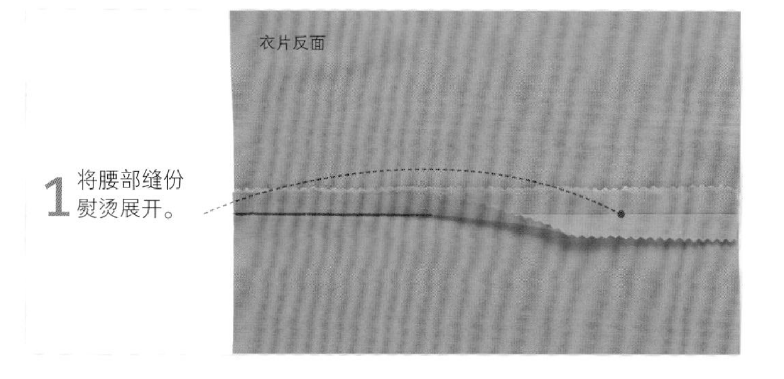

1 将腰部缝份熨烫展开。

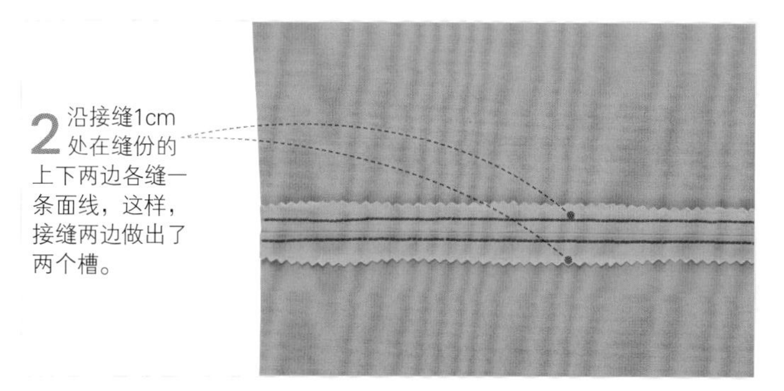

2 沿接缝1cm处在缝份的上下两边各缝一条面线，这样，接缝两边做出了两个槽。

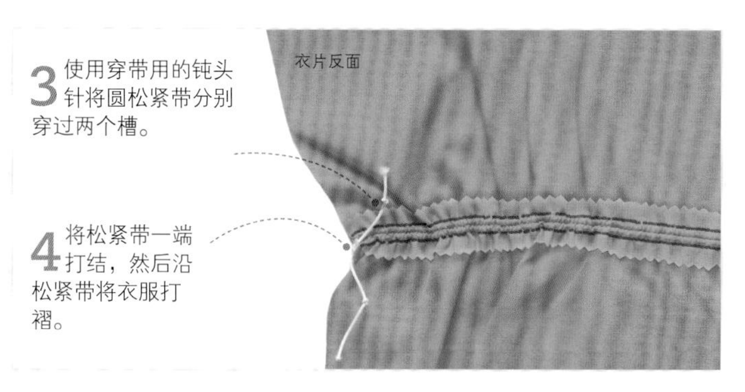

3 使用穿带用的钝头针将圆松紧带分别穿过两个槽。

4 将松紧带一端打结，然后沿松紧带将衣服打褶。

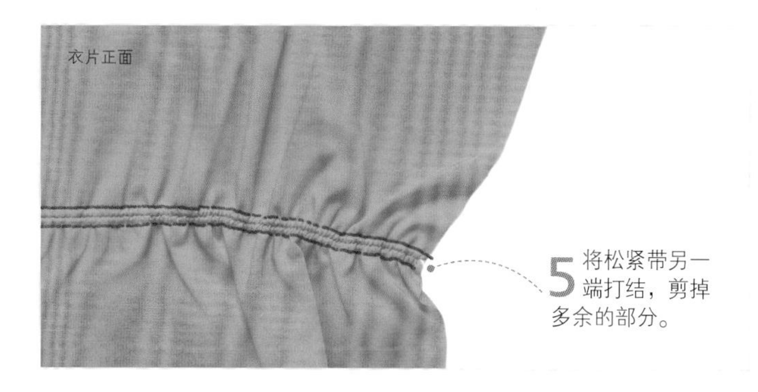

5 将松紧带另一端打结，剪掉多余的部分。

部分松紧带管

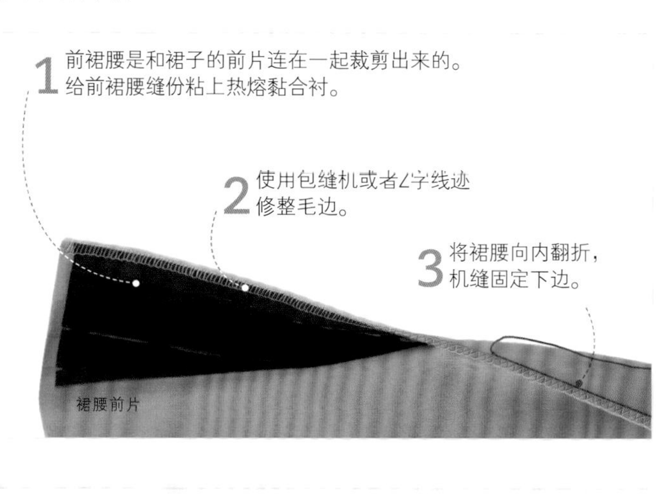

1 前裙腰是和裙子的前片连在一起裁剪出来的。给前裙腰缝份粘上热熔黏合衬。

2 使用包缝机或者Z字线迹修整毛边。

3 将裙腰向内翻折，机缝固定下边。

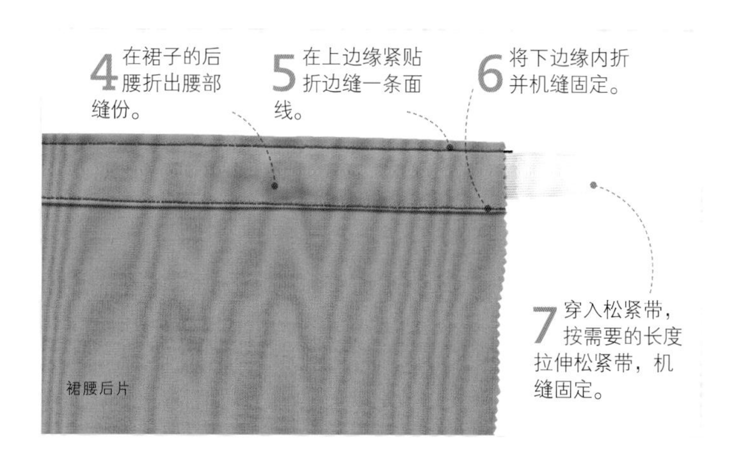

4 在裙子的后腰折出腰部缝份。

5 在上边缘紧贴折边缝一条面线。

6 将下边缘内折并机缝固定。

7 穿入松紧带，按需要的长度拉伸松紧带，机缝固定。

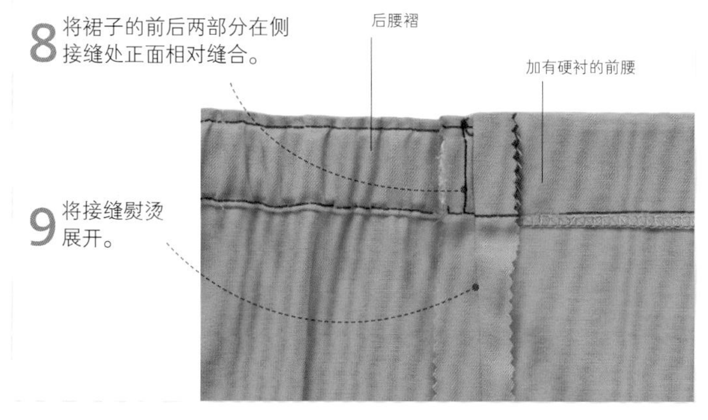

8 将裙子的前后两部分在侧接缝处正面相对缝合。

9 将接缝熨烫展开。

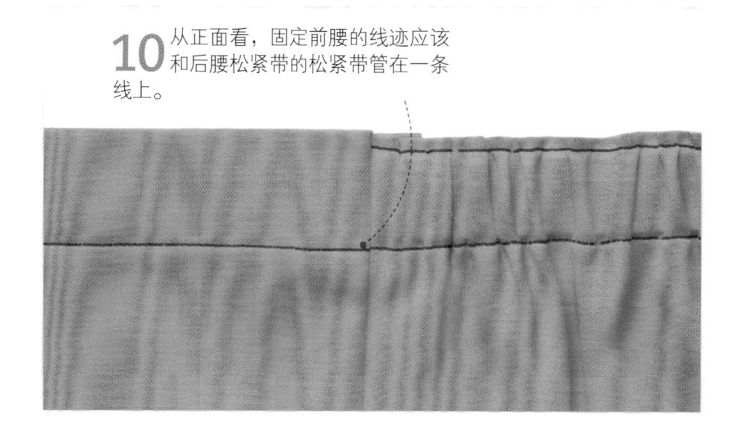

10 从正面看，固定前腰的线迹应该和后腰松紧带的松紧带管在一条线上。

缝纫技法

有贴边的腰线

难度指数 *****

很多裙子和裤子都通过加贴边来修整腰线，此时，要根据腰身来做贴边，省道的多余部分要剪掉，使衣服更平展。加了贴边的腰线更舒适合身。此外，要待裙子和裤子的主要裁片都缝制完成之后再做贴边。

1 将热熔黏合衬固定在贴边布的反面。用斜裁滚边来修整贴边的下边缘。

2 用珠针将加有热熔黏合衬的贴边别到腰边，牙口要对齐。

3 缝份为1.5cm，将贴边缝合固定。

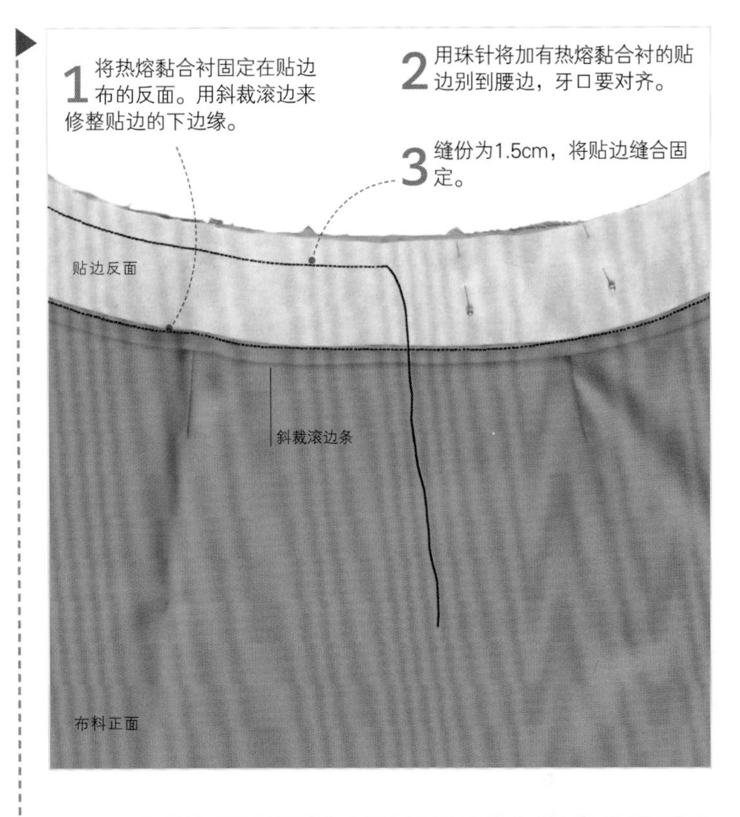

4 将贴边的缝份剪去一半。

5 与线迹成直角，将缝份剪牙口。

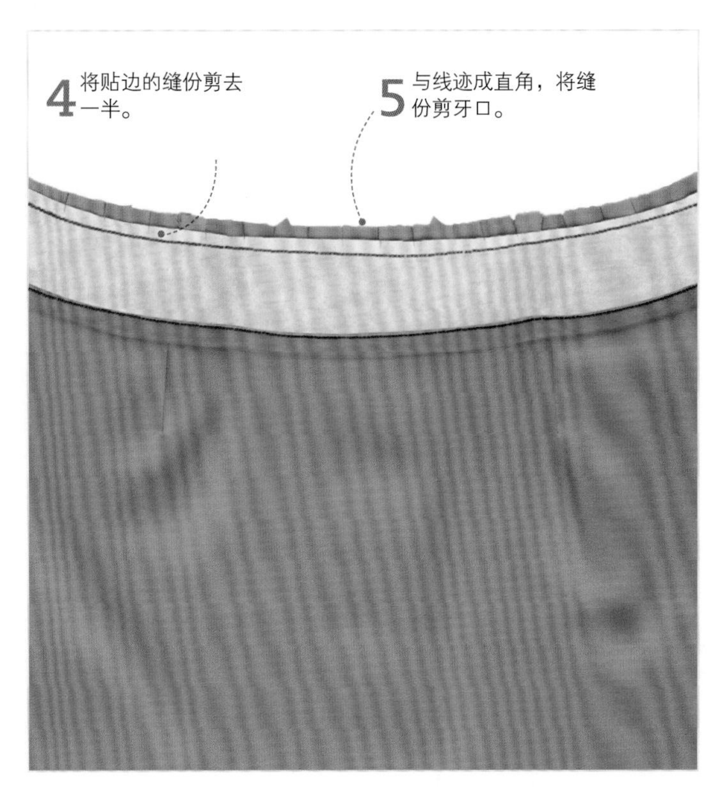

6 将腰部的缝份反折到贴边上烫平。

7 距原线迹3mm处将缝份缝合到贴边上（这被称为暗缝）。

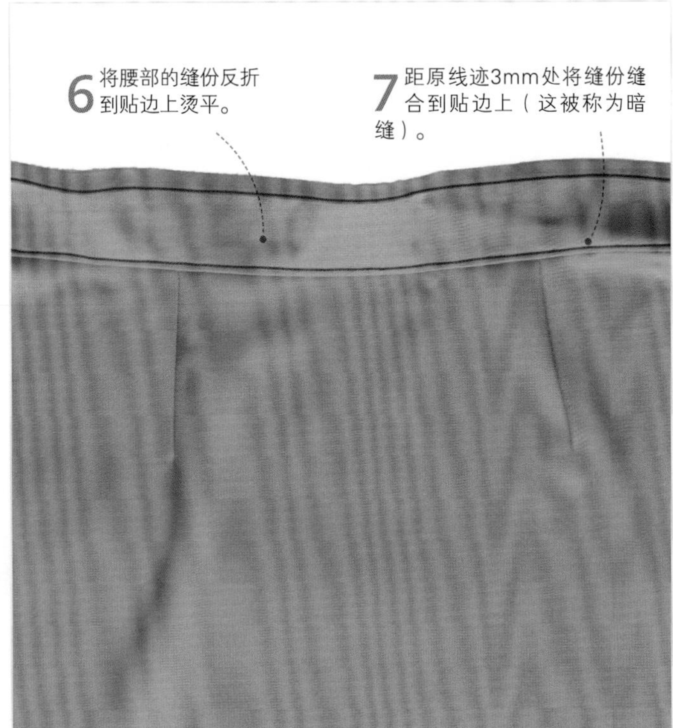

8 将贴边翻到衣服的反面并烫平。

9 剪去省道顶端的多余部分。

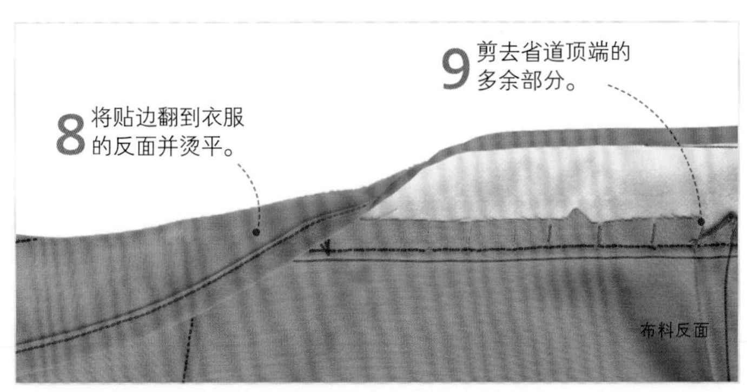

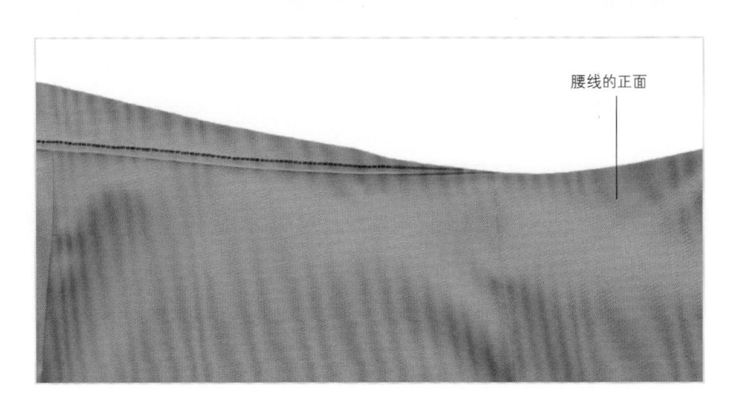

包缝机见第34~35页 ● 如何粘贴热熔黏合衬见第54页 ● 手缝线迹见第90~91页

彼得沙姆硬衬腰线

难度指数 ★★★★★

布料不够裁剪贴边的情况下，可选择彼得沙姆硬衬进行贴边修整。彼得沙姆硬衬选用黑色或白色都可以，是宽2.5cm的曲线硬带——较紧的一边为上边缘。和贴边一样，彼得沙姆硬衬也要等裙子或裤子缝制完成之后再贴到腰部。

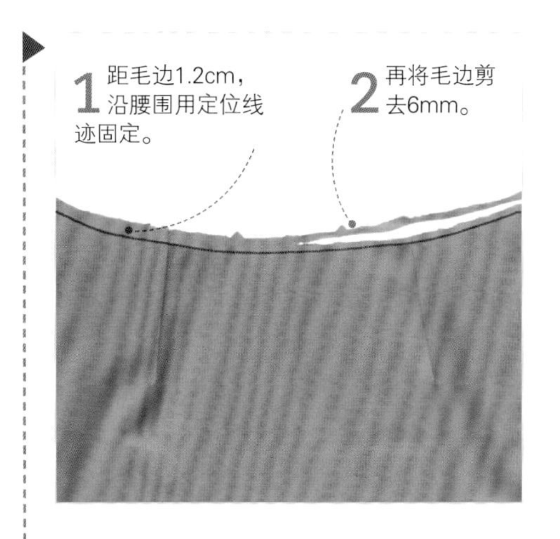

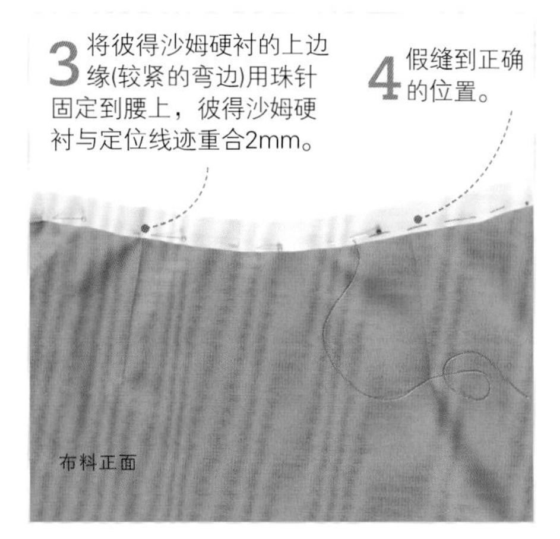

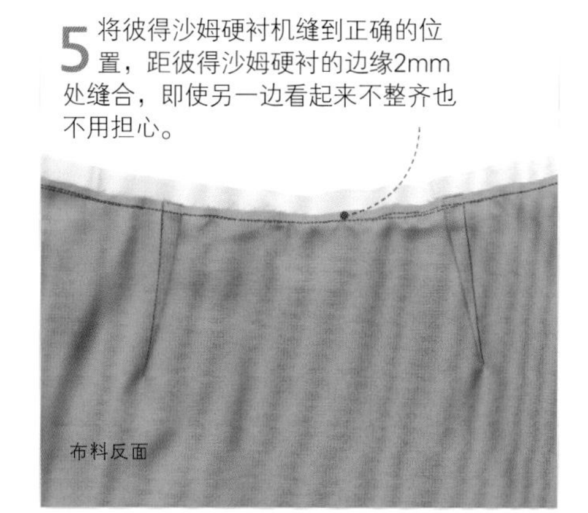

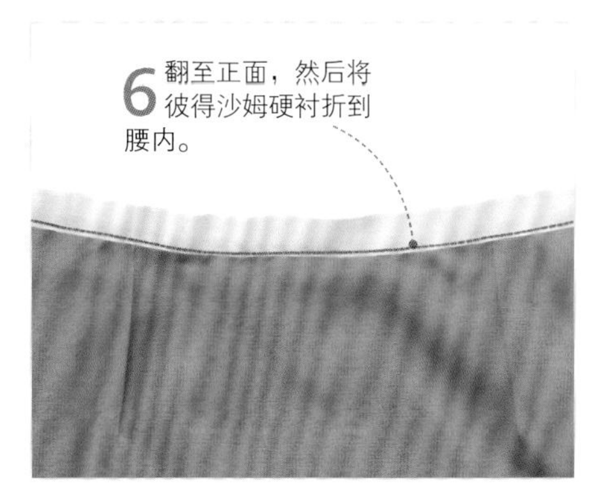

7 将彼得沙姆硬衬烫平与布料贴合。

腰头边缘的修整

难度指数 ★★★★★

腰头的一条长边要缝到衣片腰部；另一边要修剪整齐，以防毛边或蓬松。

折边

此方法只适用于细薄布料。将腰头一边折入1.5cm，并烫平。腰头缝到衣片上，手工缝合折边。

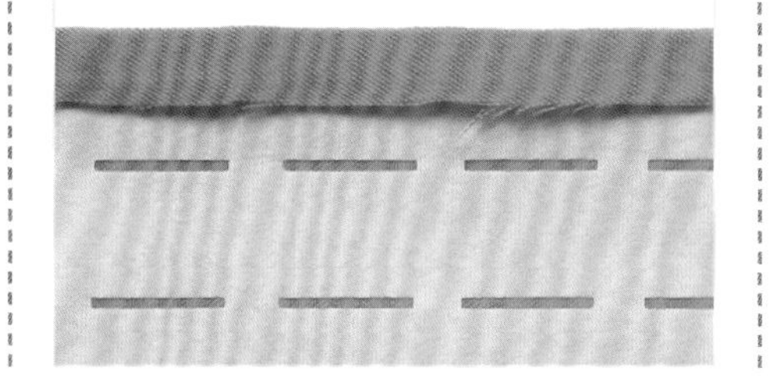

锁边

此方法适用于厚重的布料，因为缝制完成之后衣服里面会比较平展。将腰头一条长边用三线包缝机锁边。

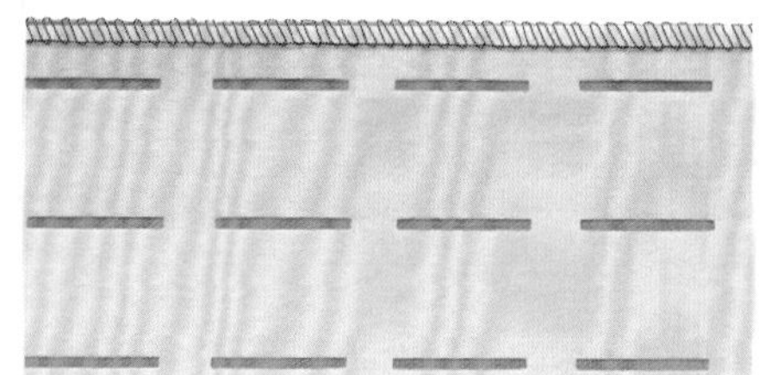

斜裁滚边条

此方法是修整易毛边布料的理想选择，还可以为衣服里布增添一些特色。缝制完成之后衣服里面平展。在腰头的长边加上2cm宽的斜裁滚边条。

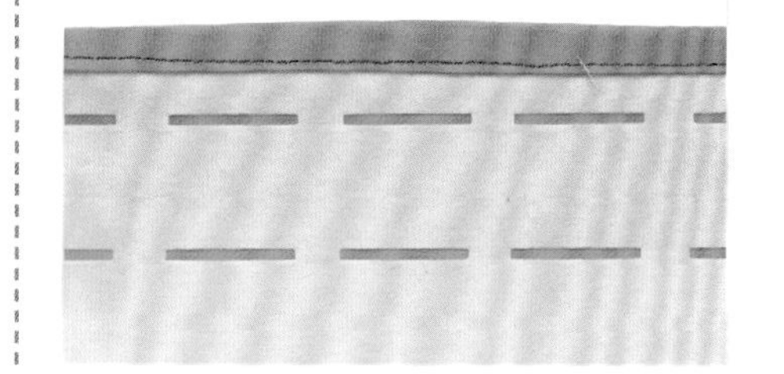

机缝线迹见第92~93页 • 接缝的分层处理见第104页 • 完成缝制见第105页 • 贴边的修整见第150页

缝纫技法

缝合直式腰头

难度指数 ★★★★★

腰头设计要贴合腰身但又不能太紧。不管是定型的还是直式的或者微曲的，腰头的缝制和缝合的方法都大致相同。所有的腰头都需要热熔黏合衬来定型并支撑。这里有一些特殊的腰头热熔黏合衬供大家选择，一般来说，嵌条线可以指导大家该在哪里折叠布料。确保外边缘的嵌条要与1.5cm的缝份对齐。要是手头没有专用的腰头热熔黏合衬，也可以选用中厚热熔黏合衬。

1 裁出腰头并贴上热熔黏合衬。修整一条长边。

2 用珠针将腰头固定到裙子的腰部，正面相对，对齐牙口。

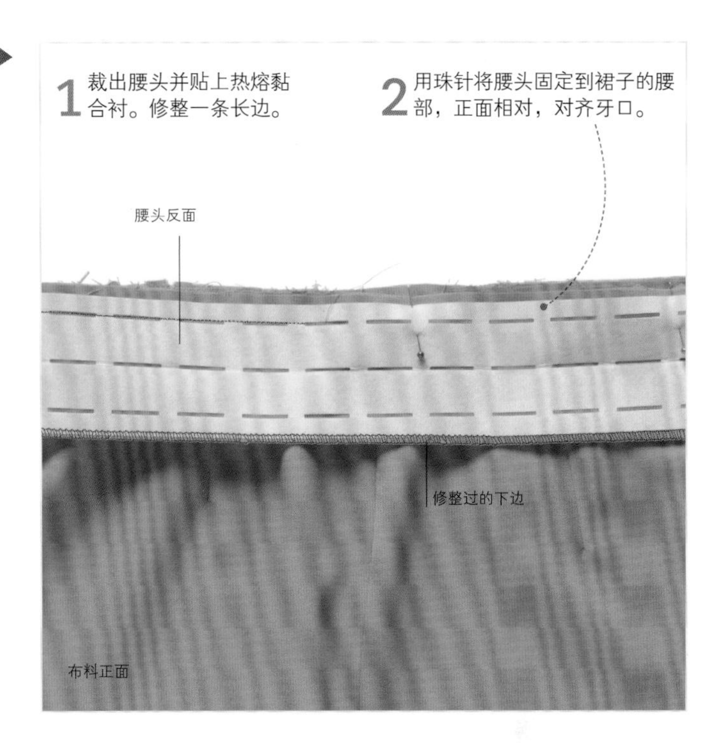

3 留1.5cm缝份将腰头缝合到腰边。腰头左边要超过拉链1.5cm，右边超过拉链5cm。

4 将腰头烫平。

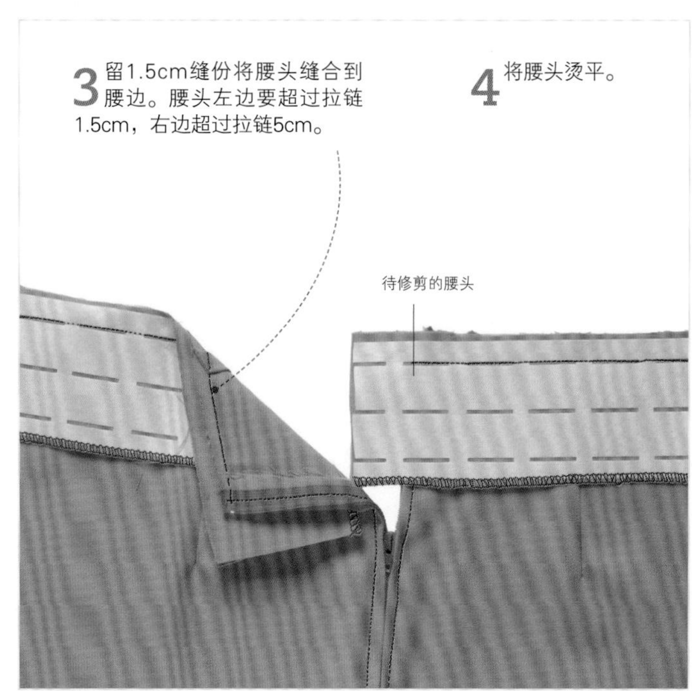

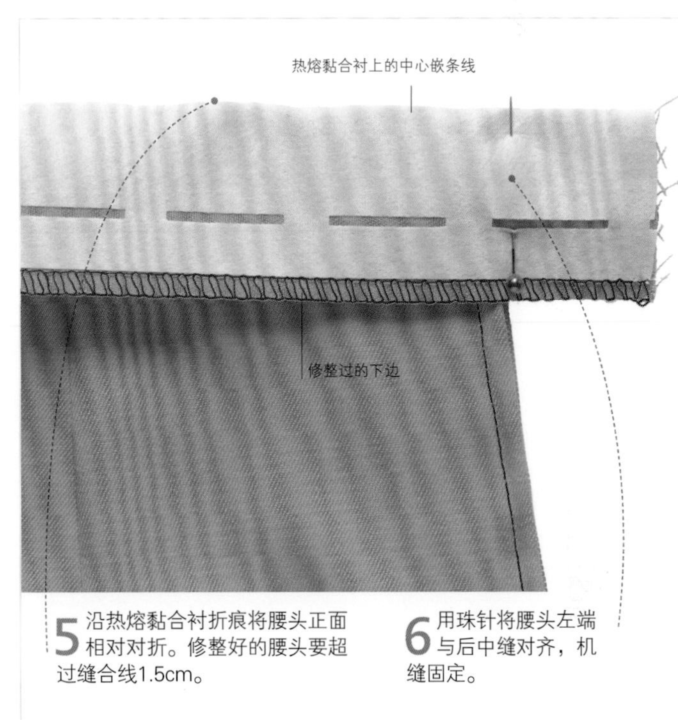

5 沿热熔黏合衬折痕将腰头正面相对对折。修整好的腰头要超过缝合线1.5cm。

6 用珠针将腰头左端与后中缝对齐，机缝固定。

7 在腰头的右端，将腰头与裙子的缝线延长到腰头及短边。

裁剪工具见第16~17页 ● 如何粘贴热熔黏合衬见第54页 ● 如何缝制平接缝见第94页 ● 修整接缝见第95页 ● 修剪缝份见第104~105页

8 修剪边角后将腰头翻到正面。延长的腰头要在右后侧。

9 缝上选好的扣合件。

10 将腰头缝合到裙腰缝，这也就是所谓的嵌缝。

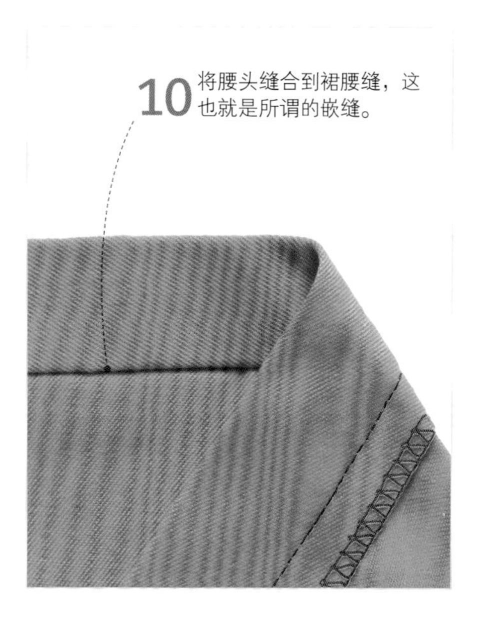

11 做好的直式腰头。

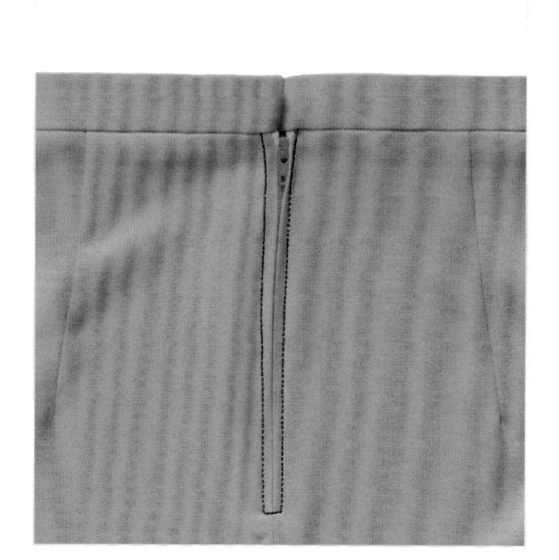

缎带贴边腰头

难度指数 *****

如果是厚布料，可以将腰头的衬里换成缎带。这不会影响到腰头的形状和稳定性，还可以减少蓬松感。选用宽2.5cm的罗纹缎带。罗纹缎带看起来类似于彼得沙姆硬衬（见第181页），但是有罗纹，而且也更柔软。

1 给腰头加热熔黏合衬。

2 将腰头反面相对对折，烫平至产生清晰的折痕。

3 将罗纹缎带沿一条折痕置于距折痕3mm处，放在腰头正面。

4 沿上边缘机缝固定到正确的位置。

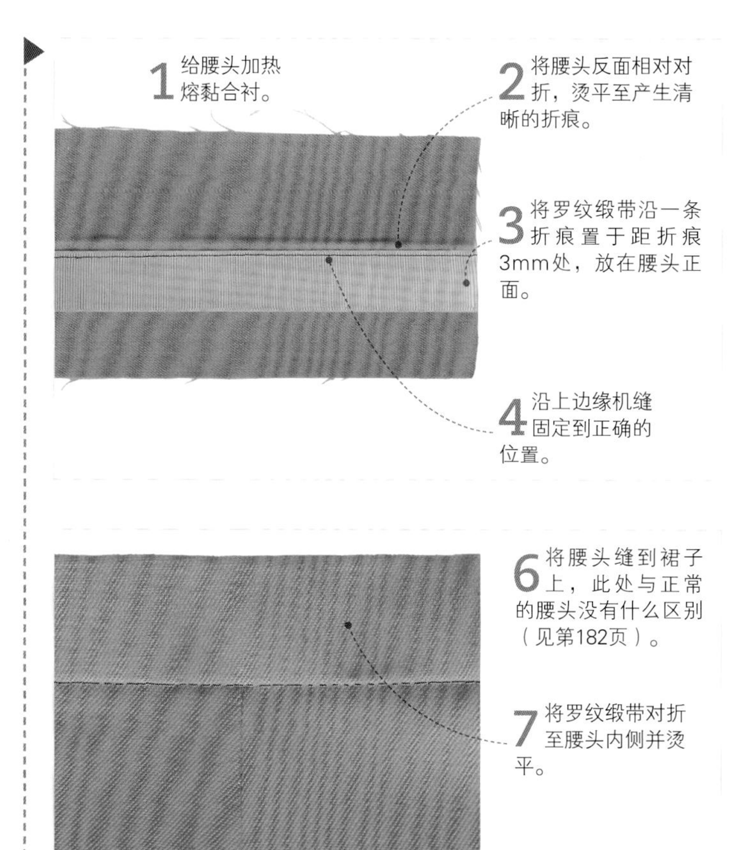

5 用锯齿剪从罗纹缎带的下边剪去多余的腰头（锯齿剪口可以让蓬松的布料边线更柔和）。

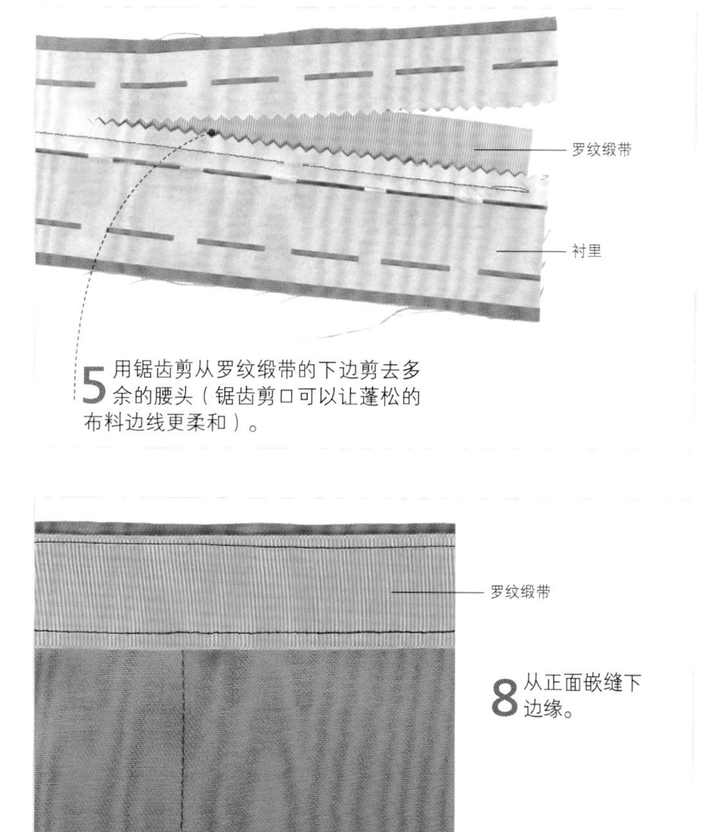

6 将腰头缝到裙子上，此处与正常的腰头没有什么区别（见第182页）。

7 将罗纹缎带对折至腰头内侧并烫平。

8 从正面嵌缝下边缘。

扣合件见第255~283页

缝纫技法

腰带和束带

不同款式的衣服搭配不同的腰带，腰带可以起到画龙点睛的作用。不管是软的打结腰带还是硬的有型腰带都需要加上热熔黏合衬—— 腰带越硬越有型。腰带还需要带襻支撑以防下滑。

各种不同的腰带和窗帘束带

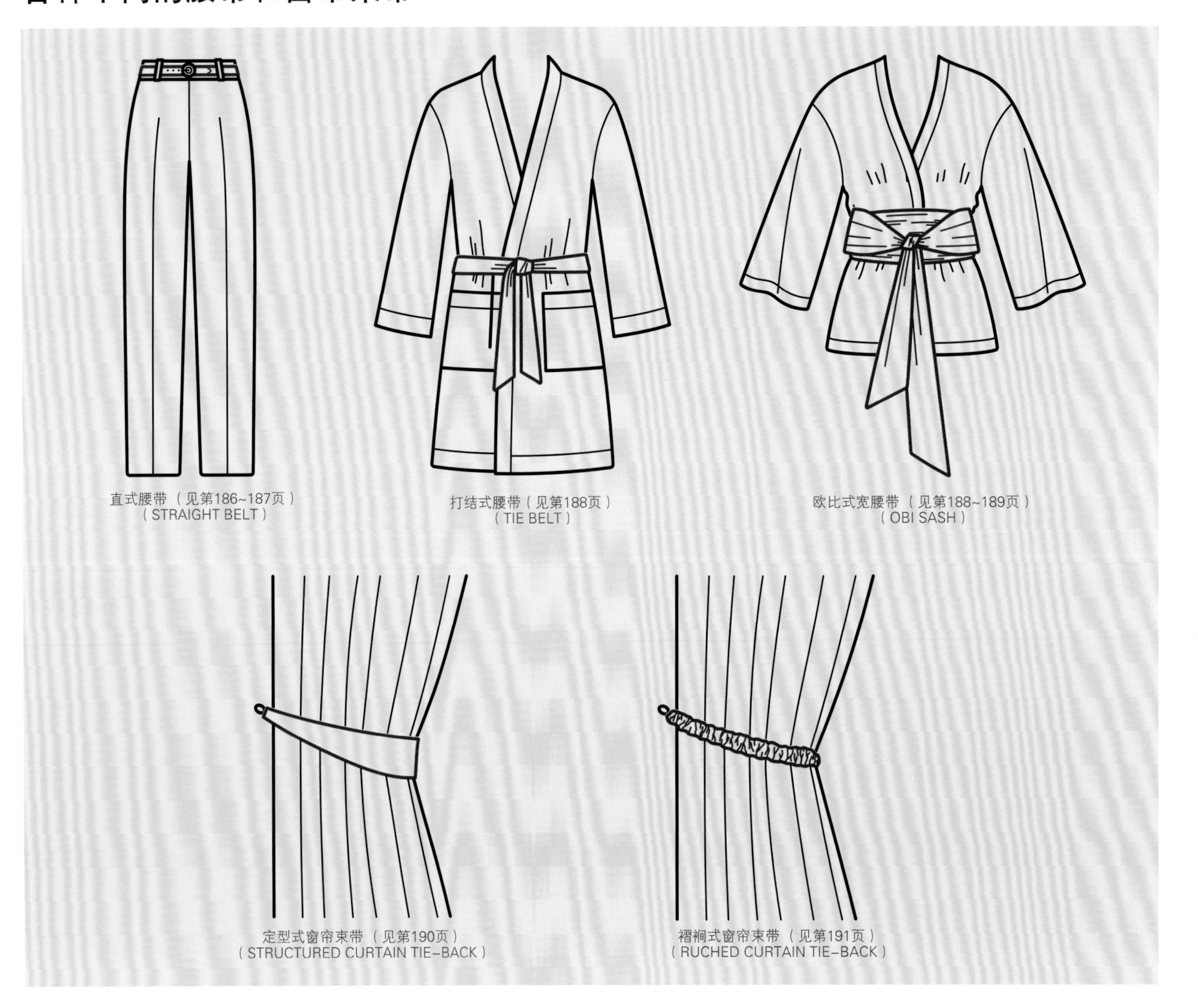

直式腰带（见第186~187页）
（STRAIGHT BELT）

打结式腰带（见第188页）
（TIE BELT）

欧比式宽腰带（见第188~189页）
（OBI SASH）

定型式窗帘束带（见第190页）
（STRUCTURED CURTAIN TIE-BACK）

褶裥式窗帘束带（见第191页）
（RUCHED CURTAIN TIE-BACK）

缝纫线见第24~25页 ● 手工缝纫线迹见第88~91页

腰带襻

难度指数 ***

腰带襻可以选用布条做，然后将其机缝到衣服上；也可以简单地使用手工缝制的线环。腰带襻的作用就是为了支撑较重的腰带。

手工缝制线环

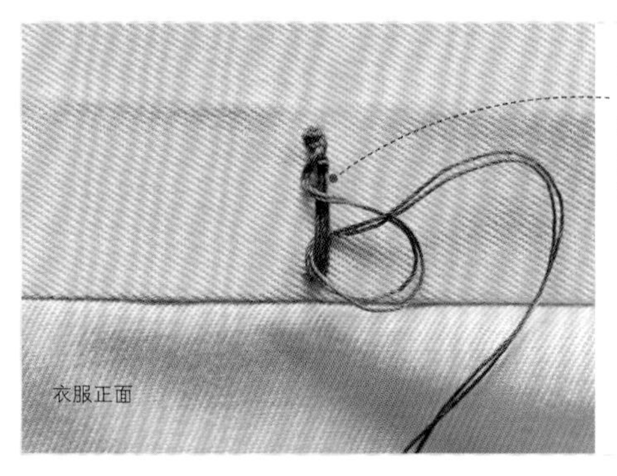

1 在腰头做好之前从内侧缝制线环。使用双线缝几股线环，宽度能够让腰带穿过。

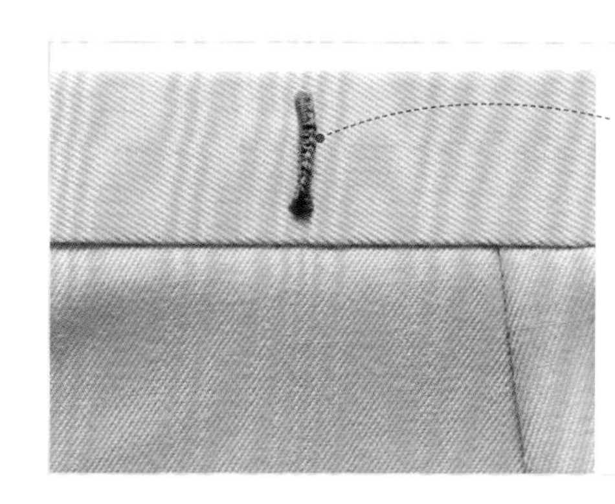

2 用锁扣眼的方式做线环。

3 等线环全部锁眼之后再将线翻过来再次加固。

机缝腰带襻

1 裁出宽3cm，长足够穿入1.5cm宽腰带的布条。

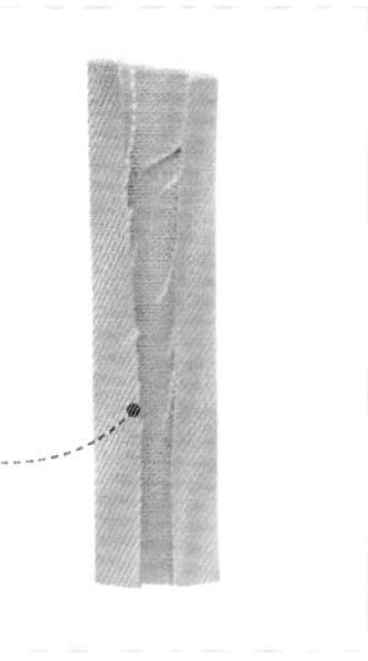

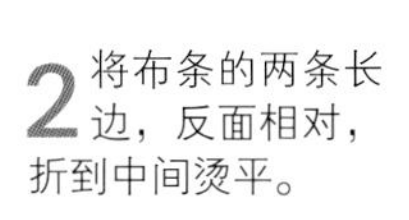

2 将布条的两条长边，反面相对，折到中间烫平。

3 再纵向对折烫平。

4 纵向沿中间机缝腰带襻，固定折边。

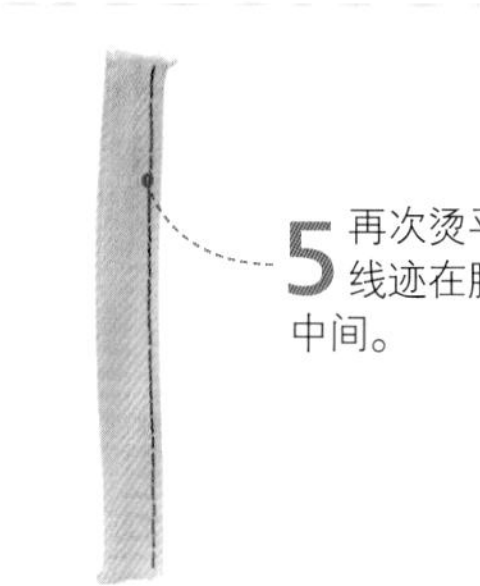

5 再次烫平，确保线迹在腰带襻的中间。

6 从衣服两边的侧缝开始，按照合适的间距将腰带襻置于衣服腰部的正面。将腰带襻固定到腰部缝份中。

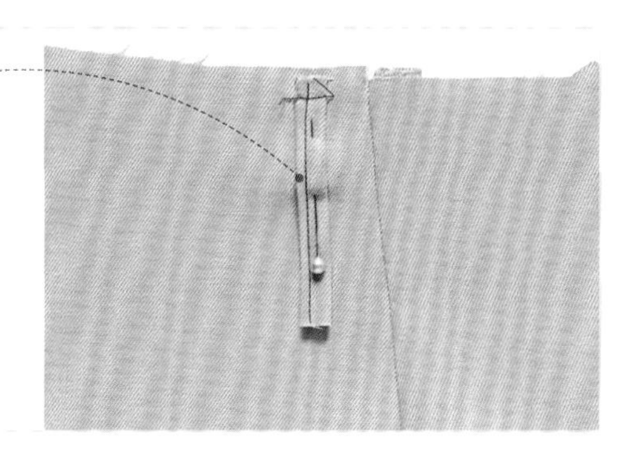

7 将腰头缝合到衣服上，要连同腰带襻一起缝好。

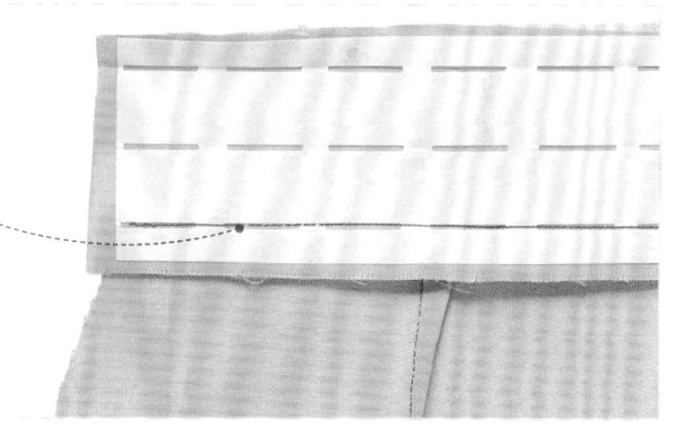

8 将腰头长边对折，烫平后出现中缝。

9 将腰带襻拉平到腰头。

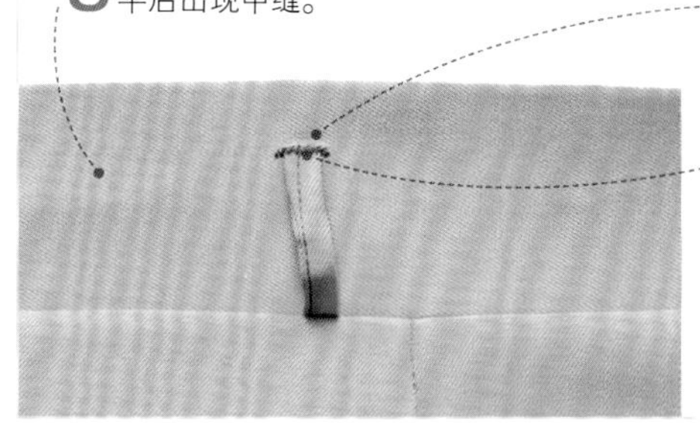

10 用细密的Z字线迹，将腰带襻顶端固定在腰头里。

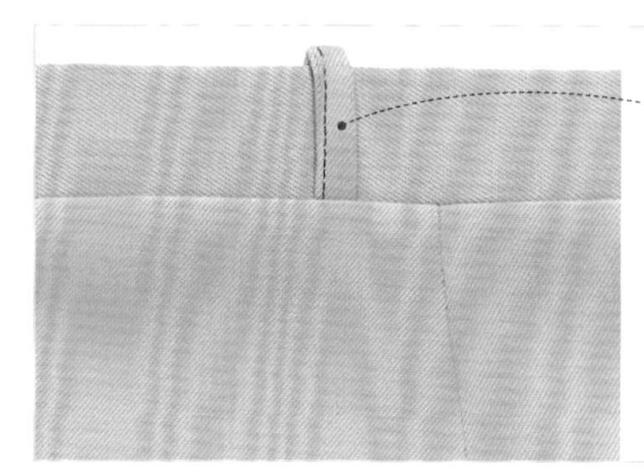

11 待腰头做好之后，腰带襻刚好跨在腰上，没有明显的线迹。

机缝线迹见第92~93页

缝纫技法

加固型直式腰带

难度指数 *****

这里讲的是做腰带的一种简单方式。由于有非常结实的热熔黏合衬，所以宽度可以任意选择。要是一层热熔黏合衬不够结实，还可以再加一层。为了避免拼接，热熔黏合衬要纵向裁剪。为了裁直，要在裁剪垫上使用轮刀来裁剪。

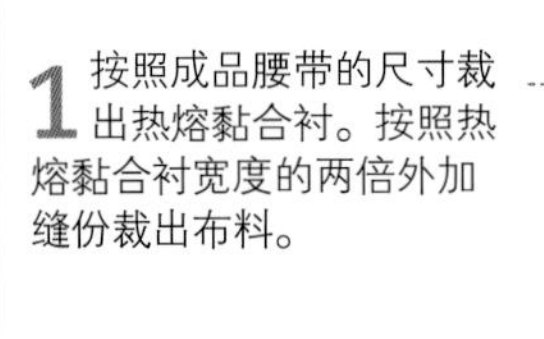

1 按照成品腰带的尺寸裁出热熔黏合衬。按照热熔黏合衬宽度的两倍外加缝份裁出布料。

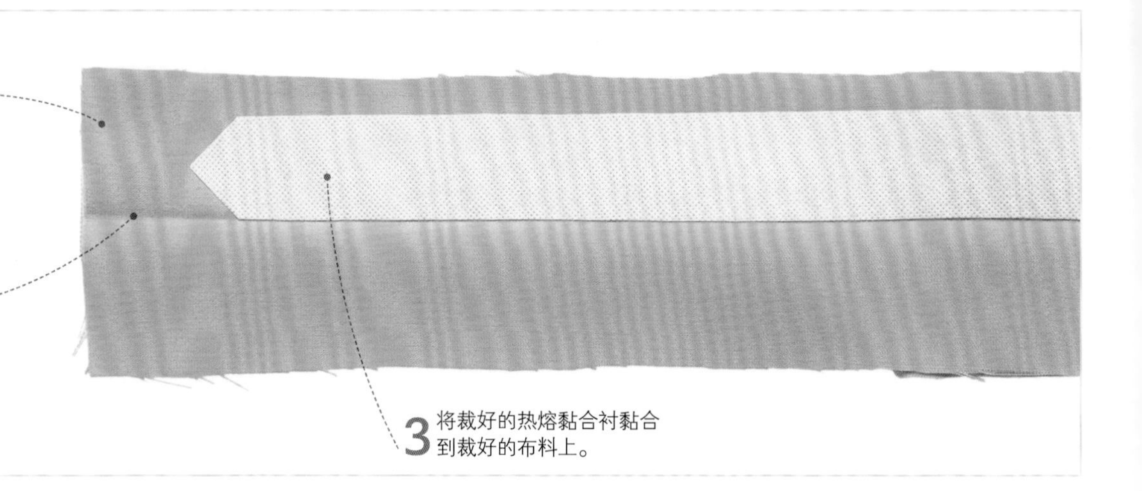

2 将裁好的布料长边对折并烫出明显的中线，沿中线将热熔黏合衬放好，裁好的布料的尖端要比热熔黏合衬的尖端长一些。

3 将裁好的热熔黏合衬黏合到裁好的布料上。

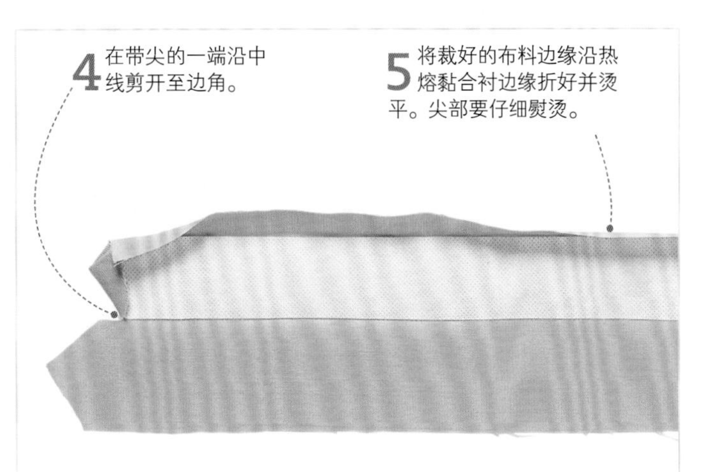

4 在带尖的一端沿中线剪开至边角。

5 将裁好的布料边缘沿热熔黏合衬边缘折好并烫平。尖部要仔细熨烫。

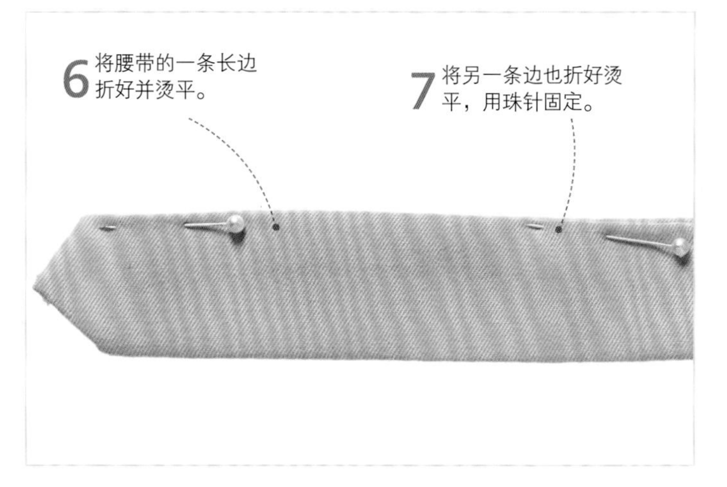

6 将腰带的一条长边折好并烫平。

7 将另一条边也折好烫平，用珠针固定。

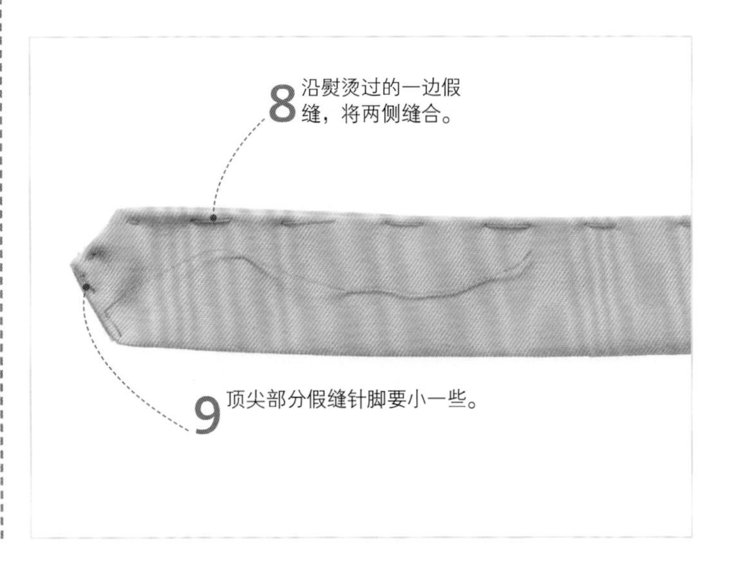

8 沿熨烫过的一边假缝，将两侧缝合。

9 顶尖部分假缝针脚要小一些。

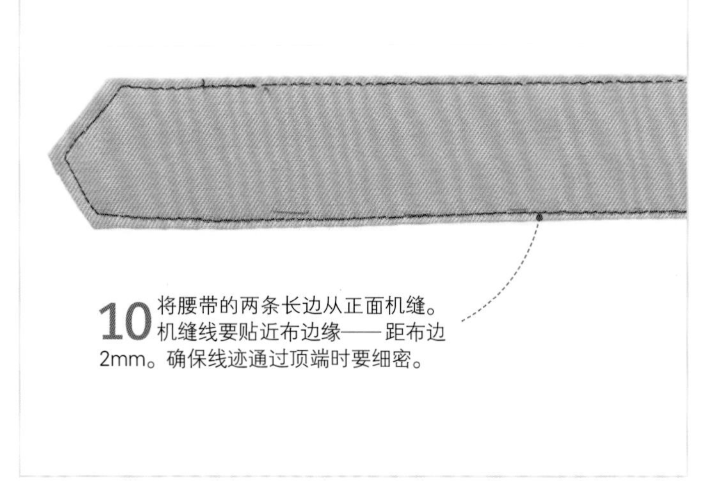

10 将腰带的两条长边从正面机缝。机缝线要贴近布边缘——距布边2mm。确保线迹通过顶端时要细密。

其他工具见第20~21页 • 如何粘贴热熔黏合衬见第54页 • 假缝线迹见第89页 • 机缝线迹见第92~93页

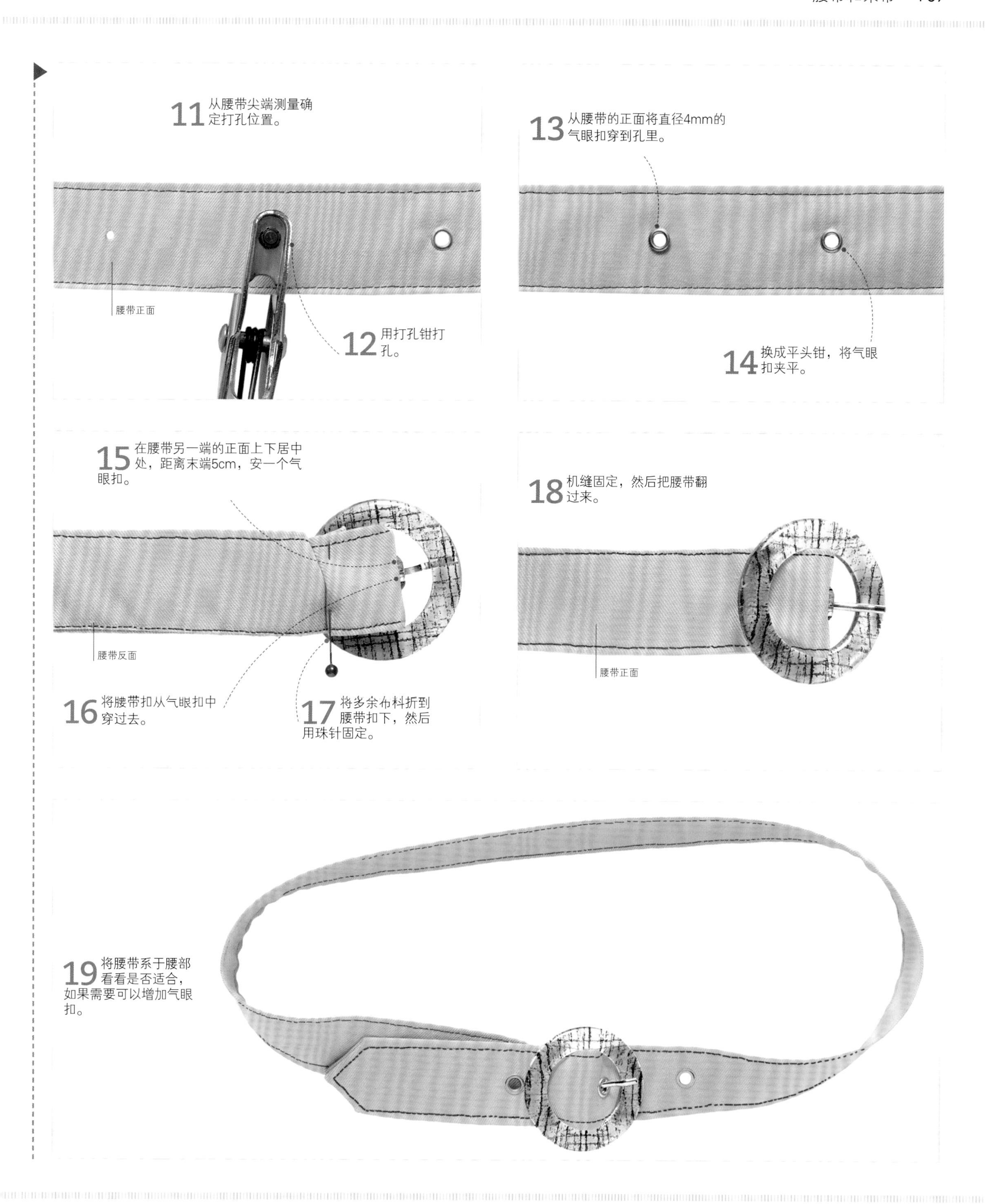
11 从腰带尖端测量确定打孔位置。
腰带正面
12 用打孔钳打孔。
13 从腰带的正面将直径4mm的气眼扣穿到孔里。
14 换成平头钳，将气眼扣夹平。
15 在腰带另一端的正面上下居中处，距离末端5cm，安一个气眼扣。
腰带反面
16 将腰带扣从气眼扣中穿过去。
17 将多余布料折到腰带扣下，然后用珠针固定。
18 机缝固定，然后把腰带翻过来。
腰带正面
19 将腰带系于腰部看看是否适合，如果需要可以增加气眼扣。

气眼扣见第283页

打结式腰带

难度指数 *****

打结式腰带是最好做的一种腰带。宽度可以任意，布料也可随意选择：从夏装用的棉布，到婚礼服用的绸缎面料都可以用来做打结式腰带。大部分打结式腰带都需要用轻薄或者中厚的内衬来支撑。热熔黏合衬是最佳选择，因为即便反复打结热熔黏合衬也不会变形。如果需要特别长的打结式腰带，腰带可以在背部拼接。

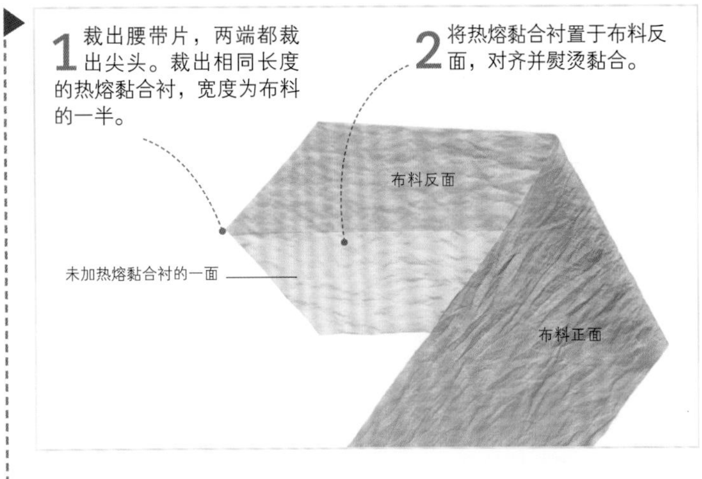

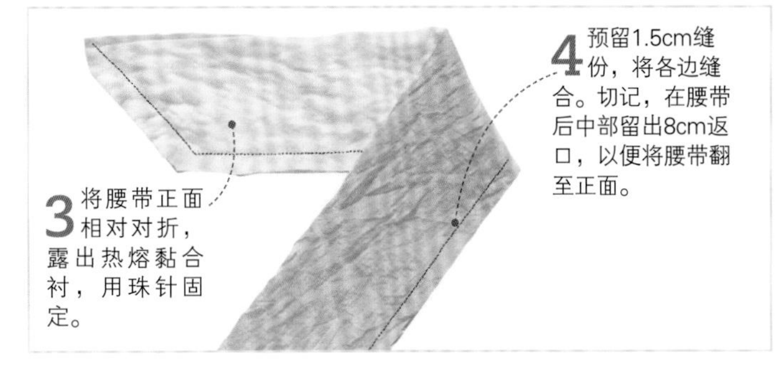

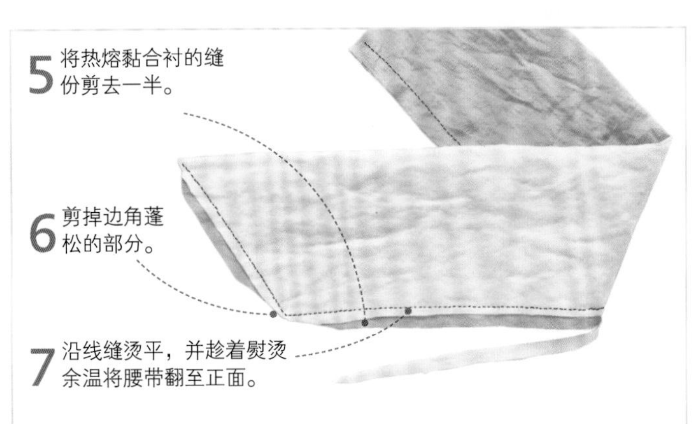

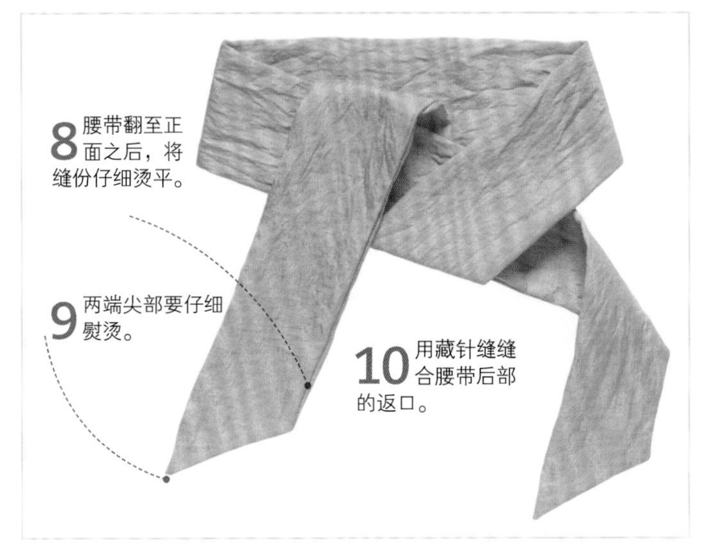

欧比式宽腰带

难度指数 *****

欧比式宽腰带是用于和服上的传统饰带的一种变体。这种饰带中间部分硬挺而结带较软，二者在背后交叉然后再围到腹部打结。如果选用的布料较硬，如双宫蚕绸或者厚的棉布，那结带就不需要内衬了。

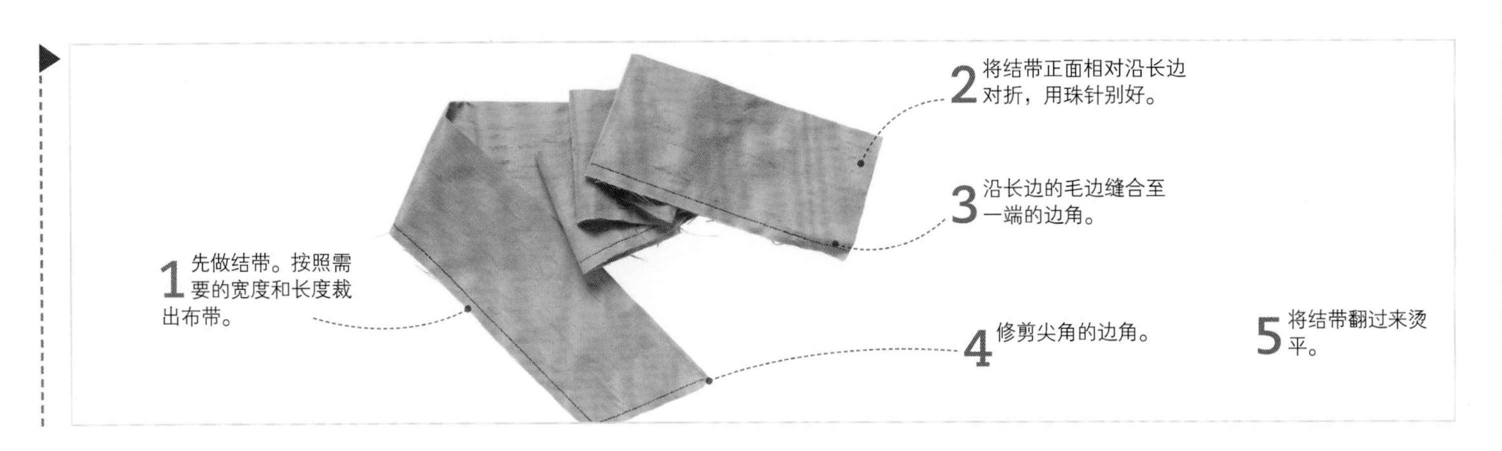

如何粘贴热熔黏合衬见第54页 • 手缝线迹见第90~91页

6 下一步做中间部分。裁剪两片定型布片和一块非常厚实的热熔黏合衬。

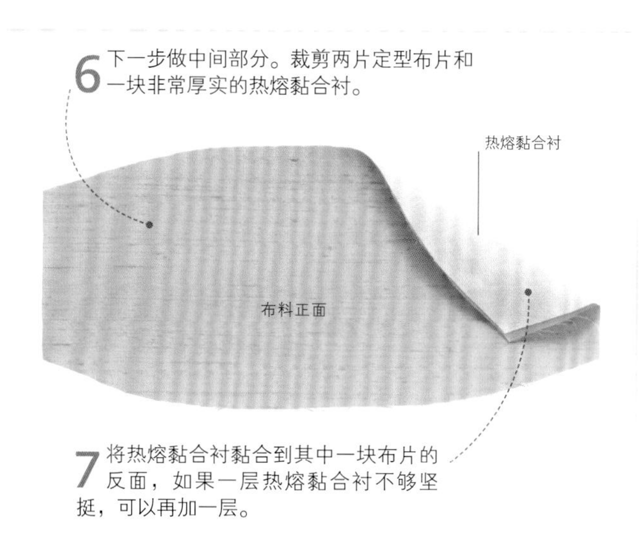

7 将热熔黏合衬黏合到其中一块布片的反面，如果一层热熔黏合衬不够坚挺，可以再加一层。

8 从右端将结带的尾端和加过热熔黏合衬的中间部分缝合，机缝固定，留1cm的缝份。

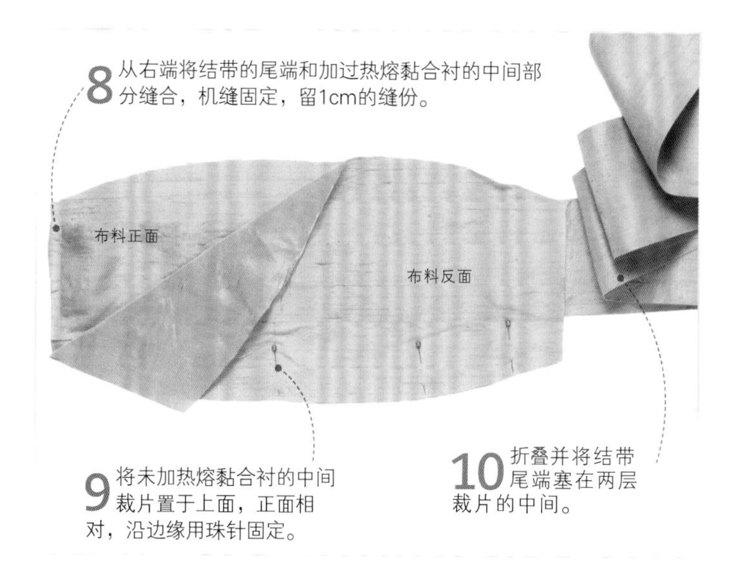

9 将未加热熔黏合衬的中间裁片置于上面，正面相对，沿边缘用珠针固定。

10 折叠并将结带尾端塞在两层裁片的中间。

11 机缝中间部分，在下边缘留出返口以便翻至正面。

13 在中间曲线缝份部分的缝份上剪牙口。

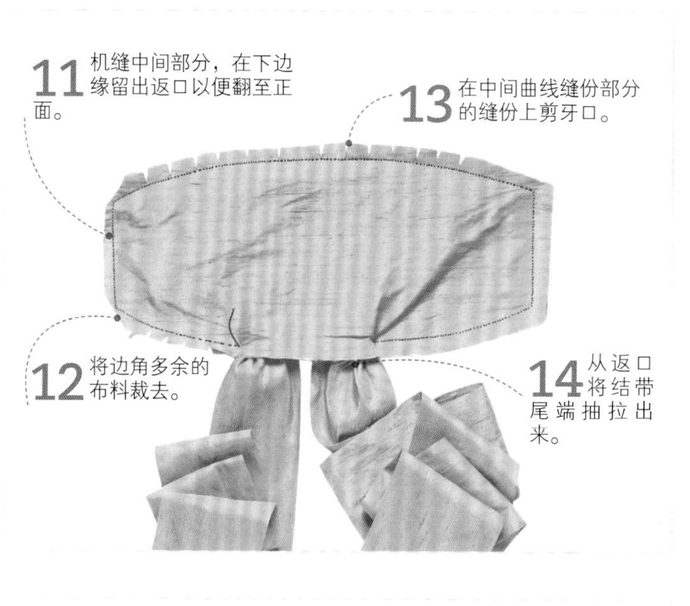

12 将边角多余的布料裁去。

14 从返口将结带尾端抽拉出来。

15 将中间部分翻至正面并烫平。

16 用手工藏针缝缝合返口。

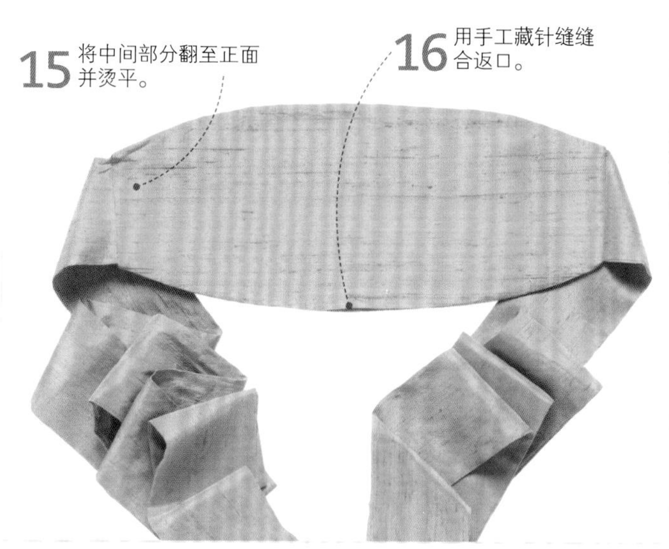

17 完成的欧比式宽腰带。

机缝线迹见第92~93页 • 如何缝制平接缝见第94页 • 修剪缝份见第104~105页

窗帘束带

难度指数 ★★★★★

窗帘束带是用来固定窗帘垂幔的。有些是定型的，需要内衬并预先设计形状，而另一些更柔软更具有装饰性。窗帘束带的做法类似于打结腰带。

▶ 定型式窗帘束带

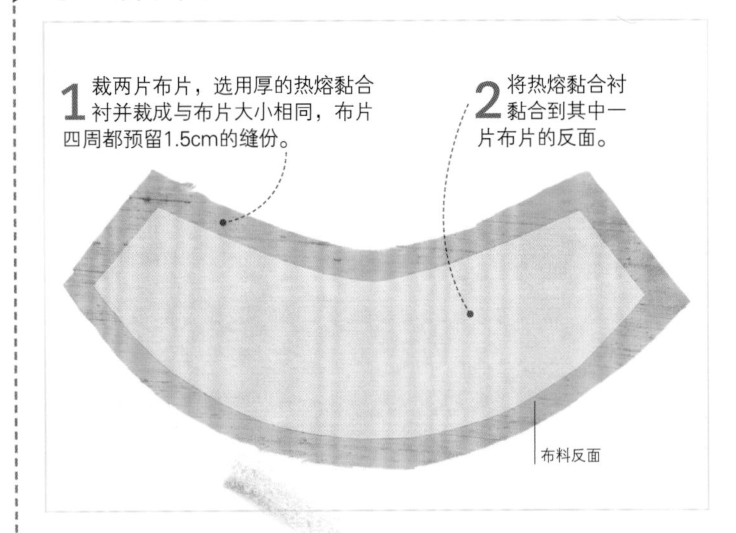

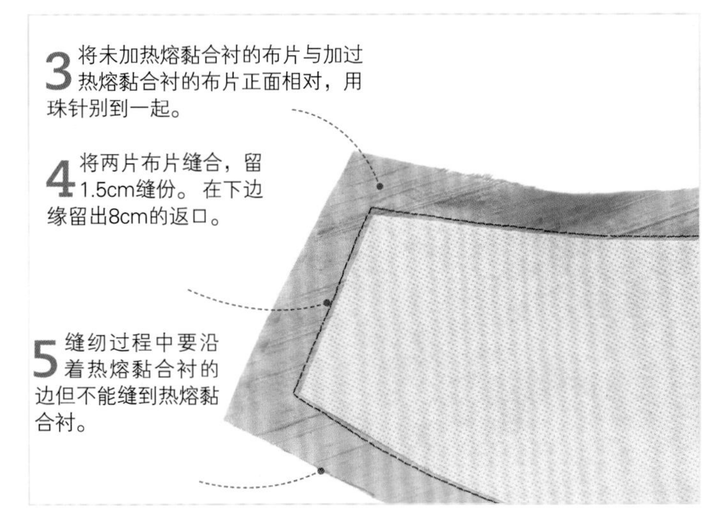

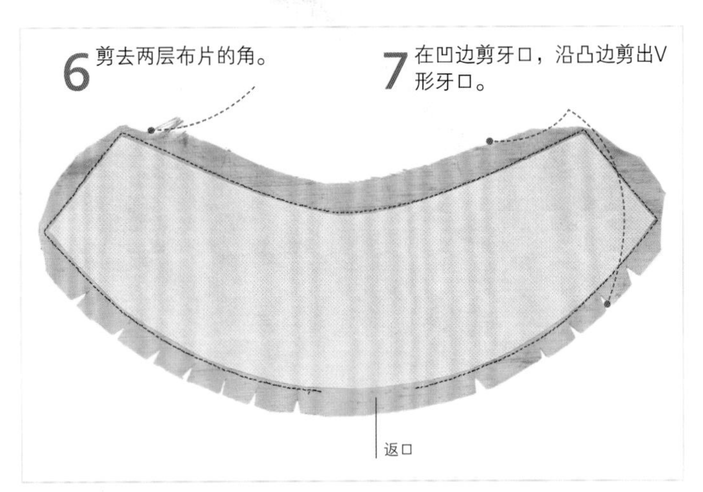

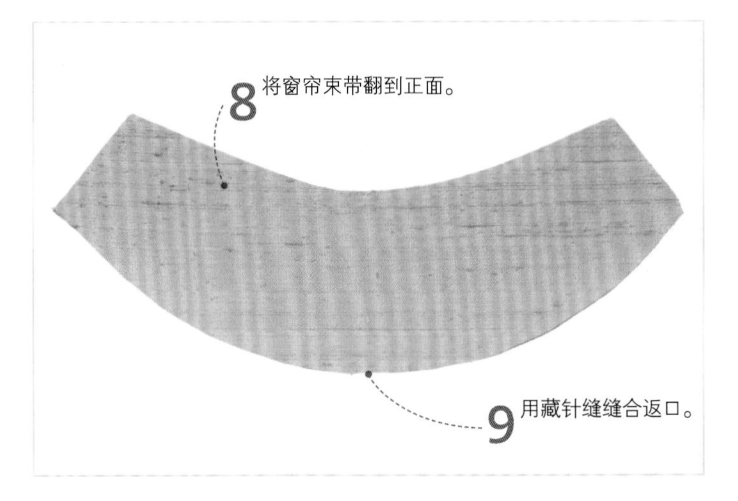

其他工具见第20~21页 ● 如何粘贴热熔黏合衬见第54页 ● 手缝线迹见第90~91页 ● 修剪缝份见第104~105页

褶裥式窗帘束带

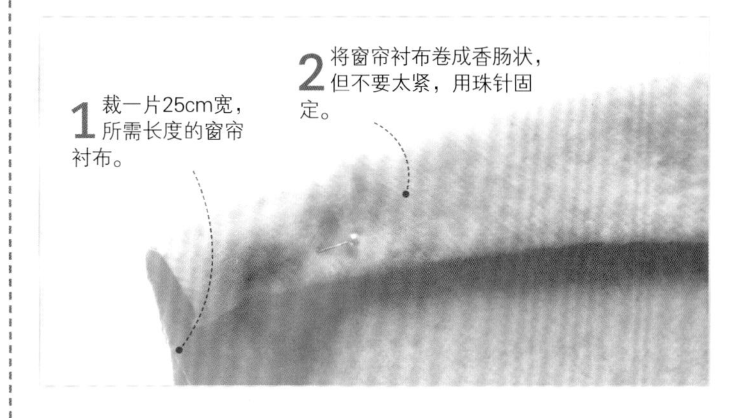

1 裁一片25cm宽，所需长度的窗帘衬布。

2 将窗帘衬布卷成香肠状，但不要太紧，用珠针固定。

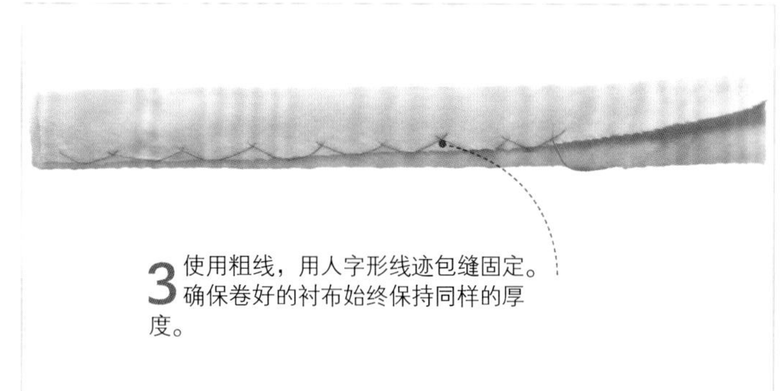

3 使用粗线，用人字形线迹包缝固定。确保卷好的衬布始终保持同样的厚度。

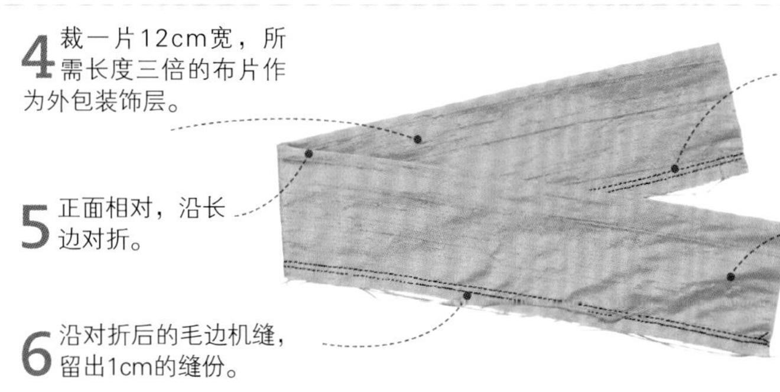

4 裁一片12cm宽，所需长度三倍的布片作为外包装饰层。

5 正面相对，沿长边对折。

6 沿对折后的毛边机缝，留出1cm的缝份。

7 在毛边和所缝线迹之间再次机缝，以使其更加结实。

8 将外包装饰层翻至正面并烫平。

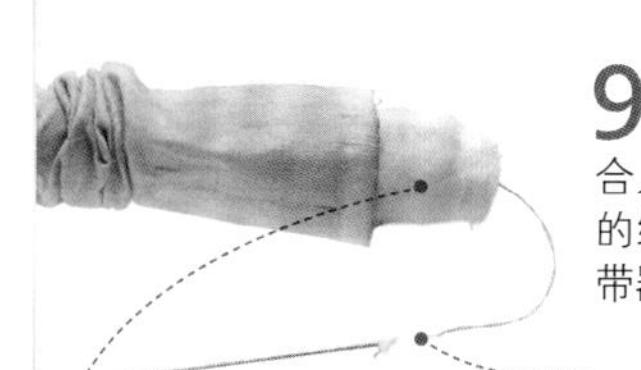

9 将衬布卷上用于缝合人字形线迹的缝线系到翻带器上。

10 用翻带器抽拉衬布卷，使其穿进外包装饰层。由于二者会粘连，所以抽拉的时候会有些难度。轻轻地拉外包装饰层包裹住衬布卷。

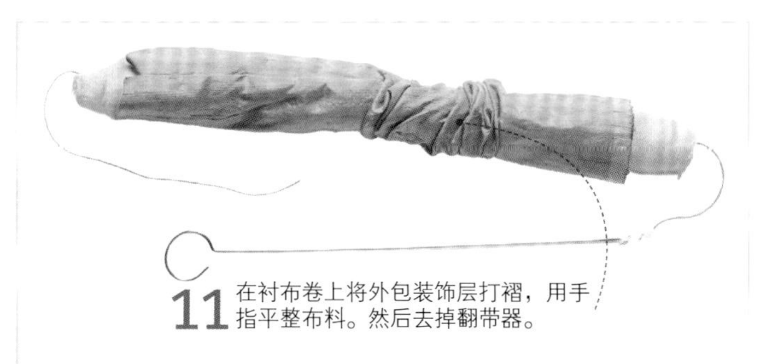

11 在衬布卷上将外包装饰层打褶，用手指平整布料。然后去掉翻带器。

12 每隔3cm用平针缝固定褶皱。

13 两端各缝一个窗帘环。用锁眼线迹固定窗帘环。

衬里和衬布见第286~287页

衣袖及衣袖的裁剪与缝制

衣袖的形状和长度各不相同。衣袖要从穿着者的肩部自然下垂，不能起皱。衣袖的底端一般都使用袖克夫折边或者贴边来完成。

缝纫技法

衣袖的种类与缝制

有些衣袖，如连肩袖（蝙蝠袖），是作为衣服的一部分进行裁剪的，而大部分衣袖，包括圆袖和插肩袖都是单独裁剪然后插入袖窿的。不管是哪种衣袖，在安装衣袖的时候都要将衣袖插入袖窿，而不是将袖窿装入衣袖，换句话说，要保证衣袖一直面对着你。

各种不同的衣袖

圆袖（见第195页）（SET-IN SLEEVE）

泡泡袖（见第196页）（PUFF SLEEVE）

平袖（见第197页）（FLAT SLEEVE）

插肩袖（见第197页）（RAGLAN SLEEVE）

和服袖（见第198页）（KIMONO SLEEVE）

连肩袖（见第199页）（DOLMAN SLEEVE）

有插角布的连肩袖（见第199页）（DOLMAN SLEEVE WITH A GUSSET）

机缝线迹见第92~93页 • 如何缝制平接缝见第94页

安装圆袖

难度指数 ✱✱✱✱✱

圆袖的袖山要平展并贴合肩部。所以，通常使用拨开线迹，也就是使用长线迹来缝紧布料又不产生抽褶。

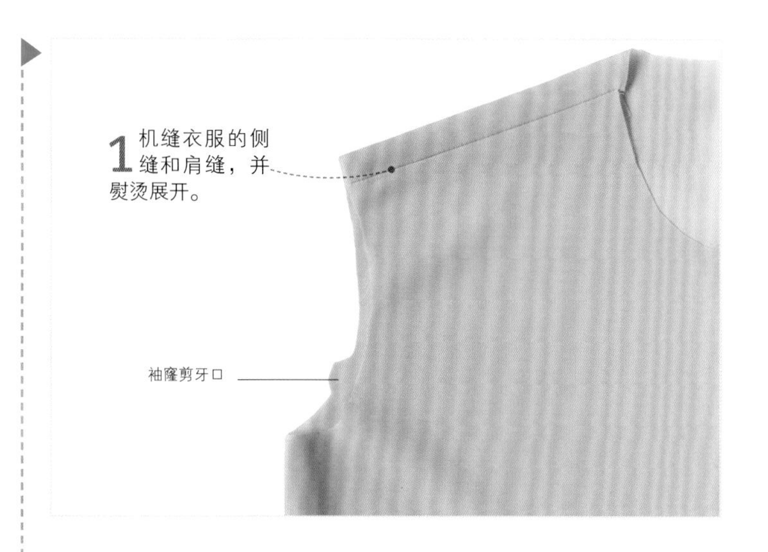

1 机缝衣服的侧缝和肩缝，并熨烫展开。

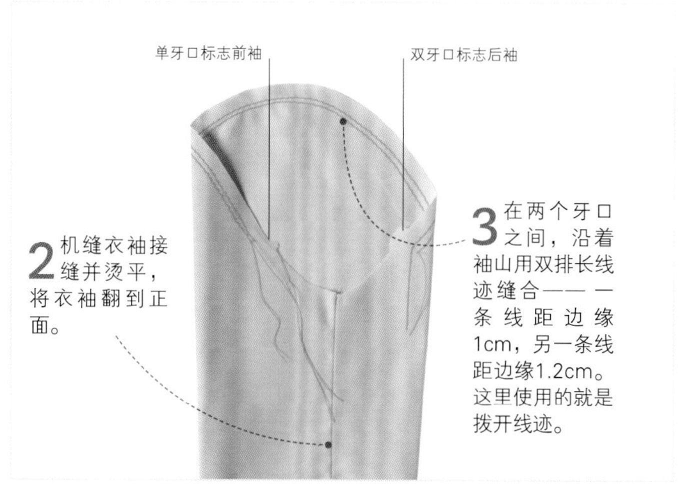

2 机缝衣袖接缝并烫平，将衣袖翻到正面。

3 在两个牙口之间，沿着袖山用双排长线迹缝合——一条线距边缘1cm，另一条线距边缘1.2cm。这里使用的就是拨开线迹。

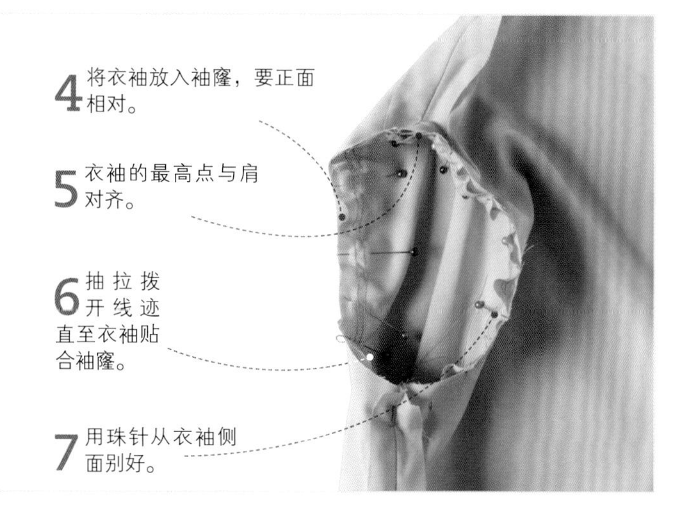

4 将衣袖放入袖窿，要正面相对。

5 衣袖的最高点与肩对齐。

6 抽拉拨开线迹直至衣袖贴合袖窿。

7 用珠针从衣袖侧面别好。

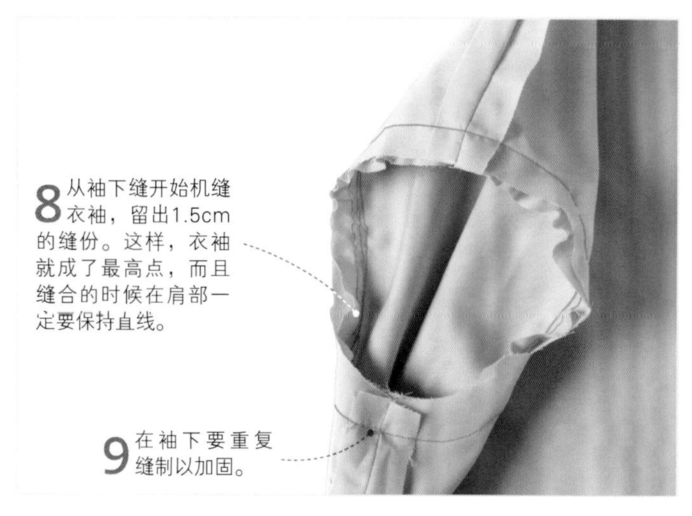

8 从袖下缝开始机缝衣袖，留出1.5cm的缝份。这样，衣袖就成了最高点，而且缝合的时候在肩部一定要保持直线。

9 在袖下要重复缝制以加固。

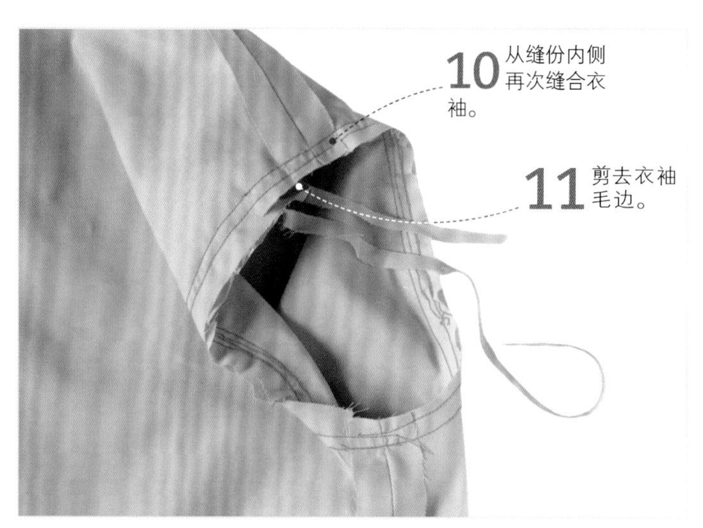

10 从缝份内侧再次缝合衣袖。

11 剪去衣袖毛边。

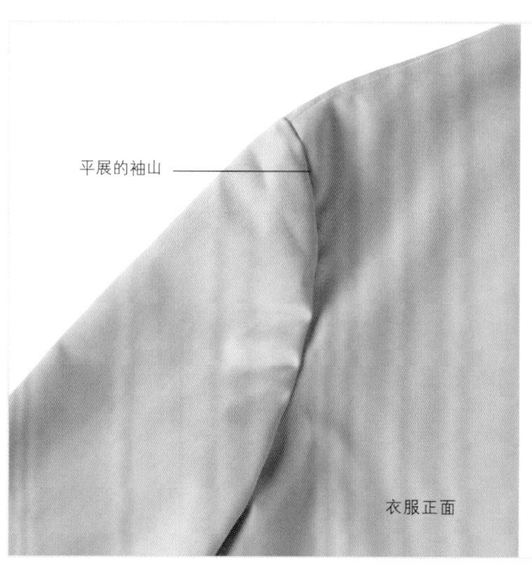

12 用Z字线迹或者包缝线迹锁边，然后将衣袖从袖窿翻出。

修整接缝见第95页 • 修剪缝份见第104~105页

泡泡袖的缝制

难度指数 ★★★★★

袖山有褶裥的衣袖被称为泡泡袖或者褶裥袖。这种衣袖是最好装的，因为抽褶用完了所有多余的布料。

1 将衣袖正面相对机缝袖下缝，留出1.5cm的缝份，并将接缝熨烫展开。

2 在衣袖圆形凹口的两侧缝两行抽褶线迹，一行距毛边1cm，另一行距毛边1.2cm。

圆形凹口

布料正面

3 将衣袖装入袖窿，正面相对。

4 对齐牙口和袖下缝。

5 抽拉抽褶线，使袖山与袖窿贴合。

6 用珠针从袖子正面别好。

布料反面

7 从袖山最高点开始将衣袖机缝到袖窿上，留出1.5cm的缝份。袖下要多次缝合。

8 沿衣袖接缝在接缝线迹和毛边之间再机缝一行线。

9 将多余的布料剪去5mm。

10 修整接缝。

11 将正面翻出——所有的褶裥刚好在衣袖的顶端。

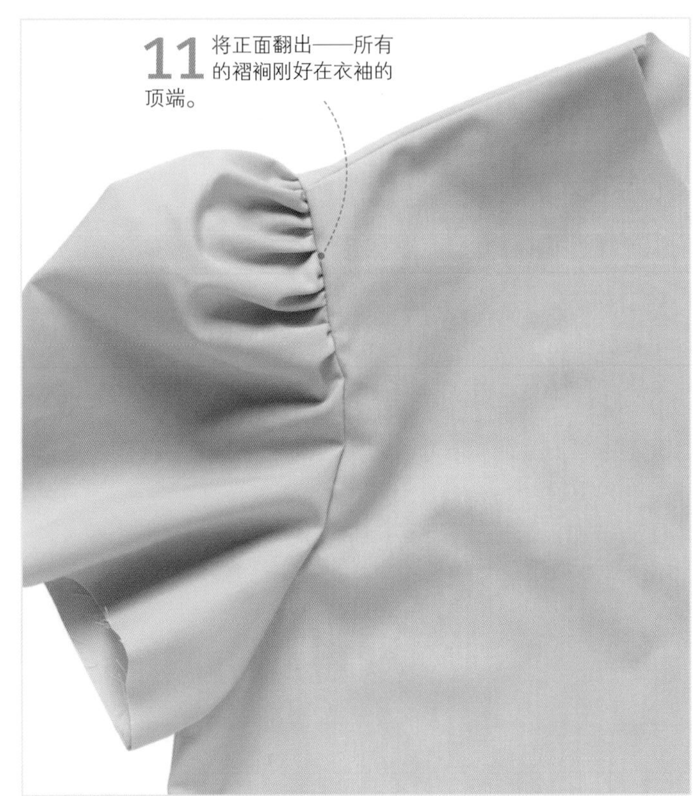

机缝线迹见第92~93页 ● 修整接缝见第95页

平袖的缝制

难度指数 ★★★★★

衬衫和童装的衣袖都是先于侧缝装上的。对于有些布料来说，这一技术还是有难度的，譬如织得很厚的布料，因为这种布料没法使用拨开线迹。

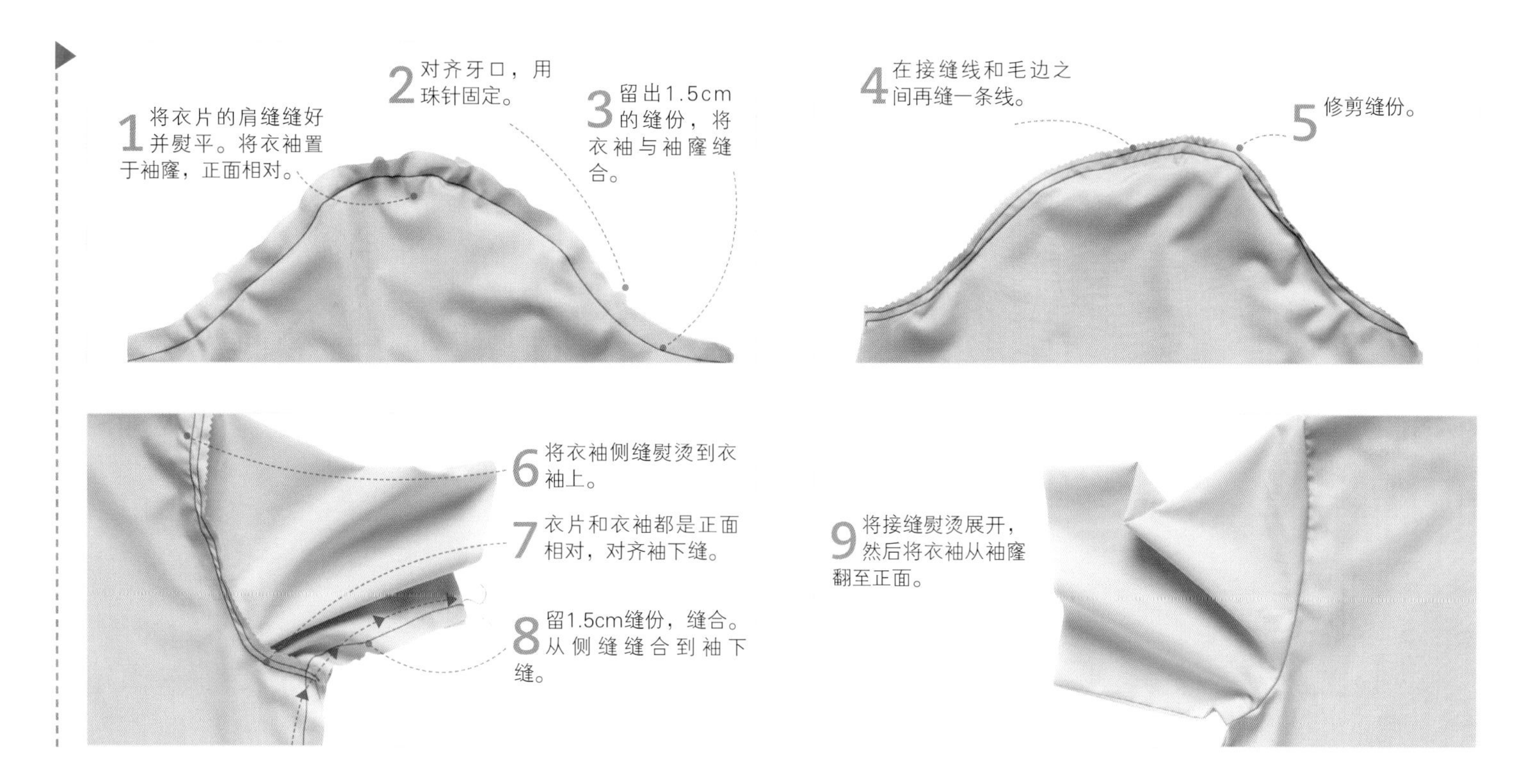

插肩袖的缝制

难度指数 ★★★★★

插肩袖可以用一块布片缝制完成，也可以用两块布片。插肩袖的袖窿接缝从袖窿到领口呈对角线。

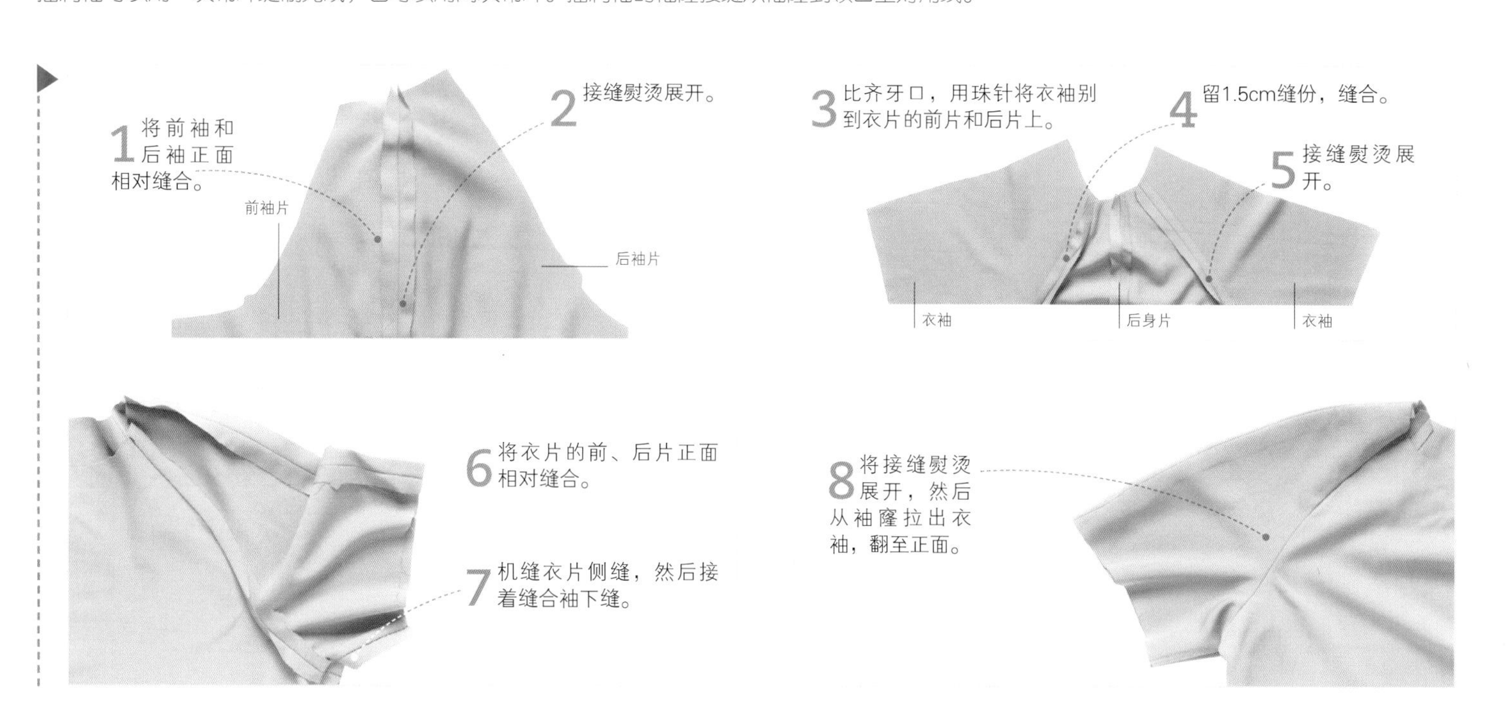

修剪缝份见第104~105页 • 如何缝制合身的自由裙见第131页

和服袖的缝制

难度指数 *****

和服的衣袖很大、很深，要在缝制衣片侧缝时就缝上和服袖。有些和服衣袖的裁剪有弧度，而有些是直裁的，但是制作方式都是相同的。

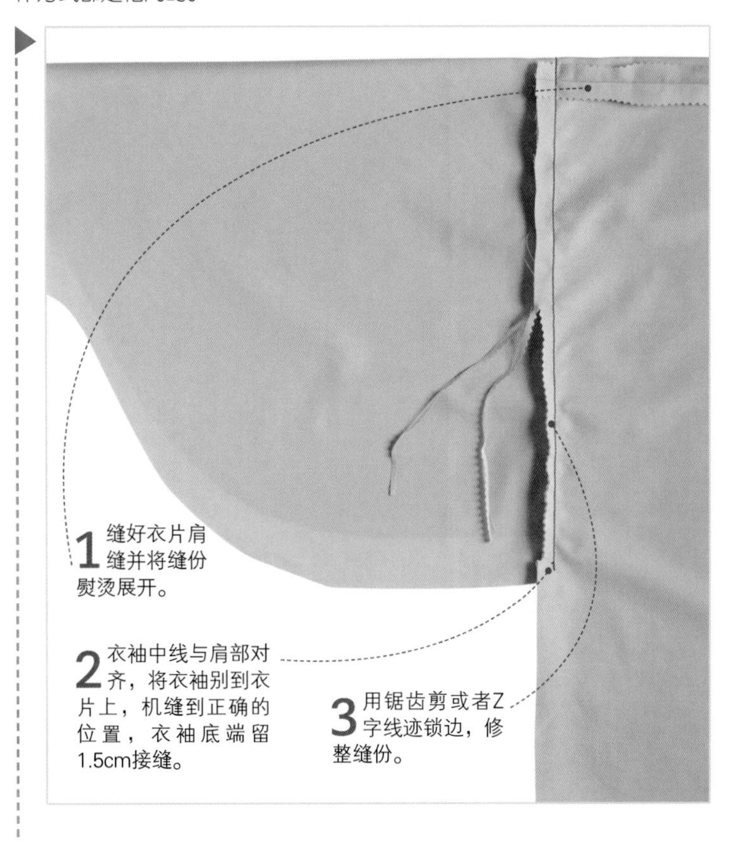

1 缝好衣片肩缝并将缝份熨烫展开。

2 衣袖中线与肩部对齐，将衣袖别到衣片上，机缝到正确的位置，衣袖底端留1.5cm接缝。

3 用锯齿剪或者Z字线迹锁边，修整缝份。

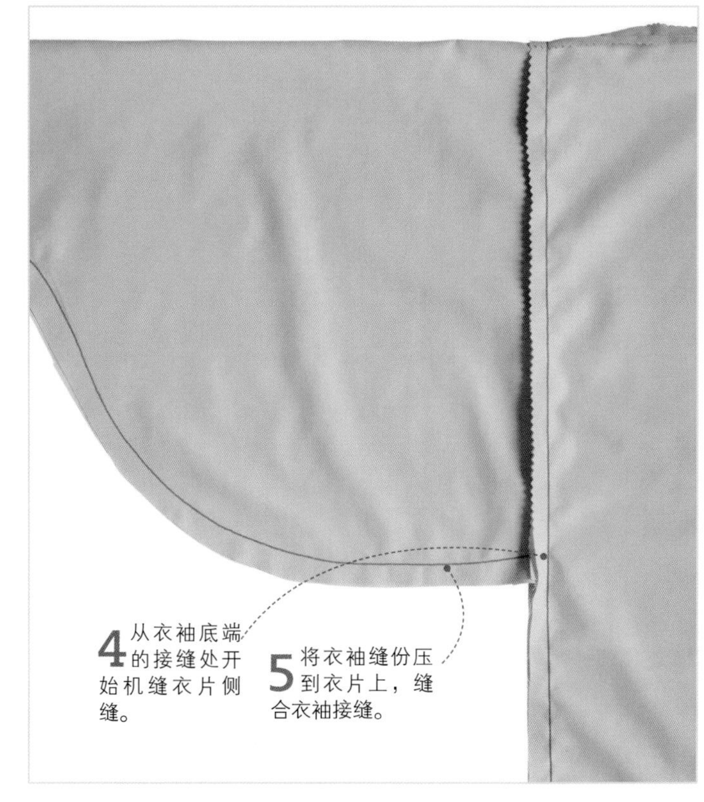

4 从衣袖底端的接缝处开始机缝衣片侧缝。

5 将衣袖缝份压到衣片上，缝合衣袖接缝。

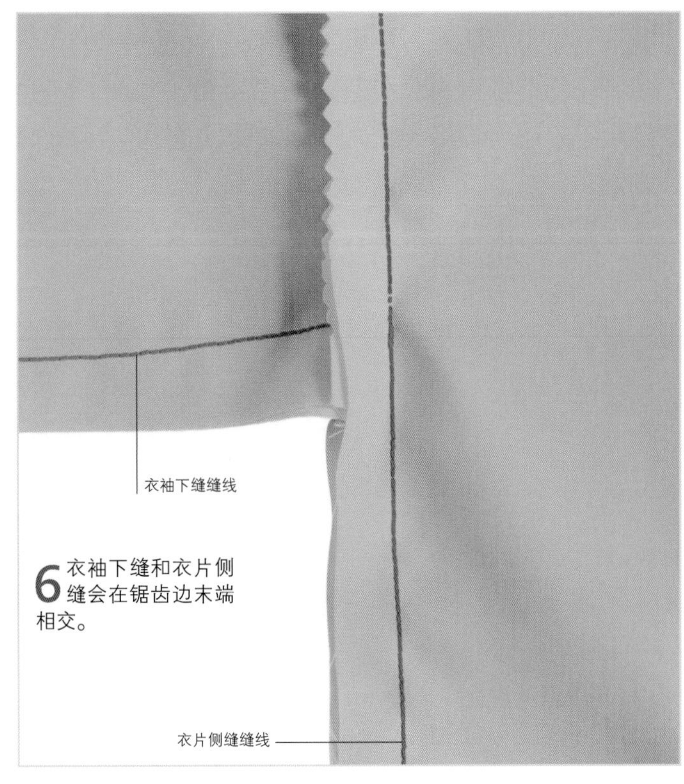

6 衣袖下缝和衣片侧缝会在锯齿边末端相交。

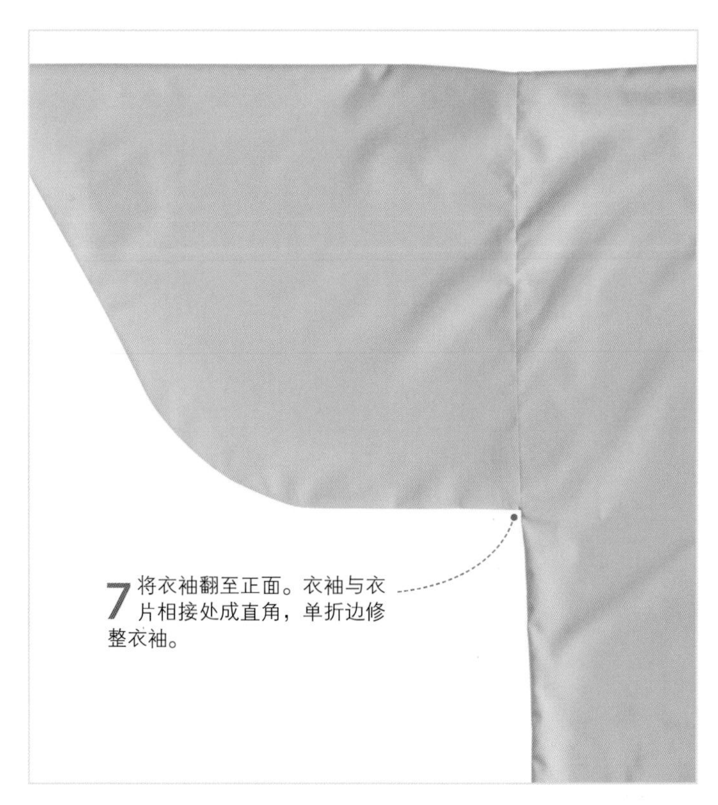

7 将衣袖翻至正面。衣袖与衣片相接处成直角，单折边修整衣袖。

转绘纸样见第82~83页 • 机缝线迹见第92~93页 • 如何缝制平接缝见第94页

连肩袖的缝制

难度指数 *****

连肩袖是衣片的延伸部分。连肩袖袖窿很宽松，适用于外套和上衣。连肩袖经常用包肩垫肩来勾勒肩线轮廓。

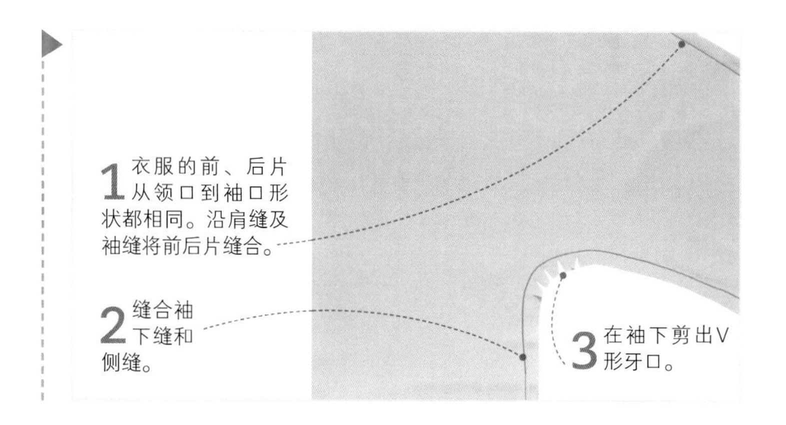

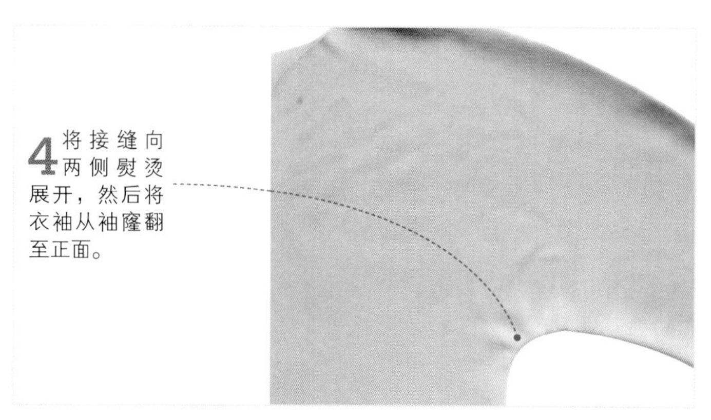

有插角布的连肩袖

难度指数 *****

连肩袖可以通裁以使衣袖贴体。但是贴体的连肩袖需要在腋下加插角布以方便胳膊运动。要想正确地插入插角布，描绘图样和缝纫都要精确才行。

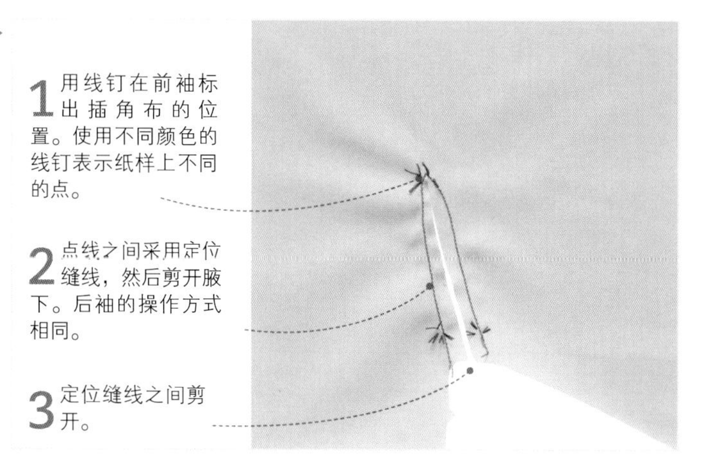

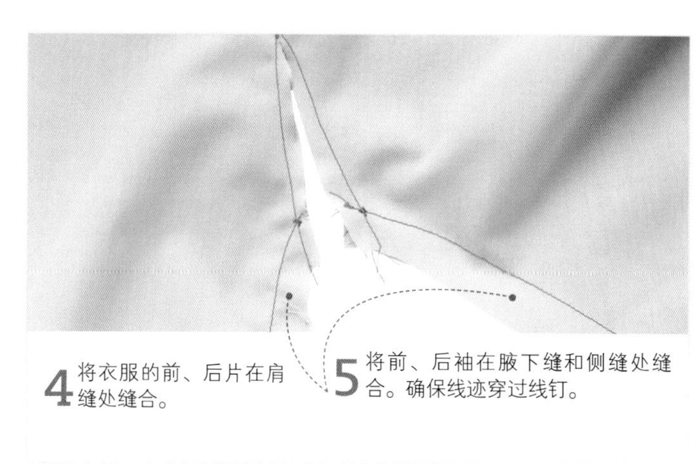

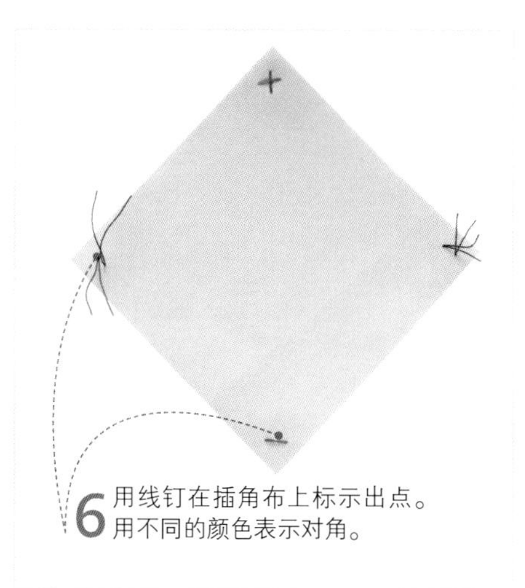

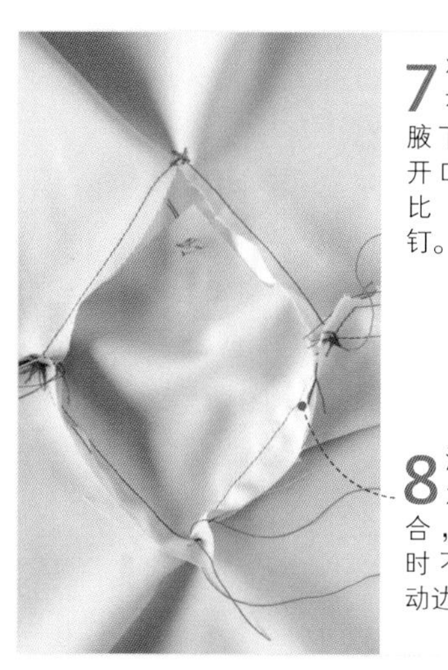

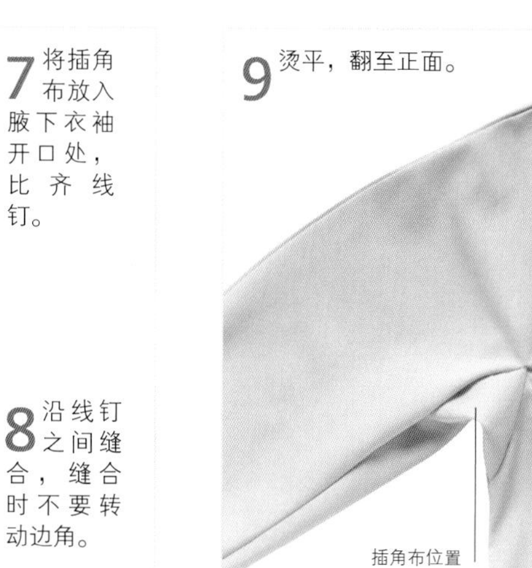

修整接缝见第95页 • 修剪缝份见第104~105页

袖口的缝制

衣袖的袖口要根据衣服的不同款式进行缝制。有些衣袖的袖边贴合臂和腕，也有些袖边则更具有装饰性或者更实用。

各种不同的袖口

自折边袖口（见第201页）
（SLEEVE EDGE WITH SELF HEM）

斜裁布条贴边袖口（见第201页）
（SLEEVE EDGE WITH A BIAS-BOUND HEM）

松紧带褶边袖口（见第202页）
（ELASTICATED SLEEVE EDGE WITH A HEADING）

松紧带边袖口（见第203页）
（ELASTICATED SLEEVE EDGE）

荷叶边袖口（见第204页）
（SLEEVE EDGE WITH RUFFLE）

贴边袖口（见第205页）
（FACED SLEEVE EDGE）

假缝线迹见第89页 • 手缝线迹见第90~91页

自折边袖口

难度指数 ★★★★★

缝制袖口最简单的方法就是做一个小折边，小折边可以是衣袖的一部分，也可以是外加的外翻贴边。自折边是衣袖的边向内翻折，如果没有足够的布料，也可以使用斜裁布条来制作折边。斜裁布条可以买，也可以自己做。

自折边袖口

1 用一行假缝线标出最终袖长。

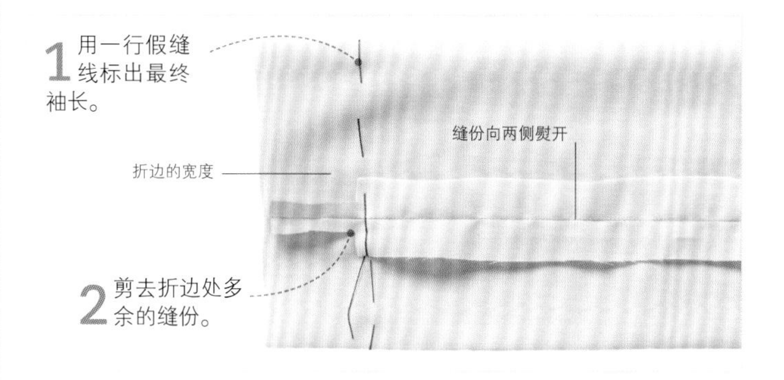

2 剪去折边处多余的缝份。

3 将折边沿假缝线向上翻。

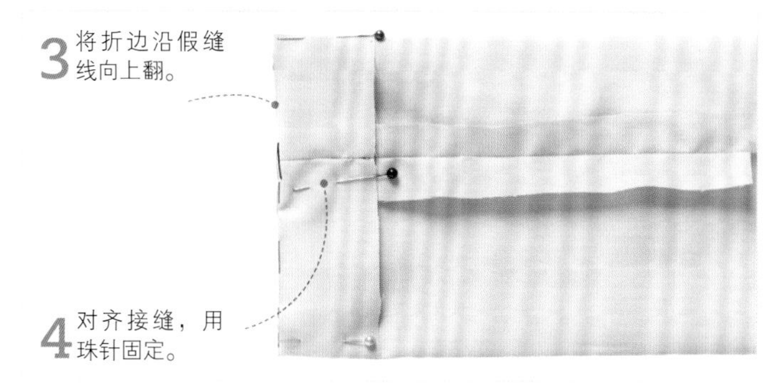

4 对齐接缝，用珠针固定。

5 将折边的上边缘向内折1cm并别好。

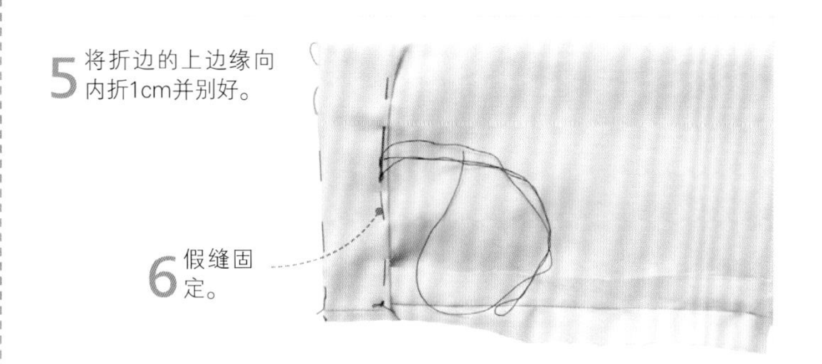

6 假缝固定。

7 使用藏针缝手缝固定折边。

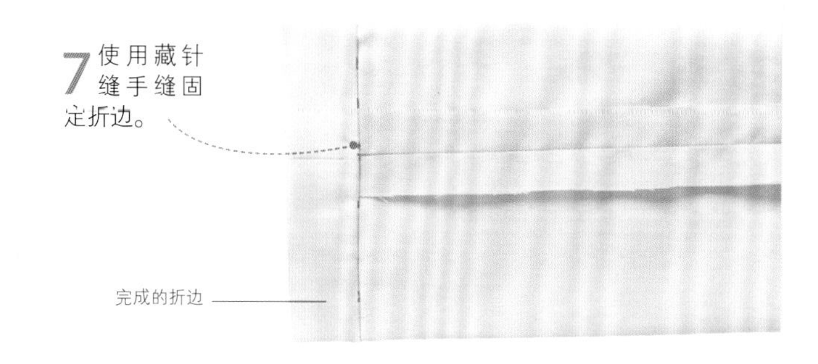

斜裁布条贴边袖口

1 用一行假缝线标出最终袖长。

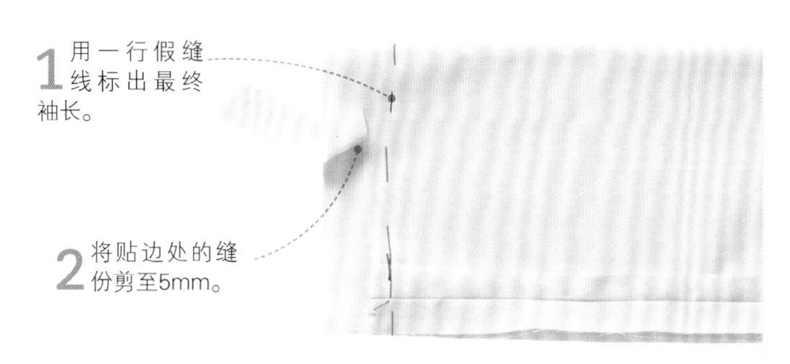

2 将贴边处的缝份剪至5mm。

3 按所需长度剪一条宽2cm的斜裁布条，并正面相对缝合到衣袖上。

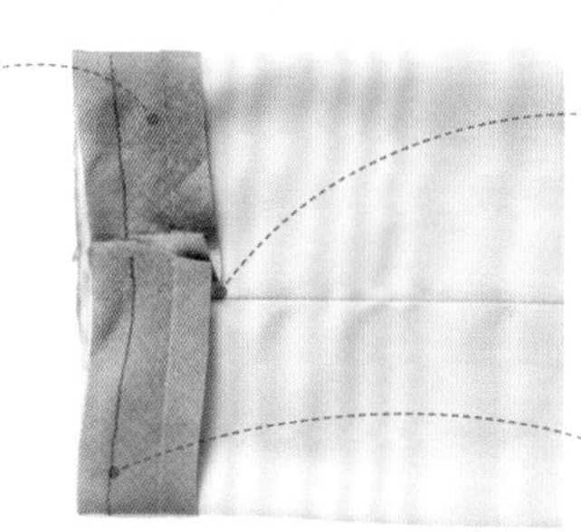

4 将斜裁布条的尾端内折，对齐袖缝。

5 沿着预留的5mm缝份，机缝。

6 将缝份朝着斜裁布条烫平。

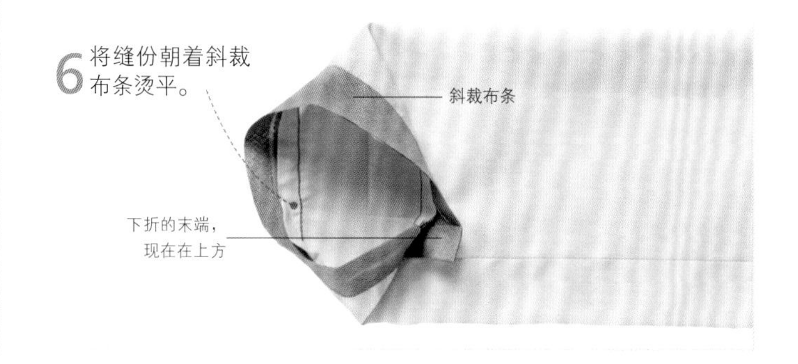

7 将斜裁布条折入衣袖并机缝到正确的位置，沿斜裁布条的上边缘缝合。

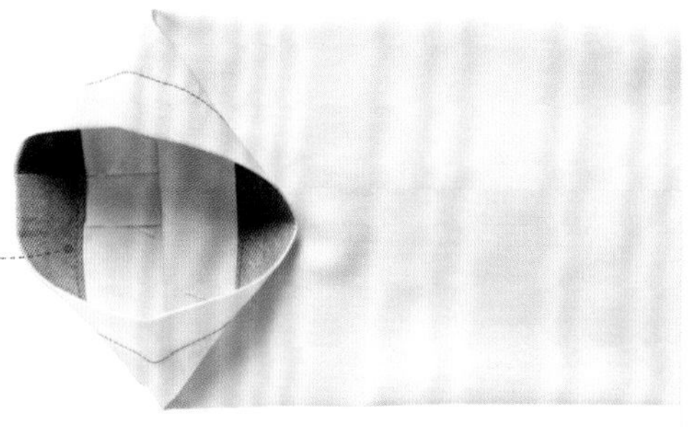

修剪缝份见第104~105页 • 如何裁剪斜滚边条见第150页

松紧带管袖口

难度指数

袖口边经常使用松紧带管以穿入松紧带，这样，就可以使用独特的方式来收缩衣袖。松紧带管可以是连裁的，也就是说是衣袖的一部分；也可以是单独增加的。以下图片表示的是外加斜裁布条的松紧带管。

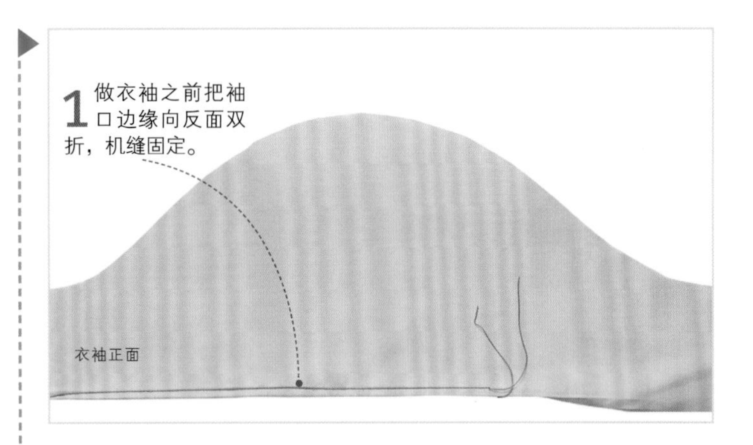

1 做衣袖之前把袖口边缘向反面双折，机缝固定。

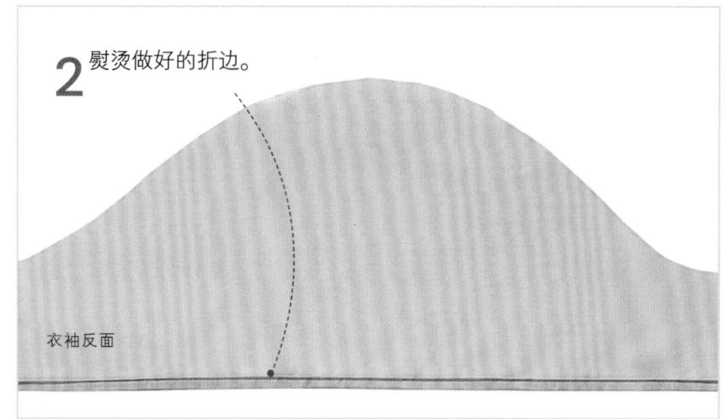

2 熨烫做好的折边。

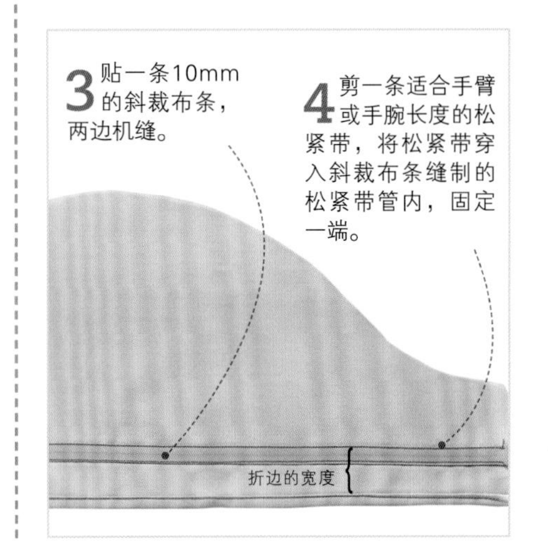

3 贴一条10mm的斜裁布条，两边机缝。

4 剪一条适合手臂或手腕长度的松紧带，将松紧带穿入斜裁布条缝制的松紧带管内，固定一端。

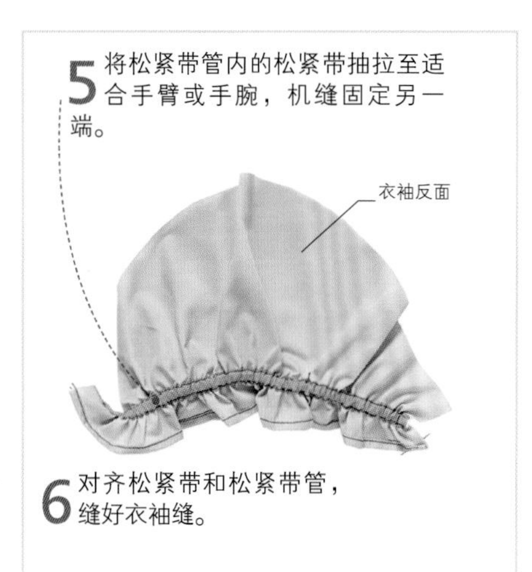

5 将松紧带管内的松紧带抽拉至适合手臂或手腕，机缝固定另一端。

6 对齐松紧带和松紧带管，缝好衣袖缝。

7 将接缝熨烫展开，然后将袖子翻至正面。如果褶裥分布不均匀，可以再调整。

松紧带褶边袖口

难度指数

这是在袖端做褶边或者荷叶边的另一种方式，松紧带管是衣袖的一部分。

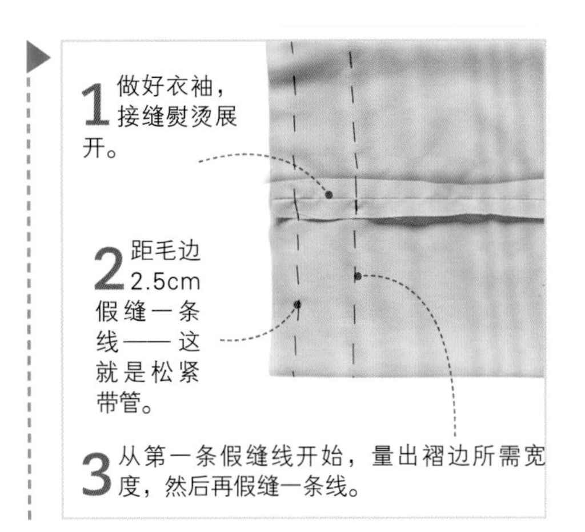

1 做好衣袖，接缝熨烫展开。

2 距毛边2.5cm假缝一条线——这就是松紧带管。

3 从第一条假缝线开始，量出褶边所需宽度，然后再假缝一条线。

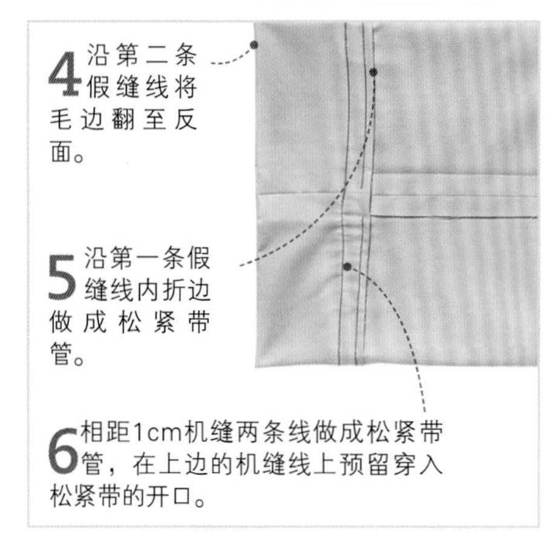

4 沿第二条假缝线将毛边翻至反面。

5 沿第一条假缝线内折边做成松紧带管。

6 相距1cm机缝两条线做成松紧带管，在上边的机缝线上预留穿入松紧带的开口。

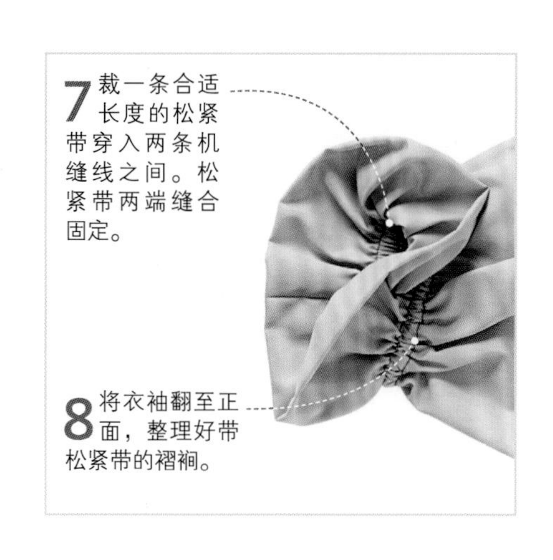

7 裁一条合适长度的松紧带穿入两条机缝线之间。松紧带两端缝合固定。

8 将衣袖翻至正面，整理好带松紧带的褶裥。

假缝线迹见第89页 ● 修整接缝见第95页 ● 褶边见第138~145页

松紧带边袖口

难度指数 ★★★★★

工作服或者童装的袖口常常使用松紧带，这样既整洁又实用。松紧带最合适的宽度是12mm或者25mm。

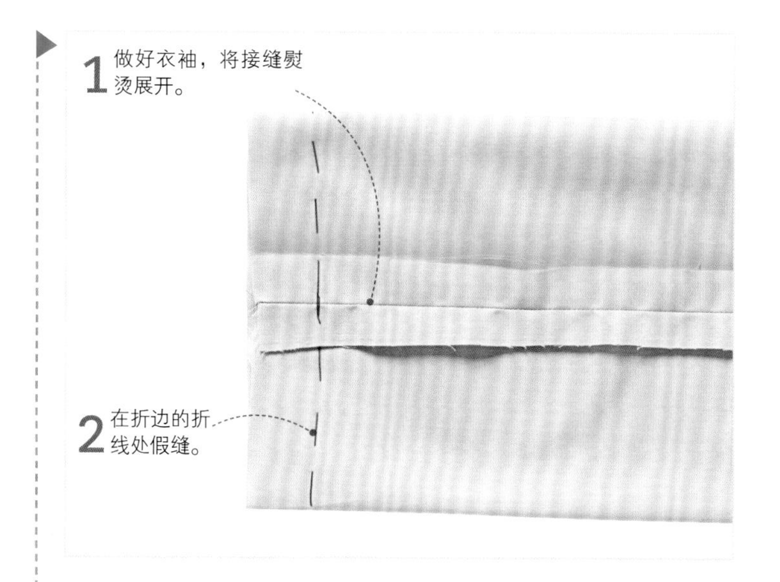

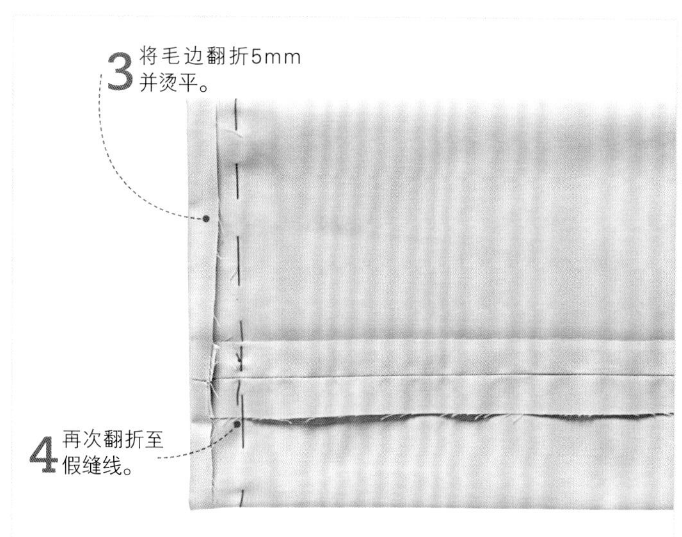

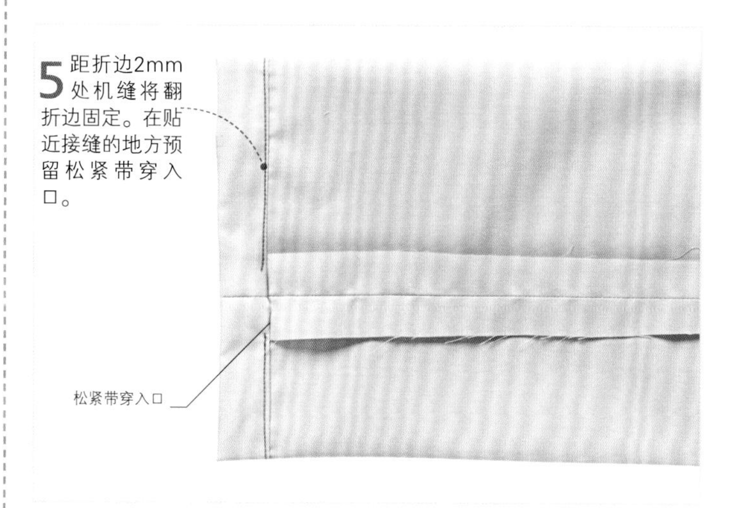

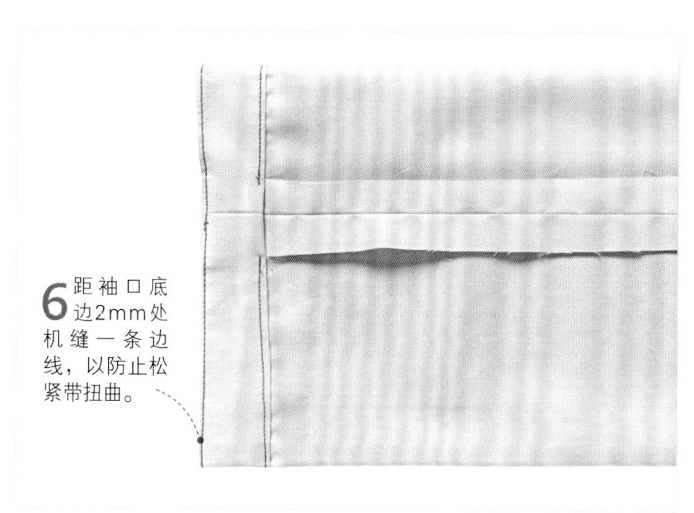

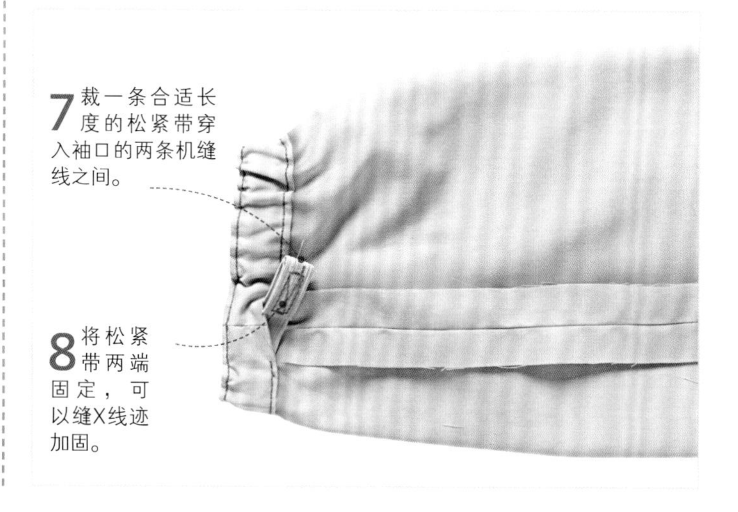

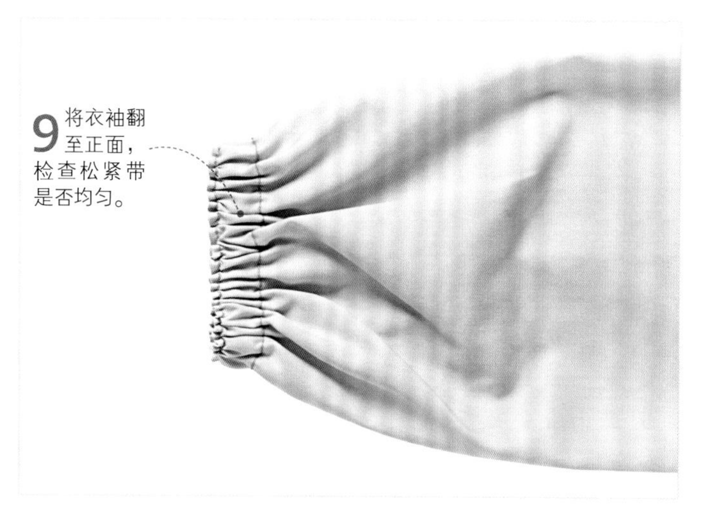

机缝折边见第238页

荷叶边袖口

难度指数 

褶边非常妩媚，适用于圆袖，可以选择袖山是否抽褶。

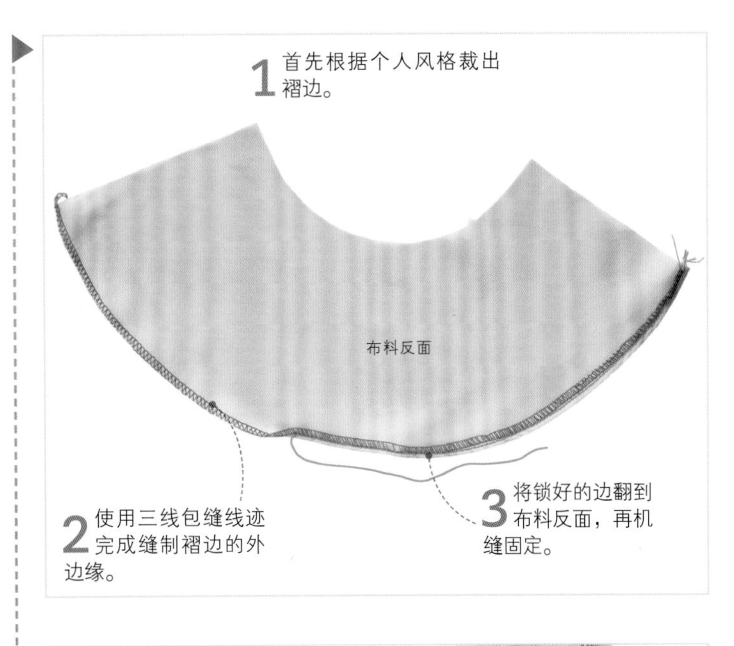

1 首先根据个人风格裁出褶边。

2 使用三线包缝线迹完成缝制褶边的外边缘。

3 将锁好的边翻到布料反面，再机缝固定。

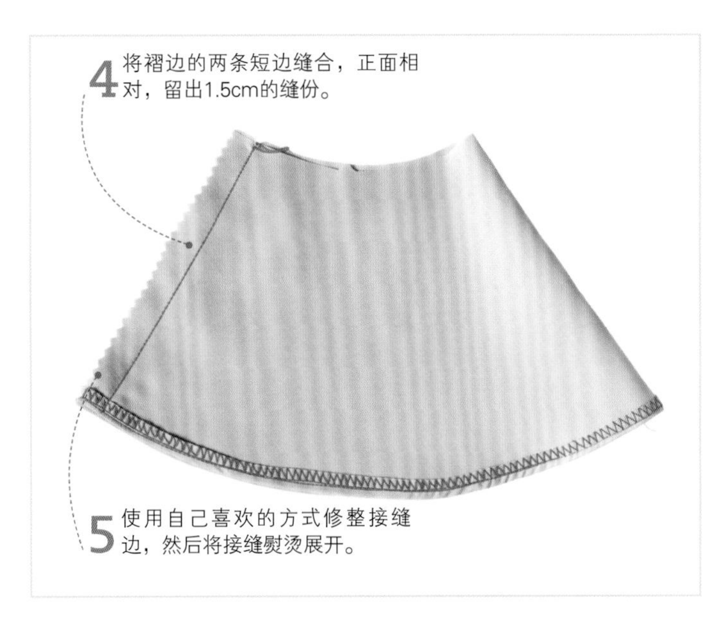

4 将褶边的两条短边缝合，正面相对，留出1.5cm的缝份。

5 使用自己喜欢的方式修整接缝边，然后将接缝熨烫展开。

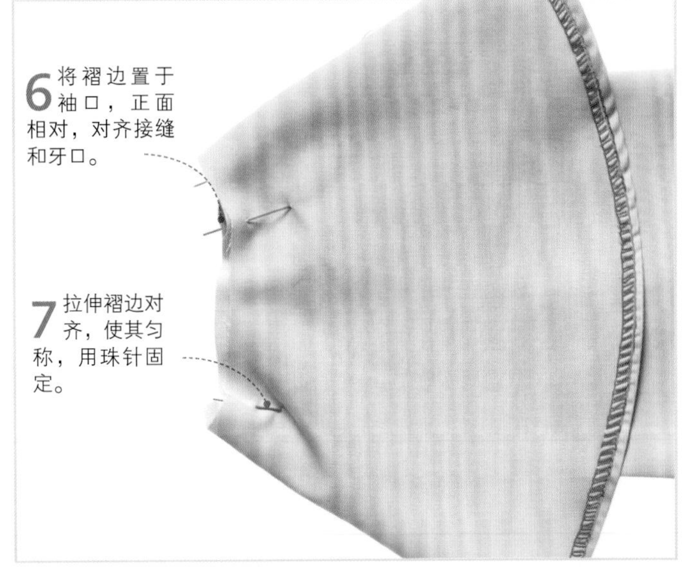

6 将褶边置于袖口，正面相对，对齐接缝和牙口。

7 拉伸褶边对齐，使其匀称，用珠针固定。

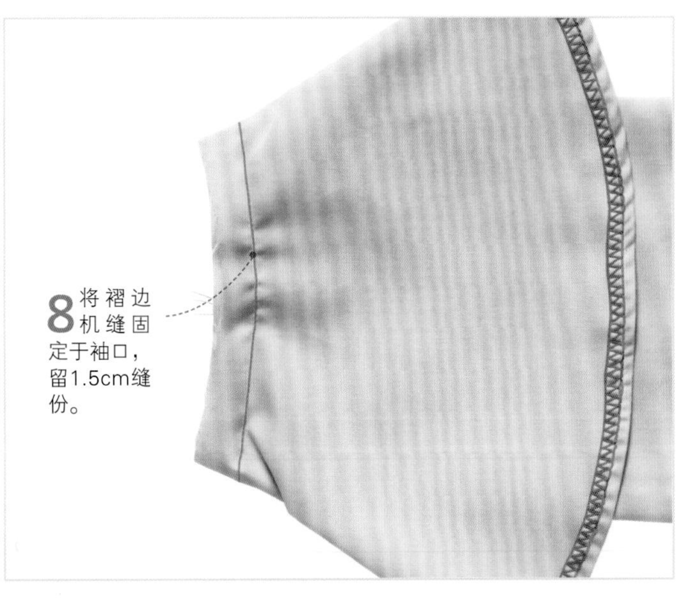

8 将褶边机缝固定于袖口，留1.5cm缝份。

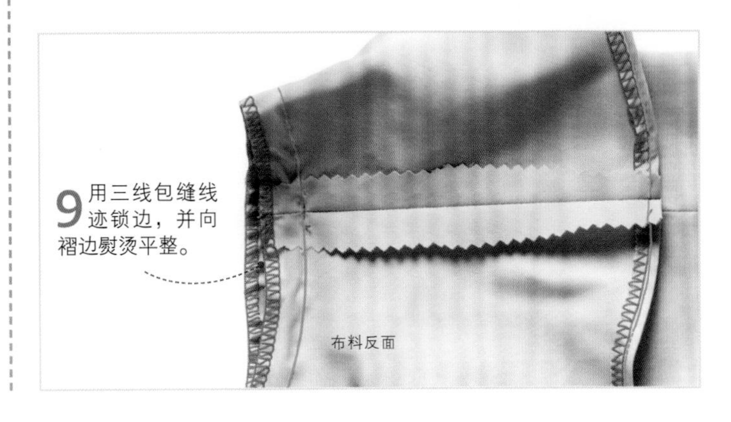

9 用三线包缝线迹锁边，并向褶边熨烫平整。

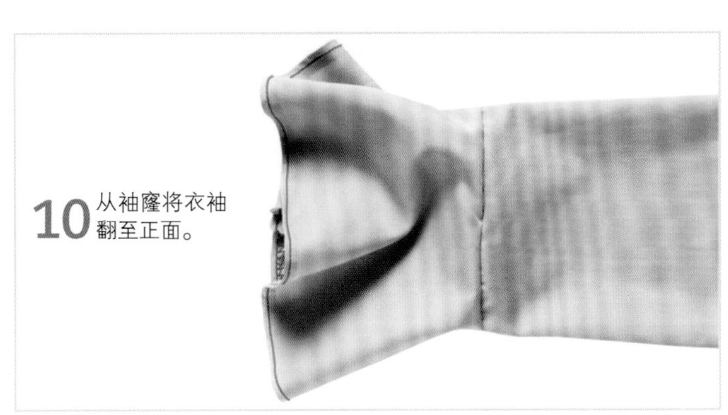

10 从袖窿将衣袖翻至正面。

贴边袖口

难度指数 ★★★★★

在袖口贴边能使袖口整洁、紧致。此技术适用于裙装的衣袖或者无衬里上衣。

1 给贴边加上热熔黏合衬。

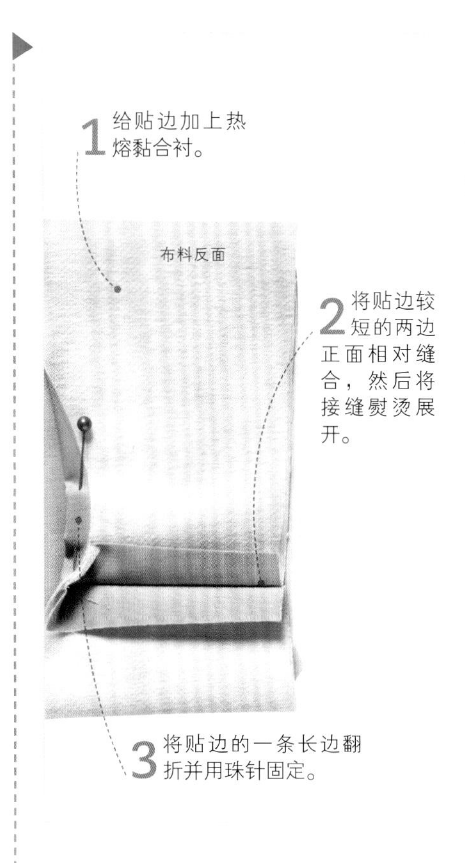

2 将贴边较短的两边正面相对缝合，然后将接缝熨烫展开。

3 将贴边的一条长边翻折并用珠针固定。

4 机缝折边，烫平。

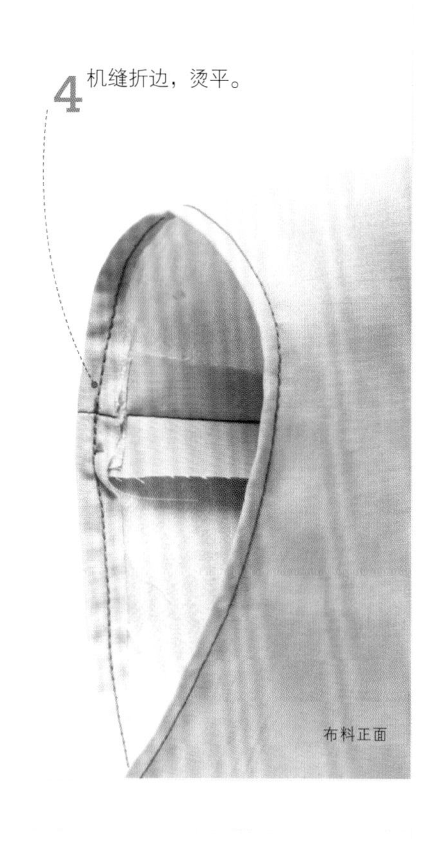

5 将贴边正面相对置于袖口，对齐接缝，并对齐贴边和衣袖的毛边。

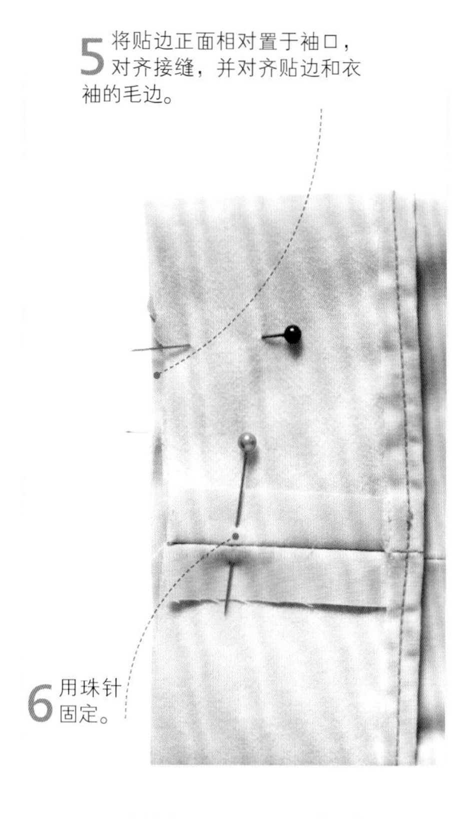

6 用珠针固定。

7 将贴边的缝份剪掉一半。

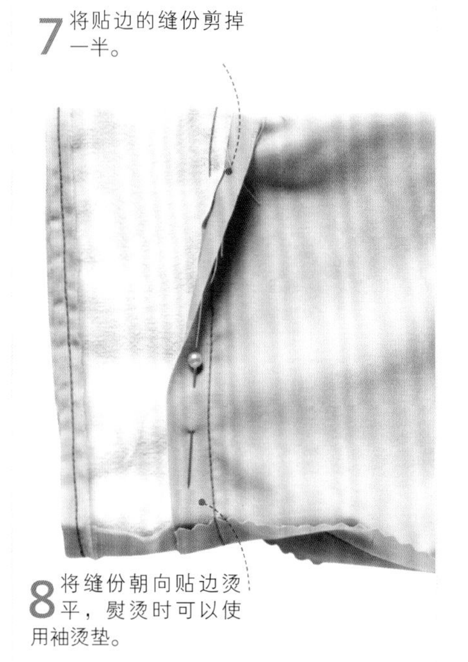

8 将缝份朝向贴边烫平，熨烫时可以使用袖烫垫。

9 将缝份用暗针缝缝到贴边上。

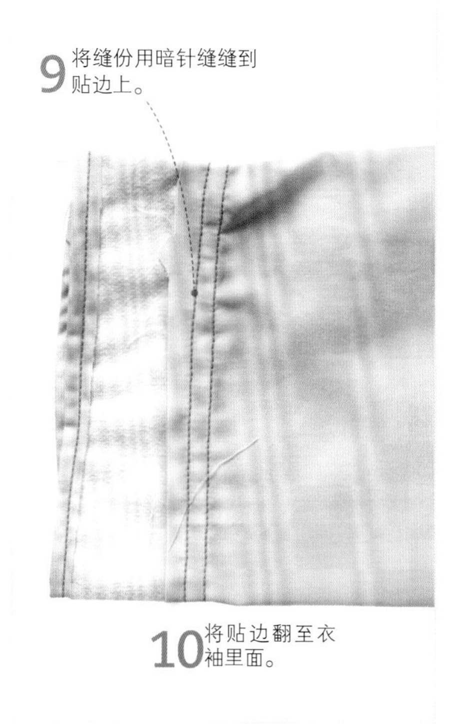

10 将贴边翻至衣袖里面。

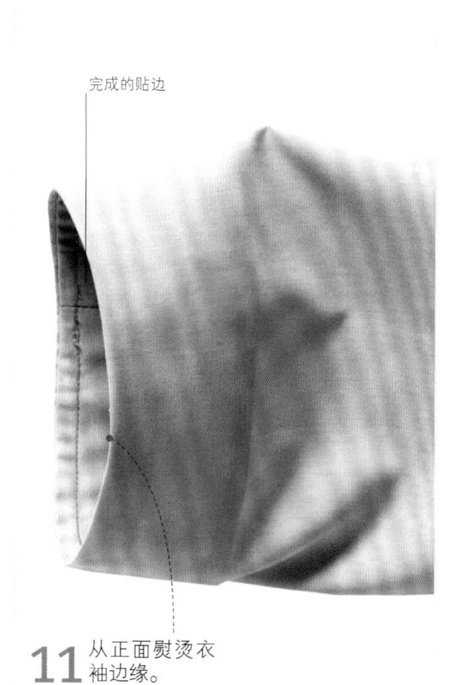

11 从正面熨烫衣袖边缘。

修整接缝见第95页 • 修剪缝份见第104~105页 • 完成缝制见第105页

袖克夫和袖衩

袖克夫和袖衩可以使衣袖贴合手腕，袖衩方便手穿过袖克夫，也方便挽起衣袖。袖克夫的种类很多——单层袖克夫、双层袖克夫、带尖袖克夫、弯边袖克夫。所有的袖克夫都有内衬，内衬加在上袖克夫。上袖克夫缝到衣袖上。

各种袖克夫和袖叉

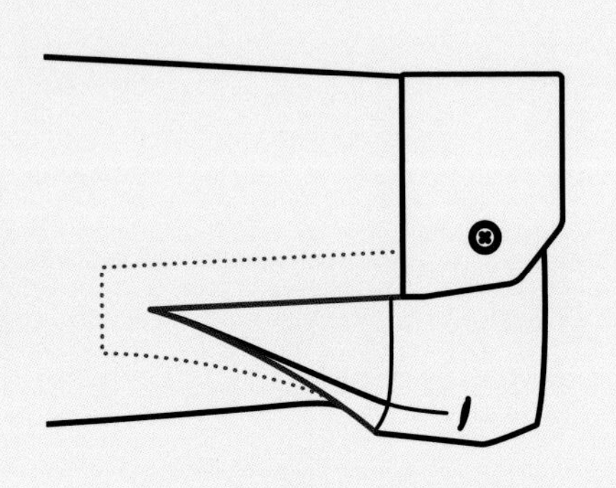

袖衩贴边的单层袖克夫（见第208页）
（SINGLE CUFF WITH FACED OPENING）

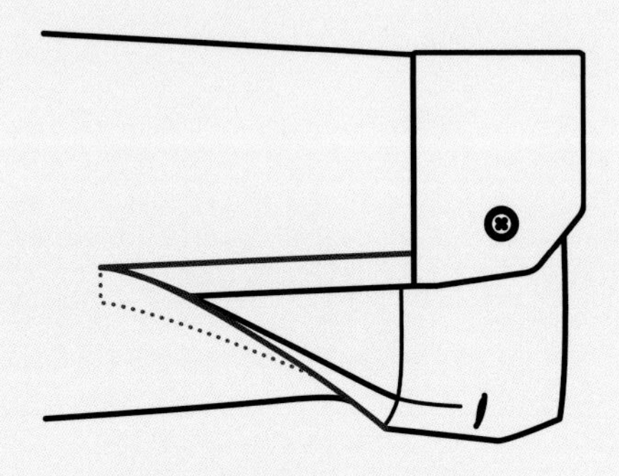

袖衩滚边的单层袖克夫（见第209页）
（SINGLE CUFF WITH BOUND OPENING）

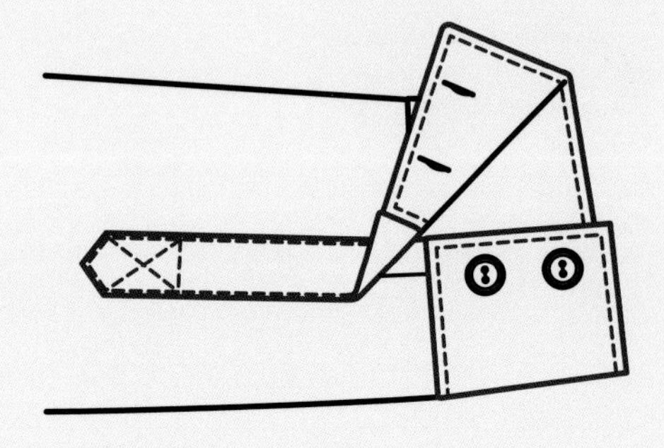

衩条式单层袖克夫（见第210~211、213页）
（SHIRT CUFF WITH PLACKET OPENING）

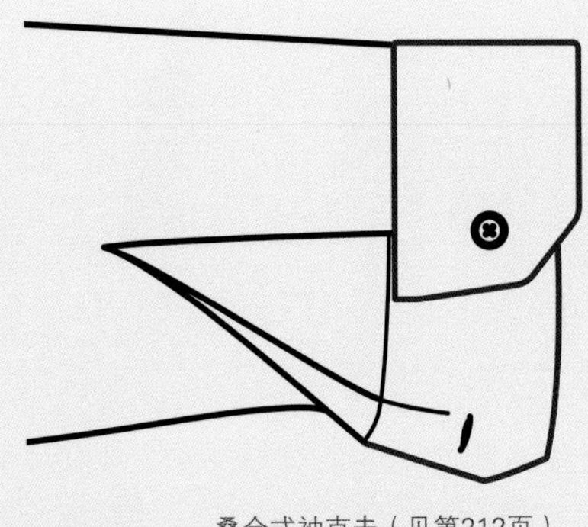

叠合式袖克夫（见第212页）
（LAPPED CUFF）

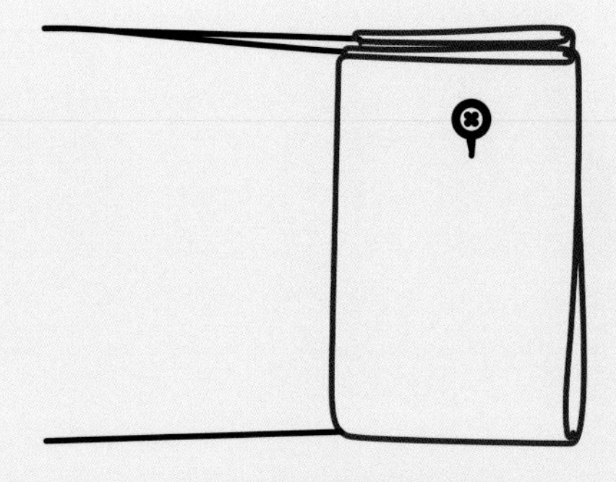

双层袖克夫（见第213页）
（DOUBLE CUFF）

如何粘贴热熔黏合衬见第54页 • 假缝线迹见第89页

一片式袖克夫

难度指数

一片式袖克夫是用一片布料裁成，多数情况下，只需要在布料的一半加热熔黏合衬。但也有例外，如一片式双层袖克夫（见第213页）。

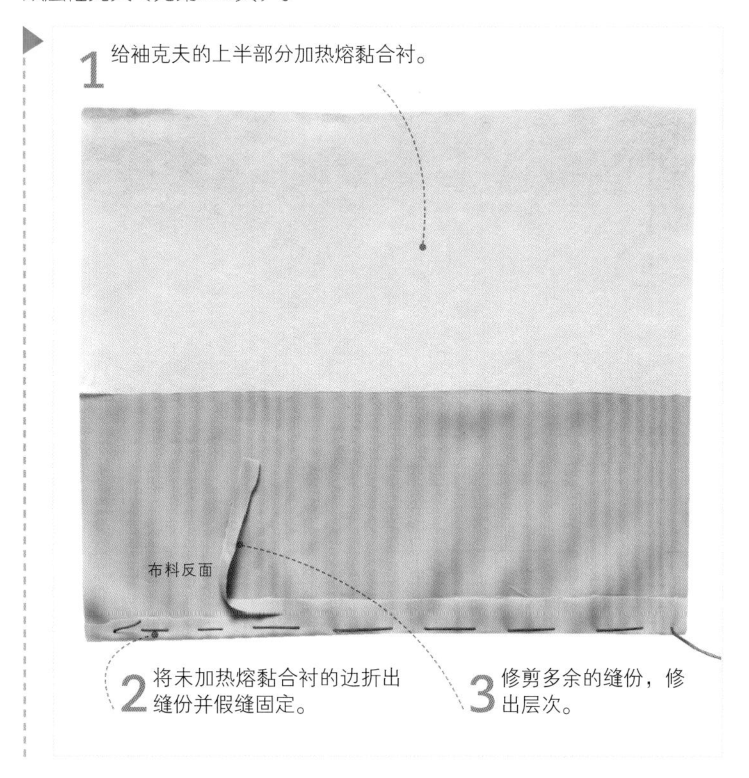

1 给袖克夫的上半部分加热熔黏合衬。

2 将未加热熔黏合衬的边折出缝份并假缝固定。

3 修剪多余的缝份，修出层次。

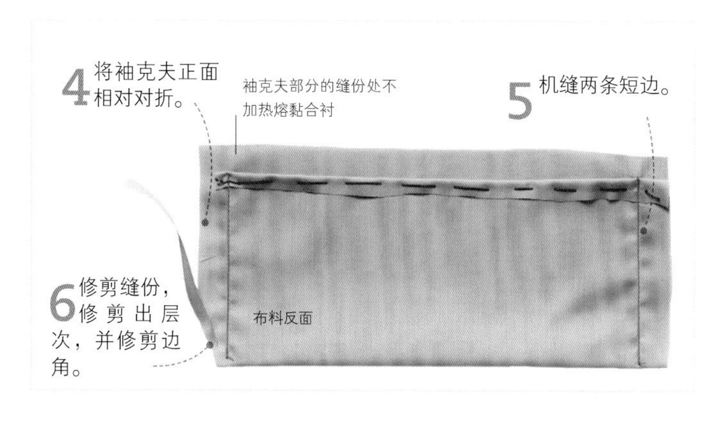

4 将袖克夫正面相对对折。

5 机缝两条短边。

6 修剪缝份，修剪出层次，并修剪边角。

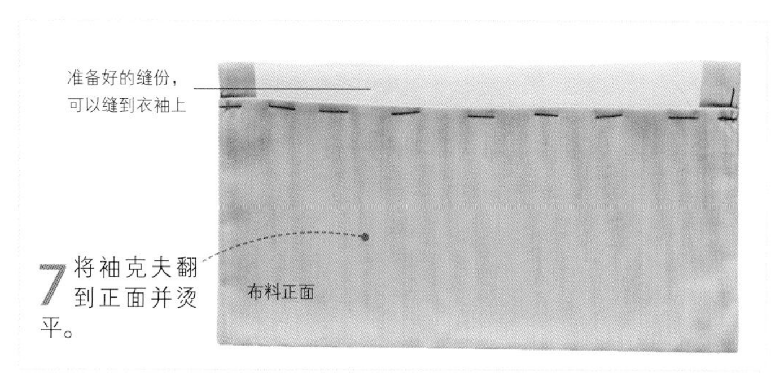

7 将袖克夫翻到正面并烫平。

两片式（拼缝式）袖克夫

难度指数

有些袖克夫是两片布料拼缝的：上袖克夫和下袖克夫。上袖克夫需加热熔黏合衬。

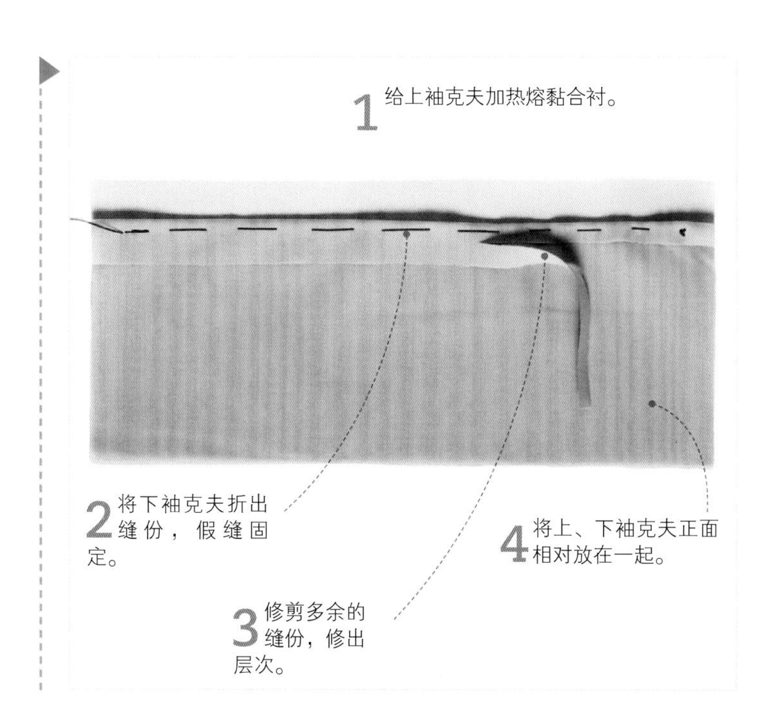

1 给上袖克夫加热熔黏合衬。

2 将下袖克夫折出缝份，假缝固定。

3 修剪多余的缝份，修出层次。

4 将上、下袖克夫正面相对放在一起。

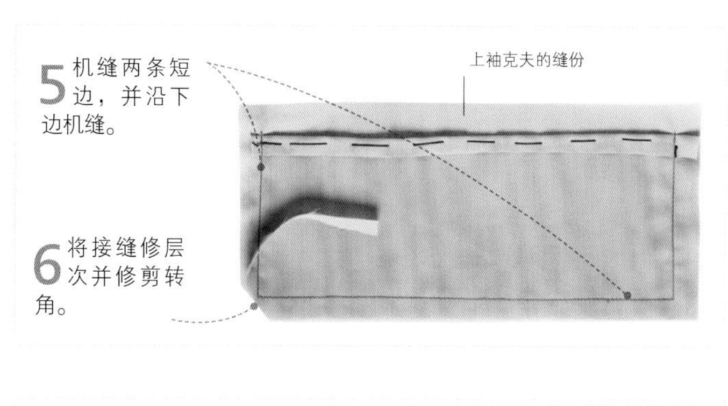

5 机缝两条短边，并沿下边机缝。

6 将接缝修层次并修剪转角。

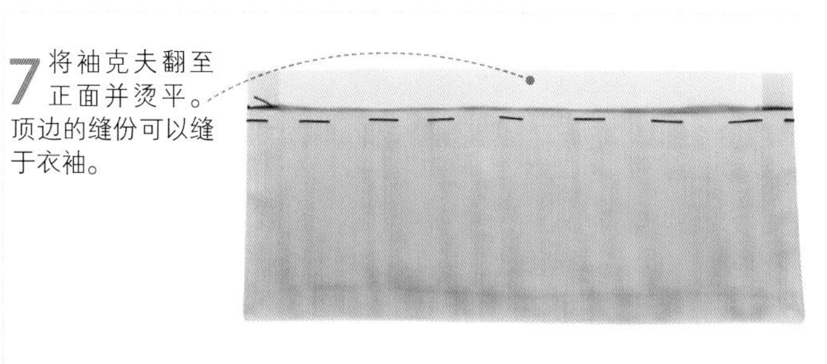

7 将袖克夫翻至正面并烫平。顶边的缝份可以缝于衣袖。

贴边式袖衩

难度指数 

在衣袖开衩的区域贴边是缝制开衩的好办法。这种开衩方式适用于一片式袖克夫。

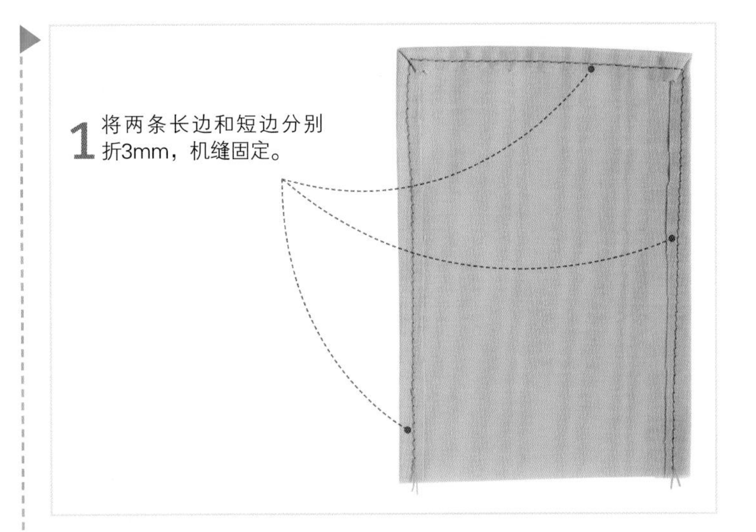

1 将两条长边和短边分别折3mm，机缝固定。

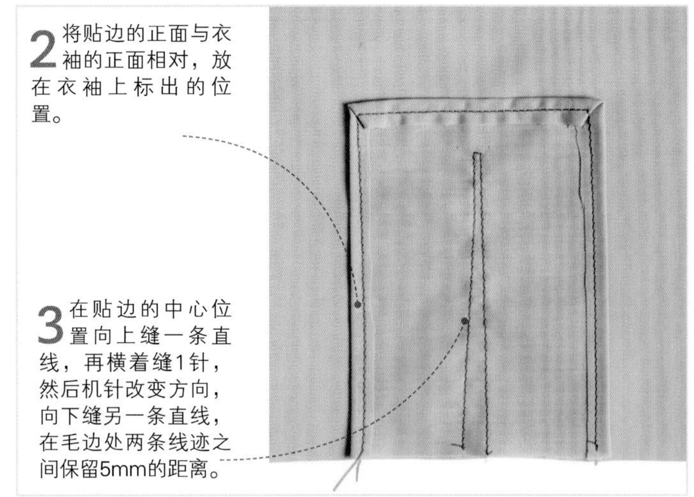

2 将贴边的正面与衣袖的正面相对，放在衣袖上标出的位置。

3 在贴边的中心位置向上缝一条直线，再横着缝1针，然后机针改变方向，向下缝另一条直线，在毛边处两条线迹之间保留5mm的距离。

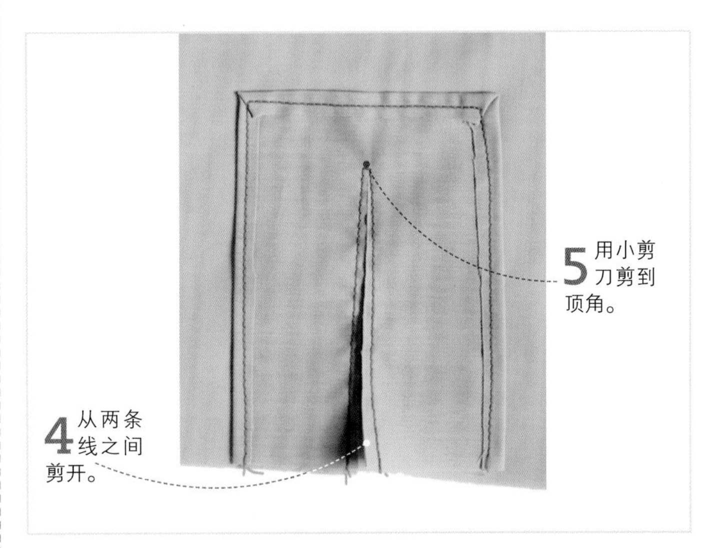

4 从两条线之间剪开。

5 用小剪刀剪到顶角。

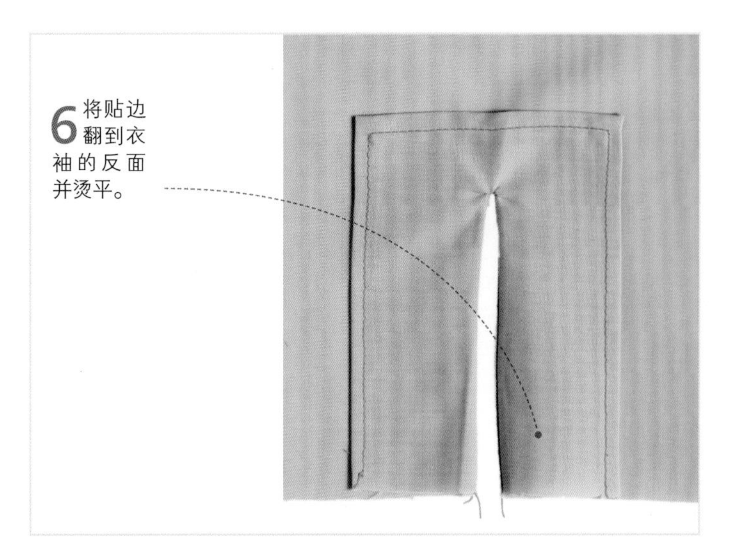

6 将贴边翻到衣袖的反面并烫平。

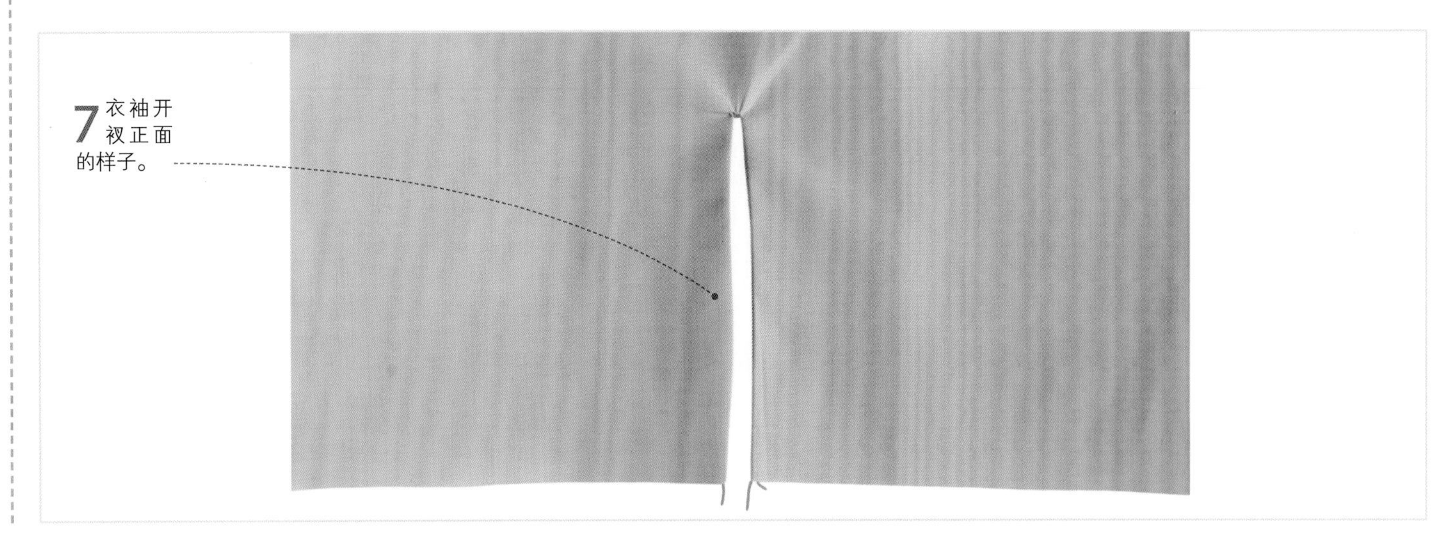

7 衣袖开衩正面的样子。

滚边式袖衩

难度指数 ★★★★★

对于容易毛边的布料或者穿着频率较高的衣服衣袖用滚边式袖衩是不错的选择。这里就需要使用相配的滚边条给衣袖的开口滚边。

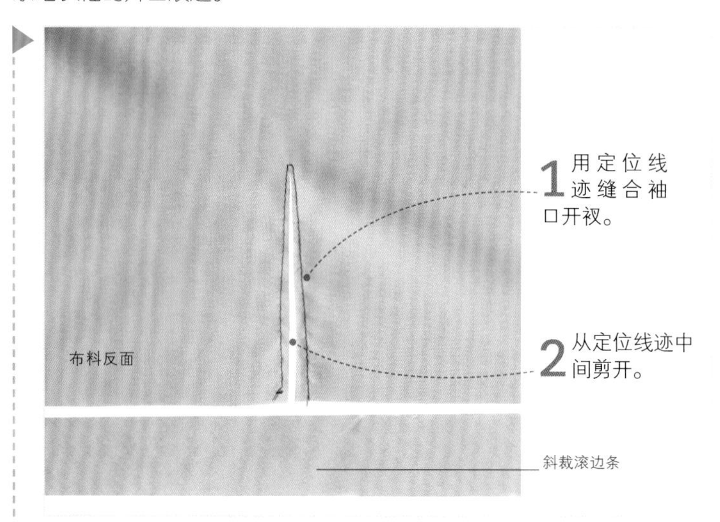

1 用定位线迹缝合袖口开衩。

2 从定位线迹中间剪开。

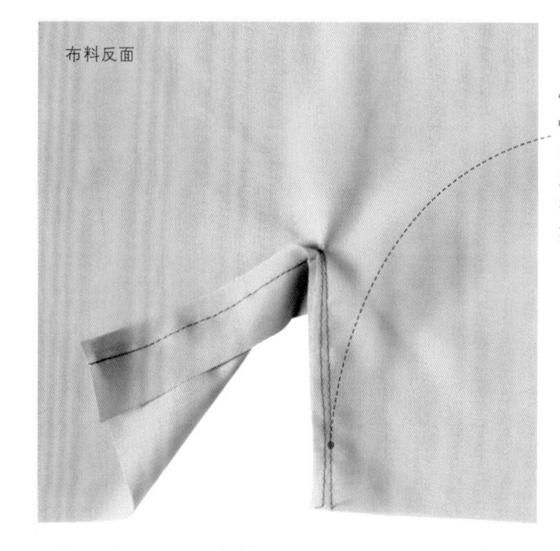

3 从衣袖的正面用珠针将滚边条沿定位线固定。为了缝合开衩，将开衩打开拉成直线。

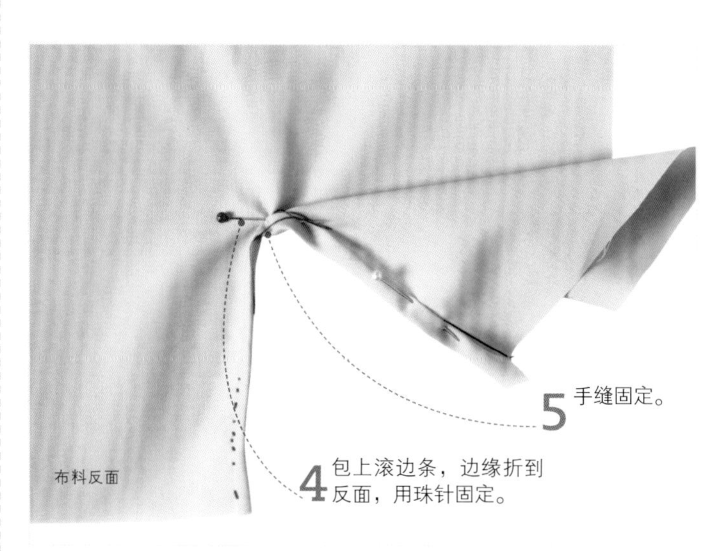

4 包上滚边条，边缘折到反面，用珠针固定。

5 手缝固定。

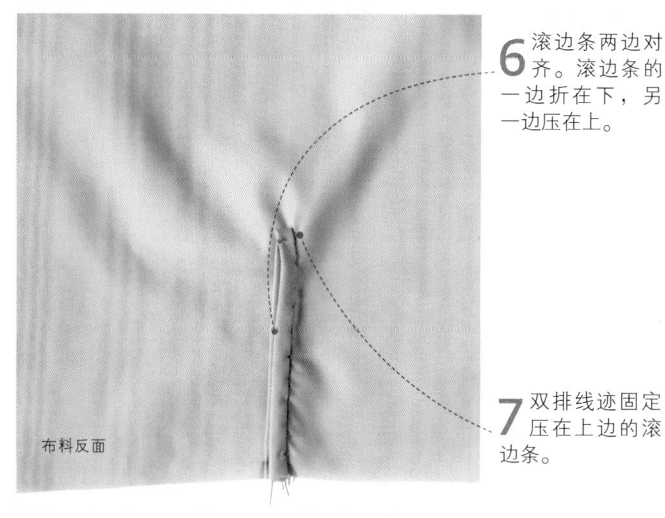

6 滚边条两边对齐。滚边条的一边折在下，另一边压在上。

7 双排线迹固定压在上边的滚边条。

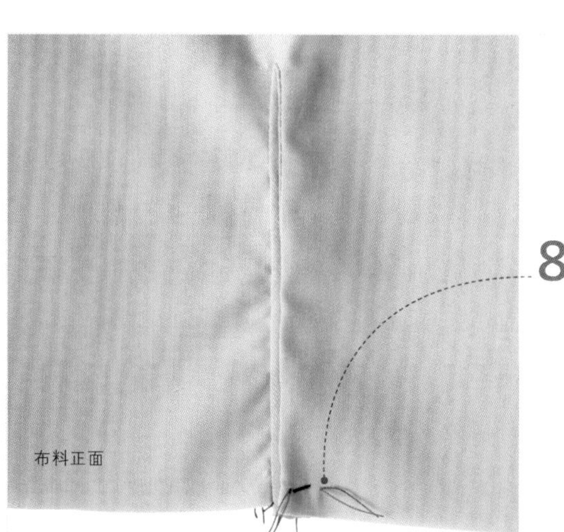

8 假缝，以便装袖克夫。

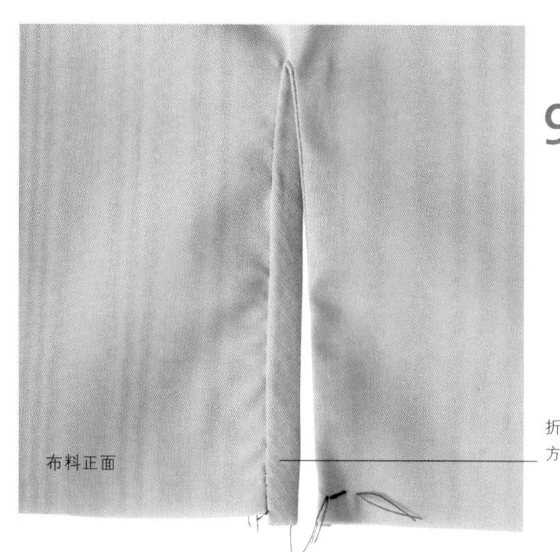

9 做好的开衩滚边。

机缝折边见第238页

衩条式袖衩

难度指数 ★★★★★

这种袖衩常见于男士衬衫的衣袖和西式女士衬衫的衣袖。虽然看上去很复杂，但是按照步骤一步一步来做其实很简单。

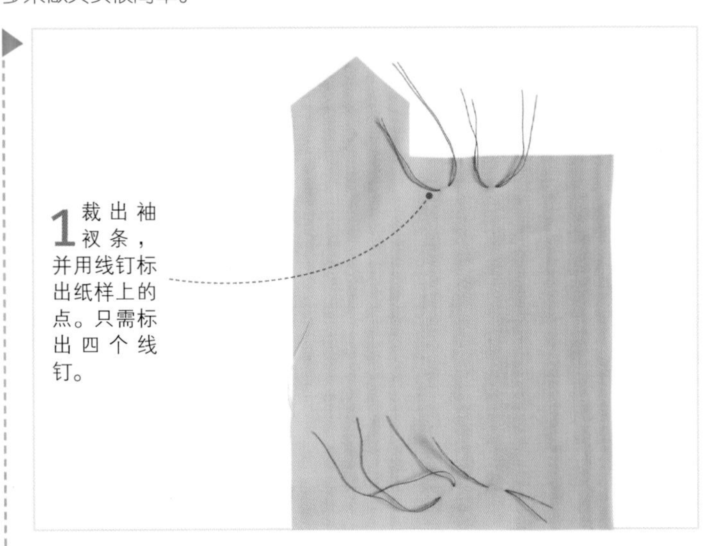

1 裁出袖衩条，并用线钉标出纸样上的点。只需标出四个线钉。

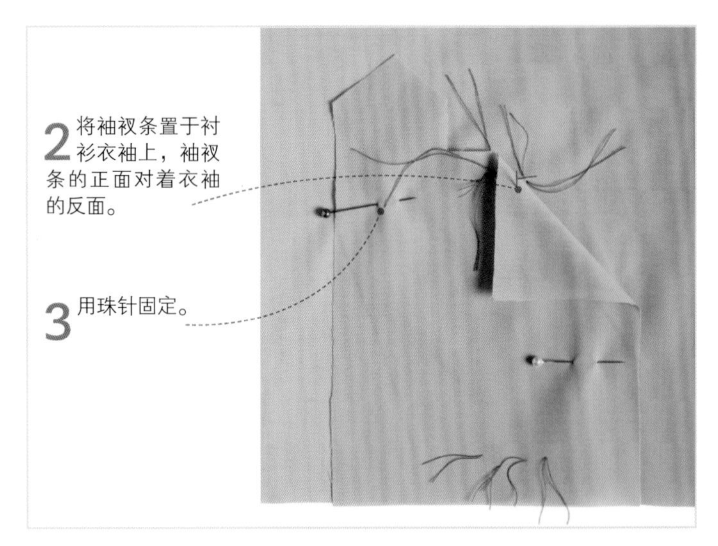

2 将袖衩条置于衬衫衣袖上，袖衩条的正面对着衣袖的反面。

3 用珠针固定。

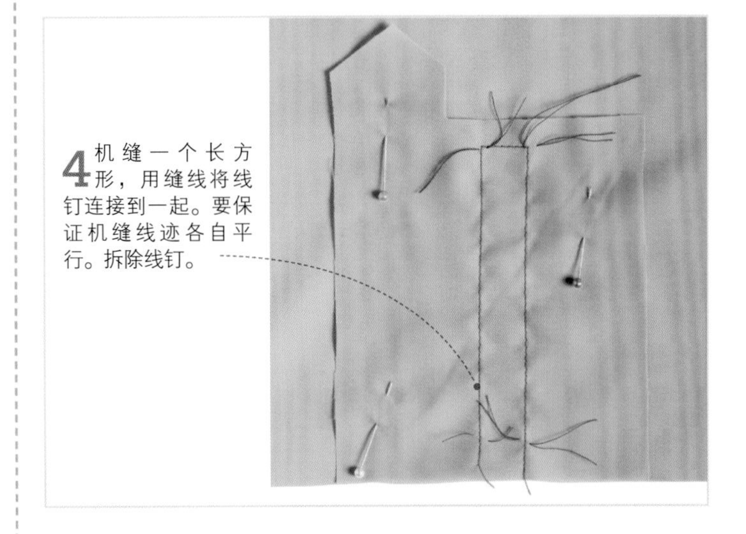

4 机缝一个长方形，用缝线将线钉连接到一起。要保证机缝线迹各自平行。拆除线钉。

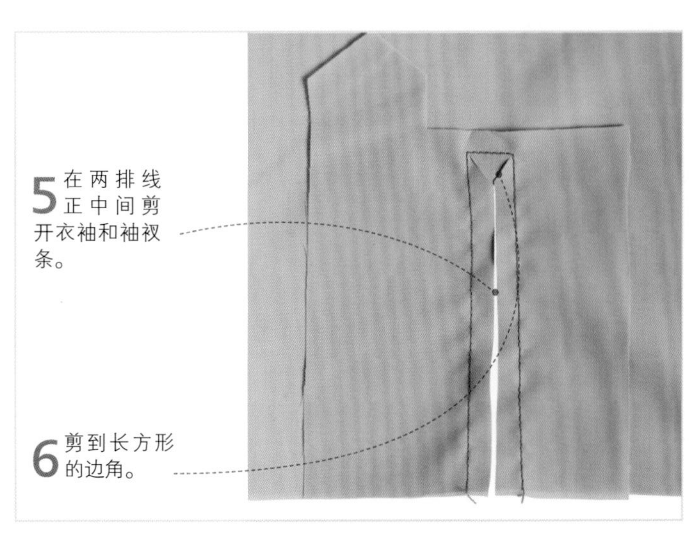

5 在两排线正中间剪开衣袖和袖衩条。

6 剪到长方形的边角。

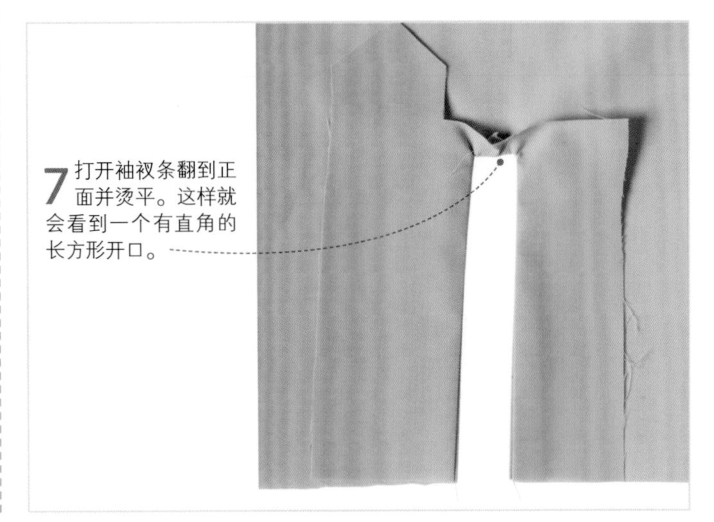

7 打开袖衩条翻到正面并烫平。这样就会看到一个有直角的长方形开口。

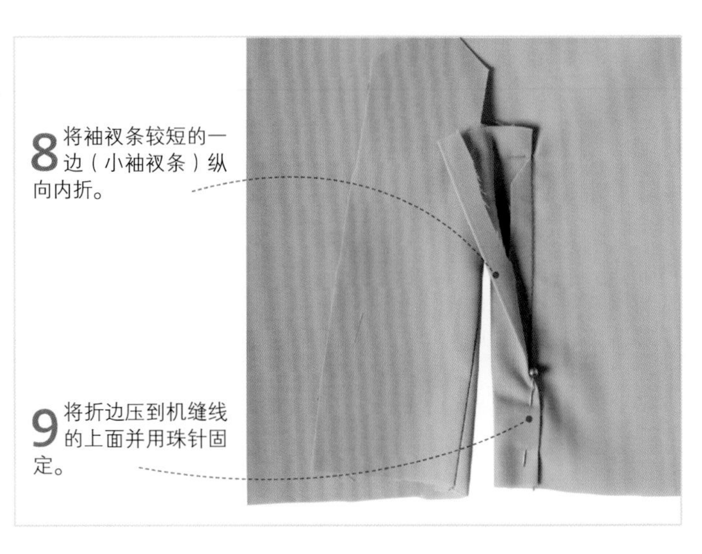

8 将袖衩条较短的一边（小袖衩条）纵向内折。

9 将折边压到机缝线的上面并用珠针固定。

转绘纸样见第82~83页 • 固定缝线见第92页 • 机缝线迹见第92~93页

10 机缝折边至开口上端。

11 将衩条的大袖衩条翻折到小袖衩条上。

12 将大袖衩条烫平。然后内折，烫平的底边要在机缝线上。用珠针固定。

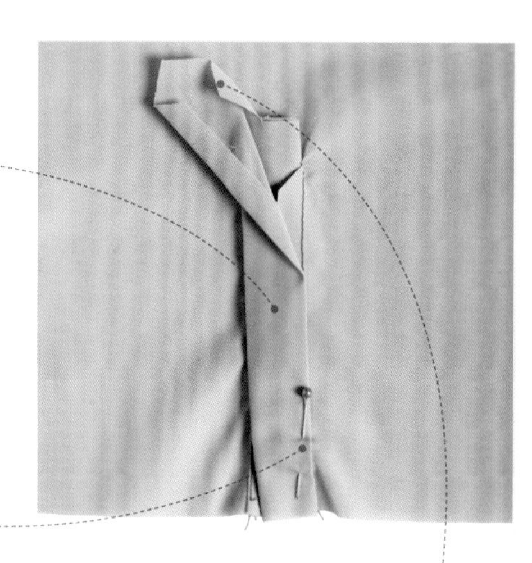

13 沿着切边，将尖头端下折，烫平。

14 将大袖衩条的折边机缝固定。注意机缝的时候不要缝住大袖衩条的底边。

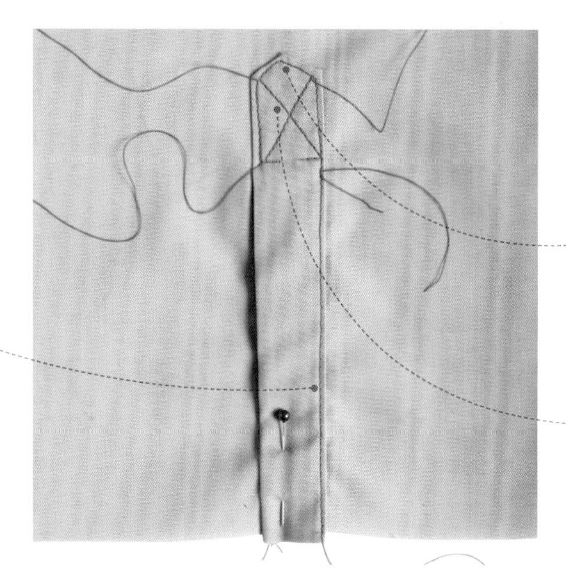

15 继续沿尖端机缝。

16 在尖端缝出X形线迹。

17 将所有机缝线头拉到反面并打结。

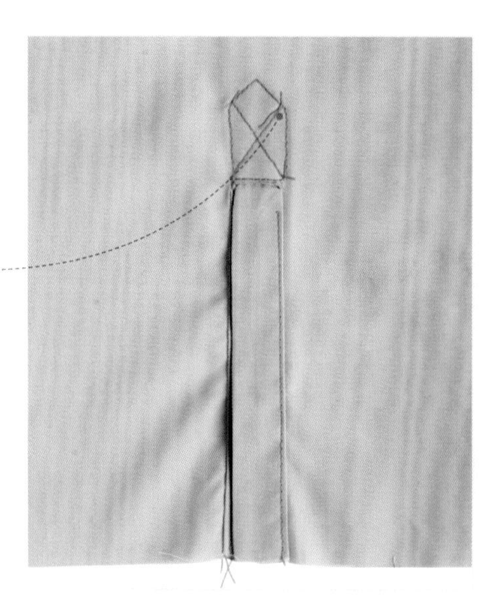

18 从正面看上去的袖衩条，线迹整齐。

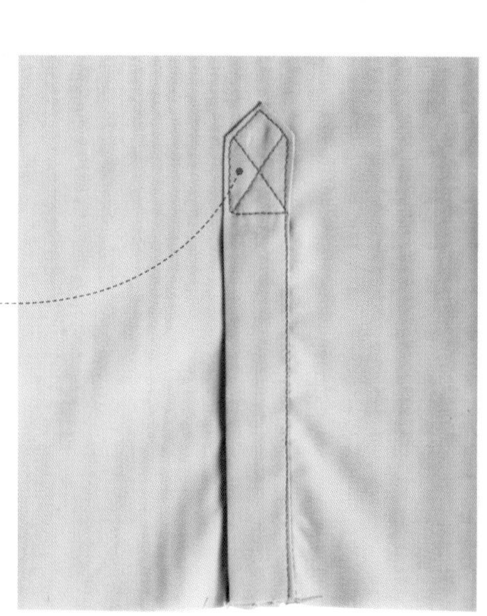

机缝折边见第238页

安装袖克夫

难度指数 ***

各种各样的袖克夫都可以装到袖开衩上。一片式的叠合式袖克夫适用于滚边式或贴边式的袖衩开口。两片式衬衫袖克夫通常用于贴边式袖衩，但也适用于滚边式袖衩。双层袖克夫或法式翻边袖克夫适用于男士衬衫和男、女西式衬衣，既可以裁成一片，也可以裁成两部分，常见于滚边式袖衩。

叠合式袖克夫

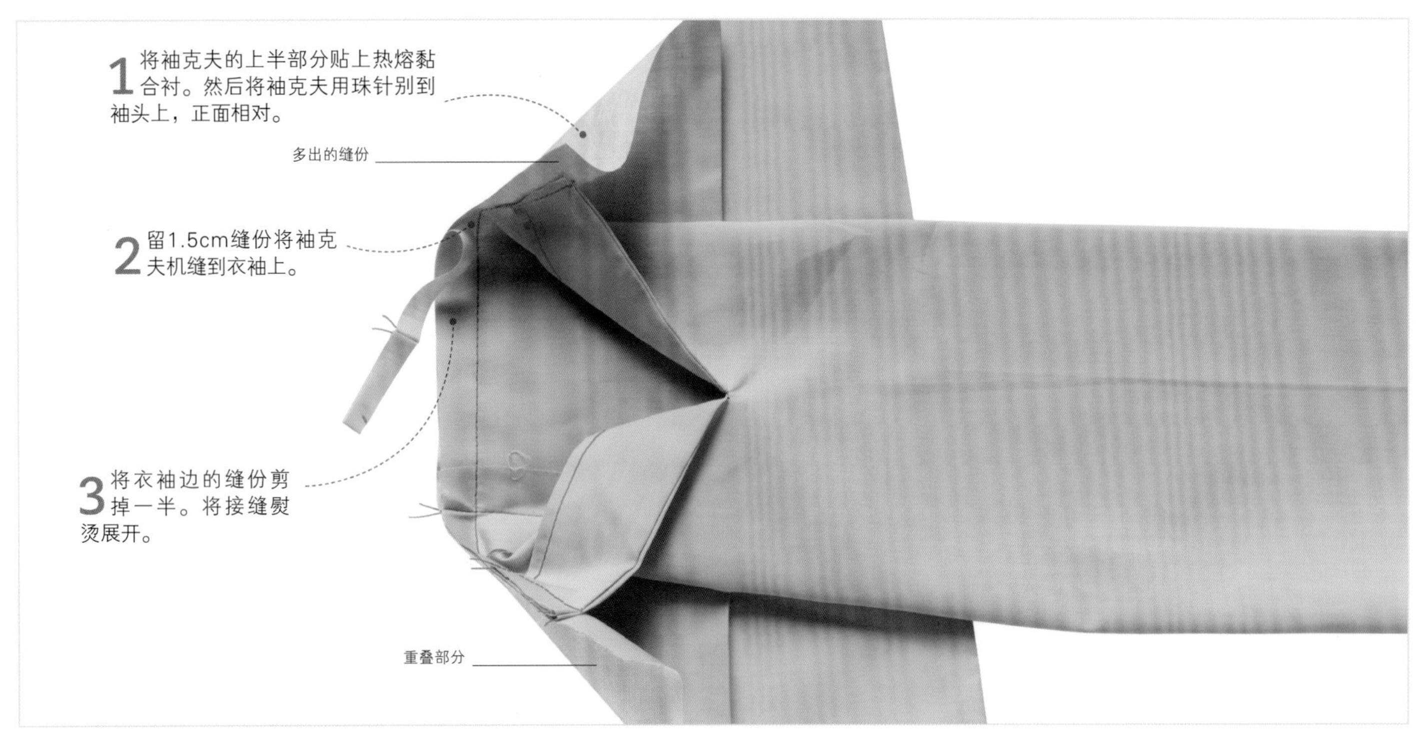

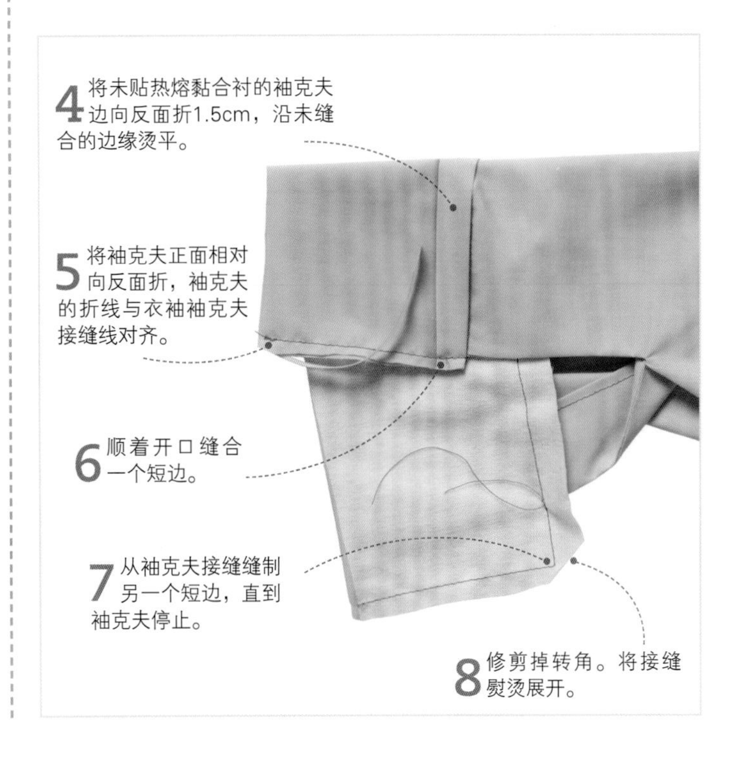

如何粘贴热熔黏合衬见第54页 • 修剪缝份见第104~105页 • 完成缝制见第105页

衬衫袖克夫

1 给上袖克夫粘贴热熔黏合衬，然后正面相对置于袖头。缝份要往两边延伸。用珠针固定。

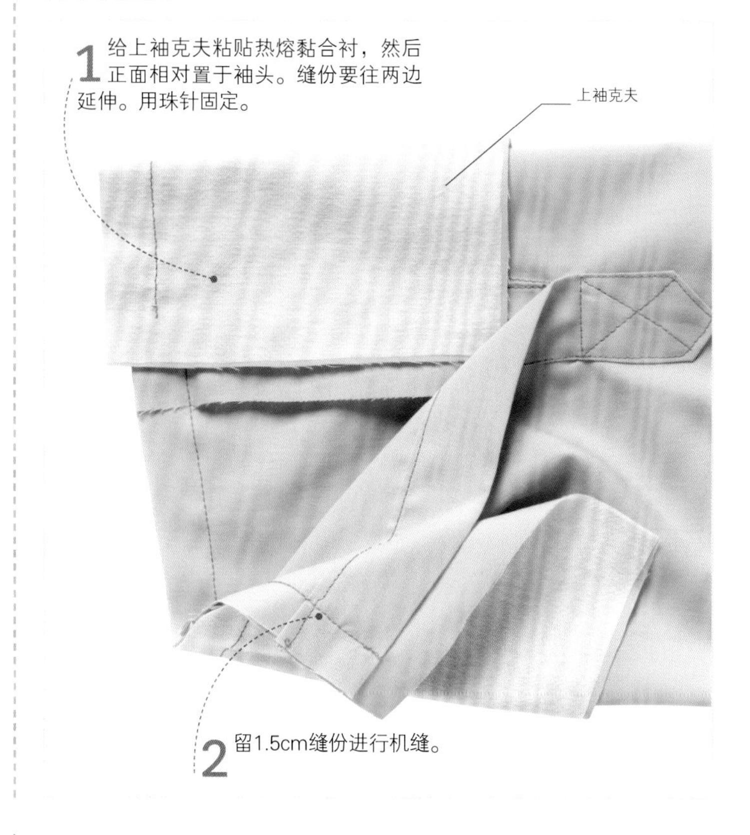

2 留1.5cm缝份进行机缝。

3 将下袖克夫的正面放到上袖克夫的正面上。顺着袖衩开口，机缝布料的三个边。

4 修剪下袖克夫的缝份。

5 修剪掉转角，并烫平。

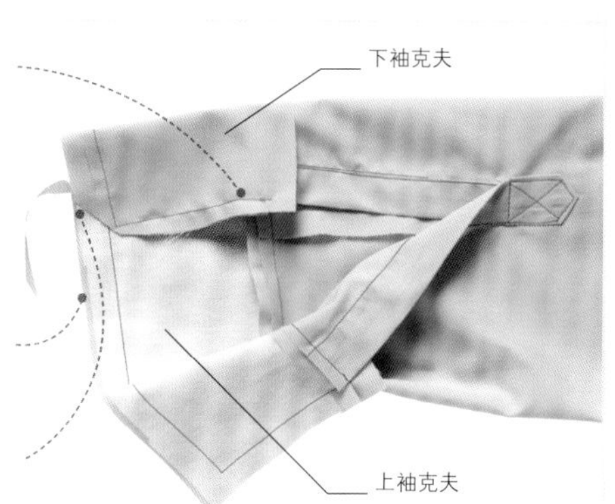

6 将袖克夫翻到正面并烫平。

7 将下袖克夫的毛边反折，然后置于袖头。将边缘机缝固定。

8 将上袖克夫锁上扣眼，下袖克夫缝上纽扣。

双层袖克夫

1 将整个袖克夫粘贴上热熔黏合衬。将袖克夫与袖头正面相对缝合到袖头上，留1.5cm缝份。

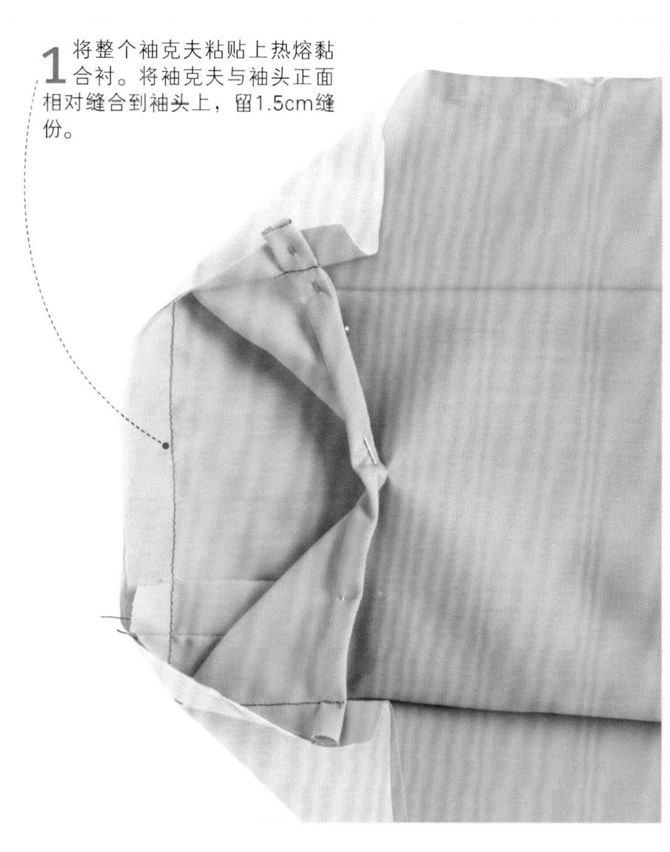

2 将袖克夫正面相对翻折。

3 沿衣袖开衩，机缝两边。

4 修剪接缝和转角部分多余的布料。

5 熨平，然后将袖克夫翻到正面。

6 将袖克夫向上对折。

7 从衣袖里面手缝完成袖克夫的另一边。

8 穿透双层上袖克夫锁一个扣眼，然后在下袖克夫缝上纽扣。

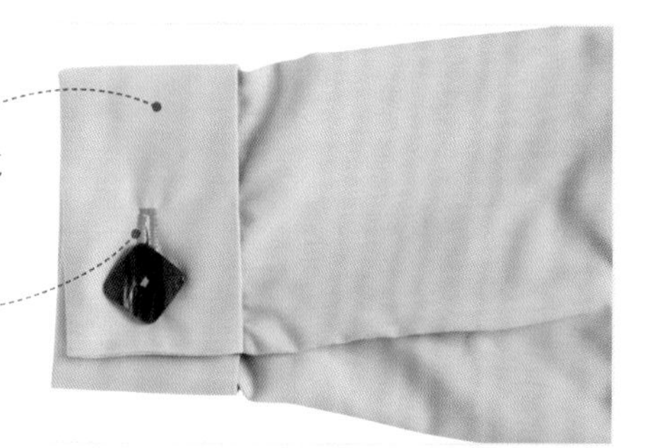

扣眼的种类与制作见第270~277页

口袋

口袋在很多衣物上都是必不可少的。口袋可以实用，也可以仅仅作为装饰。做口袋时要有耐心，等口袋制作完成后就可看出，耐心工作的效果是十分令人满意的。

缝纫技法

口袋的种类与缝制

口袋的形状和款式各种各样。有些口袋在外面，还可以具有装饰性，例如贴袋、信封袋、带盖的双嵌线袋。而另一些口袋则隐藏起来或更保守，包括前下插袋。口袋的布料可以和衣服布料相同，也可以使用对比性布料。不管是休闲的还是正式的，所有的口袋都是有实际功能的。

各种不同的口袋

如何粘贴热熔黏合衬见第54页 • 转绘纸样见第82~83页 • 手缝线迹见第90~91页

无衬里贴袋

难度指数 ★★★★★

无衬里贴袋是一种最流行的口袋。无衬里贴袋见于各类衣服，可以用各种不同的布料来做。轻薄的布料，例如衬衫口袋，不需要内衬。但在中厚和厚布料上，最好使用内衬。

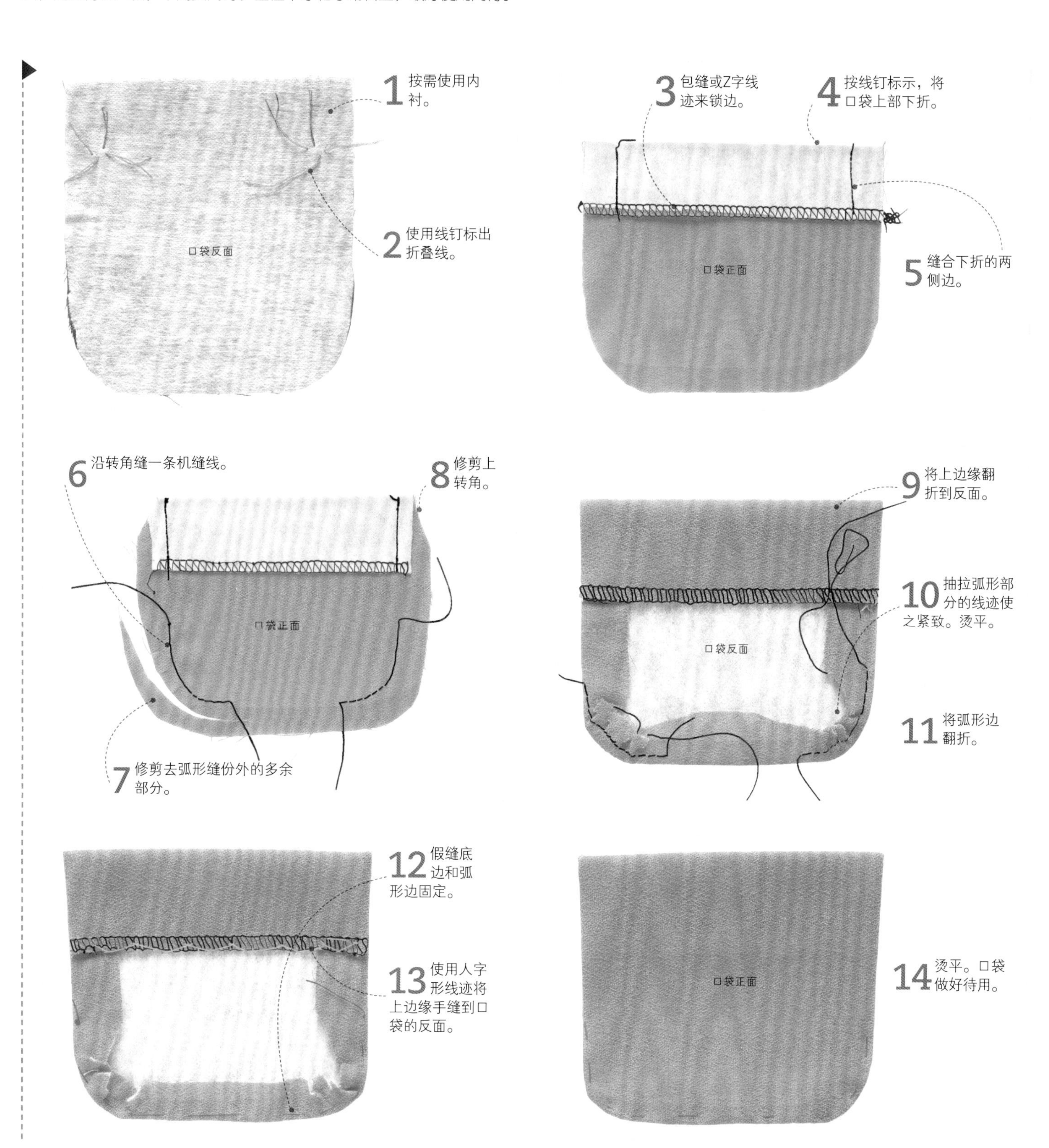

修整接缝见第95页 • 修剪缝份见第104~105页

自衬里贴袋

难度指数 ★★★★★

一个贴袋如果自成衬里，就需要将口袋的上部折叠来裁剪。像单贴袋一样，如果使用的是轻薄布料，就不需要内衬了。如果使用的是中厚布料，建议使用热熔黏合衬。自衬里贴袋不适合使用厚布料。

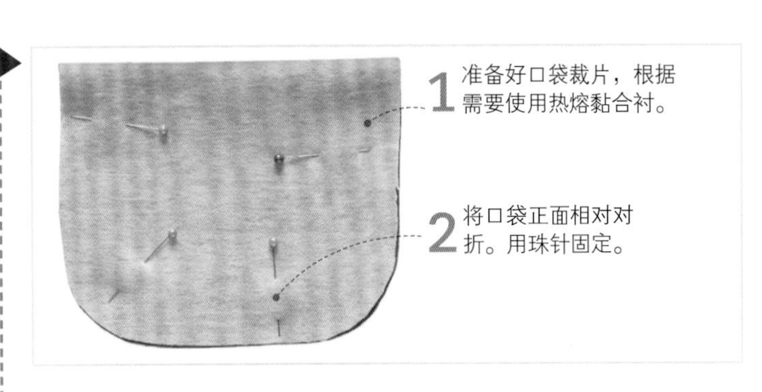

1 准备好口袋裁片，根据需要使用热熔黏合衬。

2 将口袋正面相对对折。用珠针固定。

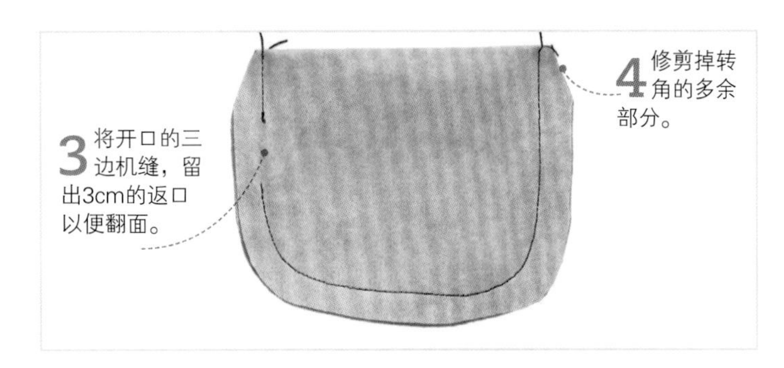

3 将开口的三边机缝，留出3cm的返口以便翻面。

4 修剪掉转角的多余部分。

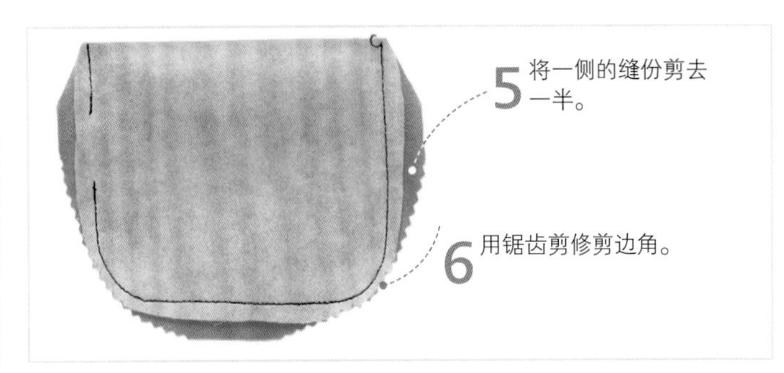

5 将一侧的缝份剪去一半。

6 用锯齿剪修剪边角。

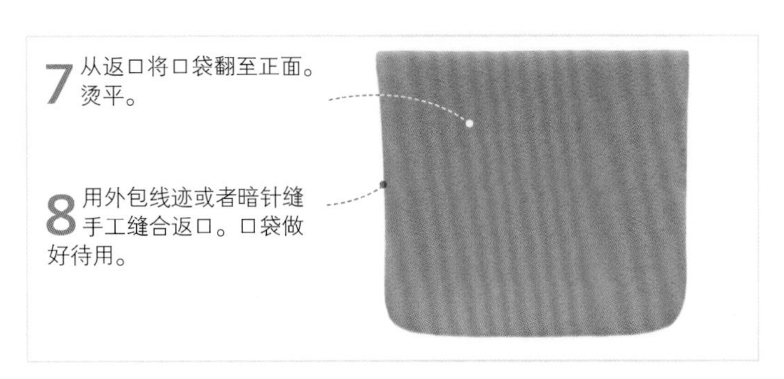

7 从返口将口袋翻至正面。烫平。

8 用外包线迹或者暗针缝手工缝合返口。口袋做好待用。

有衬里贴袋

难度指数 ★★★★★

如果觉得自衬里贴袋过于蓬松，那么衬里贴袋是不错的选择。建议给口袋加衬里。

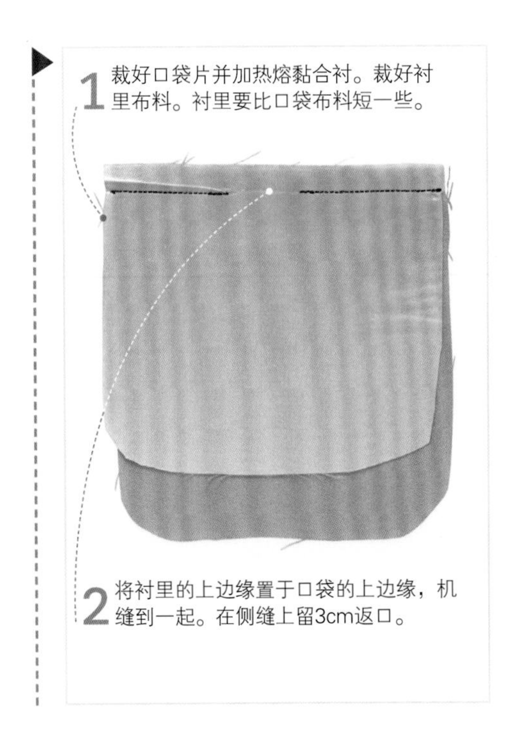

1 裁好口袋片并加热熔黏合衬。裁好衬里布料。衬里要比口袋布料短一些。

2 将衬里的上边缘置于口袋的上边缘，机缝到一起。在侧缝上留3cm返口。

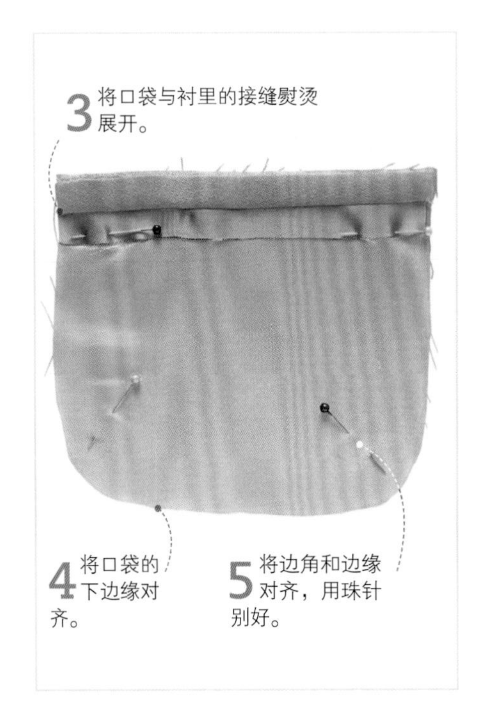

3 将口袋与衬里的接缝熨烫展开。

4 将口袋的下边缘对齐。

5 将边角和边缘对齐，用珠针别好。

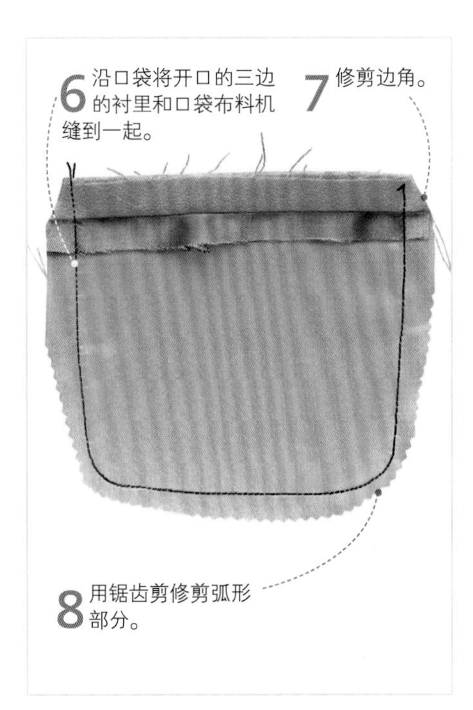

6 沿口袋将开口的三边的衬里和口袋布料机缝到一起。

7 修剪边角。

8 用锯齿剪修剪弧形部分。

如何粘贴热熔黏合衬见第54页 • 手缝线迹见第90~91页 • 机缝线迹见第92~93页 • 修剪缝份见第104~105页

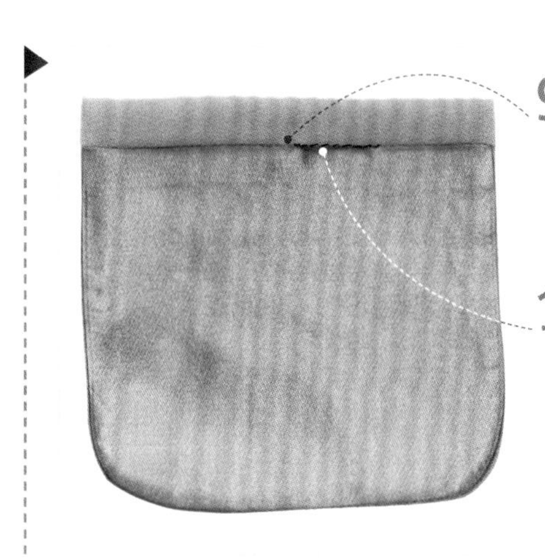

9 从返口将口袋翻至正面。烫平。

10 用藏针缝或者暗针缝手工缝合返口。

11 有衬里贴袋做好待用。

方形贴袋

难度指数 *****

贴袋的转角可以做成方形的。这就需要修剪掉拼接边角的布料，以减小厚度。中厚布料需要使用热熔黏合衬。

1 裁剪出口袋，并根据需要贴上热熔黏合衬。使用包缝线迹，给口袋的上边缘锁边。

2 将上边缘翻折并缝合两侧边。

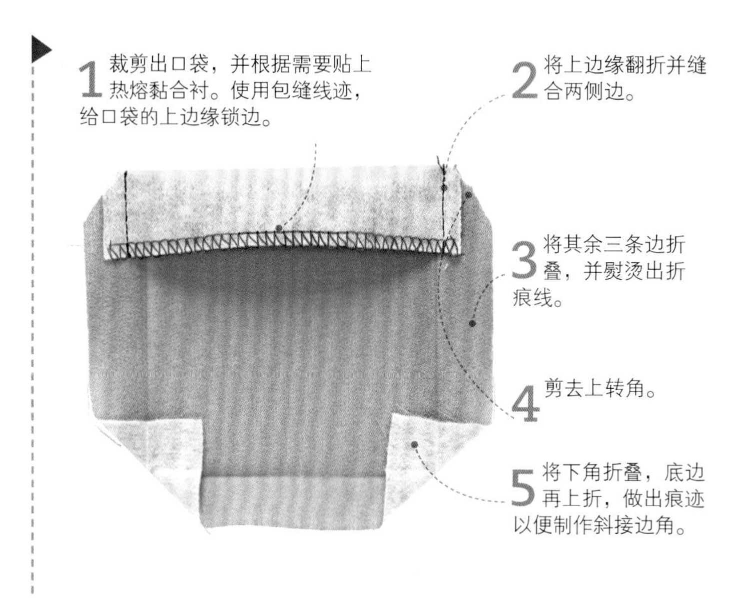

3 将其余三条边折叠，并熨烫出折痕线。

4 剪去上转角。

5 将下角折叠，底边再上折，做出痕迹以便制作斜接边角。

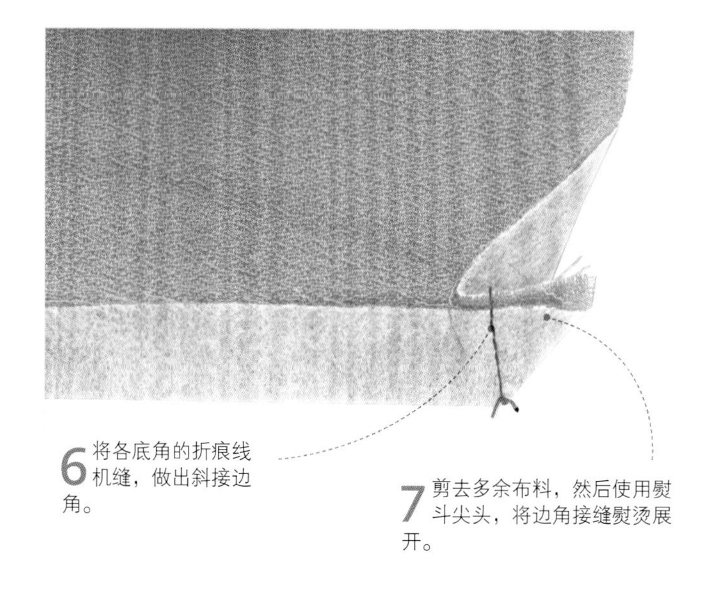

6 将各底角的折痕线机缝，做出斜接边角。

7 剪去多余布料，然后使用熨斗尖头，将边角接缝熨烫展开。

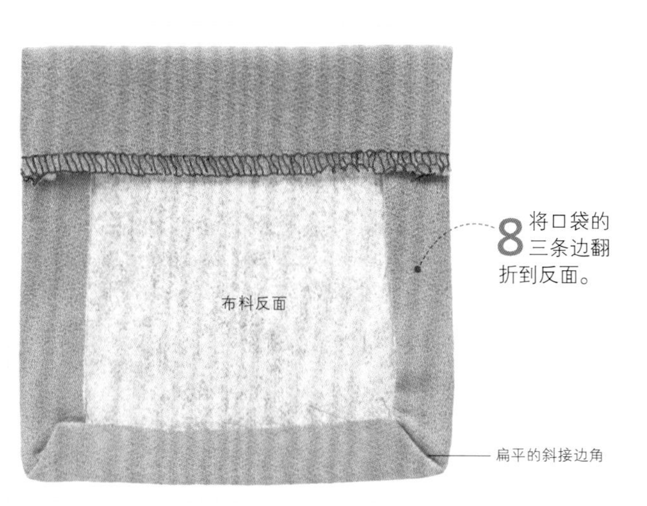

8 将口袋的三条边翻折到反面。

扁平的斜接边角

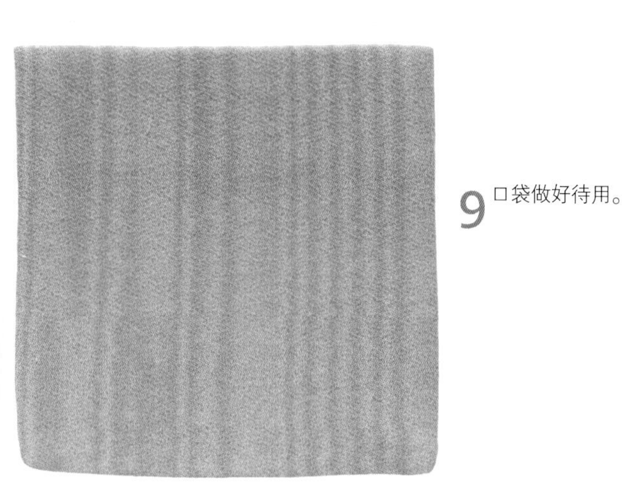

9 口袋做好待用。

斜接边角见第241页

缝纫技法

贴袋的安装

难度指数 ★★★★★

要想成功地装上口袋，需精确地转绘纸样标记，最好的方法就是用线钉或者描图假缝。如果使用的是格子布料或者条纹布料，口袋上的格子或条纹还必须与衣服上的格子或条纹对齐。

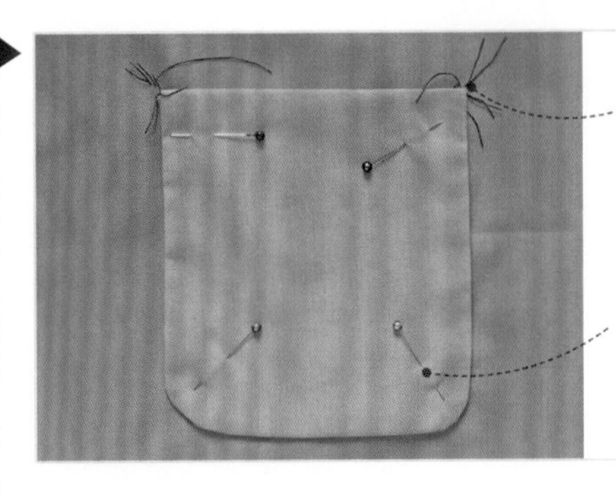

1 在衣服上用线钉标出口袋安装的位置。

2 将做好的口袋置于其上，对齐线钉和口袋边角，用珠针固定。

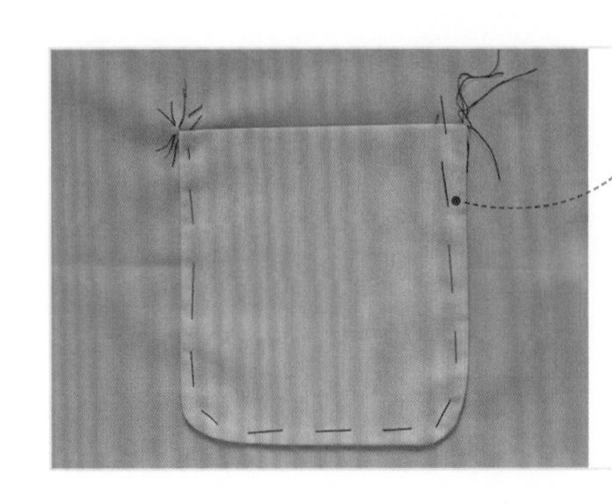

3 为确保口袋位置不变，沿侧边和底部假缝。假缝线迹贴近做好的口袋的边。

4 距口袋的边缘1mm机缝。

5 拆掉假缝线。烫平。

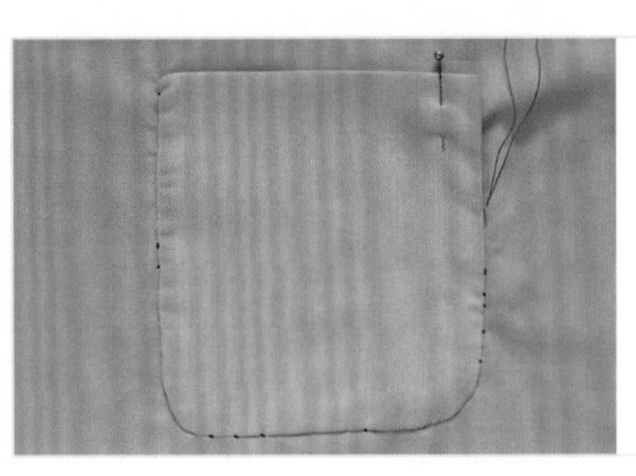

6 也可以使用立针缝将口袋手缝固定。注意不要将线拉得太紧，否则口袋会起皱。

加固口袋的边角

难度指数 ★★★★★

任何贴袋都必须加固上边角，因为在穿着过程中口袋上边角承受所有力量。加固的方法有很多，有一些很具有装饰性。

回针缝线迹

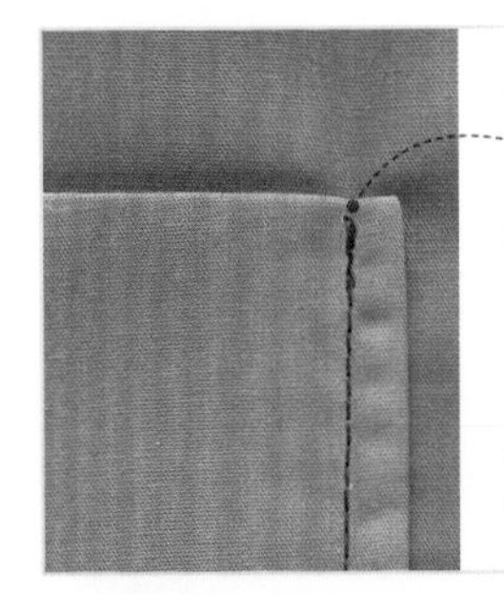

1 使用回针缝线迹加固口袋边角。确保两条线迹重合。

2 反向抽拉线将其抽紧。

对角缝线迹

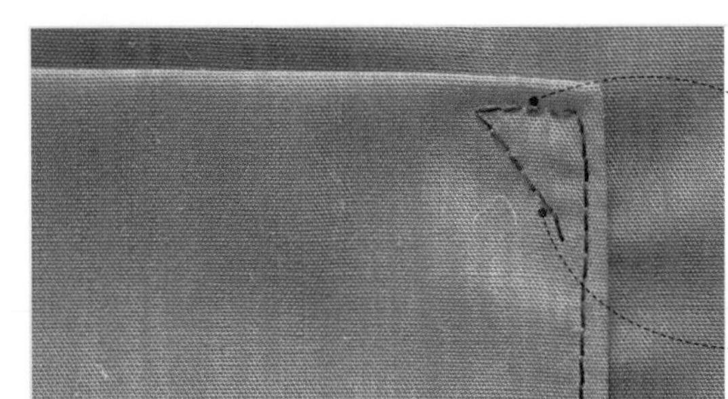

1 这一技术主要用于衬衫。机缝固定口袋后，再横向缝四针。

2 转向，然后斜对角回缝到布边，在边角处缝出三角形。

Z字线迹

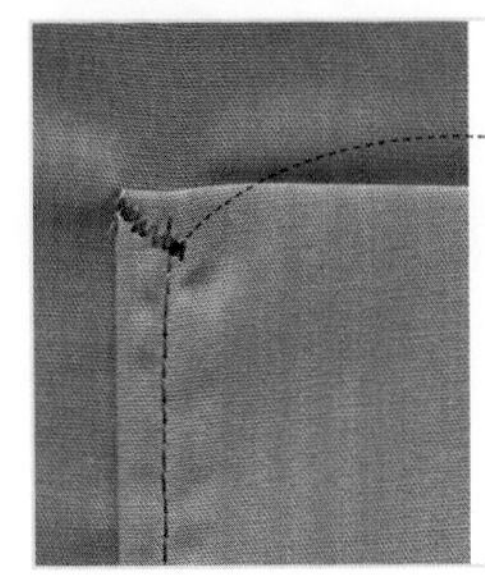

1 使用细密Z字线迹，沿对角线缝到边角，线迹宽1.0、长1.0。

2 使用对比色的线使线迹更有特色。

平行Z字线迹

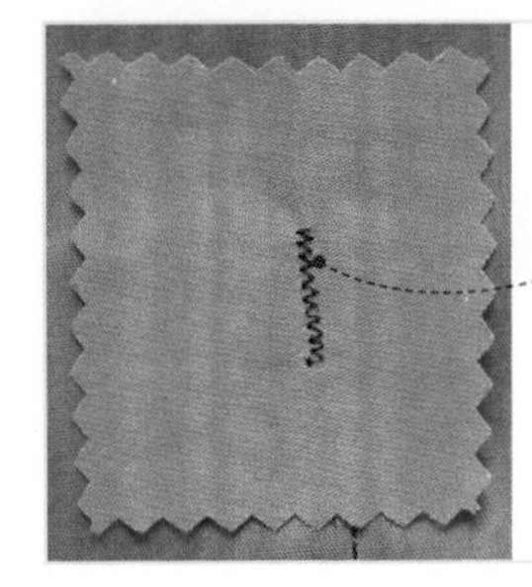

1 将一贴片置于衣服的反面，在口袋上角的后面，机缝加固。

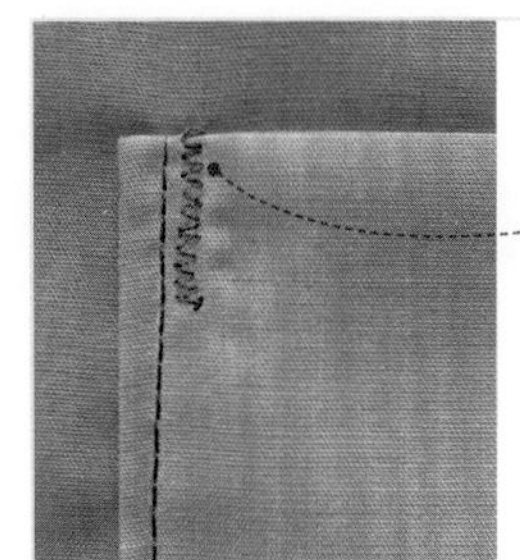

2 使用长1.0、宽1.0的细密Z字线迹，在直线线迹的旁边机缝一条纵向的短针线迹。

转绘纸样见第82~83页 • 假缝线迹见第89页 • 手缝线迹见第90~91页 • 机缝线迹见第92~93页

信封袋

难度指数 ✱✱✱✱✱

这种口袋之所以这样命名就是因为它看上去和信封很像。常见于宽松裤或背包上。这种口袋使用一块布条作为侧边布接于衣服上。信封袋最好用轻薄布料或者中厚布料来做。

1 首先将口袋的上边缘修整好。两折后做出双折边。沿折边机缝。

2 将侧边布置于口袋的外边缘，正面相对。

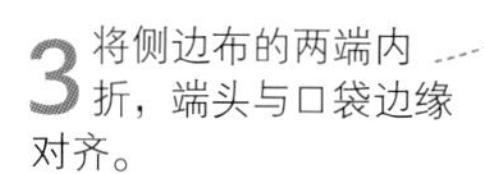

3 将侧边布的两端内折，端头与口袋边缘对齐。

4 沿边角将侧边布缝合到口袋上。

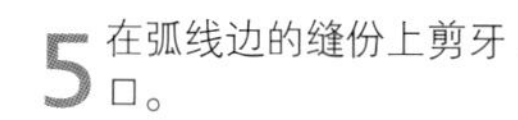

5 在弧线边的缝份上剪牙口。

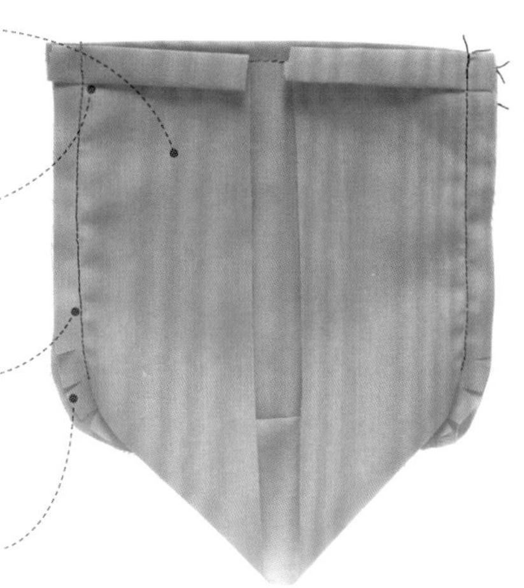

6 将侧边布的毛边翻折，拼接边角，假缝固定。

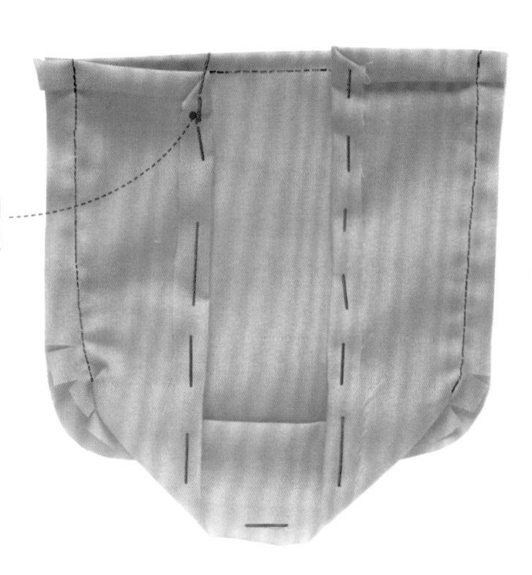

7 将假缝过的边置于衣片上。布边与衣片上的假缝线迹对齐，用珠针固定。

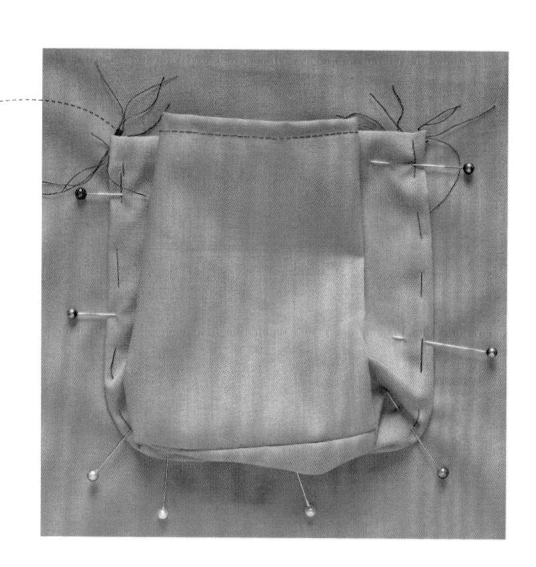

8 将侧边布的边缘机缝到衣片上。要紧贴折边缝合。

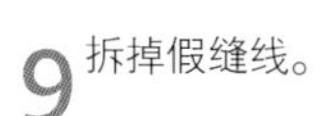

9 拆掉假缝线。

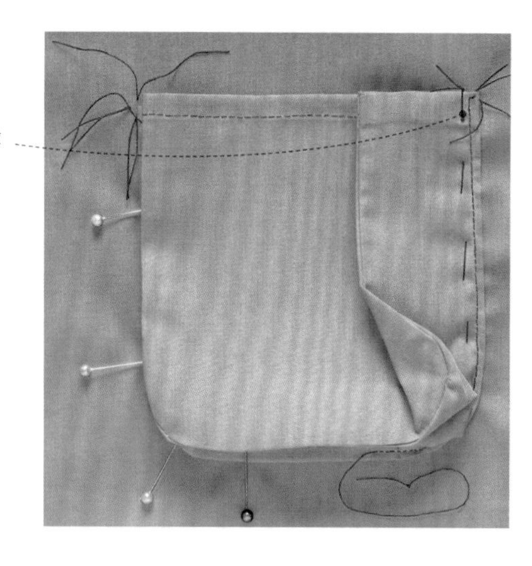

10 在上边缘，将侧边布折入口袋下面，将口袋上角与侧边布对齐。

11 从上角将口袋、侧边布和衣片，沿对角线缝合到一起。下弯边不用固定。

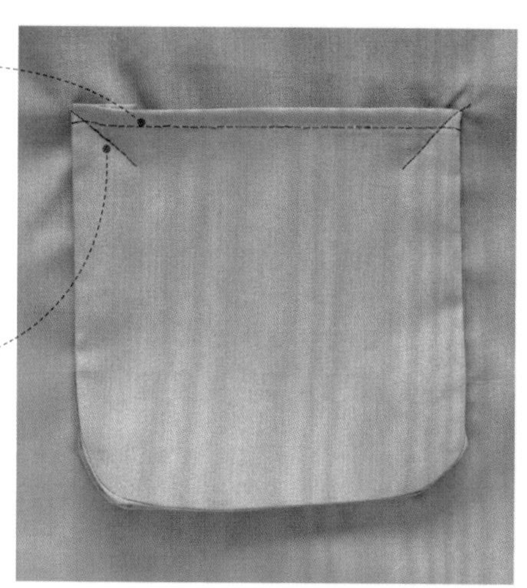

西装袋（一字形嵌袋）

难度指数 *****

一字形嵌袋的特征是有一个很小的、直形袋盖，口袋开口在袋盖的后面。这种口袋常见于马甲，或用作男士上衣的胸袋（手巾袋），也用于外套。

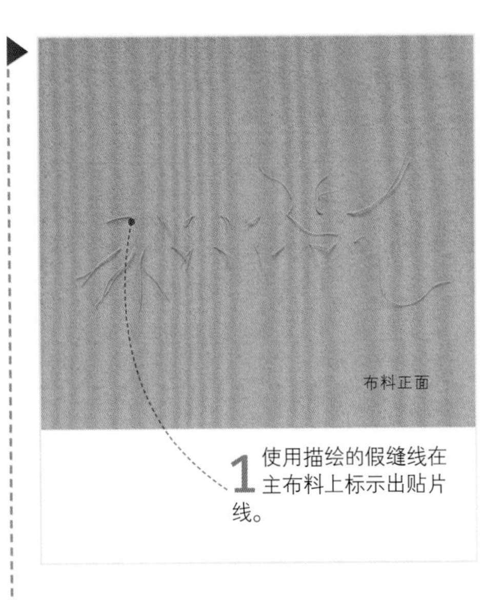

1 使用描绘的假缝线在主布料上标示出贴片线。

2 给一字形嵌袋加上热熔黏合衬。正面相对对折，对齐假缝线。

3 按照一字形嵌袋的形状机缝两个短边。

毛边

折叠

4 将缝份分层次，修剪边角。

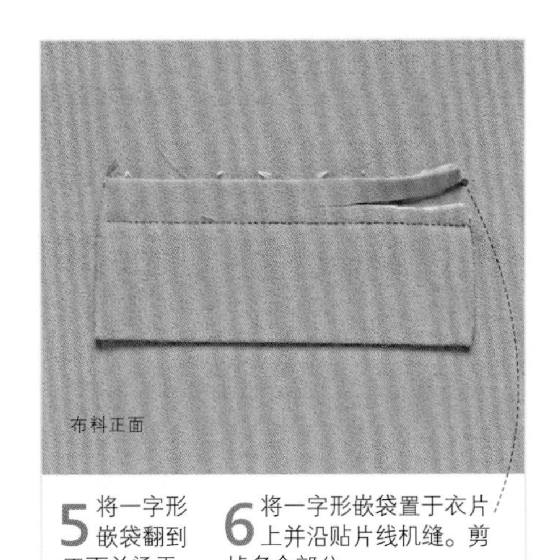

5 将一字形嵌袋翻到正面并烫平。

6 将一字形嵌袋置于衣片上并沿贴片线机缝。剪掉多余部分。

7 将加有衬里的口袋置于一字形嵌袋上，正面相对。对齐转绘纸样。

8 将衬里假缝于一字形嵌袋上的正确位置。

9 将衬里机缝于贴边袋上。上排机缝线要比下排线短一些，使二者构成三角形边。

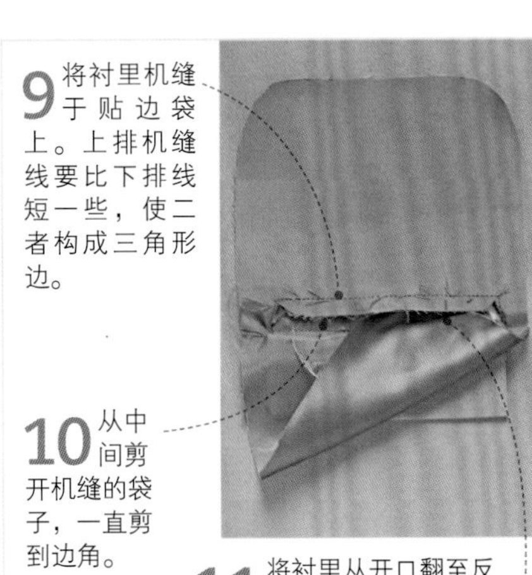

10 从中间剪开机缝的袋子，一直剪到边角。

11 将衬里从开口翻至反面。

12 将剩余的衬里部分抽拉至反面。

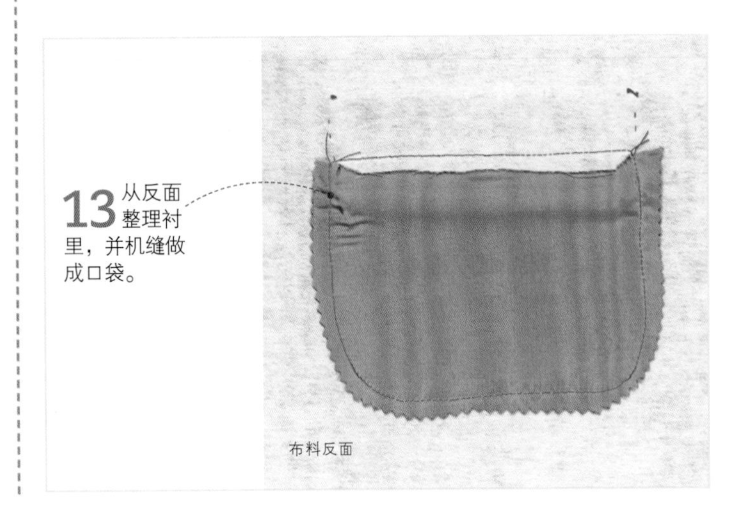

13 从反面整理衬里，并机缝做成口袋。

14 从正面看一字形嵌袋的样子。

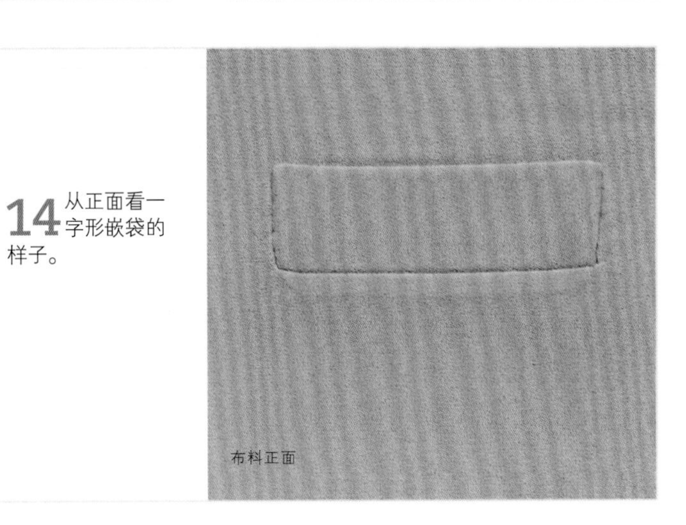

如何粘贴热熔黏合衬见第54页 • 转绘纸样见第82~83页 • 假缝线迹见第89页

一字形后嵌口袋

难度指数 ★★★★★

裤子后面的嵌袋开口小，形状简单。它和一字形嵌袋制作时不同的是，需要从嵌条正面缝线，以增强牢固度。

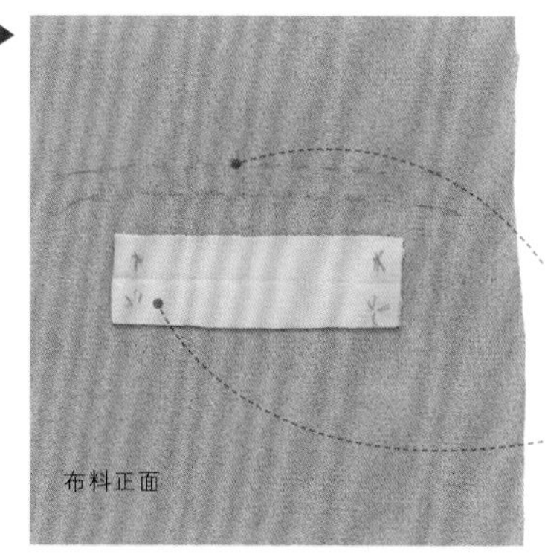

1 在嵌条的反面粘上热熔黏合衬，增加牢固度（图示中没有显示出来）。

2 在正面，根据纸样，假缝标出嵌条的两条平行的缝线。

3 给嵌条加上热熔黏合衬。使用线钉标出纸样上的点。

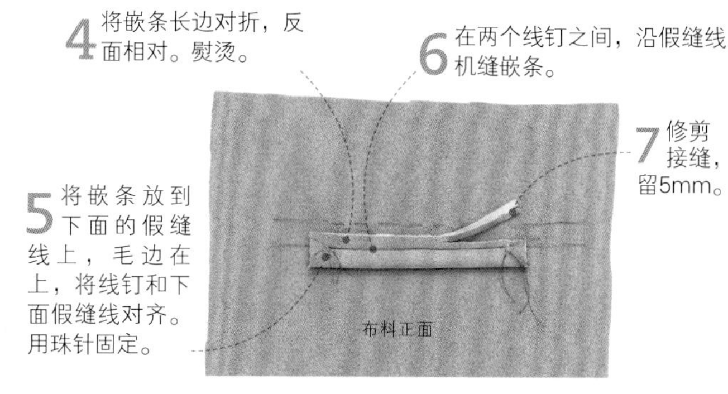

4 将嵌条长边对折，反面相对。熨烫。

5 将嵌条放到下面的假缝线上，毛边在上，将线钉和下面假缝线对齐。用珠针固定。

6 在两个线钉之间，沿假缝线机缝嵌条。

7 修剪接缝，留5mm。

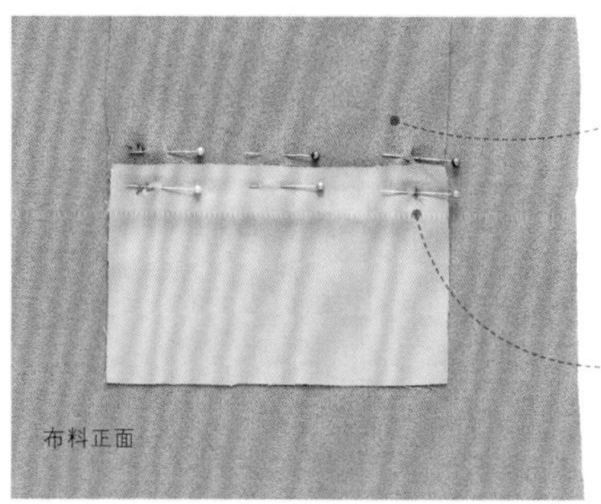

8 将口袋布料放到上方假缝线上，用珠针固定。

9 将口袋衬里放到下方假缝线上，用珠针固定。

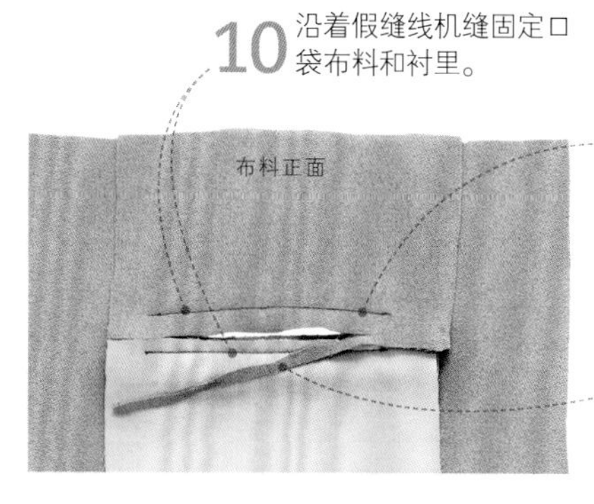

10 沿着假缝线机缝固定口袋布料和衬里。

11 两行缝线必须平行且和嵌条长度相同。不需沿短边缝合。

12 修剪两边的接缝。

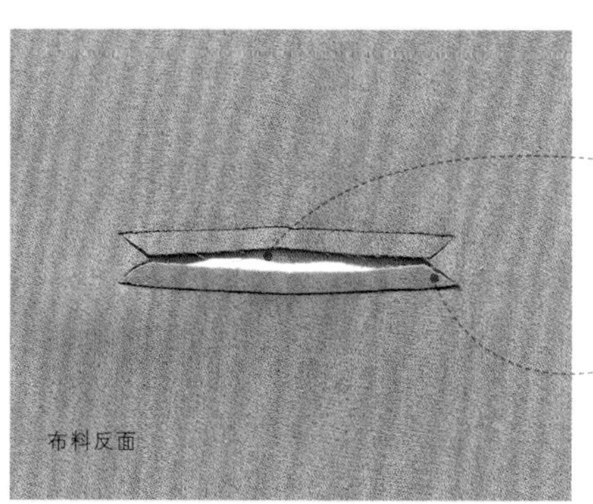

13 在布料反面，将嵌条的中间划开。

14 如图，划开到边角处。

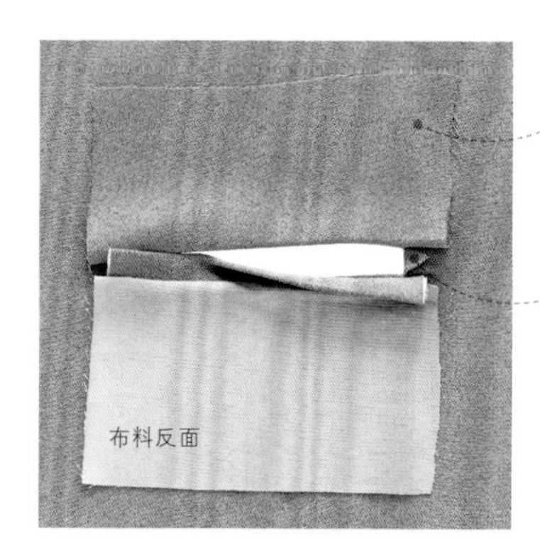

15 将两块口袋布料和嵌条都拉到反面。

16 确保短边的两个小三角形被拉到反面。

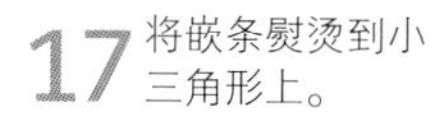

17 将嵌条熨烫到小三角形上。

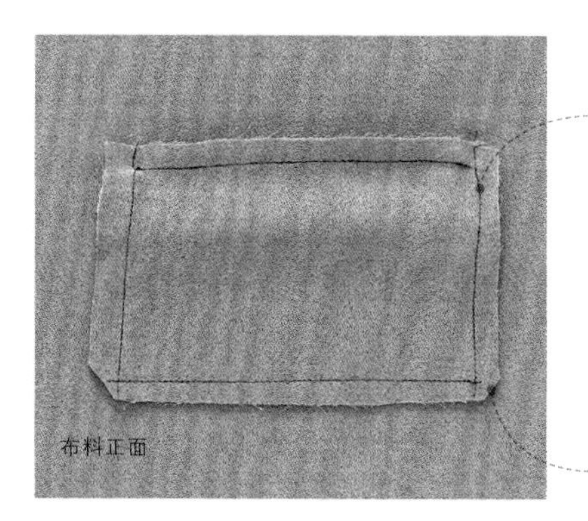

18 将口袋布料下折到里布上。三面缝合，做出袋兜。要缝合到划开的三角形底边和嵌条的底边。

19 修剪边角，减少布料厚度。

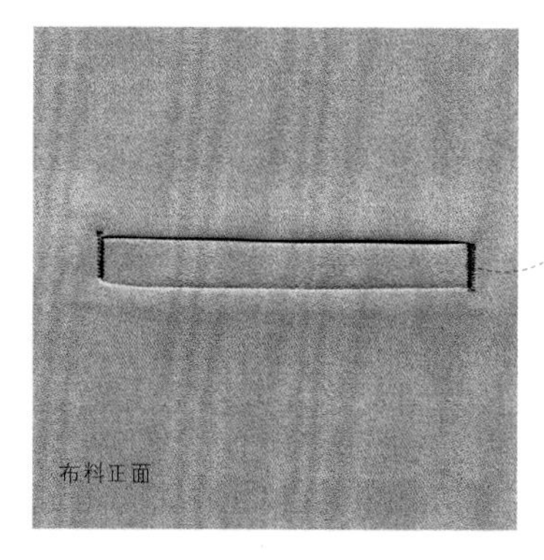

20 在布料正面，使用长0.5，宽2.5的Z字线迹，机缝嵌条的两个短边来加强牢固度。

机缝线迹见第92~93页 • 修剪缝份见第104~105页

缝纫技法

带盖双嵌线口袋

难度指数 *****

这种口袋常见于西装式上衣、外套和男装。做法很简单。主要组成部分包括嵌线布（做口袋上嵌线、下嵌线的布条）、袋盖和口袋衬里。

1 先做上嵌线布。反面加上热熔黏合衬。

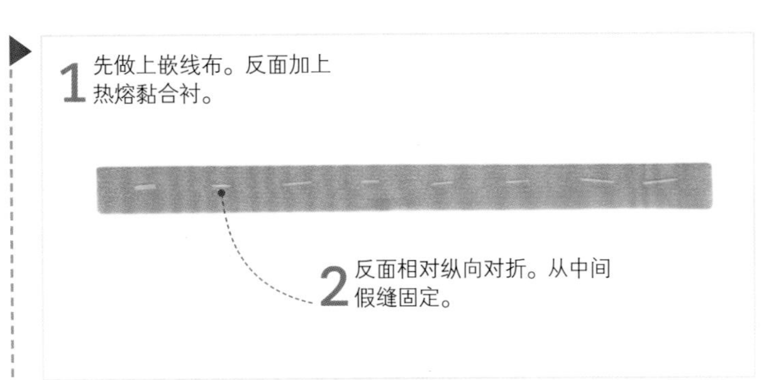

2 反面相对纵向对折。从中间假缝固定。

3 然后做袋盖。反面加上热熔黏合衬。

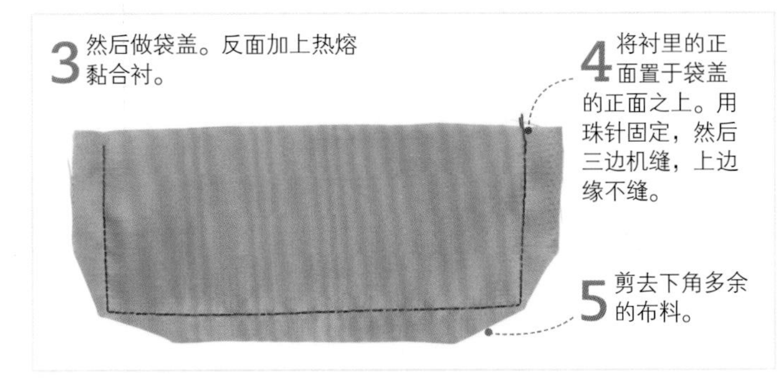

4 将衬里的正面置于袋盖的正面之上。用珠针固定，然后三边机缝，上边缘不缝。

5 剪去下角多余的布料。

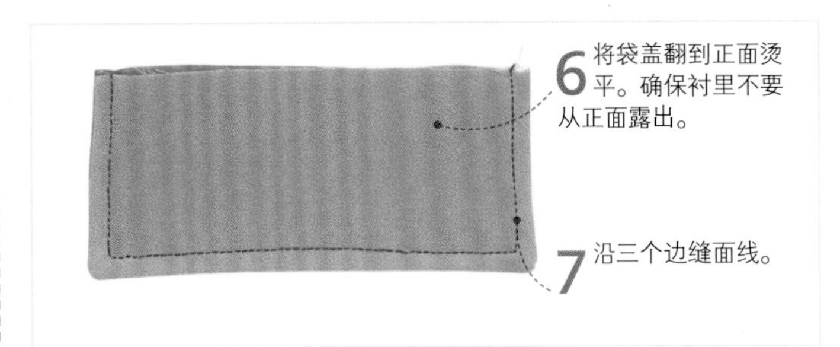

6 将袋盖翻到正面烫平。确保衬里不要从正面露出。

7 沿三个边缝面线。

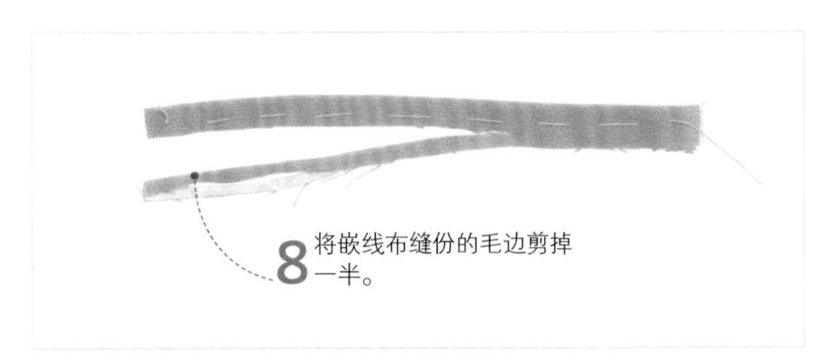

8 将嵌线布缝份的毛边剪掉一半。

9 将嵌线布置于口袋的正面。对齐毛边，确保嵌线布两端都比袋盖多出一样的长度。

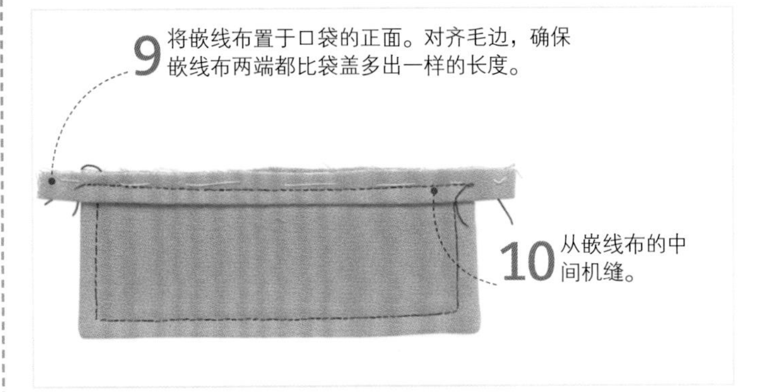

10 从嵌线布的中间机缝。

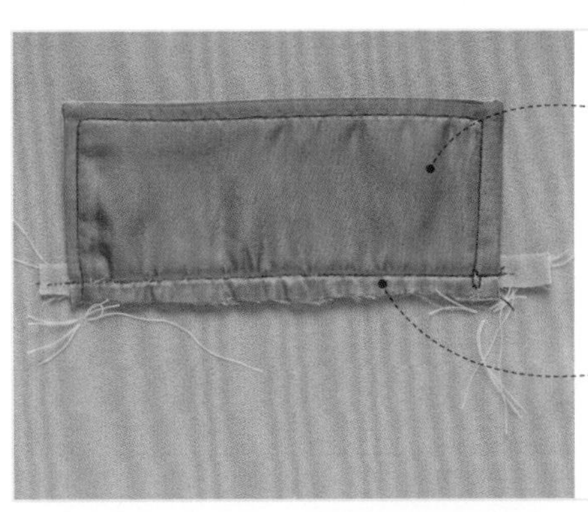

11 将嵌线布和袋盖的正面放到衣片的正面上。将袋盖的两端与衣片上的上一行线钉对齐，用珠针固定。

12 沿缝合嵌线布和袋盖的线迹机缝到衣片上。

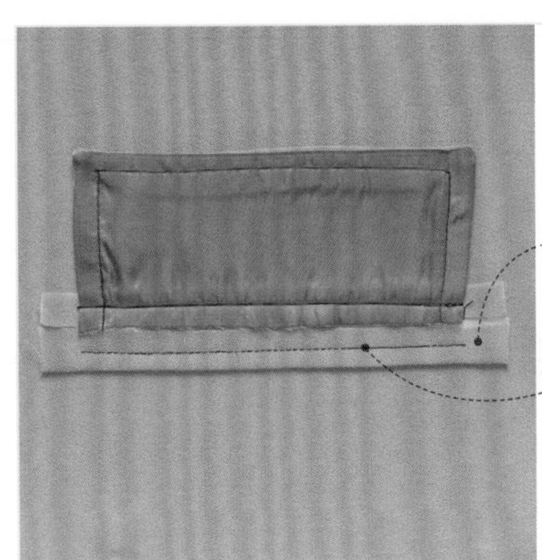

13 做下嵌线布，用料同上嵌线布。

14 将下嵌线布置于衣片的上嵌线布和袋盖之下。

15 机缝固定到正确的位置。确保两排机缝线平行且长度完全相同。

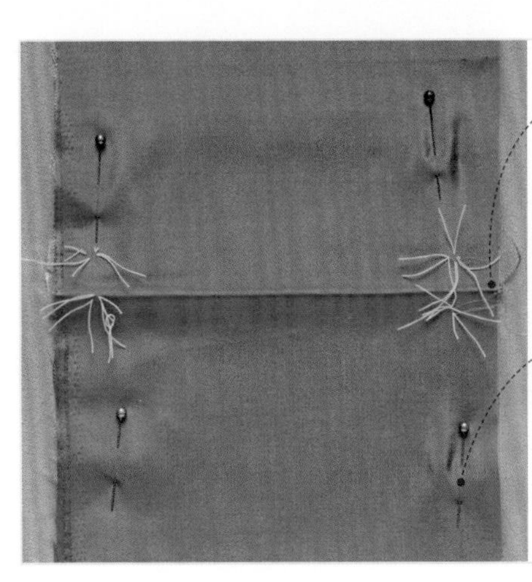

16 将衬里正面相对，和线钉对齐，对折，烫平，使之产生中分线。

17 对齐线钉，将衬里的正面置于嵌线布和袋盖之上。中分线位于两条嵌线布之间，用珠针固定。

如何粘贴热熔黏合衬见第54页 ● 转绘纸样见第82~83页 ● 假缝线迹见第89页 ● 机缝线迹见第92~93页 ● 修剪缝份见第104~105页

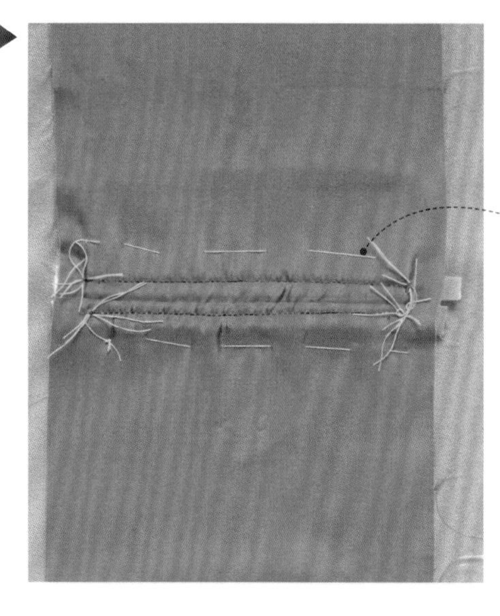

18 将衬里假缝固定。假缝线距标志嵌线布的线钉1.5cm。

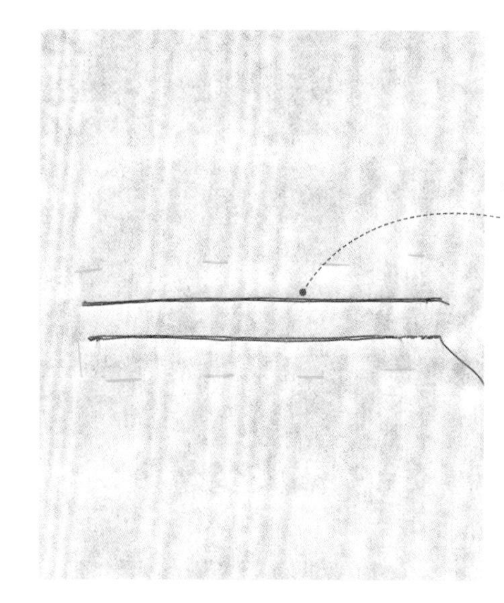

19 沿固定嵌线布的线迹从反面将衬里机缝固定。两排线迹长度要完全一样。两端固定。

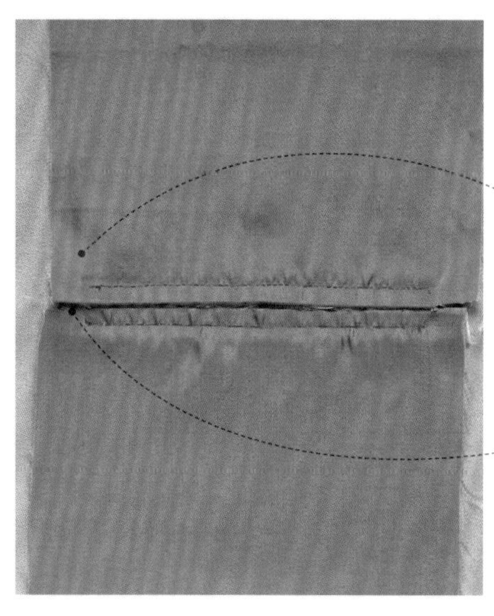

20 翻至正面，抽掉假缝线。

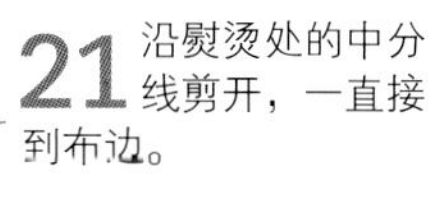

21 沿熨烫处的中分线剪开，一直接到布边。

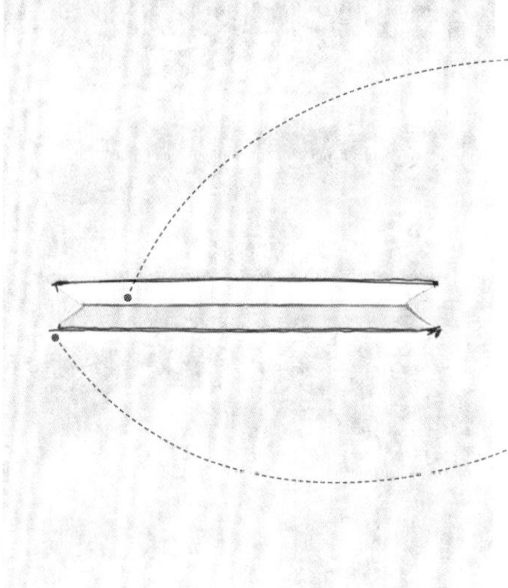

22 从反面剪开衣片，只剪开衣片布料但不能剪到嵌线布和袋盖。

23 剪开边角，一直剪到机缝线迹。

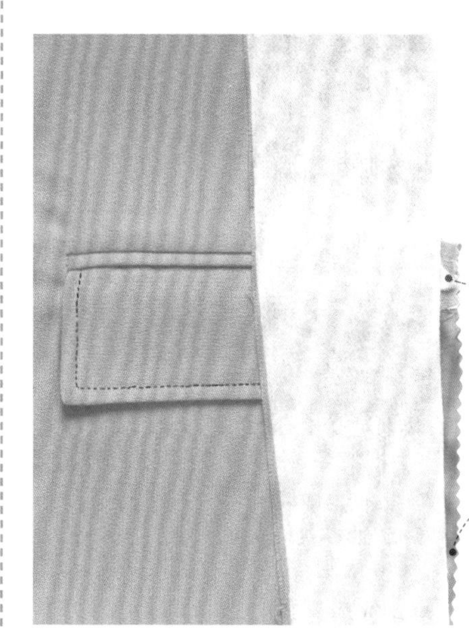

24 从剪口将衬里拉至反面。穿过上、下嵌线布。袋盖就被翻下去了。

25 为了做口袋，将嵌线布的端头拉开远离剪开线。这些嵌线布的上面会出现一个小三角形。

26 将嵌线布、三角形及口袋缝合。使用锯齿剪修整衬里的边缘。

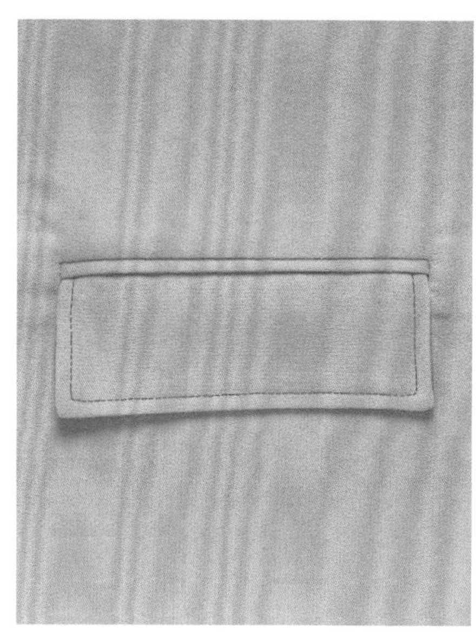

27 熨烫整齐，如有需要可以使用熨烫衬布。

双嵌条口袋见第296~297页

侧缝插袋

难度指数 ★★★★★

裤子和裙子的口袋有时候会用接缝线来掩饰。做侧缝插袋有两种方法，一种是通过增加单独的口袋，另一种作为主布料的一部分一起裁剪。

单独式侧缝插袋

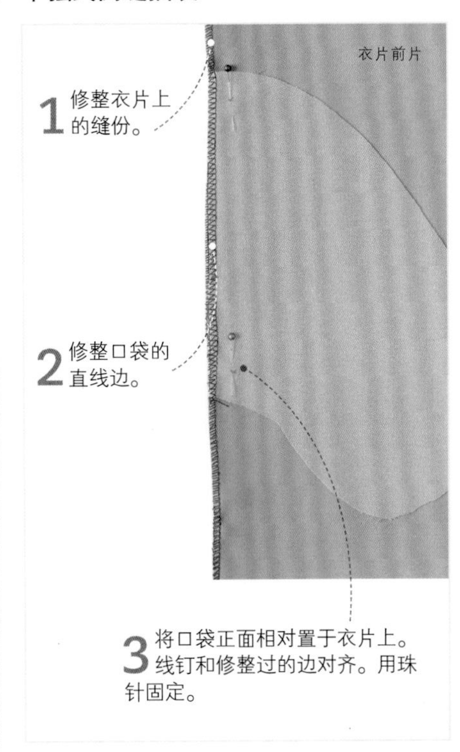

1 修整衣片上的缝份。

2 修整口袋的直线边。

3 将口袋正面相对置于衣片上。线钉和修整过的边对齐。用珠针固定。

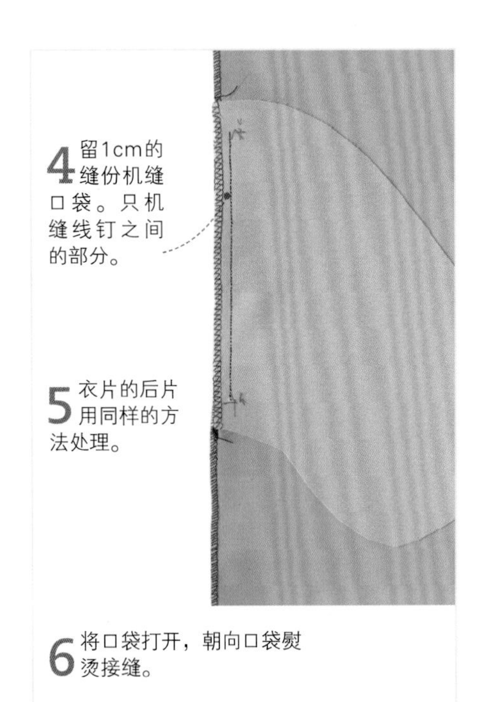

4 留1cm的缝份机缝口袋。只机缝线钉之间的部分。

5 衣片的后片用同样的方法处理。

6 将口袋打开，朝向口袋熨烫接缝。

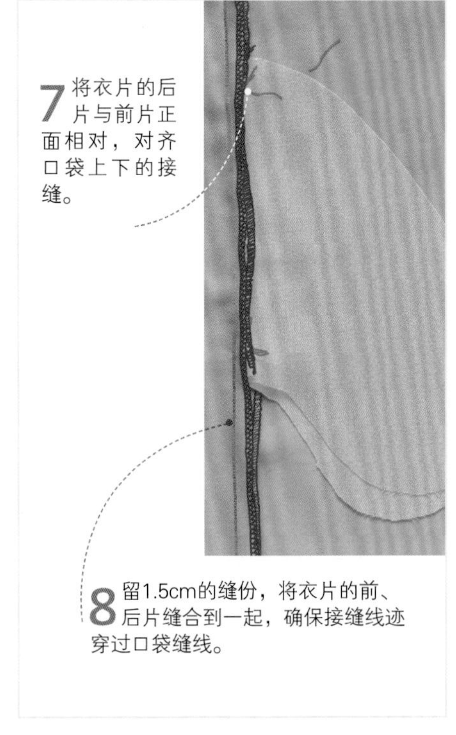

7 将衣片的后片与前片正面相对，对齐口袋上下的接缝。

8 留1.5cm的缝份，将衣片的前、后片缝合到一起，确保接缝线迹穿过口袋缝线。

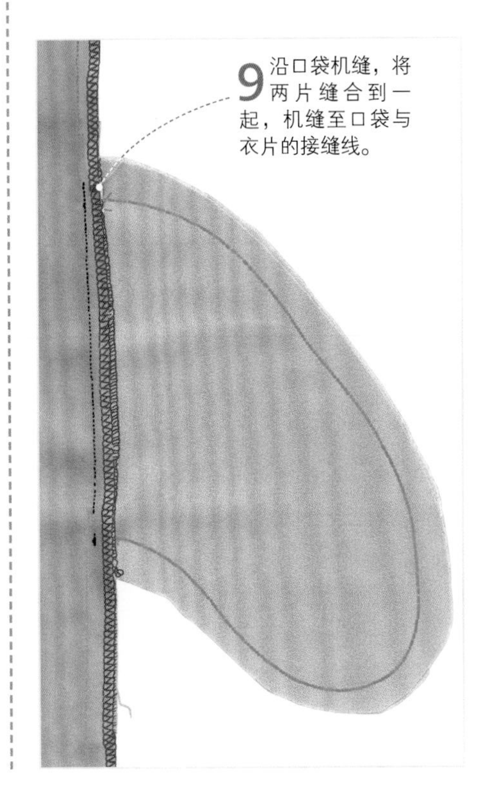

9 沿口袋机缝，将两片缝合到一起，机缝至口袋与衣片的接缝线。

10 包缝口袋毛边。

11 在衣片后部，将缝份修剪到口袋缝线。

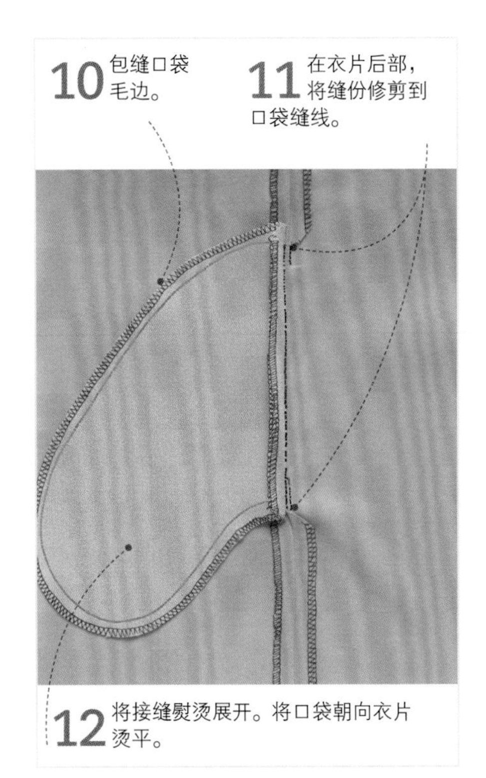

12 将接缝熨烫展开。将口袋朝向衣片烫平。

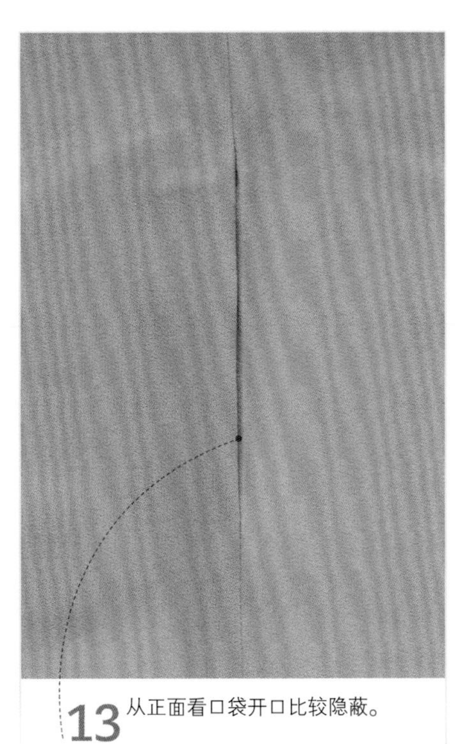

13 从正面看口袋开口比较隐蔽。

如何粘贴热熔黏合衬见第54页 ● 转绘纸样见第82~83页 ● 假缝线迹见第89页

一体式侧缝插袋

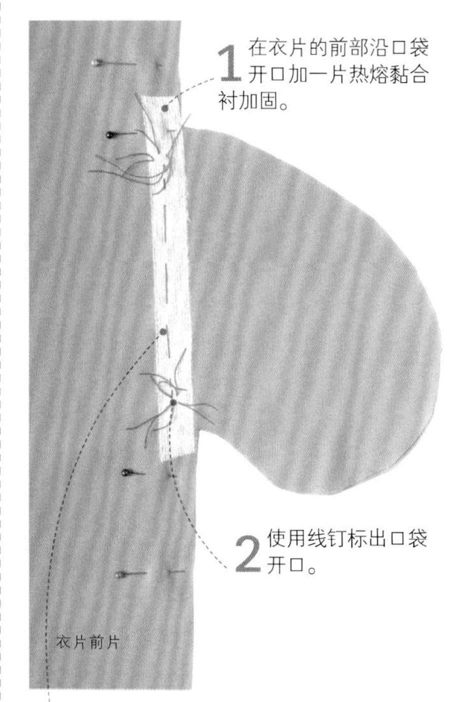

1 在衣片的前部沿口袋开口加一片热熔黏合衬加固。

2 使用线钉标出口袋开口。

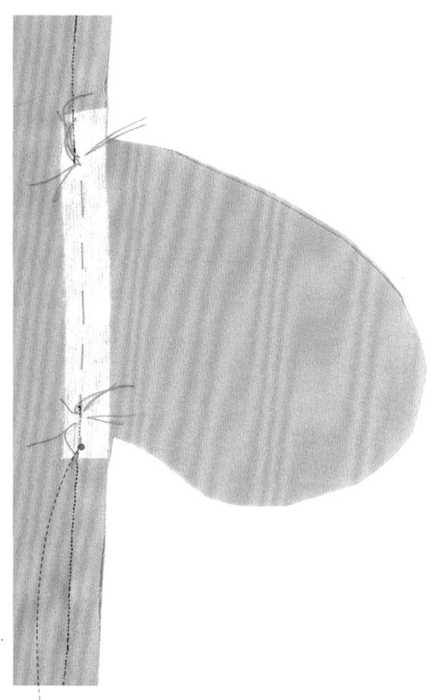

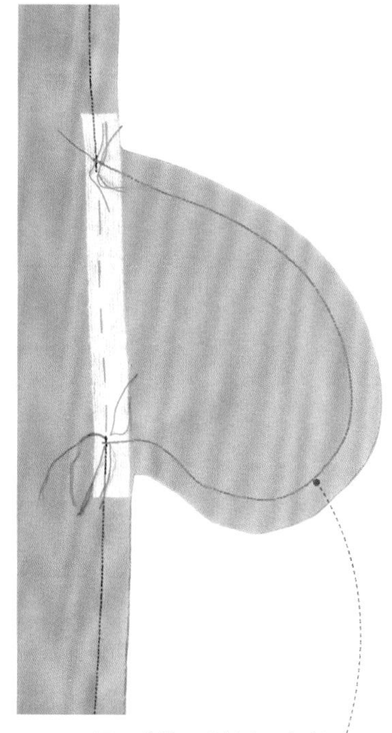

3 将衣片的前、后片正面相对对齐。假缝内衬上的口袋开口，直缝线钉之间的部分。

4 留1.5cm的缝份，将衣片的前片和后片在口袋开口的上下两端缝合到一起，缝合线迹置于线钉处。

5 沿口袋将两片缝合，起始点都在线钉处。

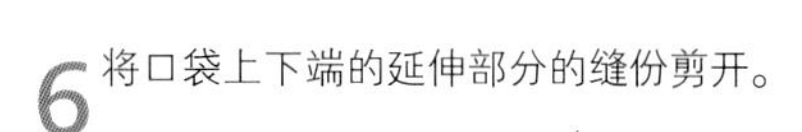

6 将口袋上下端的延伸部分的缝份剪开。

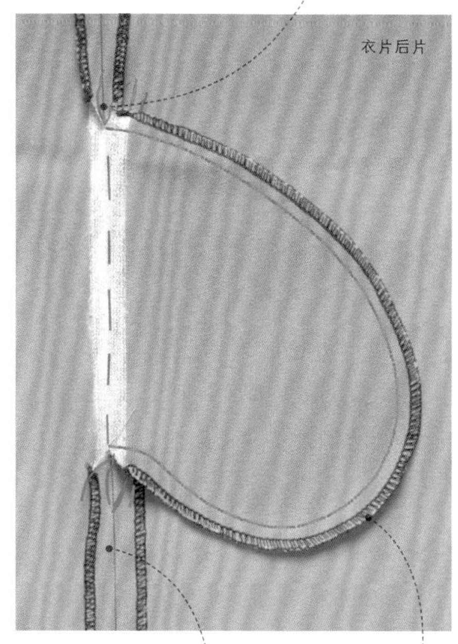

7 将接缝熨烫展开。修整缝份的边缘。

8 包缝口袋缝份的毛边。

9 拆掉内衬上的假缝线。将口袋朝着前片熨烫。

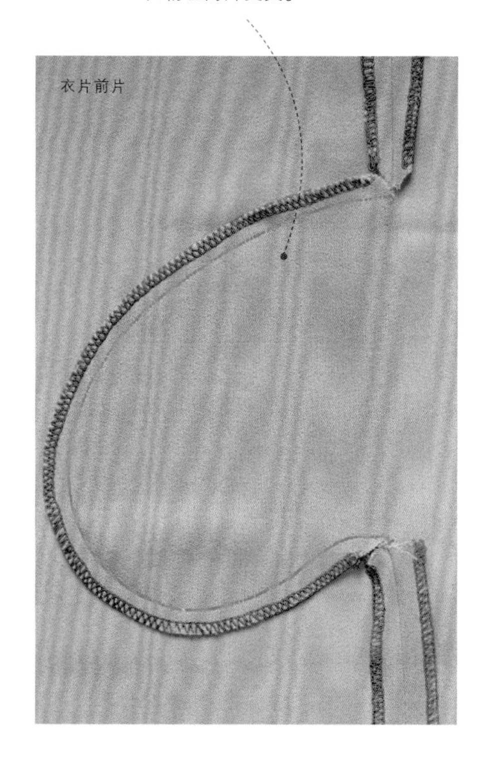

10 从正面看一体式侧缝插袋的样子。

修整接缝见第95页 • 修剪缝份见第104~105页

缝纫技法

前插袋

难度指数 ★★★★★

很多裤子和休闲裙的口袋都在臀围上。前插袋的位置可以很低，在牛仔裤上也可以很高。所有前插袋的制作都是一样的。前插袋按照一定的角度制作，则刚好可以将手插进口袋。

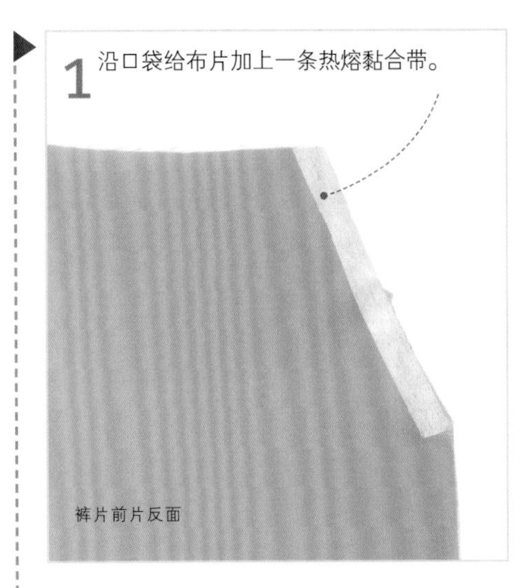

1 沿口袋给布片加上一条热熔黏合带。

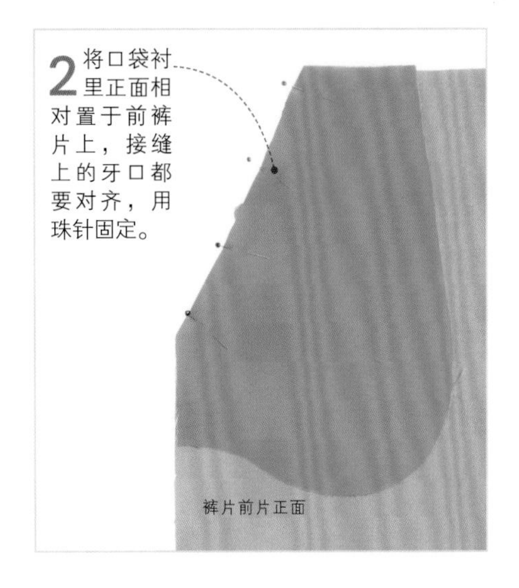

2 将口袋衬里正面相对置于前裤片上，接缝上的牙口都要对齐，用珠针固定。

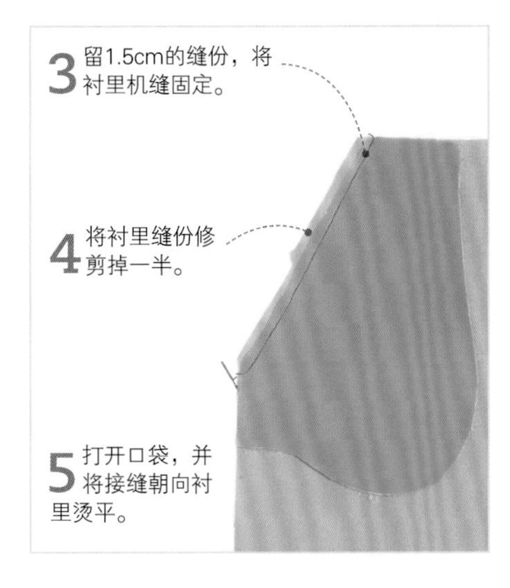

3 留1.5cm的缝份，将衬里机缝固定。

4 将衬里缝份修剪掉一半。

5 打开口袋，并将接缝朝向衬里烫平。

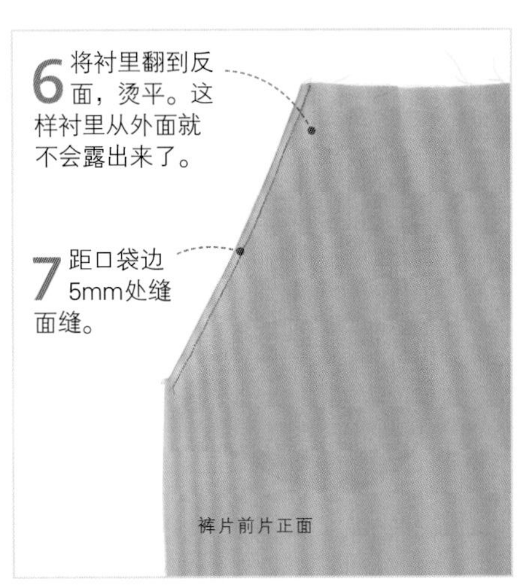

6 将衬里翻到反面，烫平。这样衬里从外面就不会露出来了。

7 距口袋边5mm处缝面缝。

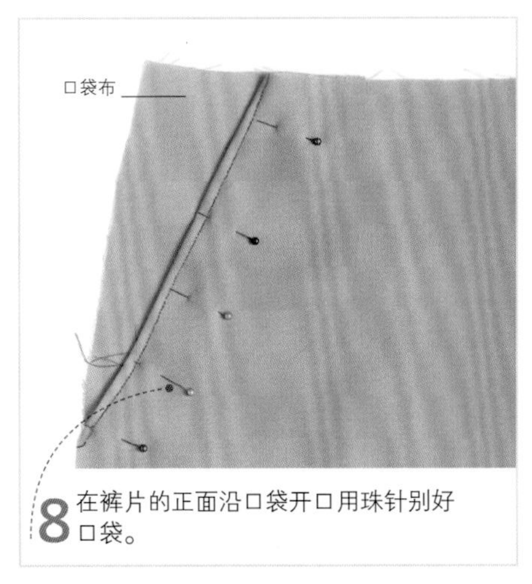

8 在裤片的正面沿口袋开口用珠针别好口袋。

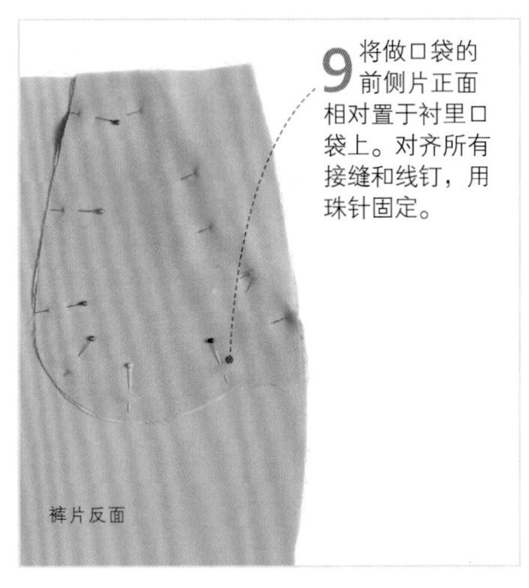

9 将做口袋的前侧片正面相对置于衬里口袋上。对齐所有接缝和线钉，用珠针固定。

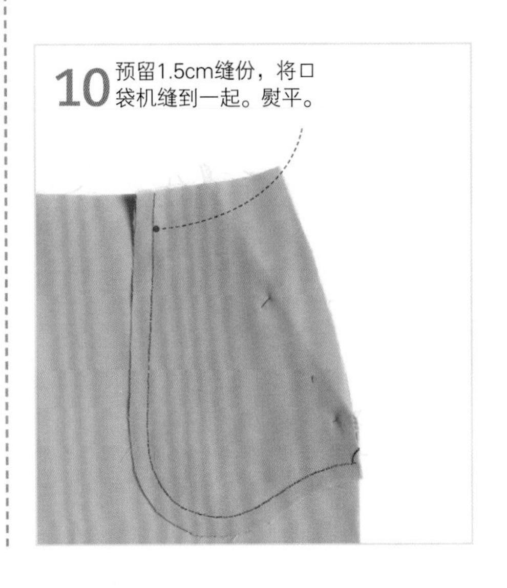

10 预留1.5cm缝份，将口袋机缝到一起。熨平。

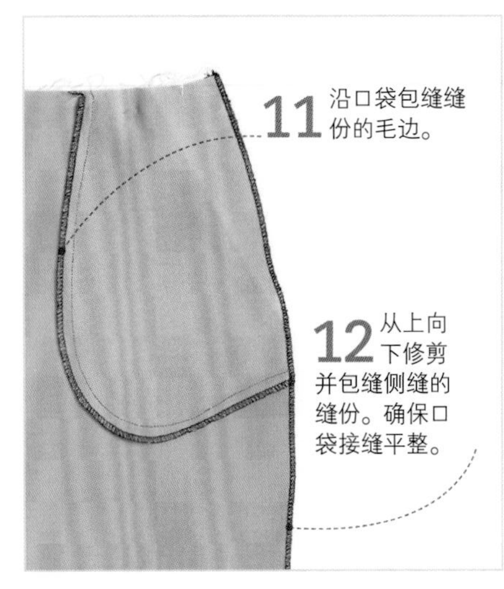

11 沿口袋包缝缝份的毛边。

12 从上向下修剪并包缝侧缝的缝份。确保口袋接缝平整。

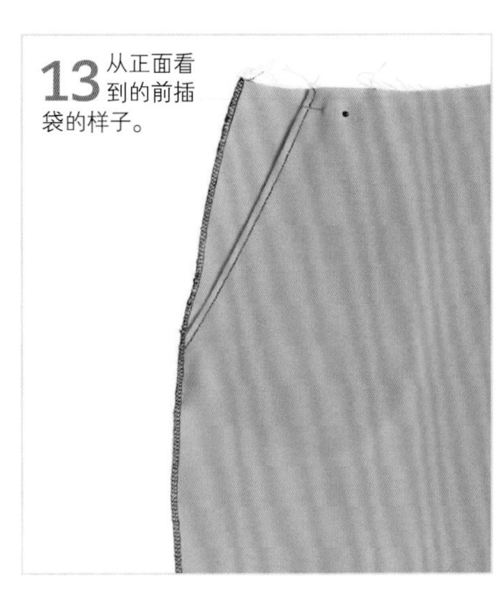

13 从正面看到的前插袋的样子。

如何粘贴热熔黏合衬见第54页 ● 机缝线迹见第92~93页 ● 如何缝制平接缝见第94页

前下插袋

难度指数 ★★★★★

前下插袋常见于斜纹棉布裤和牛仔裤的前面，也可用于裙子。这种口袋有时会有一定的弧度而不是如下展示的那么棱角分明。这种口袋的特点是袋口内贴边，使口袋边整齐有型。

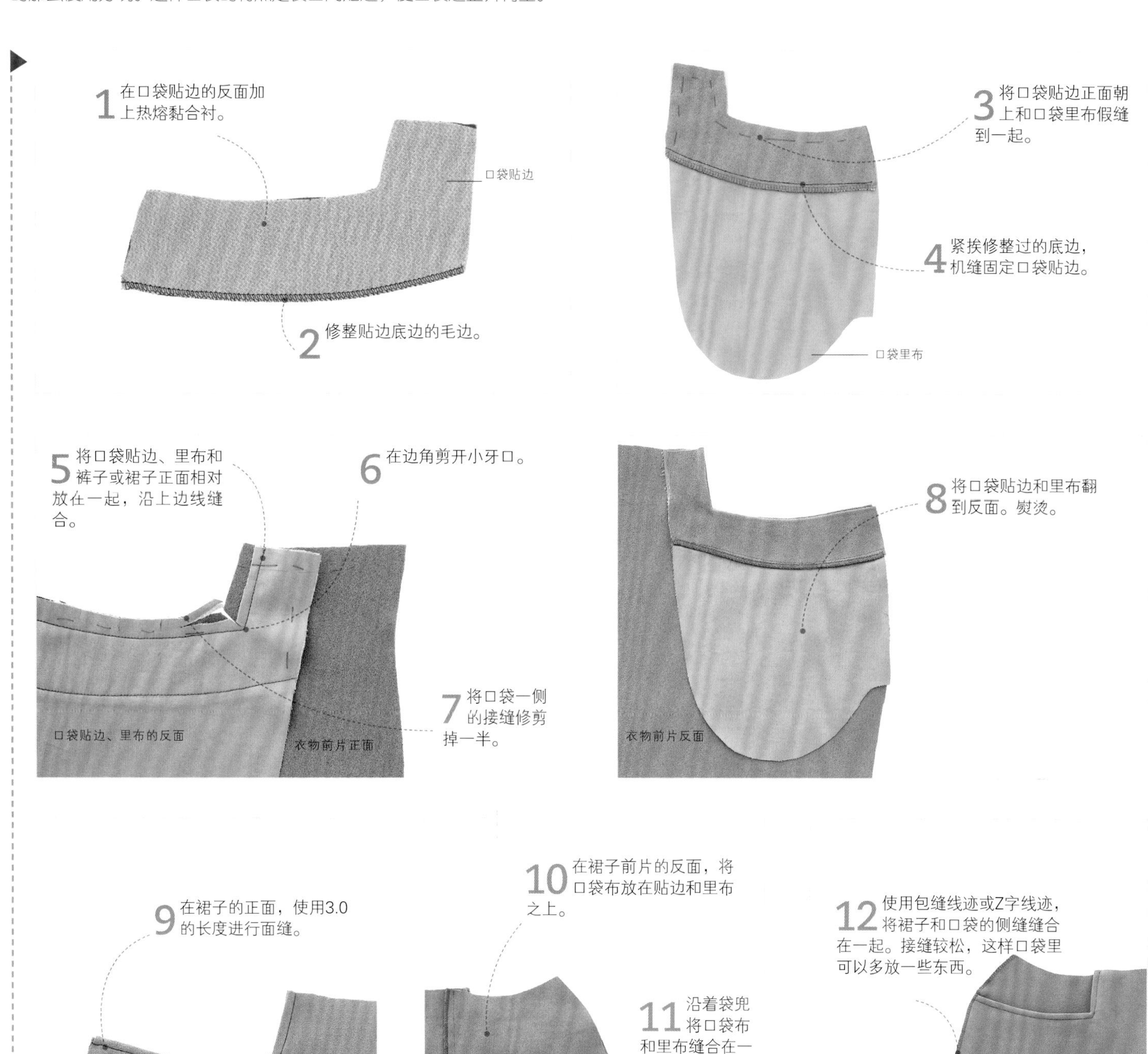

沿转角和弧线缝纫见第102~103页 • 完成缝制见第105页

袋鼠式口袋

难度指数 ★★★★★

这是贴袋的一种变化。这种大口袋常见于围裙或者儿童罩衣的前面。这种口袋一半大小的尺寸也可用于休闲上衣。

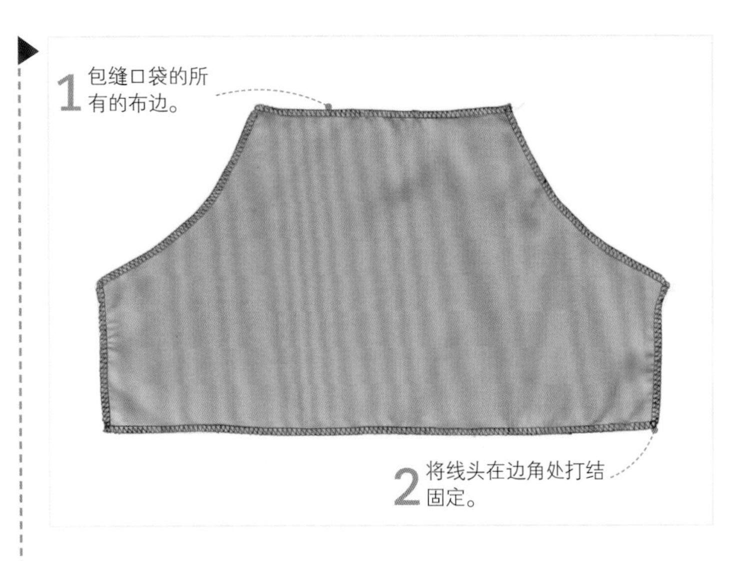

1 包缝口袋的所有的布边。

2 将线头在边角处打结固定。

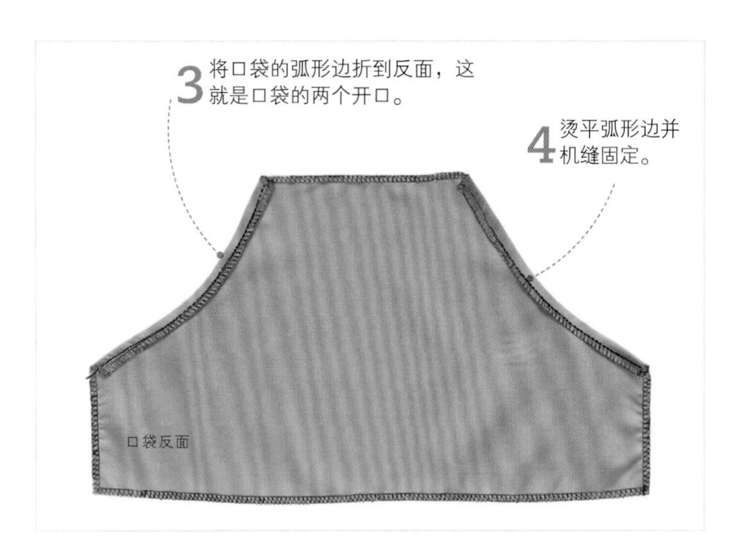

3 将口袋的弧形边折到反面，这就是口袋的两个开口。

4 烫平弧形边并机缝固定。

5 将其余边也折到反面。如果布料太厚，制作斜接边角，然后熨烫整齐。

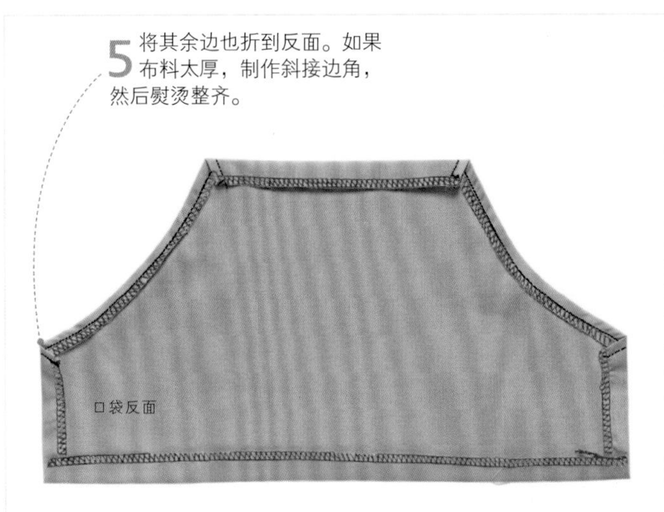

6 将口袋置于衣片上，口袋的反面与衣片的正面相对。为确保口袋平整，用珠针固定。

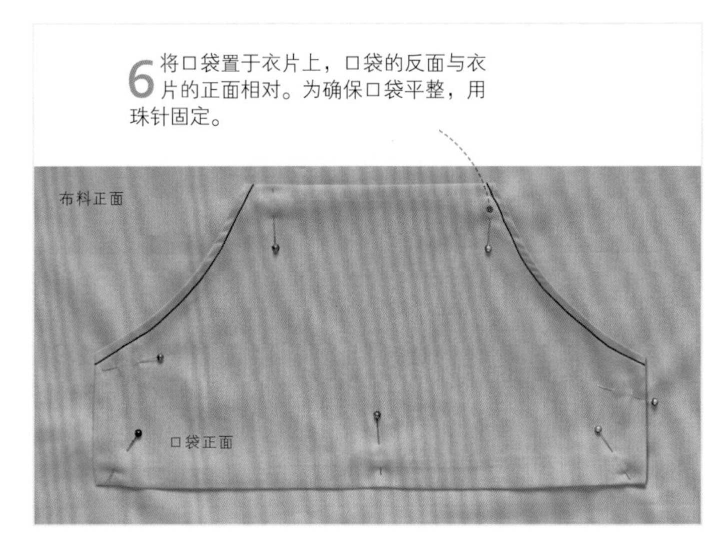

7 沿口袋上边缘机缝。

8 机缝口袋两侧的短直边及下边缘。烫平。

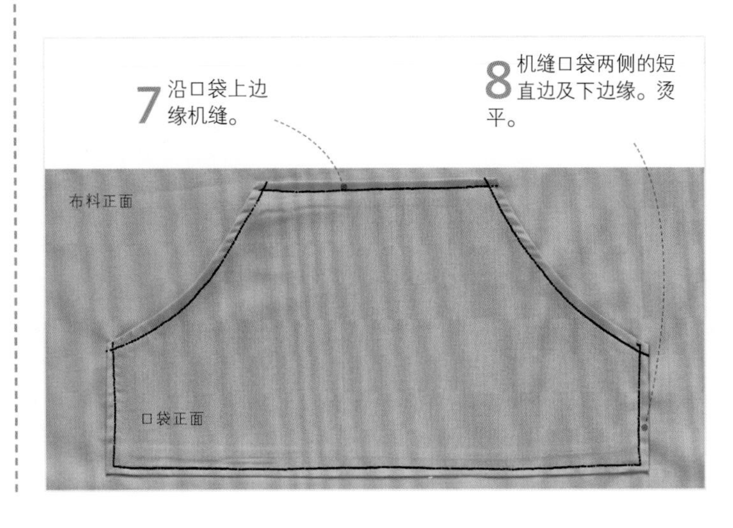

9 用斜对角Z字线迹加固口袋的边角。

10 如有需要，沿口袋中线纵向机缝一两条垂直线，将口袋分成两部分。烫平。

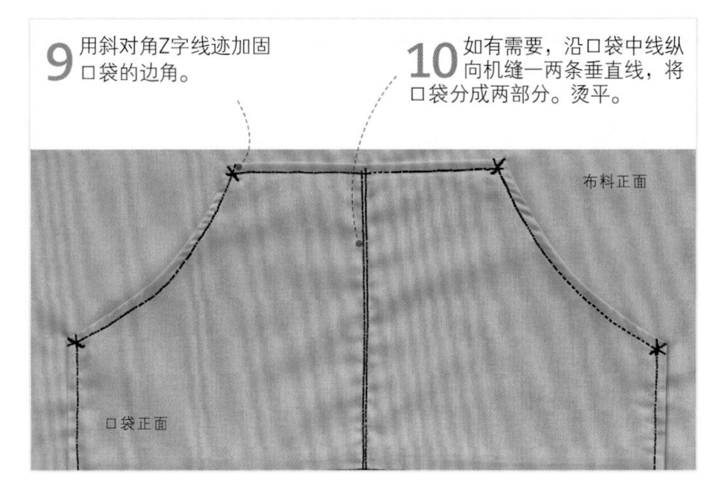

如何粘贴热熔黏合衬见第54页 • 转绘纸样见第82~83页 • 假缝线迹见第89页 • 机缝线迹见第92~93页

口袋盖

难度指数 ★★★★★

有一些款式的衣服没有口袋，只有一个用于装饰的口袋盖。口袋盖缝于口袋的位置，但是盖子下面没有开口。这样做的目的是为了避免装上口袋后，衣物显得过于松垮。

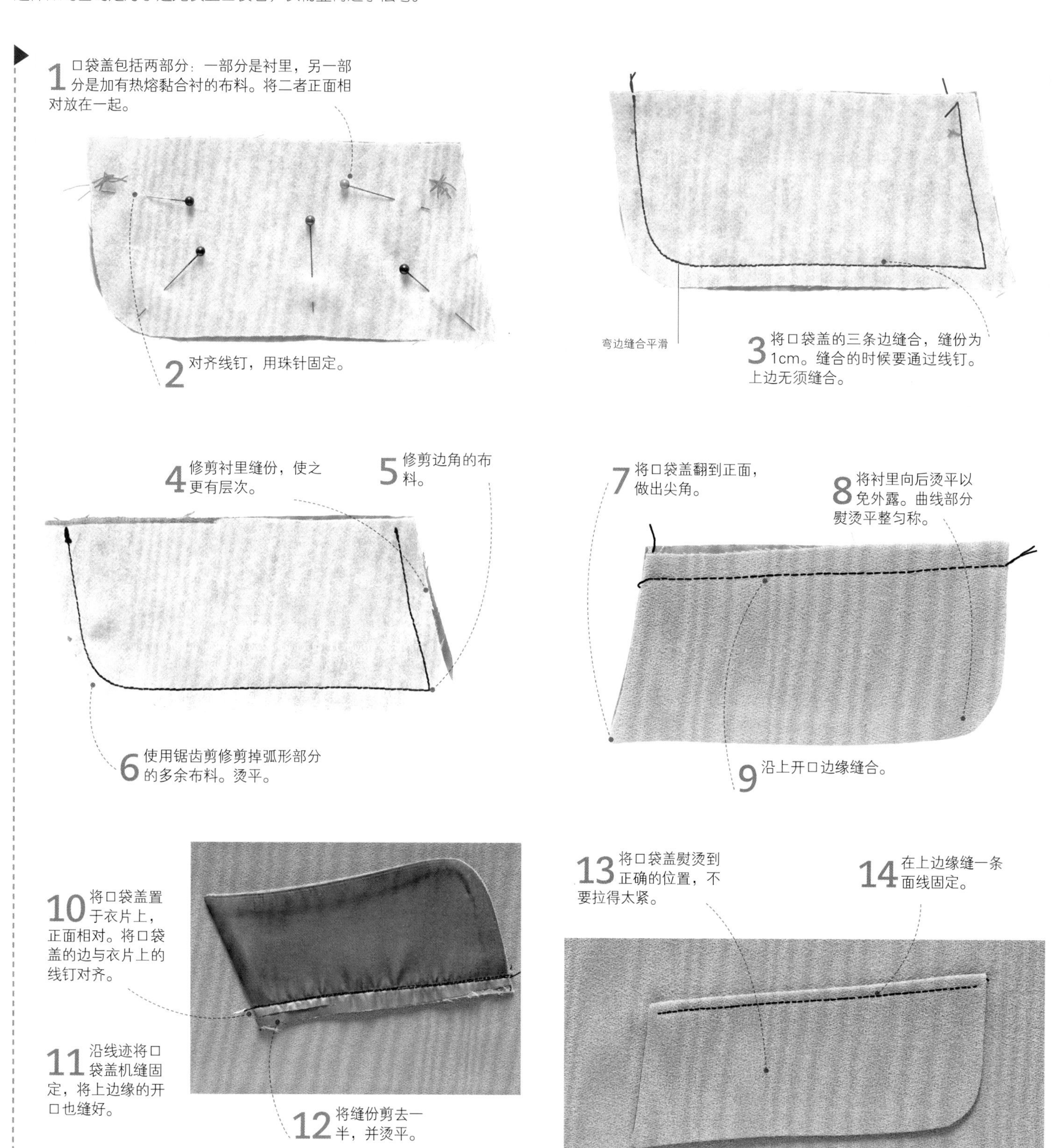

沿转角和弧线缝纫见第102~103页 ● 完成缝制见第105页 ● 加固口袋的边角见第220页

折边和镶边

成衣、窗帘以及其他软装饰的底边都要制作折边。这样做不仅能使底边整洁，还能增加底边的分量，可以使服装和窗帘有悬垂感。

折边和镶边的种类与缝制

布料的边缘通常要进行折边，用以完成成衣的制作，也可以进行装饰性的镶边。镶边一般用于工艺品和软装饰，也用于成衣。有时根据设计风格决定用哪种折边，但有的时候是根据布料来决定的。

各种不同的折边

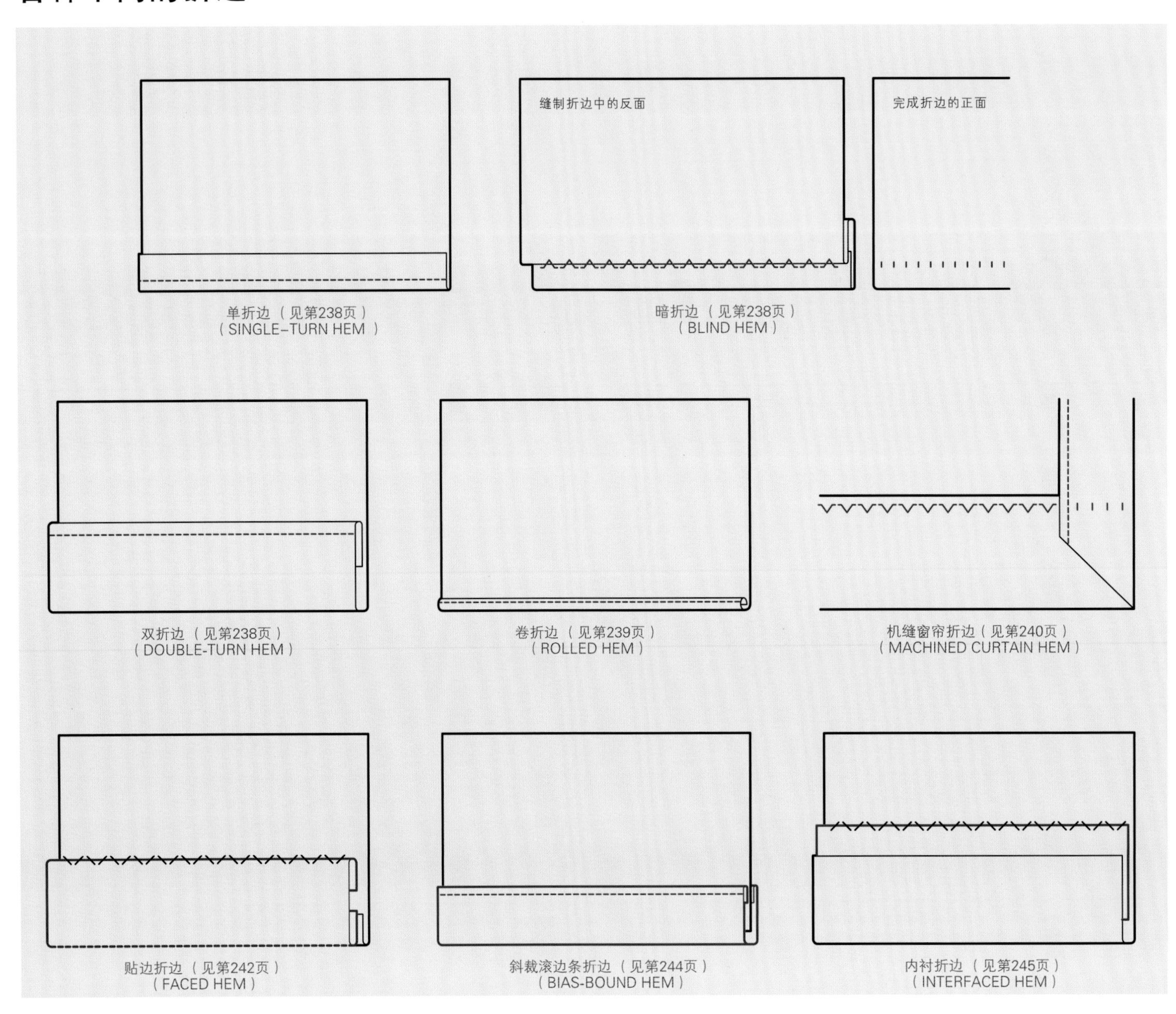

单折边（见第238页）（SINGLE-TURN HEM）

暗折边（见第238页）（BLIND HEM）

双折边（见第238页）（DOUBLE-TURN HEM）

卷折边（见第239页）（ROLLED HEM）

机缝窗帘折边（见第240页）（MACHINED CURTAIN HEM）

贴边折边（见第242页）（FACED HEM）

斜裁滚边条折边（见第244页）（BIAS-BOUND HEM）

内衬折边（见第245页）（INTERFACED HEM）

其他工具见第20~21页 ● 假缝线迹见第89页

标绘折边线

半身裙和连衣裙等成衣的折边一定要平滑。虽然顺着布纹裁剪，但是像A形裙或圆裙等裙子上，有些地方的布边要比其他地方长些。这是由非布纹方向的拉力引起的。站立的姿势不正确也会引起折边的不匀称。

使用直尺

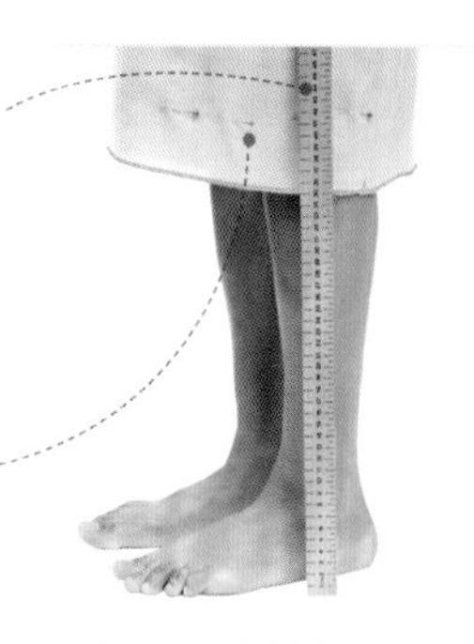

1 用这种方法你需要一个帮手。穿上裙子（不要穿鞋），使尺子的一端接触到地面，垂直向上测量。

2 用珠针标记出折边的折痕。使用直尺，在裙子一周距底边相等的位置都画出折边线。

使用人台

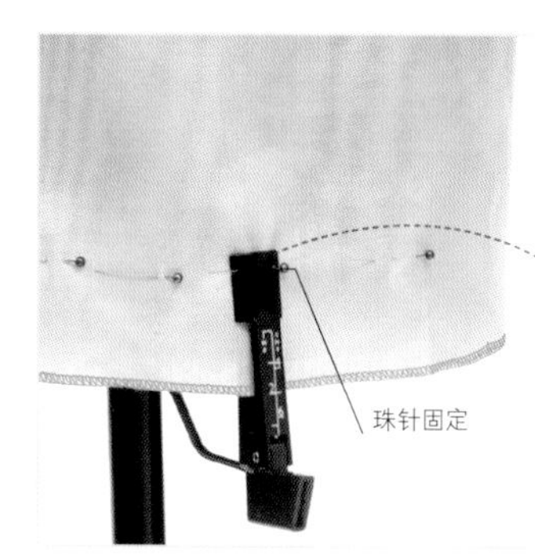

珠针固定

1 按照自己的身高和尺寸，调整人台。把裙子穿在人台上。

2 用折边画线器标画折边的折痕，折边画线器会固定布料两边的折边。

3 通过画线器的槽口插珠针，然后轻轻地取下折边画线器。

平直折边

难度指数 *****

一旦折边折痕已经用珠针做了标记，你需要将缝份修剪到合适的长度。大多数的直折边的宽度为4cm。

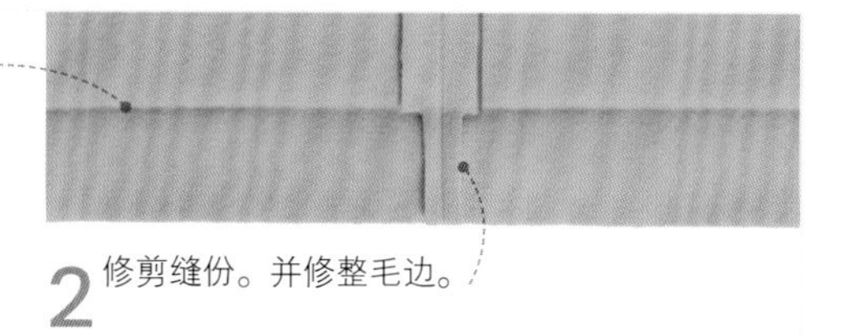

1 用熨斗轻轻地压一下折痕。不要太用力，否则折痕太明显。

2 修剪缝份。并修整毛边。

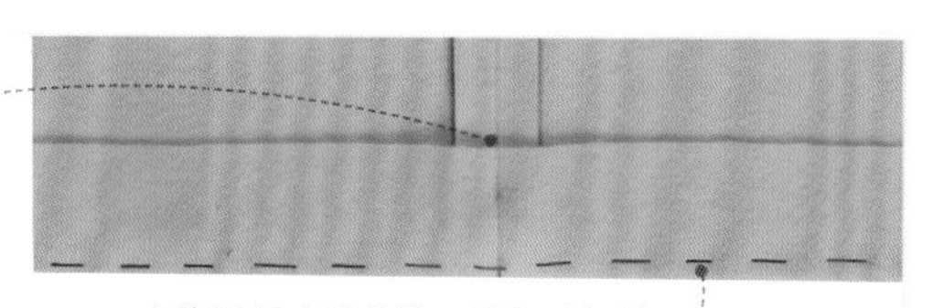

3 在折痕处将折边向上折。接缝处要重合在一起。

4 在接近折痕线的位置将折边假缝。现在折边准备就绪，可以用手工或者机器进行缝合。

弧形折边

难度指数 *****

将成型的半身裙的折边向上翻卷时，上边缘会有褶。在缝合折边时，要处理这些褶皱，使其平整。

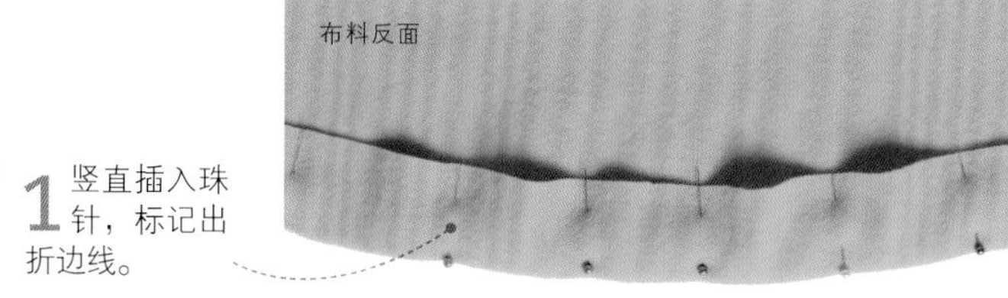

布料反面

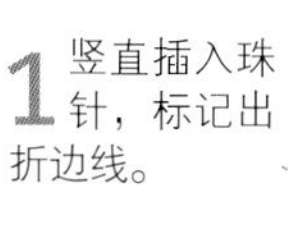

1 竖直插入珠针，标记出折边线。

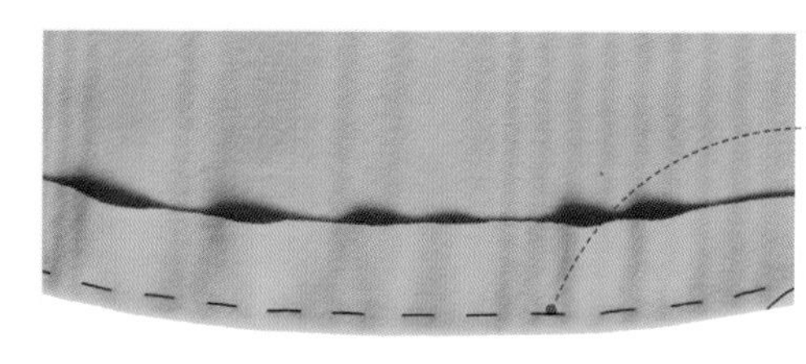

2 在接近折痕的地方将折边假缝，取下珠针。

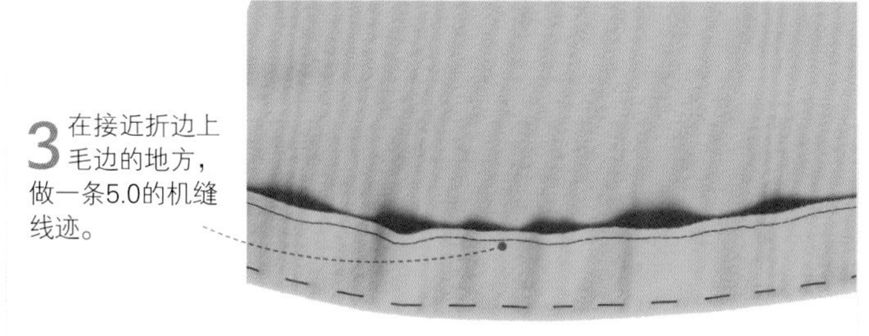

3 在接近折边上毛边的地方，做一条5.0的机缝线迹。

4 抽拉缝线，拉紧布料，并平整褶皱。

5 用蒸汽熨斗把剩余的褶烫平。现在可以用手工或者机器在正确的位置将折边缝合。

手缝折边见第236~237页 • 机缝折边见第238页

手缝折边

难度指数 *****

手缝折边是最常见的固定折边的方法。手工线迹不易显现，如缝制得很好，在正面是看不出线迹的。

手缝折边的小窍门

1 一般使用单线，最好选用聚酯纤维线。

2 用下面的其中一种方法修整折边缝份，然后用缲边缝固定。一半的线迹要缝在缝份上，另一部分则在成衣布料的反面。

3 双排线迹手工缝制，不要打结，打结会使折边不平或易挂起。

4 最好每10cm左右回缝1针，这样确保即使一处缝线断开，折边不会整体散开。

光边

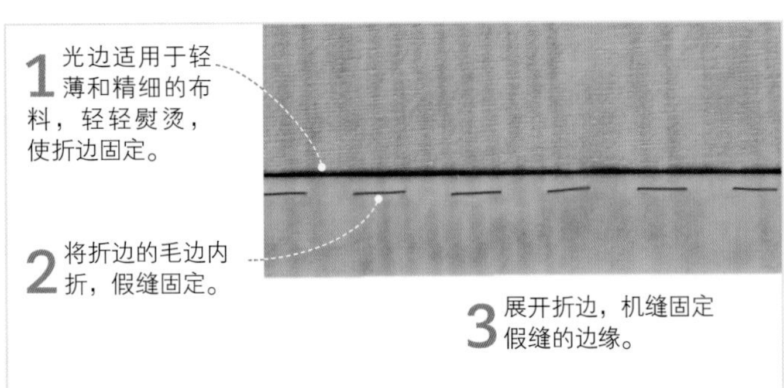

1 光边适用于轻薄和精细的布料，轻轻熨烫，使折边固定。

2 将折边的毛边内折，假缝固定。

3 展开折边，机缝固定假缝的边缘。

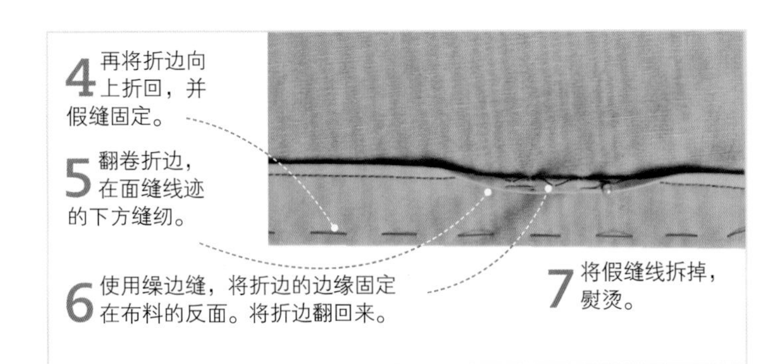

4 再将折边向上折回，并假缝固定。

5 翻卷折边，在面缝线迹的下方缝纫。

6 使用缲边缝，将折边的边缘固定在布料的反面。将折边翻回来。

7 将假缝线拆掉，熨烫。

锁边

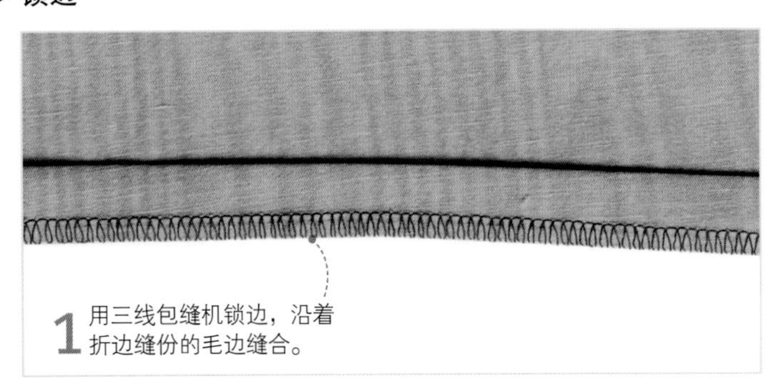

1 用三线包缝机锁边，沿着折边缝份的毛边缝合。

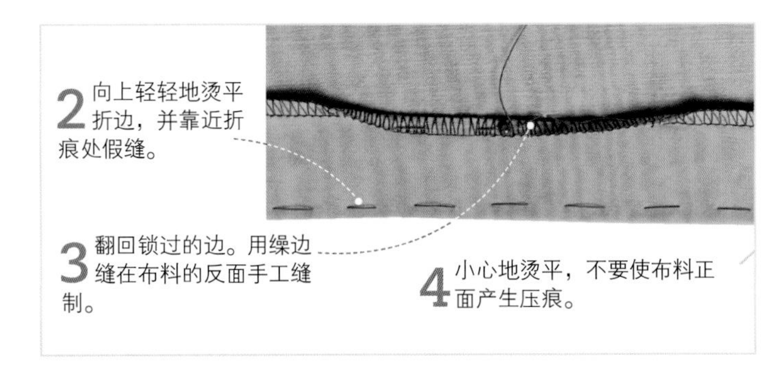

2 向上轻轻地烫平折边，并靠近折痕处假缝。

3 翻回锁过的边。用缲边缝在布料的反面手工缝制。

4 小心地烫平，不要使布料正面产生压痕。

滚边

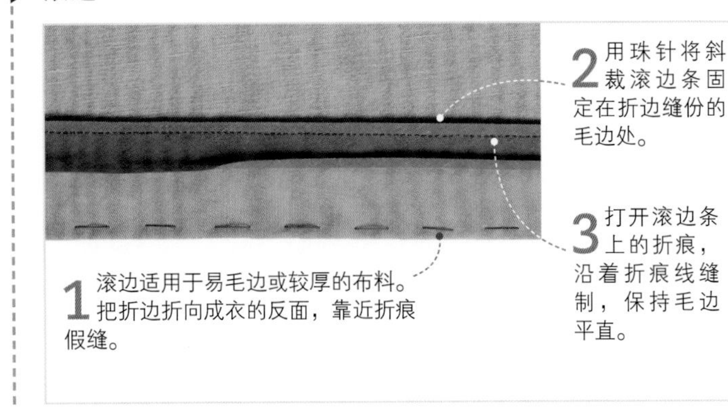

1 滚边适用于易毛边或较厚的布料。把折边折向成衣的反面，靠近折痕假缝。

2 用珠针将斜裁滚边条固定在折边缝份的毛边处。

3 打开滚边条上的折痕，沿着折痕线缝制，保持毛边平直。

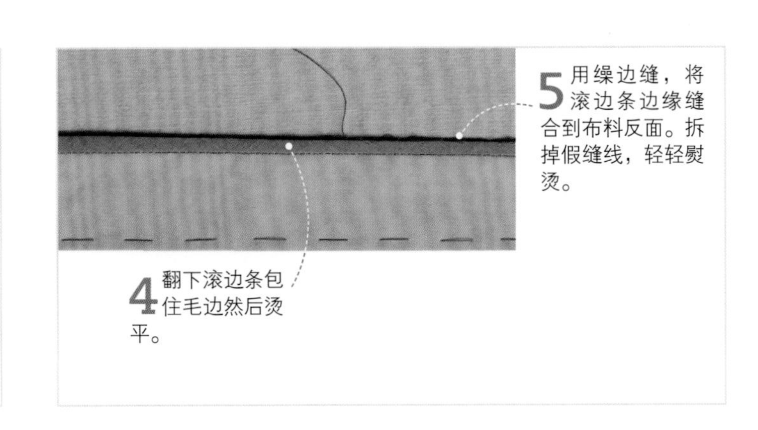

4 翻下滚边条包住毛边然后烫平。

5 用缲边缝，将滚边条边缘缝合到布料反面。拆掉假缝线，轻轻熨烫。

固定缝线见第88页 • 假缝线迹见第89页 • 手缝线迹见第90~91页

Z字线迹缝边

1 用这种方法修整布料折边的边缘，避免产生毛边。使用缝纫机的Z字线迹，宽4.0、长3.0，沿着毛边缝合。并沿线迹修整毛边。

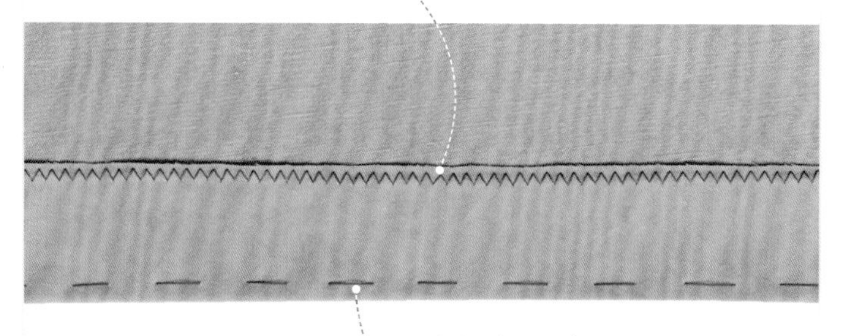

2 把折边翻到成衣的反面，靠近折痕处假缝。

3 向下折Z字线迹缝边，用缲边缝缝合折边。

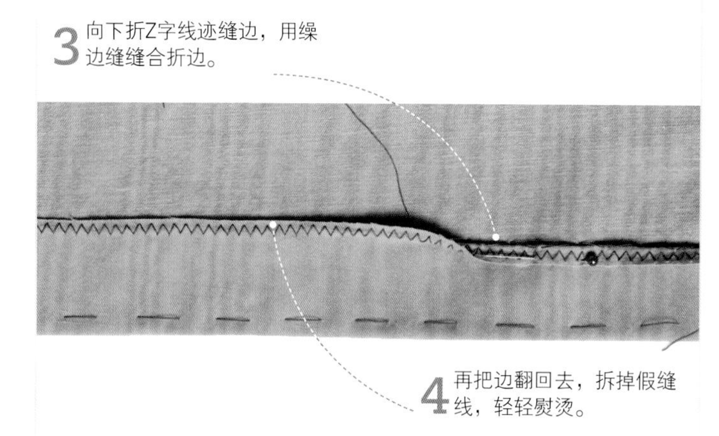

4 再把边翻回去，拆掉假缝线，轻轻熨烫。

锯齿边

1 用锯齿剪修剪难以处理布料的折边，方便且效果很好。在毛边边缘1cm处缝直线。用锯齿剪修剪毛边。

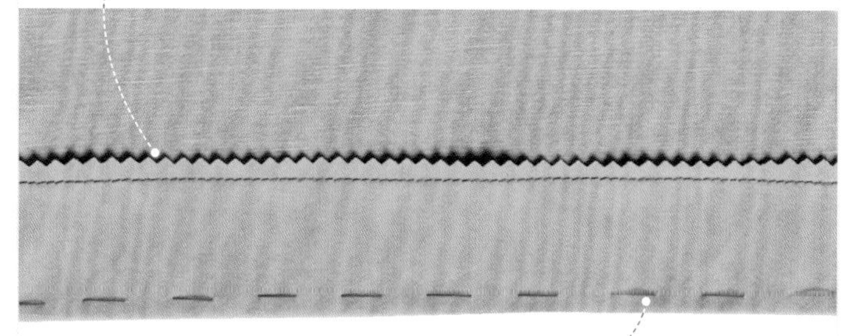

2 把折边翻到成衣的反面，靠近折痕假缝。

3 沿着机缝线向下折叠缝边，然后使用缲边缝缝合折边。

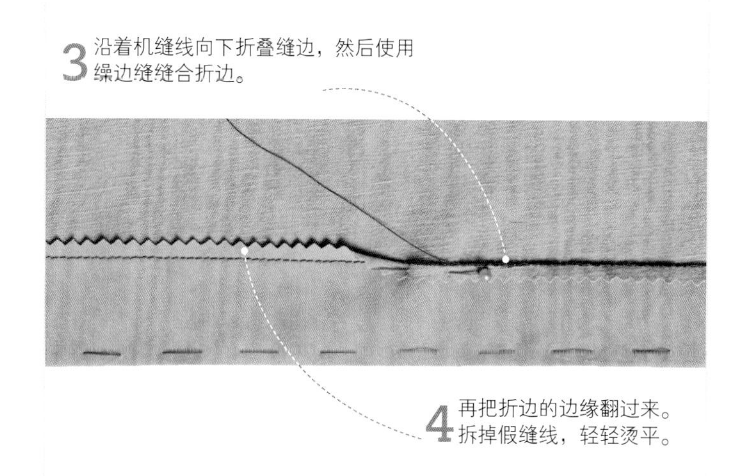

4 再把折边的边缘翻过来。拆掉假缝线，轻轻烫平。

弧形折边

1 在棉质或者结实的布料上修弧形折边，不能让多出来的布料在衣物正面显现出来。先用宽4.0、长3.0的Z字线迹缝合毛边，然后再把折边向上翻至合适的位置。

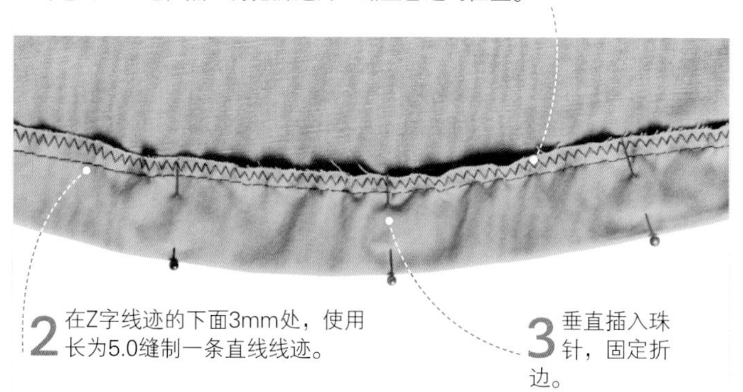

2 在Z字线迹的下面3mm处，使用长为5.0缝制一条直线线迹。

3 垂直插入珠针，固定折边。

4 靠近折痕，假缝折边。

5 拉拽直线线迹，使布料绷紧。

6 将Z字线迹缝边翻折至直线缝边的位置，用缲边缝缝合折边。拆掉假缝线，轻轻熨烫。

机缝线迹见第92~93页 • 弧形折边见第235页

机缝折边

难度指数 *****

很多情况下，衣服的折边或其他作品的折边，都需要机缝固定。缝合时可以用直线线迹、Z字线迹或者暗折边线迹，也可使用包缝机处理折边。

单折边

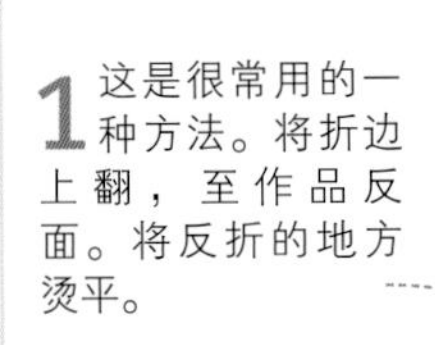

1 这是很常用的一种方法。将折边上翻，至作品反面。将反折的地方烫平。

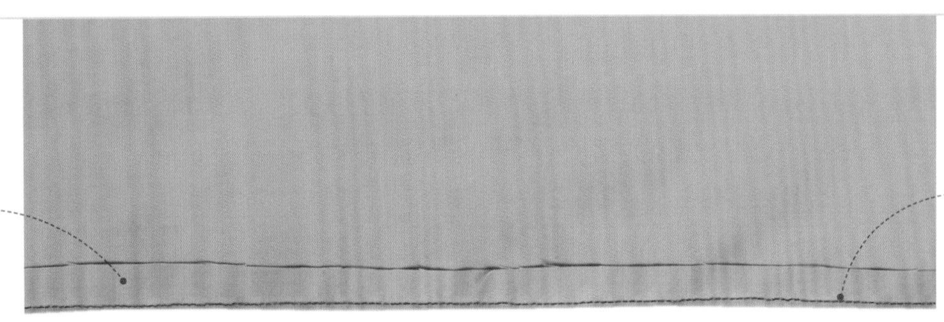

2 在靠近折边的边缘缝一条直线。

暗折边

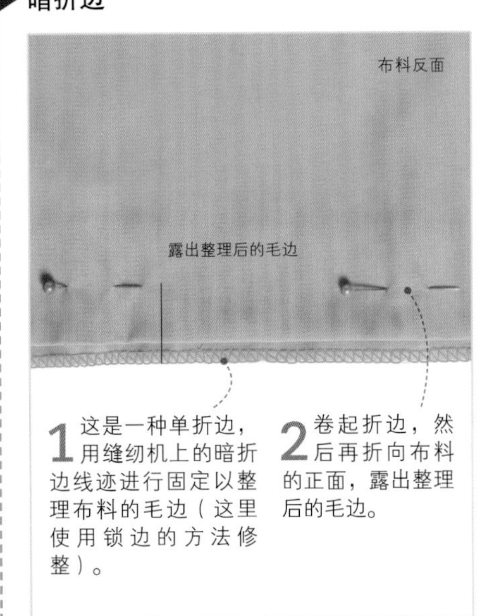

1 这是一种单折边，用缝纫机上的暗折边线迹进行固定以整理布料的毛边（这里使用锁边的方法修整）。

2 卷起折边，然后再折向布料的正面，露出整理后的毛边。

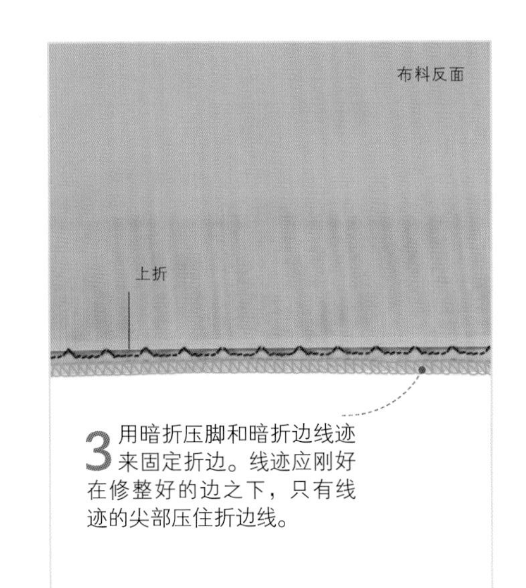

3 用暗折压脚和暗折边线迹来固定折边。线迹应刚好在修整好的边之下，只有线迹的尖部压住折边线。

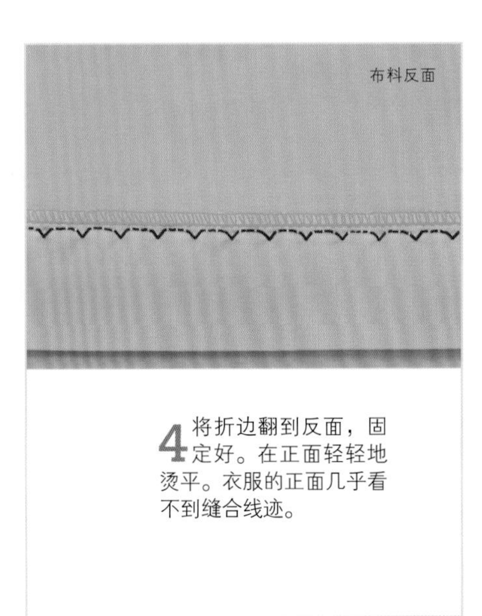

4 将折边翻到反面，固定好。在正面轻轻地烫平。衣服的正面几乎看不到缝合线迹。

双折边

1 这样的折边会加重边缘的重量。把毛边向上折一次，再折一次。

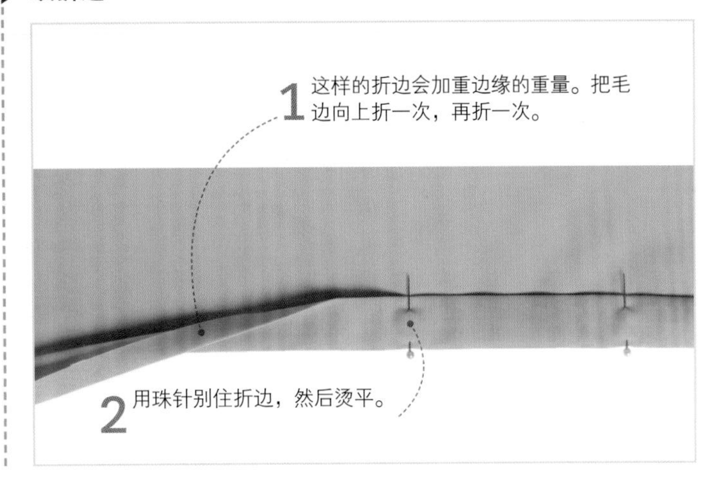

2 用珠针别住折边，然后烫平。

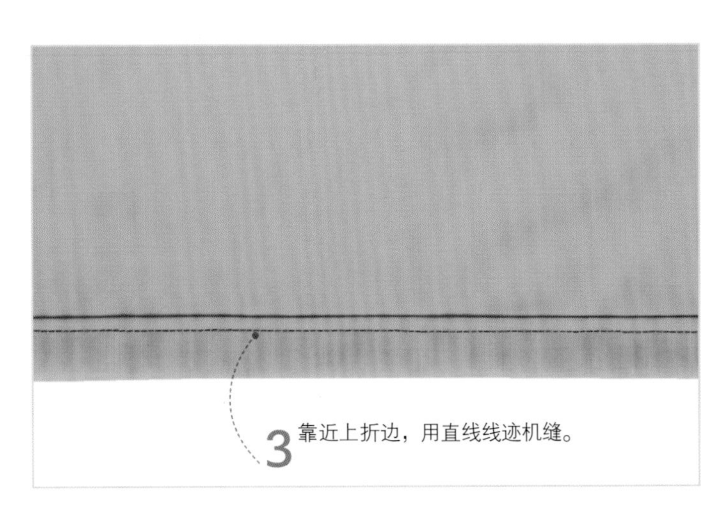

3 靠近上折边，用直线线迹机缝。

缝纫机配件见第32~33页 • 包缝机见第34~35页

难处理的布料的折边

难度指数 *****

处理精细或是难以处理布料的折边时，需要更加小心。下面介绍的方法一般用来处理非常精致的布料。

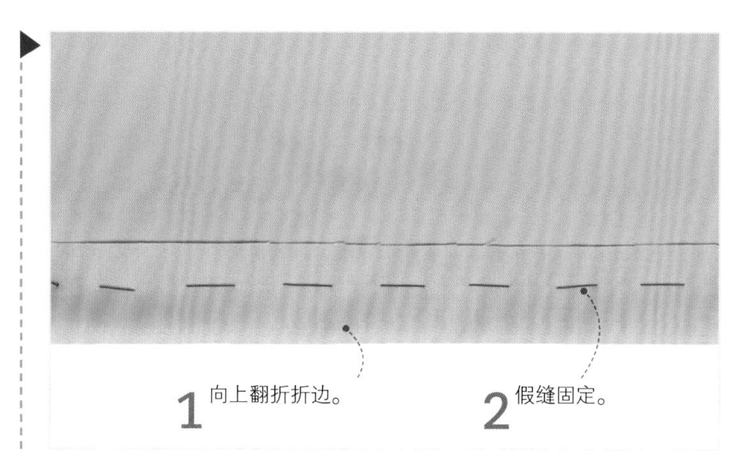

1 向上翻折折边。

2 假缝固定。

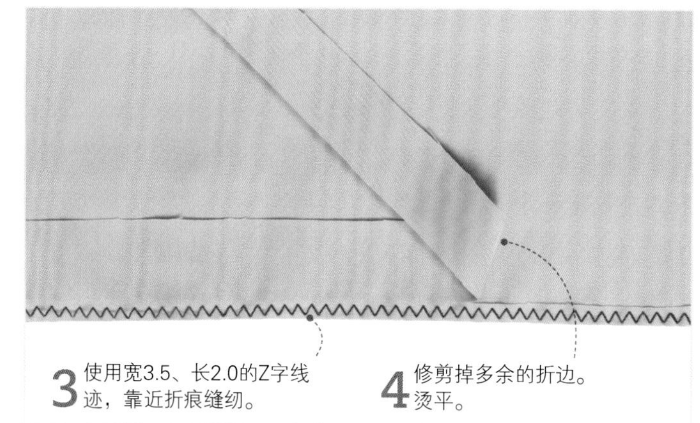

3 使用宽3.5、长2.0的Z字线迹，靠近折痕缝纫。

4 修剪掉多余的折边。烫平。

卷折边

难度指数 *****

卷折边通常用在重量较轻的布料上。经常在软装饰和成衣上看到这类折边。做这种类型的折边，通过使用缝纫机卷边压脚将布料卷到反面。

直线缝卷折边

使用缝纫机的卷边压脚，缝一道直线线迹。

Z字线迹缝卷折边

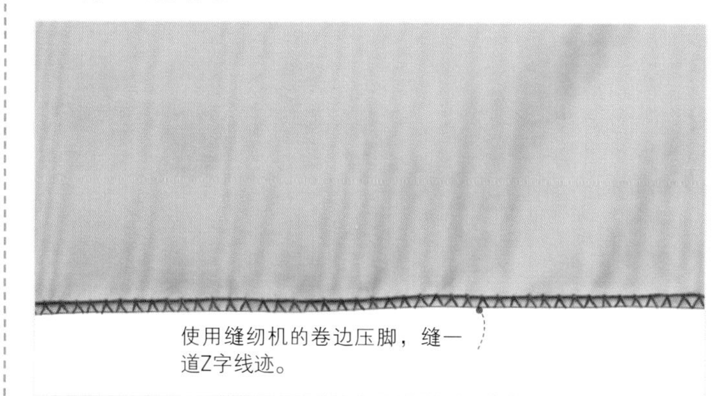

使用缝纫机的卷边压脚，缝一道Z字线迹。

包缝卷折边

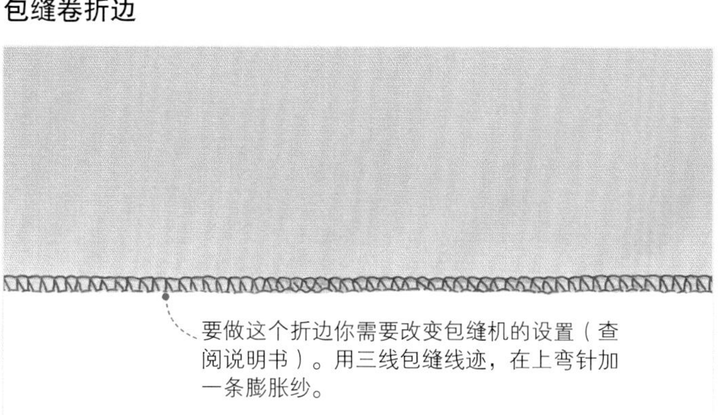

要做这个折边你需要改变包缝机的设置（查阅说明书）。用三线包缝线迹，在上弯针加一条膨胀纱。

手缝卷折边

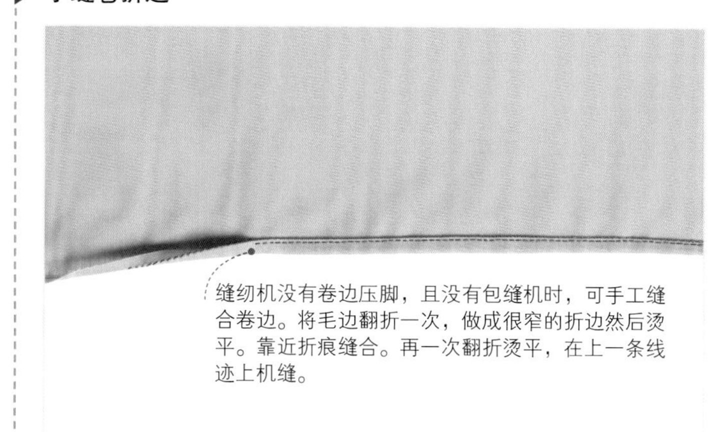

缝纫机没有卷边压脚，且没有包缝机时，可手工缝合卷边。将毛边翻折一次，做成很窄的折边然后烫平。靠近折痕缝合。再一次翻折烫平，在上一条线迹上机缝。

假缝线迹见第89页 • 机缝线迹见第92~93页

缝纫技法

机缝窗帘折边

难度指数 *****

窗帘的底部和两侧都要制作折边。虽然底部和两侧的折边制作时都要进行两次折叠，但是制作的技术不同。缝合折边时可以机缝也可手缝。

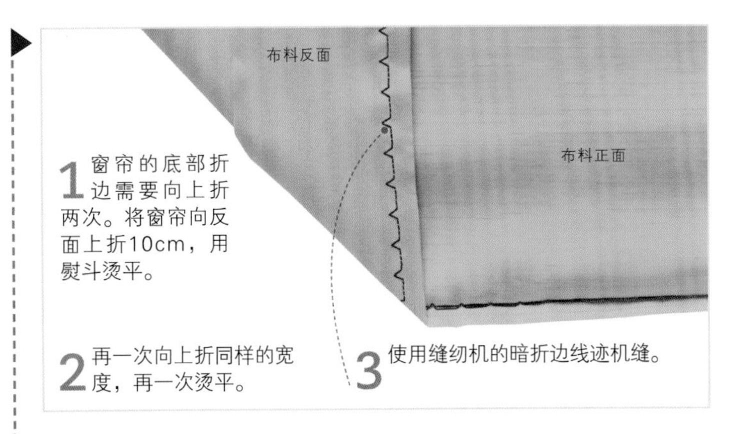

1 窗帘的底部折边需要向上折两次。将窗帘向反面上折10cm，用熨斗烫平。

2 再一次向上折同样的宽度，再一次烫平。

3 使用缝纫机的暗折边线迹机缝。

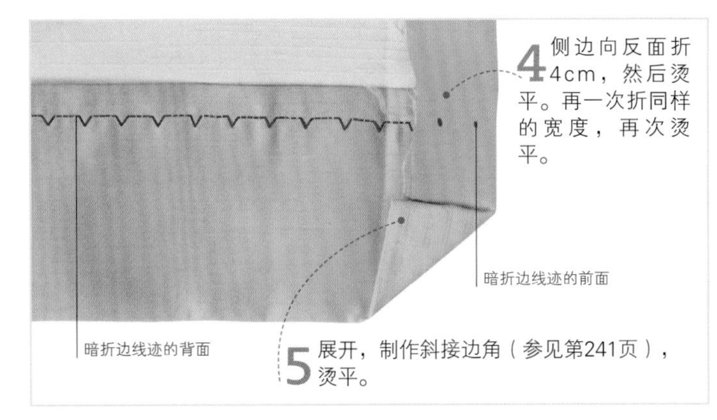

4 侧边向反面折4cm，然后烫平。再一次折同样的宽度，再次烫平。

5 展开，制作斜接边角（参见第241页），烫平。

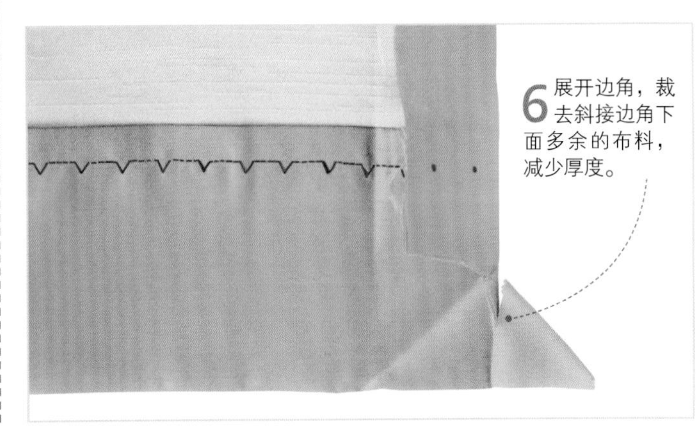

6 展开边角，裁去斜接边角下面多余的布料，减少厚度。

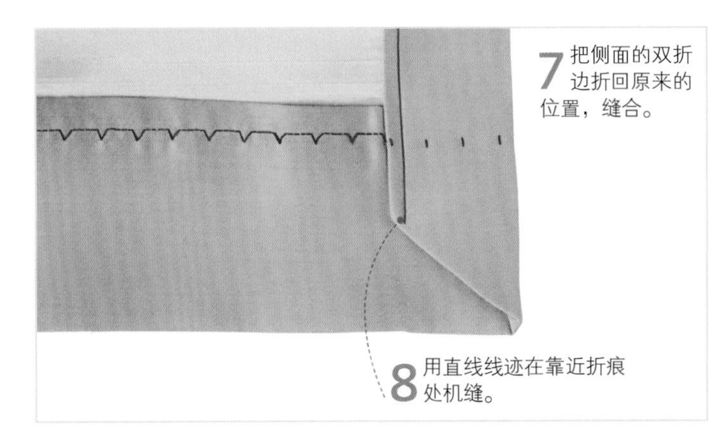

7 把侧面的双折边折回原来的位置，缝合。

8 用直线线迹在靠近折痕处机缝。

手缝窗帘折边

难度指数 *****

手缝多用于比较厚的窗帘或不想在正面看到机缝线迹的时候。制作每一步之前都要先熨烫到位。

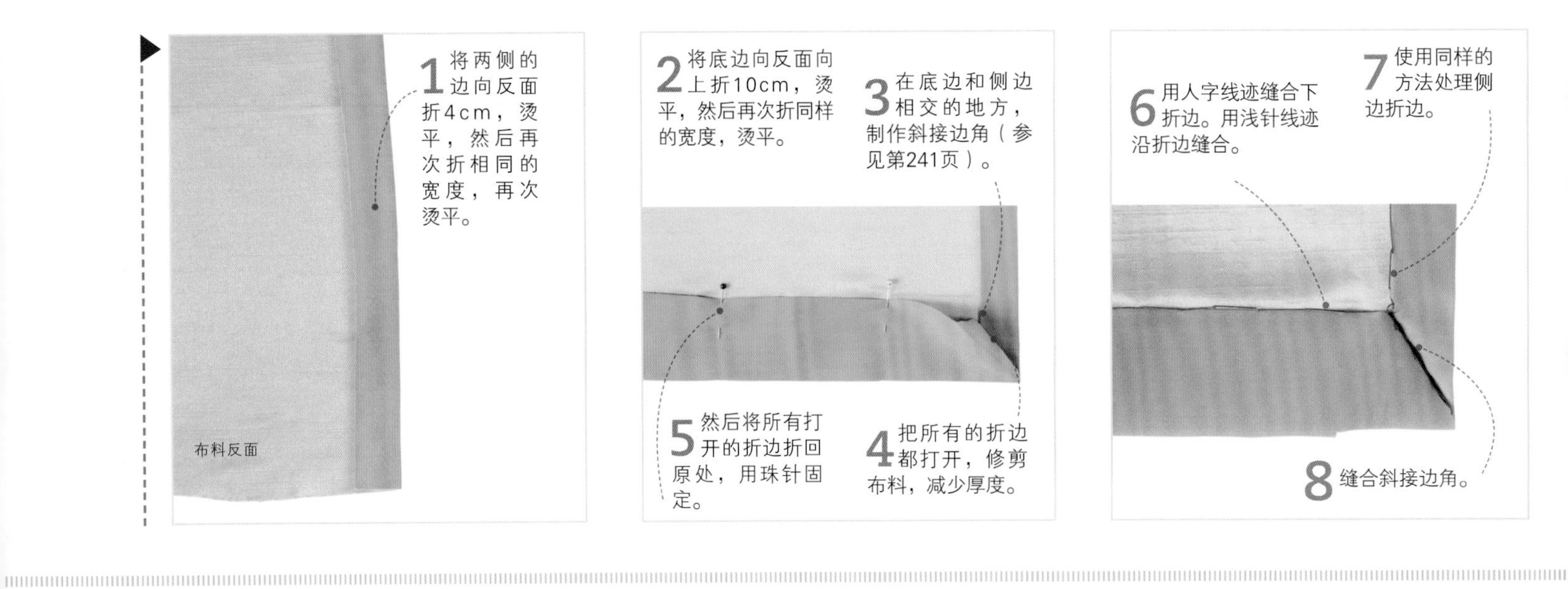

1 将两侧的边向反面折4cm，烫平，然后再次折相同的宽度，再次烫平。

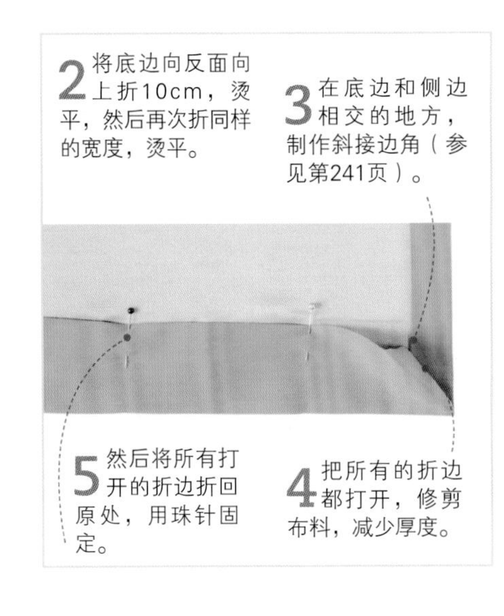

2 将底边向反面向上折10cm，烫平，然后再次折同样的宽度，烫平。

3 在底边和侧边相交的地方，制作斜接边角（参见第241页）。

4 把所有的折边都打开，修剪布料，减少厚度。

5 然后将所有打开的折边折回原处，用珠针固定。

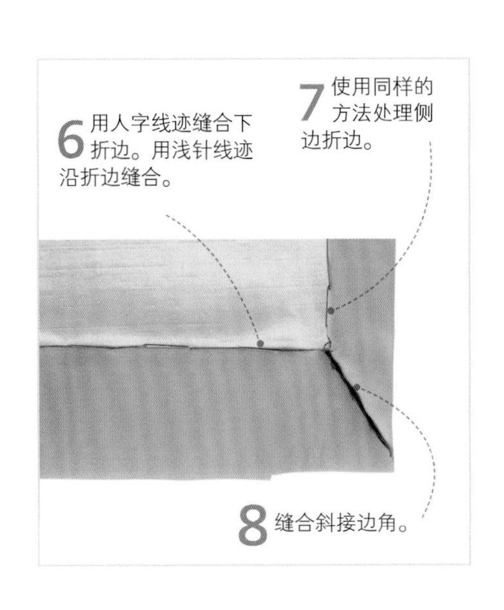

6 用人字线迹缝合下折边。用浅针线迹沿折边缝合。

7 使用同样的方法处理侧边折边。

8 缝合斜接边角。

斜接边角

难度指数 ★★★★★

在窗帘侧面折边和底部折边相交的部分，将布料折叠，形成斜接边角。熨烫斜接边角后将其打开，然后以折痕线作为定位，将布料的多余部分裁去。有衬布的窗帘，分开制作衬布时，机缝固定侧面和底部的折边。制作窗帘和衬布时都要制作出斜接边角。

1 在侧边和底部做折边并烫平，如图呈一定角度向外翻折布料，折痕通过窗帘的外角和折边相交点。

2 熨烫折边和斜接边角，然后展开。

3 按照图示将多余的布料裁掉。

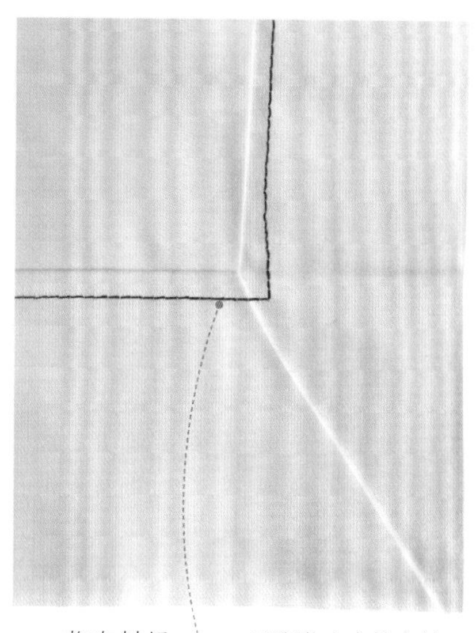

4 将布料折回原来的位置，再次烫平，然后缝合。

5 要制作窗帘的底衬，用连续的线迹，沿折边机缝底边和侧折边，并在边角处转动布料。

加重窗帘

难度指数 ★★★★★

在底部折边的边角处加入铅坠，可增加窗帘的垂坠感。可使用特制的铅坠，也可使用较重的硬币。

1 量一下硬币或铅坠的直径。剪一条窗帘衬布。长度是硬币直径的三倍，宽度为其两倍。

2 将衬布的短边向反面折叠，并熨烫。将衬布条对折，比齐折边。做成一个长方形的袋，大小要能包住硬币。

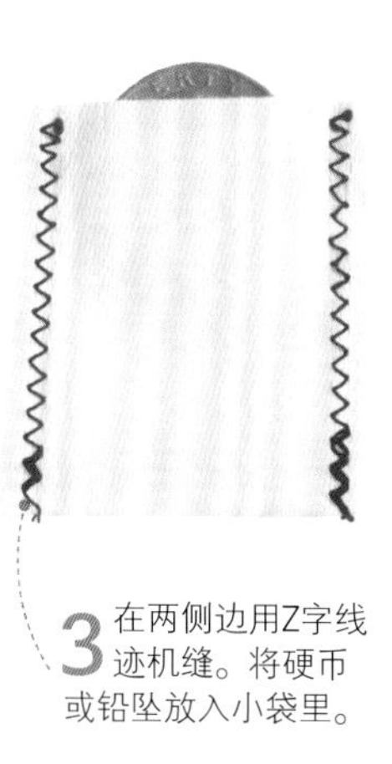

3 在两侧边用Z字线迹机缝。将硬币或铅坠放入小袋里。

4 小袋子的开口处用Z字线迹缝合。

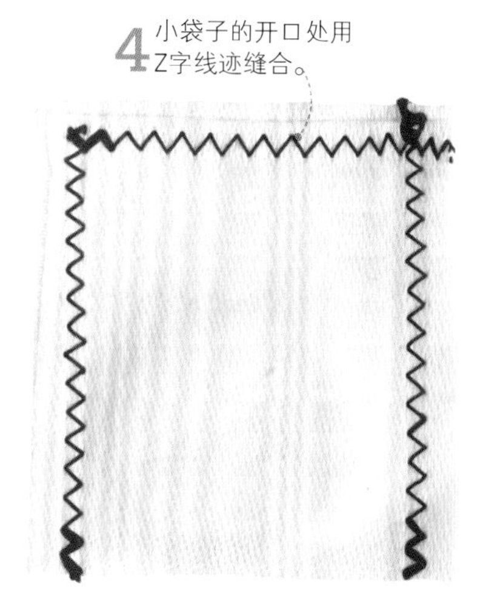

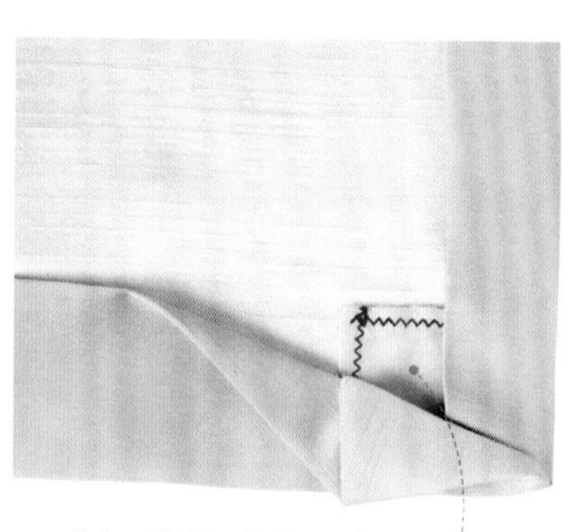

5 将加重袋放入窗帘的底部边角。

6 在缝合底边和侧边时，同时要在加重袋上缝线，可固定其位置。

沿转角和弧线缝纫见第102~103页 • 机缝折边见第238页

弹性针织布料的折边

难度指数 ★★★★★

当用针织布料做成衣时，我们也需要把折边横向拉直。有两种方法缝合针织布料的折边。选用哪种方法取决于裁剪时布料是否会脱纱。

脱纱布料

1 用三线包缝缝制毛边。如果没有包缝机，使用机缝Z字线迹。

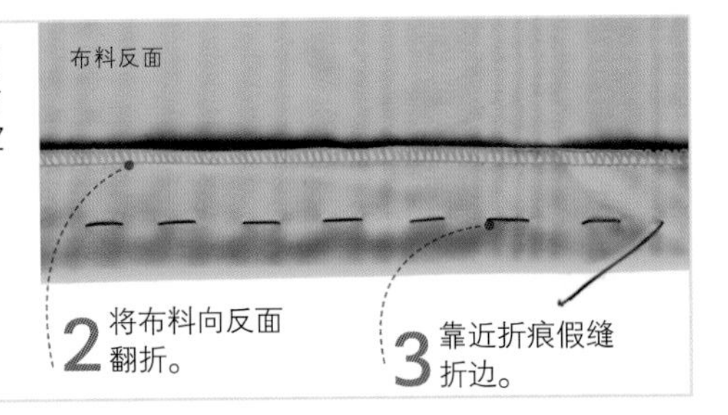

2 将布料向反面翻折。

3 靠近折痕假缝折边。

4 把缝纫机调成双针，穿上双线。

5 在成衣的正面将折边缝合。

不脱纱布料

1 把缝纫机调成双针，穿上双线。

2 将布料向反面翻折，假缝固定折边。

3 机缝折边。

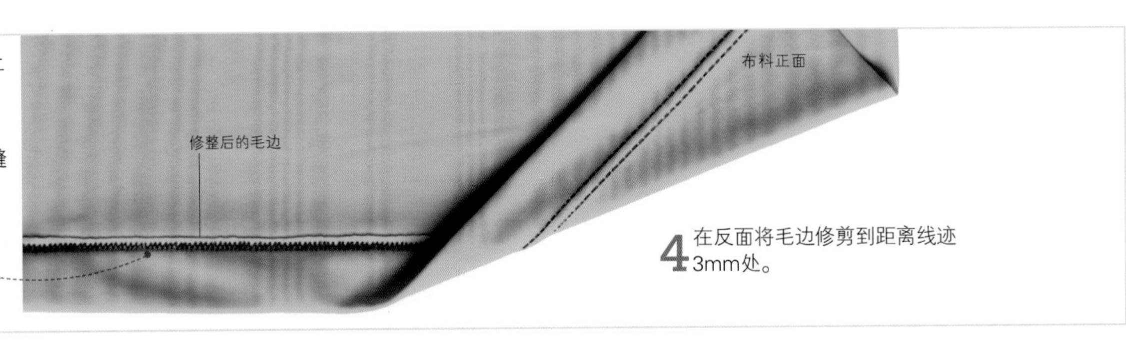

4 在反面将毛边修剪到距离线迹3mm处。

贴边折边

难度指数 ★★★★★

厚重布料如使用折边会显得过于笨重，而且折边会过于明显；起绒布料使用久了，会破旧或缩卷，在这两种情况下一般选用贴边的方式。如果布料没有足够的长度做折边，也可用贴边的方式。

1 在衬布上剪下一块宽10cm的斜裁布条做贴边。把斜裁布条拼在一起，长度要能够贴一整圈折边。

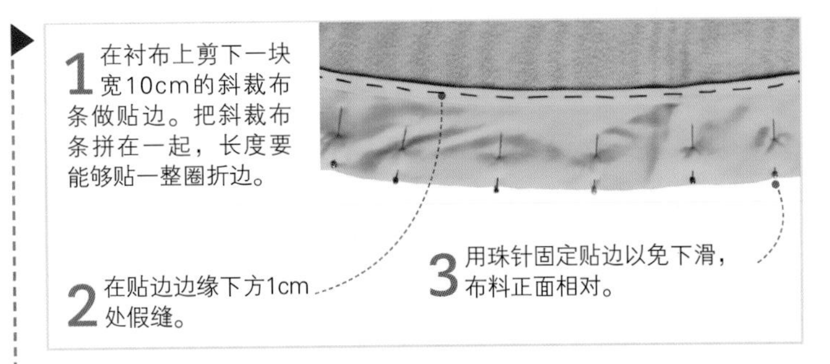

2 在贴边边缘下方1cm处假缝。

3 用珠针固定贴边以免下滑，布料正面相对。

4 机缝贴边。使用缝纫机压脚的边缘来确定宽度。

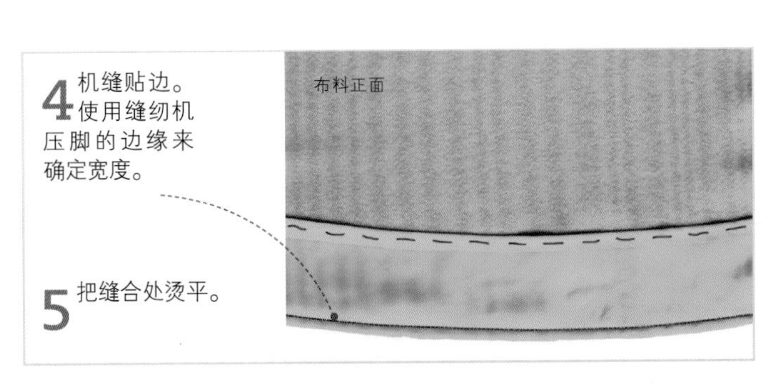

5 把缝合处烫平。

6 向外翻斜裁布条贴边。将接缝向斜裁布条处熨烫。

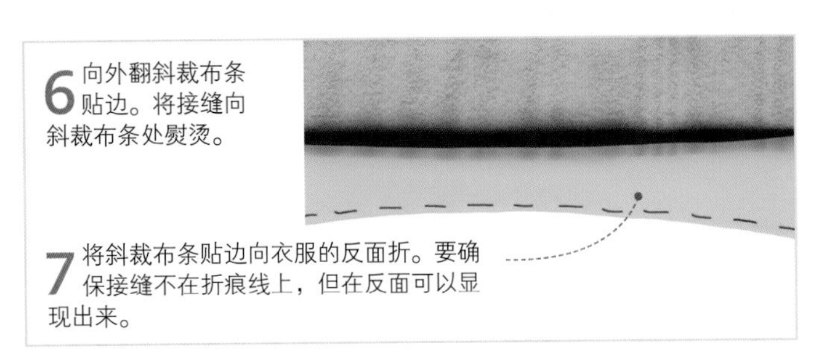

7 将斜裁布条贴边向衣服的反面折。要确保接缝不在折痕线上，但在反面可以显现出来。

8 在斜裁布条贴边的折边处，用人字形线迹缝合固定。

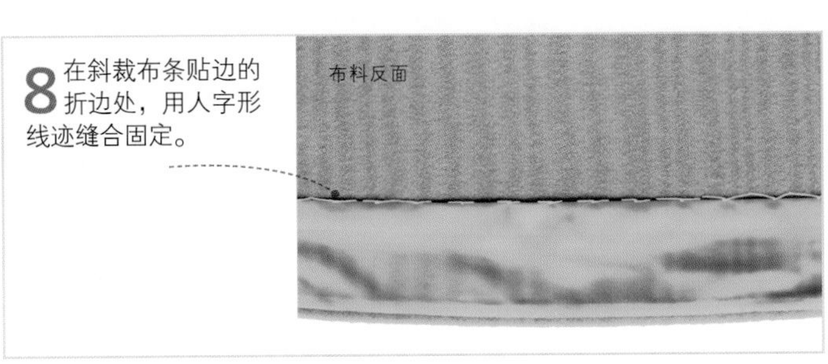

手缝线迹见第90~91页 • 机缝线迹见第92~93页 • 沿转角和弧线缝纫见第102~103页 • 如何裁剪斜滚边条见第150页

装饰贴边

难度指数 ★★★★★

衣物、短门帘、靠垫或其他作品，如果需要有点装饰效果，比如说做出尖角或者荷叶边，一般会使用贴边的方法。

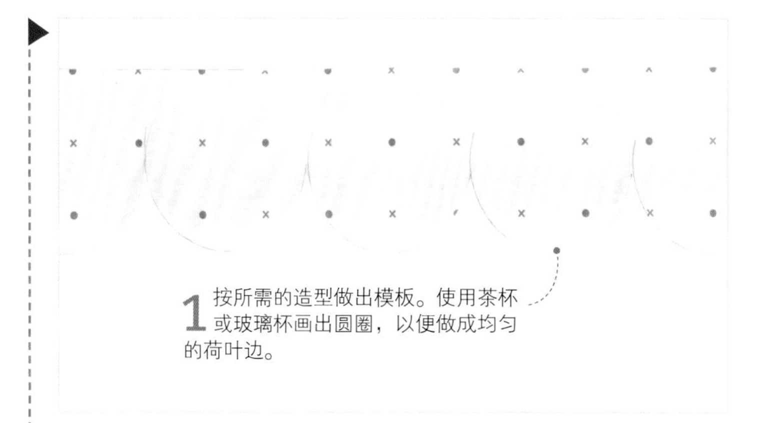

1 按所需的造型做出模板。使用茶杯或玻璃杯画出圆圈，以便做成均匀的荷叶边。

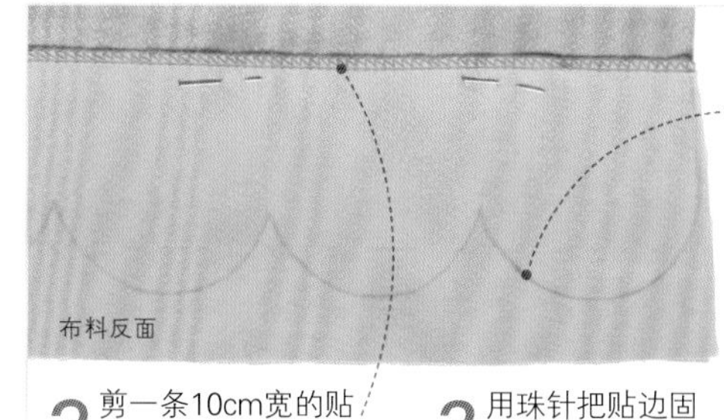

2 剪一条10cm宽的贴边。用包缝机或者Z字线迹锁其长边。

3 用珠针把贴边固定在折边处，正面相对。

4 把模板放在贴边上，用记号笔或画粉笔在折边上画造型。在模板下底边和毛边之间应留出1.5cm的缝份。

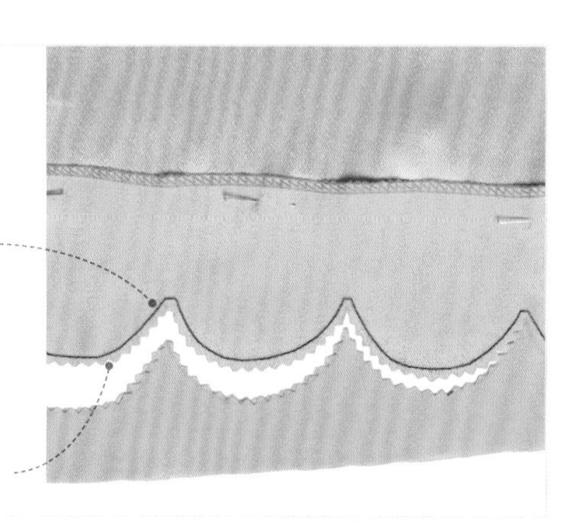

5 沿造型的轮廓缝线。荷叶造型的连接处缝一道直线线迹。

6 从反面，靠近缝线处，用锯齿剪修整布料。修剪到机缝曲线的外边。

7 把布料翻到正面，熨烫翻折的布料，趁着布料余温，将其整理为所需的造型。

8 如有必要，缝合固定贴边。

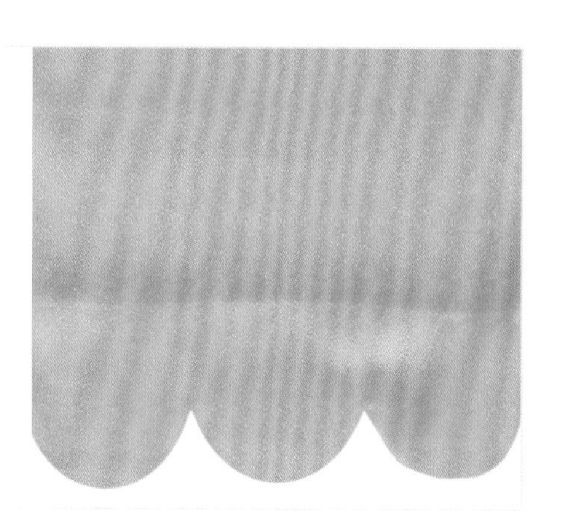

热熔黏合贴边

难度指数 ★★★★★

处理难以手工缝合的布料，修补折边时一般使用热熔黏合贴边。这种方法是用双面带胶的热熔黏合带。

1 把折边上翻到布料反面。烫平。靠近折痕假缝。

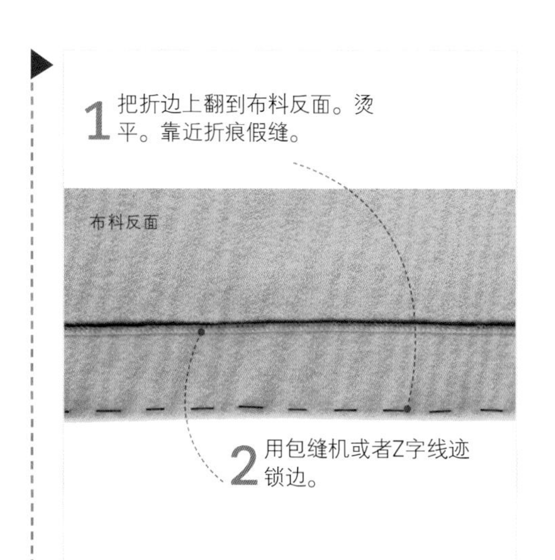

2 用包缝机或者Z字线迹锁边。

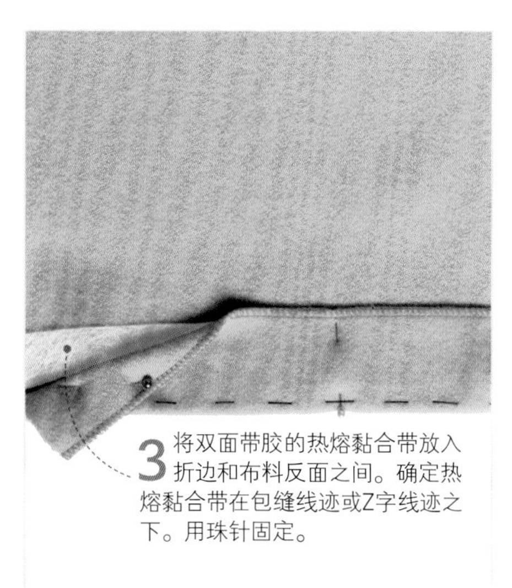

3 将双面带胶的热熔黏合带放入折边和布料反面之间。确定热熔黏合带在包缝线迹或Z字线迹之下。用珠针固定。

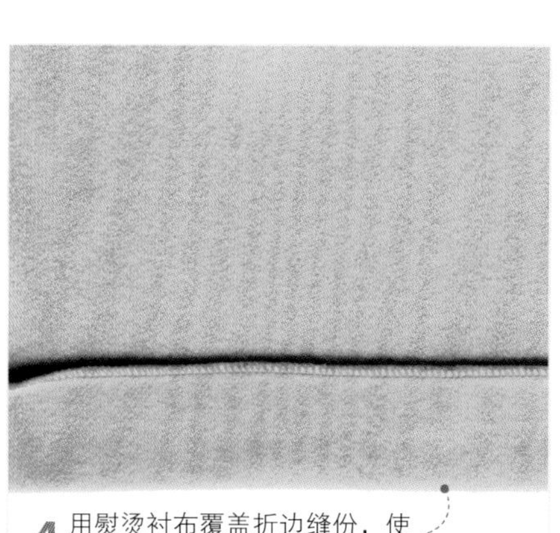

4 用熨烫衬布覆盖折边缝份，使用蒸汽熨斗熨烫折边边缘，使热熔黏合带粘在布料上。待冷却后折边条就固定了。抽掉假缝线。

热熔黏合带见第287页

斜裁滚边条折边

难度指数 ★★★★★

斜裁滚边条就是在成衣或者家居饰品上的一道狭窄的装饰边。特别适合曲边，能够整洁、牢固修整布边。在厚重布料上使用双层斜裁滚边条，更为牢固，造型也能更持久。因为没有明显的毛边，在透明布料上也是用双层斜裁滚边条。可以用买来的斜裁滚边条，也可以使用和谐色或者对比色布料裁剪制作。

单层斜裁滚边条折边

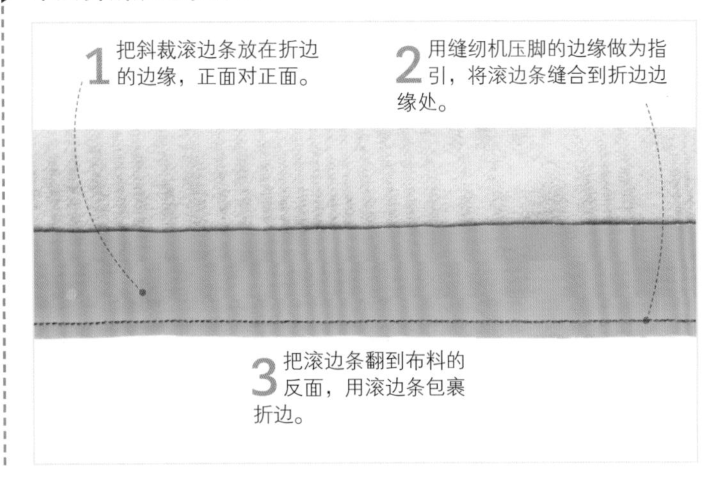

1 把斜裁滚边条放在折边的边缘，正面对正面。

2 用缝纫机压脚的边缘做为指引，将滚边条缝合到折边边缘处。

3 把滚边条翻到布料的反面，用滚边条包裹折边。

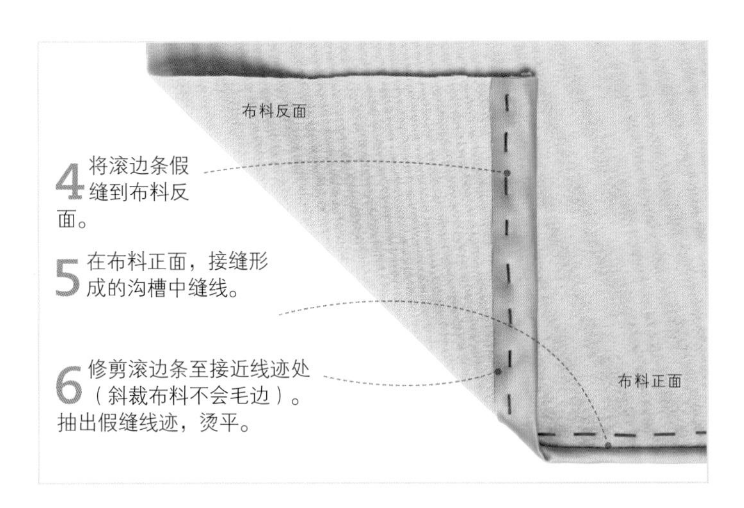

4 将滚边条假缝到布料反面。

5 在布料正面，接缝形成的沟槽中缝线。

6 修剪滚边条至接近线迹处（斜裁布料不会毛边）。抽出假缝线迹，烫平。

双层斜裁滚边条折边

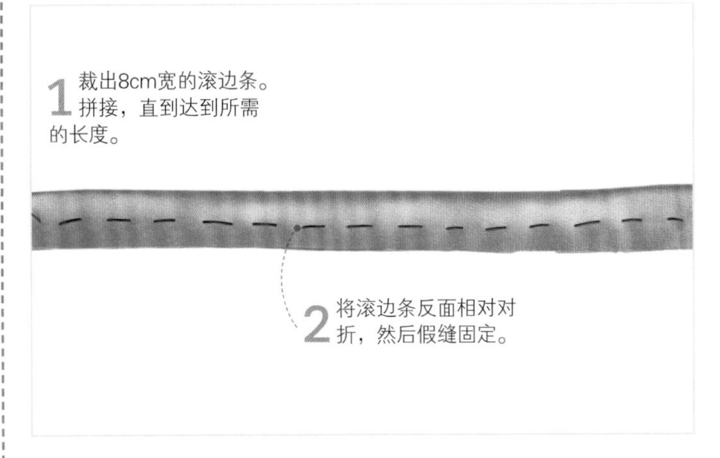

1 裁出8cm宽的滚边条。拼接，直到达到所需的长度。

2 将滚边条反面相对对折，然后假缝固定。

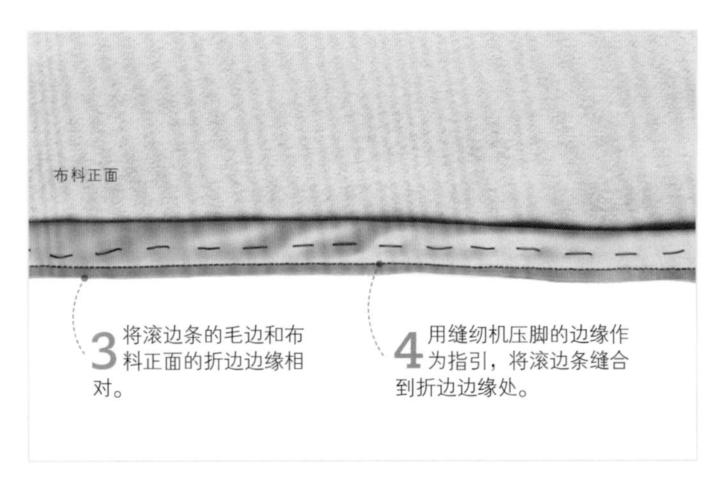

3 将滚边条的毛边和布料正面的折边边缘相对。

4 用缝纫机压脚的边缘作为指引，将滚边条缝合到折边边缘处。

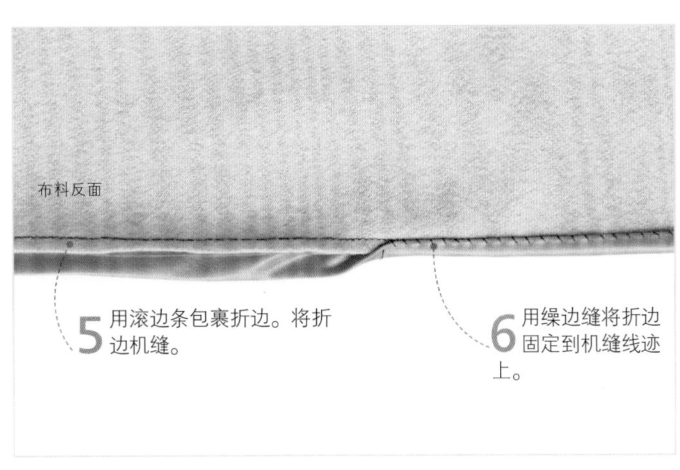

5 用滚边条包裹折边。将折边机缝。

6 用缲边缝将折边固定到机缝线迹上。

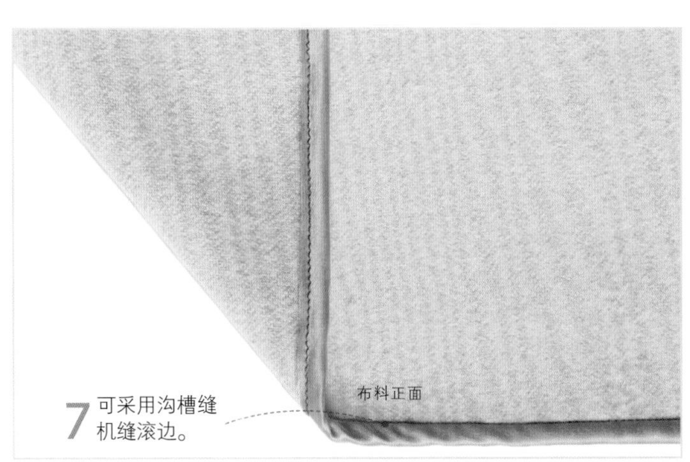

7 可采用沟槽缝机缝滚边。

如何固定非热熔衬布见第55页 • 假缝线迹见第89页 • 手缝线迹见第90~91页

内衬折边

难度指数 *****

西式服装，如上衣和冬季裙装，一般使用内衬折边。内衬折边只适用于直线折边，因为做成的内衬折边很重。这种折边多用机织衬布，并斜纹裁剪。

1 斜纹剪下一条4cm宽的机织衬布条。如果需要拼接，使用叠合接迹。

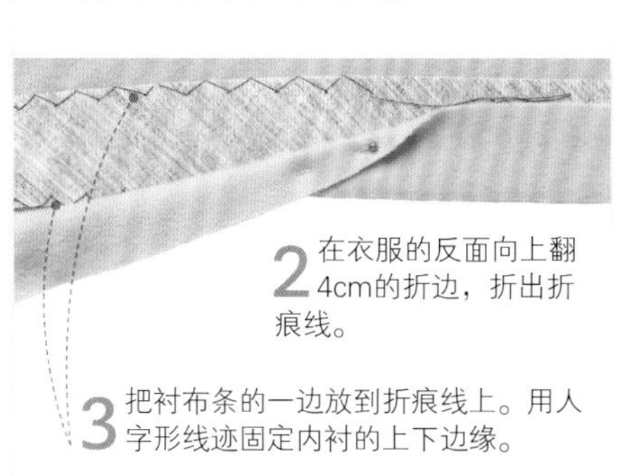

2 在衣服的反面向上翻4cm的折边，折出折痕线。

3 把衬布条的一边放到折痕线上。用人字形线迹固定内衬的上下边缘。

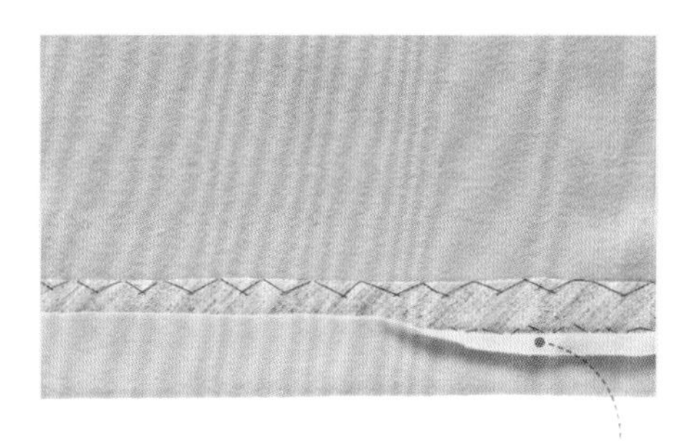

4 把折边卷起来包住衬布条。衬布条的上边缘要比折边的上边缘高出一些。

5 把折边的上边缘向下翻折。人字形线迹缝合衬布条。

6 把折边卷回正面烫平。在正面看不到线迹。

马尾编织带折边

难度指数 *****

在特殊场合的衣服上，可使用马尾编织带做折边，这样衣服看起来蓬松饱满。以前用马尾毛编织而成，现在都用尼龙带，有各种宽度的。马尾编织带有弹性，但是缝制时尽量不要拉伸。

窄马尾编织带

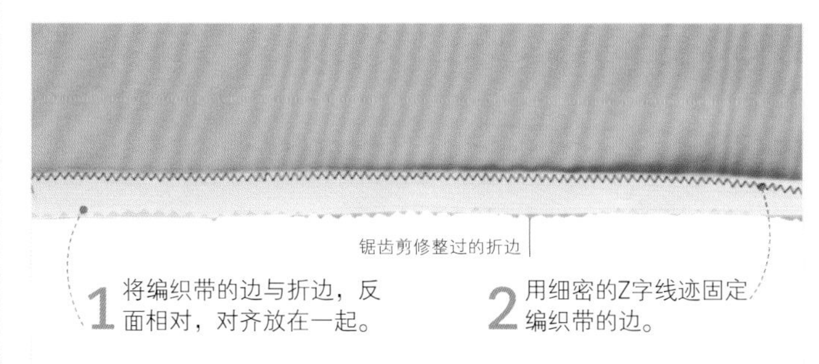

1 将编织带的边与折边，反面相对，对齐放在一起。

2 用细密的Z字线迹固定编织带的边。

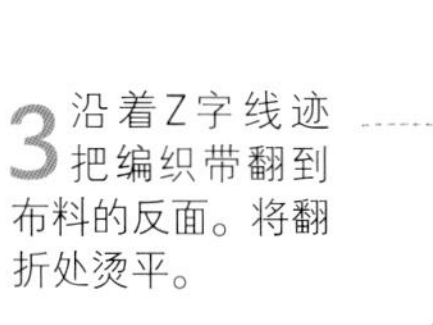

3 沿着Z字线迹把编织带翻到布料的反面。将翻折处烫平。

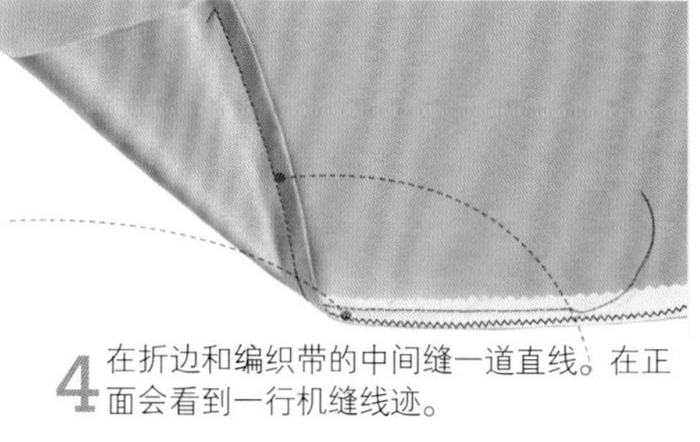

4 在折边和编织带的中间缝一道直线。在正面会看到一行机缝线迹。

宽马尾编织带

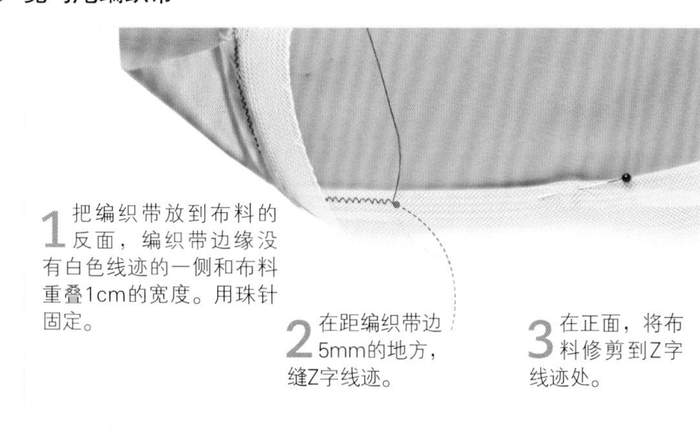

1 把编织带放到布料的反面，编织带边缘没有白色线迹的一侧和布料重叠1cm的宽度。用珠针固定。

2 在距编织带边5mm的地方，缝Z字线迹。

3 在正面，将布料修剪到Z字线迹处。

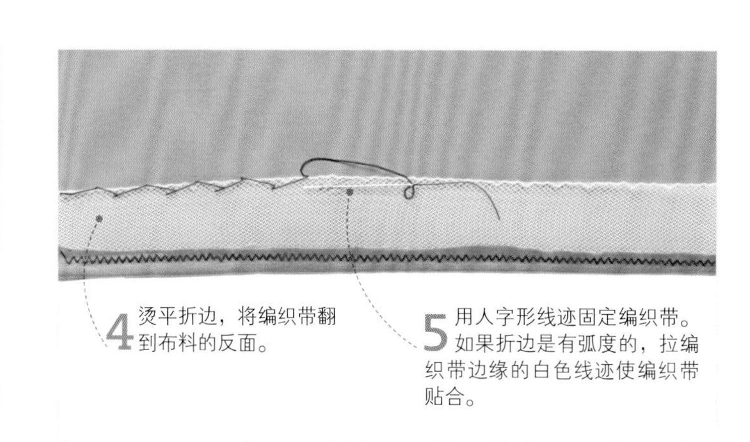

4 烫平折边，将编织带翻到布料的反面。

5 用人字形线迹固定编织带。如果折边是有弧度的，拉编织带边缘的白色线迹使编织带贴合。

机缝线迹见第92~93页 • 如何裁剪斜滚边条见第150页

镶边

难度指数 ★★★★★

镶边是一种更宽的斜裁镶边条。有些镶边可以包住布边，有的就是在正面做装饰，比如说短帘和桌布。镶边的边角需要精确地绘标和缝制。下面的这些技术主要用于工艺品和家居饰品。

▶ 内角镶边

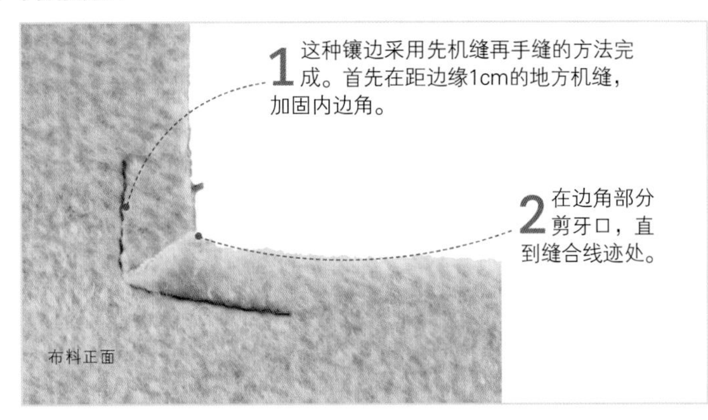

1 这种镶边采用先机缝再手缝的方法完成。首先在距边缘1cm的地方机缝，加固内边角。

2 在边角部分剪牙口，直到缝合线迹处。

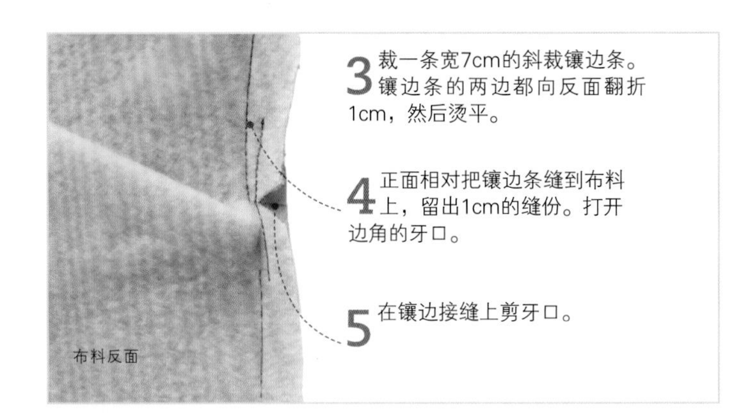

3 裁一条宽7cm的斜裁镶边条。镶边条的两边都向反面翻折1cm，然后烫平。

4 正面相对把镶边条缝到布料上，留出1cm的缝份。打开边角的牙口。

5 在镶边接缝上剪牙口。

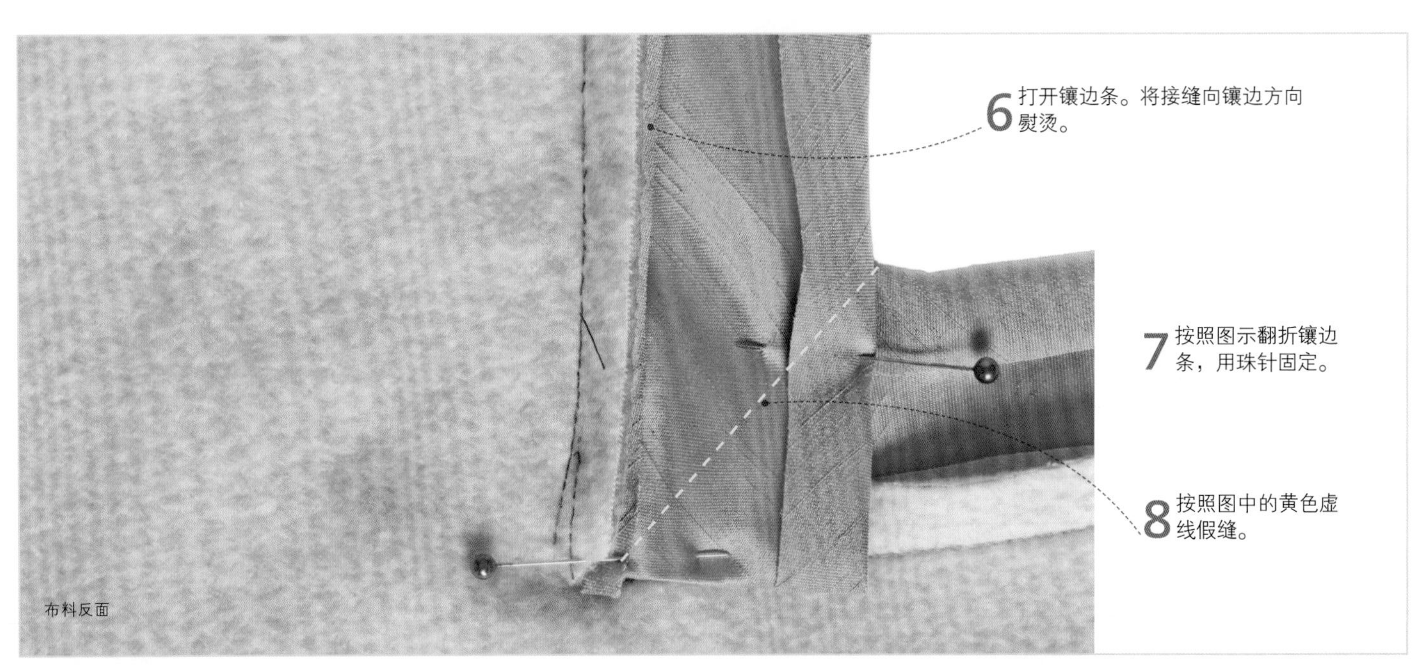

6 打开镶边条。将接缝向镶边方向熨烫。

7 按照图示翻折镶边条，用珠针固定。

8 按照图中的黄色虚线假缝。

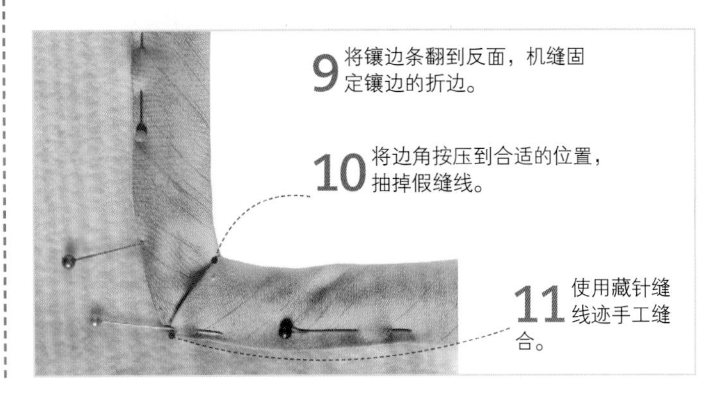

9 将镶边条翻到反面，机缝固定镶边的折边。

10 将边角按压到合适的位置，抽掉假缝线。

11 使用藏针缝线迹手工缝合。

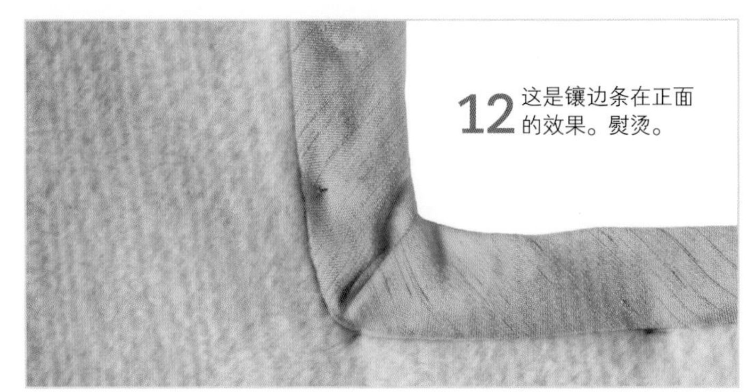

12 这是镶边条在正面的效果。熨烫。

转绘纸样见第82~83页 • 假缝线迹见第89页 • 手缝线迹见第90~91页

外角镶边

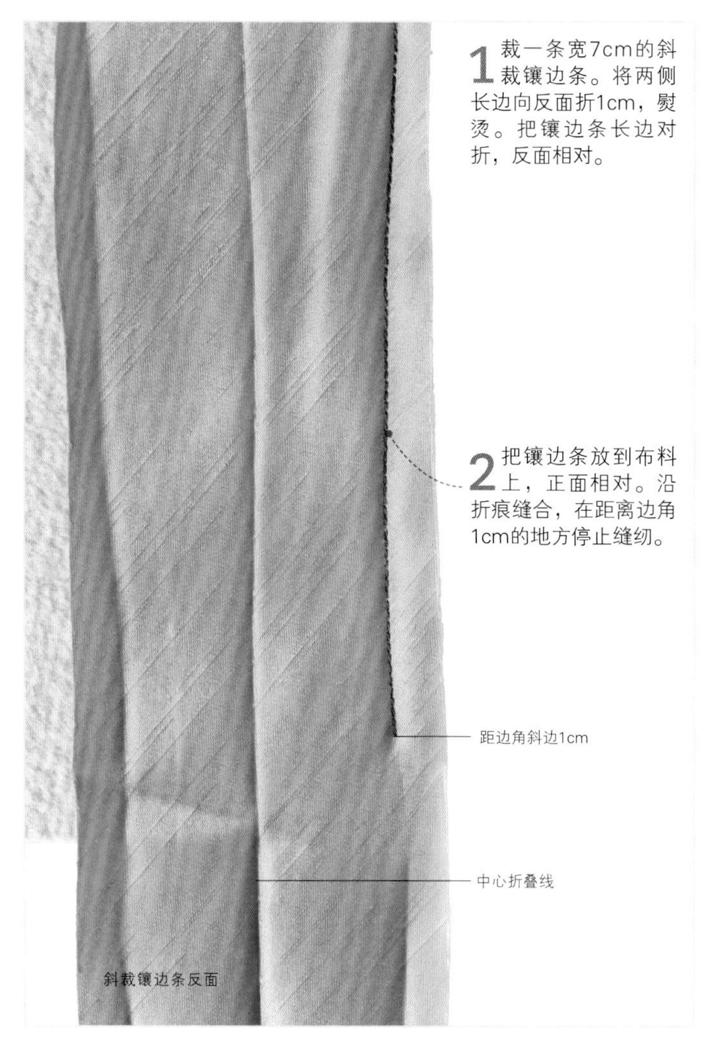

1 裁一条宽7cm的斜裁镶边条。将两侧长边向反面折1cm，熨烫。把镶边条长边对折，反面相对。

2 把镶边条放到布料上，正面相对。沿折痕缝合，在距离边角1cm的地方停止缝纫。

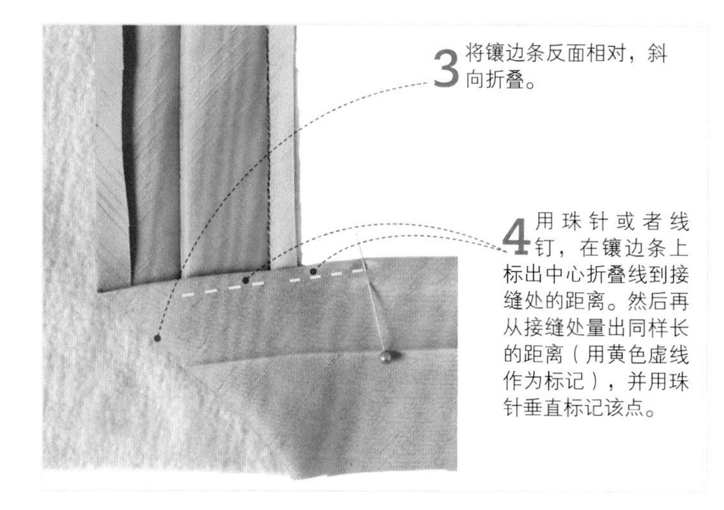

3 将镶边条反面相对，斜向折叠。

4 用珠针或者线钉，在镶边条上标出中心折叠线到接缝处的距离。然后再从接缝处量出同样长的距离（用黄色虚线作为标记），并用珠针垂直标记该点。

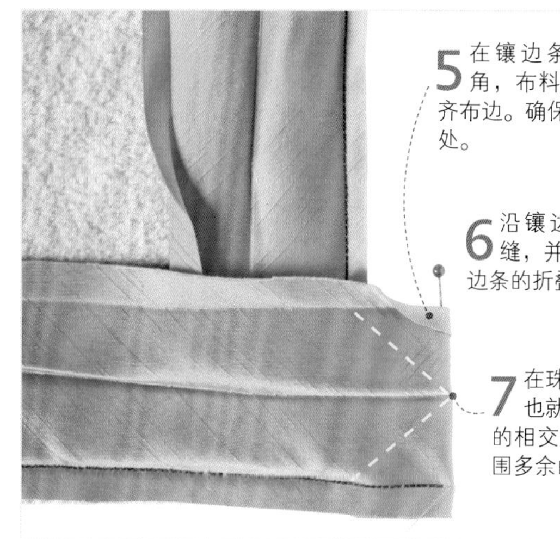

5 在镶边条上折出一个直角，布料正面相对，并比齐布边。确保珠针垂直在折痕处。

6 沿镶边条的下折痕机缝，并进一步缝制到镶边条的折叠部分。

7 在珠针标记点缝针，也就是图中黄色虚线的相交点。剪掉该点周围多余的布料。

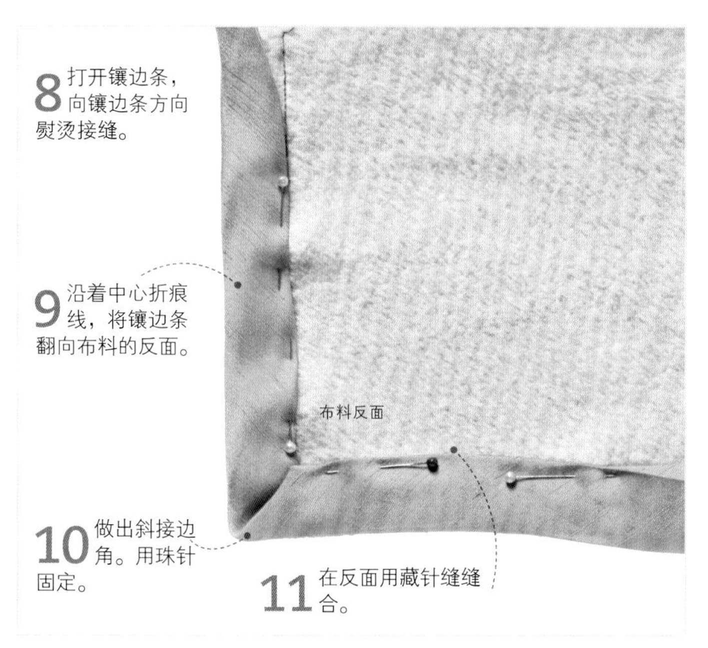

8 打开镶边条，向镶边条方向熨烫接缝。

9 沿着中心折痕线，将镶边条翻向布料的反面。

10 做出斜接边角。用珠针固定。

11 在反面用藏针缝缝合。

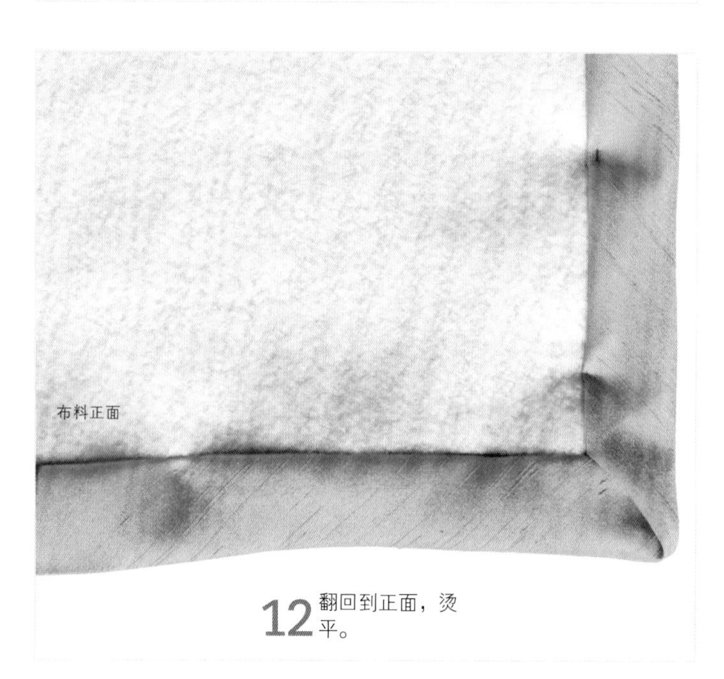

12 翻回到正面，烫平。

机缝线迹见第92~93页 • 如何裁剪斜滚边条见第150页 • 斜接边角见第241页

缝纫技法

外角明镶边

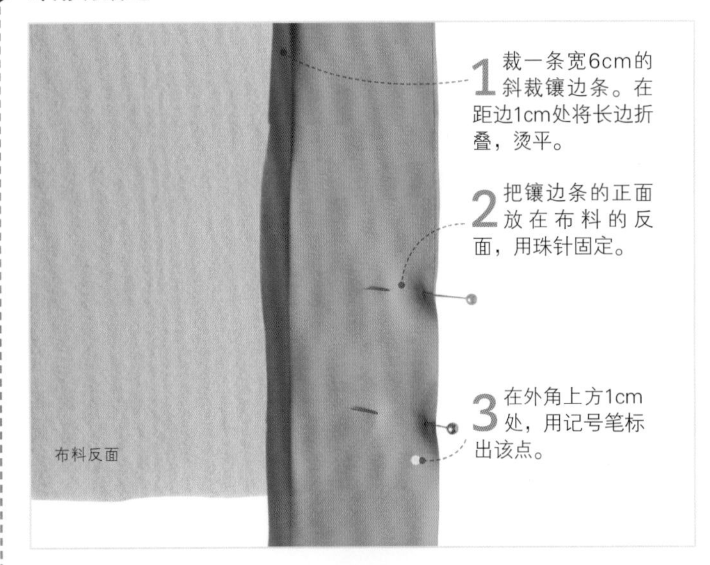

1 裁一条宽6cm的斜裁镶边条。在距边1cm处将长边折叠，烫平。

2 把镶边条的正面放在布料的反面，用珠针固定。

3 在外角上方1cm处，用记号笔标出该点。

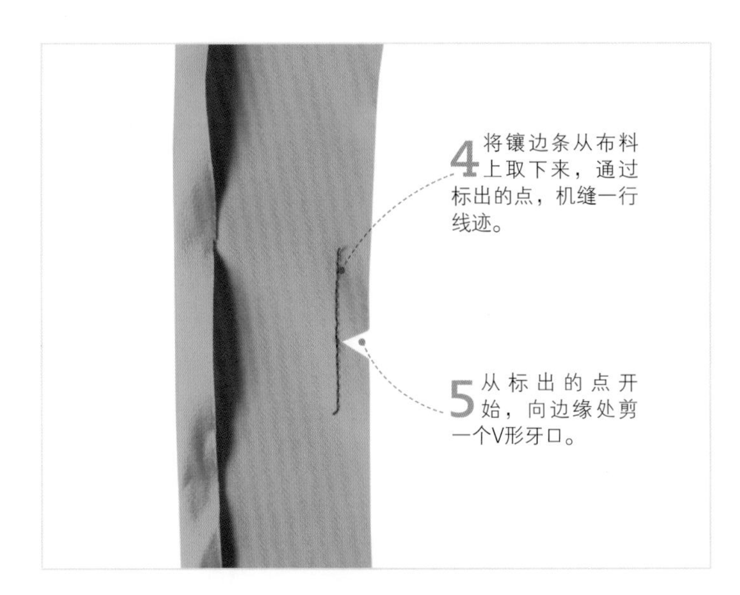

4 将镶边条从布料上取下来，通过标出的点，机缝一行线迹。

5 从标出的点开始，向边缘处剪一个V形牙口。

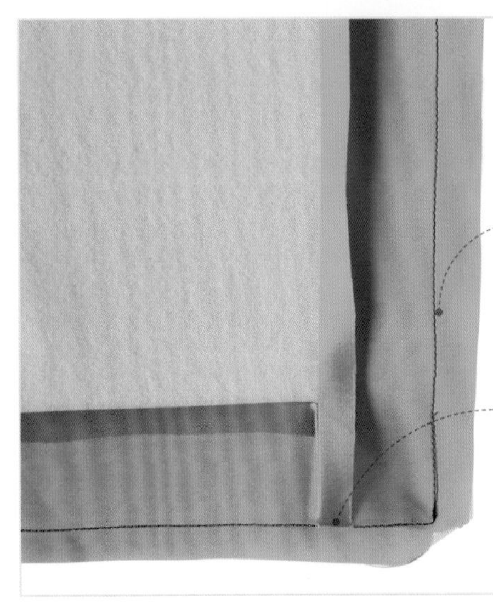

6 再次把镶边条放到布料的反面，用珠针固定。

7 机缝固定，拉伸镶边条。缝合时以边角为轴转动布料。

8 折叠镶边条，折边要接触到线迹。镶边条的外边缘保持折叠状。烫平，形成折痕。

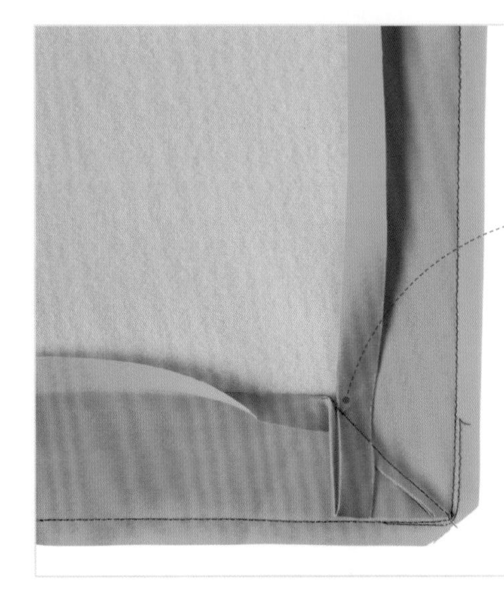

9 沿折痕缝线。确定各边都保持折叠状。

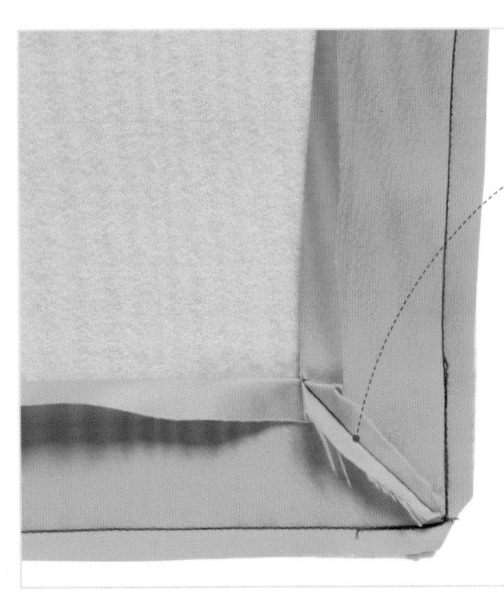

10 裁去多余的布料，把接缝熨烫展开。注意折痕一定要对接精准。

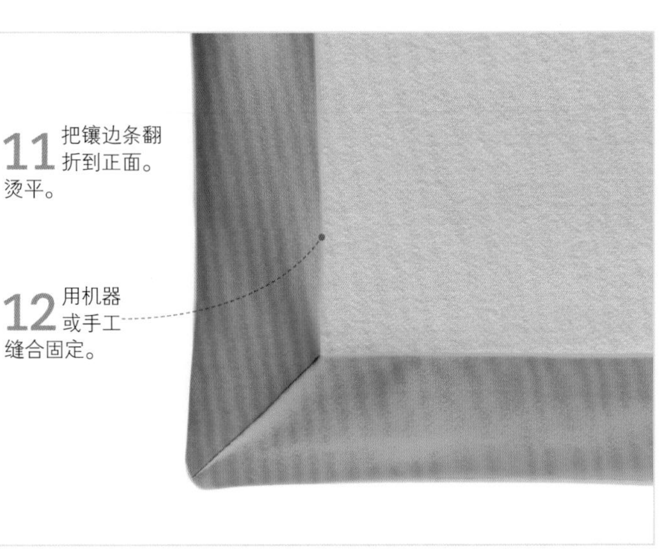

11 把镶边条翻折到正面。烫平。

12 用机器或手工缝合固定。

标绘工具见第19页 ● 手缝线迹见第90~91页 ● 机缝线迹见第92~93页

内角明镶边

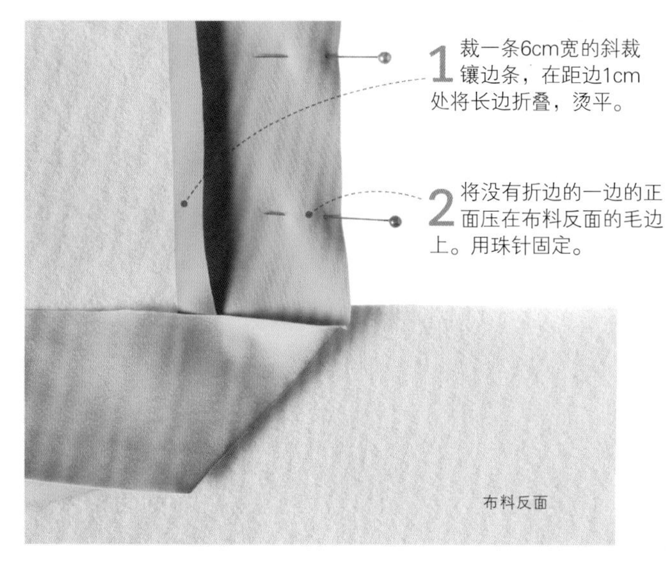

1 裁一条6cm宽的斜裁镶边条，在距边1cm处将长边折叠，烫平。

2 将没有折边的一边的正面压在布料反面的毛边上。用珠针固定。

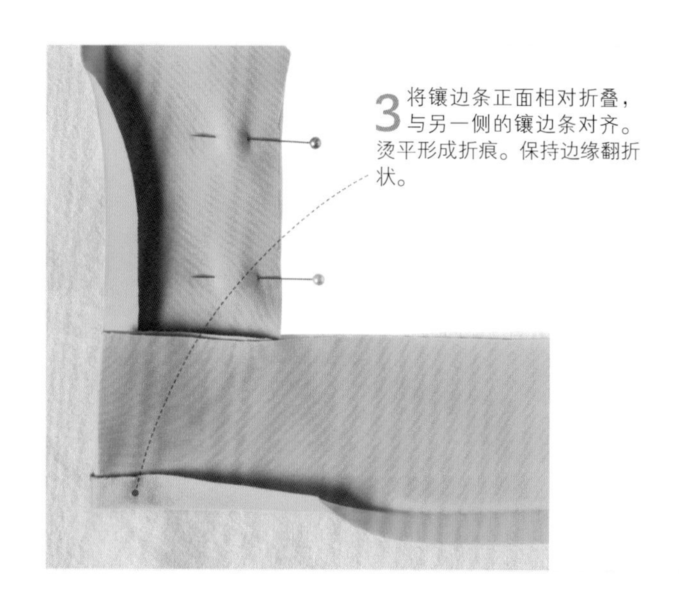

3 将镶边条正面相对折叠，与另一侧的镶边条对齐。烫平形成折痕。保持边缘翻折状。

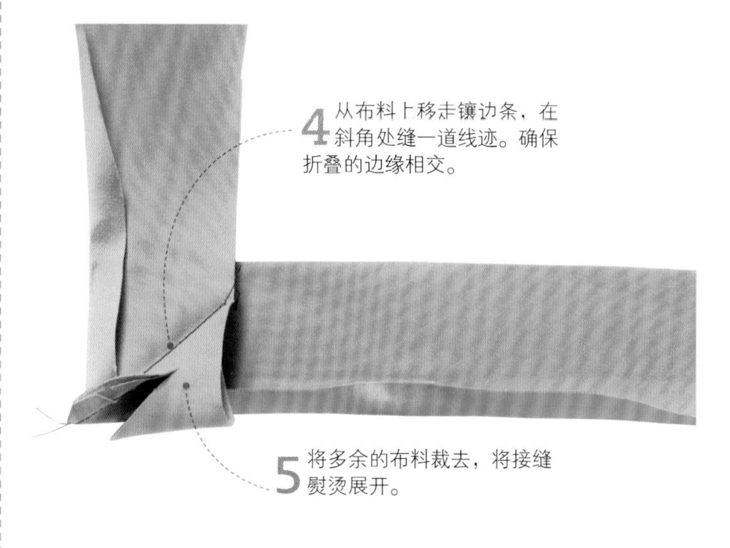

4 从布料上移走镶边条，在斜角处缝一道线迹。确保折叠的边缘相交。

5 将多余的布料裁去，将接缝熨烫展开。

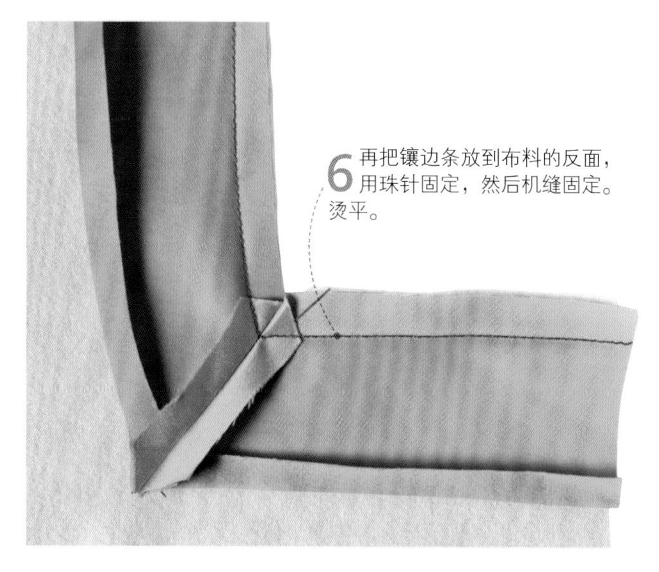

6 再把镶边条放到布料的反面，用珠针固定，然后机缝固定。烫平。

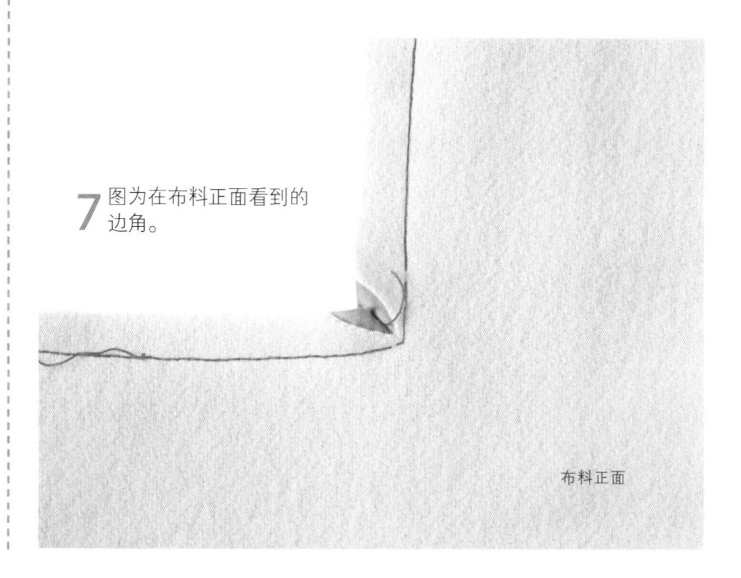

7 图为在布料正面看到的边角。

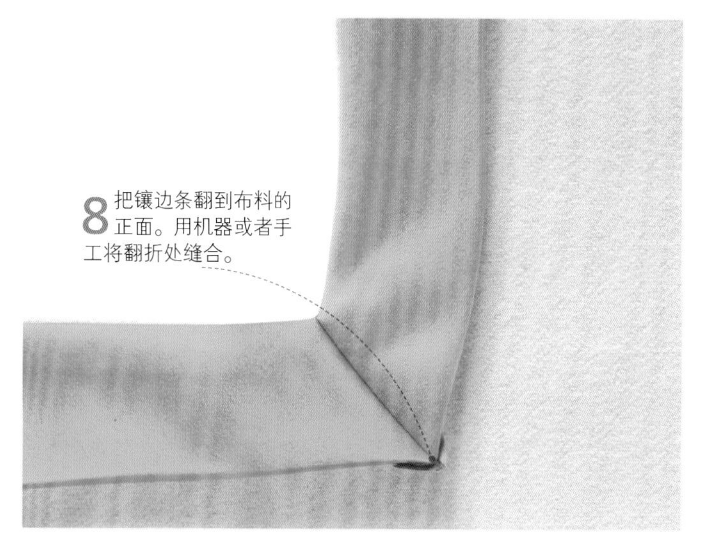

8 把镶边条翻到布料的正面。用机器或者手工将翻折处缝合。

扁平饰边

难度指数 *****

扁平饰边或者缎带缝在作品上可起到装饰作用。可以将饰边加在折边或布边上，也可加在布料上。要想做得好看，扁平饰边的边角要形成斜接角。

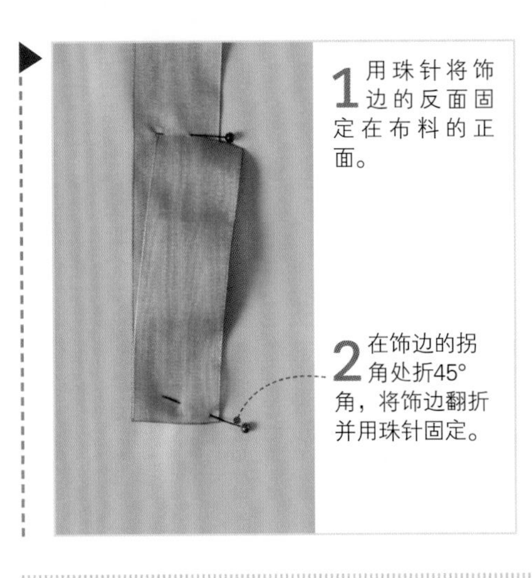

1 用珠针将饰边的反面固定在布料的正面。

2 在饰边的拐角处折45°角，将饰边翻折并用珠针固定。

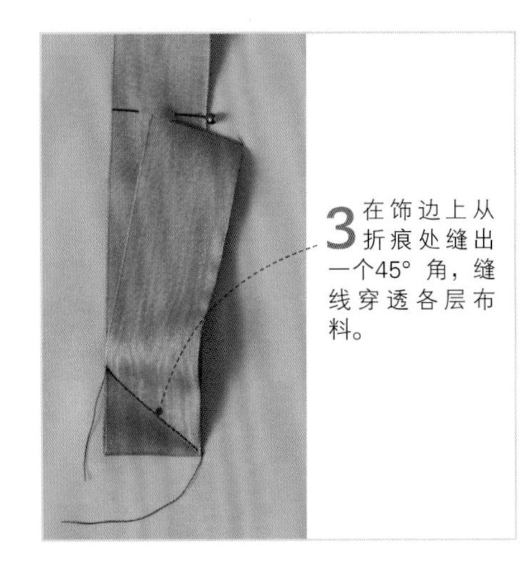

3 在饰边上从折痕处缝出一个45°角，缝线穿透各层布料。

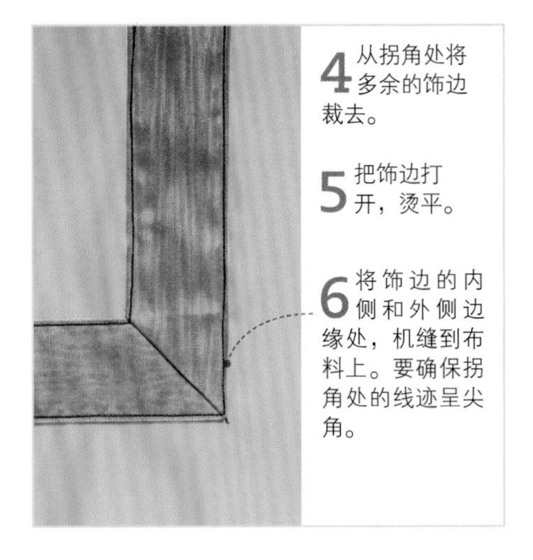

4 从拐角处将多余的饰边裁去。

5 把饰边打开，烫平。

6 将饰边的内侧和外侧边缘处，机缝到布料上。要确保拐角处的线迹呈尖角。

嵌绳饰边

难度指数 *****

嵌绳也称出芽，在衣物上的效果很明显，使用对比色的布料制作效果会更抢眼。对于完成特殊场合的衣物和软装饰，嵌绳镶边也是一种很好的方法。嵌绳可以是单层的、双层的或是带抽褶的。

单嵌绳

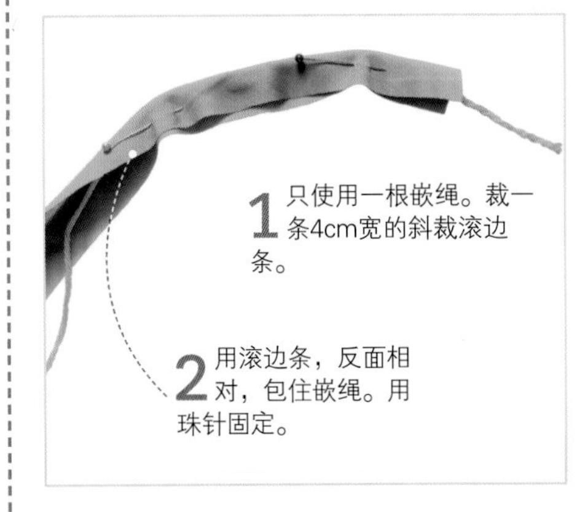

1 只使用一根嵌绳。裁一条4cm宽的斜裁滚边条。

2 用滚边条，反面相对，包住嵌绳。用珠针固定。

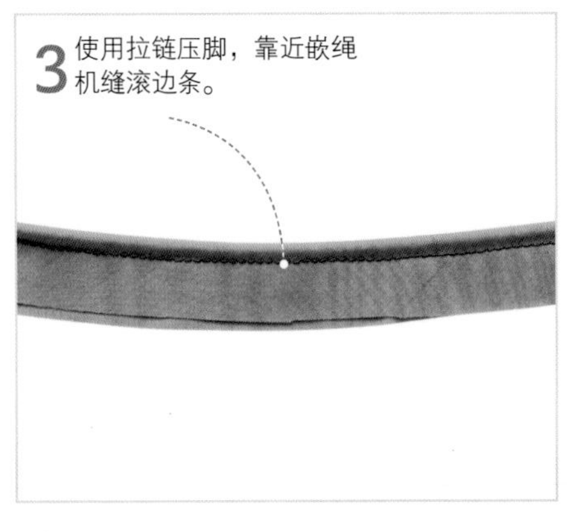

3 使用拉链压脚，靠近嵌绳机缝滚边条。

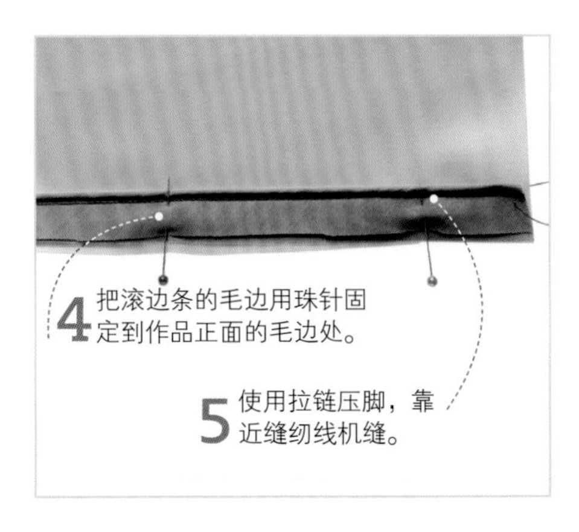

4 把滚边条的毛边用珠针固定到作品正面的毛边处。

5 使用拉链压脚，靠近缝纫线机缝。

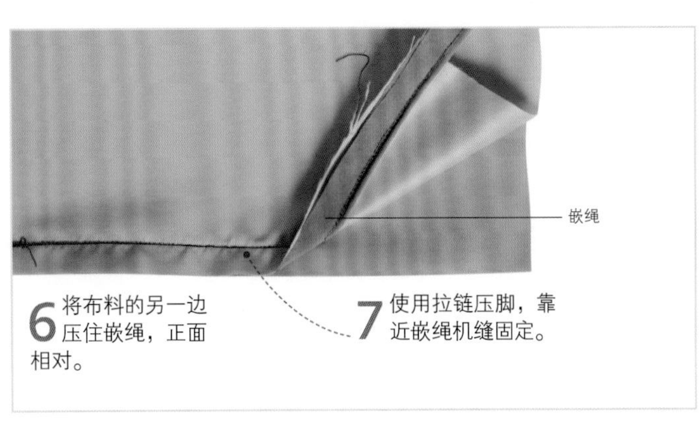

6 将布料的另一边压住嵌绳，正面相对。

7 使用拉链压脚，靠近嵌绳机缝固定。

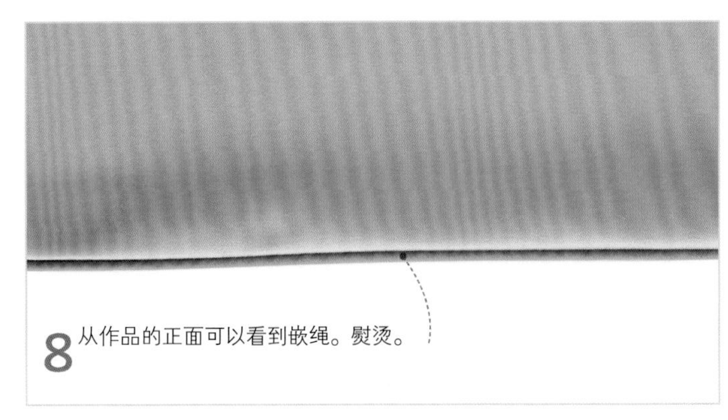

8 从作品的正面可以看到嵌绳。熨烫。

机缝线迹见第92~93页

双嵌绳

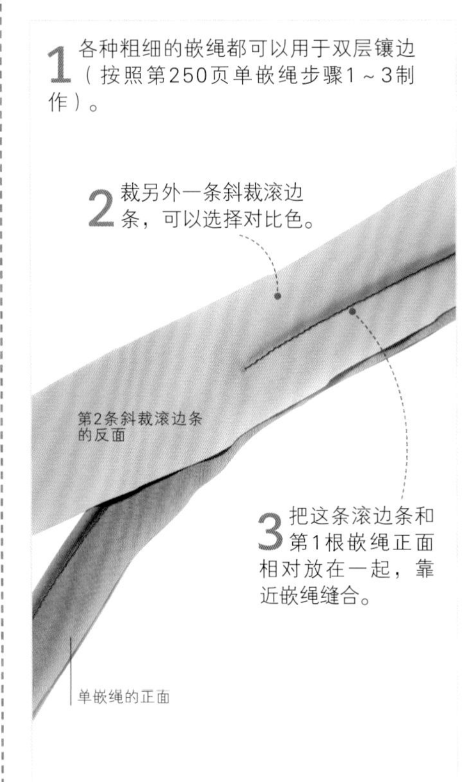

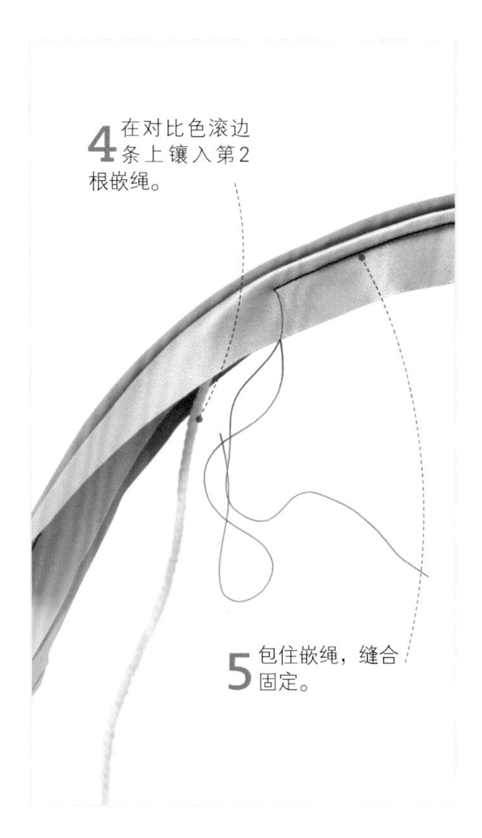

6 按照单嵌绳步骤4～7的方法将嵌绳缝在侧边上。在作品的正面，布边有两行嵌绳。

抽褶嵌绳

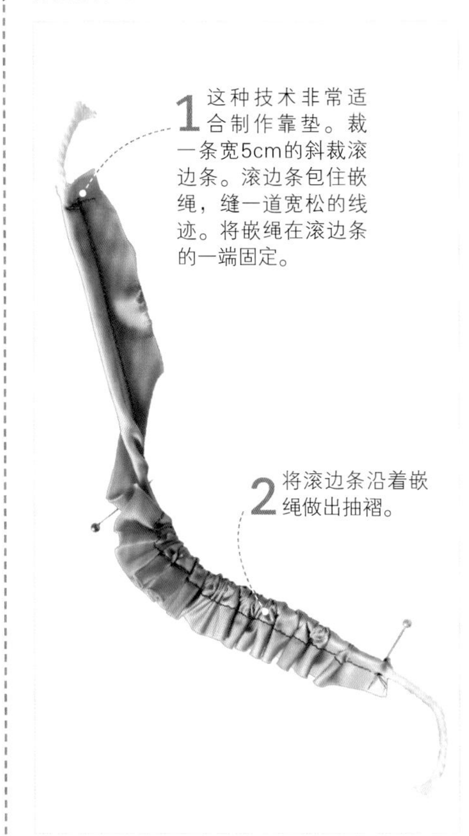

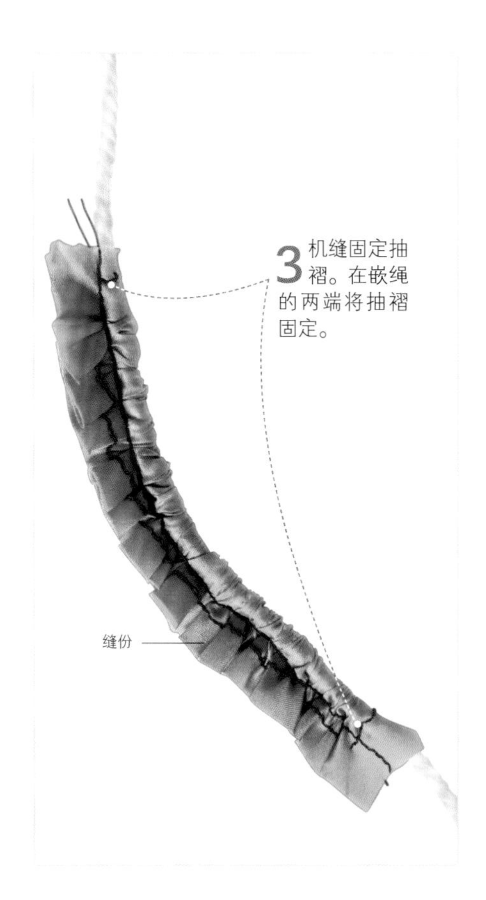

4 将嵌绳抽褶缝在作品上（可按照第250页单嵌绳步骤4～7制作）。

如何裁剪斜滚边条见第150页 • 斜接边角见第241页

蕾丝边

难度指数 *****

任何衣物，只要一镶上蕾丝边就显得奢华了不少。蕾丝有各种各样，镶蕾丝边的方法也各有不同。较厚重的蕾丝饰边边缘清晰，可以缝到衣服上。蕾丝镶边不仅美观，还可以修饰毛边。而缎带蕾丝的两个边都具有装饰性。

蕾丝饰边

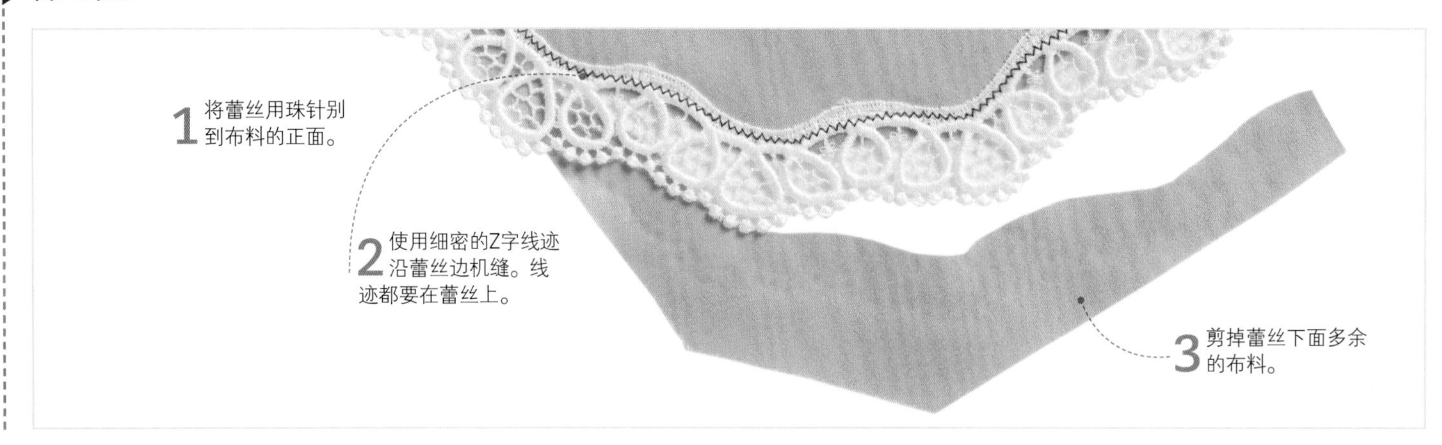

蕾丝镶边

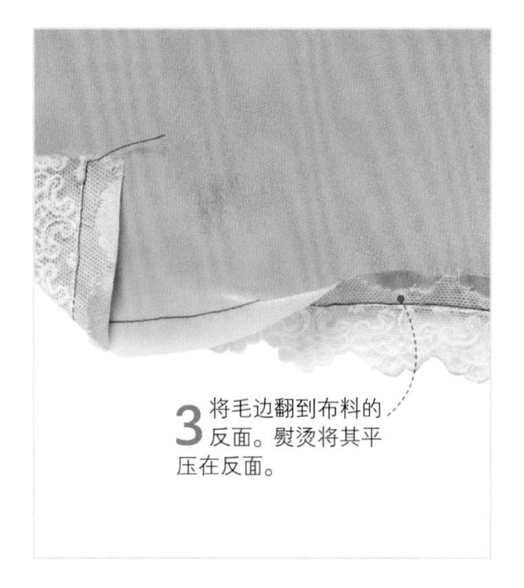

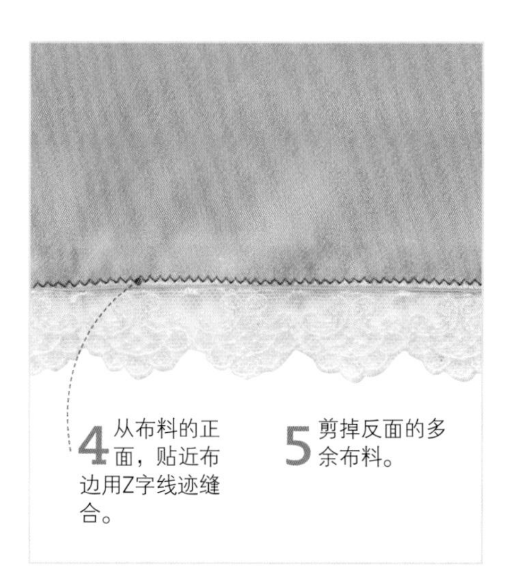

缎带蕾丝

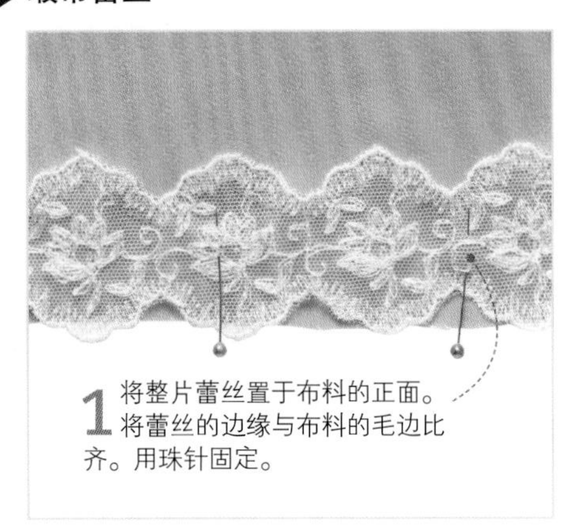

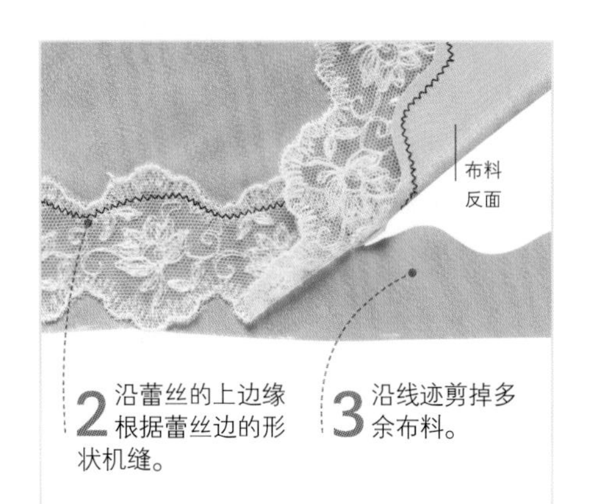

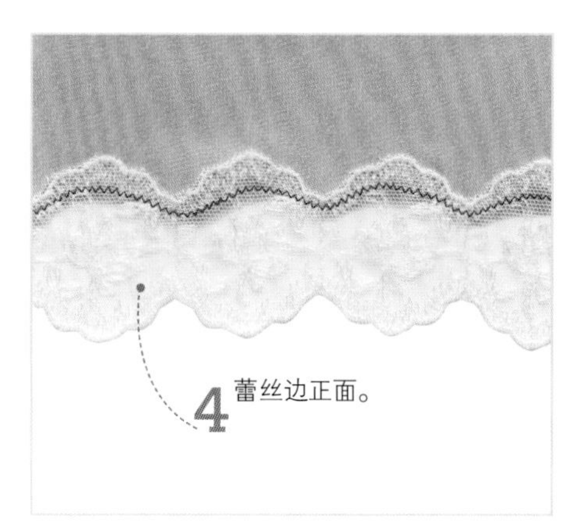

饰边、饰物、流苏和穗带见第27页 ● 缝纫机配件见第32~33页

其他饰边

难度指数 *****

用于修边的装饰还有许多，如丝带、穗带、珠饰、羽毛饰、亮片、流苏等等。用窄丝带或穗带装饰，可以直接在缝纫过程中缝到接缝中。其他的装饰要等衣片或其他裁片做成之后再加上。

缝入接缝

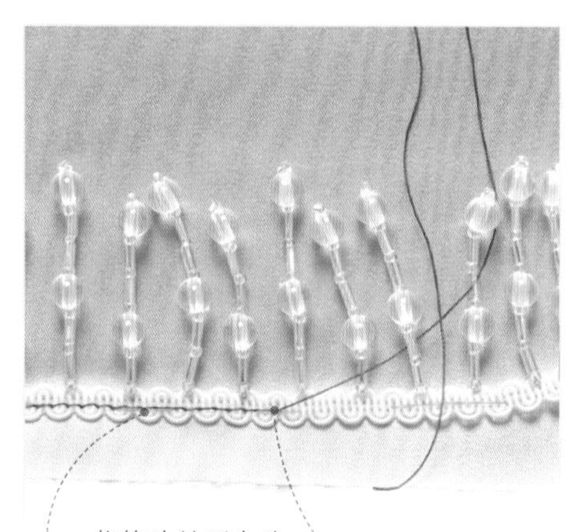

1 将饰边放到布片上，将带珠子或者其他装饰物的一边远离毛边。饰边距毛边1.5cm。假缝固定。

2 使用拉链压脚沿饰边机缝。

3 将另一布片置于第一片之上，正面相对。将二者机缝到一起。

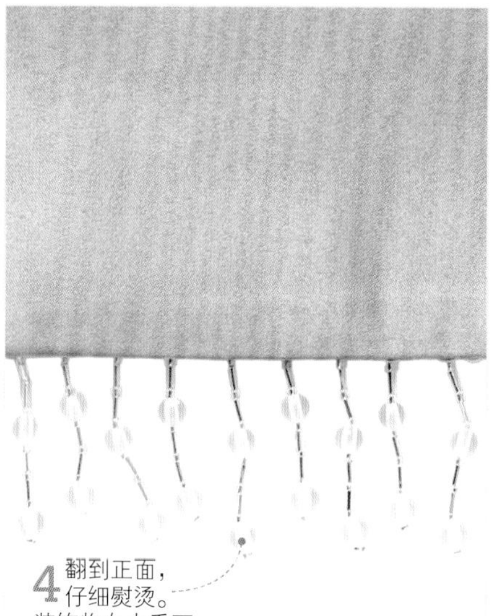

4 翻到正面，仔细熨烫。装饰物自由垂下。

缝到布边

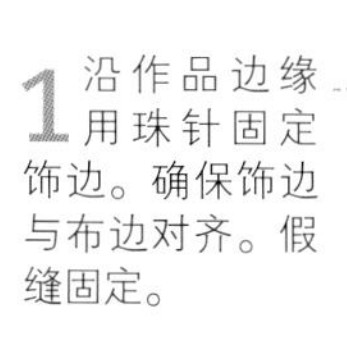

1 沿作品边缘用珠针固定饰边。确保饰边与布边对齐。假缝固定。

2 使用拉链压脚沿上边缘机缝，下边缘无须缝合。

手缝饰边

精美的饰边最好手工缝合到合适的位置，因为机缝可能会损坏饰边。将饰边放到合适的位置，然后用藏针缝仔细地缝合。

扣合件

扣合件的种类有很多，有些纯粹是实用性的，也有一些不仅实用还具有装饰功能。大多数扣合件都需要手工缝合。

拉链的种类与安装

拉链也许是使用最多的扣合件了。拉链的种类因长度、颜色、质地的不同而各不相同。但总的来说都可以归为以下五种类别：裙子或裤子拉链、金属拉链或牛仔服拉链、隐形拉链、开口式拉链和装饰拉链。无论是哪种拉链，在安装前都需要在安装位置布料的反面贴上一条2cm宽的热熔黏合衬。

各种不同的拉链

测量和标绘工具见第18~19页 • 假缝线迹见第89页 • 机缝线迹见第92~93页 • 如何缝制平接缝见第94页

如何剪短拉链

难度指数 *****

拉链的长度不一定刚好合适，但是想剪短也很简单。用于裙子或裤子的拉链以及隐形拉链都是通过缝合拉链齿来缩短的，而开口式拉链则从顶部缩短，而不是从尾端缩短。

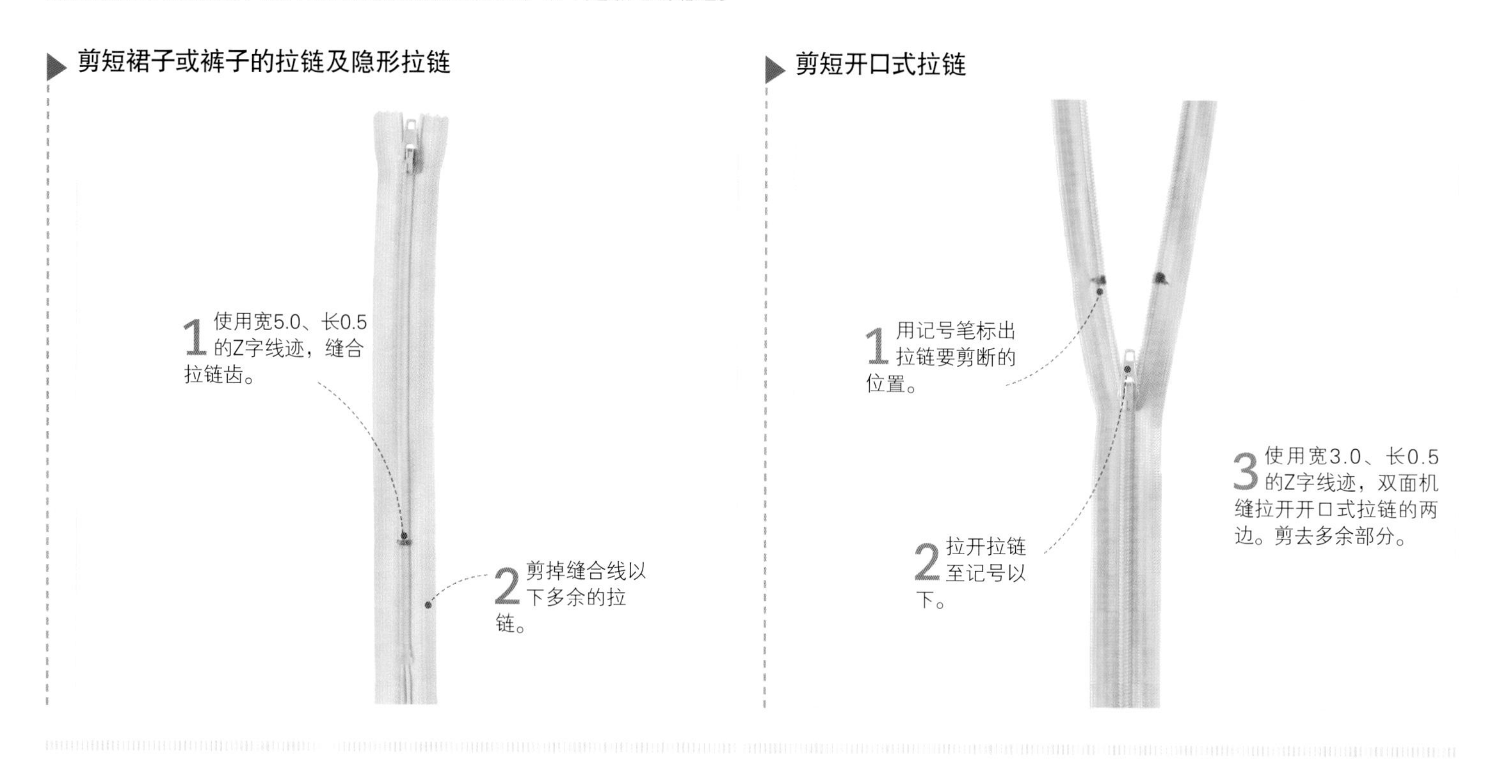

标记拉链位置

难度指数 *****

为了将拉链准确地缝到接缝里，需要提前标记要装入拉链的缝份。缝份的上边缘也需要标记，目的就是为了确保拉链环刚好在缝合线迹的下面。

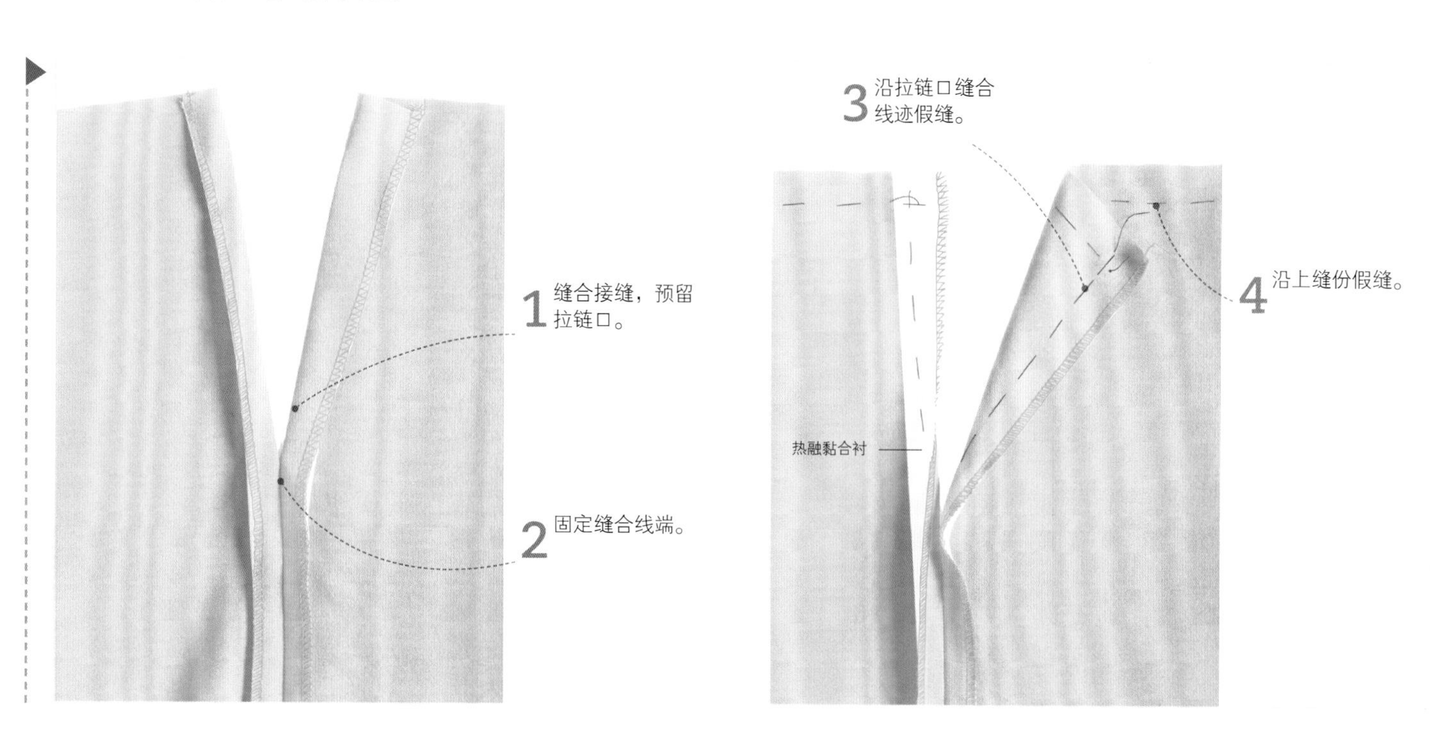

修整拉链见第315页

搭接拉链

难度指数 ★★★★★

短裙或连衣裙的拉链通常都是使用搭接或中缝的方法（见第259页）来安装的。这两种方法都需要使用缝纫机的拉链压脚。搭接拉链经常使用接缝的一边——左边——来遮盖拉链齿以使之不外露。

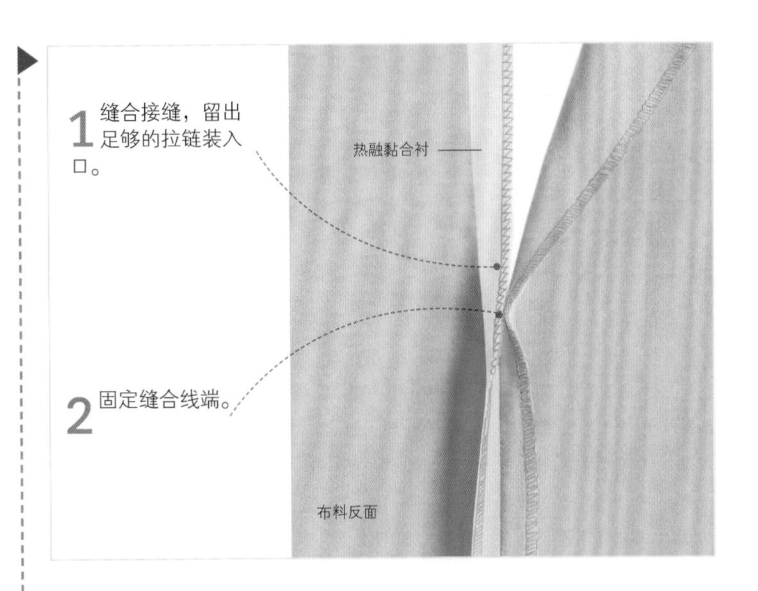

1 缝合接缝，留出足够的拉链装入口。

2 固定缝合线端。

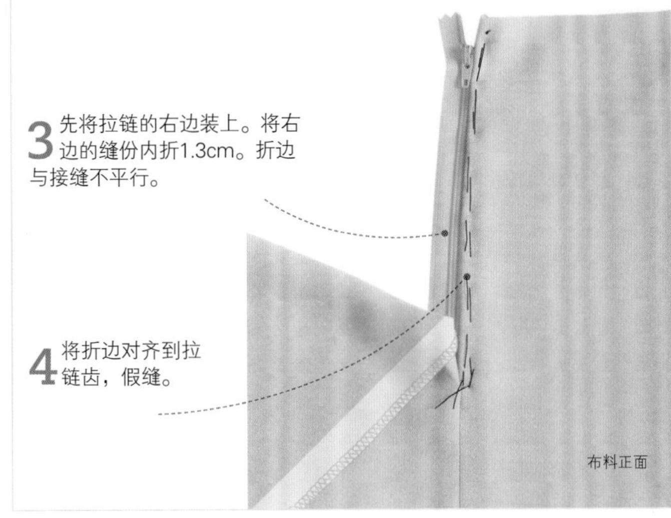

3 先将拉链的右边装上。将右边的缝份内折1.3cm。折边与接缝不平行。

4 将折边对齐到拉链齿，假缝。

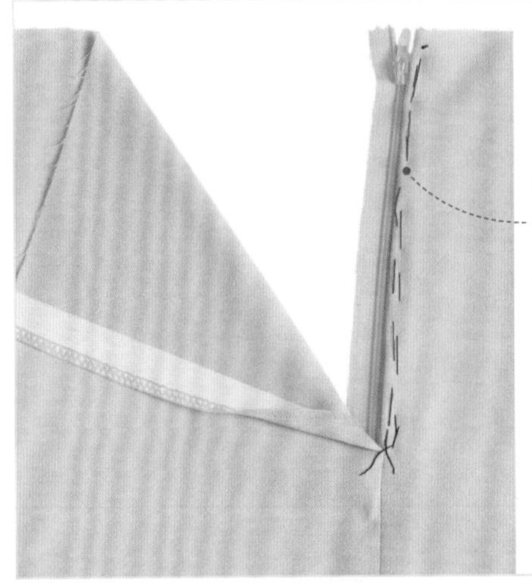

5 使用拉链压脚缝合假缝线，将拉链织带固定到衣片上。然后从拉链尾缝合到拉链头。

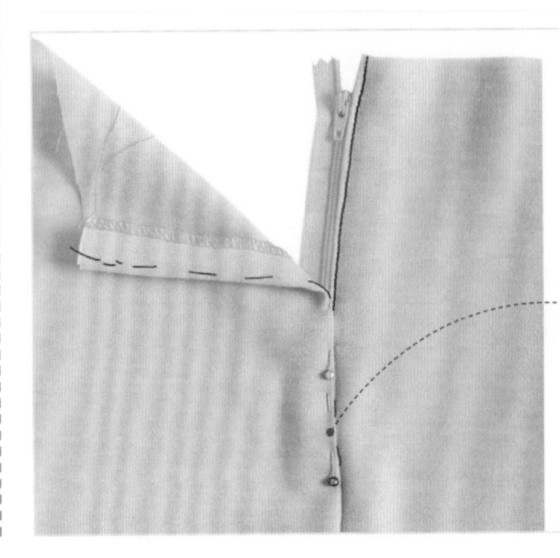

6 将左边的缝份内折1.5cm。将折边盖住另一边的机缝线。用珠针固定并假缝。

7 从拉链尾端开始沿中缝线向上缝合。装好之后，布料刚好可以遮挡住拉链齿。

中缝拉链

难度指数 *********

安装中缝拉链时，缝份的两条折边刚好在拉链齿的中间相交，可以完全遮盖住拉链。

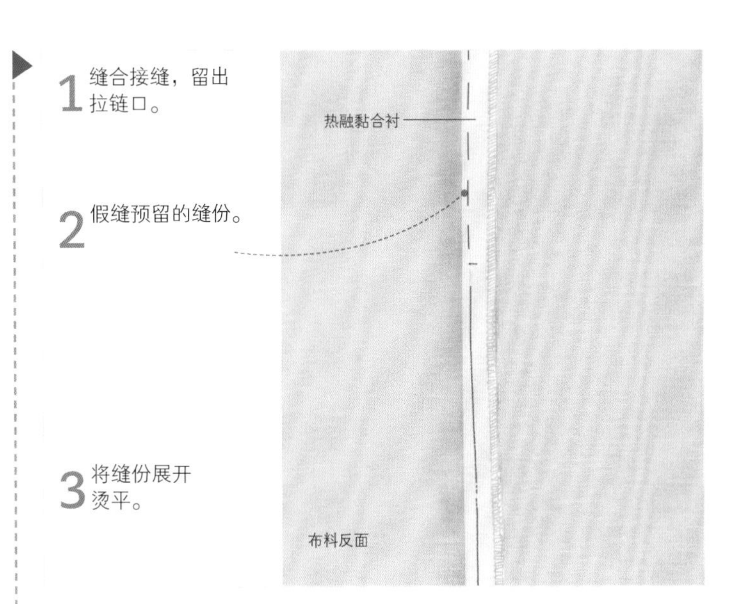

1 缝合接缝，留出拉链口。

2 假缝预留的缝份。

3 将缝份展开烫平。

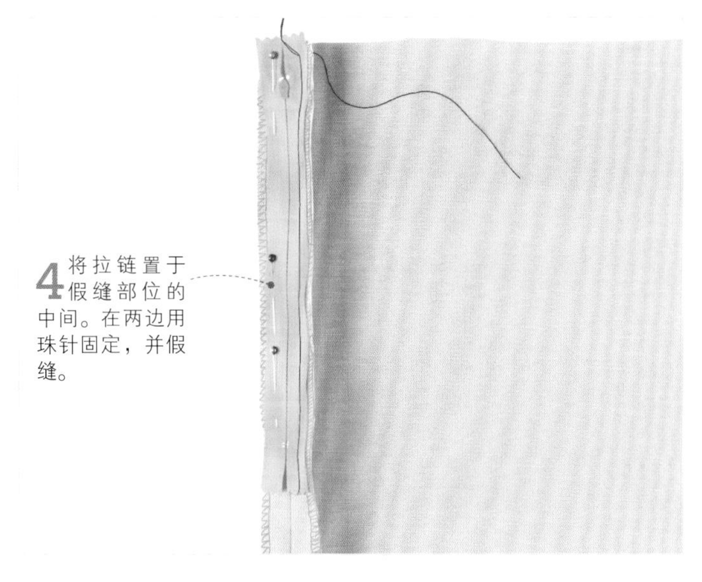

4 将拉链置于假缝部位的中间。在两边用珠针固定，并假缝。

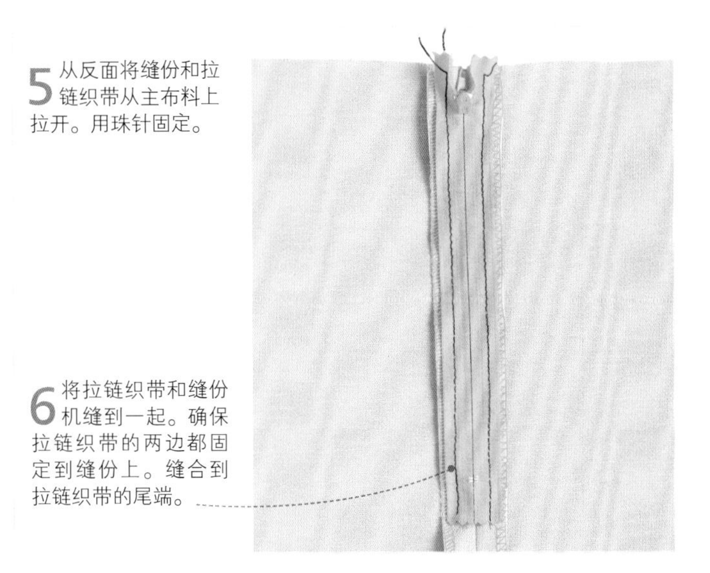

5 从反面将缝份和拉链织带从主布料上拉开。用珠针固定。

6 将拉链织带和缝份机缝到一起。确保拉链织带的两边都固定到缝份上。缝合到拉链织带的尾端。

7 从正面沿一侧从上向下缝合，越过尾端再从下向上缝合拉链的另一边。

8 拆掉假缝线。

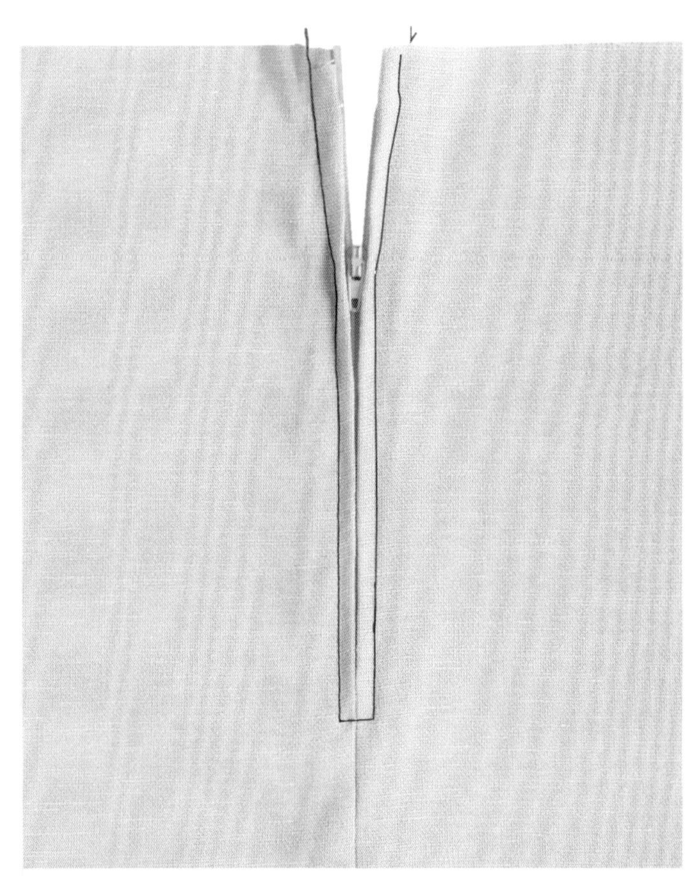

9 从正面看到的安装完毕的拉链。

机缝线迹见第92~93页 • 如何缝制平接缝见第94页

贴边暗门襟拉链

难度指数 *****

不管是传统的裤子还是牛仔裤，都常常使用暗门襟拉链。暗门襟拉链通常在背面贴边，可避免拉链齿夹住衣服。

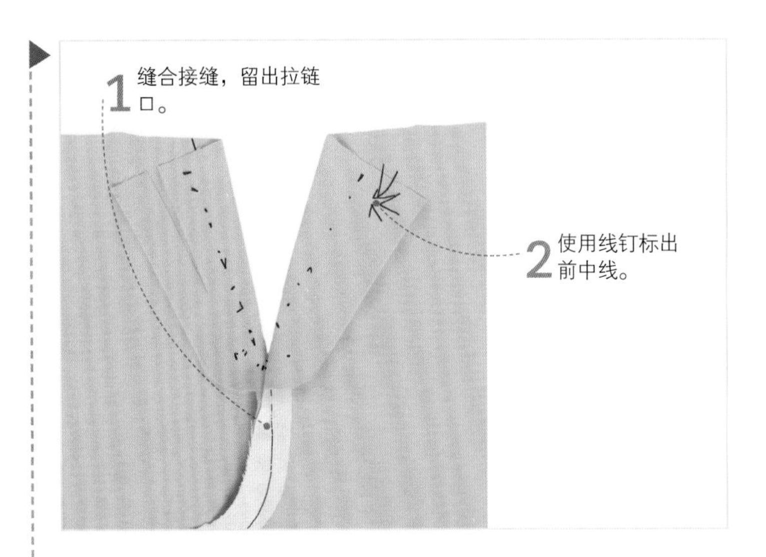

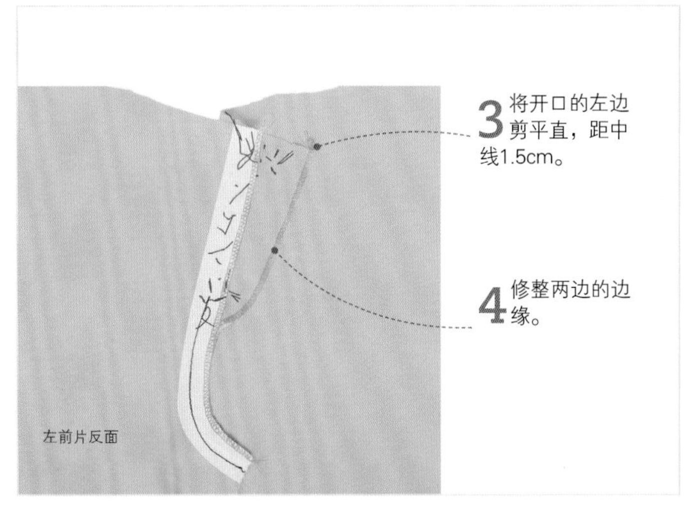

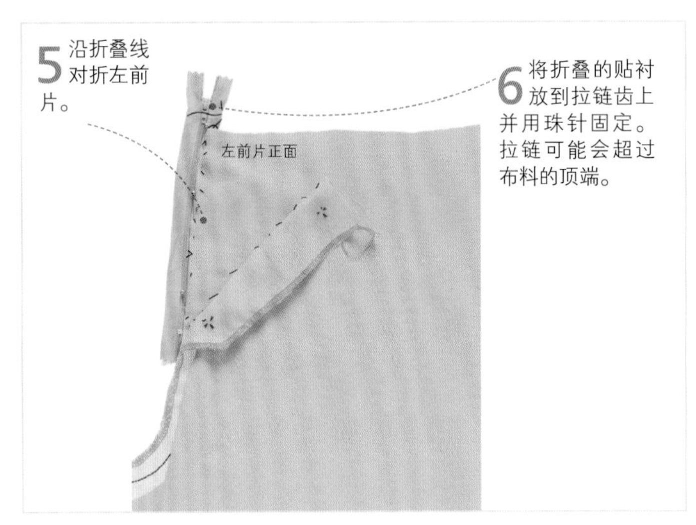

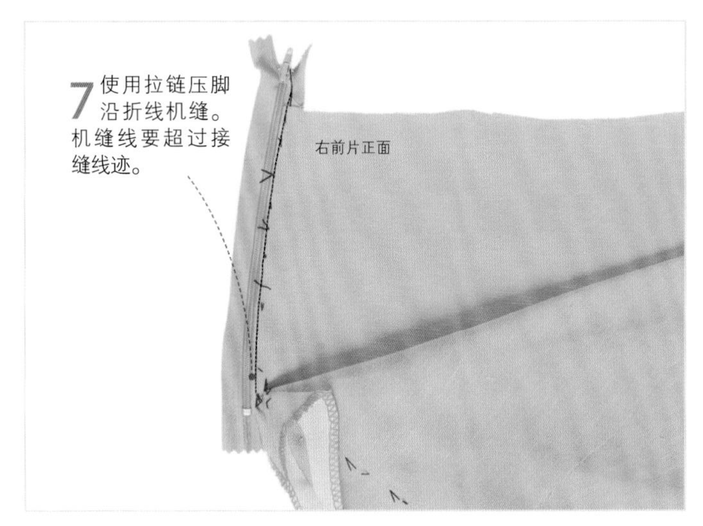

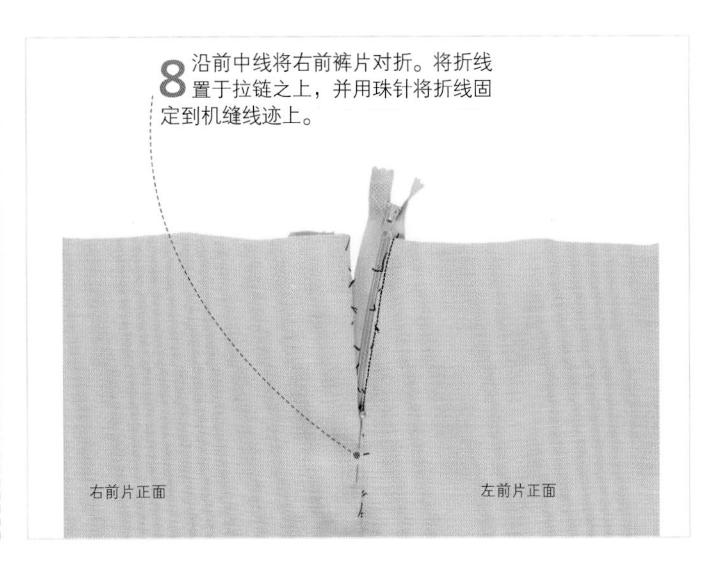

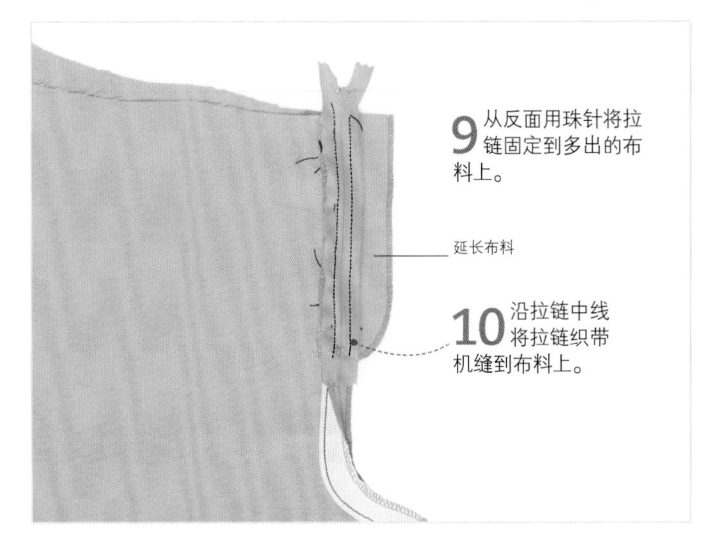

缝纫机配件见第32~33页 • 转绘纸样见第82~83页 • 假缝线迹见第89页 • 缝合直式腰头见第182~183页

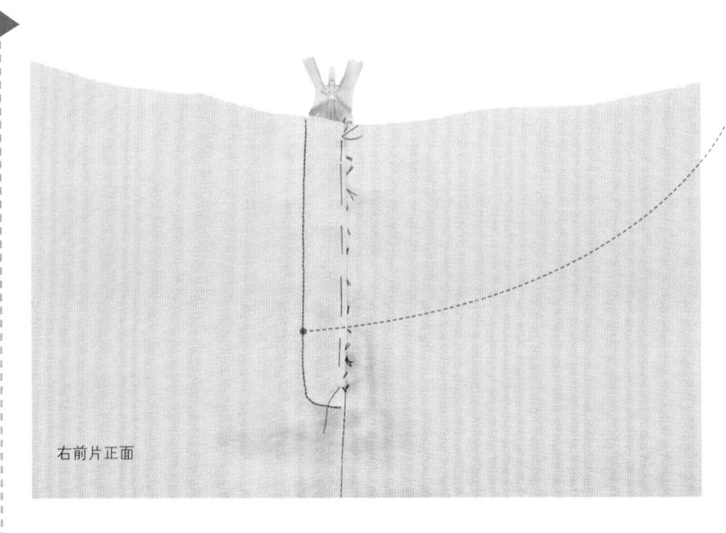

11 从正面绕拉链一周机缝面线。面线起始于前裤片中部，缝出平滑的弧线。

12 修整前门襟各贴边，顶部留毛边。

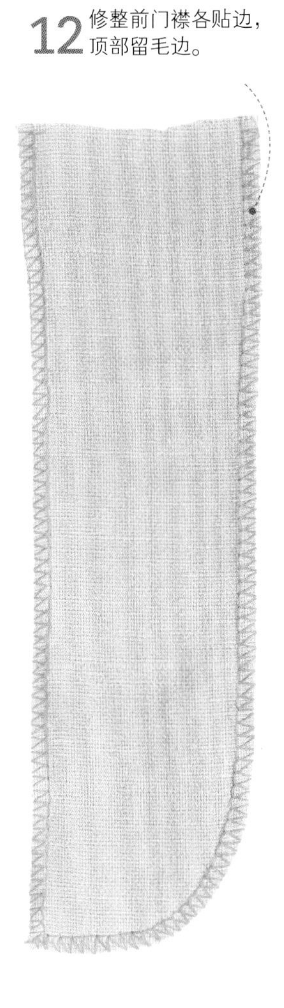

13 从反面将贴边固定到左侧缝份。确保贴边完全遮盖拉链。

14 将缝份机缝到左手边。

左前片反面

15 在拉链和贴边之上装腰头。修剪贴边和拉链。

16 将贴边的下边缘的右边固定到右手边的缝份上。

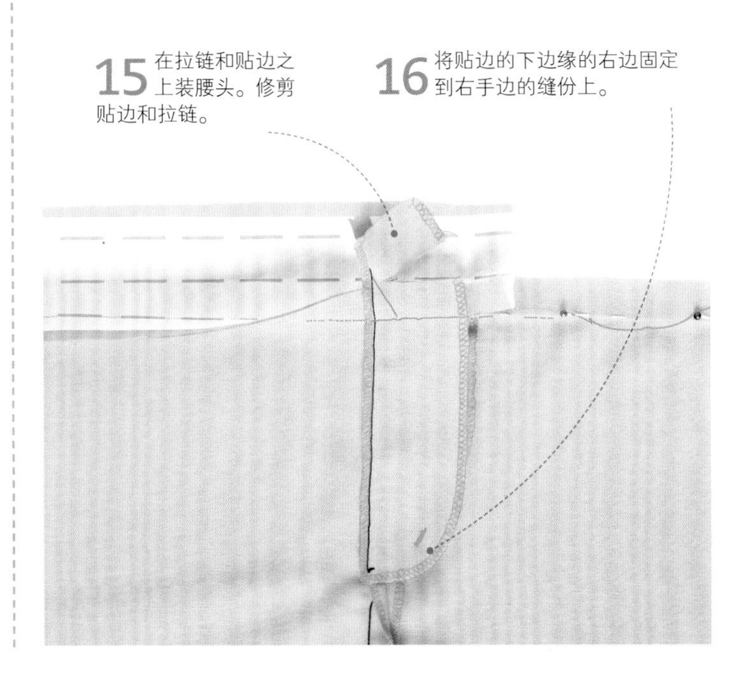

17 腰头压过拉链，刚好充当了拉链终点。缝好裤子的钩扣。

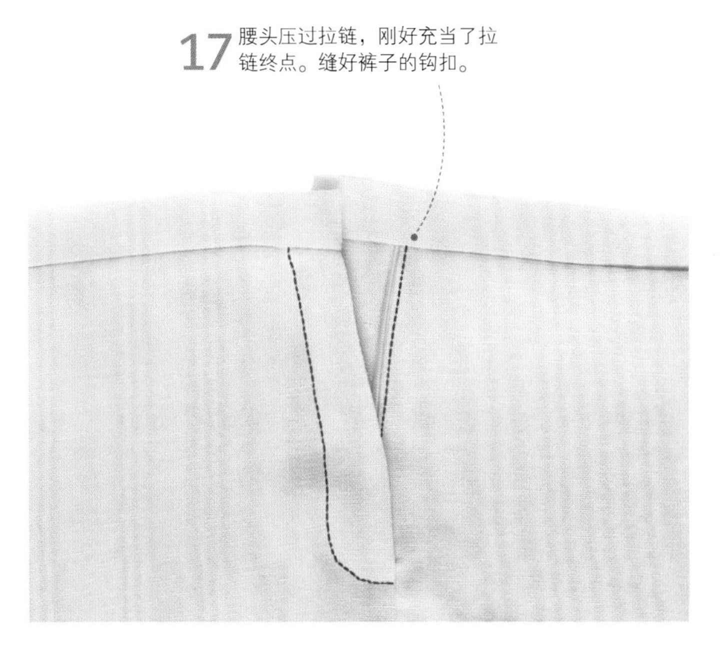

钩扣和扣环见第281页

隐形拉链

难度指数 *********

隐形拉链看起来和其他拉链不同，因为拉链齿是反向的，而且除了拉环从正面什么也看不到。隐形拉链要在缝边之前装好。安装的时候需要使用特殊的隐形拉链压脚。

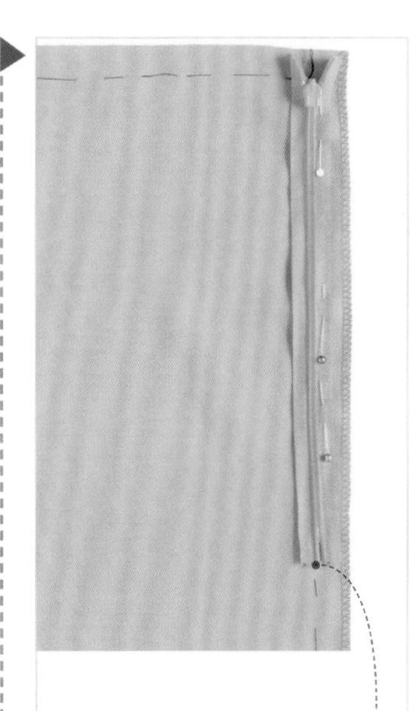

1 使用假缝线标出缝份。

2 在左后片，将拉链中间对齐假缝线，正面相对放好。用珠针固定。

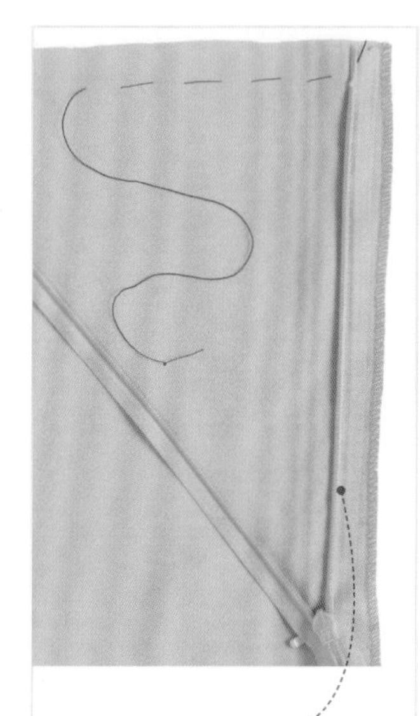

3 拉开拉链。使用隐形拉链压脚从拉链顶端尽可能向下边缝。在拉链齿下面缝合，直到拉链的下止位。

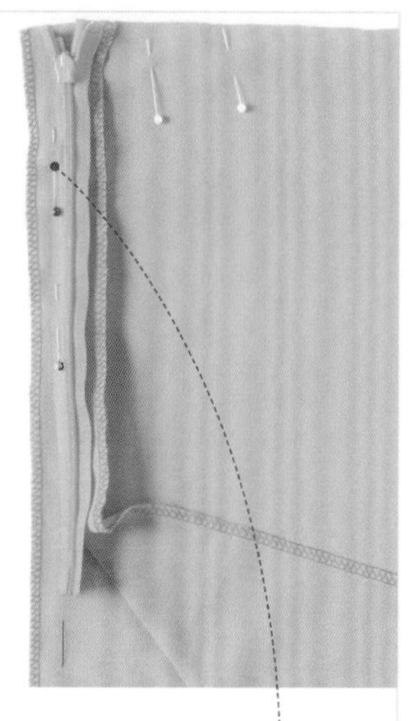

4 拉上拉链。将另一衣片置于拉链之上。对齐上边缘，将拉链织带的另一边用珠针固定。

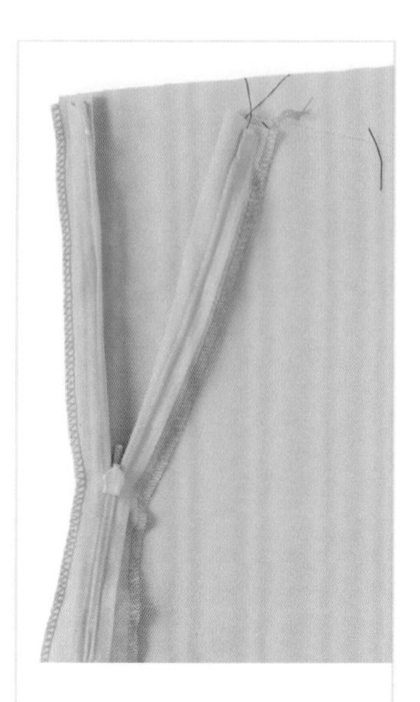

5 重新拉开拉链。使用隐形拉链压脚将拉链的另一边和右衣片缝合。拆掉所有假缝线迹。

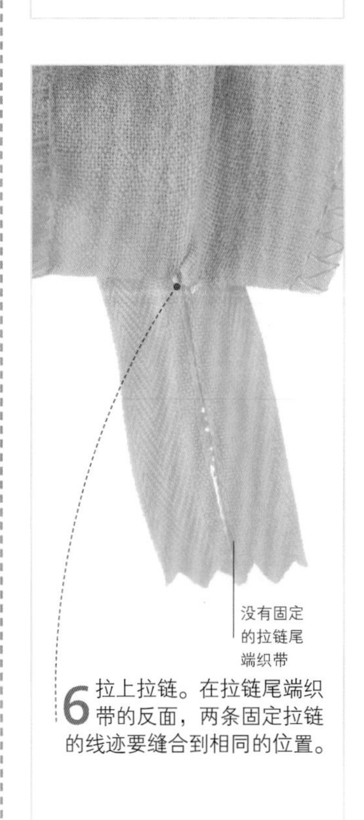

6 拉上拉链。在拉链尾端织带的反面，两条固定拉链的线迹要缝合到相同的位置。

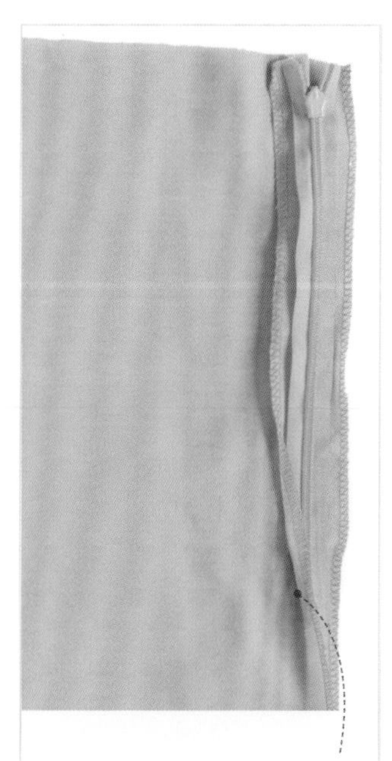

7 使用普通的机缝压脚，将接缝固定到拉链下方。在拉链机缝线和接缝线之间会有大约3mm的空隙。

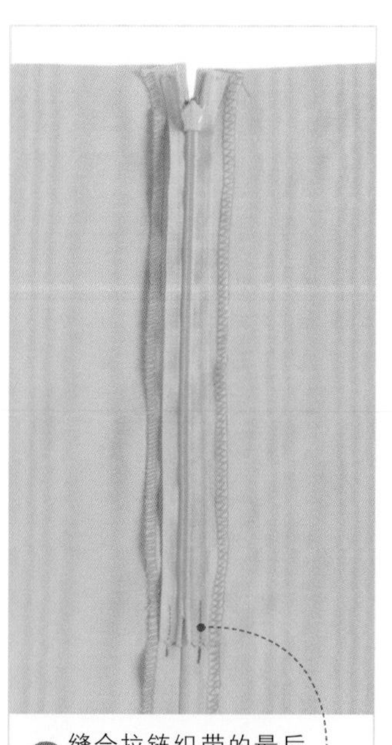

8 缝合拉链织带的最后3cm，将其固定到缝份上。这样可以避免拉链拉松。

9 从正面看，除了拉链环在顶部，其余部分都看不到。然后装腰头或贴边。

缝纫机配件见第32~33页 • 转绘纸样见第82~83页 • 假缝线迹见第89页

拉链门襟

难度指数 ★★★★★

拉链门襟，或叫作拉链垫襟，可以安装到这一部分所讲到的所有拉链的后面。拉链门襟装在拉链之后，衣服内侧，可避免拉链拉到皮肤或是其他衣物。

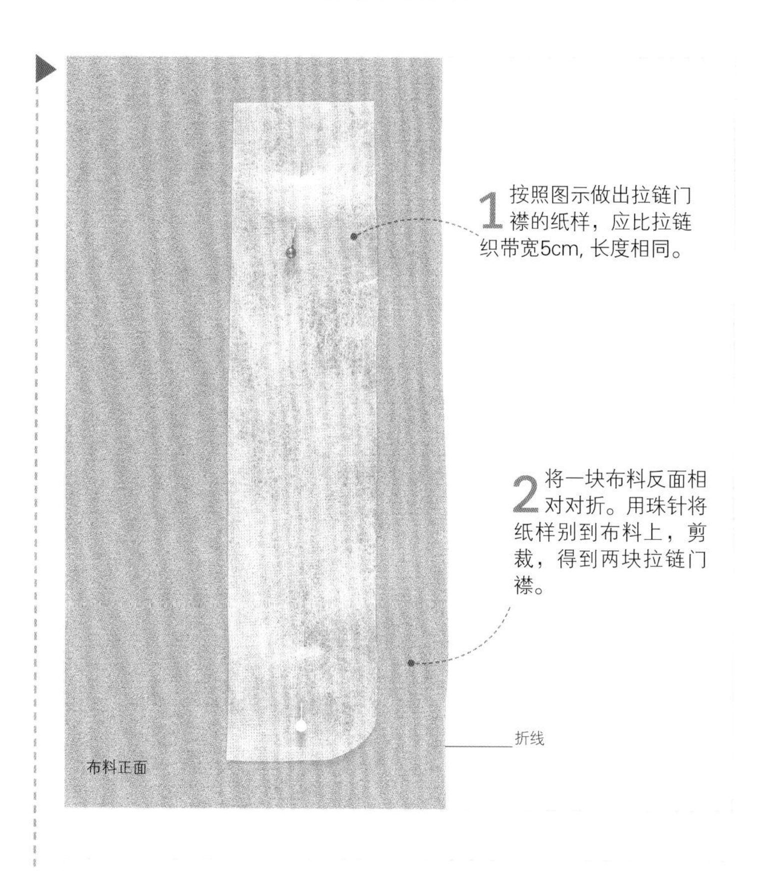

1 按照图示做出拉链门襟的纸样，应比拉链织带宽5cm，长度相同。

2 将一块布料反面相对对折。用珠针将纸样别到布料上，剪裁，得到两块拉链门襟。

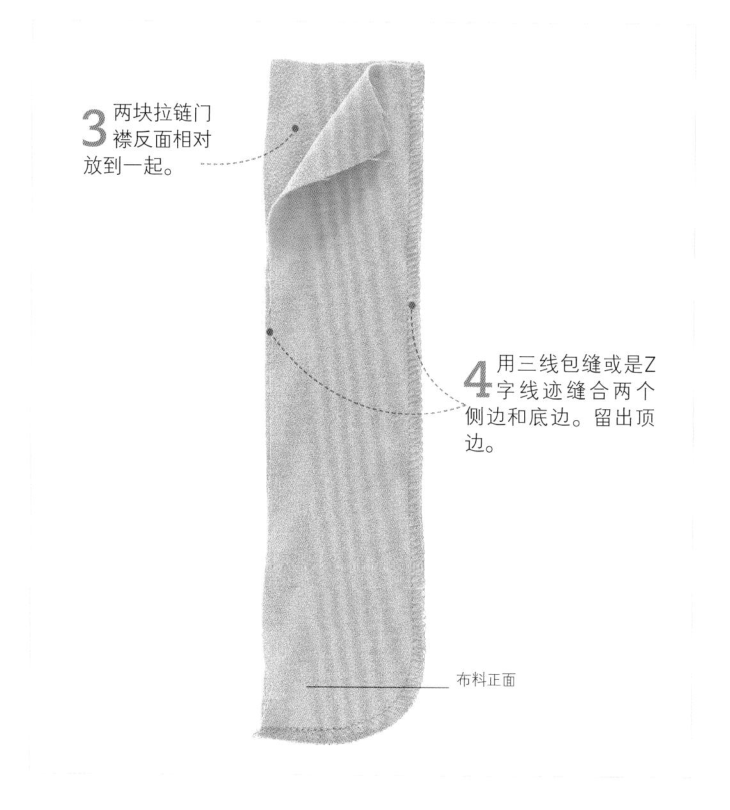

3 两块拉链门襟反面相对放到一起。

4 用三线包缝或是Z字线迹缝合两个侧边和底边。留出顶边。

5 将拉链与衣片缝合后，使用拉链压脚将拉链门襟直边缝合到衣物的右后片（以穿着时方向为准）的缝份上。

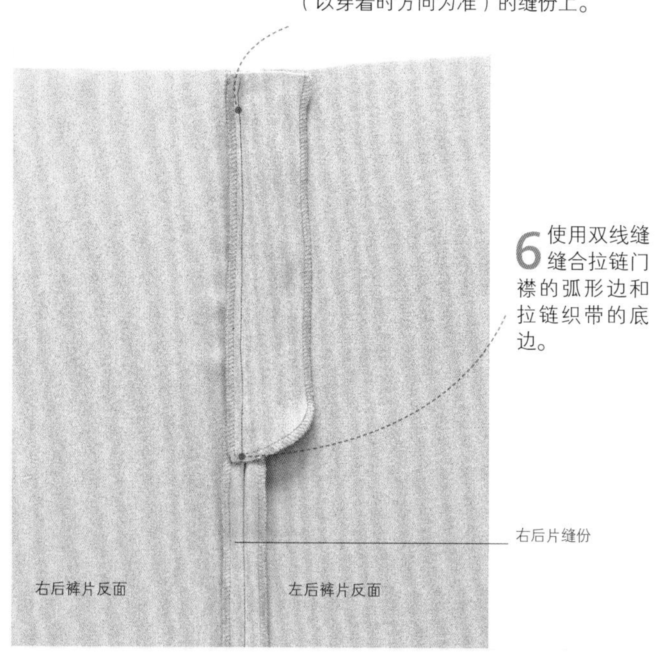

6 使用双线缝缝合拉链门襟的弧形边和拉链织带的底边。

7 只有拉链拉开时，从正面才能看到拉链门襟。

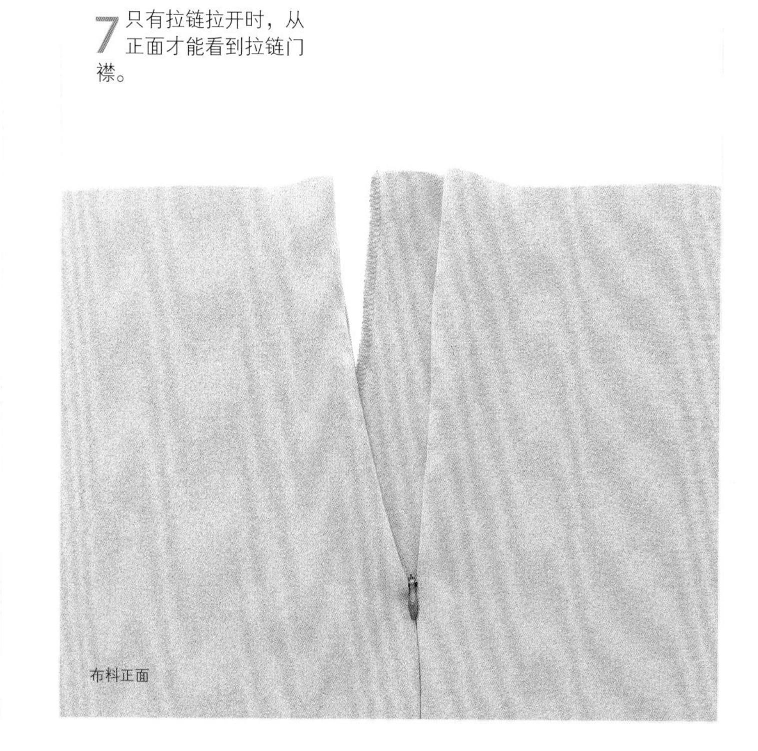

机缝线迹见第92~93页

缝纫技法

开口式拉链

难度指数 *****

开口式拉链常见于穿脱时需要两边完全拉开的衣服，如上衣和羊毛开衫。

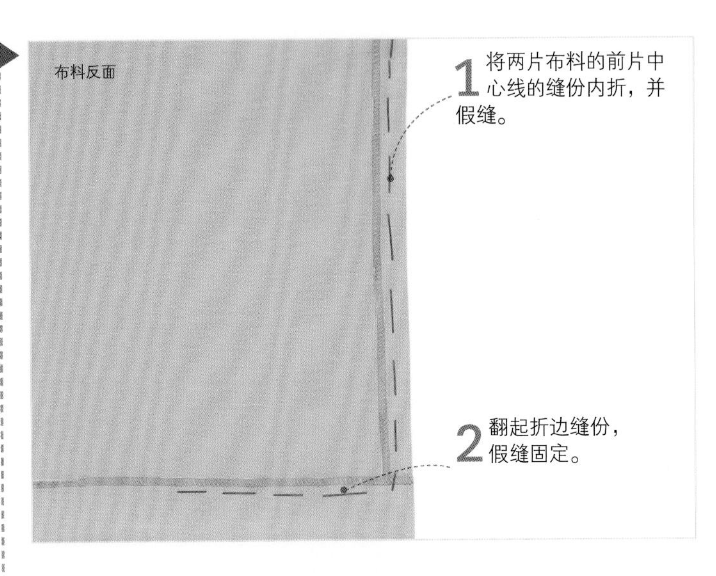

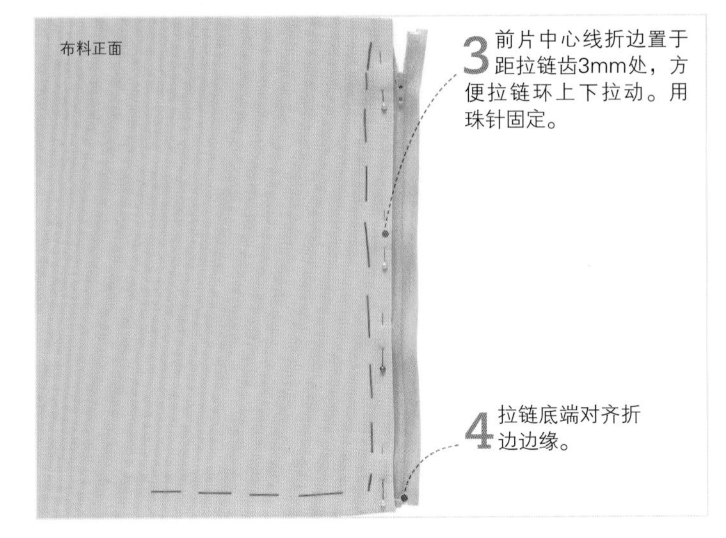

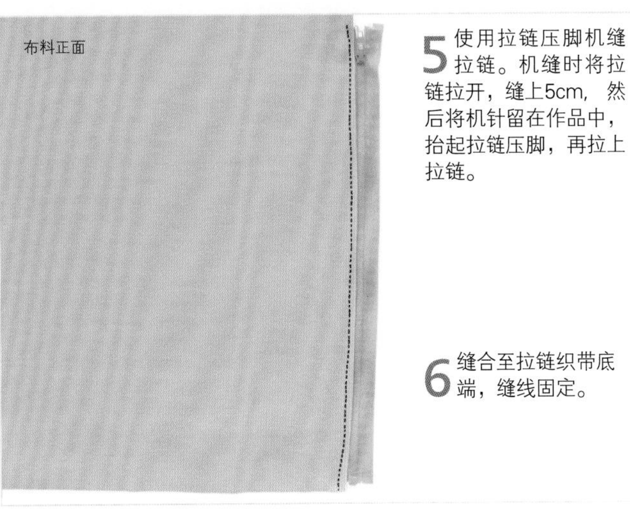

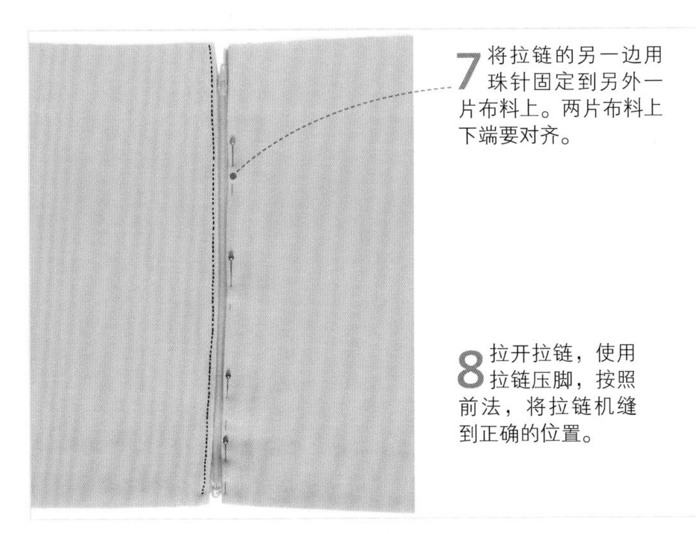

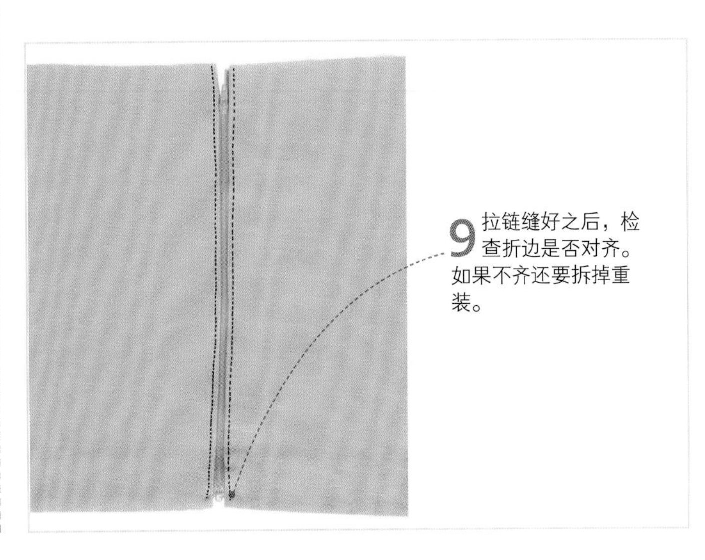

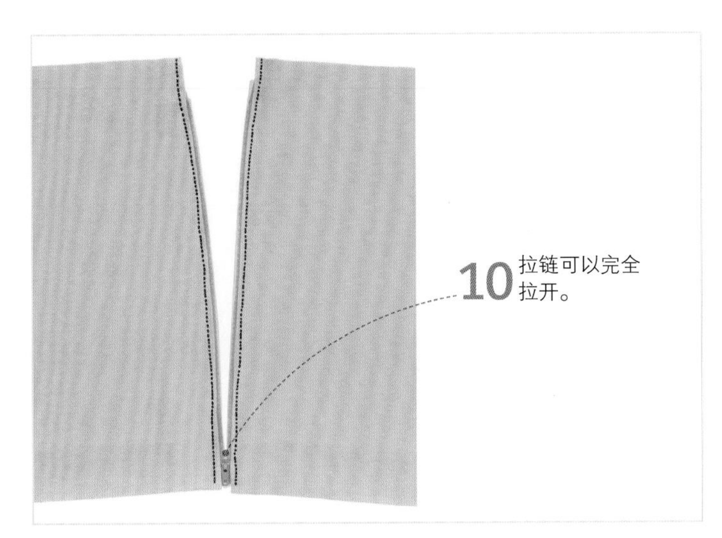

标绘工具见第19页 • 缝纫机配件见第32~33页 • 欧根纱见第49页 • 假缝线迹见第89页

装饰拉链

难度指数 ★★★★★

有些拉链只有装饰作用——也许拉链齿上有水晶，也许拉链齿五颜六色。用这种技法安装金属拉链也是一个设计亮点。

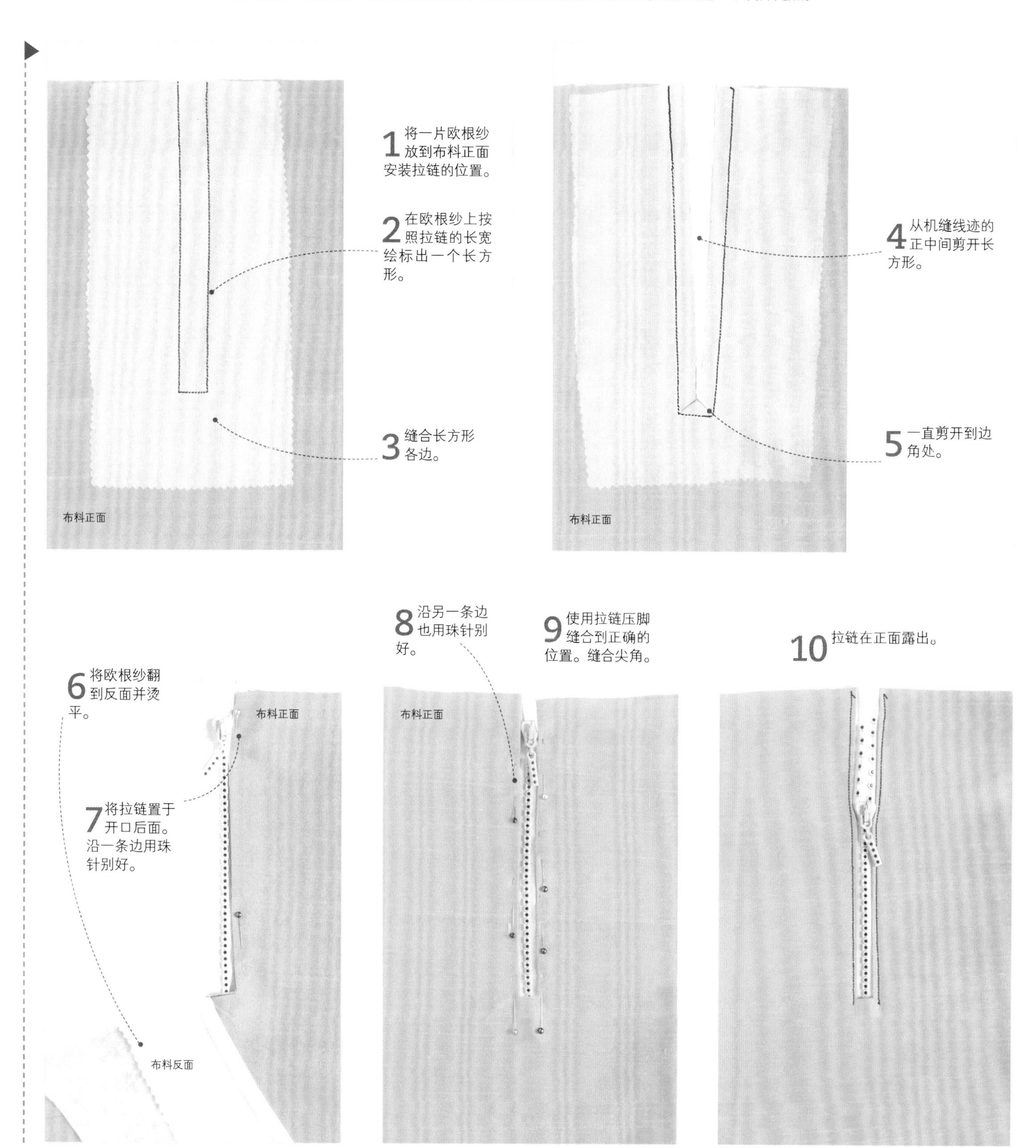

机缝线迹见第92~93页 • 沿转角和弧线缝纫见第102~103页

纽扣的种类与钉缝

纽扣是一种最古老的扣合件，其形状、大小千差万别。纽扣的材质也是各种各样，包括贝壳、骨头、塑料、尼龙，还有金属等。可以穿过纽扣面上的眼将纽扣缝到衣服上，也可以穿过纽扣背面的纽扣柄将纽扣缝到衣服上。纽扣一般都需要手工钉缝，但两眼纽扣可以机缝。

各种不同的纽扣

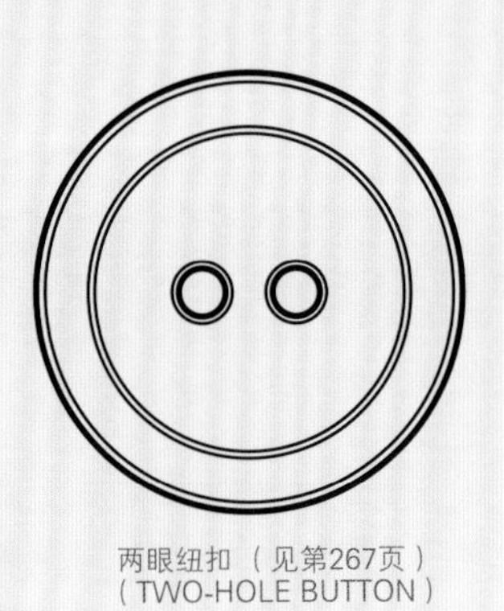

两眼纽扣（见第267页）
（TWO-HOLE BUTTON）

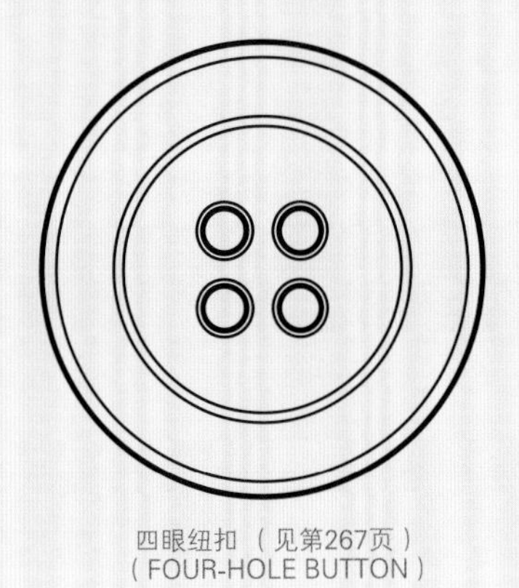

四眼纽扣（见第267页）
（FOUR-HOLE BUTTON）

带柄纽扣（见第268页）
（SHANKED BUTTON）

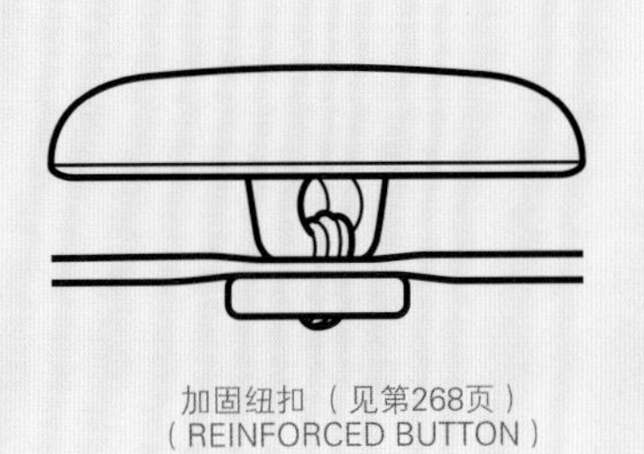

加固纽扣（见第268页）
（REINFORCED BUTTON）

超大多层纽扣（见第268页）
（OVERSIZED AND LAYERED BUTTON）

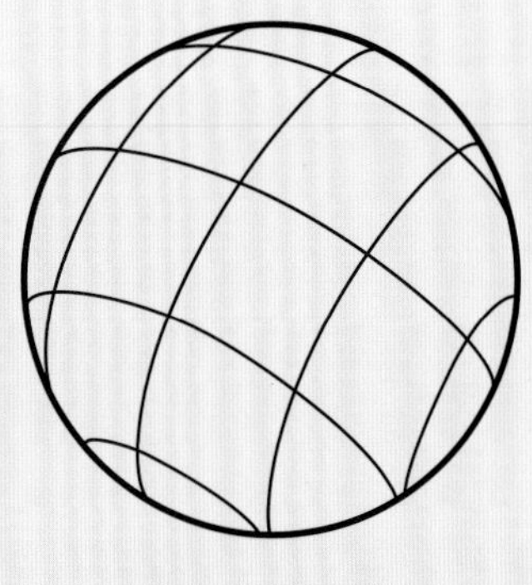

包扣（见第269页）
（COVERED BUTTON）

纽扣见第26页 • 固定缝线见第88页 • 手缝线迹见第90~91页

钉两眼纽扣

难度指数 *****

这是最常见的纽扣，钉扣的时候需要做一个线绕小柱。可使用牙签来钉这类纽扣。

1 将纽扣放到衣服上。使用双线开始钉纽扣。

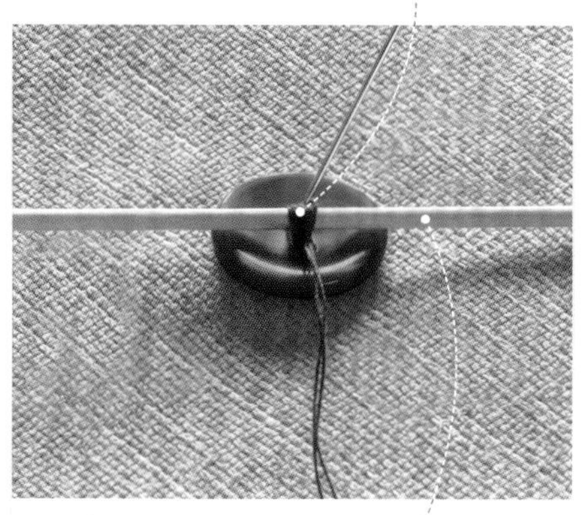

2 在纽扣上面放一根牙签。缝针穿过纽扣上面的眼上下缝合。缝合时线要跨过牙签。

3 取下牙签。

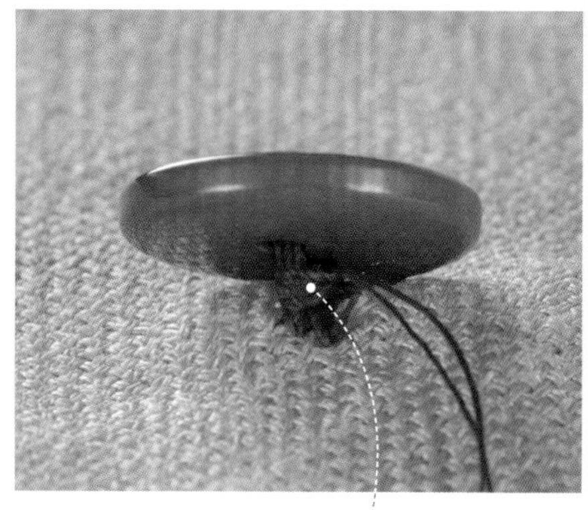

4 在纽扣下面，绕线环制作绕线小柱。

5 将线穿到衣服背面。

6 衣服背面的钉扣线迹。

钉四眼纽扣

难度指数 *****

四眼纽扣的钉法与两眼纽扣大致相同，只不过纽扣面使用X形线迹。

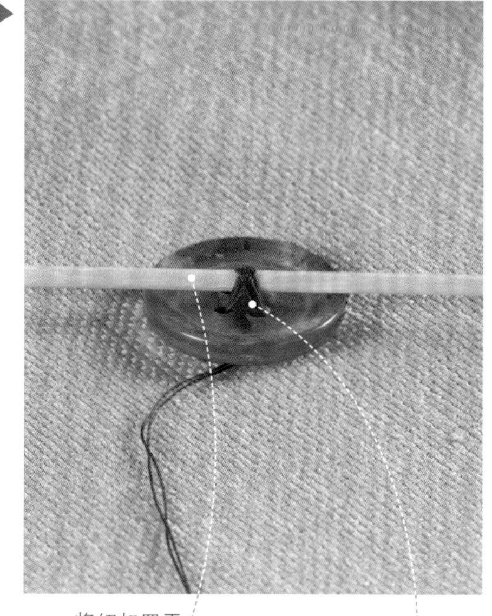

1 将纽扣置于衣服上。在纽扣上放牙签。

2 使用双线交替从纽扣各眼缝合，缝合时线要跨过牙签。缝出X形线迹。

3 取下牙签。

4 在纽扣下面，绕线环制作绕线小柱。

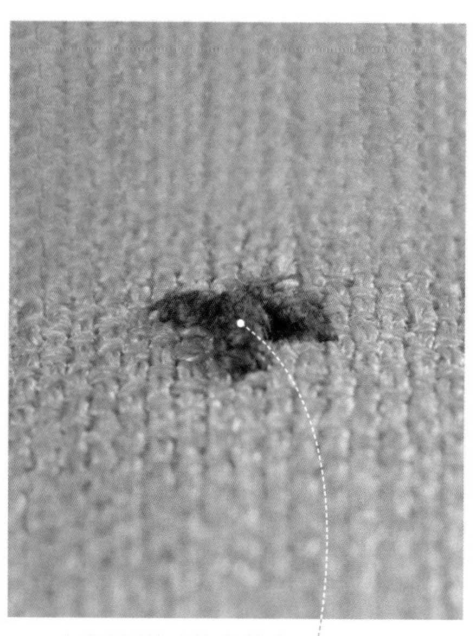

5 衣服背面的X形钉扣线迹。

钉带柄纽扣见第268页 • 缝补纽扣下面的破洞见第311页

缝纫技法

钉带柄纽扣

难度指数 ★★★★★

钉这类纽扣时，在衣服反面，扣子后面放置一根牙签。

1 将纽扣放到正确的位置。在布料的另一面纽扣下方放一根牙签。

2 使用双线，穿过纽扣柄，将纽扣缝好。

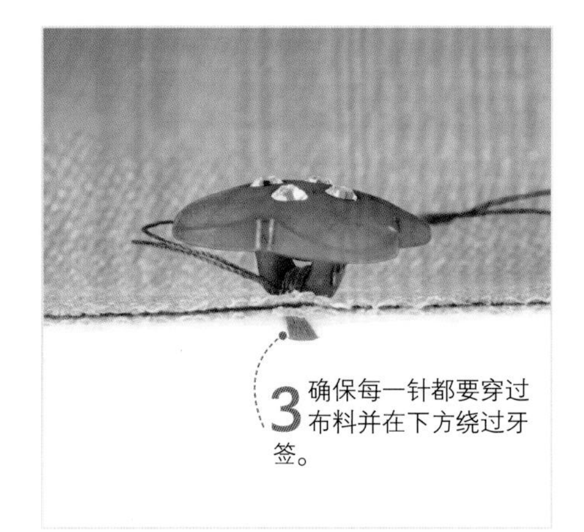

3 确保每一针都要穿过布料并在下方绕过牙签。

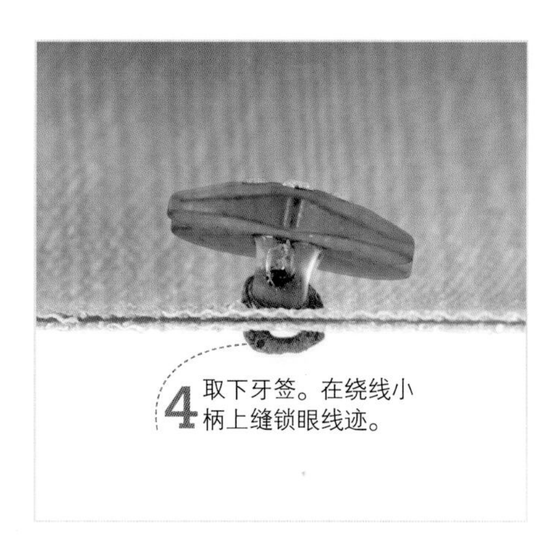

4 取下牙签。在绕线小柄上缝锁眼线迹。

钉加固纽扣

难度指数 ★★★★★

较大较重纽扣的背面通常需要缝一颗纽扣来加固，使用的缝线与大纽扣相同。加固纽扣的作用就是帮助支撑较大的纽扣。

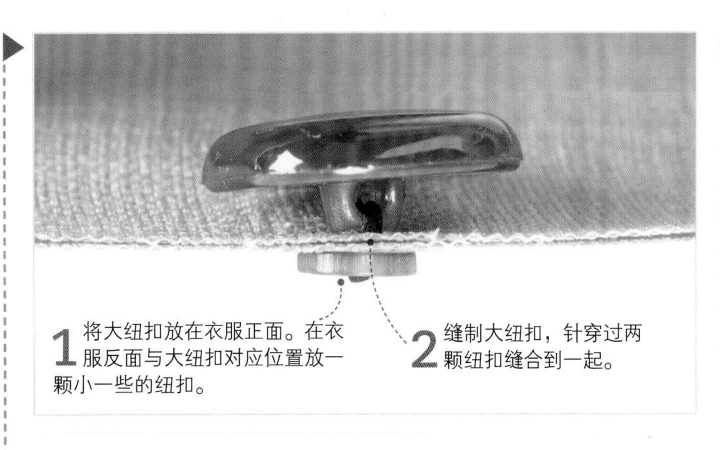

1 将大纽扣放在衣服正面。在衣服反面与大纽扣对应位置放一颗小一些的纽扣。

2 缝制大纽扣，针穿过两颗纽扣缝合到一起。

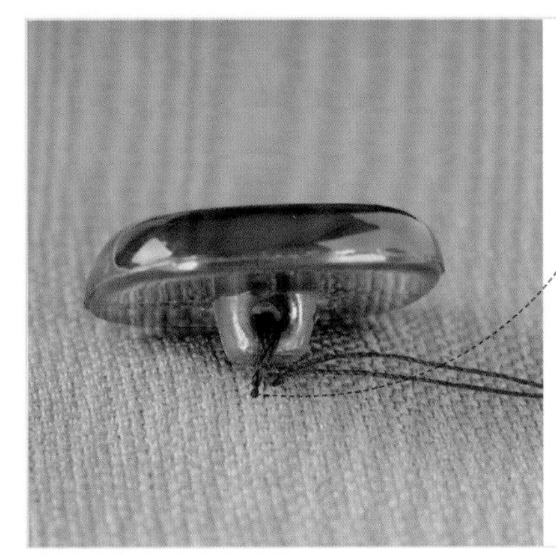

3 缝好之后，用缝线缠绕大纽扣下方的线环。并用双线固定。

钉超大多层纽扣

难度指数 ★★★★★

有时需要缝制一些非常大的纽扣，它们大多是用来装饰的。将不同大小的纽扣叠放到一起，可以使衣服或者家居饰品更为别致。

1 首先将超大号纽扣放在布料上。

2 叠放一颗较小的纽扣并与大纽扣一起缝到布料上。

3 再将一颗更小的单眼纽扣放在两颗纽扣之上，用锁眼线迹固定。

纽扣见第26页 ● 如何粘贴热熔黏合衬见第54页 ● 固定缝线见第88页

制作包扣

难度指数 ★★★★★

包扣常见于贵重的衣服，使衣服看起来更奢华。市售的制扣装置可以轻松制作包扣。

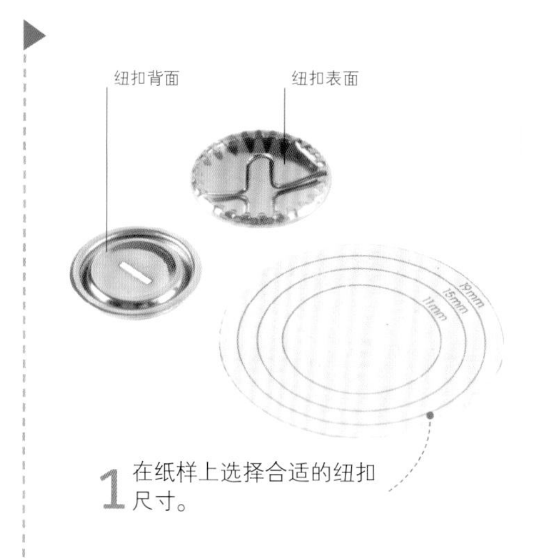

1 在纸样上选择合适的纽扣尺寸。

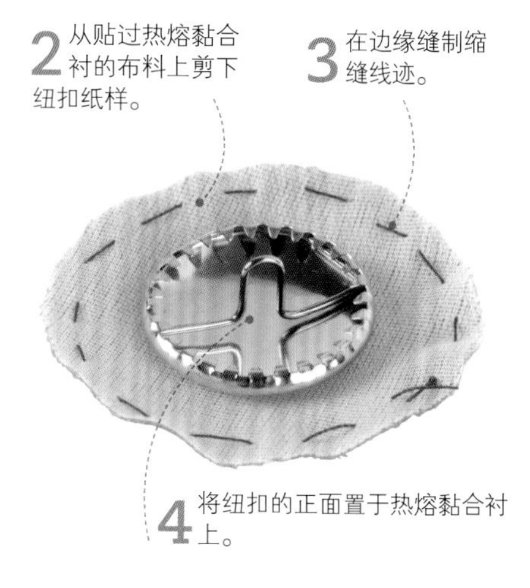

2 从贴过热熔黏合衬的布料上剪下纽扣纸样。

3 在边缘缝制缩缝线迹。

4 将纽扣的正面置于热熔黏合衬上。

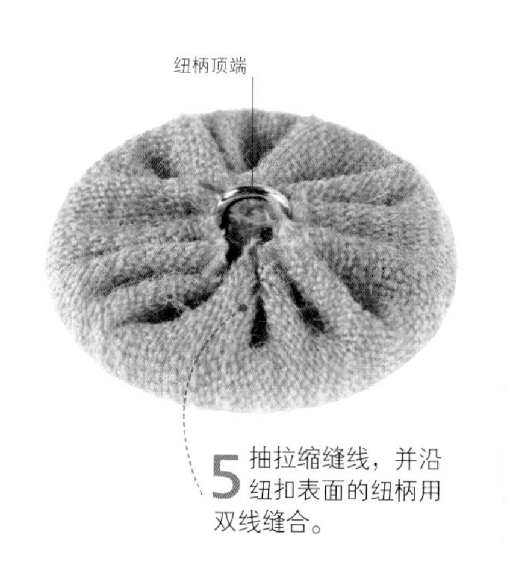

5 抽拉缩缝线，并沿纽扣表面的纽柄用双线缝合。

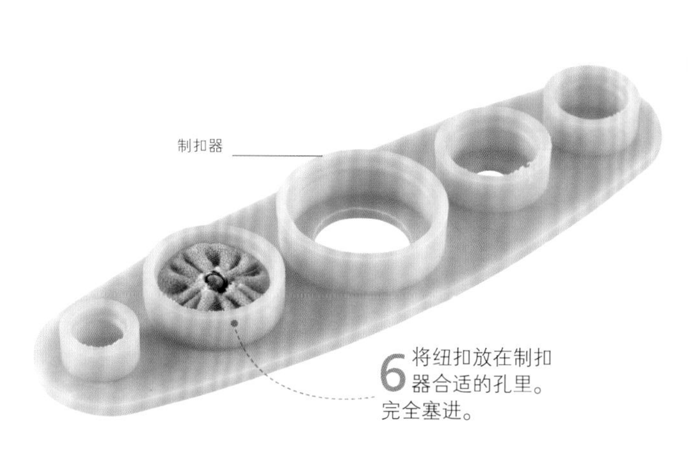

6 将纽扣放在制扣器合适的孔里。完全塞进。

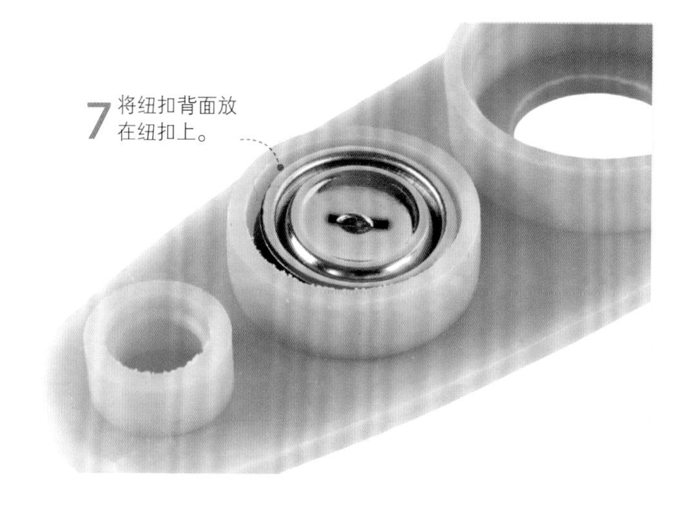

7 将纽扣背面放在纽扣上。

8 用制扣器的另一面按压纽扣背面，直至纽扣背面扣合到正确的位置。

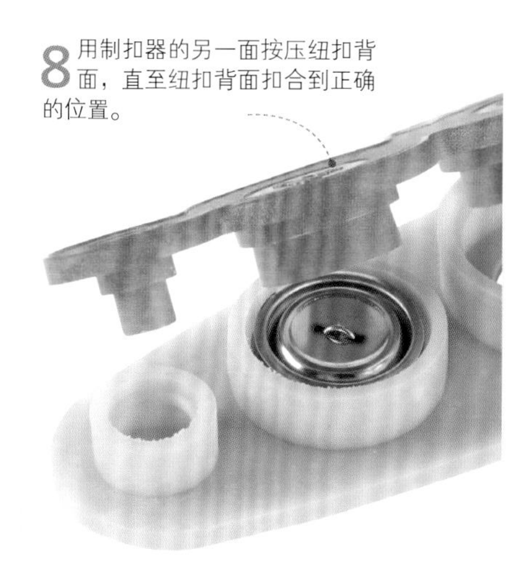

9 将纽扣从制扣器中取出，检查纽扣背面是否牢固。

10 做好的包扣。

手缝线迹见第90~91页 • 如何缝制合身的自由裙见第131页

缝纫技法

扣眼的种类与制作

纽扣要起作用就需要扣眼。但是很多超大号的纽扣都选择在衣服的背面装暗扣，因为扣眼过大可能会使衣服变形。

各种不同的扣眼和纽襻

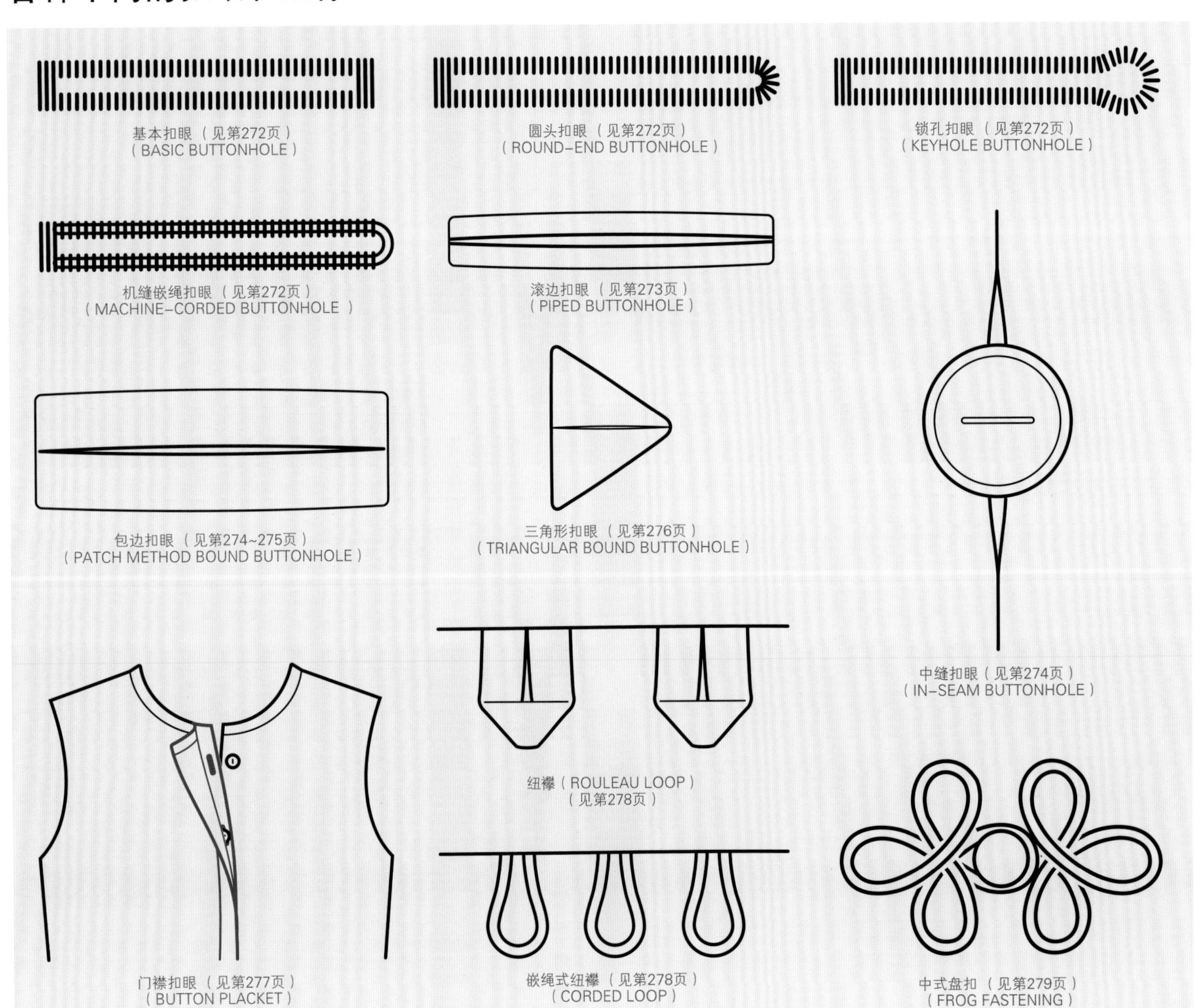

测量工具见第18页 • 缝纫机配件见第32~33页 • 假缝线迹见第89 页 • 机缝线迹见第92~93页

扣眼制作

缝纫机制作扣眼可分为三个步骤。不同的布料和款式，锁眼线迹的宽度和长度也各不相同，但无论如何，锁扣眼的线迹都需要密集一些。

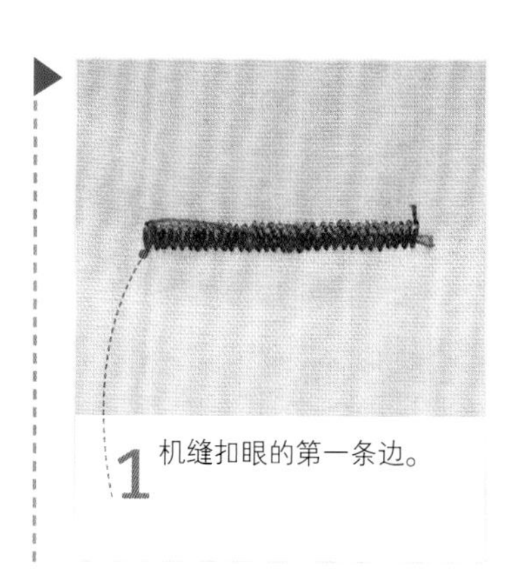

1 机缝扣眼的第一条边。

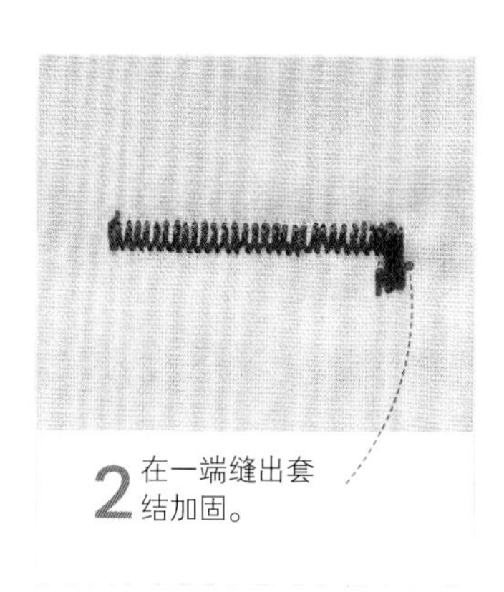

2 在一端缝出套结加固。

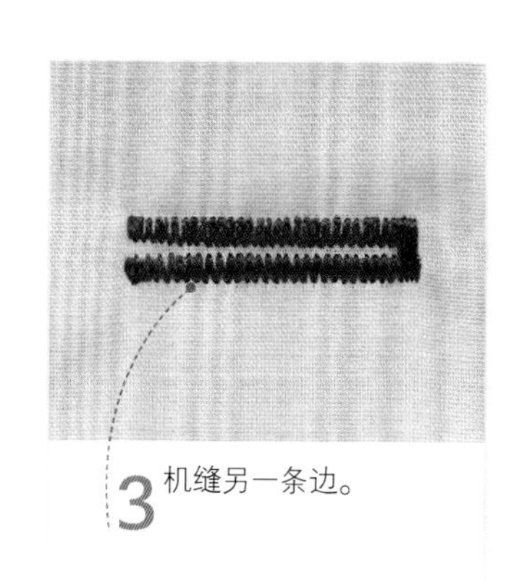

3 机缝另一条边。

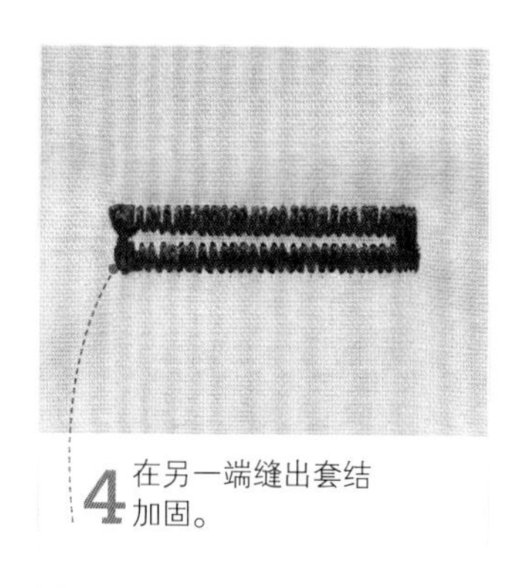

4 在另一端缝出套结加固。

确定扣眼的位置

难度指数 

扣眼的大小和位置都是由纽扣决定的，要先确定纽扣，再制作扣眼。

1 将纽扣放到缝纫标尺上，测量出纽扣的直径。

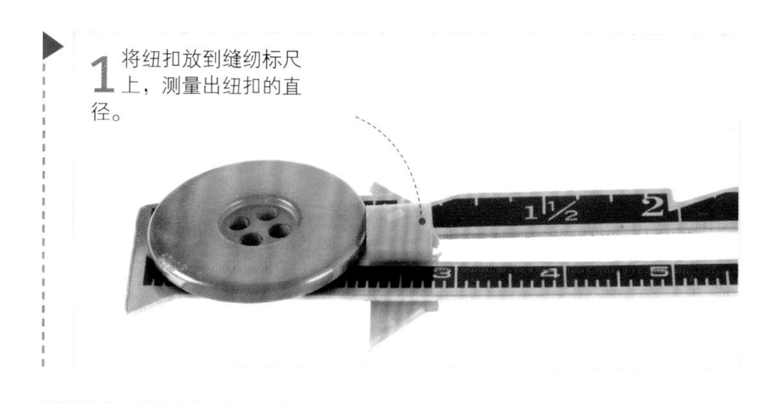

2 在右衣片上沿中前线假缝一条线。

3 相距纽扣直径的大小再假缝另一条线。

4 将纽扣置于两条假缝线之间。在扣眼所在位置与假缝线垂直缝线。

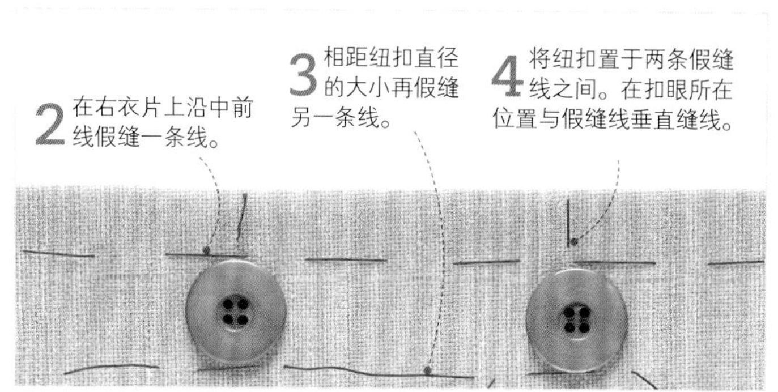

纵向、横向扣眼

一般来说，如果缝制扣眼的位置有门襟或者滚边，扣眼只能纵向。其他纽扣一般都是横向的。扣眼上的所有线迹都要拉紧，以防纽扣松开。

横向扣眼

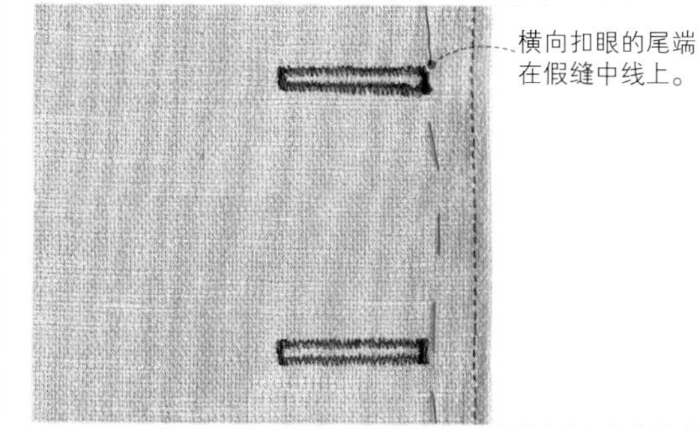

横向扣眼的尾端在假缝中线上。

纵向扣眼

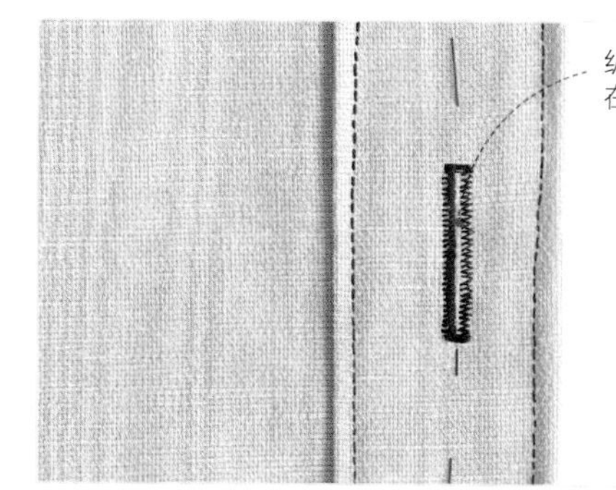

纵向扣眼的中心在假缝中线上。

修复损坏的扣眼见第311页

缝纫技法

机缝扣眼

难度指数 *****

现在的缝纫机可以缝制各种各样的扣眼，适用于各种类型的衣服。在很多缝纫机上，有用来缝制不同的纽扣的压脚，缝纫机上的传感器可以计算出扣眼的大小。线迹的长和宽可以根据布料调整。一旦扣眼缝好了，使用扣眼凿剪开，确保切割线是整齐的。

基本扣眼

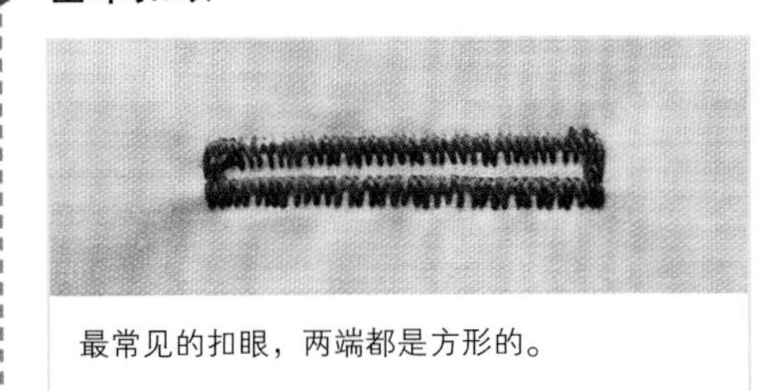

最常见的扣眼，两端都是方形的。

圆头扣眼

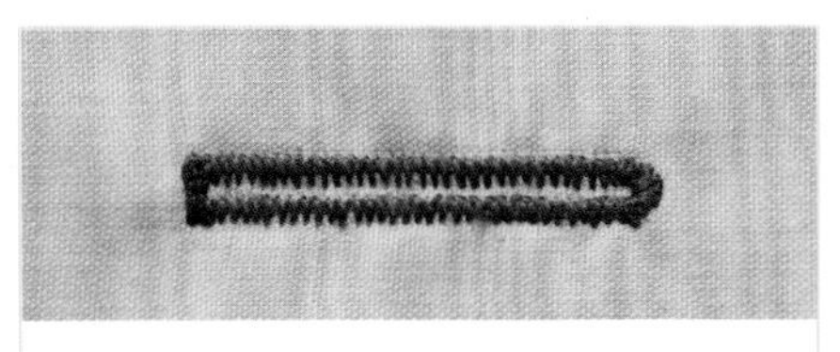

一头圆一头方的扣眼，适用于轻型布料的上衣。

锁孔扣眼

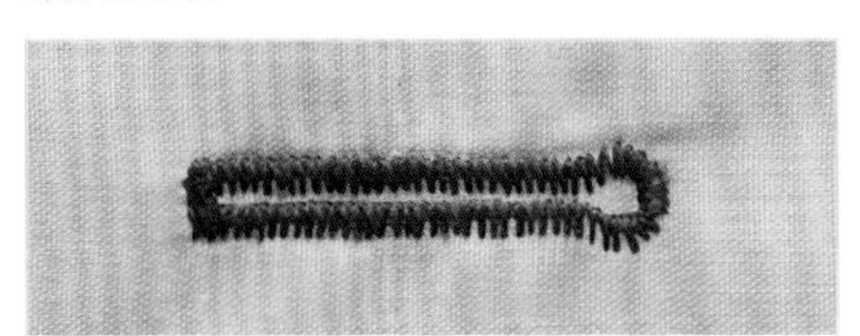

锁孔扣眼又称圆头扣眼，它一头是方形的，一头是锁眼形，适用于上衣和外套。

机缝嵌绳扣眼

难度指数 *****

这种扣眼有一根嵌绳，嵌绳是更粗的缝线。可以查阅缝纫机的使用手册，确定放置嵌线的位置。

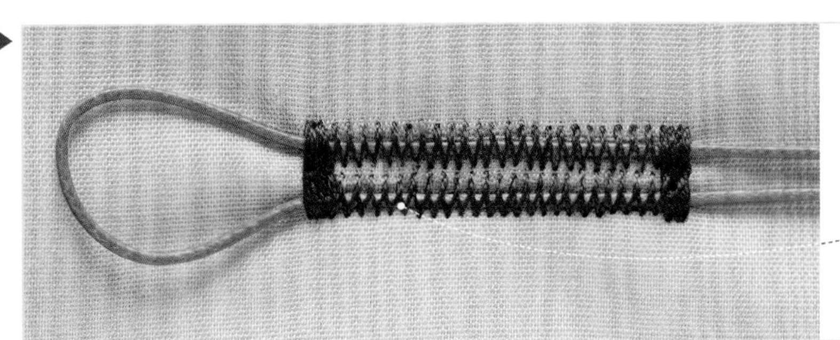

1 按照缝纫机使用手册将嵌绳放到扣眼压脚下。

2 机缝扣眼—— 缝纫机可以将扣眼缝在嵌绳上。

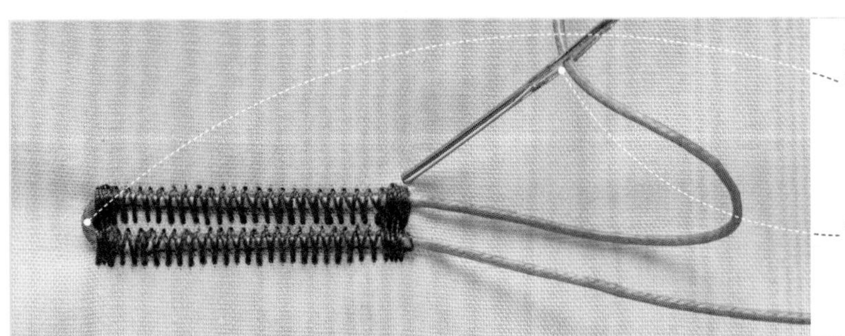

3 轻轻抽拉嵌绳消除线环。

4 将嵌绳的尾端穿入一根大针的针鼻中。

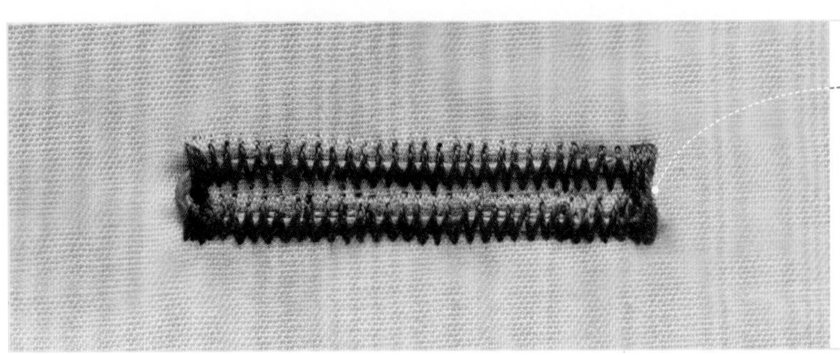

5 将嵌绳拉到布料的反面，手缝固定。

滚边扣眼

难度指数 ★★★★★

扣眼也可以使用滚边嵌绳来做。这种扣眼在制作衣物时就要完成。这里使用的滚边嵌绳要特别窄，否则扣眼就会太大。

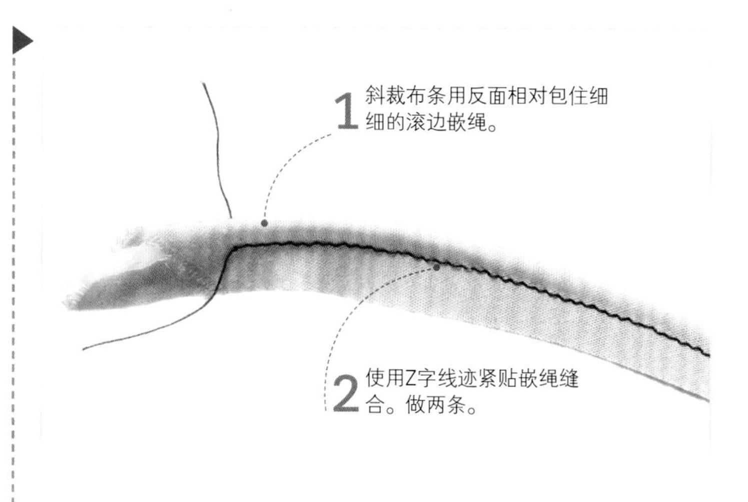

1 斜裁布条用反面相对包住细细的滚边嵌绳。

2 使用Z字线迹紧贴嵌绳缝合。做两条。

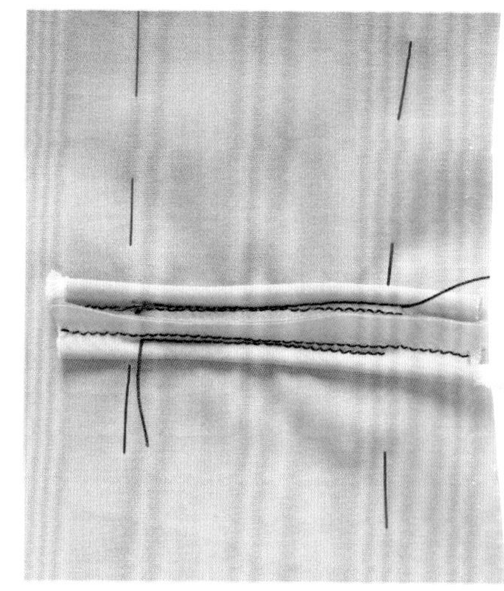

3 将嵌绳贴着扣眼标记放在布料的正面。嵌绳的毛边对齐扣眼标记的中线。两条嵌绳间的距离是嵌绳直径的两倍。如果不到两倍请调整。

4 使用拉链压脚紧贴嵌绳机缝至标记处。

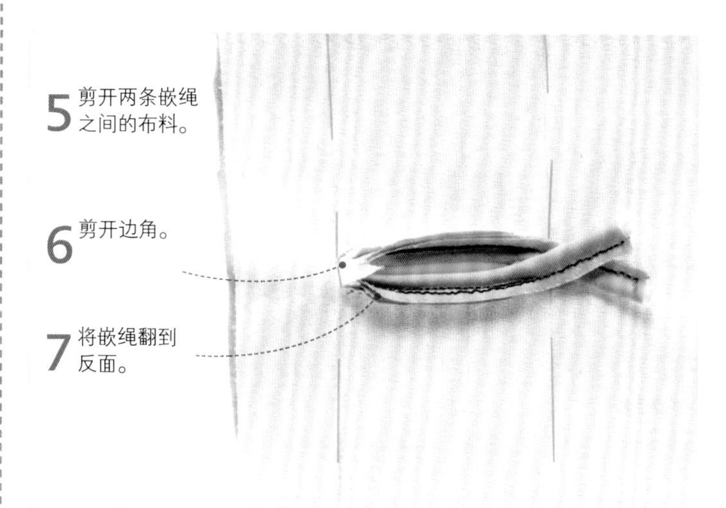

5 剪开两条嵌绳之间的布料。

6 剪开边角。

7 将嵌绳翻到反面。

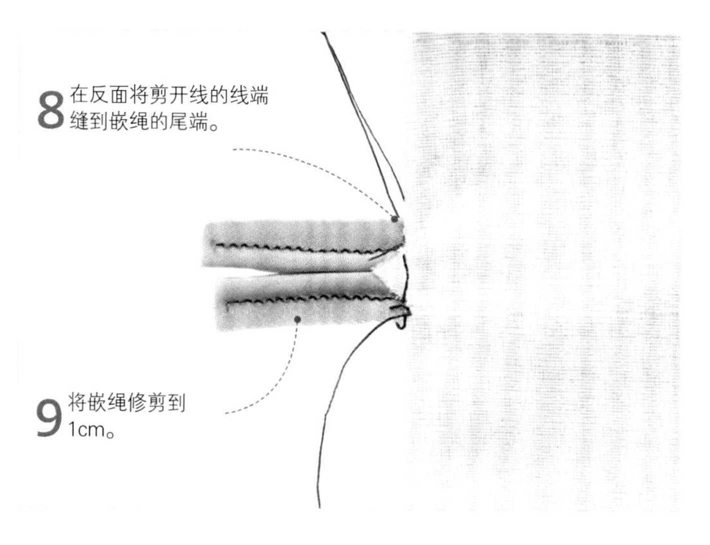

8 在反面将剪开线的线端缝到嵌绳的尾端。

9 将嵌绳修剪到1cm。

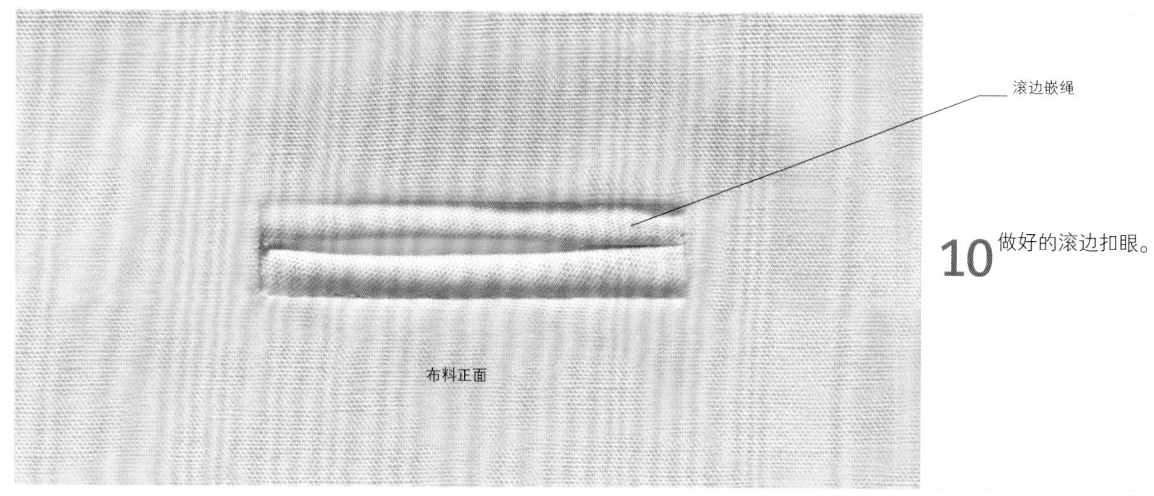

10 做好的滚边扣眼。

机缝线迹见第92~93页 • 如何裁剪斜滚边条见第150页

缝纫技法

中缝扣眼

难度指数 *****

这种扣眼在缝份上，一般都位于前身片中下部装饰性接缝里，属于比较隐蔽的扣眼。

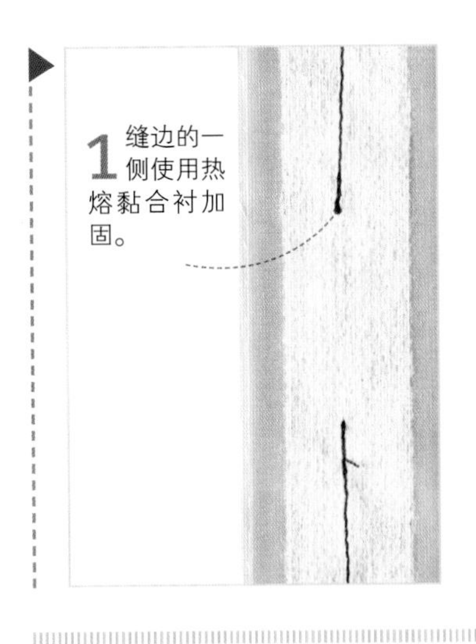

1 缝边的一侧使用热熔黏合衬加固。

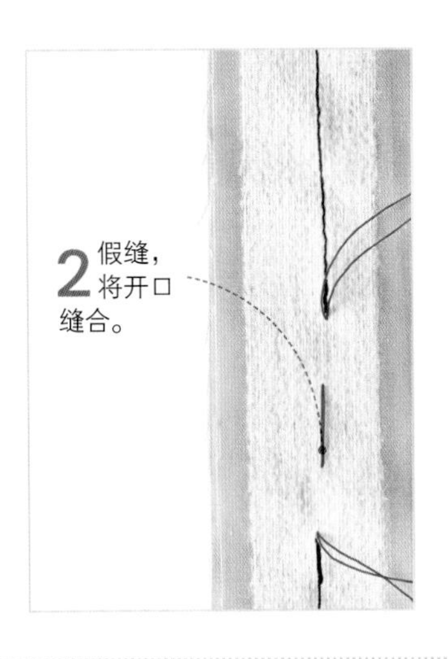

2 假缝，将开口缝合。

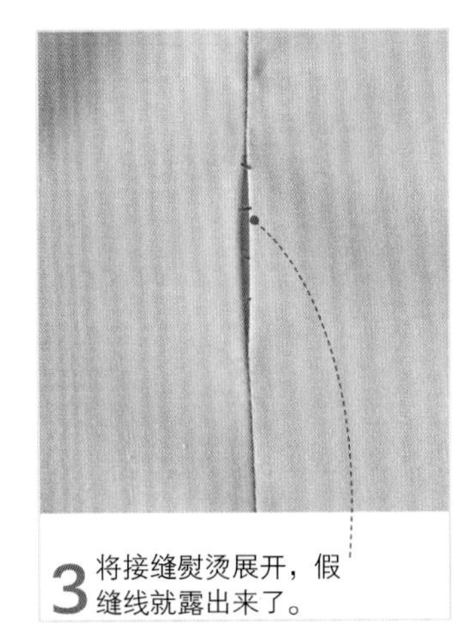

3 将接缝熨烫展开，假缝线就露出来了。

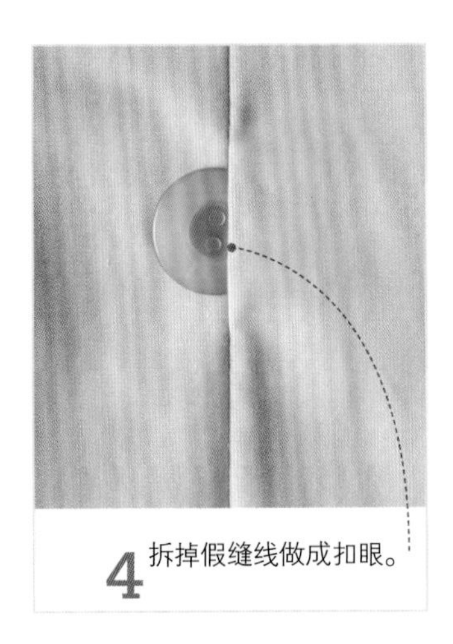

4 拆掉假缝线做成扣眼。

包边扣眼

难度指数 *****

另一种做扣眼的方法就是使用贴片，即将一片布缝合到主衣片上。这种技术是上衣和外套扣眼的理想选择。为了细节性的装饰也可以使用对比性布料。这就是所谓的包边扣眼。

1 使用假缝线迹标记扣眼缝合线（见第271页）。

扣眼缝合线

纽扣宽度

2 在贴有热熔黏合衬的布料上画一个长方形，其宽度等于纽扣的直径。长方形的长边为扣眼的两边。这两边被称为扣眼边。

中线

扣眼边

5mm

5mm

扣眼直径

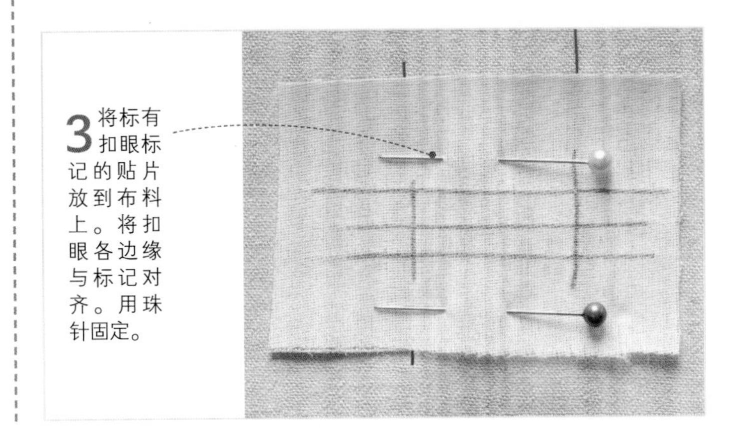

3 将标有扣眼标记的贴片放到布料上。将扣眼各边缘与标记对齐。用珠针固定。

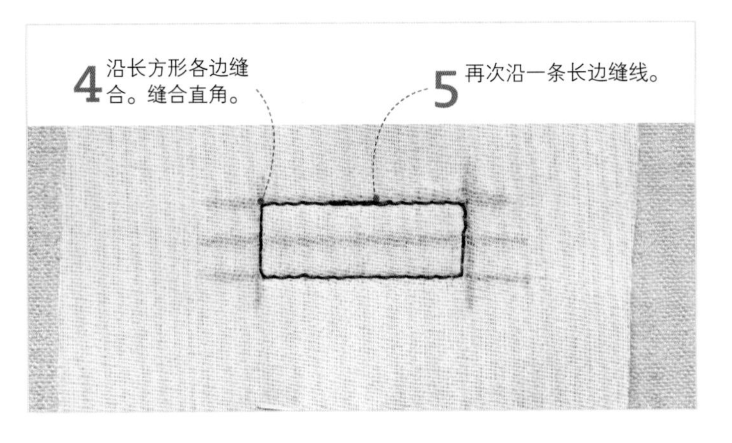

4 沿长方形各边缝合。缝合直角。

5 再次沿一条长边缝线。

如何粘贴热熔黏合衬见第54页 • 手缝线迹见第90~91页 • 机缝线迹见第92~93页 • 沿转角和弧线缝纫见第102~103页

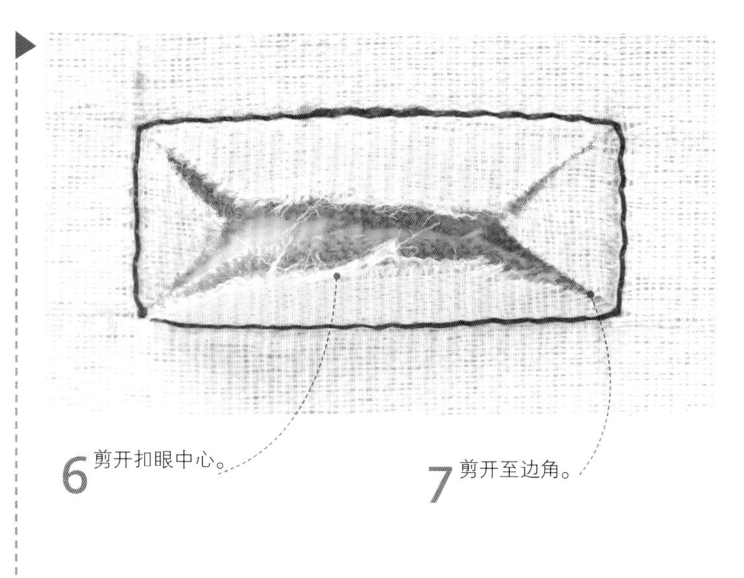

6 剪开扣眼中心。

7 剪开至边角。

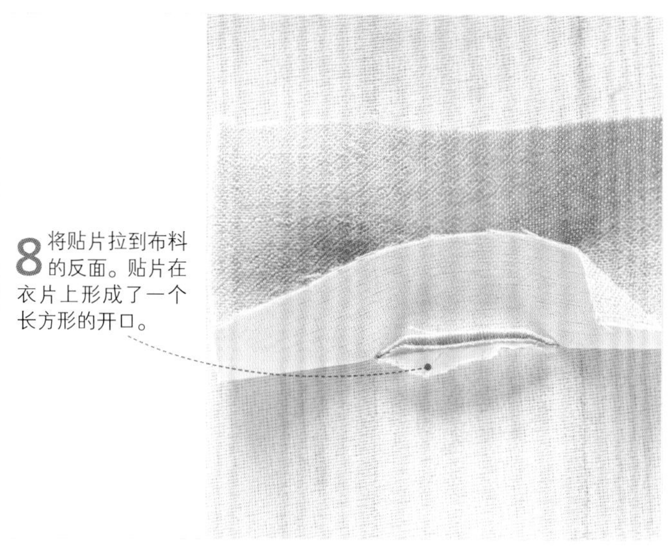

8 将贴片拉到布料的反面。贴片在衣片上形成了一个长方形的开口。

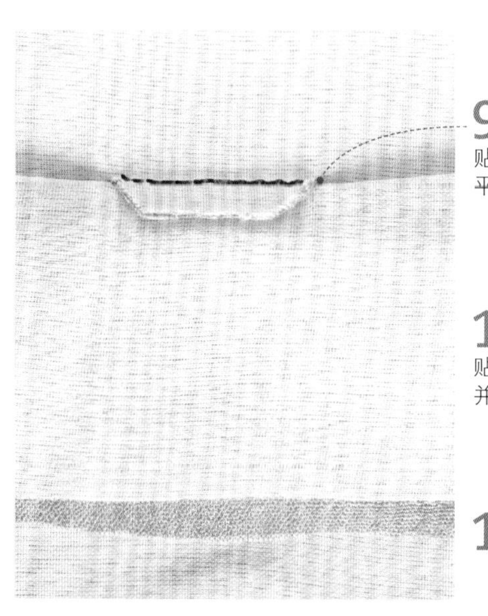

9 将扣眼一边的边缘烫平，然后将贴片压到边缘上烫平。

10 另一边处理方式同上。贴片折过扣眼边，并在中线相交。

11 翻到正面烫平。

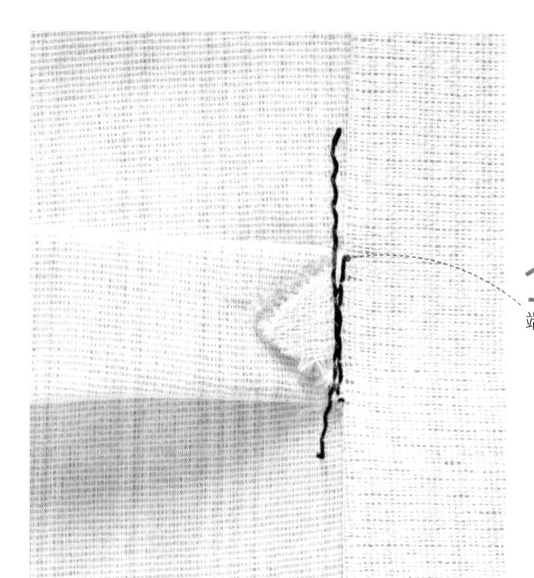

12 从反面将开口的末端缝到折片上。

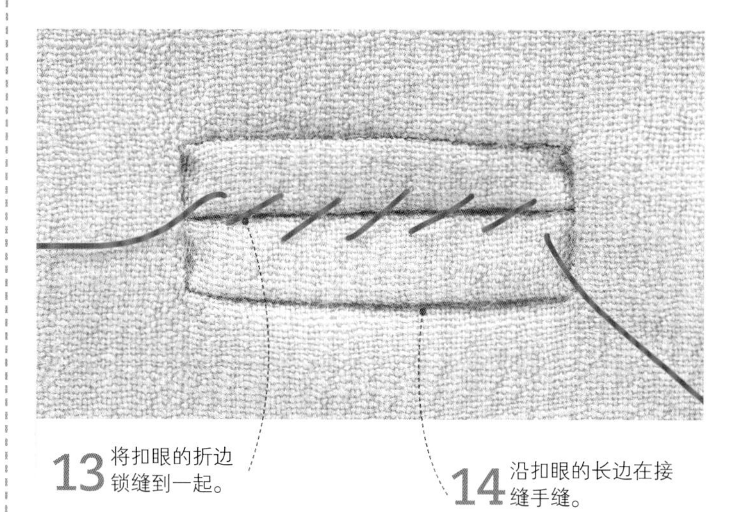

13 将扣眼的折边锁缝到一起。

14 沿扣眼的长边在接缝手缝。

15 烫平做好的扣眼，拆掉锁缝线。

衬里和衬布见第286~287页

三角形扣眼

难度指数 *****

使用较大纽扣时，可做出三角形扣眼，用在外套、夹克、马甲和挎包上效果非常好。制作时要调整包边扣眼的工序，来做出三角形扣眼。

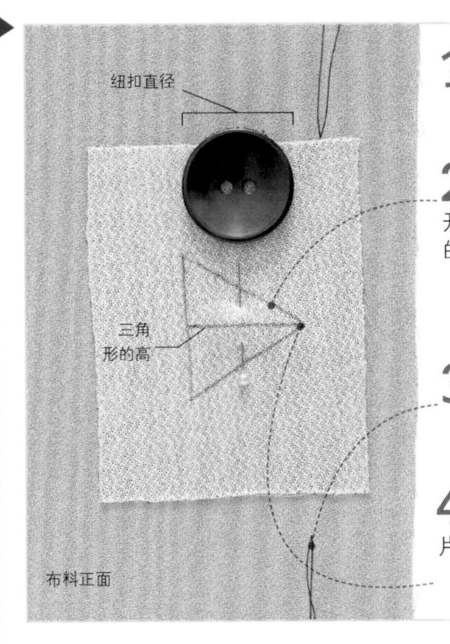

1 在衣物或主布料反面加上衬布。

2 在加上的衬布上画出三角形。因为扣眼从中间打开，三角形的高度需和纽扣的直径一致。

3 在衣物正面用线钉标出前片中线。

4 将衬布正面朝下放置，使三角形的一个尖角对上前片中线。用珠针固定。

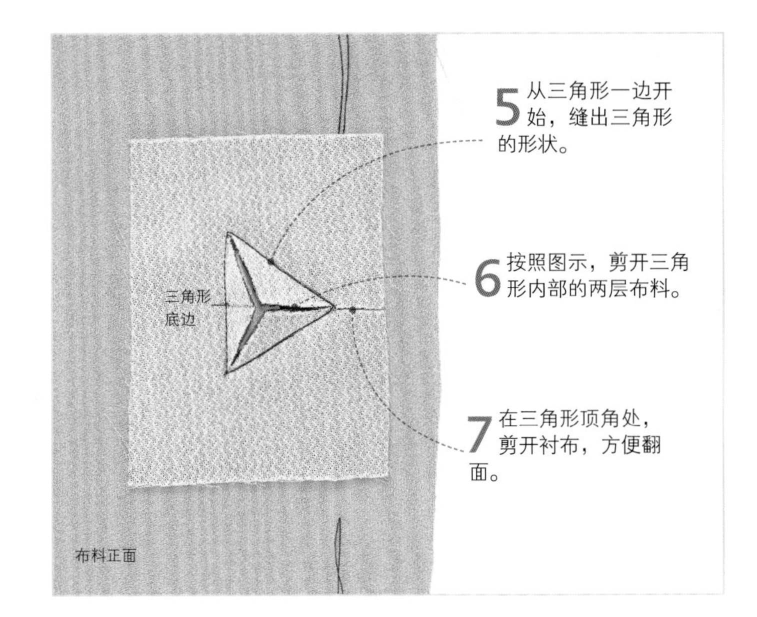

5 从三角形一边开始，缝出三角形的形状。

6 按照图示，剪开三角形内部的两层布料。

7 在三角形顶角处，剪开衬布，方便翻面。

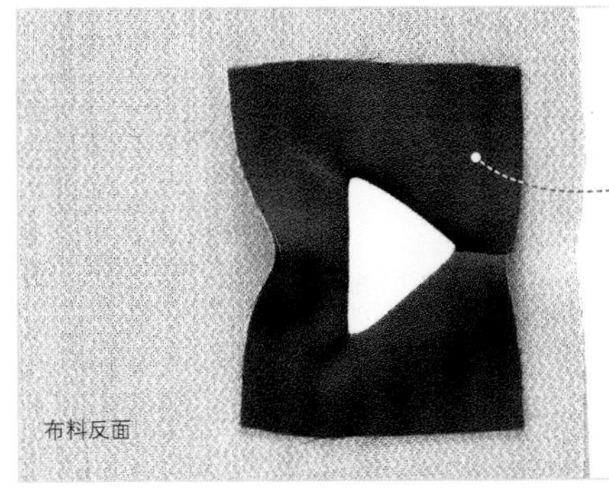

8 将扣眼布料经过三角形翻过来。

9 将一半扣眼布料折向中线，用珠针固定。

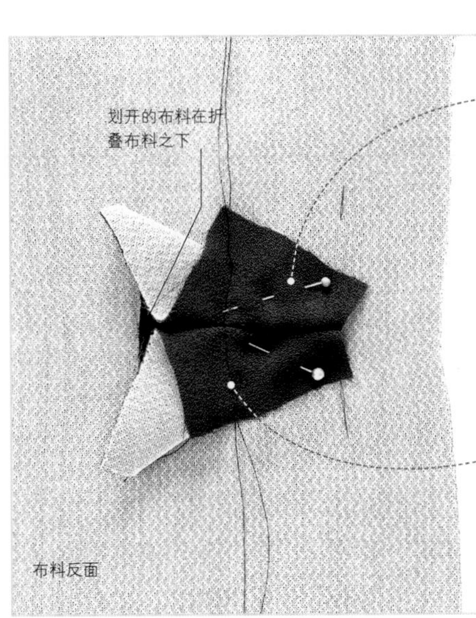

10 将另一半扣眼布料也折向中线，与之前折线相交，用珠针固定。

11 在布料正面，检查扣眼开口是否笔直、是否左右对称，可适当调整。

12 从三角形底边将衬布翻出来，并和下方剪开的布料缝合，但不要缝到主布料正面上。

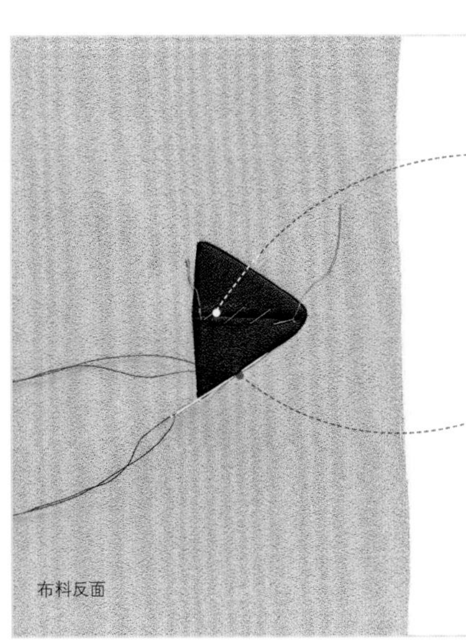

13 在主布料正面，将扣眼折边锁缝到一起。

14 使用立针缝将扣眼和主布料手工缝合，保持扣眼平整。

15 熨烫扣眼，拆掉锁缝线迹。

如何粘贴热熔黏合衬见第54 页 ● 转绘纸样见第82~83 页 ● 假缝线迹见第89页

门襟扣眼

难度指数 ★★★★

在衬衣、衬衣裙或外套上使用隐蔽的门襟纽扣效果很好。纽扣被折边完全遮挡。可面缝折边，成品更美观。

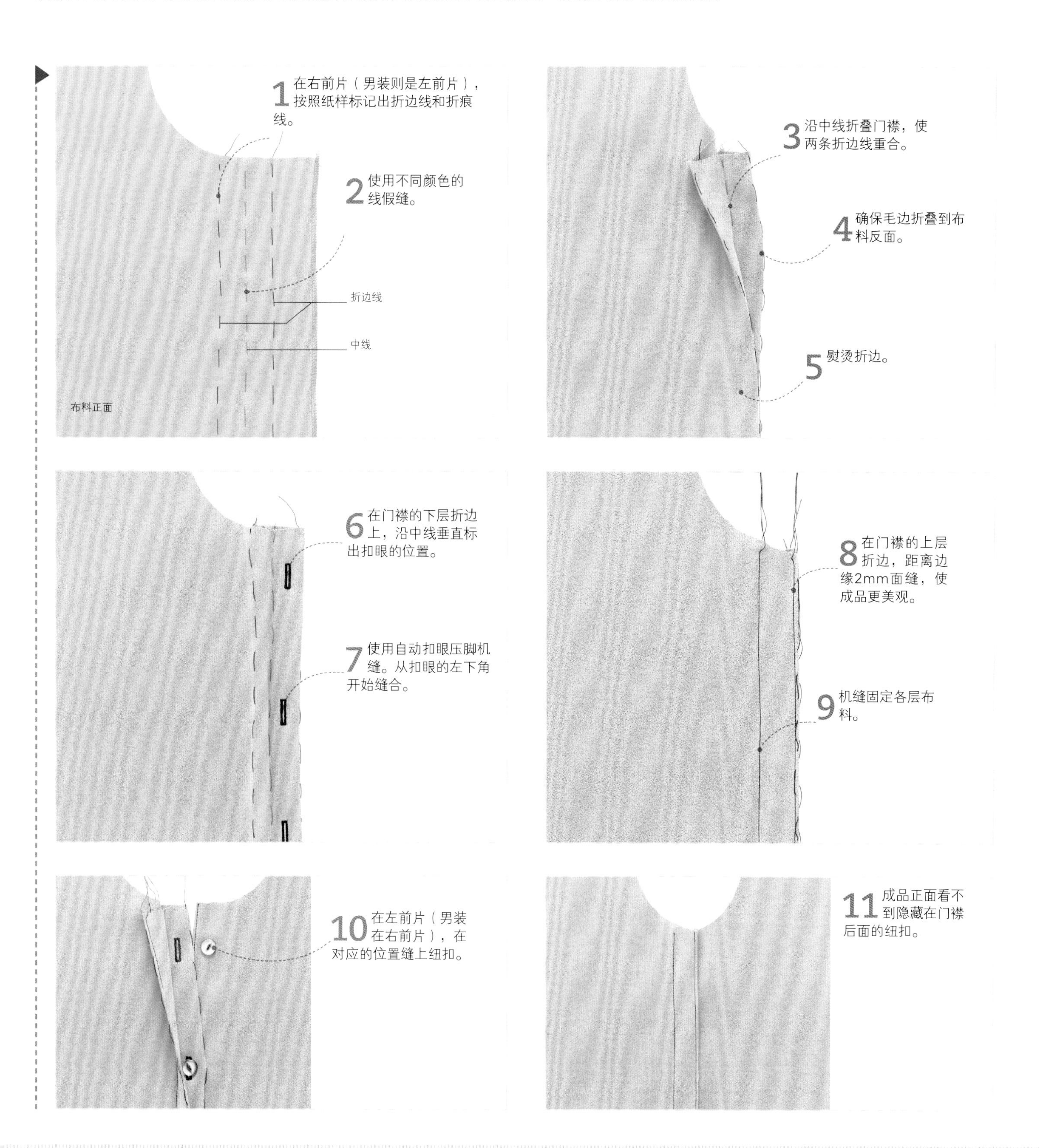

手缝线迹见第90~91页 • 面缝见第98页 • 机缝扣眼见第272页

缝纫技法

纽襻的种类与制作

纽扣并非一定要使用扣眼，还可以用纽襻来系牢。纽襻一般缝于衣片的边缘。纽襻常见于特殊场合服装的后背，一般都是很多纽襻固定一排小纽扣，而且一般都是包扣。用于制作盘扣的纽襻还可以使用装饰性嵌绳来代替。

纽襻

难度指数 ★★★★★

这种纽襻使用斜裁布条做成。选择顺滑的布料来做斜裁布条，这样会比较好翻过来。纽襻用于圆球形纽扣。

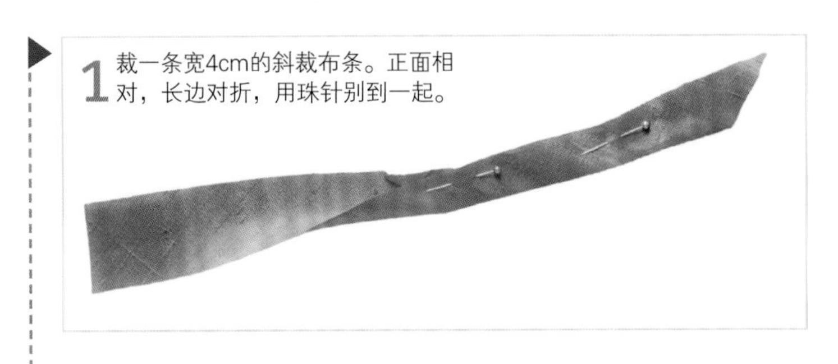

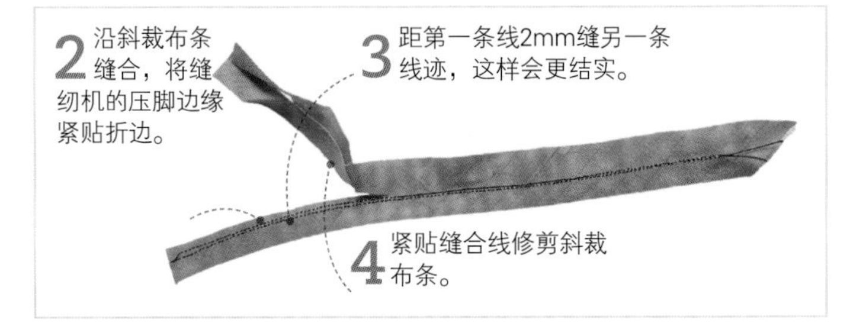

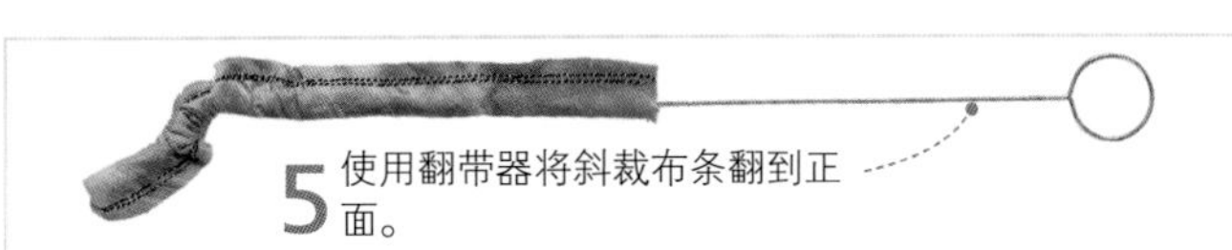

6 将准备好的纽襻条用珠针别在熨衣板上，用蒸汽熨斗烫平。

嵌绳式纽襻

难度指数 ★★★★★

将嵌绳穿入纽襻可以做出很好的嵌绳纽襻。这种纽襻适用于轻薄布料。嵌绳纽襻最好使用有柄纽扣。

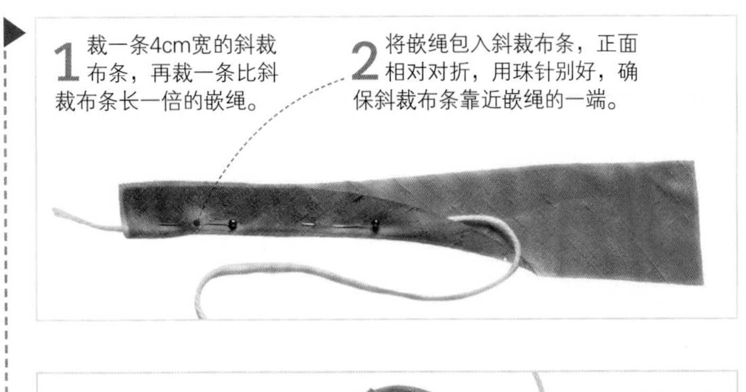

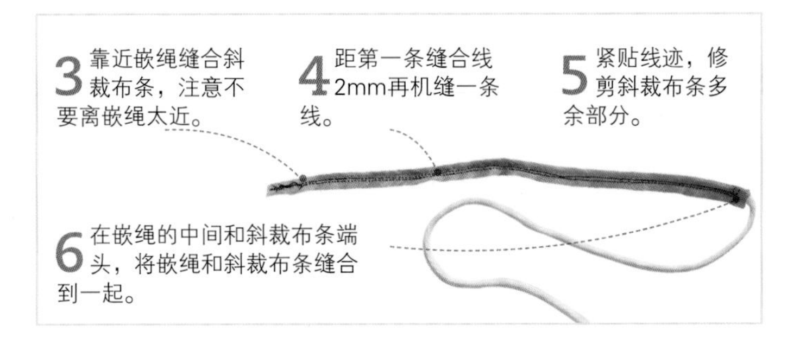

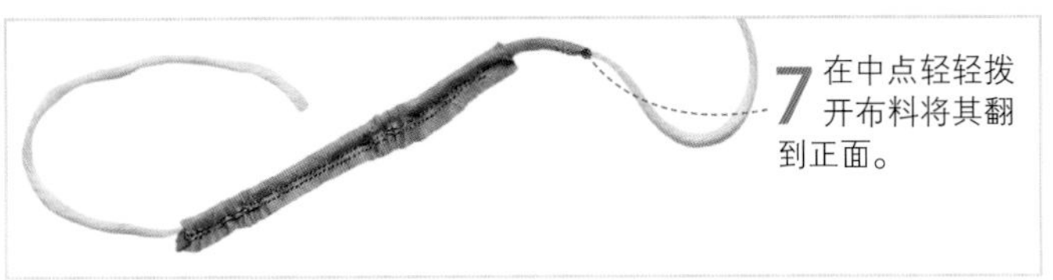

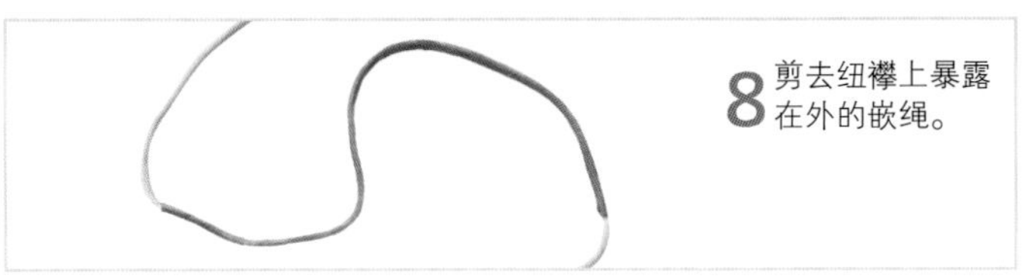

8 剪去纽襻上暴露在外的嵌绳。

其他工具见第20~21页 • 假缝线迹见第89页

间隔式纽襻

难度指数 ★★★★★

纽襻做好之后，紧接着下一步就是将它们缝到衣服上。需要注意的是，所有的纽襻大小都应该相同，而且中间的间距也应该一样。为此，就需要假缝来标出纽襻的位置。纽襻可以固定在右衣片前面，也可以在左衣片的背面。

1 使用假缝线迹来标出纽襻位置线，确保各条位置线之间的距离相同。

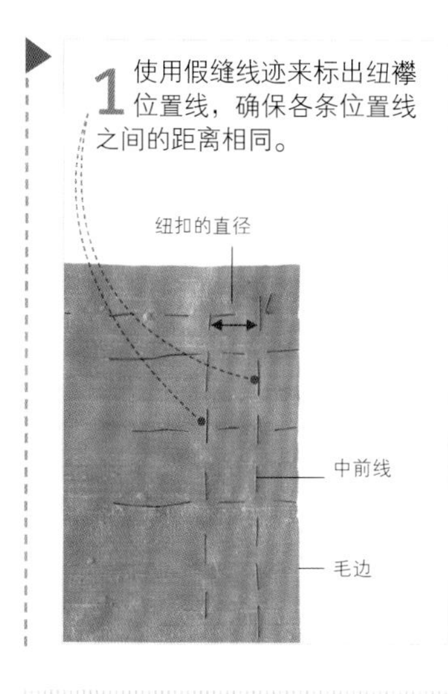

2 将纽襻放到布料上。纽襻折叠的一头置于里面的假缝线上，毛边端置于布料毛边。纽襻中心对齐假缝线。

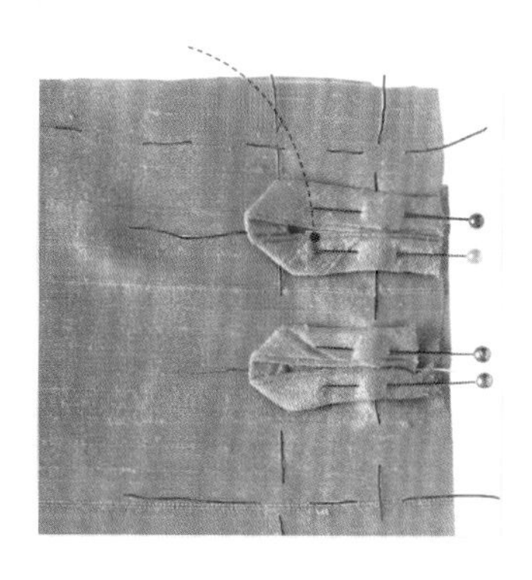

3 在中线缝份靠里的位置机缝纽襻。

4 再缝合一条线加固纽襻。

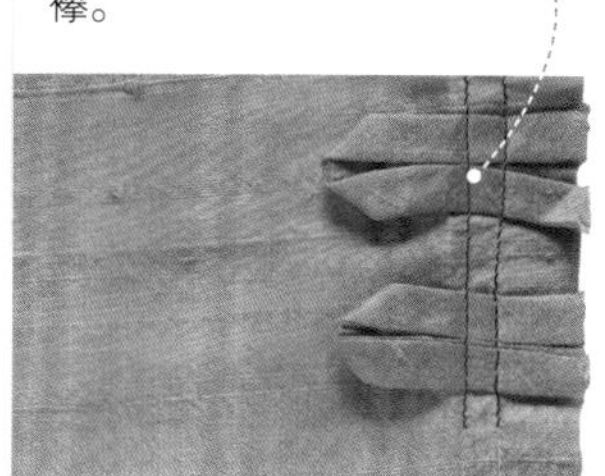

5 给纽襻加上贴片或内衬。

6 做好的纽襻会伸到布料边缘的外面。

中式盘扣

难度指数 ★★★★★

用装饰性嵌绳做成的盘扣常见于东方传统服装上。这里所说的盘扣可以购买，想自己做也很简单。与之搭配的中式纽扣也可以用嵌绳来做，只需要将嵌绳上下扭转就可以做好。

制作盘扣

1 将嵌绳做成如图的形状，用布用胶水将两个绳端在中心的下面固定在一起。

2 使用细密的手缝线迹沿两侧缝合嵌绳。注意使用颜色匹配的线。

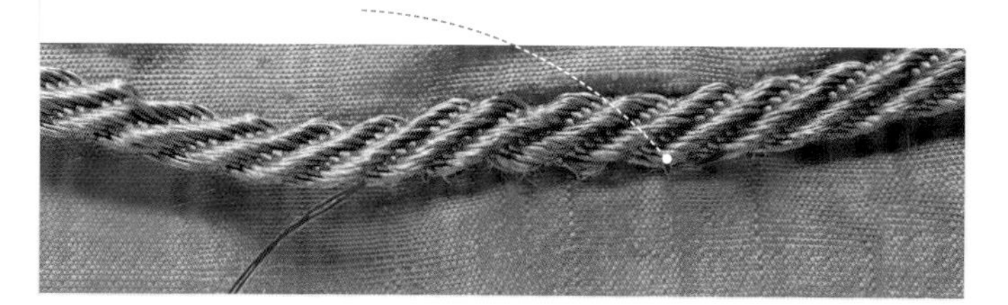

制作中式纽扣

1 首先用嵌绳做1个线环。

2 扭转嵌绳，在第一个线环上面再做1个线环，嵌绳的尾端在第一条边的下面。

3 将嵌绳向上、向下、再向上，然后向下拉到所有线环的下面。

4 抽拉嵌绳两端做成一个球形纽扣。

5 缝合嵌绳端头，与盘扣花样相搭配。

如何裁剪斜滚边条见第150页 • 钉带柄纽扣见第268页

其他扣合件

衣服、手工艺品和其他物品扣合的方法还有许多。有些方法可以代替扣合件，有些可与其他扣合件混合使用。其中包括钩扣、子母扣、搭扣，以及系带网眼。

各种不同的扣合件

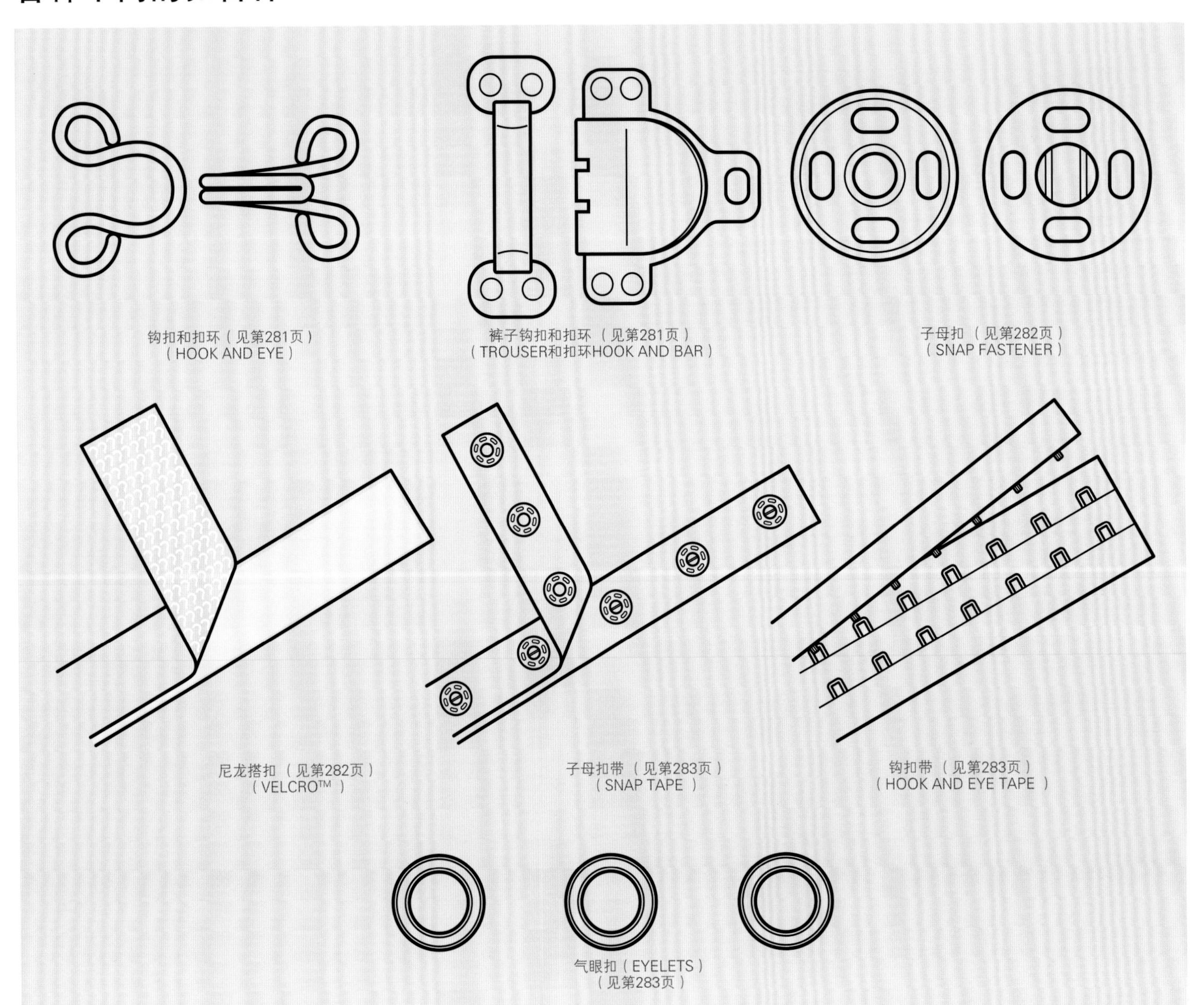

钩扣和扣环

难度指数 ★★★★★

钩扣的种类有很多。买来的钩扣多数是金属材质的，而且一般都是银色或者黑色的。不同的衣服选用不同形状的钩扣——较大较宽的钩扣可以用作装饰缝在衣服的外面，而小钩扣一般都是隐蔽起来的。将挂钩搭在手工缝制的扣眼里，会非常整洁、紧致。

▶ 钉缝钩扣和扣环

1 将钩扣和扣环假缝固定在布料的反面正确的位置。确保它们在同一条线上。

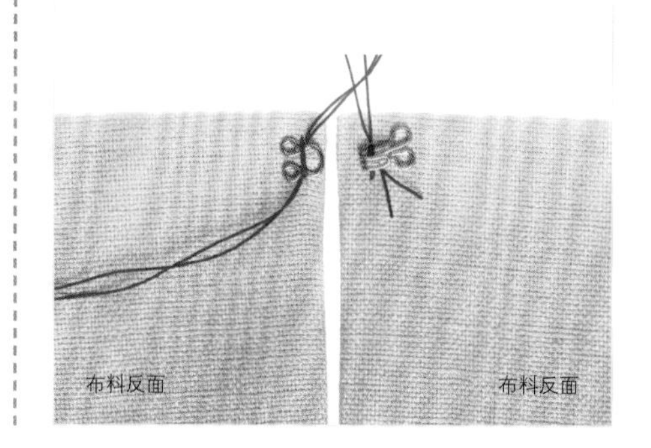

2 使用锁眼线迹固定钩扣和扣环上的所有圆头。

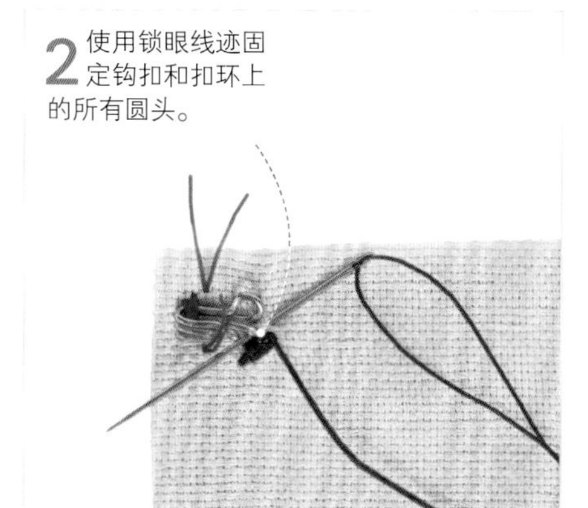

3 用包缝线迹固定钩扣，避免其移动。

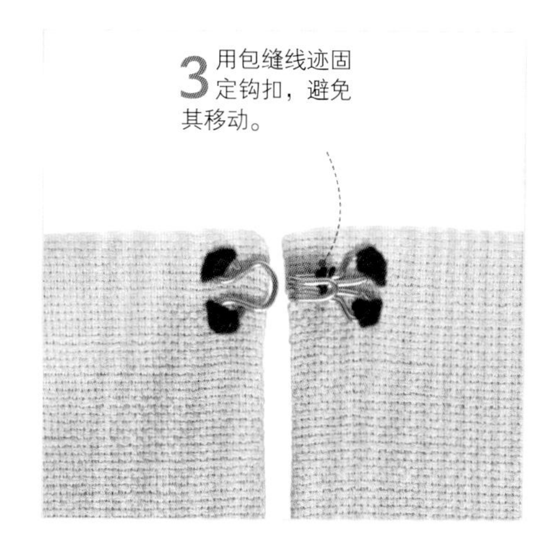

▶ 手工缝制扣眼

1 使用双线在布料边缘缝几个小线环。

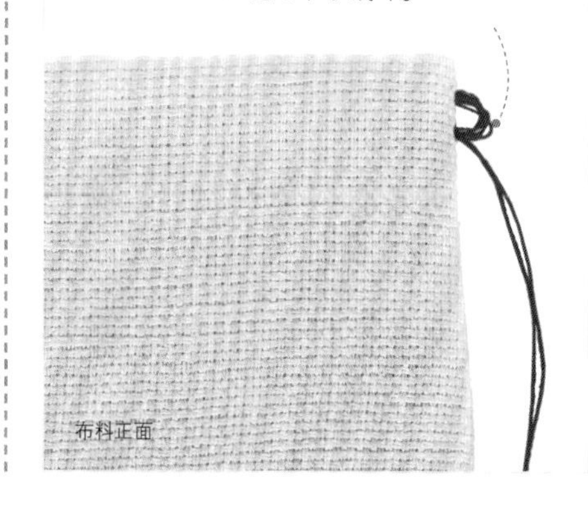

2 锁眼线迹缝合这些小线环。

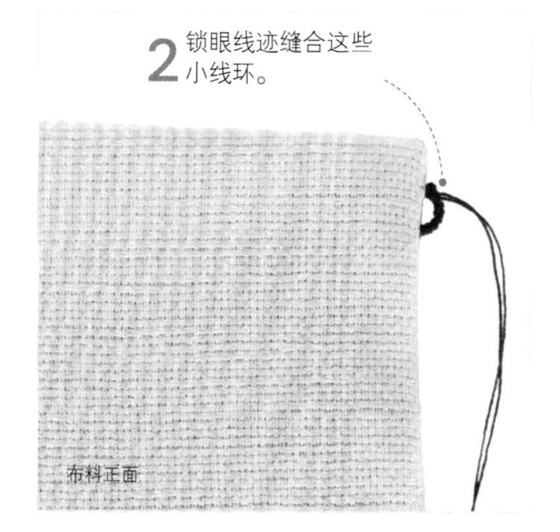

3 完成的扣眼上面是整洁紧致的锁眼线迹。

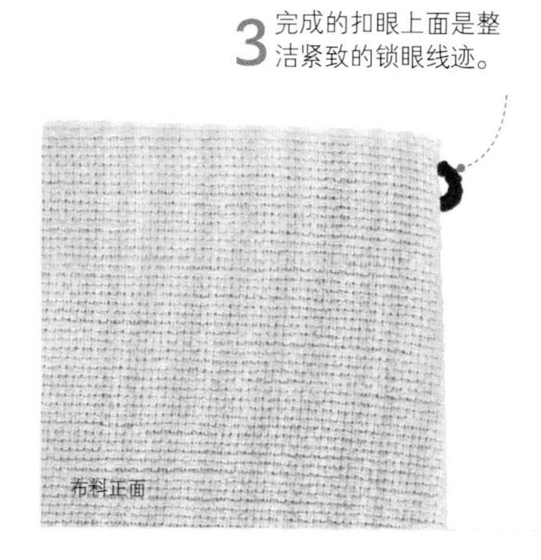

▶ 裤子钩扣和扣环

1 裤子和裙子腰头上的钩扣和扣环较大，为扁平状。固定钩扣和扣环假缝在适当位置。

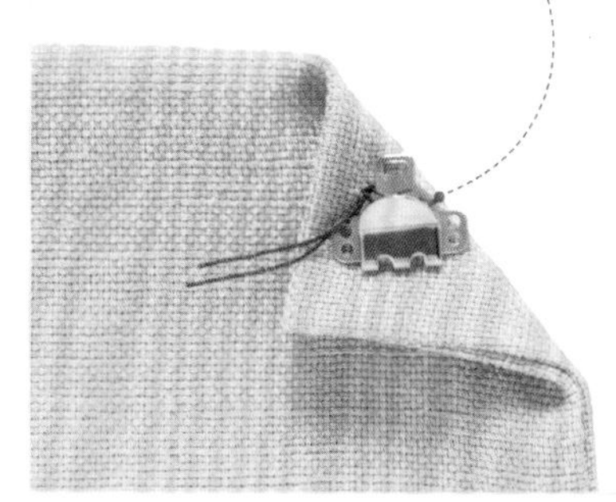

2 用锁眼线迹缝合钩扣和扣环上的所有缝合孔。

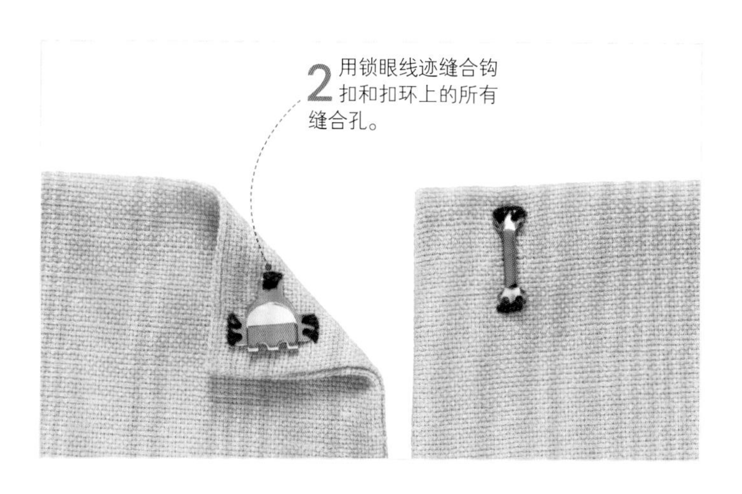

钩扣带见第283页

子母扣

难度指数 

子母扣由一个子扣（凸形）和一个母扣（凹形）组成，用于将两个叠交的凹凸扣合到一起。子扣在上，母扣在下。子母扣可以为圆形，也可以是方形；可以是金属的，也可以是塑料的。

金属子母扣

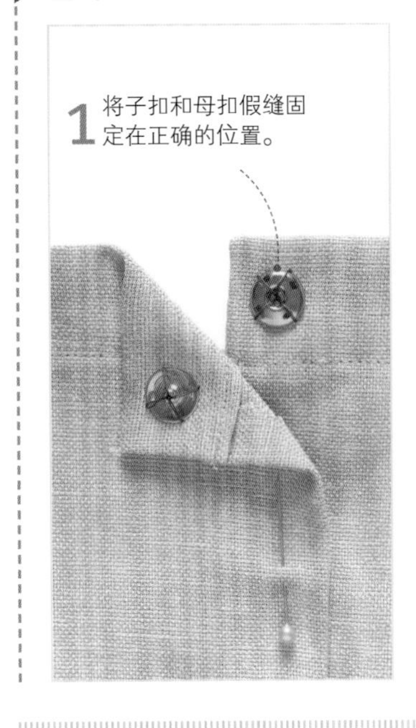

1 将子扣和母扣假缝固定在正确的位置。

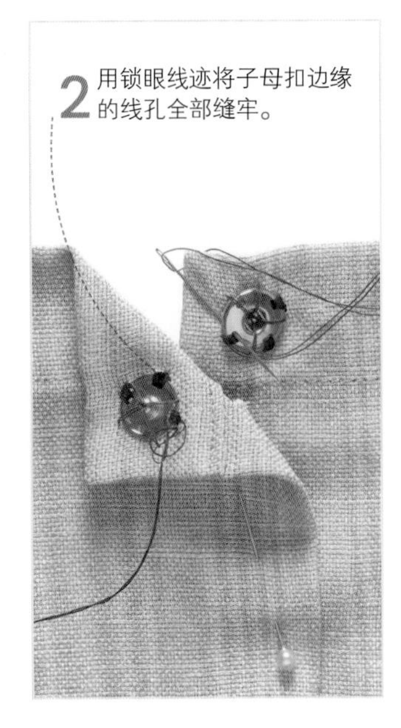

2 用锁眼线迹将子母扣边缘的线孔全部缝牢。

3 拆掉假缝线。

塑料子母扣

塑料子母扣常为白色或透明的，形状一般是方形的。塑料子母扣缝合方法与金属子母扣同（见左图）。

搭扣带

难度指数

除了独立的小扣合件外，也有带状的扣合件，可以缝到衣服上，也可以粘到衣服上。尼龙搭扣带是一种搭扣，颜色各异、种类繁多。可缝式尼龙搭扣适用于衣服和软装饰。而粘式搭扣则可用于窗帘。带子母扣的平纹棉布扣带则主要用于软装饰。搭扣带常见于内衣或者用于衬衫和上衣的前折边，起到装饰的作用。

尼龙搭扣

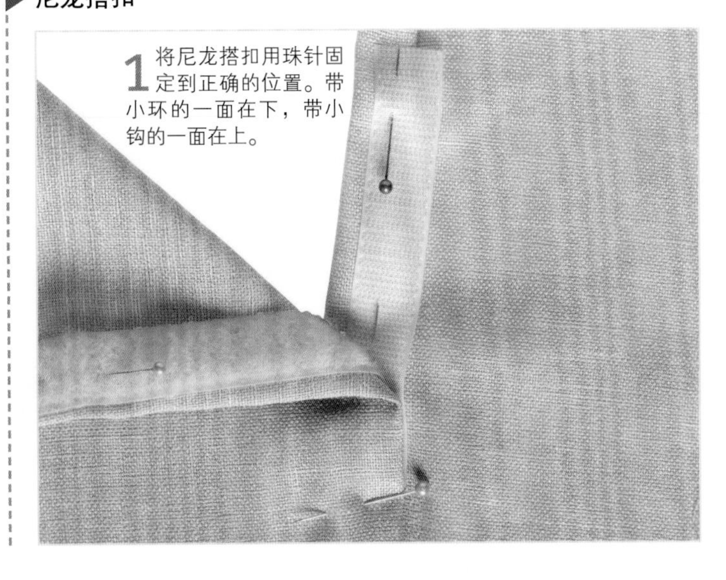

1 将尼龙搭扣用珠针固定到正确的位置。带小环的一面在下，带小钩的一面在上。

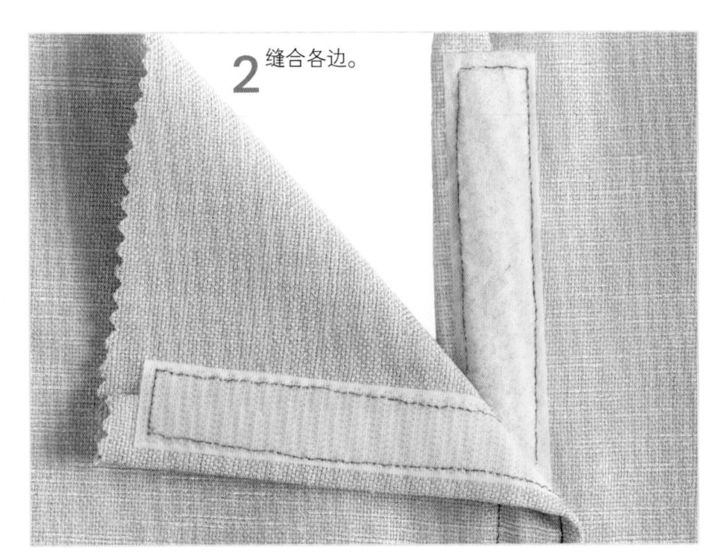

2 缝合各边。

其他工具见第20~21页 • 羽骨见第27页 • 假缝线迹见第89页

子母扣带

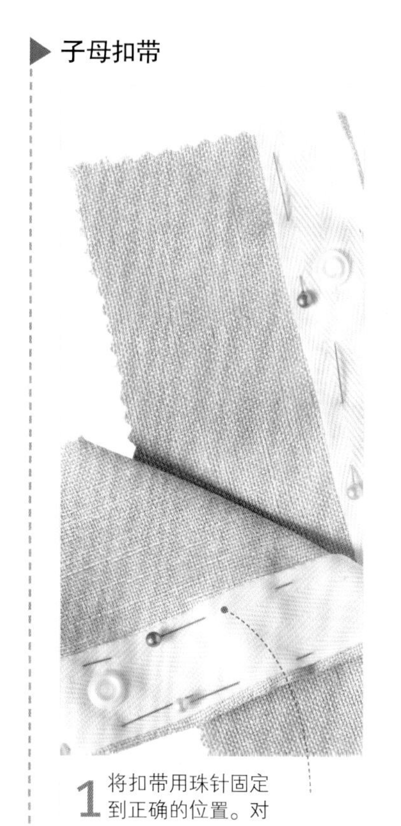

1 将扣带用珠针固定到正确的位置。对齐扣带。

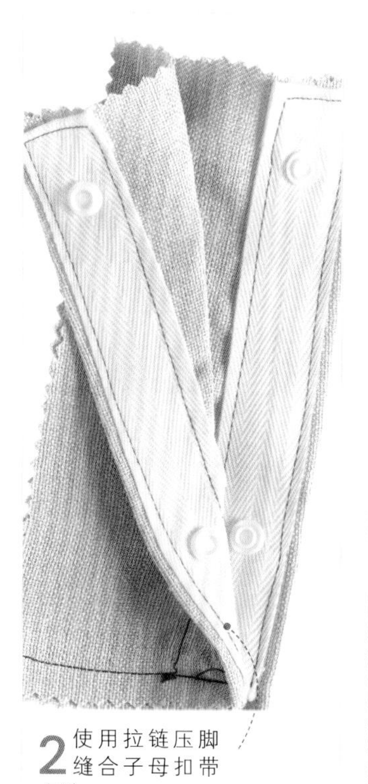

2 使用拉链压脚缝合子母扣带各边。

钩扣带

1 扣环部分有一个能将布料插入的沟槽。用珠针固定。

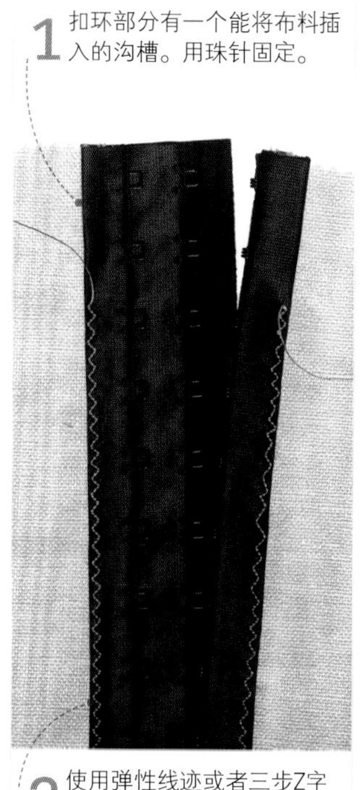

2 使用弹性线迹或者三步Z字线迹缝钩扣带边。

3 用钩扣部分包裹住布边。

4 用与扣环部分同样的线迹缝合固定。

气眼扣

难度指数 *********

系带气眼扣非常具有装饰性，常见于结婚礼服。在气眼扣和布料边缘之间需要插入一片羽骨，以增强布料的强度。还需要打孔器来打出洞，然后装入气眼扣。

1 用打孔器打孔，间隔3～4cm。

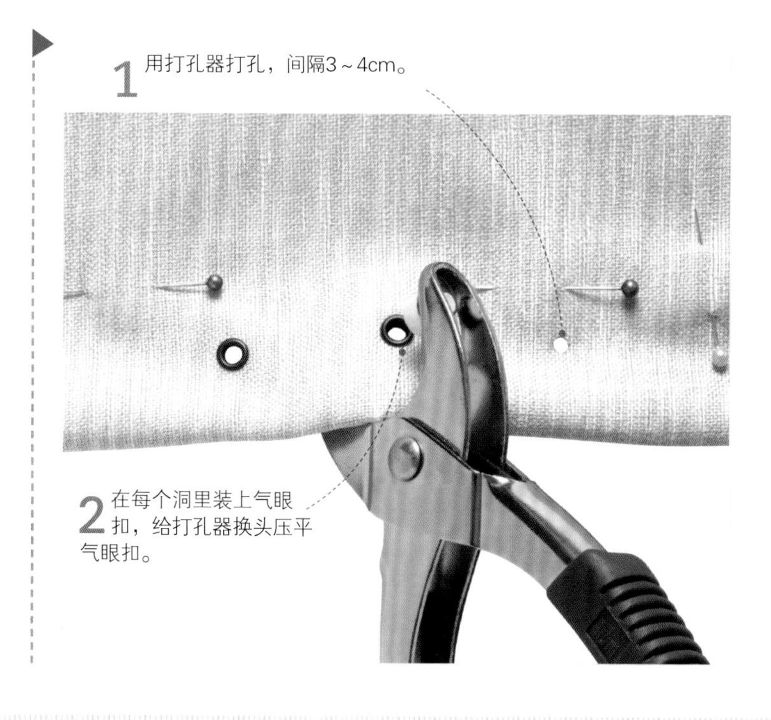

2 在每个洞里装上气眼扣，给打孔器换头压平气眼扣。

3 在背部开口的两边都装上气眼扣。

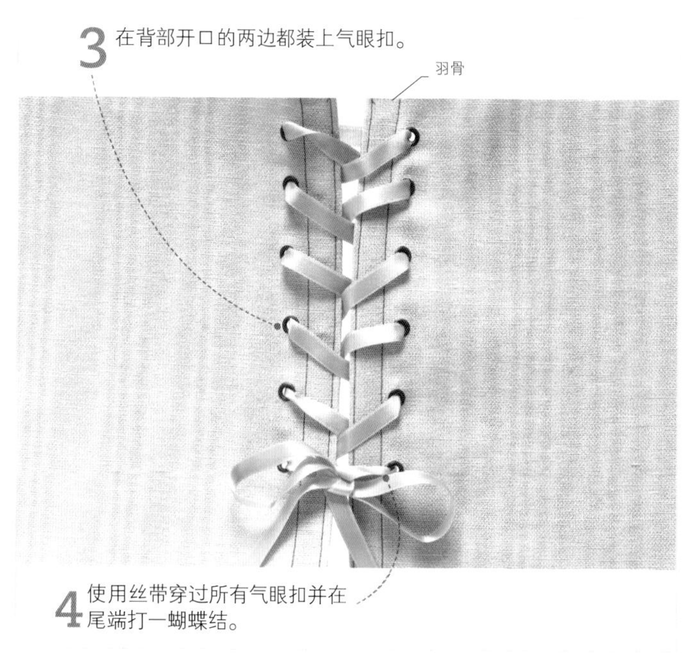

4 使用丝带穿过所有气眼扣并在尾端打一蝴蝶结。

里布和衬布

衬布使衣服或柔软饰品更有型，而里布则使衣服穿着更舒适，同时还可以遮盖接缝和缝线。

衬里和衬布的种类与使用

衬里与衬布相似，不同之处在于衬布是在小范围内外加的一层布料，而衬里则衬于整件衣服的里面。衬里和衬布可以是机织或针织布料，也可以是无纺布料，可以热黏合也可以缝合。一定记得要买适合家用的产品。一定要沿布纹裁剪，即便无纺布料也是如此。

常用衬里的种类

衬里可以覆盖整件衣服的里面，与衣片按照同样的纸样裁剪，沿边缘假缝到主布料上。在制衣过程中，将衬里和布料作为整体来处理。

平纹细布

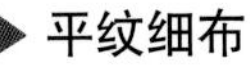

这是一块纯棉平纹细布，用作毛料和棉料的衬里，适用于上衣、短裙和长裙。

欧根纱

欧根纱衬里可以使衣服更有型。用于特殊场合的服装，以及丝质和毛料筒裙。

网眼纱

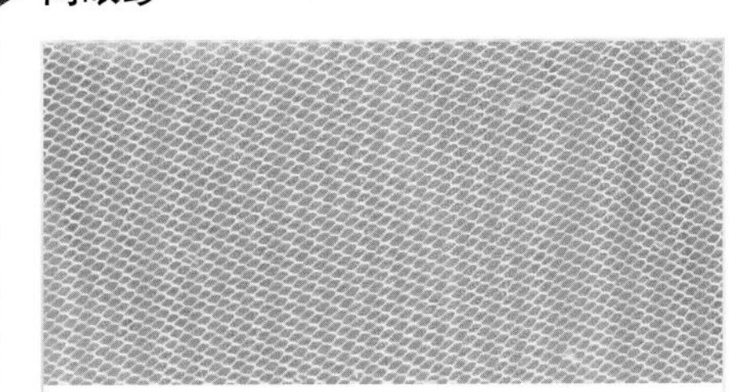

网眼纱有弹性，用于特殊场合服装效果不错，还能避免布料起皱。

常用衬布的种类

难度指数 *****

衬布可以是热熔性的也可以是缝制的，只用于衣服的一部分。衣领、袖口和贴边都需要衬布。除了热熔黏合衬，还可以用热熔黏合带，以免布料变形，双面黏合衬可以使衣服硬挺。

缝制式衬布

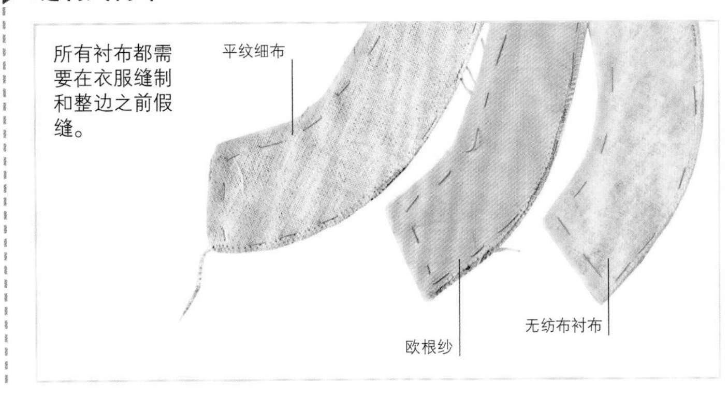

所有衬布都需要在衣服缝制和整边之前假缝。

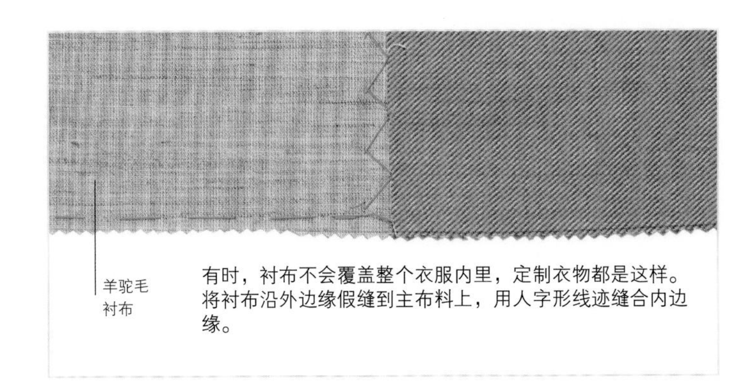

有时，衬布不会覆盖整个衣服内里，定制衣物都是这样。将衬布沿外边缘假缝到主布料上，用人字形线迹缝合内边缘。

衬布见第54~55页 • 假缝线迹见第89页 • 手缝线迹见第90~91页 • 给贴边加热熔黏合衬见第149页

热熔黏合衬

热熔黏合衬适用范围与可缝衬布相同。为了防止热熔黏合衬从外面显露出来，使用锯齿剪修剪衬布边缘。

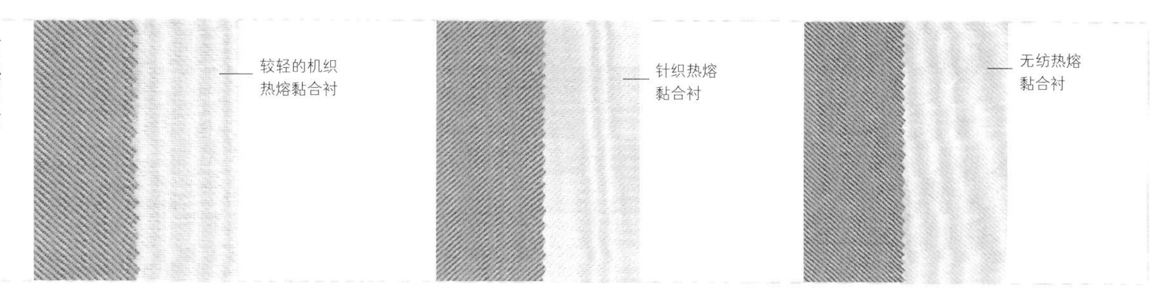

衬布和衬里叠合

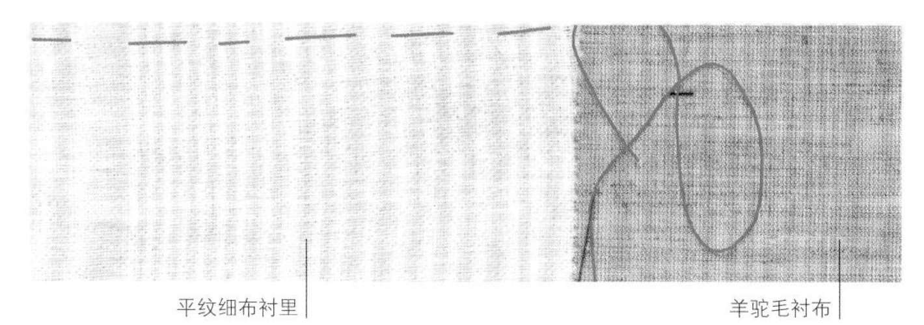

有型的衣物可以同时使用衬里和衬布。先放衬里，然后将衬布再加到上面。将外边缘假缝，然后用人字形线迹缝合内边缘。

镶边热熔黏合衬

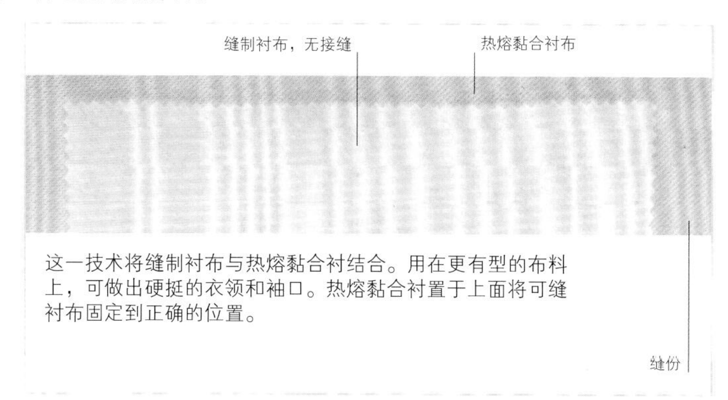

这一技术将缝制衬布与热熔黏合衬结合。用在更有型的布料上，可做出硬挺的衣领和袖口。热熔黏合衬置于上面将可缝衬布固定到正确的位置。

直纹式热熔黏合带

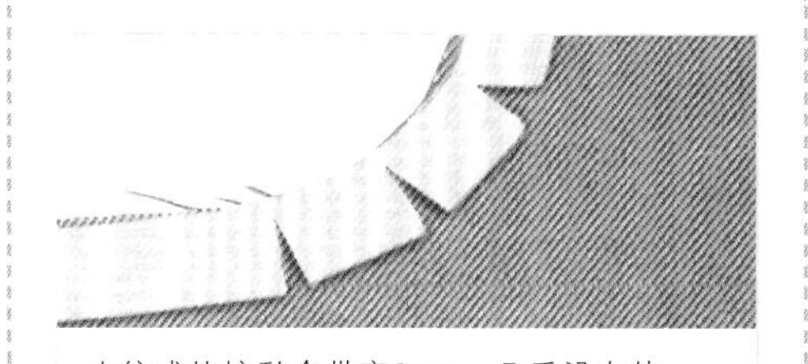

直纹式热熔黏合带宽2cm，几乎没有伸展性，主要用于定边。在一些接缝上，可以代替定位线缝。为了做出弯边，将熨斗温度调至90° 在熨烫的热熔黏合带上剪出牙口。

斜裁热熔黏合带

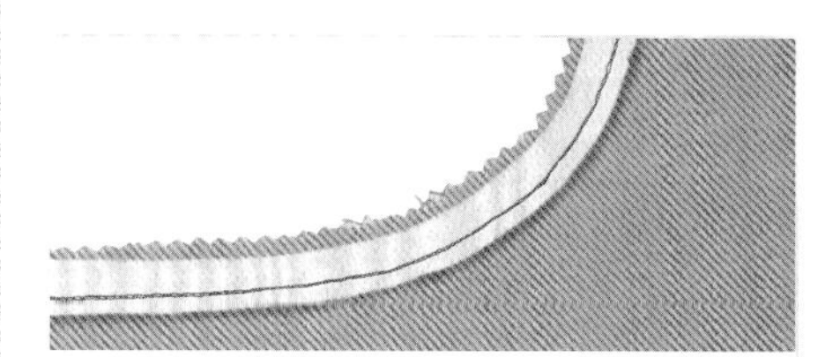

斜裁热熔黏合带上面有直线机缝线迹。由于黏合带是斜裁的，边缘会是弧形边。在将热熔黏合带固定时，带子上的缝合线应该在布料缝合线上。

嵌缝热熔黏合带

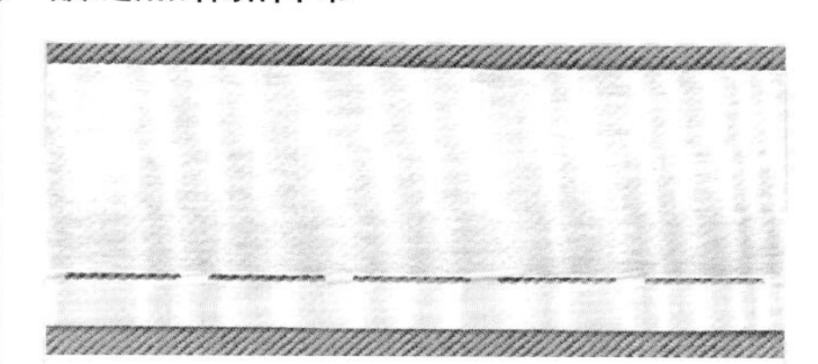

嵌缝热熔黏合带比其他热熔黏合带宽，而且有嵌缝边。这种黏合带多用于口袋盖和上衣卷边定型。将热熔黏合到固定到位，以便嵌缝与布料上的折线对齐。

衬布、贴边和里布

难度指数 *********

在高级定制衣服上，贴边需要加衬布，然后缝到里布上。

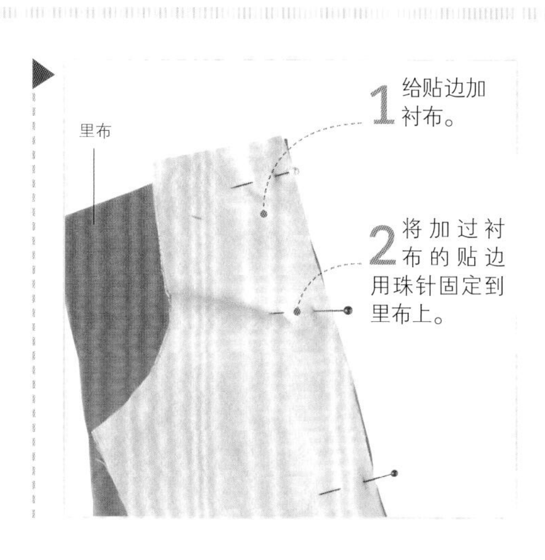

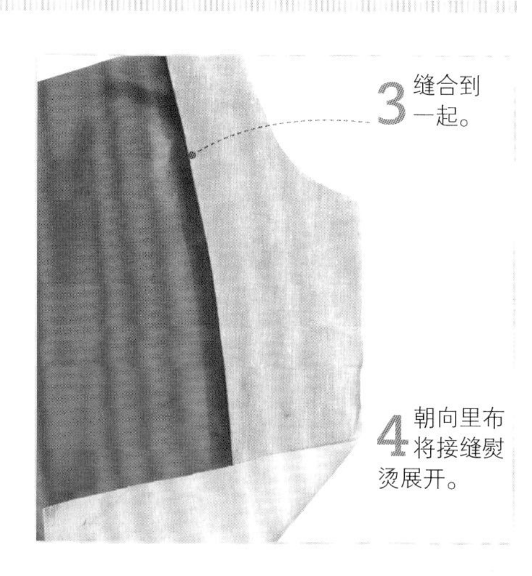

平翻领见第165页 • 加固型直式腰带见第186~187页 • 袖克夫和袖衩见第206~213页

缝纫技法

里布的使用

里布用于衣服里面，主要是为了让衣服穿起来更舒适——可以预防衣服粘皮肤。里布还可以使衣服更耐穿。选用人造丝或者醋酸纤维制作的面料作为里布比较好，它们透气性较好。聚酯纤维里布穿起来可能会不太舒服。

上衣片加里布

难度指数 ★★★★★

无袖连衣裙和紧身上衣都需要加里布，一方面穿起来舒适，另一方面也能减少臃肿层。里布要在中后缝和侧缝缝合之前加上。

1 将上衣片里布和上衣片正面相对。对齐肩缝、领口和袖窿。

2 领口边和袖口边均预留1.5cm缝份，将二者缝合到一起。

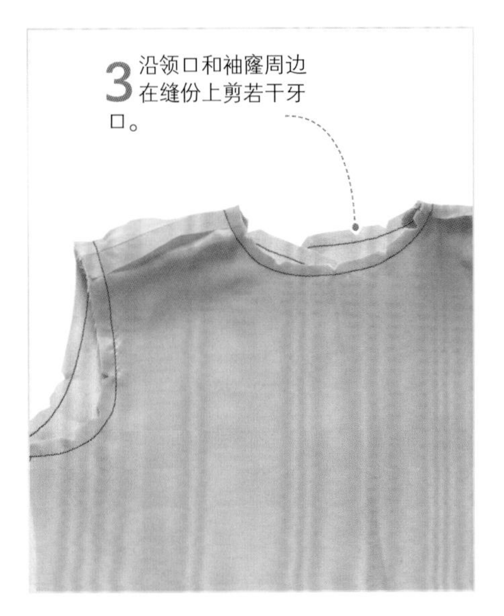

3 沿领口和袖窿周边在缝份上剪若干牙口。

4 翻到正面，上衣片后片从肩部抽拉出来。

5 同样抽拉出另一半上衣片。烫平。

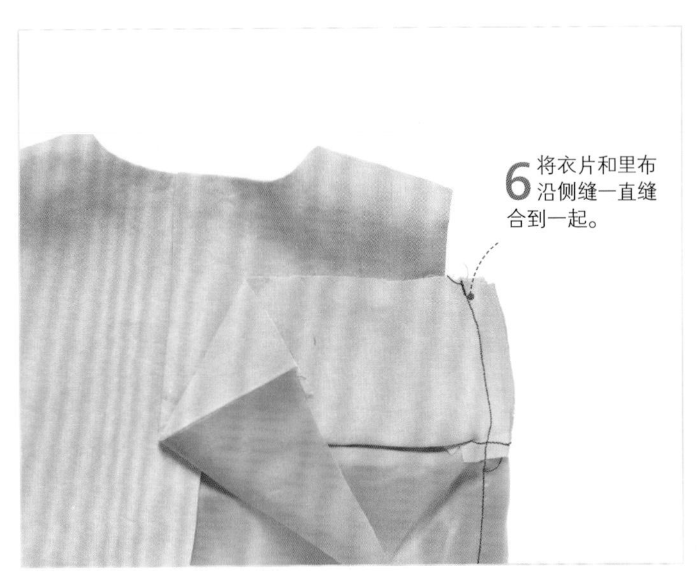

6 将衣片和里布沿侧缝一直缝合到一起。

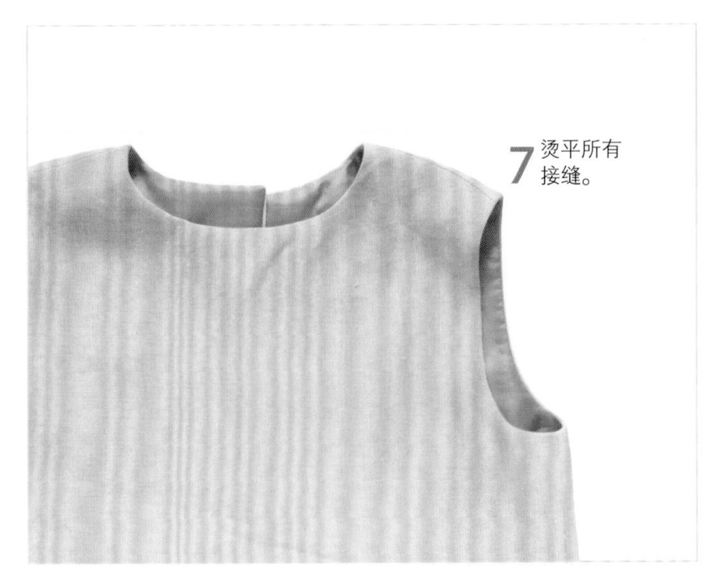

7 烫平所有接缝。

裙子加里布

难度指数 ★★★★★

裁出和裙片相同的里布，然后缝合到一起，预留拉链位置。不要缝合省道。

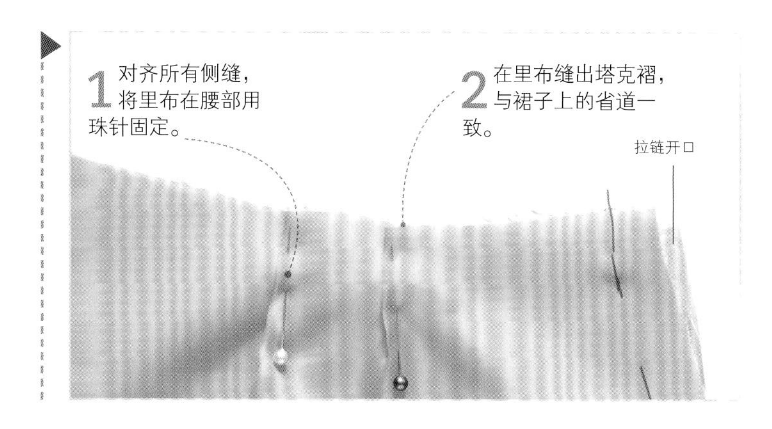

1 对齐所有侧缝，将里布在腰部用珠针固定。

2 在里布缝出塔克褶，与裙子上的省道一致。

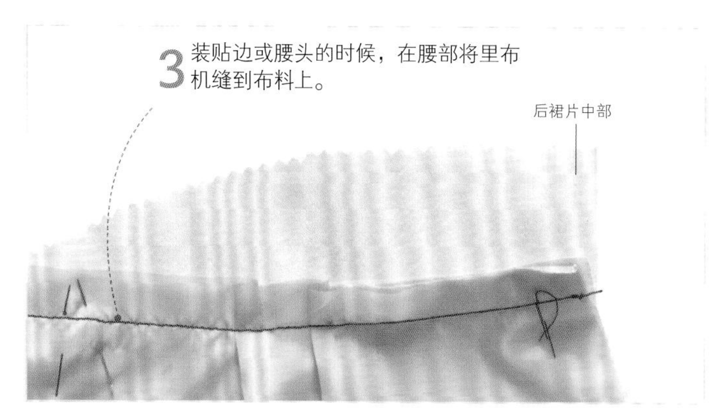

3 装贴边或腰头的时候，在腰部将里布机缝到布料上。

里布折边

难度指数 ★★★★★

裙子的里布应该比裙片稍微短一些，短大约4cm，这样走路或坐着的时候里布都不会露出来。

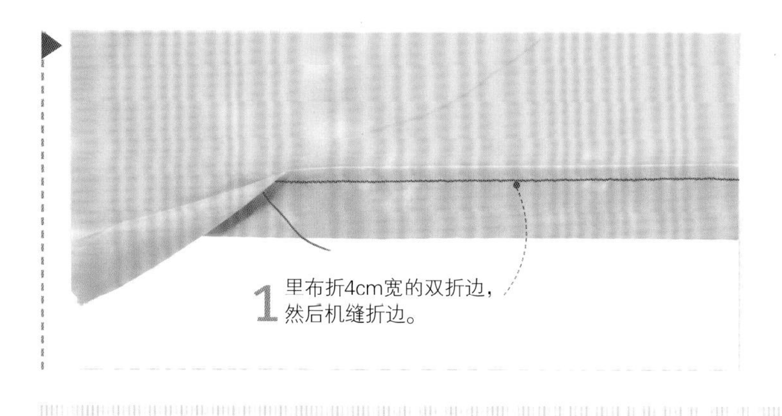

1 里布折4cm宽的双折边，然后机缝折边。

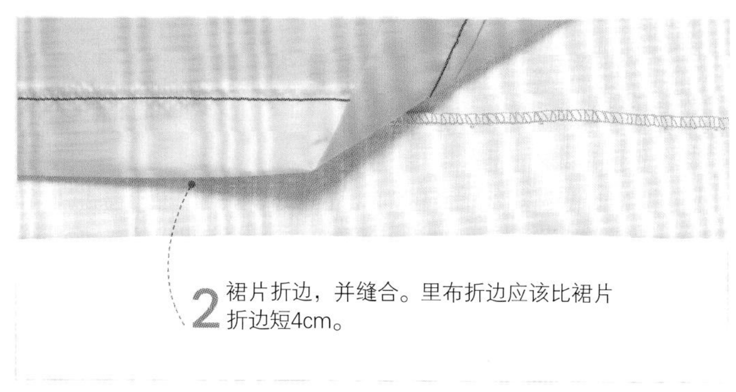

2 裙片折边，并缝合。里布折边应该比裙片折边短4cm。

开衩处里布的处理

难度指数 ★★★★★

如果下摆有开衩，里布需要沿开衩缝合。首先缝制裙子，开衩做好、转角折好，然后折边，再以相同的方式来完成里布下摆。

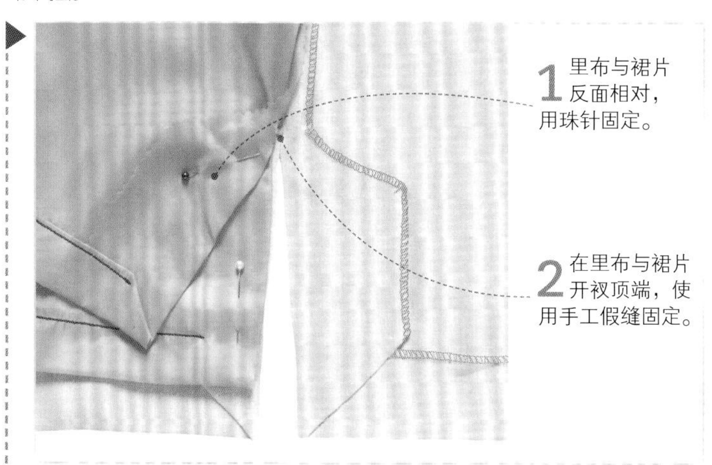

1 里布与裙片反面相对，用珠针固定。

2 在里布与裙片开衩顶端，使用手工假缝固定。

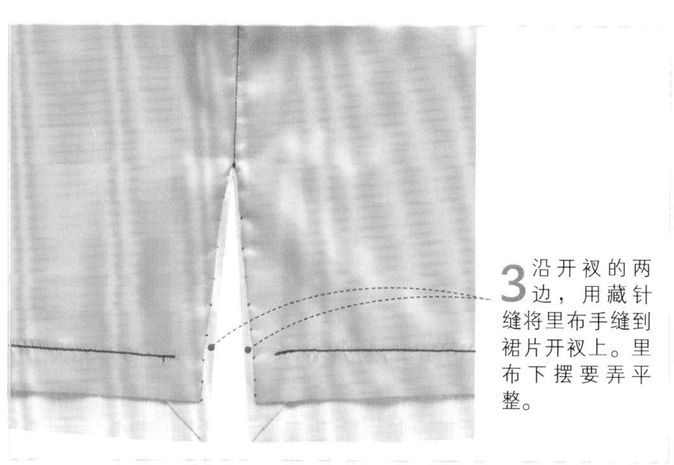

3 沿开衩的两边，用藏针缝将里布手缝到裙片开衩上。里布下摆要弄平整。

修剪缝份见第104~105页 • 缝合直式腰头见第182页 • 机缝折边见第238页

背衩处里布的处理

难度指数 *****

有些裙子和夹克底部折边处有背衩，重叠的布料方便穿着时活动。背衩处里布的处理比较棘手，因为背衩处的纸样非常复杂。

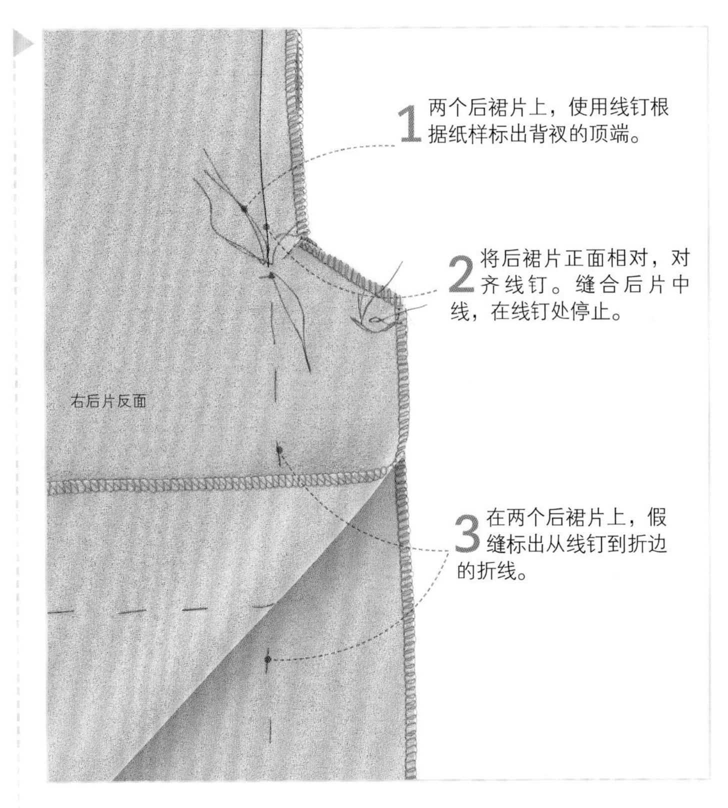

1 两个后裙片上，使用线钉根据纸样标出背衩的顶端。

2 将后裙片正面相对，对齐线钉。缝合后片中线，在线钉处停止。

3 在两个后裙片上，假缝标出从线钉到折边的折线。

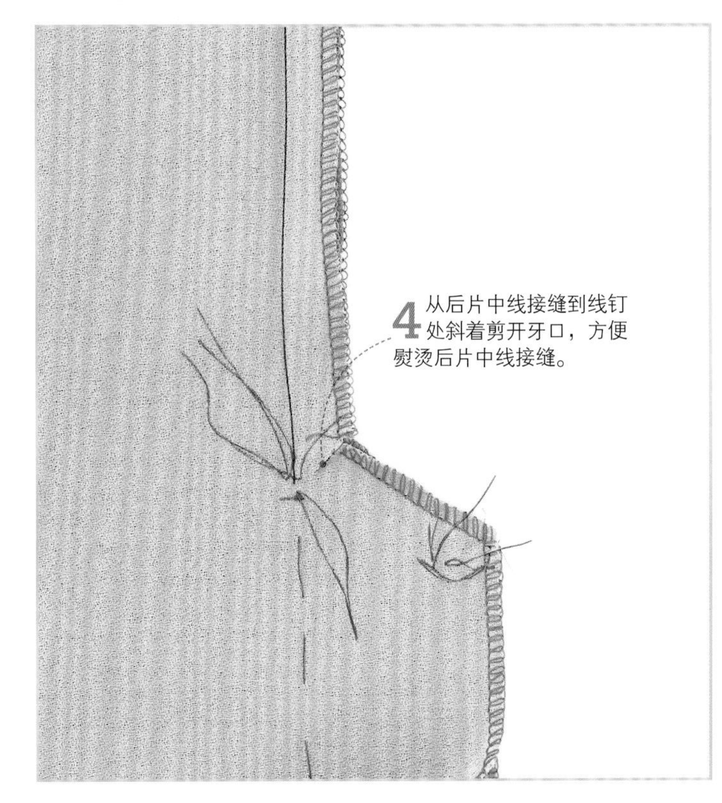

4 从后片中线接缝到线钉处斜着剪开牙口，方便熨烫后片中线接缝。

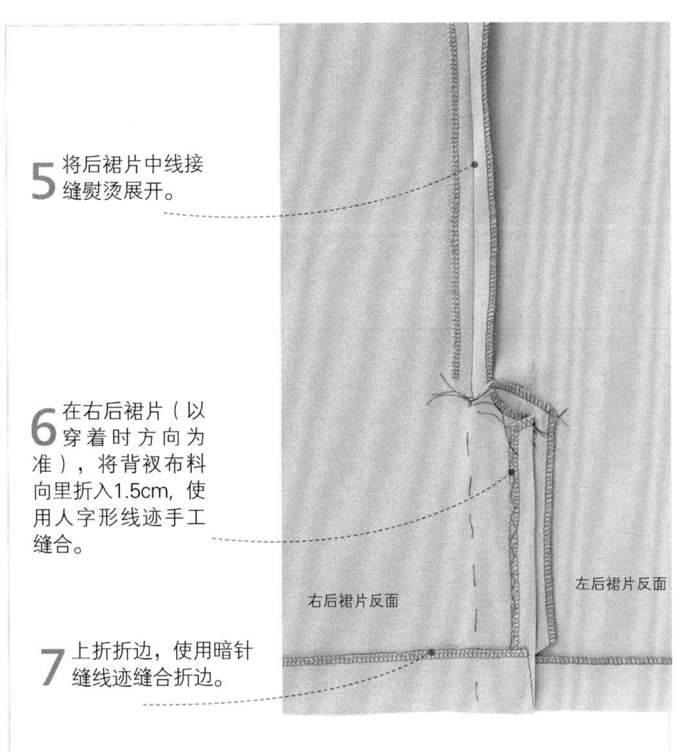

5 将后裙片中线接缝熨烫展开。

6 在右后裙片（以穿着时方向为准），将背衩布料向里折入1.5cm，使用人字形线迹手工缝合。

7 上折折边，使用暗针缝线迹缝合折边。

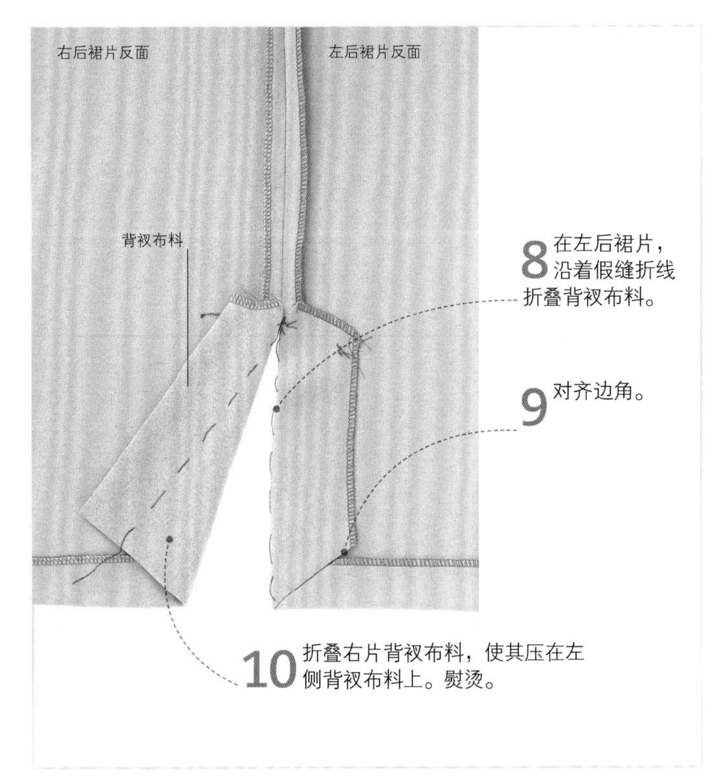

8 在左后裙片，沿着假缝折线折叠背衩布料。

9 对齐边角。

10 折叠右片背衩布料，使其压在左侧背衩布料上。熨烫。

转绘纸样见第82~83页 • 假缝线迹见第89页 • 手缝线迹见第90~91页 • 机缝线迹见第92~93页

11 按照纸样，裁剪里布。

12 在两个后裙片上，按照纸样，用线钉标出背衩的位置。

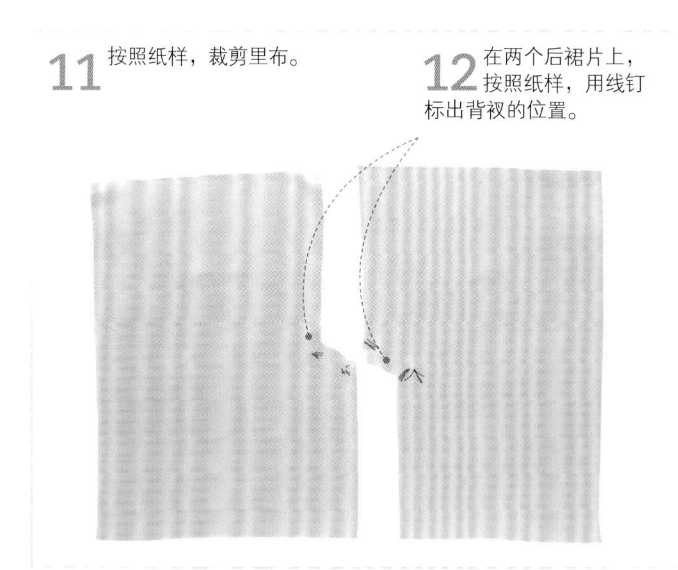

13 使用三线包缝线迹或是Z字线迹修整后片中线边缘。

14 如图所示，距离边缘2cm，与边缘平行缝合，加固内边角。

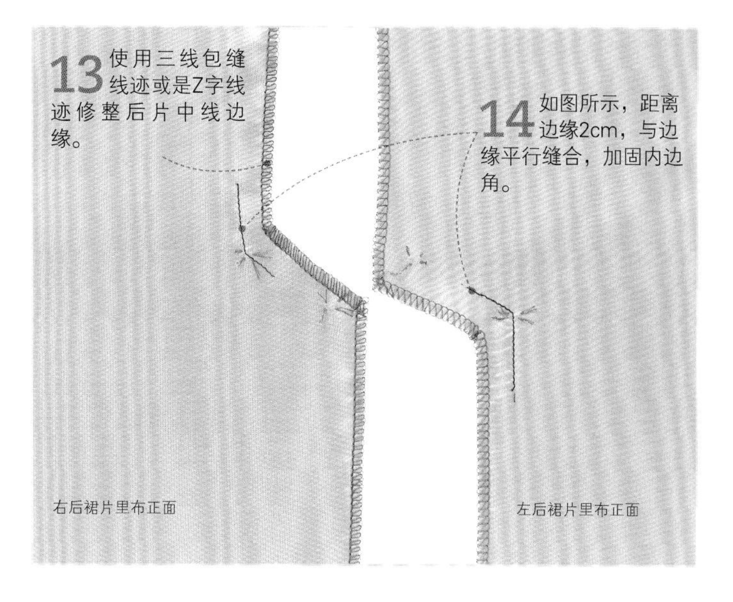

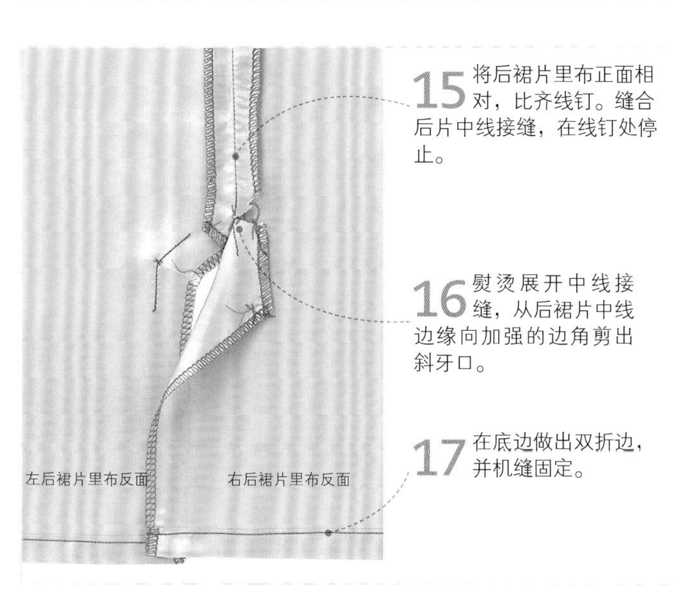

15 将后裙片里布正面相对，比齐线钉。缝合后片中线接缝，在线钉处停止。

16 熨烫展开中线接缝，从后裙片中线边缘向加强的边角剪出斜牙口。

17 在底边做出双折边，并机缝固定。

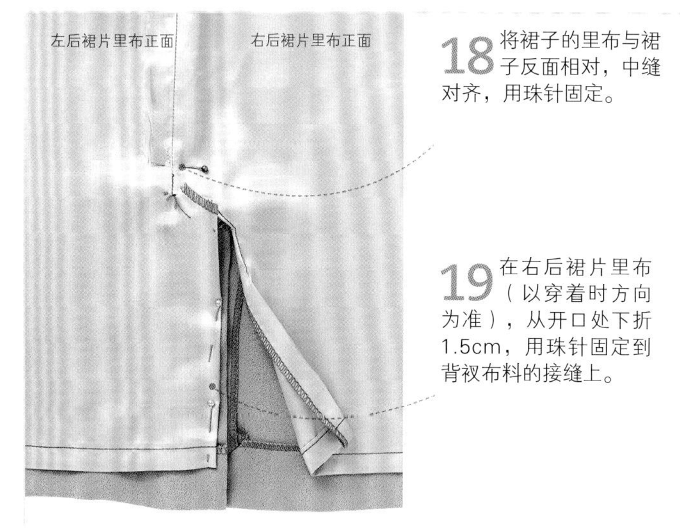

18 将裙子的里布与裙子反面相对，中缝对齐，用珠针固定。

19 在右后裙片里布（以穿着时方向为准），从开口处下折1.5cm，用珠针固定到背衩布料的接缝上。

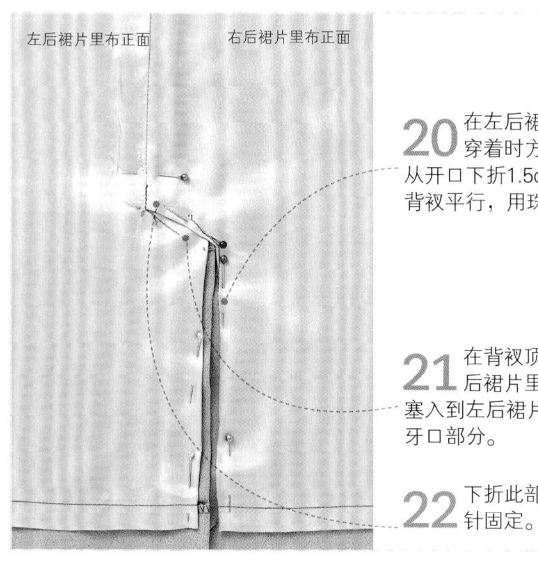

20 在左后裙片里布（以穿着时方向为准），从开口下折1.5cm，和右侧背衩平行，用珠针固定。

21 在背衩顶端，将右后裙片里布的缝份塞入到左后裙片里布的斜牙口部分。

22 下折此部分，用珠针固定。

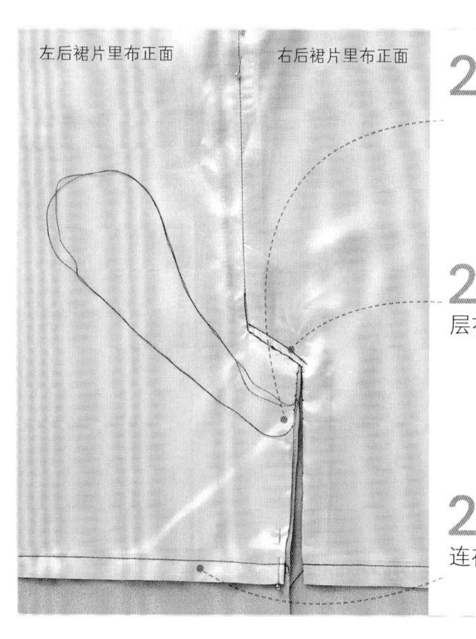

23 使用藏针缝将里布缝合到背衩周围。

24 从后裙片中缝向背衩顶端斜着机缝各层布料。用珠针固定。

25 熨烫完成。里布折边和裙子折边不能连在一起。

修剪缝份见第104~105页 • 手缝折边见第236~237页 • 机缝折边见第238页 • 斜接边角见第241页

专业缝纫工艺

掌握了基本的缝纫技巧之后，应该试一下更为高级的工艺了，譬如缝制时尚的或特殊场合需要的服装的方法。这些工艺也不难，但是操作起来需要时间和耐心。

快速缝制衣物

速缝是现代缝纫的一个新名词，指使用热熔黏合衬使上衣和外套更有型。选用机织热熔黏合衬，裁成和上衣裁片相同的衣片。如果可能，选用两种不同的衬布——一种中等厚度的热熔黏合衬，一种轻薄的热熔黏合衬——与黏合带一起固定上衣边缘。如果没有不同厚度的热熔黏合衬，选用轻薄的热熔黏合衬作为衬布，但是要在上衣的前身片使用两层。

上衣配件

难度指数 *****

以下图片显示出上衣和外套的热熔黏合衬位置。大家的裁剪方式可能不尽相同，也许前身片和后身片是一体的，而不是如图所示的两片，衣袖也可以是两片式的，但是使用的原理都是相同的，那就是前身片要使用厚一些的热熔黏合衬，后身片使用轻薄一些的热熔黏合衬，而肩部要加固。

前身片

前侧片

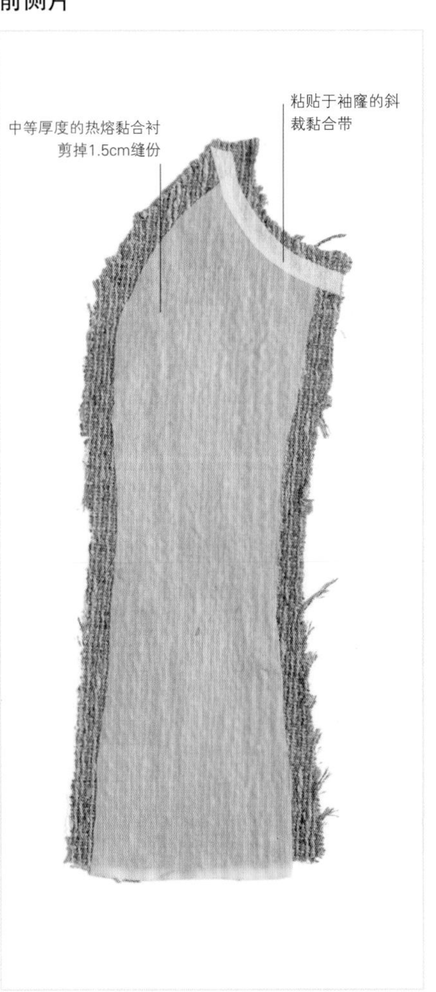

后侧片

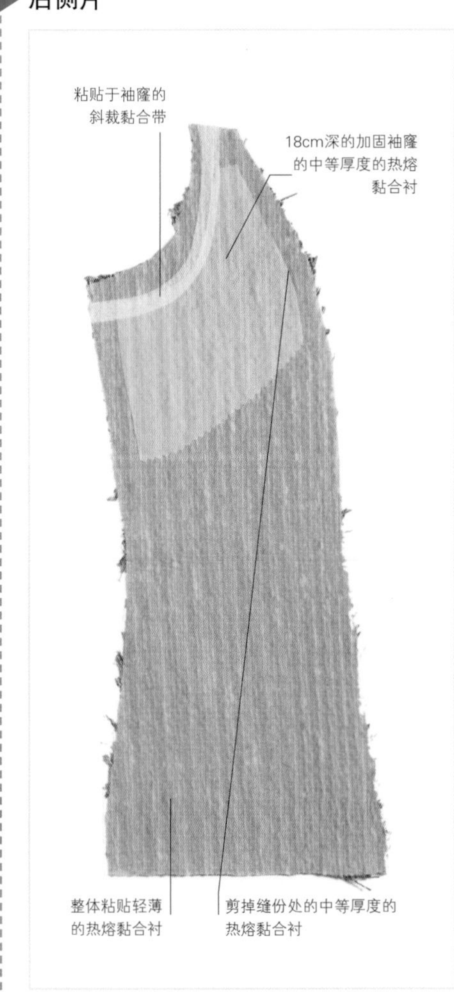

如何粘贴热熔黏合衬见第54页 • 布料纹理和起绒见第76页

后身片

粘贴于领口的斜裁热熔黏合带

粘贴于袖窿的斜裁热熔黏合带

加固肩部的中等厚度的热熔黏合衬，袖窿处为18cm，后身中片深25cm，剪掉缝份

整体粘贴轻薄的热熔黏合衬

衣袖

前贴边

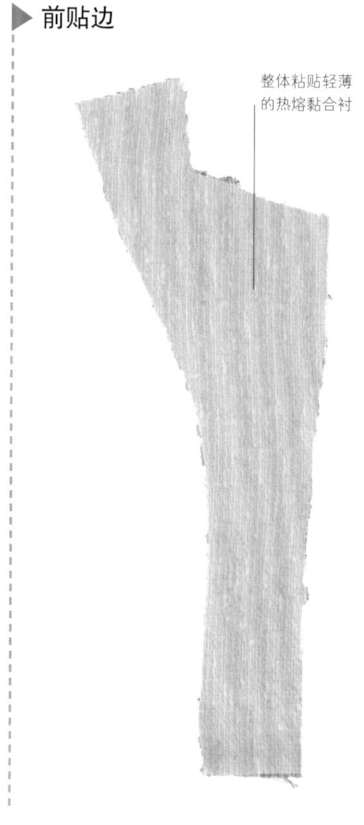

领面

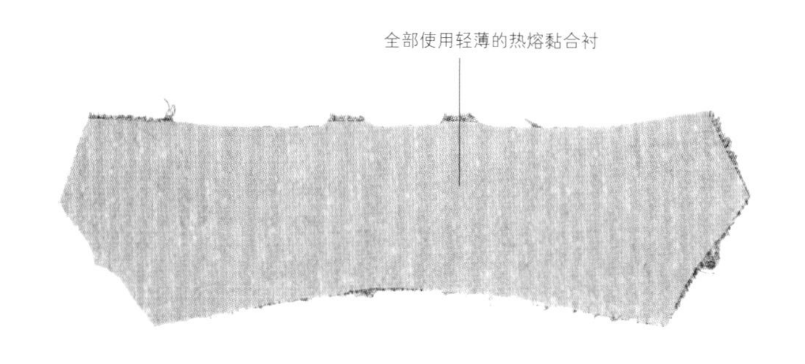

底领

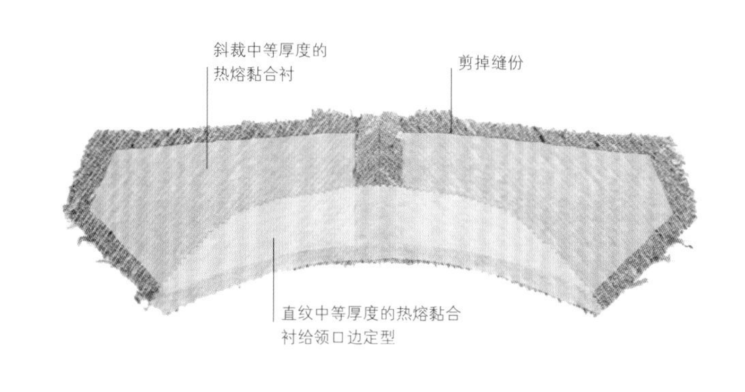

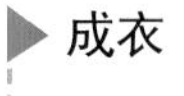

成衣

排列布料见第78~79页 • 衬里和衬布见第286~287页

双嵌条口袋

难度指数 ****

这种口袋常见于各种套装的上衣，因为没有袋盖遮挡，做这种口袋时要特别仔细。

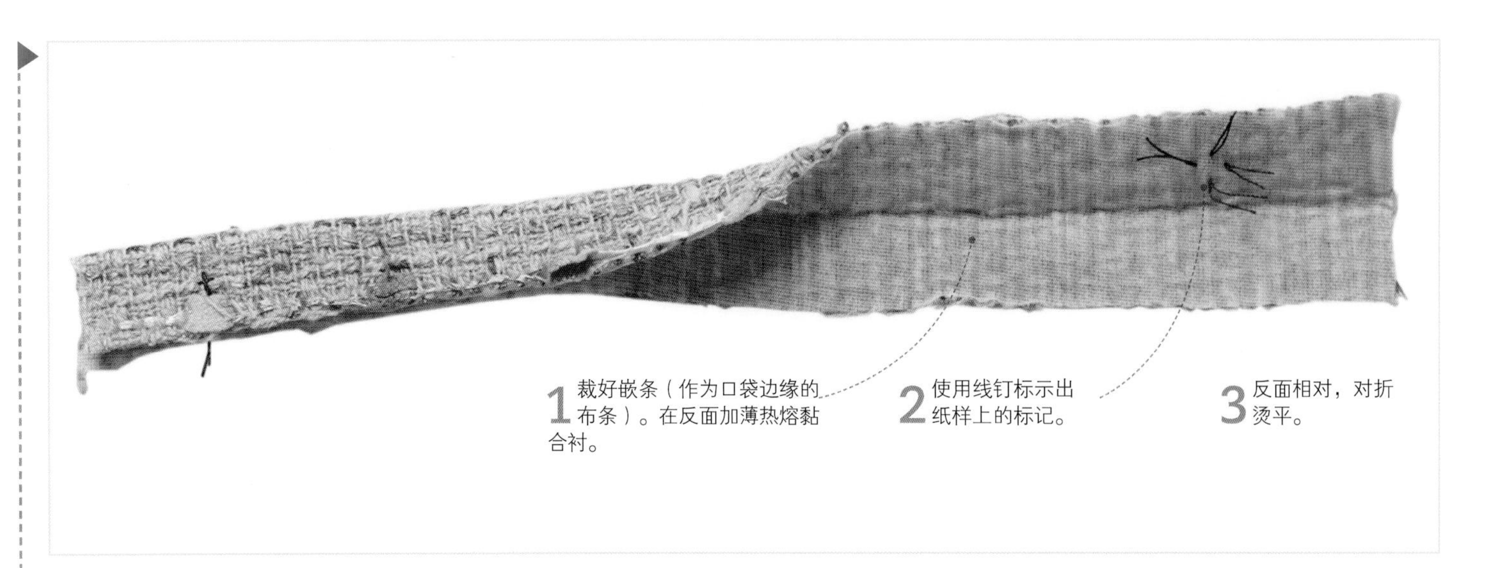

1 裁好嵌条（作为口袋边缘的布条）。在反面加薄热熔黏合衬。

2 使用线钉标示出纸样上的标记。

3 反面相对，对折烫平。

4 按照纸样，在布料上用线钉标示出口袋的位置。

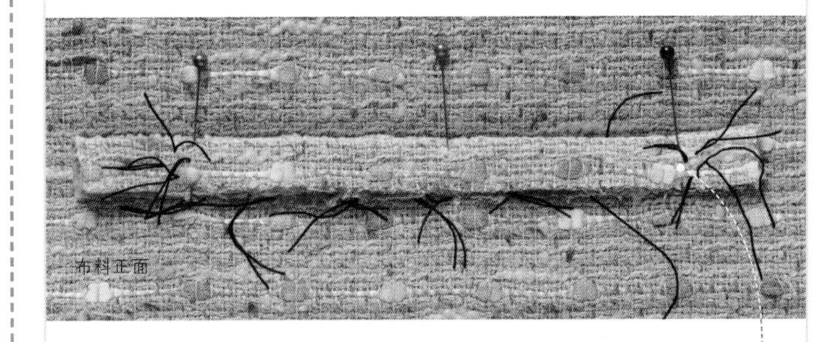

5 先制作上嵌条，将上嵌条置于衣片前身的正面。嵌条的毛边朝向下，中心线位于线钉的上面。对齐线钉，用珠针固定。

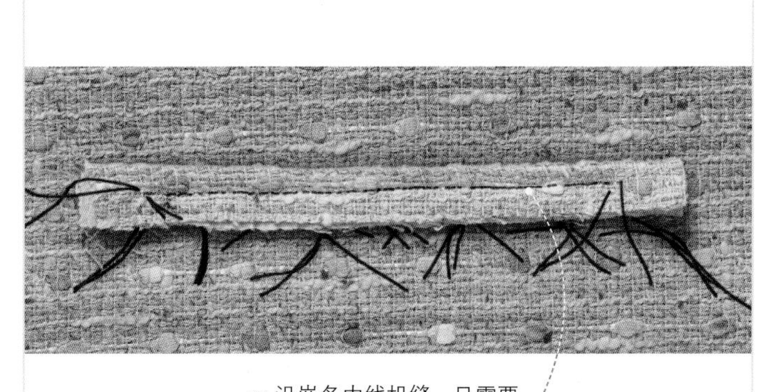

6 沿嵌条中线机缝，只需要缝合线钉之间的部分。

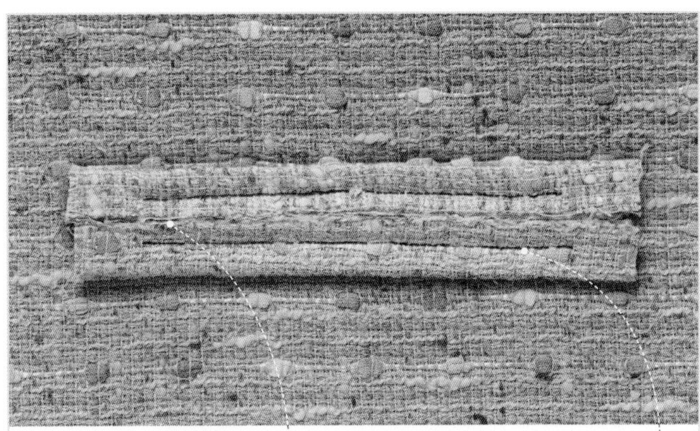

7 将下嵌条置于衣片上，上、下嵌条的毛边相对。

8 沿下嵌条中线机缝，确保两条线迹长度完全相同。

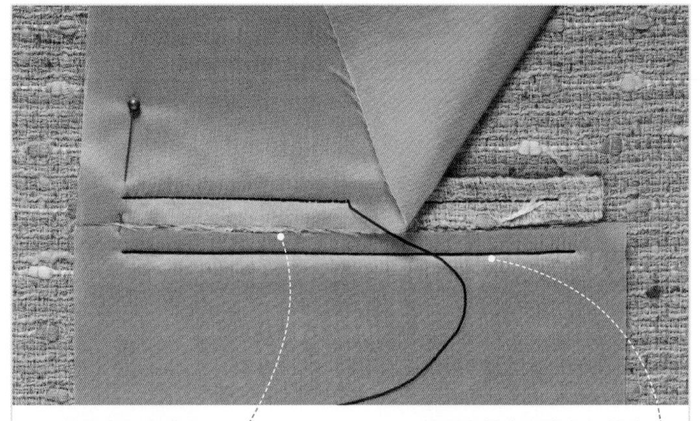

9 将里布放在嵌条上，毛边对齐中缝，用珠针固定。

10 将里布缝合到嵌条机缝线位置——缝合线吻合。

如何粘贴热熔黏合衬见第54页 • 转绘纸样见第82~83页

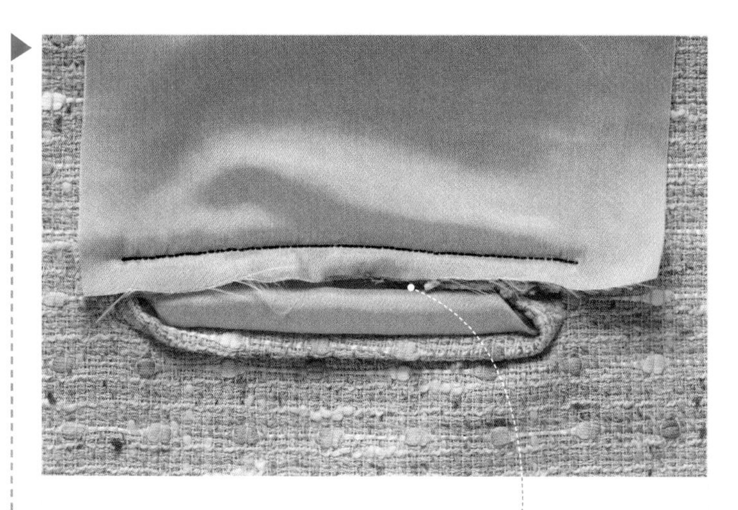

11 剪开嵌条中间的布料（见第224~225页，带盖双嵌线口袋）。

12 将里布和嵌条端头推送至反面。

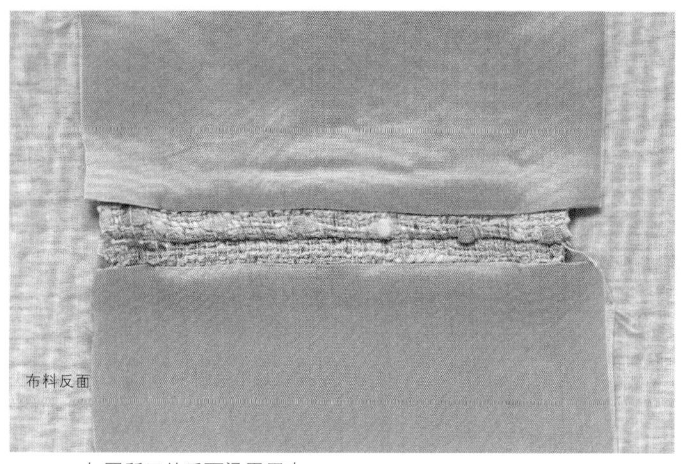

13 如图所示从反面烫平里布和嵌条。

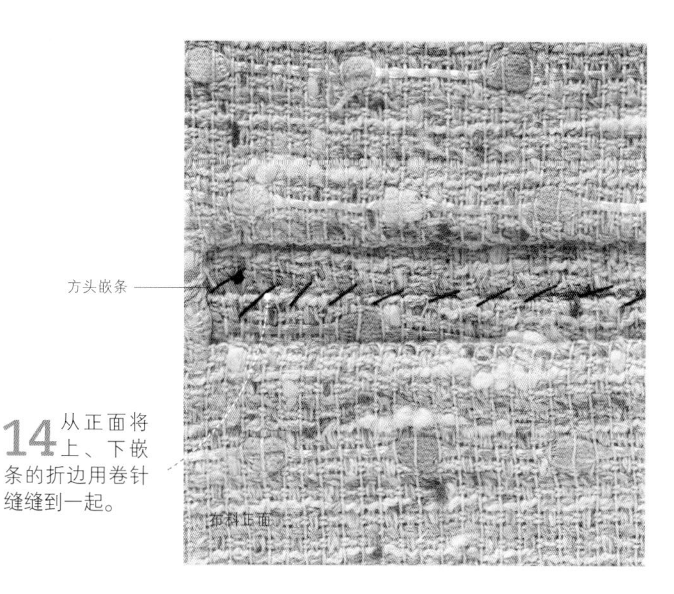

14 从正面将上、下嵌条的折边用卷针缝缝到一起。

15 将上层口袋布折下来与下层口袋布叠合，从嵌条的一端开始缝合，缝合一周至嵌条的另一端做成口袋。

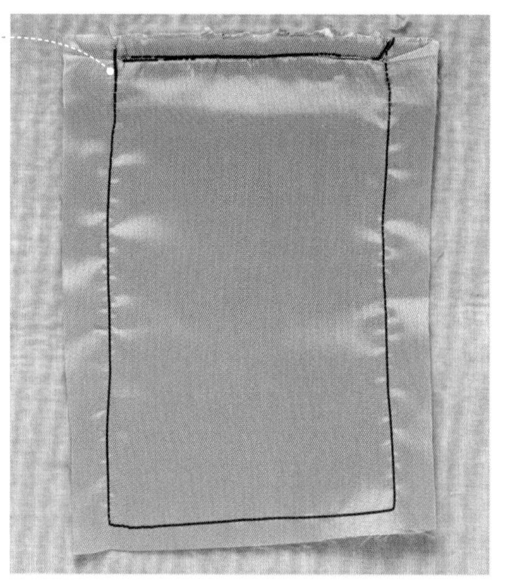

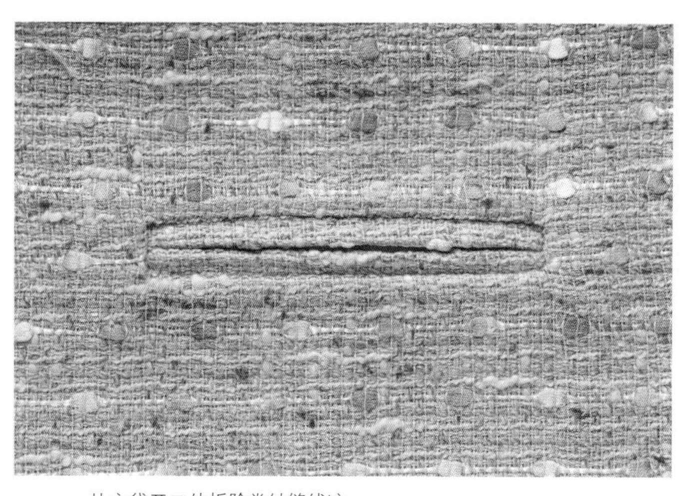

16 从衣袋开口处拆除卷针缝线迹。

衣领的缝合

难度指数 *****

西装的标志就是西装领。这种衣领不仅包括上领和下领，还包括两边翻折做翻领的贴边。缝制过程中需要细心缝合和精确标示。

1 将面领缝到前贴边和后领里布上。

2 缝合到前身片边缘的线钉处。

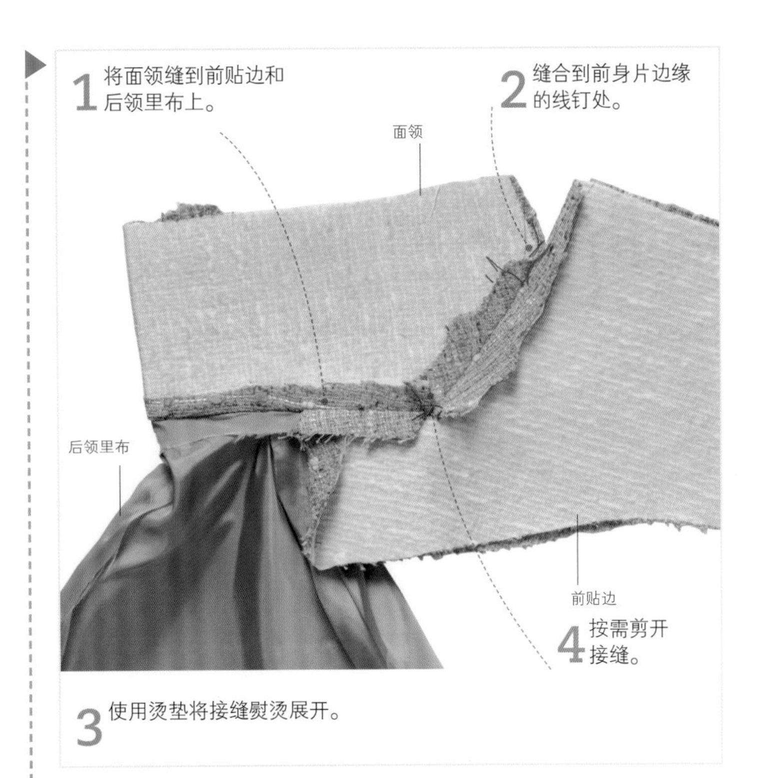

4 按需剪开接缝。

3 使用烫垫将接缝熨烫展开。

5 将底领缝到衣服前身片和后身片上。

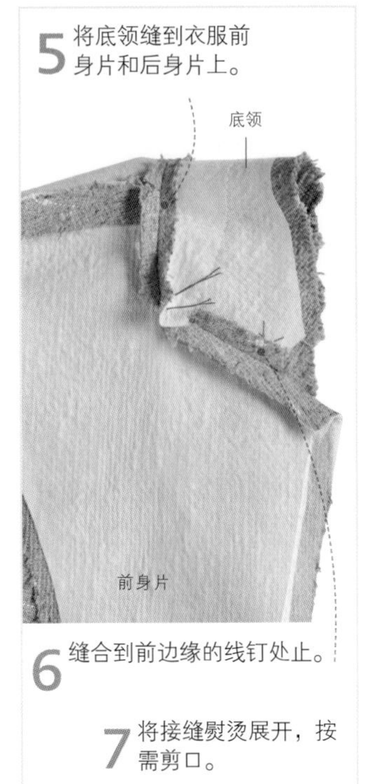

6 缝合到前边缘的线钉处止。

7 将接缝熨烫展开，按需剪口。

8 将衣片和里布放到一起，对齐衣领部分。

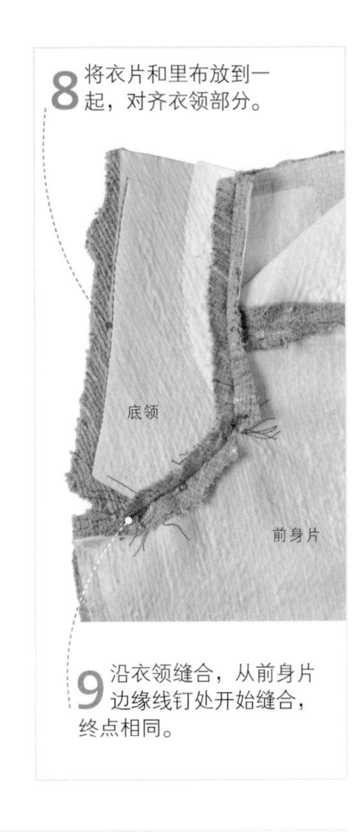

9 沿衣领缝合，从前身片边缘线钉处开始缝合，终点相同。

10 将前贴边缝合到前身片上。从前身片边缘的线钉处开始缝合。从衣领开始的线迹和从贴边开始的线迹不能交叉。

11 分层修剪缝份。

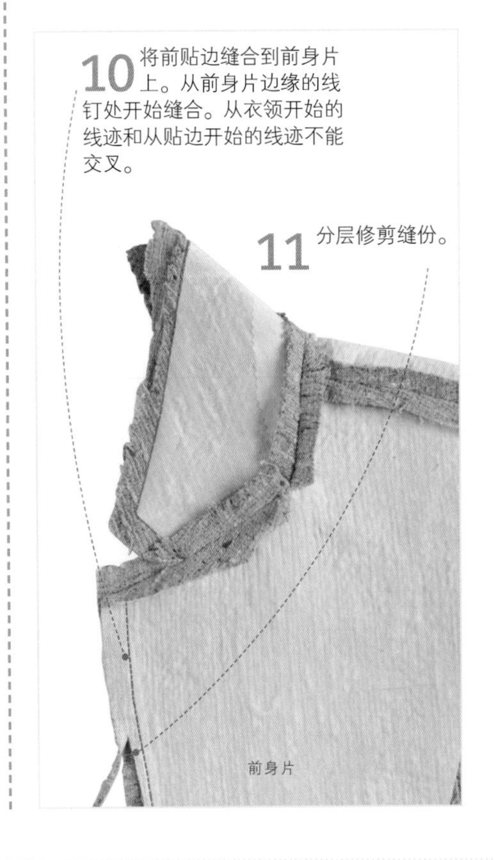

12 从里面用人字形线迹缝合领口。

13 将衣领和翻领翻到正面。

14 使用蒸汽熨斗和熨烫衬布烫平。将接缝向后卷，以免从正面露出。

熨烫工具见第28~29页 ● 如何粘贴热熔黏合衬见第54页 ● 转绘纸样见第82~83页 ● 手缝线迹见第90~91页

制作圆袖

难度指数 ★★★★★

在西装上，衣袖需要插入袖窿做成圆头袖山，这需要使用聚酯纤维棉做衬垫。袖山可以确保衣袖完美地下垂。

1 裁一片适合袖山的聚酯纤维棉衬垫。棉衬垫中间大约5cm宽。用珠针固定。

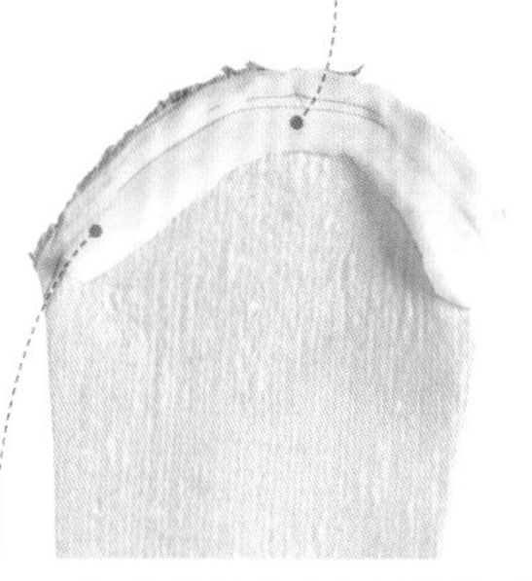

2 缝2条缩缝线迹将衬垫缝到衣袖上。

3 做好衣袖。

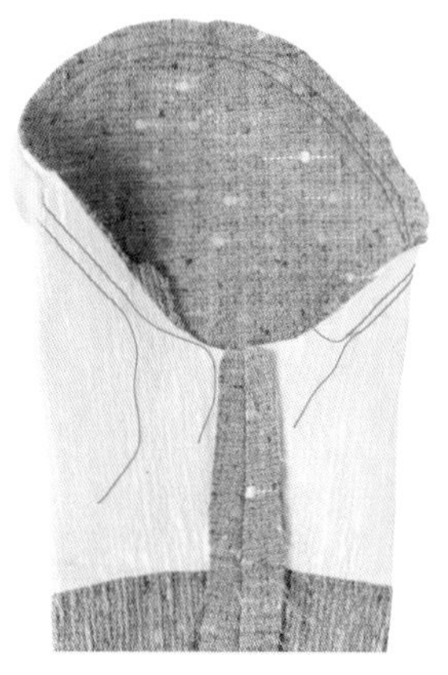

4 将衣袖与衣身正面相对插入袖窿，用珠针固定。

5 抽拉缩缝线使其贴合，使袖山鼓起。

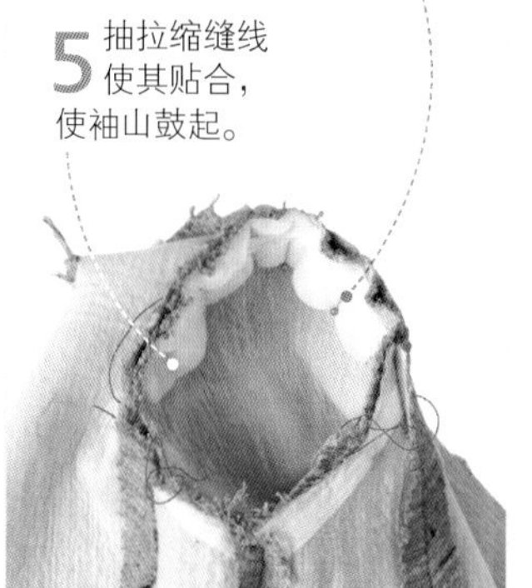

6 机缝到正确的位置。紧贴第一条线迹再次机缝。

凹陷面

前垫肩

后垫肩

7 此时插入垫肩。后垫肩长于前垫肩。凹陷面朝向西服里布。

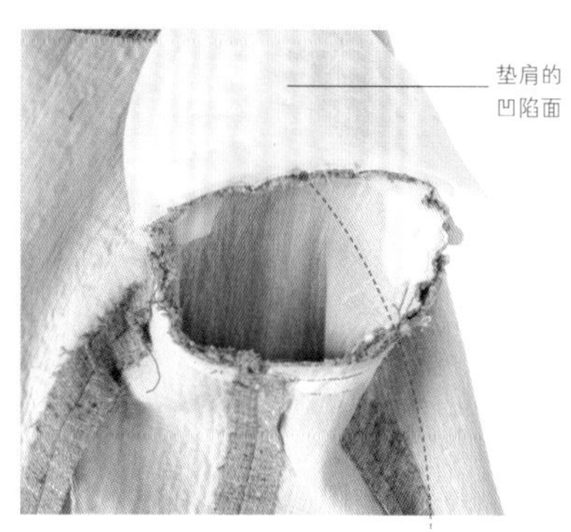

8 将垫肩缝到袖缝的边缘。

9 从正面看，成衣的衣袖袖山是圆形的。

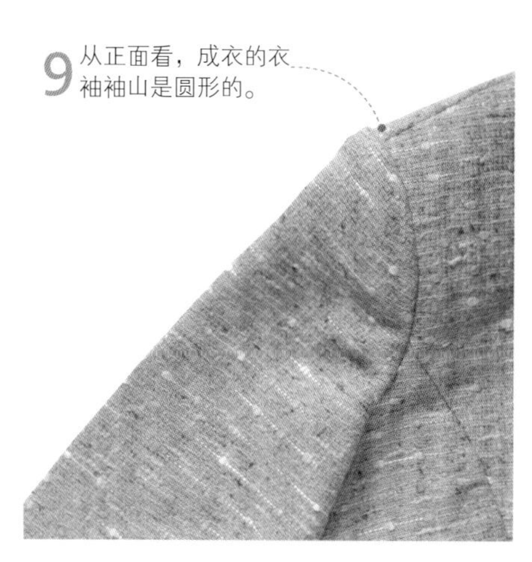

折边和里布

难度指数 ★★★★★

做上衣的时候，先把上衣的折边翻折上来，然后给里布折边。上衣的折边需要使用热熔黏合带加固。确保折边边缘与底边平行。

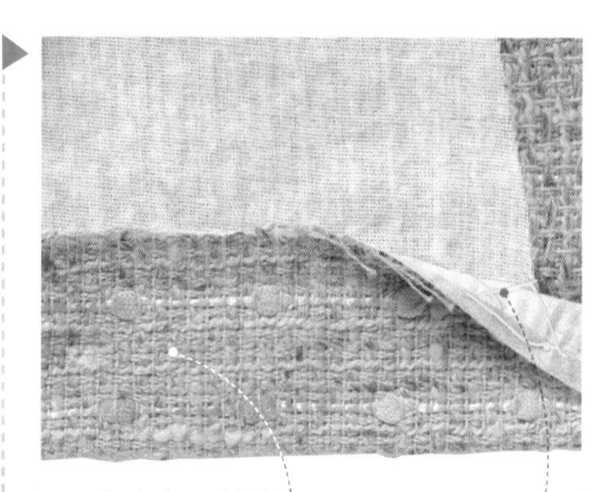

1 将上衣下边缘折起约4cm。用珠针固定。

2 将折边向外翻折，用人字形线迹固定。

3 将里布拉下来至上衣下边缘。里布折边与上衣对齐，然后再向上推距边缘2cm。在贴边面里布与折边边缘平行，用珠针固定。

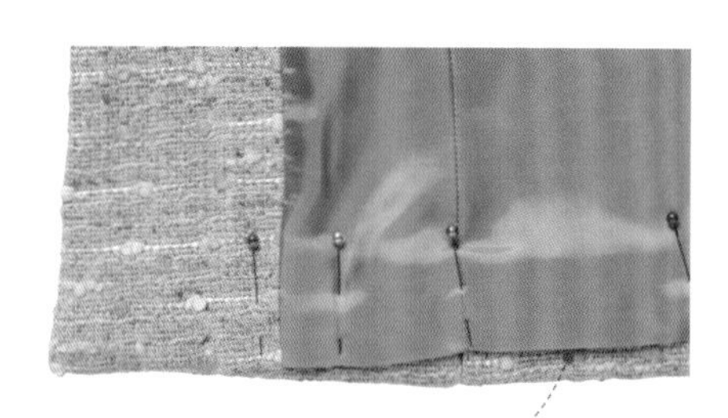

4 用暗针缝线迹将里布固定到正确的位置。

修剪缝份见第104~105页 • 如何缝制合身的自由褶见第131页 • 安装圆袖见第195页 • 衬里和衬布见第286~287页

紧身上衣的缝制

无肩带的紧身女上衣需要插入羽骨，来防止衣服滑落。羽骨还可以给紧身上衣定型，并防皱。羽骨插入很简单，复杂一些也可以使用衬布塑型。

紧身上衣的制作

难度指数 *****

紧身上衣缝制复杂。但是，做成的衣物不仅抗皱，而且立体感很强，多花点功夫还是值得的。这一技术用于新娘礼服和特殊场合的礼服。

紧身上装的用料

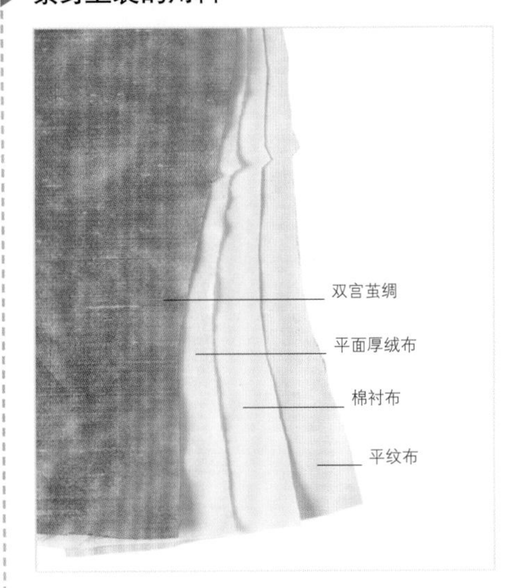

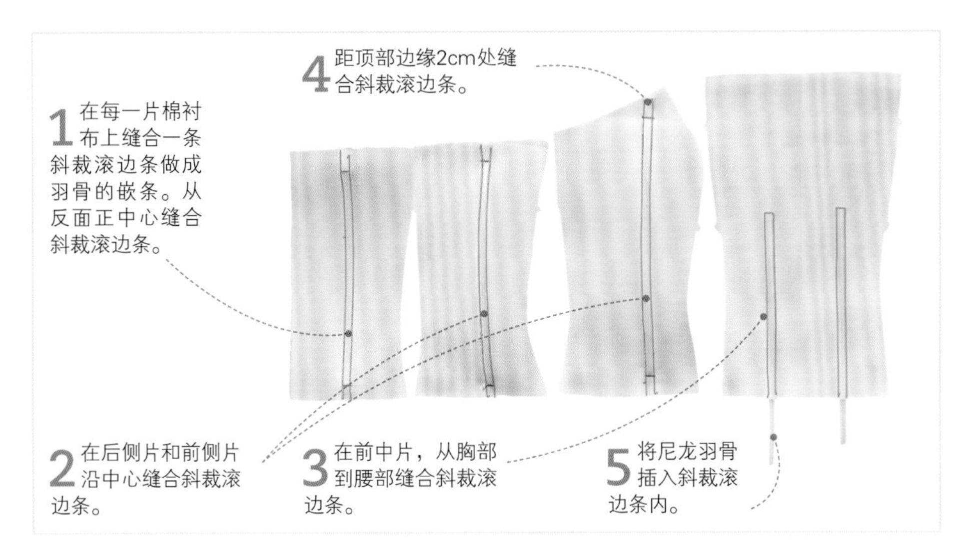

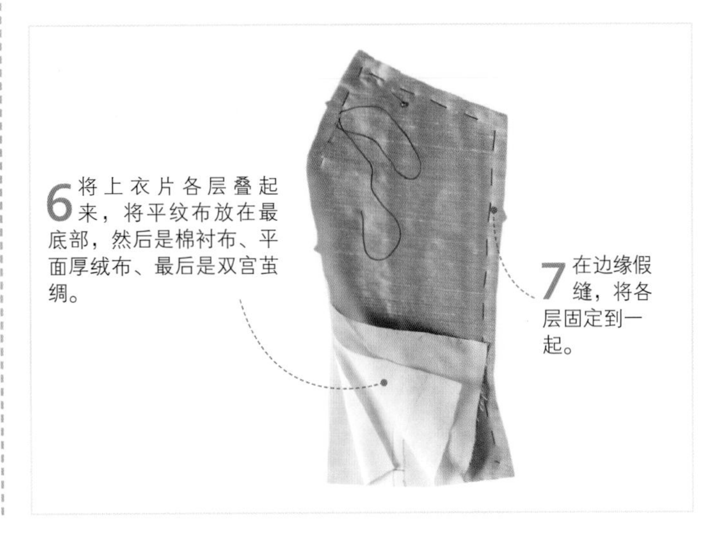

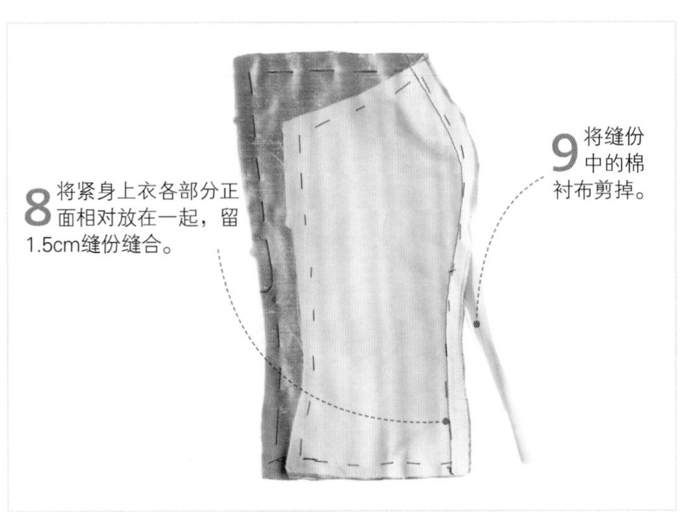

羽骨见第27页 • 熨烫工具见第28~29页 • 如何粘贴热熔黏合衬见第54页 • 假缝线迹见第89页 • 手缝线迹见第90~91页

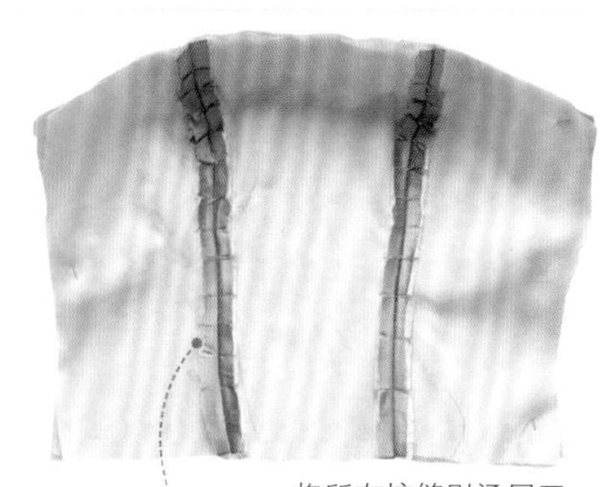

10 将所有接缝熨烫展开，按需剪牙口。可以在弧形部位下面垫上烫垫。

11 烫平之后，胸前的公主线缝平滑地形成锥形到腰部。

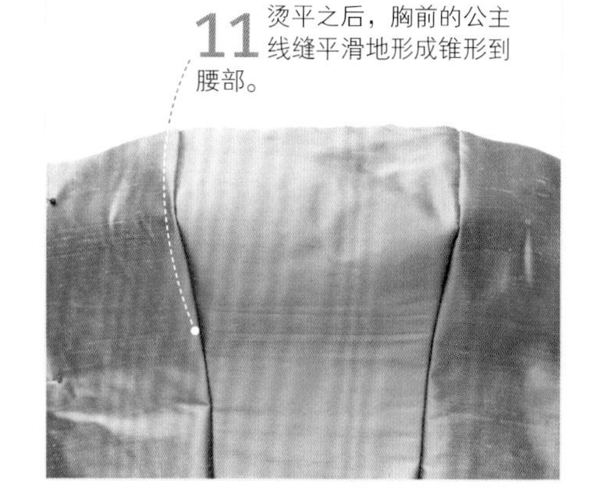

12 缝上里布，将接缝熨烫展开。

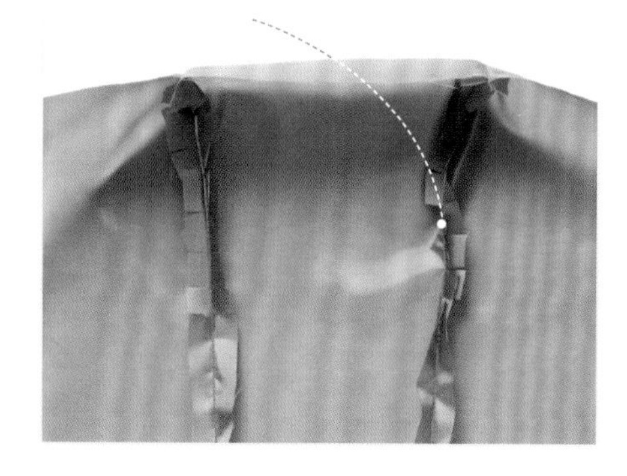

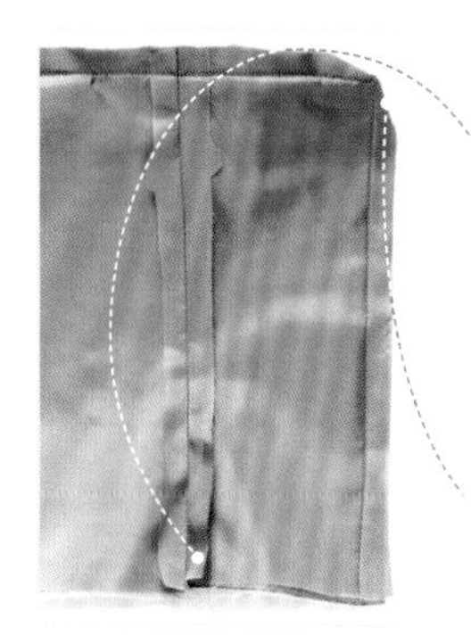

13 将里布沿顶部边缘至后中缝用珠针固定到上衣片上。对齐所有纵向的缝份。

14 将缝份剪出牙口并修出层次。放到正面，烫平。

15 朝向里布将上衣片和里布的缝份烫平，暗缝。

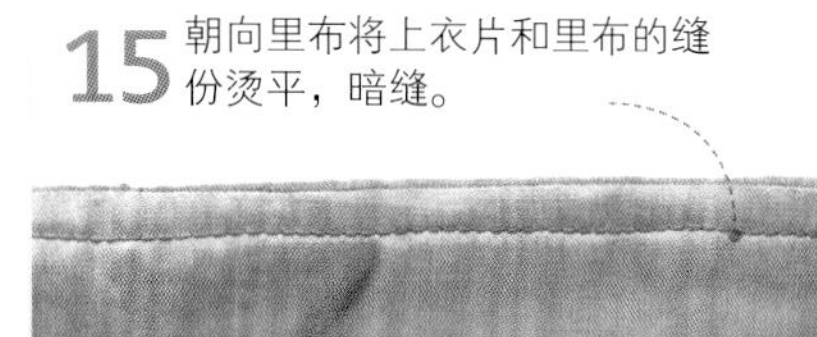

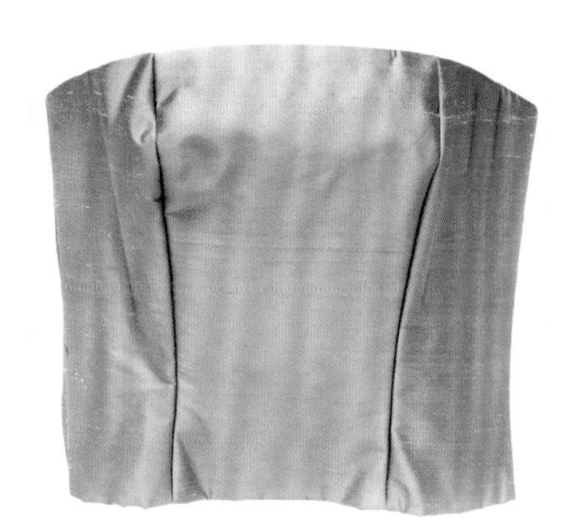

18 完成的女装紧身上衣。

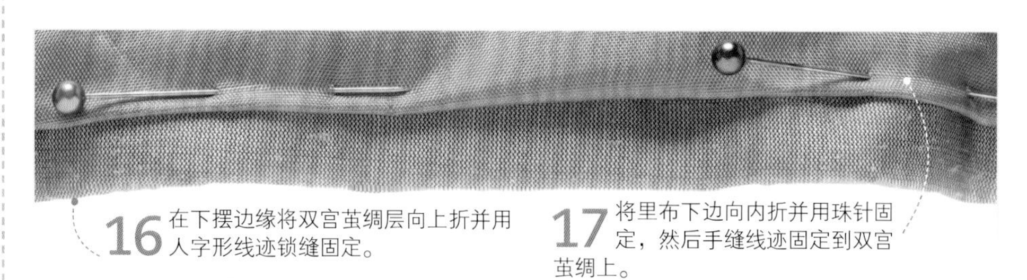

16 在下摆边缘将双宫茧绸层向上折并用人字形线迹锁缝固定。

17 将里布下边向内折并用珠针固定，然后手缝线迹固定到双宫茧绸上。

加羽骨的基本技法

难度指数 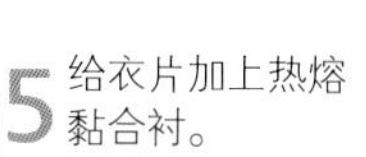

为裙装和紧身上衣加上羽骨是一项使衣服轻便且有型的技术。

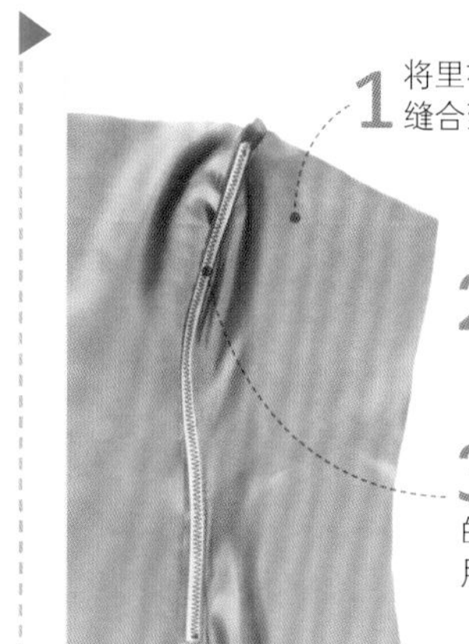

1 将里布的各部分缝合到一起。

2 将缝份一起朝向中缝烫平。

3 在每一对缝份上缝一条细细的尼龙羽骨，使用Z字线迹固定。

4 所有缝份按同样的方法处理来完成里布。

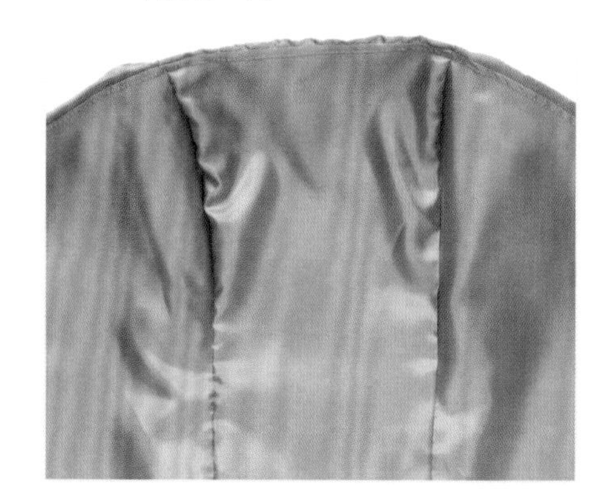

5 给衣片加上热熔黏合衬。

6 将各片上衣片缝合，接缝熨烫展开。

7 在上边缘将上衣片和里布缝合。

8 朝向里布将接缝熨烫展开，暗缝。

机缝线迹见第92~93页 • 修剪缝份见第104~105页 • 完成缝制见第105页 • 上衣片加里布见第288页

贴布和绗缝

给成品衣物进行简单的润色就能起到很好的效果。贴布是指将一块布料缝到另一块布料上用以装饰。使用贴布的布料必须加衬布，方便支撑贴在其上面的布料。贴布可以手绘，然后裁剪缝合上去，也可以在电脑绣花机上电脑绘图。可以用电脑绣花机进行绗缝，当然绗缝也可以手工完成，或者用缝纫机来完成。

手绘贴布

难度指数 *****

先将图案绘制到一片双面黏合衬上，在缝合之前将图案热熔黏合到布料的正确位置。

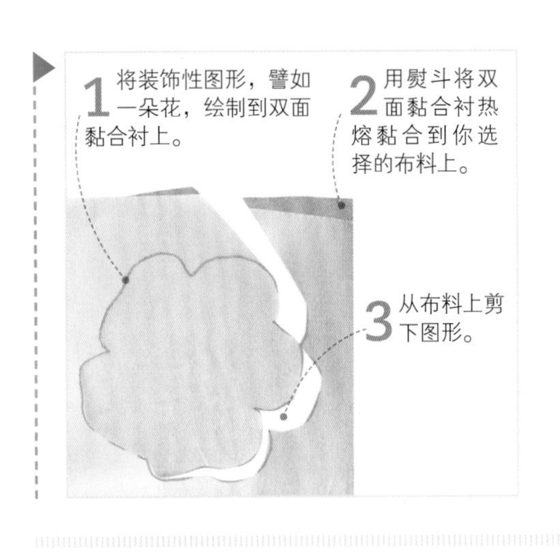

1 将装饰性图形，譬如一朵花，绘制到双面黏合衬上。

2 用熨斗将双面黏合衬热熔黏合到你选择的布料上。

3 从布料上剪下图形。

4 将黏合面向下，把图形放到需要固定的位置使其热熔黏合。

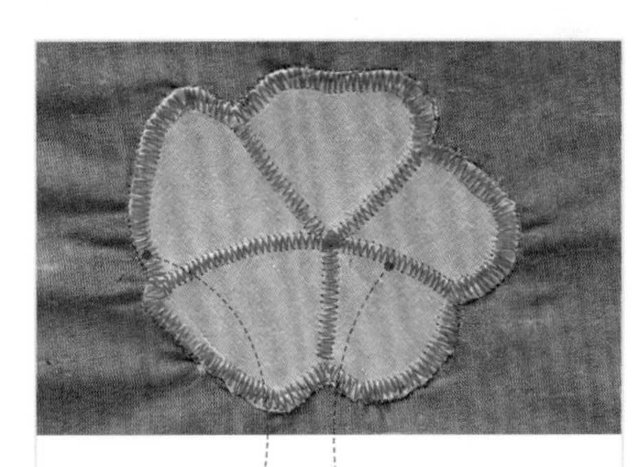

5 使用宽且密的Z字线迹沿周围缝合图形。

6 如果是一朵花，可以缝合贴布，做出花瓣。

机缝贴布

难度指数 *****

如果有电脑绣花机的话，可以自由选用不同的图形设计。此时，贴布布料和底布都需要使用特殊的黏合性绣花布。

1 将底布和贴布布料放到刺绣机针下缝出图形的第一部分。

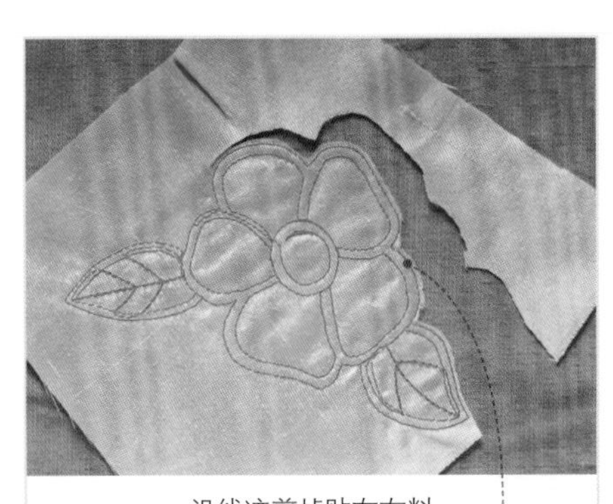

2 沿线迹剪掉贴布布料。

3 完成机器电脑绣花。

绣花机见第36~37页 ● 如何粘贴热熔黏合衬见第54页 ● 假缝线迹见第89页

绗缝

难度指数 ★★★★★

这一技术要将两层布料缝合到一起，其中一层是铺棉。线迹陷入铺棉中，形成填充的效果。绗缝可以手工完成，也可以用缝纫机或电脑刺绣机来完成。

绗缝用料

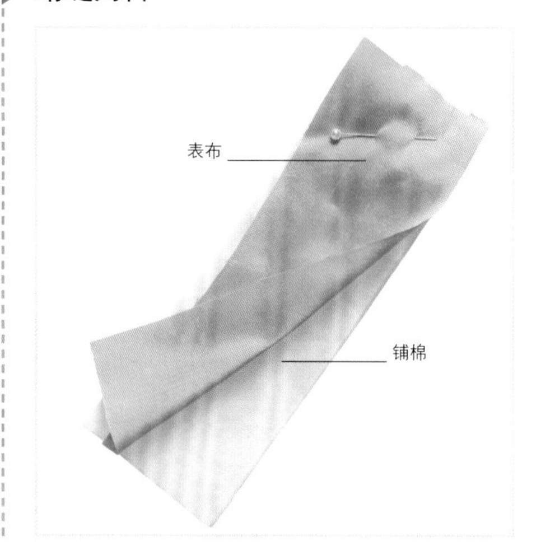

水平绗缝

将铺棉和布料假缝到一起。缝合两排间隔线，线迹长度为4.0。

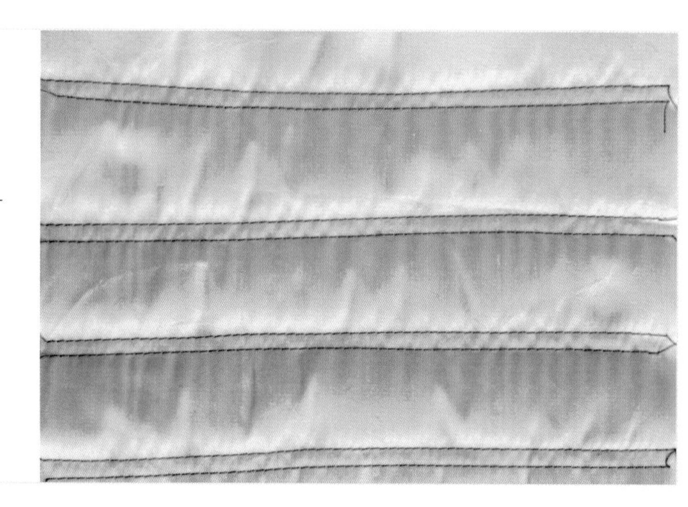

菱形绗缝

1 将铺棉和布料斜线假缝到一起。

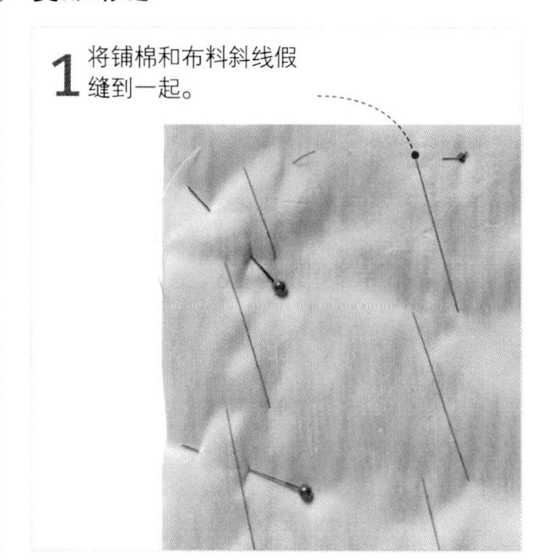

2 将机器设置成线宽4.0，针在压脚的一边。对角线缝合，借用机器压脚的宽度使线迹平行。

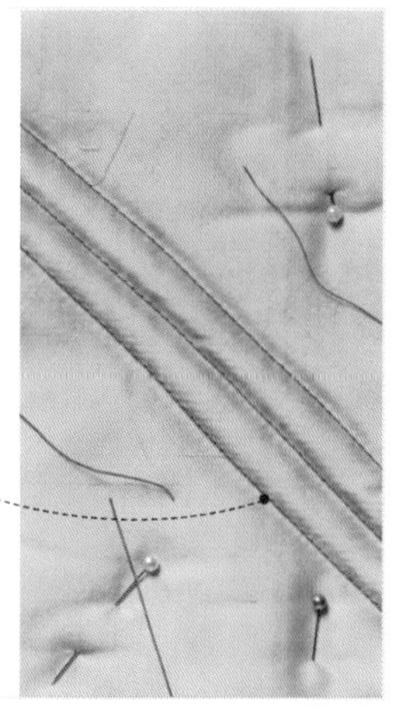

3 反向对角缝合，线迹交叉成菱形。

自由绗缝

将铺棉和布料假缝到一起。随意缝合。

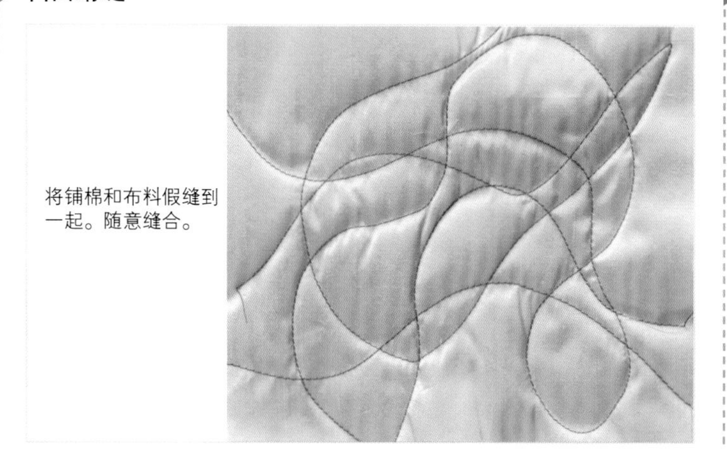

电脑绗缝

将铺棉和布料假缝到一起，然后用电脑刺绣机绗缝图案。

机缝线迹见第92~93页 • 衬里和衬布见第286~287页

玫瑰花和蝴蝶结

难度指数 *****

特殊场合的礼服配上玫瑰花可以起到极好的点缀作用。露出玫瑰的毛边（花型2），可以用来装饰西装或上衣，用粗花呢和西装布制作也有同样的效果。固定在新娘礼服上的蝴蝶结则是很漂亮的装饰。

玫瑰花型(1)

1 裁一条10cm宽的斜裁布条，反面相对纵向对折。

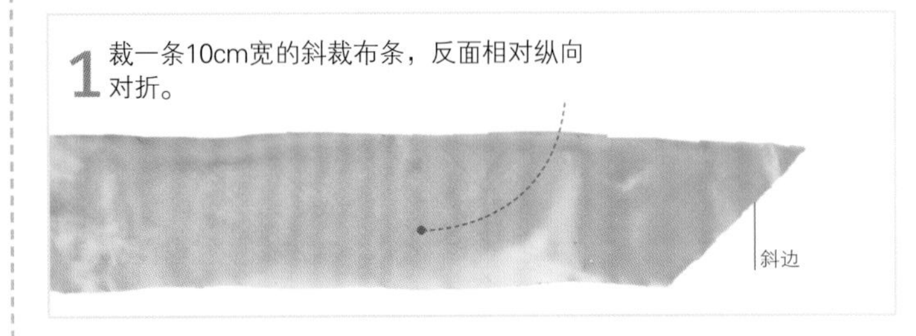

2 将毛边用珠针别到一起。

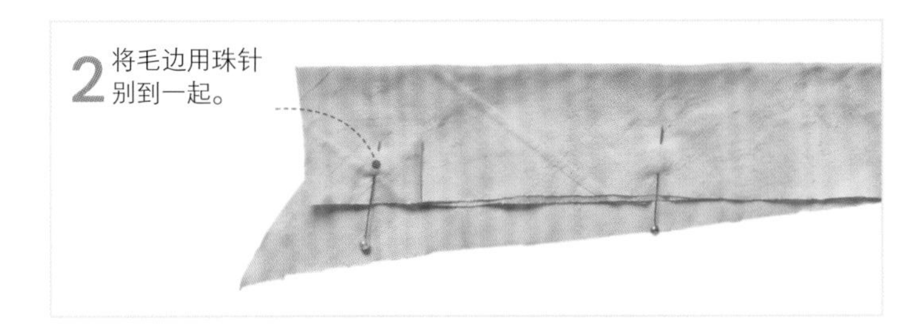

3 用2条缩缝线迹缝合毛边——一条距毛边1cm，另一条距毛边1.3cm。

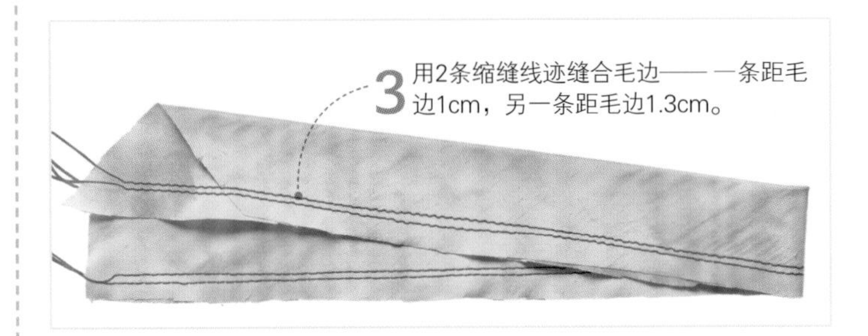

4 抽拉缩缝线成褶裥，各个褶裥之间留出空隙。褶裥和空隙看似花瓣。

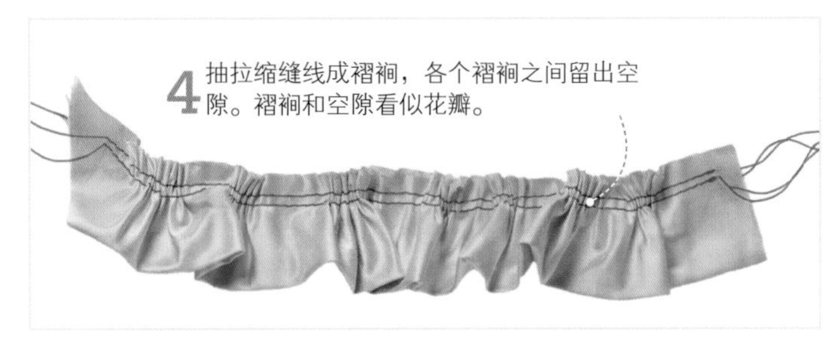

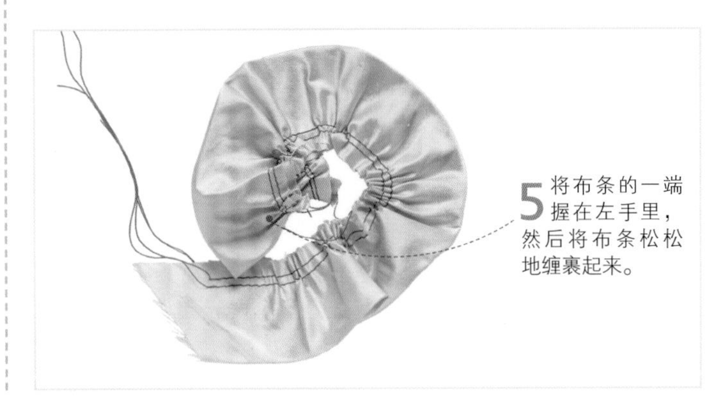

5 将布条的一端握在左手里，然后将布条松松地缠裹起来。

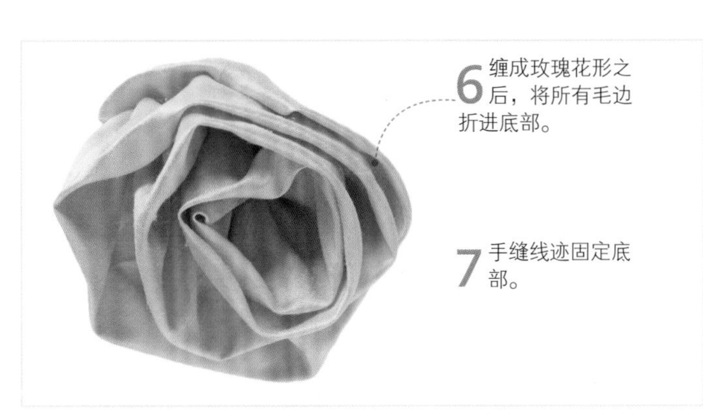

6 缠成玫瑰花形之后，将所有毛边折进底部。

7 手缝线迹固定底部。

玫瑰花型(2)

1 裁一条10cm宽的斜裁布条。

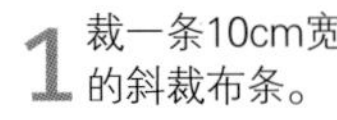

2 沿布条中线缝合2条缩缝线迹，2条线迹之间相距3mm。

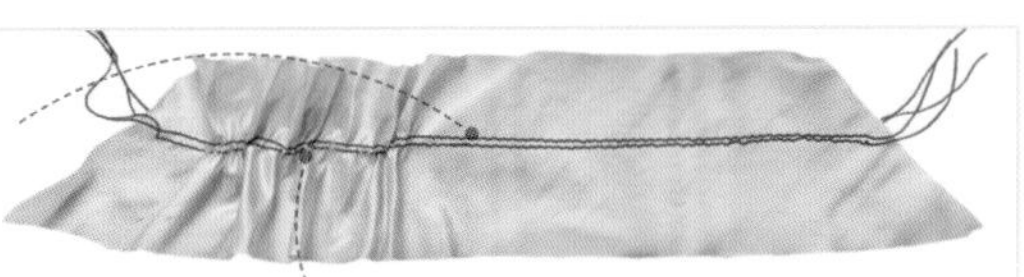

3 抽拉缩缝线使布条成褶裥和空隙［如玫瑰花型（1）的步骤4］。

4 褶裥和空隙使布条形成斜纹，沿线迹对折。

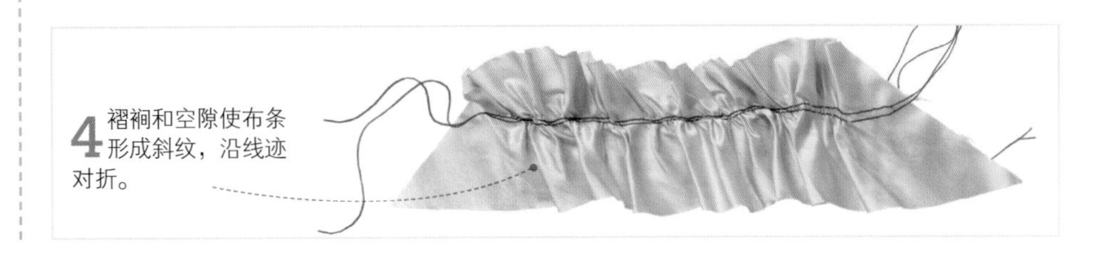

5 将褶皱底部握在左手里，然后将布条松松地缠绕起来。

6 手缝线迹固定底部。尽管边是毛的，但因为布条是斜裁的，所以散边不会很严重。

蝴蝶结

1 为了做结环，斜裁一片丝绸或其他布料，长度为所需结环的四倍，宽度为结环宽度加缝份的两倍。

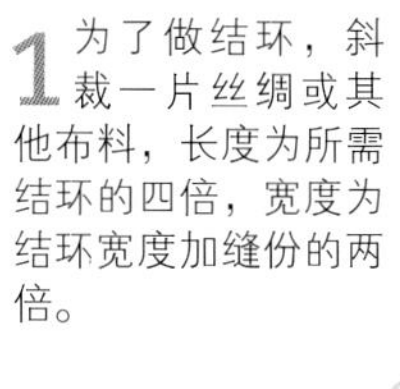

2 使用衣用网眼纱给布料反面衬里。沿毛边假缝网眼纱。

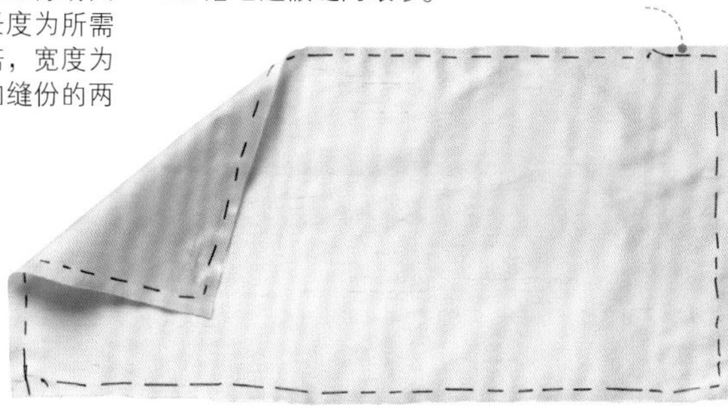

3 正面相对对折，留1.5cm缝份沿毛边缝合。

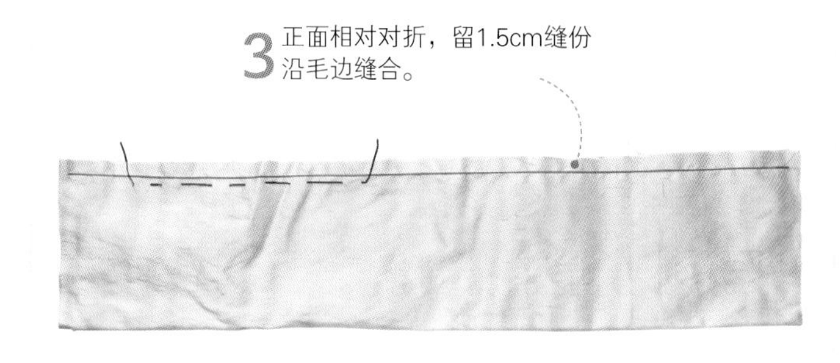

4 翻到正面，将接缝折叠到中间。

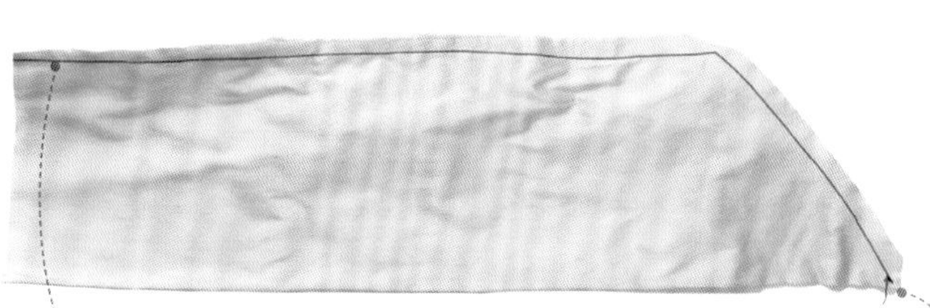

5 将一端折到中间，用珠针固定。另一端也折到中间，两个端头重叠。

6 使用双线在中间假缝。

7 抽拉假缝线将中间打褶。

8 然后做两个尾端。按所需长度裁两片布料，宽度为成品尾端宽度加缝份的两倍。

9 将衣用网眼纱假缝到布料的反面上。

10 将两片布料分别对折，对折时正面相对，然后沿较长的毛边至一端的边角缝合。

11 剪掉边角的蓬松布料。

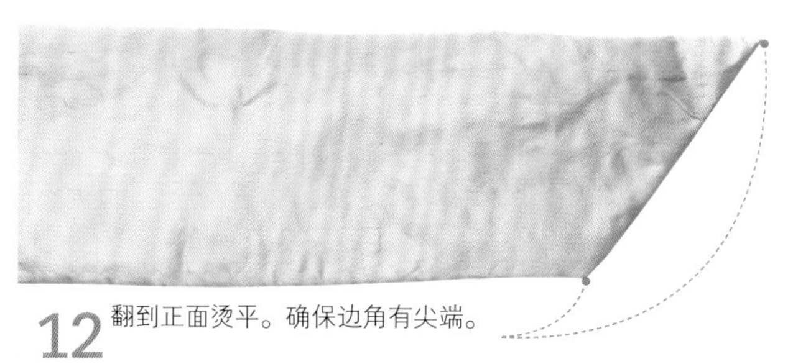

12 翻到正面烫平。确保边角有尖端。

13 将一片布料缠在结环中间打褶部分，然后手缝线迹固定，另一片布边缝合在结环的后面，形成蝴蝶结。

14 将尾端的毛边端手工缝合到结环的后面。

修剪缝份见第104~105页 • 如何缝制合身的自由褶见第131页 • 如何裁剪斜滚边条见第150页 • 衬里见第286页

窗帘衬里

有衬里的窗帘不仅垂坠感强，而且可以挡风保暖。这一技术适用于手缝窗帘，所以需要一张又大又平的工作台。衬里的布料也各不相同。

有里布和衬布的窗帘

难度指数 *****

这一技术的顺利使用需要提前准备，精确测量窗户和窗帘布料。有衬里的窗帘需要选用更厚重的窗帘衬布，这样悬挂更垂顺。

1 裁好布料、里布和衬布。

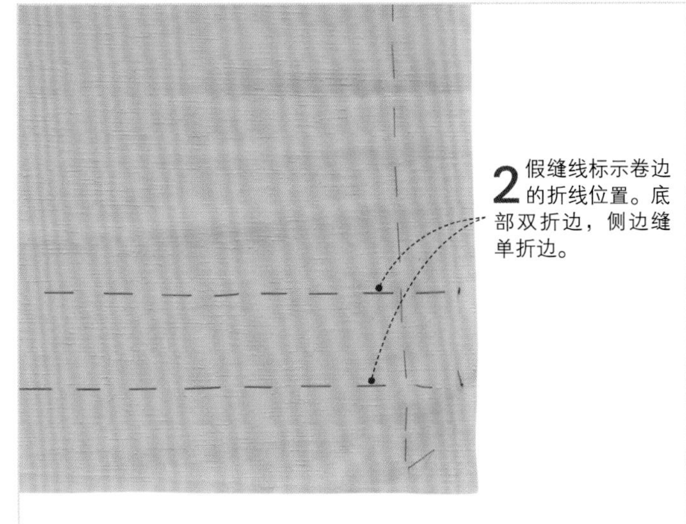

2 假缝线标示卷边的折线位置。底部双折边，侧边缝单折边。

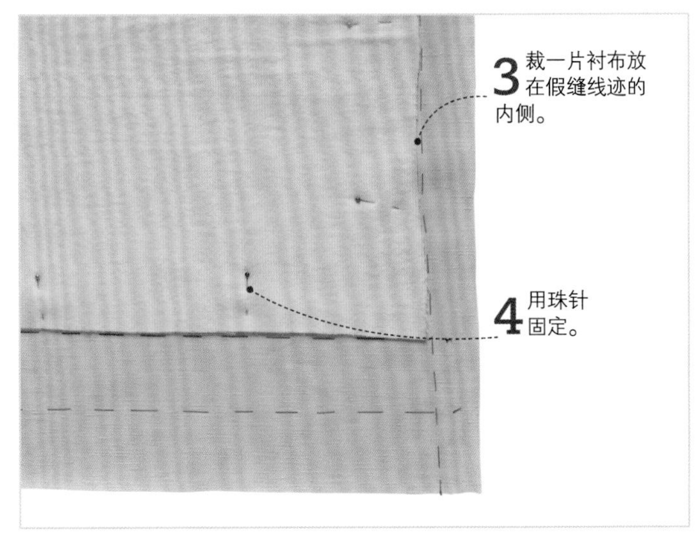

3 裁一片衬布放在假缝线迹的内侧。

4 用珠针固定。

假缝线迹见第89页 • 手缝线迹见第90~91页 • 手缝窗帘折边见第240页

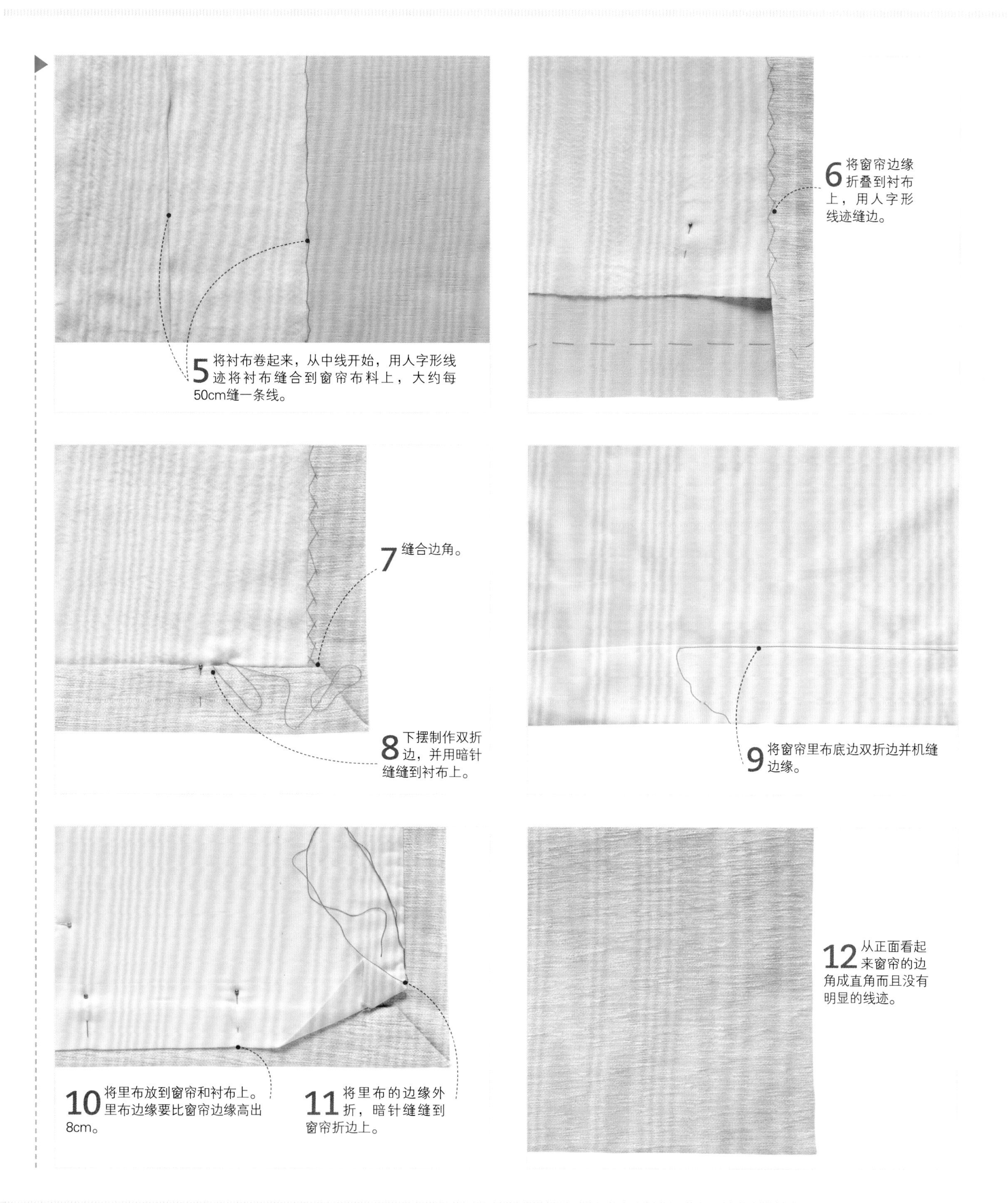

5 将衬布卷起来，从中线开始，用人字形线迹将衬布缝合到窗帘布料上，大约每50cm缝一条线。

6 将窗帘边缘折叠到衬布上，用人字形线迹缝边。

7 缝合边角。

8 下摆制作双折边，并用暗针缝缝到衬布上。

9 将窗帘里布底边双折边并机缝边缘。

10 将里布放到窗帘和衬布上。里布边缘要比窗帘边缘高出8cm。

11 将里布的边缘外折，暗针缝缝到窗帘折边上。

12 从正面看起来窗帘的边角成直角而且没有明显的线迹。

斜接边角见第241页• 衬里见第286页

缝补技法

缝补可以挽救你心爱的衣物或软装饰。一定要及时缝好脱落的纽扣或者脱线的折边。在这一部分，大家可以学会较为复杂的缝补技法，这些缝补技法适用于修补开缝、破洞、撕裂的口子及断开的拉链。

缝纫技法

多种缝补技法

修补布料裂口、破洞、拉链或扣眼，可以延长衣服或者软装饰的寿命。这样的修补虽然看似乏味，但很简单，也很有价值。这里使用了对比色的线，主要是为了使图示清晰。然而，在实际修补时一定要用配色缝线。

拆除线迹

难度指数 *****

修补的时候总是需要先将旧缝线拆除。拆线的时候要特别小心，以免损伤布料，因为布料还要重新缝纫。拆线的方法有三种。

小剪刀

将布料拉开，使用小而尖的剪刀，将露出来的线迹剪断。

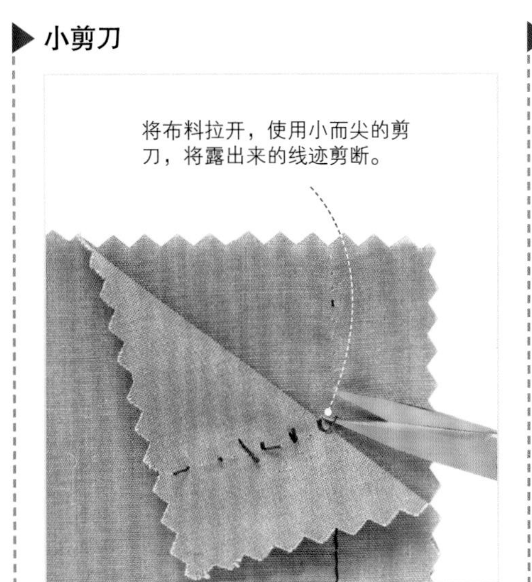

拆线器

将拆线器小心地放在线迹下面将线剪断。每隔四五针一个断口，这样缝线就可以轻松地拆开了。

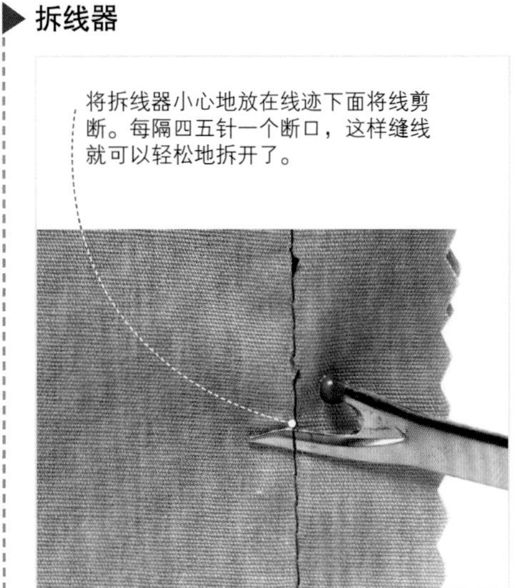

珠针和剪刀

对于难裁剪的布料，或者对于细密、紧致的线迹，首先将珠针插入线迹之下，将其从布料上挑起，然后用剪刀的尖将其剪断。

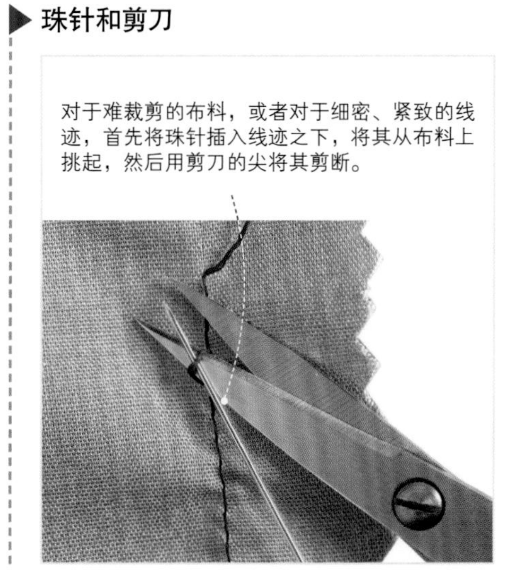

织补破洞

难度指数 *****

毛衣或其他的针织服装不小心挂着，就可能会成破洞。虫蛀也可能引起破洞。如果毛衣很昂贵，或者是自己最喜欢的，补一下也是值得的。袜子破洞也很常见，织补的方法也是一样的。

1 即便破洞很小，毛衣也没法再穿。

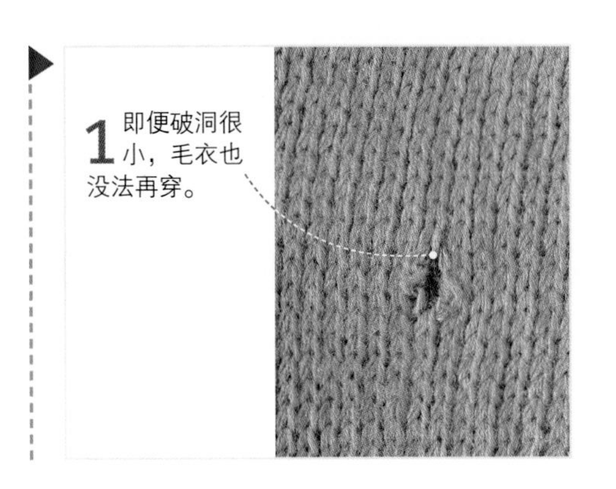

2 沿破洞纵向缝几排线。

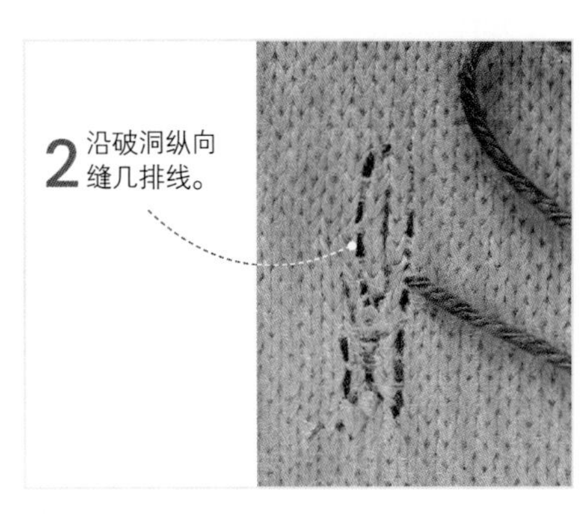

3 在纵向线迹的上面横向再缝几排线。

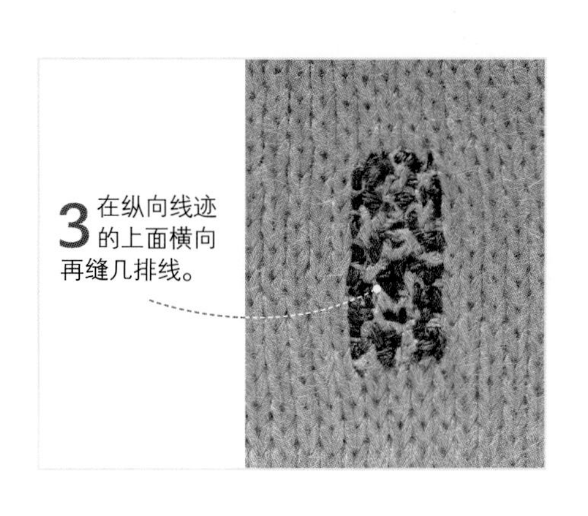

裁剪工具见第16~17页 • 如何粘贴热熔黏合衬见第54页 • 手缝线迹见第90~91页

缝补纽扣下面的破洞

难度指数 ★★★★★

纽扣被拽掉时也会拉坏衣服，形成破洞，在缝上新纽扣之前需要先缝补破洞。

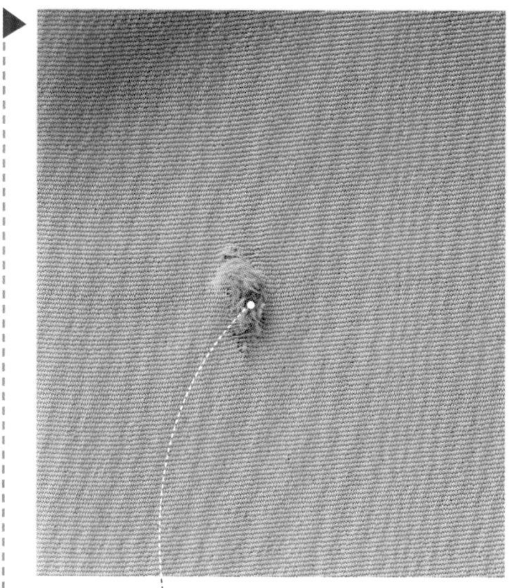

1 在布料的正面，纽扣扯出的破洞清晰可见。

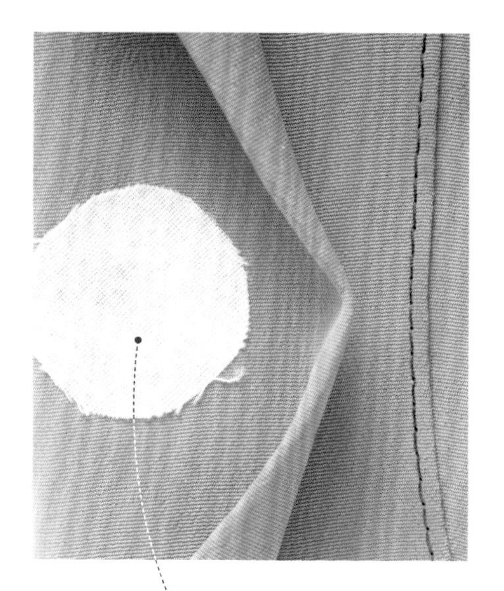

2 翻到反面，在破洞上衬一块热熔黏合衬。

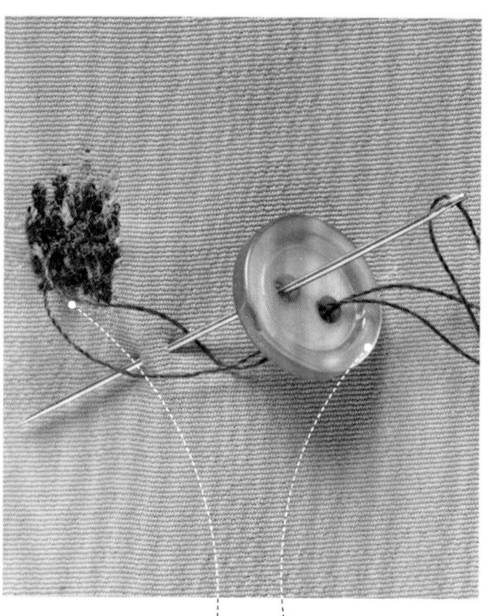

3 从正面在破洞上机缝直线加固布料。

4 将纽扣缝到正确的位置。

修复损坏的扣眼

难度指数 ★★★★★

扣眼的一端有时会破损，扣眼上的缝合线也会断。修复的时候要使用与布料搭配的线迹，这样缝补痕迹就不会露出来了。

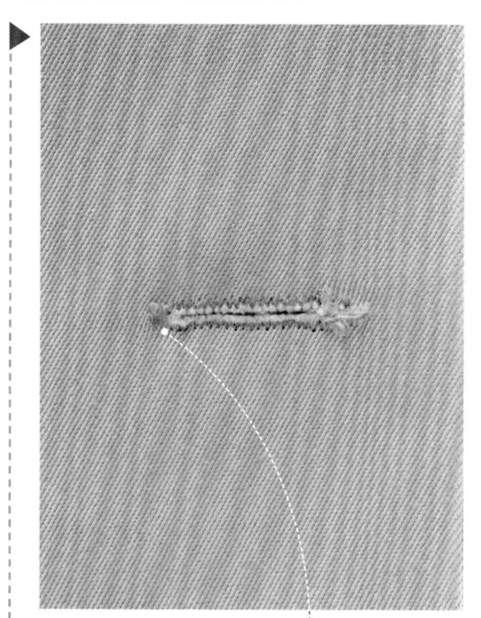

1 布料的正面，扣眼边缘的缝线已经磨损了。

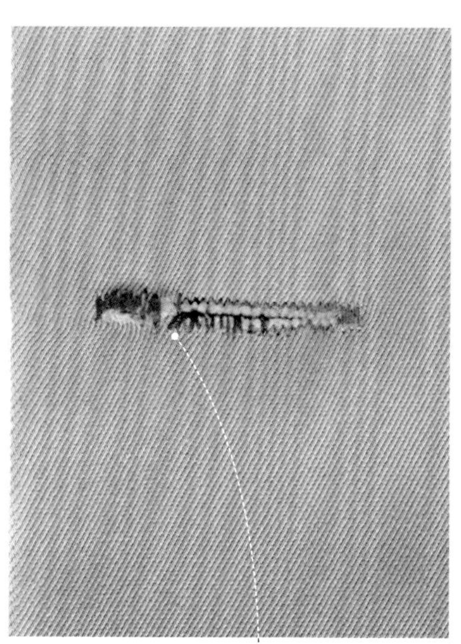

2 使用锁眼线迹修复磨损的部分。

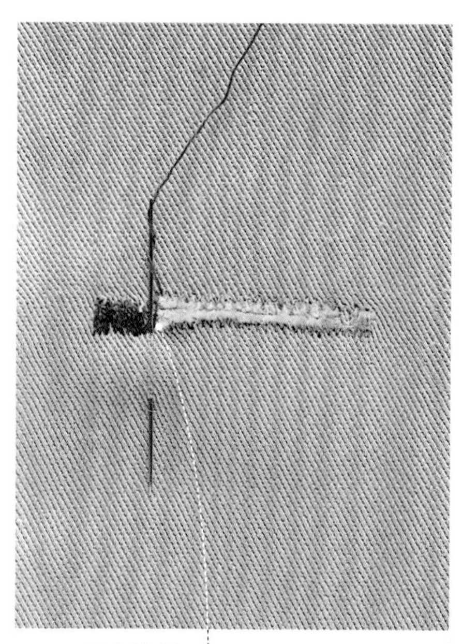

3 细密线迹加固磨损端。

纽扣见第266~269页 • 扣眼见第270~277页

缝补破边

难度指数

使用黏合性缝补带，并重新缝边可以轻松缝补破边。

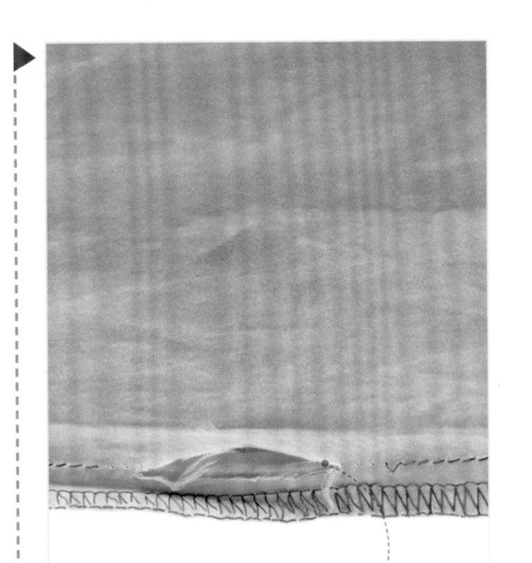

1 拆掉破边部分的缝合线，熨烫恢复布料的形状。

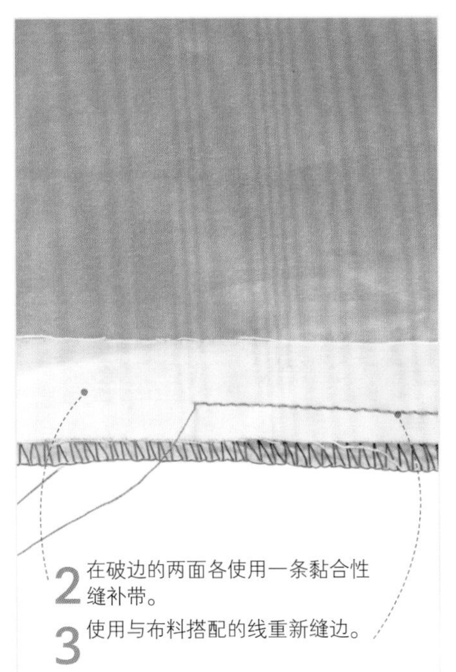

2 在破边的两面各使用一条黏合性缝补带。

3 使用与布料搭配的线重新缝边。

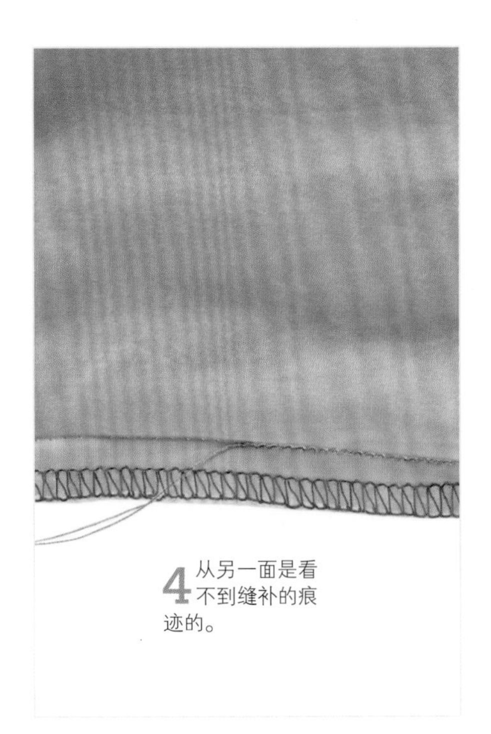

4 从另一面是看不到缝补的痕迹的。

使用黏合衬修补裂口

难度指数 

衣服撕裂是很常见的，儿童的服装更是如此，有时软装饰也会撕裂。有几种方法可以修补裂口。其中使用最多的就是黏合性补丁，可以露出来，也可以遮盖起来，当然，也可以选用搭配的布料作为补丁（见第314页）。

热熔黏合贴布补丁

1 将一片热熔黏合贴布放在破口上，用珠针固定。

2 加热，使热熔黏合贴布补丁固定。

如何粘贴热熔黏合衬见第54页 • 手缝线迹见第90~91页 • 机缝线迹见第92~93页

可见的热熔黏合补丁

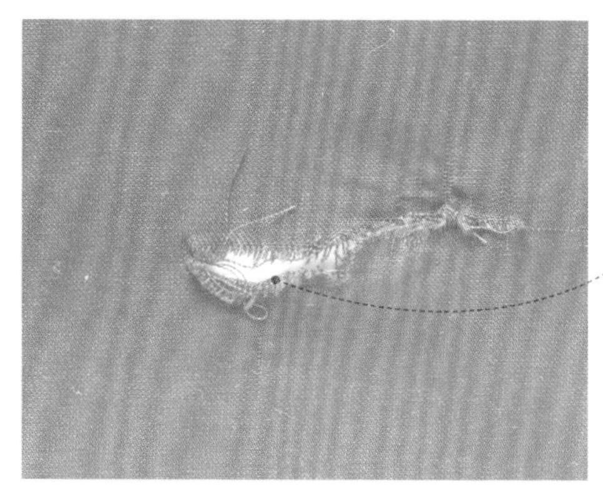

1 测量布料上的裂口。

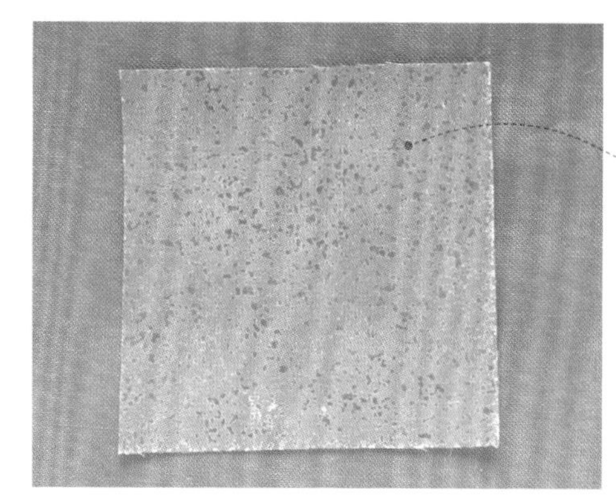

2 剪一片比裂口稍长且稍宽的黏合性缝补布料。

3 将热熔黏合补丁放到布料正面的正确位置。

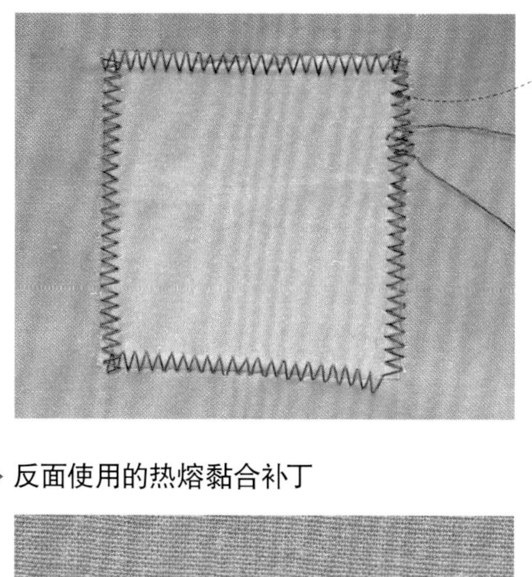

4 使用Z字线迹从正面缝合补丁各边。

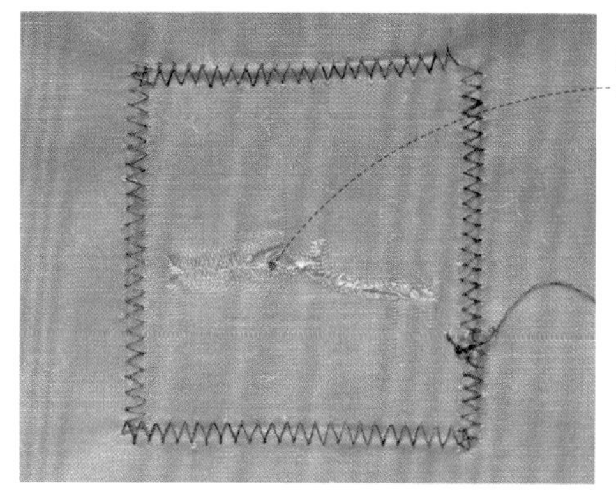

5 在布料的反面，裂口被牢牢地粘在了补丁上，这样裂口就不会继续变大了。

反面使用的热熔黏合补丁

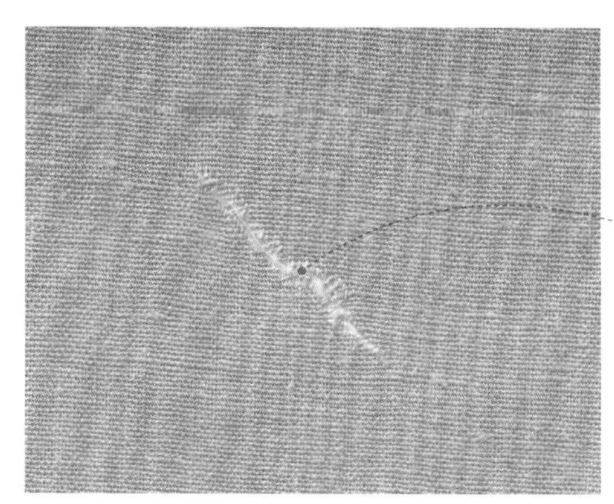

1 测量裂口的长度，然后裁一片大小合适的黏合性补丁。

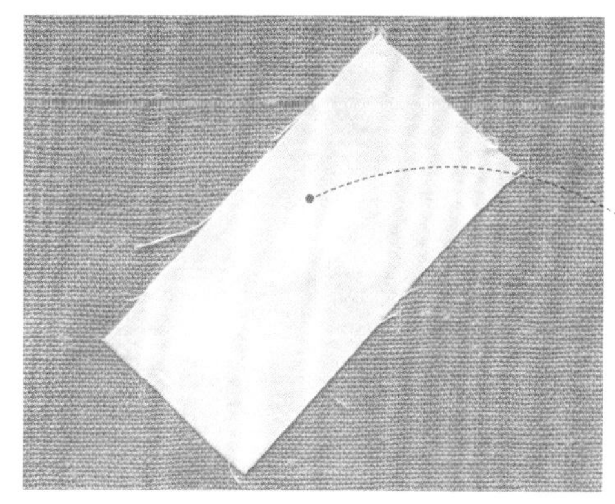

2 从反面将热熔黏合补丁放到裂口上。

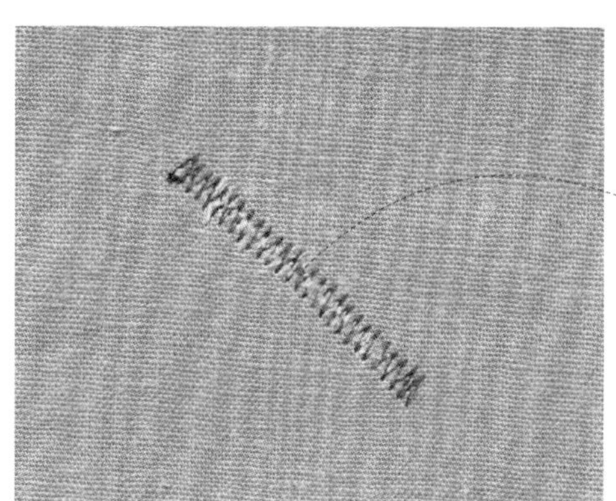

3 使用宽5.0、长0.5的Z字线迹从正面缝合裂口。

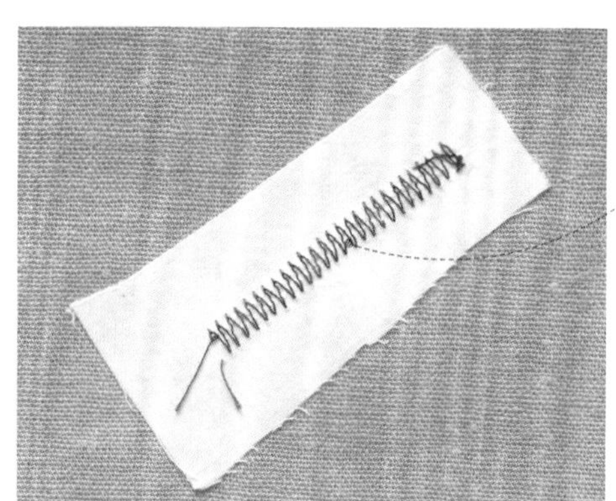

4 从反面看，Z字线迹就在黏合性补丁上。

衬里和衬布见第286~287页 • 拆除线迹见第310页

使用配色补丁缝补破洞

难度指数 ✱✱✱✱✱

花纹布料，如方格布料或条纹布料，使用匹配的布料当作补丁来缝补破洞几乎是看不出来的。

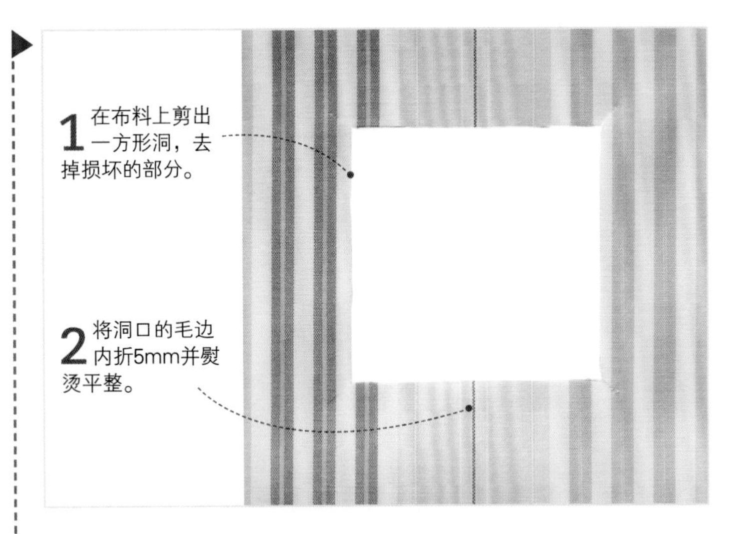

1 在布料上剪出一方形洞，去掉损坏的部分。

2 将洞口的毛边内折5mm并熨烫平整。

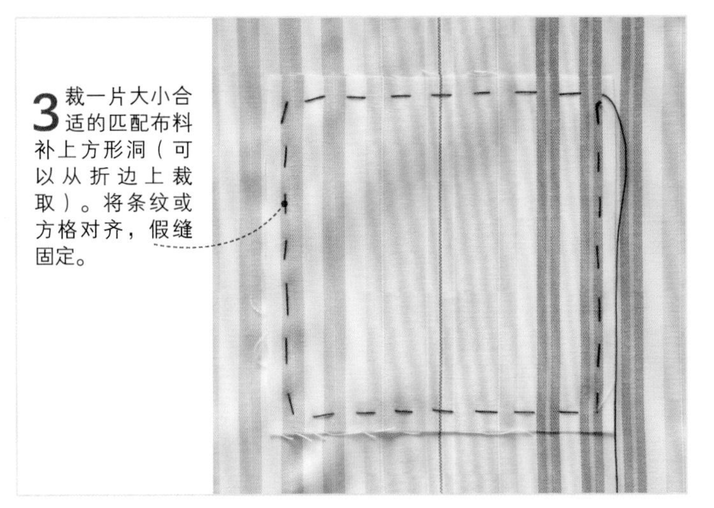

3 裁一片大小合适的匹配布料补上方形洞（可以从折边上裁取）。将条纹或方格对齐，假缝固定。

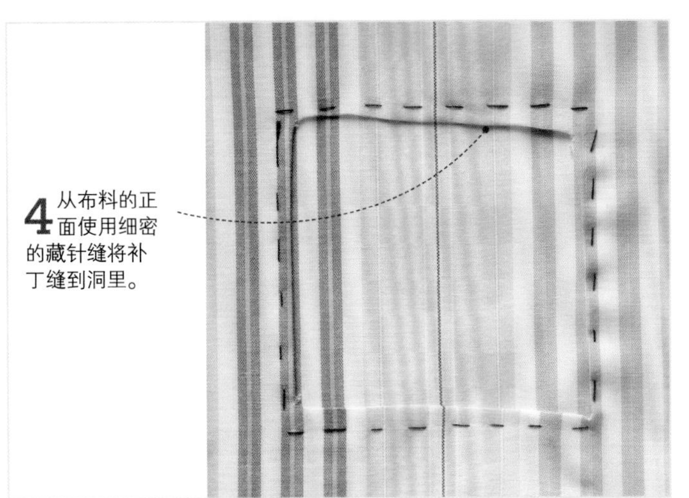

4 从布料的正面使用细密的藏针缝将补丁缝到洞里。

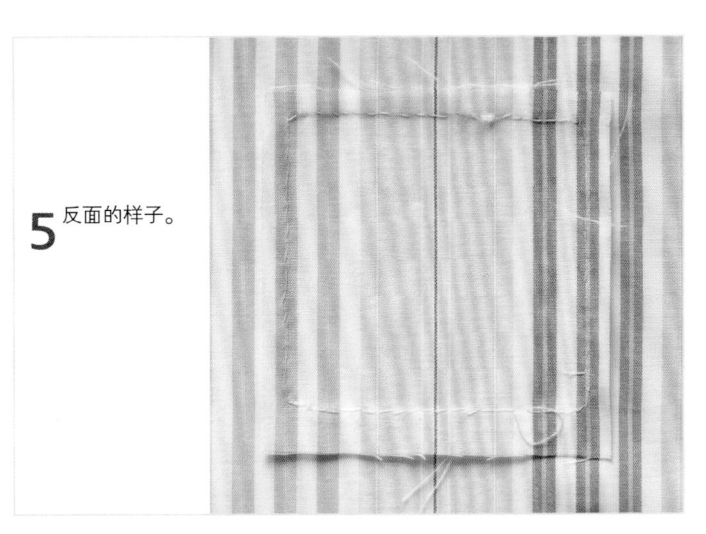

5 反面的样子。

6 拆掉假缝线并烫平。

假缝线迹见第89页 ● 手缝线迹见第90~91页

更换松紧带

难度指数 

腰头里的松紧带会两端松开或失去弹性，这时就需要更换。这里是重新装入松紧带或者更换新松紧带的方法。

1 小心地拆开抽带管的接缝。

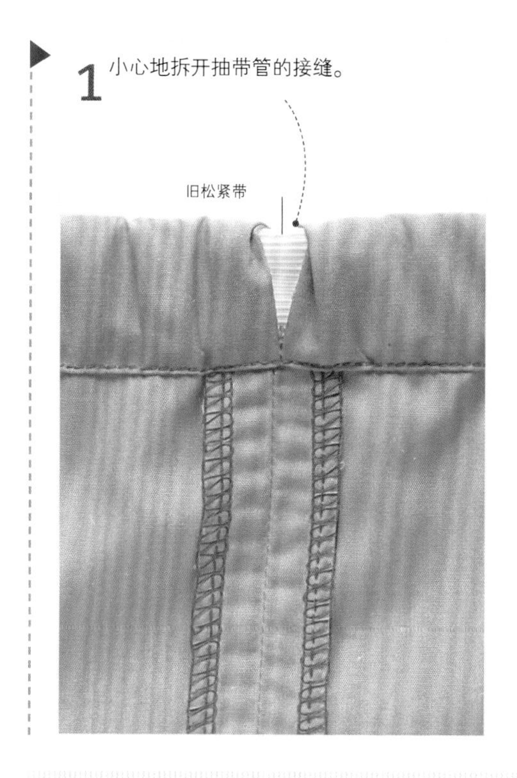

2 从开口处将旧松紧带拉出来剪断。

3 用珠针将新松紧带别到旧松紧带上。用旧松紧带将新松紧带拉入抽带管。

4 缝合新松紧带的端头。

5 将拆开的接缝重新缝好。

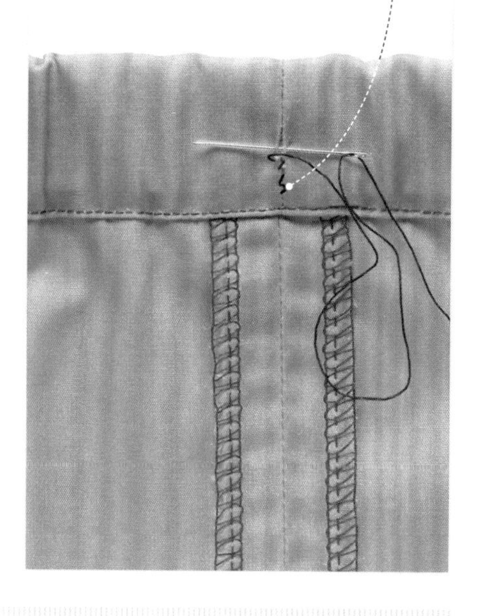

修整拉链

难度指数 

拉链如果拉得太紧就可能会断。有时候需要换新拉链，但如果坏掉的拉链齿比较靠近底部，并不影响顺利拉开，那么就可以使用这里的方法修整。

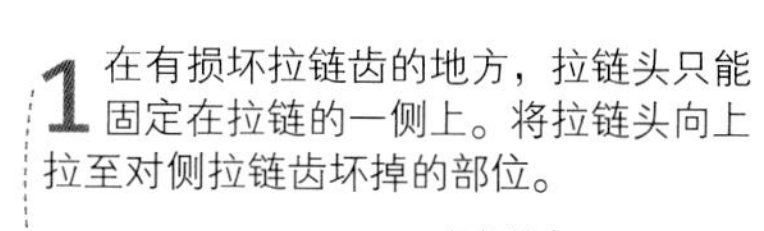

1 在有损坏拉链齿的地方，拉链头只能固定在拉链的一侧上。将拉链头向上拉至对侧拉链齿坏掉的部位。

2 小心地将破损的拉链齿塞进拉链头。

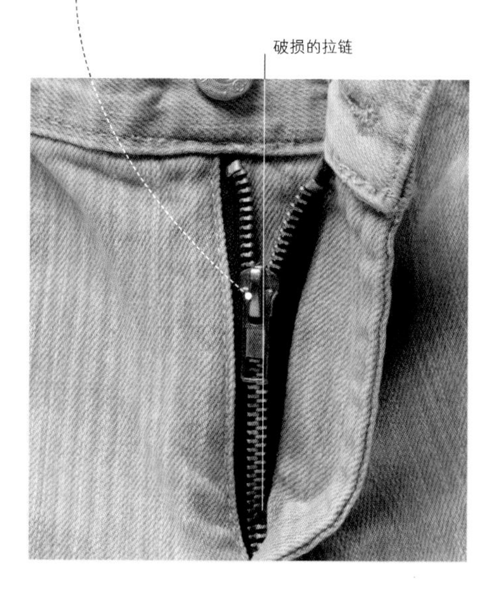

3 在有破损的拉链齿上方使用双线缝合拉链。这样，拉链只能拉到缝线的地方，拉链可以继续使用了。

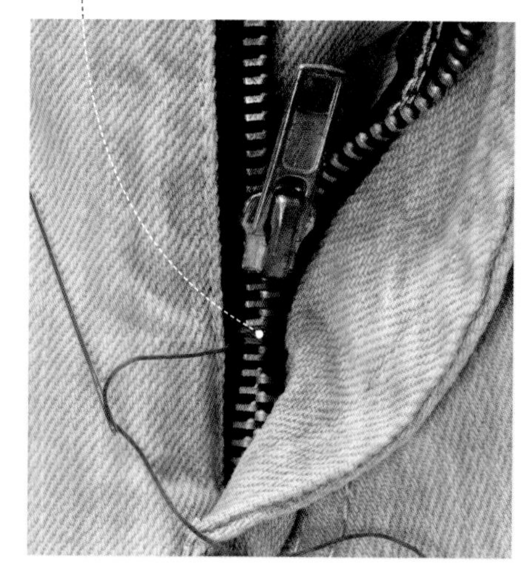

拉链见第256~265页 • 拆除线迹见第310页 

作品制作

双色托特包

难度指数 ★★★★★

刚开始缝纫时，最好选择容易制作、成品美观的作品。这款托特包非常适合新手，制作时只需使用长方形布料，并用简单的直线缝合，再缝上面线即可。

使用的工艺：如何粘贴热熔黏合衬见第54页　缝制转角见第102页　缝纫面线见第105页

所需材料

- 50cm×110cm中等厚度的棉布作为表布A
- 25cm×110cm中等厚度的棉布作为表布B
- 50cm×110cm用于绗缝的棉布作为里布
- 2块43cm×43cm薄或中等厚度的热熔黏合衬作为表布衬布
- 2块66cm×9cm薄或中等厚度的热熔黏合衬作为提手衬布
- 2块40cm×39cm中等厚度的单胶铺棉
- 配色的线

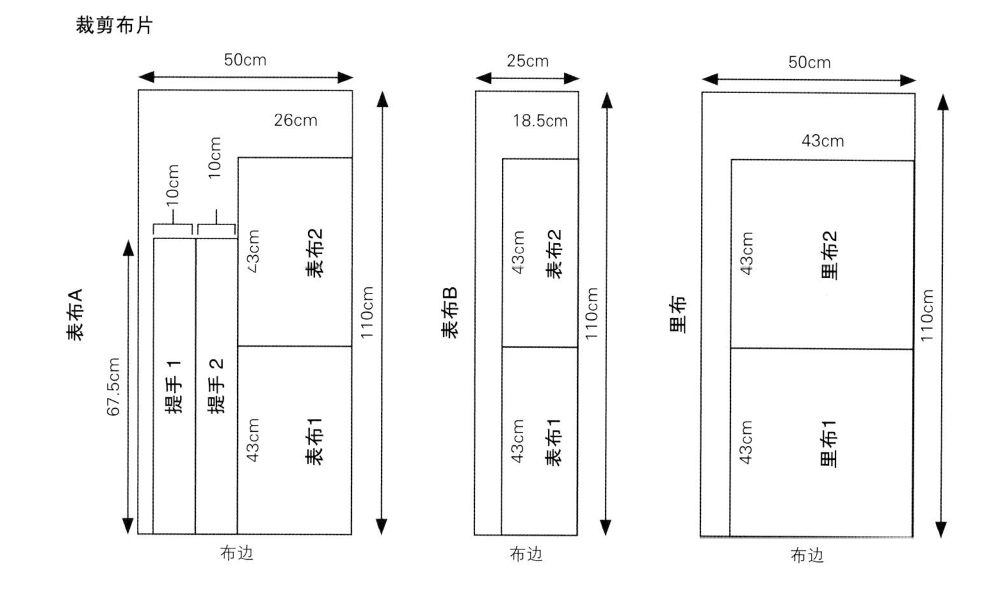

制作提手

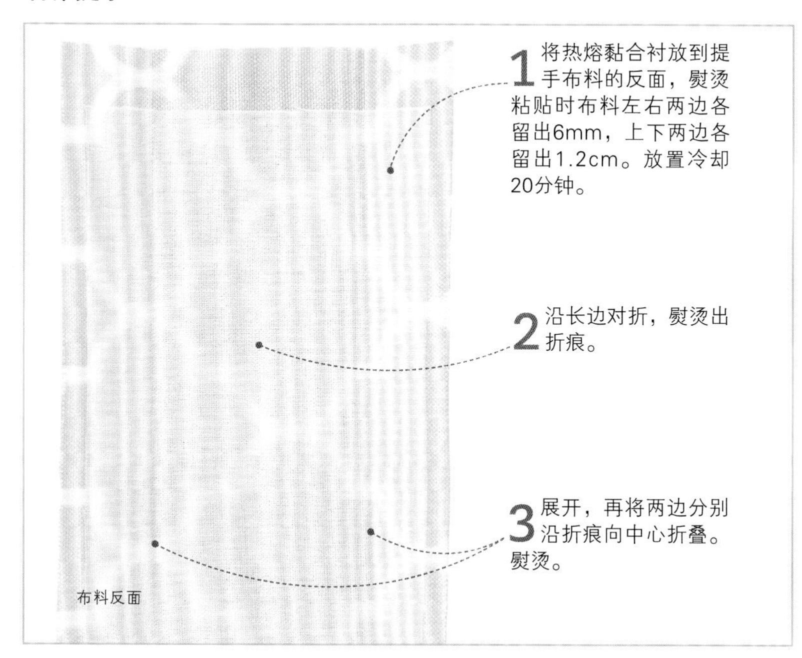

1 将热熔黏合衬放到提手布料的反面，熨烫粘贴时布料左右两边各留出6mm，上下两边各留出1.2cm。放置冷却20分钟。

2 沿长边对折，熨烫出折痕。

3 展开，再将两边分别沿折痕向中心折叠。熨烫。

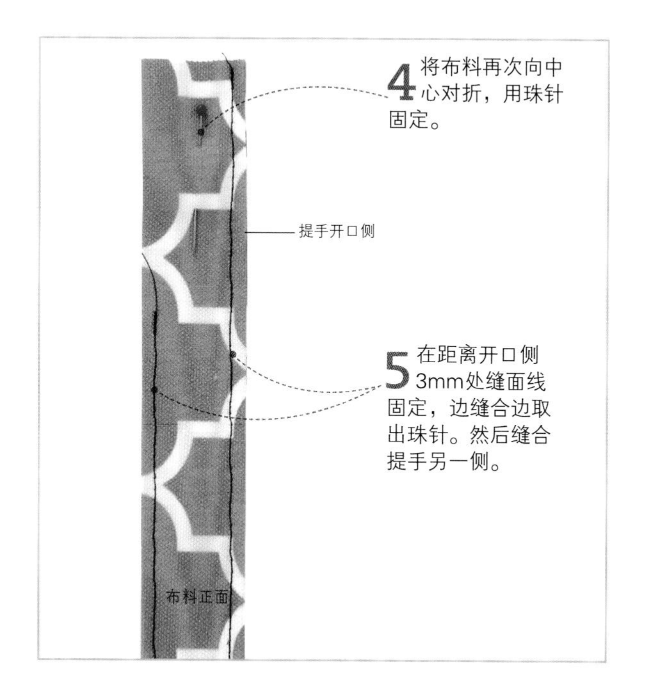

4 将布料再次向中心对折，用珠针固定。

5 在距离开口侧3mm处缝面线固定，边缝合边取出珠针。然后缝合提手另一侧。

制作里布

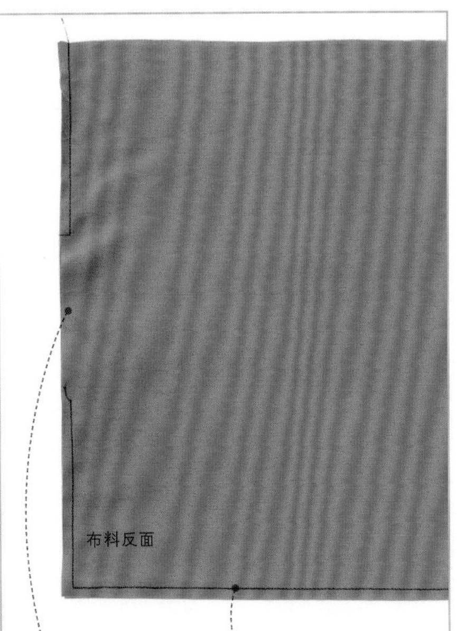

1 将两块里布正面相对用珠针固定在一起，在一边留出12cm的返口。

2 使用1cm的缝份沿两边和底部机缝，返口不缝合。

3 在两个转角处，将底部和侧部的接缝抓在一起。

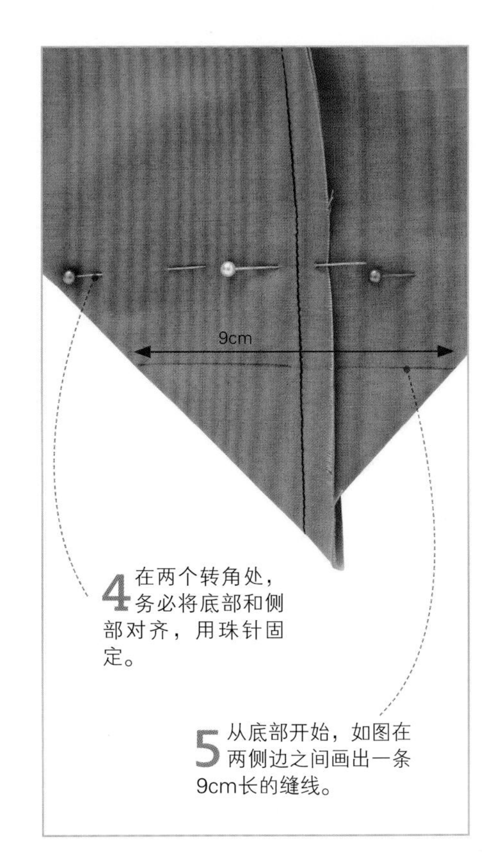

4 在两个转角处，务必将底部和侧部对齐，用珠针固定。

5 从底部开始，如图在两侧边之间画出一条9cm长的缝线。

6 从底部开始，沿着画出的缝线，缝纫出方形的转角。然后回针缝越过包底的中线，加强牢固度。

7 修剪转角接缝至1cm。

制作外包体表布

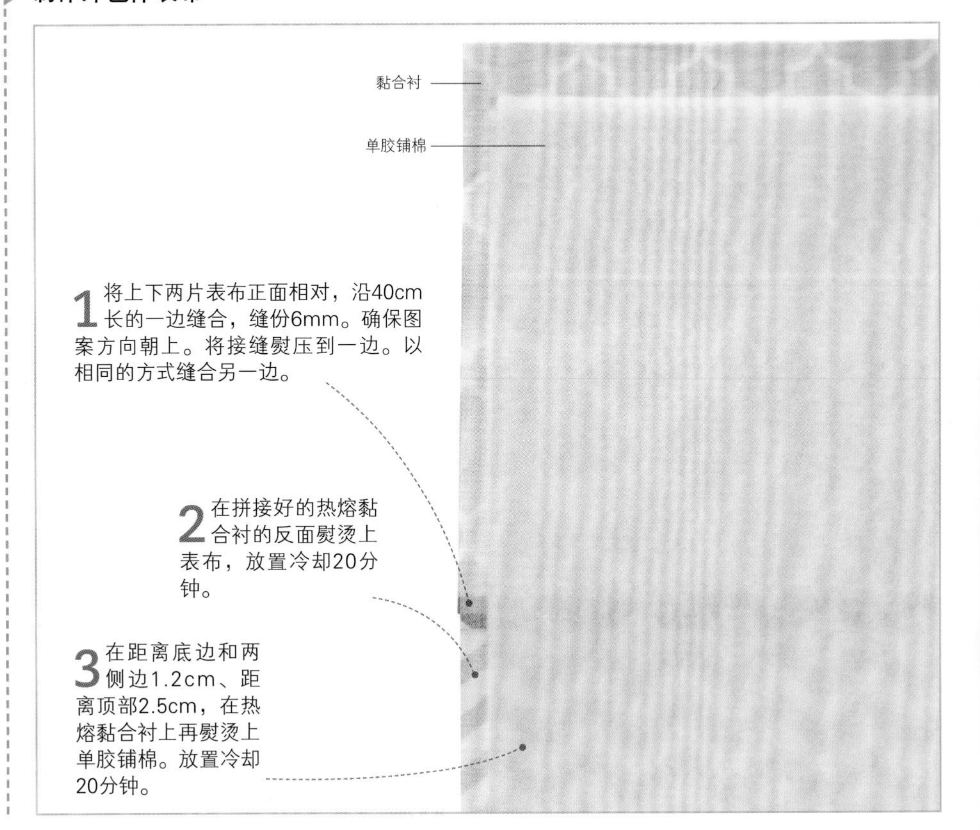

1 将上下两片表布正面相对，沿40cm长的一边缝合，缝份6mm。确保图案方向朝上。将接缝熨压到一边。以相同的方式缝合另一边。

2 在拼接好的热熔黏合衬的反面熨烫上表布，放置冷却20分钟。

3 在距离底边和两侧边1.2cm、距离顶部2.5cm，在热熔黏合衬上再熨烫上单胶铺棉。放置冷却20分钟。

测量和标绘工具见第18~19页 ● 熨烫工具见第28~29页 ● 衬布见第54~55页

4 将两条提手的末端折边朝外，在距离侧边10cm处放好，确保提手布料没有扭曲。在距离顶边3mm处机缝固定。

5 距离接缝3mm，从正面缝面线固定包底表布，也可使用装饰线迹。

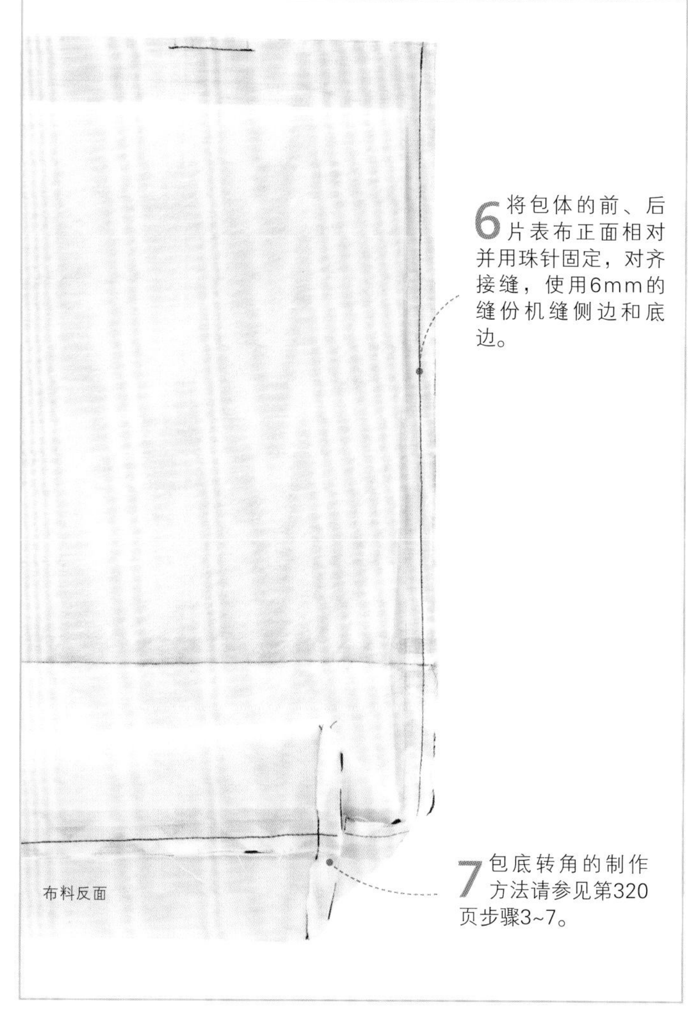

6 将包体的前、后片表布正面相对并用珠针固定，对齐接缝，使用6mm的缝份机缝侧边和底边。

7 包底转角的制作方法请参见第320页步骤3~7。

组合

1 将表袋正面朝外，里袋反面朝外，表袋放入里袋里，正面相对，提手不外露。对齐两层布料的侧接缝，用珠针固定。沿顶边假缝。

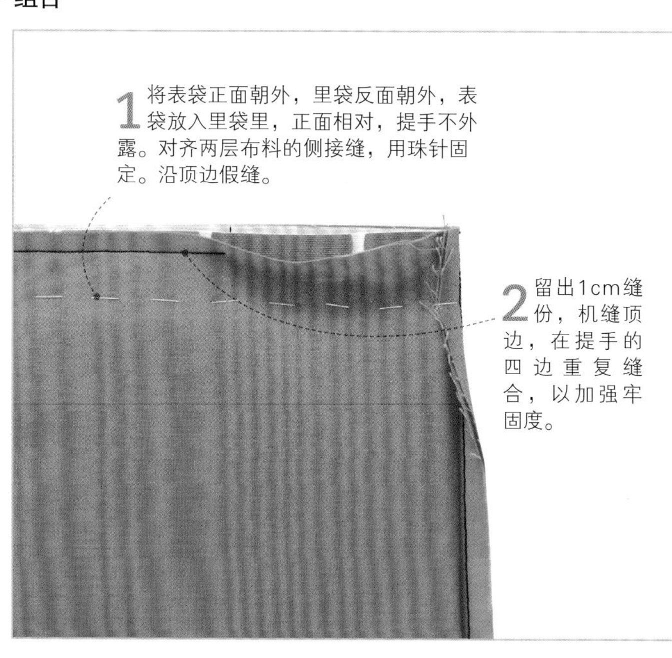

2 留出1cm缝份，机缝顶边，在提手的四边重复缝合，以加强牢固度。

3 将表袋从里袋留出的返口中翻出。仔细熨烫顶边。留出3mm缝份进行面缝。

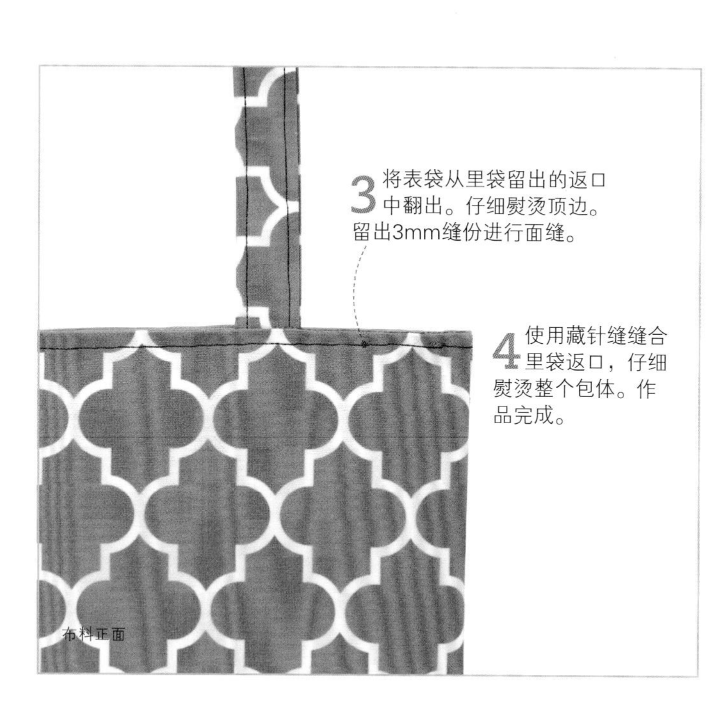

4 使用藏针缝缝合里袋返口，仔细熨烫整个包体。作品完成。

A字形宽松连衣裙

难度指数 

这款裙装制作简单，外形大方，适合所有体型。这件裙装非常适合用来练习制衣技巧，用到了省道、衣兜、装拉链和贴边等各种技巧。使用毛料可制作冬裙，使用轻薄的棉布或亚麻布可制作夏裙。

使用的工艺：领口的贴边见第152页　安装圆袖见第195页　侧缝插袋见第226页　隐形拉链见第262页

所需材料和工具

- 纸样，见第374~377页
- 250cm×150cm　轻薄到中等厚度的礼服裙布料，如棉布、亚麻布、绉纱、丝绸、精纺毛料、空气层面料或是中等厚度的聚酯纤维
- 50cm薄热熔黏合衬
- 56cm长的隐形拉链
- 隐形拉链压脚

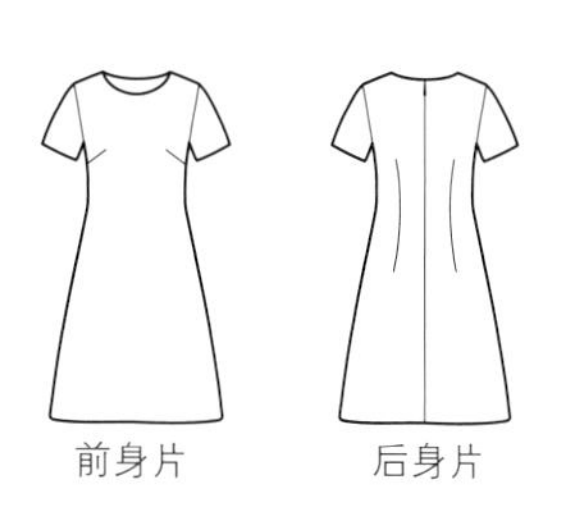

前身片　后身片

裁剪衣片

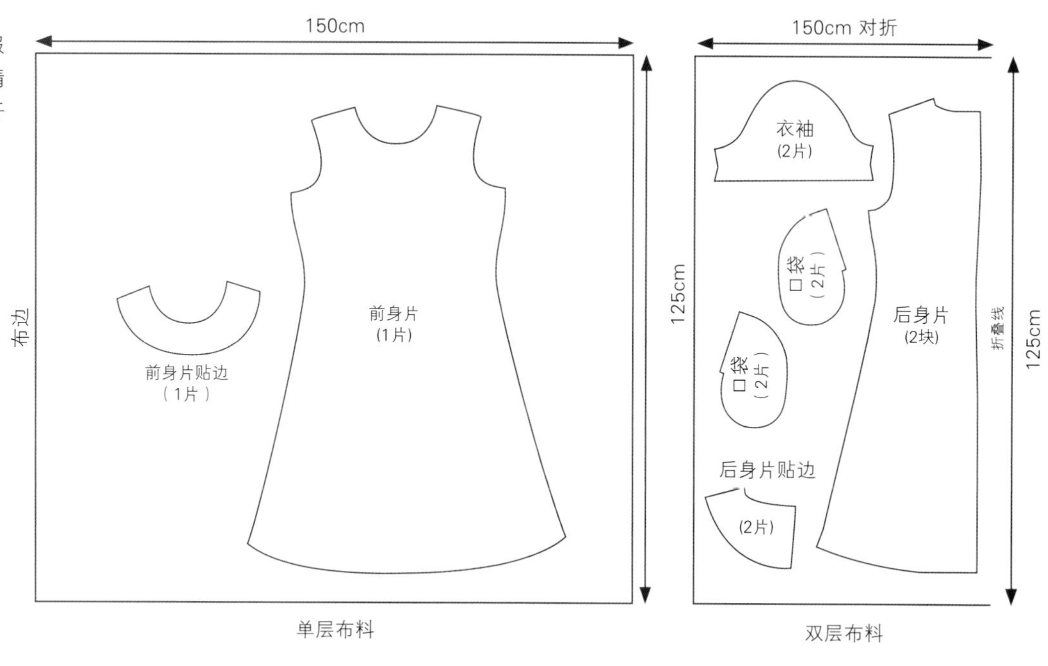

单层布料　双层布料

做出省道

1 裁剪出各衣片，不要移开纸样，用线钉标出所有的省道和口袋的位置。

2 剪开线钉的线圈，然后小心地移开纸样，分开各层布料。

3 前身片有两条胸省，两个后身片上各有一条曲线省。

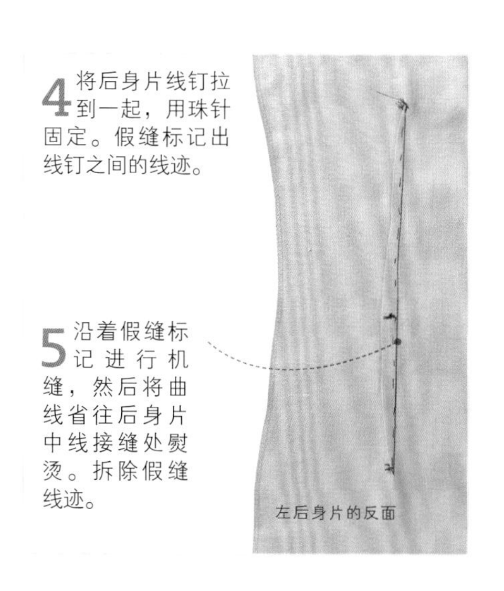

4 将后身片线钉拉到一起，用珠针固定。假缝标记出线钉之间的线迹。

5 沿着假缝标记进行机缝，然后将曲线省往后身片中线接缝处熨烫。拆除假缝线迹。

6 使用三线包缝线迹或是Z字线迹，修整两个后身片的中缝、侧缝和肩缝的边缘。

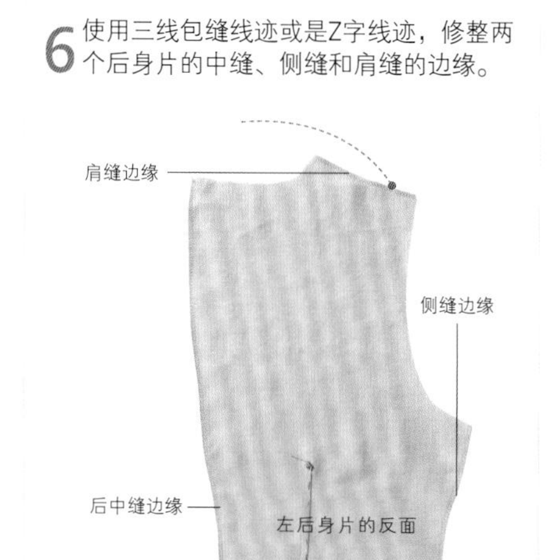

转绘纸样见第82~83页 ● 假缝线迹见第89页 ● 修整接缝见第95页 ● 弧线省或两头尖省见第111页

7 在前身片上，将标出胸省的线钉拉到一起，用珠针固定。假缝标出缝纫线迹，然后机缝。拆除假缝线。
8 将两条胸省都向腰部熨烫。
9 使用三线包缝线迹或是Z字线迹修整侧缝、肩缝。
口袋位置标记
前身片反面

装隐形拉链

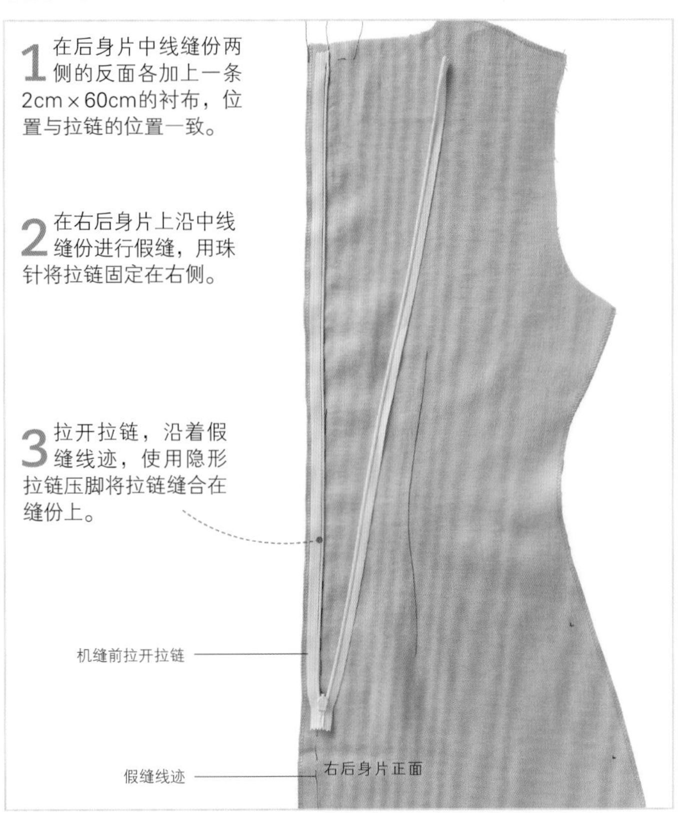
1 在后身片中线缝份两侧的反面各加上一条2cm×60cm的衬布，位置与拉链的位置一致。
2 在右后身片上沿中线缝份进行假缝，用珠针将拉链固定在右侧。
3 拉开拉链，沿着假缝线迹，使用隐形拉链压脚将拉链缝合在缝份上。
机缝前拉开拉链
假缝线迹
右后身片正面

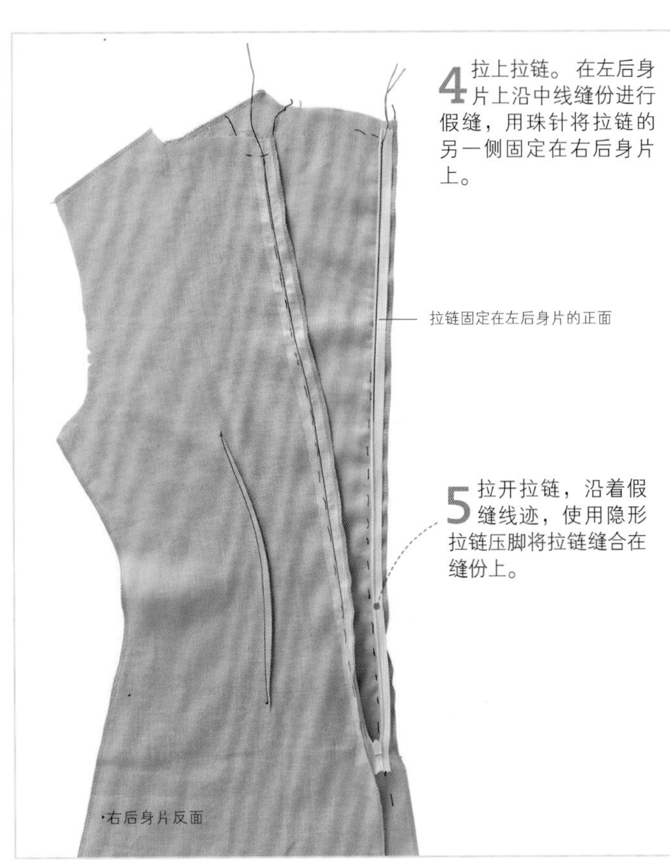
4 拉上拉链。在左后身片上沿中线缝份进行假缝，用珠针将拉链的另一侧固定在右后身片上。
拉链固定在左后身片的正面
5 拉开拉链，沿着假缝线迹，使用隐形拉链压脚将拉链缝合在缝份上。
右后身片反面

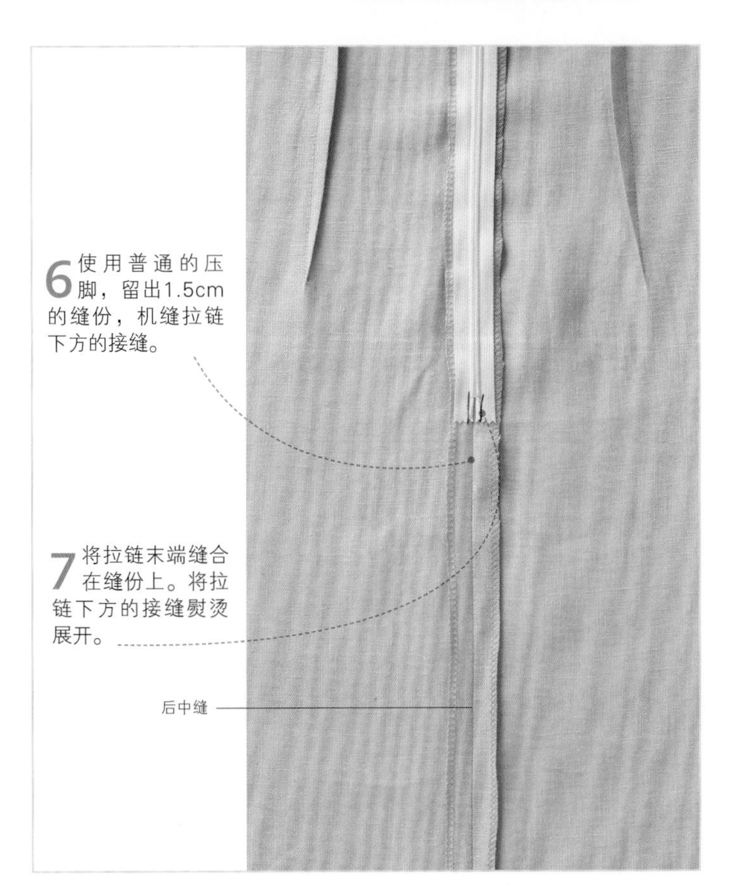
6 使用普通的压脚，留出1.5cm的缝份，机缝拉链下方的接缝。
7 将拉链末端缝合在缝份上。将拉链下方的接缝熨烫展开。
后中缝

装侧缝插袋

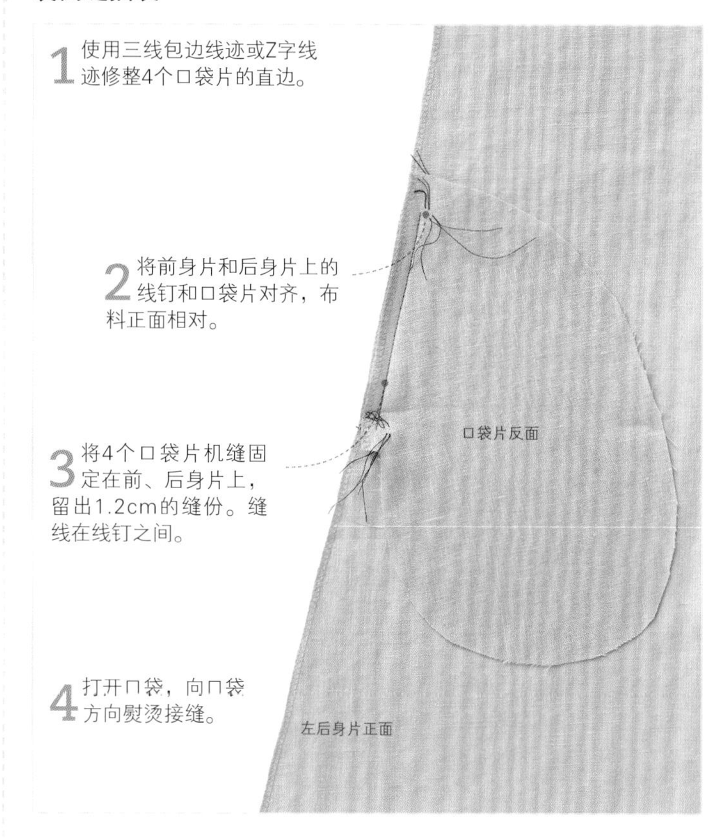

1 使用三线包边线迹或Z字线迹修整4个口袋片的直边。

2 将前身片和后身片上的线钉和口袋片对齐，布料正面相对。

3 将4个口袋片机缝固定在前、后身片上，留出1.2cm的缝份。缝线在线钉之间。

4 打开口袋，向口袋方向熨烫接缝。

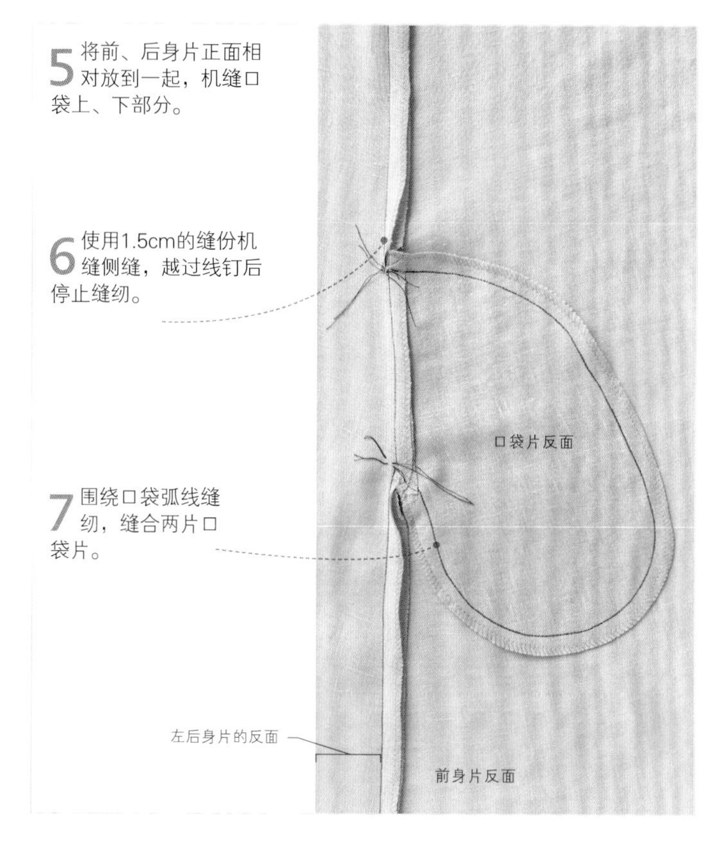

5 将前、后身片正面相对放到一起，机缝口袋上、下部分。

6 使用1.5cm的缝份机缝侧缝，越过线钉后停止缝纫。

7 围绕口袋弧线缝纫，缝合两片口袋片。

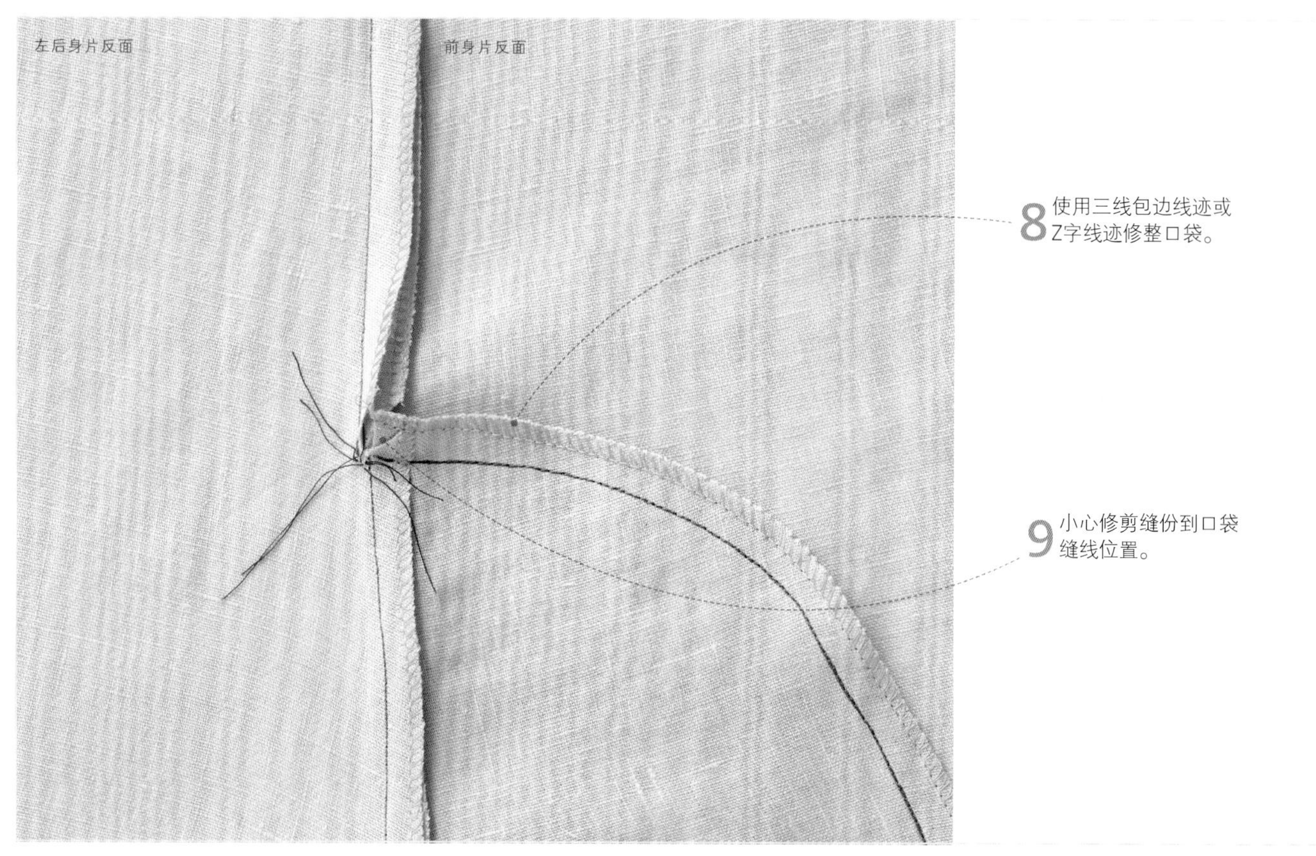

8 使用三线包边线迹或Z字线迹修整口袋。

9 小心修剪缝份到口袋缝线位置。

装领口贴边

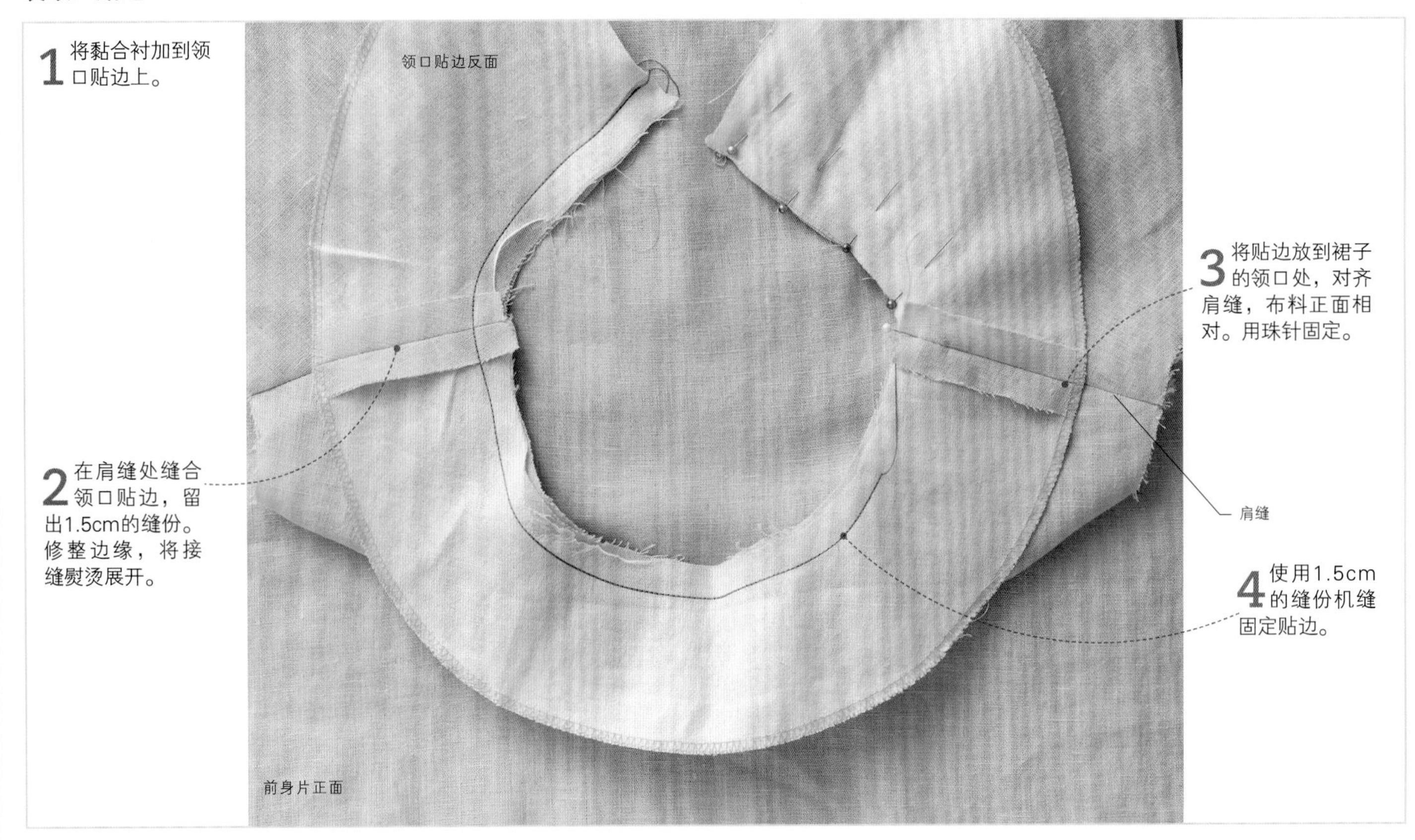

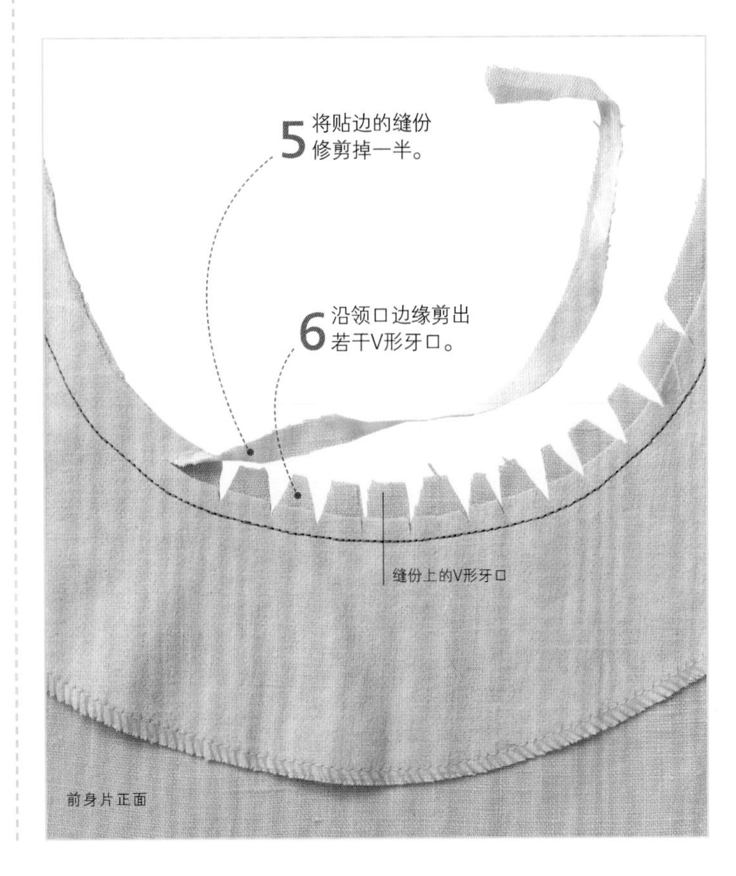

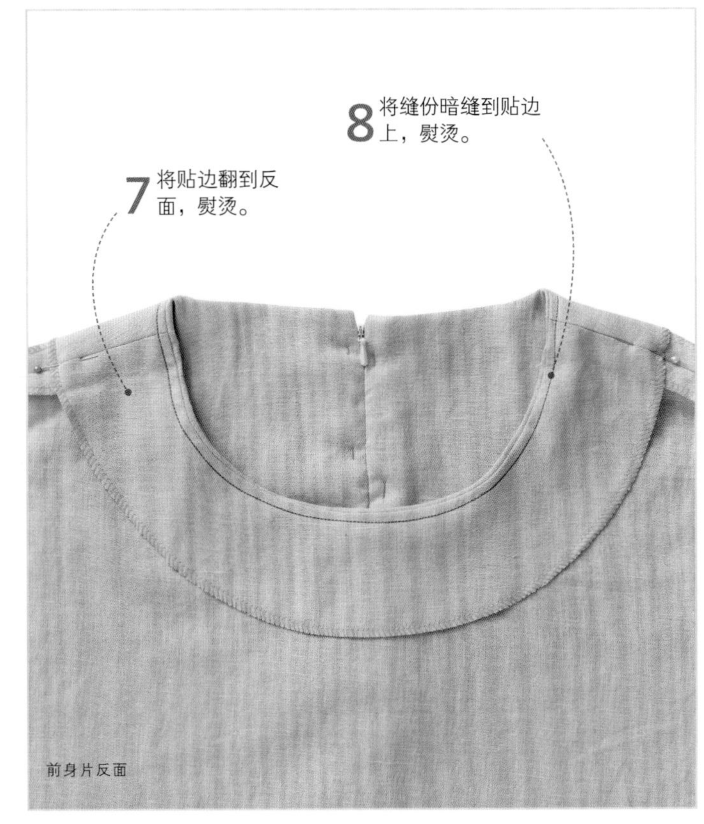

修整接缝见第95页 • 修剪缝份见第104~105页 • 暗针缝见第90页 • 给贴边加热熔黏合衬见第149页 • 竖一字领的贴边见第153页

安装衣袖

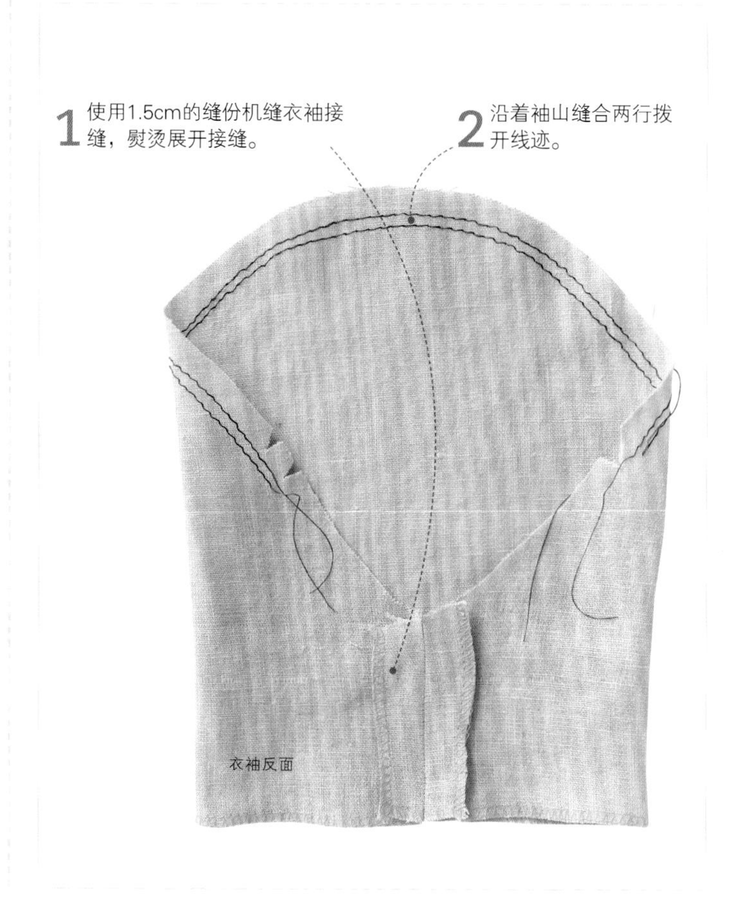

1 使用1.5cm的缝份机缝衣袖接缝，熨烫展开接缝。

2 沿着袖山缝合两行拨开线迹。

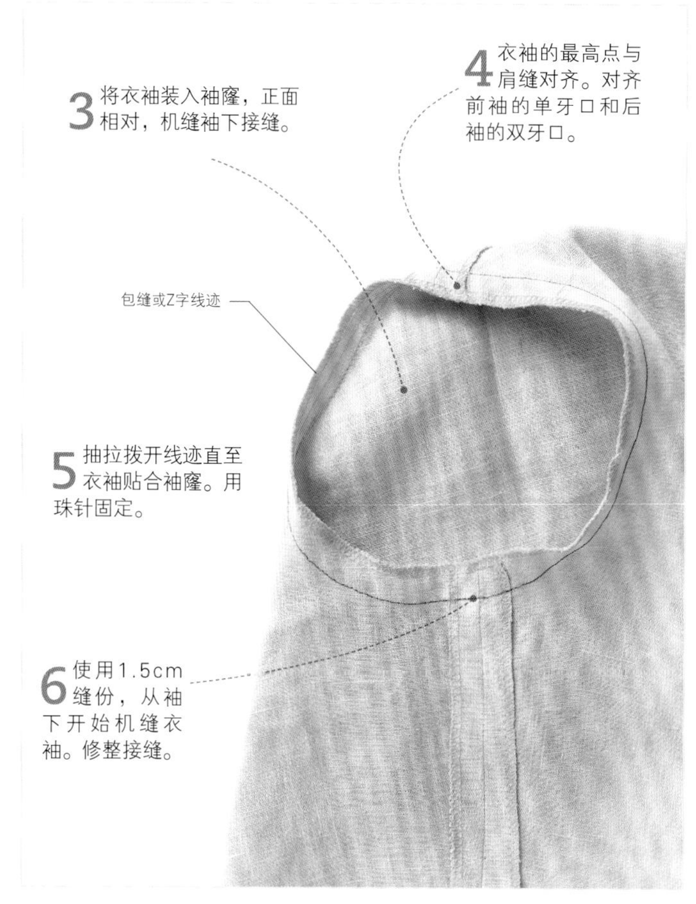

3 将衣袖装入袖窿，正面相对，机缝袖下接缝。

4 衣袖的最高点与肩缝对齐。对齐前袖的单牙口和后袖的双牙口。

5 抽拉拨开线迹直至衣袖贴合袖窿。用珠针固定。

6 使用1.5cm缝份，从袖下开始机缝衣袖。修整接缝。

缝制折边

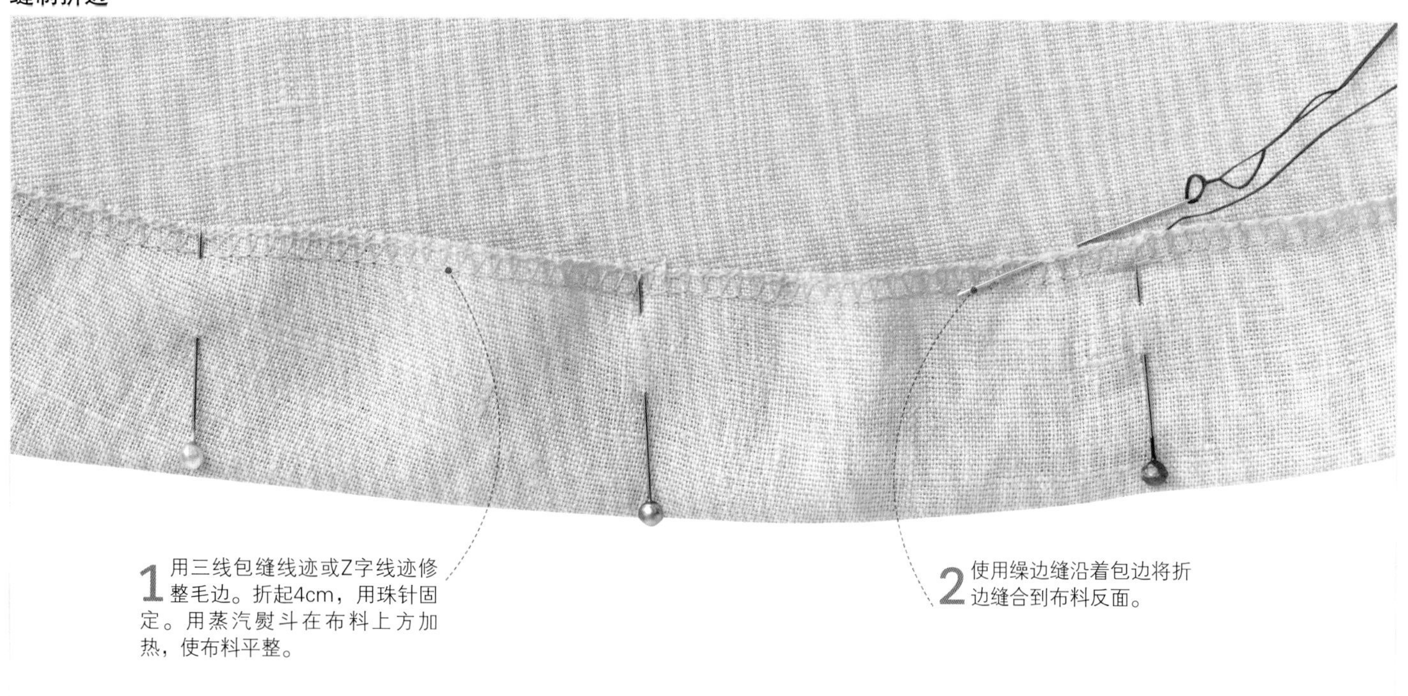

1 用三线包缝线迹或Z字线迹修整毛边。折起4cm，用珠针固定。用蒸汽熨斗在布料上方加热，使布料平整。

2 使用缲边缝沿着包边将折边缝合到布料反面。

安装圆袖见第195页 • 弧形折边第237页

裹身半裙

难度指数 ★★★★★

这款裹身半裙基于经典的设计，时尚、实用、独特。使用亚麻布、牛仔布或灯芯绒来制作，可以常年穿着。使用灯芯绒或仿麂皮这种起绒布料时，裁剪时应使用倒顺毛排放。

使用的工艺： 接缝的分层处理见第104页　暗针缝见第90页　缝合直式腰头见第182~183页　机缝折边见第238页

所需材料

- 纸样，见第378~381页，使用第372页女士服装尺寸表选择合适的尺寸
- 275cm×115cm或175cm×150cm中等厚度的礼服裙布料，如牛仔布、亚麻布、灯芯绒、铜氨纤维或仿麂皮 （适用于6~16号尺码，其他尺码参见第378~381页）
- 50cm薄热熔黏合衬
- 6个子母扣
- 1颗纽扣
- 配色的线

前片　后片

裁剪衣片

单层布料

右前片（1片）　左前片（1片）

75cm　150cm

双层布料

折痕　左腰头（2片）　右腰头（2片）　后腰头（2片）　后片（双层布料1片）　右前片贴边　垂片（2片）

150cm对折　100cm

粘贴衬布

1 将热熔黏合衬粘贴到一片垂片和3片腰头上（这些都是内层的衣片）。裁剪好。

添加省道

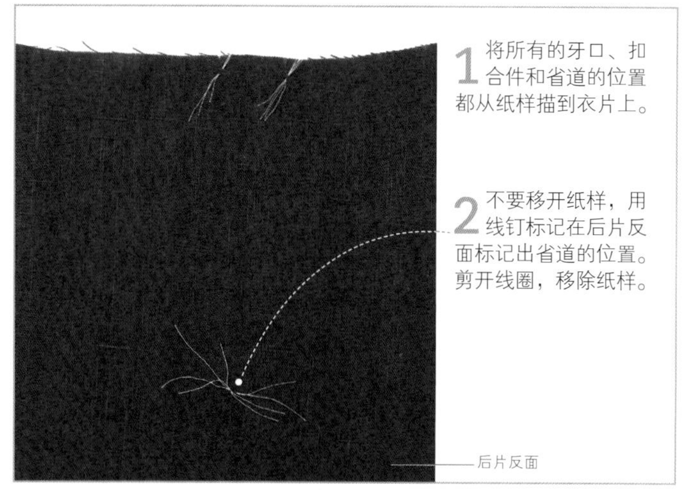

1 将所有的牙口、扣合件和省道的位置都从纸样描到衣片上。

2 不要移开纸样，用线钉标记在后片反面标记出省道的位置。剪开线圈，移除纸样。

如何粘贴热熔黏合衬见第54页 • 转绘纸样见第82~83页 • 普通省道见第109页

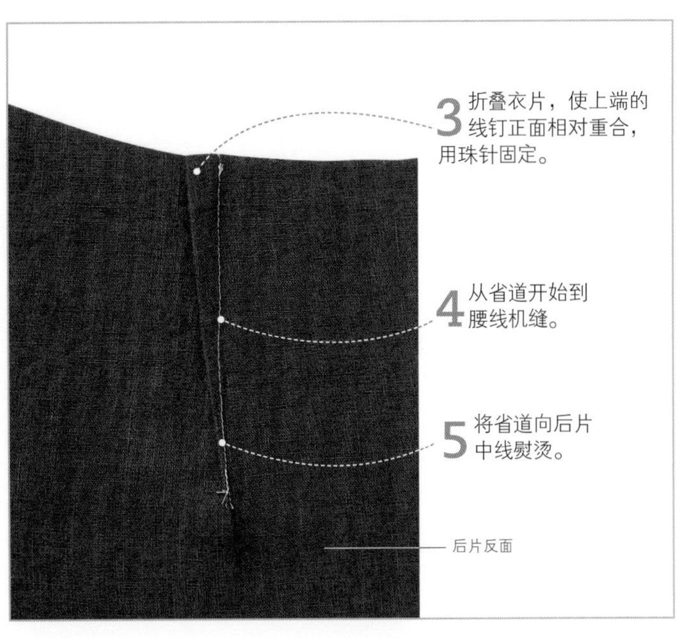

▶ 缝合侧缝

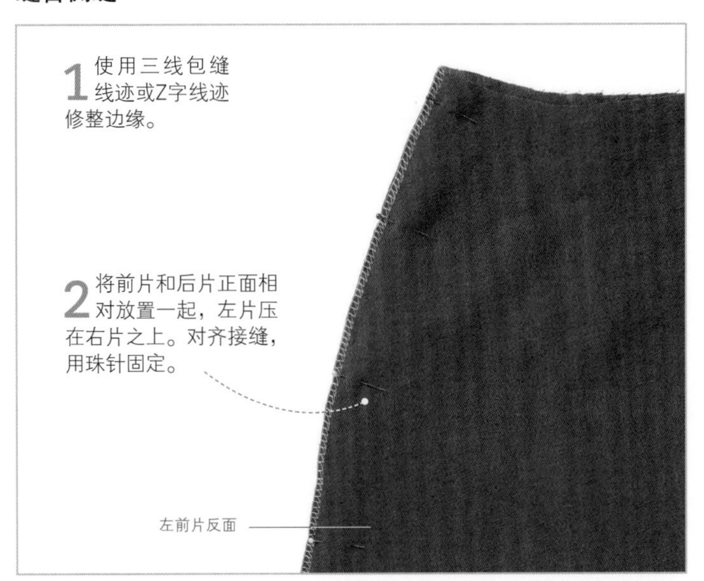

右前片反面

3 留出1.5cm的缝份，机缝侧缝。将侧缝熨烫展开。

后片反面

▶ 制作左前片的折边

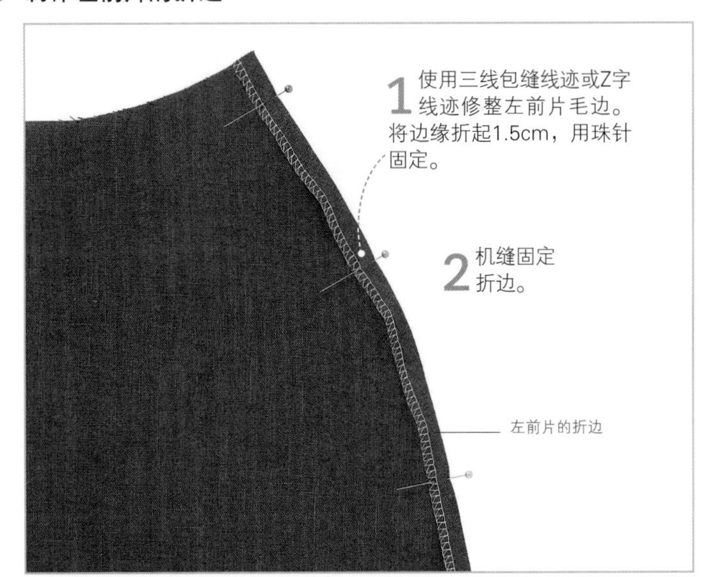

▶ 准备垂片

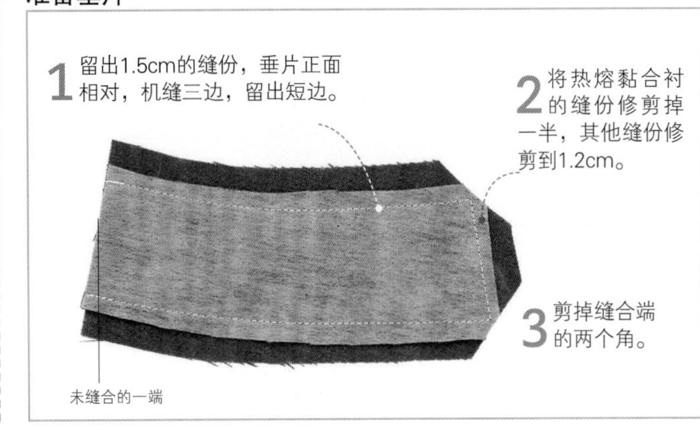

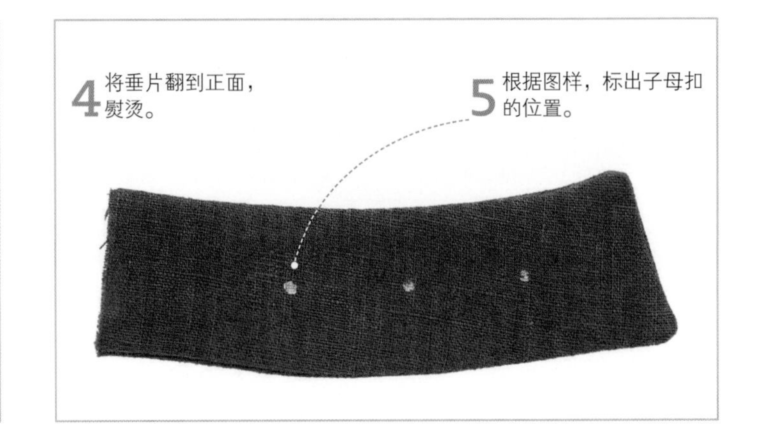

缝合垂片和贴边

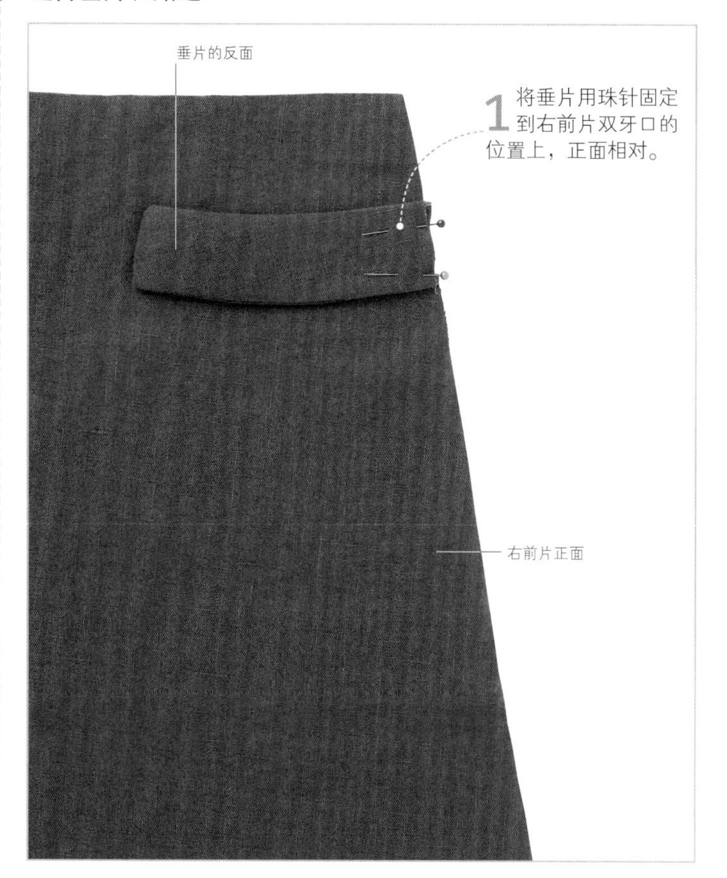

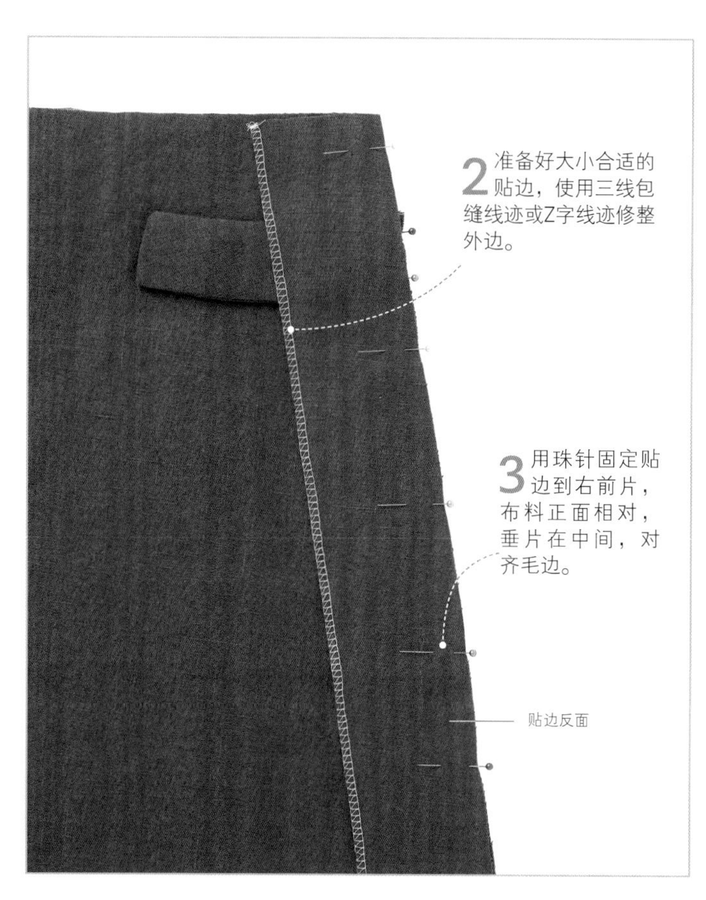

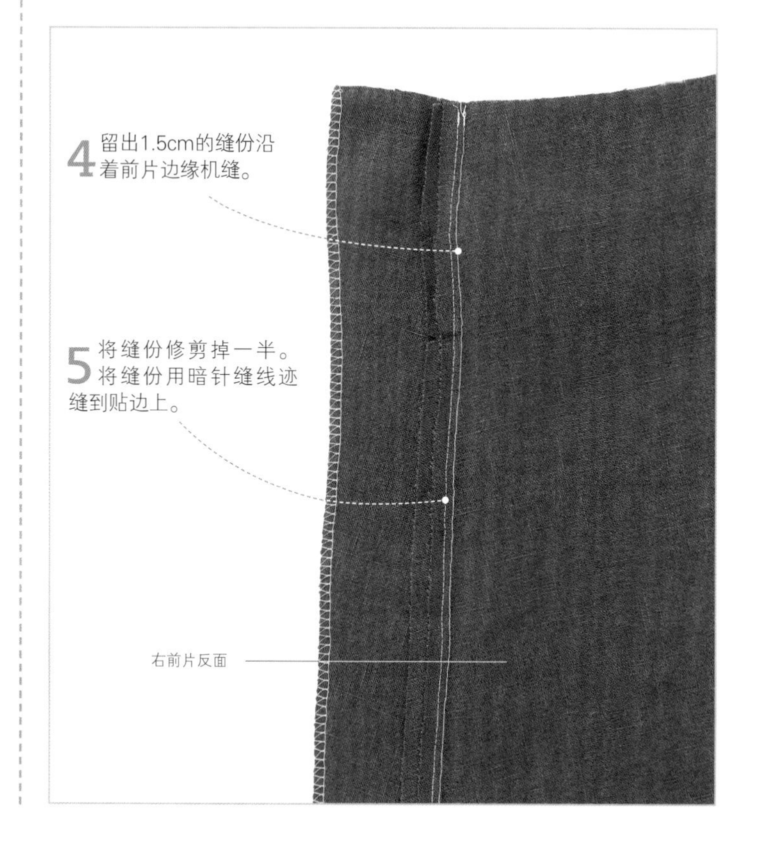

机缝折边见第238页

组合腰头

1 将外层腰头正面相对，用珠针在边缝处固定。

2 留出1.5cm的缝份缝合在一起。

3 用同样方法处理内层腰头，熨烫展开接缝。

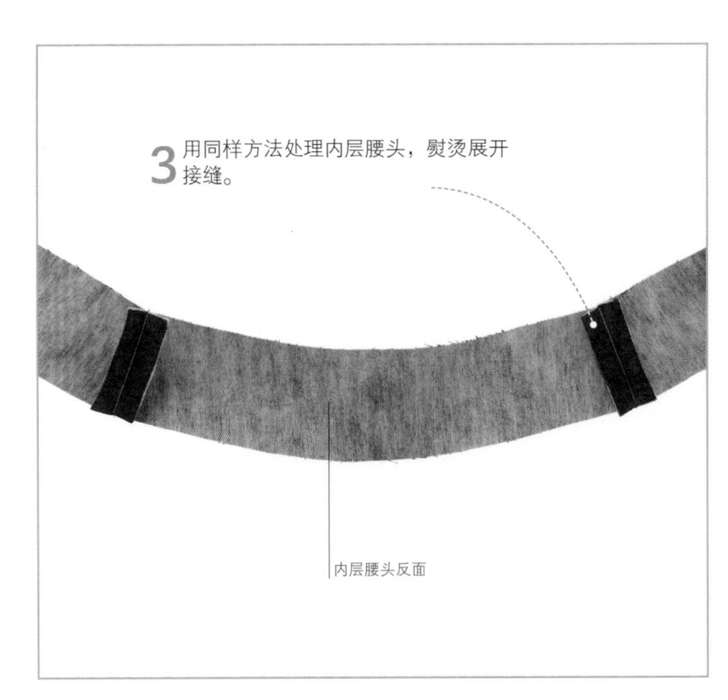

5 在右前盖片上用珠针标出牙口的位置。

4 将内、外腰头正面相对，从顶部凹形开始，绕过右前盖片，向下到左前端用珠针固定。

不再用珠针固定

右前盖片

外层腰头反面

6 留出1.5cm的缝份，从左前端开始，一直到第一个牙口处缝合固定。

7 在缝份上剪出小牙口以缓解凹形接缝的压力。

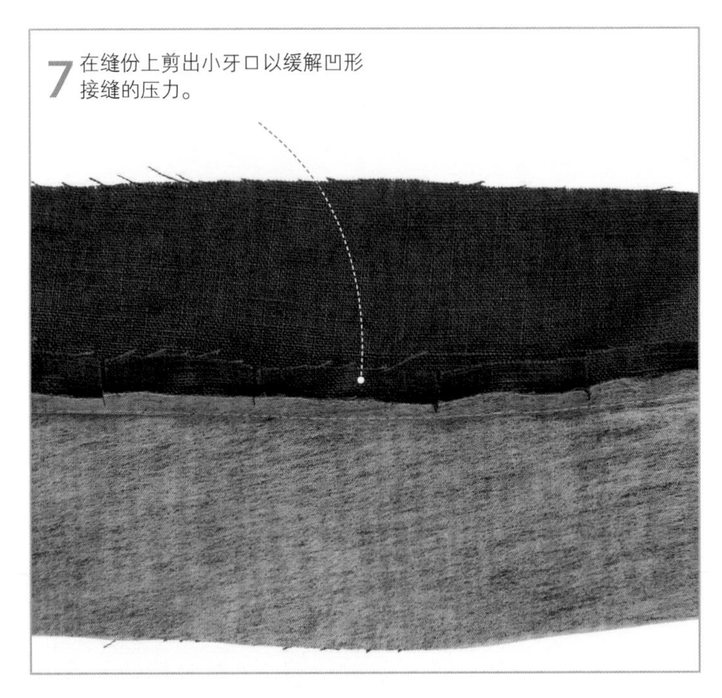

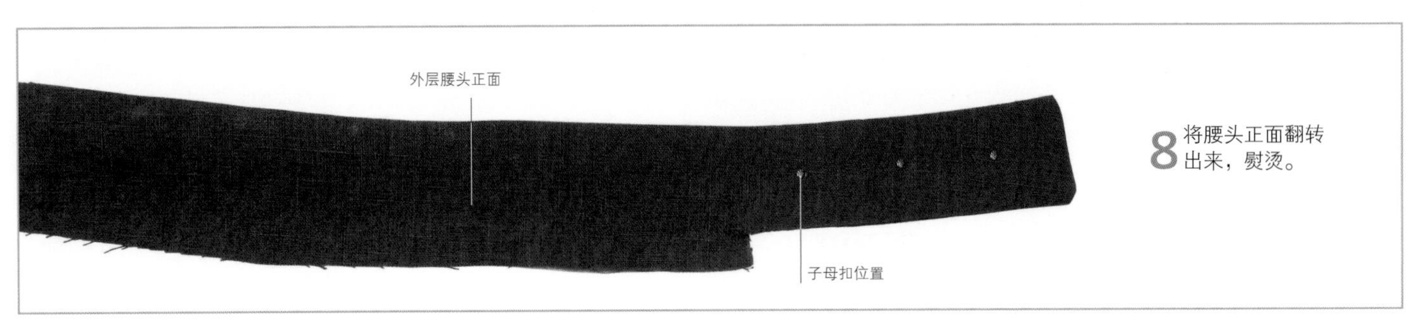

8 将腰头正面翻转出来，熨烫。

手缝线迹见第90~91页 ● 修整接缝见第95页 ● 修剪缝份见第104~105 ● 缝合直式腰头见第182~183页

完成半身裙

1 平铺裙子，布料正面朝上。将腰头用珠针固定到腰线上，外层腰头的正面和裙子正面相对，对齐毛边，比齐侧缝。

2 机缝固定，并在缝份弧形部分剪出小牙口，将接缝熨烫向腰头。

3 将内层腰头没有缝合的边缘向腰线折叠1.5cm，熨烫，用珠针固定。用暗针缝缝合固定。

4 根据纸样在左前腰头部分做出扣眼。

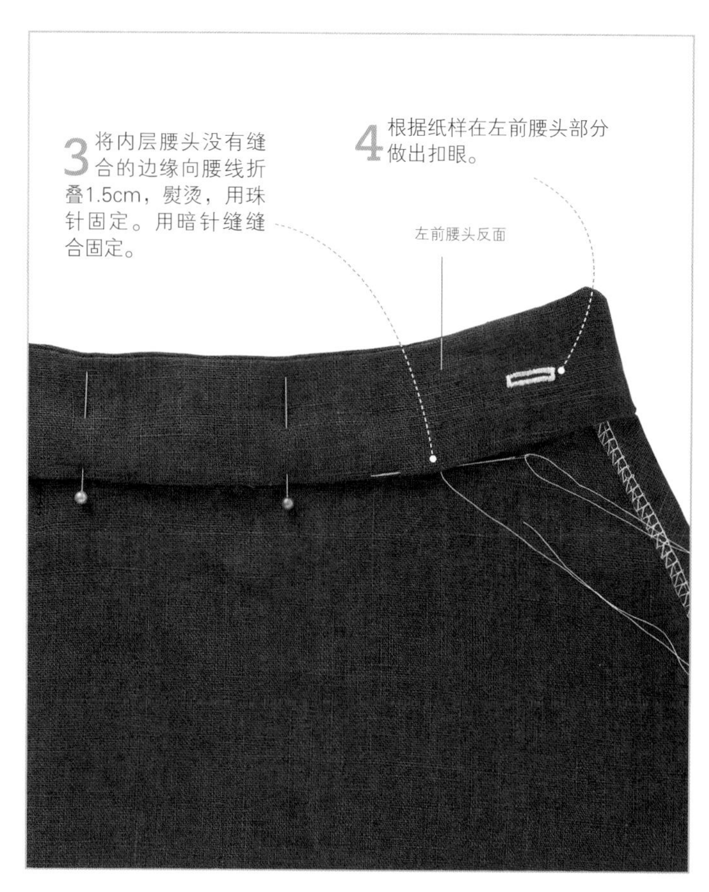

5 根据纸样的位置，在内层腰头的右前部分缝上纽扣。

6 将子母扣装到垂片和外层腰头右侧延长的部分，还有衬裙对应的位置上。

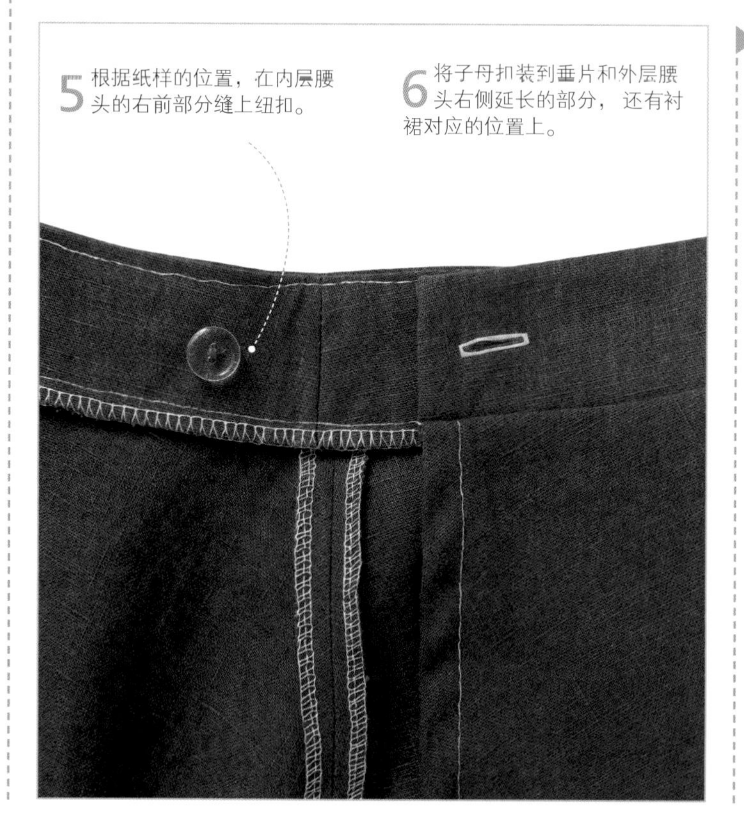

缝合折边

1 使用三线包缝线迹或Z字线迹修整折边的毛边。

2 向上卷折2.5cm，或按照自己需要的宽度卷折。熨烫，用珠针固定。

3 使用暗针缝沿着修整好的毛边，手工将折边缝到布料反面。当然也可以机缝。

手缝折边见第236~237页 •机缝折边见第238页 • 机缝扣眼见第272页

睡袍

难度指数 ★★★★★

这款适合慵懒周末穿着的睡袍男女通用，成品奢华，制作简单。可选用与主料不同的折边和袖口布料，可根据需要制作长睡袍或短睡袍。使用质轻的布料如精纺棉布、丝绸和人造丝时垂坠感很强。

使用的工艺： 打结式腰带见第188页　和服袖见第198页　贴袋的安装见第220页

所需材料和工具

- 纸样，见第382~387页，使用第372页通用服装尺寸表选择合适的尺寸
- 长款（第334页所示）330cm×150cm的主料，260cm×150cm的对比色布料，选用轻质的布料，如精纺棉布、丝绸、人造丝、软绸或轻薄亚麻布（详细的介绍参见第382~387页）
- 翻带器

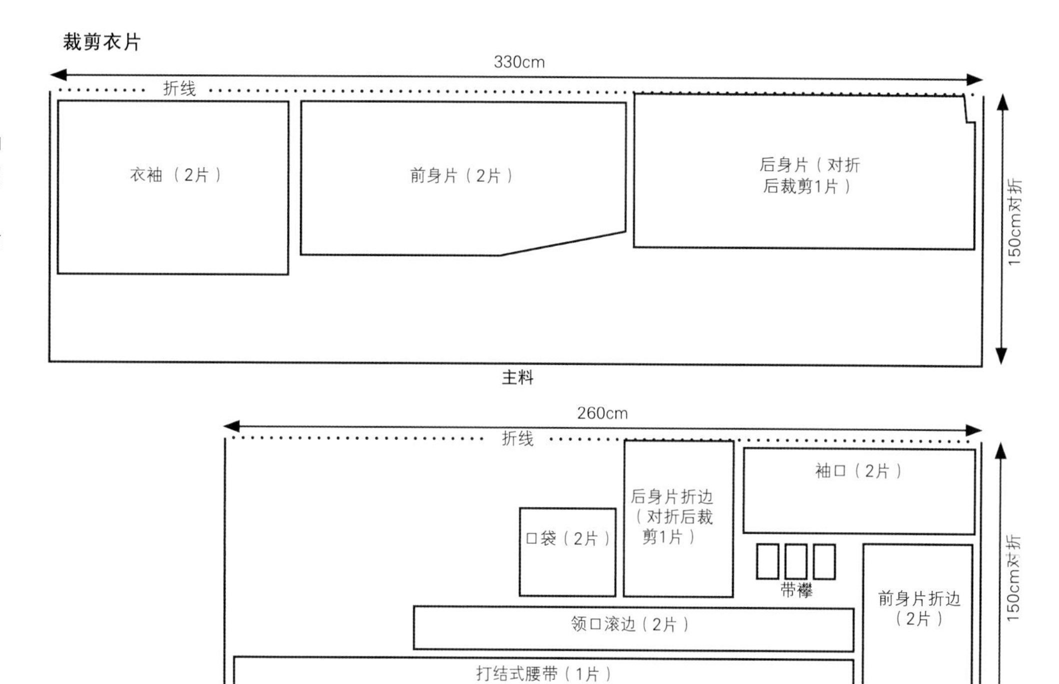

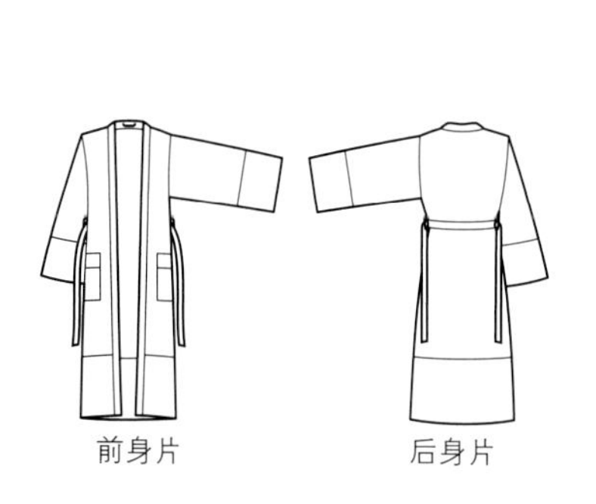

组合并安装口袋

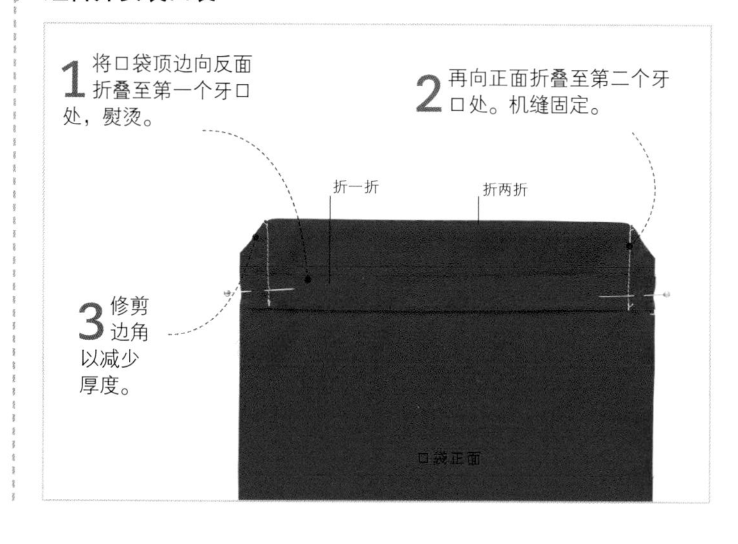

无衬里贴袋见第217页

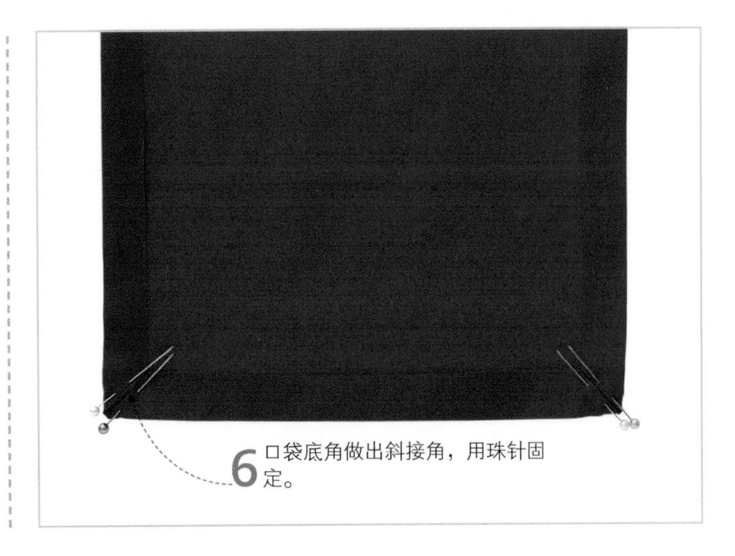

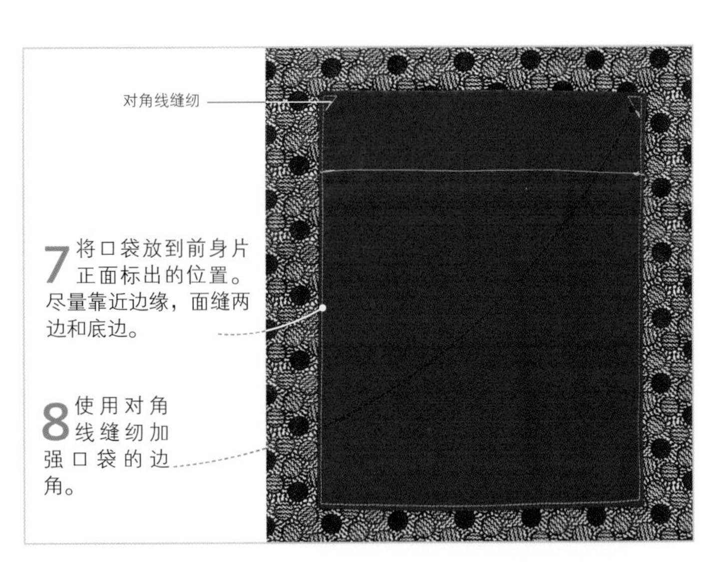

缝合加长衣片（长款）

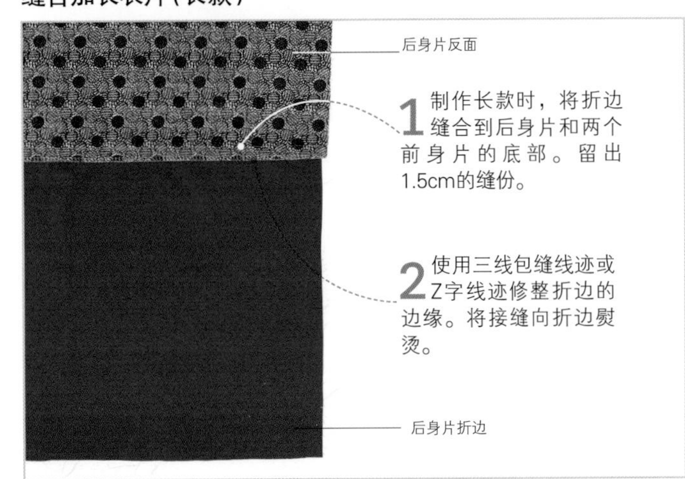

组合吊襻和腰带襻

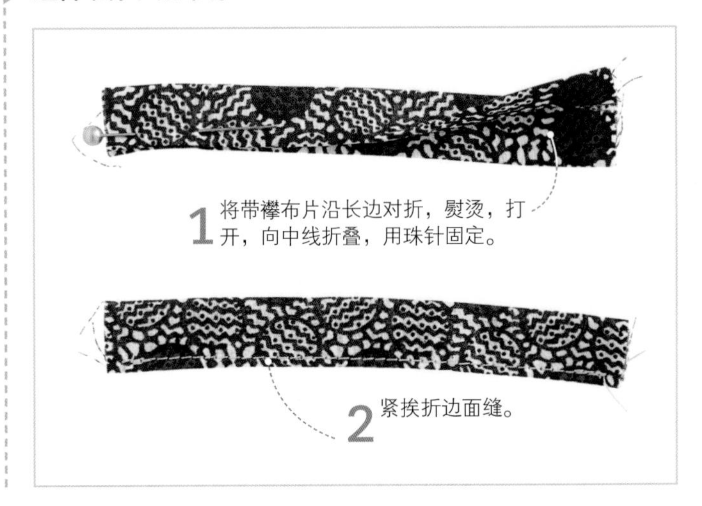

缝合肩缝

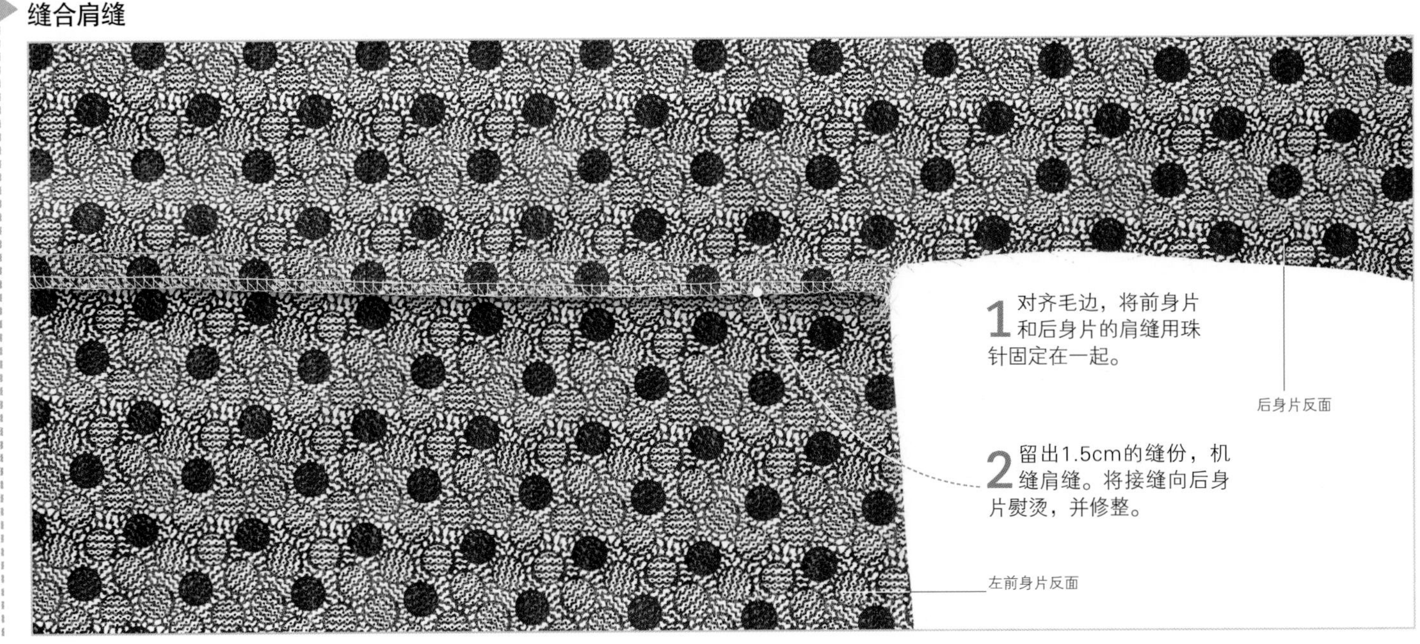

修整接缝见第95页 • 腰带襻见第185页 • 和服袖的缝制见第198页

安装衣袖

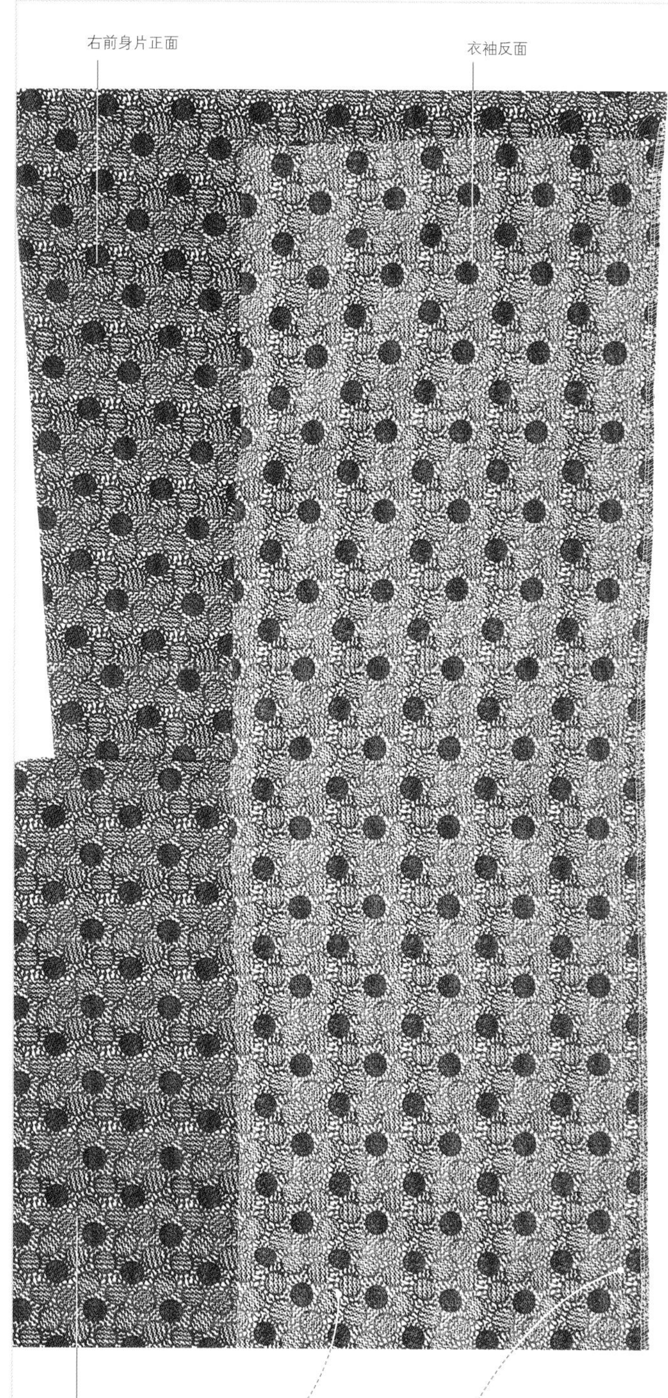

1 将衣袖和侧缝正面相对，用珠针固定。将衣袖对齐到侧缝的两个牙口之间，并将肩缝和中间的牙口对齐。

2 留出1.5cm的缝份，机缝。将接缝向衣袖方向熨烫。

3 重复步骤1、2，缝合上另一只衣袖。

缝合侧缝

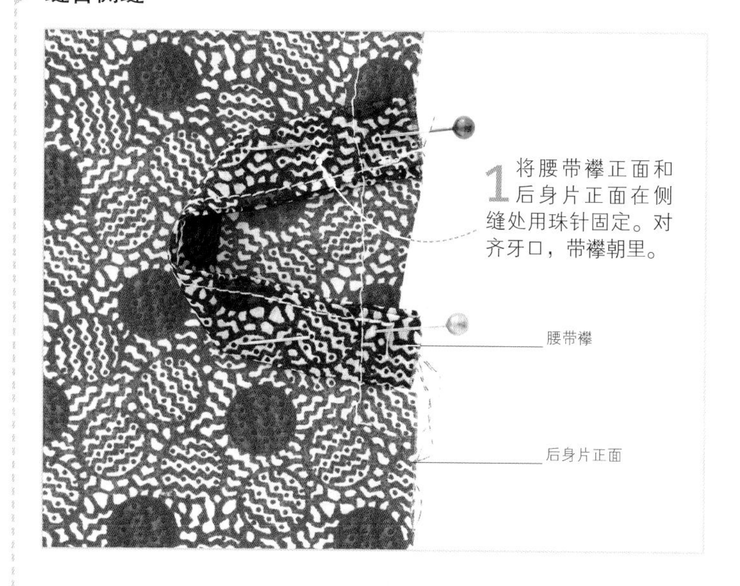

1 将腰带襻正面和后身片正面在侧缝处用珠针固定。对齐牙口，带襻朝里。

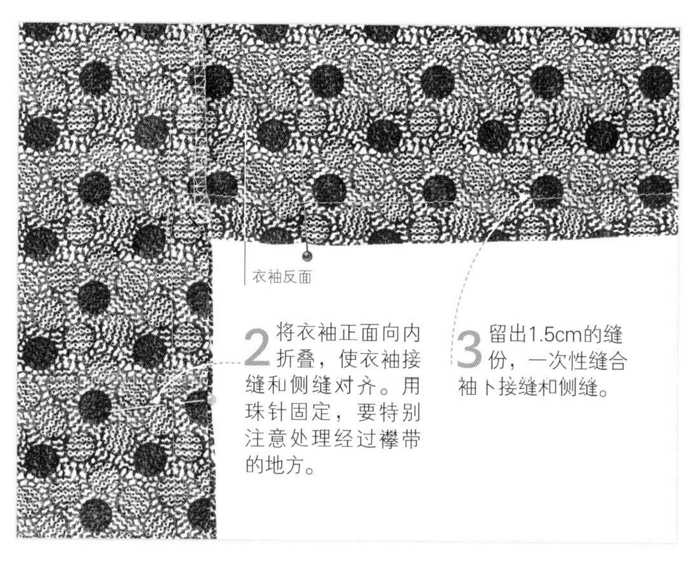

2 将衣袖正面向内折叠，使衣袖接缝和侧缝对齐。用珠针固定，要特别注意处理经过襻带的地方。

3 留出1.5cm的缝份，一次性缝合袖下接缝和侧缝。

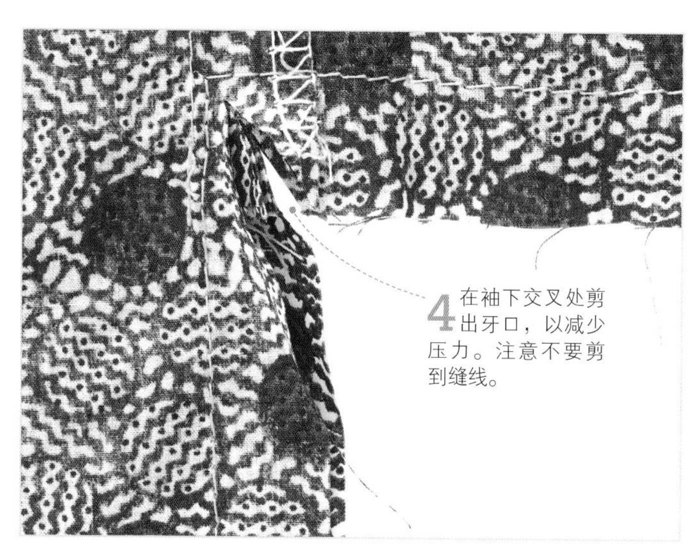

4 在袖下交叉处剪出牙口，以减少压力。注意不要剪到缝线。

加固口袋的边角见第220页 • 斜接边角见第241页

装袖口

1 留出1.5cm的缝份，将袖口布块的边缘缝合，做出一个圆筒。将接缝熨烫展开。

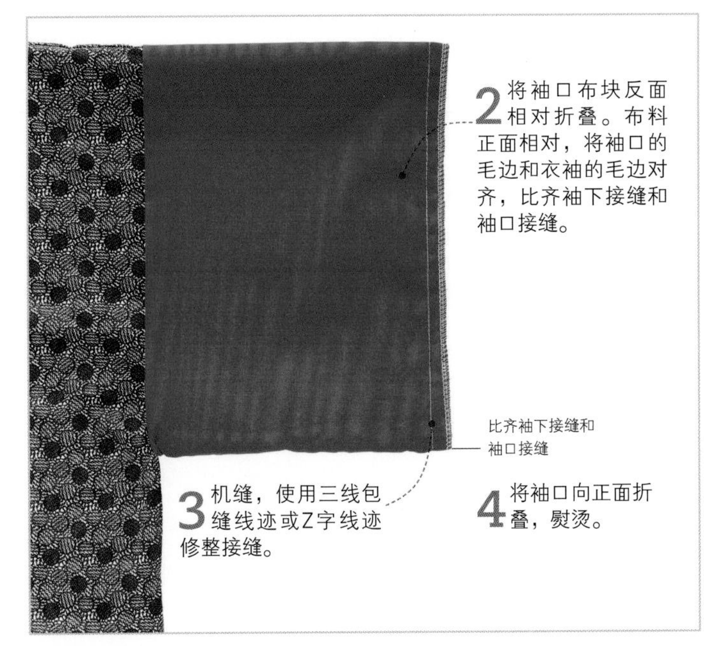

2 将袖口布块反面相对折叠。布料正面相对，将袖口的毛边和衣袖的毛边对齐，比齐袖下接缝和袖口接缝。

3 机缝，使用三线包缝线迹或Z字线迹修整接缝。

4 将袖口向正面折叠，熨烫。

缝合领口并滚边

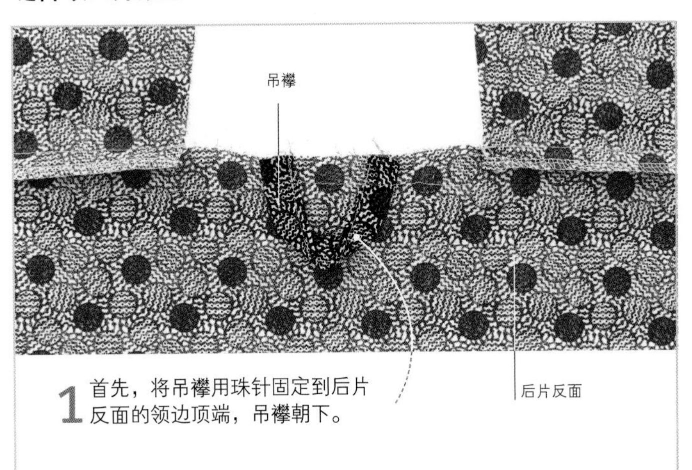

1 首先，将吊襻用珠针固定到后片反面的领边顶端，吊襻朝下。

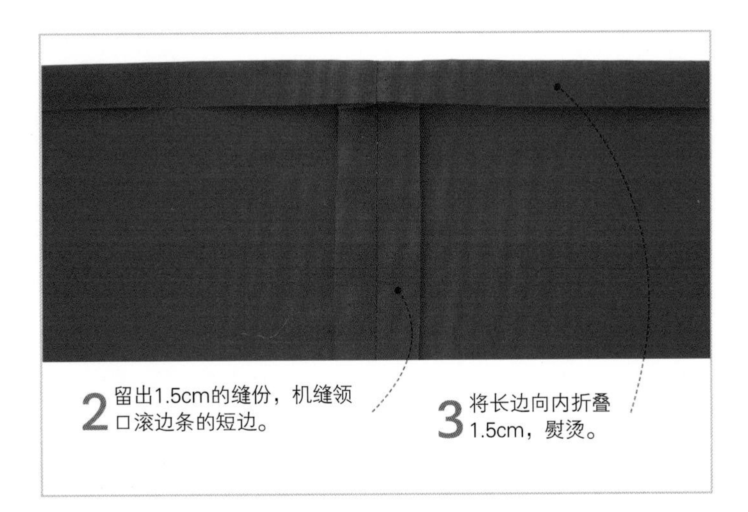

2 留出1.5cm的缝份，机缝领口滚边条的短边。

3 将长边向内折叠1.5cm，熨烫。

4 将未折叠的毛边，放到前片和后片上，布料正面相对，用珠针固定。留出1.5cm的缝份，机缝。熨烫，使接缝朝向领口滚边。

其他工具见第20~21页 • 手缝线迹见第90~91页 • 修整接缝见第95页 • 面缝见第98页 • 打结式腰带见第188页

5 将未缝合的滚边条向反面折叠至接缝处，用珠针固定。

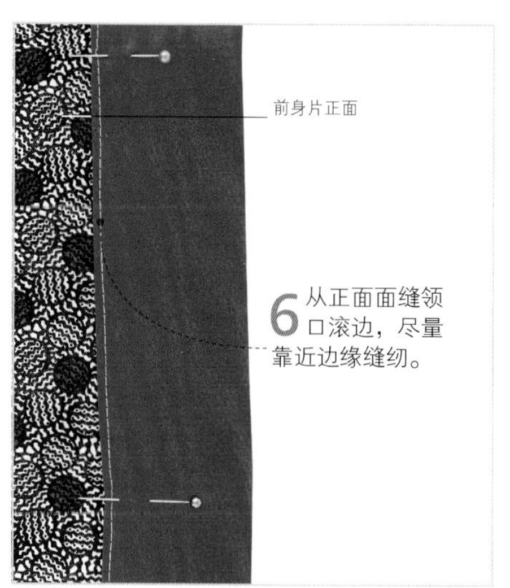

6 从正面面缝领口滚边，尽量靠近边缘缝纫。

完成衣袖和折边

1 制作短袖款时，先后折叠6mm和1.2cm做出双折边，也可根据自己需要调整折边的宽度。距离折边1cm机缝。

2 完成底部折边，先后折叠6mm和1.2cm做出双折边，也可根据自己需要调整折边的宽度。距离折边1cm机缝。

组合腰带

1 布料正面相对，沿长边对折打结式腰带布料。机缝一条长边一条短边，留出一边用于翻面。

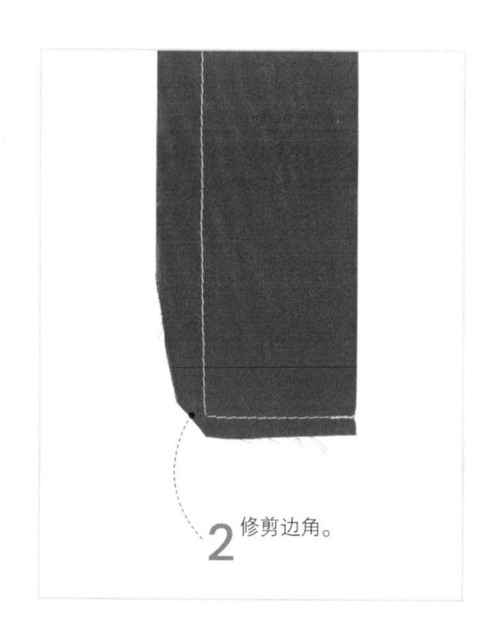

2 修剪边角。

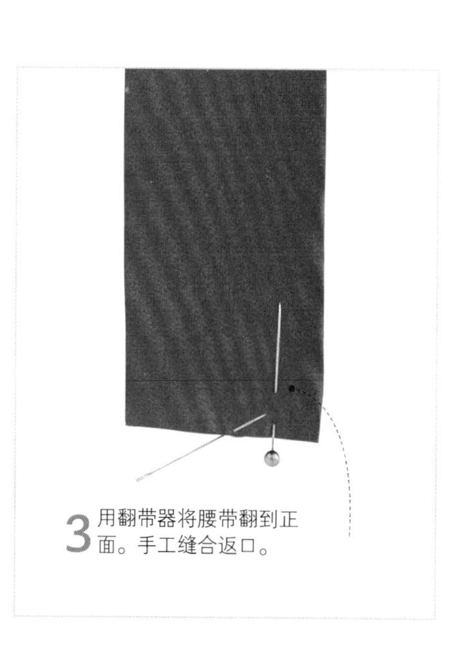

3 用翻带器将腰带翻到正面。手工缝合返口。

双折边见第238页

儿童双面穿夹克

难度指数 *****

这款双面穿夹克很好地利用了工艺棉和与之相搭配的印花。布料选择耐洗布料更实用。使用轻薄的棉布适合夏天穿着，使用灯芯绒或牛仔布则适合较冷的季节穿着。

使用的工艺：贴袋的安装见第220页　平袖的缝制见第197页　子母扣见第282页

所需材料

- 纸样，见第388~389页，使用第372页儿童服装尺寸表选择合适的尺寸。
- 布料A和布料B：150cm×115cm或者100cm×150cm的薄或中等厚度的布料（适合6~7岁的尺寸，其他尺寸请参考第388~389页）。
- 50cm×90cm薄热熔黏合衬
- 6个子母扣
- 配色的线

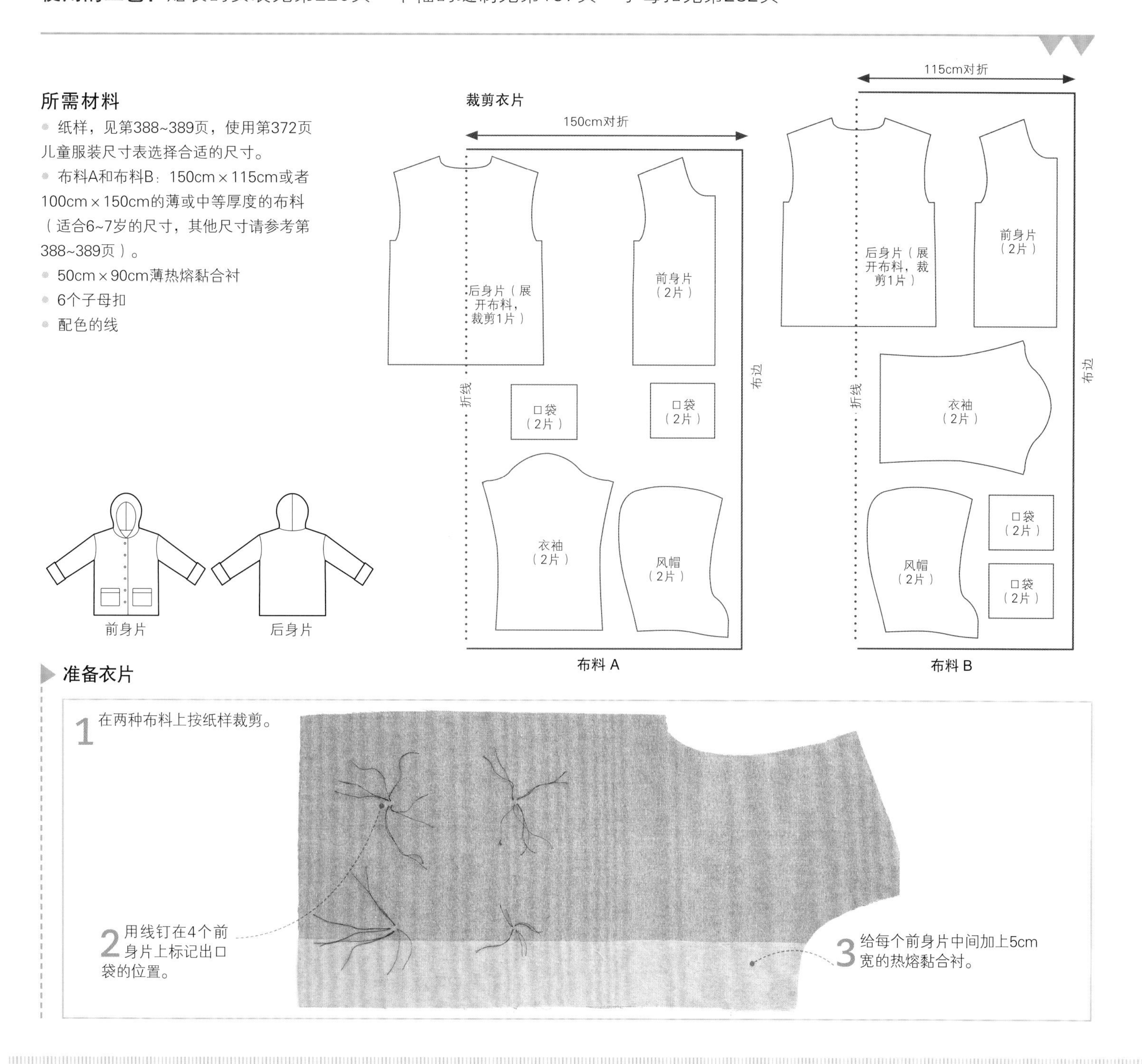

组合并装上口袋

1 将两种不同布料的口袋布片正面相对，放到一起。

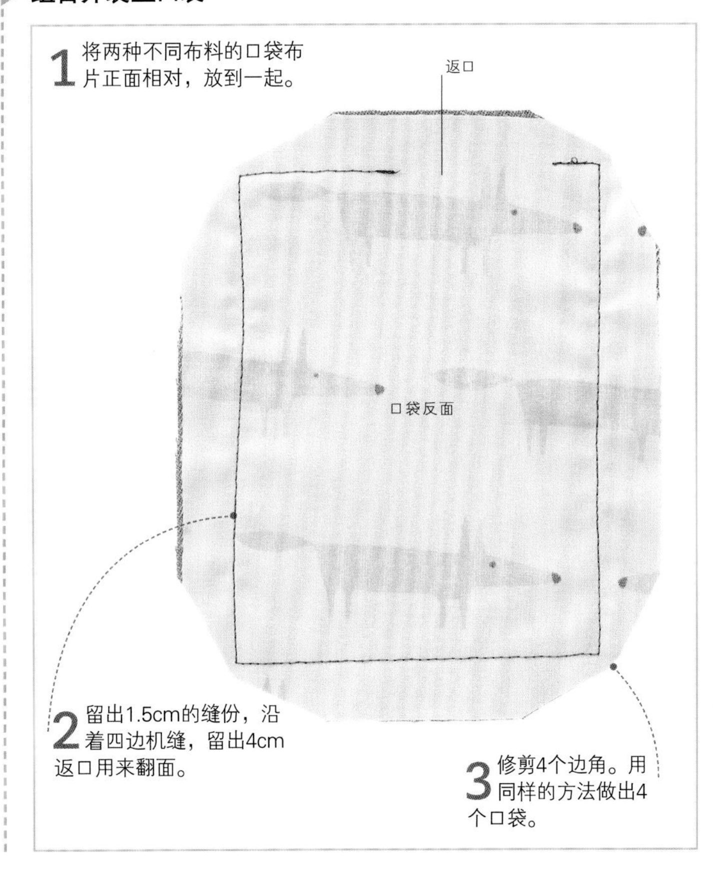

2 留出1.5cm的缝份，沿着四边机缝，留出4cm返口用来翻面。

3 修剪4个边角。用同样的方法做出4个口袋。

4 翻到正面，熨烫。手工缝合返口，并将上边下折3cm。

5 根据线钉找出口袋位置，距离边缘6mm将口袋面缝到衣服前片。

6 套结假缝固定口袋盖。重复，左右前身片上各装上一个口袋。

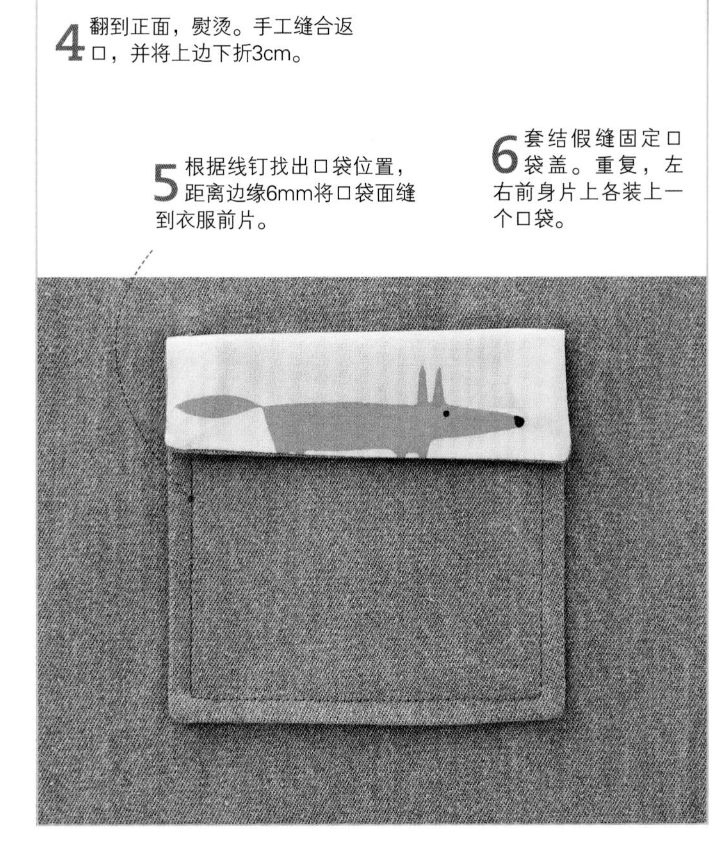

安装衣袖

1 留出1.5cm的缝份，在肩缝处将前片和后片机缝在一起。将接缝熨烫展开。

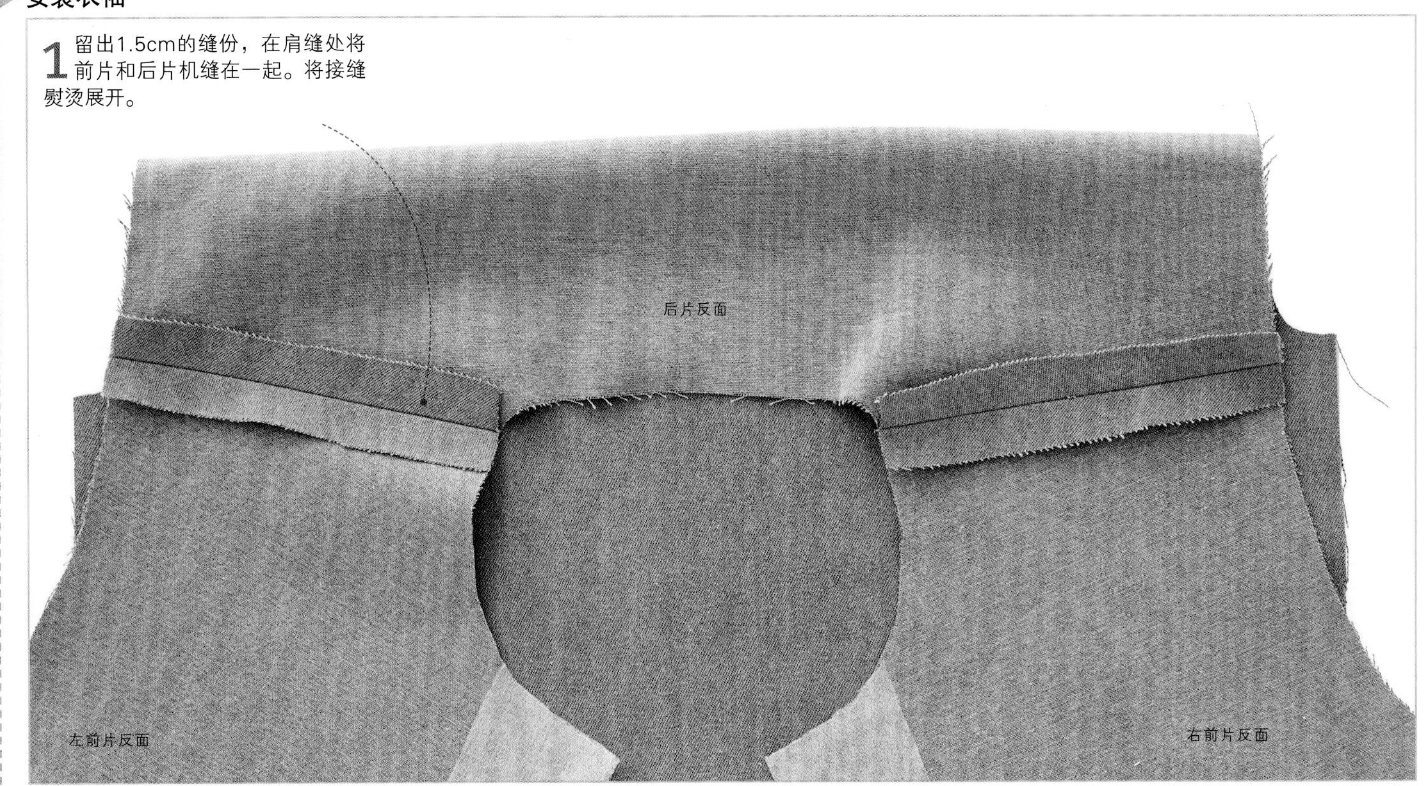

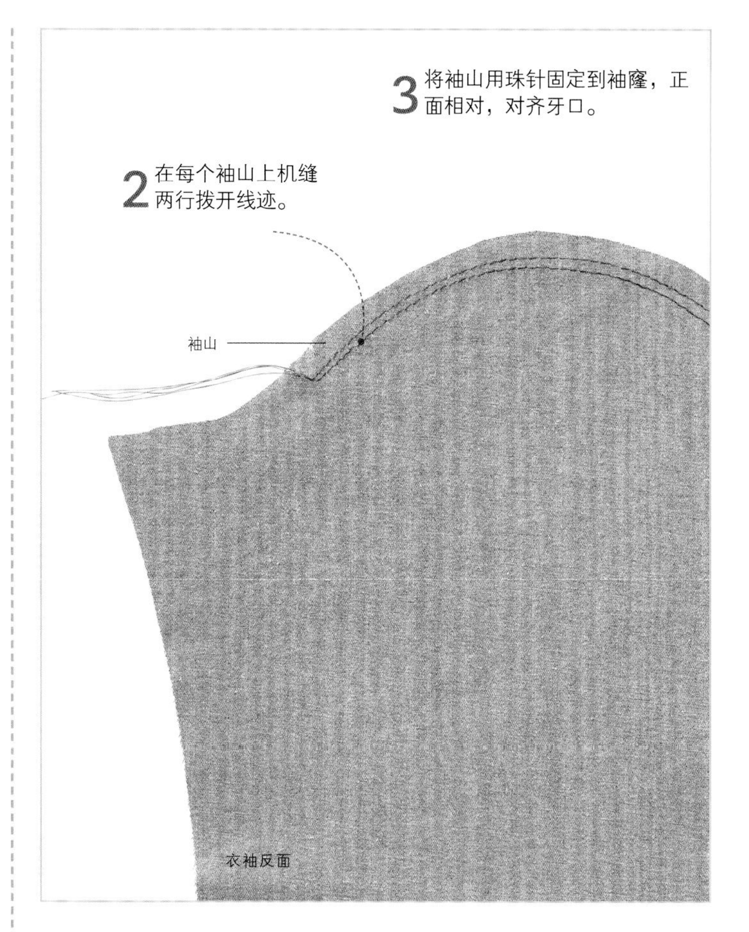

2 在每个袖山上机缝两行拔开线迹。

3 将袖山用珠针固定到袖窿，正面相对，对齐牙口。

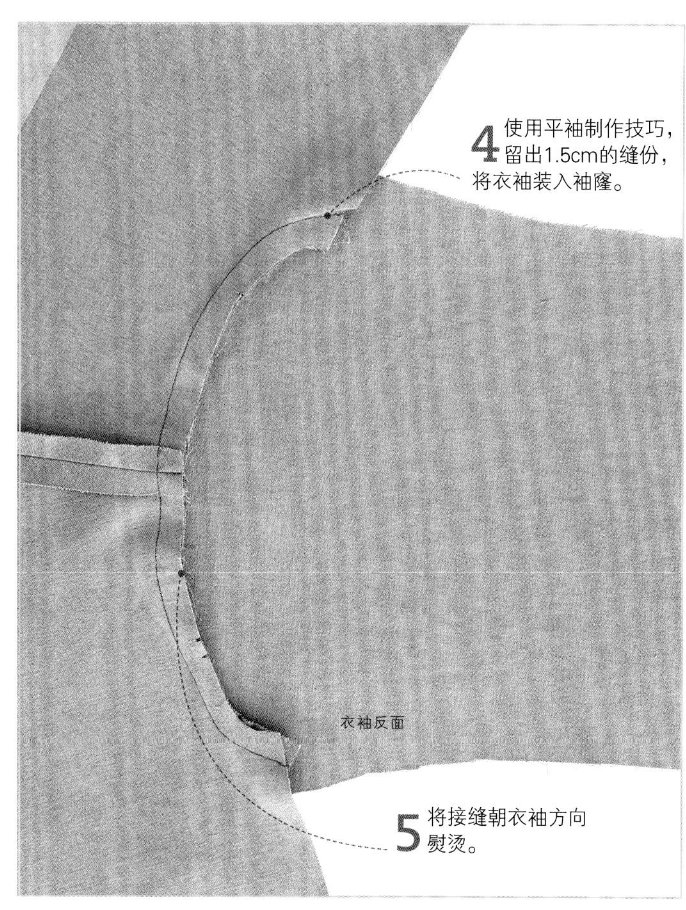

4 使用平袖制作技巧，留出1.5cm的缝份，将衣袖装入袖窿。

5 将接缝朝衣袖方向熨烫。

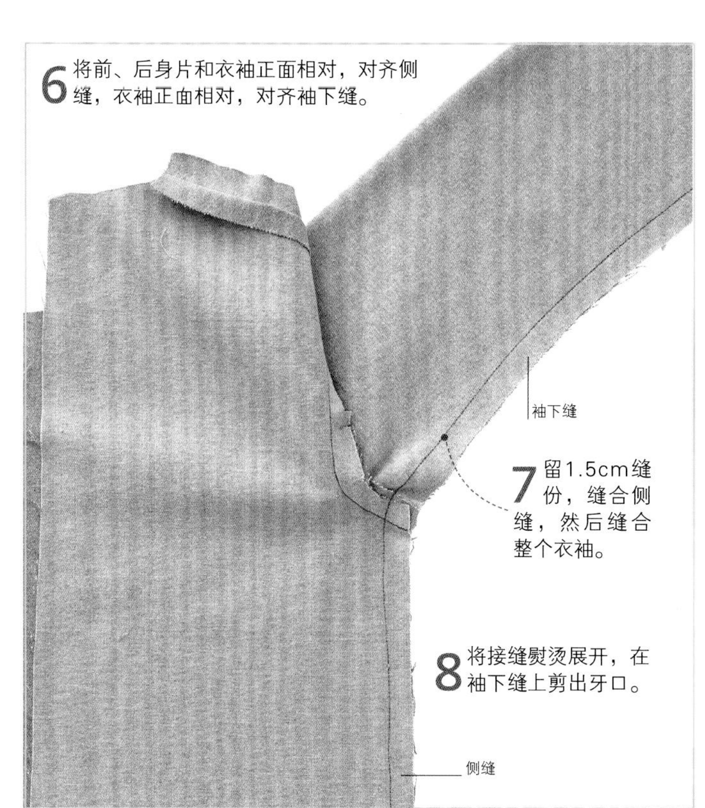

6 将前、后身片和衣袖正面相对，对齐侧缝，衣袖正面相对，对齐袖下缝。

7 留1.5cm缝份，缝合侧缝，然后缝合整个衣袖。

8 将接缝熨烫展开，在袖下缝上剪出牙口。

装风帽

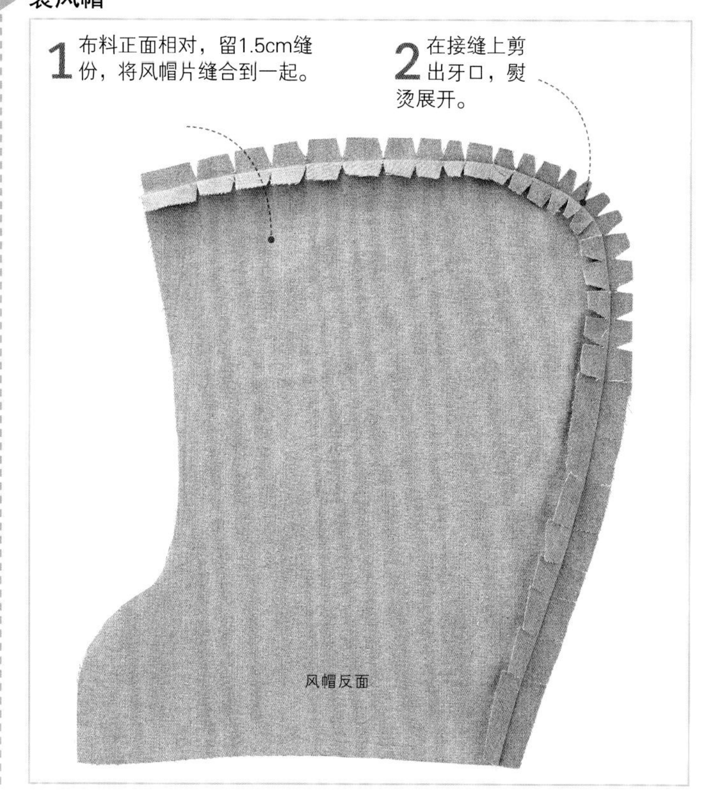

1 布料正面相对，留1.5cm缝份，将风帽片缝合到一起。

2 在接缝上剪出牙口，熨烫展开。

平袖的缝制见第197页 • 贴袋的安装见第220页

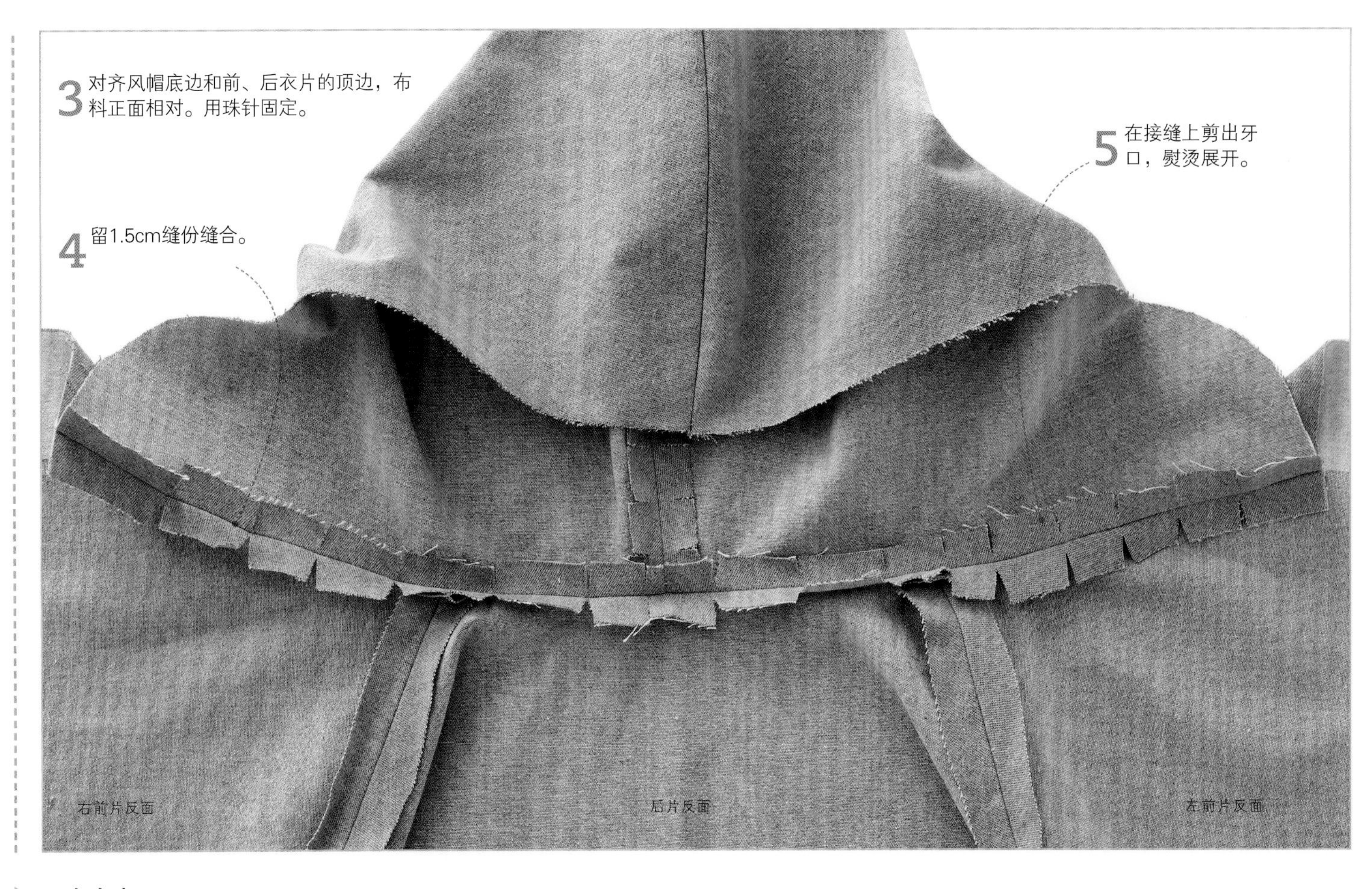
3 对齐风帽底边和前、后衣片的顶边，布料正面相对。用珠针固定。
5 在接缝上剪出牙口，熨烫展开。
4 留1.5cm缝份缝合。
右前片反面
后片反面
左前片反面

组合夹克

1 按照以上步骤，用另一种布料再做出一件夹克。
风帽
前身片中心
口袋

2 将两件夹克正面相对，将其中一件套入到另一件中。
5 在接缝处剪出牙口。
3 从侧缝到中心、风帽、再到另一侧缝，机缝所有外边。
4 在后身片中心折边处留出6cm的返口用来翻面。

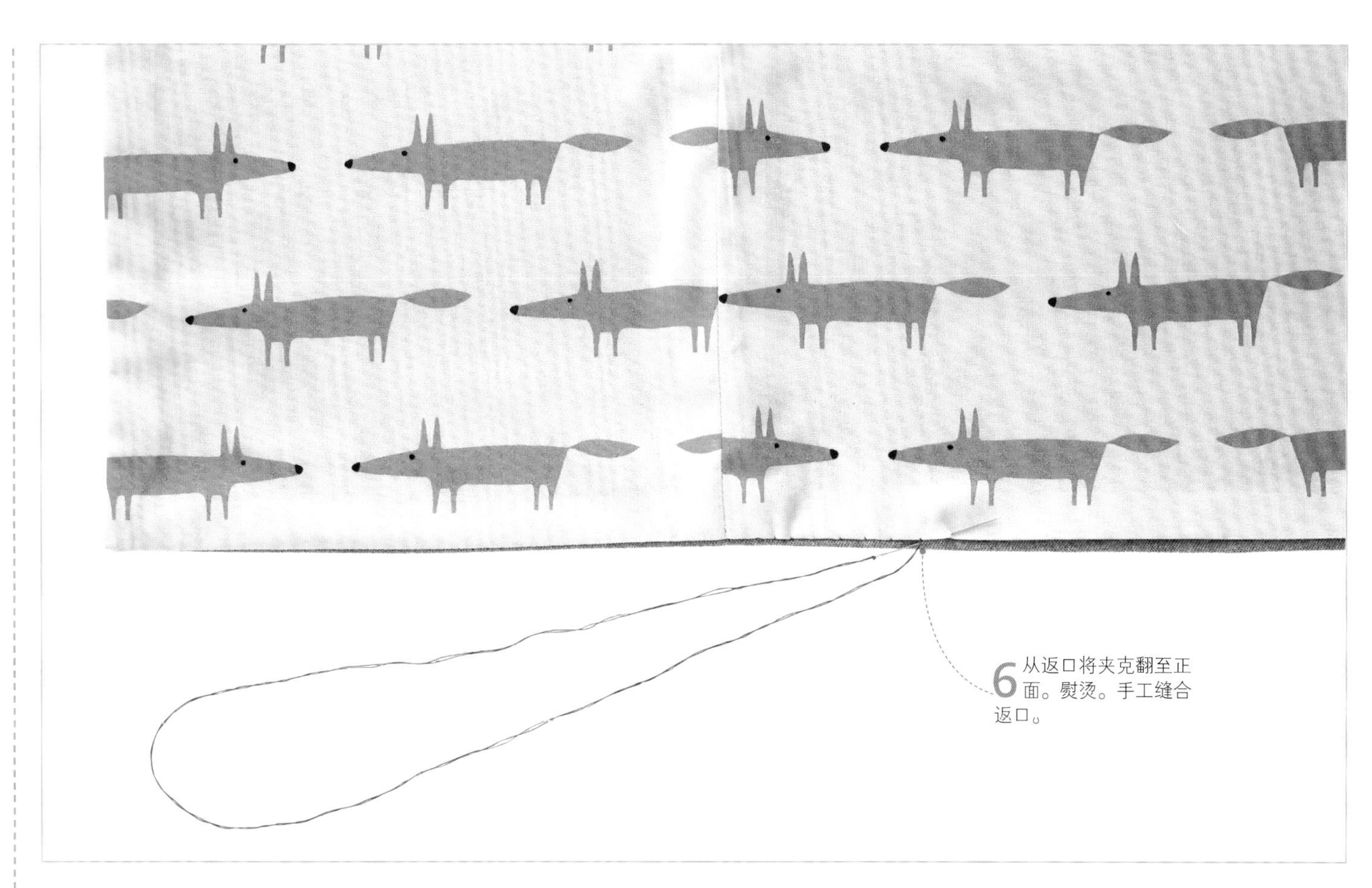

6 从返口将夹克翻至正面。熨烫。手工缝合返口。

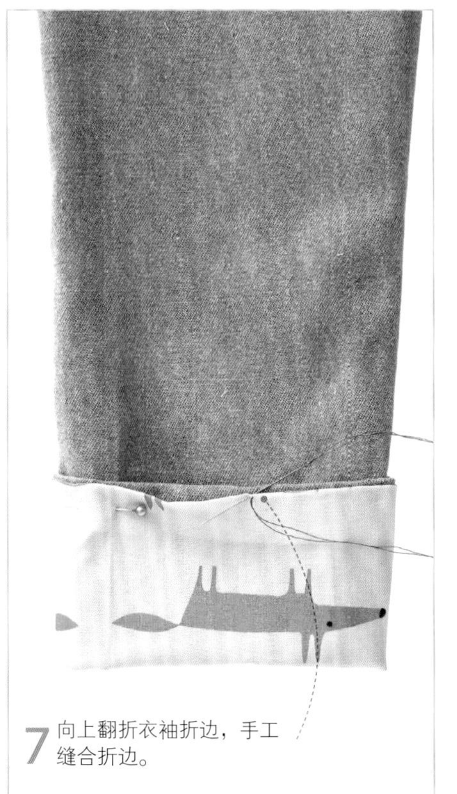

7 向上翻折衣袖折边，手工缝合折边。

装子母扣并完成边缘面缝

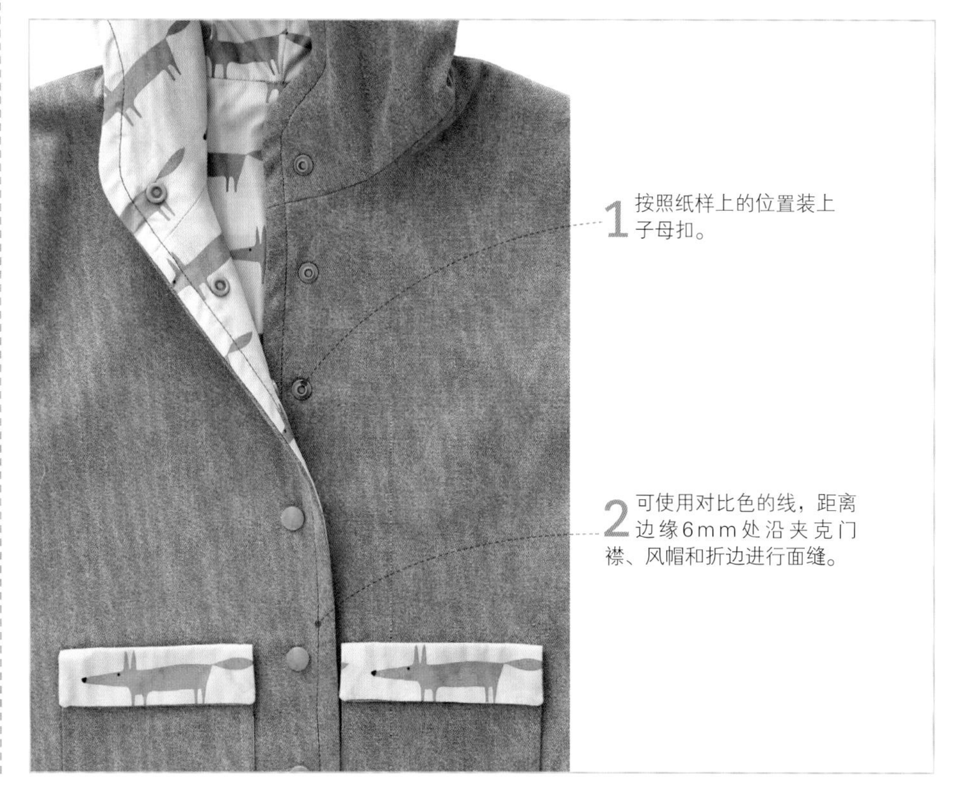

1 按照纸样上的位置装上子母扣。

2 可使用对比色的线，距离边缘6mm处沿夹克门襟、风帽和折边进行面缝。

子母扣见第282页

化妆包

难度指数 *****

对很多缝纫爱好者来说，学会装拉链是值得庆贺的一件事。这款化妆包拉链的安装方法和开口式拉链一样，这样能够增大开口，但是增加了拉链掩门。该包底部平直，能够平稳地放在梳妆台或浴架上。

使用的工艺：使用热熔黏合衬见第54页　开口式拉链见第264页

所需材料和工具

- 纸样，见第390页
- 50cm × 110cm纯棉表布
- 50cm × 110cm纯棉里布
- 50cm × 90cm纯棉机织热熔黏合衬
- 25cm × 90cm中等厚度单胶铺棉
- 25cm长闭合尼龙裙装拉链
- 配色的线
- 拉链压脚

裁剪布片

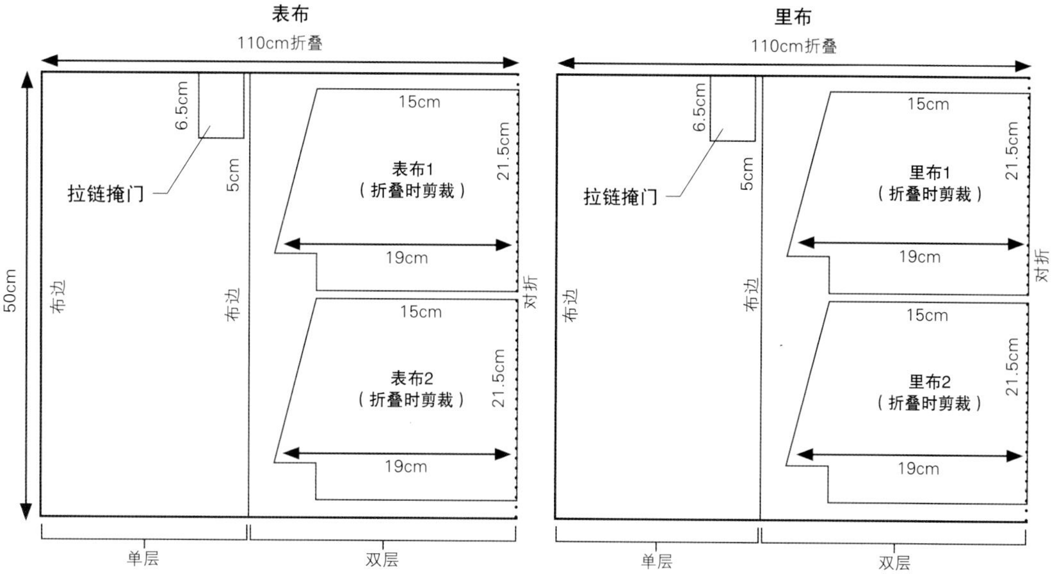

准备拉链

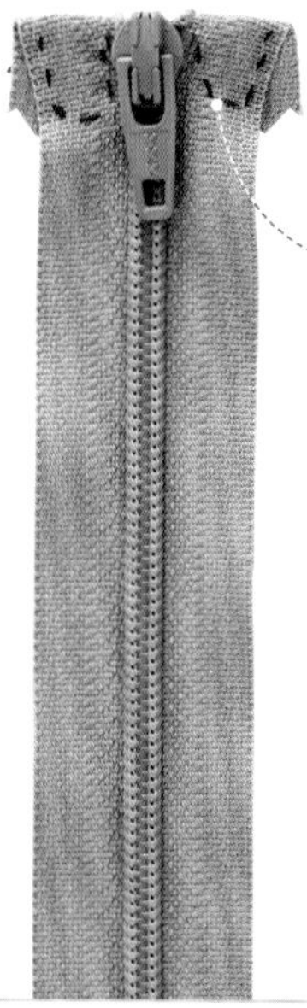

1 将拉链头部多余的布料向后折叠，并手工缝好。

2 从两块布料上各裁出一片6.5cm × 5cm的拉链掩门。

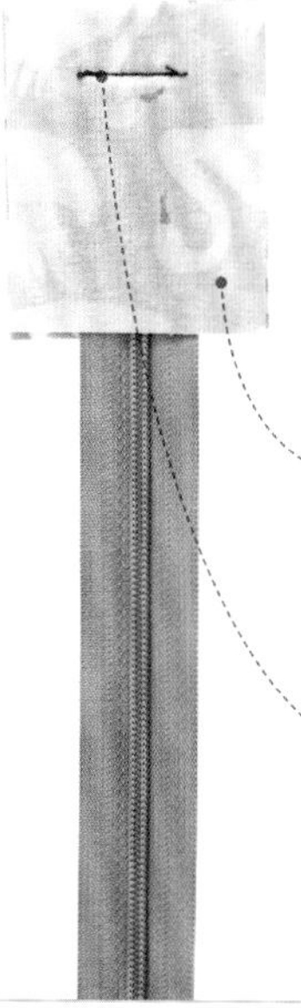

3 将两片拉链掩门正面相对，再把拉链的另一端夹入其中。

4 将表布裁出的掩门放到拉链正面。

5 将掩门和拉链末端对齐，用珠针固定。距离拉链边缘6mm，缝合。

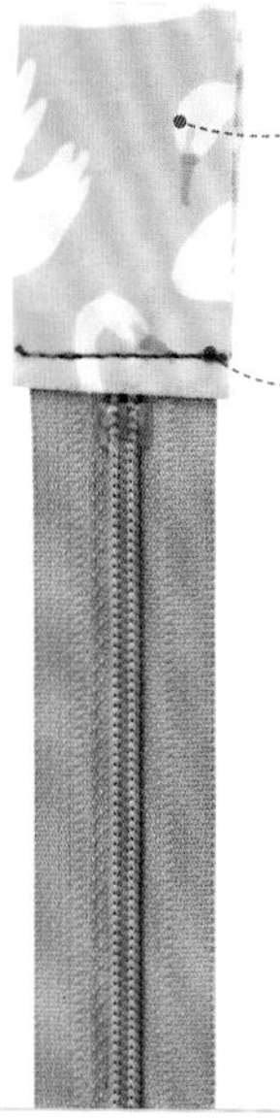

6 将掩门向后熨烫，使布料正面朝外。

7 沿边缘面缝。

8 剪去两边多余布料。

将拉链装到两边

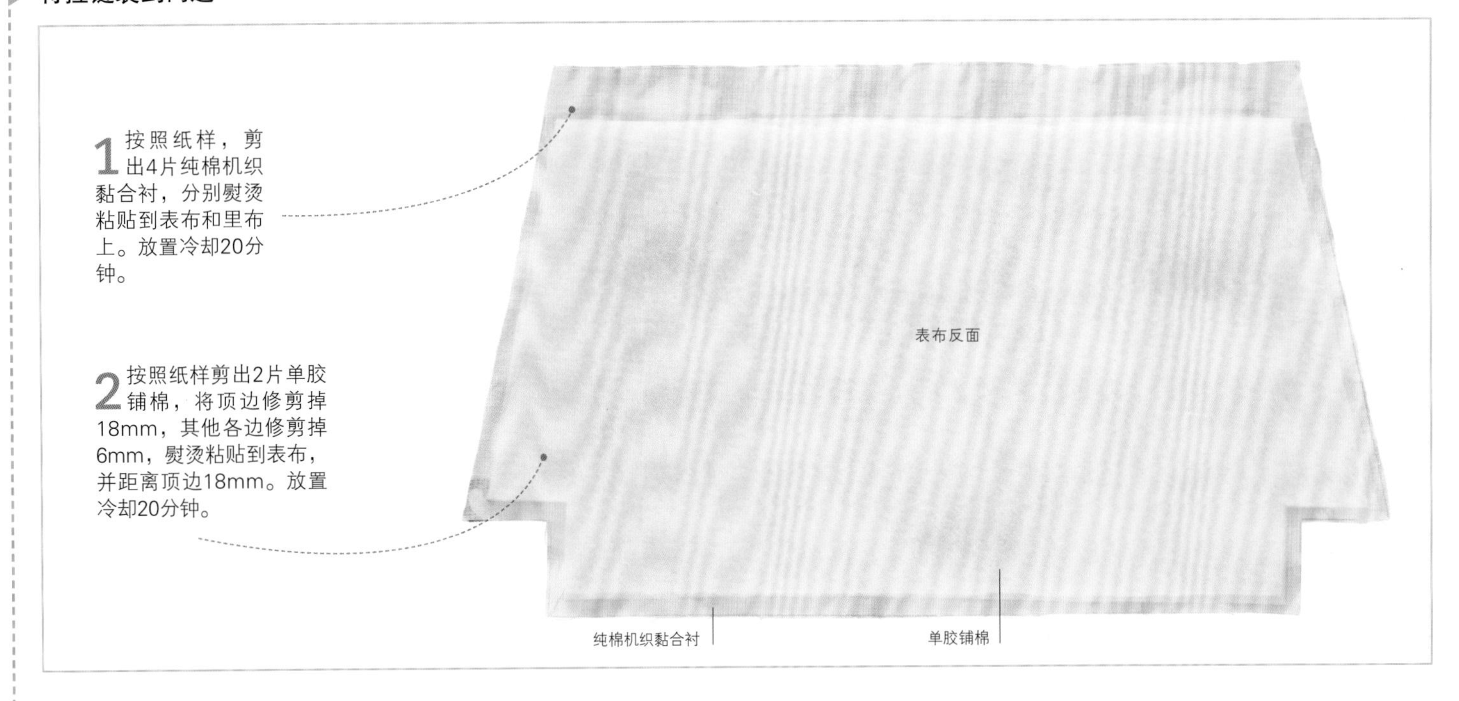

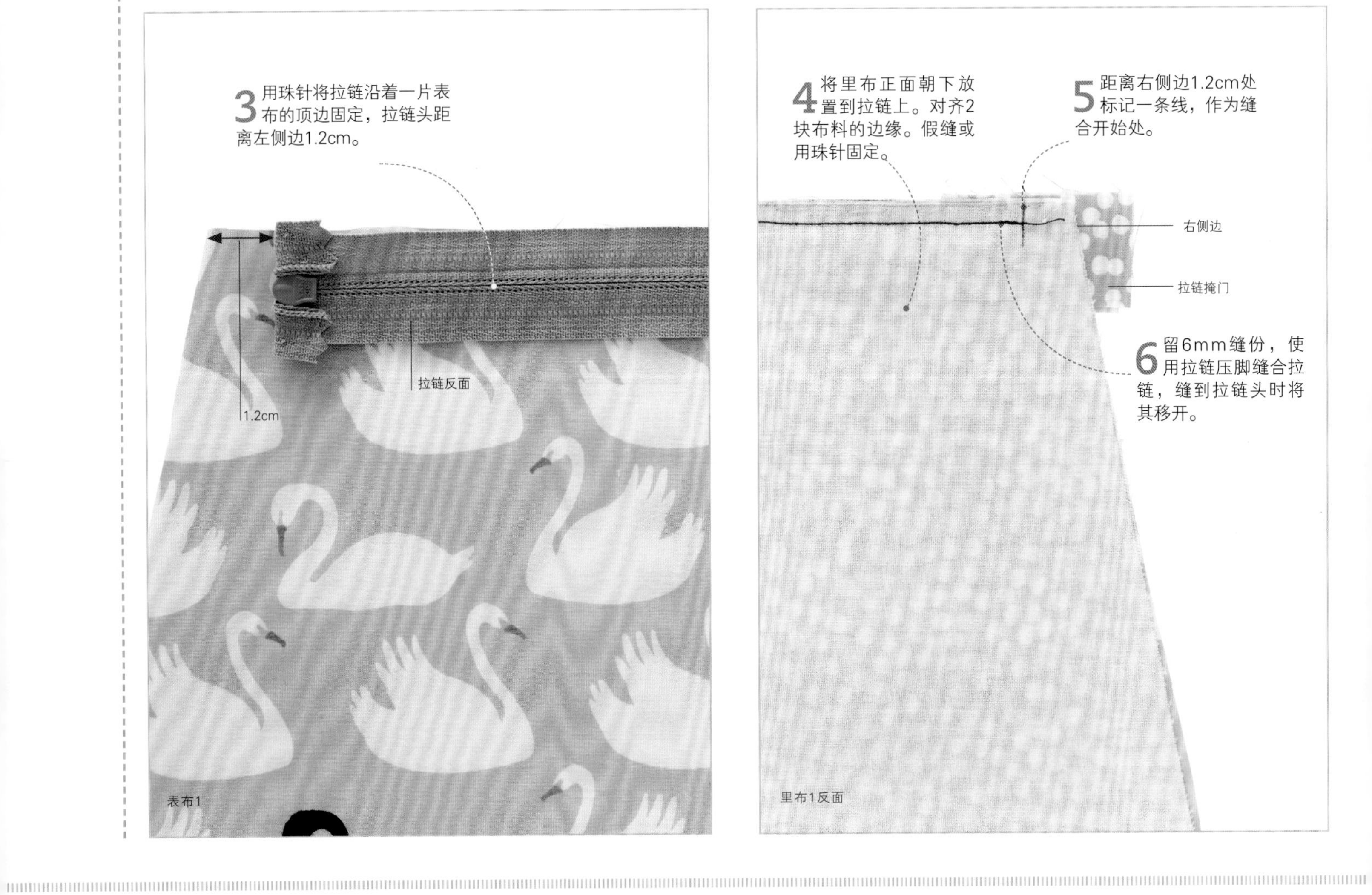

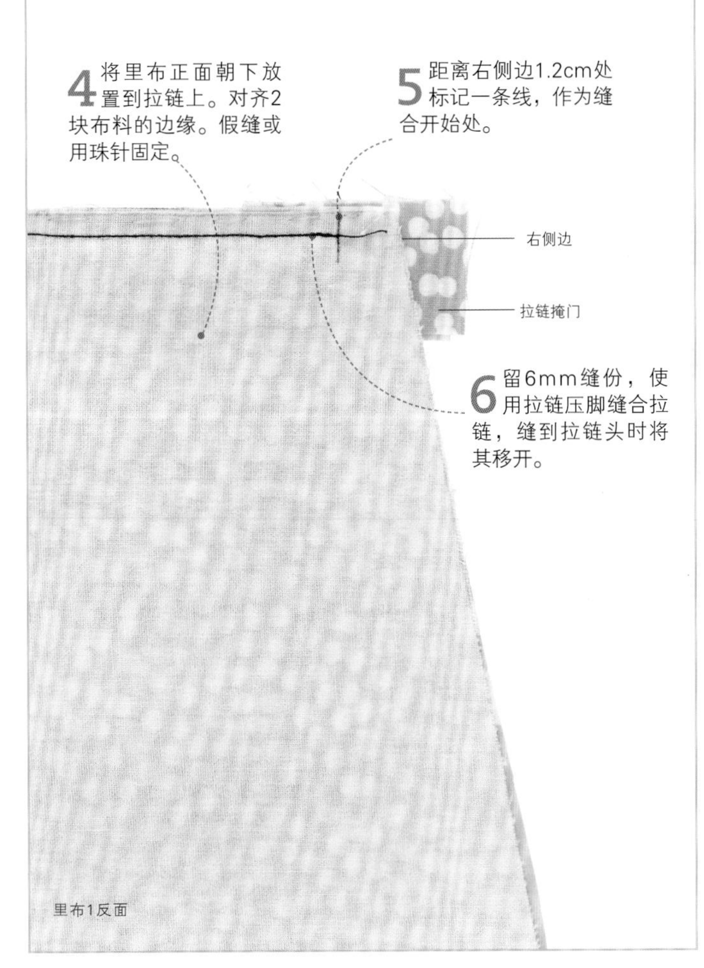

测量和标绘工具见第18~19 页 ● 熨烫工具见第28~29页 ● 缝纫机配件见第32~33 页 ● 如何粘贴热熔黏合衬见第54页

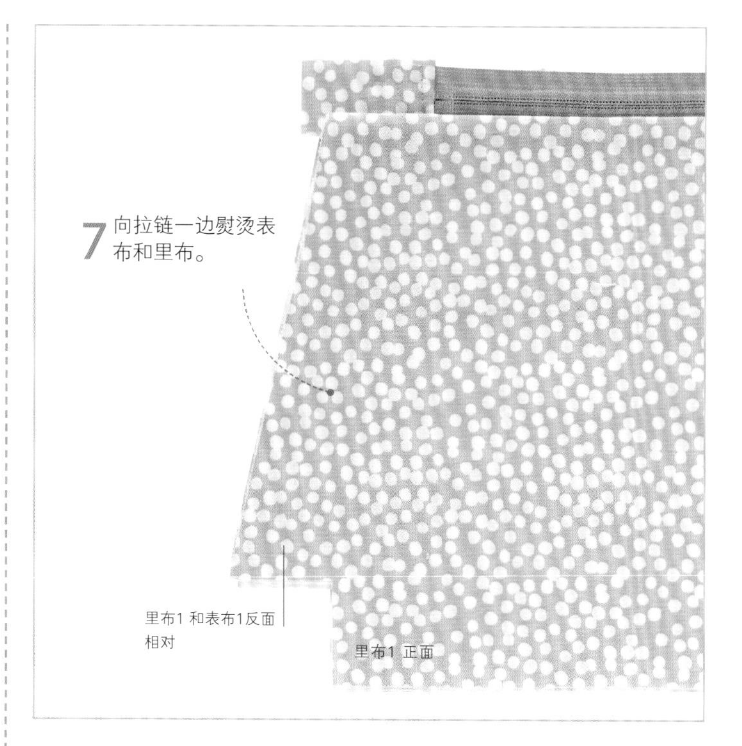

7 向拉链一边熨烫表布和里布。

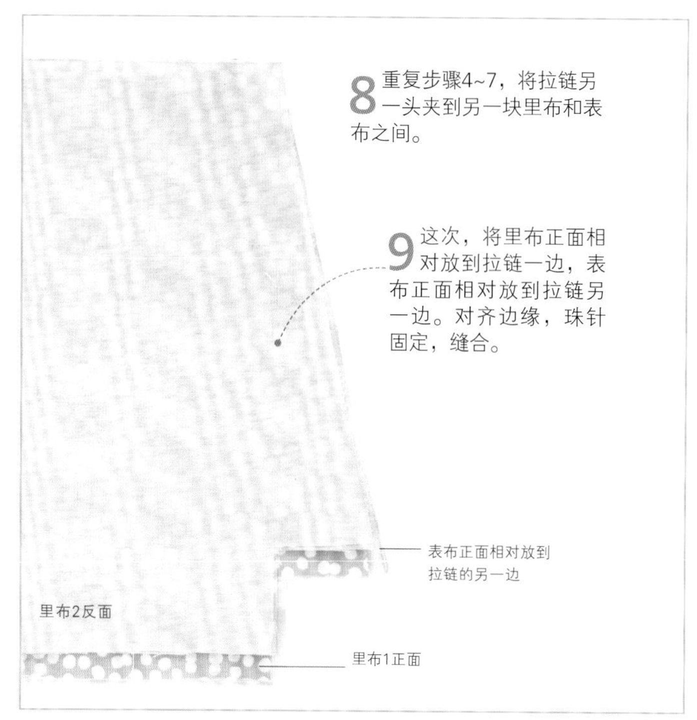

8 重复步骤4~7，将拉链另一头夹到另一块里布和表布之间。

9 这次，将里布正面相对放到拉链一边，表布正面相对放到拉链另一边。对齐边缘，珠针固定，缝合。

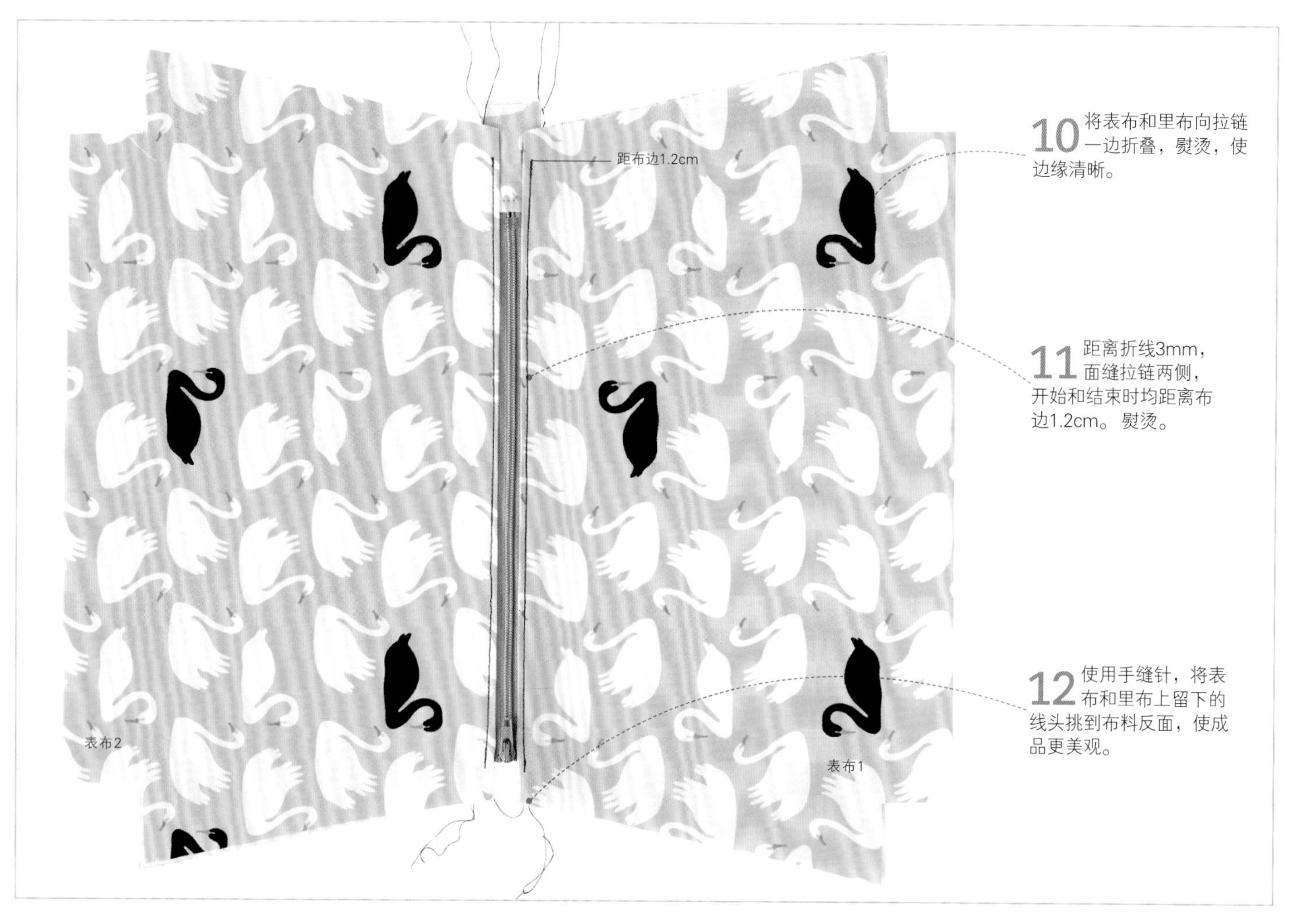

10 将表布和里布向拉链一边折叠，熨烫，使边缘清晰。

11 距离折线3mm，面缝拉链两侧，开始和结束时均距离布边1.2cm。熨烫。

12 使用手缝针，将表布和里布上留下的线头挑到布料反面，使成品更美观。

机缝线迹见第92~93页 • 面缝见第98页 • 开口式拉链见第264页

将侧边缝合到一起

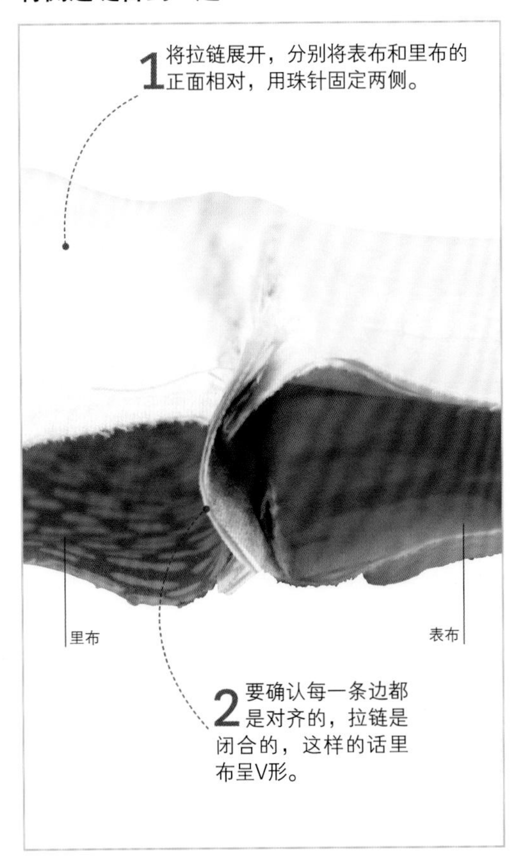

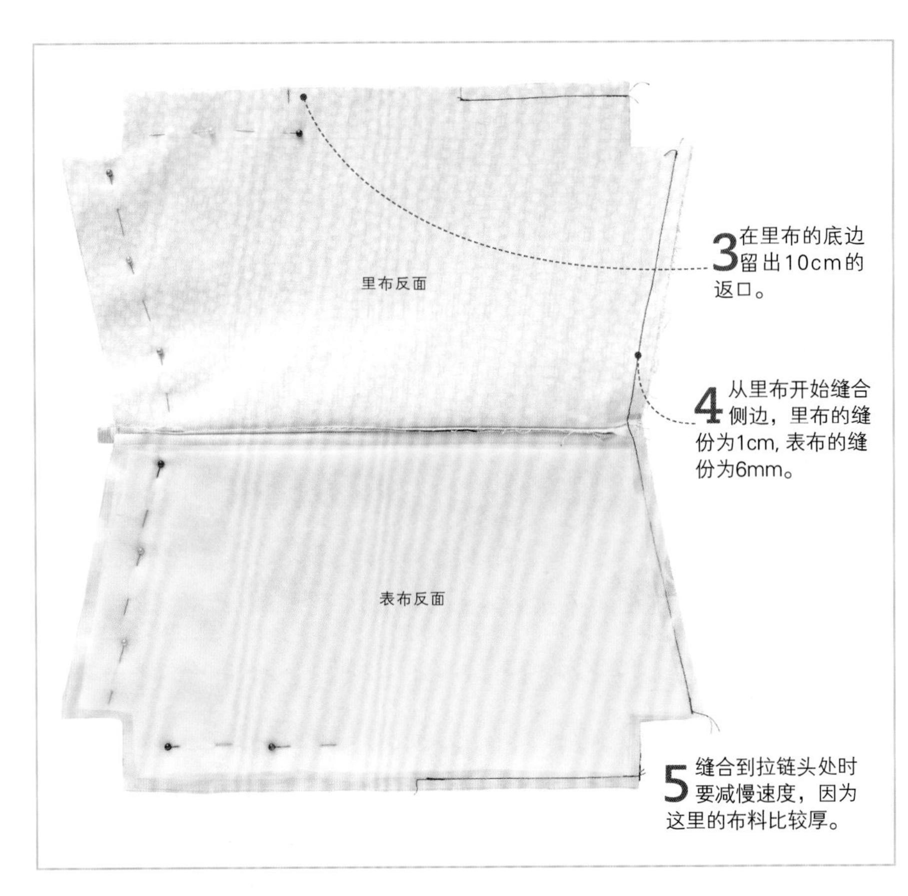

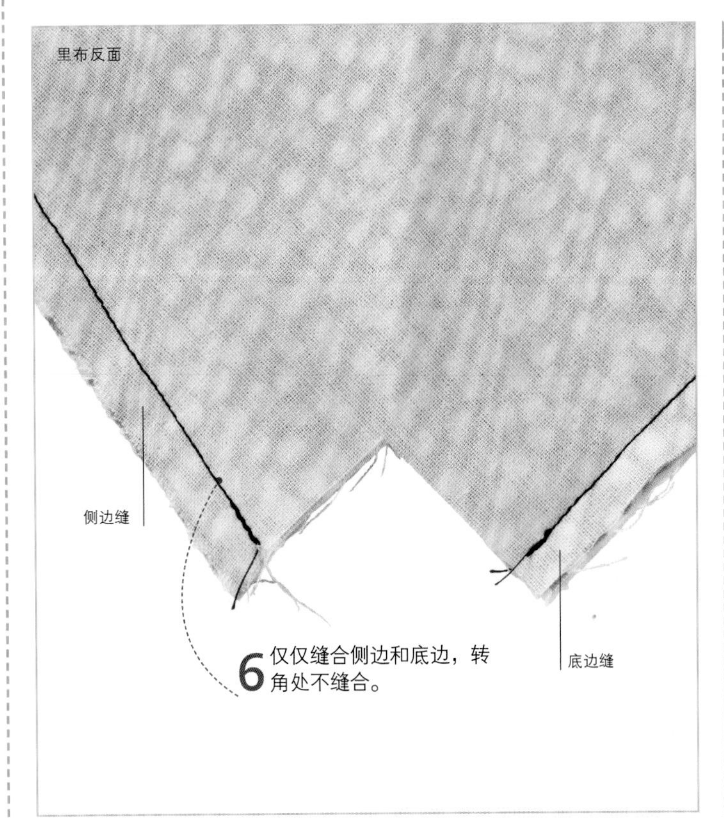

做转角接缝

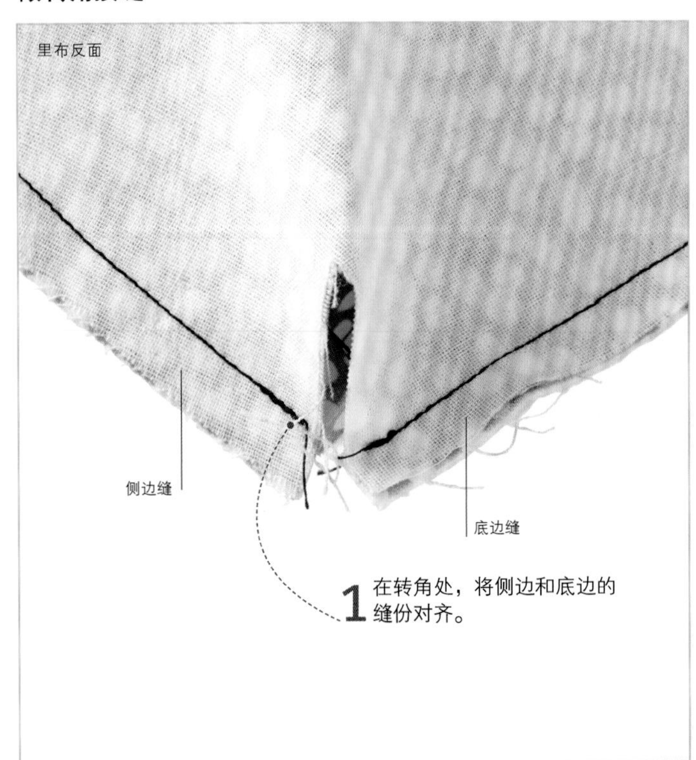

2 将缝份对齐，这样毛边的转角会形成一个直角。这样的话缝份的最高点是朝上的。

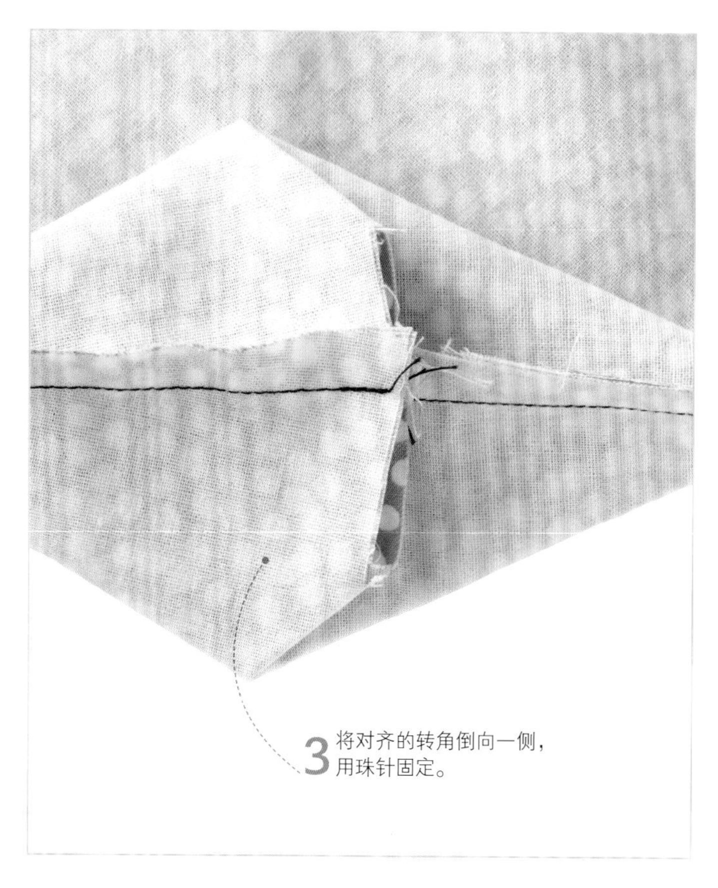

3 将对齐的转角倒向一侧，用珠针固定。

4 缝合转角，表布的缝份为6mm，里布的缝份为1cm。

5 每一个转角的两端和中心线处都要做回针缝。

翻面完成

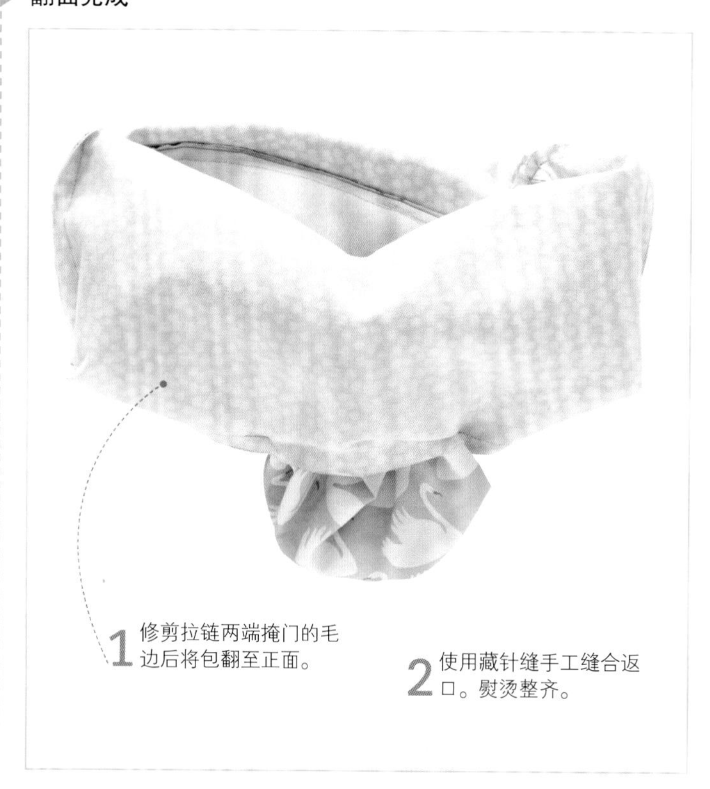

1 修剪拉链两端掩门的毛边后将包翻至正面。

2 使用藏针缝手工缝合返口。熨烫整齐。

信封靠枕

难度指数 *****

这款信封靠枕使用了配色的包扣，制作简单、快速，非常适合初学者。只使用3块布料，1块前片、2块后片，仅需50cm的布料，即可制作出信封形状的靠枕。

使用的工艺：排列布料见第78~81页 修整接缝见第95页 双折边见第238页 机缝扣眼见第272页

所需材料和工具

- 50cm×115cm中等厚度的棉布或亚麻布
- 3块9cm×4cm薄无纺热熔黏合衬
- 3个包扣，直径22mm（详见第269页）
- 40cm×40cm的枕芯
- 配色的线
- 扣眼压脚

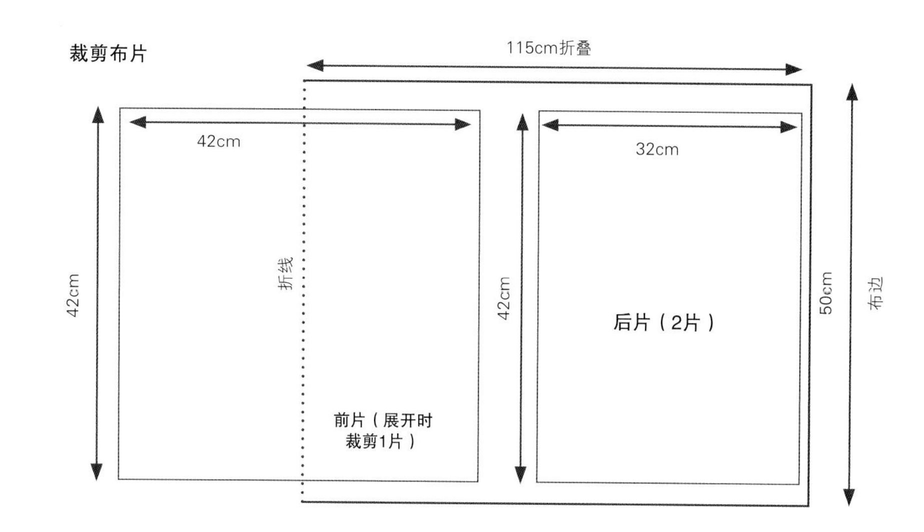

固定并裁剪布料

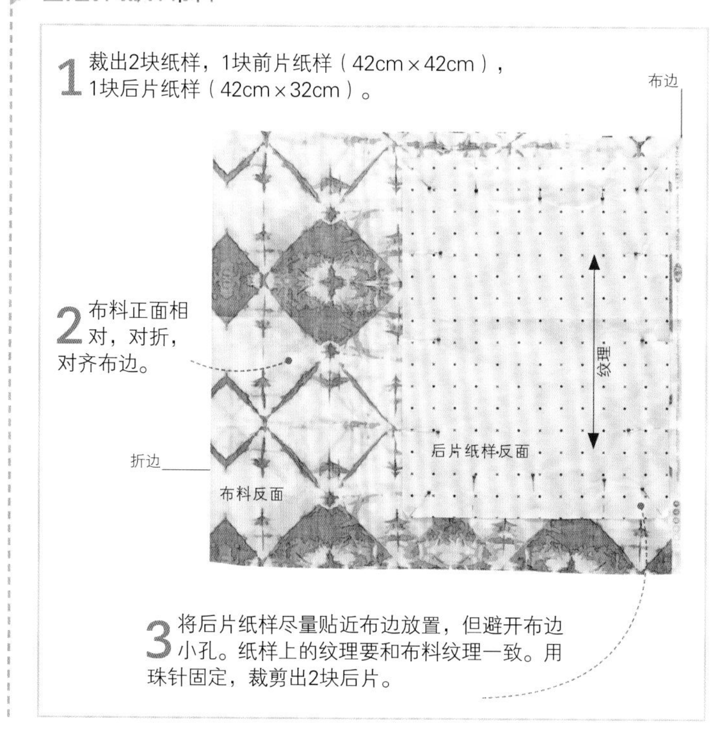

1 裁出2块纸样，1块前片纸样（42cm×42cm），1块后片纸样（42cm×32cm）。

2 布料正面相对，对折，对齐布边。

3 将后片纸样尽量贴近布边放置，但避开布边小孔。纸样上的纹理要和布料纹理一致。用珠针固定，裁剪出2块后片。

4 打开其余布料，将前片纸样沿着一条裁边放置。用珠针固定，裁剪。

做出折边

1 在每块后片上，将一条长边向布料反面折叠1cm，熨烫。再折叠2cm，做出双折边，熨烫。用珠针固定。

2 将缝纫机调整到“边缘”针位模式。从上到下缝合折边，在开始和结束时要回针缝。缝纫时，将折边与压脚左侧对齐作为引导。

做出扣眼

1 直径22mm的纽扣需要3cm长的扣眼。根据缝纫机的不同，标出扣眼开始的位置。

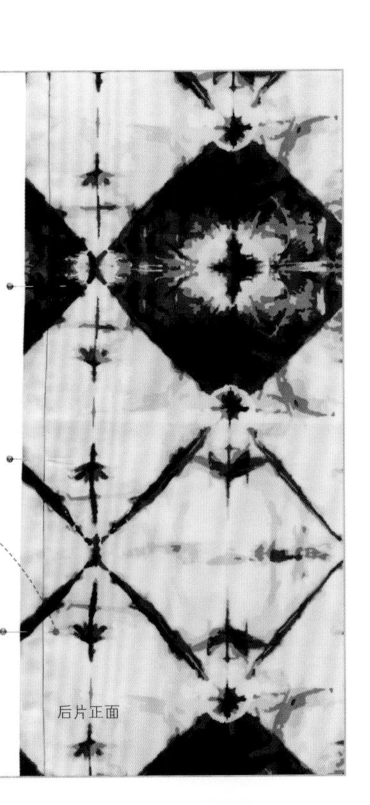

2 距离后片底边9.5cm、19.5cm和29.5cm处用珠针标出扣眼开始的3个位置。

3 如果想调整扣眼的位置，或者使用不同大小的纽扣，先在不用的布料上缝出一个扣眼样本。这样就能看出完成之后的扣眼大小，有助于选定扣眼的位置。

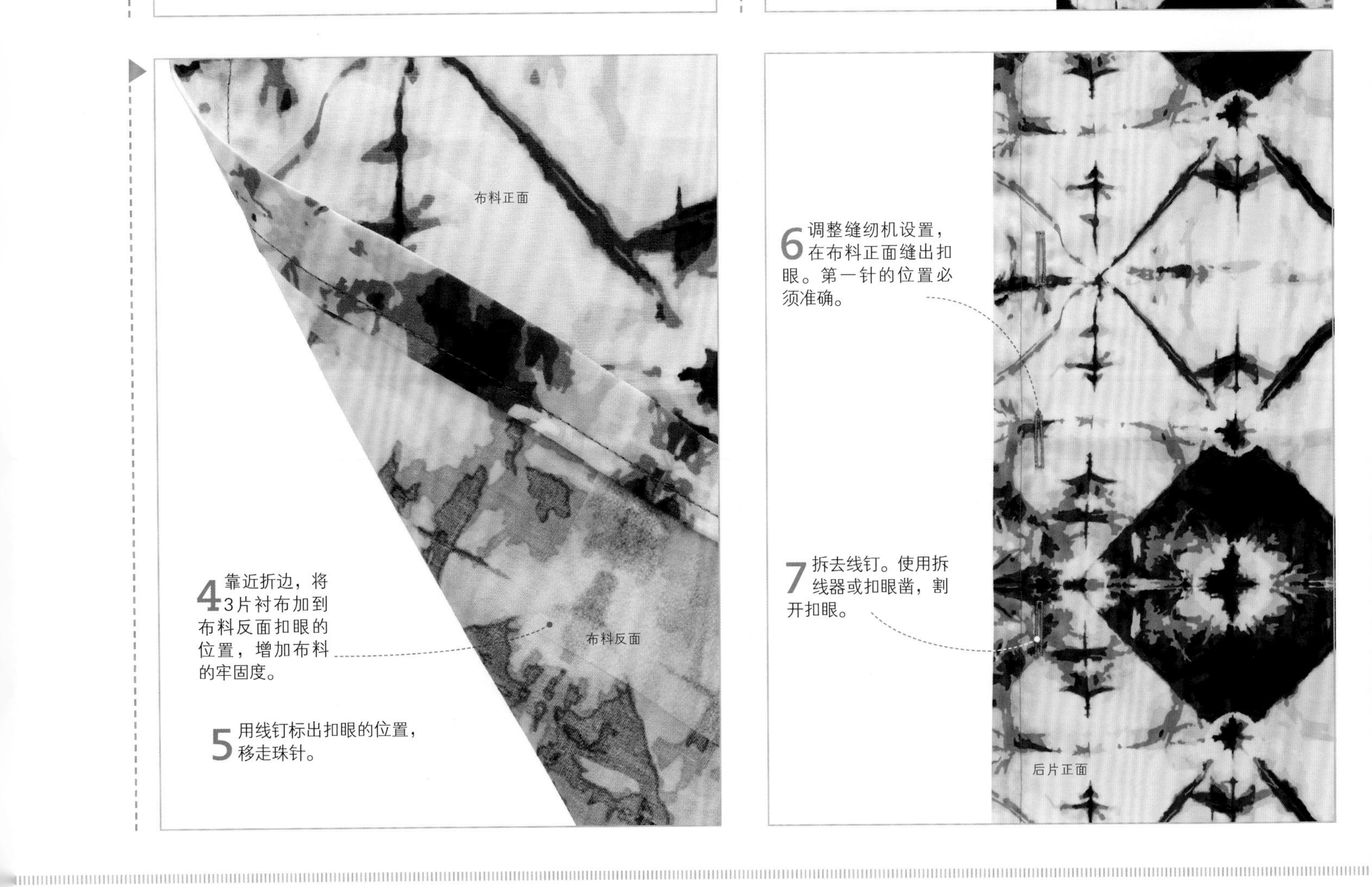

4 靠近折边，将3片衬布加到布料反面扣眼的位置，增加布料的牢固度。

5 用线钉标出扣眼的位置，移走珠针。

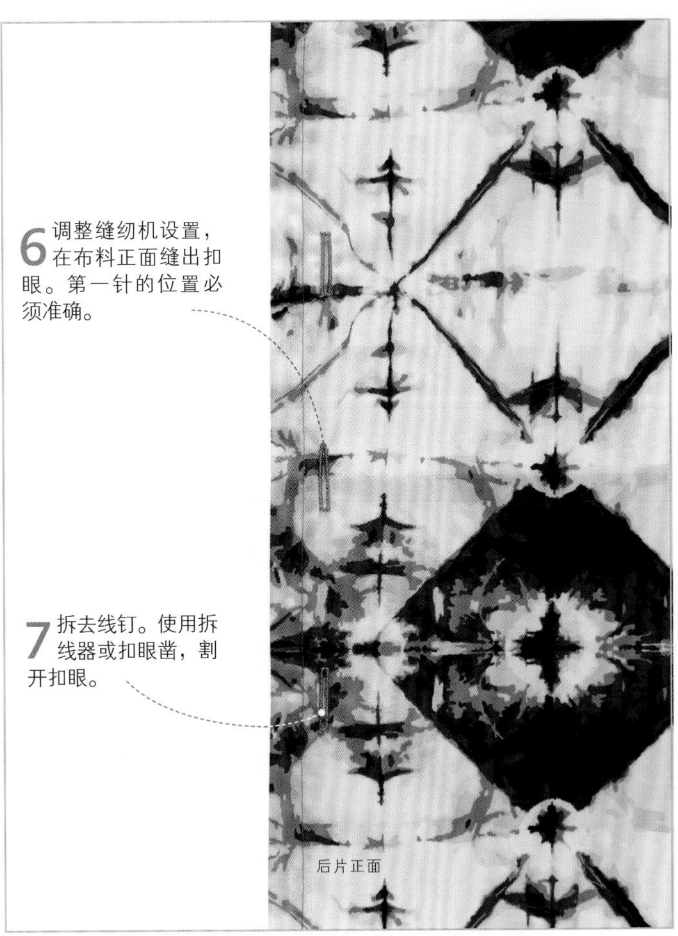

6 调整缝纫机设置，在布料正面缝出扣眼。第一针的位置必须准确。

7 拆去线钉。使用拆线器或扣眼凿，割开扣眼。

裁剪工具见第16~17页 • 如何粘贴热熔黏合衬见第54页 • 假缝线迹见第89页 • 固定缝线见第92页

缝合靠枕

1 将前片正面朝上放到桌面上。

2 将有扣眼的后片正面朝下放到前片上，比齐毛边。

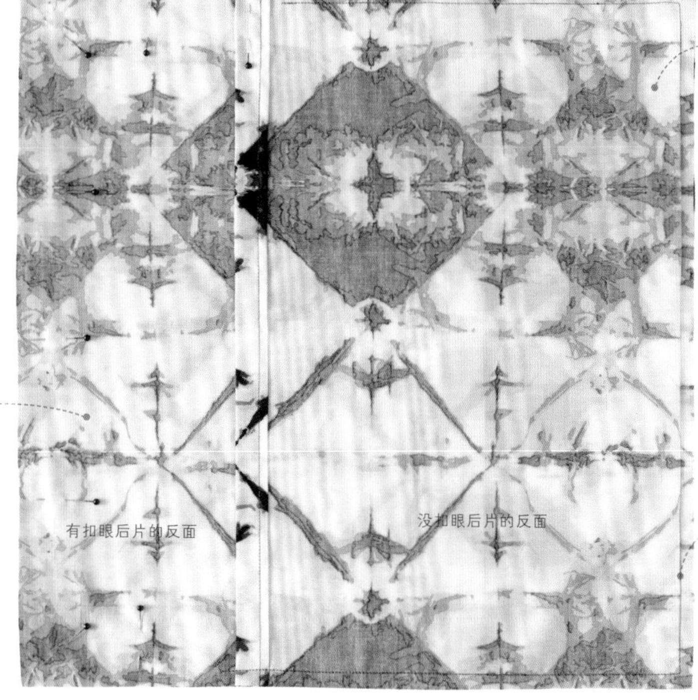

3 将另一片后片正面朝下放置，对齐毛边。折边在中间。用珠针固定四条外边。

4 从折边下方开始，留1cm缝份，缝合四边。开始和结束时需做回针缝。

完成

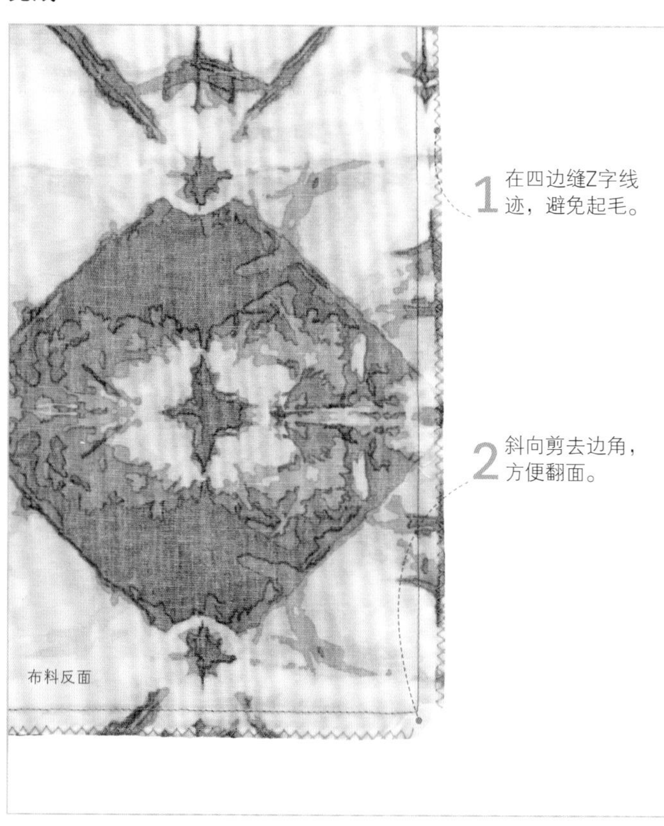

1 在四边缝Z字线迹，避免起毛。

2 斜向剪去边角，方便翻面。

3 靠垫翻至正面，熨烫整齐。

4 在和扣眼相对应的位置上，缝上纽扣。

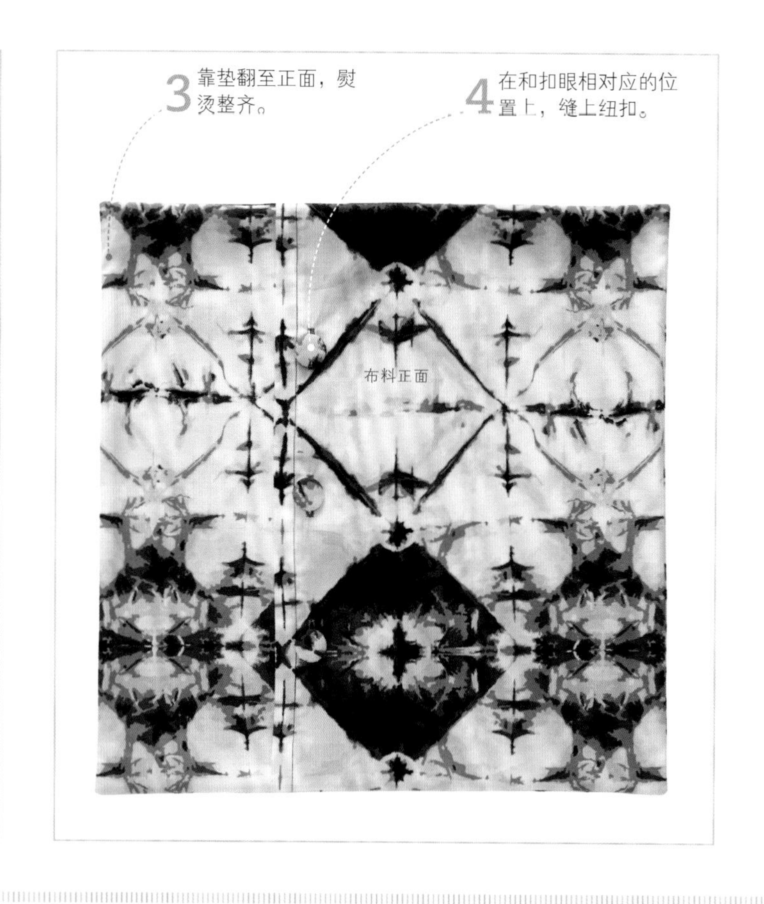

机缝线迹见第92~93页 • 修整接缝见第95页 • 双折边见第238页 • 制作包扣见第269页 • 确定扣眼的位置见第271页

储物篮

难度指数 

这款储物篮可用来收纳孩子的玩具。很厚的衬布使篮子方正有型，提手方便携带篮子。当然，也可以用来收纳其他物品，包括缝纫用具。

使用的工艺：沿转角和弧线缝纫见第102~103页　接缝的分层处理见第104页　衬里和衬布的种类与使用见第286~287页

所需材料

- 70cm×137cm中等厚度大篮子的表布
- 70cm×110cm中等厚度大篮子的里布
- 60cm×137cm中等厚度小篮子的表布
- 60cm×110cm中等厚度小篮子的里布
- 120cm×90cm结实的热熔黏合衬
- 280cm×30cm超厚热熔黏合衬
- 配色的线

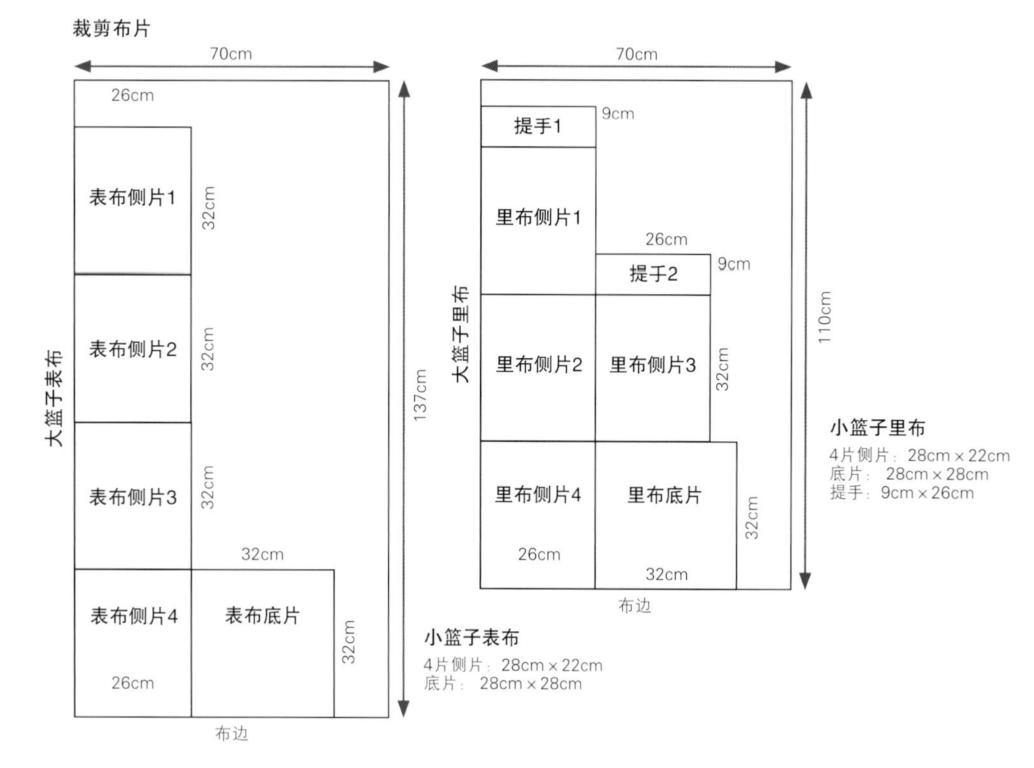

制作篮子外面

1 裁剪出一块和表布底片大小一样的结实的热熔黏合衬，加到表布底片的反面。

2 裁剪出4片和表布侧片一样大小的超厚热熔黏合衬。

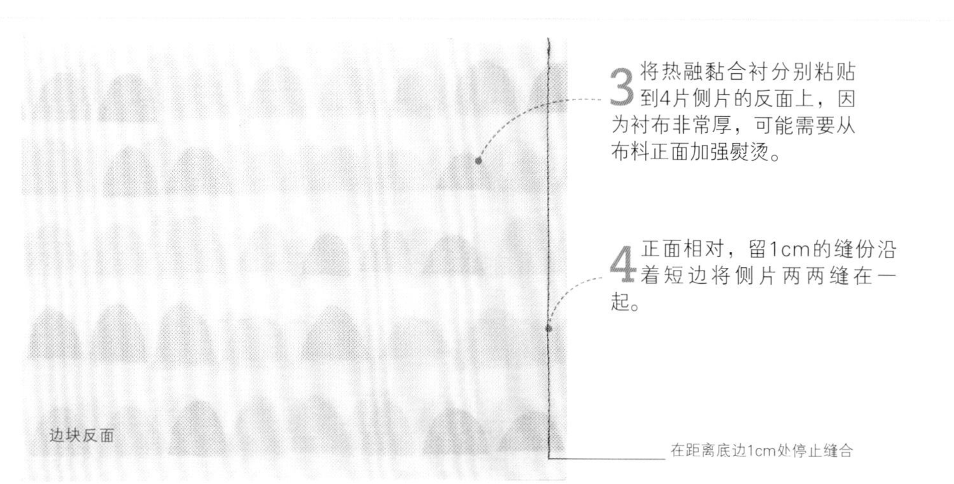

3 将热融黏合衬分别粘贴到4片侧片的反面上，因为衬布非常厚，可能需要从布料正面加强熨烫。

4 正面相对，留1cm的缝份沿着短边将侧片两两缝在一起。

如何粘贴热熔黏合衬见第54页 • 如何缝制平接缝见第94页

5 将侧片的毛边正面相对缝合在一起，距离底边1cm处停止缝纫。熨烫展开接缝。

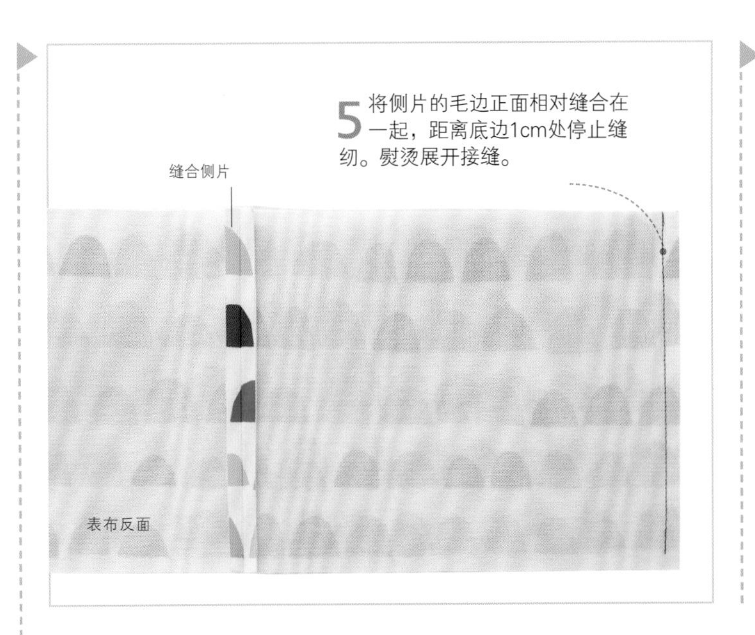

制作提手

1 超厚热熔黏合衬裁出两片26cm×3cm的长方形，作为提手内衬，将热熔黏合衬熨烫在提手布料的反面，距离长边1.2cm。将毛边熨烫向衬布。

2 将毛边向内折叠，用珠针固定。

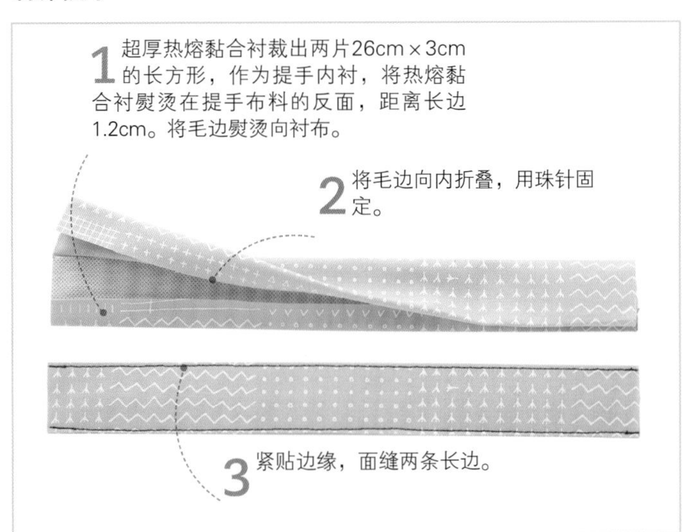

3 紧贴边缘，面缝两条长边。

4 将一根提手的末端用珠针固定到一侧表布的上边。提手两个内边之间距离为8.5cm。留6mm缝份，缝合。

5 用同样的方法，将另一根提手缝合到另外一侧表布上。

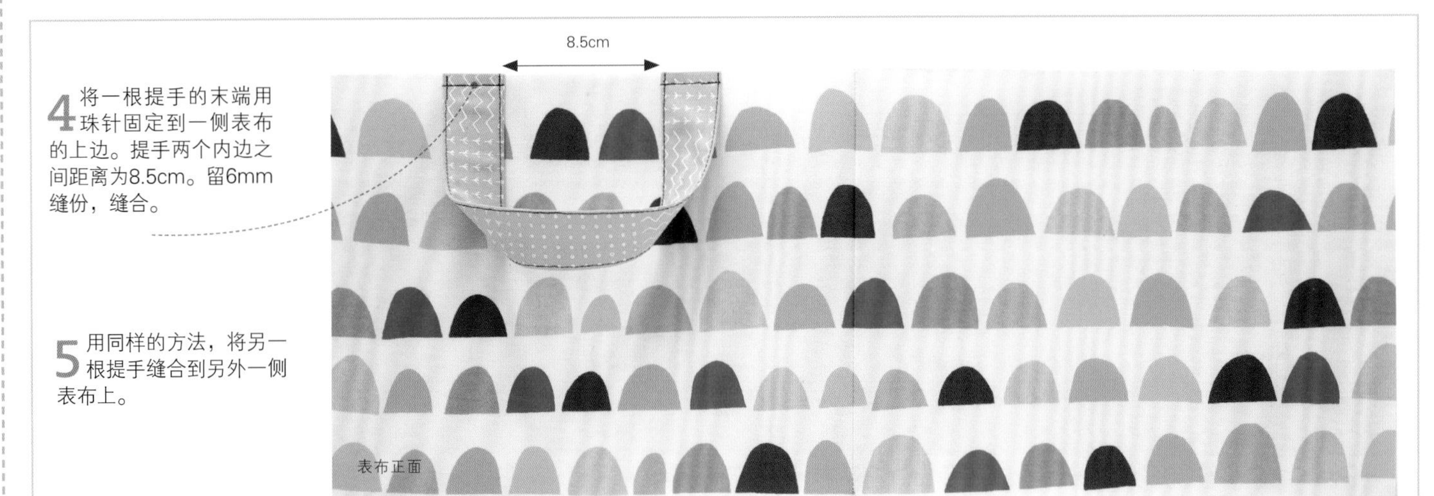

组合表布侧片和底片

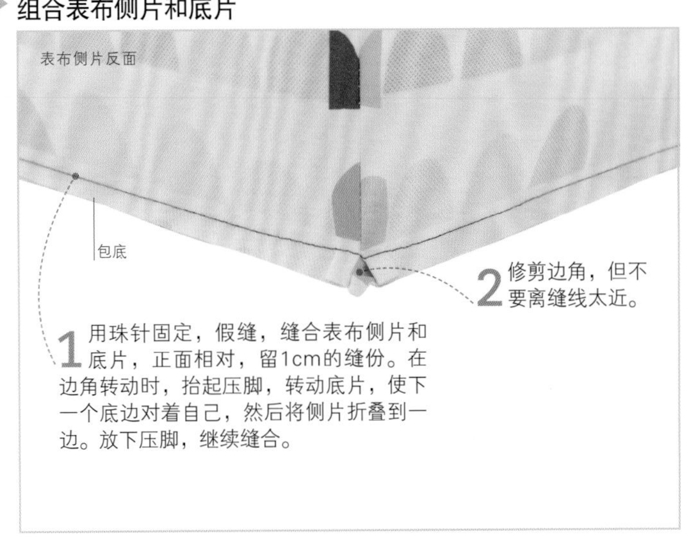

1 用珠针固定，假缝，缝合表布侧片和底片，正面相对，留1cm的缝份。在边角转动时，抬起压脚，转动底片，使下一个底边对着自己，然后将侧片折叠到一边。放下压脚，继续缝合。

2 修剪边角，但不要离缝线太近。

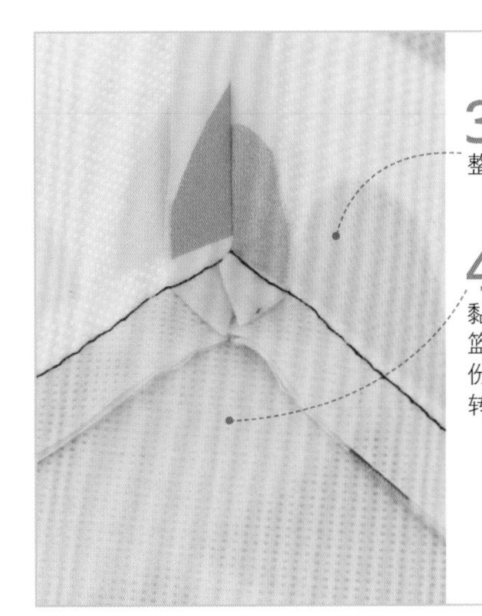

3 将储物篮翻至正面。热熔黏合衬可能会起皱，需熨烫平整。

4 裁出一块30cm×30cm和一块26cm×26cm的超厚热熔黏合衬，并分别熨烫在大、小篮子的底片上，把衬布放到缝份下边，熨烫。翻至正面。翻转，熨烫底片。

如何粘贴热熔黏合衬见第54页 • 假缝线迹见第89页 • 沿转角和弧线缝纫见第102~103页

制作篮子里布

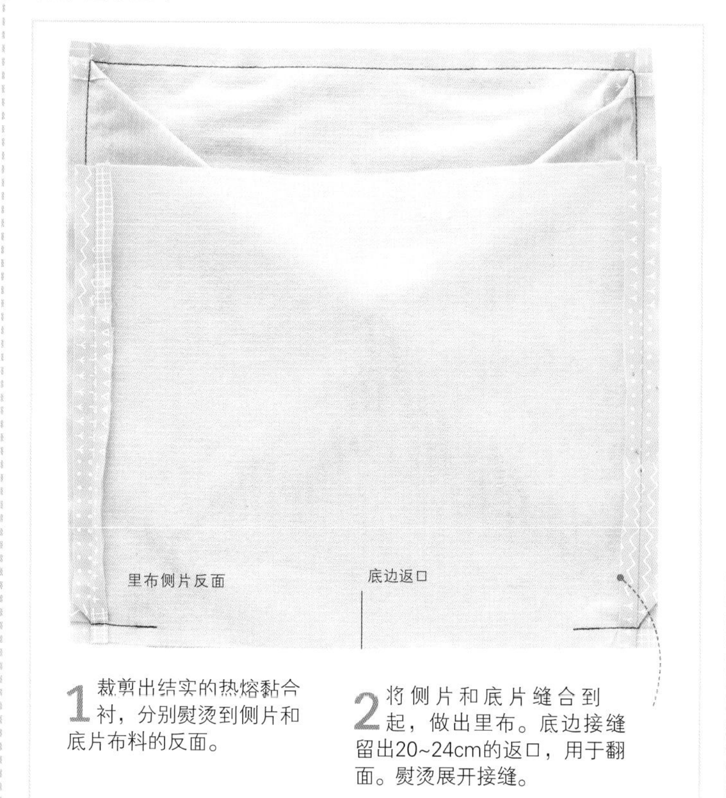

1 裁剪出结实的热熔黏合衬，分别熨烫到侧片和底片布料的反面。

2 将侧片和底片缝合到一起，做出里布。底边接缝留出20~24cm的返口，用于翻面。熨烫展开接缝。

组合篮子的表布和里布

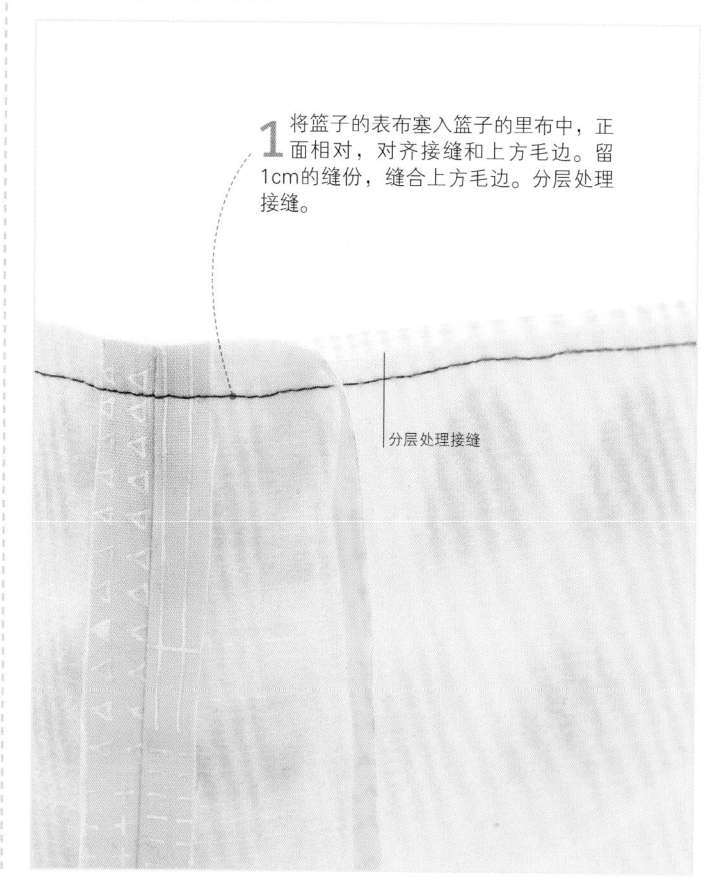

1 将篮子的表布塞入篮子的里布中，正面相对，对齐接缝和上方毛边。留1cm的缝份，缝合上方毛边。分层处理接缝。

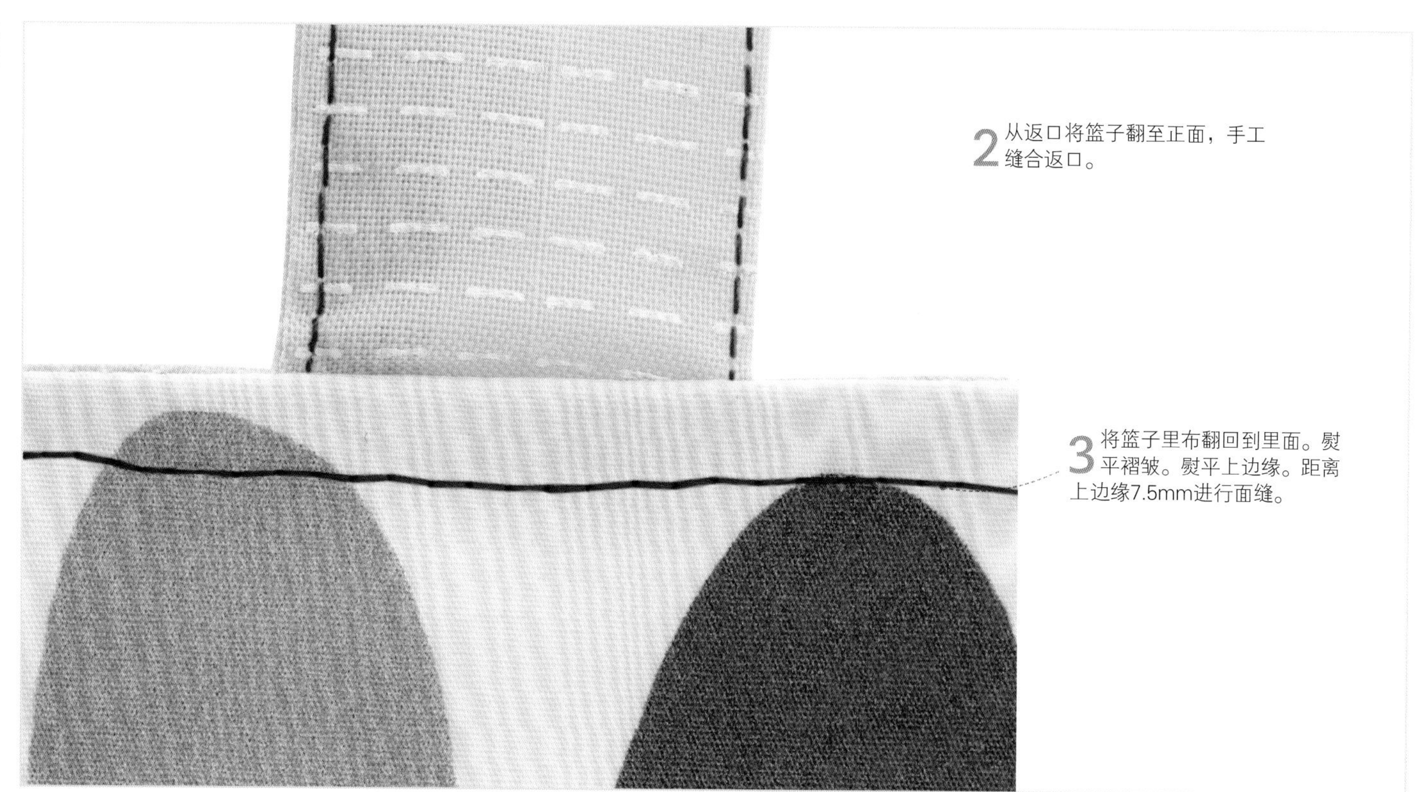

2 从返口将篮子翻至正面，手工缝合返口。

3 将篮子里布翻回到里面。熨平褶皱。熨平上边缘。距离上边缘7.5mm进行面缝。

烤箱隔热手套

难度指数 

可以选用和厨房风格相配的布料制作这款手套，也可以使用家里剩余的布料。注意要选用隔热铺棉，这样戴上手套就可以拿较热的东西。

使用的工艺：Z字线迹修整接缝见第95页　如何裁剪斜滚边条见第150页　绗缝见第303页

所需材料和工具

- 纸样，见第391页
- 两块40cm×27cm中等厚度的棉质表布
- 两块40cm×27cm中等厚度的棉质里布
- 两块40cm×27cm隔热铺棉
- 40cm×30cm中等厚度的棉质斜裁滚边条布
- 配色或对比色的线
- 画粉或气消笔

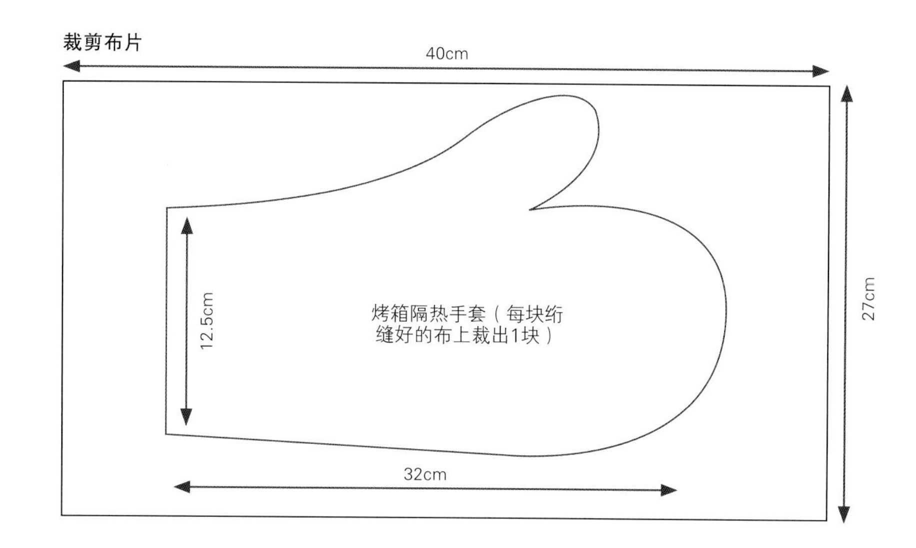

制作饰边和布环的斜裁滚边条

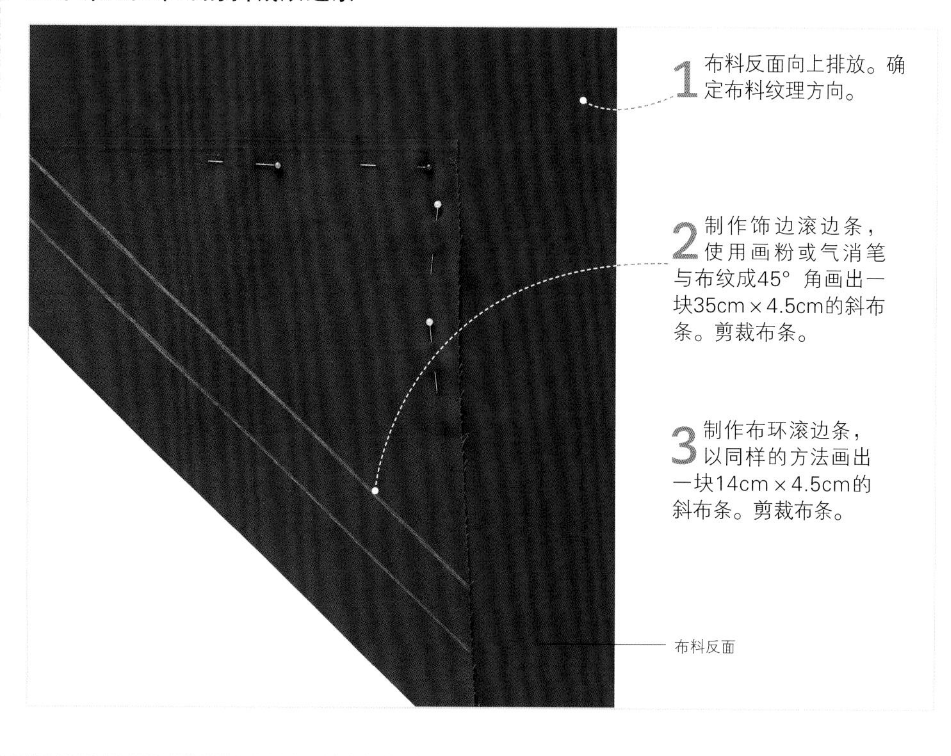

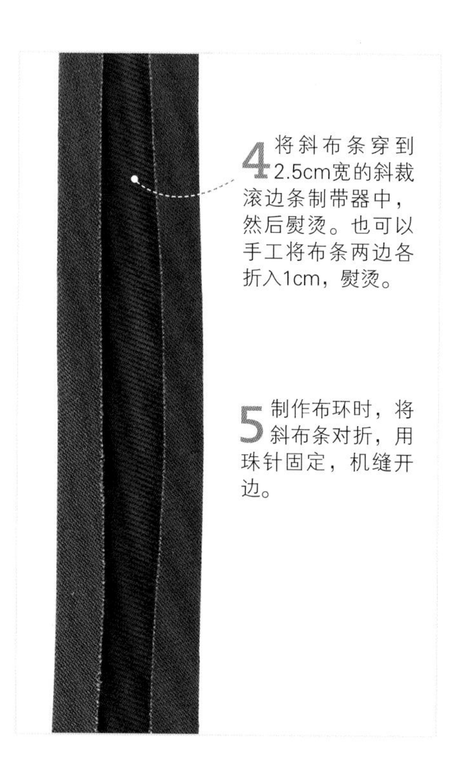

制作压线

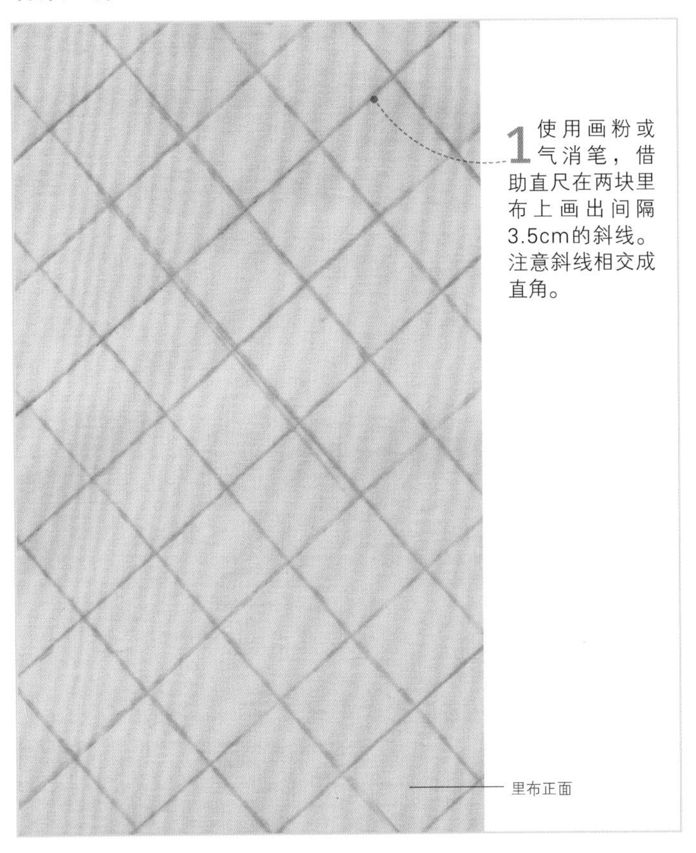

1 使用画粉或气消笔，借助直尺在两块里布上画出间隔3.5cm的斜线。注意斜线相交成直角。

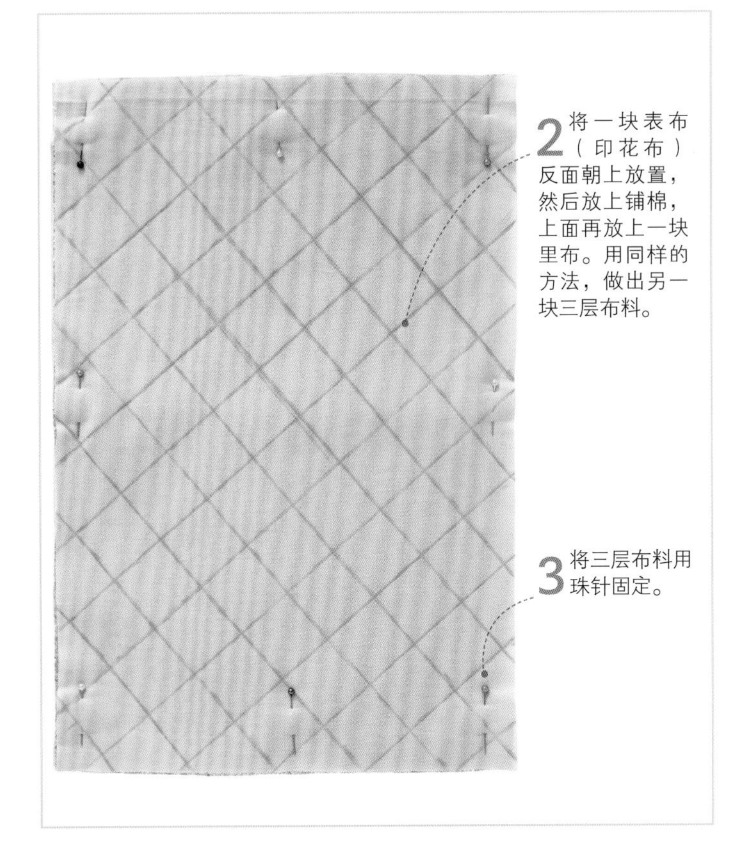

2 将一块表布（印花布）反面朝上放置，然后放上铺棉，上面再放上一块里布。用同样的方法，做出另一块三层布料。

3 将三层布料用珠针固定。

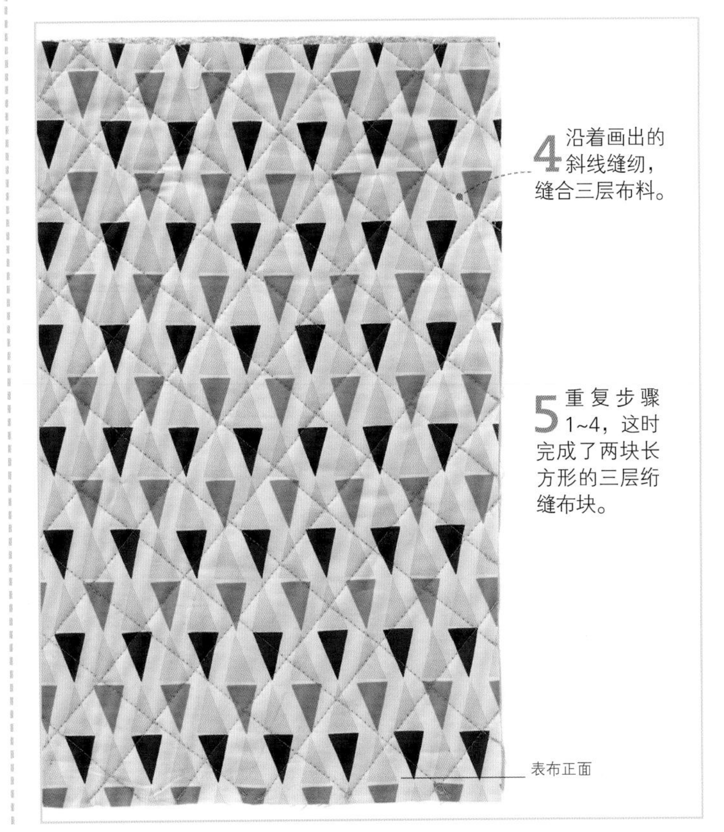

4 沿着画出的斜线缝纫，缝合三层布料。

5 重复步骤1~4，这时完成了两块长方形的三层绗缝布块。

组合手套

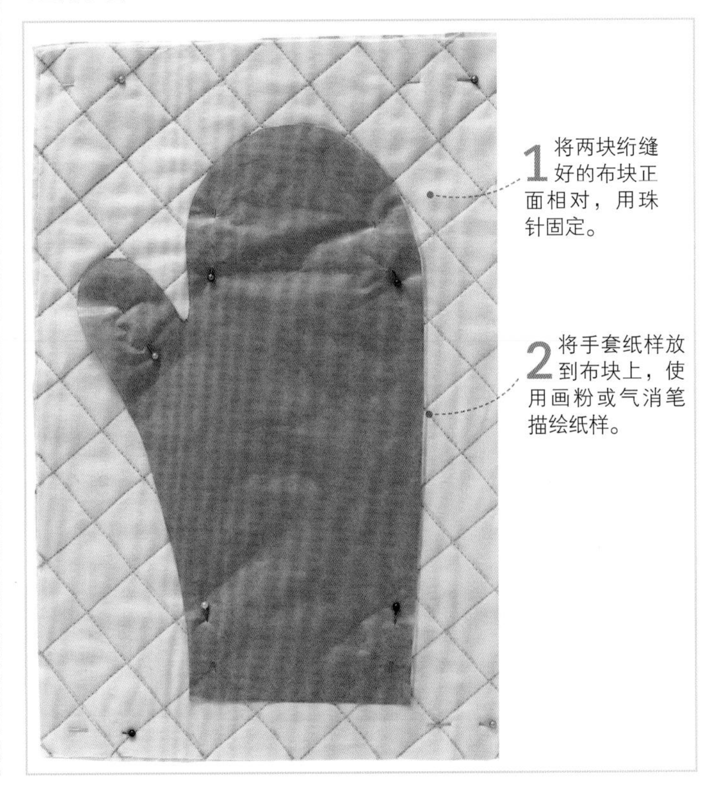

1 将两块绗缝好的布块正面相对，用珠针固定。

2 将手套纸样放到布块上，使用画粉或气消笔描绘纸样。

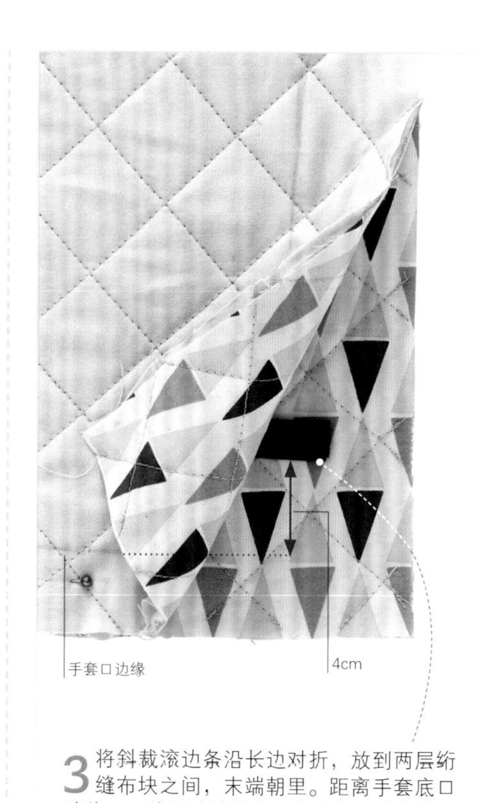

3 将斜裁滚边条沿长边对折，放到两层绗缝布块之间，末端朝里。距离手套底口边缘4cm处用珠针固定，滚边条毛边超出手套1cm。

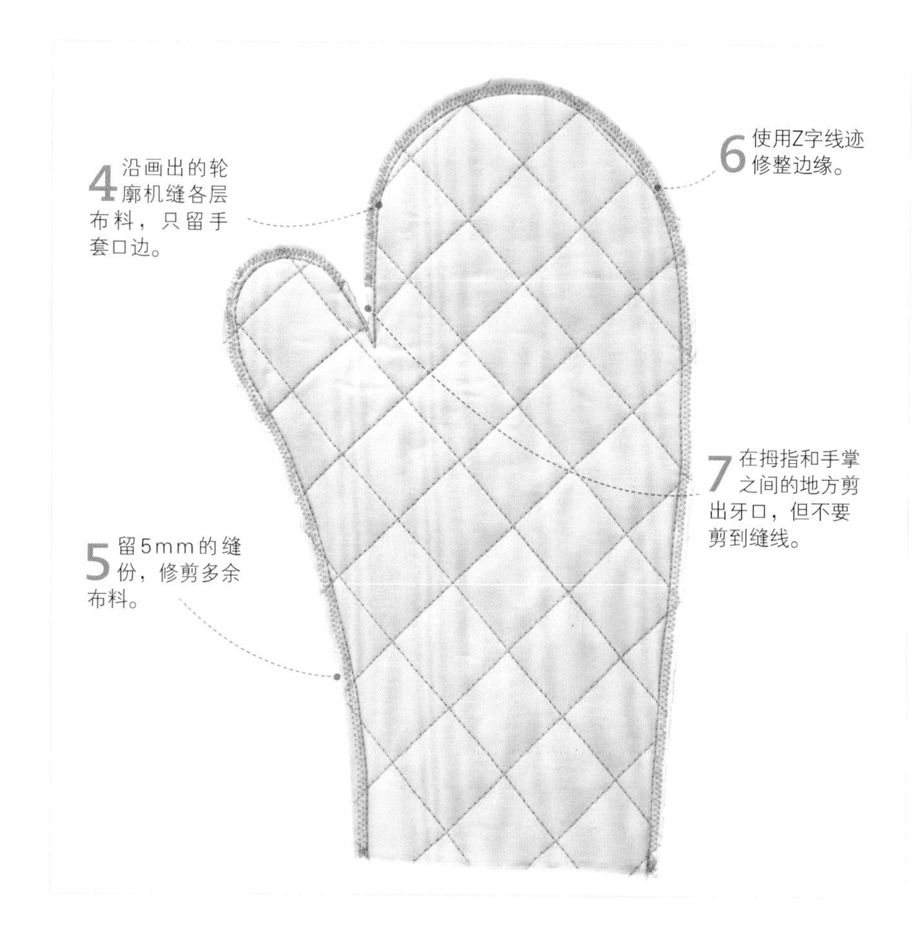

4 沿画出的轮廓机缝各层布料，只留手套口边。

5 留5mm的缝份，修剪多余布料。

6 使用Z字线迹修整边缘。

7 在拇指和手掌之间的地方剪出牙口，但不要剪到缝线。

包边

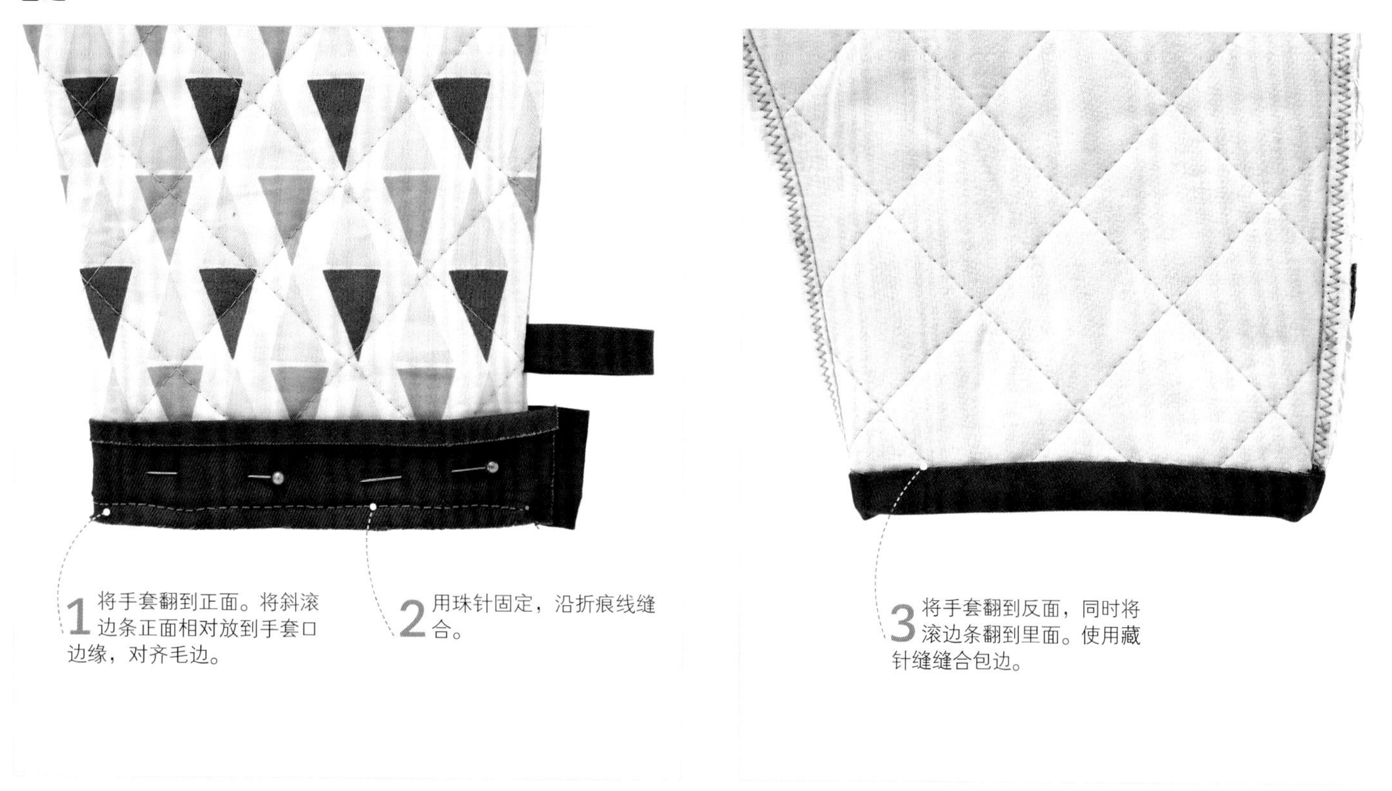

1 将手套翻到正面。将斜滚边条正面相对放到手套口边缘，对齐毛边。

2 用珠针固定，沿折痕线缝合。

3 将手套翻到反面，同时将滚边条翻到里面。使用藏针缝缝合包边。

机缝线迹见第92~93页 • 如何裁剪斜滚边条见第150页

罗马帘

难度指数 *****

罗马帘制作简单，能将普通的窗户变得高雅，罗马帘也会为整个房间增添色彩。开始制作前需要仔细测量窗户的尺寸，但组装起来很容易。加上衬里，成品更显专业。

使用的工艺：手缝折边见第236~237页　机缝折边见第238页　窗帘衬里见第306~307页

所需材料和工具

- 要计算所需的布料，测量窗户的宽度（测量挂窗帘最宽部分的长度）以及窗帘的长度（完成后的长度），将测量出的宽度加上12cm，长度加上15cm作为卷边——上边加5cm，下边加10cm
- 窗帘里布：比窗帘布长25cm、宽2cm（用于制作折边和杆袋）
- 衬布或厚绒布：和窗帘宽度一致，上边长度增加5cm
- 配色缝线
- 尼龙搭扣
- 挂罗马帘的玻璃钢杆
- 3cm塑料或铝质加重杆，比窗帘宽度少4cm
- 奥地利窗帘挂环，直径1cm，安全栓扣
- 窗帘拉绳和分离线连接器
- 线夹
- 钉枪
- 吊环螺钉
- 木板窗帘盒，比窗帘宽度少1cm

裁剪布片

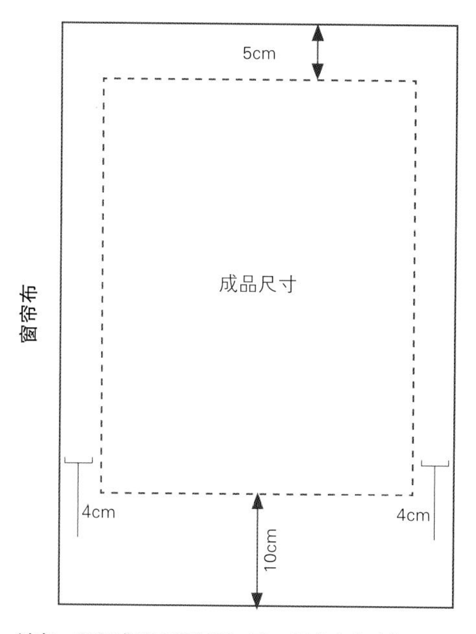

衬布：和完成的窗帘宽度一致，长度在上边加5cm。

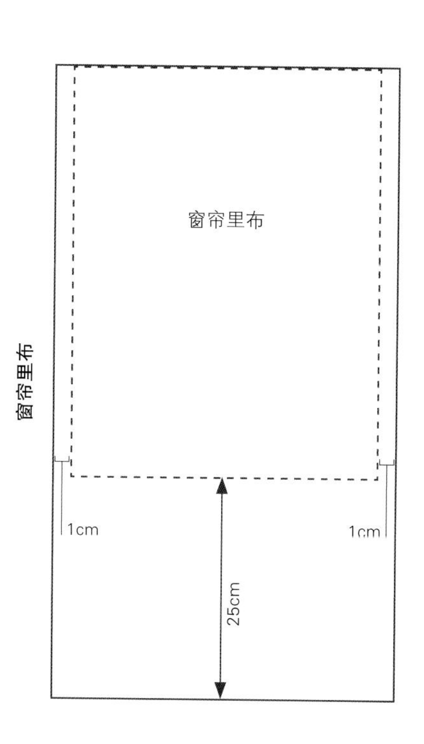

安全小贴士：如果婴儿或儿童可能接触到罗马帘，在窗帘底边一定要使用安全栓扣，减少对孩子造成的危险。还需要安装分离线连接器，并在墙上安装线夹（见第369页）。

准备折边

1 将窗帘布的两边，分别向反面折入4cm，熨烫。

2 下边向反面折起5cm制成双折边。用珠针固定侧边和底边折边，熨烫。

布料反面

加上衬布

1 展开窗帘的侧折边和底部折边。

2 将衬布放到窗帘布反面，与侧折边和底部折边的折线对齐。

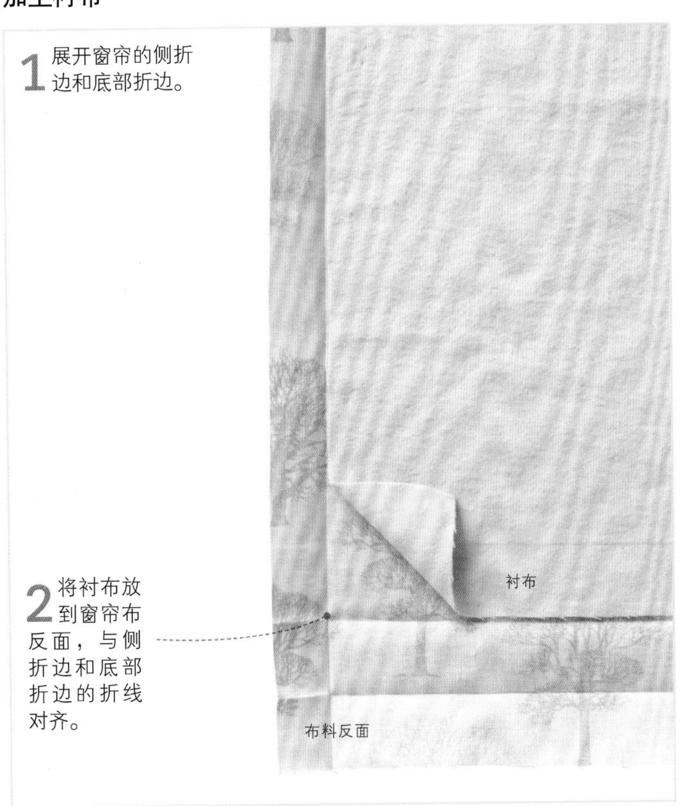

3 重新折叠侧折边和底部折边，包住衬布。

4 斜针迹假缝侧边，用珠针固定底部折边。

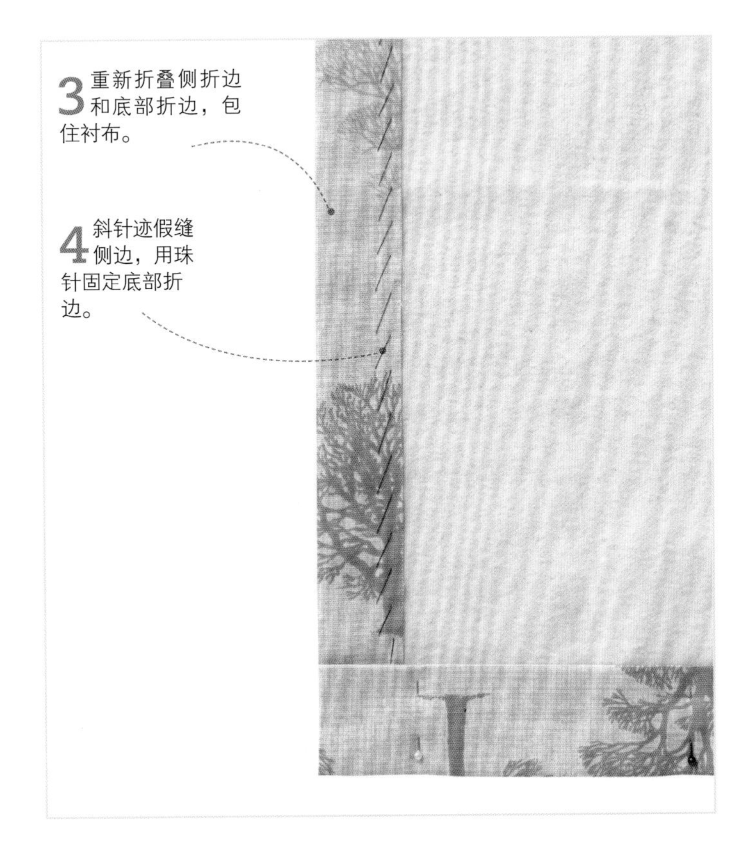

准备里布

1 将里布的两条侧边向布料的反面折叠2.5cm。用珠针固定。

2 在里布上做出4cm的底部折边，距离毛边5mm处机缝。

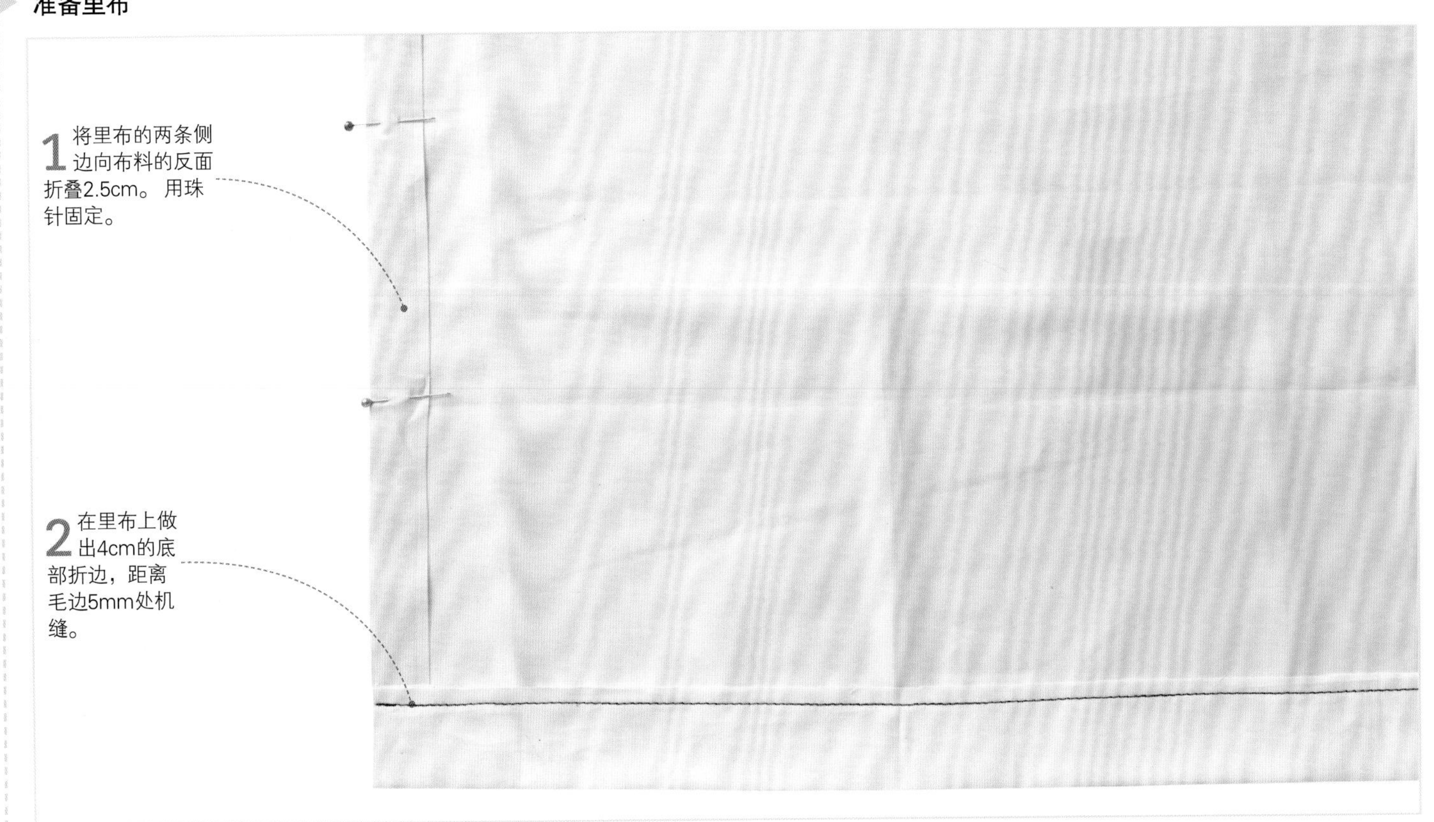

做出抽带管并加上里布

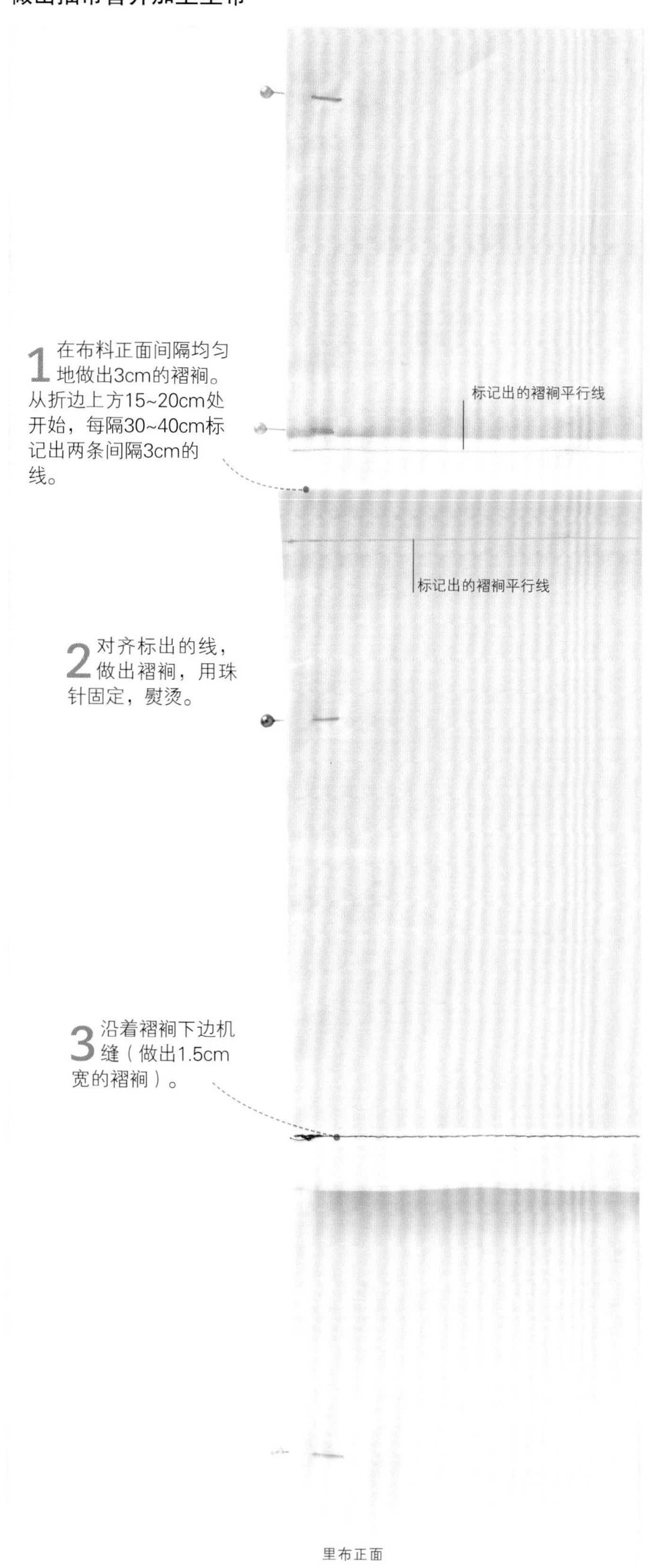

1 在布料正面间隔均匀地做出3cm的褶裥。从折边上方15~20cm处开始，每隔30~40cm标记出两条间隔3cm的线。

2 对齐标出的线，做出褶裥，用珠针固定，熨烫。

3 沿着褶裥下边机缝（做出1.5cm宽的褶裥）。

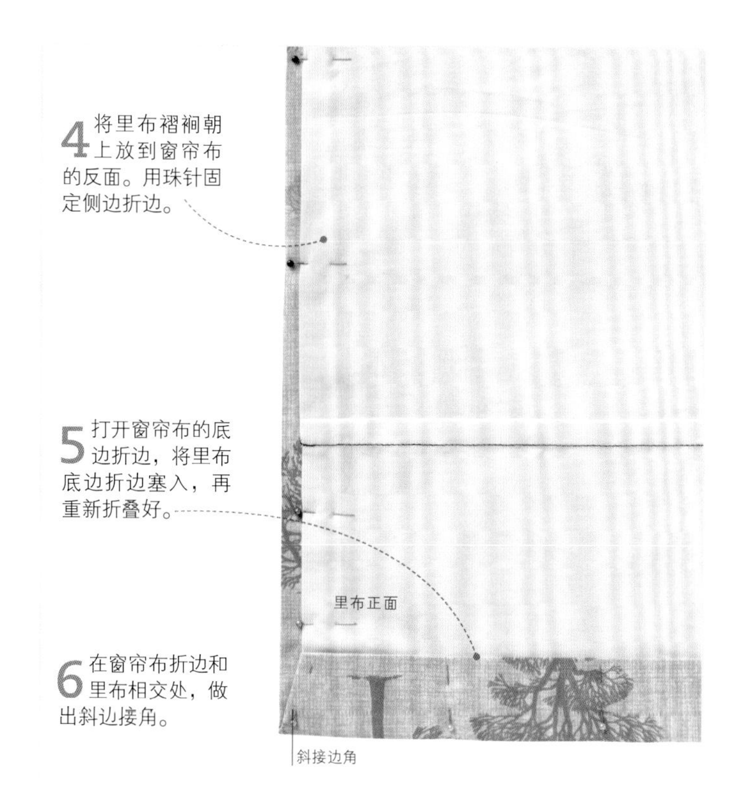

4 将里布褶裥朝上放到窗帘布的反面。用珠针固定侧边折边。

5 打开窗帘布的底边折边，将里布底边折边塞入，再重新折叠好。

6 在窗帘布折边和里布相交处，做出斜边接角。

7 使用立针缝，缝合里布和窗帘布的侧边和底部折边。不要缝合褶裥的两端，不要缝合底边其中的一端。

机缝折边见第238页 • 斜接边角见第241页 • 衬里和衬布的种类与使用见第286~287页 • 窗帘衬里见第306~307页

装尼龙搭扣和挂环

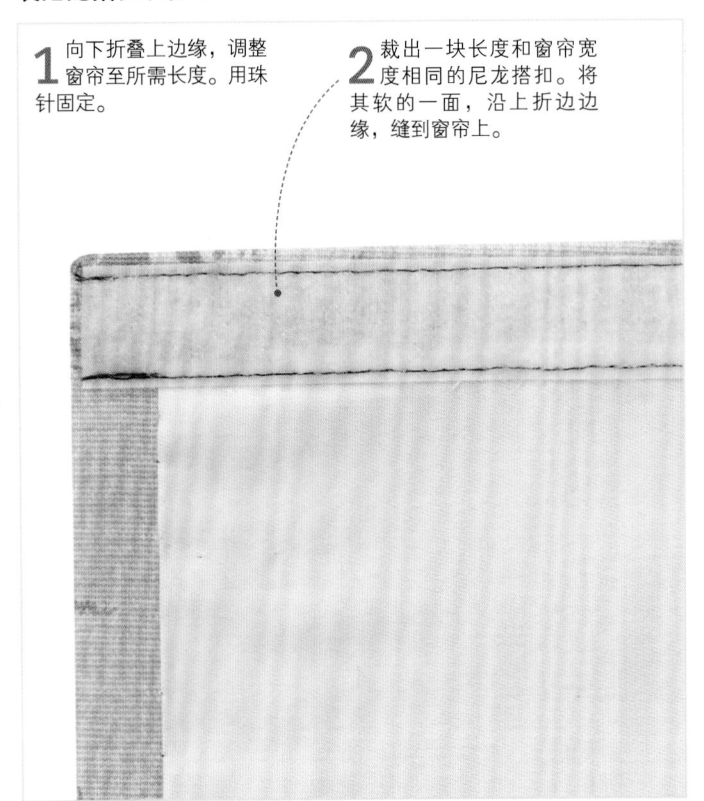
1 向下折叠上边缘，调整窗帘至所需长度。用珠针固定。
2 裁出一块长度和窗帘宽度相同的尼龙搭扣。将其软的一面，沿上折边边缘，缝到窗帘上。

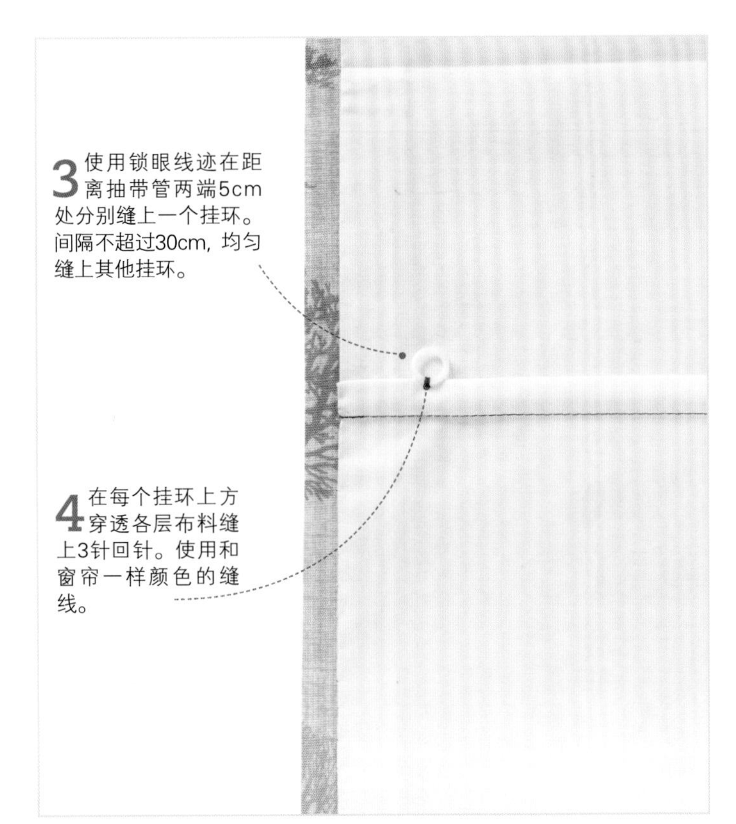
3 使用锁眼线迹在距离抽带管两端5cm处分别缝上一个挂环。间隔不超过30cm，均匀缝上其他挂环。
4 在每个挂环上方穿透各层布料缝上3针回针。使用和窗帘一样颜色的缝线。

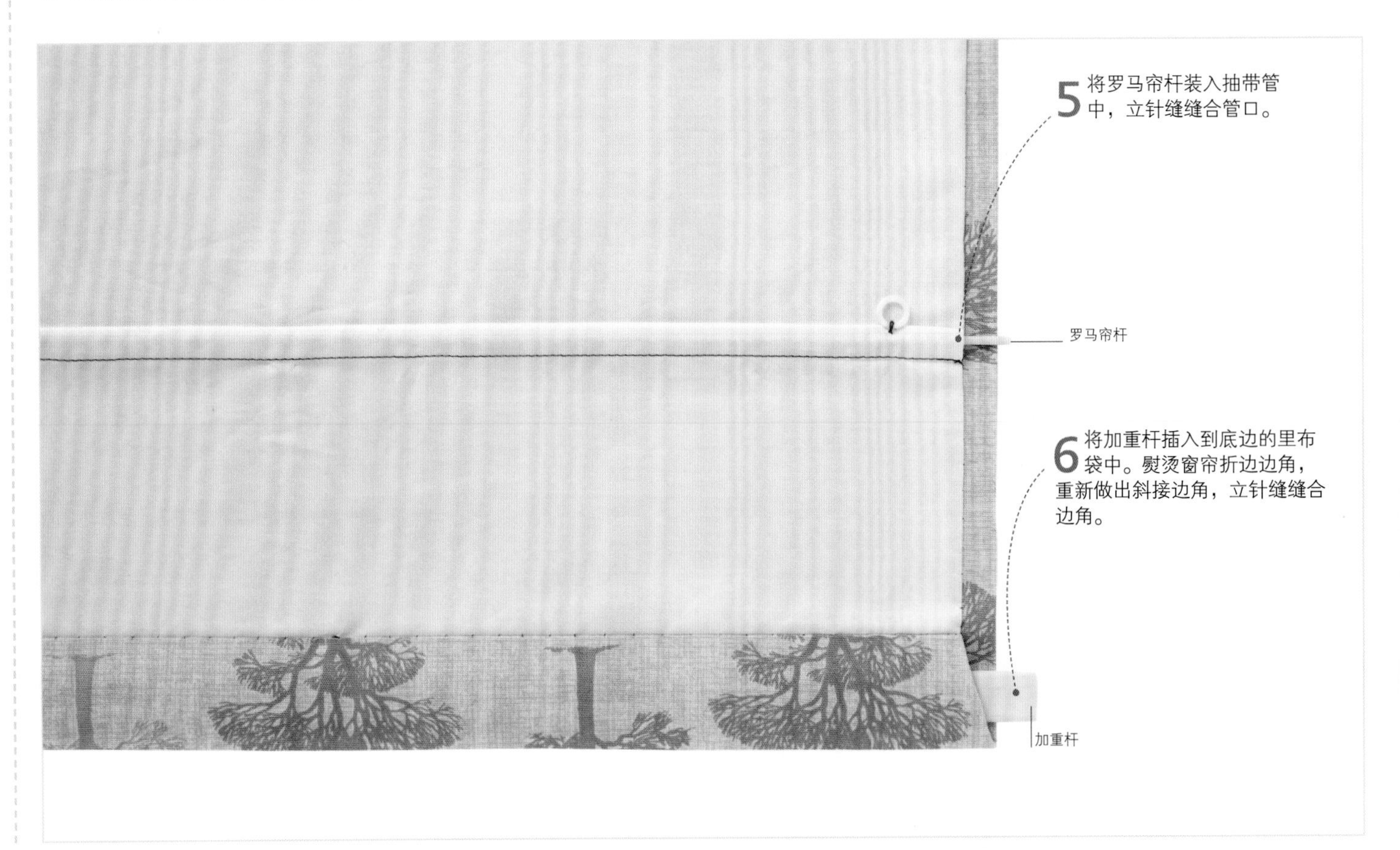
5 将罗马帘杆装入抽带管中，立针缝缝合管口。
罗马帘杆
6 将加重杆插入到底边的里布袋中。熨烫窗帘折边边角，重新做出斜接边角，立针缝缝合边角。
加重杆

组合窗帘

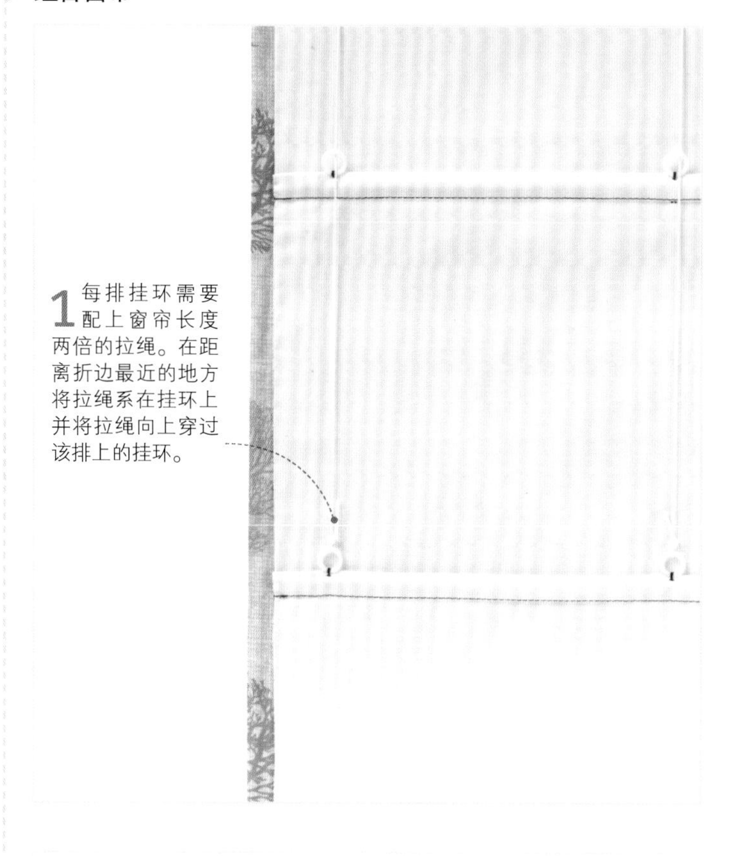

1 每排挂环需要配上窗帘长度两倍的拉绳。在距离折边最近的地方将拉绳系在挂环上并将拉绳向上穿过该排上的挂环。

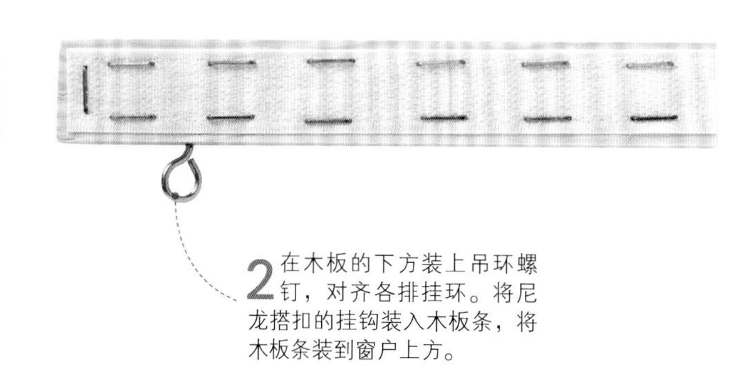

2 在木板的下方装上吊环螺钉，对齐各排挂环。将尼龙搭扣的挂钩装入木板条，将木板条装到窗户上方。

3 将窗帘挂到木板条上，将拉绳穿过吊环螺钉（参照图示）。

4 遵守儿童安全规定，将分离线连接器装到木板条上拉绳拉拢的地方，但不要低于木板条5cm。距离地板1.5m处装上一个线夹，将线缠绕到线夹上。

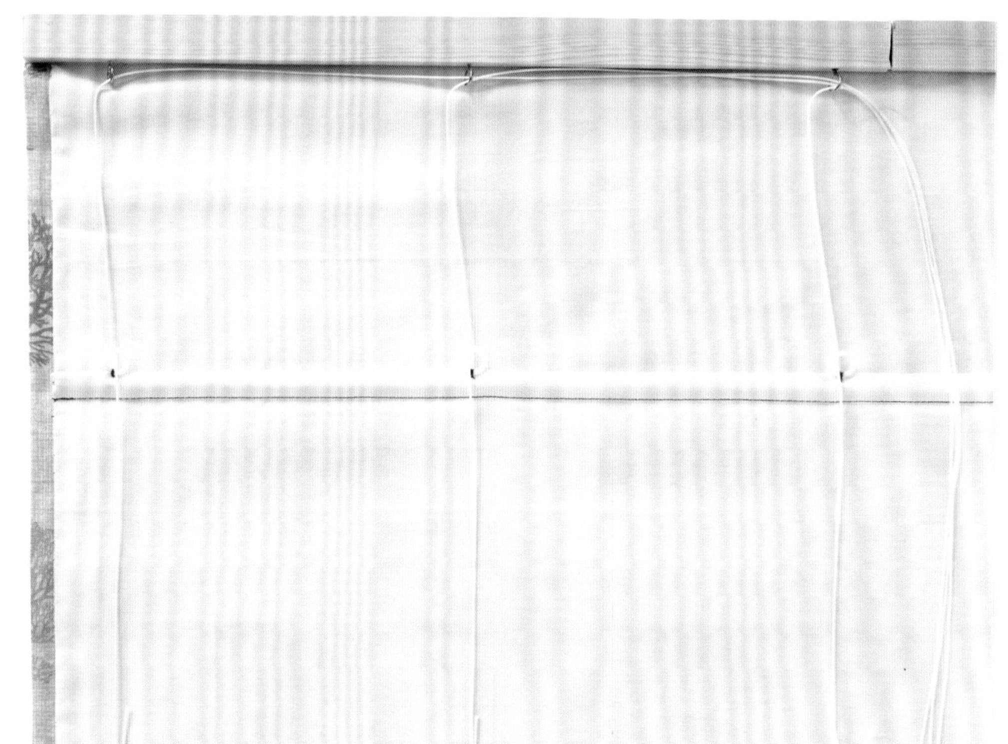

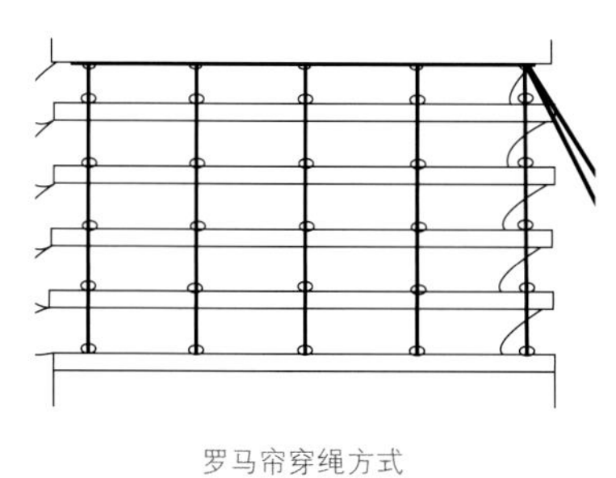

罗马帘穿绳方式

斜接边角见第241页 • 搭扣带见第282页

作品纸样

如何使用纸样

要制作本书中的大部分作品，都需要首先描绘纸样。可以使用以下三种方式之一：在复印机上放大纸样、手工转绘纸样、从英国DK公司的网站下载（网址见第373页）。制作成衣时，需要选择合适的尺码。最好先制作样衣（详见第74~75页），这样才能确保尺码正确，大小合适。

选择尺码

测量身体尺寸，并从下表中找出最接近的尺码。如果尺寸在两个尺码之间，则需要选择较大的那个尺码。这里的尺码可能和商场购买衣物的尺码不同。

女士尺码

尺码	6~8	8~10	10~12	12~14	14~16	16~18	18~20	20~22	22~24
胸围	82cm	84.5cm	87cm	92cm	97cm	102cm	107cm	112cm	117cm
腰围	62cm	64.5cm	67cm	72cm	77cm	82cm	87cm	92cm	97cm
臀围	87cm	89.5cm	92cm	97cm	102cm	107cm	112cm	117cm	122cm

儿童尺码

尺码	2~3 岁	4~5 岁	6~7 岁
胸围	54~56cm	57~60cm	61~64cm
腰围	51~53cm	54~58cm	58~60cm
身高	96~98cm	104~110cm	116~122cm

男女通用尺码

尺码	胸围
XS	84~86.5cm
S	91.5~96.5cm
M	101.5~106.5cm
L	112~117cm
XL	123~127cm
XXL	132~137cm

纸样上的标记

本书的纸样上使用了以下标记：

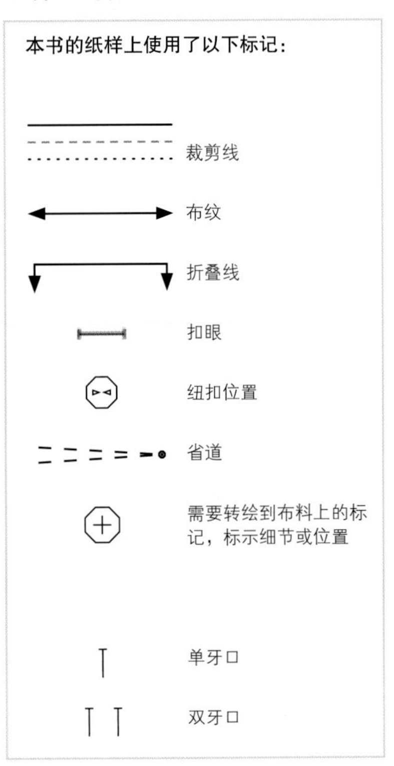

缝份

缝份是缝线占用的布料的宽度，一般指从裁剪线到缝合线之间的距离。
本书中纸样的缝份均为1.5cm，也就是说要制作出大小、形状合适的衣物，需要沿着纸样进行裁剪，然后在裁剪线之内1.5cm处进行缝合。可以先在衣片上标出缝合线的位置再进行缝纫。

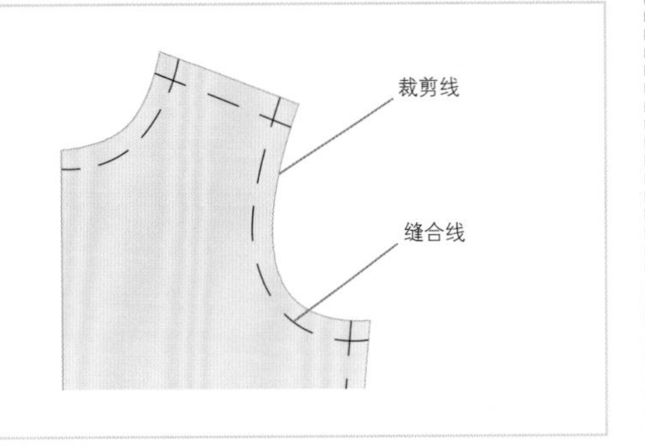

复印、手工转绘或从网上下载纸样

方法 1：复印

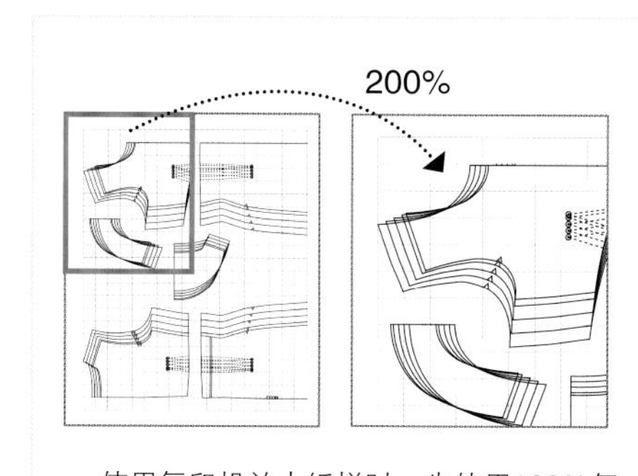

1 使用复印机放大纸样时，先使用100%复印，然后用记号笔或水笔标出需要放大的区域，然后放大至200%复印。

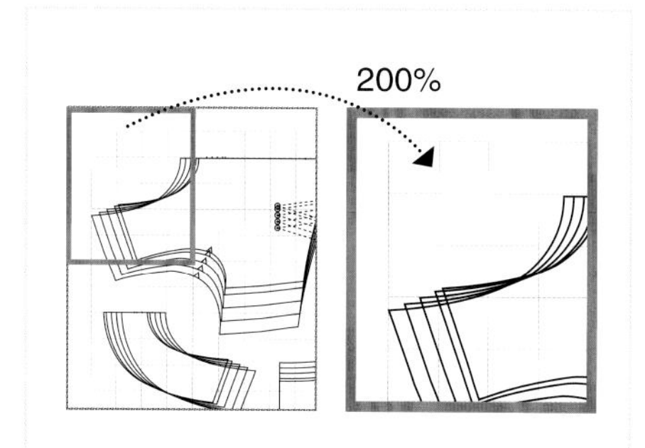

2 再次放大至200%复印，如果使用的复印机有400%复印功能，可直接使用该功能一步完成。

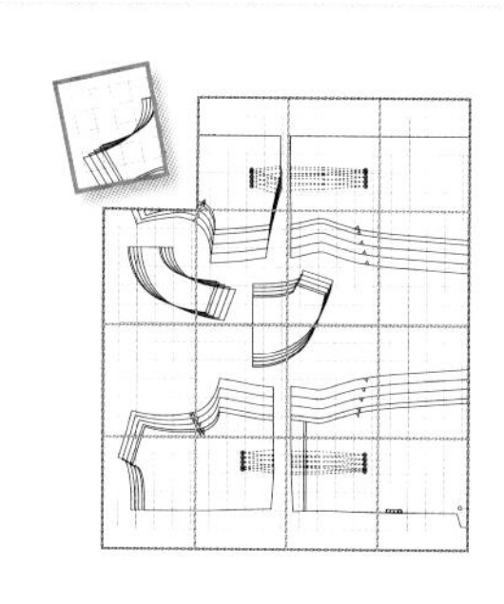

3 将所有部分都放大之后，按照网格线拼好，粘贴。选择合适尺寸裁剪。

方法 2：手工转绘纸样

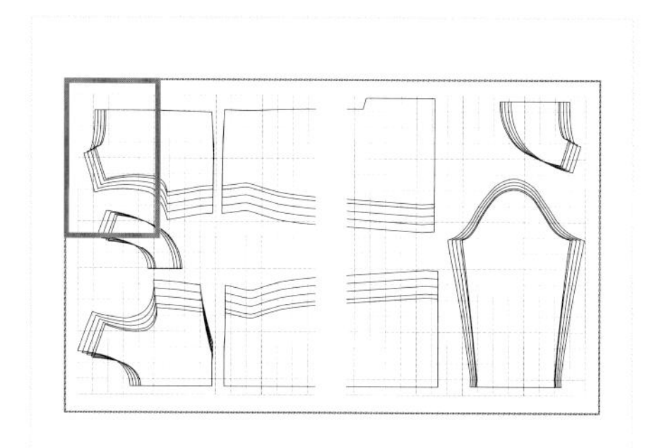

1 纸样上的每个网格代表着 5cm × 5cm的正方形。要手工转绘纸样，需要使用1cm或5cm的网格纸。

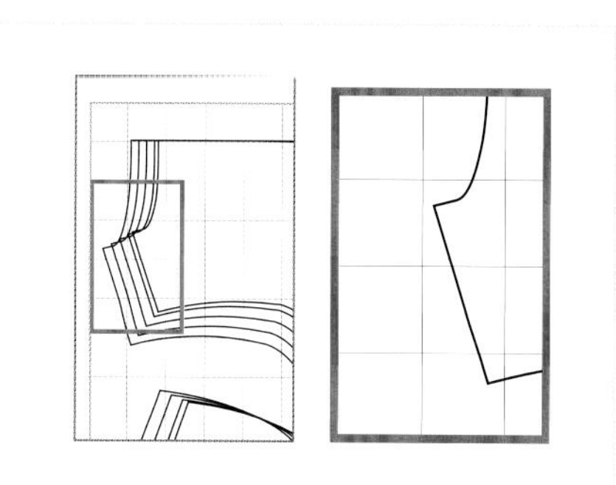

2 先在纸样上找出所需尺寸的线。在网格纸上转绘出纸样。

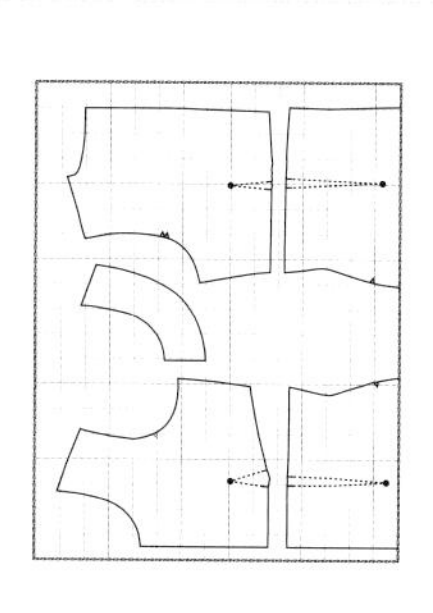

3 可能需要将几张纸粘贴到一起来组成一个纸样。完成转绘后，裁剪。

方法 3：从网上下载

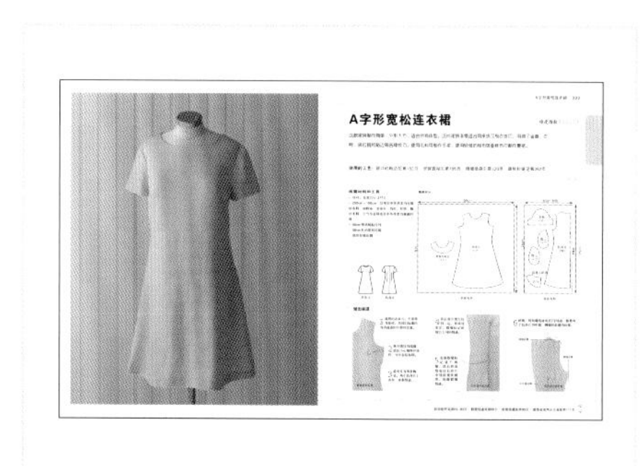

1 在每个作品的第一页检查所需的纸样，然后登录网站www.dk.com/thesewingbook

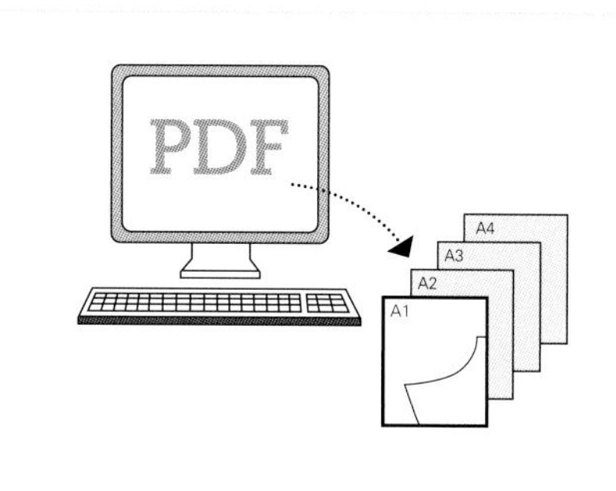

2 找到正确的纸样，下载PDF格式的文档，打印。每页有编号，方便粘贴到一起。

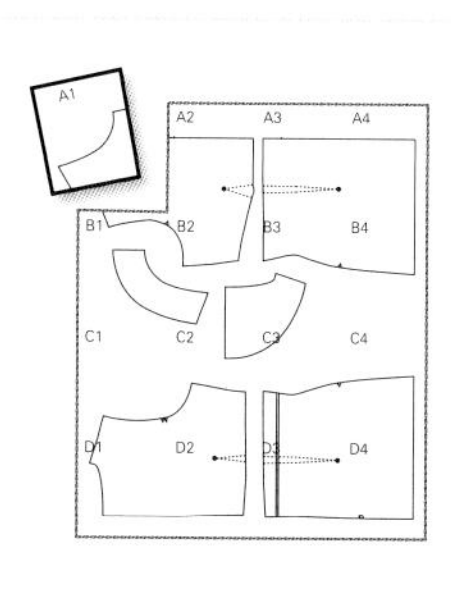

3 将打印纸的空边剪掉，根据编号和网格线粘贴。选择合适尺寸裁剪。

A字形宽松连衣裙纸样 第323~327页

用复印机放大到400%

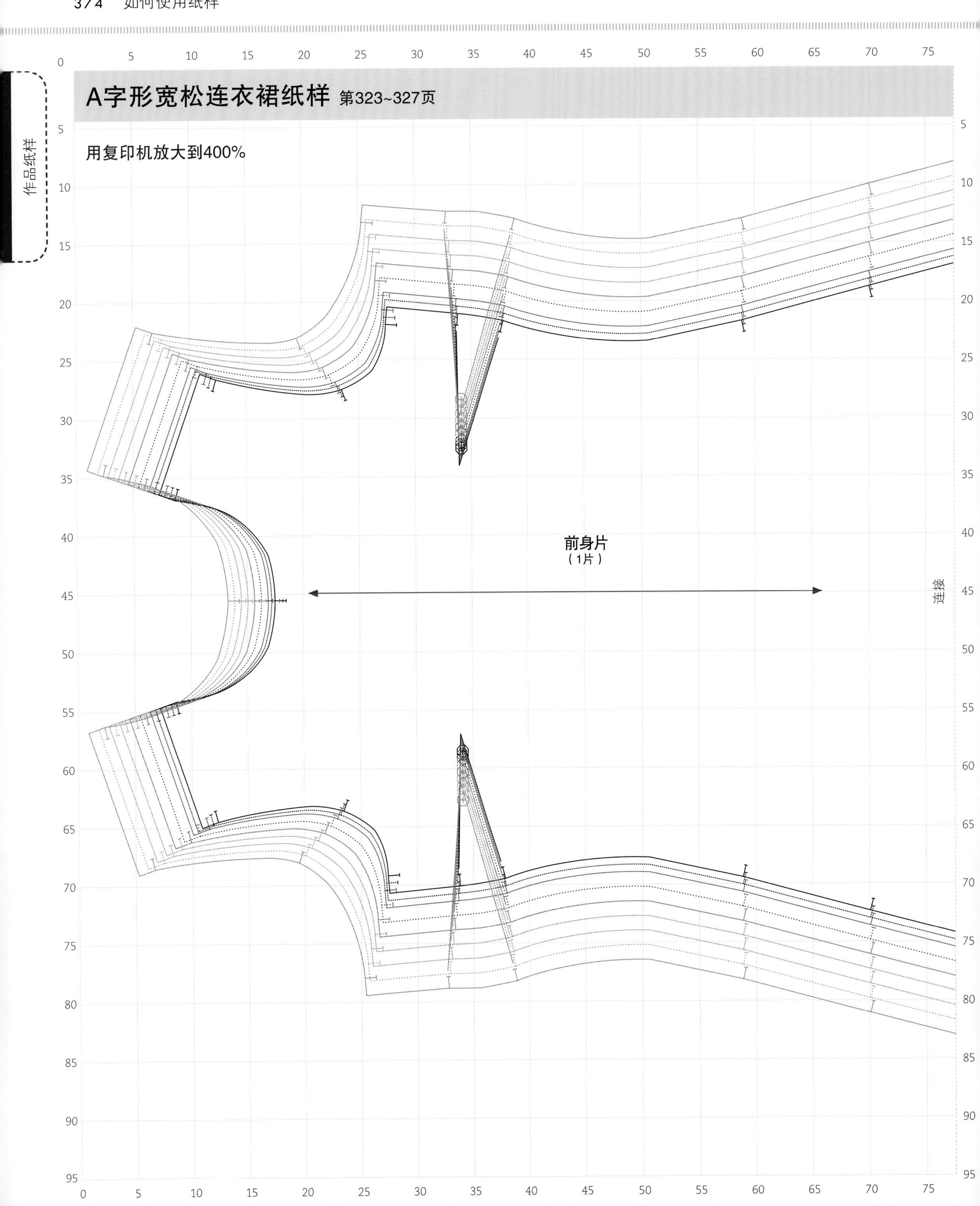

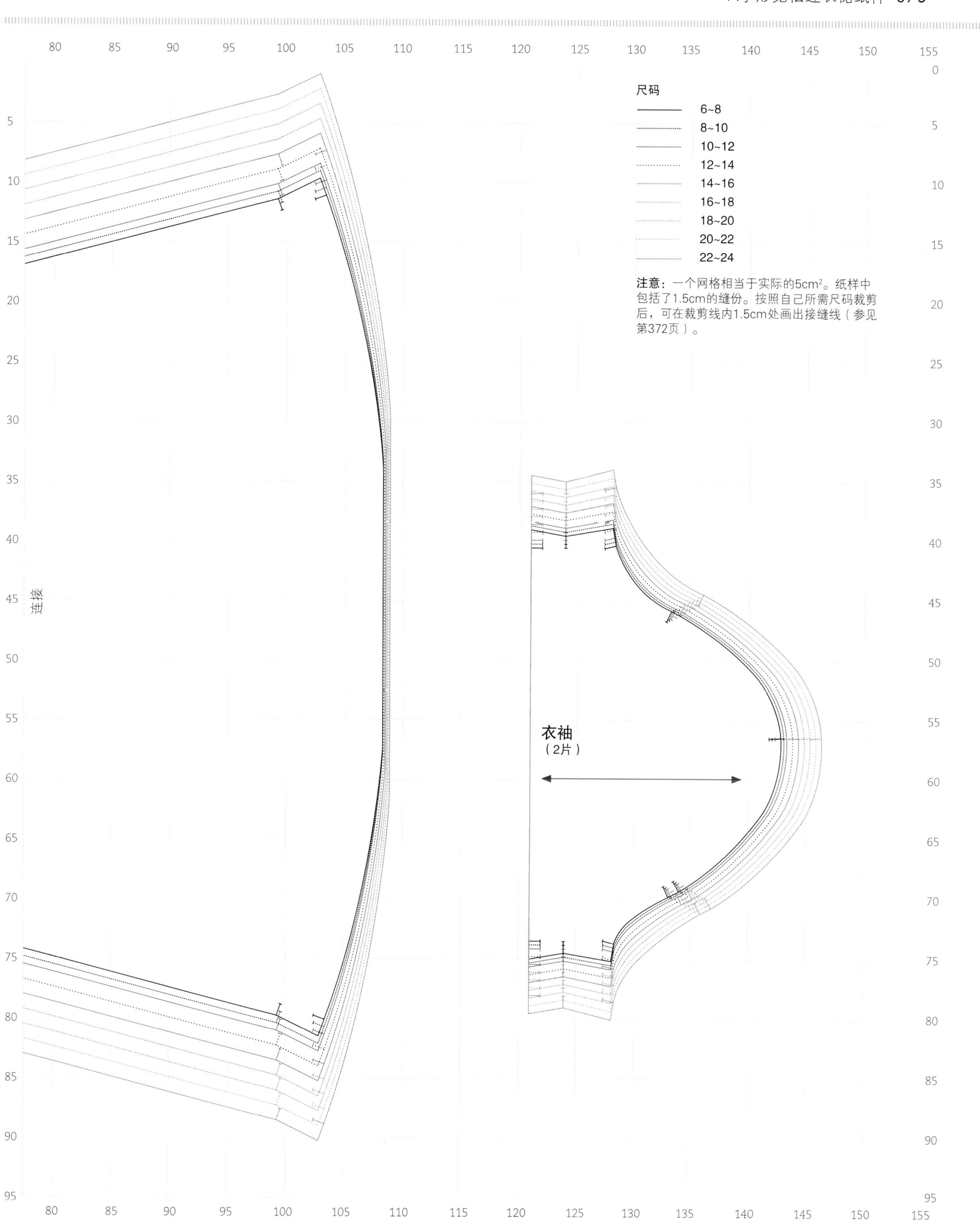
尺码
6~8
8~10
10~12
12~14
14~16
16~18
18~20
20~22
22~24
注意：一个网格相当于实际的5cm²。纸样中包括了1.5cm的缝份。按照自己所需尺码裁剪后，可在裁剪线内1.5cm处画出接缝线（参见第372页）。
连接
衣袖
（2片）

A字形宽松连衣裙纸样 第323~327页

用复印机放大到400%

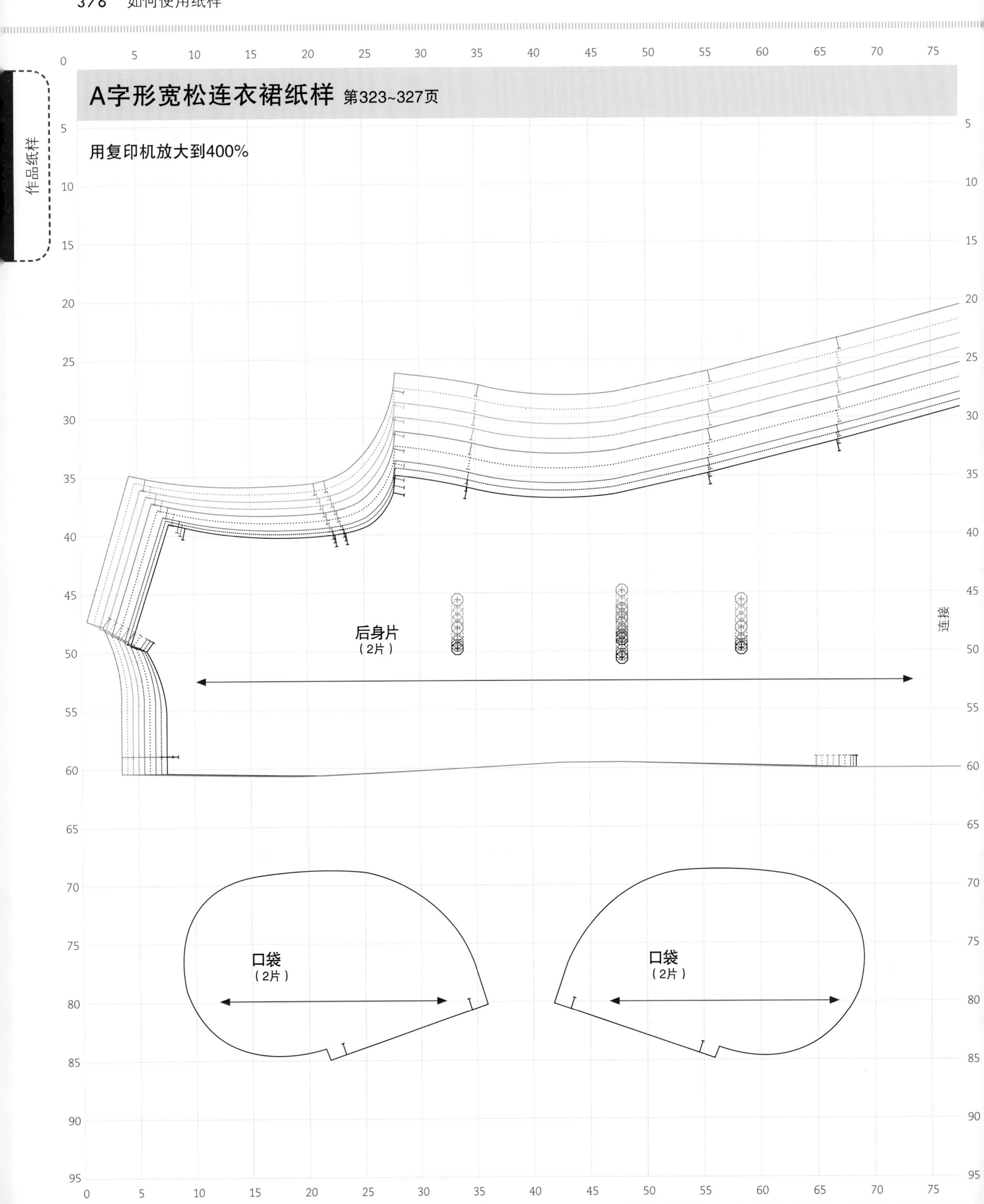

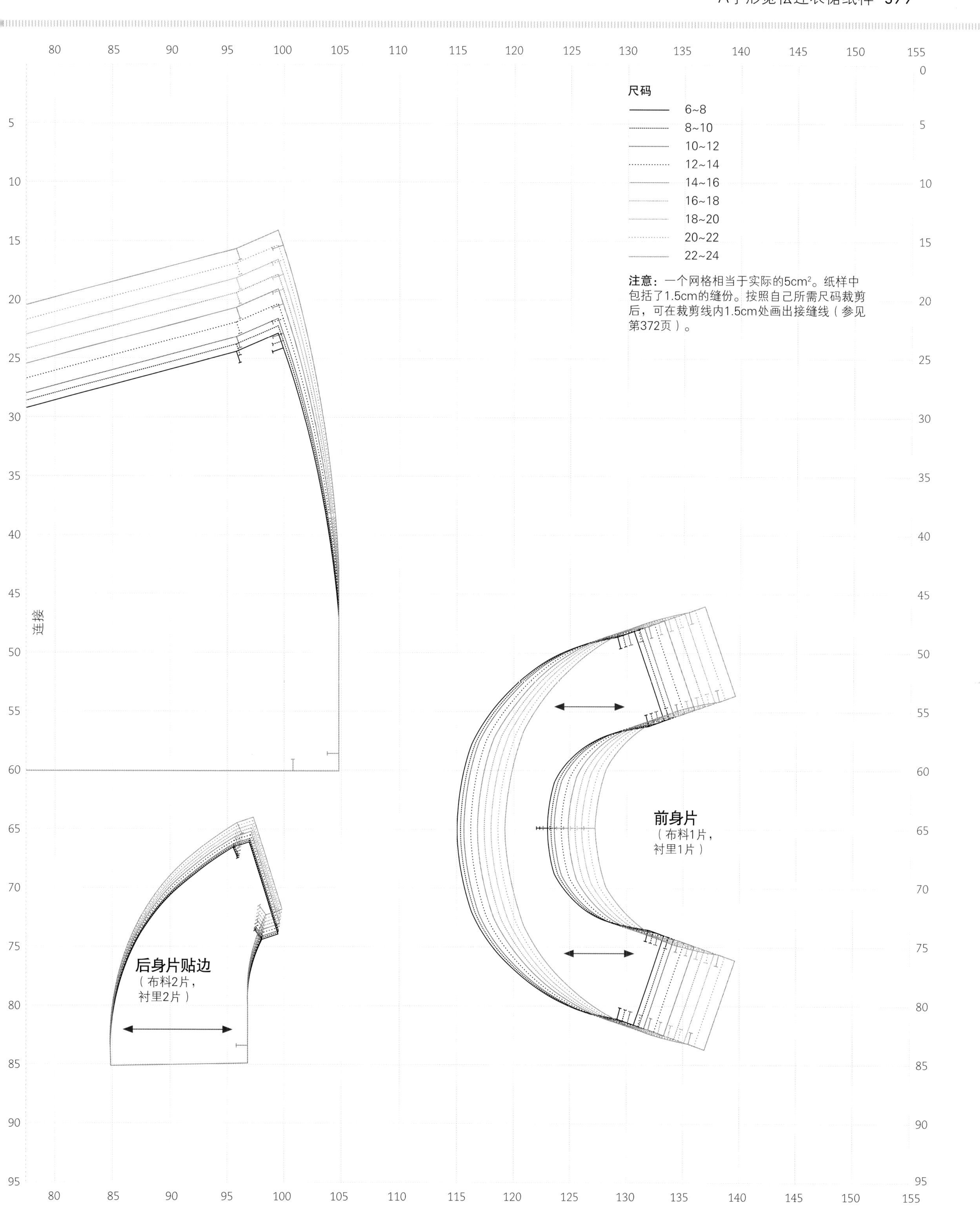

尺码
6~8
8~10
10~12
12~14
14~16
16~18
18~20
20~22
22~24
注意：一个网格相当于实际的5cm²。纸样中包括了1.5cm的缝份。按照自己所需尺码裁剪后，可在裁剪线内1.5cm处画出接缝线（参见第372页）。
连接
前身片
（布料1片，衬里1片）
后身片贴边
（布料2片，衬里2片）

裹身半裙纸样 第329~333页

用复印机放大到400%

所需布料

尺码	115cm宽	150cm宽
6~8	2.75m	1.75m
8~10	2.75m	1.75m
10~12	2.75m	1.75m
12~14	2.75m	1.75m
14~16	2.75m	1.75m
16~18	2.75m	1.75m
18~20	2.75m	2.50m
20~22	2.75m	2.50m
22~24	2.75m	2.50m

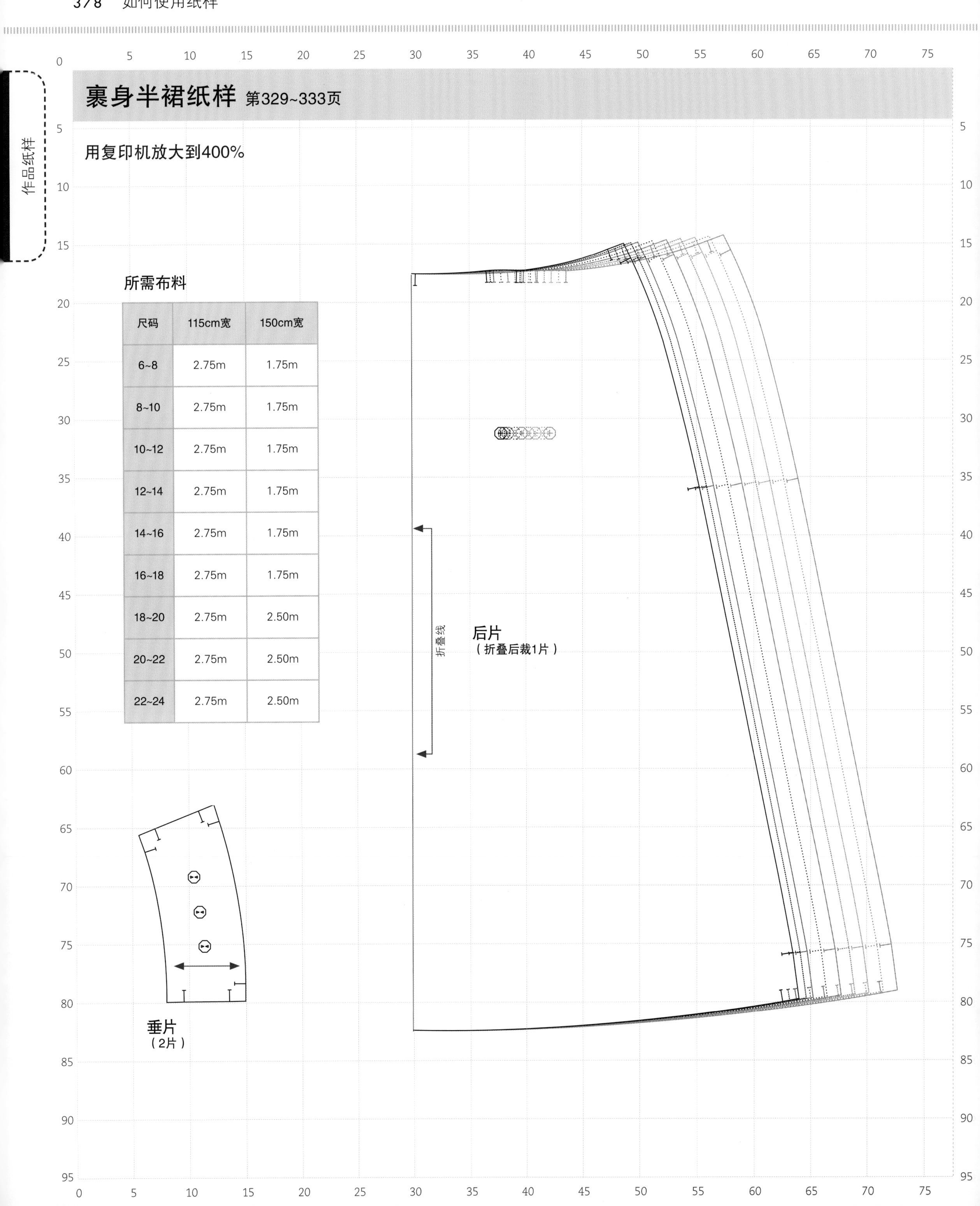

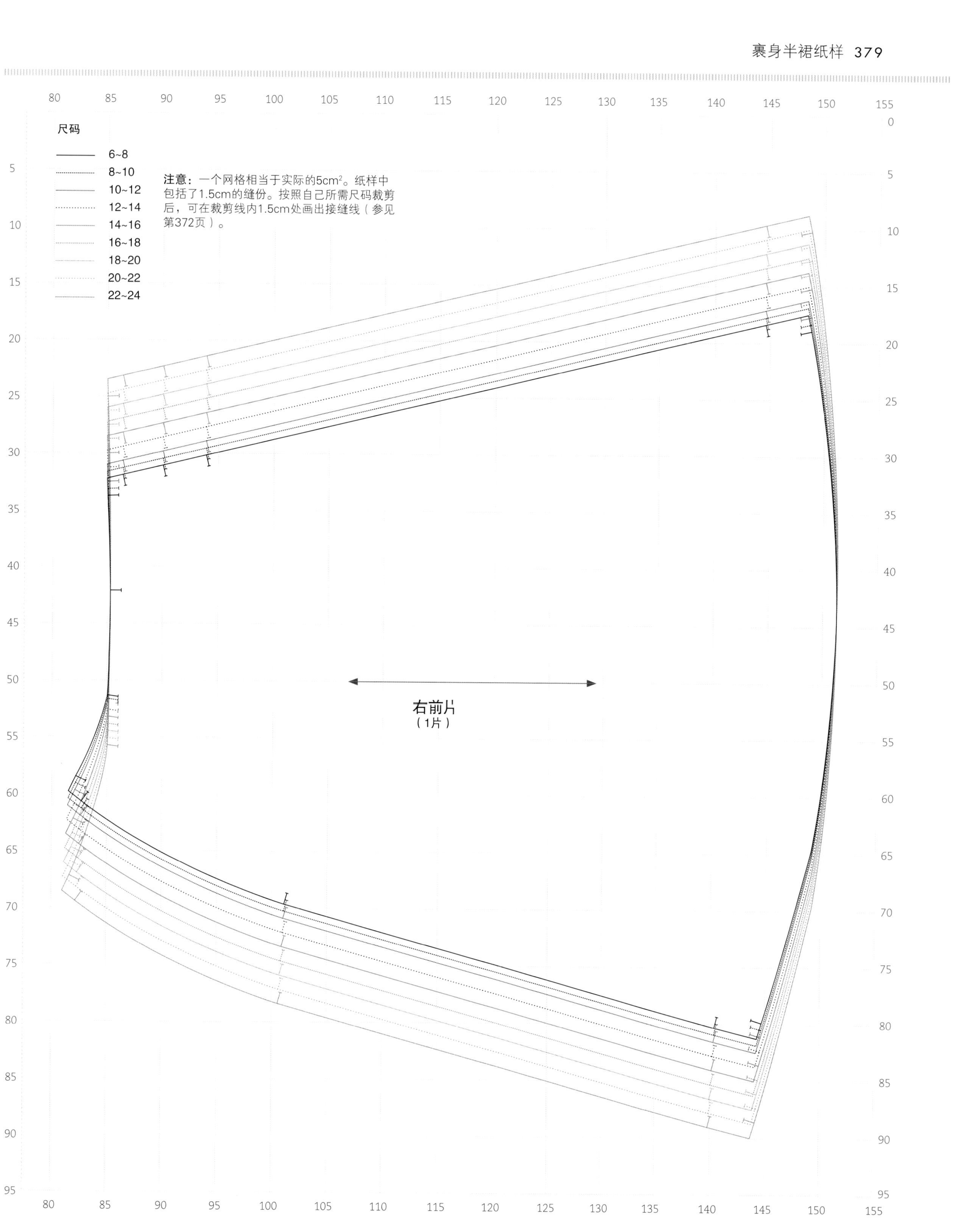
尺码
6~8
8~10
10~12
12~14
14~16
16~18
18~20
20~22
22~24
注意：一个网格相当于实际的5cm²。纸样中包括了1.5cm的缝份。按照自己所需尺码裁剪后，可在裁剪线内1.5cm处画出接缝线（参见第372页）。
右前片
（1片）

裹身半裙纸样 第329~333页

用复印机放大到400%

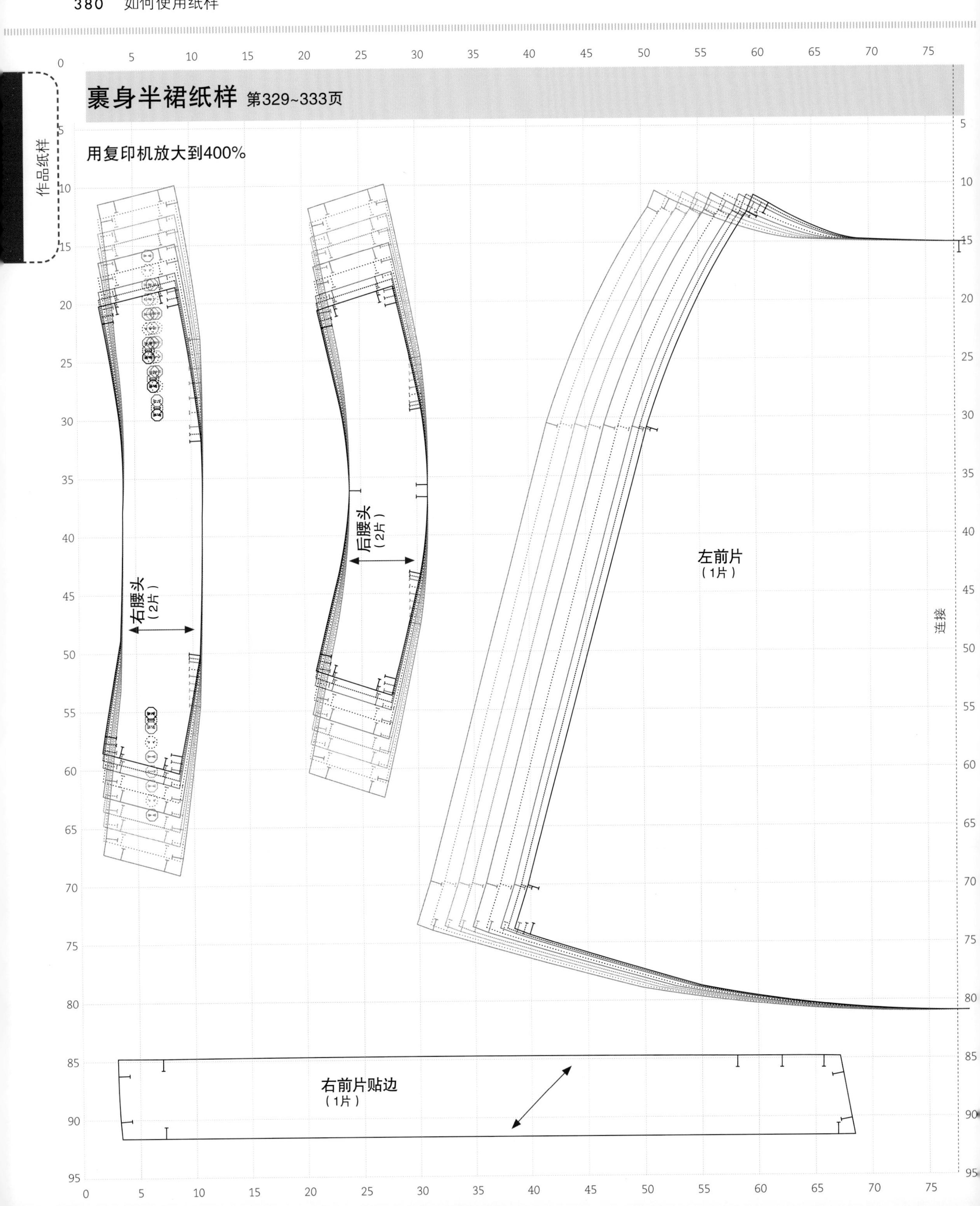

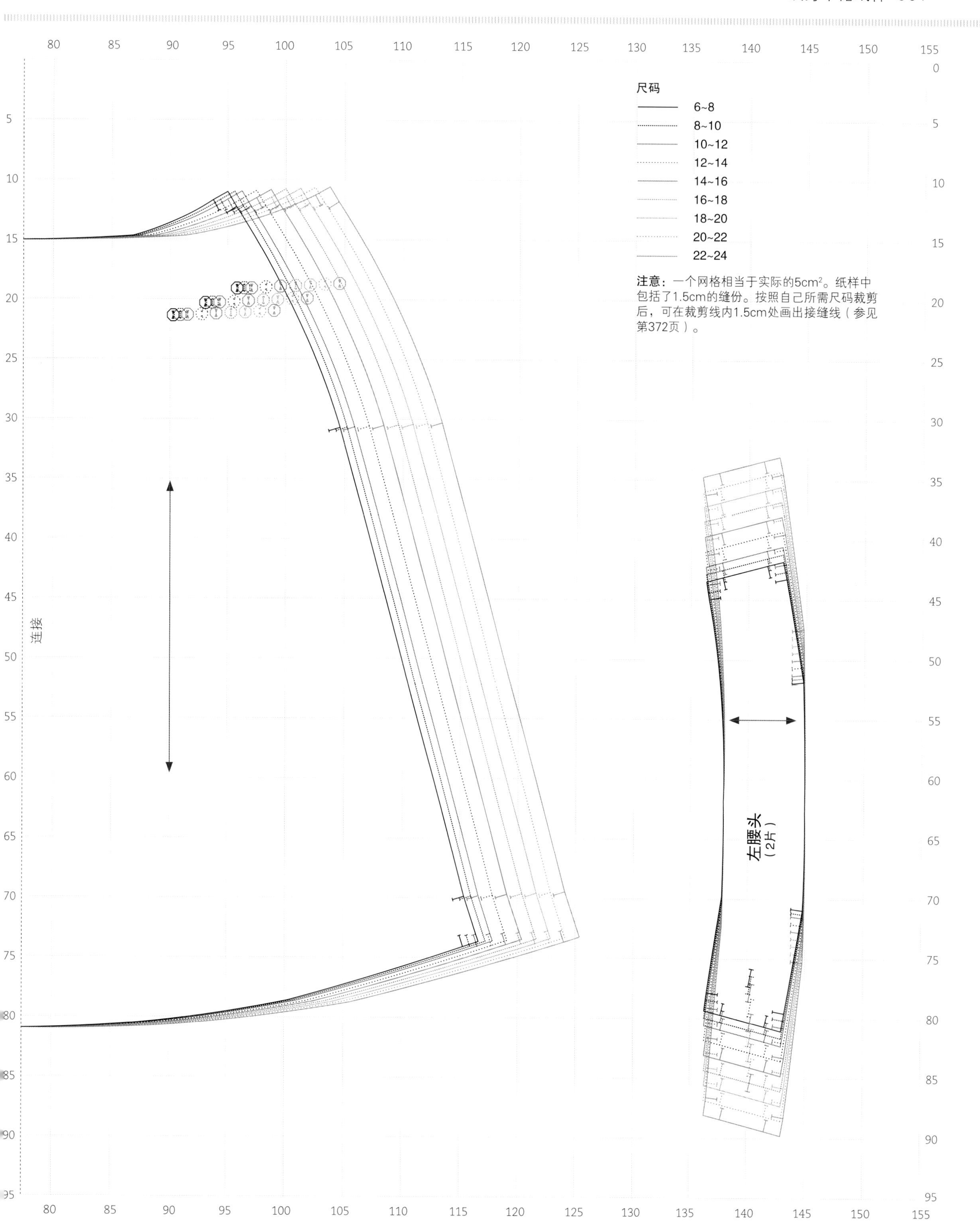

尺码
6~8
8~10
10~12
12~14
14~16
16~18
18~20
20~22
22~24
注意：一个网格相当于实际的5cm²。纸样中包括了1.5cm的缝份。按照自己所需尺码裁剪后，可在裁剪线内1.5cm处画出接缝线（参见第372页）。
连接
左腰头
（2片）

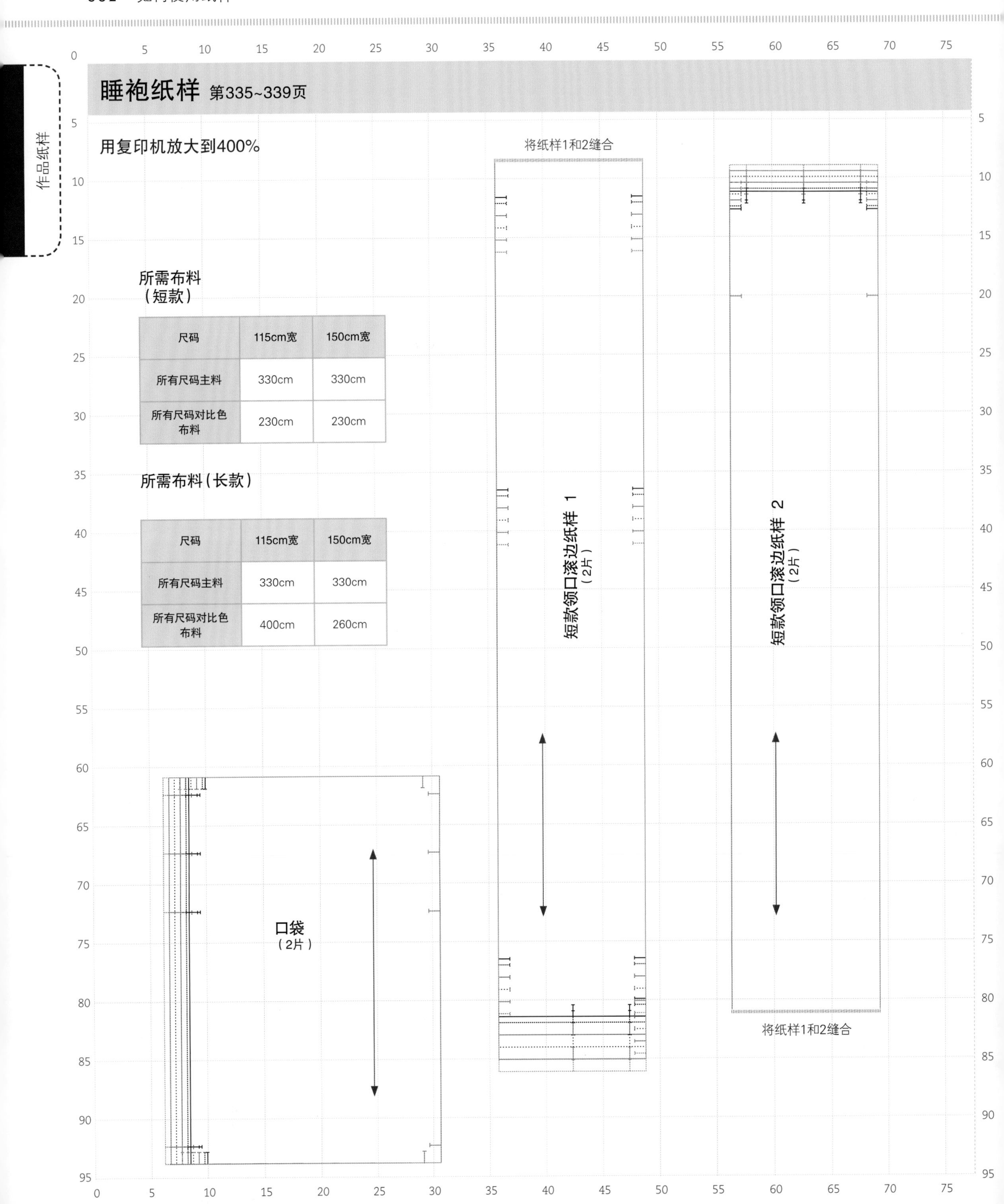

睡袍纸样 第335~339页

用复印机放大到400%

所需布料（短款）

尺码	115cm宽	150cm宽
所有尺码主料	330cm	330cm
所有尺码对比色布料	230cm	230cm

所需布料（长款）

尺码	115cm宽	150cm宽
所有尺码主料	330cm	330cm
所有尺码对比色布料	400cm	260cm

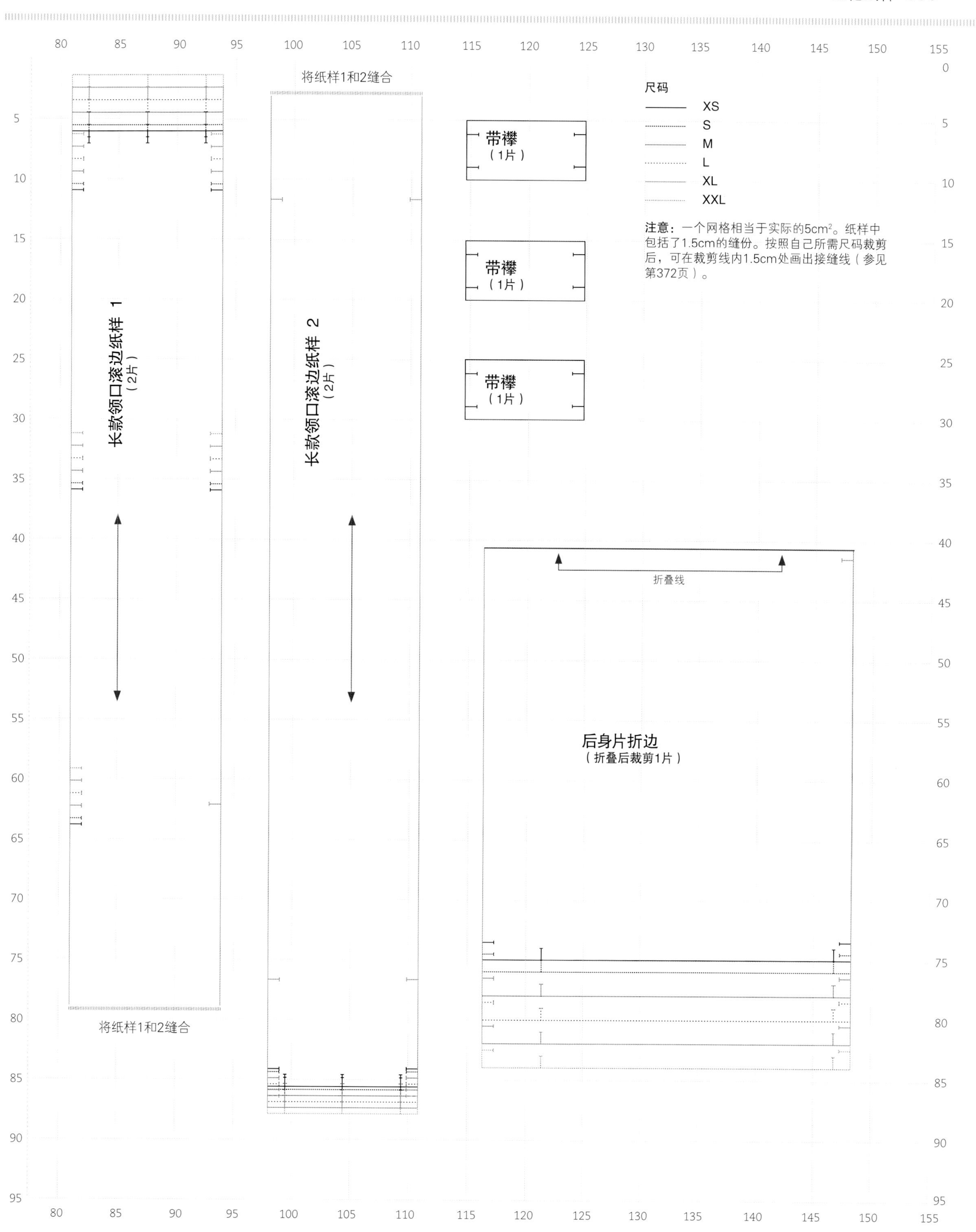

注意：一个网格相当于实际的5cm²。纸样中包括了1.5cm的缝份。按照自己所需尺码裁剪后，可在裁剪线内1.5cm处画出接缝线（参见第372页）。

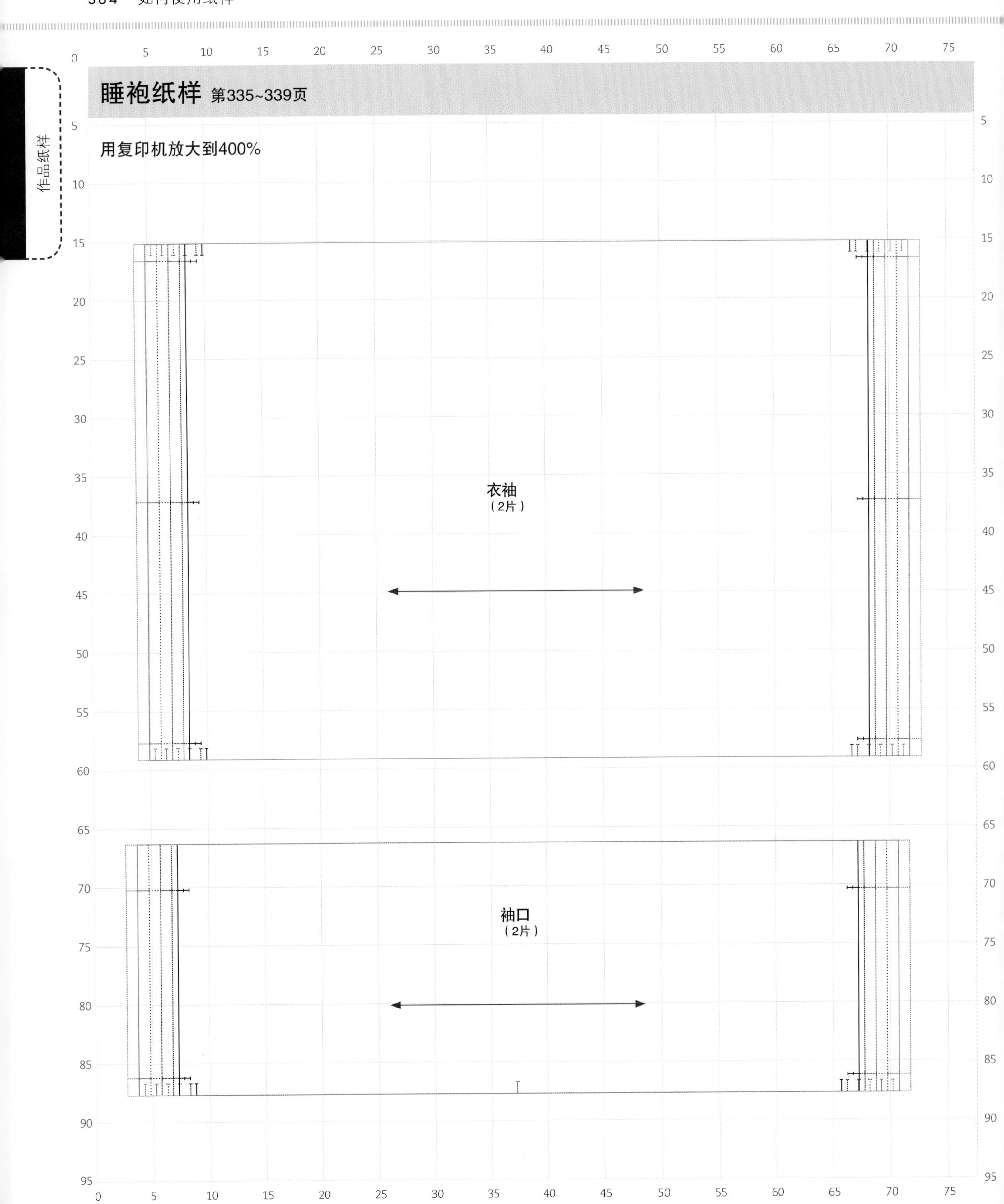
睡袍纸样 第335~339页
用复印机放大到400%
衣袖
（2片）
袖口
（2片）

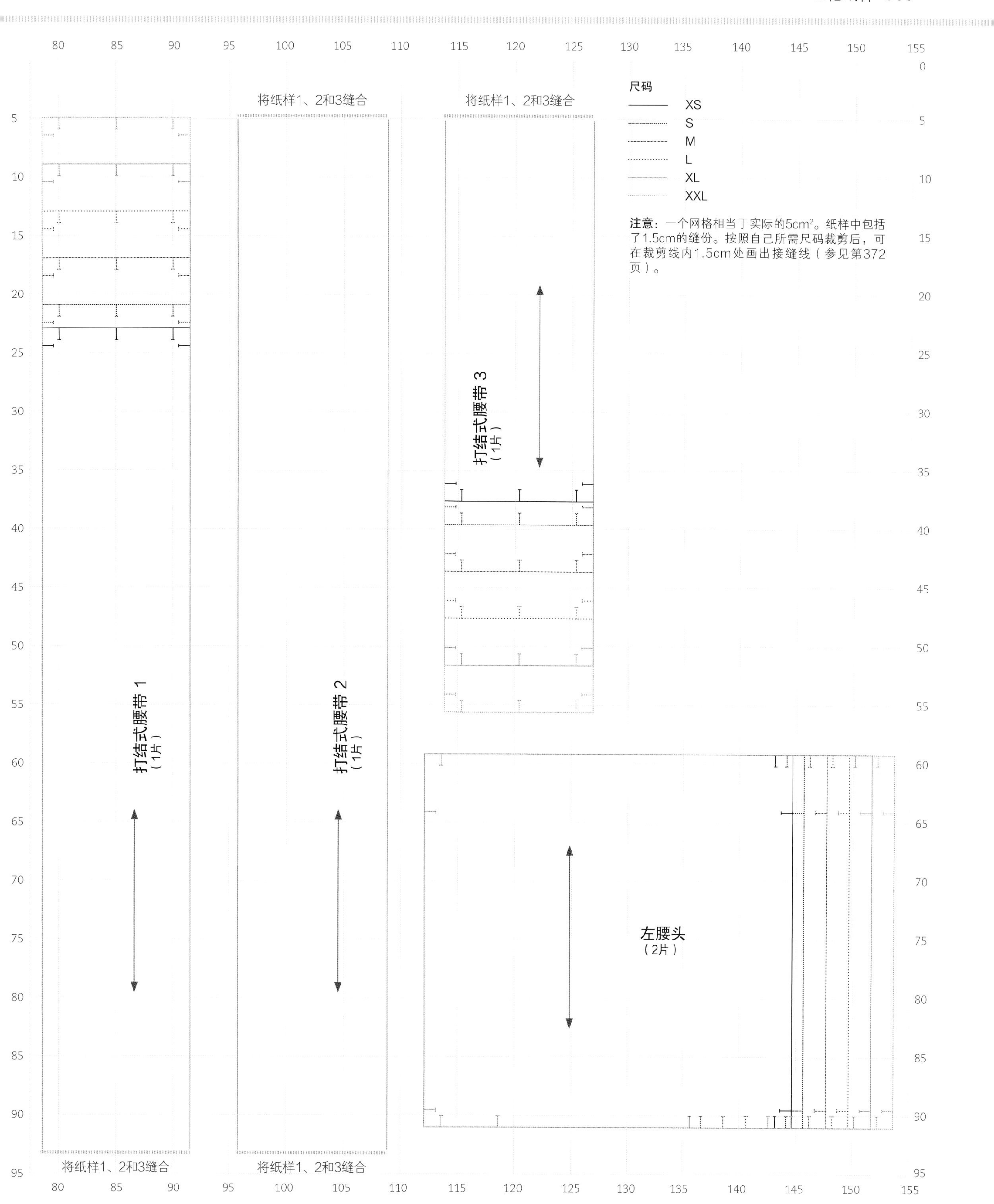

尺码
XS
S
M
L
XL
XXL
注意：一个网格相当于实际的5cm²。纸样中包括了1.5cm的缝份。按照自己所需尺码裁剪后，可在裁剪线内1.5cm处画出接缝线（参见第372页）。
将纸样1、2和3缝合
打结式腰带 1
（1片）
打结式腰带 2
（1片）
打结式腰带 3
（1片）
左腰头
（2片）

睡袍纸样 第335~339页

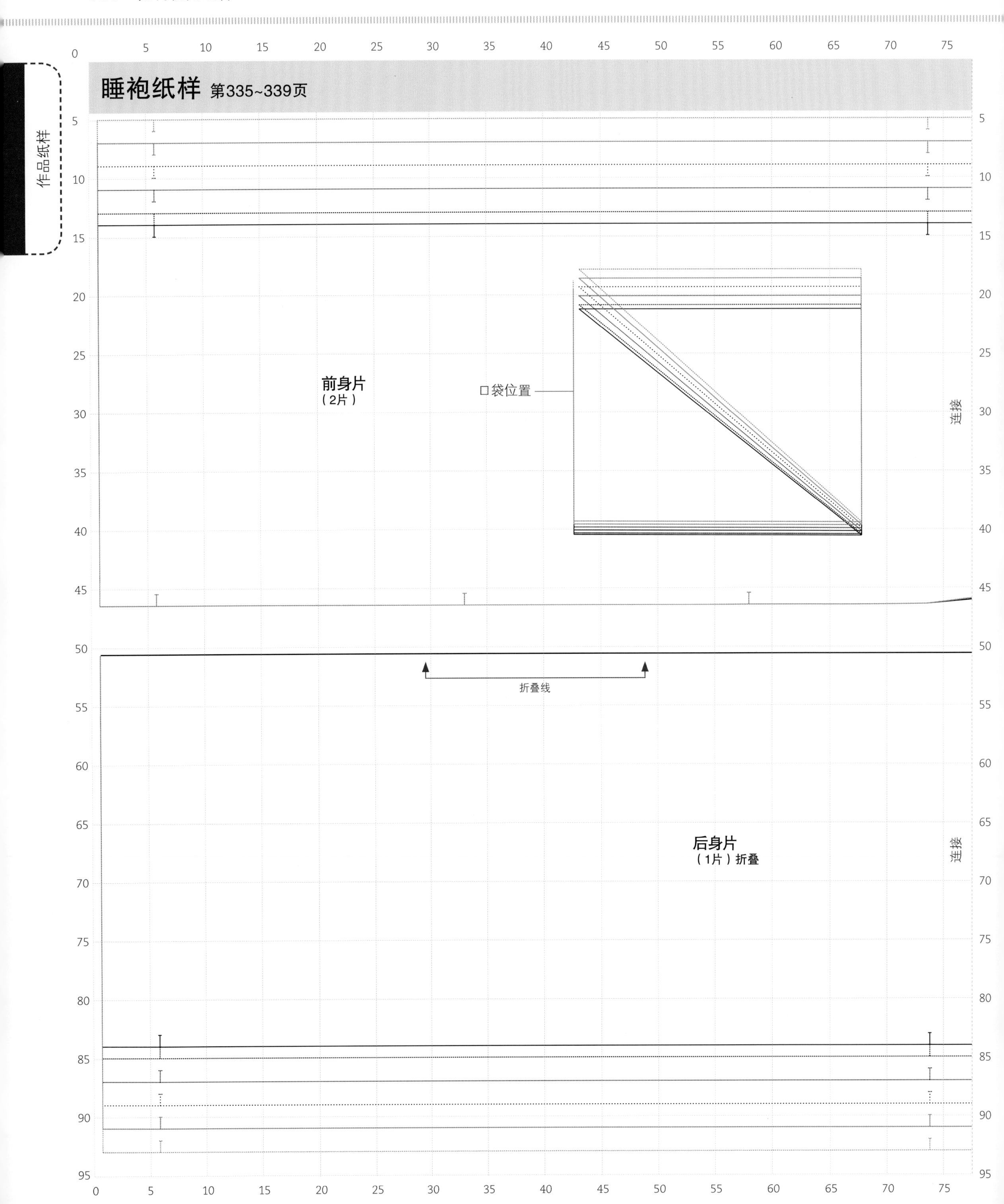

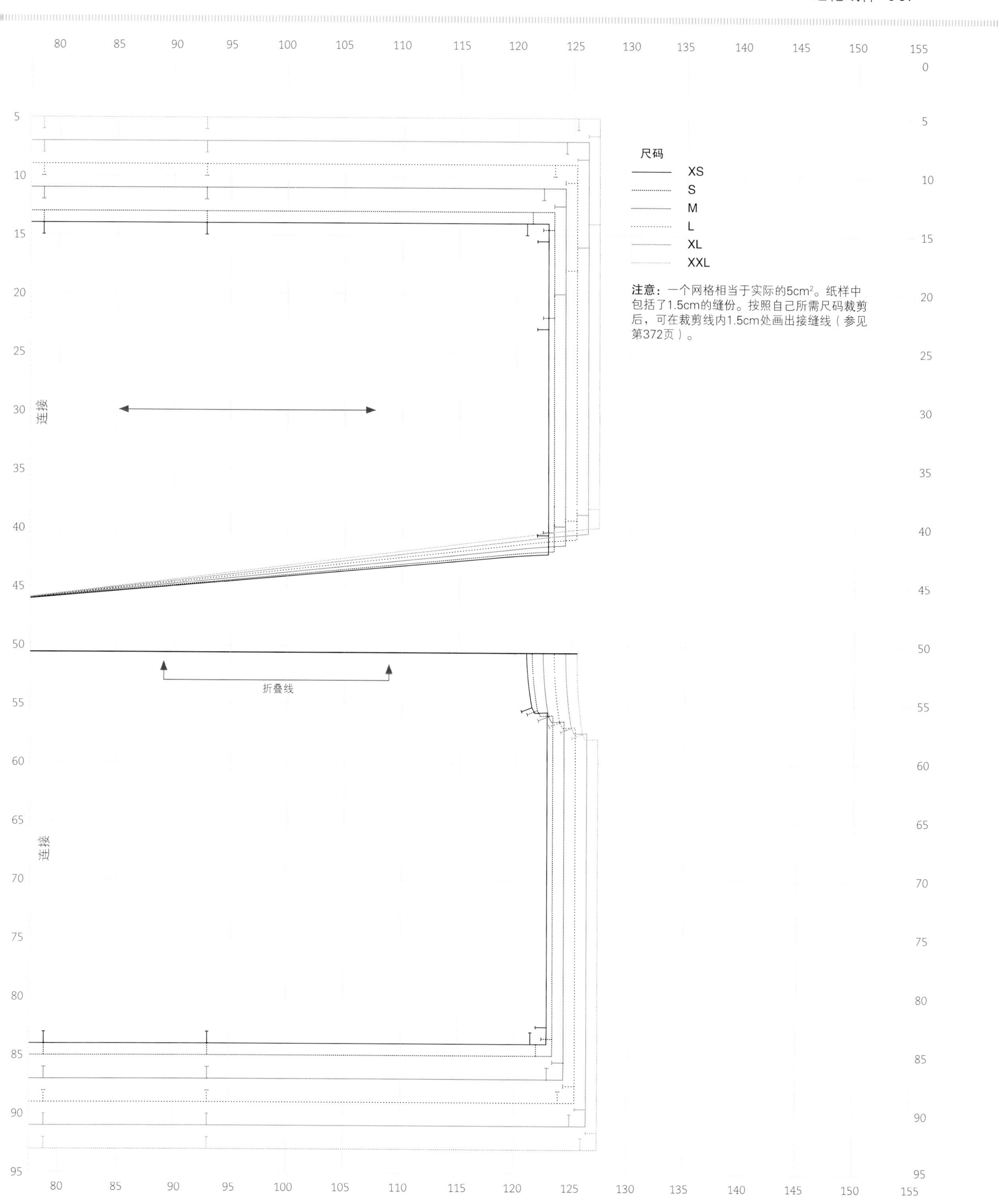

注意：一个网格相当于实际的5cm²。纸样中包括了1.5cm的缝份。按照自己所需尺码裁剪后，可在裁剪线内1.5cm处画出接缝线（参见第372页）。

儿童双面穿夹克纸样 第341~345页

用复印机放大到400%

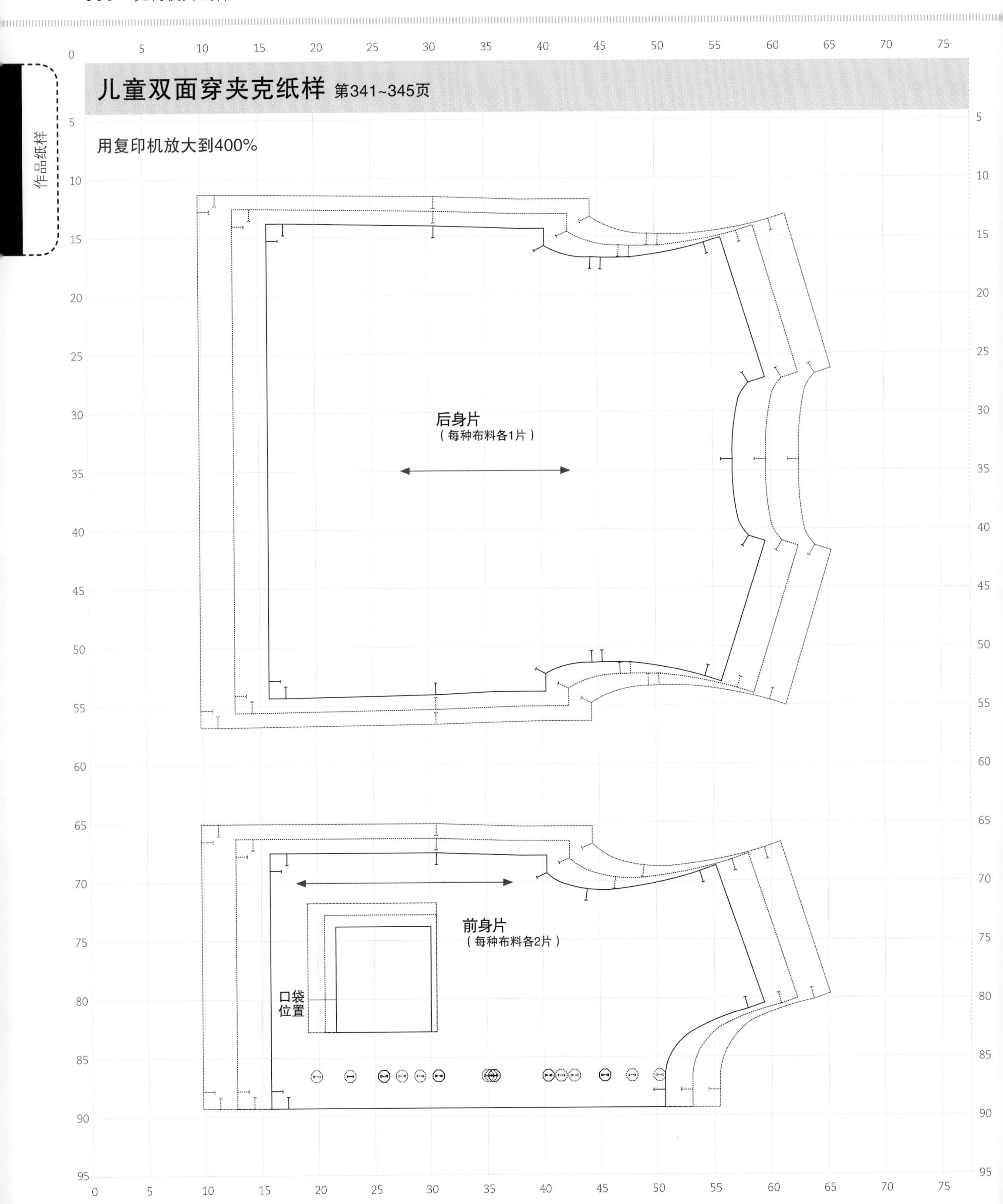

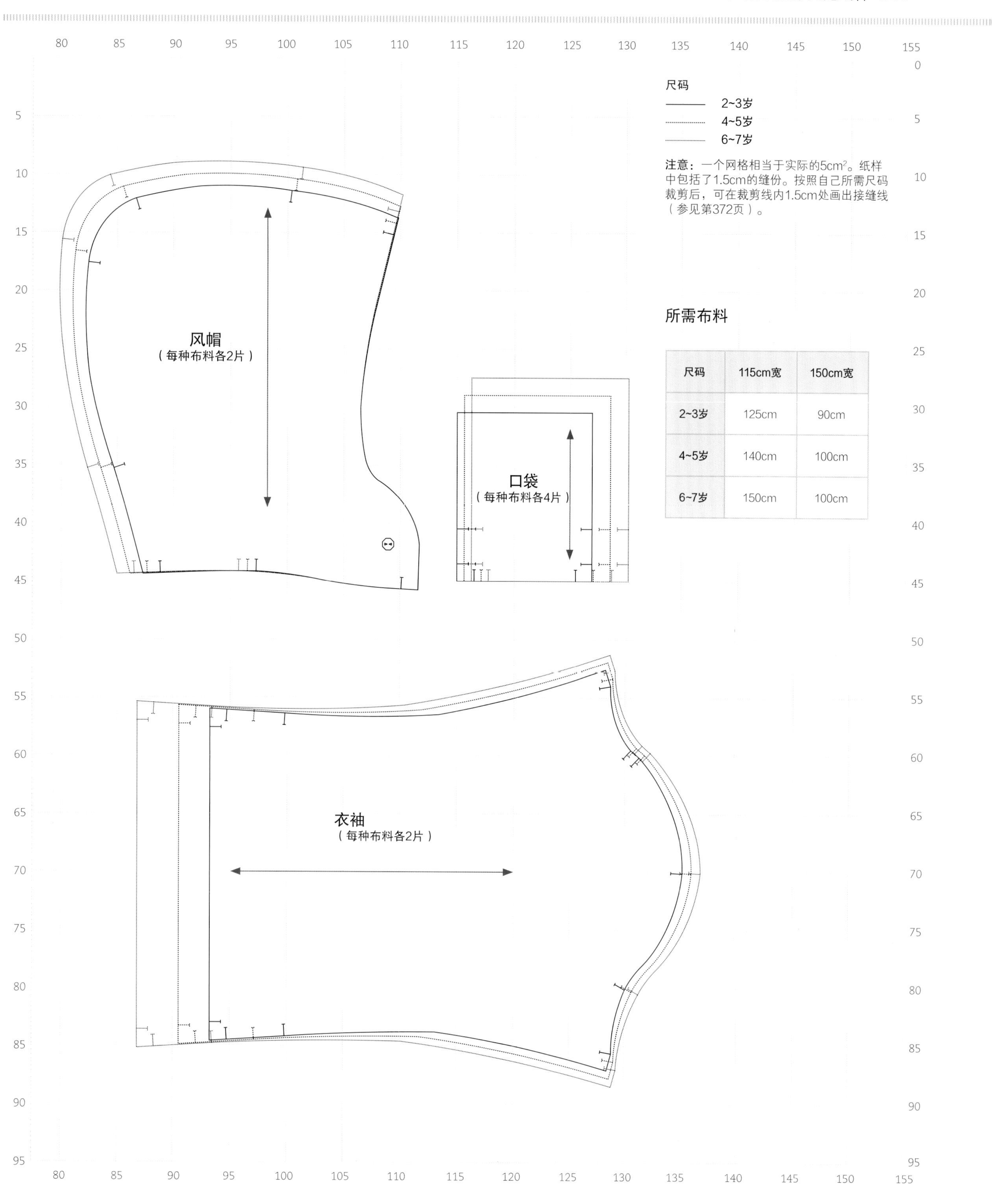

所需布料

尺码	115cm宽	150cm宽
2~3岁	125cm	90cm
4~5岁	140cm	100cm
6~7岁	150cm	100cm

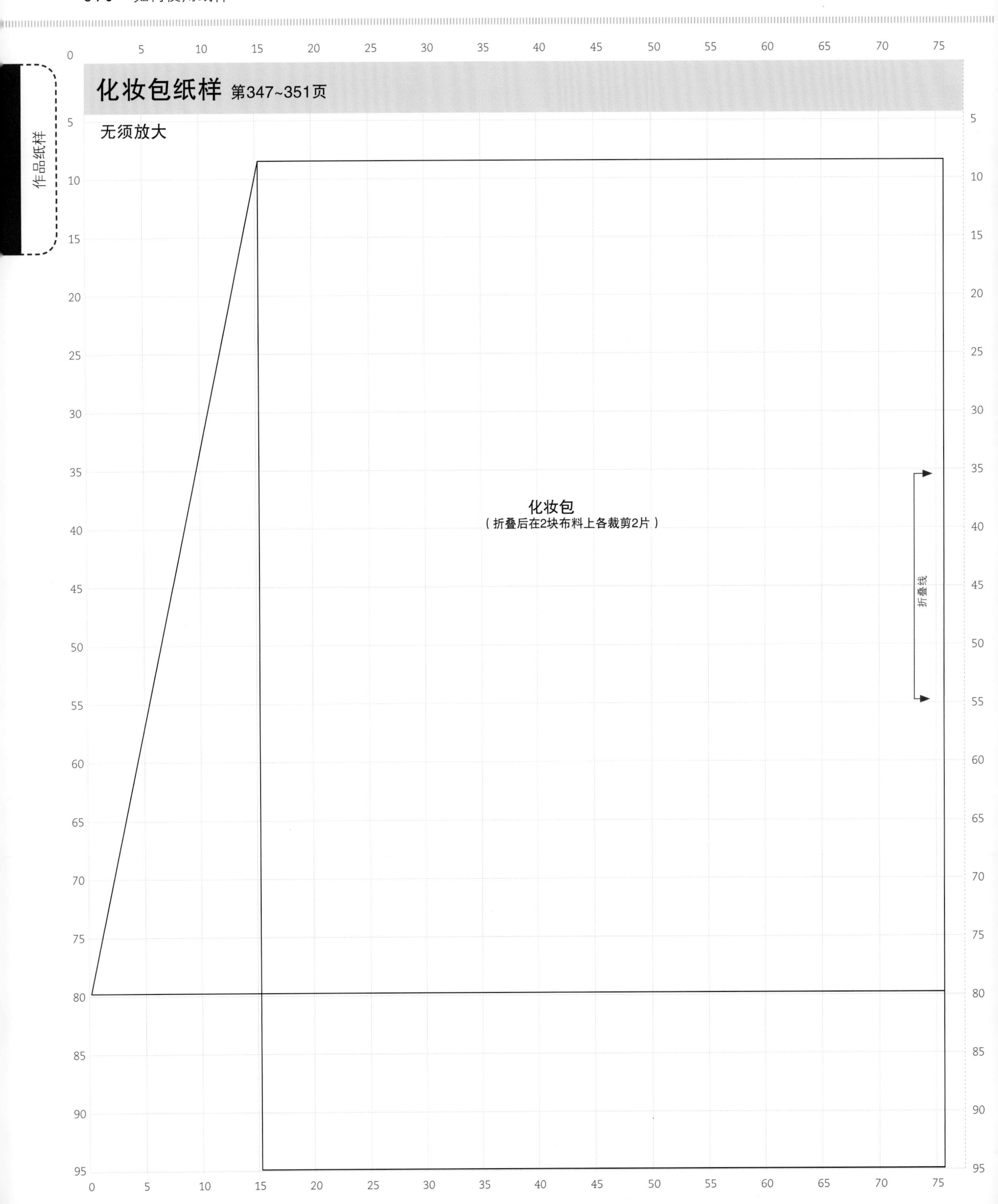

化妆包纸样 第347~351页
无须放大
化妆包
（折叠后在2块布料上各裁剪2片）
折叠线

烤箱隔热手套纸样 第361~363页

用复印机放大到200%

注意：一个网格相当于实际的5cm²。纸样中包括了1.5cm的缝份。按照自己所需尺码裁剪后，可在裁剪线内1.5cm处画出接缝线（参见第372页）。

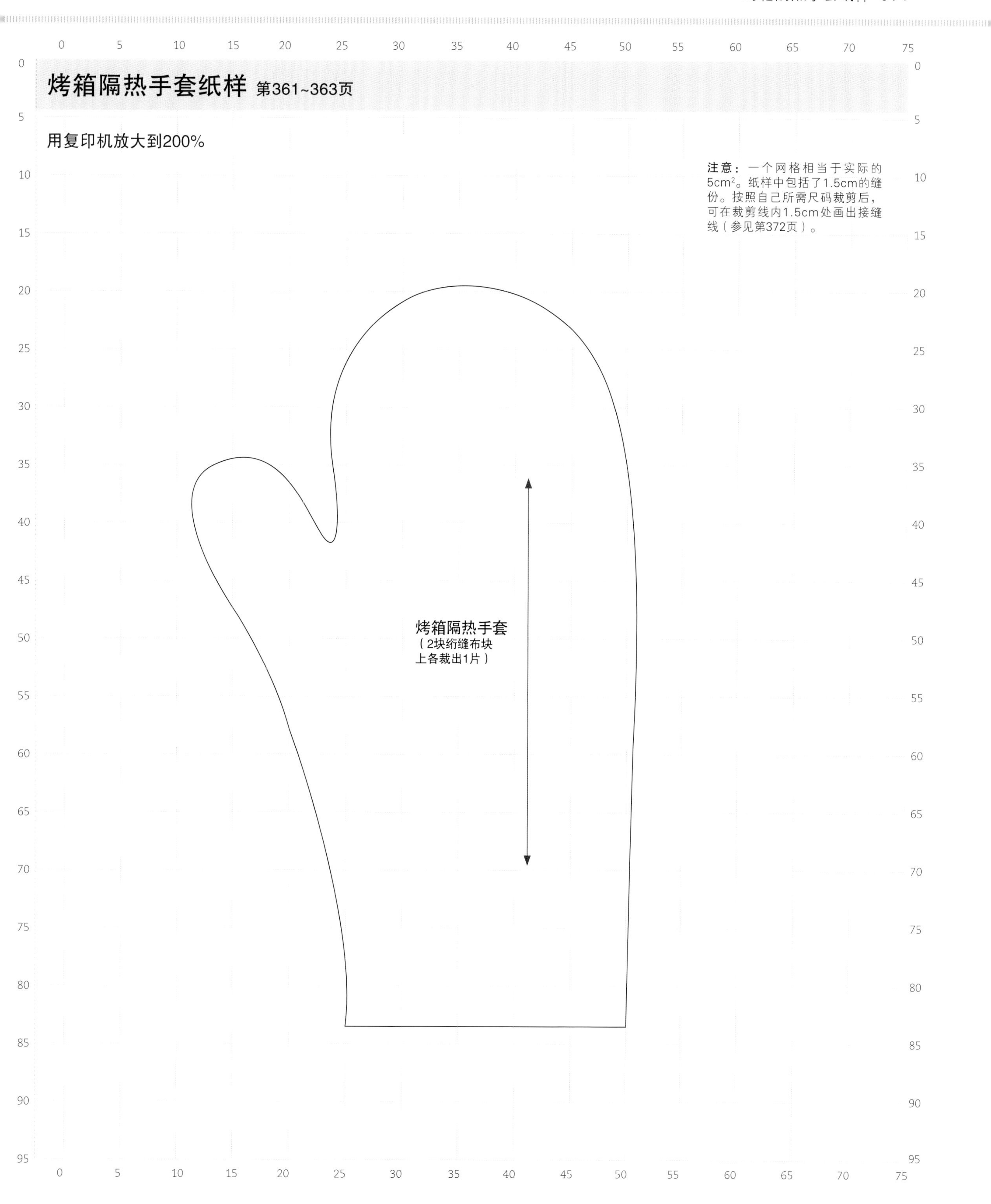

作者简介

艾莉森·史密斯，英国帝国勋章获得者，是一位经验丰富的时装设计和面料教师。她曾在伯明翰最大一所学校的纺织专业任系主任，并执教多年。1992年，她创立了“缝纫学校”——英国第一所缝纫学校，开设有制衣、织物和布艺制作等各类课程。艾莉森还曾在伦敦的利伯蒂缝纫学校（Liberty Sewing School）和斯托克波特的真善美缝纫学校（Janome's Sewing School）任教。2004年，她在阿士比开设了一家布料店，以配合她“缝纫学校”的教学工作。2013年，她因在制衣和布艺制作上的贡献而被授予英国帝国勋章。艾莉森经常在网上做线上授课，是多本缝纫杂志的定期撰稿人，包括《爱缝纫》（*Love Sewing*）。她现在和丈夫居住在莱斯特郡，有两个成年的子女。

本书中艾莉森的作品为第322~327页的《A字形宽松连衣裙》和第340~345页的《儿童双面穿夹克》。

其他撰稿人

贝瑟尼·布莱特：毕业于伦敦艺术大学圣马丁学院，学习服装、场景设计和动画专业。从那时开始，她便是数个缝纫与手工杂志的网络撰稿人，并在社区开办缝纫作坊，还从事制衣。她一边照顾自己的两个儿子，一边为博客、杂志和图书设计制作手工作品。贝瑟尼还曾经为英国DK出版公司出版的*Quilting*一书供稿。
贝瑟尼设计制作了第360~363页的《烤箱隔热手套》。

埃尔斯·德·卡斯特罗·皮克：是印度缝纫纸样品牌“手工伦敦”（*By Hand London*）的共同创办人。她最初学习制鞋，并在时装业工作，后来她将对缝纫的热情转化成了新的事业。她领导着“手工伦敦”的创作部门，设计、打制新的纸样，制作网络和博客教程，并在伦敦教授缝纫和手工制作。她经常为多家出版社撰稿。她制作了第328~333页的《裹身半裙》和第334~339页的《睡袍》。

乔治娜·杰弗里斯：2008年毕业于巴斯斯巴大学的时装和织物专业。之后一直在各个学校、社会团体和企业中教授服装设计和缝纫。乔治娜现在是吉尔福德的“赭石印刷工作室”的常住艺术家。
乔治娜制作了第352~355页的《信封靠枕》。

艾玛·梅：传统的软装饰设计师，制作定制窗帘、卷帘和靠枕。她热衷于通过作坊的形式教家庭主妇缝纫技巧。艾玛对于颜色和图案在家居中的作用很着迷。她相信，只要有热情和一些简单的软装饰技巧，不用花很多钱，就能营造出美丽有个性的家居环境。
艾玛制作了第364~369页的《罗马帘》。

谢丽尔·欧文：一个有创新力和丰富经验的手工制作者。谢丽尔早期从事时装工作，然后将其设计和制作技巧用在了缝纫——还有其他手工工艺，如纸艺和珠宝制作上。她出版了多本手工艺书，并长期为杂志撰稿。谢丽尔曾为英国DK出版公司的*Craft*和*Quilting*撰稿。
谢丽尔制作了第356~359页的《储物篮》。

黛比·西顿：2012年以来一直从事服装设计和制作，并为她的小公司“深红色兔子”（The Crimson Rabbit）创作各式饰品。她在位于埃塞克斯的家中工作，制作各种物品——从包到宠物玩具都有，并编织和钩织奢侈的风帽和婴儿用品等。她热衷于将印花和色彩组合，寻找美丽的布料和纱线，并将传统的手缝技法运用到她的设计中。
黛比制作了第318~321页的《双色托特包》和第346~351页的《化妆包》。

致谢

FIRST EDITION

AUTHOR' S ACKNOWLEDGMENTS No book could ever be written without a little help. I would like to thank the following people for their help with the techniques and projects: Jackie Boddy, Nicola Corten, Ruth Cox, Helen Culver, Yvette Emmett, Averil Wing, and especially my husband, Nigel, for his continued encouragement and support, as well as my mother, Doreen Robbins, who is responsible for my learning to sew. The following companies have also provided invaluable help, by supplying the sewing machines, haberdashery, and fabrics: Janome UK Ltd, EQS, Linton, Adjustoform, Guttermann threads, The Button Company, YKK zips, Graham Smith Fabrics, Fabulous Fabric, Simplicity patterns, and Freudenberg Nonwovens LP.

DORLING KINDERSLEY WOULD LIKE TO THANK: Heather Haynes and Katie Hardwicke for editorial assistance; Elaine Hewson and Victoria Charles for design assistance; Susan Van Ha for photographic assistance; Hilary Bird for indexing; Elma Aquino; Alice Chadwick-Jones; and Beki Lamb. Special thanks from all at DK to Norma MacMillan for her exceptional professionalism and patience.

PICTURE CREDITS: Additional photography Laura Knox p76 tl, tr, 78 t, 80 t/2 and 4, 81b; Alamy images: D. Hurst, front jacket c. Illustrator Debajyoti Datta. Patterns John Hutchinson, pp 58-9, 62 b row, 63 t and c row, 65, 66, 67 t row, br, 68, 69 t row, bl, 70 tr, bc, br, 71, 72 tl, b row, 73, 81. Additional artworks Karen Cochrane p59 r.

Project Editor Norma MacMillan
Project Designers Viv Brar, Nicola Collings, Mandy Earey, Heather McCarry
Photography Peter Anderson (Tools and Techniques), Kate Whitaker (Projects)

FOR DORLING KINDERSLEY

Project Editor Ariane Durkin **Project Art Editor** Caroline de Souza
Managing Editor Dawn Henderson **Managing Art Editor** Christine Keilty
Senior Jacket Creative Nicola Powling
Senior Production Editor Jenny Woodcock
Senior Production Controller Mandy Inness
Creative Technical Support Sonia Charbonnier

SECOND EDITION

AUTHOR' S ACKNOWLEDGMENTS For this revision of my book I would like to thank the following people for their help with the projects: Bethany Blight, Elisalex de Castro Peake, Georgina Jeffries, Emma May, Cheryl Owen, and Debbie Seton. I would also like to thank Tia Sarkar at DK for her continued patience and keeping me in check! Thanks also to Debbie Shepherd at Janome UK, and my students for their support. Finally, I would like to thank my husband, Nigel, not only for his encouragement but also for the endless cups of coffee.

DORLING KINDERSLEY WOULD LIKE TO THANK: Ruth Jenkinson and her assistants Sarah Merrett and Julie Stewart for the new photography; Keith Hagan and Patrick Mulrey for the illustrations; Steve Crozier for colour retouching; MIG Pattern Cutting for creating the garment patterns; Deborah Shepherd at Janome UK for lending us machines to photograph; Arani Sinha, Ishita Sareen, Madhurika Bhardwaj, Nisha Shaw, Priyadarshini Gogoi, Katie Hardwicke, and Bob Bridle for editorial assistance; Jomin Johny, Kanupriya Lal, Roshni Kapur, Shipra Jain, Amy Child, Louise Brigenshaw, Charlotte Johnson, and Alison Gardner for design assistance; Nityanand Kumar for DTP assistance; Angela Baynham for proofreading; and Vanessa Bird for creating the index.

Original Title: The Sewing Book New Edition:Over 300Step-by-Step Techniques

A Penguin Random House Company

本书由英国多林·金德斯利有限公司授权河南科学技术出版社独家出版发行

著作权合同登记号：图字 16-2012-064

图书在版编目（CIP）数据

DK缝纫技法大百科 / (英) 艾莉森·史密斯著；王晨曦译. —郑州：河南科学技术出版社，2019.11（2024.10重印）
ISBN 978-7-5349-9569-9

Ⅰ. ①D… Ⅱ. ①艾… ②王… Ⅲ. ①缝纫—基本知识
Ⅳ. ①TS941.634

中国版本图书馆CIP数据核字（2019）第164875号

出版发行：河南科学技术出版社
地址：郑州市郑东新区祥盛街27号　邮编：450016
电话：（0371）65737028　65788613
网址：www.hnstp.cn
策划编辑：刘　欣
责任编辑：刘　欣
责任校对：马晓灿　王晓红
封面设计：张　伟
责任印制：张艳芳
印　　刷：鸿博昊天科技有限公司
经　　销：全国新华书店
开　　本：945 mm × 1 165 mm　1/16　印张：25　字数：1000千字
版　　次：2019年11月第1版　2024年10月第4次印刷
定　　价：198.00元

如发现印、装质量问题，影响阅读，请与出版社联系并调换。

www.dk.com

STEP-BY-STEP
cakes
风靡全球的
欧式蛋糕烘焙教科书

STEP-BY-STEP
bread
风靡全球的
欧式面包烘焙教科书

SUSHI 寿司全书
品鉴与制作
TASTE AND TECHNIQUE

花艺全书
FLOWER
-ARRANGING-

PAPER
CRAFT
纸艺全书

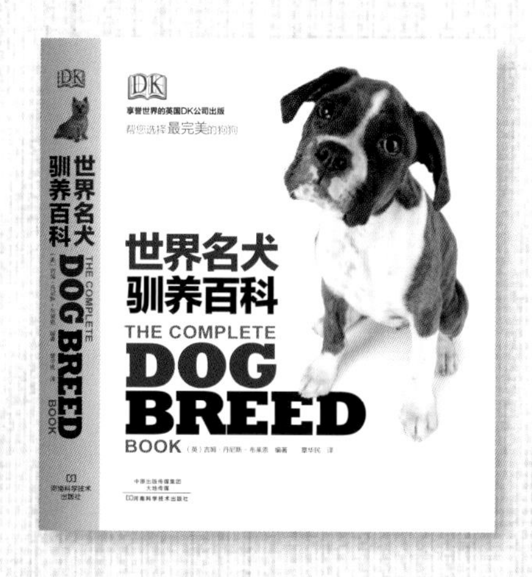
享誉世界的英国DK公司出版
世界名犬
驯养百科
THE COMPLETE
DOG
BREED
BOOK

享誉世界的英国DK公司出版
世界名猫
驯养百科
THE COMPLETE
CAT BREED
BOOK

DK
THE NEEDLECRAFT BOOK
针艺手作大百科
棒针编织 · 刺绣 · 绒绣 · 绗缝 · 钩针编织 · 贴布 · 拼布

畅销10年 最新版
DK
缝纫技法大百科
the SEWING BOOK
缝纫工具/布料/纸样/技法/作品制作
1600多幅彩图/300多种缝纫技法详细介绍
全球销量近50万册

DK
英国皇家园艺学会
THE ROYAL HORTICULTURAL SOCIETY
最新版
世界园林植物与花卉百科全书
ENCYCLOPEDIA OF PLANTS AND FLOWERS
8 000多种植物 4 250幅彩图 本书全球销量已超200万册

DK
DK
蜜蜂全书
THE BEE BOOK
发现蜜蜂的奇迹以及如何为人类的未来保护蜜蜂

DK
DK
男子健身瑜伽
YOGA FOR MEN
增强体能 提高柔韧性 塑造健美身材

DK
GET STRONG FOR WOMEN
DK女子健身训练